전기기사·산업기사
실기 I권

예문사

전기전자시스템 기초이론

머리말

PREFACE

"지금 잠을 자면 꿈을 꾸지만 공부를 하면 꿈을 이룬다."

하버드대학 도서관에 쓰여 있는 너무나 유명한 이 문구는 학창시절 누구나 한 번은 들어봤을 것입니다. 목표를 세우고 정진하는 사람들에게 있어 절제와 노력은 반드시 필요한 것이며, 이를 기본으로 효율적인 방법이 더해질 때 확실한 결실을 거두게 될 것입니다.

인천대산 전기시리즈는 국가 기초산업의 근간이 되는 전기 분야에서 뜻을 세우고 그 목적을 이루기 위해 노력하는 모든 수험생들에게 보다 효율적이고 수월한 목표 달성을 위해 가장 최적화된 교재를 제공하기 위한 목적으로 기획되었습니다.

따라서 본 책의 각 과목들은 모두 18년 이상의 강의경험과 기술사, 공학박사, 석사 등의 자격과 학위를 가진 최고의 강사들이 자신들의 노하우를 토대로 다양하게 출제되는 문제를 최대한 쉽게 접근할 수 있도록 다음과 같은 특징에 초점을 맞추어 구성하였습니다.

◆ 본서의 특징

- 기출문제를 분석하여 쉽게 이해할 수 있도록 풀이하였습니다.
- 과목별로 다양한 문제를 핵심풀이를 통해 간결하게 정리하였습니다.
- 저자 직강 동영상 강좌를 저렴한 가격으로 수강할 수 있습니다.

부디 이 교재가 목표를 위해 정진하는 모든 수험생들이 아름다운 결실을 거두는 데 좋은 길잡이가 되기를 기원하며, 출간을 위해 애써주신 예문사에 진심으로 감사드립니다.

인천대산전기직업학교 대표이사 송우근

수험정보

ENGINEER ELECTRICITY

직무 분야	전기·전자	중직무 분야	전기	자격 종목	전기기사	적용 기간	2024.1.1.~2026.12.31.

○ 직무내용 : 전기설비에 관한 이론을 기반으로 전기기계·기구의 선정, 전기설비의 계획, 에너지 절약기술 적용, 용량산정, 재료선정 등 설계도서 작성, 감리, 유지관리 및 운용 등 시설관리 등의 업무를 수행하는 직무이다.
○ 수행준거 : 1. 전기설비에 관한 기초지식을 기반으로 전기설비의 계획 및 설계도서를 파악할 수 있다.
             2. 전력공급 안정성을 위하여 설비회로 구성과 제어에 필요한 사항을 파악할 수 있다.
             3. 설비의 안전한 운용을 위한 방안을 수립하고 구성기기의 특성을 파악할 수 있다.
             4. 전기설비의 안전관리를 위한 각종 계측 및 시험방법을 파악할 수 있다.

실기검정방법	필답형	시험시간	2시간 30분

실 기 과목명	주요항목	세 부 항 목	세 세 항 목
전기설비 설계 및 관리	1. 전기계획	1. 현장조사 및 분석하기	1. 건축물의 용도, 부하의 위치, 규모에 따라 이에 적합한 전기설비를 계획할 수 있다. 2. 현장의 위치를 파악하여 전력의 인입계획을 수립할 수 있다. 3. 현장의 대지특성을 분석하여 접지설비를 계획할 수 있다. 4. 현장의 낙뢰빈도를 조사하여 피뢰설비를 계획할 수 있다.
		2. 부하용량 산정하기	1. 건축물의 용도, 규모에 따라 이에 적합한 부하설비용량을 추정할 수 있다. 2. 수용률, 부등률, 부하율을 추정하여 최대수용전력을 산출할 수 있다. 3. 건물의 종류별 표준부하와 부분표준부하를 산출할 수 있다. 4. 부하의 종류별, 규모별로 수용률을 추정할 수 있다.
		3. 전기실 크기 산정하기	1. 추정된 부하설비용량에 의하여 변전실 면적을 산출할 수 있다. 2. 발전설비용량에 의한 발전실 면적을 산출할 수 있다. 3. 부하설비용량에 의한 각층별, 구획별로 EPS실 면적을 산출할 수 있다. 4. 중요부하설비의 UPS실과 축전지실 등의 면적을 산출할 수 있다.
		4. 비상전원 및 무정전전원 산정하기	1. 건축물의 규모, 용도에 따라 비상전원과 무정전전원을 계획할 수 있다. 2. 추정된 부하설비용량에 의하여 비상부하용량을 산정할 수 있다. 3. 비상부하용량을 분석하여 무정전전원 용량을 산정할 수 있다. 4. 비상전원과 무정전전원을 분석하여 축전지용량을 산정할 수 있다.

실 기 과목명	주요항목	세 부 항 목	세 세 항 목
전기설비 설계 및 관리	1. 전기계획	5. 에너지이용 기술 계획하기	1. 고효율 전기설비를 적용 검토할 수 있다. 2. 전기 에너지 이용 효율 향상 기술을 적용 검토할 수 있다. 3. 전기에너지 부하 평준화 기술을 적용 검토할 수 있다. 4. 대체 에너지 적용설비의 적정 여부를 검토할 수 있다. 5. 전기 에너지 절감 효과를 반영한 에너지 수요량 분석의 적정성을 검토할 수 있다.
	2. 전기설계	1. 부하설비 설계하기	1. 부하설비의 공학적 구조, 원리, 구성장치, 운전 특성을 설명할 수 있다. 2. 조명, 전열, 전동력 설비 등의 계산을 할 수 있다.
		2. 수변전 설비 설계하기	1. 변압기의 구조, 동작원리, 종류, 특성을 설명할 수 있다. 2. 수전실의 위치, 면적, 관련 규정 및 법규를 적용할 수 있다.
		3. 실용도별 설비 기준 적용하기	1. 건축물의 종류에 따른 조명설비, 각종 배선방법을 적용할 수 있다. 2. 각종 전기 기계기구를 실 용도에 맞게 적용할 수 있다.
		4. 설계도서 작성하기	1. 전기 설비의 분류체계를 설명할 수 있다. 2. 도면, 시방서, 공사비 내역서를 작성할 수 있다.
		5. 원가 계산하기	1. 설계에 따른 자재비, 노무비, 경비를 산출할 수 있다. 2. 계약의 종류 및 방법, 구성요소를 이해하고, 국가계약법 등 각종 규제 사항을 활용할 수 있다.
		6. 에너지 절약 설계하기	1. 수변전설비의 에너지 효율 향상기술을 적용할 수 있다. 2. 동력설비의 에너지 효율 향상 기술을 적용할 수 있다. 3. 조명설비의 에너지 효율 향상 기술을 적용할 수 있다. 4. 제어설비의 에너지 효율 향상기술을 적용할 수 있다. 5. 전력원단위를 고려하여 에너지 절약 설계기준을 적용할 수 있다.
	3. 자동제어 운용	1. 시퀀스제어 설계하기	1. 스위치의 동작원리를 이해하고 접점의 특성에 따라 시퀀스제어 회로에 적용할 수 있다. 2. 유접점제어와 무접점제어의 특성을 이해하고 시퀀스제어에 적용할 수 있다. 3. 릴레이와 타이머 등 제어기기의 동작원리를 알고 시퀀스 제어 회로에 적용할 수 있다. 4. 제어시스템을 구성하고, 시스템을 제어하기 위한 시퀀스 제어회로를 구성할 수 있다.
		2. 논리회로 작성하기	1. 논리기호를 파악하고 활용할 수 있다. 2. 제어 목적에 맞게 논리회로를 구성할 수 있다. 3. 논리회로로 구성된 제어시스템을 해석할 수 있다. 4. 복잡한 논리식을 간략화 시킬 수 있다.

수험정보

실기 과목명	주요항목	세부항목	세세항목
전기설비 설계 및 관리	3. 자동제어 운용	3. PLC 프로그램 작성하기	1. 릴레이 제어방식과 PLC제어 방식의 차이점에 대하여 파악할 수 있다. 2. PLC 종류와 시스템 구성에 대하여 파악할 수 있다. 3. PLC 종류에 따른 명령어를 이해하고, 동작특성에 따라 활용할 수 있다. 4. PLC를 이용하여 각종 제어회로를 작성할 수 있다.
		4. 제어시스템 설계 운용하기	1. 센서의 종류와 특성을 설명할 수 있다. 2. 제어 대상에 적합한 센서를 적용할 수 있다. 3. 센서와 구동기의 조합 특성을 파악할 수 있다. 4. 제어 범위를 선정하고 제어시스템을 설계할 수 있다. 5. 입출력 장치에 의하여 제어기기 및 시스템 활용을 할 수 있다.
	4. 전기설비 운용	1. 수·변전설비 운용하기	1. 전기 단선도를 이해하고, 기기 정격의 정확여부를 판단할 수 있다. 2. 해당 기계, 기구의 매뉴얼에 따라 설치된 기기의 정상작동 유무를 판단할 수 있다. 3. 보호계전기의 정정을 할 수 있고, 정상 작동 유무를 판단할 수 있다. 4. 수변전설비의 도면(단선도, 장비 배치도 등)을 이해하고, 설계도서를 검토하여 중요한 항목이 무엇인지를 도출할 수 있다.
		2. 예비전원설비 운용하기	1. 비상용 발전기의 특성을 이해하고, 정상 작동 유무를 판단할 수 있다. 2. 무정전전원장치의 특성을 이해하고, 정상 작동 유무를 판단할 수 있다. 3. 축전지설비의 특성을 이해하고, 정상 작동 유무를 판단할 수 있다. 4. 전원설비의 도면(단선도, 기기배치도 등)을 이해하고, 설계 도서를 검토하여 중요한 항목을 도출할 수 있다.
		3. 전동력설비 운용하기	1. 전동기의 종류와 특성별 기동특성을 이해하고, 작동매뉴얼을 활용하여 절차에 따라 점검, 관리할 수 있다. 2. 인버터 등의 전동기제어장치의 특성을 이해하고, 정상 작동 유무를 판단할 수 있다. 3. 펌프와 팬의 특성 및 정격산정 방법을 이해하고, 작동매뉴얼을 활용하여 절차에 따라 점검, 관리할 수 있다. 4. 동력설비의 도면(동력결선도 등)을 이해하고, 설계도서를 검토하여 중요한 항목을 도출할 수 있다.
		4. 부하설비 운용하기	1. 조명기기의 특성 및 설계도서를 이해하고, 작동매뉴얼을 활용하여 절차에 따라 점검, 관리할 수 있다. 2. 전열설비의 특성을 이해하고, 작동매뉴얼을 활용하여 절차에 따라 점검, 관리할 수 있다.

실기 과목명	주요항목	세부항목	세세항목
전기설비 설계 및 관리	4. 전기설비 운용	4. 부하설비 운용하기	3. 승강기설비의 특성을 이해하고, 작동매뉴얼을 활용하여 절차에 따라 점검, 관리할 수 있다. 4. 전기로, 대형컴퓨터 등 특수전기설비의 특성을 이해하고, 작동매뉴얼을 활용하여 절차에 따라 점검, 관리할 수 있다.
	5. 전기설비 유지관리	1. 계측기 사용법 파악하기	1. 각종 계측기의 동작원리를 이해하고 용도에 따른 적정계측기 선정을 할 수 있다. 2. 각종 계측기의 사용법을 파악할 수 있다. 3. 각종 계측 데이터를 수집하고, 이를 분석 및 활용할 수 있다. 4. 각종 계측기에 대한 검·교정 주기를 파악할 수 있다.
		2. 수·변전기기 시험, 검사하기	1. 수·변전 설비의 계통을 파악할 수 있다. 2. 각종 수·변전기기들의 원리 및 사용용도 등을 파악할 수 있다. 3. 각종 수·변전기기 등에 대한 시험 성적서를 파악할 수 있다. 4. 각종 수·변전기기 등에 대한 외관 검사 및 정밀검사 결과를 검토할 수 있다.
		3. 조도, 휘도 측정하기	1. 실 용도별 조도 및 휘도기준을 확인할 수 있다. 2. 휘도와 조도와의 관계를 파악하여 사용할 수 있다. 3. 조도측정방식을 설명할 수 있다. 4. 조명기구의 특성을 설명할 수 있다. 5. 휘도와 조도가 시 환경에 미치는 영향을 이해할 수 있다.
		4. 유지관리 및 계획수립하기	1. 수·변전설비의 주요 기기(변압기, CT, PT, MOF, CB, LA 등)의 외관검사를 실시할 수 있다. 2. 전력케이블의 상태를 점검할 수 있다. 3. 배전반, 분전반의 외관검사를 실시할 수 있다. 4. 예비 전원설비의 외관검사를 실시할 수 있다.
	6. 감리업무 수행계획	1. 인허가업무 검토하기	1. 착공 전 공사수행과 연관된 분야의 인허가 사항과 관련 법령, 조례, 규정 등을 분석할 수 있다. 2. 「전력기술관리법」에 따른 감리원배치신고서를 제출할 수 있다. 3. 「전기사업법」에 적합한 자가용전기설비 공사계획신고서를 검토할 수 있다. 4. 전기사업자의 전기공급방안과 공사용 임시전력을 사용하기 위하여 전기수용신청을 할 수 있다. 5. 소방전기설비를 시공하기 위하여 소방시설시공(변경)신고서를 검토할 수 있다. 6. 전기통신설비를 시공하기 위하여 기간통신사업자와 수급지점을 협의하고 검토할 수 있다. 7. 항공장애등설비를 시공하기 위하여 항공법에 따라 항공장애등 설치 신고서를 검토할 수 있다.

수험정보

실기 과목명	주요항목	세부항목	세세항목
전기설비 설계 및 관리	7. 감리 여건 제반 조사	1. 설계도서 검토하기	1. 관련 법령에 따라 설계도서의 누락, 오류, 불분명한 부분, 문제점 등을 검토하여 설계도서 검토서를 작성할 수 있다. 2. 설계도서 간의 상이로 인한 오류를 방지하기 위하여 설계도서 간 불일치 사항을 검토하고 설계도서 검토서를 작성할 수 있다. 3. 시방서, 부하, 장비용량 계산서 등 각종 계산서를 검토하고 설계도서 검토서를 작성할 수 있다. 4. 효율적인 시공을 위하여 건축, 설비 등 타 공정 간의 상호 간섭사항을 파악할 수 있다. 5. 경제적인 시공을 위하여 신기술, 신공법에 의한 공법개선과 가치공학(Value Engineering)기법을 활용한 원가절감을 검토할 수 있다.
	8. 감리행정 업무	1. 착공신고서 검토하기	1. 공사업자가 제출한 착공신고서가 공사기간, 공사비 지급조건 등 공사계약문서에서 정한 사항과 적합한지 여부를 검토할 수 있다. 2. 관련 법령에 따라 시공관리책임자, 안전관리자 등 현장기술자가 해당 현장에 적합하게 배치되었는지 여부를 검토할 수 있다. 3. 예정공정표가 작업 간 선행, 동시, 완료 등 공사 전·후 간의 연관성이 명시되어 작성되고, 예정 공정률이 적정하게 작성되었는지 검토할 수 있다. 4. 품질관리계획이 공사 예정공정표에 따라 공사용 자재의 투입시기와 시험방법, 빈도 등이 적정하게 반영되었는지 검토할 수 있다. 5. 안전관리계획이 산업안전보건법령에 따라 해당 규정이 적절하게 반영되어있는지 여부를 검토할 수 있다. 6. 공사의 규모, 성격, 특성에 맞는 장비형식이나 수량의 적정여부에 따라 작업인원과 장비 투입 계획이 수립되었는지 여부를 검토할 수 있다.
	9. 전기설비 감리 안전관리	1. 안전관리 계획서 검토하기	1. 현장의 안전관리를 위하여 「산업안전보건법」과 관련 법령을 이해하고 안전관리계획서의 적정성을 검토할 수 있다. 2. 감리원은 전기공사의 공정에 따른 작업의 위험요인을 확인하고 이에 대한 재해예방대책이 안전관리계획에 반영될 수 있도록 지도 감독할 수 있다. 3. 공사업자가 재해예방을 위한 관련 법령을 이해하고, 전기공사의 안전관리계획의 사전검토, 실시확인, 평가, 자료의 기록유지를 할 수 있도록 지도 감독할 수 있다. 4. 관련 기준에 따라 안전관리 예산의 편성과 집행계획에 대한 적정성 검토를 할 수 있다.

실기 과목명	주요항목	세부항목	세세항목
전기설비 설계 및 관리	9. 전기설비 감리 안전관리	2. 안전관리 지도하기	1. 사고예방을 위하여 안전관련 법령에서 명시하는 사항을 이행하도록 안전관리자와 공사업자를 지도감독할 수 있다. 2. 공정진행상황에 따라 안전점검과 관찰 결과와 안전관련 자료에 의하여 공사업자에게 안전을 유지하도록 지시하고 이행상태를 점검할 수 있다. 3. 현장의 안전관리자가 위험장소와 작업에 대한 안전조치를 적정하게 이행하는지 여부를 확인하여 지도 감독할 수 있다.
	10. 전기설비 감리 기성준공 관리	1. 기성 검사하기	1. 공사업자로부터 기성검사원을 접수하고 기성검사를 실시한 이후 그 결과를 발주자에게 보고할 수 있다. 2. 공정진행에 따른 자재의 반입, 설치, 인력의 투입, 현장시공 상태 등을 확인 후 검사처리절차에 따라 기성검사를 할 수 있다. 3. 신청된 기성내역과 시공내용이 설계도서와 일치하는지 검사하여 시공기준에 부적합한 경우 기성율을 조정할 수 있다. 4. 특수공종의 기성검사는 발주자와 협의하여 전문기술자가 포함된 합동 검사를 할 수 있다.
		2. 예비준공 검사하기	1. 예정공사기간 내 준공가능 여부와 미진한 사항의 사전 보완을 위해 예비준공검사를 실시할 수 있다. 2. 준공가능여부를 판단하기 위하여 잔여공정, 품질시험, 타 공정의 진행사항 등을 고려하고 준공검사에 준하는 검사항목을 적용하여 검사할 수 있다. 3. 검사 시 자재나 장비 납품업체, 공종별 시공관리책임자와 발주자의 입회하에 예비준공검사를 할 수 있다. 4. 예비준공검사 결과를 설계도서, 제작승인서류 등과 비교 검토하여 보완사항이 있는 경우 조치하도록 지시하고 재검사하여 합격한 후 준공검사원을 제출할 수 있다.
		3. 시설물 시운전하기	1. 공사업자로부터 시운전 계획서를 제출받아 건축, 기계, 소방 등 시운전 유관자와 범위, 기간 등을 고려하여 검토하고 발주자에게 제출할 수 있다. 2. 시운전을 위한 외관점검, 전원공급, 연료, 부품, 측정계측장비 등의 준비를 지시하고 측정기록 문서의 작성을 지도할 수 있다. 3. 다른 공정과 관련된 설비는 유관자의 입회하에 가동상태, 회전방향, 소음상태 등 성능을 확인할 수 있다. 4. 시운전 결과가 설계기준치에 적정한지 검토하고, 계속 사용하여야 할 시설은 부분 인수 인계를 시행하고 유지관리자가 지정되도록 조치할 수 있다. 5. 시운전 완료 후 검사결과보고서를 공사업자로부터 제출받아 검토 후 발주자에게 제출할 수 있다.

수험정보

실기 과목명	주요항목	세부항목	세세항목
전기설비 설계 및 관리	10. 전기설비 감리 가성준공 관리	4. 준공검사하기	1. 공사업자로부터 준공검사원을 접수하고 준공검사를 실시한 이후 그 결과를 발주자에게 보고할 수 있다. 2. 공사준공에 따른 자재의 반입, 설치, 인력의 투입, 완공된 시설물 등을 확인 후 검사처리절차에 따라 준공검사를 할 수 있다. 3. 특수공종의 준공검사는 발주자와 협의하여 전문기술자가 포함된 합동 검사를 할 수 있다. 4. 해당 공사에 상주감리원, 공사업자와 시공관리책임자 입회하에 계약서, 설계설명서, 설계도서 그 밖의 관련 서류에 따라 준공검사를 할 수 있다. 5. 공사업자가 작성 제출한 준공도면이 실제 시공된대로 작성되었는지 여부를 검토하고 확인 · 서명할 수 있다. 6. 준공검사 시 시공기준에 부적합한 경우 보완하게 한 후, 검사절차에 의해 재검사를 할 수 있다. 7. 준공검사 시에 공사업자에게 시설물 인수인계를 위한 제반도서, 서류와 예비품의 준비를 지시할 수 있다.
	11. 전기설비 설계감리 업무	1. 설계감리 계획서 작성하기	1. 설계용역 계약문서, 설계감리 과업내역서 등을 참고하여 설계감리를 수행하는데 필요한 절차와 방법 등을 포함된 설계감리계획서를 작성할 수 있다. 2. 설계업자로부터 착수신고서를 제출받아 설계예정공정표와 과업수행계획에 대한 적정성 여부를 검토할 수 있다. 3. 설계용역계획서와 공정표에 따라 단계별 착안사항과 확인사항을 참고하여 설계감리계획을 수립할 수 있다. 4. 설계대상물의 현장 적합성과 가치공학(Value Engineering) 등을 검토하여 설계단계별 경제성을 검토할 수 있다. 5. 건축, 소방, 기계, 통신 등 타 공종과의 간섭관계를 고려하여 설계에 반영하게 할 수 있다. 6. 설계감리 대상물의 특징과 고려사항을 감안하여 설계내용, 예상 문제점, 대책 등을 수립할 수 있다.

직무 분야	전기·전자	중직무 분야	전기	자격 종목	전기산업기사	적용 기간	2024.1.1.~2026.12.31.

○ 직무내용 : 전기설비에 관한 이론을 기반으로 전기기계·기구의 선정, 전기설비의 계획, 에너지 절약기술 적용, 용량산정, 재료선정 등 설계도서 작성, 감리, 유지관리 및 운용 등 시설관리 등의 업무를 수행하는 직무이다.
○ 수행준거 : 1. 전기설비에 관한 기초지식을 기반으로 전기설비의 계획 및 설계도서를 파악할 수 있다.
2. 전력공급 안정성을 위하여 설비회로 구성과 제어에 필요한 사항을 파악할 수 있다.
3. 설비의 안전한 운용을 위한 방안을 수립하고 구성기기의 특성을 파악할 수 있다.
4. 전기설비의 안전관리를 위한 각종 계측 및 시험방법을 파악할 수 있다.

실기검정방법	필답형	시험시간	2시간

실기 과목명	주요항목	세부항목	세세항목
전기설비 설계 및 관리	1. 전기계획	1. 현장조사 및 분석하기	1. 건축물의 용도, 부하의 위치, 규모에 따라 이에 적합한 전기설비를 계획할 수 있다. 2. 현장의 위치를 파악하여 전력의 인입계획을 수립할 수 있다. 3. 현장의 대지특성을 분석하여 접지설비를 계획할 수 있다. 4. 현장의 낙뢰빈도를 조사하여 피뢰설비를 계획할 수 있다.
		2. 부하용량 산정하기	1. 건축물의 용도, 규모에 따라 이에 적합한 부하설비용량을 추정할 수 있다. 2. 수용률, 부등률, 부하율을 추정하여 최대수용전력을 산출할 수 있다. 3. 건물의 종류별 표준부하와 부분표준부하를 산출할 수 있다. 4. 부하의 종류별, 규모별로 수용률을 추정할 수 있다.
		3. 전기실 크기 산정하기	1. 추정된 부하설비용량에 의하여 변전실 면적을 산출할 수 있다. 2. 발전설비용량에 의한 발전실 면적을 산출할 수 있다. 3. 부하설비용량에 의한 각층별, 구획별로 EPS실 면적을 산출할 수 있다. 4. 중요부하설비의 UPS실과 축전지실 등의 면적을 산출할 수 있다.
		4. 비상전원 및 무정전전원 산정하기	1. 건축물의 규모, 용도에 따라 비상전원과 무정전전원을 계획할 수 있다. 2. 추정된 부하설비용량에 의하여 비상부하용량을 산정할 수 있다. 3. 비상부하용량을 분석하여 무정전전원 용량을 산정할 수 있다. 4. 비상전원과 무정전전원을 분석하여 축전지용량을 산정할 수 있다.

수험정보

실기 과목명	주요항목	세부항목	세세항목
전기설비 설계 및 관리	1. 전기계획	5. 에너지이용 기술 계획하기	1. 고효율 전기설비를 적용 검토할 수 있다. 2. 전기 에너지 이용 효율 향상 기술을 적용 검토할 수 있다. 3. 전기에너지 부하 평준화 기술을 적용 검토할 수 있다. 4. 대체 에너지 적용설비의 적정 여부를 검토할 수 있다. 5. 전기 에너지 절감 효과를 반영한 에너지 수요량 분석의 적정성을 검토할 수 있다.
	2. 전기설계	1. 부하설비 설계하기	1. 부하설비의 공학적 구조, 원리, 구성장치, 운전 특성을 설명할 수 있다. 2. 조명, 전열, 전동력 설비 등의 계산을 할 수 있다.
		2. 수변전 설비 설계하기	1. 변압기의 구조, 동작원리, 종류, 특성을 설명할 수 있다. 2. 수전실의 위치, 면적, 관련 규정 및 법규를 적용할 수 있다.
		3. 실용도별 설비 기준 적용하기	1. 건축물의 종류에 따른 조명설비, 각종 배선방법을 적용할 수 있다. 2. 각종 전기 기계기구를 실 용도에 맞게 적용할 수 있다.
		4. 설계도서 작성하기	1. 전기 설비의 분류체계를 설명할 수 있다. 2. 도면, 시방서, 공사비 내역서를 작성할 수 있다.
		5. 원가 계산하기	1. 설계에 따른 자재비, 노무비, 경비를 산출할 수 있다. 2. 계약의 종류 및 방법, 구성요소를 이해하고, 국가계약법 등 각종규제 사항을 활용할 수 있다.
		6. 에너지 절약 설계하기	1. 수변전설비의 에너지 효율 향상기술을 적용할 수 있다. 2. 동력설비의 에너지 효율 향상 기술을 적용할 수 있다. 3. 조명설비의 에너지 효율 향상 기술을 적용할 수 있다. 4. 제어설비의 에너지 효율 향상기술을 적용할 수 있다. 5. 전력원단위를 고려하여 에너지 절약 설계기준을 적용할 수 있다.
	3. 자동제어 운용	1. 시퀀스제어 설계하기	1. 스위치의 동작원리를 이해하고 접점의 특성에 따라 시퀀스제어 회로에 적용할 수 있다. 2. 유접점제어와 무접점제어의 특성을 이해하고 시퀀스제어에 적용할 수 있다. 3. 릴레이와 타이머 등 제어기기의 동작원리를 알고 시퀀스 제어회로에 적용할 수 있다. 4. 제어시스템을 구성하고, 시스템을 제어하기 위한 시퀀스 제어 회로를 구성할 수 있다.
		2. 논리회로 작성하기	1. 논리기호를 파악하고 활용할 수 있다. 2. 제어 목적에 맞게 논리회로를 구성할 수 있다. 3. 논리회로로 구성된 제어시스템을 해석할 수 있다. 4. 복잡한 논리식을 간략화 시킬 수 있다.

실기 과목명	주요항목	세부항목	세세항목
전기설비 설계 및 관리	3. 자동제어 운용	3. PLC 프로그램 작성하기	1. 릴레이 제어방식과 PLC제어 방식의 차이점에 대하여 파악할 수 있다. 2. PLC 종류와 시스템 구성에 대하여 파악할 수 있다. 3. PLC 종류에 따른 명령어를 이해하고, 동작특성에 따라 활용할 수 있다. 4. PLC를 이용하여 각종 제어회로를 작성할 수 있다.
		4. 제어시스템 설계 운용하기	1. 센서의 종류와 특성을 설명할 수 있다. 2. 제어 대상에 적합한 센서를 적용할 수 있다. 3. 센서와 구동기의 조합 특성을 파악할 수 있다. 4. 제어 범위를 선정하고 제어시스템을 설계할 수 있다. 5. 입출력 장치에 의하여 제어기기 및 시스템 활용을 할 수 있다.
	4. 전기설비 운용	1. 수 · 변전설비 운용하기	1. 전기 단선도를 이해하고, 기기 정격의 정확여부를 판단할 수 있다. 2. 해당 기계, 기구의 매뉴얼에 따라 설치된 기기의 정상작동 유무를 판단할 수 있다. 3. 보호계전기의 정정을 할 수 있고, 정상 작동 유무를 판단할 수 있다. 4. 수변전설비의 도면(단선도, 장비 배치도 등)을 이해하고, 설계 도서를 검토하여 중요한 항목이 무엇인지를 도출할 수 있다.
		2. 예비전원설비 운용하기	1. 비상용 발전기의 특성을 이해하고, 정상 작동 유무를 판단할 수 있다. 2. 무정전전원장치의 특성을 이해하고, 정상 작동 유무를 판단할 수 있다. 3. 축전지설비의 특성을 이해하고, 정상 작동 유무를 판단할 수 있다. 4. 전원설비의 도면(단선도, 기기배치도 등)을 이해하고, 설계 도서를 검토하여 중요한 항목을 도출할 수 있다.
		3. 전동력설비 운용하기	1. 전동기의 종류와 특성별 기동특성을 이해하고, 작동매뉴얼을 활용하여 절차에 따라 점검, 관리할 수 있다. 2. 인버터 등의 전동기제어장치의 특성을 이해하고, 정상 작동 유무를 판단할 수 있다. 3. 펌프와 팬의 특성 및 정격산정 방법을 이해하고, 작동매뉴얼을 활용하여 절차에 따라 점검, 관리할 수 있다. 4. 동력설비의 도면(동력결선도 등)을 이해하고, 설계도서를 검토하여 중요한 항목을 도출할 수 있다.

수험정보

실기 과목명	주요항목	세부항목	세세항목
전기설비 설계 및 관리	4. 전기설비 운용	4. 부하설비 운용하기	1. 조명기기의 특성 및 설계도서를 이해하고, 작동매뉴얼을 활용하여 절차에 따라 점검, 관리할 수 있다. 2. 전열설비의 특성을 이해하고, 작동매뉴얼을 활용하여 절차에 따라 점검, 관리할 수 있다. 3. 승강기설비의 특성을 이해하고, 작동매뉴얼을 활용하여 절차에 따라 점검, 관리할 수 있다. 4. 전기로, 대형컴퓨터 등 특수전기설비의 특성을 이해하고, 작동매뉴얼을 활용하여 절차에 따라 점검, 관리할 수 있다.
	5. 전기설비 유지관리	1. 계측기 사용법 파악하기	1. 각종 계측기의 동작원리를 이해하고 용도에 따른 적정계측기 선정을 할 수 있다. 2. 각종 계측기의 사용법을 파악할 수 있다. 3. 각종 계측 데이터를 수집하고, 이를 분석 및 활용할 수 있다. 4. 각종 계측기에 대한 검·교정 주기를 파악할 수 있다.
		2. 수·변전기기 시험, 검사하기	1. 수·변전 설비의 계통을 파악할 수 있다. 2. 각종 수·변전기기들의 원리 및 사용용도 등을 파악할 수 있다. 3. 각종 수·변전기기 등에 대한 시험 성적서를 파악할 수 있다. 4. 각종 수·변전기기 등에 대한 외관 검사 및 정밀검사 결과를 검토할 수 있다.
		3. 조도, 휘도 측정하기	1. 실 용도별 조도 및 휘도기준을 확인할 수 있다. 2. 휘도와 조도와의 관계를 파악하여 사용할 수 있다. 3. 조도측정방식을 설명할 수 있다. 4. 조명기구의 특성을 설명할 수 있다. 5. 휘도와 조도가 시 환경에 미치는 영향을 이해할 수 있다.
		4. 유지관리 및 계획수립하기	1. 수·변전설비의 주요 기기(변압기, CT, PT, MOF, CB, LA 등)의 외관검사를 실시할 수 있다. 2. 전력케이블의 상태를 점검할 수 있다. 3. 배전반, 분전반의 외관검사를 실시할 수 있다. 4. 예비 전원설비의 외관검사를 실시할 수 있다.
	6. 감리업무 수행계획	1. 인허가업무 검토하기	1. 착공 전 공사수행과 연관된 분야의 인허가 사항과 관련 법령, 조례, 규정 등을 분석할 수 있다. 2. 「전력기술관리법」에 따른 감리원배치신고서를 제출할 수 있다. 3. 「전기사업법」에 적합한 자가용전기설비 공사계획신고서를 검토할 수 있다. 4. 전기사업자의 전기공급방안과 공사용 임시전력을 사용하기 위하여 전기수용신청을 할 수 있다.

실기 과목명	주요항목	세부항목	세세항목
전기설비 설계 및 관리	6. 감리업무 수행계획	1. 인허가업무 검토하기	5. 소방전기설비를 시공하기 위하여 소방시설시공(변경)신고서를 검토할 수 있다. 6. 전기통신설비를 시공하기 위하여 기간통신사업자와 수급지점을 협의하고 검토할 수 있다. 7. 항공장애등설비를 시공하기 위하여 항공법에 따라 항공장애등 설치 신고서를 검토할 수 있다.
	7. 감리 여건 제반조사	1. 설계도서 검토하기	1. 관련 법령에 따라 설계도서의 누락, 오류, 불분명한 부분, 문제점 등을 검토하여 설계도서 검토서를 작성할 수 있다. 2. 설계도서 간의 상이로 인한 오류를 방지하기 위하여 설계도서 간 불일치 사항을 검토하고 설계도서 검토서를 작성할 수 있다. 3. 시방서, 부하, 장비용량 계산서 등 각종 계산서를 검토하고 설계도서 검토서를 작성할 수 있다. 4. 효율적인 시공을 위하여 건축, 설비 등 타 공정 간의 상호 간섭 사항을 파악할 수 있다. 5. 경제적인 시공을 위하여 신기술, 신공법에 의한 공법개선과 가치공학(Value Engineering)기법을 활용한 원가절감을 검토할 수 있다.
	8. 감리행정 업무	1. 착공신고서 검토하기	1. 공사업자가 제출한 착공신고서가 공사기간, 공사비 지급조건 등 공사계약문서에서 정한 사항과 적합한지 여부를 검토할 수 있다. 2. 관련 법령에 따라 시공관리책임자, 안전관리자 등 현장기술자가 해당 현장에 적합하게 배치되었는지 여부를 검토할 수 있다. 3. 예정공정표가 작업 간 선행, 동시, 완료 등 공사 전·후 간의 연관성이 명시되어 작성되고, 예정 공정률이 적정하게 작성되었는지 검토할 수 있다. 4. 품질관리계획이 공사 예정공정표에 따라 공사용 자재의 투입시기와 시험방법, 빈도 등이 적정하게 반영되었는지 검토할 수 있다. 5. 안전관리계획이 산업안전보건법령에 따라 해당 규정이 적절하게 반영되어있는지 여부를 검토할 수 있다. 6. 공사의 규모, 성격, 특성에 맞는 장비형식이나 수량의 적정여부에 따라 작업인원과 장비 투입 계획이 수립되었는지 여부를 검토할 수 있다.
	9. 전기설비 감리 안전관리	1. 안전관리 계획서 검토하기	1. 현장의 안전관리를 위하여 「산업안전보건법」과 관련 법령을 이해하고 안전관리계획서의 적정성을 검토할 수 있다. 2. 감리원은 전기공사의 공정에 따른 작업의 위험요인을 확인하고 이에 대한 재해예방대책이 안전관리계획에 반영될 수 있도록 지도 감독할 수 있다.

수험정보

실 기 과목명	주요항목	세부항목	세세항목
전기설비 설계 및 관리	9. 전기설비 감리 안전관리	1. 안전관리 계획서 검토하기	3. 공사업자가 재해예방을 위한 관련 법령을 이해하고, 전기공사의 안전관리계획의 사전검토, 실시확인, 평가, 자료의 기록유지를 할 수 있도록 지도 감독할 수 있다. 4. 관련 기준에 따라 안전관리 예산의 편성과 집행계획에 대한 적정성 검토를 할 수 있다.
		2. 안전관리 지도하기	1. 사고예방을 위하여 안전관련 법령에서 명시하는 사항을 이행하도록 안전관리자와 공사업자를 지도감독할 수 있다. 2. 공정진행상황에 따라 안전점검과 관찰 결과와 안전관련 자료에 의하여 공사업자에게 안전을 유지하도록 지시하고 이행상태를 점검할 수 있다. 3. 현장의 안전관리자가 위험장소와 작업에 대한 안전조치를 적정하게 이행하는지 여부를 확인하여 지도 감독할 수 있다.
	10. 전기설비 감리 기성준공 관리	1. 기성 검사하기	1. 공사업자로부터 기성검사원을 접수하고 기성검사를 실시한 이후 그 결과를 발주자에게 보고할 수 있다. 2. 공정진행에 따른 자재의 반입, 설치, 인력의 투입, 현장시공 상태 등을 확인 후 검사처리절차에 따라 기성검사를 할 수 있다. 3. 신청된 기성내역과 시공내용이 설계도서와 일치하는지 검사하여 시공기준에 부적합한 경우 기성율을 조정할 수 있다. 4. 특수공종의 기성검사는 발주자와 협의하여 전문기술자가 포함된 합동 검사를 할 수 있다.
		2. 예비준공 검사하기	1. 예정공사기간 내 준공가능 여부와 미진한 사항의 사전 보완을 위해 예비준공검사를 실시할 수 있다. 2. 준공가능여부를 판단하기 위하여 잔여공정, 품질시험, 타 공정의 진행사항 등을 고려하고 준공검사에 준하는 검사항목을 적용하여 검사할 수 있다. 3. 검사 시 자재나 장비 납품업체, 공종별 시공관리책임자와 발주자의 입회하에 예비준공검사를 할 수 있다. 4. 예비준공검사 결과를 설계도서, 제작승인서류 등과 비교 검토하여 보완사항이 있는 경우 조치하도록 지시하고 재검사하여 합격한 후 준공검사원을 제출할 수 있다.
		3. 시설물 시운전하기	1. 공사업자로부터 시운전 계획서를 제출받아 건축, 기계, 소방 등 시운전 유관자와 범위, 기간 등을 고려하여 검토하고 발주자에게 제출할 수 있다. 2. 시운전을 위한 외관점검, 전원공급, 연료, 부품, 측정계측장비 등의 준비를 지시하고 측정기록 문서의 작성을 지도할 수 있다.

실기 과목명	주요항목	세부항목	세세항목
전기설비 설계 및 관리	10. 전기설비 감리 기성준공 관리	3. 시설물 시운전하기	3. 다른 공정과 관련된 설비는 유관자의 입회하에 가동상태, 회전 방향, 소음상태 등 성능을 확인할 수 있다. 4. 시운전 결과가 설계기준치에 적정한지 검토하고, 계속 사용하여야 할 시설은 부분 인수 인계를 시행하고 유지관리자가 지정되도록 조치할 수 있다. 5. 시운전 완료 후 검사결과보고서를 공사업자로부터 제출받아 검토 후 발주자에게 제출할 수 있다.
		4. 준공검사하기	1. 공사업자로부터 준공검사원을 접수하고 준공검사를 실시한 이후 그 결과를 발주자에게 보고할 수 있다. 2. 공사준공에 따른 자재의 반입, 설치, 인력의 투입, 완공된 시설물 등을 확인 후 검사처리절차에 따라 준공검사를 할 수 있다. 3. 특수공종의 준공검사는 발주자와 협의하여 전문기술자가 포함된 합동 검사를 할 수 있다. 4. 해당 공사에 상주감리원, 공사업자와 시공관리책임자 입회하에 계약서, 설계설명서, 설계도서 그 밖의 관련 서류에 따라 준공검사를 할 수 있다. 5. 공사업자가 작성 제출한 준공도면이 실제 시공된대로 작성되었는지 여부를 검토하고 확인·서명할 수 있다. 6. 준공검사 시 시공기준에 부적합한 경우 보완하게 한 후, 검사절차에 의해 재검사를 할 수 있다. 7. 준공검사 시에 공사업자에게 시설물 인수인계를 위한 제반도서, 서류와 예비품의 준비를 지시할 수 있다.
	11. 전기설비 설계감리 업무	1. 설계감리 계획서 작성하기	1. 설계용역 계약문서, 설계감리 과업내역서 등을 참고하여 설계감리를 수행하는데 필요한 절차와 방법 등을 포함된 설계감리계획서를 작성할 수 있다. 2. 설계업자로부터 착수신고서를 제출받아 설계예정공정표와 과업수행계획에 대한 적정성 여부를 검토할 수 있다. 3. 설계용역계획서와 공정표에 따라 단계별 착안사항과 확인사항을 참고하여 설계감리계획을 수립할 수 있다. 4. 설계대상물의 현장 적합성과 가치공학(Value Engineering) 등을 검토하여 설계단계별 경제성을 검토할 수 있다. 5. 건축, 소방, 기계, 통신 등 타 공종과의 간섭관계를 고려하여 설계에 반영하게 할 수 있다. 6. 설계감리 대상물의 특징과 고려사항을 감안하여 설계내용, 예상문제점, 대책 등을 수립할 수 있다.

수험정보

국가기술자격 실기시험 문제 및 답안지

20○○년도 기사 제○회 필답형 실기시험

종목	시험시간	배점	문제수	형별
전기기사	2시간 30분	100점		

구분	수험자 유의사항
공통사항	• 시험 시작시간 이후 입실 및 응시가 불가하며, 수험표 및 접수내역 사전확인을 통한 시험장 위치, 시험장 입실가능 시간을 숙지하시기 바랍니다. • 시험 준비물-공단인정 신분증(바로가기), 수험표, 계산기[필요시], 흑색 볼펜류 필기구(필답, 기술사 필기), 계산기[필요시], 수험자지참준비물(작업형실기, 바로가기) ※ 공학용계산기는 일부 등급에서 제한된 모델로만 사용이 가능하므로 사전에 필히 확인 후 지참 바랍니다. • 부정행위 관련 유의사항-시험 중 다음과 같은 행위를 하는 자는 국가기술자격법 제10조 제6항의 규정에 따라 당해 검정을 중지 또는 무효로 하고 3년간 국가기술자격법에 의한 검정을 받을 자격이 정지됩니다. • 부정행위 관련 유의사항-시험 중 다음과 같은 행위를 하는 자는 국가기술자격법 제10조 제6항의 규정에 따라 당해 검정을 중지 또는 무효로 하고 3년간 국가기술자격법에 의한 검정을 받을 자격이 정지됩니다. -시험 중 다른 수험자와 시험과 관련된 대화를 하거나 답안지(작품 포함)를 교환하는 행위 -시험 중 다른 수험자의 답안지(작품) 또는 문제지를 엿보고 답안을 작성하거나 작품을 제작하는 행위 -다른 수험자를 위하여 답안(실기작품의 제작방법 포함)을 알려주거나 엿보게 하는 행위 -시험 중 시험문제 내용과 관련된 물건을 휴대하여 사용하거나 이를 주고받는 행위 -시험장 내외의 자로부터 도움을 받고 답안지를 작성하거나 작품을 제작하는 행위 -다른 수험자와 성명 또는 수험번호(비번호)를 바꾸어 제출하는 행위 -대리시험을 치르거나 치르게 하는 행위 -시험시간 중 통신기기 및 전자기기를 사용하여 답안지를 작성하거나 다른 수험자를 위하여 답안을 송신하는 행위 -그 밖에 부정 또는 불공정한 방법으로 시험을 치르는 행위 • 시험시간 중 전자·통신기기를 비롯한 불허물품 소지가 적발되는 경우 퇴실조치 및 당해시험은 무효처리 됩니다.

구분	수험자 유의사항
실기시험	• 작업형 실기시험 1. 수험자지참준비물을 반드시 확인 후 준비해오셔야 응시 가능합니다. 2. 수험자는 시험위원의 지시에 따라야 하며 시험실 출입 시 부정한 물품 소지여부 확인을 위해 시험위원의 검사를 받아야 합니다. 3. 시험시간 중 전자·통신기기를 비롯한 불허물품 소지가 적발되는 경우 퇴실조치 및 당해시험은 무효처리 됩니다. 4. 수험자는 답안 작성 시 검정색 필기구만 사용하여야 합니다.(그 외 연필류, 유색 필기구 등을 사용한 답항은 채점하지않으며 0점 처리됩니다.) 5. 수험자는 시험시작 전에 지급된 재료의 이상 유무를 확인하고 이상이 있을 경우에는 시험위원으로부터 조치를 받아야 합니다.(시험시작 후 재료교환 및 추가지급 불가) 6. 수험자는 시험 종료 후 문제지와 작품(답안지)을 시험위원에게 제출하여야 합니다.(단, 문제지 제공 지정종목은 시험 종료 후 문제지를 회수하지 아니함) 7. 복합형(필답형+작업형)으로 시행되는 종목은 전 과정을 응시하지 않는 경우 채점대상에서 제외됩니다. 8. 다음과 같은 경우는 득점에 관계없이 불합격 처리 합니다. 　－시험의 일부 과정에 응시하지 아니하는 경우 　－문제에서 주요 직무내용이라고 고지한 사항을 전혀 해결하지 못하는 경우 　－시험 중 시설 장비의 조작 또는 재료의 취급이 미숙하여 위해를 일으킬 것으로 시험위원 전원이 합의 하여 판단한 경우 9. 수험자는 시험 중 안전에 특히 유의하여야 하며, 시험장에서 소란을 피우거나 타인의 시험을 방해하는 자는 질서유지를 위해 시험을 중지시키고 시험장에서 퇴장 시킵니다. • 필답형 실기시험 1. 문제지를 받는 즉시 응시 종목의 문제가 맞는지 확인하셔야 합니다. 2. 답안지 내 인적사항 및 답안작성(계산식 포함)은 검정색 필기구만을 계속 사용하여야 합니다. 3. 답안정정 시에는 두 줄(=)을 긋고 다시 기재 가능하며, 수정테이프 사용 또한 가능합니다. 4. 계산문제는 반드시 '계산과정'과 '답'란에 정확히 기재하여야 하며 계산과정이 틀리거나 없는 경우 0점 처리됩니다. 　※ 연습이 필요 시 연습란을 이용하여야 하며, 연습란은 채점대상이 아닙니다. 5. 계산문제는 최종결과 값(답)에서 소수 셋째자리에서 반올림하여 둘째 자리까지 구하여야 하나 개별 문제에서 소수처리에 대한 별도 요구사항이 있을 경우, 그 요구사항에 따라야 합니다. 6. 답에 단위가 없으면 오답으로 처리됩니다.(단, 문제의 요구사항에 단위가 주어졌을 경우는 생략되어도 무방합니다.) 7. 문제에서 요구한 가지 수 이상을 답란에 표기한 경우, 답란기재 순으로 요구한 가지 수만 채점합니다.

이책의 차례

ENGINEER ELECTRICITY

제1권

제1편 전기설비 운용 및 유지
제2편 전기설계
제3편 감리업무 수행 및 업무
제4편 전기계획
제5편 자동제어 운용

제2권

과년도 기출문제
(기사 2019~2024 / 산업기사 2019~2024)

제1편 전기설비 운용 및 유지

제1장 수변전설비

1 수변전설비용 기기의 명칭 및 내용	3
2 시험에 자주 출제되는 계전기 기구 번호	4
3 시험에 자주 출제되는 계기 및 측정기	6
4 개폐기 및 퓨즈	6
5 DS : 단로기	7
6 PT(계기용 변압기)	10
7 CT(변류기)	17
8 MOF(Metering Out Fit) - 전력수급용 계기용 변성기	20
9 ZCT(Zero-Phase Current Transformer) : 영상변류기	24
10 CB(교류차단기)	25
11 OCR(과전류 계전기)	34
12 LA(Lightning Arrester) : 피뢰기	37
13 수전설비의 명칭 및 기능	41
14 비율차동계전기(RDF ; Ratlo Differental Relay)	57
15 SC(Static Condenser, 전력용 콘덴서)	62

ENGINEER ELECTRICITY

이책의 차례

제2장 기사 단답형

1 변압기	83
2 접지 및 안전	97
3 동력설비	114
4 송배전설비	116
5 변전설비	127
6 한국전기설비규정(KEC)	138
7 측정 및 시험	145
8 예비전원	152
9 UPS	160

제2편 전기설계

제1장 조명설계

1 조명계산의 기본   171
2 조명설계   176
3 광원의 종류   189
4 건축화 조명   192

제2장 심벌

1 적용범위   196
2 배선   196
3 기기   198
4 전동·전력   199

이책의 차례

제3편 감리업무 수행 및 업무

제1장 감리

1 감리원	217
2 책임감리원	217
3 보조감리원	217
4 상주감리원	217

제4편 전기계획

제1장 Table-Spec

1 KS C IEC 전선규격	227
2 금속제 전선관	227
3 관의 굵기 선정	228
4 전압강하 계산식	232
5 분기회로의 종류	235
6 부하의 산정	236
7 분기회로의 수 결정	238
8 과전류에 대한 보호	241
■ 실전문제	249

ENGINEER ELECTRICITY

제5편 자동제어 운용

제1장 시퀀스

1 시퀀스 제어	279
2 유접점 회로의 이해	280
3 논리곱회로(AND Gate, 직렬접속)	288
4 논리합회로(OR Gate, 병렬접속)	290
5 논리부정회로(NOT Gate, Inverter)	293
6 부정논리곱(NAND Gate)	295
7 부정논리합회로(NOR Gate)	296
8 배타적 논리합 회로(Exclusive OR Gate)	300
9 논리식의 간소화	304
10 릴레이 접점의 종류	315
11 타이머 회로의 구분	319
12 전동기 정·역 운전 회로	325
13 전동기 Y−△ 운전	334

제2장 PLC

1 PLC(Programmable Logic Controller) 구성	353
2 PLC 시퀀스와 프로그램	354
■ 실전문제	356

전기설비 운용 및 유지

PART 1

Chapter 01 수변전설비

1 수변전설비용 기기의 명칭 및 내용

명칭	문자기호	기능 및 용도
전류계	A	부하에 흐르는 전류를 측정하는 지시계기
전압계	V	부하에 걸리는 전압을 측정하는 지시계기
전력계	W	전력을 표시하는 지시계기
전류계전환 개폐기	AS	하나의 전류계로 3상의 전류를 측정하기 위한 전환개폐기
전압계전환 개폐기	VS	하나의 전압계로 3상의 전압을 측정하기 위한 전환개폐기
표시등	PL	전압의 유무를 확인 표시등(전원의 정전 여부를 표시함)
계기용 변압기	PT	고전압을 저압으로 변성, 전압계 등의 전원으로 사용
변류기	CT	큰 부하전류를 작게 변류하여 전류계 및 과전류 계전기에 공급하여 전류계 측정
단로기	DS	전로의 개폐(전류가 흐르지 않을 때)를 행함
차단기	CB	부하전류의 개폐 및 고장전류의 차단을 행함
유입개폐기	OS	통상의 부하전류를 개폐함
피뢰기	LA	이상 전압을 대지로 방류시키고 그 속류를 차단함
트립코일	TC	사고 시에 전류가 흘러서 차단기를 개방함
지락계전기	GR	지락 시 지락전류로부터 차단기를 개방함
영상변류기	ZCT	영상전류를 검출하여 지락계전기를 작동시키기 위한 것
과전류계전기	OCR	과부하나 단락 시에 차단기를 개방함
전력수급용 계기용 변성기	MOF (PCT)	사용 전력량계를 측정하기 위한 PT와 CT를 조합한 것
프라이머리 컷아웃	PC	사고전류차단하여 COS를 소형으로 개량한 것
진상용콘덴서	SC	진상 무효전력을 공급하여 부하에 역률을 개선하는 것
방전코일	DC	개폐기 개방 시 콘덴서의 잔류전하를 방전시키는 것
직렬 리액터	SR	제5고조파를 제거하여 파형 개선 및 콘덴서 회로 개폐기 고전압으로부터 콘덴서 보호
케이블 헤드	CH	고압 케이블을 끝단말 처리하여 케이블을 절연보호
비율 차동계전기	RDF	1차와 2차의 전류 차에 의해서 동작하여 변압기 내부고장 검출보호

❷ 시험에 자주 출제되는 계전기 기구 번호

기구 번호	명칭	동작설명
27	교류 부족전압 계전기 (Under Voltage Relay)	상시전원 정전 시 또는 부족전압 시 동작
47	결상 또는 역상전압 계전기 (Open Phase Relay)	결상 또는 역상전압일 때 동작
49	열동계전기(Thermal Relay)	과부하 시 동작하여 전동기를 보호
50	다회선 : 지락 선택계전기 (Selective Ground Relay)	지락사고 시 선택차단하여 차단기를 개방
50	1회선 : 지락계전기 (Ground Relay)	지락 시 지락전류로부터 차단기 개방
51	교류 과전류 계전기 (Over Current Relay)	단락이나 과부하 시 동작하여 차단기를 개방
51	지락 과전류 계전기 (Over Current Ground Relay)	지락 과전류로 차단기를 개방
52	교류차단기(Circuit Breakers)	고장전류를 차단하고 부하전류를 개폐
59	교류 과전압 계전기 (Over Voltage Relay)	교류 과전압으로 차단기를 개방
64	지락 과전압 계전기 (Over Voltage Ground Relay)	지락 시 과전압으로부터 차단기 개방
67	지락방향 계전기 (Directional Ground Relay)	회로의 전력방향 또는 지락방향에 의하여 차단기 개방
87	비율 차동계전기	변압기 1차와 2차의 전류차에 의해 동작 변압기 내부고장 보호
89	단로기(부하 개폐기)	무부하 전로를 개폐
96	부흐홀츠 계전기	변압기 내부고장(기계적인 고장)을 보호

✓ 핵심 과년도 문제

01 그림과 같은 고압수전설비의 단선결선도에서 ①에서 ⑩까지의 심벌의 약호와 명칭을 번호별로 작성하시오.

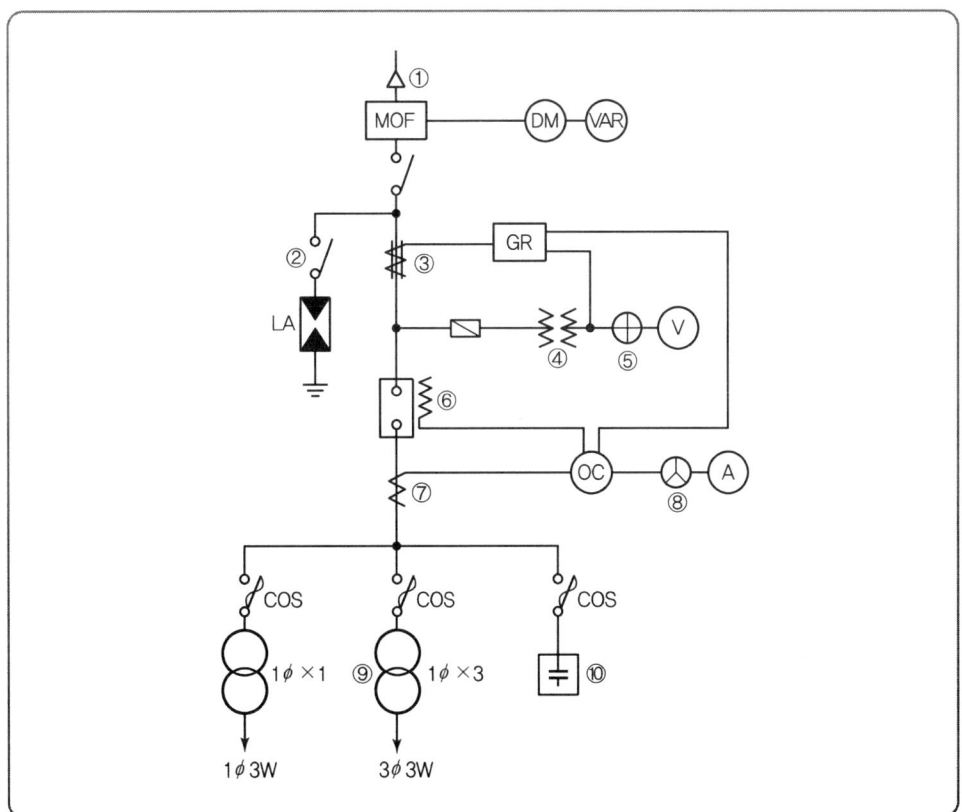

[해답]
① CH : 케이블 헤드
③ ZCT : 영상변류기
⑤ VS : 전압계용 전환 개폐기
⑦ CT : 변류기
⑨ Tr : 전력용 변압기
② DS : 단로기
④ PT : 계기용 변압기
⑥ TC : 트립코일
⑧ AS : 전류계용 전환 개폐기
⑩ SC : 전력용 콘덴서

❸ 시험에 자주 출제되는 계기 및 측정기

명 칭	약호(심벌)	원 어	역할 및 용도(기능)
전력량계	WH	Watt hour Meter	수용가 측 사용전력량 측정
최대수요전력량계	DM	Maixmum Demand Wattmeter	자가용 설비 수용가의 최대(Pike)치를 측정하여 기록함
무효전력계	VAR	Varmeter	자가용수용가 설비의 무효전력 측정
무효전력량계	VARH	Varmeter Watt Hour	자가용 수용가 설비의 무효전력량을 측정하여 기록함
주파수계	F	Frequency Meter	자가용 수용가 설비의 주파수 측정
역률계	PF	Power factor Meter	자가용 수용가 설비의 역률 측정

❹ 개폐기 및 퓨즈

명 칭	약 호	원 어	역할 및 용도(기능)
부하개폐기	LBS	Load Break Switch	인입 개폐기로 부하전류 차단 및 결상 사고 차단
선로 개폐기 (기중부하개폐기)	LS (IS)	Line Switch Interrupter Switch	인입구 개폐기로 사용되며 소전류 및 충전 전류 개폐 가능함
자동고장구분 개폐기	ASS	Automatic section Switch	① 사고 시 전기사업자측(리클리우저, CB)와 협조하여 파급 사고 방지 ② 부하전류차단 ③ 과부하 보호기능
자동절체개폐기	ATS	Auto Transfer switch	갑작스러운 부하 측 고장으로 주차단기가 트립되거나 돌발적인 정전으로 전원 공급이 어려울 때 비상 발전기 선로에 절체되어 전원공급을 가능하게 함
전력용 퓨즈	PF	Power Fuse	단락 전류 차단 및 사고 파급 방지

5 DS : 단로기

1) 목적(기능)

무부하 전로개폐(기기 고장 점검 시 회로 분리)

2) 단로기 정격전압 : 공칭전압 $\times \dfrac{1.2}{1.1}$

공칭전압[kV]	정격 전압[kV]	
	이론계산값	실무(설계)사용값
6.6	$6.6 \times \dfrac{1.2}{1.1} = 7.2$	7.2
22.9	$22.9 \times \dfrac{1.2}{1.1} = 24.98$	25.8
66	$66 \times \dfrac{1.2}{1.1} = 72$	72.5
154	$154 \times \dfrac{1.2}{1.1} = 168$	170

3) 단로기와 전로(설비) 접속방법

① F-표면 접속(프레임 TYPE)
② B-이면 접속(큐비클 TYPE)
예 F-B : 표면-이면 접속형

4) 개폐기와 차단기의 조작

예
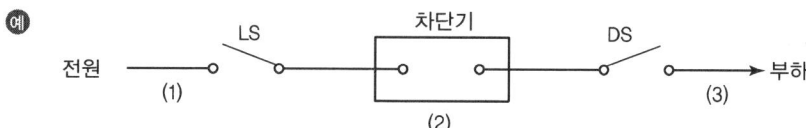

- 차단순위 : (2) → (3) → (1)
- 투입순위 : (3) → (1) → (2)

예
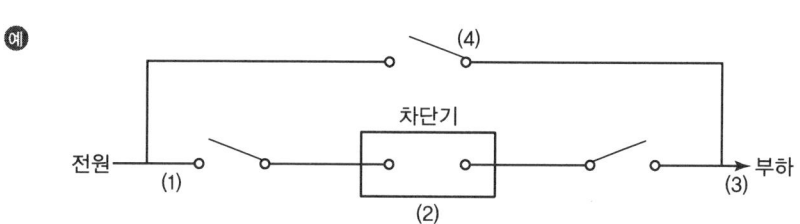

- 차단순위 : (4) 투입 → (2) → (3) → (1)
  (OCB 차단하고 '바이패스'를 사용할 때)
- 투입순서 : (3) → (1) → (2) → (4) 개로
  ('바이패스'를 개로하고, (1), (2), (3) 폐로할 때)

✅ 핵심 과년도 문제

02 그림과 같은 계통에서 측로 단로기 DS_3을 통하여 부하에 공급하고 차단기 CB를 점검하기 위한 조작순서를 쓰시오.(단, 평상시에 DS_3은 개방 상태임)

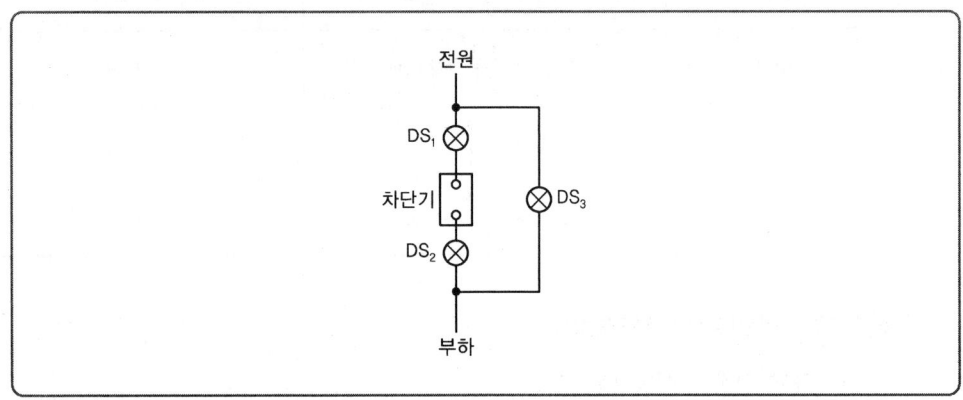

[해답] DS_3 ON - 차단기 OFF - DS_2 OFF - DS_1 OFF

> **TIP**
> DS_3는 바이패스 단로기로 무정전 상태에서 점검을 하기 위한 방법

03 DS 및 CB로 된 선로와 접지용구에 대한 그림을 보고 다음 각 물음에 답하시오.

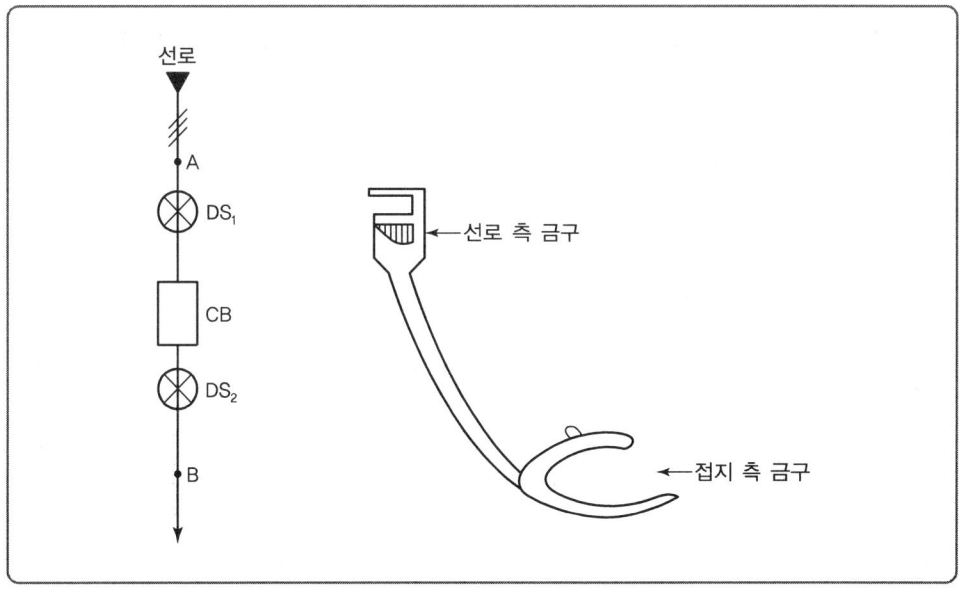

① 접지용구를 사용하여 접지하고자 할 때 접지순서 및 접지개소에 대하여 설명하시오.
② 부하 측에서 휴전작업을 할 때의 조작순서를 설명하시오.
③ 휴전작업이 끝난 후 부하 측에 전력을 공급하는 조작순서를 설명하시오.
   (단, 접지되지 않은 상태에서 작업한다고 가정한다.)
④ 긴급할 때 DS로 개폐 가능한 전류의 종류를 2가지만 쓰시오.

해답 ① 접지순서 : 대지에 연결 후 선로 측 연결
　　　　접지개소 : 선로 측 A와 부하 측 B
② CB OFF → DS_2 OFF → DS_1 OFF
③ DS_2 ON → DS_1 ON → CB ON
④ ① 변압기 여자전류
　　② 선로의 충전전류

TIP
① 단락접지용구는 정전 후 오송전, 충전전류 등 작업자를 보호하기 위한 것이다.
② 기기수리, 교체 시 한전 측에서 먼저 정전시키므로 A점에는 전류가 흐르지 않는다.

6 PT(계기용 변압기)

고전압을 저전압으로 변성하여 계측기 전원공급 및 전압계 측정의 역할을 한다.

1) PT의 정격전압

① $3\phi 3w(6,600[V])$
  ㉠ 1차 정격전압 : 6,600[V]
  ㉡ 2차 정격전압 : 110[V]
  ∴ PT비 : $\dfrac{6,600}{110}$ 표기

② $3\phi 4w(22,900[V])$
  ㉠ 1차 정격 : $\dfrac{22,900}{\sqrt{3}} = 13,200[V]$
  ㉡ 2차 정격 : $\dfrac{190}{\sqrt{3}} = 110[V]$

  ※ 변압비, 변류비는 단위가 없다.
  ※ PT의 2차 정격전압은 항상 110[V]이다.

2) PT의 결선방법

① 고압
  ㉠ $3\phi 3w$: 6,600[V]   ㉡ PT×2대 : V결선

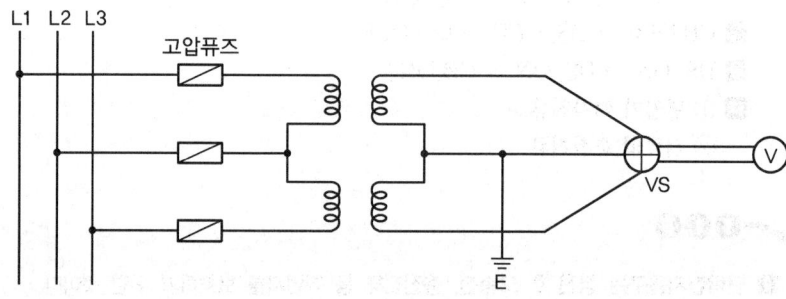

② 특고압

㉠ $3\phi 4w : 22,900[V]$ ㉡ PT×3대 : Y결선($V_l = \sqrt{3}\ V_p$)

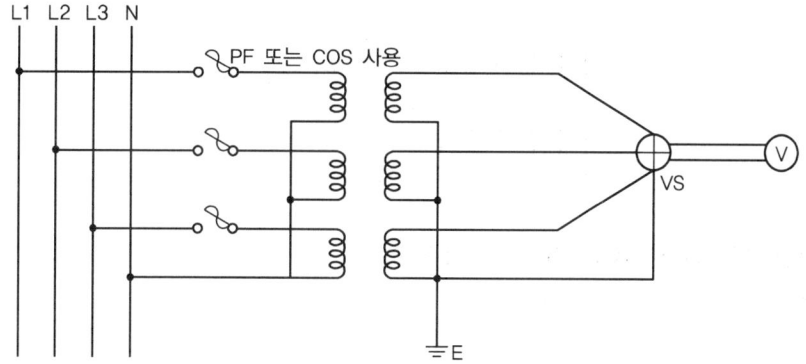

3) PT 2차 전로 측 접지

① 혼촉사고로 인한 2차 고전압 유기 방지 및 1, 2차 두 권선 간의 정전 유도로 2차 회로에 고전압 유기 현상을 방지함
② 혼촉사고 시 지락전류 검출하여 보호 계전기를 동작시키기 위함

4) PT 1차 측 Fuse 설치

PT의 고장이 선로에 파급되는 것을 방지하기 위함

5) PT 2차 측 Fuse 설치

오접속, 부하의 고장 등으로 인한 2차 측의 단락 발생 시 PT로 사고가 파급되는 것을 방지하기 위함

6) 오결선의 오류 방지를 위해 전선에는 색별 변호를 붙인다.

7) 계기용 변성기(PT, CT)결선은 감극성을 표준으로 한다.

8) 계기용 변성기 1차, 2차 간의 결선은 Y-Y, V-V 같은(동위상) 결선으로 하여야 한다.

9) 접지 계기용 변압기(GPT)

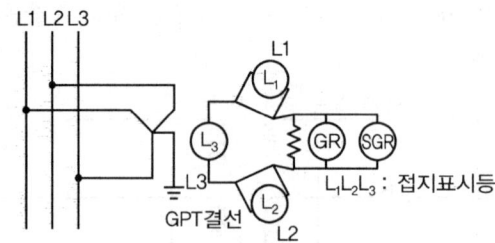

(1) L1상 고장 시(완전 지락 시) 2차 접지 표시등

   ⓛ₁은 소등(어둡다), ⓛ₂, ⓛ₃는 점등(더욱 밝다)

(2) 지락사고 시 전위상승

   ① 1, 2차 측 : $\sqrt{3}$ 배
   ② 개방단 : 3배

✅ 핵심 과년도 문제

04 CT 및 PT에 대한 다음 각 물음에 답하시오.

  ❶ CT는 운전 중에 2차 측을 개방하여서는 아니된다. 그 이유는?
  ❷ PT의 2차 측 정격전압과 CT의 2차 측 정격전류는 얼마인가?
   ① PT의 2차 측 정격전압
   ② CT의 2차 측 정격전류
  ❸ 3상 간선의 전압 및 전류를 측정하기 위하여 PT와 CT를 설치할 때, 다음 그림의 결선도를 답안지에 완성하시오. 퓨즈와 접지가 필요한 곳에는 표시하시오.

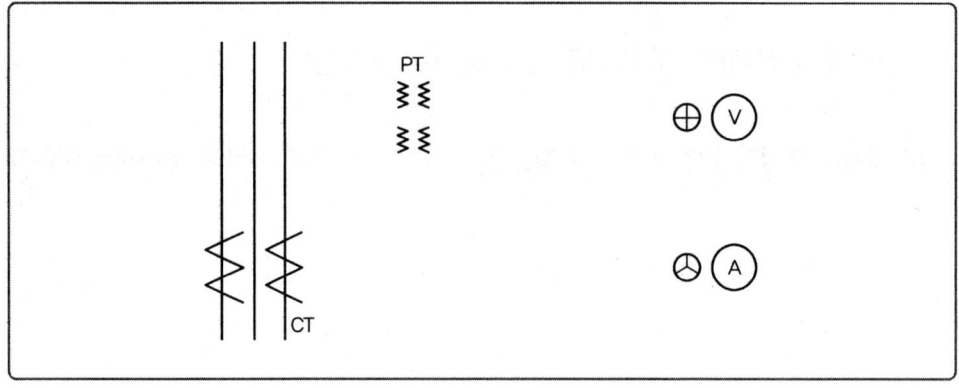

해답 ❶ CT의 2차 측 개방 시 과전압이 발생되어 절연소손

❷ ① PT의 2차 정격전압   답 110[V]
   ② CT의 2차 정격전류   답 5[A]

❸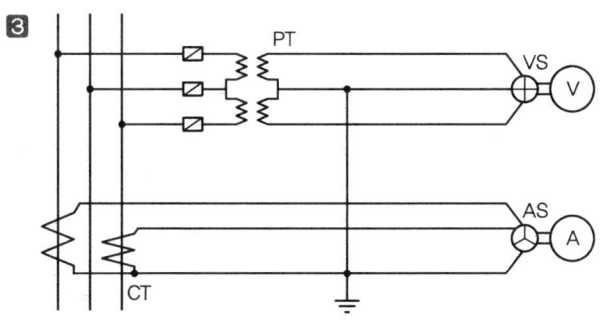

05 비접지 선로의 접지 전압을 검출하기 위하여 그림과 같은 Y − 개방 △ 결선을 한 GPT가 있다.

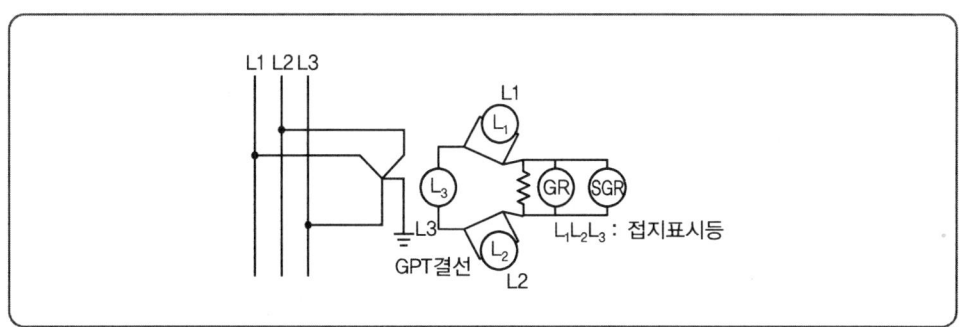

❶ L_1상 고장 시(완전 지락 시) 2차 접지 표시등 L_1, L_2, L_3의 점멸 상태와 밝기를 비교하시오.

❷ 1선 지락사고 시 건전상의 대지 전위의 변화를 간단히 설명하시오.

❸ GR, SGR의 우리말 명칭을 간단히 쓰시오.

해답 ❶ L_1 : 소등, 어둡다.

L_2, L_3 : 점등, 더욱 밝아진다.

❷ 전위가 상승한다.

❸ GR : 지락(접지) 계전기L
SGR : 선택지락(접지) 계전기

> **TIP**
>
> ❶ 지락된 상의 전압은 0이고 지락되지 않은 상은 전위가 상승한다. A상이 지락되었으므로 L_1 은 소등하고, L_2, L_3 는 점등한다.

06 비접지 3상 △결선(6.6[kV] 계통)일 때 지락사고 시 지락보호에 대하여 답하시오.

❶ 지락보호에 사용되는 변성기 및 계전기의 명칭을 각 1개씩 쓰시오.
　① 변성기　　　② 계전기
❷ 영상전압을 얻기 위하여 단상 PT 3대를 사용하는 경우 접속방법을 간단히 설명하시오.

해답 ❶ ① 변성기 : 접지형 계기용 변압기(GPT) 또는 영상변류기(ZCT)
　　　② 계전기 : 지락방향 계전기(DGR) 또는 지락과전압 계전기(OVGR)
　❷ 1차 측을 Y결선하여 중성점을 직접 접지하고, 2차 측은 개방 △결선한다.

07 계기용 변성기(PT)와 전위절환 개폐기(VS 혹은 VCS)로 모선전압을 측정하고자 한다.

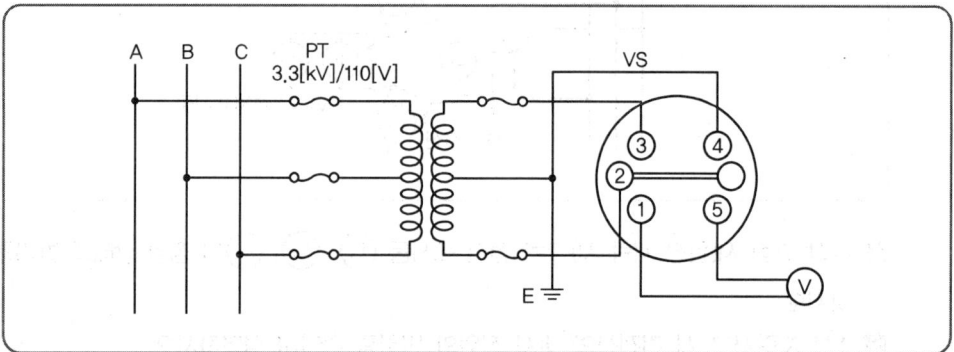

❶ VAB 측정 시 VS 단자 중 단락되는 접점을 2가지 쓰시오.
❷ VBC 측정 시 VS 단자 중 단락되는 접점을 2가지 쓰시오.
❸ PT 2차 측을 접지하는 이유를 기술하시오. ※ KEC 규정에 따라 변경
❹ PT의 결선방법에서 모든 PT는 무엇을 원칙으로 하는가?
❺ PT가 Y-△ 결선일 때에는 △가 Y에 대하여 몇 도 늦은 상변위가 되도록 결선을 하여야 하는가?

해답 ❶ ③-①, ④-⑤　　　❷ ①-②, ④-⑤
　❸ 이유 : 혼촉에 의한 기기 손상 방지　❹ 감극성
　❺ 30°

TIP

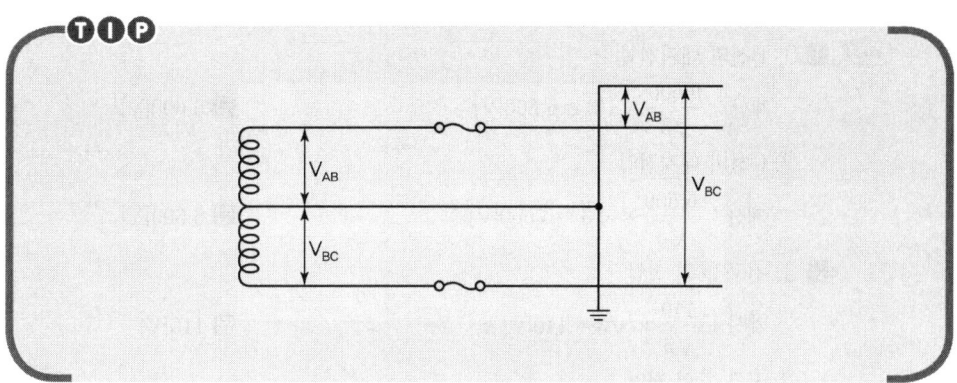

08 고압 선로에서의 접지사고 검출 및 경보장치를 그림과 같이 시설하였다. A선에 누전사고가 발생하였을 때 다음 각 물음에 답하시오. (단, 전원이 인가되고 경보벨의 스위치는 닫혀 있는 상태라고 한다.)

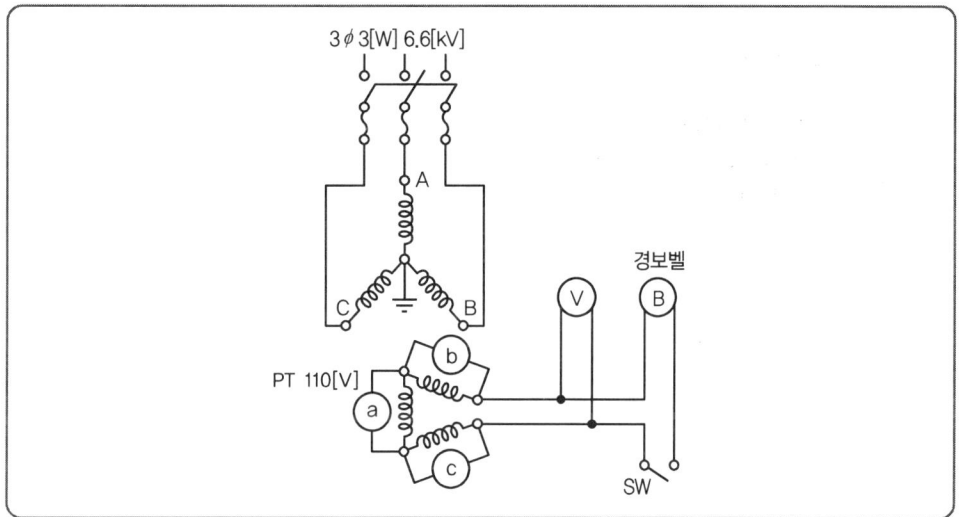

1 1차 측 A선의 대지 전압이 0[V]인 경우 B선 및 C선의 대지 전압은 각각 몇 [V]인가?
  ① B선의 대지전압
  ② C선의 대지전압

2 2차 측 전구 ⓐ의 전압이 0[V]인 경우 ⓑ 및 ⓒ 전구의 전압과 전압계 Ⓥ의 지시전압, 경보벨 Ⓑ에 걸리는 전압은 각각 몇 [V]인가?
  ① 전구 ⓑ의 전압
  ② 전구 ⓒ의 전압
  ③ 전압계 Ⓥ의 지시 전압
  ④ 경보벨 Ⓑ에 걸리는 전압

해답

1 ① B선의 대지전압

계산 : $\dfrac{6{,}600}{\sqrt{3}} \times \sqrt{3} = 6{,}600[\text{V}]$ 답 $6{,}600[\text{V}]$

② C선의 대지전압

계산 : $\dfrac{6{,}600}{\sqrt{3}} \times \sqrt{3} = 6{,}600[\text{V}]$ 답 $6{,}600[\text{V}]$

2 ① 전구 ⓑ의 전압

계산 : $\dfrac{110}{\sqrt{3}} \times \sqrt{3} = 110[\text{V}]$ 답 $110[\text{V}]$

② 전구 ⓒ의 전압

계산 : $\dfrac{110}{\sqrt{3}} \times \sqrt{3} = 110[\text{V}]$ 답 $110[\text{V}]$

③ 전압계 Ⓥ의 지시전압

계산 : $110 \times \sqrt{3} = 190.53[\text{V}]$ 답 $190.53[\text{V}]$

④ 경보벨 Ⓑ에 걸리는 전압

계산 : $110 \times \sqrt{3} = 190.53[\text{V}]$ 답 $190.53[\text{V}]$

TIP

① 지락된 상 : 0[V]
② 지락되지 않은 상 : $\sqrt{3}$ 배
② 개방단 : 3배

7 CT(변류기)

대전류를 소전류로 변류하여 과전류 계전기의 동작 및 전류계를 측정하는 역할을 한다.

1) 변류기 표준정격

	정격 1차 전류[A]	정격 2차 전류[A]	정격 부담[VA]
CT	5, 10, 15, 20, 30, 40, 50, 75 100, 150, 200, 300, 400, 500, 600, 750, 1000, 1500, 2000, 2500	5	일반적으로 고압회로 : 40[VA] 이하 저압회로 : 15[VA] 이하

2) 정격 1차 전류

① 배수가 1.25인 경우 : 계산치보다 큰 것 선택

예 $= \dfrac{450}{\sqrt{3} \times 22.9} \times 1.25 = 14.18$ ∴ 15/5 사용

② 배수가 1.5인 경우 : 계산치의 근삿값 사용

예 $= \dfrac{450}{\sqrt{3} \times 22.9} \times 1.5 = 17.01$ ∴ 15/5 사용

※ 2차 전류는 항상 5[A]이다.(변전소용은 10[A]도 사용)

3) CT 2차 측 전류

① I_1(1차 측) $= I_2 \times$ CT비

② I_2(2차 측) $= I_1 \times \dfrac{1}{\text{CT비}}$

③ OCR(Trip) $= I_1 \times \dfrac{1}{\text{CT비}} \times$ 배수(1.25~1.5)

4) 변류기 결선도(복선도)

① 3상 3선식(CT×2, OCR×2)-고압

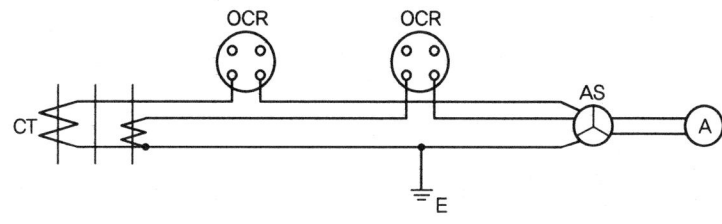

② 3상 4선식(OCR×3, CT×3, OCGR×1)-특고압

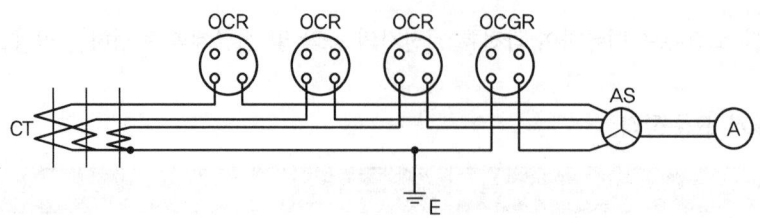

5) 변류기 교체작업 시
2차를 개방한 상태에서 1차 전류를 보내면 2차 단자에 고전압이 발생하여 2차 회로가 절연 파괴될 염려가 있고 철손 증대로 인한 과열의 원인이 되므로 **단락 후**에 교체한다.

6) 변류기의 종류
① 권선형 : 철심에 전용의 1차, 2차 권선이 감겨 있으며 필요에 따라 1차 권선의 권수를 2회 이상으로 할 수 있기에 저전류 특성에 좋다.
② 관통형 : 1차 측 도체가 변류기 1차 권선으로 그대로 쓰이기 때문에 1차 권수는 1로 제한된다.

✅ **핵심 과년도 문제**

09 변류기(CT)에 관한 다음 각 물음에 답하시오.

1 통전 중에 있는 변류기 2차 측에 접속된 기기를 교체하고자 할 때 가장 먼저 취하여야 할 사항을 설명하시오.
2 Y-△로 결선한 주변압기의 보호로 비율차동계전기를 사용한다면 CT의 결선은 어떻게 하여야 하는지 설명하시오.
3 수전전압이 154[kV], 수전설비의 부하전류가 80[A]이다. 100/5[A]의 변류기를 통하여 과부하계전기를 시설하였다. 125[%]의 과부하에서 차단기를 차단시킨다면 과부하계전기의 전류값은 몇 [A]로 설정해야 하는가?

[해답] **1** 2차 측을 단락시킨다.
2 △-Y를 결선하여 위상차를 보상한다.
3 계산 : 계전기 탭 $= 80 \times \dfrac{5}{100} \times 1.25 = 5[A]$
   답 5[A]

> **TIP**
> ① 비율차동계전기 CT결선은 30° 위상을 보정하기 위하여 변압기 결선과 반대로 한다.
> ② 점검 시
>   PT : 개방, CT : 단락(2차 측)

10 3상 4선식 22.9[kV] 수전 설비의 부하 전류가 30[A]이다. 60/5[A]의 변류기를 통하여 과부하 계전기를 시설하였다. 120[%]의 과부하에서 차단기를 동작시키려면 과부하 트립 전류값은 몇 [A]로 설정해야 하는가?

해답 OCR 탭(트립) = 부하전류 $\times \dfrac{1}{CT비} \times (1.25 \sim 1.5)$

계산 : $30 \times \dfrac{5}{60} \times 1.2 = 3[A]$

답 3[A]

> **TIP**
> ① 전류계 지시값 Ⓐ = $I \times \dfrac{1}{CT비}$
> ② OCR 탭(Trip) = $I \times \dfrac{1}{CT비} \times (1.25 \sim 1.5)$
> ③ I(부하전류) = Ⓐ $\times$ CT비
> ④ Tap(탭) 표준값 : 2, 3, 4, 5, 6, 7, 8, 9, 10[A]
> ⑤ 문제 조건이 먼저이므로 1.2배를 적용한다.

11 평형 3상 회로에 변류비 100/5인 변류기 2개를 그림과 같이 접속하였을 때 전류계에 3[A]의 전류가 흘렀다. 1차 전류의 크기는 몇 [A]인가?

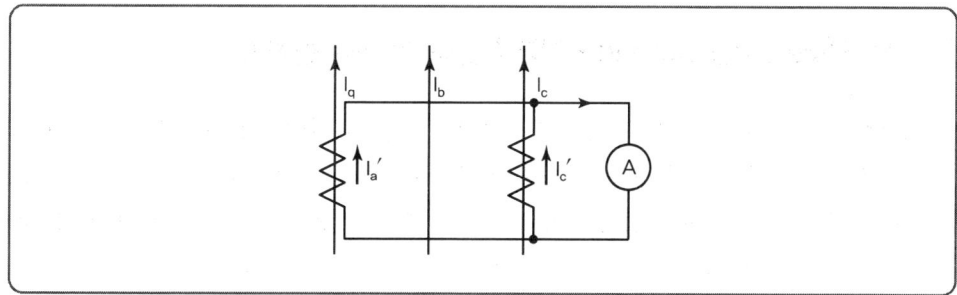

해답 계산 : $I_1 = 3 \times \dfrac{100}{5} = 60$

답 60[A]

TIP
CT 결선은 화동(가동) 결선

12 변류비 30/5인 CT 2개를 그림과 같이 접속할 때 전류계에 2[A]가 흐른다면 CT 1차 측에 흐르는 전류는 몇 [A]인가?

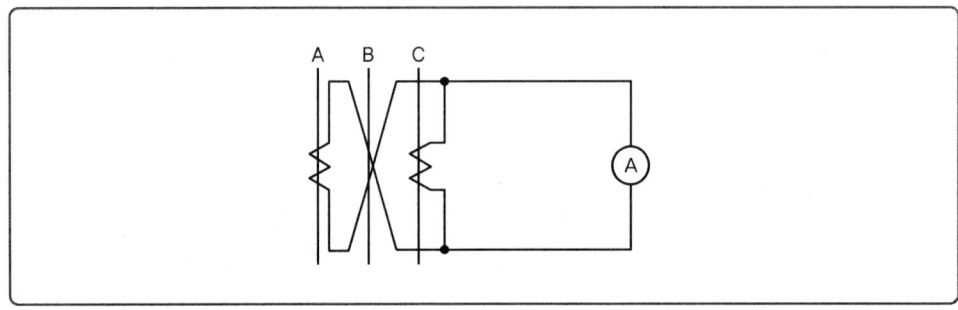

해답 계산 : CT 1차 측 전류 $= \dfrac{\text{전류계 지시값}}{\sqrt{3}} \times \text{변류비} = \dfrac{2}{\sqrt{3}} \times \dfrac{30}{5} = 6.93[\text{A}]$

답 6.93[A]

TIP
CT가 차동 접속되어 있으므로 CT 1차 측 전류는 전류계 지시값의 $\dfrac{1}{\sqrt{3}}$이 된다.

8 MOF(Metering Out Fit) – 전력수급용 계기용 변성기

계기용 변성기(MOF)는 수용가의 전력 사용량을 계량하기 위해서 PT와 CT를 함에 내장한 것으로 최대 수용 전력량계와 무효전력량계에 전달하여 주는 장치이다. MOF는 전원방식에 따라 $3\phi 3w$, $3\phi 4w$의 2가지를 많이 사용하며 CT, PT에 비해 정밀도가 높은 **0.5급**을 사용하고 10,000[kVA] 미만의 수용가는 **1.0급**의 정밀 전력량계를 사용한다.

1) 단선도

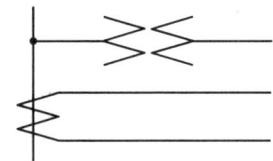

2) $3\phi 3w$ 복선도(6,600[V])(PT×2, CT×2)

MOF에서 인출되는 최소 가닥 수 - 5가닥

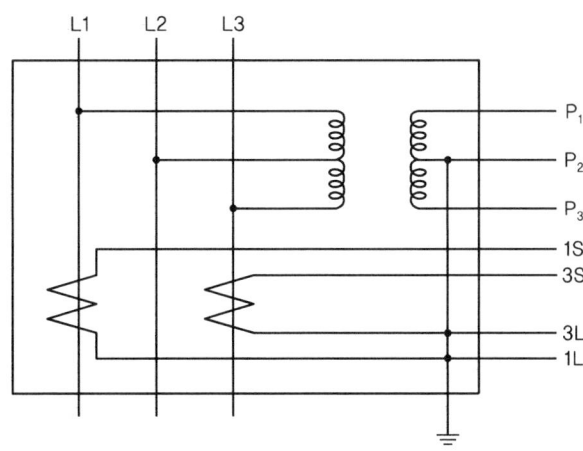

3) $3\phi 4w$식 복선도(22.9[kV]) = 인출 수 7가닥

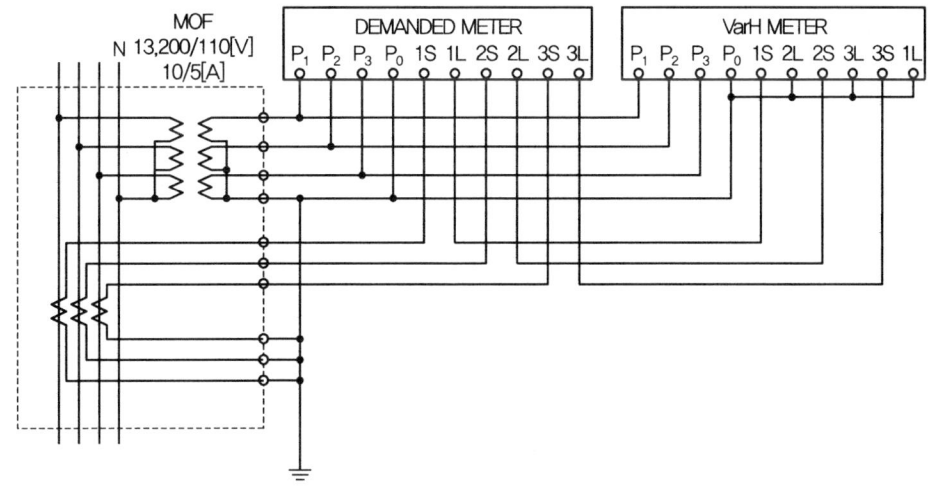

명칭 : D/M - (최대 수요 전력량계), VARH - (무효전력량계)

4) MOF 승률 (비율, 배율)

   PT비×CT비

5) P_1 = MOF 승률(PT비×CT비)×P_2×10^{-3} [kWH]

   여기서, P_1 : 1차 전력량(사용전력량), P_2 : 2차 전력량(측정전력량)

6) WH 전력량 계산

   $P_2 = \dfrac{3{,}600 \times 1{,}000 \times n}{k \cdot T}$ [W] 또는 = $\dfrac{3{,}600 \times n}{k \cdot T}$ [kW]

   $n = \dfrac{P \times k \times T}{3{,}600 \times 1{,}000}$ [rev/sec]

   여기서, n : 회전수, T : 시간(sec), k : 계기정수

핵심 과년도 문제

13 3상 3선식 6[kV] 수전점에서 100/5[A] CT 2대, 6,600/110[V] PT 2대를 정확히 결선하여 CT 및 PT의 2차 측에서 측정한 전력이 300[W]라면 수전전력은 얼마이겠는가?

해답 계산 : 수전전력(P_1) = P_2 × PT비 × CT비 × 10^{-3}

$= 300 \times \dfrac{6{,}600}{110} \times \dfrac{100}{5} \times 10^{-3} = 360[kW]$

답 360[kW]

TIP
승률(배율) = PT비×CT비

14 그림은 3φ4W Line에 WHM을 접속하여 전력량을 적산하기 위한 결선도이다. 다음 물음에 답시오.

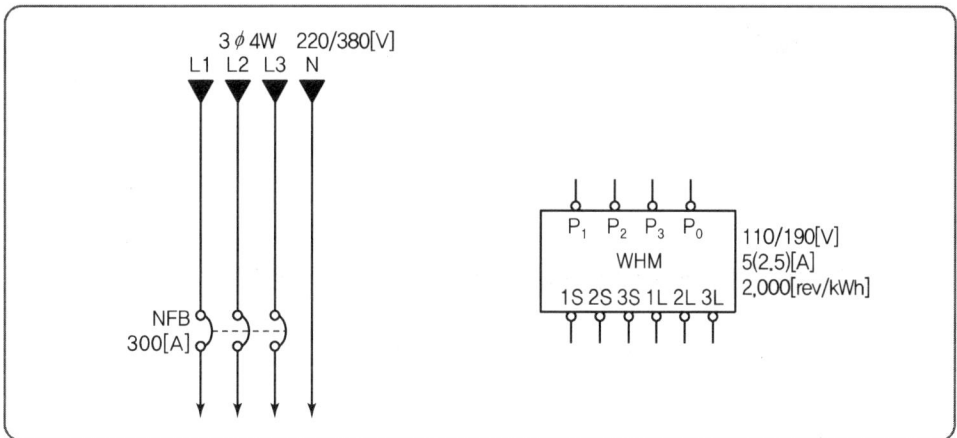

❶ WHM이 정상적으로 적산이 가능하도록 변성기를 추가하여 결선도를 완성하시오.
❷ 필요한 PT 비율은?
❸ 이 WHM의 계기 정수는 2,000[rev/kWh]이다. 지금 부하 전류가 150[A]에서 변동 없이 지속되고 있다면 원판의 1분간의 회전수는?(단, CT비 : 300/5[A], $\cos\phi = 1$, 50[%] 부하 시 WHM으로 흐르는 전류는 2.5[A])
❹ WHM의 승률은?(단, CT비는 300/5, rpm=계기 정수×전력)

해답 ❶

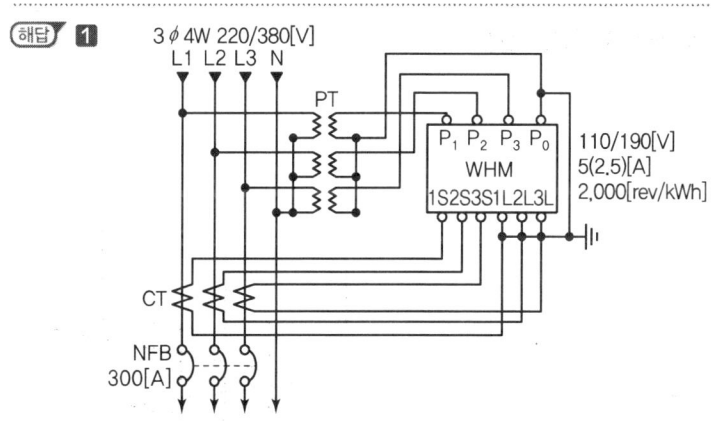

❷ $PT = \dfrac{220}{110}$

❸ 계산 : $P_2 = \dfrac{3,600n}{TK}$ [kW]

$n = \dfrac{60 \times 2,000 \times \sqrt{3} \times 190 \times 2.5 \times 10^{-3}}{3,600} = 27.42$ [회]

답 27.42[회]

④ 계산 : 승률 = $PT \times CT = \dfrac{220}{110} \times \dfrac{300}{5} = 120$

답 120

> **TIP**
>
> $$P_2 = \sqrt{3}\,VI\cos\theta$$

9 ZCT(Zero-Phose Current Transformer) : 영상변류기

영상전류를 검출하여 지락계전기를 동작시키는 역할을 한다.

1) ZCT의 정격 1차 전류

① 일반설비(큐비클) : 200[mA]
② 케이블일 경우 : 400[mA]

2) ZCT의 정격 2차 전류

1.5[mA], 3[mA] 중 아무런 조건이 없을 경우는 1.5[mA]를 표준으로 한다.

3) ZCT의 관통선에 사용할 수 있는 전선

고압케이블 및 절연전선

4) ZCT의 결선도

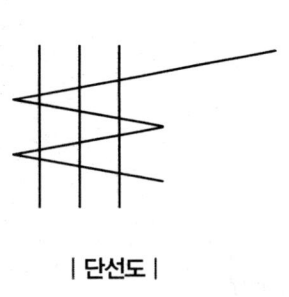

| 단선도 |

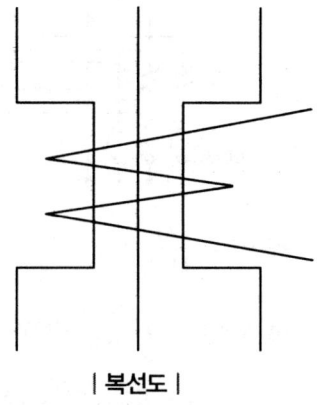

| 복선도 |

⑩ CB(교류차단기)

고장 전류(단락, 과부하, 지락) 차단 및 부하 전류 개폐를 한다.

1) **차단기의 종류 및 명칭, 소호원리**
   ① OCB(유입 차단기) : 소호실 내의 아크에 의한 절연유의 분해 가스로 소호시킨다.
   ② MBB(자기 차단기) : 대기 중의 전자력을 이용하여 아크를 소호실 내로 흡수시켜 소호시킨다.
   ③ VCB(진공 차단기) : 진공 중의 절연내력을 이용하여 소호시킨다.
   ④ ABB(공기 차단기) : 압축된 공기로 분사하여 소호시킨다.
   ⑤ GCB(가스 차단기) : SF_6 가스를 이용하여 소호시킨다.
   ⑥ ACB(기중 차단기) : 600[V] 이하 저압에만 사용한다.

2) **차단기 정격전압 및 차단시간**

공칭전압[kV]	정격 전압[kV]	차단시간(C/S)
6.6	7.2	5
22.9	25.8	5
66	72.5	5
154	170	3
345	362	3
765	800	2

3) 정격전압 = 공칭전압 $\times \dfrac{1.2}{1.1}$

   예 $= 22.9 \times \dfrac{1.2}{1.1} = 24.98$ ∴ 25.8[kV]

4) **차단기 용량 선정**
   ① 퍼센트 임피던스(%Z)를 주었을 경우
   $$P_s = \frac{100}{\%Z} \times P_n (자기용량, 기준용량)$$

   여기서, $\%Z$: 전원 측 합성 임피던스
   P_n : 자기용량은 변압기 용량을 말하고 기준용량은 전원 측(전력회사) 용량을 말한다.(자기용량과 기준용량이 다 주어지면 기준용량을 기준으로 계산한다.)

② 정격 차단전류[kA]가 주어졌을 경우

$P_s = \sqrt{3} \times$ 정격전압[kV] $\times$ 정격차단전류[kA] = [MVA]

예 22.9[kV] 수전인 경우(정격 전압이 24 또는 25.8[kV]로 주어진 경우)
$P_s = \sqrt{3} \times (24$ 또는 $25.8) \times$ 정격차단전류[kA]로 계산한다.

5) 단락전류

① 퍼센트 임피던스(%Z)를 주었을 경우

$$I_S = \frac{100}{\%Z} I_n (\text{A})$$

② 임피던스(Z)를 주었을 경우

$$I_S = \frac{E}{Z} = \frac{\frac{V}{\sqrt{3}}}{Z} (\text{A})$$

6) 단락전류 억제 대책

① 계통을 분리 ② 변압기 임피던스 조정(저압)
③ 한류리액터 설치(저압) ④ 캐스케이딩 방식 채용
⑤ 계통연계기 설치(저압)

7) 차단기의 용어해설

① 정격전압 = 공칭 $\times \frac{1.2}{1.1}$ [kV](규정한 조건에 따라 그 차단기에 인가될 수 있는 사용회로 전압의 상한치를 말함)
② 정격차단 시간 : 개극 시간과 아크 시간(Arc가 소호되는 순시까지 시간)의 합

8) 가스차단기(Gas Circuit Breaker ; GCB)

① 원리
가스차단기는 전로의 차단이 육불화유황(SF$_6$) 기체인 불활성 가스를 소호매질로 사용하는 차단기를 말한다.

② 장점
㉠ 전기적 성질이 우수하다.
㉡ 소호능력이 대단히 크다.(100~200배 정도 높다.)
㉢ 회복능력이 빨라 고전압 대전류 차단에 적합하다.

② 소음공해가 전혀 없다.
⑩ 변압기의 여자전류 차단과 같은 소전류 차단에도 안정된 차단이 가능하다.
⑪ 절연내력은 공기의 2~3배 정도 높다.

③ SF_6 가스의 특징
㉠ 열전도성이 뛰어나다.
㉡ 화학적으로 불활성이므로 화재위험이 없다.
㉢ 무색, 무취, 무해하다.(독성이 없다.)
㉣ 안정성이 뛰어나다.
㉤ 절연내력이 높다.
㉥ 소호능력이 뛰어나다.
㉦ 절연회복이 빠르다.

✅ 핵심 과년도 문제

15 교류 동기 발전기에 대한 다음 각 물음에 답하시오.

1 정격전압 6,000[V], 용량 5,000[kVA]인 3상 교류 동기 발전기에서 여자전류가 300[A], 무부하 단자전압은 6,000[V], 단락전류는 700[A]라고 한다. 이 발전기의 단락비를 구하시오.

2 다음 ( ) 안에 알맞은 내용을 쓰시오.[단, ①~⑥의 내용은 크다(고), 작다(고), 낮다(고) 등으로 표현한다.]

> 단락비가 큰 교류발전기는 일반적으로 기계의 치수가 (①), 가격이 (②), 풍손·마찰손·철손이 (③), 효율은 (④), 전압 변동률은 (⑤), 안정도는 (⑥).

3 비상용 동기발전기의 병렬운전 조건 4가지를 쓰시오.

[해답]

1 계산 : $I_n = \dfrac{P}{\sqrt{3}\,V} = \dfrac{5{,}000 \times 10^3}{\sqrt{3} \times 6{,}000} = 481.13[A]$

∴ 단락비 $K_s = \dfrac{I_s}{I_n} = \dfrac{700}{481.13} = 1.45$

답 1.45

2 ① 크고 ② 높고 ③ 많고 ④ 낮고 ⑤ 낮고 ⑥ 높다.

3 ① 기전력의 위상이 같을 것
② 기전력의 크기가 같을 것
③ 기전력의 주파수가 같을 것
④ 기전력의 파형이 같을 것

16 그림에서 B점의 차단기 용량을 100[MVA]로 제한하기 위한 한류 리액터의 리액턴스는 몇 [%]인가?(단, 20[MVA]를 기준으로 한다.)

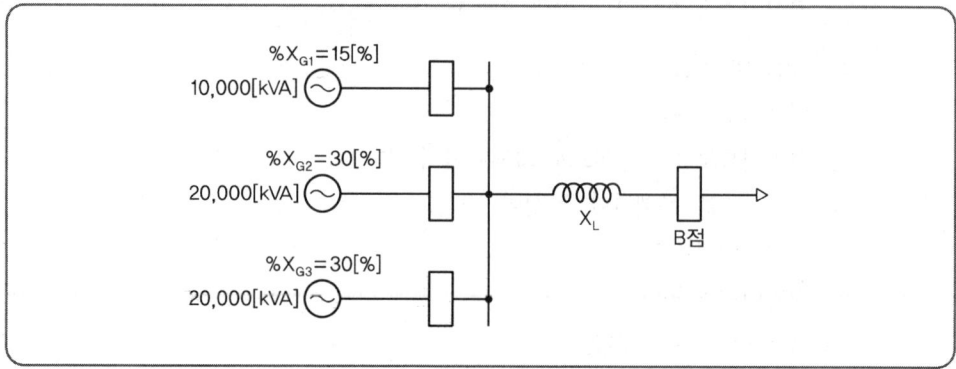

[해답] 계산 : 20[MVA] 기준이므로 우선 $\%X_{G1}$을 기준용량으로 환산한다.

$10[\text{MVA}] : 15[\%] = 20[\text{MVA}] : \%X'_{G1}$

$\%X'_{G1} = 30[\%]$

$\%X'_{G1}, \%X_{G2}, \%X_{G3}$는 병렬이므로 합성 $\%X_G = \dfrac{30}{3} = 10[\%]$

B점의 $\%X_B$를 구하면 $P_s = \dfrac{100}{\%X_B} \times P_n$ 에서

$\%X_B = \dfrac{100}{P_s} \times P_n = \dfrac{100}{100[\text{MVA}]} \times 20[\text{MVA}] = 20[\%]$

따라서, 합성 $\%X_G + \%X_L = \%X_B$

$\%X_L = \%X_B - $ 합성 $\%X_G = 20[\%] - 10[\%] = 10[\%]$

답 10[%]

TIP

① 한류리액터 : 단락전류를 억제하기 위한 리액턴스

② $\%X(\%Z) = \dfrac{\text{기준용량}}{\text{자기용량}} \times \% \times \%Z$

③ 발전기 3대가 병렬이므로 $= \dfrac{1\text{대의 }\%X}{3}$

17 그림과 같은 송계계통 S점에서 3상 단락사고가 발생하였다. 주어진 도면과 표를 참고하여 변압기(T_2)의 각각의 %리액턴스를 100[MVA] 출력으로 환산하고, 1차(P), 2차(T), 3차(S)의 %리액턴스를 구하시오.

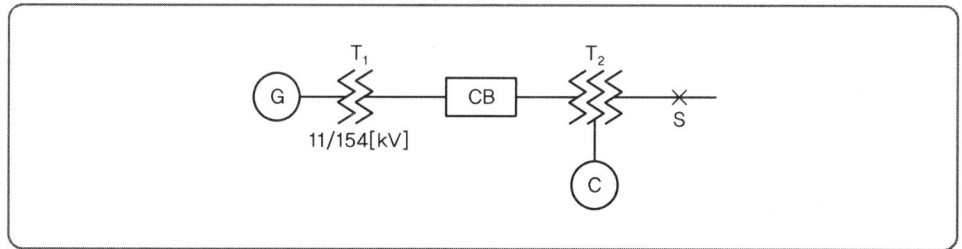

번호	기기명	용량	전압	%X
1	발전기(G)	50,000[kVA]	11[kV]	30
2	변압기(T_1)	50,000[kVA]	11/154[kV]	12
3	송전선	10,000[kVA]	154[kV]	10
4	변압기(T_2)	1차 25,000[kVA]	154[kV]	1~2차 12
		2차 25,000[kVA]	77[kV]	2~3차 15
		3차 10,000[kVA]	11[kV]	3~1차 10.8
5	조상기(C)	10,000[kVA]	11[kV]	20

1 1차

2 2차

3 3차

(해답) **1** 1~2차 간

계산 : $X_{P-T} = \dfrac{100}{25} \times 12 = 48[\%]$

2 2~3차 간

계산 : $X_{T-S} = \dfrac{100}{25} \times 15 = 60[\%]$

3 3~1차 간

계산 : $X_{S-P} = \dfrac{100}{10} \times 10.8 = 108[\%]$

그러므로

1차 $X_P = \dfrac{48 + 108 - 60}{2} = 48[\%]$

2차 $X_T = \dfrac{48 + 60 - 108}{2} = 0[\%]$

3차 $X_S = \dfrac{60+108-48}{2} = 60[\%]$

답 1차 : 48[%], 2차 : 0[%], 3차 : 60[%]

> **TIP**
> ① 1차 X_P : $\dfrac{X_P \text{상 더하고} - \text{기타}}{2}$
> ② 2차 X_T : $\dfrac{X_T \text{상 더하고} - \text{기타}}{2}$
> ③ 3차 X_S : $\dfrac{X_S \text{상 더하고} - \text{기타}}{2}$

18 전력계통에 발생되는 단락용량 경감대책 5가지를 쓰시오.

해답 ① 계통의 분리
② 변압기 임피던스 변화
③ 한류 리액터 설치
④ 캐스케이드 보호방식
⑤ 계통 연계기 설치
⑥ 한류 퓨즈에 의한 백업 차단 특성

> **TIP**
> ▶ 저압 측 대책
> ① 변압기 임피던스 변화
> ② 한류 리액터 설치
> ③ 계통 연계기 사용

19 수전전압 6,600[V], 가공 배전 전선로의 %임피던스가 60.5[%]일 때 수전점의 3상 단락 전류가 7,000[A]인 경우 기준 용량을 구하고 수전용 차단기의 차단 용량을 선정하시오.

차단기의 정격 용량[MVA]										
10	20	30	50	75	100	150	250	300	400	500

1 기준용량을 구하시오.
2 **1**번의 기준용량을 이용하여 차단용량을 구하시오.

해답

1 계산 : $I_s = \dfrac{100}{\%Z}I_n$

$I_n = \dfrac{I_s \%Z}{100} = \dfrac{60.5}{100} \times 7{,}000 = 4{,}235[\text{A}]$

$P = \sqrt{3}\,VI_n = \sqrt{3} \times 6{,}600 \times 4{,}235 \times 10^{-6} = 48.412[\text{MVA}]$

답 48.41[MVA]

2 계산 : $P_s = \dfrac{100}{\%Z} \times P = \dfrac{100}{60.5} \times 48.41 = 80.02[\text{MVA}]$

답 100[MVA]

TIP

① 차단기 용량(P_s) = $\dfrac{100}{\%Z}$P(기준 용량)

② 차단기 용량(P_s) = $\sqrt{3}$ × 정격전압 × 단락전류(정격차단전류)

---

20 다음의 임피던스 맵(Impedance Map)과 조건을 보고, 각 물음에 답하시오.

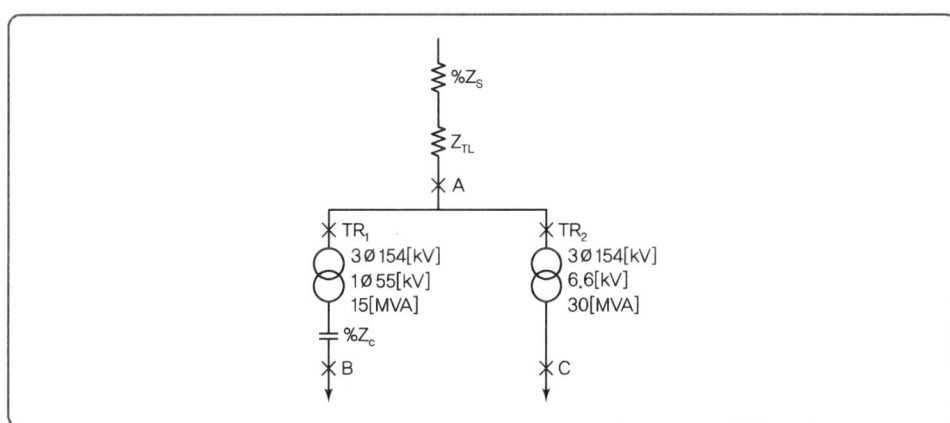

[조건]
- $\%Z_S$: 한전 s/s의 154[kV] 인출 측의 전원 측 정상 임피던스 1.2[%](100[MVA] 기준)
- Z_{TL} : 154[kV] 송전선로의 임피던스 1.83[Ω]
- $\%Z_{TR1} = 10[\%]$(15[MVA] 기준)
- $\%Z_{TR2} = 10[\%]$(30[MVA] 기준)
- $\%Z_C = 50[\%]$(100[MVA] 기준)

01 수변전설비

1 다음 임피던스의 100[MVA] 기준 %임피던스를 구하시오.
  ① %Z_{TL} ② %Z_{TR1} ③ %Z_{TR2}

2 A, B, C 각 점에서의 합성 %임피던스를 구하시오.
  ① %Z_A ② %Z_B ③ %Z_C

3 A, B, C 각 점에서 차단기의 소요차단 전류는 몇 [kA]가 되겠는가?(단, 비대칭분을 고려한 상승 계수는 1.6으로 한다.)
  ① I_A ② I_B ③ I_C

[해답] **1** ① 계산 : $Z_{TL} = 1.83[\Omega]$이고 100[MVA]를 기준으로 하여

$$\%Z_{TL} = \frac{PZ}{10V^2} = \frac{100 \times 10^3 \times 1.83}{10 \times 154^2} = 0.77[\%]$$

答 0.77[%]

② 계산 : $\%Z_{TR1}' = 10 \times \dfrac{100}{15} = 66.67[\%]$

答 66.67[%]

③ 계산 : $\%Z_{TR2}' = 10 \times \dfrac{100}{30} = 33.33[\%]$

答 33.33[%]

2 100[MVA]를 기준으로 한 %Z 값을 도면에 다시 써서 그리면

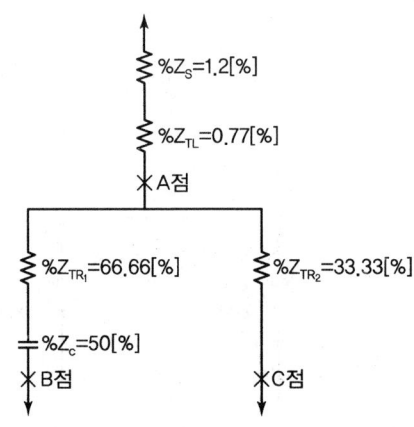

① 계산 : $\%Z_A = 1.2 + 0.77 = 1.97[\%]$
  答 1.97[%]
② 계산 : $\%Z_B = 1.2 + 0.77 + 66.67 - 50 = 18.64[\%]$
  答 18.64[%]
③ 계산 : $\%Z_C = 1.2 + 0.77 + 33.33 = 35.3[\%]$
  答 35.3[%]

3 ① 계산 : $I_A = \dfrac{100}{1.97} \times \dfrac{100 \times 10^3}{\sqrt{3} \times 154} \times 10^{-3} \times 1.6 = 30.45 [\text{kA}]$

답 30.45[kA]

② 계산 : $I_B = \dfrac{100}{18.64} \times \dfrac{100 \times 10^3}{55} \times 10^{-3} \times 1.6 = 15.61 [\text{kA}]$

답 15.63[kA]

③ 계산 : $I_C = \dfrac{100}{35.3} \times \dfrac{100 \times 10^3}{\sqrt{3} \times 6.6} \times 10^{-3} \times 1.6 = 39.65 [\text{kA}]$

답 39.65[kA]

> **TIP**
> ① 콘덴서 %Z는 진상이므로 −%Z 값을 갖는다.
> ② $\%Z = \dfrac{\text{기준용량}}{\text{자기용량}} \times \%Z$

21 66[kV]/6.6[kV], 6,000[kVA]의 3상 변압기 1대를 설치한 배전 변전소로부터 선로 길이 1.5[km]의 1회선 고압 배전 선로에 의해 공급되는 수용가 인입구에서 3상 단락고장이 발생하였다. 선로의 전압강하를 고려하여 다음 물음에 답하시오. (단, 변압기 1상당의 리액턴스는 0.4[Ω], 배전선 1선당의 저항은 0.9[Ω/km], 리액턴스는 0.4[Ω/km]라 하고 기타의 정수는 무시하는 것으로 한다.)

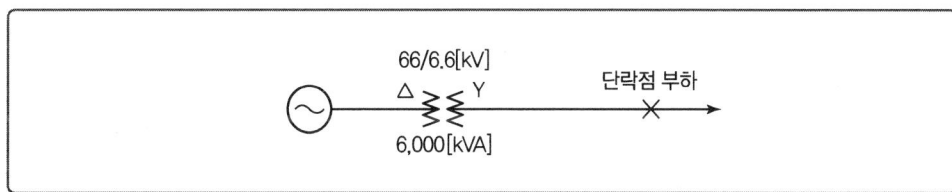

1 1상분의 단락회로를 그리시오.
2 수용가 인입구에서의 3상 단락전류를 구하시오.
3 이 수용가에서 사용하는 차단기로서는 몇 [MVA]인 것이 적당하겠는가?

해답 **1**

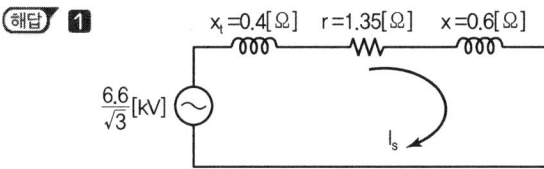

② 계산 : 선로 임피던스는
$r = 0.9 \times 1.5 = 1.35 [\Omega]$
$x = 0.4 \times 1.5 = 0.6 [\Omega]$
변압기 리액턴스 $x_t = 0.4 [\Omega]$

$\therefore$ 단락 전류 $I_s = \dfrac{E}{\sqrt{r^2 + (x_t + x)^2}} = \dfrac{\dfrac{6.6 \times 10^3}{\sqrt{3}}}{\sqrt{1.35^2 + (0.4 + 0.6)^2}} = 2,268.12 [A]$

답 2,268.12[A]

③ 차단기 용량

계산 : $P_s = \sqrt{3} \, VI_s = \sqrt{3} \times 6,600 \times \dfrac{1.2}{1.1} \times 2,268.12 \times 10^{-6} = 28.29 [MVA]$

답 28.29[MVA]

TIP
① 차단기 용량 $P_a = \sqrt{3} \times$ 정격전압 $\times$ 정격차단전류
② 정격전압 = 공칭전압 $\times \dfrac{1.2}{1.1}$

⑪ OCR(과전류 계전기)

단락, 과부하 시 동작하여 트립코일을 여자시켜 차단기를 개로시킨다.

1) 차단기 트립 방식 4가지

① 직류전압 트립방식(DC) : 고장 발생 시 보호계전기가 동작하면 **직류전원으로 트립코일이 여자되어 차단하는 방식 - 특고압용**
② 콘덴서 트립방식 : 고장 발생 시 계전기가 동작하면 **콘덴서 충전전하가 방전되어 트립되는 방식 - 특고압용**
③ 과전류 트립방식 : 고장 발생 시 **보호계전기**가 동작하면 CT 2차 전류가 **트립코일을 여자시켜 차단하는 방식 - 고압용**
④ 부족전압 트립방식 : 고장 발생 시 **부족전압계전기**와 CT 2차 전류로 트립시키는 방식

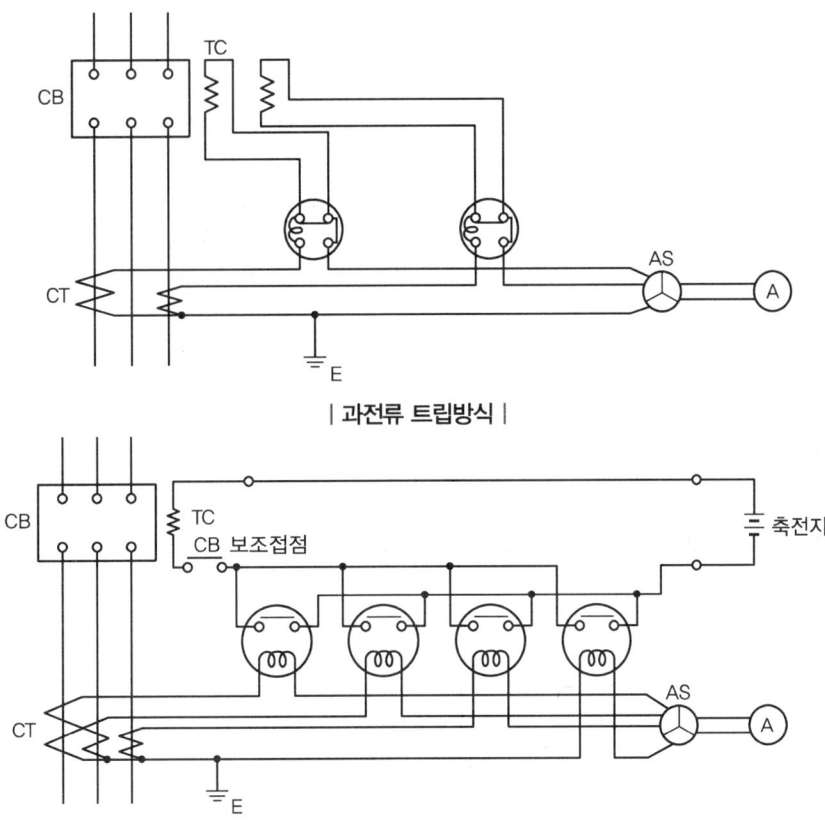

| 과전류 트립방식 |

| 직류전압 트립방식 |

2) OCR(과전류 계전기)의 동작 특성

① **순한시 계전기** : 정정(Set)된 최소 동작전류 이상의 전류가 흐르면 즉시 동작하는 것으로서 한도를 넘는 양과는 아무 관계가 없다. 동작시간은 0.3초 이내에서 동작하도록 하고 있으나 그중에서도 0.5~2사이클 정도의 짧은 시간에서 동작하는 것을 고속도 계전기라고 부르고 있다.

② **정한시 계전기**(부족전압계전기) : 정정된 값 이상의 전류가 흘렀을 때 동작전류의 크기와는 관계없이 항상 정해진 시간이 경과한 후에 동작하는 것

③ **반한시 계전기**(과전류 계전기) : 정정된 값 이상의 전류가 흘러서 동작할 때 동작 전류값에 반비례시킨다든지 전류값이 클수록 빨리 동작하고 반대로 전류값이 작을수록 느리게 동작하는 것

④ **반한시성 정한시 계전기** : ②와 ③의 특성을 조합한 것으로서 어느 전류값까지는 반한시성이고 그 이상이 되면 정한시로 동작하는 것

01 수변전설비

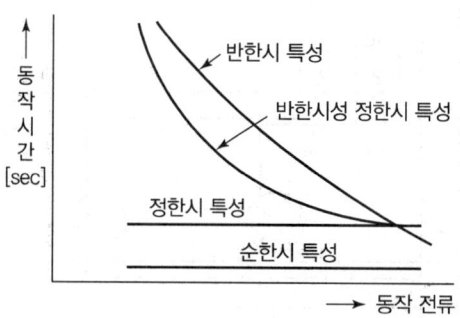

✅ 핵심 과년도 문제

22 CT 2대를 V결선하여 OCR 3대를 그림과 같이 연결하였다.

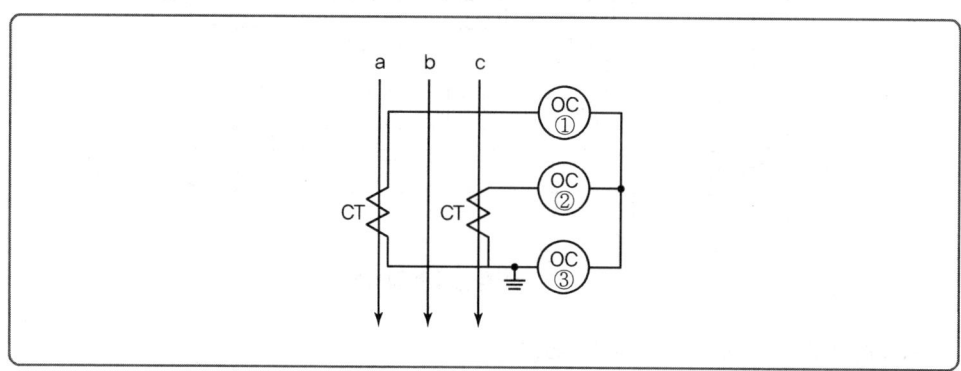

① 일반적으로 우리나라에서 사용하는 CT의 극성은?
② 변류기 2차 측에 접속하는 외부 부하 임피던스를 무엇이라고 하는가?
③ ③번 OCR에 흐르는 전류는 어떤 상의 전류인가?
④ OCR은 어떤 고장(사고)이 발생하였을 때 동작하는가?
⑤ 이 선로의 배전 방식은?

(해답) ① 감극성　　　　　　　　② 2차 부담
　　　③ b상　　　　　　　　　④ 과부하, 단락사고
　　　⑤ 3상 3선식($3\phi 3W$)

TIP
⑤ 3상 3선식의 OCR은 CT가 2개이므로 일반적으로 2개를 설치한다.

23 차단기의 트립 방식을 4가지 쓰고 각 방식을 간단히 설명하시오.

해답 ① 직류전압 트립 방식 : 별도로 설치된 축전지 등의 제어용 직류전원의 에너지에 의하여 트립되는 방식
② 과전류 트립 방식 : 차단기의 주회로에 접속된 변류기의 2차 전류에 의하여 차단기가 트립되는 방식
③ 콘덴서 트립 방식 : 충전된 콘덴서의 에너지에 의하여 트립되는 방식
④ 부족 전압 트립 방식 : 부족 전압 트립 장치에 인가되어 있는 전압의 저하에 의하여 차단기가 트립되는 방식

12 LA(Lightning Arrester) : 피뢰기

이상전압 발생 시 (낙뢰) 대지로 방류시키고 그 속류 차단

1) 피뢰기의 종류

밸브형, 밸브저항형, 저항형, 방출형, 산화 아연형(현재는 산화 아연형을 많이 사용)

2) 피뢰기 정격전압(내선규정)

공칭전압	중성점 접지상태	피뢰기 정격전압		이격거리[m] 이내
		변전소	선로	
345	유효접지	288	–	85
154	유효접지	144	–	65
66	PC 접지	72	–	45
22	비접지	24	–	20
22.9	3상 4선식 다중접지	21	18	20
6.6	비접지	7.5	7.5	20

① 피뢰기 정격전압의 계산식
  ㉠ 직접접지계통 : $0.8[V] \sim 1.0[V] \times$ 공칭전압
  ㉡ 저항, 소호리액터 비접지 : $1.4[V] \sim 1.6[V] \times$ 공칭전압
    예 $22.9[kV] \times 0.8 = 18.32[kV]$
      ∴ $18[kV]$ 사용
② 정격전압 = 접지계수 × 유도계수 × 계통최고전압

3) 피뢰기 공칭방전전류

공칭방전전류	설치장소	적용조건
10,000[A]	발전소	전 발전소
-	변전소	① 154[kV] 이상의 계통 ② 66[kV] 및 그 이하에서 Bank 용량이 3,000[kVA]를 초과하거나 중요한 곳 ③ 장거리 송전선, 케이블 및 정전 축전기 Bank를 개폐하는 곳
5,000[A]	변전소	66[kV] 및 그 이하에서 3,000[kVA] 이하
2,500[A]	선로 변전소	22.9[kV] 이하의 배전선로 및 배전선로 피더 인출 측

4) 피뢰기 구성요소

직렬캡과 특성요소로 구성

5) 피뢰기 정격전압

속류를 차단할 수 있는 최고의 교류전압

6) 피뢰기 제한전압

피뢰기 동작 중 단자전압의 파고치

7) 갭레스형 피뢰기의 특성

① 방전갭(직렬갭)이 없으므로 구조가 간단하다.
② 소형·경량이며 가격이 가장 싸다.
③ 동작 시 소손의 위험이 적고 뛰어난 성능을 기대할 수 있다.
④ 속류가 없이 빈번한 작동에 잘 견디며 특성 요소 변화가 적다.
⑤ 특성 요소만으로 절연 : 특성 요소 사고 시 단락사고를 유발할 가능성이 있다.

◆ 핵심 과년도 문제

24 154[kV] 중성점 직접접지 계통의 피뢰기 정격전압은 어떤 것을 선택해야 하는가?(단, 접지계수는 0.75이고, 여유도는 1.1이다.)

| 피뢰기의 정격전압(표준값[kV]) |

| 126 | 144 | 154 | 168 | 182 | 196 |

(해답) 계산 : $V_n = \alpha \cdot \beta \cdot V_m = 0.75 \times 1.1 \times 170 = 140.25 [kV]$
답 144[kV]

TIP
피뢰기의 정격전압[kV] = 접지계수 × 여유도 × 계통의 최고 전압

25 피뢰기에 대한 다음 각 물음에 답하시오.
① 현재 사용되고 있는 교류용 피뢰기의 구조는 무엇과 무엇으로 구성되어 있는가?
② 피뢰기의 정격전압은 어떤 전압을 말하는가?
③ 피뢰기의 제한전압은 어떤 전압을 말하는가?

(해답) ① 직렬 갭과 특성요소
② 속류를 차단할 수 있는 교류 최고 전압
③ 피뢰기 방전 중 피뢰기 단자전압의 파고치

TIP
▶ 제한전압
뇌전류 방전 시 직렬 캡에 나타나는 전압

26 피뢰기에 대한 다음 각 물음에 답하시오.
① 현재 사용되고 있는 교류용 피뢰기의 주요 구조는 무엇과 무엇으로 구성되어 있는가?
② 피뢰기의 정격전압은 어떤 전압을 말하는가?
③ 피뢰기의 제한전압은 어떤 전압을 말하는가?
④ 피뢰기의 기능상 필요한 구비조건을 4가지만 쓰시오.

해답
1. 직렬 갭과 특성요소
2. 속류를 차단할 수 있는 최고의 교류전압
3. 피뢰기 방전 중 단자에 남게 되는 충격전압(뇌전류 방전 시 직렬 갭에 나타나는 전압)
4. ① 충격방전 개시 전압이 낮을 것
   ② 상용주파 방전개시 전압이 높을 것
   ③ 방전내량이 크면서 제한 전압이 낮을 것
   ④ 속류차단 능력이 충분할 것

27
전력계통의 절연협조에 대하여 설명하고 관련 기기에 대한 기준충격절연강도를 비교하여 절연협조가 어떻게 되어야 하는지를 쓰시오. (단, 관련 기기는 선로애자, 결합 콘덴서, 피뢰기, 변압기에 대하여 비교하도록 한다.)

1. 절연협조
2. 기준충격절연강도 비교

해답
1. 절연협조 : 계통 내의 각 기기, 기구 및 애자 등의 상호 간에 적정한 절연강도를 지니게 함으로써 계통 설계를 합리적, 경제적으로 할 수 있게 한 것을 절연 협조라 한다.
2. 기준충격절연강도 비교 : 피뢰기 < 변압기 < 결합 콘덴서 < 선로애자

TIP
피뢰기(LA)는 변압기를 보호하는 것으로 절연강도가 가장 낮다.

28
피뢰기에 흐르는 일반적인 시설장소별로 적용할 피뢰기의 공칭방전전류를 쓰시오.

공칭방전전류	설치장소	적용조건
① [A]	변전소	• 154[kV] 이상의 계통 • 66[kV] 및 그 이하의 계통에서 Bank 용량이 3,000[kVA]를 초과하거나 특히 중요한 곳
② [A]	변전소	66[kV] 및 그 이하의 계통에서 Bank 용량이 3,000[kVA] 이하인 곳
③ [A]	선로	22.9[kV] 배전선로

해답
① 10,000
② 5,000
③ 2,500

13 수전설비의 명칭 및 기능

1) 수전설비의 명칭과 기능 및 용도

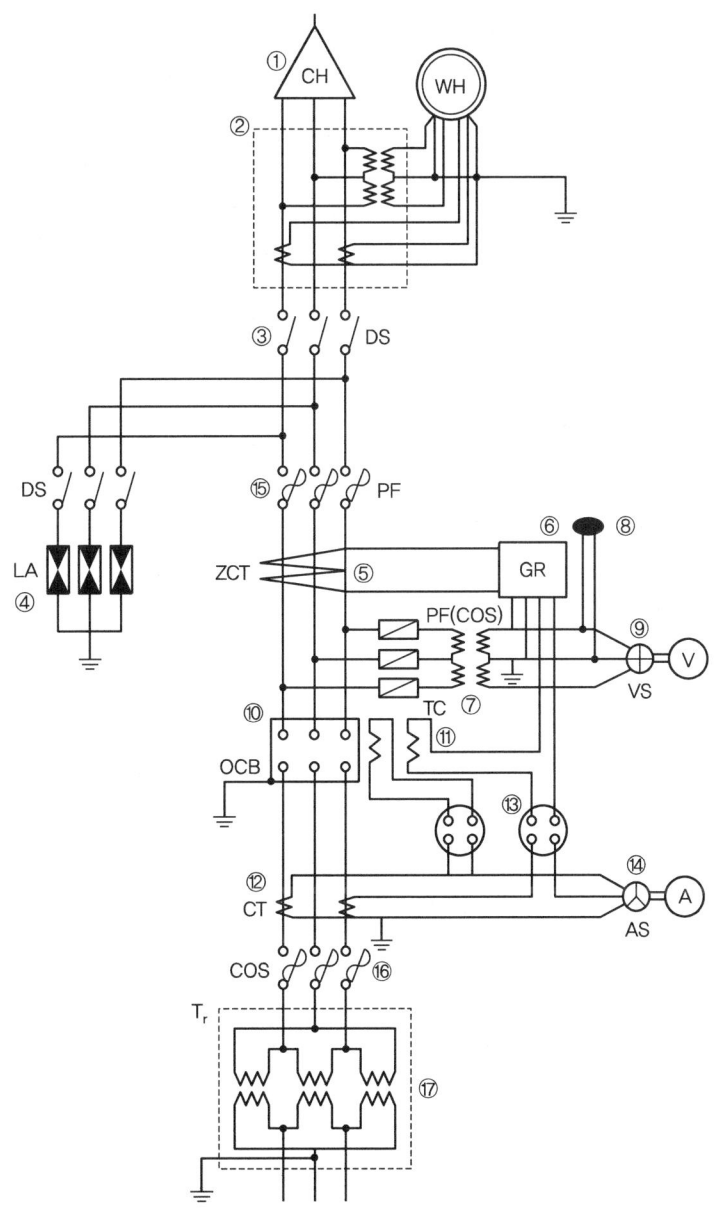

01 수변전설비

명칭	문자 기호	기능 및 용도
① 케이블헤드	CH	케이블 단말처리하고 절연열화 방지
② 전력수급용 계기용변성기	MOF	전력량계 산출을 위해 PT와 CT를 하나의 함 속에 넣은 것
③ 단로기	DS	무부하 시 회로 개폐
④ 피뢰기	LA	이상전압 발생 시 대지로 방전시키고 속류 차단
⑤ 영상변류기	ZCT	지락 영상전류 검출
⑥ 지락계전기	GR	전로가 지락시 지락전류를 동작하여 차단기를 개방
⑦ 계기용변압기	PT	고저압을 저전압으로 변압하여 계전기나 계측기에 전원 공급
⑧ 표시등	PL	전원의 정전 여부를 표시
⑨ 전압계용 전환 개폐기	VS	전압계 하나로 3상의 선간전압을 측정하기 위한 전환 개폐기
⑩ 유입차단기	OCB	부하전류 개폐 및 고장전류 차단
⑪ 트립코일	TC	사고 시 전류가 흘러 여자되어 차단기를 개로시킴
⑫ 계전기용 변류기	CT	대전류를 소전류로 변류하여 계전기나 계측기에 전원 공급
⑬ 과전류계전기	OCR	과전류로부터 차단기 개방
⑭ 전류계용 전환개폐기	AS	하나의 전류계로 3상의 선전류를 측정하기 위한 전환 개폐기
⑮ 전력용 퓨즈	PF	사고파급 방지 및 고장전류 차단(단락보호)
⑯ 컷아웃스위치	COS	고장전류 차단
⑰ 수전용 변압기	Tr	고전압을 저전압으로 변압하여 부하에 전원 공급

2) 고압 정식수전설비(CB방식)

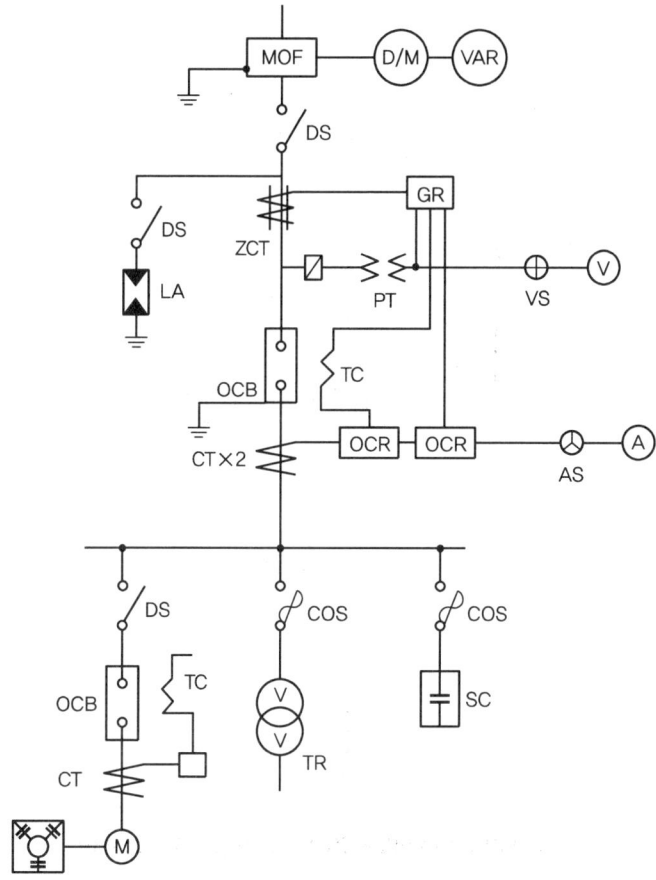

| 고압 수전설비 종류(CB형 정식수전설비) |

(1) 주의사항

① 고압 전동기의 조작용 배전반에는 **과부족전압계전기** 및 **결상계전기**를 장치하는 것이 바람직하다.
② 계기용 변성기(MOF)는 **몰드형**이 바람직하다.
③ 계전기용 변류기(CT)는 **고장점 보호범위를 넓히기** 위하여 차단기의 전원 측에 설치하는 것이 바람직하다.
④ 차단기의 트립방식은 변류기 2차전류 트립방식을 사용한다. **특고압일 경우는 DC 또는 CTD 방식을 사용한다.**
⑤ LA용의 DS는 생략이 가능하다.

3) 특고압 간이수전설비(PF-ASS)

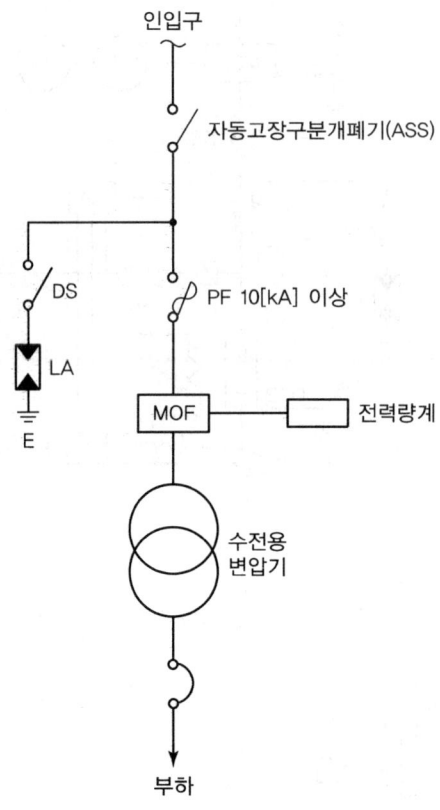

| 특고압 수전설비 종류(PF-ASS형 간이수전설비) |

(1) 주의사항

① LA용 DS는 생략할 수 있으며 22.9[kVY]용의 LA는 Disconnector(또는 Isolator) 붙임형을 사용하여야 한다.

② 인입선을 지중선으로 시설하는 경우로 공동주택 등 고장 시 정전피해가 큰 때에는 예비 지중선을 포함하여 **2회선**으로 시설하는 것이 바람직하다.

③ 지중인입선의 경우 22.9[kVY] 계통은 **CNCV-W 케이블**(수밀형) 또는 **TR CNCV-W**(트리억제형)을 사용하여야 한다. 다만, 전력구, 공동구, 덕트, 건물구내 등 화재의 우려가 있는 장소에서는 **FR CNCO-W**(난연) 케이블을 사용하는 것이 바람직하다.

④ 300[kV] 이하인 경우는 PF 대신 COS(비대칭 차단전류 **10[kA] 이상**의 것)를 사용할 수 있다.

⑤ 특고압 간이수전설비는 PF의 용단 등의 결상사고에 대한 대책이 없으므로 변압기 2차 측에 설치되는 주차단기에는 **결상계전기** 등을 설치하여 **결상사고**에 대한 보호능력을 갖추는 것이 바람직하다.

4) 특고압 정식수전설비(CT를 CB 1차 측에 시설하는 경우)

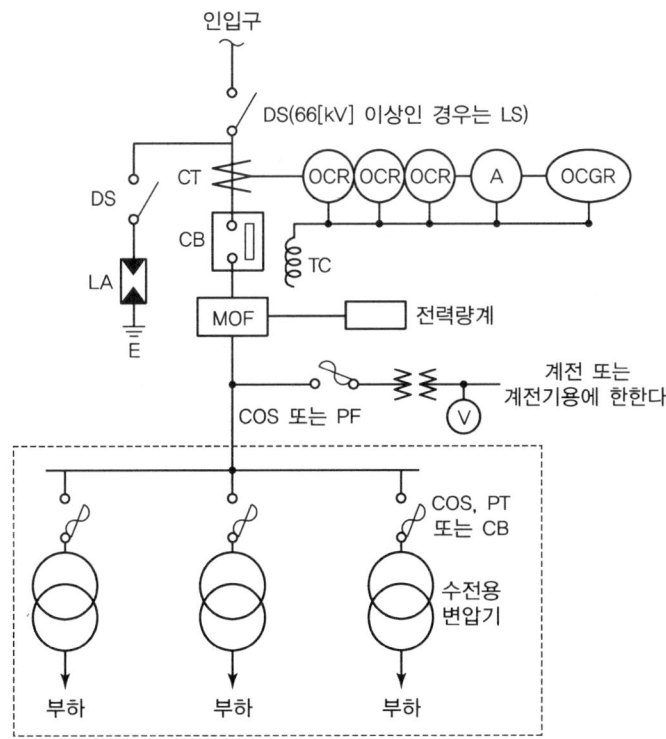

| 특고압 수전설비 종류(CB형 정식수전설비) |

5) 특고압 정식수전설비(PF - CB방식)

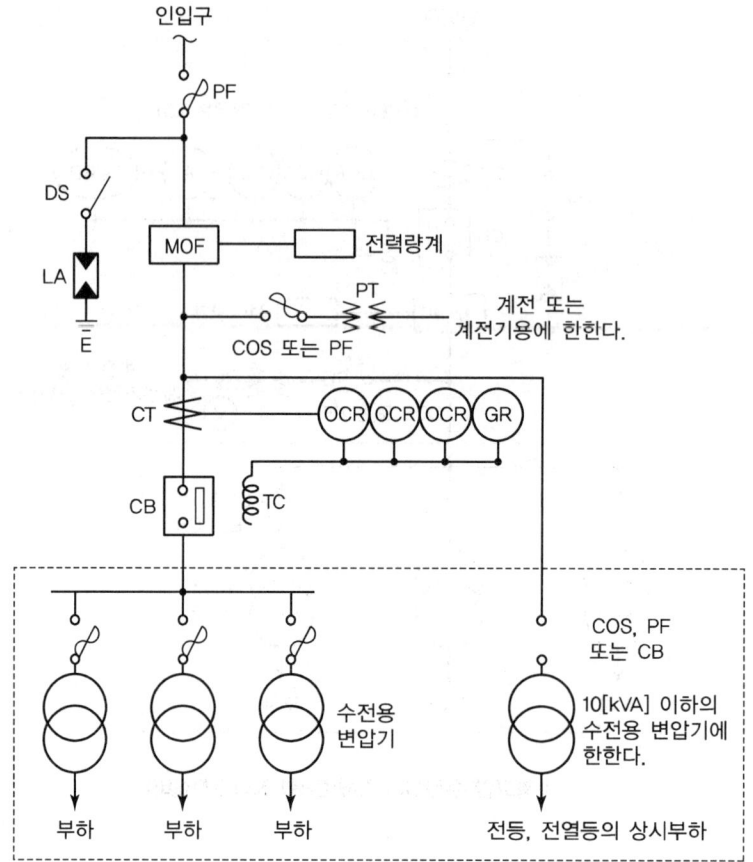

| 특고압 수전설비종류(PF - CB형 정식수전설비) |

6) 특고압 정식수전설비(CT를 CB 2차 측에 시설하는 경우)

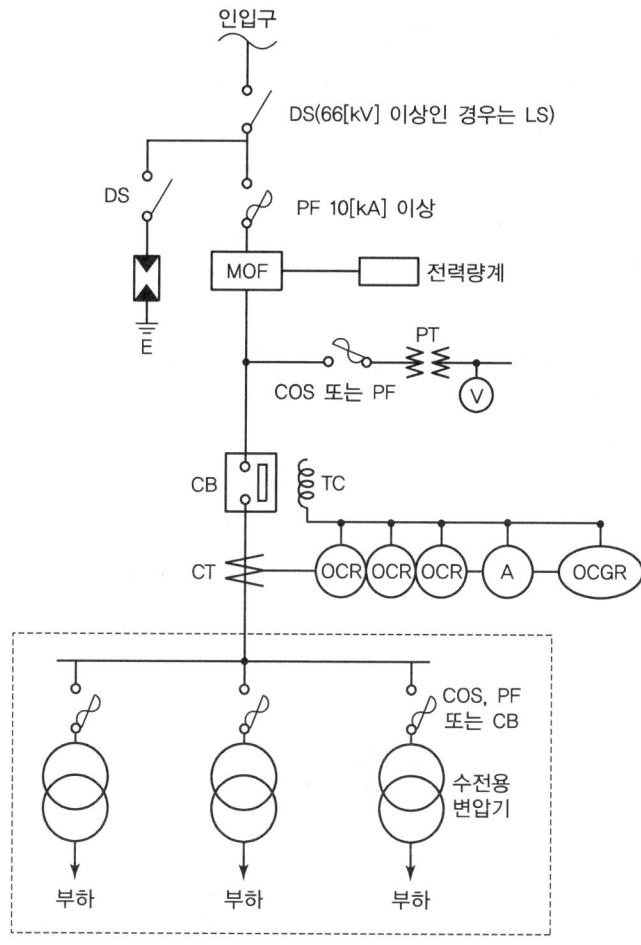

| 특고압 수전설비 종류(PF-CB형 정식수전설비) |

(1) 주의사항

① 위의 결선도중 점선 내의 부분은 참고용 예시이다.

② 차단기의 트립전원은 직류(DC) 또는 콘덴서방식(CTD)이 바람직하며, 66[kV] 이상의 수전설비는 직류(DC)이어야 한다.

③ LA용 DS는 생략할 수 있으며, 22.9[kVY]용의 LA는 Disconnector(또는 Isolator) 붙임형을 사용하여야 한다.

④ 인입선을 지중선으로 시설하는 경우에 공동주택 등 고장 시 정전피해가 큰 경우는 예비지중선을 포함하여 2회선으로 시설하는 것이 바람직하다.

⑤ 지중인입선의 경우에 22.9[kVY] 계통은 CNCV-W 케이블(수밀형) 또는 TR CNCV-W(트리억제형)을 사용하여야 한다. 다만, 전력구·공동구·덕트·건물구내 등 화재의 우려가 있는 장소에는 FR CNCO-W(난연) 케이블을 사용하는 것이 바람직하다.

⑥ DS 대신 자동고장구분개폐기(7,000[kVA] 초과 시는 Sectionalizer)를 사용할 수 있으며, 66[kV] 이상의 경우는 LS를 사용하여야 한다.

핵심 과년도 문제

29 그림은 22.9[kV-Y]의 시설을 하는 경우 특별고압 간이수전설비 결선도이다. ①~⑤ 내용을 알맞게 쓰시오.

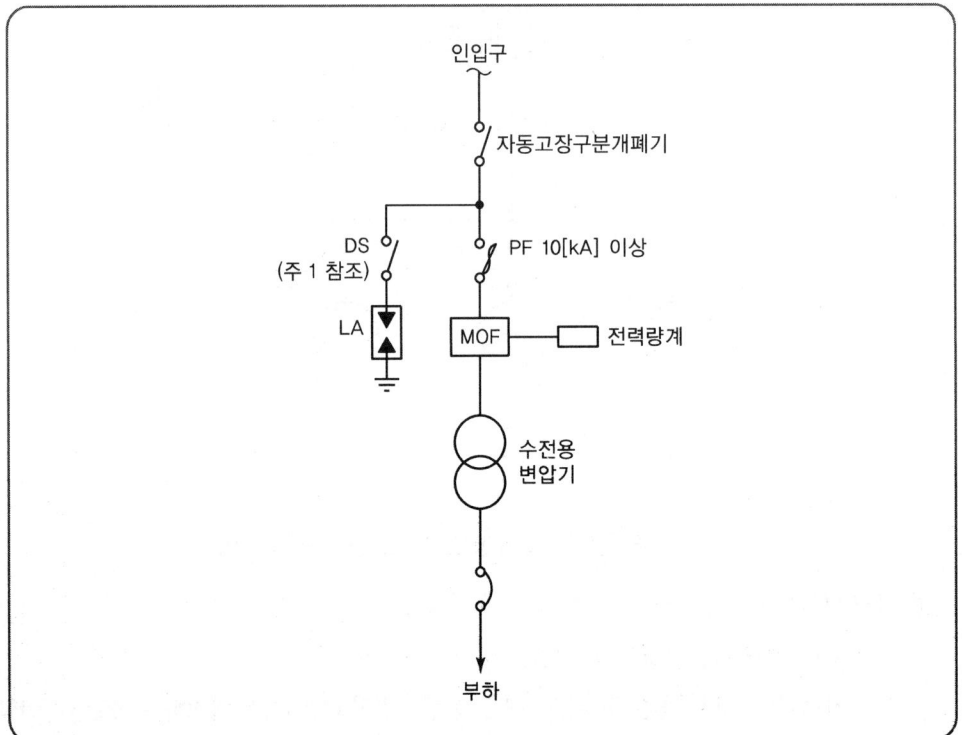

[비고]
1. LA용 DS는 생략할 수 있으며 22.9[kV-Y]용 LA는 (①)(또는 Isolator) 붙임형을 사용하여야 한다.
2. 인입선을 지중선으로 시설하는 경우로 공동주택 등 고장 시 정전피해가 큰 경우는 예비 지중선을 포함하여 (②)으로 시설하는 것이 바람직하다.

3. 지중 인입선의 경우에 22.9[kV-Y] 계통은 CNCV-W 케이블(수밀형) 또는 TR CNCV-W(트리억제형)을 사용하여야 한다. 다만, 전력구·공동구·덕트·건물구 내 등 화재 우려가 있는 장소에서는 (③)을 사용하는 것이 바람직하다.
4. 300[kVA] 이하인 경우는 PF 대신 (④)을 사용할 수 있다.
5. 특별고압 간이수전설비는 PF의 용단 등의 결상사고에 대한 대책이 없으므로 변압기 2차 측에 설치되는 주 차단기에는 (⑤) 등을 설치하여 결상사고에 대한 보호능력이 있도록 함이 바람직하다.

해답 ① 디스커넥터
② 2회선
③ FR CNCO-W(난연)
④ COS(비대칭 차단전류 10[kA] 이상)
⑤ 결상계전기

> **TIP**
>
> ▶ 특고압 간이수전설비
> ① LA용 DS는 생략할 수 있으며 22.9[kV-Y]용 LA는 Disconnector(또는 Isolator) 붙임형을 사용하여야 한다.
> ② 인입선을 지중선으로 시설하는 경우로 공동주택 등 고장 시 정전 피해가 큰 경우는 예비지중선을 포함하여 2회선으로 시설하는 것이 바람직하다.
> ③ 지중인입선의 경우에 22.9[kV-Y] 계통은 CNCV-W 케이블(수밀형) 또는 TR CNCV-W(트리억제형)을 사용하여야 한다. 다만, 전력구·공동구·덕트·건물구 내 등 화재 우려가 있는 장소에서는 FR CNCO-W(난연) 케이블을 사용하는 것이 바람직하다.
> ④ 300[kVA] 이하인 경우는 PF 대신 COS(비대칭 차단전류 10[kA] 이상의 것)을 사용할 수 있다.
> ⑤ 특별고압 간이수전설비는 PF의 용단 등의 결상사고에 대한 대책이 없으므로 변압기 2차 측에 설치되는 주차단기에는 결상계전기 등을 설치하여 결상사고에 대한 보호능력이 있도록 함이 바람직하다.

30 그림은 특고압 수전설비 표준 결선도이다. 다음 ( ) 안에 알맞은 내용을 쓰시오.

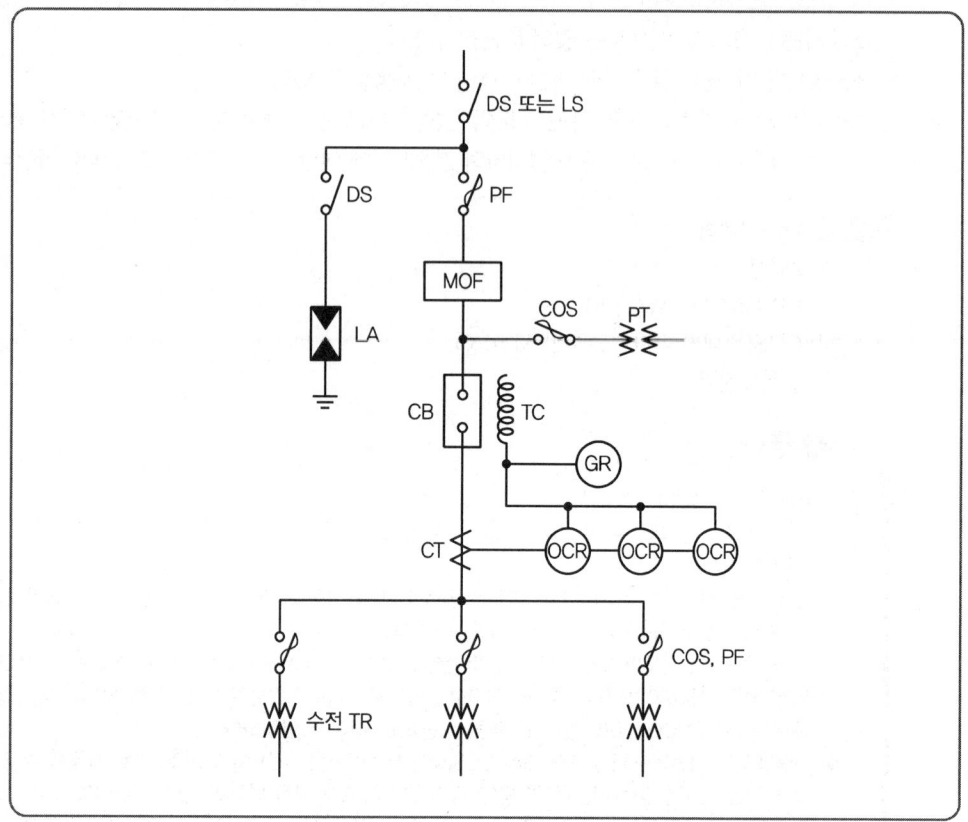

1. 수전전압이 154[kV], 수전전력이 2,000[kVA]인 경우 차단기의 트립 전원은 (　　) 방식으로 한다.
2. 아파트 및 공동주택 등의 수전설비 인입선을 지중선으로 인입하는 경우, 수전전압이 22.9[kV-Y]일 때, 지중선으로 사용할 케이블은 (　　　) 케이블을 사용한다.
3. 위의 2에서 수전설비 인입선은 사고 시 정전에 대비하기 위하여 (　) 회선으로 인입하는 것이 바람직하다.
4. 그림에서 수전전압이 (　　)[kV] 이상인 경우에는 LS를 사용하여야 한다.

(해답) 1 직류(DC)
2 CNCV-W(수밀형) 또는 TR CNCV-W(트리 억제형)
3 2
4 66

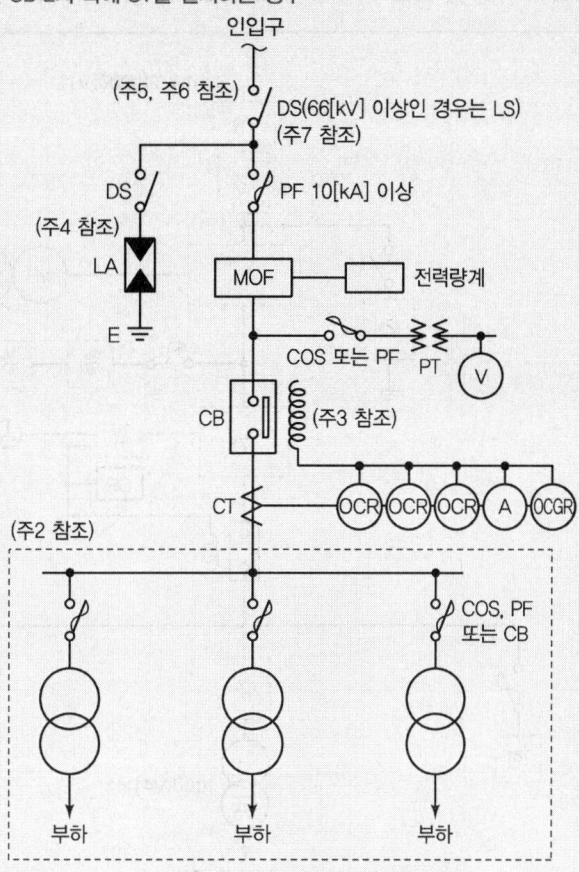

| 특고압 수전설비 결선도 |

[주1] 22.9[kV-Y], 1,000[kVA] 이하인 경우는 간이 수전설비를 할 수 있다.
[주2] 결선도 중 점선 내의 부분은 참고용 예시이다.
[주3] 차단기의 트립 전원은 직류(DC) 또는 콘덴서 방식(CTD)이 바람직하며 66[kV] 이상의 수전설비에는 직류(DC)이어야 한다.
[주4] LA용 DS는 생략할 수 있으며 22.9[kV-Y]용의 LA는 Disconnector(또는 Isoaltor) 붙임형을 사용하여야 한다.
[주5] 인입선을 지중선으로 시설하는 경우에 공동주택 등 고장 시 정전 피해가 큰 경우는 예비 지중선을 포함하여 2회선으로 시설하는 것이 바람직하다.
[주6] 지중인입선의 경우에 22.9[kV-Y] 계통은 CNCV-W 케이블(수밀형) 또는 TR CNCV-W(트리 억제형)을 사용하여야 한다. 다만, 전력구·공동구·덕트·건물구 내 등 화재의 우려가 있는 장소에서는 FR CNCO-W(난연) 케이블을 사용하는 것이 바람직하다.
[주7] DS 대신 자동고장구분 개폐기(7,000[kVA] 초과 시에는 Sectionalizer)를 사용할 수 있으며 66[kV] 이상의 경우는 LS를 사용하여야 한다.

31 3φ4W 22.9[kV] 수전설비 단선 결선도이다. 그림의 ①~⑩번까지 표준 심벌을 사용하여 도면을 완성하고 표의 빈칸 ①~⑩에 알맞은 내용을 쓰시오.

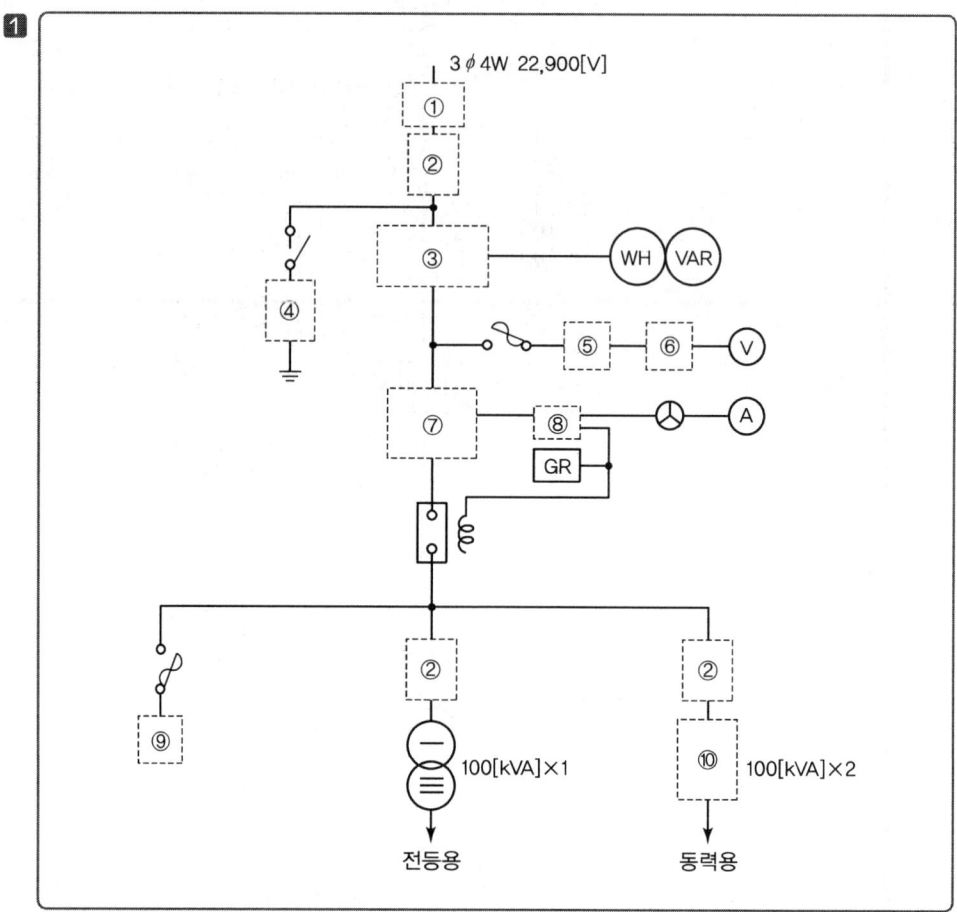

번호	약호	명칭	용도 및 역할
①			
②			
③			
④			
⑤			
⑥			
⑦			
⑧			
⑨			
⑩			

해답 **1**

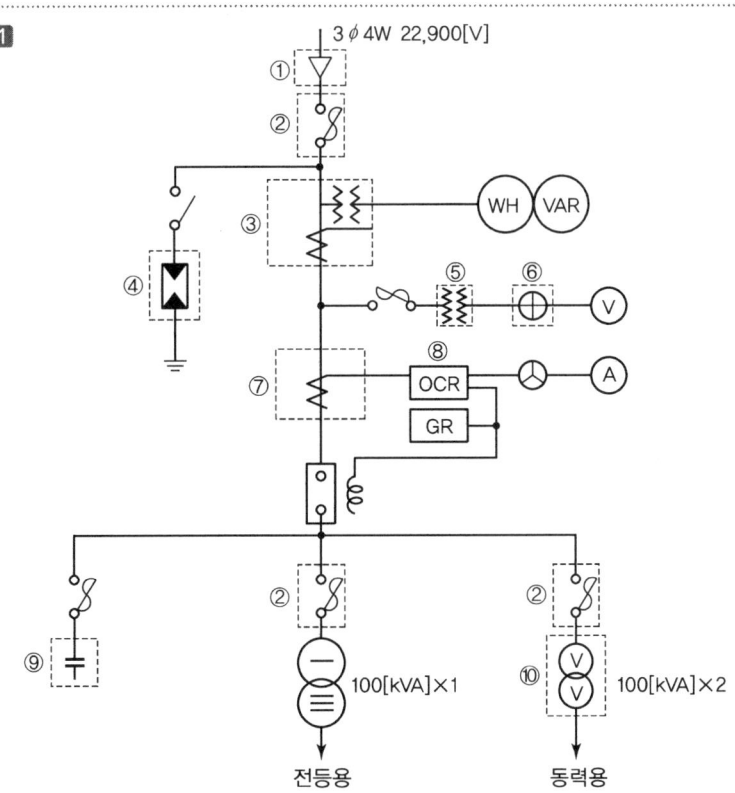

2

번호	약호	명칭	용도 및 역할
①	CH	케이블 헤드	케이블의 단말을 처리하여 절연보호
②	PF	전력 퓨즈	사고 파급 방지 및 사고전류 차단
③	MOF	전력수급용 계기용 변성기	전력량을 측정하기 위해 PT 및 CT를 한 탱크 속에 넣은 것
④	LA	피뢰기	이상 전압을 대지로 방전시키고 그 속류를 차단
⑤	PT	계기용 변압기	고전압을 저전압으로 변성하여 계기나 계전기의 전압원으로 사용
⑥	VS	전압계용 전환 계폐기	3상 회로에서 각 상의 전압을 1개의 전압계로 측정하기 위하여 사용하는 전환 스위치
⑦	CT	계전기용 변류기	대전류를 소전류로 변류하여 전류를 측정
⑧	OCR	과전류 계전기	과전류로부터 차단기를 개방
⑨	SC	전력용 콘덴서	부하의 역률을 개선하기 위하여 사용
⑩	TR	수전용 변압기	고압을 저압으로 변성하여 부하의 전력 공급

32 도면은 154[kV]를 수전하는 어느 공장의 수전설비에 대한 단선도이다. 이 단선도를 보고 다음 각 물음에 답하시오.

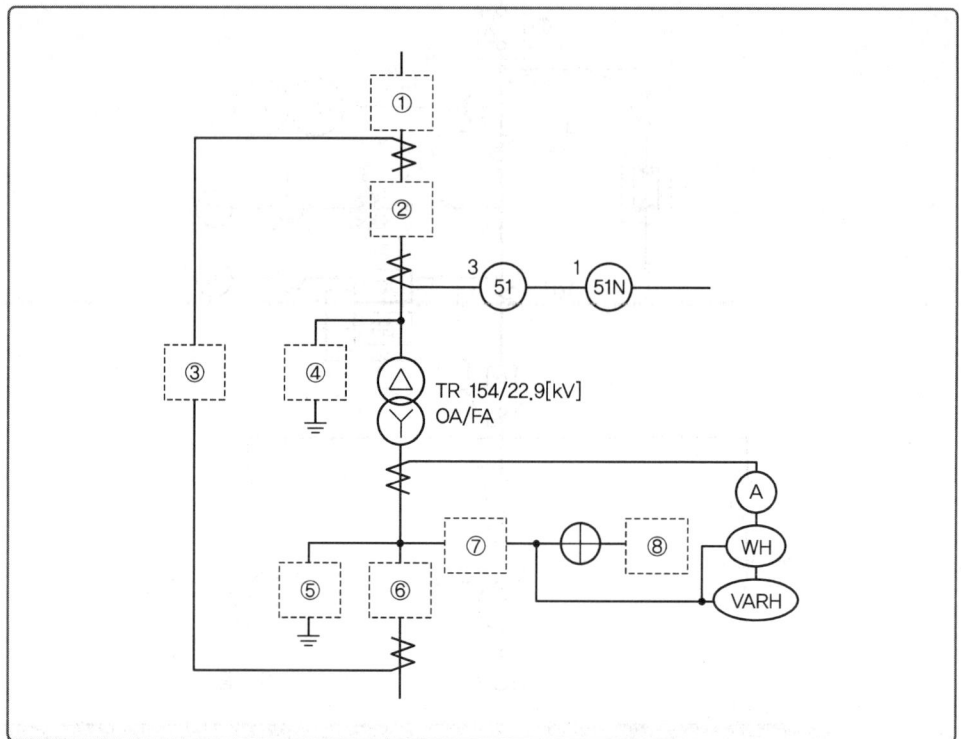

1 ①에 설치되어야 할 기기의 심벌을 그리고, 그 명칭을 쓰시오.
2 ②에 설치되어야 할 기기의 심벌을 그리고, 그 명칭을 쓰시오.
3 ③에 설치되어야 할 기기의 심벌을 그리고, 그 명칭을 쓰시오.
4 ④에 설치되어야 할 기기의 심벌을 그리고, 그 명칭을 쓰시오.
5 ⑤에 설치되어야 할 기기의 심벌을 그리고, 그 명칭을 쓰시오.
6 ⑥에 설치되어야 할 기기의 심벌을 그리고, 그 명칭을 쓰시오.
7 ⑦에 설치되어야 할 기기의 심벌을 그리고, 그 명칭을 쓰시오.

(해답) **1** • 심벌 :   • 명칭 : 선로개폐기

2 • 심벌 :   • 명칭 : 차단기

3 • 심벌 :   • 명칭 : 주변압기 비율차동계전기

4 • 심벌 :   • 명칭 : 피뢰기

5 • 심벌 :   • 명칭 : 피뢰기

6 • 심벌 :   • 명칭 : 차단기

7 • 심벌 : ⇒⇐ • 명칭 : 계기용 변압기

TIP
① 심벌은 단선도를 기준으로 할 것
② 명칭은 우리말로 쓸 것
  • OA : 유입 자냉식
  • FA : 유입 풍냉식
  • OW : 유입 수냉식
  • AN : 건식 자냉식
  • AF : 건식 풍냉식

01 수변전설비

33 그림은 3상 4선식 22.9[kV] 수전설비 단선결선도이다.

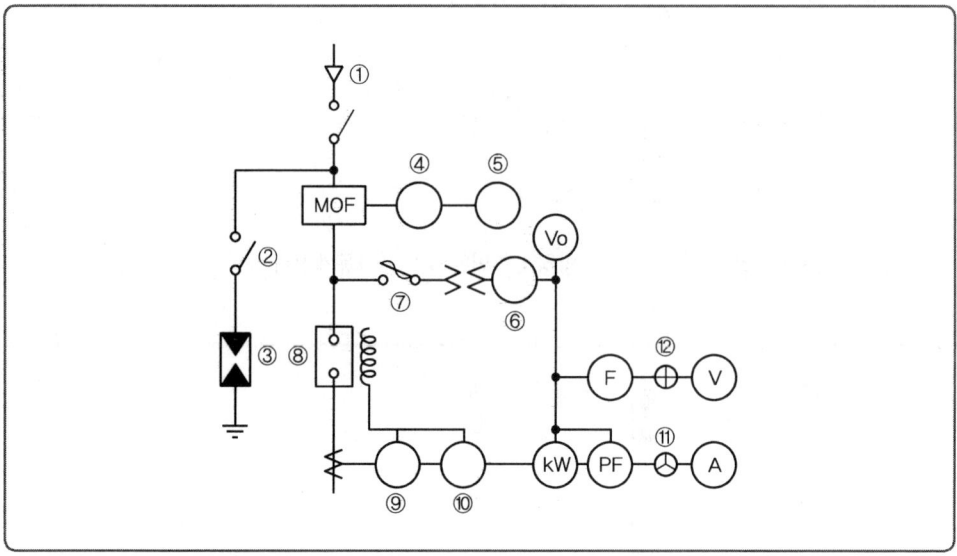

■ ①의 심벌의 용도를 쓰시오.
■ ②의 심벌의 명칭과 용도를 쓰시오.
■ ③의 심벌의 명칭과 용도를 쓰시오.
■ ④부터 ⑫까지의 심벌의 명칭을 쓰시오.

(해답)
■ 용도 : 케이블의 단말처리
■ • 명칭 : 단로기
　• 용도 : 피뢰기 전원개방
■ • 명칭 : 피뢰기
　• 용도 : 뇌전류를 대지로 방전시키고 속류를 차단
■ ④ 최대수요전력량계　　⑤ 무효전력량계
　⑥ 지락과전압계전기　　⑦ 전력퓨즈 또는 컷아웃스위치
　⑧ 교류차단기　　　　　⑨ 과전류계전기
　⑩ 지락과전류계전기　　⑪ 전류계용 전환개폐기
　⑫ 전압계용 전환개폐기

14 비율차동계전기(RDF ; Ratio Differential Relay)

1) 목적
변압기 내부사고(단락, 지락) 시 차전류에 의해 동작하는 것

2) 비율차동계전기의 결선 및 부분 명칭과 기능

① **동작코일** : 변압기 내부코일의 층간 단락, 지락사고 시 1차와 2차의 전류차로 동작하여 차단기를 개로시킨다.

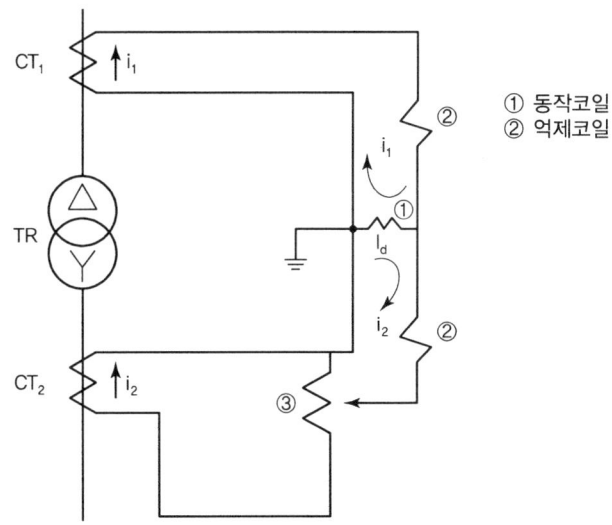

㉠ 정상 시 $I_d = i_1 - i_2 = 0$이면 부동작
㉡ 고장 시 $I_d = i_1 - i_2 \neq 0$ 아니면 차전류가 흘러서 동작

② **억제코일** : 외부 사고 시 과대 전류가 동작코일에 흐르더라도 억제코일 전류에 대한 비율이 어떤 값(30%) 이상이 되어야만 동작하기 때문에 이 전류를 30%로 억제시킨다.(차단기 개폐 시 과도 돌입 전류 억제)

③ **보상변류기** : 주 변압기 1차 전압과 2차 전압의 크기가 다르기 때문에 비율차동계전기 2차에 흐르는 전류의 크기도 달라진다. 이 전류의 크기를 같게 하기 위하여 내부 또는 외부에 보상 CT를 설치하여 **1차와 2차의 전류차를 보상**한다.

④ **오동작 억제대책**
　㉠ 감도저하법
　㉡ Trip Lock법
　㉢ 고조파 억제법

⑤ 비율차동계전기의 탭 설정

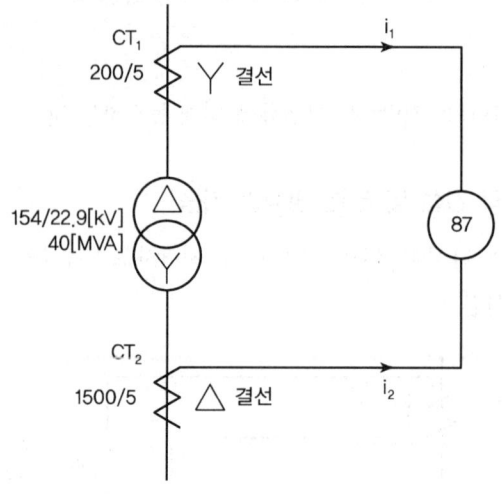

$$CT_1 = \frac{40 \times 10^3}{\sqrt{3} \times 154} \times 1.5 \ \text{여유} = 224.95 \qquad \therefore 200/5$$

$$CT_2 = \frac{40 \times 10^3}{\sqrt{3} \times 22.9} \times 1.5 = 1512.75 \qquad \therefore 1{,}500/5$$

$$i_1 = \frac{40 \times 10^3}{\sqrt{3} \times 154} \times \frac{5}{200} = 3.75[A]$$

$$i_2 = \frac{40 \times 10^3}{\sqrt{3} \times 22.9} \times \frac{5}{1500} \times \sqrt{3} = 5.82[A]$$

$$i_1 = \frac{40 \times 10^3}{\sqrt{3} \times 154}$$

㉠ 보상변류기 탭 설정

i_2 전류계산기 CT의 결선이 △결선이므로 $I_l = \sqrt{3}\ I_p$ 관계에서 $\sqrt{3}$ 을 곱해야 한다.

∴ 보상변류기 탭 $= \frac{3.75}{5.82} \times 100 = 64.43$ 턴에 선정

㉡ 보상 변류기를 전류가 큰 쪽에 설치하는 이유

계전기에 흐르는 전류가 계전기 정격전류 이하가 되도록 결정하여 CT 및 계전기 부담을 작게 해준다.

⑥ 87B : 모선보호 비율차동계전기

87G : 발전기용 비율차동계전기

87T : 주변압기 비율차동계전기

3) 비율차동계전기의 C.T결선 방법

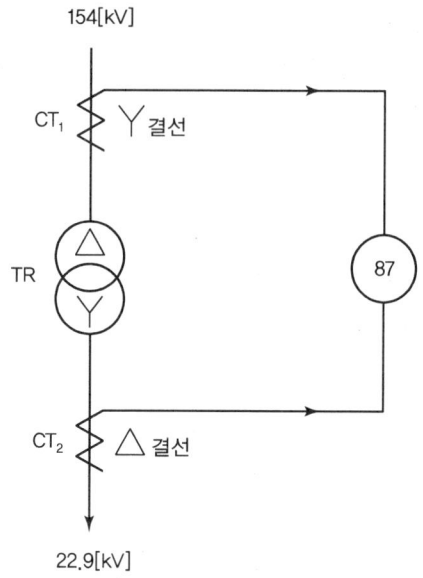

4) 보호 계전방식에 의한 분류

① 모선 보호 계전기
  ㉠ 전압 차동 계전기
  ㉡ 전류 차동 계전기
  ㉢ 거리 계전기
  ㉣ 위상 비교 계전기
  ㉤ 전력 방향 계전기

② 송전 선로의 보호 계전기
  ㉠ 거리 계전기 : 동작 시간이 고장점까지의 거리에 따라 변환되는 계전기
  ㉡ 반송 계전방식 : 전력선에 반송파를 보내 고장 발생 시 송수전 양단을 고속 차단하는 방식
  ㉢ 표시선 계전방식 : 고장 발생 시 고장점의 위치에 상관없이 송수 양단에서 고속 차단하는 방식(방향비교, 전압방향, 전류순환)

✅ 핵심 과년도 문제

34 답안지의 그림은 1, 2차 전압이 66/22[kV]이고, Y-△결선된 전력용 변압기이다. 1, 2차에 CT를 이용하여 변압기의 비율차동계전기를 동작시키려고 한다. 주어진 도면을 이용하여 다음 각 물음에 답하시오.

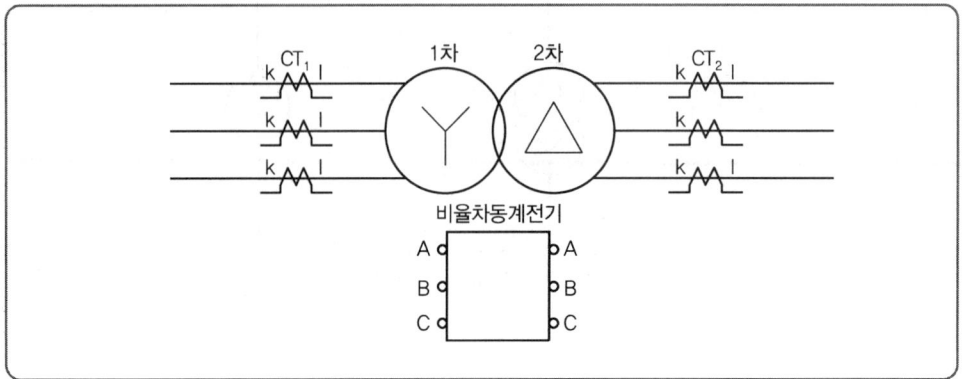

① CT와 비율차동계전기의 결선을 주어진 도면에 완성하시오.
② 1차 측 CT의 권수비를 200/5로 했을 때 2차 측 CT의 권수비는 얼마가 좋은지를 쓰고, 그 이유를 설명하시오.
③ 변압기를 전력 계통에 투입할 때 여자 돌입 전류에 의한 비율차동계전기의 오동작을 방지하기 위하여 이용되는 비율차동계전기의 종류(또는 방식)를 한 가지만 쓰시오.
④ 우리나라에서 사용되는 CT의 극성은 일반적으로 어떤 극성의 것을 사용하는가?

해답 ①

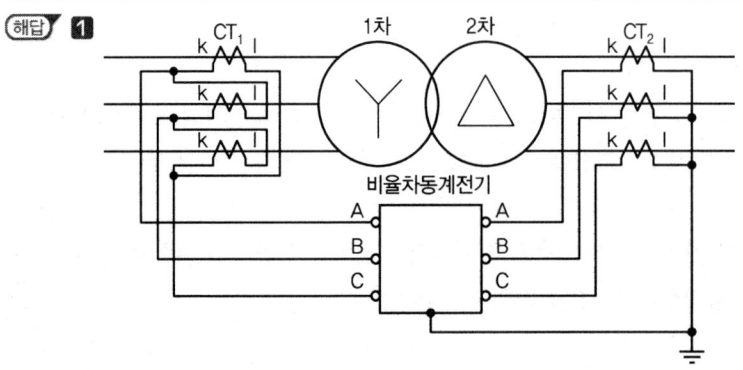

② 1차 전압이 3배 크므로 2차 측 전류가 3배 크다.

$$\frac{200}{5} \times 3 = \frac{600}{5}$$

답 600/5 선정
③ 감도저하법
④ 감극성

> **TIP**
> ① 변압기의 권선이 Y-△이므로 CT_1은 △결선 CT_2는 Y결선한다.
> ② 오동작 방지법
> • 감도저하법
> • Trip Rook 법
> • 고조파 억제법

35 그림은 모선의 단락 보호 계전방식의 도면이다. 이 도면을 보고 다음 각 물음에 답하시오.

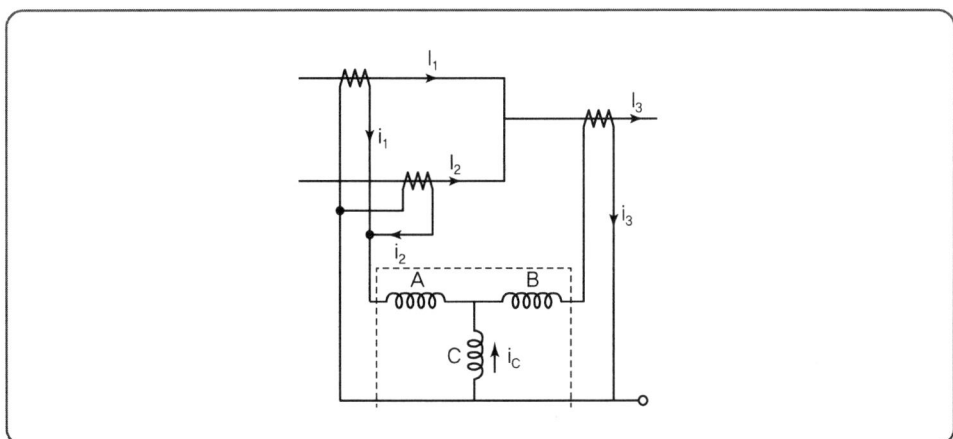

① 점선 안의 계전기 명칭은?
② A, B, C 코일의 명칭을 쓰시오.
③ 발전기에 상간 단락이 생길 때 코일 C의 전류 i_C는 어떻게 표현되는가?

해답 ① 비율차동계전기
② A : 억제코일
 B : 억제코일
 C : 동작코일
③ $i_C = |(i_1 + i_2) - i_3|$

15 SC(Static Condenser, 전력용 콘덴서)

앞선 무효전력을 공급하여 부하 측 역률개선의 역할을 한다.

1) 콘덴서의 역률개선 시 다음과 같은 효과를 얻을 수 있다.

① 변압기, 배전선의 손실 저감(전력손실 저감)
② 설비용량의 여유 증가(설비 이용률 증가)
③ 전압강하 경감
④ 전기요금 절감

2) 콘덴서 용량 계산식[kVA]

$Q = P \times (\tan\theta_1 - \tan\theta_2)$

여기서, $\tan\theta_1$: 개선 전 역률, $\tan\theta_2$: 개선 후 역률

$$= P[\text{kW}] \times \left(\frac{\sqrt{1-\cos^2\theta_1}}{\cos\theta_1} - \frac{\sqrt{1-\cos^2\theta_2}}{\cos\theta_2} \right)[\text{kVA}]$$

3) 역률개선 원리

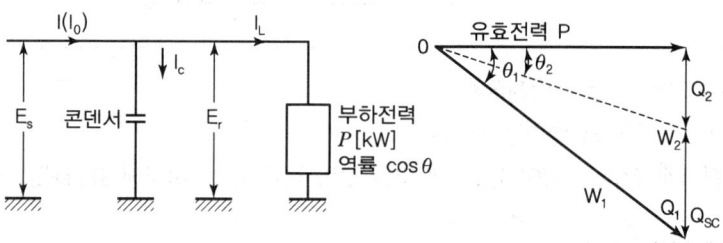

위 그림에서
  P : 유효전력
  W_1 : 개선 전의 피상전력
  W_2 : 개선 후의 피상전력
  Q_1 : 부하 측에서 소비된 무효전력의 합
  Q_2 : 전력회사에서 공급받는 무효전력
  Q_{SC} : 전력용 콘덴서로부터 공급받는 무효전력

4) SC 뱅크 수 결정

① 300[kVA] 이하 : 1개군 설치
② 300[kVA] 초과~600[kVA] 이하 : 2개군 설치

③ 600[kVA] 초과 : 3개군 설치

5) 콘덴서 보호장치

① OCR(과전류계전기) : 콘덴서의 단락사고 보호
② OVR(과전압계전기) : 선로의 과전압 시 보호
③ UVR(부족전압계전기) : 선로의 부족전압(상시전원 정전 시) 보호

6) 콘덴서 설치 시 주의사항

① 콘덴서 과보상시 나타나는 현상
  ㉠ 모선전압의 상승
  ㉡ 전력손실 증가
  ㉢ 고조파 왜곡 증대
  ㉣ 역률 저하
  ㉤ 계전기 오동작
② 콘덴서는 개폐 시에 다음과 같은 특이 현상이 일어나므로 주의하여야 한다.
  ㉠ 콘덴서를 투입할 때 돌입 전류에 의한 변류기 2차 회로의 과전압 유발
  ㉡ 콘덴서 투입 시 모선의 순시 전압 강하
  ㉢ 콘덴서를 개방할 때 개폐기의 극 간(회복전압에 의한) 재점호 현상
③ 진상 콘덴서는 일반 전기기기와는 달리 현상 전부하 상태로 운전하고 있다. 따라서 주위 온도에 대해서는 충분히 유의하고 경우에 따라서는 환기를 하여야 한다.
④ 콘덴서는 현장조작 개폐기 또는 이에 상당하는 **개폐기보다 부하 측에 설치할 것**

7) 역률 유지

① 부하 역률을 기준으로 90[%] 이상으로 유지하여야 한다.
② 수용가는 90[%] 초과 역률에 대하여 95[%]까지는 초과하는 매 1[%]에 대하여 기본요금의 0.2[%]씩을 감액한다. 수용가의 역률이 90[%]에 미달하는 경우에는 미달하는 매 1[%]에 대하여 기본요금의 0.2[%]씩을 전기요금으로 추가한다.

8) 콘덴서 제어방식의 종류

① 부하전류에 의한 제어
② 수전점 역률에 의한 제어
③ 모선 전압에 의한 제어
④ 프로그램에 의한 제어
⑤ 특성부하 개폐 신호에 의한 제어
⑥ 수전점 무효전력에 의한 제어

9) 콘덴서 회로의 부속 기기별 역할

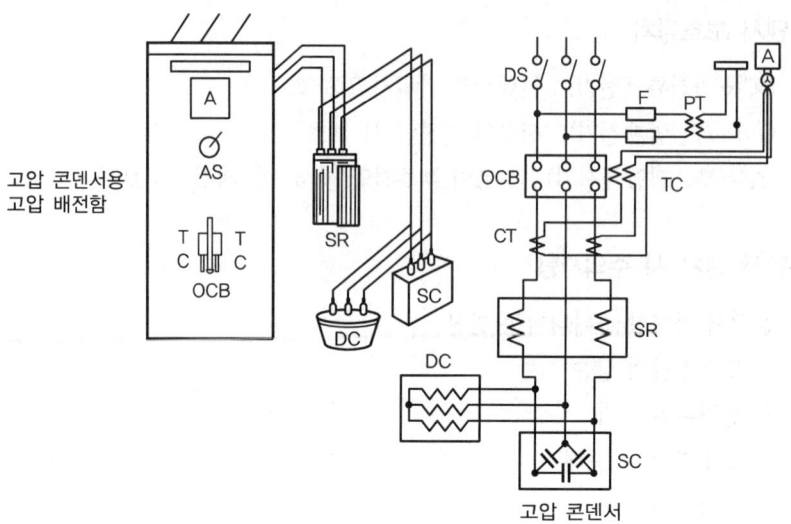

| 콘덴서 회로의 부속 기기 |

① **직렬 리액터**(Series Reactor ; SR)

　㉠ 목적
- **제5고조파를 제거**
- 콘덴서 투입 시 돌입전류 방지
- 개폐 시 계통의 과전압 억제
- 고조파에 의한 계전기 오동작 방지

　㉡ 직렬 리액터 용량 : 이론상은 콘덴서 용량의 4[%], 실제상은 주파수 변동을 고려하여 콘덴서 용량은 6[%]

② **방전코일**(Discharging Coil ; DS)

콘덴서 전원 개방 시 **잔류전압을 방전**하여 인체의 감전사고를 방지하고 재투입 시 콘덴서에 걸리는 과전압을 방지한다.

③ **전력용 콘덴서**(Static Condenser ; SC)

앞선 무효전력을 공급하여 부하의 **역률을 개선**한다.

✓ 핵심 과년도 문제

36 부하전력이 4,000[kW], 역률 80[%]인 부하에 전력용 콘덴서 1,800[kVA]를 설치하였다. 이때 다음 각 물음에 답하시오.

① 역률은 몇 [%]로 개선되었는가?
② 부하설비의 역률이 90[%] 이하일 경우(즉, 낮은 경우) 수용가 측면에서 어떤 손해가 있는지 3가지만 쓰시오.
③ 전력용 콘덴서와 함께 설치되는 방전코일과 직렬 리액터의 용도를 간단히 설명하시오.

해답 ① 계산 : 무효전력 $Q = 4,000 \times \dfrac{0.6}{0.8} = 3,000 [\text{kVar}]$

$$\cos\theta = \dfrac{4,000}{\sqrt{4,000^2 + (3,000-1,800)^2}} \times 100 = 95.78[\%]$$

답 95.78[%]

② ① 전력손실이 커진다.
② 전압강하가 커진다.
③ 전기요금이 증가한다.

③ • 방전 코일 : 전원 개방 시 콘덴서에 축적된 잔류전하 방전
• 직렬 리액터 : 제5고조파를 제거하여 파형 개선

TIP

① $Q = P\tan\theta$

② $\cos\theta = \dfrac{P}{\sqrt{P^2 + (Q-Q_c)^2}} \times 100$

여기서, P : 유효전력
Q : 무효전력
Q_c : 콘덴서 용량

37 그림은 고압 진상용 콘덴서 설치도이다. 다음 물음에 답하시오.

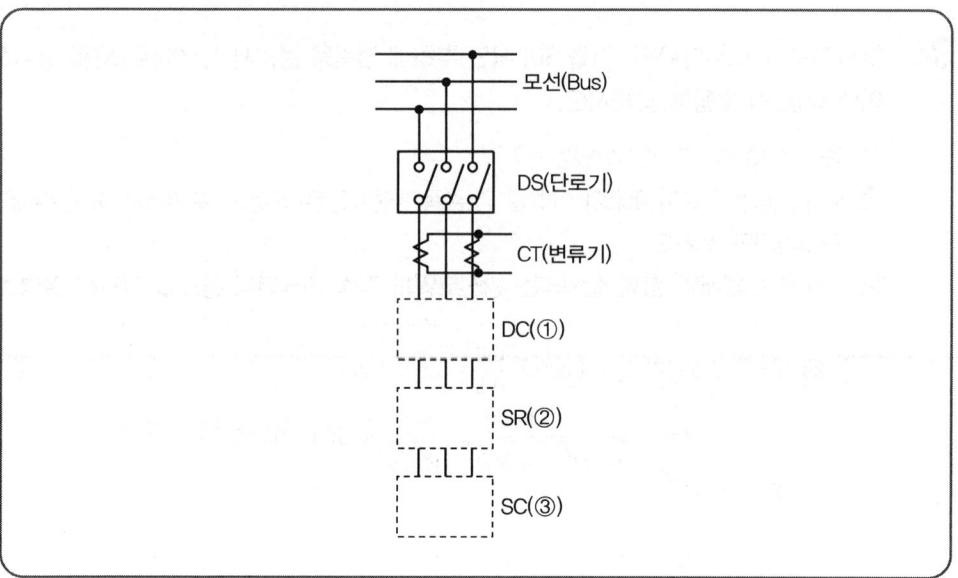

① ①, ②, ③의 명칭을 우리말로 쓰시오.
　① (　　　　), ② (　　　　), ③ (　　　　)

② ①, ②, ③의 설치 이유를 쓰시오.
　①
　②
　③

③ ①, ②, ③의 회로를 완성하시오.
　①　　　　　②　　　　　③

해답 ① ① 방전 코일, ② 직렬 리액터, ③ 전력용 콘덴서
② ① 전원 개방 시 콘덴서에 잔류전하 방전
　② 제5고조파 제거
　③ 역률 개선
③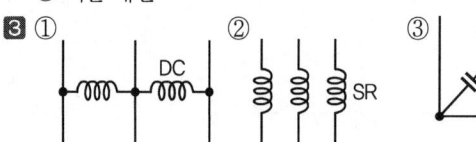

TIP
약호(DC, SR, SC)가 주어지지 않은 상태에서 회로를 완성해 보세요.

38 다음 계통도에서 (1), (2), (3)의 명칭과 역할을 간단히 설명하시오.

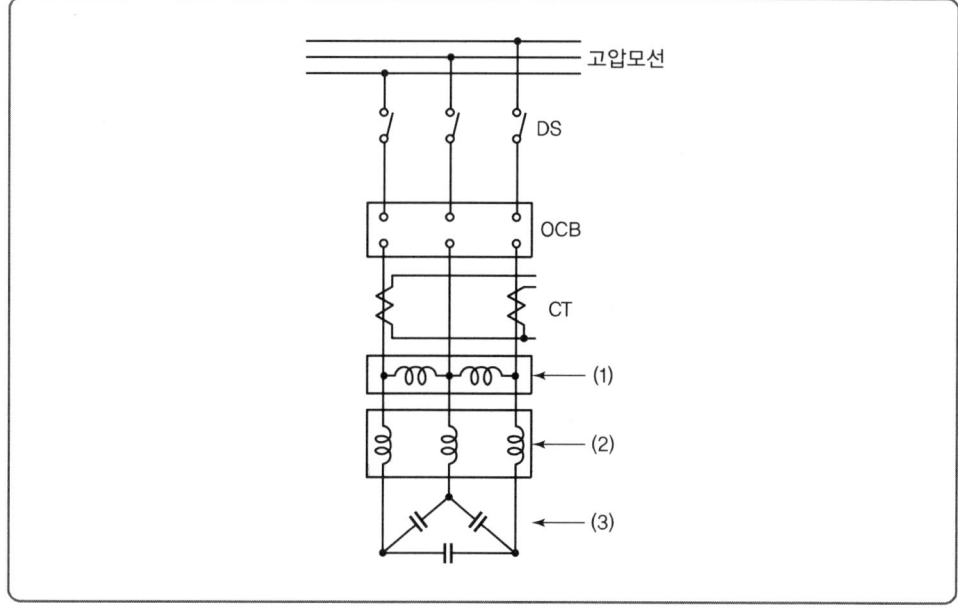

해답 (1) 방전 코일(DC) : 전원(콘덴서 회로) 개방 시 잔류전하를 방전하여 인체의 감전사고를 방지
(2) 직렬 리액터(SR) : 제5고조파를 제거하여 전압의 파형 개선
(3) 전력용 콘덴서(SC) : 진상무효전력을 공급하여 부하의 역률 개선

TIP
방전코일, 직렬리액터 그림도 암기할 것!

39 전력용 콘덴서를 통해 역률 과보상 시 나타나는 현상 3가지를 쓰시오.

해답 ① 모선 전압의 상승
② 계전기 오동작
③ 고조파 왜곡의 증대
그 외
④ 송전 손실 증가

40 어느 수용가가 당초 역률(지상) 80[%]로 60[kW]의 부하를 사용하고 있었는데 새로이 역률(지상) 60[%]로 40[kW]의 부하를 증가해서 사용하게 되었다. 이때 콘덴서로 합성역률을 90[%]로 개선하려고 할 경우 콘덴서의 소요 용량은 몇 [kVA]인가?

해답 계산 : 60[kW]의 무효전력 $Q_1 = 60 \times \dfrac{0.6}{0.8} = 45$[kVA]

40[kW]의 무효전력 $Q_2 = 40 \times \dfrac{0.8}{0.6} = 53.33$[kVA]

합성유효분 $= 60 + 40 = 100$[kW]
합성무효분 $= 45 + 53.33 = 98.33$[kVA]

합성역률 $\cos\theta_1 = \dfrac{100}{\sqrt{100^2 + 98.33^2}} = 0.713$

$\cos\theta_2$를 0.9로 개선하기 위한 콘덴서 용량 Q_C
$= 100 \left[\dfrac{\sqrt{1-0.713^2}}{0.713} - \dfrac{\sqrt{1-0.9^2}}{0.9} \right] = 49.908$[kVA]

답 49.91[kVA]

> **TIP**
> $Q_C = P(\tan\theta_1 - \tan\theta_2)$[kVA]
> 여기서, P : 유효전력[kW]

41 3상 200[V], 20[kW], 역률 80[%]인 부하의 역률을 개선하기 위하여 15[kVA]의 진상 콘덴서를 설치하는 경우 전류의 차(역률 개선 전과 역률 개선 후)는 몇 [A]가 되겠는가?

해답 계산 : ① 역률 개선 전 전류 I_1

$I_1 = \dfrac{20{,}000}{\sqrt{3} \times 200 \times 0.8} = 72.17$[A]

② 역률 개선 후 전류 I_2

- 콘덴서 설치 후 무효전력 $Q = P\tan\theta - Q_c = 20 \cdot \dfrac{0.6}{0.8} - 15 = 0$[kVar]
- 콘덴서 설치 후 역률 $\cos\theta_2 = \dfrac{P}{\sqrt{P^2 + Q^2}} = \dfrac{20}{\sqrt{20^2 + 0^2}} = 1$
- 역률 개선 후 전류 $I_2 = \dfrac{20{,}000}{\sqrt{3} \times 200 \times 1} = 57.74$[A]

③ 차전류 $I = I_1 - I_2 = 72.17 - 57.74 = 14.43$[A]

답 14.43[A]

TIP

$$I = \frac{P}{\sqrt{3}\,V\cos\theta}$$

42 정격용량 500[kVA]의 변압기에서 배전선의 전력손실을 40[kW]로 유지하면서 부하 L_1, L_2에 전력을 공급하고 있다. 지금 그림과 같이 전력용 콘덴서를 기존 부하와 병렬로 연결하여 합성 역률을 90[%]로 개선하고 새로운 부하를 증설하려고 할 때 다음 물음에 답하시오. (단, 여기서 부하 L_1은 역률 60[%], 180[kW]이고, 부하 L_2의 전력은 120[kW], 160[kVar]이다.)

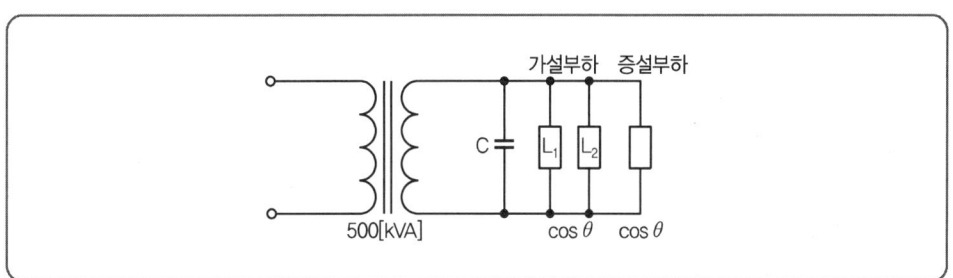

1 부하 L_1과 L_2의 합성용량[kVA]과 합성역률은?
   ① 합성용량   ② 합성역률

2 역률 개선 시 변압기 용량의 한도까지 부하설비를 증설하고자 할 때 증설부하용량은 몇 [kW]인가?

해답 **1** ① 합성용량
  계산 : 유효전력 $P = P_1 + P_2 = 180 + 120 = 300[\text{kW}]$
  무효전력 $Q = Q_1 + Q_2 = P_1\tan\theta_1 + Q_2$
  $= 180 \times \dfrac{0.8}{0.6} + 160 = 400[\text{kVar}]$
  합성용량 $P_a = \sqrt{P^2 + Q^2} = \sqrt{300^2 + 400^2} = 500[\text{kVA}]$ **답** 500[kVA]

  ② 합성역률
  계산 : $\cos\theta = \dfrac{P}{P_a} \times 100 = \dfrac{300}{\sqrt{300^2+400^2}} \times 100 = 60[\%]$ **답** 60[%]

2 계산 : 증설부하용량을 ΔP라 하면
  역률 개선 후 총 유효전력 $P_o = P_a \cos\theta = 500 \times 0.9 = 450[\text{kW}]$
  증설부하용량 $\Delta P = P_o - P_H = 450 - (180 + 120 + 40) = 110$
  여기서, P_H : 역률 개선 전 전력
  답 110[kW]

43 그림과 같은 3상 배전선에서 변전소(A점)의 전압은 3,300[V], 중간(B점) 지점의 부하는 50[A], 역률 0.8(지상), 말단(C점)의 부하는 50[A], 역률 0.8이다. A와 B 사이의 길이는 2[km], B와 C 사이의 길이는 4[km]이며, 선로의 [km]당 임피던스는 저항 0.9[Ω], 리액턴스 0.4[Ω]이라고 할 때 다음 각 물음에 답하시오.

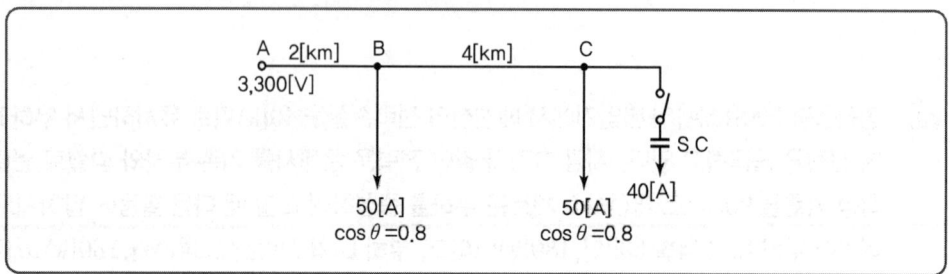

1 이 경우의 B점과 C점의 전압은 몇 [V]인가?
   ① B점의 전압
   ② C점의 전압

2 C점에 전력용 콘덴서를 설치하여 진상 전류 40[A]를 흘릴 때 B점과 C점의 전압은 각각 몇 [V]인가?
   ① B점의 전압
   ② C점의 전압

3 전력용 콘덴서를 설치하기 전과 후의 선로의 전력 손실을 구하시오.
   ① 전력용 콘덴서 설치 전
   ② 전력용 콘덴서 설치 후

(해답) **1** 콘덴서 설치 전 B, C점의 전압
   ① B점의 전압
   계산 : $V_B = V_A - \sqrt{3}\,I_1(R_1\cos\theta + X_1\sin\theta)$
   $= 3,300 - \sqrt{3} \times 100(0.9 \times 2 \times 0.8 + 0.4 \times 2 \times 0.6) = 2,967.45[V]$
   답 2,967.45[V]

   ② C점의 전압
   계산 : $V_C = V_B - \sqrt{3}\,I_2(R_2\cos\theta + X_2\sin\theta)$
   $= 2,967.45 - \sqrt{3} \times 50(0.9 \times 4 \times 0.8 + 0.4 \times 4 \times 0.6) = 2,634.9[V]$
   답 2,634.9[V]

2 콘덴서 설치 후 B, C점의 전압
   ① B점의 전압
   계산 : $V_B = V_A - \sqrt{3}\,\{I_1\cos\theta \cdot R_1 + (I_1\sin\theta - I_C) \cdot X_1\}$
   $= 3,300 - \sqrt{3} \times \{100 \times 0.8 \times 1.8 + (100 \times 0.6 - 40) \times 0.8\} = 3,022.87[V]$
   답 3,022.87[V]

② C점의 전압

계산 : $V_C = V_B - \sqrt{3} \times \{I_2 \cos\theta \cdot R_2 + (I_2 \sin\theta - I_C) \cdot X_2\}$
$= 3,022.87 - \sqrt{3} \times \{50 \times 0.8 \times 3.6 + (50 \times 0.6 - 40) \times 1.6\} = 2,801.17 [V]$

답 2,801.17[V]

3 전력 손실

① 콘덴서 설치 전

계산 : $P_{L1} = 3I_1^2 R_1 + 3I_2^2 R_2 = 3 \times 100^2 \times 1.8 + 3 \times 50^2 \times 3.6 = 81,000[W] = 81[kW]$

답 81[kW]

② 콘덴서 설치 후

계산 : $I_1 = \sqrt{(100 \times 0.8)^2 + (100 \times 0.6 - 40)^2} = 82.46[A]$
$I_2 = \sqrt{(50 \times 0.8)^2 + (50 \times 0.6 - 40)^2} = 41.23[A]$
∴ $P_{L2} = 3 \times 82.46^2 \times 1.8 + 3 \times 41.23^2 \times 3.6 = 55,080 = 55.08[kW]$

답 55.08[kW]

> **TIP**
> ① 3상 전력손실 $= 3I^2R$
> ② 콘덴서 전류 = 진상무효전류$(-I_C)$

44 그림과 같은 송전계통 S점에서 3상 단락사고가 발생하였다. 주어진 도면과 조건을 참고하여 고장점 및 차단기를 통과하는 단락전류를 구하시오.

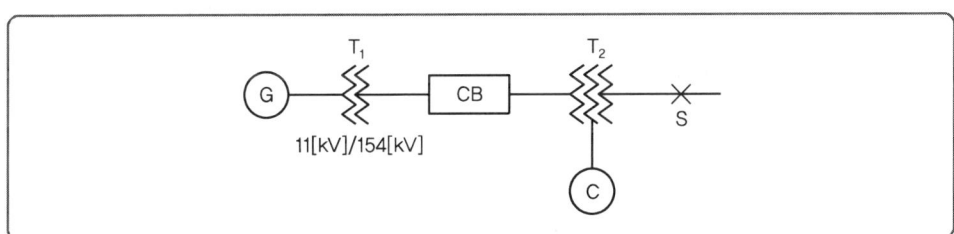

번호	기기명	용량	전압	%X
1	발전기(G)	50,000[kVA]	11[kV]	30
2	변압기(T_1)	50,000[kVA]	11/154[kV]	12
3	송전선	–	154[kV]	10(10,000[kVA] 기준)
4	변압기(T_2)	1차 25,000[kVA]	154[kV]	12(25,000[kVA] 기준, 1차~2차)
		2차 30,000[kVA]	77[kV]	15(25,000[kVA] 기준, 2차~3차)
		3차 10,000[kVA]	11[kV]	10.8(10,000[kVA] 기준, 3차~1차)
5	조상기(C)	10,000[kVA]	11[kV]	20(10,000[kVA])

1 고장점의 단락전류
2 차단기의 단락전류

[해답] **1** 계산 : $I_s = \dfrac{100}{\%Z} \times I_n$에서 %Z를 구하기 위해서 먼저 100[MVA]로 환산

- G의 %X $= \dfrac{100}{50} \times 30 = 60[\%]$

- T_1의 %X $= \dfrac{100}{50} \times 12 = 24[\%]$

- 송전선의 %X $= \dfrac{100}{10} \times 10 = 100[\%]$

- C의 %X $= \dfrac{100}{10} \times 20 = 200[\%]$

- T_2의 %X

  1~2차 : $\dfrac{100}{25} \times 12 = 48[\%]$

  2~3차 : $\dfrac{100}{25} \times 15 = 60[\%]$

  3~1차 : $\dfrac{100}{10} \times 10.8 = 108[\%]$

  1차 $= \dfrac{48+108-60}{2} = 48[\%]$

  2차 $= \dfrac{48+60-108}{2} = 0[\%]$

  3차 $= \dfrac{60+108-48}{2} = 60[\%]$

G에서 T_2 1차까지 %$X_1 = 60 + 24 + 100 + 48 = 232[\%]$
C에서 T_2 3차까지 %$X_3 = 200 + 60 = 260[\%]$ (조상기는 3차 측 연결)

합성 %$Z = \dfrac{\%X_1 \times \%X_3}{\%X_1 + \%X_3} + \%X_2 = \dfrac{232 \times 260}{232 + 260} + 0 = 122.6[\%]$

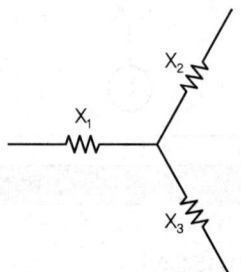

고장점의 단락전류 $I_s = \dfrac{100}{122.6} \times \dfrac{100 \times 10^3}{\sqrt{3} \times 77} = 611.59[A]$

답 611.59[A]

2 계산 : 전류분배의 법칙을 이용하여

$$I_{s1}' = I_s \times \frac{\%X_3}{\%X_1 + \%X_3} = 611.59 \times \frac{260}{232+260}$$ 을 구한 후,

전류와 전압의 반비례 관계를 이용하여 154[kV]를 환산하면

차단기의 단락전류 $I_s' = 611.59 \times \frac{260}{232+260} \times \frac{77}{154} = 161.6[A]$

답 161.6[A]

45 수용가의 수전설비의 결선도이다. 다음 물음에 답하시오.

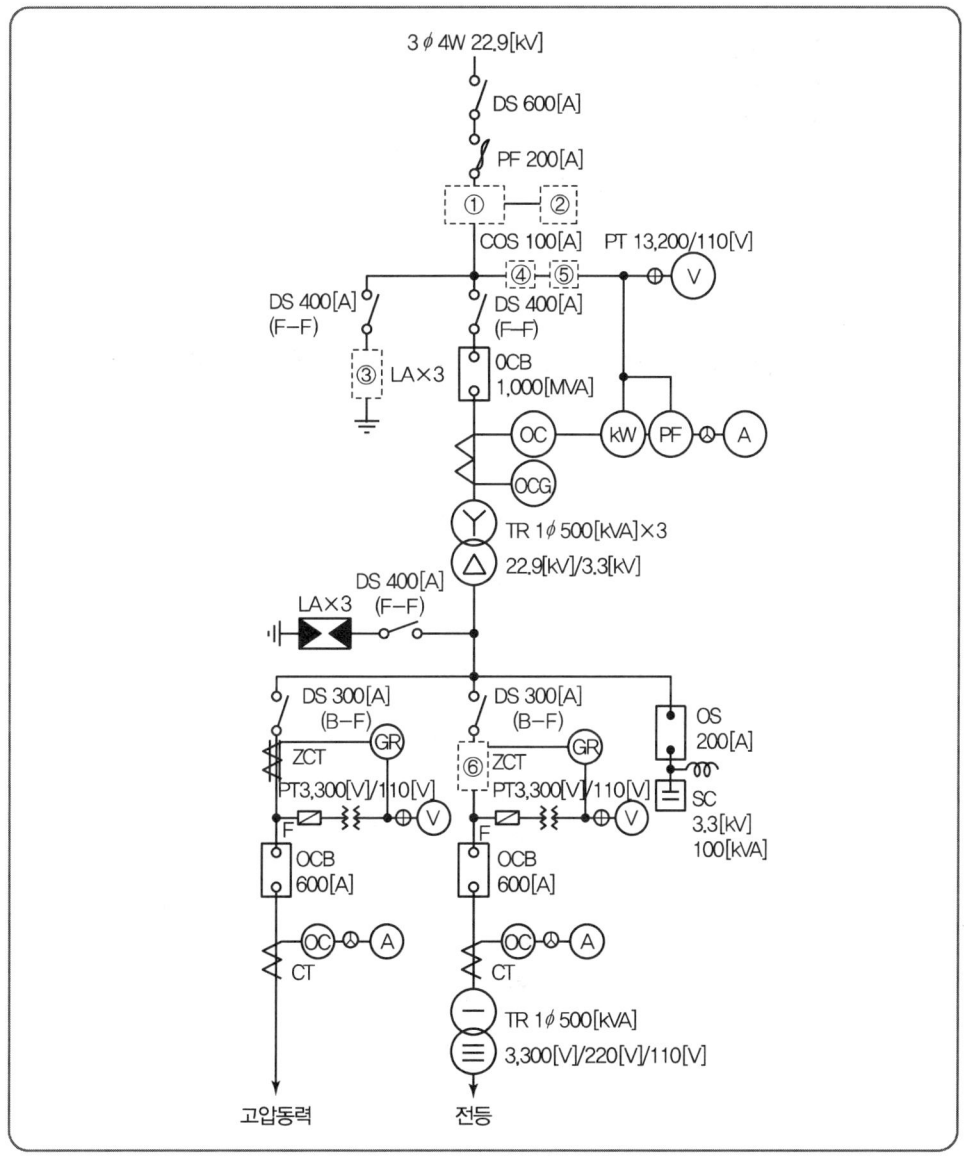

1 미완성 결선도에 심벌을 넣어 도면을 완성하시오.
2 22.9[kV] 측의 DS의 정격전압[kV]은?
3 22.9[kV] 측의 LA의 정격전압[kV]은?
4 3.3[kV] 측의 옥내용 PT는 주로 어떤 형을 사용하는가?
5 22.9[kV] 측 CT의 변류비는?(단, 1.25배의 값으로 변류비를 결정한다.)

해답

1

2 25.8[kV]
3 18[kV]
4 몰드형
5 계산 : $I = \dfrac{500 \times 3}{\sqrt{3} \times 22.9} \times 1.25 = 47.27$

답 50/5

46 그림은 154[kV]를 수전하는 어느 공장의 수전설비 도면의 일부분이다. 이 도면을 보고 각 물음에 답하시오.

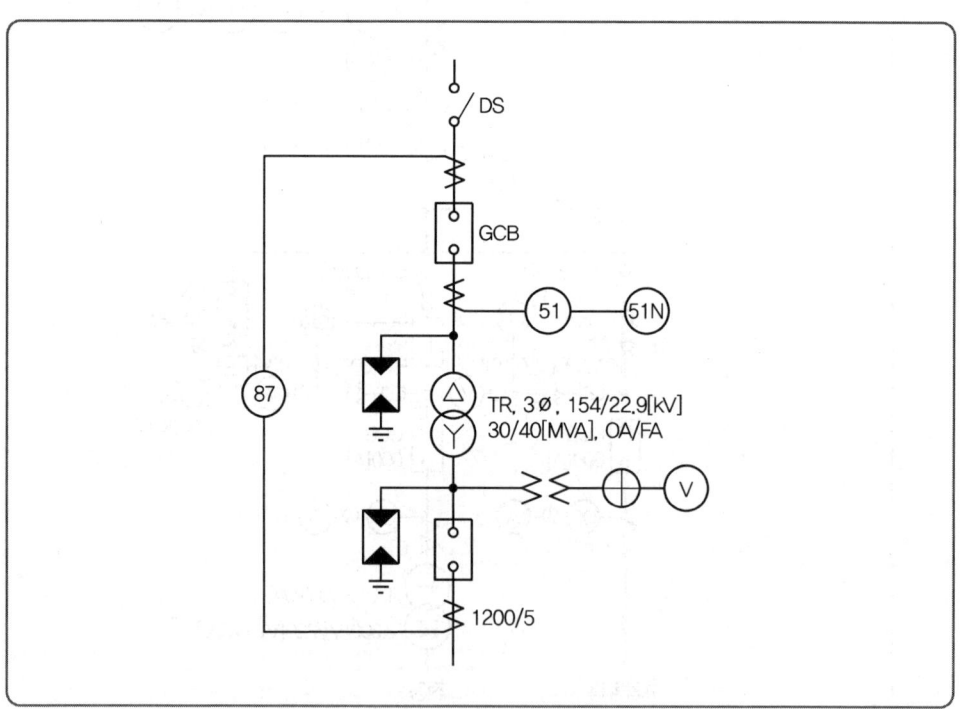

1 그림에서 87과 51N의 명칭은 무엇인가?
   ① 87
   ② 51N

2 154/22.9[kV] 변압기에서 FA 용량기준으로 154[kV] 측의 전류와 22.9[kV] 측의 전류는 몇 [A]인가?
   ① 154[kV] 측
   ② 22.9[kV] 측

3 GCB에는 주로 어떤 절연재료를 사용하는가?

4 △-Y 변압기의 복선도를 그리시오.

(해답) **1** ① 비율차동계전기
   ② 중성점 과전류계전기

2 ① 계산 : $I = \dfrac{40,000}{\sqrt{3} \times 154} = 149.96\,[A]$

답 149.96[A]

② 계산 : $I = \dfrac{40,000}{\sqrt{3} \times 22.9} = 1,008.47\,[A]$

답 1,008.47[A]

3 SF_6(육불화유황) 가스

4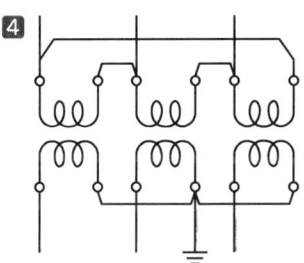

TIP

① FA : 유입풍냉식, OA : 유입자냉식
② 40[MVA] 기준
③ Y결선은 중성점을 접지할 것

47 도면은 154[kV]를 수전하는 어느 공장의 수전설비에 대한 단선도이다. 이 단선도를 보고 다음 각 물음에 답하시오.

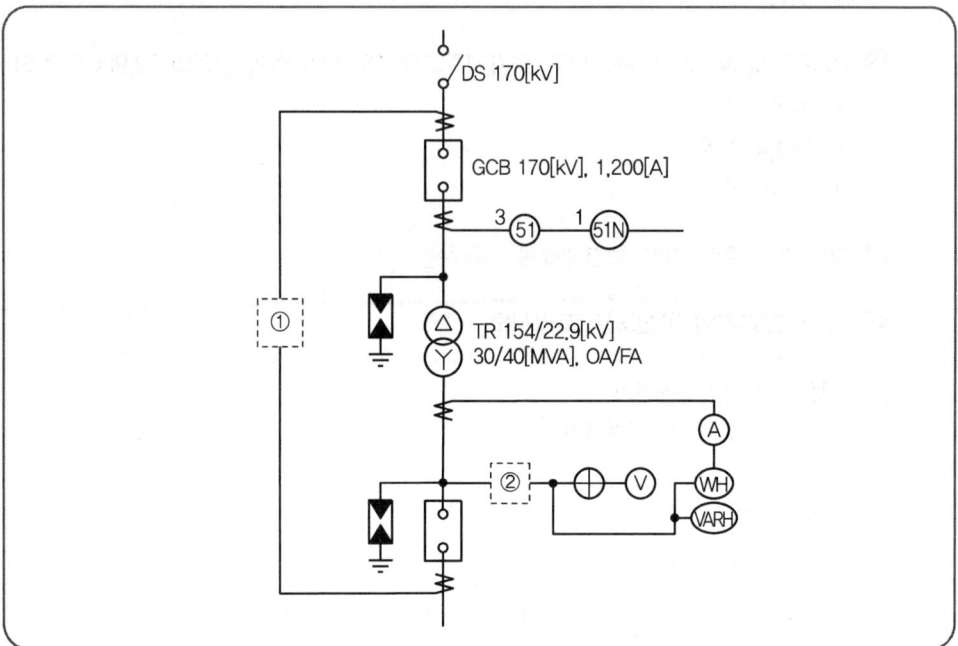

1 ①에 설치되어야 할 기기의 심벌을 그리고, 그 명칭을 쓰시오.
2 ②에 설치되어야 할 기기의 심벌을 그리고, 그 명칭을 쓰시오.
3 변압기에 표시되어 있는 OA/FA의 의미를 쓰시오.
4 22.9[kV] 계통에서 CT의 변류비는 얼마인가?
5 CT와 51, 51N 계전기의 복선도를 완성하시오.
6 154/22.9[kV]로 표시되어 있는 주변압기 복선도를 그리시오.

해답
1 • 심벌 : (87T)
 • 명칭 : 주변압기 비율차동 계전기

2 • 심벌 :
 • 명칭 : 계기용 변압기

3 OA : 유입자냉식
 FA : 유입풍냉식

4 $I = \dfrac{40 \times 10^3}{\sqrt{3} \times 22.9} \times (1.25 \sim 1.5) = 1{,}008.47 \times (1.25 \sim 1.5) = 1{,}260.59 \sim 1{,}512.7 [A]$

답 1,500/5

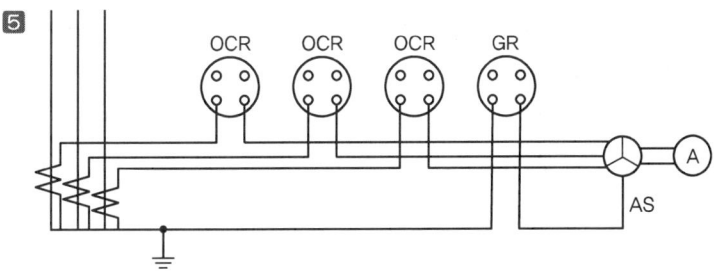

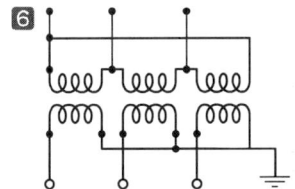

48 도면은 어느 154[kV] 수용가의 수전설비 단선 결선도의 일부분이다. 주어진 표와 도면을 이용하여 다음 각 물음에 답하시오.

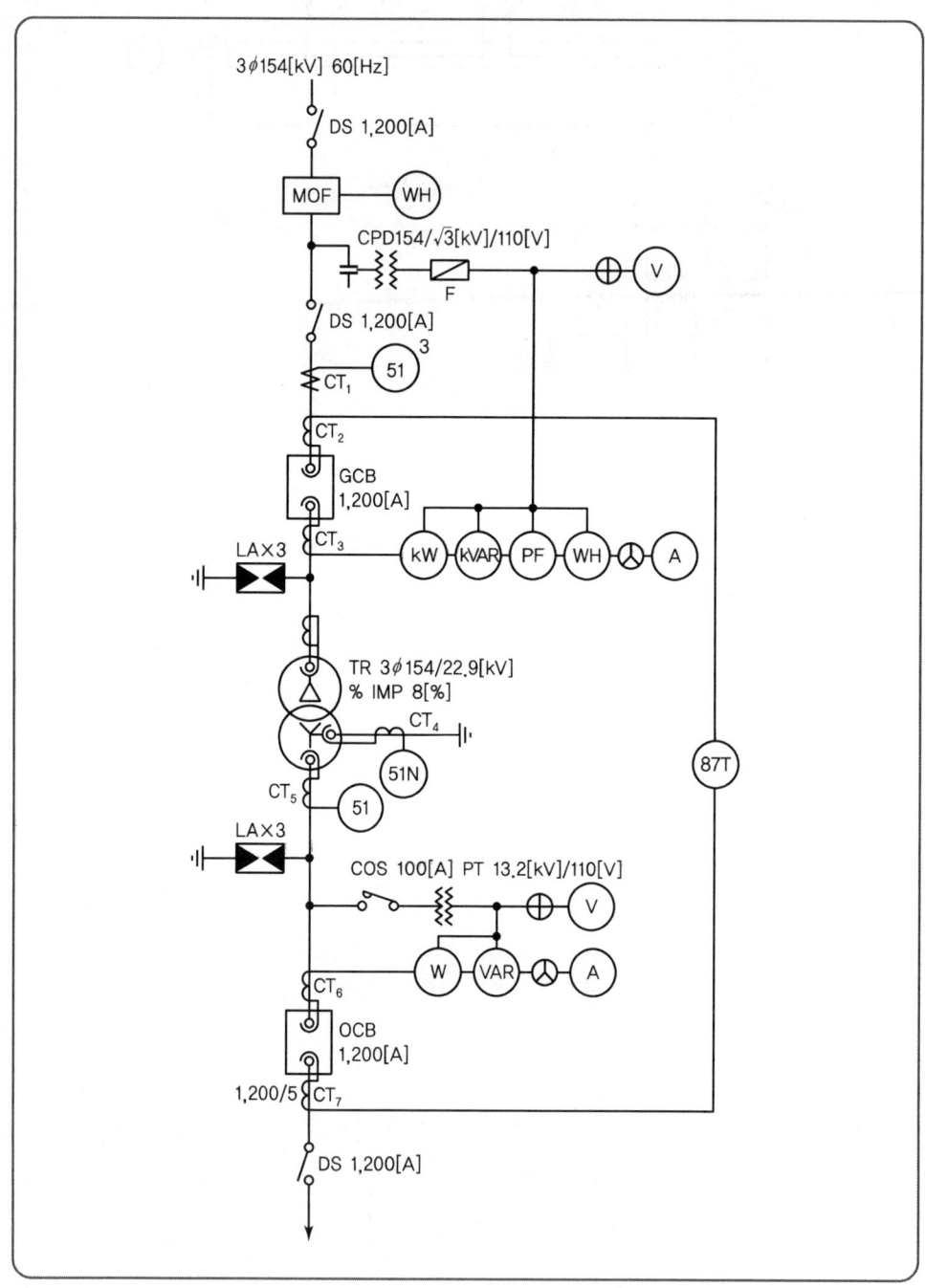

| CT의 정격 |

1차 정격 전류[A]	200	400	600	800	1,200	1,500
2차 정격 전류[A]	5					

1 변압기 2차 부하설비 용량이 51[MW], 수용률이 70[%], 부하역률이 90[%]일 때 도면의 변압기 용량은 몇 [MVA]가 되는가?

2 변압기 1차 측 DS의 정격전압은 몇 [kV]인가?

3 CT_1의 비는 얼마인지를 계산하고 표에서 선정하시오.

4 GCB 내에서 주로 사용되는 가스의 명칭을 쓰시오.

5 OCB의 정격 차단전류가 23[kA]일 때, 이 차단기의 차단용량은 몇 [MVA]인가?

6 과전류 계전기의 정격부담이 9[VA]일 때 이 계전기의 임피던스는 몇 [Ω]인가?

7 CT_7 1차 전류가 600[A]일 때 CT_7의 2차에서 비율차동계전기의 단자에 흐르는 전류는 몇 [A]인가?

해답

1 계산 : 변압기 용량 $= \dfrac{\text{설비용량[MW]} \times \text{수용률}}{\text{역률}} = \dfrac{51 \times 0.7}{0.9} = 39.67[\text{MVA}]$

답 39.67[MVA]

2 170[kV]

3 계산 : CT의 1차 전류 $= \dfrac{39.67 \times 10^6}{\sqrt{3} \times 154 \times 10^3} = 148.72[\text{A}] \times 1.25\text{배} = 186[\text{A}]$

답 200/5

4 SF_6(육불화황)

5 계산 : $P_s = \sqrt{3}\, V_n I_s [\text{MVA}] = \sqrt{3} \times 25.8 \times 23 = 1{,}027.8[\text{MVA}]$

답 1,027.8[MVA]

6 계산 : $P = I^2 Z$

$\therefore Z = \dfrac{P}{I^2} = \dfrac{9}{5^2} = 0.36[\Omega]$

답 0.36[Ω]

7 계산 : $I_2 = 600 \times \dfrac{5}{1{,}200} \times \sqrt{3} = 4.33[\text{A}]$

답 4.33[A]

TIP

① 비율차동계전기 87T의 CT_7 결선이 Δ결선을 해야 하므로 $\sqrt{3}$ 배를 곱한다.
② 변압기용량은 표준값을 적용하지 말 것!

49 그림과 같은 특고압 간이 수전설비에 대한 결선도를 보고 다음 각 물음에 답하시오.

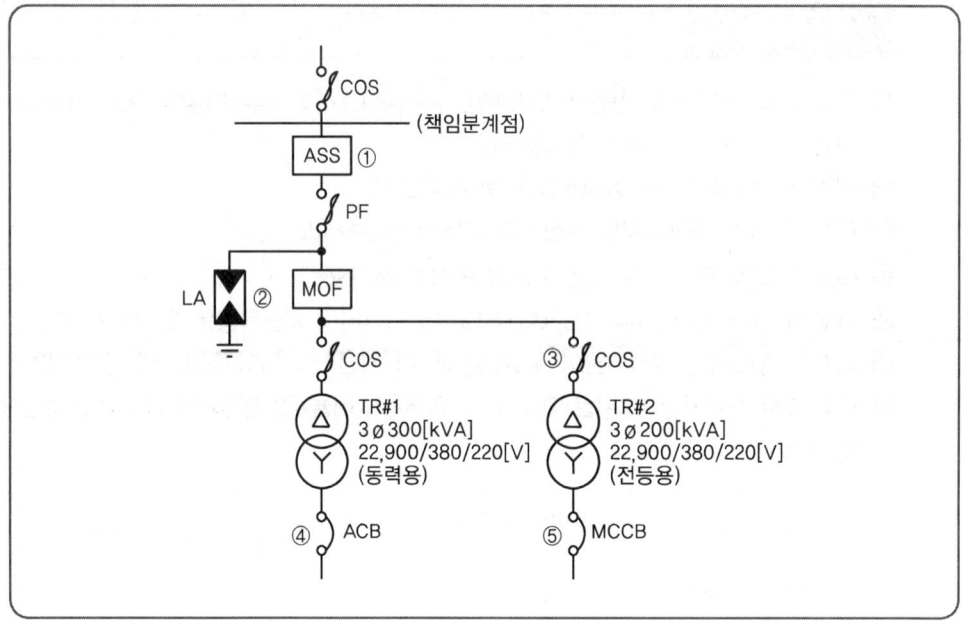

1 수전실의 형태를 Cubicle Type으로 할 경우 고압반(HV : High voltage) 4면과 저압반(LV : Low voltage) 2면으로 구성된다. 수용되는 기기의 명칭을 각각 쓰시오.

2 ①, ②, ③의 정격전압과 정격전류를 구하시오.
① ASS, ② LA, ③ COS

3 ④, ⑤ 차단기의 용량(AF, AT)은 어느 것을 선정하면 되겠는가?(단, 역률은 100[%]로 계산한다.)

해답 **1** • 고압반 : 피뢰기, 전력 수급용 계기용 변성기, 전등용 변압기, 동력용 변압기, 컷아웃스위치, 전력퓨즈
• 저압반 : 기중 차단기, 배선용 차단기

2 ① 정격전압 : 25.8[kV], 정격전류 : 200[A]
② 정격전압 : 18[kV], 정격전류 : 2,500[A]
③ 정격전압 : 25[kV] 또는 25.8[kV], 정격전류 : 100[AF], 8[A]

3 ④ 계산 : $I_1 = \dfrac{300 \times 10^3}{\sqrt{3} \times 380} = 455.82[A]$
답 AF : 630[A], AT : 600[A]

⑤ 계산 : $I_1 = \dfrac{200 \times 10^3}{\sqrt{3} \times 380} = 303.87[A]$
답 AF : 400[A], AT : 350[A]

> **TIP**
>
> ▶ ACB, MCCB(AT, AF) 차단기 용량
>
> | AF | AT |
> |---|---|
> | 400 | 250, 300, 350, 400 |
> | 630 | 400(ACB), 500(MCCB), 630(600) |
> | 800 | 700, 800 |
> | 1,000 | 1,000 |
> | 1,200 | 1,200 |

50 그림은 자가용 수변전설비 주회로의 절연저항 측정시험에 대한 기기 배치도이다. 다음 각 물음에 답하시오.

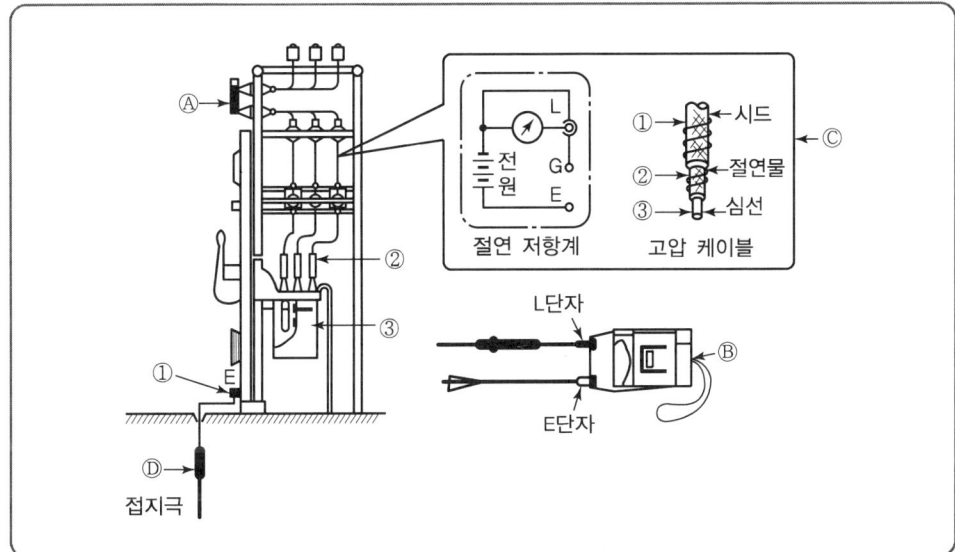

1 절연저항 측정에서 기기 Ⓐ의 명칭과 개폐상태는?

2 기기 Ⓑ의 명칭은?

3 절연저항계의 L단자, E단자 접속에서 맞는 것은?

4 절연저항계의 지시가 잘 안정되지 않을 때는?

5 ⓒ의 고압케이블과 절연저항 단자의 접속에서 맞는 것은?

6 접지극 Ⓓ의 접지공사의 종류는? ※ KEC 규정에 따라 삭제

수변전설비

해답
1 명칭 : 단로기, 개폐상태 : 개방
2 절연 저항계(메거)
3 L단자 : ②, E단자 : ①
4 1분 후 재측정한다.
5 L단자 : ③, G단자 : ②, E단자 : ①
6 ※ KEC 규정에 따라 삭제

TIP
케이블의 절연저항은 시드(외장), 절연물, 심선 3곳을 접속하여 측정한다.

Chapter 02 기사 단답형

1 변압기

1) 변압기 △-△결선방식의 특징

① 장점
- ㉠ 1차, 2차 선간전압이 동위상이다.
- ㉡ 1상분이 고장 나면 나머지 2대로써 V결선할 수 있다.
- ㉢ 각 변압기의 선전류가 상전류의 $\sqrt{3}$ 이 되어 대전류에 적당하다.
- ㉣ △결선 내를 제3고조파 여자전류가 순환되어 정현파 교류전압을 유기하여 기전력이 왜곡되지 않는다.

② 단점
- ㉠ 중성점을 접지할 수 없으므로 지락 사고 시 검출이 곤란하다.
- ㉡ 변압기의 용량이 다른 것을 결선하면 순환전류가 흐른다.
- ㉢ 각 상의 임피던스가 다르면 변압기 부하 전류는 불평형이 된다.

2) 변압기 절연물의 종류

Y	A	E	B	F	H	C
90℃	105℃	120℃	130℃	155℃	180℃	180℃ 초과

3) 변압기 결선

구분	△-△결선	Y-Y결선
장점	• 제3고조파가 없다. • 유도장해가 없다. • 1대 고장 시 V결선이 가능하다.	• 중성점 접지가 가능하다. • 순환전류가 없다.
단점	• 중성점 접지가 불가능하다. • 순환전류가 있어 권선이 가열된다.	• 제3고조파가 발생한다. • V-V결선이 불가능하다.
구분	Y-△결선	V-V결선
장점	• △결선 제3고조파가 없다. • 중성점 접지가 가능하다.	• 출 력 : $\sqrt{3}$ 배 • 이용률 : 86.6[%] • 출력비 : 57.7[%]
단점	• V-V결선이 불가능하다. • 1차와 2차 권선 간에 30°의 위상차가 발생한다.	

① △-Y결선   ② Y-△결선

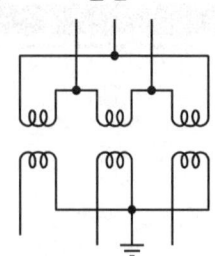 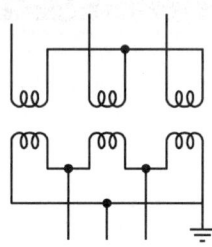

4) 단상 변압기의 병렬운전 조건

① 극성이 같을 것
② 권수비가 같을 것(1차, 2차 정격 전압이 같을 것)
③ 각 변압기 저항과 리액턴스비가 같을 것
④ %임피던스가 같을 것
※ 조건이 맞지 않을 경우 : 큰 순환 전류가 흘러 과열로 소손된다.

5) 3상 변압기의 병렬운전 조건

① 극성이 같을 것
② 권수비가 같을 것(1차, 2차 정격 전압이 같을 것)
③ 각 변압기 저항과 리액턴스비가 같을 것
④ % 임피던스가 같을 것
⑤ 각 변위가 같을 것
⑥ 상회전 방향이 같을 것

6) 변압기의 효율이 떨어지는 이유

① 무부하 운전
② 주위 온도 상승
③ 역률 저하

7) 변압기로 과부하운전할 수 있는 조건

① 주위 온도 저하
② 단시간 사용
③ 각종 조건 중복
④ 온도상승 시험 기록에 비하여 미달인 경우

8) 변압기 명판

① 상수
② 정격 주파수
③ 정격전류
④ %임피던스 전압
⑤ 접속도 및 단자 기호 표시
⑥ 정격 및 탭 전압
⑦ 탭절환기
⑧ 온도상승 적용한도
⑨ 냉각방식 : OA(유입자냉식)

9) 변압기 내부보호 계전기

① 전기적 계전기 – 비율차동계전기, 과전류계전기, 차동계전기
② 기계적 계전기 – 부흐홀츠계전기, 충격압력계전기, 온도계전기

10) 수용률, 부등률, 부하율

① 수용률 $= \dfrac{\text{최대전력}}{\text{설비용량}} \times 100[\%]$

변압기용량$[\text{kVA}] = \dfrac{\text{최대전력}}{\cos\theta} = \dfrac{\text{설비용량} \times \text{수용률}}{\cos\theta}$

② 부등률 : 전력소비기기를 동시에 사용하는 정도

㉠ 부등률 $= \dfrac{\text{개별 최대전력의 합}}{\text{합성 최대전력}} \geq 1$

㉡ 합성최대전력 $= \dfrac{\text{개별 수용 최대전력의 합}}{\text{부등률}}$

㉢ 변압기 용량$[\text{kVA}] = \dfrac{\text{합성최대전력}}{\cos\theta} = \dfrac{\text{개별 수용 최대전력의 합}}{\text{부등률} \cdot \cos\theta}$

③ 부하율 : 전력 변동 상태

㉠ 부하율$[F] = \dfrac{\text{평균전력}}{\text{최대전력}} \times 100 = \dfrac{\text{사용전력량}(\text{kWh})/\text{시간}}{\text{최대전력}} \times 100$

㉡ 손실계수$[H] = \dfrac{\text{평균전력손실}}{\text{최대전력손실}} = \dfrac{\text{전력손실량}/\text{시간}}{\text{최대전력손실}}$

11) 변압기 효율

① 전부하 효율

$$\eta = \frac{P[\text{W}]}{P[\text{W}] + P_i[\text{W}] + P_c[\text{W}]} \times 100$$

여기서, P : 전부하 출력, P_i : 철손, P_c : 전부하 동손

② $\frac{1}{m}$ 부하 시 효율

$$\eta = \frac{\frac{1}{m}P[\text{W}]}{\frac{1}{m}P[\text{W}] + P_i[\text{W}] + (\frac{1}{m})^2 P_c[\text{W}]} \times 100$$

최대효율 조건 : $P_i = \left(\frac{1}{m}\right)^2 P_c$

12) 단권 변압기 용량

$$\frac{\text{자기용량}[P_{1n}]}{\text{부하용량}[P]} = \frac{V_H - V_L}{V_H}$$

13) 몰드변압기 장단점

① 장점
  ㉠ 절연물로 난연성 에폭시 수지를 사용하므로 화재의 우려가 없다.
  ㉡ 소형, 경량이다.
  ㉢ 전력손실이 감소한다.
  ㉣ 보수 및 점검이 용이하다.
  ㉤ 단시간 과부하 내량이 크다.
  ㉥ 저진동

② 단점
  ㉠ 가격이 비싸다.
  ㉡ 충격파 내전압이 낮다.
  ㉢ 수지층에 차폐물이 없으므로 운전 중 코일 표면과 접촉하면 위험하다.

14) 단권변압기

① 장점
   ㉠ 권선량이 감소되어 중량이 감소한다.
   ㉡ 동손이 감소하여 효율이 좋아진다.
   ㉢ 누설 자속이 적어 전압변동률이 적다.
   ㉣ 부하용량이 등가용량에 비하여 커져 경제적이다.

② 단점
   ㉠ 누설임피던스가 적어 단락전류가 크다.
   ㉡ 1차 측에 이상전압이 발생 시 2차 계통에 영향을 미친다.

③ 사용용도
   ㉠ 승압 및 강압용 변압기   ㉡ 초고압 전력용 변압기
   ㉢ 기동보상기

✅ **핵심 과년도 문제**

01 3상 변압기의 병렬운전 조건 4가지를 간단하게 쓰고, 이들 조건이 맞지 않을 경우에 어떤 현상에 나타나는지 간단히 쓰시오.

【해답】 (1) 병렬운전 조건
   ① 각 변압기의 극성이 같을 것
   ② 각 변압기의 권수비가 같을 것(1, 2차 전압이 같을 것)
   ③ 각 변압기의 백분율 임피던스가 같을 것
   ④ 각 변위와 상회전 방향이 같을 것

(2) 조건이 맞지 않을 경우
   • ①, ②, ④ 큰 순환전류가 흘러 온도 상승, 소손한다.
   • ③ 조건이 맞지 않으면 임피던스가 적은 쪽은 과부하에 걸리고 임피던스가 큰 쪽은 부하분담을 적게 하므로 이용률이 저하된다.

TIP
➤ 변압기의 병렬운전 조건
   단상변압기 : ①, ②, ③
   삼상변압기 : ①, ②, ③, ④

02 기사 단답형

02 그림은 A, B 수용가에 대한 일부하의 분포도이다. 다음 각 물음에 답하시오.

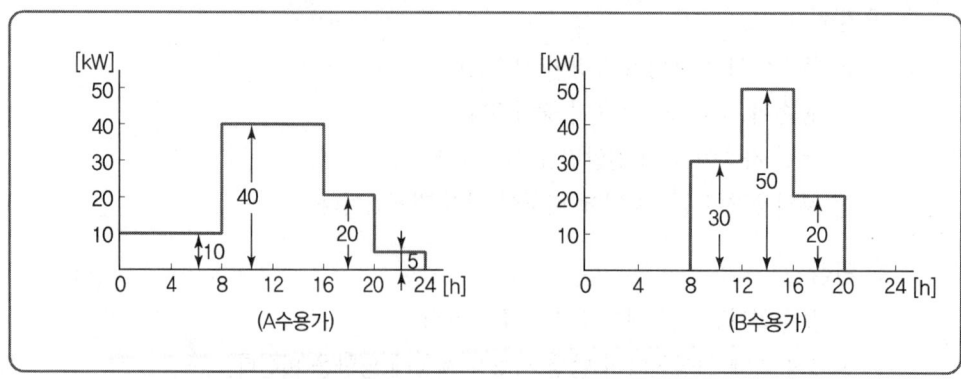

(A수용가) (B수용가)

1 A수용가의 일부하율은 얼마인가?
2 변압기 1대로 A, B 수용가에 전력을 공급할 경우의 종합부하율과 변압기 용량을 구하시오.
　① 종합부하율
　② 변압기 용량

해답 1 계산 : 평균전력 $= \dfrac{10 \times 8 + 40 \times 8 + 20 \times 4 + 5 \times 4}{24} = 20.83 [\text{kW}]$

　　　　부하율 $= \dfrac{\text{평균전력}}{\text{최대 전력}} \times 100 = \dfrac{20.83}{40} \times 100 = 52.08 [\%]$　　　　**답** 52.08[%]

2 ① 종합부하율

　　계산 : A수용가의 평균전력 $= 20.83 [\text{kW}]$

　　　　B수용가의 평균전력 $= \dfrac{30 \times 4 + 50 \times 4 + 20 \times 4}{24} = 16.67 [\text{kW}]$

　　　　종합평균전력 $= 20.83 + 16.67 = 37.5 [\text{kW}]$

　　　　종합부하율 $= \dfrac{37.5}{40 + 50} \times 100 = 41.67 [\%]$　　　　**답** 41.67[%]

② 변압기 용량

　　계산 : A, B 수용가의 합성 최대 수용전력은 12시에서 16시 사이에 발생하므로

　　　　변압기용량 ≥ 합성 최대 수용전력 $= 40 + 50 = 90 [\text{kW}]$

　　답 90[kVA]

TIP

① 부하율(F) $= \dfrac{\text{평균전력}}{\text{최대전력}} \times 100$

② 평균전력 $= \dfrac{\text{사용 전력량}}{\text{시간}}$

03 전등만의 수용가를 두 군으로 나누어 각 군에 변압기 1대씩을 설치하여 각 군의 수용가의 총 설비용량을 각각 30[kW], 40[kW]라 한다. 각 수용가의 수용률을 0.6, 수용가 간의 부등률을 1.2, 변압기군의 부등률을 1.4라 하면 고압간선에 대한 최대 부하[kW]는?

해답 계산 : 부등률 $= \dfrac{\text{개별 최대 수용전력의 합}}{\text{합성 최대 수용전력}} = \dfrac{\text{설비용량} \times \text{수용전력}}{\text{합성 최대 수용전력}}$

고압간선에서의 최대 수용전력 $= \dfrac{\dfrac{30 \times 0.6}{1.2} + \dfrac{40 \times 0.6}{1.2}}{1.4} = 25[\text{kW}]$

답 25[kW]

TIP

부등률 $= \dfrac{\text{개별 최대 수용전력의 합}}{\text{합성 최대 수용전력}} = \dfrac{\text{설비용량} \times \text{수용률}}{\text{합성 최대 수용전력}}$

- 합성 최대 수용전력 $= \dfrac{\text{설비용량} \times \text{수용률}}{\text{부등률}}$
- 고압간선에서의 최대 부하전력 $= \dfrac{\text{각 변압기의 최대 수용전력의 합}}{\text{변압기군의 부등률}}$

04 어느 건축물에서 하루에 240[kW]로 5시간, 100[kW]로 8시간, 75[kW]로 나머지 시간을 사용한다. 이에 따른 수전설비를 450[kVA]로 하였을 때, 부하의 평균역률이 0.8인 경우 다음 각 물음에 답하시오.

1 이 건물의 수용률[%]을 구하시오.
2 이 건물의 일부하율[%]을 구하시오.

해답 **1** 계산 : 수용률 $= \dfrac{\text{최대전력}}{\text{설비용량}} \times 100 = \dfrac{240}{450 \times 0.8} \times 100 = 66.666[\%]$

답 66.67[%]

2 계산 : 부하율 $= \dfrac{\text{평균전력}}{\text{최대전력}} \times 100 = \dfrac{\dfrac{\text{전력량}}{\text{시간}}}{\text{최대전력}} \times 100$

$= \dfrac{\dfrac{240 \times 5 + 100 \times 8 + 75 \times 11}{24}}{240} \times 100 = 49.045[\%]$

답 49.05[%]

02 기사 단답형

05 변압기의 1일 부하 곡선이 그림과 같은 분포일 때 다음 물음에 답하시오. (단, 변압기의 전부하 동손은 130[W], 철손은 100[W]이다).

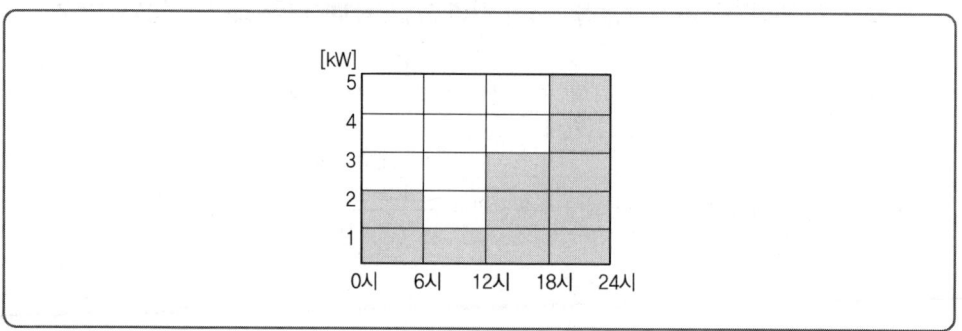

1 1일 중의 사용 전력량은 몇 [kWh]인가?
2 1일 중의 전손실 전력량은 몇 [kWh]인가?
3 1일 중 전일효율은 몇 [%]인가?

해답

1 1일 사용 전력량
계산 : $W = 2 \times 6 + 1 \times 6 + 3 \times 6 + 5 \times 6 = 66 [kWh]$
답 66[kWh]

2 1일 전손실
계산 : • 동손 : $P_c = \left[\left(\dfrac{2}{5}\right)^2 \times 0.13 + \left(\dfrac{1}{5}\right)^2 \times 0.13 + \left(\dfrac{3}{5}\right)^2 \times 0.13 + \left(\dfrac{5}{5}\right)^2 \times 0.13 \right] \times 6$
$= 1.22 [kWh]$
• 철손 : $P_i = 0.1 \times 24 = 2.4 [kWh]$
∴ $P_L = P_i + P_c = 2.4 + 1.22 = 3.62 [kWh]$
답 3.62[kWh]

3 1일 전일효율
계산 : 효율 $\eta = \dfrac{출력}{출력 + 손실} \times 100 [\%] = \dfrac{66}{66 + 3.62} \times 100 = 94.8 [\%]$
답 94.8[%]

06 500[kVA]의 변압기가 그림과 같은 부하로 운전되고 있다. 오전에는 역률 85[%]로, 오후에는 100[%]로 운전된다고 할 때 전일효율[%]을 구하시오.(단, 이 변압기의 철손은 6[kW], 전부하의 동손은 10[kW]라고 한다.)

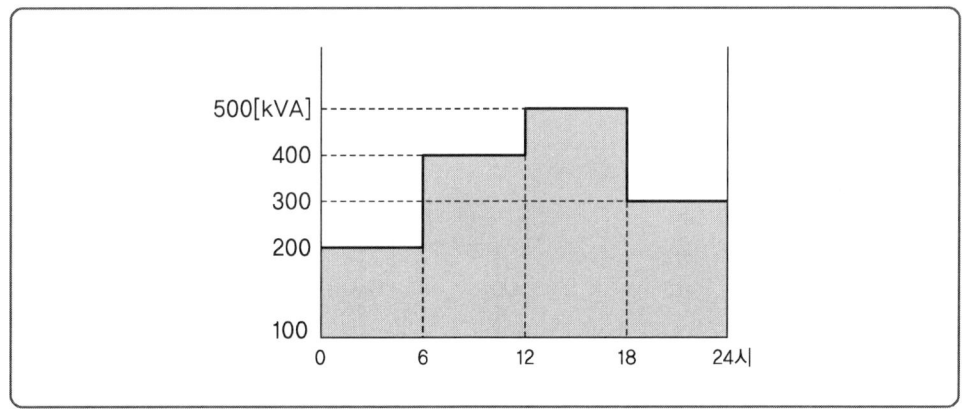

[해답] 계산

전일효율 = $\dfrac{(200 \times 6 \times 0.85 + 400 \times 6 \times 0.85 + 500 \times 6 + 300 \times 6)}{\begin{pmatrix}200 \times 6 \times 0.85 + 400 \times 6 \times 0.85 \\ + 500 \times 6 + 300 \times 6\end{pmatrix} + 6 \times 24 + 10 \times 6 \times \left\{\left(\dfrac{200}{500}\right)^2 + \left(\dfrac{400}{500}\right)^2 \\ + \left(\dfrac{500}{500}\right)^2 + \left(\dfrac{300}{500}\right)^2\right\}}$

$\times 100[\%] = 96.64[\%]$

[답] 96.64[%]

TIP

$\eta = \dfrac{\text{전력량}}{\text{전력량} + \text{철손} + \text{동손}} \times 100(\%)$

---

07 고압간선에 다음과 같은 A, B 수용가가 있다. A, B 각 수용가의 개별 부등률은 1.0이고 A, B 간 합성 부등률은 1.2라고 할 때 고압간선에 걸리는 최대 부하용량은 몇 [kVA]인가?

회선	부하 설비[kW]	수용률[%]	역률[%]
A	250	60	80
B	150	80	80

[해답] 계산 : A수용가의 최대 전력 = $\dfrac{250 \times 0.6}{1.0} = 150[\text{kW}]$

B수용가의 최대 전력 $= \dfrac{150 \times 0.8}{1.0} = 120[kW]$

고압간선에서의 최대 전력 $P = \dfrac{150 + 120}{1.2} = 225[kW]$

고압간선에 걸리는 최대 부하용량 $P_a = \dfrac{225}{0.8} = 281.25[kVA]$

답 281.25[kVA]

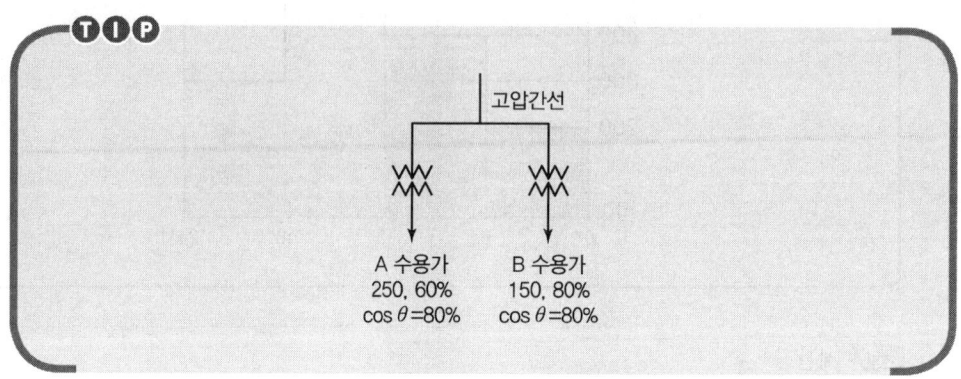

08 부하설비 및 수용률이 그림과 같은 경우 이곳에 공급할 변압기 Tr의 용량을 계산하여 표준 용량으로 결정하시오.(단, 부등률은, 1.1, 종합 역률은 80[%] 이하로 한다.)

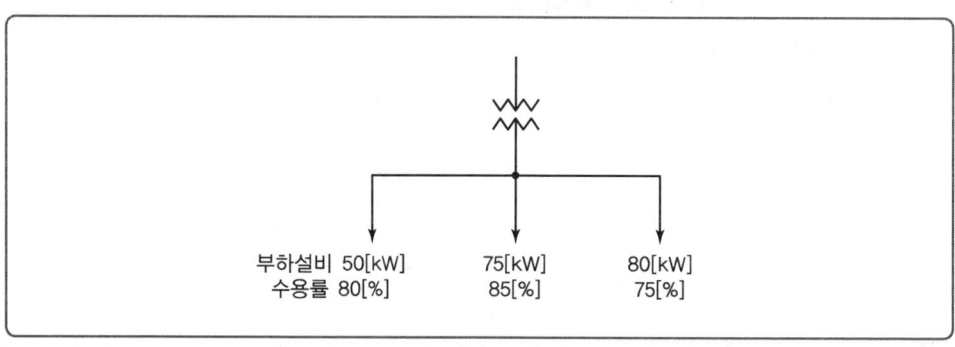

| 변압기 표준 용량[kVA] |

50	100	150	200	250	300	500

해답 계산 : 변압기 용량 $= \dfrac{50 \times 0.8 + 75 \times 0.85 + 80 \times 0.75}{1.1 \times 0.8} = 186.08[kVA]$

답 200[kVA]

> **TIP**
> ① 변압기 용량[kVA] ≥ 합성 최대전력[kVA] = $\dfrac{\Sigma(\text{설비 용량[kVA]} \times \text{수용률})}{\text{부등률}}$
> ② 변압기 용량[kVA] ≥ 합성 최대전력[kW] = $\dfrac{\text{설비 용량[kW]} \times \text{수용률}}{\text{부등률} \times \text{역률}}$

09 유입변압기와 몰드형 변압기를 비교하였을 때 몰드형 변압기의 장점(5가지)과 단점(2가지)을 쓰시오.

해답 (1) 장점
① 내습, 내진성이 양호하다.　　② 난연성이 우수하다.
③ 전력손실이 적다.　　　　　　④ 소형화, 경량화할 수 있다.
⑤ 절연유를 사용하지 않으므로 유지 보수가 용이하다.
(2) 단점
① 가격이 비싸다.
② 충격파 내전압이 낮다.

> **TIP**
> 그 외
> • 장점 : 단시간 과부하 내량이 높다.
> • 단점 : 수지층에 차폐물이 없으므로 운전 중 코일 표면과 접촉하면 위험하다.

10 어떤 변전실에서 그림과 같은 일부하 곡선 A, B, C인 부하에 전기를 공급하고 있다. 이 변전실의 총 부하에 대한 다음 각 물음에 답하시오.(단, A, B, C의 역률은 시간에 관계없이 각각 80[%], 100[%] 및 60[%]이며, 그림에서 부하전력은 부하곡선의 수치에 10^3을 한다는 의미이다. 즉, 수직 측의 5는 5×10^3[kW]라는 의미이다.)

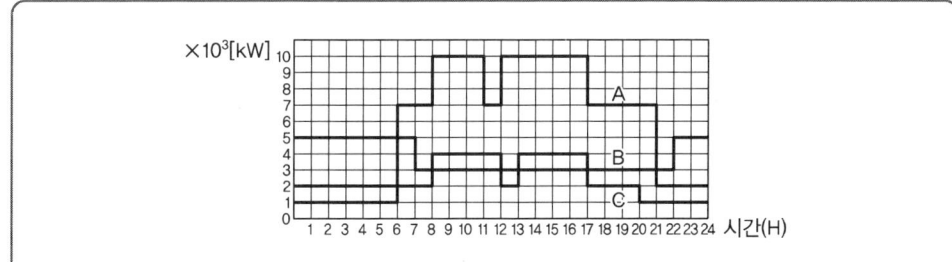

1 합성 최대전력은 몇 [kW]인가?
2 A, B, C 각 부하에 대한 평균전력은 몇 [kW]인가?
3 총 부하율은 몇 [%]인가?
4 부등률은 얼마인가?
5 최대부하일 때의 합성 총 역률은 몇 [%]인가?

해답

1 계산 : 합성 최대전력은 도면에서 8~11시, 13~17시에 나타나며
$$P = (10+4+3) \times 10^3 = 17 \times 10^3 [kW]$$
답 $17 \times 10^3 [kW]$

2 계산 : $A = \dfrac{\{(1\times6)+(7\times2)+(10\times3)+(7\times1)+(10\times5)+(7\times4)+(2\times3)\}\times 10^3}{24}$
$= 5.88 \times 10^3 [kW]$

$B = \dfrac{\{(5\times7)+(3\times15)+(5\times2)\}\times 10^3}{24} = 3.75 \times 10^3 [kW]$

$C = \dfrac{\{(2\times8)+(4\times4)+(2\times1)+(4\times4)+(2\times3)+(1\times4)\}\times 10^3}{24}$
$= 2.5 \times 10^3 [kW]$

답 $A : 5.88 \times 10^3 [kW]$, $B : 3.75 \times 10^3 [kW]$, $C : 2.5 \times 10^3 [kW]$

3 계산 : 종합 부하율 $= \dfrac{\text{평균전력}}{\text{합성 최대전력}} \times 100$
$= \dfrac{A, B, C \text{ 각 평균전력의 합계}}{\text{합성 최대전력}} \times 100$
$= \dfrac{(5.88+3.75+2.5)\times 10^3}{17\times 10^3} \times 100 = 71.35 [\%]$

답 $71.35 [\%]$

4 계산 : 부등률 $= \dfrac{A, B, C \text{ 각 최대전력의 합계}}{\text{합성 최대전력}}$
$= \dfrac{(10+5+4)\times 10^3}{17 \times 10^3} = 1.12$

답 1.12

5 계산 : 먼저 최대부하 시 Q를 구해보면
$$Q = 10 \times 10^3 \times \dfrac{0.6}{0.8} + 3 \times 10^3 \times \dfrac{0}{1} + 4 \times 10^3 \times \dfrac{0.8}{0.6} = 12{,}833.33 [kVar]$$
$$\cos\theta = \dfrac{P}{\sqrt{P^2+Q^2}} = \dfrac{17{,}000}{\sqrt{17{,}000^2+12{,}833.33^2}} \times 100 = 79.81 [\%]$$

답 $79.81 [\%]$

11 인텔리전트 빌딩에 대한 등급별 추정 전원용량에 대한 다음 표를 이용하여 각 물음에 답하시오.

등급별 내용	0등급	1등급	2등급	3등급
조명	32	22	22	29
콘센트	–	13	5	5
사무자동화(OA)기기	–	–	34	36
일반동력	38	45	45	45
냉방동력	40	43	43	43
사무자동화(OA)동력	–	2	8	8
합계	110	125	157	166

| 등급별 추정 전원용량[VA/m^2] |

1 연면적 10,000[m^2]인 인텔리전트 2등급인 사무실 빌딩의 전력설비용량을 상기 '등급별 추정 전원용량[VA/m^2]'을 이용하여 빈칸에 계산과정과 답을 쓰시오.

부하 내용	면적을 적용한 부하용량[kVA]
조명	
콘센트	
OA 기기	
일반동력	
냉방동력	
OA 동력	
합계	

2 물음 **1**에서 조명, 콘센트, 사무자동화기기의 적정 수용률은 0.8, 일반동력 및 사무자동화동력의 적정 수용률은 0.5, 냉방동력의 적정 수용률은 0.8이고, 주변압기 부등률은 1.2로 적용한다. 이때 전압방식을 2단 강압 방식으로 채택할 경우 변압기의 용량에 따른 변전설비의 용량을 산출하시오.(단, 조명, 콘센트, 사무자동화기기를 3상 변압기 1대로, 일반동력 및 사무자동화동력을 3상 변압기 1대로, 냉방동력을 3상 변압기 1대로 구성하고 상기 부하에 대한 주변압기 1대를 사용하도록 하며, 변압기 용량은 일반 규격 용량으로 정하도록 한다.)

① 조명, 콘센트, 사무자동화기기에 필요한 변압기 용량 산정
② 일반동력, 사무자동화동력에 필요한 변압기 용량 산정
③ 냉방동력에 필요한 변압기 용량 산정
④ 주변압기 용량 산정

3 수전설비의 단선 계통도를 간단하게 그리시오.

해답 1

부하 내용	면적을 적용한 부하용량[kVA]
조명	$22 \times 10{,}000 \times 10^{-3} = 220$
콘센트	$5 \times 10{,}000 \times 10^{-3} = 50$
OA 기기	$34 \times 10{,}000 \times 10^{-3} = 340$
일반동력	$45 \times 10{,}000 \times 10^{-3} = 450$
냉방동력	$43 \times 10{,}000 \times 10^{-3} = 430$
OA 동력	$8 \times 10{,}000 \times 10^{-3} = 80$
합계	$157 \times 10{,}000 \times 10^{-3} = 1{,}570$

2 ① 계산 : $TR_1 = (220 + 50 + 340) \times 0.8 = 488$ **답** 500[kVA]

② 계산 : $TR_2 = (450 + 80) \times 0.5 = 265$ **답** 300[kVA]

③ 계산 : $TR_3 = 430 \times 0.8 = 344$ **답** 500[kVA]

④ 계산 : 주변압기 용량 $= \dfrac{480 + 265 + 344}{1.2} = 907.5$ **답** 1,000[kVA]

3
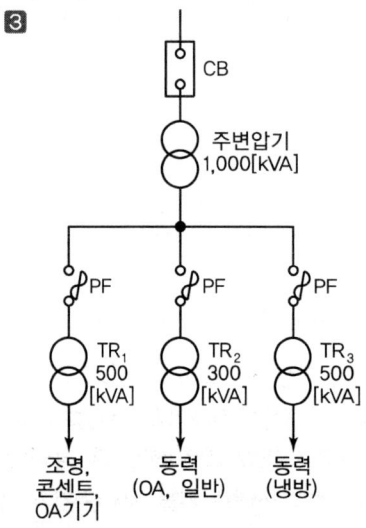

TIP

(1) 3상 변압기 표준용량[kVA]
  3, 5, 7.5, 10, 15, 20, 30, 50, 75, 100, 150, 200, 300, 500, 750, 1,000

(2) 변압기 용량 선정 시
  ① "표준용량, 정격용량, 선정하시오."라고 하면 표준용량으로 답할 것
    예 계산값 : 480[kVA] 답 500[kVA]
  ② "계산하시오", "구하시오"라고 하면 계산값으로 답할 것
    예 계산값 : 480[kVA] 답 480[kVA], 500[kVA]

2 접지 및 안전

1) 전기 재해 3가지

① **누전** : 기계적 · 전기적인 열화나 노화로 인한 절연 파괴
② **감전** : 기계기구의 접속 및 충전부분의 노출로 인해 발생
③ **정전기** : 마찰전기나 정전유도로 인해 발생

2) 과전류차단기의 시설 제한 개소 3가지

① 접지공사의 접지선
② 다선식 전로의 중성선
③ 저압 가공 전선로의 접지 측 전선

3) 배전용 변전소의 접지목적

① **목적**
  ㉠ 접지 전위상승에 따른 인체사고 방지
  ㉡ 이상전압 억제하여 기기보호
  ㉢ 보호계전기에 동작 확보
② **중요접지 개소**
  ㉠ 피뢰기
  ㉡ MOF, CB, 변압기의 외함
  ㉢ 고압 또는 특별 고압 기계 기구의 철대
  ㉣ 변압기 2차 측 중성선 또는 1단자
  ㉤ CT, PT의 2차 측 전로

4) 특고압 송배전선로의 중성점 접지 방식 종류

① 직접접지방식
② 소호리액터접지
③ 비접지방식
④ 저항접지방식

5) 주상변압기의 저압 측 한 단자를 접지하는 목적

고압과 저압 측이 혼촉될 경우 저압 측의 전위상승 방지

6) 접지선의 굵기를 결정하는 3요소
    ① 기계적 강도
    ② 내식성
    ③ 전류 용량

7) 접지도체 · 보호도체
    ① 접지도체의 선정
        ㉠ 접지도체의 단면적은 큰 고장전류가 접지도체를 통하여 흐르지 않을 경우
            • 구리 : 6[mm²] 이상   • 철 : 50[mm²] 이상
        ㉡ 접지도체에 피뢰시스템이 접속되는 경우
            • 구리 : 16[mm²] 이상   • 철 : 50[mm²] 이상
        ㉢ 접지도체는 지하 0.75[m]부터 지표상 2[m]까지 부분은 합성수지관(두께 2[mm] 이상의 합성수지관 또는 몰드)을 사용하며 접지도체의 지표상 0.6[m]까지 절연전선을 사용한다.

    ② 보호도체

선도체의 단면적 S (mm², 구리)	보호도체의 최소 단면적(mm², 구리)	
	보호도체의 재질	
	선도체와 같은 경우	선도체와 다른 경우
$S \leq 16$	S	$(k_1/k_2) \times S$
$16 < S \leq 35$	$16(a)$	$(k_1/k_2) \times 16$
$S > 35$	$S(a)/2$	$(k_1/k_2) \times (S/2)$

8) 공통접지 및 통합접지
    ① 공통접지
        저압 전기설비의 접지극이 고압 및 특고압 접지극의 접지저항 형성영역에 완전히 포함되어 있는 경우 공통접지를 할 수 있다.

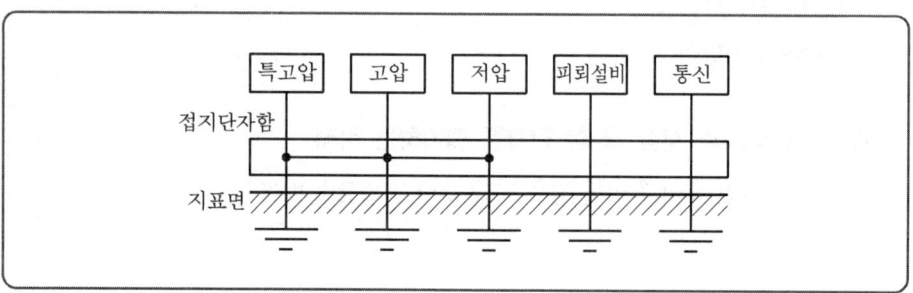

② 통합접지

전기설비의 접지설비 · 건축물의 피뢰설비 · 전자통신설비 등의 접지극을 공용하는 통합접지시스템으로 하는 경우를 말한다.

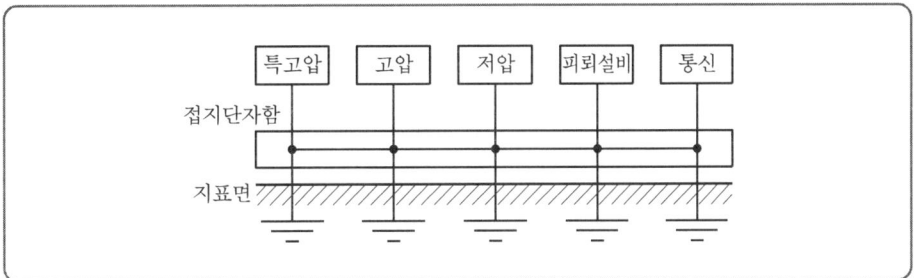

9) 공통접지의 장단점

① 장점
- ㉠ 병렬접지효과로 낮은 접지저항
- ㉡ 접지전극 및 접지선의 일부 불량 시에도 접지 신뢰도 유지
- ㉢ 접지계통이 단순하여 보수 및 점검 등 유지보수 용이
- ㉣ 전원 측 및 부하 측 접지의 공통으로 지락보호 및 부하기기에 대한 접촉전압 관점에서 시스템적으로 안전
- ㉤ 접지극의 수량감소
- ㉥ 계통접지의 단순화

② 단점
- ㉠ 계통의 이상전압 발생 시 전압상승
- ㉡ 다른 기기 계통으로부터 사고 파급
- ㉢ 피뢰설비접지에 따른 뇌서지의 영향

10) 독립접지의 장단점

① 장점
- ㉠ 다른 접지에 영향을 주지도 받지도 않음
- ㉡ 컴퓨터 및 정보통신 등 정상 가동 확보
- ㉢ 계통의 영향을 받지 않음

② 단점
- ㉠ 신뢰성이 떨어짐
- ㉡ 접지 공사비가 고가

ⓒ 낮은 접지저항을 얻기 어려움
ⓔ 제한되는 면적으로 시공이 어렵다.

11) 저압 계통접지

① 종류
   ㉠ TN 계통
   ㉡ TT 계통
   ㉢ IT 계통

② 각 계통에서 나타내는 그림의 기호

	중성선(N), 중간도체(M)
	보호도체(PE)
	중성선과 보호도체 겸용(PEN)

(1) TN 계통

전원 측의 한 점을 직접접지하고 설비의 노출도전부를 보호도체로 접속시키는 방식이다.
① TN-S 계통은 계통 전체에 대해 별도의 중성선 또는 PE 도체를 사용한다.

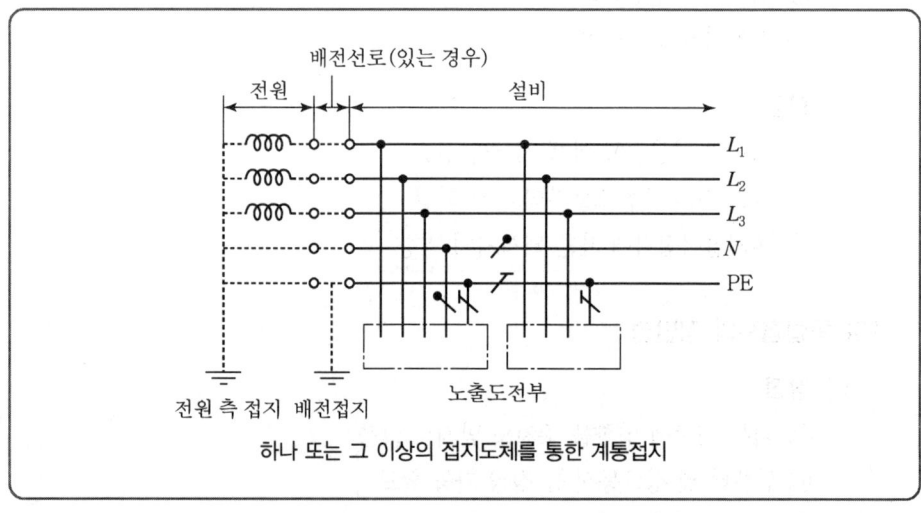

| 계통 내에서 별도의 중성선과 보호도체가 있는 TN-S 계통 |

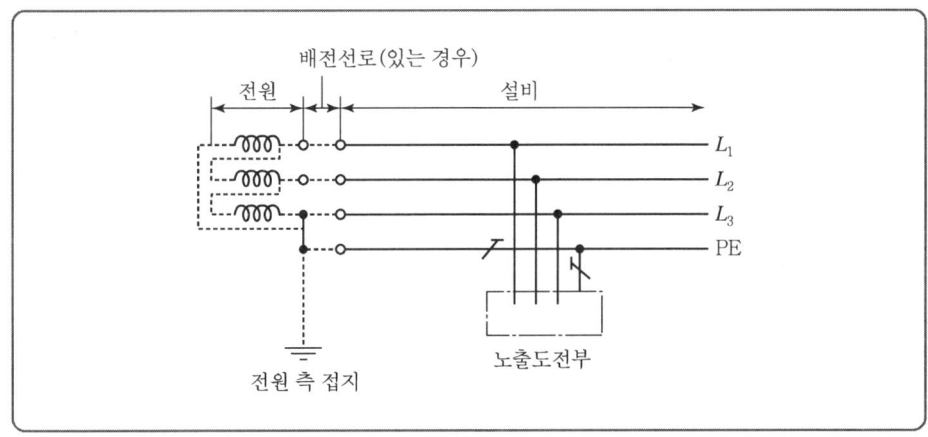

| 계통 내에서 별도의 접지된 선도체와 보호도체가 있는 TN-S 계통 |

② TN-C 계통은 그 계통 전체에 대해 중성선과 보호도체의 기능을 동일도체로 겸용한 PEN 도체를 사용한다.

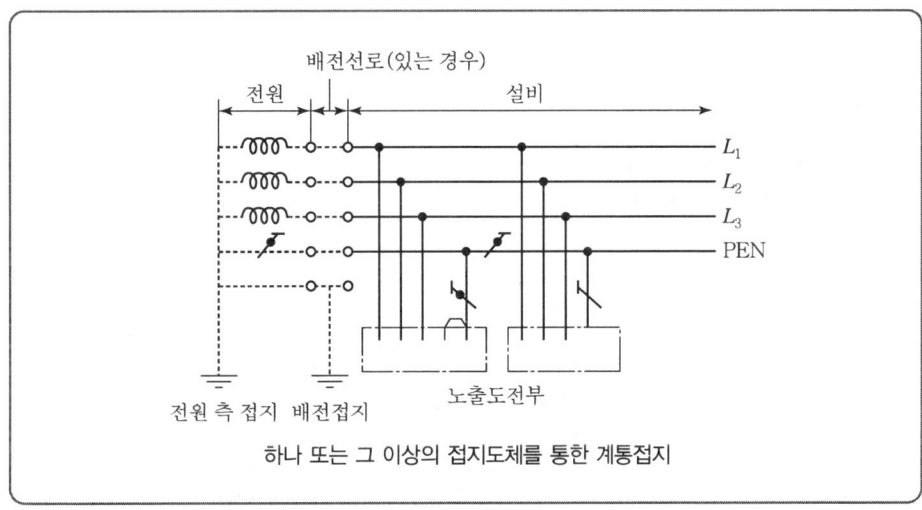

| TN-C 계통 |

③ TN-C-S계통은 계통의 일부분에서 PEN 도체를 사용하거나, 중성선과 별도의 PE 도체를 사용하는 방식이 있다.

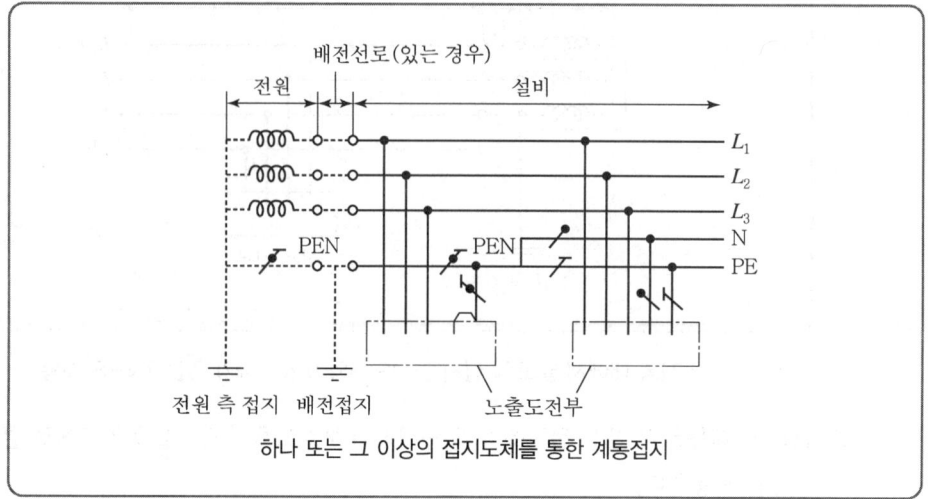

| 설비의 어느 곳에서 PEN이 PE와 N으로 분리된 3상 4선식 TN-C-S 계통 |

(2) TT 계통

전원의 한 점을 직접 접지하고 설비의 노출도전부는 전원의 접지전극과 전기적으로 독립적인 접지극에 접속시킨다.

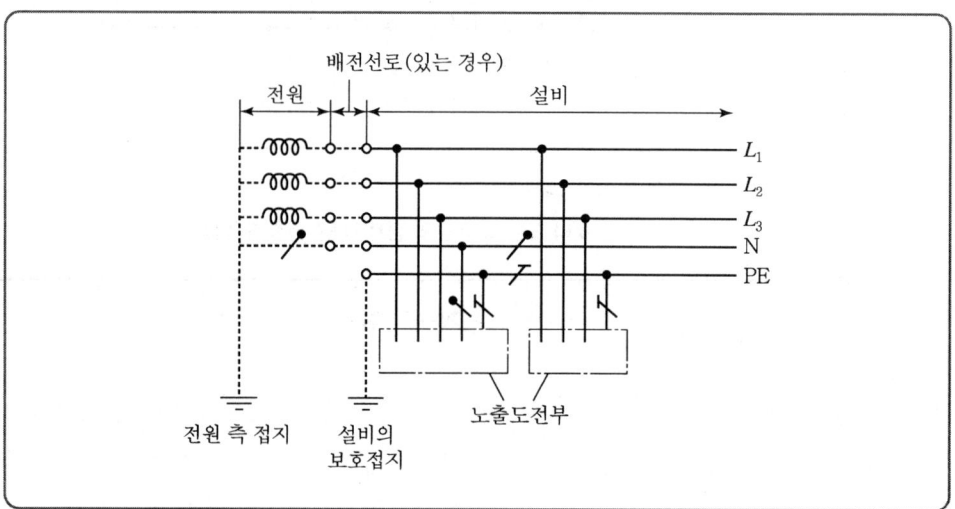

(3) IT 계통

충전부 전체를 대지로부터 절연시키거나, 한 점을 임피던스를 통해 대지에 접속시킨다.

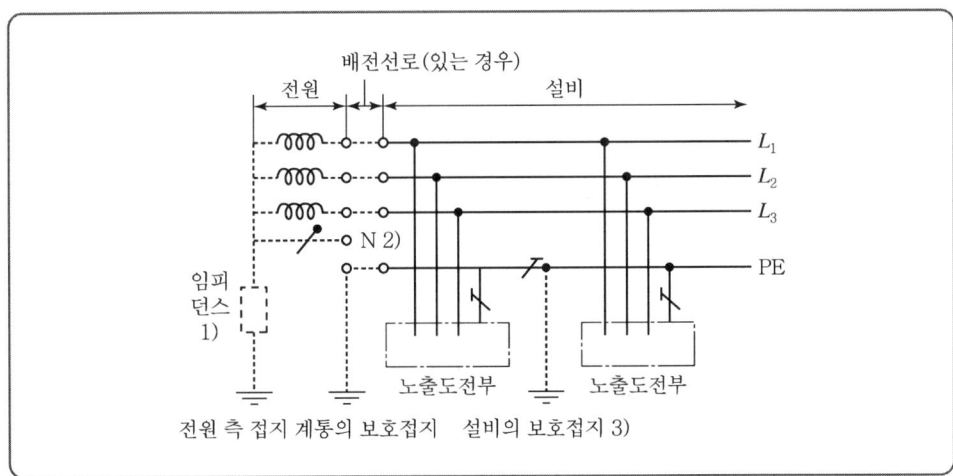

12) 접지저항을 작게 하는 방법

① 접지극의 치수를 크게 한다.
② 접지극을 병렬접속한다.
③ 심타공법 등을 이용한다.
④ 접지저항 저감제를 사용한다.
⑤ 접지봉의 매설깊이를 깊게 한다.

13) 접지저항 화학적 저감법구비조건

① 저감효과 영구적
② 접지극의 부식이 없을 것
③ 공해가 없을 것
④ 공법이 용이할 것

14) 접촉전압과 보폭전압

① **접촉전압** : 저압전로에서 전기기기나 배선 등의 절연열화 또는 불량으로 인해 누전사고가 일어나게 되면, 지락전류가 전기기기 또는 배선과 대지 간에 흐르게 되어 지표면의 전위가 상승하게 되는데 이를 고장전압이라 한다. 이와 같은 상태에서 사람이 기기와 접촉하게 되면 고장전압 중 일부가 인체에 인가 되는데 이를 접촉전압이라 한다.
② **보폭전압** : 접지극 주위에 있는 사람의 인체 양다리 사이(1[m])에 전위차를 발생한다.

③ 인체 허용 보폭전압

$$E_s = (R + 6\rho)\frac{0.165}{\sqrt{t}}$$

여기서, R : 인체의 저항(1,000)
ρ : 대지의 고유저항(100)
T : 시간(sec) (1)

㉠ $E_s = (1,000 + 6 \times 100)\frac{0.165}{\sqrt{1}} = 264[\text{V}]$

④ 인체 허용 접촉전압

$$E_R = (R + 1.5\rho)\frac{0.165}{\sqrt{T}}$$

여기서, R : 인체저항(1,000)
ρ : 대지의 고유저항(100)
T : 시간(sec) (1)

㉠ $E_R = (1,000 + 1.5 \times 100)\frac{0.165}{\sqrt{1}} = 189.75[\text{V}]$

15) 접지판 상호 간의 저항을 측정한 G_3의 접지저항

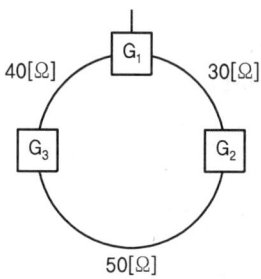

계산 : $R_{G_3} = \frac{1}{2}(R_{G_{31}} + R_{G_{32}} - R_{G_{12}}) = \frac{1}{2}(40 + 50 - 30) = 30[\Omega]$

16) 접지저항(대지저항률)에 영향을 주는 요인

① 토양의 종류

토양의 종류별 고유저항을 살펴보면 진흙(泥土)은 80~200[Ω-m], 점토 150~300[Ω-m], 사토 250~50[Ω-m], 사암·암반은 10,000~100,000[Ω-m] 정도이다. 이는 토양의 고유 구조상 수분이나 각종 유기물의 보유상태에 따라 접지저항치에 많은 차이를 나타낸다.

② 수분의 함량

수분의 함량이 많으면 저항률은 급격히 감소한다. 특히 홍수기와 건조기 등 계절적인 영향을 많이 받게 되는데 접지망 주변의 토양구조나 침출수의 보유능력에 따라 저항률이 달

라지게 된다. 사토의 경우 수분함유량을 2[%] → 28[%]로 증가 시 저항률이 1/30로 감소한다.

③ 온도

일반적으로 금속체는 온도가 상승하면 저항률이 증가하나 반도체, 전해액, 절연체는 온도가 올라가면 저항률이 감소한다. 따라서 접지전극이 시공된 대지는 전해질과 동일한 특성이 있으므로 대지온도가 증가하면 접지저항은 감소하는 특징을 갖는다. 온도에 따른 접지저항률의 변화는 동절기와 하절기 등 계절적 요인을 반영 시 중요한 인자가 될 수 있다.

④ 접지망의 시공방법

㉠ 포설면적 및 포설깊이 : 접지망을 포설한 경우 이론상 접지망의 전체면적이 넓을수록 접지저항이 감소되며 포설한 깊이가 깊을수록 접지저항이 감소한다. 그러나 포설면적과 포설깊이의 증가에 따른 접지저항의 감소는 어느 한계치를 가진다.

㉡ 접지전극 표면적 : 접지저항은 접지극을 중심으로 한 대지와의 정전용량에 반비례하는 관계를 가진다. 따라서 전극과 토지와의 접촉면이 넓을수록(즉, 접지극이 굵을수록) 접지저항이 저감된다.

17) 지락 시 인체에 흐르는 전류

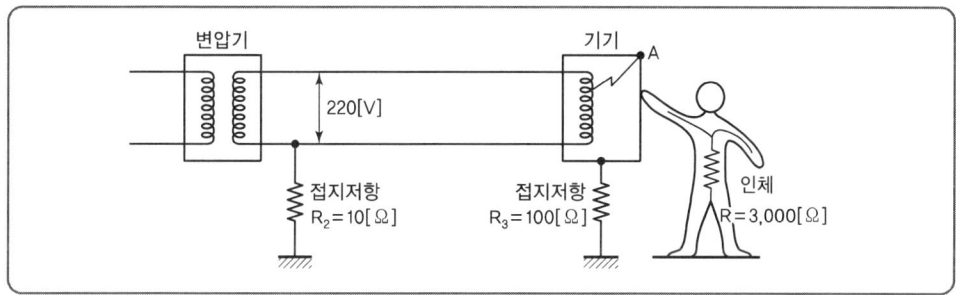

① 외함에 인체가 접촉하고 있지 않을 경우 대지전압

$$e = \frac{R_3}{R_2 + R_3} \times V$$

② 이 기기의 외함에 인체가 접촉한 경우 인체에 흐르는 전류

$$I = \frac{V}{R_2 + \frac{R_3 \cdot R}{R_3 + R}} \times \frac{R_3}{R_3 + R}$$

18) 케이블의 차폐접지

① ZCT를 전원 측에 설치 시 전원 측 케이블 차폐의 접지는 ZCT를 관통시켜 접지한다.

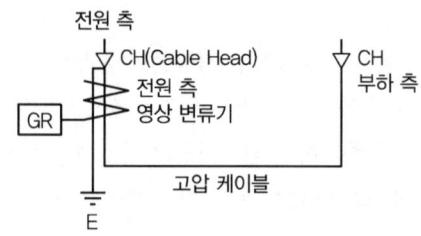

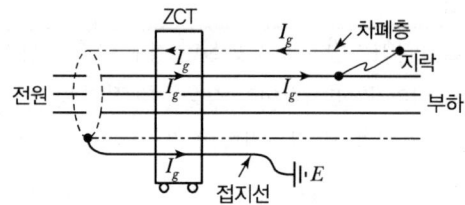

접지선을 ZCT 내로 관통시켜야만 ZCT는 지락전류 I_g를 검출할 수 있다.

$I_g - I_g + I_g = I_g$

② ZCT를 부하 측에 설치 시 케이블 차폐의 접지는 ZCT를 관통시키지 않고 접지한다.

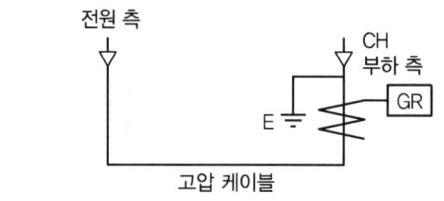

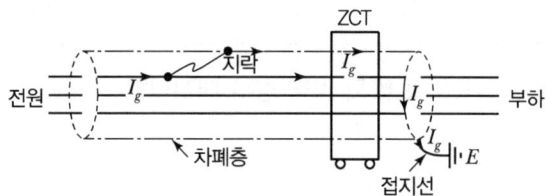

접지선을 ZCT 내로 관통시키지 않아야 지락전류 I_g를 검출할 수 있다.

19) 인체 통전전류의 종류

① 최소감지전류

감지는 가능하나 전격을 느끼지 못하는 전류(교류 1[mA], 직류 2~5[mA])

② 가수전류(Let – go current, 이탈전류, 마비한계전류)
  인체가 감전상태로부터 자력으로 이탈할 수 있는 전류(IEC 5[mA], IEEE 1~6[mA])
③ 가수한계전류(Threshold of Let – go Current)
  감전자가 감전상태로부터 자력으로 이탈할 수 있는 최대전류(IEEE 6~9[mA])
④ 불수전류(교착전류 – Freezing Current)
  인체가 감전상태로부터 자력으로 이탈할 수 없는 전류(IEEE 9~25[mA])
⑤ 심실세동전류(Ventricular Fibrillation Current)
  ㉠ 인체에 흐르는 전류가 심장을 흐르게 되어 심장의 불규칙 경련 및 정지
  ㉡ 지속되면 수분 내 사망
  ㉢ 일반적으로 50[mA] 정도에서 발생

20) 송전계통의 중성점접지
① 비접지 방식
② 직접접지(유효접지) 방식 – 1선지락 시 전위상승이 1.3배 이하(154[kV], 345[kV])
③ 소호리액터접지 방식
④ 저항접지 방식

✓ 핵심 과년도 문제

12 접지설비에서 보호도체에 대한 다음 각 물음에 답하시오.

1 보호도체란 안전을 목적으로 설치된 전선으로서 다음 표의 단면적 이상으로 선정하여야 한다. ①~③에 알맞은 보호도체 최소 단면적의 기준을 각각 쓰시오.

선도체 S의 단면적[m]	보호도체의 최소 단면적[mm^2]
S ≤ 16	①
16 < S ≤ 35	②
S > 35	③

2 보호도체의 종류를 2가지만 쓰시오.

해답 **1** ① S ② 16 ③ $\dfrac{S}{2}$

2 ① 다심케이블 도체
   ② 고정배선의 나도체 또는 절연도체
   ③ 트렁킹에 수납된 나도체 및 절연도체

> **TIP**
> ① 보호선의 최소 단면적은 보호선의 재질이 상전선과 같은 경우를 말한다.
> ② 선을 KEC 규정에 따라 도체로 변경

13 다음 그림은 TN-C-S 계통접지이다. 중성선(N), 보호선(PE), 보호선과 중성선을 겸한 선(PEN)을 도면에 완성하고 표시하시오. (단, 중성선은 ╱, 보호선은 ╤, 보호선과 중성선을 겸한 선은 ╪로 표시한다.)

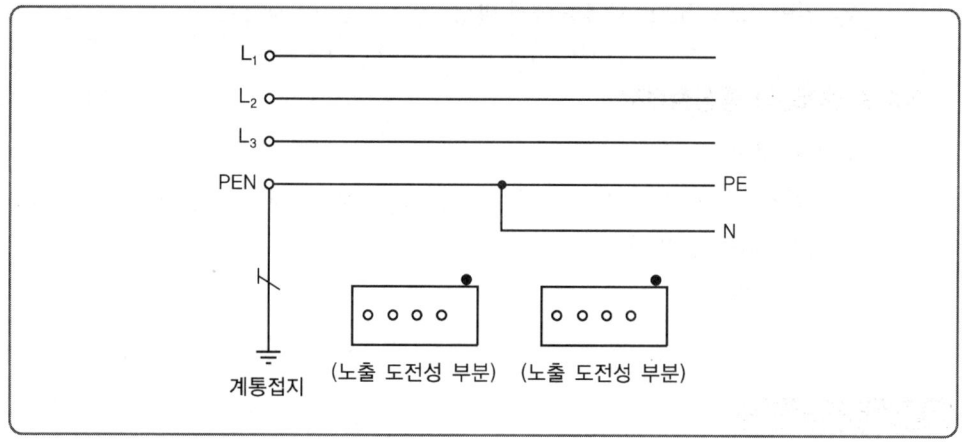

(해답)

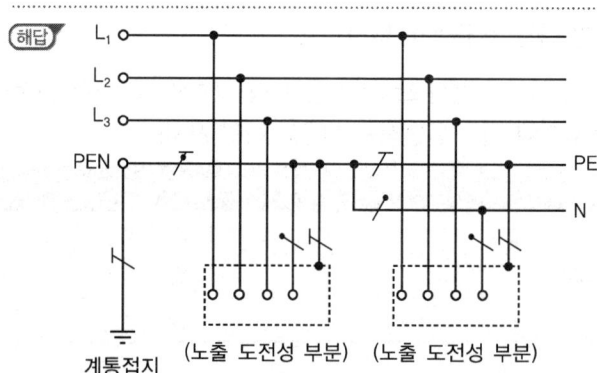

14 다음 그림은 TN 계통의 TN-C 방식 저압 접지계통이다. 중성선(N), 보호선(PE) 등의 범례 기호를 활용하여 노출 도전성 부분의 접지계통 결선도를 완성하시오.

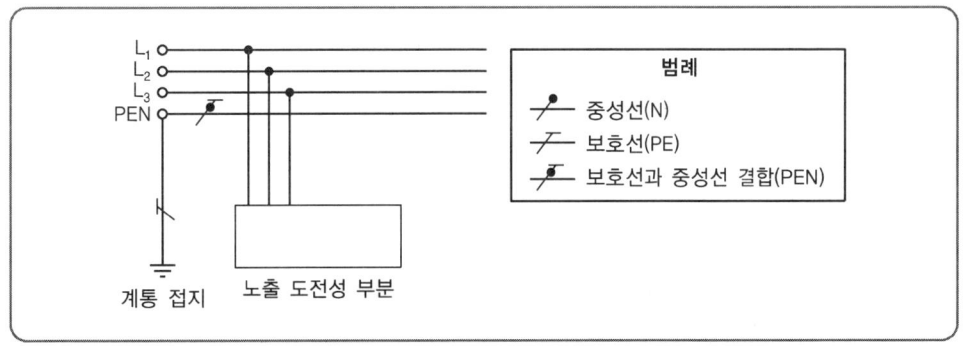

해답)

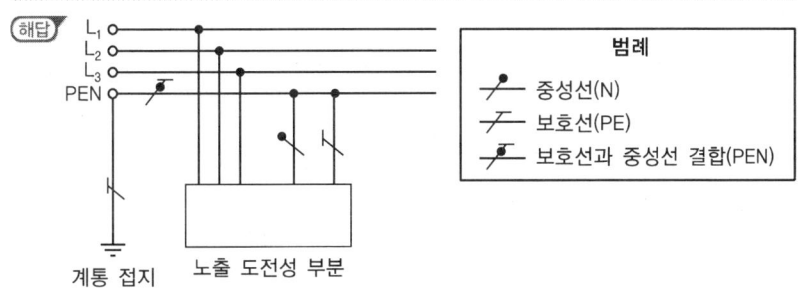

15 아래 그림은 저압 전로에 있어서의 지락 고장을 표시한 것이다. 그림의 전동기 Ⓜ(단상, 110[V])의 내부와 외함 간에 누전으로 지락 사고를 일으킨 경우 변압기 저압 측 전로의 1선은 한국전기설비규정(KEC)에 의거 고·저압 혼촉 시의 대지 전위 상승을 억제하기 위한 접지공사를 하도록 규정하고 있다. 아래 물음에 답하시오. ※ KEC 규정에 따라 변경

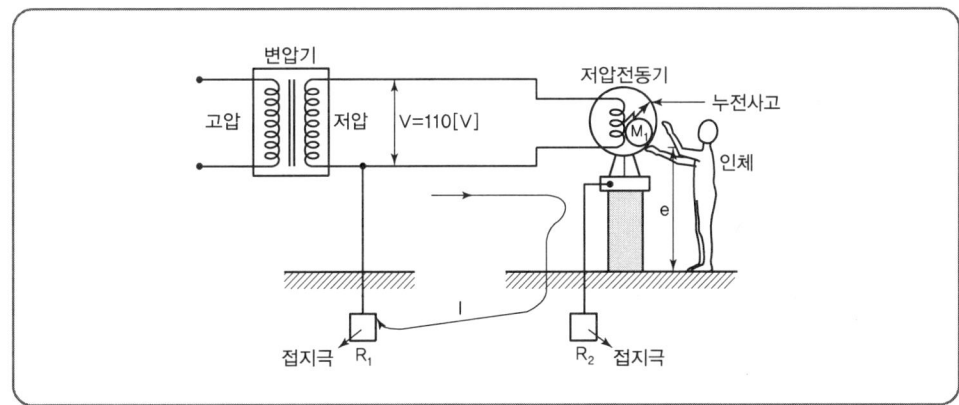

1 위 그림에 대한 등가회로를 그리면 아래와 같다. 물음에 답하시오.

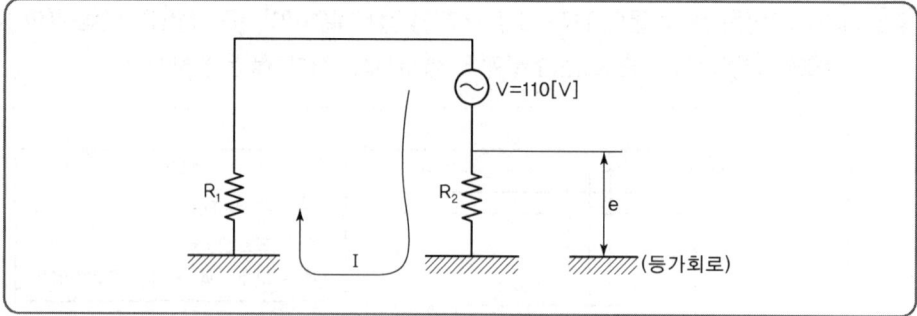

① 등가회로상의 e는 무엇을 의미하는가?
② 등가회로상의 e의 값을 표시하는 수식을 표시하시오.
③ 저압 회로의 지락 전류 $I = \dfrac{V}{R_1 + R_2}$[A]로 표시할 수 있다. 고압 측 전로의 중성점이 비접지식인 경우에 고압 측 전로의 1선 지락 전류가 4[A]라고 하면 변압기의 2차 측 (저압 측)에 대한 접지저항값은 얼마인가? 또, 위에서 구한 접지저항값(R_1)을 기준으로 하였을 때의 R_2의 값을 구하고 위 등가회로 상의 I, 즉 저압 측 전로의 1선 지락 전류를 구하시오.(단, e의 값은 25[V]로 제한하도록 한다.)

2 접지극의 매설 깊이는 얼마 이하로 하는가?

3 변압기 2차 측 접지선 크기는 단면적 몇 [mm²] 이상의 연동선이나 이와 동등 이상의 세기 및 굵기의 것을 사용하는가?

(해답) **1** ① 인체에 가해지는 대지전위 상승분

② $e = \dfrac{R_2}{R_1 + R_2} \times V$

③ 계산 : $R_1 = \dfrac{150}{I} = \dfrac{150}{4} = 37.5[\Omega]$ 답 37.5[Ω]

계산 : $25 = \dfrac{R_2}{37.5 + R_2} \times 110$ 답 $R_2 = 11.03[\Omega]$

계산 : $I = \dfrac{V}{R_1 + R_2} = \dfrac{110}{37.5 + 11.03} = 2.27[A]$ 답 2.27[A]

2 지하 75[cm] 이상 또는 0.75[m] 이상
3 6[mm²] 이상

TIP

▶ 접지도체의 굵기
① 6mm² : 큰 고장전류가 흐르지 않는 경우
② 16mm² : 피뢰설비가 접속된 경우

16 그림과 같은 계통의 기기의 A점에서 완전 지락이 발생하였다. 그림을 이용하여 다음 각 물음에 답하시오.

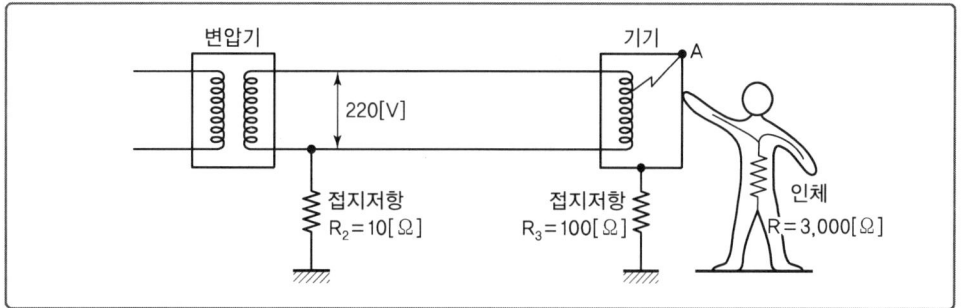

① 이 기기의 외함에 인체가 접촉하고 있지 않을 경우 대지전압을 구하시오.
② 이 기기의 외함에 인체가 접촉한 경우 인체를 통해서 흐르는 전류를 구하시오.(단, 인체의 저항은 3,000[Ω]으로 한다.)

(해답) ① 계산

대지전압 : $e = \dfrac{R_3}{R_2+R_3} \times V = \dfrac{100}{10+100} \times 220 = 200[V]$

답 200[V]

② 계산

인체에 흐르는 전류 : $I = \dfrac{V}{R_2 + \dfrac{R_3 \cdot R}{R_3 + R}} \times \dfrac{R_3}{R_3 + R} = \dfrac{220}{10 + \dfrac{100 \times 3,000}{100 + 3,000}} \times \dfrac{100}{100 + 3,000}$

$= 0.06647[A] = 66.47[mA]$

답 66.47[mA]

TIP

① 인체에 비접촉한 경우

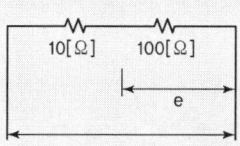

e : 인체에 인가되는 대지전압

② 인체에 접촉한 경우

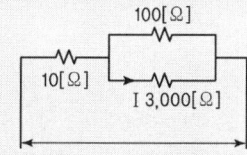

I : 인체에 흐르는 전류

③ 제2종 접지공사 ⇒ 혼촉방지(계통)접지
④ 제3종 접지공사 ⇒ 저압보호접지

17 다음 그림과 같이 영상 변류기를 케이블에 설치하는 경우의 케이블 차폐층의 접지선은 어떻게 시설하는 것이 알맞은가?(단, 접지선을 추가로 그리시오.)

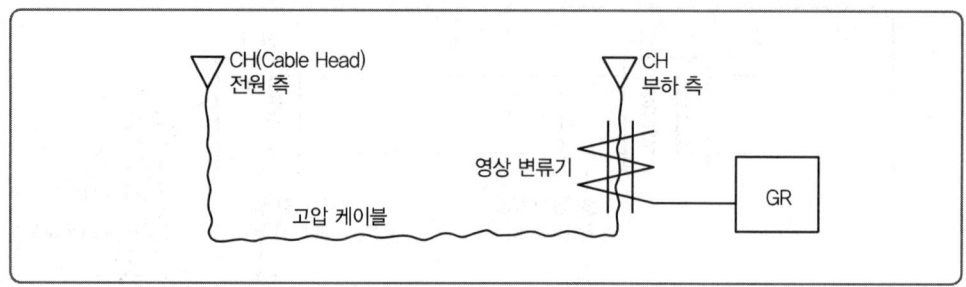

해답)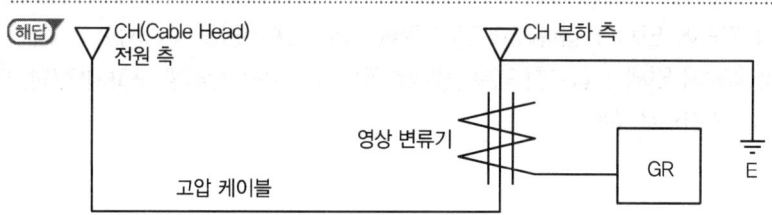

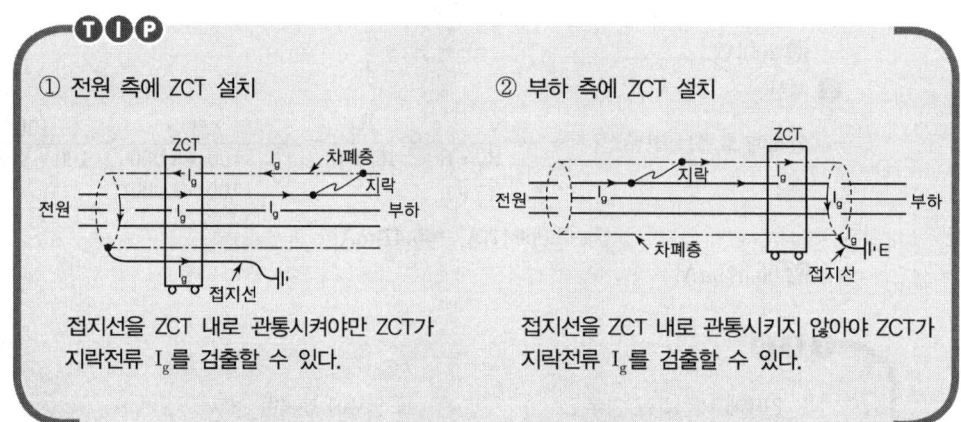

① 전원 측에 ZCT 설치
접지선을 ZCT 내로 관통시켜야만 ZCT가 지락전류 I_g를 검출할 수 있다.

② 부하 측에 ZCT 설치
접지선을 ZCT 내로 관통시키지 않아야 ZCT가 지락전류 I_g를 검출할 수 있다.

18 접지저항을 측정하고자 한다. 다음 각 물음에 답하시오.

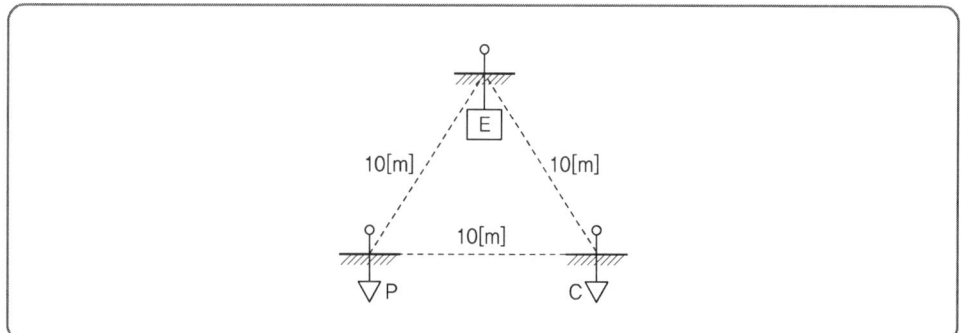

1 접지저항을 측정하기 위하여 사용되는 계기나 측정방법을 2가지 쓰시오.

2 그림과 같이 본접지 E에 제1보조접지 P, 제2보조접지 C를 설치하여 본접지 E의 접지저항값을 측정하려고 한다. 본접지 E의 접지저항은 몇 [Ω]인가?(단, 본접지와 P 사이의 저항값은 86[Ω], 본접지와 C 사이의 접지저항값은 92[Ω], P와 C 사이의 접지저항값은 160[Ω]이다.)

해답

1 ① 콜라우시 브리지에 의한 3극 접지저항 측정법
② 어스테스터에 의한 접지저항 측정법

2 계산 : $R_E = \dfrac{1}{2}(R_{EP} + R_{EC} - R_{PC}) = \dfrac{1}{2}(86 + 92 - 160) = 9\,[\Omega]$

답 9[Ω]

3 동력설비

1) 단상 유도 전동기 기동법

기동 시 토크를 얻기 위하여
① 반발기동형
② 콘덴서기동형
③ 분상기동형
④ 세이딩코일형

2) 농형 3상 전동기가 기동되지 않는 원인

① 1선 단선에 의한 단상 기동일 경우
② 기동 토크가 작은 경우
③ 클로우링 현상이 일어나는 경우
   (3상전동기에서 고조파에 의해 낮은 속도에서 안정상태가 되어 더 이상 가속도하지 않는 현상)
④ 게르게스 현상이 일어나는 경우
   (3상권선형 유도 전동기의 2차 회로가 한 개 단선된 경우 더이상 가속되지 않는 현상)
⑤ 베어링이 축에 붙은 경우
⑥ 오접속 결선인 경우
⑦ 공극이 불균형일 경우

3) 리액터 기동방식(리액터를 직렬 접속하여 시동하고 단락하는 방식)

전동기의 1차 측에 리액터를 넣어서 기동 시 전동기의 전압을 리액터 전압강하분만큼 낮추어서 기동

4) 기동 보상기

전동기의 정격전압을 단권변압기에서 감소시켜 감전압으로 기동하며 운전 시 정격전압으로 운전

5) 3E 계전기 보호 방식

① 과부하운전 방지
② 단상운전 방지
③ 역상운전 방지

6) 펌프 전동기의 출력

$$P = \frac{9.8QH}{\eta}K$$

여기서, $Q[\text{m}^3/\text{s}]$: 유량(초당), $H[\text{m}]$: 낙차(양정), η : 효율, K : 계수

✅ 핵심 과년도 문제

19 단상 유도 전동기에 대한 다음 각 물음에 답하시오.

❶ 기동 방식을 5가지만 쓰시오.
❷ 분상 기동형 단상 유도 전동기의 회전 방향을 바꾸려면 어떻게 하면 되는가?
❸ 단상 유도 전동기의 절연을 E종 절연물로 하였을 경우 허용 최고 온도는 몇 [℃]인가?

[해답]
❶ ① 반발 유도형　　② 반발 기동형
　 ③ 콘덴서 기동형　④ 셰이딩 코일형
　 ⑤ 분상 기동형
❷ 기동권선의 접속을 반대로 바꾸어 준다.
❸ 120[℃]

TIP

▶ 절연물 온도

종류	Y종	A종	E종	B종	F종	H종	C종
최고사용온도[℃]	90	105	120	130	155	180	180 이상

20 지표면상 10[m] 높이에 수조가 있다. 이 수조에 초당 1[m³]의 물을 양수하는데 펌프용 전동기에 3상 전력을 공급하기 위해서 단상 변압기 2대를 V결선하였다. 펌프 효율이 70[%] 이고, 펌프 축동력에 20[%] 여유를 두는 경우 다음 각 물음에 답하시오. (단, 펌프용 3상 농형 유도 전동기의 역률을 100[%]로 가정한다.)

❶ 펌프용 전동기의 소요동력은 몇 [kVA]인가?
❷ 변압기 1대의 용량은 몇 [kVA]인가?

[해답]
❶ 계산 : $P = \dfrac{9.8 QHK}{\eta \times \cos\theta} = \dfrac{9.8 \times 1 \times 10 \times 1.2}{0.7 \times 1} = 168[\text{kVA}]$
답 168[kVA]

❷ 계산 : 단상 변압기 2대를 V결선했을 경우의 출력 $P_V = \sqrt{3} \cdot (1대\ 용량)[kVA]$

∴ 변압기 1대의 정격용량 : $P_1 = \dfrac{168}{\sqrt{3}} = 96.99[kVA]$

답 $96.99[kVA]$

TIP

① $P = \dfrac{9.8QH}{\eta}K[kW]$

② $P = \dfrac{9.8QHK}{\eta \cdot \cos\theta}[kVA]$

4 송배전설비

1) 중성점 직접 접지계통에 인접한 통신선의 전자 유도장해 경감 대책

① 근본대책 : 전력선과 통신선의 이격거리를 충분히 둔다.

② 전력선 측 대책
- ㉠ 연가 실시
- ㉡ 차폐선 시설
- ㉢ 지중 케이블화
- ㉣ 소호 리액터 채용
- ㉤ 고장 회선을 고속도로 차단
- ㉥ 상호인덕턴스를 작게

③ 통신선 측 대책
- ㉠ 피뢰기 설치
- ㉡ 배류코일 사용
- ㉢ 절연강화
- ㉣ 수직교차
- ㉤ 연피 케이블화

2) 코로나 발생 – 공기 중으로 방전되어 빛과 소리가 나타나는 현상

① 코로나 발생 시 나쁜 영향
- ㉠ 전파 장해
- ㉡ 전선 부식
- ㉢ 통신선에 유도장해 발생
- ㉣ 송전용량 감소

② 코로나 발생 시 방지대책
- ㉠ 전선을 굵게 한다.
- ㉡ 복도체 또는 다도체를 사용한다.
- ㉢ 가선금구를 개량한다.

③ 코로나 발생 방지 대책의 이유
코로나 임계전압을 크게 하기 위해

3) 복도체방식
① 장점
㉠ 코로나 방지
㉡ 안정도 증가
㉢ 인덕턴스 감소
㉣ 정전용량 증가
㉤ 송전용량 증가
㉥ 파동 임피던스 감소

② 단점
㉠ 페란티 현상 증가
㉡ 강풍, 빙설 등에 의한 전선의 진동 발생 증가
㉢ 소도체 간의 정전 흡인력에 의한 도체 상호 간의 충돌 발생 증가

4) 송전단 전압 및 전압강하

$$V_S \fallingdotseq V_R + \sqrt{3}\,I(R\cos\theta + X\sin\theta)\,[\text{V}]$$

① 전압강하(e)
㉠ $e = V_S - V_R$
㉡ $e \fallingdotseq \sqrt{3}\,I(R\cdot\cos\theta + X\cdot\sin\theta)$
㉢ $e \fallingdotseq \sqrt{3}\cdot\dfrac{P}{\sqrt{3}\,V\cos\theta}(R\cdot\cos\theta + X\cdot\sin\theta)$
$= \dfrac{P}{V}(R + X\tan\theta)$

② 전압 강하율(δ)

$$\delta = \dfrac{e}{V_R}\times 100$$

㉠ $\delta = \dfrac{V_S - V_R}{V_R}\times 100$

㉡ $\delta = \dfrac{\sqrt{3}\,I(R\cos\theta + X\sin\theta)}{V_R}\times 100$

㉢ $\delta = \dfrac{P}{V_R^{\,2}}(R + X\tan\theta)\times 100$

③ 전압 변동률(ε)

$$\varepsilon = \frac{V_{R_0} - V_R}{V_R}$$

여기서, V_{R_0} : 무부하 시 수전단 전압
V_R : 부하시 수전단 전압

④ 전력 손실(선로 손실)

$$P_L = 3I^2R = 3\left(\frac{P}{\sqrt{3}\,V\cos\theta}\right)^2 \cdot R[\text{W}] = \frac{P^2}{V^2\cos^2\theta} \cdot R\ [\text{W}]$$

㉠ 전압강하감소 : 전압의 반비례 $\left(e \propto \dfrac{1}{V}\right)$

㉡ 전압강하율 감소 : 전압의 제곱의 반비례 $\left(\delta \propto \dfrac{1}{V^2}\right)$

㉢ 손실감소 : 전압의 제곱의 반비례 $\left(P_C \propto \dfrac{1}{V^2}\right)$

㉣ 송전전력증가 : 전압의 제곱의 비례 $(P \propto V^2)$

㉤ 전선의 단면적(비중) 감소 : 전압의 제곱의 반비례 $\left(A \propto \dfrac{1}{V^2}\right)$

⑤ 송전전압(still 식)

$$V_s = 5.5\sqrt{0.6\,l + \frac{P}{100}}\ [\text{kV}]$$

여기서, l : 송전거리[km], P : 송전용량[kW]

5) 송전선로의 안정도 증진방법

① 계통을 연계
② 중간조상방식을 채택
③ 직렬 리액턴스를 작게(직렬 콘덴서 설치)
④ 고장전류를 신속하게 제거(재폐로방식 채용)
⑤ 전압 변동을 작게(속응여자방식, 단락비 크게)
⑥ 고장 시 발전기 입출력의 불평형을 작게

6) 배전선의 전압 조정방법

① 승압기 설치　　　　　　② 콘덴서 설치

③ 주상변압기 탭조정　　④ 변전소에 ULTC 설치
⑤ 선로전압 조정기(SVR) 설치

7) 리액터

　① **직렬 리액터** : 제5고조파를 제거하여 기전력의 파형을 개선한다.
　② **소호 리액터** : 1선 지락 시 아크를 제거하고 이상전압 억제
　③ **한류 리액터** : 단락전류를 제한한다.
　④ **분로 리액터** : 페란티 현상 방지

8) 지중케이블 포설방법

　① 직접매설식
　　㉠ 하중을 받을 경우 매설깊이 : 1m 이상
　　㉡ 하중을 않받을 경우 : 0.6m 이상
　② 암거식
　③ 관로식
　　㉠ 하중을 받을 경우 매설깊이 : 1m 이상
　　㉡ 하중을 않받을 경우 : 0.6m 이상

9) 송전선로로서 지중전선로를 채택하는 이유

　① 도시의 미관을 중요시하는 경우
　② 수용밀도가 높은 지역에 공급하는 경우
　③ 뇌·풍수해 등으로 인해 발생하는 사고에 대한 높은 신뢰도가 요구되는 경우
　④ 보안상의 제한 조건 등으로 가공선로를 건설할 수 없는 경우

10) 케이블 트리의 종류

　① 수트리(Water Tree)
　　케이블절연체 내에 잔유 수분이 존재하는 경우 운전상태에서 수분이 이온화되고 이 이온에 전계가 가해져 진동하게 됨. 장속도는 전기트리보다 느리나 2차적으로 전기트리로 성장하는 경우가 많음
　② 전기적 트리(Electrical Tree)
　　절연체 내부, 또는 절연체와 도체가 인접한 공극(Void)부분이나, 절연체와 반도전층에 있는 불순물 등에 국부적인 고전계가 형성되어 발생

③ 화학적 트리(Chemical Tree)
케이블이 설치되어 있는 주변환경(토양 등)에 함유된 화학성분이 케이블 외장층 및 절연체를 투과하여 도체에 도달하게 되어 도체 재료와 반응하여 생성된 반응물이 절연체 내에 트리발생

④ 기계적 트리

⑤ 생물적 트리

11) 설비 불평형률

① 단상 3선식

$$설비 불평형률 = \frac{중심선과\ 각\ 전압\ 측\ 전선\ 간에\ 접촉되는\ 부하설비\ 용량[kVA]의\ 차}{총\ 부하설비\ 용량[kVA]의\ 1/2} \times 100[\%]$$

설비 불평형률은 40[%] 이하여야 한다.

② 3상 3선식

$$설비 불평형률 = \frac{각\ 선간에\ 접속되는\ 단상부하\ 총\ 부하설비\ 용량[kVA]의\ 최대와\ 최소의\ 차}{총\ 부하설비\ 용량[kVA]의\ 1/3} \times 100[\%]$$

설비 불평형률은 30[%] 이하여야 한다.

③ 설비 불평형률 예외규정
 ㉠ 저압 수전에서 **전용 변압기**를 사용하는 경우
 ㉡ 고압 및 특고압 수전에서 100[kVA] 이하의 단상 부하의 경우
 ㉢ 고압 및 특고압 수전에서 단상 부하 용량의 최대와 최소의 차가 100[kVA] 이하인 경우
 ㉣ 특고압 수전에서 100[kVA] 이하의 단상 변압기 2대를 **역V결선**하는 경우

④ 특별고압 및 고압수전에서 대용량의 단상전기로 등의 사용에서 전 항의 제한에 따르기 어려울 때는 전기사업자와 협의하여 다음 각 호에 따라 포설한다.
 ㉠ 단상부하 1개의 경우에는 2차 역V결선에 의할 것(다만, 300[kVA] 이하인 경우)
 ㉡ 단상부하 2개의 경우에는 스코트 결선에 의할 것(다만, 300[kVA] 이하인 경우)
 ㉢ 단상부하 3개의 경우에는 가급적 선로 전류가 평형이 되도록 각 선간에 부하를 접속할 것

12) 단상 3선식

① 결선조건(3가지)

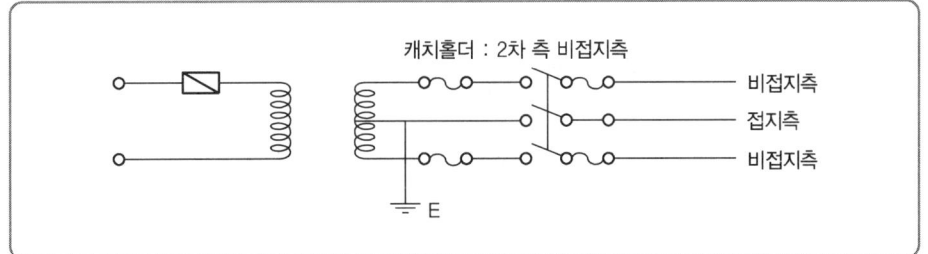

㉠ 2차 측에 중성점 접지를 한다.
㉡ 동시 동작형 개폐기를 설치한다.
㉢ 중성선에 퓨즈를 넣지 말고 동선으로 직결시킨다.

② 중성선 단선 시 전압의 불평형

㉠ $V_1 = R_1 I = V \dfrac{R_1}{R_1 + R_2}$ [V]

㉡ $V_2 = R_2 I = V \dfrac{R_2}{R_1 + R_2}$ [V]

✓ 핵심 과년도 문제

22 수전단 전압이 6,000[V]인 2[km] 3상 3선식 선로에서 380[V], 1,000[kW](지역률 0.8) 부하가 연결되었다고 한다. 다음 물음에 답하시오.(단, 1선당 저항은 0.3[Ω/km], 1선당 리액턴스는 0.4[Ω/km]이다.)

1 선로의 전압강하를 구하시오.
2 선로의 전압강하율을 구하시오.
3 선로의 전력손실을 구하시오.

해답 **1** 계산 : $e = \dfrac{P}{V}(R + X \tan\theta)$

$$\therefore e = \dfrac{1{,}000 \times 10^3 \left(0.3 \times 2 + 0.4 \times 2 \times \dfrac{0.6}{0.8}\right)}{6{,}000} = 200[\text{V}]$$

답 200[V]

2 계산 : $\delta = \dfrac{V_0 - V_r}{V_r} \times 100 = \dfrac{200}{6,000} \times 100 = 3.33[\%]$

답 3.33[%]

3 계산 : $P_L = 3I^2R = \dfrac{P^2R}{V^2\cos^2\theta} \times 10^{-3}[\text{kW}]$

$\therefore P_L = \dfrac{(1,000 \times 10^3)^2 \times 0.3 \times 2}{6,000^2 \times 0.8^2} \times 10^{-3} = 26.04167[\text{kW}]$

답 26.04[kW]

23 설비불평형률에 대한 다음 각 물음에 답하시오.

1 저압, 고압 및 특별고압 수전의 3상 3선식 또는 3상 4선식에서 불평형 부하의 한도는 단상 접속부하로 계산하여 설비불평형률을 몇 [%] 이하로 하는 것을 원칙으로 하는가?

2 아래 그림과 같은 3상 4선식 380[V] 수전인 경우의 설비불평형률을 구하시오.(단, 전열부하의 역률은 1이다.)

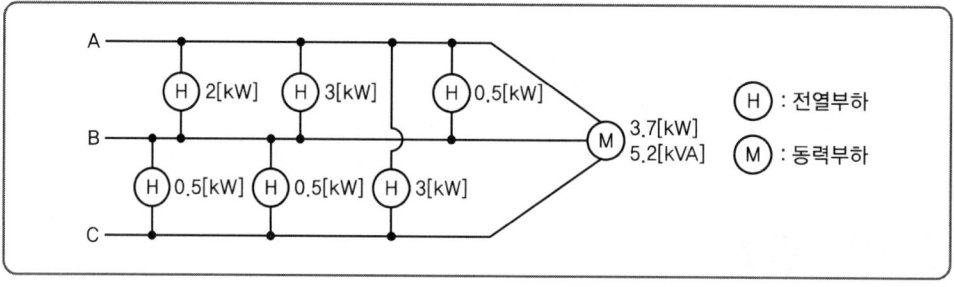

해답 **1** 30[%]

2 계산 : 불평형률 = $\dfrac{(2+3+0.5)-(0.5+0.5)}{(2+3+0.5+5.2+3+0.5+0.5) \times \dfrac{1}{3}} \times 100 = 91.84[\%]$

답 91.84[%]

TIP

▶ 3상 3선식 또는 3상 4선식의 경우

설비불평형률 = $\dfrac{\text{각 선 간에 접속되는 단상부하의 최대와 최소의 차}}{\text{총 부하 설비용량의 1/3}} \times 100[\%]$

24 전력계통에 일반적으로 사용되는 리액터에는 ① 병렬 리액터 ② 한류 리액터 ③ 직렬 리액터 ④ 소호 리액터 등이 있다. 이들 리액터의 설치 목적을 간단히 쓰시오.

해답
① 병렬 리액터 : 페란티 현상 방지
② 한류 리액터 : 단락전류를 제한하여 차단기 용량을 줄임
③ 직렬 리액터 : 제5고조파를 제거하여 전압의 파형을 개선
④ 소호 리액터 : 아크를 소멸하고 이상전압 발생 방지

TIP
① 병렬 콘덴서 : 부하의 역률을 개선한다.
② 직렬 콘덴서 : 리액턴스를 작게 하여 전압강하를 작게 한다.

25 가정용 110[V] 전압을 220[V]로 승압할 경우 저압간선에 나타나는 효과로서 다음 각 물음에 답하시오.

1 공급능력 증대는 몇 배인가?
2 전력손실의 감소는 몇 [%]인가?
3 전압강하율의 감소는 몇 [%]인가?

해답
1 2배

2 계산 : $P_L \propto \dfrac{1}{V^2}$ 이므로 $\dfrac{1}{4} = 0.25 P_L$
∴ 감소는 $1 - 0.25 = 0.75$
답 75[%]

3 계산 : $\varepsilon \propto \dfrac{1}{V^2}$ 이므로 $\dfrac{1}{4} = 0.25 P_L$
∴ 감소는 $1 - 0.25 = 0.75$
답 75[%]

TIP
공급능력 $P = VI\cos\theta [W]$
$P \propto V = \dfrac{220}{110} = 2$배

26 그림과 같은 단상 3선식 100/200[V] 수전의 경우 설비불평형률을 구하고 그림과 같은 설비가 양호하게 되었는지의 여부를 판단하시오. (단, Ⓗ는 전열기 부하이고, Ⓜ은 전동기 부하이다.)

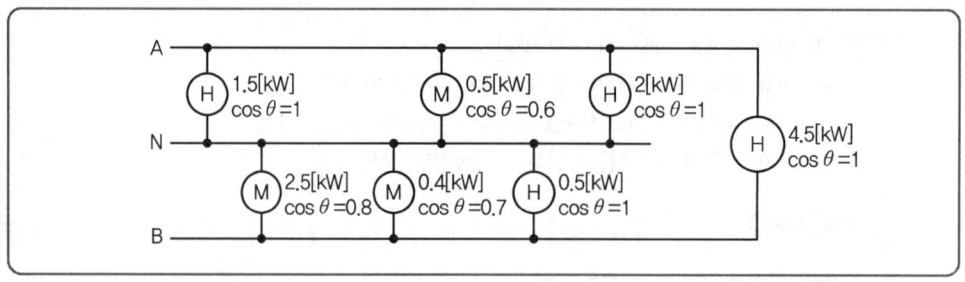

해답 계산 : $P_{AN} = 1.5 + \dfrac{0.5}{0.6} + 2 = 4.33 \, [\text{kVA}]$

$P_{BN} = \dfrac{2.5}{0.8} + \dfrac{0.4}{0.7} + 0.5 = 4.2 \, [\text{kVA}]$

$P_{AB} = 4.5 \, [\text{kVA}]$

∴ 불평형률 $= \dfrac{4.33 - 4.2}{(4.33 + 4.2 + 4.5) \times \dfrac{1}{2}} \times 100 = 2 \, [\%]$

답 2[%], 양호하다.

TIP

▶ 단상 3선식
① 설비불평형률 $= \dfrac{100[\text{V}] \text{ 부하설비용량[kVA]의 차}}{\text{총 부하설비용량[kVA]의 } 1/2} \times 100 [\%]$
② 불평형률은 40[%]를 초과하지 말 것

27 중심점 직접 접지 계통에 인접한 통신선의 전자 유도장해 경감대책에 관한 다음 물음에 답하시오.

1 근본대책
2 전력선 측 대책(3가지)
3 통신선 측 대책(3가지)

해답 **1** 근본대책 : 전력선과 통신선의 이격거리를 충분히 둔다.

2 전력선 측 대책(3가지)
① 중성점을 접지할 경우 저항값을 가능한 한 큰 값으로 한다.
② 고속도 지락 보호 계전 방식을 채용한다.
③ 차폐선을 설치한다.

④ 지중전선로 방식을 채용한다.

③ 통신선 측 대책(3가지)
① 절연 변압기를 설치하여 구간을 분할한다.
② 연피통신케이블을 사용한다.
③ 통신선에 우수한 피뢰기를 사용한다.
④ 배류 코일을 설치한다.
⑤ 전력선과 교차 시 수직교차한다.

28 송전선로의 길이가 길어지면서 송전선로의 전압이 대단히 커지고 있다. 따라서 여러 가지 이유에 의하여 단도체 대신 복도체 또는 다도체 방식이 채용되고 있는데 복(다)도체 방식을 단도체 방식과 비교할 때 장단점 3가지씩 쓰시오.

〔해답〕

장점	① 송전용량 증대 ② 코로나 손실 감소 ③ 안정도 증대
단점	① 페란티 현상 발생 ② 강풍이나 빙설에 의한 전선의 진동이 많이 생김 ③ 도체 사이의 흡입력으로 인한 충돌로 전선 표면에 손상 발생

TIP
송전용량 $P_S = \dfrac{V^2}{\sqrt{\dfrac{L}{C}}}$ 에서 복도체 방식은 L 감소, C 증가로 송전용량이 증가한다.

29 송전선로 연가의 주목적은 선로정수의 평형이다. 연가의 효과를 2가지만 쓰시오.

〔해답〕 ① 통신선에 대한 유도장해 경감
② 직렬공진에 의한 이상전압 방지
그 외, ③ 임피던스 평형

30 지중 전선로의 시설에 관한 다음 각 물음에 답하시오.

1 지중 전선로는 어떤 방식에 의하여 시설하여야 하는지 그 방식을 3가지만 쓰시오.
2 지중 전선로의 전선으로는 어떤 것을 사용하는가?

해답 **1** 직접매설식, 관로식, 암거식   **2** 케이블

TIP
➤ 직매식(관로식)의 매설 깊이
① 하중을 받는 경우 : 1[m] 이상
② 하중을 받지 않는 경우 : 0.6[m] 이상

31

송전단 전압이 3,300[V]인 변전소로부터 5.8[km] 떨어진 곳에 있는 역률 0.9(지상) 500[kW]의 3상 동력부하에 대하여 지중 송전선을 설치하여 전력을 공급코자 한다. 케이블의 허용전류(또는 안전전류) 범위 내에서 전압강하가 10[%]를 초과하지 않도록 심선의 굵기를 결정하시오.(단, 케이블의 허용전류는 다음 표와 같으며 도체(동선)의 고유저항은 $\frac{1}{55}$ [Ω·mm²/m]로 하고 케이블의 정전용량 및 리액턴스 등은 무시한다.)

심선의 굵기와 허용전류							
심선의 굵기[mm²]	16	25	35	50	70	95	120	150
허용전류[A]	50	70	90	100	110	140	180	200

해답 계산 : ① 전압강하율 $\varepsilon = \frac{V_S - V_R}{V_R} \times 100 = 10[\%]$ 이므로 $V_R = \frac{V_S}{1+\varepsilon} = \frac{3,300}{1+0.1} = 3,000[V]$

② $e = V_S - V_R = 3,300 - 3,000 = \sqrt{3}\,I(R\cos\theta + X\sin\theta)$

$I = \frac{P}{\sqrt{3}\,V\cos\theta} = \frac{500 \times 10^3}{\sqrt{3} \times 3,000 \times 0.9} = 106.92[A]$

조건에서 리액턴스를 무시하면 $e = \sqrt{3}\,IR\cos\theta$에서 $R = \frac{e}{\sqrt{3}\,I\cos\theta}$ 가 된다.

∴ $R = \frac{300}{\sqrt{3} \times 106.92 \times 0.9} = 1.8[\Omega]$

③ $R = \rho\frac{1}{A}$에서 $A = \rho\frac{1}{R}$ 이므로

$A = \frac{1}{55} \times \frac{5,800}{1.8} = 58.59[\text{mm}^2]$

답 70[mm²] 선정

TIP
• 부하전류 $I = 106.9[A]$이므로 표에서 70[mm²]가 적정
• 문제에서 전압강하가 주어졌으므로 허용 전압강하 10[%]를 초과하지 않는 굵기를 선정하여야 한다. 그러나 전압강하가 주어지지 않았다면 표의 허용전류만 고려하여 선정할 수 있다.

5 변전설비

1) 전력 퓨즈(PF)

① 기능
   ㉠ 부하 전류를 안전하게 통전시킨다.
   ㉡ 일정치 이상의 과전류를 차단하여 전로나 기기를 보호한다.

② 특성
   ㉠ 용단 특성
   ㉡ 전차단 특성
   ㉢ 단시간 허용 특성

③ 장점
   ㉠ 소형이라 경량이다.
   ㉡ 가격이 싸다.
   ㉢ 고속으로 차단이 가능하다.
   ㉣ 보수가 간단하다.
   ㉤ 차단용량이 크다.

④ 단점
   ㉠ 재투입할 수 없다.
   ㉡ 과도전류로 용단하기 쉽다.
   ㉢ 차단 시 이상전압이 발생한다.
   ㉣ 고임피던스 접지계통은 보호할 수 없다.
   ㉤ 동작시간, 전류특성을 계전기처럼 자유로이 조정할 수가 없다.

⑤ 전력 퓨즈 구입 시 고려 사항
   ㉠ 정격전압
   ㉡ 정격차단전류
   ㉢ 정격차단용량
   ㉣ 사용장소

⑥ 퓨즈와 개폐기 성능 비교

구분	회로 분리		사고 차단	
	무부하	부하	과부하	단락
퓨즈	○			○
차단기	○	○	○	○
개폐기	○	○	○	
단로기	○			
전자개폐기	○	○	○	

⑦ 한류형과 비한류형의 장단점 비교

종류	장점	단점
한류형	• 소형이며 차단용량이 크다. • 한류효과가 크다.(백업용으로 적당)	• 과전압을 발생한다. • 최소차단전류가 있다.

비한류형	• 녹으면 반드시 차단된다.
	  (과부하 보호 가능)
	• 과전압을 발생하지 않는다.
	  (그중 회로용으로서 최적)
		• 대형이다.
		• 한류효과가 적다.

⑧ 전력 퓨즈의 정격 전압

계통의 전압(공칭전압)[V]	퓨즈정격	
	퓨즈정격전압[kV]	최대설계전압[kV]
6,600[V]	6.9 또는 7.5	8.25
22,000또는 22,900	23	25.8
66,000	69	72.5
154,000	161	169

⑨ 전력퓨즈의 정격전류 표준치

PF의 정격전류 표준치
10, 15, 20, 25, 30, 40, 50, 65, 80, 100, 125, 150, 200, 250, 300, 400

2) PF, COS 용량 선정

1.3배의 전류에서는 견디고 2배의 전류에서 120분에 용단

예 CB와 PF를 조합 사용하는 경우(정식수전설비)

$$I_1 = \frac{450}{\sqrt{3} \times 22} = 11.8[A]$$

∴ PF 용량=11.8×2=23.6

∴ 25[A] 선정(단락보호)

3) 변전실 위치

① 부하 중심일 것

② 외부로부터 송전선 유입이 쉬울 것

③ 기기의 반·출입에 지장이 없을 것

④ 지반이 튼튼하고 침수 기타 재해가 일어날 염려가 적을 것

⑤ 주위에 화재 폭발 등의 위험성이 적을 것

⑥ 염해, 유독가스 등의 발생이 적을 것
⑦ 종합적으로 경제적일 것
⑧ 발전기실, 축전기실과 서로 인접한 곳일 것
⑨ 장래 증설에 대비한 위치일 것

4) 절연유가 구비할 조건

① 절연내력이 클 것
② 인화점이 높을 것
③ 화학적으로 안정될 것
④ 응고점이 낮을 것
⑤ 냉각작용이 양호할 것
⑥ 증발량이 적을 것

5) 절연유의 열화 원인

① 수분의 흡수 및 산화 작용
② 금속의 접촉작용
③ 절연재료의 영향
④ 광선의 영향
⑤ 이종절연유의 혼합

6) 고조파

① 고조파 발생
　㉠ 변압기 여자전류
　㉡ 용접기, 아크로
　㉢ SCR 교류위상제어
　㉣ AC/DC 정류기
　㉤ 컴퓨터 등 단상 정류장치
　㉥ 안정기(고조파 전류발생량 실측 예)
　㉦ 인버터(Inverter)

② 고조파 영향
　㉠ 전기설비 과열로 소손(콘덴서, 변압기, 발전기, 케이블)
　㉡ 공진(직렬, 병렬공진)
　㉢ 중성선에 미치는 영향(중성선에 과전류 흐름, 변압기 과열, 유도장해, 중성점 전위 상승)
　㉣ 전압왜곡(Notching Voltage)
　㉤ 역률저하, 전력손실
　㉥ 변압기 소음, 진동, Flat-Topping

③ 고조파 억제 대책
　㉠ 변압기의 다펄스화
　㉡ 위상변위(Phase Shift)
　㉢ 단락용량 증대
　㉣ 콘덴서용 직렬리액터 설치
　㉤ 수동 Filter(Passive Filter) 설치
　㉥ 능동 Filter(Active Filter) 설치
　㉦ 리액터(ACL, DCL) 설치
　㉧ Notching Voltage 개선(Line Reactor 설치)
　㉨ PWM 방식 도입
　㉩ 중성선 영상고조파 대책
　　• NCE(Neutral Current Eliminator) 설치
　　• NCE 설치 영상분 고조파 흡수
　　• 3고조파 Blocking Filters

7) 수변전실의 넓이에 영향을 주는 요소

① 수전전압
② 변압기 용량 및 수량
③ 수전전압의 강압방식
④ 콘덴서의 용량과 수량
⑤ 기기의 형식과 배치
⑥ 보수·감시에 필요한 넓이
⑦ 고압 및 특고압 큐비클과 고압분전반, 저압반의 수량

8) 자가용 전기설비의 중요 검사항목

① 외관검사
② 접지저항 측정
③ 절연저항 측정
④ 절연내력 시험
⑤ 계전기 동작 시험
⑥ 보호장치 동작 시험
⑦ 계측장치 동작 시험

9) 폭발방지구조의 종류

① 내압 폭발방지구조

방폭전기기기의 용기 내부에서 가연성 가스의 폭발이 발생할 경우 그 용기가 폭발압력에 견디고, 접합면·개구부 등을 통하여 외부의 가연성 가스에 인화되지 아니하도록 한 구조(표시 d)

② 유입 폭발방지구조

용기 내부에 기름을 주입하여 불꽃·아크 또는 고온발생 부분이 기름 속에 잠기게 함으로써 기름면 위에 존재하는 가연성 가스에 인화되지 아니하도록 한 구조(표시 o)

③ 압력 폭발방지구조

용기 내부에 보호가스(신선한 공기 또는 불활성 가스)를 압입하여 내부압력을 유지함으로써 가연성 가스가 용기 내부로 유입되지 아니하도록 한 구조(표시 p)

④ 안전증 폭발방지구조

정상운전 중에 가연성 가스의 점화원이 될 전기불꽃·아크 또는 고온부분의 발생을 방지하기 위하여 기계적·전기적 구조상 또는 온도 상승에 대하여 특히 안전도를 증가시킨 구조(표시 e)

⑤ 본질안전(本質安全) 폭발방지구조

정상 시 및 사고 시(단선, 단락, 지락 등)에 발생하는 전기불꽃·아크 또는 고온부분에 의하여 가연성 가스가 점화되지 아니하는 것이 점화시험, 기타 방법에 의하여 확인된 구조(표시 ia)

10) 2중 모선 방식

평상시에 No.1 T/L은 A모선에서 No.2 T/L은 B모선에서 공급하고 모선 연락용 CB는 개방되어 있는 경우

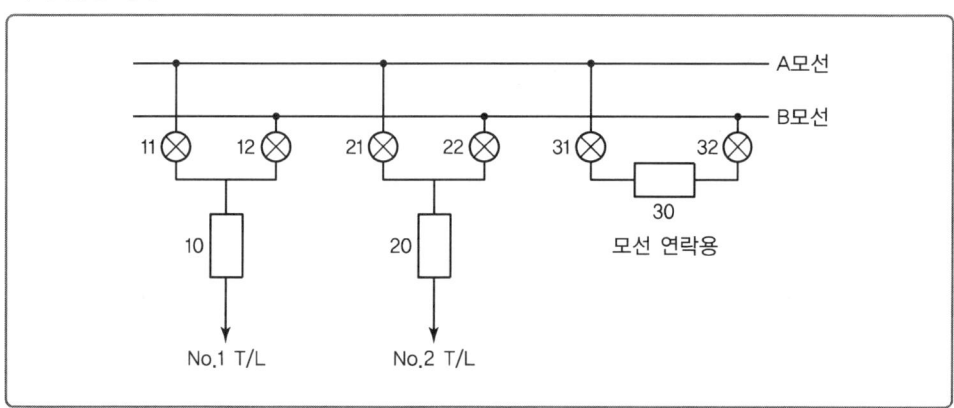

① A모선을 점검하기 위하여 절체하는 순서
31(on) → 32(on) → 30(on) → 12(on) → 11(off) → 30(off) → 32(off) → 31(off)

② A모선 점검 후 원상 복귀하는 조작 순서
31(on) → 32(on) → 30(on) → 11(on) → 12(off) → 30(off) → 32(off) → 31(off)

③ 10, 20, 30에 대한 기기의 명칭
차단기

④ 11, 21에 대한 기기의 명칭
단로기

⑤ 2중 모선의 장점
모선 점검 시 무정전 전원 공급

11) MCC반 구성요소

① 개폐기 및 과전류차단기
② 전자 개폐기
③ 제어용 기구

12) 보호계전기의 4요소

① 단일전압요소
② 단일전류요소
③ 전압전류요소
④ 2전류요소

✅ 핵심 과년도 문제

32 선로에서 발생하는 고조파가 전기설비에 미치는 장해를 4가지만 설명하시오.

[해답] ① 기기의 과열 및 소손
② 변압기 등의 소음 발생
③ 변압기의 철손, 동손 증가 및 용량 감소
④ 계전기의 오동작

TIP

구분	내용
고조파 발생	① 변압기 여자전류　　　② 용접기, 아크로 ③ SCR 교류위상제어　　④ AC/DC 정류기 ⑤ 컴퓨터 등 단상 정류장치　⑥ 안정기(고조파 전류발생량 실측 예) ⑦ 인버터(Inverter)
고조파 영향	① 전기설비 과열로 소손(콘덴서, 변압기, 발전기, 케이블) ② 공진(직렬, 병렬 공진) ③ 중성선에 미치는 영향(중성선에 과전류 흐름, 변압기 과열, 유도장해, 중성점 전위 상승) ④ 전압왜곡(Notching Voltage) ⑤ 역률저하, 전력손실 ⑥ 변압기 소음, 진동, Flat – Topping
고조파 억제 대책	① 변압기의 다펄스화 ② 위상변위(Phase Shift) ③ 단락용량 증대 ④ 콘덴서용 직렬 리액터 설치 ⑤ 수동 Filter(Passive Filter) 설치 ⑥ 능동 Filter(Active Filter) 설치 ⑦ 리액터(ACL, DCL) 설치 ⑧ Notching Voltage 개선(Line Reactor 설치) ⑨ PWM 방식 도입 ⑩ 중성선 영상고조파 대책 　• NCE(Neutral Current Eliminator) 설치 　• NCE 설치 영상분 고조파 흡수 　• 3고조파 Blocking Filters

33 전원에 고조파 성분이 포함되어 있는 경우 부하설비의 과열 및 이상 현상이 발생하는 경우가 있다. 이러한 고조파 전류가 발생하는 주원인과 그 대책을 각각 3가지씩 쓰시오.

1 고조파 전류의 발생원인

2 대책

해답 **1** 고조파 전류의 발생원인
　　① 전기로, 아크로 등
　　② Converter, Inverter 등의 전력 변환 장치
　　③ 변압기, 전동기 등의 여자전류

　　2 대책
　　① 전력 변환 장치의 Pulse 수를 크게 한다.
　　② 직렬 리액터 설치
　　③ 변압기의 △결선

> **TIP**
> 그 외
> ① 고조파 전류의 발생원인
>   • 전기용접기 등
>   • 송전 선로의 코로나
>   • 전력용 콘덴서 등
> ② 대책
>   • 필터를 사용하여 제거한다.
>   • 선로의 코로나 방지를 위하여 복도체, 다도체를 사용한다.

34 전력 퓨즈에서 퓨즈에 대한 그 역할과 기능에 대해서 다음 각 물음에 답하시오.

1 퓨즈의 역할을 크게 2가지로 대별하여 간단하게 설명하시오.

2 답안지 표와 같은 각종 개폐기와의 기능 비교표의 관계(동작)되는 해당란에 ○표로 표시하시오.

기능\능력	회로 분리		사고 차단	
	무부하	부하	과부하	단락
퓨즈				
차단기				
개폐기				
단로기				
전자 접촉기				

3 퓨즈의 성능(특성) 3가지를 쓰시오.

해답 **1** ① 부하 전류는 안전하게 통전한다.
② 어떤 일정값 이상의 과전류는 차단하여 전로나 기기를 보호한다.

2

기능\능력	회로 분리		사고 차단	
	무부하	부하	과부하	단락
퓨즈	○			○
차단기	○	○	○	○
개폐기	○	○	○	
단로기	○			
전자 접촉기	○	○		

3 ① 용단 특성 ② 단시간허용 특성 ③ 전차단 특성

> **TIP**
> 전자 접촉기는 THR이 없으므로 과부하 보호가 안 됨. 단, 전자 개폐기는 가능

35 전력 퓨즈에서 다음 각 물음에 답하시오.

① 퓨즈의 역할을 크게 2가지로 구분하여 간단하게 설명하시오.
② 퓨즈의 가장 큰 단점은 무엇인가?
③ 주어진 표는 개폐장치(기구)의 동작 가능한 곳에 ○표를 한 것이다. ①~③은 어떤 개폐장치이겠는가?

기능＼능력	회로 분리		사고 차단	
	무부하	부하	과부하	단락
퓨즈	○			○
①	○	○	○	○
②	○	○	○	
③	○			

④ 큐비클의 종류 중 PF-S형 큐비클은 주 차단장치로서 어떤 것들을 조합하여 사용하는 것을 말하는가?

해답
① • 부하 전류를 안전하게 흐르게 한다.
 • 과전류를 차단하여 전로나 기기를 보호한다.
② 재투입할 수 없다.
③ ① 차단기
 ② 자동고장구분개폐기(ASS)
 ③ 단로기
④ 전력 퓨즈와 고압 개폐기

36
2중 모선에서 평상시에 No.1 T/L은 A모선에서 No.2 T/L은 B모선에서 공급하고 모선연락용 CB는 개방되어 있다. 다음 각 물음에 답하시오.

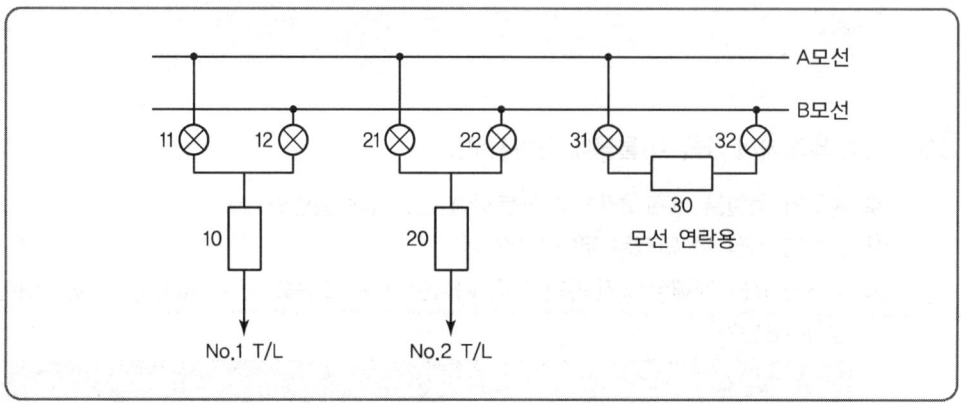

1 A모선을 점검하기 위하여 절체 하는 순서는?(단, 10−OFF, 20−ON 등으로 표시)
2 A모선을 점검 후 원상 복구하는 조작 순서는?(단, 10−OFF, 20−ON 등으로 표시)
3 10, 20, 30에 대한 기기의 명칭은?
4 11, 21에 대한 기기의 명칭은?
5 2중 모선의 장점은?

해답
1 31(on) → 32(on) → 30(on) → 12(on) → 11(off) → 30(off) → 32(off) → 31(off)
2 31(on) → 32(on) → 30(on) → 11(on) → 12(off) → 30(off) → 32(off) → 31(off)
3 차단기
4 단로기
5 모선 점검 시 무정전 전원 공급

TIP
1 31, 32, 30은 조작 전, 후 개방하여 모선에서의 단락방지
2 154[kV] 선로에서 사용되고 있다.
4 단로기는 부하전류의 개폐가 곤란하다. 따라서 A, B 모선을 병렬로 접속하면 A, B 모선의 전압이 동일하게 되어 단로기 11, 12, 21, 22 개폐 시에도 단로기에는 전류가 흐르지 않게 된다.

37 그림은 전력계통의 모선 도면이다. 이 도면을 보고 다음 각 물음에 답하시오. (단, 도면에서 T/L은 송전선로, CB는 차단기, Tr은 변압기이다.)

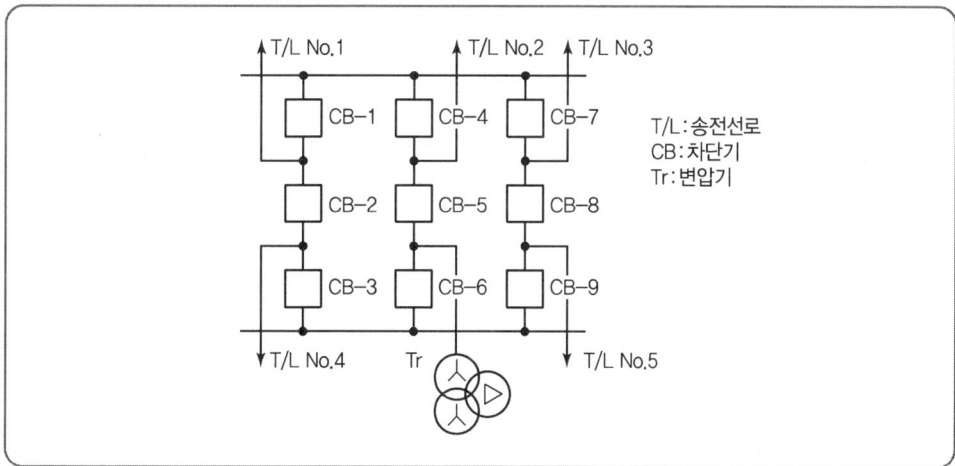

① 이 모선 방식의 명칭을 구체적으로 쓰시오.
② T/L 4에서 지락 고장이 발생하였을 때 차단되는 차단기 2개를 쓰시오.
③ T/L 1이 고장일 때 CB-1이 고장 상태이기 때문에 고장을 차단하지 못하였다. 이때 차단기 고장 보호(Breaker failure protection)를 채택한 경우라면 차단되는 차단기는 어느 것인지 그 2가지를 쓰시오. (단, 상대 S/S, CB는 생략한다.)
④ 유입 변압기 Tr은 도면의 그림 기호로 볼 때, 어떤 종류의 변압기인지 그 명칭을 쓰시오.

(해답) ① 2중 모선 방식의 1.5 차단 방식(One And Half Breaker System)
② CB-2, CB-3
③ CB-4, CB-7
④ 3권선 변압기

38 전기설비의 폭발방지구조 종류를 4가지만 쓰시오.

(해답) ① 내압 폭발방지구조
② 유입 폭발방지구조
③ 압력 폭발방지구조
④ 안전증 폭발방지구조

> **TIP**
>
> ▶ 폭발방지구조의 기호
>
> | 구분 | | 기호 |
> |---|---|---|
> | 폭발방지구조의 종류 | 내압 폭발방지구조 | d |
> | | 유입 폭발방지구조 | o |
> | | 압력 폭발방지구조 | p |
> | | 안전증 폭발방지구조 | e |
> | | 본질안전 폭발방지구조 | ia, ib |
> | | 특수 폭발방지구조 | s |

39 변압기에 사용되는 절연유의 구비조건을 4가지만 쓰시오.

[해답]
① 점도가 낮을 것
② 절연내력이 클 것
③ 인화점이 높고 응고점이 낮을 것
④ 절연물과 화학작용이 없을 것

6 한국전기설비규정(KEC)

1) 전압범위

① 저압 : 교류는 1[kV] 이하, 직류는 1.5[kV] 이하인 것
② 고압 : 교류는 1[kV]를, 직류는 1.5[kV]를 초과하고, 7[kV] 이하인 것
③ 특고압 : 7[kV]를 초과하는 것

2) 전선의 식별

상(문자)	색상
L1	갈색
L2	검정색
L3	회색
N	파란색
보호도체	녹색 – 노란색

3) 절연저항 측정

① 절연저항값

전로의 사용전압[V]	DC시험전압[V]	절연저항[MΩ] 이상
SELV 및 PELV	250	0.5
FELV, 500[V] 이하	500	1.0
500[V] 초과	1,000	1.0

[주] 특별저압(Extra Low Voltage : 2차 전압이 AC 50[V], DC 120[V] 이하)으로 SELV(비접지회로 구성) 및 PELV(접지회로 구성)는 1차와 2차가 전기적으로 절연된 회로, FELV는 1차와 2차가 전기적으로 절연되지 않은 회로

SPD 또는 기타 기기 등은 측정 전에 분리시켜야 하고, 부득이하게 분리가 어려운 경우에는 시험전압을 250[V] DC로 낮추어 측정할 수 있지만 절연저항 값은 1[M] 이상이어야 한다.

② 누설전류의 제한

사용전압이 저압인 전로에서 정전이 어려운 경우 등 절연저항 측정이 곤란한 경우에는 저항성 누설전류를 1[mA] 이하로 유지하여야 한다.

4) 절연내력시험

① 변압기, 전로, 전동기의 절연내력시험

전로와 대지 간(다심케이블은 심선 상호 간 및 심선과 대지 간)에 연속하여 10분간 가하여 절연내력을 시험하였을 때 이에 견뎌야 한다.

구분		배수	최저전압
최대사용전압 (비접지식)	7,000[V] 이하	최대사용전압×1.5배	500[V]
	7,000[V] 초과	최대사용전압×1.25배	10,500[V]
중성점 비접지식	60,000[V] 초과	최대사용전압×1.25배	×
중성점 다중접지	25,000[V] 이하	최대사용전압×0.92배	×
중성점 접지식	60,000[V] 초과	최대사용전압×1.1배	75,000[V]
중성점 직접 접지식	170,000[V] 이하	최대사용전압×0.72배	×
	170,000[V] 초과	피뢰기가 설치되어 있는 경우 최대사용전압×0.72배	×
		피뢰기가 설치되어 있지 않은 경우 최대사용전압×0.64배	

5) 피뢰시스템

① 적용범위
- ㉠ 전기전자설비가 설치된 건축물·구조물로서 낙뢰로부터 보호가 필요한 것 또는 지상으로부터 높이가 20[m] 이상인 것
- ㉡ 전기설비 및 전자설비 중 **낙뢰로부터 보호**가 필요한 설비

② 수뢰부시스템
- ㉠ 수뢰부는 **돌침, 수평도체, 그물망도체**의 요소 중에 한 가지 또는 이를 조합한 형식으로 시설하여야 한다.
- ㉡ 수뢰부시스템의 배치는 **보호각법, 회전구체법, 그물망법** 중 하나 또는 조합된 방법으로 배치하여야 한다.

③ 인하도선 최대 간격

피뢰시스템의 등급	간격(m)
I	10
II	10
III	15
IV	20

④ 건축물 피뢰설비 보호능력 4등급
- ㉠ 완전보호 : 금속체로 CAGE를 구성하는 완전보호방식이다.
- ㉡ 증강보호
- ㉢ 보통보호
- ㉣ 간이보호

⑤ 울타리 높이와 거리

사용전압의 구분	울타리의 높이와 울타리로부터 충전부분까지의 거리의 합계 또는 지표상의 높이
35,000[V] 이하	5[m]
35,000[V] 초과 160,000[V] 이하	6[m]
160,000[V] 초과	6[m]에 160,000[V]를 초과하는 10,000[V] 또는 단수마다 12[cm]를 더한 값 6m+[(X−16)×0.12] (여기서, X : 160,000[V]를 초과하는 전압) 소수점 첫째 자리에서 절상한다.

⑥ 과전류차단기로 저압전로에 사용하는 퓨즈

정격전류의 구분	시간	정격전류의 배수	
		불용단전류	용단전류
4[A] 이하	60분	1.5배	2.1배
4[A] 초과 16[A] 미만	60분	1.5배	1.9배
16[A] 이상 63[A] 이하	60분	1.25배	1.6배
63[A] 초과 160[A] 이하	120분	1.25배	1.6배
160[A] 초과 400[A] 이하	180분	1.25배	1.6배
400[A] 초과	240분	1.25배	1.6배

⑦ 옥내에 시설하는 전동기의 과부하장치 생략조건
  ㉠ 정격 출력이 0.2[kW] 이하인 경우
  ㉡ 전동기 운전 중 상시 취급자가 감시할 수 있는 위치에 시설하는 경우
  ㉢ 전동기의 구조나 부하의 성질로 보아 전동기가 소손할 수 있는 과전류가 생길 우려가 없는 경우
  ㉣ 단상 전동기를 그 전원 측 전로에 시설하는 과전류 차단기의 정격전류가 16[A] 또는 배선용 차단기는 20[A] 이하인 경우

⑧ 수용가 설비에서의 전압 강하
  ㉠ 수용가 설비의 인입구로부터 기기까지의 전압강하

설비의 유형	조명[%]	기타[%]
A – 저압으로 수전하는 경우	3	5
B – 고압 이상으로 수전하는 경우[a]	6	8

[a] 가능한 한 최종회로 내의 전압강하가 A 유형의 값을 넘지 않도록 하는 것이 바람직하다.
사용자의 배선설비가 100[m]를 넘는 부분의 전압강하는 미터당 0.005[%] 증가할 수 있으나 이러한 증가분은 0.5[%]를 넘지 않아야 한다.

  ㉡ 다음의 경우에는 위의 표보다 더 큰 전압강하를 허용할 수 있다.
    • 기동시간 중의 전동기
    • 돌입전류가 큰 기타 기기

⑨ 열 영향에 대한 주변의 보호
가연성 재료의 등기구 최소 거리

정격용량[W]	최소거리[m]
100[W] 이하	0.5
100[W] 초과~300[W] 이하	0.8
300[W] 초과~500[W] 이하	1
500[W] 초과	1 초과

핵심 과년도 문제

40 전압을 크기에 따라 종별로 구분하고 그 전압의 범위를 쓰시오. ※ KEC 규정에 따라 변경

해답

분류	전압의 범위
저압	• 직류 : 1.5[kV] 이하
	• 교류 : 1[kV] 이하
고압	• 직류 : 1.5[kV]를 초과하고, 7[kV] 이하
	• 교류 : 1[kV]를 초과하고, 7[kV] 이하
특고압	7[kV]를 초과

41 절연저항 측정에 관한 다음 물음에 답하시오. ※ KEC 규정에 따라 변경

다음 표의 전로의 사용 전압의 구분에 따른 절연 저항값은 몇 [MΩ] 이상이어야 하는지 그 값을 표에 써 넣으시오.

전로의 사용전압[V]	절연저항[MΩ]	DC 시험전압[V]
SELV 및 PELV		
FELV, 500[V] 이하		
500[V] 초과		

해답

전로의 사용전압[V]	절연저항[MΩ]	DC 시험전압[V]
SELV 및 PELV	0.5	250
FELV, 500[V] 이하	1.0	500
500[V] 초과	1.0	1,000

TIP

➤ 저압전로의 절연성능

SPD 또는 기타 기기 등은 측정 전에 분리시켜야 하고, 부득이하게 분리가 어려운 경우에는 시험전압을 250[V] DC로 낮추어 측정한다.

전로의 사용전압[V]	DC 시험전압[V]	절연저항[MΩ]
SELV 및 PELV	250	0.5
FELV, 500[V] 이하	500	1.0
500[V] 초과	1,000	1.0

[주] 특별저압(Extra Low Voltage : 2차 전압이 AC 50[V], DC 120[V] 이하)으로 SELV(비접지회로 구성) 및 PELV(접지회로 구성)은 1차와 2차가 전기적으로 절연된 회로, FELV는 1차와 2차가 전기적으로 절연되지 않은 회로

42 한국전기설비 규정에 따라 수용가 설비에서의 전압 강하는 다음 표에 따라야 한다. 다음 ( )에 알맞은 내용을 답란에 쓰시오.

설비의 유형	조명[%]	기타[%]
A-저압으로 수전하는 경우	(①)	(②)
B-고압 이상으로 수전하는 경우[a]	(③)	(④)

a : 가능한 한 최종회로 내의 전압강하가 A 유형의 값을 넘지 않도록 하는 것이 바람직하다. 사용자의 배선설비가 100[m]를 넘는 부분의 전압강하는 미터당 0.005[%] 증가할 수 있으나 이러한 증가분은 0.5[%]를 넘지 않아야 한다.

해답

①	②	③	④
3	5	6	8

43 그림은 최대 사용 전압 6,900[V] 변압기의 절연 내력을 시험하기 위한 회로도이다. 그림을 보고 다음 각 물음에 답하시오. (단, 시험 전압은 10,350[V]이다.)

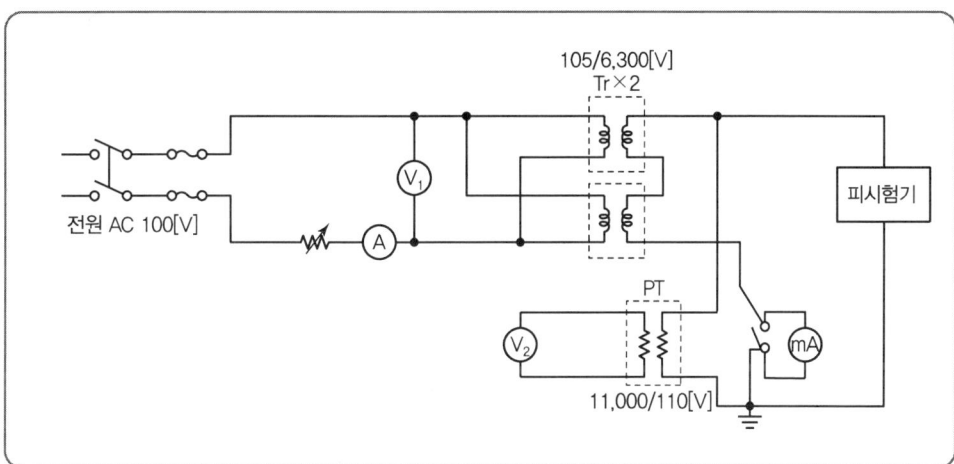

① 시험 시 전압계 V_1으로 측정되는 전압은 몇 [V]인가?
② 시험 시 전압계 V_2로 측정되는 전압은 몇 [V]인가?
③ PT의 설치목적은 무엇인가?
④ 전류계 mA의 설치 목적은 어떤 전류를 측정하기 위함인가?

해답 ① 계산 : 절연 내력 시험 전압 $V = 6{,}900 \times 1.5 = 10{,}350[V]$

전압계 : $V_1 = 10{,}350 \times \dfrac{105}{6{,}300} \times \dfrac{1}{2} = 86.25[V]$

답 86.25[V]

2 계산 : $V_2 = 6,900 \times 1.5 \times \dfrac{110}{11,000} = 103.5[V]$

답 103.5[V]

3 피시험 기기의 절연내력 시험전압 측정
4 누설 전류 측정

44 울타리의 높이와 울타리로부터 충전 부분까지의 거리의 합계는 35[kV] 이하는 (①)[m], 35[kV] 초과 160[kV] 이하는 (②)[m], 160[kV] 초과 시 6[m]에 160[kV]를 초과하는 (③)[kV] 또는 그 단수마다 (④)[cm]를 더한 값 이상으로 한다.

해답 ① 5 ② 6 ③ 10 ④ 12

> **TIP**
> ▶ 특고압용 기계기구의 시설(KEC)
> 1. 기계기구의 주위에 규정에 준하여 울타리·담 등을 시설하는 경우
>   • 울타리·담 등의 높이 : 2[m] 이상
>   • 지표면과 울타리·담 등의 하단 사이의 간격 : 0.15[m] 이하
> 2.
>
> | 사용 전압의 구분 | 울타리·담 등의 높이와 울타리·담 등으로부터 충전 부분까지의 거리의 합계 |
> |---|---|
> | 35[kV] 이하 | 5[m] |
> | 35[kV] 초과 160[kV] 이하 | 6[m] |
> | 160[kV] 초과 | 10[kV] 또는 그 단수마다 12[cm]를 더한 값 |

45 다음에 주어진 표에 들어갈 절연내력 시험전압은 몇 [V]인가? 빈칸에 채워 넣으시오.

공칭전압[V]	최대사용전압[V]	접지방식	시험전압[V]
6,600	6,900	비접지	①
13,200	13,800	중성점 다중접지	②
22,900	24,000	중성점 다중접지	③

해답 ① $6,900 \times 1.5 = 10,350[V]$
② $13,800 \times 0.92 = 12,696[V]$
③ $24,000 \times 0.92 = 22,080[V]$

7 측정 및 시험

1) 저항 측정방법

① 굵은 나전선의 저항, 길이 1m의 연동선 : 켈빈더블브리지
② 수천 옴의 가는 전선의 저항(검류계 내부저항) : 휘트스톤 브리지
③ 전해액의 저항, 황산구리 용액 : 코올라시 브리지
④ 옥내 전등선의 절연저항 : 메거

2) 전력량계 결선도

① 변성기 사용 계기(변류기만을 부속하는 경우)

㉠ 단상 2선식

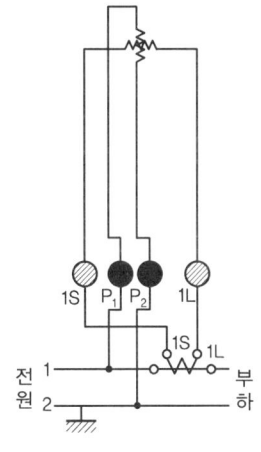

㉡ 3상 3선식, 단상 3선식

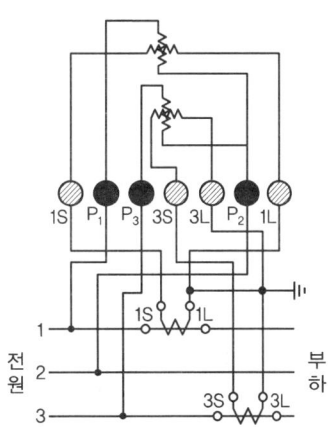

㉢ 3상 4선식

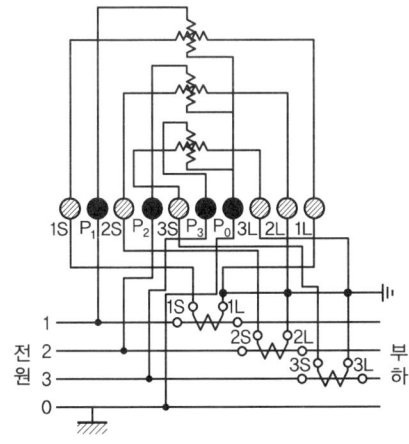

② 변성기 사용 계기(계기용 변압기 및 변류기를 부속하는 경우)

㉠ 단상 2선식

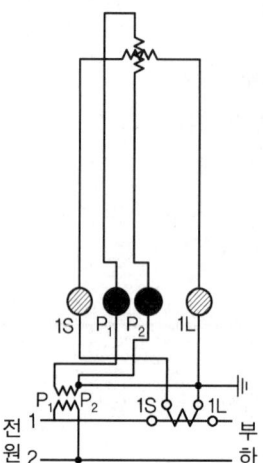

㉡ 3상 3선식, 단상 3선식

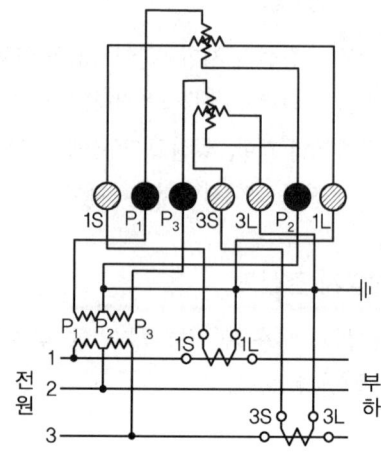

㉢ 3상 4선식

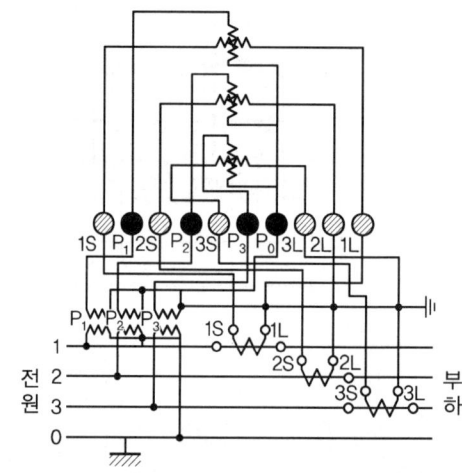

3) 과전류 계전기 동작 시험

(1) 실제 배선도

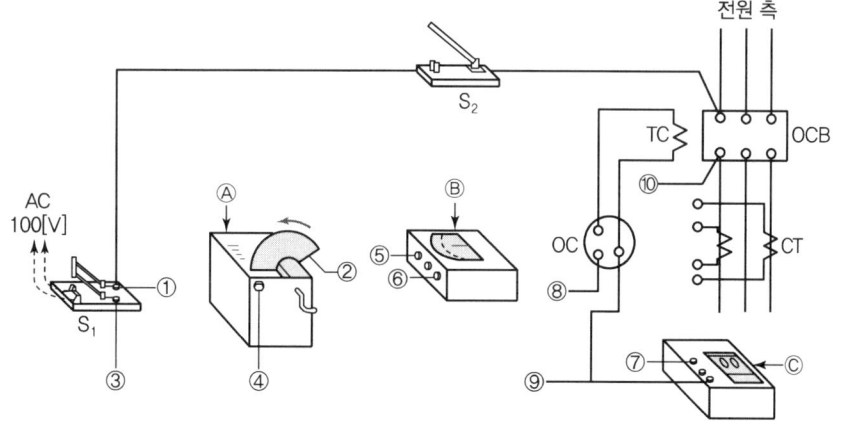

① 기기 명칭

  Ⓐ : 수저항기

  Ⓑ : 전류계

  Ⓒ : 사이클 카운터(계전기 시험 장치)

② 결선방법

  ①-④, ②-⑤, ⑥-⑧, ⑩-⑦, ⑨-③

(2) 측정방법

  ① S_2 투입 : 계전기 한시 동작 특성 시험

  ② S_2 개방 : 계전기 최소 동작 전류 시험

4) 전력의 측정 및 오차

(1) 3전압계법

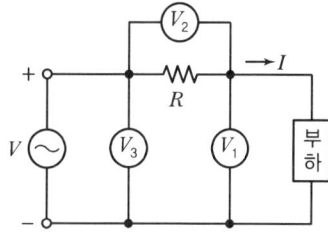

$$P = \frac{1}{2R}(V_3^2 - V_2^2 - V_1^2)[\text{W}]$$

(2) 3전류계법

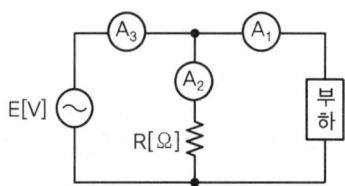

$$P = \frac{R}{2}(A_3^2 - A_2^2 - A_1^2)[\text{W}]$$

(3) 2전력계법

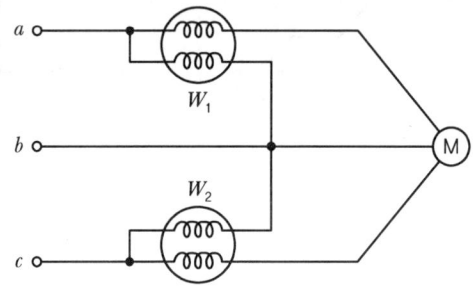

① 유효 전력 : $P = W_1 + W_2[\text{W}]$

② 무효 전력 : $P_r = \sqrt{3}(W_1 - W_2)[\text{Var}]$

③ 피상 전력 : $P_a = 2\sqrt{(W_1^2 + W_2^2 - W_1 W_2)}\,[\text{VA}]$

④ 역률 : $\cos\theta = \dfrac{W_1 + W_2}{2\sqrt{W_1^2 + W_2^2 - W_1 W_2}}$

(4) 적산전력계의 측정값

$$P = \frac{3{,}600 \cdot n}{t \cdot k} \times \text{CT비} \times \text{PT비}\,[\text{kW}]$$

여기서, n : 회전수[회]
t : 시간[sec]
k : 계기정수[rev/kWh]

(5) 오차

$$\varepsilon = \frac{M - T}{T} \times 100[\%]$$

여기서, M : 측정값
T : 참값

(6) 적산전력계의 구비 조건

① 옥내 및 옥외에 설치가 적당한 것
② 온도나 주파수 변화에 보상이 되도록 할 것
③ 기계적 강도가 클 것
④ 부하 특성이 좋을 것
⑤ 과부하 내량이 클 것

(7) 적산전력계의 잠동

① 잠동 현상 : 무부하 상태에서 정격 주파수 및 정격 전압의 110(%)를 인가하여 전력계 계기의 원판이 1회전 이상 회전하는 현상

② 방지 대책
  ㉠ 원판에 작은 구멍을 뚫는다.
  ㉡ 원판에 소철편을 붙인다.

✅ 핵심 과년도 문제

46 답안지의 그림은 3상 4선식 전력량계의 결선도를 나타낸 것이다. PT와 CT를 사용하여 미완성 부분의 결선도를 완성하시오.(단, 접지종별은 적지 않는다.)

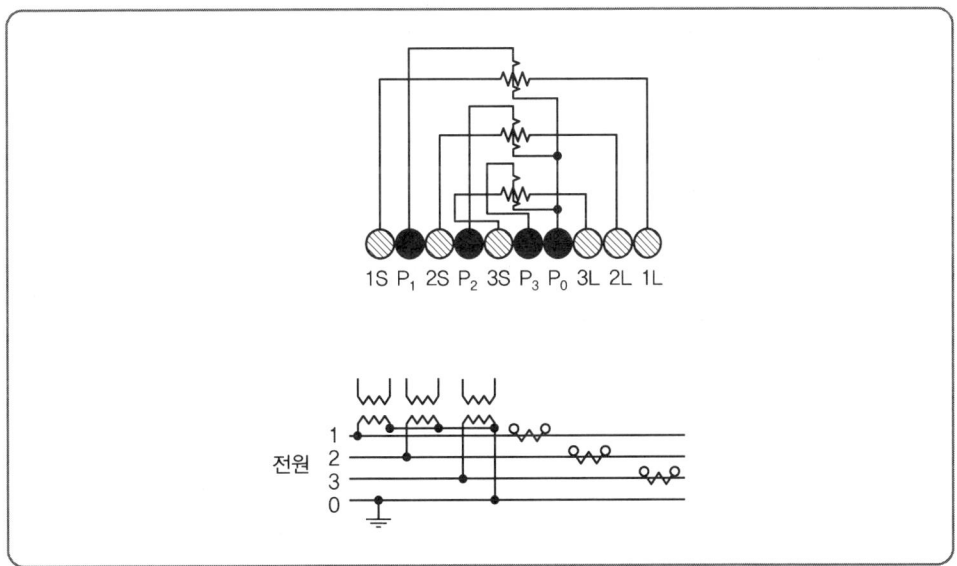

(해답)

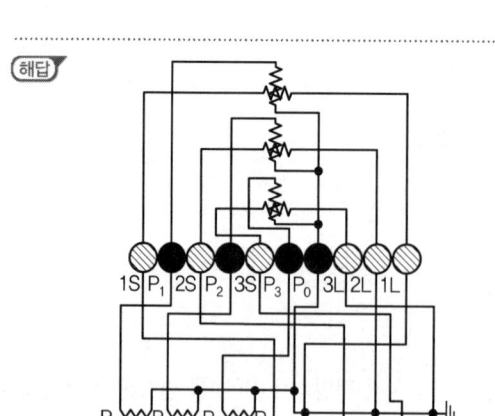

47 100[V], 20[A]용 단상 적산 전력계에 어느 부하를 가할 때 원판의 회전수 20[회]에 대하여 40.3[초] 걸렸다. 만일 이 계기의 20[A]에 있어서 오차가 +2[%]라 하면 부하 전력은 몇 [kW]인가?(단, 이 계기의 계기 정수는 1,000[Rev/kWh]이다.)

(해답) 계산 : 적산 전력계의 측정값 $P_M = \dfrac{3{,}600 \cdot n}{t \cdot k} = \dfrac{3{,}600 \times 20}{40.3 \times 1{,}000} = 1.79[\text{kW}]$

$\varepsilon = \dfrac{P_M - P_T}{P_T} \times 100[\%]$ 에서 $2 = \dfrac{1.79 - P_T}{P_T} \times 100[\%]$

$\therefore P_T = \dfrac{1.79}{1.02} = 1.75[\text{kW}]$

답 1.75[kW]

48 어떤 부하에 그림과 같이 접속된 전압계, 전류계 및 전력계의 지시가 각각 V = 220[V], I = 30[A], W_1 = 5.8[kW] W_2 = 3.5[kW]이다. 이 부하에서 다음 각 물음에 답하시오.

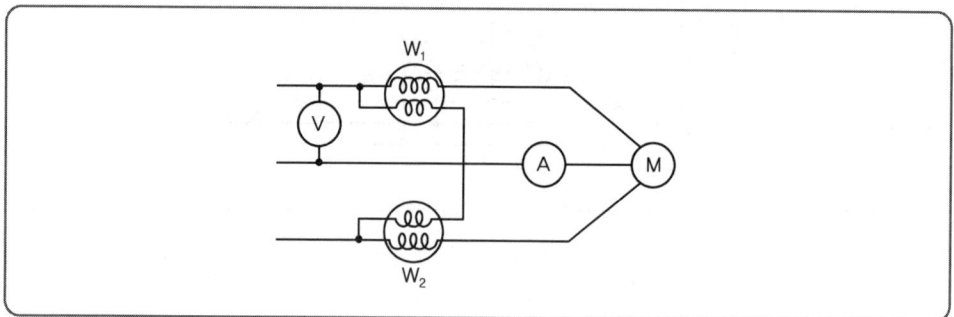

❶ 이 유도전동기의 역률은 몇 [%]인가?
❷ 역률을 90[%]로 개선시키려면 몇 [kVA] 용량의 콘덴서가 필요한가?
❸ 이 전동기로 만일 매분 20[m]의 속도로 물체를 권상한다면 몇 [ton]까지 가능한가?
 (단, 종합효율은 80[%]로 한다.)

해답 ❶ 계산 : 전력 $P = W_1 + W_2 = 5.8 + 3.5 = 9.3 [kW]$

피상전력 $P_a = \sqrt{3} VI = \sqrt{3} \times 220 \times 30 \times 10^{-3} = 11.43 [kVA]$

역률 $\cos\theta = \dfrac{9.3}{11.43} \times 100 = 81.36 [\%]$

답 $81.36[\%]$

❷ 계산 : $Q_c = P(\tan\theta_1 - \tan\theta_2) = 9.3 \times \left(\dfrac{\sqrt{1-0.8136^2}}{0.8136} - \dfrac{\sqrt{1-0.9^2}}{0.9} \right) = 2.14 [kVA]$

답 $2.14 [kVA]$

계산 : 권상용 전동기의 용량 $P = \dfrac{W \cdot V}{6.12\eta} [kW]$

∴ 물체의 중량 $W = \dfrac{6.12\eta P}{V} = \dfrac{6.12 \times 0.8 \times 9.3}{20} = 2.28 [ton]$

답 $2.28 [ton]$

TIP
▶ 권상기 용량
$P = \dfrac{W \cdot V}{6.12\eta}$
여기서, W : 무게[ton], V : 속도[m/min], η : 효율

49 다음의 저항을 측정하는 데 가장 적당한 방법은 무엇인가?

❶ 황산구리 용액
❷ 길이 1[m]의 연동선
❸ 백열 상태에 있는 백열전구의 필라멘트
❹ 검류계의 내부 저항

해답 ❶ 콜라우시 브리지법
 ❷ 캘빈 더블 브리지법
 ❸ 전압 강하법
 ❹ 휘스톤 브리지법

50 %오차가 −4[%]인 전압계로 측정한 값이 100[V]라면 그 참값은 얼마인지 계산하시오.

해답 계산 : $\delta = \dfrac{M-T}{T} \times 100[\%]$

$T = \dfrac{M}{1+\dfrac{\delta}{100}} = \dfrac{100}{1-\dfrac{4}{100}} = 104.17[V]$

답 104.17[V]

51 교류용 적산전력계에 대한 다음 각 물음에 답하시오.

① 잠동(Creeping) 현상에 대하여 설명하고 잠동을 막기 위한 유효한 방법을 2가지만 쓰시오.
② 적산전력계에 필요한 제반 특성을 5가지만 쓰시오.

해답 ① ① 잠동 : 무부하상태에서 정격주파수 및 정격전압의 110(%)를 인가하여 계기의 원판이 1회전 이상 회전하는 현상
② 방지대책
 • 원판에 작은 구멍을 뚫는다.
 • 원판에 작은 철편을 붙인다.

② 구비조건
 ① 옥내 및 옥외에 설치가 적당한 것
 ② 온도나 주파수 변화에 보상이 되도록 할 것
 ③ 기계적 강도가 클 것
 ④ 부하특성이 좋을 것
 ⑤ 과부하 내량이 클 것

8 예비전원

1) 축전지 설비

① 축전지 설비의 구성 4가지
  축전지, 충전장치, 제어장치, 보안장치

② 축전지의 충전방식
  ㉠ 부동충전 : 축전지의 자기방전을 보충함과 동시에 상용부하에 대한 전력공급은 충전기가 부담하도록 하되 충전기가 부담하기 어려운 일시적인 대전류 부하는 축전지로 부담하는 방식

- ㄴ 균등충전 : 각 전해조에서 일어나는 전위차를 보정하기 위해 1~3개월마다 1회 정전 압으로 10~12시간 충전하는 방식
- ㄷ 보통충전 : 필요할 때마다 시간율로 소정의 충전을 하는 방식
- ㄹ 급속충전 : 비교적 단시간(보통충전의 2~3배)에 충전하는 방식
- ㅁ 세류충전 : 자기 방전량만을 충전하는 방식
- ㅂ 회복충전 : 과방전 및 설치상태 셀페이션 현상이 발생했을 때 기능을 회복시키려 충전하는 방식

③ 알칼리 축전지
  - ㄱ 장점
    - 수명이 길다.
    - 진동충격에 강하다.
    - 사용온도 범위가 넓다.
    - 방전 시 전압변동이 적다.
    - 과충·방전 특성이 양호하다.
  - ㄴ 단점
    - 중량이 무겁다.
    - 가격이 비싸다.
    - 셀(cell)당 전압이 낮다.

④ 축전지가 다음과 같은 현상일 때 그 주원인
  - ㄱ 현상
    - 극판이 백색으로 되거나 백색 반점이 생긴다.
    - 비중이 저하하고 충전용량이 감소한다.
    - 충전 시 전압 상승이 빠르고 다량으로 가스가 발생한다.
  - ㄴ 원인 : 불순물 혼입
  - ㄷ 셀페이션 현상
    - 방전 상태로 장기간 방치
    - 충전 상태로 보충하지 않고 방치
    - 충전부족 상태에서 장기간 사용
    - 전해액의 부족으로 극판이 노출되었을 때
    - 비중 과대
    - 불순물(파라핀 또는 악성 유기물)

⑤ 축전지 용량

$$C = \frac{1}{L} \times K \times I$$

여기서, L : 보수율(경년용량 저하율)=0.8, K : 용량환산시간, I : 방전전류

이때 보수율은 사용 연수의 경과나 사용 조건의 변동 등에 의한 축전지 용량의 변화에 따른 보정값을 의미한다.

⑥ **연축전지의 고장에 따른 현상**

㉠ 전 셀의 전압 불균형이 크고 비중이 낮다.
- 충전 부족으로 장기간 방치한 경우

㉡ 전 셀의 비중이 높다.
- 충전 과대 또는 전해액 비중이 높은 경우

㉢ 전해액 변색, 충전하지 않고 그냥 두어도 다량가스 발생
- 전해액 불순물 혼입 및 비중 과다로 인해 극판이 만곡되어 단락현상이 일어난 경우

⑦

	공칭전압	기전력
연축전지	2.0(V)	2.05~2.08(V)
알칼리전지	1.2(V)	1.32(V)

2) 비중

비중은 방전 초기에 (1.215)고 방전 종기에는 (1.155)이며 그 변화가 직선적이다.

3) 예비전원 설비가 구비하여야 할 조건

① 비상용 부하의 사용목적에 적합한 방식의 전원설비일 것
② 신뢰도가 높을 것
③ 조작, 취급, 운전이 쉬울 것
④ 경제적일 것

4) 발전기 용량

① **단순부하의 경우**

$$P = \frac{부하의 총계 \times 수용률}{역률} \text{ [kVA]}$$

② **기동용량이 큰 부하가 있는 경우의 발전기 용량**

$$P \geq \left(\frac{1}{전압강하} - 1\right) \times 과도리액턴스 \times 기동용량$$

③ **발전기 용량 선정법**

$$GP \geq [\Sigma P + (\Sigma Pm - PL) \times a + (PL \times a \times c)] \times k \text{[kVA]}$$

여기서, ΣP : 전동기 이외 부하의 입력용량 합계[kVA]

㉠ 입력용량(고조파발생부하 제외)

$$P = \frac{부하용량(\text{kW})}{부하효율 \times 역률}$$

㉡ 고조파발생부하의 입력용량 합계(kVA)
- UPS의 입력용량

$$P = \left(\frac{UPS\ 출력[\text{kVA}]}{UPS효율} \times \lambda\right) + 축전지충전용량$$

(※ 축전지충전용량은 UPS용량의 6~10% 적용)

- 입력용량(UPS 제외)

$$P = \left[\frac{부하용량[\text{kW}]}{효율 \times 역률}\right] \times \lambda$$

(※ λ(THD 가중치)는 KS C IEC 61000-3-6의 표 6을 참고한다. 다만, 고조파저감장치를 설치할 경우에는 가중치 1.25를 적용할 수 있다.

여기서, $\sum Pm$: 전동기 부하용량 합계[kW]
  PL : 전동기 부하 중 기동용량이 가장 큰 전동기 부하용량(kW), 다만, 동시에 기동될 경우에는 이들을 더한 용량으로 한다.
  a : 전동기의 kW당 입력용량 계수
    (※ a의 추천값은 고효율 1.38, 표준형 1.45이다. 다만, 전동기 입력용량은 각 전동기별 효율, 역률을 적용하여 입력용량을 환산할 수 있다)
  c : 전동기의 기동계수

- 직입 기동 : 추천값 6(범위 5~7)
- Y-△기동 : 추천값 2(범위 2~3)
- VVVF(인버터) 기동 : 추천값 1.5(범위 1~1.5)
- 리액터 기동방식의 추천 값

구 분	탭(Tap)		
	50%	65%	80%
기동계수(c)	3	3.9	4.8

- K : 발전기 허용전압 강하 계수

5) 발전기실의 넓이

$A \geq 1.7\sqrt{P}$

여기서, P : 발전기의 출력[HP]

6) 발전기실 위치 선정

① 기기의 반·출입 및 운전 보수 면에서 편리할 것
② 배기 배출구에 가급적 가까이 설치할 것
③ 실내 환기를 충분히 할 수 있을 것
④ 급배수가 용이할 것
⑤ 연료유의 보급이 간단할 것
⑥ 변전실이 가까울 것

7) 발전기 가까운 곳에 반드시 시설하는 것

개폐기, 과전류차단기, 전압계, 전류계가 있다. 예비전원의 시설기준은 아래와 같다.
① 각 극에 개폐기 및 과전류차단기를 설치할 것
② 전압계는 각 상의 전압을 읽을 수 있도록 설치할 것
③ 전류계는 각 선의 전류를 읽을 수 있도록 설치할 것

8) 동기발전기 병렬운전 조건과 맞지 않았을 때 나타나는 현상

① 기전력의 파형이 같을 것 – 고조파 무효 순환전류
② 기전력의 크기가 같을 것 – 무효 순환전류
③ 기전력의 주파수가 같을 것 – 난조 발생
④ 기전력의 위상이 같을 것 – 동기화 전류 유효횡류
⑤ 기전력의 상회전이 같을 것 – 동기 검정 등

핵심 과년도 문제

52 비상용 자가발전기를 구입하고자 한다. 부하는 단일 부하로서 유도전동기이며, 기동용량이 1,800[kVA]이고, 기동 시 전압강하는 20[%]까지 허용하며, 발전기의 과도 리액턴스는 26[%]로 본다면 자가 발전기의 용량은 이론(계산)상 몇 [kVA] 이상의 것을 선정하여야 하는가?

[해답] 계산 : $P = \left(\dfrac{1}{0.2} - 1\right) \times 1,800 \times 0.26 = 1,872 \text{[kVA]}$

답 1,872[kVA]

TIP

발전기 정격용량 $= \left(\dfrac{1}{\text{전압강하}} - 1\right) \times \text{기동용량} \times \text{과도 리액턴스[kVA]}$

53 예비전원설비에 이용되는 연축전지와 알칼리축전지에 대하여 다음 각 물음에 답하시오.

① 연축전지와 비교할 때 알칼리축전지의 장점과 단점을 1가지씩 쓰시오.
② 연축전지와 알칼리 축전지의 공칭 전압은 몇 [V]인가?
③ 축전지의 일상적인 충전방식 중 부동충전방식을 간단히 설명하시오.
④ 연축전지의 정격용량이 200[Ah]이고, 상시부하가 15[kW]이며, 표준전압이 100[V]인 부동충전방식 충전기의 2차 전류는 몇 [A]인가?(단, 상시부하의 역률은 1로 간주한다.)

[해답] ① 장점 : 수명이 길다. 단점 : 가격이 비싸다.
② 연축전지 : 2[V] 알칼리축전지 : 1.2[V]
③ 상시부하는 충전기가 부담하고 일시적인 대전류부하는 축전지가 부담하는 방식
④ 충전기 2차 전류$(I_2) = \dfrac{\text{축전지용량}}{\text{방전율}} + \dfrac{\text{상시부하}}{\text{표준전압}}$

$= \dfrac{200}{10} + \dfrac{15 \times 10^3}{100} = 170 \text{[A]}$

답 170[A]

TIP

▶ 방전율
① 연축전지 : 10
② 알칼리축전지 : 5

54 그림과 같은 특성곡선을 갖는 부하에 필요한 축전지 용량은 몇 [Ah]인지 구하시오. (단, 방전전류 : $I_1 = 200[A]$, $I_2 = 300[A]$, $I_3 = 150[A]$, $I_4 = 100[A]$, 방전시간 : $T_1 = 130[분]$, $T_2 = 120[분]$, $T_3 = 40[분]$, $T_4 = 5[분]$, 용량환산시간 : $K_1 = 2.45$, $K_2 = 2.45$, $K_3 = 1.46$, $K_4 = 0.45$, 보수율은 0.8로 적용한다.)

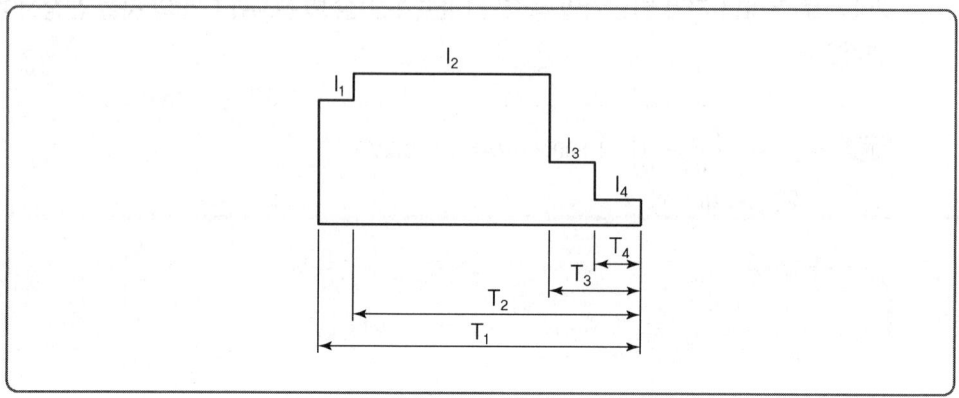

해답 계산 : $C = \dfrac{1}{L}[K_1I_1 + K_2(I_2-I_1) + K_3(I_3-I_2) + K_4(I_4-I_3)]$

$= \dfrac{1}{0.8}[2.45 \times 200 + 2.45 \times (300-200) + 1.46 \times (150-300) + 0.45 \times (100-150)]$

$= 616.675[Ah]$

답 616.68[Ah]

55 다음과 같은 충전방식에 대해 간단히 설명하시오.

1 보통충전　　2 세류충전
3 균등충전　　4 부동충전
5 급속충전

해답 1 보통충전 : 필요할 때마다 표준시간율로 소정의 충전을 하는 방식
2 세류충전 : 축전지의 자기방전을 보충하기 위하여 부하를 off한 상태에서 미소 전류로 항상 충전하는 방식
3 균등충전 : 각 전해조에서 발생하는 전위 차를 보정하기 위하여 1~3개월마다 1회, 정전압 충전하여 각 전해조의 용량을 균일화하기 위하여 행하는 충전방식
4 부동충전 : 축전지의 자기방전을 보충함과 동시에 사용부하에 대한 전력공급은 충전기가 부담하도록 하되 충전기가 부담하기 어려운 일시적인 대전류의 부하는 축전지가 부담하도록 하는 방식
5 급속충전 : 짧은 시간에 보통 충전전류의 2~3배의 전류로 충전하는 방식

56 비상용 조명으로 40[W] 120등, 60[W] 50등을 30분간 사용하려고 한다. 납 급방전형 축전지(HS형) 1.7[V/cell]을 사용하여 허용 최저 전압 90[V], 최저 축전지 온도를 5[℃]로 할 경우 참고 자료를 사용하여 물음에 답하시오.(단, 비상용 조명 부하의 전압은 100[V]로 한다.)

① 비상용 조명 부하의 전류는?
② HS형 납축전지의 셀 수는?(단, 1셀의 여유를 준다.)
③ HS형 납축전지의 용량[Ah]은?(단, 경년 용량 저하율은 0.8이다.)

| 납축전지 용량 환산 시간[K] |

형식	온도[℃]	10분			30분		
		1.6[V]	1.7[V]	1.8[V]	1.6[V]	1.7[V]	1.8[V]
CS	25	0.9 0.8	1.15 1.06	1.6 1.42	1.41 1.34	1.6 1.55	2.0 1.88
	5	1.15 1.1	1.35 1.25	2.0 1.8	1.75 1.75	1.85 1.8	2.45 2.35
	−5	1.35 1.25	1.6 1.5	2.65 2.25	2.05 2.05	2.2 2.2	3.1 3.0
HS	25	0.58	0.7	0.93	1.03	1.14	1.38
	5	0.62	0.74	1.05	1.11	1.22	1.54
	−5	0.68	0.82	1.15	1.2	1.35	1.68

상단은 900[Ah]를 넘는 것(2,000[Ah]까지), 하단은 900[Ah] 이하인 것

해답 ① 계산 : $I = \dfrac{P}{V}$ 에서 $I = \dfrac{40 \times 120 + 60 \times 50}{100} = 78[A]$

답 78[A]

② 계산 : $n = \dfrac{90}{1.7} = 52.94[cell]$ 따라서, 1셀의 여유를 주어 54[cell]로 정한다.

답 54[cell]

③ 계산 : 표에서 용량 환산 시간 1.22 선정

축전지 용량 $C = \dfrac{1}{L}KI = \dfrac{1}{0.8} \times 1.22 \times 78 = 118.95[Ah]$

답 118.95[Ah]

TIP

② $V = \dfrac{V_a + V_e}{n}$

여기서, V_a : 부하의 최저 허용 전압
V_e : 축전지와 부하 간의 전압 강하
n : 직렬로 접속된 cell 수

③ 용량 환산 시간[K]은 HS형, 5[℃], 30[분], 1.7[V]의 표에서 1.22인 것을 알 수 있다.

9 UPS

1) UPS 블록다이어그램

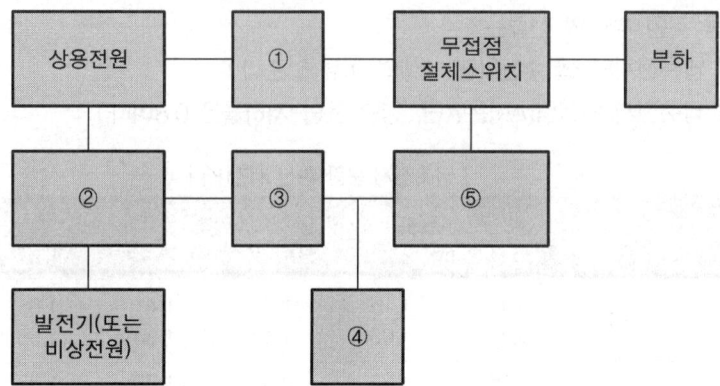

① 자동전압조정장치(AVR)
② 무접점 절체스위치
③ 컨버터(Converter) : AC → DC
④ 축전지
⑤ 인버터(Inverter) : DC → AC

2) 용어의 정의

① CVCF : 정전압 정주파수 전원공급 장치
② UPS : 무정전 전원공급 장치
  ㉠ 평상시에는 정전압 정주파수로 전원공급하는 장치이다.
  ㉡ 정전 시에는 무정전으로 전원공급하는 장치이다.
③ 컨버터(Converter) : AC → DC
④ 인버터(Inverter) : DC → AC

핵심 과년도 문제

57 인텔리전트 빌딩(Intelligent Building)은 빌딩자동화시스템, 사무자동화시스템, 정보통신시스템, 건축환경을 총 망라한 건설이며, 유지 관리의 경제성을 추구하는 빌딩이라 할 수 있다. 이러한 빌딩의 전산시스템을 유지하기 위하여 비상전원으로 사용되고 있는 UPS에 대한 다음 각 물음에 답하시오.

1 UPS를 우리말로 표현하시오.
2 UPS에서 AC → DC부와 DC → AC부로 변환하는 부분의 명칭을 각각 무엇이라 부르는지 쓰시오.
3 UPS가 동작되면 전력공급을 위한 축전지가 필요한데, 그때의 축전지 용량을 구하는 공식을 쓰시오.(단, 기호를 사용할 경우, 사용 기호에 대한 의미를 설명하도록 한다.)

(해답) **1** 무정전 전원 공급 장치
2 • AC → DC 변환부 : 컨버터
  • DC → AC 변환부 : 인버터
3 $C = \dfrac{1}{L}KI[Ah]$
  여기서, C : 축전지의 용량[Ah], L : 보수율(경년용량저하율)
  K : 용량 환산시간계수, I : 방전전류[A]

58 다음은 통신실 등의 중요한 부하에 대한 무정전 전원 공급을 위한 그림이다. ㉮~㉲에 적당한 전기시설물의 명칭을 쓰시오.

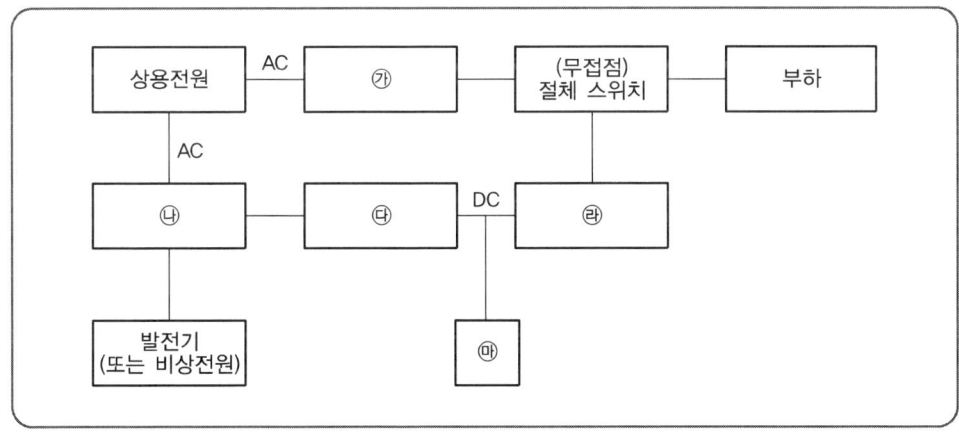

(해답) ㉮ AVR   ㉯ 무접점 절체 스위치
  ㉰ 정류기   ㉱ 인버터
  ㉲ 축전지

> **TIP**
> ▶ UPS의 목적
> 평상시에는 부하에 일정 전압, 일정 주파수를 공급하고 상시전원 정전 시에는 부하에 무정전 전원을 공급하는 장치이다.

59 SPD(서지흡수기)에 대한 다음 물음에 답하시오.

1 기능별 종류 3가지를 쓰시오.
2 구조별 종류 2가지를 쓰시오.

해답
1 ① 전압스위치형 SPD
  ② 조합형 SPD
  ③ 전압억제형 SPD
2 ① 1포트 SPD
  ② 2포트 SPD

60 그림과 같은 탭(Tab) 전압 1차 측이 3,150[V], 2차 측이 210[V]인 단상 변압기에서 전압 V_1을 V_2로 승압하고자 한다. 이때 다음 각 물음에 답하시오.

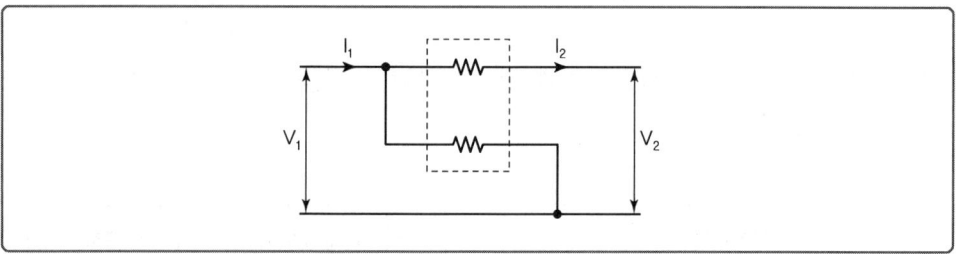

1 V_1이 3,000[V]인 경우, V_2는 몇 [V]가 되는가?
2 I_1이 25[A]인 경우 I_2는 몇 [A]가 되는가?(단, 변압기의 임피던스, 여자전류 및 손실은 무시한다.)

해답
1 계산 : $V_2 = V_1\left(1 + \dfrac{e_2}{e_1}\right) = 3,000\left(1 + \dfrac{210}{3,150}\right) = 3,200\,[\text{V}]$

답 3,200[V]

2 계산 : 입력 $P_1 = V_1 I_1 = 3,000 \times 25 = 75,000\,[\text{VA}]$

출력 $P_2 = V_2 I_2$ 에서 $I_2 = \dfrac{P_2}{V_2} = \dfrac{75,000}{3,200} = 23.44\,[\text{A}]$

답 23.44[A]

> **TIP**
> 손실이 없으면 입력과 출력이 같게 된다.
> (입력) $P_1 = 7,500$
> (출력) $P_2 = 7,500$

61 2차 정격전압이 105[V], 1차 측은 6,750[V], 6,600[V], 6,450[V], 6,300[V] 및 6,150[V]의 탭이 있는 변압기가 있으며, 6,600[V]의 탭을 사용했을 때 무부하의 2차 측 전압이 97[V]이었다. 여기에서 탭을 6,150[V]로 변경하면 2차 전압은 몇 [V]이겠는가?

해답 계산 : $V_2' = \dfrac{\text{현재 탭 전압}}{\text{변경할 탭 전압}} \cdot V_2 = \dfrac{6,600}{6,150} \times 97 = 104.1[V]$

답 104.1[V]

62 어떤 전기 설비에서 3,300[V]의 고압 3상 회로에 변압비 33의 계기용 변압기 2대를 그림과 같이 설치하였다. 전압계 V_1, V_2, V_3의 지시값을 각각 구하여라.

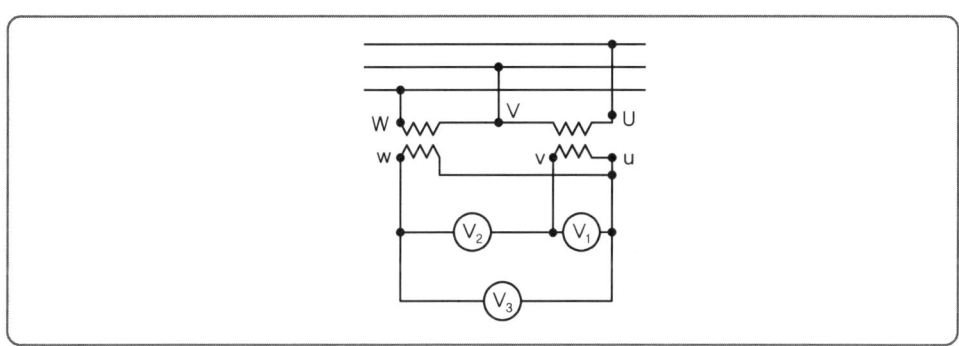

1 V_1 :

2 V_2 :

3 V_3 :

해답 **1** 계산 : $V_1 = \dfrac{3,300}{33} = 100[V]$ 답 100[V]

2 계산 : $V_2 = \dfrac{3,300}{33} \times \sqrt{3} = 173.2[V]$ 답 173.2[V]

3 계산 : $V_3 = \dfrac{3,300}{33} = 100[V]$ 답 100[V]

> **TIP**
>
> V_2는 V_1의 $\sqrt{3}$배 전압이 걸림

63 그림은 통상적인 단락, 지락보호에 쓰이는 방식으로서 주보호와 후비보호의 기능을 지니고 있다. 도면을 보고 다음 각 물음에 답하시오.

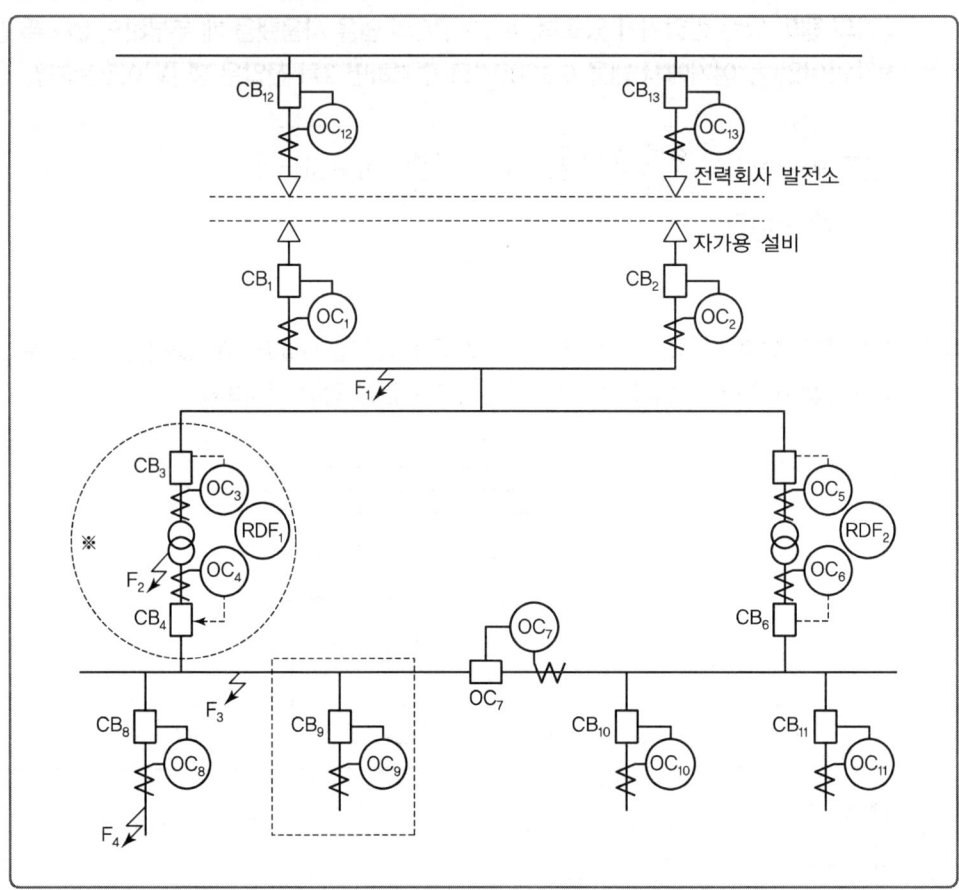

1 사고점이 F_1, F_2, F_3, F_4라고 할 때 주보호와 후비보호에 대한 다음 표의 ( ) 안을 채우시오.

사고점	주보호	후비보호
F_1	OC_1+CB_1 And OC_2+CB_2	(①)
F_2	(②)	OC_1+CB_1 And OC_2+CB_2
F_3	OC_4+CB_4 And OC_7+CB_7	OC_3+CB_3 And OC_6+CB_6
F_4	OC_8+CB_8	OC_4+CB_4 And OC_7+CB_7

❷ 그림은 도면의 ※ 표 부분을 좀 더 상세하게 나타낸 도면이다. 각 부분 ①~④에 대한 명칭을 쓰고 보호기능 구성상 ⑤~⑦의 부분을 검출부, 판정부, 동작부로 나누어 표현하시오.

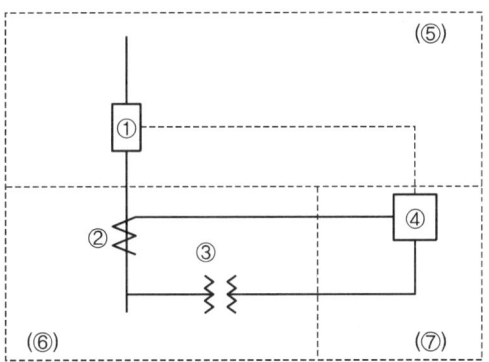

❸ 답란의 그림 F_2 사고와 관련된 검출부, 판정부, 동작부의 도면을 완성하시오.(단, 질문 ❷의 도면을 참고하시오.)

❹ 자가용 설비에 발전시설이 구비되어 있을 경우 자가용 수용가에 설치되어야 할 계전기는?

해답 ❶ ① $OC_{12} + CB_{12}$ and $OC_{13} + CB_{13}$
　　② $RDF_1 + OC_4 + CB_4$ and $RDF_1 + OC_3 + CB_3$

❷ ① 차단기　　　　② 변류기
　③ 계기용 변압기　④ 과전류 계전기
　⑤ 동작부　　　　⑥ 검출부
　⑦ 판정부

❸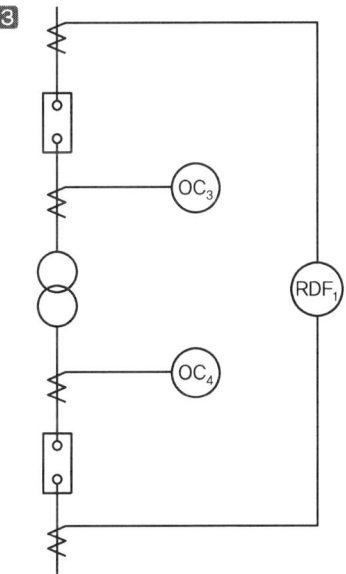

❹ 과전압 계전기, 과전류 계전기, 방향지락 계전기, 비율차동 계전기, 부족전압 계전기

TIP

1. 후비보호는 전력회사를 기준으로 한다.
2. ① 동작부(CB는 차단만 하는 기능)
   ② 검출부(CT는 부하전류, 사고전류 검출기능)
   ③ 판정부(계전기는 사고전류, 부하전류를 판정하는 기능)
3. OCR CT와 비율차동계전기 CT를 별도로 설치한다.

64. Spot Network 수전방식에 대해 설명하고 장점 4가지를 쓰시오.

1 Spot Network 방식이란?

2 장점

[해답]

1 Spot Network 방식
배전용 변전소로부터 2회선 이상의 배전선으로 수전하는 방식으로 배전선 1회선에 사고가 발생한 경우일지라도 다른 건전한 회선으로부터 자동적으로 수전할 수 있는 무정전 방식으로 신뢰도가 매우 높은 방식이다.

2 장점
① 무정전 전력 공급이 가능하다.
② 공급신뢰도가 높다.
③ 전압변동률이 낮다.
④ 부하증가에 대한 적응성이 좋다.

65. 권상기용 전동기의 출력이 50[kW]이고 분당 회전속도가 950[rpm]일 때 그림을 참고하여 물음에 답하시오.(단, 기중기의 기계효율은 100[%]이다.)

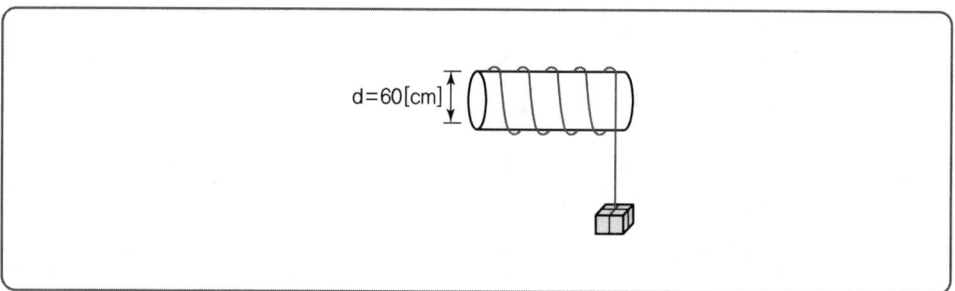

1 권상속도는 몇 [m/min]인가?

2 권상기의 권상중량은 몇 [kgf]인가?

해답 **1** 계산 : $v = \pi DN = \pi \times 0.6 \times 950 = 1,790.71 [m/min]$

답 $1,790.71 [m/min]$

2 계산 : $P = \dfrac{Gv}{6.12\eta}$, $G = \dfrac{6.12P\eta}{v} = \dfrac{6.12 \times 50 \times 1}{1,790.71} \times 1,000 = 170.88 [kgf]$

답 $170.88 [kgf]$

> **TIP**
> **1** $v = \pi DN$
>   여기서, v : 권상속도[m/min], D : 회전체의 지름[m], N : 회전속도[rpm]
> **2** $P = \dfrac{Gv}{6.12\eta}$
>   여기서, P : 전동기 출력[kW], G : 권상중량[ton], v : 권상속도[m/min], η : 기중기의 기계효율

66 500[kVA] 단상 변압기 3대를 △-△결선의 1뱅크로 하여 사용하고 있는 변전소가 있다. 지금 부하의 증가로 1대의 단상 변압기를 증가하여 2뱅크로 하였을 때 최대 몇 [kVA]의 3상 부하에 대응할 수 있겠는가?

해답 계산 : $P = 2P_V = 2 \times \sqrt{3} P_1 = 2 \times \sqrt{3} \times 500 = 1,732.05 [kVA]$

답 $1,732.05 [kVA]$

> **TIP**
> 단상 변압기 4대로 V-V 결선 2bank 운전이 가능함

전기 설계

2 PART

Chapter 01 조명설계

1 조명계산의 기본

1) 광속 : F[lm]

복사 에너지를 눈으로 보아 빛으로 느끼는 크기로서 나타낸 것으로 광원으로부터 발산되는 빛의 양이다.(빛의 양이라고도 하며 단위는 루멘)

① 구(면)광원 : $F = 4\pi I$
② 원주광원 : $F = \pi^2 I$
③ 평면판 광원 : $F = \pi I$

2) 광도 : I[cd]

광원에서 어떤 방향에 대한 단위 입체각당 발산되는 광속으로서 광원의 능력을 나타낸다.
(빛의 세기라고도 하며 단위는 칸델라)

$$I = \frac{F}{\omega} = \frac{F}{2\pi(1-\cos\theta)}[cd]$$

3) 조도 : E[lx]

어떤 면의 단위 면적당의 입사 광속으로서 피조면의 밝기를 나타낸다.
(피조면의 밝기라고도 하며 단위는 럭스)

① 조도 계산
  ㉠ 거리 역제곱의 법칙

  $$E = \frac{I}{r^2}[lx]$$

  즉, 조도 E는 광도 I에 비례하고 거리 r의 제곱에 반비례한다.

ⓒ 입사각 여현의 법칙

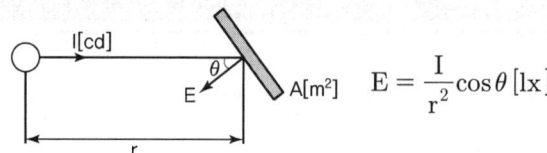
$$E = \frac{I}{r^2}\cos\theta \, [\text{lx}]$$

② 조도의 구분

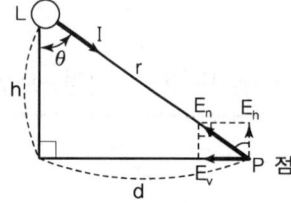

㉠ 법선조도 : $E_n = \dfrac{I}{r^2}$

㉡ 수평면 조도 : $E_h = E_n \cos\theta = \dfrac{I}{r^2}\cos\theta = \dfrac{I}{h^2}\cos^3\theta$

㉢ 수직면 조도 : $E_v = E_n \sin\theta = \dfrac{I}{r^2}\sin\theta = \dfrac{I}{d^2}\sin^3\theta$

4) 휘도 : $B\,[\text{nt}]$

광원의 임의의 방향에서 본 단위 투영 면적당의 광도로서 광원의 빛나는 정도를 나타낸다. (눈부심의 정도라고도 하며 단위는 니트)

$$B = \frac{I}{S}\,[\text{nt}]$$

> **TIP**
>
> ▶ 휘도의 단위
> $1[\text{sb}] = 1[\text{cd/cm}^2] \rightarrow 1\,[\text{sb}] = 10^4[\text{nt}]$, $1[\text{nt}] = 10^{-4}[\text{sb}]$
> $1[\text{nt}] = 1[\text{cd/m}^2]$

5) 광속발산도 : R[rlx]

광원의 단위 면적으로부터 발산하는 광속으로서 광원 혹은 물체의 밝기를 나타낸다. (물체의 밝기라고도 하며 단위는 레들럭스)

$$R = \frac{F}{S} \times \eta = \pi B = \rho E = \tau E \,[\text{r lx}]$$

> **TIP**
> 반지름 r인 완전확산성 구형 글로브 $R = \dfrac{\tau I}{r^2(1-\rho)}$

6) 반사율(ρ), 투과율(τ), 흡수율(α)의 관계

$$\rho + \tau + \alpha = 1$$

7) 램프의 효율

$$효율\,[\text{lm/W}] = \frac{광속\,[\text{lm}]}{소비\ 전력\,[\text{W}]}$$

8) 글로브의 효율

$$\eta = \frac{\tau}{1-\rho}$$

핵심 과년도 문제

01 상품 진열장에 하이빔 전구(산광형 100[W])를 설치하였는데 이 전구의 광속은 840[lm]이다. 전구의 직하 2[m] 부근에서의 수평면 조도는 몇 [lx]인지 주어진 배광 곡선을 이용하여 구하시오.

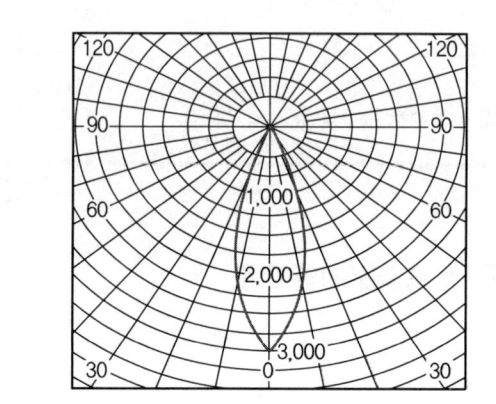

| 하이빔 전구 산광형(100[W]형)의 배광곡선(램프광속 1,000[lm] 기준) |

[해답] 계산 : 0°에서 만나는 배광곡선 3,000[cd], 1,000[lm]이므로

$$I = 3,000 \times \frac{840}{1,000} = 2,520[\text{cd}]$$

$$\therefore E_h = \frac{I}{r^2}\cos\theta = \frac{2,520}{2^2}\cos 0° = 630[\text{lx}]$$

답 630[lx]

02 그림과 같이 완전 확산형의 조명기구가 설치되어 있다. A점에서의 광도와 수평면 조도를 계산하시오. (단, 조명기구의 전 광속은 18,500[lm]이다.)

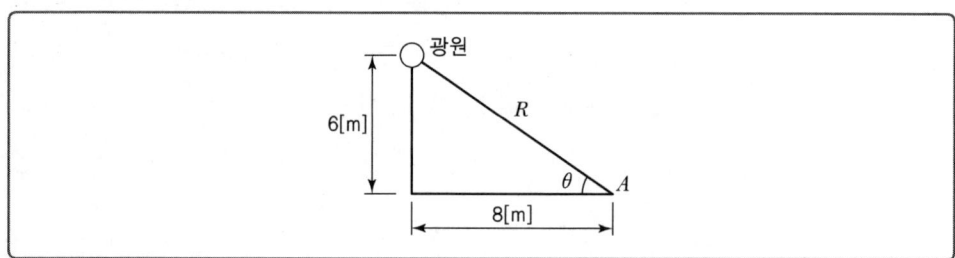

1 광도[cd]를 구하시오.
2 A점의 수평면 조도를 구하시오.

해답 **1** 광원의 광도

계산 : $I = \dfrac{F}{\omega} = \dfrac{F}{4\pi} = \dfrac{18,500}{4\pi} = 1,472.18\,[\text{cd}]$

답 $1,472.18\,[\text{cd}]$

2 수평면 조도

계산 : $E_h = \dfrac{I}{\ell^2}\cos\theta = \dfrac{1,472.18}{10^2} \times \dfrac{6}{\sqrt{6^2+8^2}} = 8.83\,[\text{lx}]$

답 $8.83\,[\text{lx}]$

03 각 방향에 900[cd]의 광도를 갖는 광원을 높이 3[m]에 취부한 경우 직하로부터 30°방향의 수평면 조도[lx]를 구하시오.

해답 계산 : $E_h = \dfrac{I}{l^2}\cos\theta = \dfrac{I}{\left(\dfrac{h}{\cos\theta}\right)^2}\cos\theta = \dfrac{I}{h^2}\cos^3\theta = \dfrac{900}{3^2}\cos^3 30° = 64.95$

답 $64.95\,[\text{lx}]$

> **TIP**
>
> ① 법선 조도 $E_n = \dfrac{I}{l^2}$
>
> ② 수직면 조도 $E_l = \dfrac{I}{l^2}\sin\theta$
>
> ③ 수평면 조도 $E_h = \dfrac{I}{l^2}\cos\theta$
>
> ④ 광원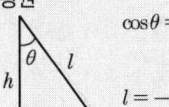
>
> $\cos\theta = \dfrac{h}{l}$
>
> $l = \dfrac{h}{\cos\theta}$

04 그림과 같은 점광원으로부터 원뿔 밑면까지의 거리가 4[m]이고, 밑면의 반지름이 3[m]인 원형 면의 평균 조도가 100[lx]라면 이 점광원의 평균 광도[cd]는?

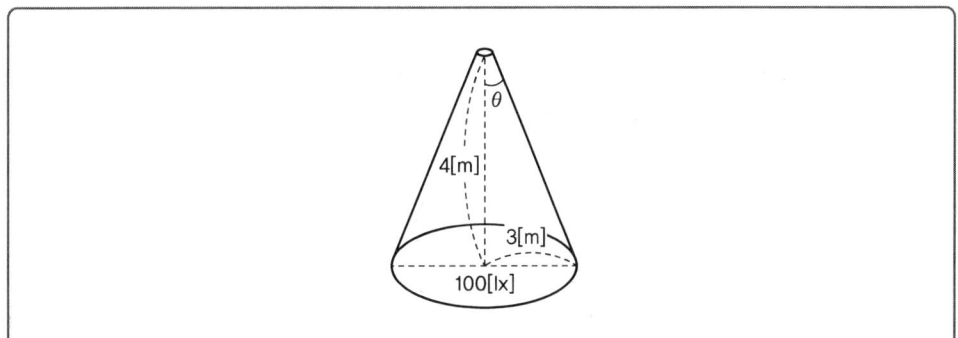

[해답] 계산 : $E = \dfrac{F}{S} = \dfrac{\omega I}{\pi r^2} = \dfrac{2\pi(1-\cos\theta)I}{\pi r^2}$

$100 = \dfrac{2I\left(1-\dfrac{4}{5}\right)}{3^2}$, $900 = 2I \times 0.2$, $I = 2,250$

[답] 2,250[cd]

2 조명설계

1) 옥내 조명 설계

① 조명기구 배광에 의한 분류
  ㉠ 직접조명
  ㉡ 반직접조명
  ㉢ 전반확산조명
  ㉣ 반간접조명
  ㉤ 간접조명

② 조명기구 배치에 의한 분류
  ㉠ 전반조명
  ㉡ 국부조명
  ㉢ 전반국부조명

③ 광속법에 의한 조명 설계순서
  ㉠ 광원의 선택
  ㉡ 조명기구의 선택
  ㉢ 조명기구 간격 및 배치
  ㉣ 조도의 결정
  ㉤ 실지수 결정
  ㉥ 조명률 결정
  ㉦ 감광보상률(유지율 및 보수율 고려)
  ㉧ 광원의 크기 계산
  ㉨ 실내면의 광속 발산도 계산

④ 조명 기구의 배치 결정
  ㉠ 광원의 높이

- 직접조명 시   H = 피조면에서 광원까지
- 반간접조명 시 H_0 = 피조면에서 천장까지

ⓒ 등기구의 간격
- 등기구~등기구 : $S \leq 1.5H$(직접, 전반조명의 경우)
- 등기구~벽면 : $S_0 \leq \dfrac{1}{2}H$(벽면을 사용하지 않을 경우)

ⓒ 천장과 광원 사이의 간격은
- 간접 및 반간접조명인 경우 : 등간격/5

⑤ 실지수(Room Index)의 결정

광속의 이용에 대한 방 크기의 척도로 나타낸다.

$$K = \dfrac{X \cdot Y}{H(X+Y)}$$

여기서, H : 등고[m]
X : 방의 가로 길이[m]
Y : 방의 세로 길이[m]

> **TIP**
> ▶ H 등고 계산
> ① 이중 천장
>   H = 천장에서 바닥까지 거리 - 이중 천장 높이 - 작업면 높이
> ② 이중 천장이 아닌 경우
>   H = 천장에서 바닥까지 거리 - 작업면 높이
> ③ 엘리베이터 홀 다운라이트 방식 및 철공공장
>   H = 광원으로부터 바닥까지 거리

⑥ 조명률

조명률이란 사용 광원의 전 광속과 작업면에 입사하는 광속의 비를 말한다.

$$U = \dfrac{F}{F_0} \times 100[\%]$$

여기서, F : 작업면에 입사하는 광속[lm]
F_0 : 광원의 총 광속[lm]

⑦ 감광보상률

조명설계를 할 때 점등 중에 광속의 감소를 미리 예상하여 소요 광속의 여유를 두는 정도를 말하며 항상 1보다 큰 값이다. 그리고 감광보상률의 역수를 유지율 혹은 보수율이라고 한다.

$$M = \frac{1}{D}$$

여기서, M : 유지율(보수율)
D : 감광보상률(D > 1)

⑧ 광속법에 의한 조명 설계식

$$NFU = EAD$$

여기서, N : 광원의 수
F : 광속
E : 조도
D : 감광보상률
U : 조명률
M : 유지율

⑨ 조명 설비에서 에너지 절약 방안
  ㉠ 고효율 등기구 채용
  ㉡ 고조도 저휘도 반사갓 채용
  ㉢ 슬림라인 형광등 및 전구식 형광등 채용
  ㉣ 창측 조명기구 개별 점등
  ㉤ 재실감지기 및 카드키 채용
  ㉥ 적절한 조광제어 실시
  ㉦ 전반조명과 국부조명의 적절한 병용(TAL 조명)
  ㉧ 고역률 등기구 채용
  ㉨ 등기구의 격등제어 회로 구성
  ㉩ 등기구의 보수 및 유지관리

2) 도로조명 설계

① **도로조명의 목적** : 야간 도로이용자의 시환경을 개선하여 안전하고 원활하며 쾌적한 도로교통을 확보하는 것이 목적이다.

② **도로조명 설계 시 고려사항**
  ㉠ 노면 전체를 평균 휘도로 조명   ㉡ 알맞은 조도
  ㉢ 눈부심의 정도가 적을 것   ㉣ 정연한 배치 및 배열
  ㉤ 광속의 연색성이 적절한 것   ㉥ 주변 풍경과 조화
  ㉦ 균제도 확보

③ 조명기구의 배치방법에 의한 분류
  ㉠ 도로 중앙 배열　　　　　　　$S = a \cdot b [m^2]$
  ㉡ 도로 편측 배열　　　　　　　$S = a \cdot b [m^2]$
  ㉢ 도로 양측으로 대칭 배열　　　$S = \dfrac{1}{2} a \cdot b [m^2]$
  ㉣ 도로 양측으로 지그재그 배열　$S = \dfrac{1}{2} a \cdot b [m^2]$

✓ 핵심 과년도 문제

05 도로의 너비가 30[m]인 곳의 양쪽으로 30[m] 간격으로 지그재그식으로 등주를 배치하여 도로 위의 평균 조도를 6[lx]가 되도록 하고자 한다. 도로면의 광속 조명률은 32[%], 유지율은 80[%]로 한다고 할 때 각 등주에 사용되는 수은등의 크기는 몇 [W]의 것을 사용하여야 하는지, 전광속을 계산하고, 주어진 수은등 규격표에서 찾아 쓰시오.

| 수은등의 규격표 |

크기[W]	전광속[lm]
100	2,200~3,000
200	4,000~5,500
250	7,700~8,500
300	10,000~11,000
500	13,000~14,000

[해답] 계산 : FUN=DEA

$$F = \dfrac{\dfrac{1}{0.8} \times 6 \times \dfrac{30 \times 30}{2}}{0.32 \times 1} = 10{,}546.875 [\text{lm}]$$

답 300[W] 선정

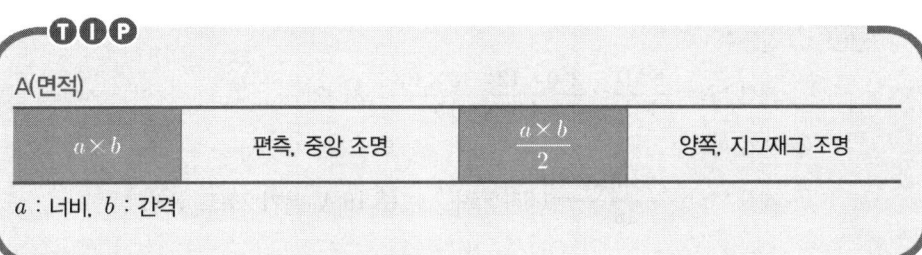

A(면적)

$a \times b$	편측, 중앙 조명	$\dfrac{a \times b}{2}$	양쪽, 지그재그 조명

a : 너비, b : 간격

06 가로 10[m], 세로 14[m], 천장 높이 2.75[m], 작업면 높이 0.75[m]인 사무실에 천장 직부 형광등 F32×2를 설치하려고 한다.

1 이 사무실의 실지수는 얼마인가?
2 F32×2의 심벌을 그리시오.
3 이 사무실의 작업면 조도를 250[lx], 천장 반사율 70[%], 벽 반사율 50[%], 바닥 반사율 10[%], 32[W] 형광등 1등의 광속 3,200[lm], 보수율 70[%], 조명율 50[%]로 한다면 이 사무실에 필요한 소요 등기구 수는 몇 등인가?

해답 **1** 계산 : $k = \dfrac{XY}{H(X+Y)} = \dfrac{10 \times 14}{(2.75-0.75)(10+14)} = 2.92$ 답 2.92

2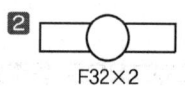
F32×2

3 계산 : $N = \dfrac{250 \times 10 \times 14 \times \dfrac{1}{0.7}}{3,200 \times 2 \times 0.5} = 15.63$[등]   답 16[등]

TIP
FUN=DEA

유지율$(D) = \dfrac{1}{M}$ M : 보수율

---

07 12×18[m]인 사무실의 조도를 200[lx]로 할 경우에 광속 4,600[lm]의 형광등 40[W] 2등용을 시설할 경우 사무실의 최소 분기 회로수는 얼마가 되는가?(단, 40[W] 2등용 형광등 기구 1개의 전류는 0.87[A]이고, 조명률 50[%], 감광보상률 1.3, 전기방식은 단상 2선식으로서 1회로의 전류는 최대 16[A]로 제한한다.)

해답 ① 전등수
계산 : $N = \dfrac{EAD}{FU} = \dfrac{200 \times 12 \times 18 \times 1.3}{4,600 \times 0.5} = 24.42$[등]

② 분기 회로수
계산 : $n = \dfrac{25 \times 0.87}{16} = 1.36$[회로]   답 16[A] 분기 2회로 선정

TIP
40[W] 2등용 형광등의 전광속이 4,600[lm]이다.

08 어느 건물의 가로 32[m], 세로 20[m]의 직접조명에 LED형광등 160[W], 효율 123[lm/W]의 평균조도로 500[lx]를 얻기 위한 광원의 소비전력을 구하려고 한다. 주어진 조건과 참고 자료를 이용하여 다음 각 물음에 답하시오.

> [조건]
> - 천장 반사율 75[%], 벽면의 반사율은 50[%]이다.
> - 광원과 작업면의 높이는 6[m]이다.
> - 감광보상률의 보수 상태는 양호하다.
> - 배광은 직접 조명으로 한다.
> - 조명 기구는 금속 반사갓 직부형이다.

1 실지수 표를 이용하여 실지수를 구하시오.
2 실지수 그림을 이용하여 실지수를 구하시오.
3 조명률 표를 이용하여 조명률을 구하시오.
4 필요한 등수를 구하시오.
5 16[A] 분기회로수는 몇 회로인가?(단, 전압은 220[V]이다.)
6 등과 등 사이의 최대 거리는 얼마인가?
7 등과 벽 사이의 최대 거리는 얼마인가?(단, 벽면을 사용하지 않는 것으로 한다.)
8 ⊂○⊃의 명칭은?

| 표 1. 조명률, 감광보상률 및 설치 간격 |

번호	배광	조명 기구	감광보상률 (D)	반사율 ρ	천장	0.75			0.50			0.3	
	설치 간격		보수상태 양중부		벽	0.5	0.3	0.1	0.5	0.3	0.1	0.3	0.1
				실지수		조명률 U[%]							
(1)	간 접 0.80 ↕ 0 S ≤1.2H		전 구 1.5 1.7 2.0 형 광 등 1.7 2.0 2.5	J0.6		16	13	11	12	10	08	06	05
				I0.8		20	16	15	15	13	11	08	07
				H1.0		23	20	17	17	14	13	10	08
				G1.25		26	23	20	20	17	15	11	10
				F1.5		29	26	22	22	19	17	12	11
				E2.0		32	29	26	24	21	19	13	12
				D2.5		36	32	30	26	24	22	15	14
				C3.0		38	35	32	28	25	24	16	15
				B4.0		42	39	36	30	29	27	18	17
				A5.0		44	41	39	33	30	29	19	18

01 조명설계

번호	배광 / 설치 간격	조명 기구	감광보상률 (D) / 보수상태 양중부	반사율 ρ / 실지수	천장 0.75			0.50			0.3	
				벽	0.5	0.3	0.1	0.5	0.3	0.1	0.3	0.1
					조명률 U[%]							
(2)	반 간 접 0.70 / 0.10 S ≤ 1.2H		전 구 1.4 1.5 1.7 형광등 1.7 2.0 2.5	J0.6 I0.8 H1.0 G1.25 F1.5 E2.0 D2.5 C3.0 B4.0 A5.0	18 22 26 29 32 35 39 42 46 48	14 19 22 25 28 32 35 38 42 44	12 17 19 22 25 29 32 35 39 42	14 17 20 22 24 27 29 31 34 36	11 15 17 19 21 24 26 28 31 33	09 13 15 17 19 21 24 27 29 31	08 10 12 14 15 17 19 20 22 23	07 09 10 12 14 15 18 19 21 22
(3)	전반확산 0.40 / 0.40 S ≤ 1.2H		전 구 1.3 1.4 1.5 형광등 1.4 1.7 2.0	J0.6 I0.8 H1.0 G1.25 F1.5 E2.0 D2.5 C3.0 B4.0 A5.0	24 29 33 37 40 45 48 51 55 57	19 25 28 32 36 40 43 46 50 53	16 22 26 29 31 36 39 42 47 49	22 27 30 33 36 40 43 45 49 51	18 23 26 29 31 36 39 40 45 47	15 20 24 26 29 33 36 38 42 44	16 21 24 26 29 32 34 37 40 41	14 19 21 24 26 29 33 34 37 40
(4)	반 직 접 0.25 / 0.05 S ≤ H		전 구 1.3 1.4 1.5 형광등 1.6 1.7 1.8	J0.6 I0.8 H1.0 G1.25 F1.5 E2.0 D2.5 C3.0 B4.0 A5.0	26 33 36 40 43 47 51 54 57 59	22 28 32 36 39 44 47 49 53 55	19 26 30 33 35 40 43 45 50 52	24 30 33 36 39 43 46 48 51 53	21 26 30 33 35 39 42 44 47 49	18 24 28 30 33 36 40 42 45 47	19 25 28 30 33 36 39 42 43 47	17 23 26 29 31 34 37 38 41 43
(5)	직 접 0 / 0.75 S ≤ 1.3H		전 구 1.3 1.4 1.5 형광등 1.4 1.7 2.0	J0.6 I0.8 H1.0 G1.25 F1.5 E2.0 D2.5 C3.0 B4.0 A5.0	34 43 47 50 52 58 62 64 67 68	29 38 43 47 50 55 58 61 64 66	26 35 40 44 47 52 56 58 62 64	32 39 41 44 46 49 52 54 55 56	29 36 40 43 44 48 51 52 53 54	27 35 38 41 43 46 49 51 52 53	29 36 40 42 44 47 50 51 52 54	27 34 38 41 43 46 49 50 52 52

| 표 2. 실지수 기호 |

기호	A	B	C	D	E	F	G	H	I	J
실지수	5.0	4.0	3.0	2.5	2.0	1.5	1.25	1.0	0.8	0.6
범위	4.5 이상	4.5~3.5	3.5~2.75	2.75~2.25	2.25~1.75	1.75~1.38	1.38~1.12	1.12~0.9	0.9~0.7	0.7 이하

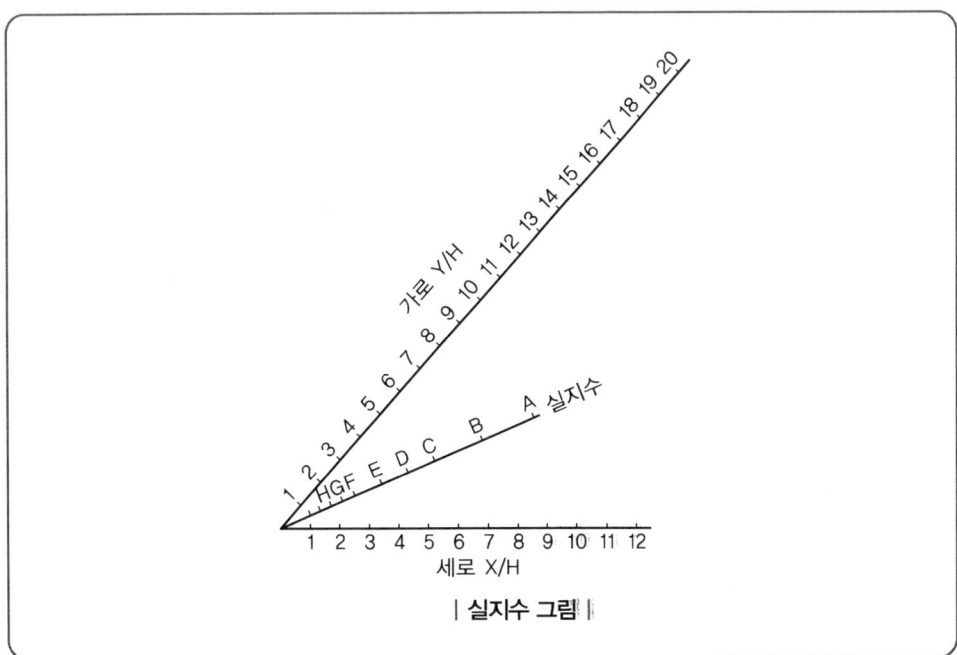

| 실지수 그림 |

해답

1 $K = \dfrac{XY}{H(X+Y)} = \dfrac{32 \times 20}{6(32+20)} = 2.05$

∴ 표 2에서 실지수 $E(2.0)$ 선정

답 $E(2.0)$

2 $\dfrac{Y}{H} = \dfrac{32}{6} = 5.33$

$\dfrac{X}{H} = \dfrac{20}{6} = 3.33$

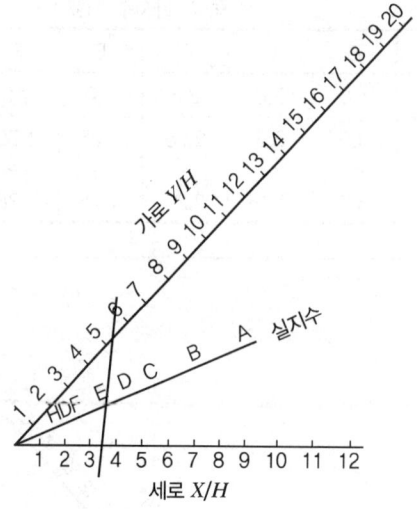

5.33과 3.33이 만나는 곳 실지수 E 선정
답 E

3 표 1의 직접에서 실지수 $E2.0$과 천장 반사율 75%, 벽반사율 50%의 교차점 58%로 선정
답 58%

4 표 1에서 직접조명의 보수상태 양호의 감광보상률 1.4 선정

계산 : $N = \dfrac{EAD}{FU} = \dfrac{500 \times 32 \times 20 \times 1.4}{160 \times 123 \times 0.58} = 39.249$[등]

답 40[등]

5 분기회로수 $N = \dfrac{40 \times 160}{220 \times 16} = 1.82$[회로]

답 16[A] 2분기회로

6 표 1에서 등과 등 사이 설치 간격 $S \leq 1.3H$이므로 $S \leq 1.3 \times 6$
∴ $S \leq 7.8$
답 7.8[m]

7 벽면을 사용하지 않을 경우 $S \leq 0.5H$이므로 $S \leq 0.5 \times 6$
∴ $S \leq 3$
답 3[m]

8 형광등

09 다음 그림과 같은 사무실이 있다. 이 사무실의 평균조도를 150[lx]로 하고자 할 때 다음 각 물음에 답하시오.

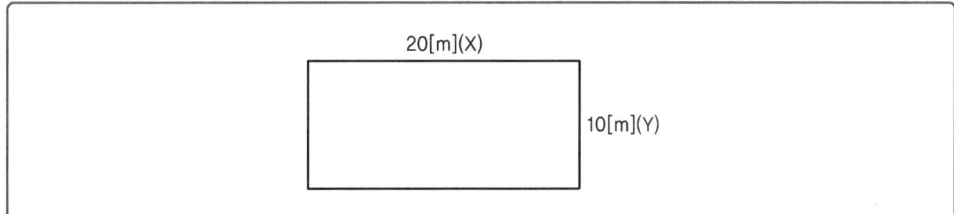

[조 건]
- 형광등은 32[W]를 사용하고, 형광등의 광속은 2,900[lm]으로 한다.
- 조명률은 0.6, 감광보상률은 1.2로 한다.
- 건물 천장 높이는 3.85[m], 작업면은 0.85[m]로 한다.
- 가장 경제적인 설계로 한다.

1 이 사무실에 필요한 형광등의 수를 구하시오.
2 실지수를 구하시오.
3 양호한 전반 조명이라면 등간격은 등높이의 몇 배 이하로 해야 하는가?

해답

1 계산 : $N = \dfrac{EAD}{FU} = \dfrac{150 \times 20 \times 10 \times 1.2}{2900 \times 0.6} = 20.69$[등]   **답** 21[등]

2 계산 : 실지수 $= \dfrac{XY}{H(X+Y)} = \dfrac{20 \times 10}{(3.85-0.85) \times (20+10)} = 2.22$ **답** 2.22

3 1.5배

TIP

▶ 조명기구 간격 및 배치
① 기구의 최대간격 $S \leq 1.5H$
② 광원과 벽면거리 $S_0 \leq \dfrac{H}{2}$ (벽측을 사용하지 않을 경우)

$S_0 \leq \dfrac{H}{3}$ (벽측을 사용할 경우)(단, H : 작업면 상의 광원의 높이[m])

01 조명설계

10 폭 16[m], 길이 22[m], 천장 높이 3.2[m]인 사무실이 있다. 주어진 조건을 이용하여 이 사무실의 조명 설계를 하고자 할 때 다음 각 물음에 답하시오.

[조건]
- 이 사무실의 평균조도는 550[lx]로 한다.
- 펜던트의 길이는 0.5[m], 책상면의 높이는 0.85[m]로 한다.
- 램프는 40[W] 2등용(H형) 펜던트를 사용하되, 노출형을 기준으로 하여 설계한다.
- 보수율은 0.75로 한다.
- 램프의 광속은 형광등 한 등당 3,500[lm]으로 한다.
- 조명률은 반사율 천장 50[%], 벽 30[%], 바닥 10[%]를 기준으로 하여 0.64로 한다.
- 기구 간격의 최대한도는 1.4H를 적용한다. 여기서, H[m]는 피조면에서 조명기구까지의 높이이다.
- 경제성과 실제 설계에 반영할 사항을 가장 최적의 상태로 적용하여 설계하도록 한다.
- 천장은 백색 텍스로, 벽면은 옅은 크림색으로 마감한다.

1 이 사무실의 실지수를 구하시오.

2 이 사무실에 시설되어야 할 조명기구의 수를 계산하고 실제로 몇 열, 몇 행으로 하여 몇 조를 시설하는 것이 합리적인지를 쓰시오.

[해답]

1 계산 : $K = \dfrac{XY}{H(X+Y)} = \dfrac{16 \times 22}{(3.2 - 0.5 - 0.85) \times (16 + 22)} = 5.01$

답 5.01

2 • 조도 기준상 필요한 등수

계산 : $N = \dfrac{EA}{FUM} = \dfrac{550 \times (16 \times 22)}{3,500 \times 2 \times 0.64 \times 0.75} = 57.62$

답 58[등]

• 등기구 배치 조건상 필요한 등수

조건에서 등간격 $\leq 1.4H = 1.4 \times 1.85 = 2.59[m]$

$\dfrac{16}{2.59} = 6.18 \rightarrow 7$열, $\qquad \dfrac{22}{2.59} = 8.49 \rightarrow 9$행

이므로 전체 등수는 $7 \times 9 = 63$조

답 7열 9행 63조

TIP

① 실지수(K)는 단위가 없다.
② FUN = DEA
③ $D = \dfrac{1}{M}$
   여기서, M : 보수율, D : 감광보상률

11 조명설비에서 전력을 절약하는 효율적인 방법에 대해 5가지만 쓰시오.

[해답] ① 고효율 등기구 채택
② 고조도 저휘도 반사갓 채택
③ 적절한 조광제어 실시
④ 고역률 등기구 채택
⑤ 등기구의 적절한 보수 및 유지 관리

TIP

그 외
⑥ 슬림라인 형광등 및 안정기 내장형 램프 채택
⑦ 창 측 조명기구 개별 점등
⑧ 재실감지기 및 카드키 채택
⑨ 전반조명과 국부조명의 적절한 병용(TAL 조명)
⑩ 등기구의 격등 제어 회로 구성

12 도로의 조명설계에 관한 다음 각 물음에 답하시오.

1 도로 조명설계에 있어서 성능상 고려하여야 할 중요 사항을 5가지만 쓰시오.
2 도로의 너비가 40[m]인 곳의 양쪽으로 35[m] 간격으로 지그재그식으로 등주를 배치하여 도로 위의 평균 조도를 6[lx]가 되도록 하고자 한다. 도로면의 광속 이용률은 30[%], 유지율은 75[%]로 한다고 할 때 각 등주에 사용되는 수은등은 몇 [W]의 것을 사용하여야 하는지, 전광속을 계산하고, 주어진 수은등 규격표에서 찾아 쓰시오.

| 수은등 규격표 |

크기[W]	램프 전류[A]	전광속[lm]
100	1.0	3,200~4,000
200	1.9	7,700~8,500
250	2.1	10,000~11,000
300	2.5	13,000~14,000
400	3.7	18,000~20,000

[해답] 1 ① 노면 전체에 가능한 한 높은 평균 휘도로 조명할 수 있을 것
② 조명기구등의 눈부심(Glare)이 적을 것
③ 도로 양측의 보도, 건축물의 전면 등이 높은 조도로 충분히 밝게 조명할 수 있을 것
④ 조명의 광색, 연색성이 적절할 것
⑤ 휘도 차이에 따른 균제도(최소, 최대) 확보

② 계산 : $F = \dfrac{EBA}{2MU} = \dfrac{6 \times 40 \times 35}{2 \times 0.75 \times 0.3} = 18,666.67 [lm]$

답 표에서 400[W] 선정

TIP

① 이외에도 ⑥ 주간에 도로의 풍경을 손상하지 않는 디자인으로 할 것

② 지그재그식 1등당 조명 면적 $A = \dfrac{1}{2} \times B(도로 폭) \times S(등 간격)$

감광보상률 $D = \dfrac{1}{M(유지율)}$

∴ FNU = EAD 에서 $F = \dfrac{EAD}{N} = \dfrac{EBA}{2MU} [lm]$

13 일반용 조명에 관한 다음 각 물음에 답하시오.

① 백열등의 그림 기호는 ◯이다. 벽붙이의 그림 기호를 그리시오.

② HID등의 종류를 표시하는 경우는 용량 앞에 문자기호를 붙이도록 되어 있다. 수은등, 메탈할라이드등, 나트륨등은 어떤 기호를 붙이는가?

③ 그림 기호가 ⊗로 표시되어 있다. 어떤 용도의 조명등인가?

④ 조명등으로서의 일반 백열등을 형광등과 비교할 때의 그 기능상의 장점을 3가지만 쓰시오.

해답

① ◐

② 수은등 : H   메탈할라이드등 : M   나트륨등 : N

③ 옥외등

④ ① 역률이 좋다.
　② 연색성이 우수하다.
　③ 안정기가 불필요하며, 기동시간이 짧다.
　그 외
　④ 램프의 점등 방식이 간단하다.
　⑤ 가격이 저렴하다.

TIP

▶ 형광등의 장점
① 효율이 높다.　② 다양한 광색을 얻는다.
③ 수명이 길다.　④ 눈부심이 적다.

14 HID(High Intensity Discharge) Lamp에 대한 다음 각 물음에 답하시오.

1 이 램프는 어떠한 램프를 말하는가?(단, 우리말 명칭 또는 이 램프의 의미에 대한 설명을 쓸 것)

2 가장 많이 사용되는 램프의 종류를 3가지만 쓰시오.

[해답] **1** 고휘도 방전램프
2 고압 수은등, 고압 나트륨등, 메탈할라이드 램프

3 광원의 종류

1) HID(High Intensity Discharge Lamp)의 종류

① 고압수은등
② 고압나트륨등
③ 메탈할라이드등
④ 초고압수은등
⑤ 고압크세논방전등

2) 형광등이 백열등에 비하여 우수한 점

① 효율이 높다.
② 수명이 길다.
③ 열방사가 적다.
④ 필요로 하는 광색을 쉽게 얻을 수 있다.

3) 백열전구의 필라멘트 구비 조건

① 융해점이 높을 것
② 고유 저항이 클 것
③ 선팽창 계수가 적을 것
④ 온도 계수가 정확할 것
⑤ 가공이 용이할 것
⑥ 높은 온도에서 증발(승화)이 적을 것
⑦ 고온에서 기계적 강도가 감소하지 않을 것

4) 광원의 효율

램프	효율[lm/W]	램프	효율[lm/W]
나트륨램프	80~150	수은램프	35~55
메탈할라이드램프	75~105	할로겐램프	20~22
형광램프	48~80	백열전구	7~22

5) 할로겐램프

① 용도
  ㉠ 옥외의 투광조명, 고천장 조명, 광학용, 비행장활주로용, 자동차용, 복사기용, 히터용
  ㉡ 백화점 상점의 스포트라이트, 후드라이트
  ㉢ 색온도를 중요시하는 컬러 TV 스튜디오의 스포트라이트, 백라이트

② 특징
  ㉠ 초소형, 경량의 전구(백열전구의 $\frac{1}{10}$ 이상 소형화)이다.
  ㉡ 단위 광속이 크다.
  ㉢ 수명이 백열전구에 비하여 2배로 길다.
  ㉣ 별도의 점등장치가 필요치 않다.
  ㉤ 열충격에 강하다.
  ㉥ 배광제어가 용이하다.
  ㉦ 연색성이 좋다.
  ㉧ 온도가 높다(할로겐 전구의 베이스로 세라믹 사용).
  ㉨ 휘도가 높다.
  ㉩ 흑화가 거의 발생하지 않는다.

6) 형광등

① 광색에 의한 형광등의 분류

광색의 종류	기호	비고(I E C)
주광색	D	• D : Daylight
주백색	N	• CW : Cool White
백색	W	• W : Whiht
은백색	WW	• WW : Warm White
전구색	L	

② **연색성에 의한 형광등의 분류**
    ㉠ 보통형, 고연색형(A, AA, AAA), 삼파장역 발광형
    ㉡ 광색에 의한 형광등 분류 중 기호에 DL 고연색형을 나타내고 EX는 삼파장형을 의미

③ **형광등 특징**
    ㉠ 장점
        • 형광체의 혼합에 의하여 주광색, 백색 등 필요로 하는 광색을 얻을 수 있다.
        • 휘도가 낮다.
        • 효율이 높다.
        • 열방사가 적다(백열전구의 $\frac{1}{4}$).
        • 수명이 길다.
        • 전압변동에 대하여 광속변동이 작다.

    ㉡ 단점
        • 점등시간이 길다.
        • 부속장치(글로우램프 안정기 콘덴서)가 필요하여 가격이 비싸다.
        • 온도의 영향을 받는다.
        • 역률이 낮다.
        • 깜박거림과 빛의 어른거림이 발생한다.
        • 라디오장해 발생(고조파)이 우려된다.
        • 전원주파수의 변동이 광속수명에 영향을 준다.

④ **형광체 광색**

형광체	분자식	광색
텅스텐산 칼슘	$CaWO_4 - Sb$	청색
규산아연	$ZnSiO_3 - Mn$	녹색
규산카드뮴	$CdSiO_2 - Mn$	등색
붕산카드뮴	CdB_2O_5	핑크색

⑤ **삼파장 형광등** : 청색, 녹색 및 적색의 빛을 조합하여 효율이 높은 백색 빛을 얻는 등으로 특징은 다음과 같다.
    ㉠ 가장 밝은 형광등이다.
    ㉡ 색상이 보다 자연적이며 아름답고 선명하게 보인다.
    ㉢ 산뜻하고 싱싱한 분위기를 만든다.
    ㉣ 전기요금이 절약된다.

⑥ **오파장 형광등** : 청색, 녹색, 적색, 심적(deep red) 및 청록 빛을 조합하여 평균 연색평가 지수가 우수하나 가격이 고가이다.

4 건축화 조명

1) 천장 매입방법

① **매입형광등** : 하면개방형, 하면확산판설치형, 반매입형 등이 있다.

| 하면개방형 | | 하면확산판설치형 | | 반매입형 |

② **다운라이트** : 천장에 작은 구멍을 뚫고 조명기구를 매입하여 빛의 방향을 아래로 유효하게 조명하는 방법

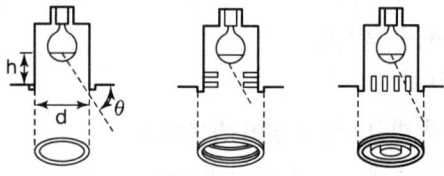

③ **핀홀라이트** : 다운라이트의 일종으로 아래로 조사되는 구멍을 작게 하거나 렌즈를 달아 복도에 집중 조사되도록 하는 방식

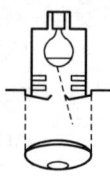

④ **코퍼라이트** : 대형의 다운라이트 방식 천장면을 둥글게 또는 사각으로 파내어 내부에 조명기구를 배치하는 조명방식

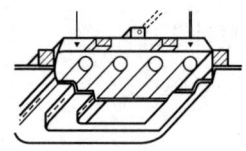 

⑤ 라인라이트 : 매입 형광등 방식의 일종으로 형광등을 연속으로 배치하는 조명방식

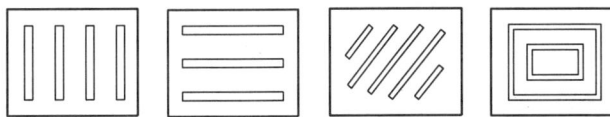

2) 천장면 이용방법

① **광천장 조명** : 실의 천장 전체를 조명기구화하는 방식으로 천장 조명 확산 판넬로서 유백색의 아크릴판이 사용된다.

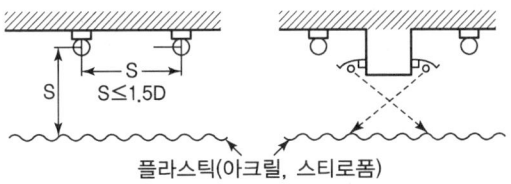

② **루버 조명** : 실의 천장면을 조명기구화하는 방식으로 천장면 재료로 루버를 사용하여 보호각을 증가시킨다.

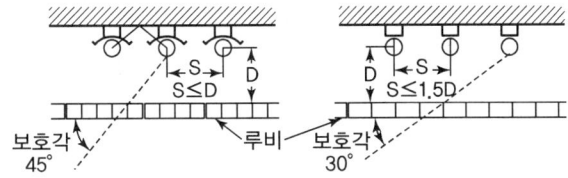

③ **코브 조명** : 광원으로 천장이나 벽면 상부를 조명함으로써 천장면이나 벽에 반사되는 반사광을 이용하는 간접조명방식

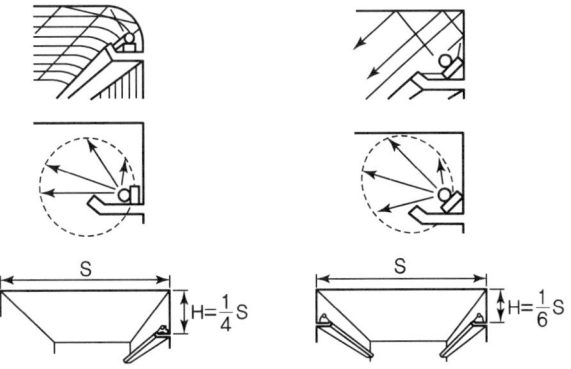

3) 벽면 이용방법

① **코너 조명** : 천장과 벽면 사이에 조명기구를 배치하여 천장과 벽면을 동시에 조명하는 방식

② **코니스 조명** : 코너를 이용하여 코니스를 15~20[cm] 정도 내려서 아래쪽의 벽 또는 커튼을 조명하는 방식

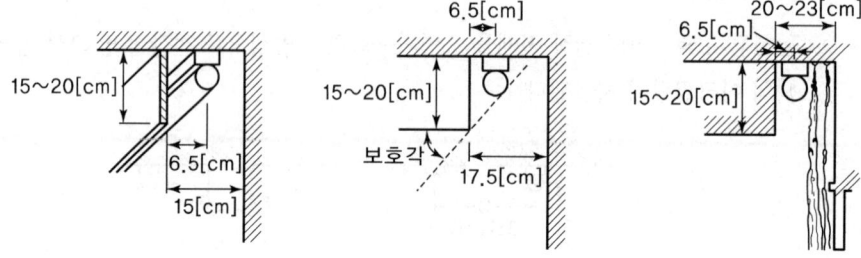

③ **밸런스** : 광원의 전면에 밸런스판을 설치하여 천장면이나 벽면으로 반사시켜 조명하는 방식

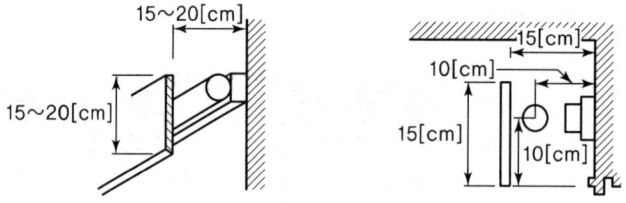

④ **광창 조명** : 지하실이나 무창실에 창문이 있는 효과를 내는 방법으로 인공창의 뒷면에 형광등을 배치하는 방법

Chapter 02 심벌

| 절연전선 및 케이블 |

ABC순	약호	품명
A	ACSR	강심알루미늄 연선
	ACSR-DV	인입용 강심 알루미늄도체 비닐절연전선
	ACSR-OC	옥외용 강심 알루미늄도체 가교 폴리에틸렌 절연전선
	ACSR-OE	옥외용 강심 알루미늄도체 폴리에틸렌 절연전선
C	CN-CV	동심중성선 차수형 전력케이블
	CN-CV-W	동심중성선 수밀형 전력케이블
	CVV	0.6/1[kV] 비닐절연 비닐 시스 제어 케이블
	CVT	6/10[kV] 트리플렉스형 가교 폴리에틸렌 절연비닐 시스케이블
D	DV	인입용 비닐절연전선
E	EE	폴리에틸렌절연 폴리에틸렌 시스케이블
	EV	폴리에틸렌절연 비닐 시스케이블
F	FL	형광방전등용 비닐전선
	FSC	300/300[V] 평형 비닐 코드
	FR CNCO-W	동심중성선 수밀형 저독성 난연 전력 케이블
H	H	경동선
	HA	반경동선
	HAL	경알루미늄선
L	LPS	300/500[V] 연질 비닐 시스케이블
	LPC	300/300[V] 연질 비닐 시스 코드
M	MI	미네랄 인슐레이션 케이블
N	NEV	폴리에틸렌 절연 비닐 시스 네온전선
	NF	450/750[V] 일반용 유연성 단심 비닐절연전선
	NFI(70)	300/500[V] 기기 배선용 유연성 단심 비닐절연전선(70℃)
	NFI(90)	300/500[V] 기기 배선용 유연성 단심 절연전선(90℃)
	NR	450/750[V] 일반용 단심 비닐절연전선
	NRC	고무절연 클로로프렌 시스 네온전선
	NRI(70)	300/500[V] 기기 배선용 단심 비닐절연전선(70℃)
	NRI(90)	300/500[V] 기기 배선용 단심 비닐절연전선(90℃)
	NRV	고무절연 비닐 시스 네온전선
	NV	비닐절연 네온전선

ABC순	약호	품명
O	OC	옥외용 가교 폴리에틸렌 절연전선
	OE	옥외용 폴리에틸렌 절연전선
	OW	옥외용 비닐절연전선
V	VCT	0.6/1[kV] 비닐절연 비닐캡타이어 케이블
	VVF	0.6/1[kV] 비닐절연 비닐 시스 평형 케이블

❶ 적용범위

이 규격은 일반 옥내배선에서 전동 · 전력 · 통신 · 신호 · 재해방지 · 피뢰설비 등의 배선, 기기 및 부착위치, 부착방법 표시하는 도면에 사용하는 그림기호에 대하여 규정한다.

❷ 배선

1) 일반 배선

배관 · 덕트 · 금속선 홈통 등을 포함한다.

명칭	그림기호	적용

천장 은폐배선
바닥 은폐배선
노출배선
	———
	— — —
	------- 	
		① 천장 은폐배선 중 천장 속의 배선을 구별하는 경우는 천장 속의 배선에 —··—··— 를 사용하여도 된다.
		② 노출배선 중 바닥면 노출배선을 구별하는 경우는 바닥면 노출배선에 —··—··— 를 사용하여도 된다.
		③ 전선의 종류를 표시할 필요가 있는 경우는 기호를 기입한다.
		
		보기 600V 비닐 절연전선 IV
		        600V 2종 비닐 절연전선 HIV
		        가교 폴리에틸렌 절연 비닐 시스 케이블 CV
		        600V 비닐절연 비닐 시스 케이블(평형) VVF
		        내화케이블 FP
		        내열전선 HP
		        통신용 PVC 옥내선 TIV
		
		④ 절연전선의 굵기 및 전선 수는 다음과 같이 기입한다. 단위가 명백한 경우는 단위를 생략하여도 된다.
		
		보기 /// 1.6 // 2 // 2[mm²] /// 8
		숫자 표기의 보기 1.6×5
		                    5.5×1
		다만, 시방서 등에 전선의 굵기 및 심선 수가 명백한 경우는 기입하지 않아도 된다.

명칭	그림기호	적용
		⑤ 전선의 접속점은 다음에 따른다. ⑥ 배관은 다음과 같이 표시한다. 　1.6(19) : 강제 전선관인 경우 　1.6(VE16) : 경질 비닐 전선관인 경우 　1.6($F_2$17) : 2종 금속제 가요전선관인 경우 　1.6(PF16) : 합성수지제 가요관인 경우 　(19) : 전선이 들어 있지 않은 경우 다만, 시방서 등에 명백한 경우는 기입하지 않아도 된다. ⑦ 플로어 덕트의 표시는 다음과 같다. 　(F7)　(FC6) 정크션 박스를 표시하는 경우는 다음과 같다. ⑧ 금속 덕트의 표시는 다음과 같다. 　MD ⑨ 라이팅 덕트의 표시는 다음과 같다. 　LD　　　LD
상승 인하 소통		① 동일 층의 상승, 인하는 특별히 표시하지 않는다. ② 관, 선 등의 굵기를 명기한다. 다만, 명백한 경우는 기입하지 않아도 된다. ③ 필요에 따라 공사 종별을 표기한다. ④ 케이블의 방화구획 관통부는 다음과 같이 표시한다. 　상승　　인하　　소통
풀 박스 및 접속 상자	⊠	① 재료의 종류, 치수를 표시한다. ② 박스의 대소 및 모양에 따라 표시한다.
VVF용 조인트 박스	⊘	단자붙이임을 표시하는 경우는 t를 표기한다.
접지 단자	⏚	의료용인 것은 H를 표기한다.
접지 센터	EC	의료용인 것은 H를 표기한다.

2) 증설

동일 도면에서 증설·기설을 표시하는 경우 증설은 굵은 선, 기설은 가는 선 또는 점선으로 한다. 또한, 증설은 적색, 기설은 흑색 또는 청색으로 하여도 좋다.

3 기기

명칭	그림기호	적용
전동기	Ⓜ	필요에 따라 전기방식, 전압, 용량을 표기한다. Ⓜ 3ϕ200V 3.7kW
콘덴서	⊟	전동기의 적요를 준용한다.
전열기	Ⓗ	전동기의 적요를 준용한다.
환기 팬(선풍기를 포함한다.)	∞	필요에 따라 종류 및 크기를 표기한다.
룸 에어컨	RC	① 옥외 유닛에는 0을, 옥내 유닛에는 1을 표기한다. RC 0 RC 1 ② 필요에 따라 전동기, 전열기의 전기방식, 전압, 용량 등을 표기한다.
소형변압기	Ⓣ	① 필요에 따라 용량, 2차 전압을 표기한다. ② 필요에 따라 벨 변압기는 B, 리모콘 변압기는 R, 네온 변압기는 N, 형광등용 안정기는 F, HID등 (고효율 방전등)용 안정기는 H를 표기한다. Ⓣ B Ⓣ R Ⓣ N Ⓣ F Ⓣ H ③ 형광등용 안정기 및 HID등용 안정기로서 기구에 넣는 것은 표시하지 않는다.

4 전등 · 전력

1) 조명 기구

명칭	그림기호	적용
일반용 조명 백열등 HID등	○	① 벽붙이는 벽 옆을 칠한다. ● ② 기구종류를 표시하는 경우는 ○ 안이나 또는 표기로 글자명, 숫자 등의 문자기호를 기입하고 도면의 비고 등에 표시한다. 　　ⓝ○ᴺ　①○₁　Ⓐ○ᴀ 등 같은 방에 기구를 여러 개 시설하는 경우는 통합하여 문자기호와 기구 수를 기입하여도 좋다. ③ ②에 따르기 어려운 경우는 다음 보기에 따른다. 　보기　　걸립 로젯만　　（） 　　　　　펜던트　　　　⊖ 　　　　　실링 · 직접부착　Ⓒᴸ 　　　　　샹들리에　　　　Ⓒᴴ 　　　　　매입 기구　　　　Ⓓᴸ　◎로 하여도 좋다. ④ 용량을 표시하는 경우는 와트 수(W)×램프 수로 표시한다. 　보기　　200×3 ⑤ 옥외등은 ⊗로 하여도 좋다. ⑥ HID등의 종류를 표시하는 경우는 용량 앞에 다음 기호를 붙인다. 　　수은등　　　　H 　　메탈헬라이드등　M 　　나트륨등　　　　N 　보기　　H400

02 심벌

명칭	그림기호	적용

형광등	⊂◯⊃	① 그림기호 ⊂◯⊃는 ⊂◯⊃로 표시하여도 좋다.
		② 벽붙이는 벽 옆을 칠한다.
		   가로붙이인 경우 ⊂●⊃ 세로붙이인 경우 ▯
		③ 기구종류를 표시하는 경우는 ○ 안이나 또는 표기로 글자명, 숫자 등의 문자기호를 기입하고 도면의 비고 등에 표시한다.
		   보기 ⓝ◯ₙ ①◯₁ Ⓐ◯ₐ 등
		같은 방에 기구를 여러 개 시설하는 경우는 통합하여 문자기호와 기구 수를 기입하여도 좋다.
		또한, 여기에 다루기 어려운 경우는 '일반용 조명 백열등·HID등'의 적용 ③을 준용한다.
		④ 용량을 표시하는 경우는 램프의 크기(형)×램프 수로 표시한다. 또 용량 앞에 F를 붙인다.
		   보기 F40 F40×2
		⑤ 용량 외에 기구 수를 표시하는 경우는 램프의 크기(형)×램프 수−기구 수로 표시한다.
		   보기 F40−2 F40×2−3
		⑥ 기구 내 배선의 연결방법을 표시하는 경우는 다음과 같다.
		   보기 F40−2 F40−3
		⑦ 기구의 대소 및 모양에 따라 표시하여도 좋다.
		   보기

비상용 조명
(건축 기준법에 따르는 것)
	백열등 ●	① 일반용 조명 백열등의 적요를 준용한다.
		   다만, 기구의 종류를 표시하는 경우는 표기한다.
		② 일반용 조명 형광등에 조립하는 경우는 다음과 같다.
		   ⊂◯●⊃

	형광등 ⊂●⊃	① 일반용 조명 백열등의 적요를 준용한다. 다만, 기구의 종류를 표시하는 경우는 표기한다. ② 계단에 설치하는 통로유도등과 겸용인 것은 ⊂⊗⊃로 한다.

명칭		그림기호	적용
유도등 (소방법에 따르는 것)	백열등	⊗	① 일반용 조명 백열등의 적요를 준용한다. ② 객석 유도등인 경우는 필요에 따라 S를 표기한다. ⊗S
	형광등	⊏⊗⊐	① 일반용 조명 백열등의 적요를 준용한다. ② 기구의 종류를 표시하는 경우는 표기한다. 보기　⊏⊗⊐ 중 ③ 통로 유도등인 경우는 필요에 따라 화살표를 기입한다. 보기　⊏⊗⊐→　⊏⊗⊐→ ④ 계단에 설치하는 비상용 조명과 겸용인 것은 ■⊗⊐로 한다.

2) 콘센트

명칭	그림기호	적용
콘센트	⊙	① 그림기호는 벽붙이를 표시하고 벽 옆을 칠한다. ② 그림기호 ⊙는 ⊖로 표시하여도 좋다. ③ 천장에 부착하는 경우는 다음과 같다. ⊙ ④ 바닥에 부착하는 경우는 다음과 같다. ⊙ ⑤ 용량의 표시방법은 다음과 같다. 　a. 15A는 표기하지 않는다. 　b. 20A 이상은 암페어 수를 표기한다. 　　보기　⊙ 20A ⑥ 2구 이상인 경우는 구수를 표기한다. 　　보기　⊙ 2 ⑦ 3극 이상인 것은 극수를 표기한다. 　　보기　⊙ 3P

심벌

명칭	그림기호	적용
		⑧ 종류를 표시하는 경우는 다음과 같다. • 빠짐 방지형 : ⊙LK • 걸림형 : ⊙T • 접지극붙이 : ⊙E • 접지단자붙이 : ⊙ET • 누전차단기붙이 : ⊙EL ⑨ 방수형은 WP를 표기한다. 　　　　　　　　⊙WP ⑩ 폭발방지형은 EX를 표기한다. 　　　　　　　　⊙EX ⑪ 타이머붙이, 덮개붙이 등 특수한 것은 표기한다. ⑫ 의료용은 H를 표기한다. 　　　　　　　　⊙H ⑬ 전원종별을 명확히 하고 싶은 경우는 그 뜻을 표기한다.
비상콘센트 (소방법에 따르는 것)	⊙⊙	
점멸기	●	① 용량의 표시방법은 다음과 같다. 　a. 10A는 표기하지 않는다. 　b. 15A 이상은 전류치를 표기한다. 　　[보기]　●15A ② 극수의 표시방법은 다음과 같다. 　a. 단극은 표기하지 않는다. 　b. 2극 또는 3, 4로는 각각 2P 또는 3, 4의 숫자를 표기한다. 　　[보기]　●2P　●3 ③ 플라스틱은 P를 표기한다. 　　　　　　　　●P ④ 파일럿 램프를 내장하는 것은 L을 표기한다. 　　　　　　　　●L ⑤ 따로 놓인 파일럿 램프는 ○로 표시한다. 　　[보기]　○● ⑥ 방수형은 WP를 표기한다. 　　　　　　　　●WP ⑦ 폭발방지형은 EX를 표기한다. 　　　　　　　　●EX

명칭	그림기호	적용
		⑧ 타이머붙이는 T를 표기한다. ●T ⑨ 지동형, 덮개붙이 등 특수한 것은 표기한다. ⑩ 옥외등 등에 사용하는 자동 점멸기는 A 및 용량을 표기한다. 보기　●A(3A)
조광기	↗●	용량을 표시하는 경우는 표기한다. 보기　↗● 15A
리모콘 스위치	●R	① 파일럿 램프붙이는 ○을 병기한다. 보기　○●R ② 리모콘 스위치임이 명백한 경우는 R을 생략하여도 된다.
개폐기	S	① 상자인 경우는 상자의 재질 등을 표기한다. ② 극수, 정격전류, 퓨즈 정격전류 등을 표기한다. 보기　S 2P 30 A 　　　　f 15 A ③ 전류계붙이는 Ⓢ를 사용하고 전류계의 정격전류를 표기한다. 보기　Ⓢ 2P 30 A 　　　　f 15 A 　　　　A 5
배선용 차단기	Ⓑ	① 상자인 경우는 상자의 재질 등을 표기한다. ② 극수, 프레임의 크기, 정격전류 등을 표기한다. 보기　Ⓑ 3P 　　　　225 AF 　　　　150 A ③ 모터브레이커를 표시하는 경우는 Ⓑ를 사용한다. ④ B를 S MCB로서 표시하여도 좋다.
누전 차단기	E	① 상자인 경우는 상자의 재질 등을 표기한다. ② 과전류 소자붙이는 극수, 프레임의 크기, 정격전류, 정격 감도전류 등 　 과전류 소자 없음은 극수, 정격전류, 정격 감도전류 등을 표기한다. 과전류 소자 있음의 보기　E 2P 　　　　　　　　　　　　30AF 　　　　　　　　　　　　15A 　　　　　　　　　　　　30mA 과전류 소자 없음의 보기　E 3P 　　　　　　　　　　　　15A 　　　　　　　　　　　　30 mA

명칭	그림기호	적용
		③ 과전류 소자 있음은 BE를 사용하여도 된다. ④ E를 S ELB로 표시하여도 된다.
지진 감지기	EQ	필요에 따라 동작특성을 표기한다. 보기 EQ 100~170 cm/S² EQ 100~170 Gal

3) 배전반 · 분전반 · 제어반

명칭	그림기호	적용
배전반, 분전반 및 제어반	▭	① 종류를 구별하는 경우는 다음과 같다. 배전반 ⊠ 분전반 ◩ 제어반 ⊠ ② 직류용은 그 뜻을 표기한다. ③ 재해방지 전원회로용 배전반 등인 경우는 2중 틀로 하고 필요에 따라 종별을 표기한다. ⊠ 1종 ◩ 2종

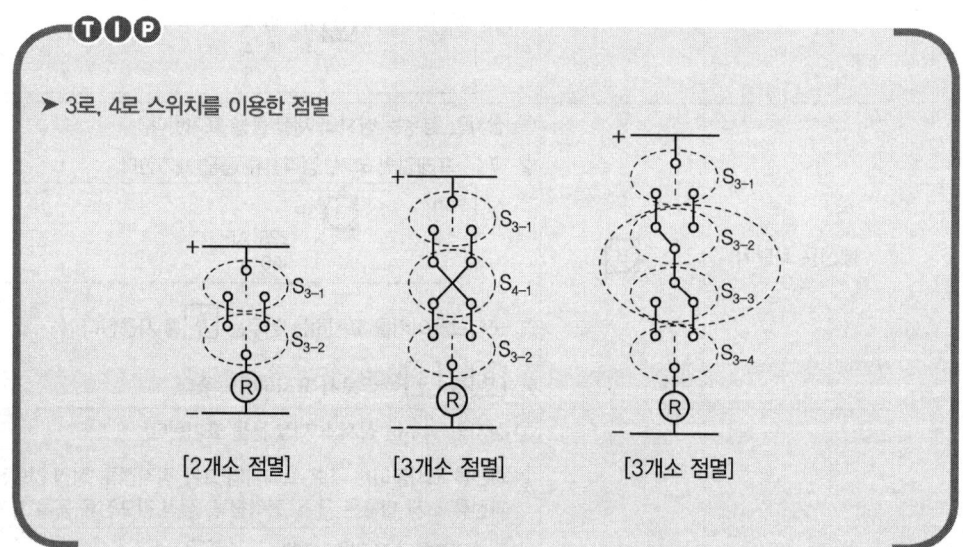

▶ 3로, 4로 스위치를 이용한 점멸

[2개소 점멸]   [3개소 점멸]   [3개소 점멸]

핵심 과년도 문제

15 다음 전선의 표시약호에 대한 우리말 명칭을 쓰시오.

1. RB 전선(KEC 삭제)
2. DV 전선
3. IV 전선(KEC 삭제)
4. OW 전선
5. GV 전선
6. HIV 전선
7. H-AL
8. VV

[해답]
1. KEC 삭제
2. 인입용 비닐절연전선
3. KEC 삭제
4. 옥외용 비닐절연전선
5. 접지용 비닐절연전선
6. 내열용 비닐절연전선
7. 경 알루미늄전선
8. 비닐절연 비닐시스 케이블

16 케이블에 대한 품명이다. 알맞은 기호를 기입하시오.(예 캡타이어 케이블 : CTF)

1. 가교폴리에틸렌절연 비닐시스 케이블
2. 가교폴리에틸렌절연 폴리에틸렌시스 케이블
3. 부틸고무절연 클로로프렌시스 케이블
4. 접지용 비닐전선
5. 고무절연 클로로플렌 시스 케이블
6. 폴리에틸렌 절연 비닐시스 케이블

[해답]
1. CV
2. CE
3. BN
4. GV
5. RN
6. EV

17 다음과 같은 전선이나 케이블에 대한 명칭을 쓰시오.

1. MI
2. NV
3. ACSR
4. OW

[해답]
1. 미네랄 인슐레이션 케이블
2. 비닐절연 네온전선
3. 강심 알루미늄 연선
4. 옥외용 비닐절연 전선

02 심벌

18 백열 전등의 표준 심벌을 KS C-0301에 준하여 그리시오.

① 벽붙이 백열 전등　　　　② 유도등 백열등

해답　① ◐　　　　② ⊗

19 다음 약호의 명칭을 정확히 쓰시오.

① OCB　　② MBB
③ ACB　　④ GCB
⑤ ABB　　⑥ MCCB
⑦ VCB　　⑧ ELB
⑨ BCT　　⑩ ZCT

해답　① 유입차단기　　② 자기차단기
③ 기중차단기　　④ 가스차단기
⑤ 공기차단기　　⑥ 배선용 차단기
⑦ 진공차단기　　⑧ 누전차단기
⑨ 부싱형 변류기　　⑩ 영상변류기

20 점멸기의 그림기호에 대한 다음 각 물음에 답하시오. (참고 점멸기의 그림기호 : ●)

① 용량 몇 [A] 이상은 전류치를 방기하는가?
② ① 방수형과 ② 방폭형은 어떤 문자를 방기하는가?

해답　① 15A　　② ① WP, ② EX

21 그림은 콘센트의 종류를 표시한 옥내배선용 그림 기호이다. 각 그림 기호의 명칭을 쓰시오.

① ⊙$_{LK}$　　② ⊙$_{ET}$
③ ⊙$_{EL}$　　④ ⊙$_{E}$

해답　① ⊙$_{LK}$: 빠짐 방지형 콘센트
② ⊙$_{ET}$: 접지 단자붙이 콘센트
③ ⊙$_{EL}$: 누전 차단기붙이 콘센트
④ ⊙$_{E}$: 접지극붙이 콘센트

22
다음 그림 기호는 일반 옥내배선의 전등 · 전력 · 통신 · 신호 · 재해방지 · 피뢰시설 등의 배선, 기기 및 부착위치, 부착방법을 표시하는 도면에 사용하는 그림 기호이다. 각 그림 기호의 명칭을 쓰시오.

1. E   2. B   3. EC   4. S   5. ⊘G

(해답)
1. 누전 차단기
2. 배선용 차단기
3. 접지 센터
4. 개폐기
5. 누전경보기

23
그림과 같은 심벌의 명칭을 구체적으로 쓰시오.

(해답)
1. 배전반
2. 제어반
3. 분전반
4. 재해방지 전원회로용 분전반
5. 재해방지 전원회로용 배전반

24
일반용 조명 및 콘센트의 그림 기호에 대한 다음 각 물음에 답하시오.

1. ⊗ 로 표시되는 등은 어떤 등인가?
2. HID등을 ① ◯$_{H400}$, ② ◯$_{M400}$, ③ ◯$_{N400}$로 표시하였을 때 각 등의 명칭은 무엇인가?
3. 콘센트의 그림 기호는 ⊙이다.
   ① 천장에 부착하는 경우의 그림 기호는?
   ② 바닥에 부착하는 경우의 그림 기호는?
4. 다음 그림 기호를 구분하여 설명하시오.
   ① ⊙$_2$ ② ⊙$_{3P}$

(해답)
1. 옥외등
2. ① 400[W] 수은등
   ② 400[W] 메탈할라이드등
   ③ 400[W] 나트륨등

3 ① ⊙
② ⓖ

4 ① 2구 콘센트
② 3극 콘센트

25 전등 1개를 3개소에서 점멸하기 위하여 3로 스위치 2개, 4로 스위치 1개를 사용한 배선도이다. 전선 접속도를 그리시오.

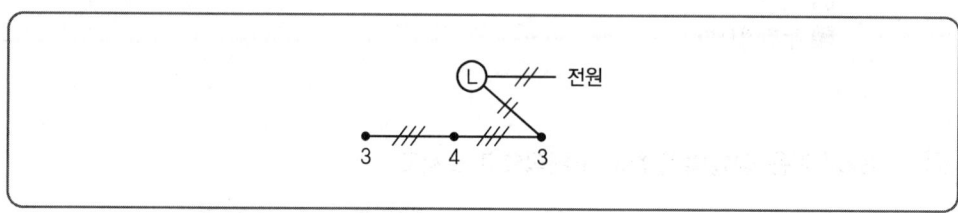

해답 전선 접속도

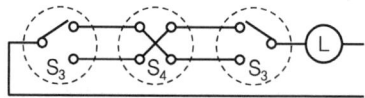

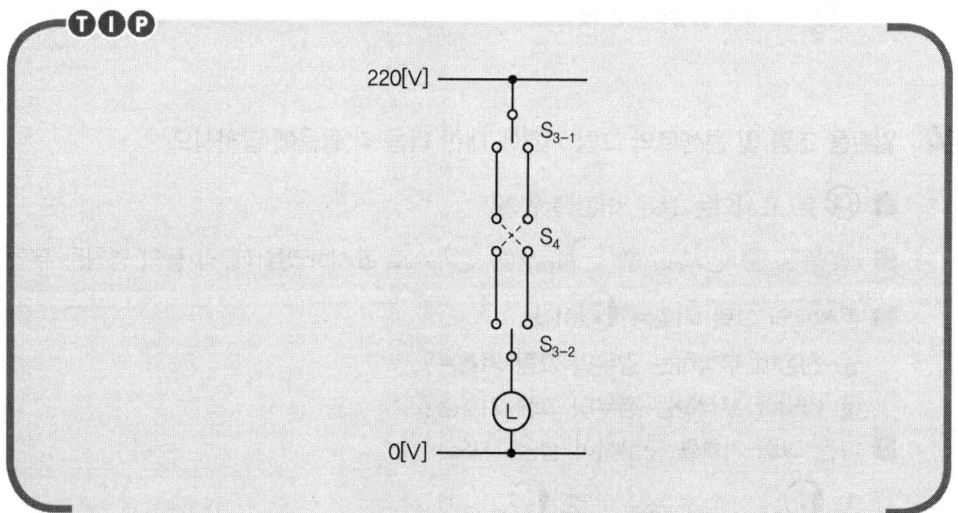

26 3로스위치 4개를 사용한 3개소 점멸의 단선도를 참조하여 복선도를 완성하시오.

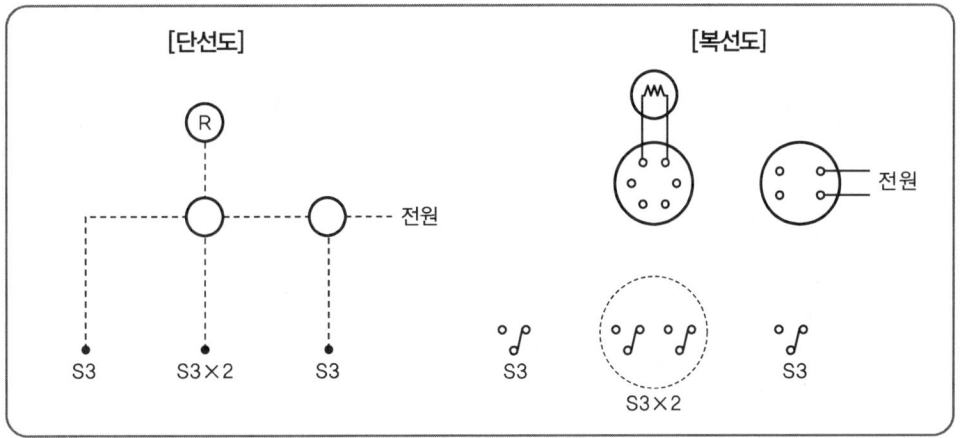

해답

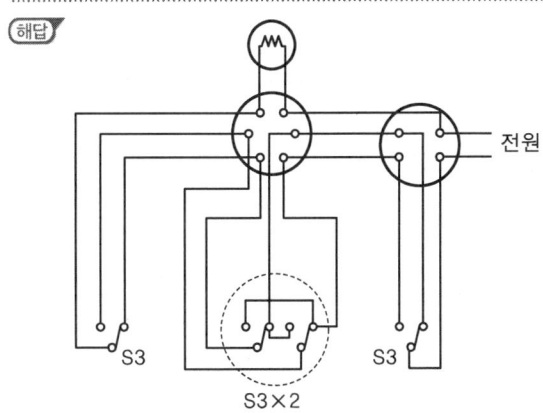

27 건물의 보수공사를 하는데 32[W]×2 매입 하면개방형 형광등 30등을 32[W]×3 매입 루버형으로 교체하고, 20[W]×2 펜던트형 형광등 20등을 20[W]×2 직부개방형으로 교체하였다. 철거되는 20[W]×2 펜던트형 등기구는 재사용할 것이다. 천장 구멍 뚫기 및 취부테 설치와 등기구 보강 작업은 계상하지 않으며, 공구손료 등을 제외한 직접 노무비만 계산하시오. (단, 인공 계산은 소수 셋째 자리까지 구하고, 내선전공의 노임은 95,000원으로 한다.)

02 심벌

| 형광등기구 설치 |

(단위 : 등, 적용 직종 내선전공)

종별	직부형	펜던트형	반매입 및 매입형
10[W] 이하×1	0.123	0.150	0.182
20[W] 이하×1	0.141	0.168	0.214
20[W] 이하×2	0.177	0.215	0.273
20[W] 이하×3	0.223	–	0.335
20[W] 이하×4	0.323	–	0.489
30[W] 이하×1	0.150	0.177	0.227
30[W] 이하×2	0.189	–	0.310
40[W] 이하×1	0.223	0.268	0.340
40[W] 이하×2	0.277	0.332	0.415
40[W] 이하×3	0.359	0.432	0.545
40[W] 이하×4	0.468	–	0.710
110[W] 이하×1	0.414	0.495	0.627
110[W] 이하×2	0.505	0.601	0.764

① 하면개방형 기준임. 루버 또는 아크릴 커버형일 경우 해당 등기구 설치 품의 110[%]
② 등기구 조립·설치, 결선, 지지금구류 설치, 장내 소운반 및 잔재 정리 포함
③ 매입 또는 반매입 등기구의 천장 구멍 뚫기 및 취부테 설치 별도 가산
④ 매입 및 반매입 등기구에 등기구보강대를 별도로 설치할 경우 이 품의 20[%] 별도 계상
⑤ 광천장 방식은 직부형 품 적용
⑥ 방폭형 200[%]
⑦ 높이 1.5[m] 이하의 Pole형 등기구는 직부형 품의 150[%] 적용(기초대 설치 별도)
⑧ 형광등 안정기 교환은 해당 등기구 시설 품의 110[%]. 다만, 펜던트형은 90[%]
⑨ 아크릴 간판의 형광등 안정기 교환은 매입형 등기구 설치 품의 120[%]
⑩ 공동주택 및 교실 등과 같이 동일 반복 공정으로 비교적 쉬운 공사의 경우는 90[%]
⑪ 형광램프만 교체 시 해당 등기구 1등용 설치 품의 10[%]
⑫ T-5(28[W]) 및 FLP(36[W], 55[W])는 FL 40[W] 기준 품 적용
⑬ 펜던트형은 파이프 펜던트형 기준, 체인 펜던트는 90[%]
⑭ 등의 증가 시 매 증가 1등에 대하여 직부형은 0.005[인], 매입 및 반매입형은 0.015[인] 가산
⑮ 철거 30[%], 재사용 철거 50[%]

해답 계산 : ① 설치인공 : • 32W×3 매입 루버형 : $0.545 \times 30 \times 1.1 = 17.985$[인]
  • 20W×2 직부개방형 : $0.177 \times 20 = 3.54$[인]
② 철거인공 : • 32W×2 매입 하면개방형 : $0.415 \times 30 \times 0.3 = 3.735$[인]
  • 20W×2 펜던트형 : $0.215 \times 20 \times 0.5 = 2.15$[인]
③ 총 소요인공 : 내선전공 = $17.985 + 3.54 + 3.735 + 2.15 = 27.41$[인]
④ 직접노무비 = $27.41 \times 95,000 = 2,603,950$[원]

답 2,603,950[원]

28 공동주택에 전력량계 $1\phi 2W$용 35개를 신설, $3\phi 4W$용 7개를 사용이 종료되어 신품으로 교체하였다. 이때 소요되는 공구손료 등을 제외한 직접노무비를 계산하시오. (단, 인공계산은 소수 셋째 자리까지 구하며, 내선전공의 노임은 95,000원이다.)

전력량계 및 부속장치 설치		(단위 : 대)

종별	내선전공
전력량계 $1\phi 2W$용	0.14
전력량계 $1\phi 3W$용 및 $3\phi 3W$용	0.21
전력량계 $3\phi 4W$용	0.32
CT(저고압)	0.40
PT(저고압)	0.40
ZCT(영상변류기)	0.40
현수용 MOF(고압·특고압)	3.00
거치용 MOF(고압·특고압)	2.00
계기함	0.30
특수계기함	0.45
변성기함(저압·고압)	0.60

[해설]
① 방폭 200[%]
② 아파트 등 공동주택 및 기타 이와 유사한 동일 장소 내에서 10대를 초과하는 전력량계 설치 시 추가 1대당 해당품의 70[%]
③ 특수계기함은 3종 계기함, 농사용 계기함, 집합 계기함 및 저압 변류기용 계기함 등임
④ 고압변성기함, 현수용 MOF 및 거치용 MOF(설치대 조립품 포함)를 주상설치 시 배전전공 적용
⑤ 철거 30[%], 재사용 철거 50[%]

해답 계산 :
① 전력량계 $1\phi 2W$용 기본 10대까지의 신설 : $10 \times 0.14 = 1.4$
② 전력량계 $1\phi 2W$용 기본 10대를 초과하는 25대의 신설 : $(35-10) \times 0.14 \times 0.7 = 2.45$
③ 전력량계 $3\phi 4W$용 7대 교체 : $7 \times 0.32(0.3+1) = 2.912$
여기서, 교체는 "철거＋신설"을 적용한다. 철거 시 사용이 종료된 계기이므로 재사용 철거는 적용하지 않는다.

내선전공 $= 10 \times 0.14 + (35-10) \times 0.14 \times 0.7 + 7 \times 0.32(0.3+1) = 6.762$ [인]
직접노무비 $= 6.762 \times 95,000 = 642,390$ [원]
답 642,390[원]

29 다음 그림과 같은 배선평면도와 주어진 조건을 이용하여 각 물음에 답하시오.

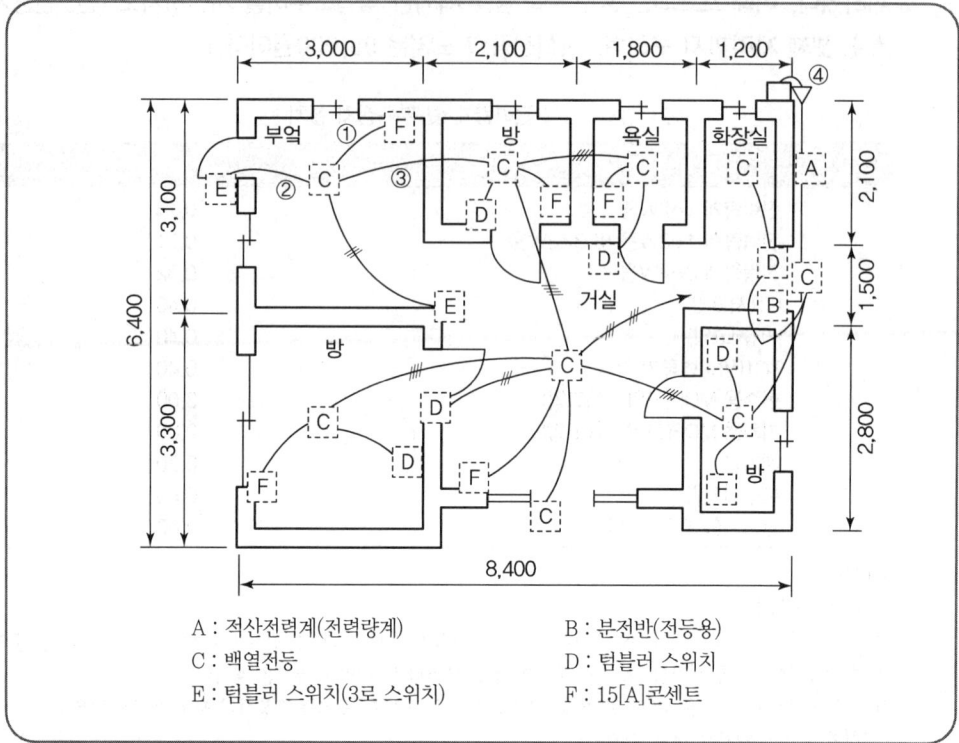

A : 적산전력계(전력량계) B : 분전반(전등용)
C : 백열전등 D : 텀블러 스위치
E : 텀블러 스위치(3로 스위치) F : 15[A]콘센트

1 점선으로 표시된 위치(A~F)에 기구를 배치하여 배선평면도를 완성하려고 한다. 해당되는 기구의 그림기호를 그리시오.
2 배선평면도의 ①~③의 배선 가닥수는 몇 가닥인가?
3 도면의 ④에 대한 그림기호의 명칭은 무엇인가?
4 본 배선평면도에 소요되는 4각 박스와 부싱은 몇 개인가?(단, 자재의 규격은 구분하지 않고 개수만 산정한다.)

[조건]
- 사용하는 전선은 모두 NR 4.0[mm²]이다.
- 박스는 모두 4각 박스를 사용하며, 기구 1개에 박스 1개를 사용한다. 2개 연등인 경우에는 각 1개씩을 사용하는 것으로 한다.
- 전선관은 콘크리트 매입 후강 금속관이다.
- 층고는 3[m]이고, 분전반의 설치 높이는 1.5[m]이다.
- 3로 스위치 이외의 스위치는 단극 스위치를 사용하며, 2개를 나란히 사용한 개소는 2개소이다.

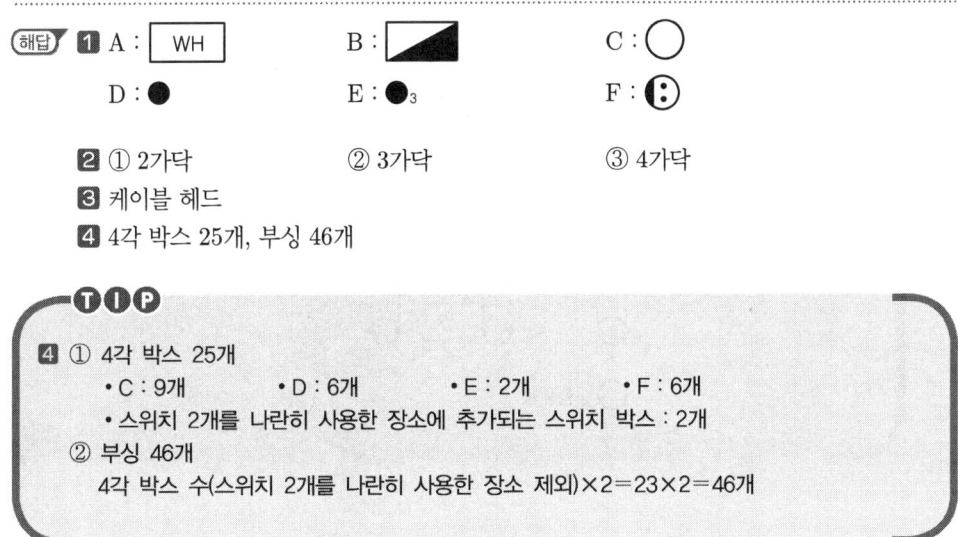

해답 ① 2가닥 ② 3가닥 ③ 4가닥
③ 케이블 헤드
④ 4각 박스 25개, 부싱 46개

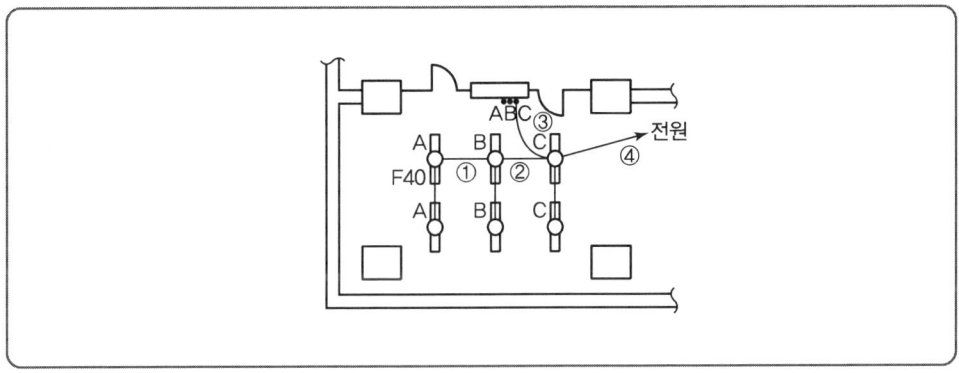

30 그림은 어떤 사무실의 조명설비 도면이다. 이 도면을 보고 다음 각 물음에 답하시오. (단, 점멸기 A는 A 형광등, B는 B 형광등, C는 C 형광등만 점멸시키는 것으로 한다.)

①~④ 부분의 전선 가닥 수는 각각 몇 가닥이 필요한가?

해답 ① 2가닥
② 3가닥
③ 4가닥
④ 2가닥

02 심벌

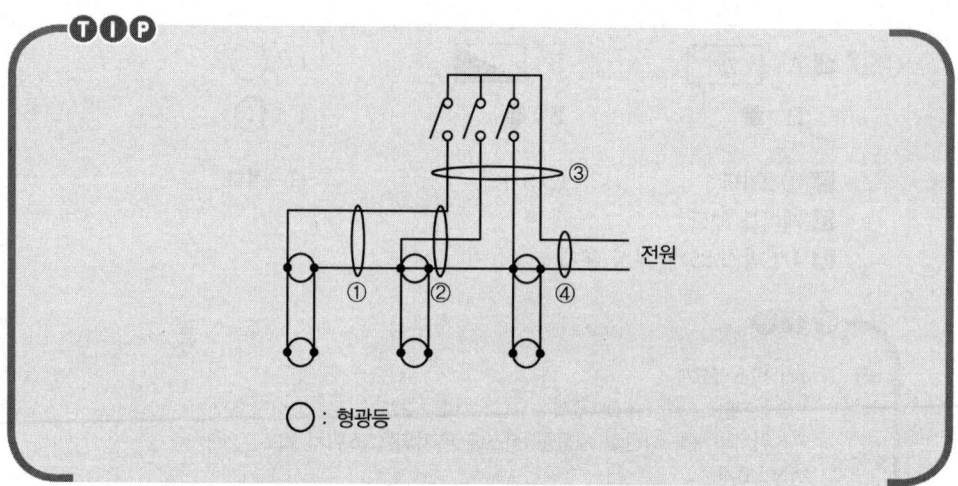

감리업무 수행 및 업무

PART 3

01 감리

1 감리원

법 제28조에 따른 감리전문회사에 소속되어 책임감리·시공감리 또는 검측감리(이하 "책임감리 등"이라 한다)를 수행하는 자

2 책임감리원

발주청과 체결된 책임감리용역 계약에 의하여 감리전문회사를 대표하여 현장에 상주하면서 해당공사 전반에 관한 책임감리 등 업무를 총괄하는 자

3 보조감리원

소관 분야별로 책임감리원을 보좌하고 책임감리원의 지시를 받아 감리업무를 수행하는 감리원으로서, 담당 감리업무에 대하여 책임감리원과 연대하여 책임지는 자

4 상주감리원

검측감리원을 포함한다. 「건설기술관리법 시행규칙」(이하 "규칙"이라 한다) 제61조 제1항에 따라 현장에 상주하면서 감리업무를 수행하는 자를 말한다.

1) 상주감리원의 업무

① 현장 조사·분석
② 공사 단계별 기성(旣成) 확인
③ 행정지원업무
④ 현장 시공상태의 평가 및 기술지도
⑤ 공사감리업무에 관련되는 각종 일지 작성 및 부대 업무
⑥ 그 밖에 사업을 성공적으로 수행하기 위해 필요한 지원 등

책임감리원은 다음 각 호의 사항을 적은 수시보고서, 분기보고서 및 최종보고서를 작성하여 발주자에게 제출하여야 한다.
① 개별 작업의 간략한 설명을 포함한 공정 현황
② 기자재의 적합성 검토사항
③ 품질관리에 관한 사항
④ 하도급공사 추진 현황
⑤ 설계 또는 시공의 변경사항
⑥ 나머지 공사의 전망 및 감리계획
⑦ 부당 시공 적발 및 시정사항
⑧ 해당 기간 중 시공에 대한 종합평가
⑨ 발주자가 지시하는 사항
⑩ 그 밖에 책임감리원이 감리에 필요하다고 인정하는 사항

2) 비상주감리원의 업무

① 설계도서 등의 검토
② 상주감리원이 수행하지 못하는 현장 조사·분석 및 시공상의 문제점에 대한 기술 검토와 민원사항에 대한 현지조사 및 해결방안 검토
③ 중요한 설계변경에 대한 기술 검토
④ 설계변경 및 계약금액 조정의 심사
⑤ 기성 및 준공검사
⑥ 정기적(분기 또는 월별)으로 현장 시공상태를 종합적으로 점검·확인·평가하고 기술지도
⑦ 공사와 관련하여 발주자(지원업무 수행자 포함)가 요구한 기술적 사항 등에 대한 검토
⑧ 그 밖에 감리업무 추진에 필요한 기술지원 업무

3) 설계도서 등의 검토

① 감리원은 설계도면, 설계설명서, 공사비 산출내역서, 기술계산서, 공사계약서의 계약내용과 해당 공사의 조사·설계보고서 등의 내용을 완전히 숙지하여 새로운 방향의 공법 개선 및 예산 절감을 도모하도록 노력하여야 한다.
② 감리원은 설계도서 등에 대하여 공사계약문서 상호 간의 모순되는 사항, 현장 실정과의 부합 여부 등 현장 시공을 주안으로 하여 해당 공사 시작 전에 검토하여야 하며 검토내용에는 다음 각 호의 사항 등이 포함되어야 한다.
㉠ 현장조건에 부합 여부
㉡ 시공의 실제 가능 여부

ⓒ 다른 사업 또는 다른 공정과의 상호부합 여부
ⓔ 설계도면, 설계설명서, 기술계산서, 산출내역서 등의 내용에 대한 상호일치 여부
ⓜ 설계도서의 누락, 오류 등 불명확한 부분의 존재 여부
ⓗ 발주자가 제공한 물량 내역서와 공사업자가 제출한 산출내역서의 수량일치 여부
ⓢ 시공상의 예상 문제점 및 대책 등

4) 발주자의 지도 · 감독 및 지원업무 수행자의 업무범위

발주자는 감리용역계약서에 따라 다음 각 호의 사항에 대하여 감리원을 지도 · 감독하며 모든 지시 및 통보는 감리업자 또는 감리원을 통하여 전달 또는 시행되도록 하여야 한다.

① 적정 자격 보유 여부 및 상주이행 상태
② 품위손상 여부 및 근무자세
③ 지시사항 이행상태
④ 행정서류 및 비치서류의 처리기록 관리
⑤ 각종 보고서의 처리상태
⑥ 감리용역비 중 직접경비(감리대가기준)의 현장지급 여부 확인

5) 감리업자는 감리용역 착수 시 다음 각 호의 서류를 첨부한 착수신고서를 제출하여 발주자의 승인을 받아야 한다.

① 감리업무 수행계획서
② 감리비 산출내역서
③ 상주, 비상주 감리원 배치계획서와 감리원의 경력확인서
④ 감리원 조직 구성내용과 감리원별 투입기간 및 담당업무

6) 감리원은 설계도서 등에 대하여 공사계약문서 상호 간의 모순되는 사항, 현장 실정과의 부합 여부 등 현장 시공을 주안으로 하여 해당 공사 시작 전에 검토하여야 하며, 검토내용에는 다음 각 호의 사항 등이 포함되어야 한다.

① 현장조건에 부합 여부
② 시공의 실제 가능 여부
③ 다른 사업 또는 다른 공정과의 상호부합 여부
④ 설계도면, 설계설명서, 기술계산서, 산출내역서 등의 내용에 대한 상호일치 여부
⑤ 설계도서의 누락, 오류 등 불명확한 부분의 존재 여부
⑥ 발주자가 제공한 물량 내역서와 공사업자가 제출한 산출내역서의 수량 일치 여부
⑦ 시공상의 예상 문제점 및 대책 등

7) 착공신고서 검토 및 보고

감리원은 공사가 시작된 경우에는 공사업자로부터 다음 각 호의 서류가 포함된 착공신고서를 제출받아 적정성 여부를 검토하여 7일 이내에 발주자에게 보고하여야 한다.

① 시공관리책임자 지정통지서(현장관리조직, 안전관리자)
② 공사 예정공정표
③ 품질관리계획서
④ 공사도급 계약서 사본 및 산출내역서
⑤ 공사 시작 전 사진
⑥ 현장기술자 경력사항 확인서 및 자격증 사본
⑦ 안전관리 계획서
⑧ 작업인원 및 장비투입 계획서
⑨ 그 밖에 발주자가 지정한 사항

8) 감리원은 다음 각 호의 서식 중 해당 감리현장에서 감리업무 수행상 필요한 서식을 비치하고 기록·보관하여야 한다.

① 감리업무일지
② 근무상황판
③ 지원업무수행 기록부
④ 착수 신고서
⑤ 회의 및 협의내용 관리대장
⑥ 문서접수대장
⑦ 문서발송대장
⑧ 교육실적 기록부
⑨ 민원처리부
⑩ 지시부
⑪ 발주자 지시사항 처리부
⑫ 품질관리 검사·확인대장
⑬ 설계변경 현황
⑭ 검사 요청서
⑮ 검사 체크리스트
⑯ 시공기술자 설명부
⑰ 검사결과 통보서
⑱ 기술검토 의견서
⑲ 주요 기자재 검수 및 수불부
⑳ 기성부분 감리조서
㉑ 발생품(잉여자재) 정리부
㉒ 기성부분 검사조서
㉓ 기성부분 검사원
㉔ 준공 검사원
㉕ 기성공정 내역서
㉖ 기성부분 내역서
㉗ 준공검사조서
㉘ 준공감리조서
㉙ 안전관리 점검표
㉚ 사고보고서
㉛ 재해발생 관리부
㉜ 사후환경영향조사 결과보고서

9) 시공계획서의 검토 · 확인

감리원은 공사업자가 작성 · 제출한 시공계획서를 공사 시작일부터 30일 이내에 제출받아 이를 검토 · 확인하여 7일 이내에 승인하여 시공하도록 하여야 하고, 시공계획서의 보완이 필요한 경우에는 그 내용과 사유를 문서로서 공사업자에게 통보하여야 한다. 시공계획서에는 시공계획서의 작성기준과 함께 다음 각 호의 내용이 포함되어야 한다.

① 현장 조직표
② 공사 세부공정표
③ 주요 공정의 시공 절차 및 방법
④ 시공일정
⑤ 주요 장비 동원계획
⑥ 주요 기자재 및 인력투입계획
⑦ 주요 설비
⑧ 품질 · 안전 · 환경관리 대책 등

10) 감리보고 등

① 책임감리원은 다음 각 호의 사항에 포함된 분기보고서를 작성하여 발주자에게 제출하여야 한다. 보고서는 매 분기 말 다음 달 5일 이내로 제출한다.
  ㉠ 공사추진 현황(공사계획의 개요와 공사추진계획 및 실적, 공정 현황, 감리용역 현황, 감리조직, 감리원 조치내역 등)
  ㉡ 감리원 업무일지
  ㉢ 품질검사 및 관리 현황
  ㉣ 검사요청 및 결과통보내용
  ㉤ 주요 기자재 검사 및 수불내역(주요 기자재 검사 및 입 · 출고가 명시된 수불 현황)
  ㉥ 설계변경 현황
  ㉦ 그 밖에 책임감리원이 감리에 관하여 중요하다고 인정하는 사항

② 감리원은 다음 각 호의 사항이 포함된 최종감리보고서를 감리기간 종료 후 14일 이내에 발주자에게 제출하여야 한다.
  ㉠ 공사 및 감리용역 개요 등(사업목적, 공사개요, 감리용역 개요, 설계용역 개요)
  ㉡ 공사추진 실적 현황(기성 및 준공검사 현황, 공종별 추진실적, 설계변경 현황, 공사현장 실정보고 및 처리 현황, 지시사항 처리, 주요인력 및 장비 투입 현황, 하도급 현황, 감리원 투입 현황)
  ㉢ 품질관리 실적(검사요청 및 결과통보 현황, 각종 측정기록 및 조사표, 시험장비 사용현황, 품질관리 및 측정자 현황, 기술검토실적 현황 등)
  ㉣ 주요 기자재 사용실적(기자재 공급원 승인 현황, 주요 기자재 투입 현황, 사용자재 투입 현황)
  ㉤ 안전관리 실적(안전관리조직, 교육실적, 안전점검실적, 안전관리비 사용실적)
  ㉥ 환경관리 실적(폐기물 발생 및 처리실적)
  ㉦ 종합분석

11) 제3자의 손해 방지

감리원은 다음 각 호의 공사현장 인근상황을 공사업자에게 충분히 조사하도록 함으로써 시공과 관련하여 제3자에게 손해를 주지 않도록 공사업자에게 대책을 강구하게 하여야 한다.
① 지하매설물
② 인근의 도로
③ 교통시설물
④ 인접건조물
⑤ 농경지, 산림 등

12) 시공상세도 승인

감리원은 공사업자로부터 시공상세도를 사전에 제출받아 다음 각 호의 사항을 고려하여 공사업자가 제출한 날부터 7일 이내에 검토·확인하여 승인한 후 시공할 수 있도록 하여야 한다. 다만, 7일 이내에 검토·확인이 불가능한 때에는 사유 등을 명시하여 통보하고, 통보사항이 없는 때에는 승인한 것으로 본다.
① 설계도면, 설계설명서 또는 관계 규정에 일치하는지 여부
② 현장의 시공기술자가 명확하게 이해할 수 있는지 여부
③ 실제 시공 가능 여부
④ 안정성의 확보 여부
⑤ 계산의 정확성
⑥ 제도의 품질 및 선명성, 도면작성 표준에 일치 여부
⑦ 도면으로 표시 곤란한 내용은 시공 시 유의사항으로 작성되었는지 등의 검토

13) 시공기술자 등의 교체

① 감리원은 공사업자의 시공기술자 등이 아래 ②에 해당되어 해당 공사현장에 적합하지 않다고 인정되는 경우에는 공사업자 및 시공기술자에게 문서로 시정을 요구하고, 이에 불응하는 때에는 발주자에게 그 실정을 보고하여야 한다.
② 감리원으로부터 시공기술자의 실정보고를 받은 발주자는 지원업무 담당자에게 실정 등을 조사·검토하게 하여 교체사유가 인정될 경우에는 공사업자에게 시공기술자의 교체를 요구하여야한다. 이 경우 교체 요구를 받은 공사업자는 특별한 사유가 없으면 신속히 교체에 응하여야 한다.
㉠ 시공기술자 및 안전관리자가 관계 법령에 따른 배치기준, 겸직금지, 보수교육 이수 및 품질관리 등의 법규를 위반하였을 때

ⓒ 시공관리책임자가 감리원과 발주자의 사전 승낙을 받지 아니하고 정당한 사유 없이 해당 공사현장을 이탈한 때
   ⓒ 시공관리책임자가 고의 또는 과실로 공사를 조잡하게 시공하거나 부실시공을 하여 일반인에게 위해를 끼친 때
   ⓔ 시공관리 책임자가 계약에 따른 시공 및 기술능력이 부족하다고 인정되거나 정당한 사유 없이 기성 공정이 예정공정에 현격히 미달한 때
   ⓜ 시공관리책임자가 불법 하도급을 하거나 이를 방치하였을 때
   ⓑ 시공기술자의 기술능력이 부족하여 기공에 차질을 초래하거나 감리원의 정당한 지시에 응하지 아니할 때
   ⓢ 시공관리책임자가 감리원의 검사·확인 등 승인을 받지 아니하고 후속공정을 진행하거나 정당한 사유 없이 공사를 중단할 때

14) 공사 중지 및 재시공 지시 등의 적용한계는 다음 각 호와 같다.
   ① **재시공** : 시공된 공사가 품질확보 미흡 또는 위해를 발생시킬 우려가 있다고 판단되거나, 감리원의 확인·검사에 대한 승인을 받지 아니하고 후속 공정을 진행한 경우와 관계 규정에 맞지 아니하게 시공한 경우
   ② **공사 중지** : 시공된 공사가 품질확보 미흡 또는 중대한 위해를 발생시킬 우려가 있다고 판단되거나, 안전상 중대한 위험이 발견된 경우에는 공사 중지를 지시할 수 있으며 공사 중지는 부분중지와 전면중지로 구분한다.
      ㉠ 부분중지
         • 재시공 지시가 이행되지 않은 상태에서는 다음 단계의 공정이 진행됨으로써 하자발생이 될 수 있다고 판단될 때
         • 안전시공상 중대한 위험이 예상되어 물적·인적 중대한 피해가 예견될 때
         • 동일 공정에 있어 3회 이상 시정지시가 이행되지 않을 때
         • 동일 공정에 있어 2회 이상 경고가 있었음에도 이행되지 않을 때
      ㉡ 전면중지
         • 공사업자가 고의로 공사의 추진을 지연시키거나, 공사의 부실 발생 우려가 짙은 상황에서 적절한 조치를 취하지 않은 채 공사를 계속 진행하는 경우
         • 부분중지가 이행되지 않음으로써 전체 공정에 영향을 끼칠 것으로 판단될 때
         • 지진·해일·폭풍 등 불가항력적인 사태가 발생하여 시공을 계속할 수 없다고 판단될 때
         • 천재지변 등으로 발주자의 지시가 있을 때

전기계획

ENGINEER ELECTRICITY

PART 4

Table-Spec

1 KS C IEC 전선규격

전선의 공칭 단면적[mm²]
1.5 · 2.5 · 4 · 6 · 10 · 16 · 25 · 35 · 50 · 70 · 95 120 · 150 · 185 · 240 · 300 · 400

2 금속제 전선관

금속관 공사는 전선관 공사 중 가장 안전한 공사방법으로 어느 장소에나 쉽게 시설할 수 있어, 가장 널리 이용되고 있다. 일반적으로 전선관 공사라 하면 금속관 공사를 칭하는 것이다. 금속제 전선관 배선은 금속 전선관 속에 절연 전선을 넣어서 시공하는 것으로 기계적 충격에 강하고 전선의 인입과 교체가 용이하다. 때문에 공장이나 빌딩 등의 배선에 널리 이용되고 있다.

1) 금속제 전선관의 종류

| 표 1. 금속제 전선관의 종류 |

종 류	굵기[mm](관의 호칭)	바깥지름	두 께	비 고
후강 전선관	16	21.0	2.3	호칭은 관의 안지름을 표시
	22	26.5	2.3	
	28	33.3	2.5	
	36	41.9	2.5	
	42	47.8	2.5	
	54	59.6	2.8	
	70	75.2	2.8	
	82	87.9	2.8	
	92	100.7	3.5	
	104	133.4	3.5	

01 Table-Spec

종 류	굵기[mm](관의 호칭)	바깥지름	두 께	비 고
박강 전선관	19	19.1	1.6	호칭은 관의 바깥지름을 표시
	25	25.4	1.6	
	31	31.8	1.6	
	39	38.1	1.6	
	51	50.8	1.6	
	63	63.5	2.0	
	75	76.2	2.0	

금속제 전선관의 종류에는 후강 전선관과 박강 전선관이 있다(표 1 참조). 후강 전선관(호칭은 관의 안지름)은 16[mm]에서 104[mm]까지 10종이고, 박강 전선관(호칭은 관의 바깥지름)은 19[mm]에서 75[mm]까지 7종이다.

3 관의 굵기 선정

① 동일 굵기의 절연전선을 동일 관 내에 넣을 경우의 금속관 굵기는 표 2부터 표 4까지에 따라 선정한다.
② 관의 굴곡이 적어 쉽게 전선을 끌어낼 수 있는 경우는 제1항의 규정에 관계없이 동일 굵기로 단면적 10[mm^2] 이하는 표 5, 기타의 경우는 표 6부터 표 9까지에 의하여 전선의 피복절연물을 포함한 단면적의 총합계가 관 내 단면적의 48% 이하가 되도록 할 수 있다.
③ 굵기가 다른 절연전선을 동일 관 내에 넣을 경우의 금속관 굵기는 표 6부터 표 9까지에 따라 전선의 피복절연물을 포함한 단면적의 총합계가 관 내 단면적의 32% 이하가 되도록 선정한다.
④ 2021년 개정된 KEC에 의해 금속관의 굵기는 케이블 또는 절연도체의 내부 단면적이 금속관 단면적의 $\frac{1}{3}$ 을 초과하지 않도록 통합되었다.

| 표 2. 후강 전선관의 굵기 선정 |

도체 단면적 [mm^2]	전선 본수									
	1	2	3	4	5	6	7	8	9	10
	전선관의 최소 굵기[mm]									
2.5	16	16	16	16	22	22	22	28	28	28
4	16	16	16	22	22	22	28	28	28	28
6	16	16	22	22	22	28	28	28	36	36
10	16	22	22	28	28	36	36	36	36	36
16	16	22	28	28	36	36	36	42	42	42
25	22	28	28	36	36	42	54	54	54	54
35	22	28	36	42	54	54	54	70	70	70

도체 단면적 [mm²]	전선 본수									
	1	2	3	4	5	6	7	8	9	10
	전선관의 최소 굵기[mm]									
50	22	36	54	54	70	70	70	82	82	82
70	28	42	54	54	70	70	70	82	82	82
95	28	54	54	70	70	82	82	92	92	104
120	36	54	54	70	70	82	82	92		
150	36	70	70	82	92	92	104	104		
185	36	70	70	82	92	104				
240	42	82	82	92	104					

| 표 3. 박강 전선관의 굵기 선정 |

도체 단면적 [mm²]	전선 본수									
	1	2	3	4	5	6	7	8	9	10
	전선관의 최소 굵기[mm]									
2.5	19	19	19	25	25	25	25	31	31	31
4	19	19	19	25	25	25	31	31	31	31
6	19	19	25	25	31	31	31	31	39	39
10	19	25	25	31	31	31	39	39	39	51
16	19	25	31	31	39	39	51	51	51	51
25	25	31	31	39	51	51	51	51	63	63
35	25	31	39	51	51	63	63	63	75	75
50	25	39	51	51	51	63	63	75	75	
70	31	51	51	63	63	75	75	75		
95	31	51	63	75	75	75				
120	39	63	75	75	75					
150	39	63	75	75						
185	51	75	75							
240	51	75	75							

| 표 4. 최대 전선 본수(10본을 초과하는 전선을 넣는 경우) |

도체 단면적 [mm²]	전선 본수							
	후강 전선관(본)				박강 전선관(본)			
	28호	36호	42호	54호	31호	39호	51호	63호
2.5	12	21	28	45	12	19	35	55
4		17	23	36		15	28	44
6		14	19	30		12	23	37
10			13	21			16	26

01 Table-Spec

| 표 5. 관의 굴곡이 적어 쉽게 전선을 끌어낼 수 있는 경우의 최대 전선 본수 (450/750[V] 일반용 단심 비닐절연전선) |

도체 단면적 [mm²]	전선 본수			
	후강 전선관(본)		박강 전선관(본)	
	16호	22호	19호	25호
2.5	6	11	5	11
4	5	9	4	9
6	4	7	3	7
10	3	5	2	5

| 표 6. 전선(피복절연물을 포함)의 단면적 |

도체 단면적[mm²]	절연체 두께[mm]	평균완성 바깥지름[mm]	전선의 단면적[mm²]
1.5	0.7	3.3	9
2.5	0.8	4.0	13
4	0.8	4.6	17
6	0.8	5.2	21
10	1.0	6.7	35
16	1.0	7.8	48
25	1.2	9.7	74
35	1.2	10.9	93
50	1.4	12.8	128
70	1.4	14.6	167
95	1.6	17.1	230
120	1.6	18.8	277
150	1.8	20.9	343
185	2.0	23.3	426
240	2.2	26.6	555
300	2.4	29.6	688
400	2.6	33.2	865

| 표 7. 절연전선을 금속관 내에 넣을 경우의 보정계수 |

도체 단면적[mm²]	보정계수
2.5, 4	2.2
6, 10	1.2
16 이상	1.0

| 표 8. KEC 개정 전 후강 전선관 내 단면적의 32[%] 및 48[%] |

관의 호칭	내 단면적의 32%[mm²]	내 단면적의 48%[mm²]
16	67	101
22	120	180
28	201	301
36	342	513
42	460	690
54	732	1,098
70	1,216	1,825
82	1,701	2,552
92	2,205	3,308
104	2,843	4,265

| 표 9. KEC 개정 전 박강 전선관 내 단면적의 32[%] 및 48[%] |

관의 호칭	내 단면적의 32%[mm²]	내 단면적의 48%[mm²]
19	63	95
25	123	185
31	205	308
39	305	458
51	569	853
63	889	1,333
75	1,309	1,964

| 표 10. KEC 개정 후 금속관의 내 단면적 1/3(33.3[%]) |

후강전선관			박강전선관		
호칭	내경(mm)	1/3(mm²)	호칭	내경(mm)	1/3(mm²)
16	16.4	70	C19	15.9	66
22	21.9	125	C25	22.2	128
28	28.3	209	C31	28.6	214
36	36.9	356	C39	34.9	318
42	42.8	479	C51	47.6	592
54	54	763	C63	59.5	926
70	69.6	1,267	C75	72.2	1,364
82	82.3	1,772			
92	93.7	2,297			
104	106.4	2,962			

01 Table-Spec

④ 전압강하 계산식

① 옥내배선 등 비교적 배선의 길이가 짧고, 전선이 가는 경우에서 표피효과나 근접효과 등에 의한 도체저항값의 증가분이나 리액턴스분을 무시해도 지장이 없을 경우 아래 계산식으로 전압강하를 계산할 수 있다.

| 표 11. 배전방식에 대한 계수(K_1) |

배전방식	K_1	비 고
단상 2선식	2	선간
단상 3선식, 3상 4선식	1	대지간
3상 3선식	$\sqrt{3}$	선간

| 표 12. 배전방식에 대한 전압강하 |

배전방식	전압강하	비 고
단상 2선식	$e = \dfrac{35.6 \times L \times I}{1,000 \times A}$	선간
단상 3선식, 3상 4선식	$e = \dfrac{17.8 \times L \times I}{1,000 \times A}$	대지간
3상 3선식	$e = \dfrac{30.8 \times L \times I}{1,000 \times A}$	선간

여기서, e : 전압강하[V]
I : 부하전류[A]
L : 선로의 길이[m]
A : 사용전선의 단면적[mm²]

② 전선 최대길이 표가 주어지는 경우 단면적 계산

㉠ 최대긍장 = $\dfrac{\text{배선 설계 긍장} \times \dfrac{\text{최대부하전류}}{\text{임의의 표 전류}}}{\dfrac{\text{배전 설계 전압강하}}{\text{표의 전압강하}}}$

㉡ 배선설계 긍장 계산

ⓐ 균일 분포 부하 : $L = \dfrac{\ell \cdot N}{2}[m] + (\text{분전반 첫 번째 부하까지 거리})$

ⓑ 불균일 분포 부하 : $L = \dfrac{\ell_1 i_1 + \ell_2 i_2 \cdots + \ell_n i_n}{i_1 + i_2 \cdots + i_n}[m]$

핵심 과년도 문제

01 그림과 같은 분기회로 전선의 단면적을 산출하여 적당한 굵기를 선정하시오.

- 배전방식은 단상 2선식 교류 200[V]로 한다.
- 사용 전선은 450/750[V] 일반용 단심 비닐절연전선이다.
- 사용 전선관은 후강전선관으로 하며, 전압 강하는 최원단에서 2[%]로 보고 계산한다.

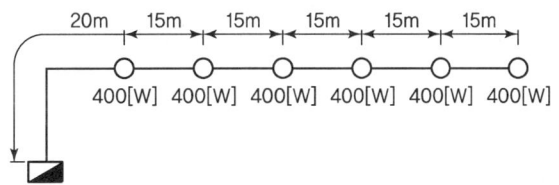

[해답] ① 배전선 길이 $L' = L + \dfrac{l \times N}{2} = 20 + \dfrac{15 \times 5}{2} = 57.5[m]$

② 부하전류 $I = \dfrac{\Sigma P}{V} = \dfrac{400 \times 6}{200} = 12[A]$

③ 전선의 굵기 $A = \dfrac{35.6LI}{1,000e} = \dfrac{35.6 \times 57.5 \times 12}{1,000 \times 4} = 6.14 \leq 10[mm^2]$

답 $10[mm^2]$

02 다음 그림과 같은 단상 2선식 분기회로의 전선 굵기를 표준 단면적으로 산정하시오. (단, 전압 강하는 2[V] 이하이고, 배선방식은 교류 220[V] 후강전선관 공사로 한다고 한다.)

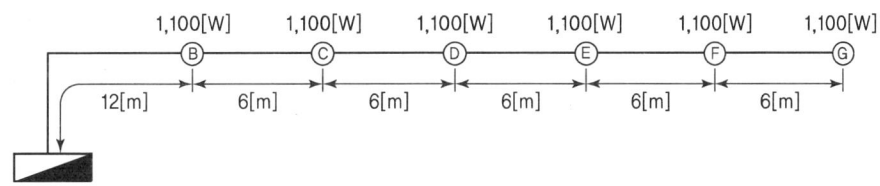

[해답] 부하 중심점 $L = \dfrac{I_1 l_1 + I_2 l_2 + I_3 l_3 + \cdots + I_n l_n}{I_1 + I_2 + I_3 + \cdots + I_n}$

$L = \dfrac{5 \times 12 + 5 \times 18 + 5 \times 24 + 5 \times 30 + 5 \times 36 + 5 \times 42}{5+5+5+5+5+5} = 27[m]$

부하 전류 $I = \dfrac{1,100 \times 6}{220} = 30[A]$

∴ 전선의 굵기 $A = \dfrac{35.6LI}{1,000e} = \dfrac{35.6 \times 27 \times 30}{1,000 \times 2} = 14.42[mm^2]$

그러므로, 공칭 단면적 $16[mm^2]$로 결정

답 $16[mm^2]$

③ KEC 규정에 따른 수용가 설비에서의 전압강하

다른 조건을 고려하지 않는다면 수용가 설비의 인입구로부터 기기까지의 전압강하는 아래 표의 값 이하이어야 한다.

설비의 유형	조명(%)	기타(%)
A : 저압으로 수전하는 경우	3	5
B : 고압 이상으로 수전하는 경우*	6	8

* 가능한 한 최종회로 내의 전압강하가 A유형의 값을 넘지 않도록 하는 것이 바람직하다. 사용자의 배선설비가 100m를 넘는 부분의 전압강하는 미터당 0.005% 증가할 수 있으나 이러한 증가분은 0.5%를 넘지 않아야 한다.

핵심 과년도 문제

03 25[m]의 거리에 있는 분전함에서 4[kW]의 교류 단상 200[V] 전열기를 설치하였다. 배선 방법을 금속관 공사로 하고 전압 강하를 1[%] 이하로 하기 위해서 전선의 굵기를 얼마로 선정하는 것이 적당한가?(단, 전선규격은 1.5, 2.5, 4, 6, 10, 16, 25, 35에서 선정한다.)

[해답] 계산 : $I = \dfrac{P}{V} = \dfrac{4 \times 10^3}{200} = 20[A]$

$e = 200 \times 0.01 = 2[V]$

$A = \dfrac{35.6LI}{1,000 \cdot e} = \dfrac{35.6 \times 25 \times 20}{1,000 \times 2} = 8.9[mm^2]$ **답** $10[mm^2]$

04 3상 4선식 교류 380[V], 30[kVA] 부하가 변전실 배전반에서 300[m] 떨어져 설치되어 있다. 허용 전압강하는 얼마이며 이 경우 배전용 전선의 최소 굵기는 얼마로 하여야 하는지 계산하시오. ※ KEC 규정에 따라 변경

1 허용 전압강하를 계산하시오.
2 전선의 굵기를 선정하시오.

[해답] 1 계산

$e = 380 \times 0.055 = 20.9[V]$ (∵ 저압수전 - 5%, $(300-100)m \times 0.005 = 1\% \rightarrow 0.5\%$ 적용)

답 20.9[V]

2 계산

$I = \dfrac{P}{\sqrt{3}V} = \dfrac{30 \times 10^3}{\sqrt{3} \times 380} = 45.58[A]$

전선의 굵기 $= \dfrac{17.8LI}{1,000e} = \dfrac{17.8 \times 300 \times 45.58}{1,000 \times 220 \times 0.055} = 20.12[mm^2]$ **답** $25[mm^2]$

TIP

① 다른 조건을 고려하지 않을 경우 설비의 인입구로 부터 기기까지의 전압강하는 아래의 값 이하이어야 한다.

설비의 유형	조명[%]	기타[%]
A – 저압으로 수전하는 경우	3	5
B* – 고압 이상으로 수전하는 경우	6	8

* 가능한 한 최종회로 내의 전압강하가 A유형을 넘지 않도록 하는 것이 바람직하다. 사용자의 배선 설비가 100[m] 넘는 부분의 전압강하는 미터당 0.005[%] 증가할 수 있으나 이러한 증가분은 0.5[%]를 넘지 않도록 한다.

② 배전방식에 따른 도체단면적

단상 2선식	$A = \dfrac{35.6LI}{1,000e}$	선간
3상 3선식	$A = \dfrac{30.8LI}{1,000e}$	선간
3상 4선식	$A = \dfrac{17.8LI}{1,000e}$	대지간

③ IEC 전선규격[mm^2]
 1.5, 2.5, 4, 6, 10, 16, 25, 35, 50, 70, 95, 120, 150, 185···.

5 분기회로의 종류

분기회로는 분기회로를 보호하는 분기과전류 차단기의 정격전류에 의해 아래 표 13과 같이 분류된다.

| 표 13. 분기회로의 종류 |

산업용 분기회로의 종류	주택용 분기회로의 종류
15[A] 분기회로	16[A] 분기회로
20[A] 분기회로	20[A] 분기회로
30[A] 분기회로	25[A] 분기회로
40[A] 분기회로	32[A] 분기회로
50[A] 분기회로	40[A] 분기회로
60[A] 분기회로	50[A] 분기회로
75[A] 분기회로	63[A] 분기회로
100[A] 분기회로	80[A] 분기회로
–	100[A] 분기회로

6 부하의 산정

배선을 설계하기 위한 전등 및 소형 전기 기계 기구의 부하 용량 산정은 표 14에 표시하는 건물의 종류 및 그 부분에 해당하는 표준부하에 바닥 면적을 곱한 값을 구하고 여기에 가산하여야 할 [VA] 수를 더한 값으로 한다. 이들을 기호로 표시하면 다음과 같다. 부하설비 용량은 부하 밀도에 대한 표준부하, 부분부하, 가산부하 등을 고려하여 결정한다.

$$P_S = PA + QB + C'[VA]$$

여기서, P : 주 건축물의 바닥면적[m²]
Q : 건축물의 부분 바닥면적[m²]
P_S : 부하설비 용량
A : 표준부하 밀도[VA/m²]
B : 부분부하 밀도[VA/m²]
C : 가산부하[VA]

| 표 14. 표준부하 (A) |

건물 종류	부하밀도
공장, 공회장, 사원, 교회, 극장, 영화관	10[VA/m²]
기숙사, 여관, 호텔, 병원, 음식점, 다방	20[VA/m²]
주택, 아파트, 사무실, 은행, 백화점, 상점	30[VA/m²]

※ 주택 및 아파트의 부하밀도는 40[VA/m²]로 조정될 수 있으나 항상 주어진 표를 기준으로 한다.

| 표 15. 표준부하 (B) |

건물 부분	부하밀도
계단, 복도, 낭하, 창고	5[VA/m²]
강단, 관람석	10[VA/m²]

| 표 16. 표준부하 (C) |

건물 부분	가산부하
주택, 아파트	세대당 500~1,000[VA]
상점 진열장	길이 1[m]마다 300[VA]
옥외 광고등, 전광사인, 무대 조명, 특수전등 등	해당 부하[VA]

| 표 17. 수구종류에 의한 예상부하 |

수구의 종류	예상부하 [AV/개]	비 고
소형전등 수구, 콘센트	150	소형 : 공칭지름 26[mm]의 베이스
대형 전등수구	300	대형 : 공칭지름 39[mm]의 베이스

✓ 핵심 과년도 문제

05 아래 그림과 같은 건물의 표준부하는 몇 [VA]인가?(단, 주택에 대한 가산부하는 내선규정 1세대당 500~1,000[VA]에 의한 최대치로 한다. 점포 및 주택의 표준부하는 30[VA/m²], 창고 표준부하는 5[VA/m²] 진열장은 폭 1[M]에 대하여 300[VA])

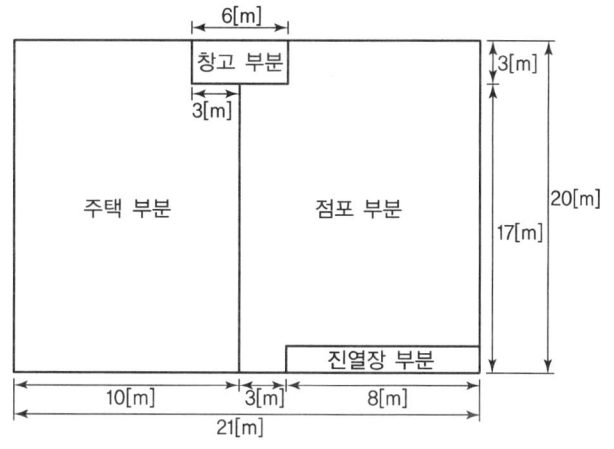

| 건물의 구성 |

해답) 부하산정 = 면적[m²] × 표준부하[VA/m²] + 가산부하[VA]

주택 1세대당 가산부하는 500~1,000[VA]이다. 최대치이므로 1,000[VA] 가산하고, 진열장은 1[M]에 대하여 300[VA]이므로 300×8=2,400[VA]를 가산한다.

P_S = {[(주택 부분 면적+상점 부분 면적) × 30] + (창고 부분 면적 × 5)
　　　+ (진열장 가산부하 + 주택 가산부하)}
　= {[(420 − 18) × 30] + (18 × 5) + (2,400 + 1,000)}
　= 12,060 + 90 + 3,400 = 15,550[VA]

Table-Spec

7 분기회로의 수 결정

기존 2021년 이전 분기회로의 수구 수는 부하 상정에 따라 상정한 부하 설비 용량의 사용 전압이 220[V]인 경우에는 3,300[VA]로 나눈 값(사용 전압 110[V]인 경우에는 1,650[VA]로 나눈 값)을 원칙으로 한다(15A 기준, 계산 소수점이 생긴 경우 절상하는 것으로 한다.)

수구 종류에 따른 예상 적용 부하는 표 18과 같으며 전등 회로의 경우 접속 개수구에는 제한이 없으나 부하 전류 합계가 15[A]인 경우 80[%] 정도로 한다. 일반 콘센트 전용 회로에서는 사무실, 빌딩인 경우는 7~8개에 1회로를 선정한다.

| 표 18. 분기회로의 최대 수구 수 |

분기회로의 종류	수구의 종류		최대 수구 수
15[A] 분기회로 20[A] 배선용 차단기 분기회로	전등 수구 전용		제한하지 않음
	콘센트 전용	주택 및 아파트	제한하지 않음 다만, 정격 소비 전력 2kW(110[V]는 1[kW])를 넘는 대형 전기기계기구를 사용하는 콘센트는 1개로 함
		기타	10개 이하, 미장원, 세탁소 등에서 사무용 기계기구를 사용하는 콘센트를 원칙으로 하고 동일실 내에 시설하는 경우에 한하여 2개까지 함
	전등 수구와 콘센트 전용		전등 수구는 제한하지 않으며 콘센트는 콘센트 전용에 따름
20[A] 분기회로 30[A] 분기회로 40[A] 분기회로 50[A] 분기회로	대형 전등 수구 전용		제한하지 않음
	콘센트 전용		2개 이하

그러나 KEC 규정 적용에 의해 분기 회로수는 16[A]를 기준으로 하며 계산하는 방법은 종전과 동일하다.

핵심 과년도 문제

06 전등, 콘센트만 사용하는 220[V], 총 부하산정용량 12,000[VA]의 부하가 있다. 이 부하의 분기회로수를 구하시오. (단, 16[A] 분기회로로 한다.)

해답 계산 : 분기회로수 $= \dfrac{\text{총 부하산정용량}}{\text{전압} \times \text{분기회로 전류}} = \dfrac{12,000}{220 \times 16} = 3.41$ 회로

답 16[A] 분기 4회로

> **TIP**
> ① 분기회로수를 구할 때 소수점 이하는 절상한다.
> ② 분기회로란 과전류차단기 개수를 말한다.

07 연면적이 250[m²]의 주택에 다음 조건과 같은 전기설비를 시설하고자 할 때 세대 분전반에 사용할 20[A]와 30[A]의 분기회로수는 각각 몇 회로로 하여야 하는지를 결정하시오. (단, 분전반의 공급전압은 단상 220[V]이며, 전등 및 전열의 분기회로는 20[A], 에어컨은 30[A] 분기회로이다.)

[조건]
- 전등과 전열용 부하는 30[VA/m²]
- 2,500[VA] 용량의 에어컨 2대
- 예비부하는 3,500[VA]

[해답] ① 전등 및 전열용 부하

계산 : 상정부하＝바닥면적×부하밀도＋가산부하＝(250×30)＋3,500＝11,000[VA]

$$20[A] \text{ 분기회로수} = \frac{11,000}{220 \times 20} = 2.5$$

답 20[A] 분기 3회로

② 에어컨

계산 : $30[A] \text{ 분기회로수} = \frac{2,500 \times 2}{220 \times 30} = 0.76$ 회로

답 30[A] 분기 1회로

> **TIP**
> ① 분기회로수 산정 시 소수가 발생되면 무조건 절상하여 산출한다.
> ② 220[V]에서 3[kW](110[V] 때는 1.5[kW]) 이상인 경우에는 단독분기회로를 사용하여야 한다. (에어컨 등)

01 Table-Spec

08 점포가 붙어 있는 일반주택이 그림과 같을 때 주어진 참고 자료를 이용하여 다음 문항에 답하시오. (단, 사용 전압은 220[V]라고 한다.)

- RC는 220[V]에서 3[kW](110[V], 1.5[kW]) 전용분기회로를 사용한다.
- 주어진 참고자료의 수치 적용은 최댓값을 적용하도록 한다.

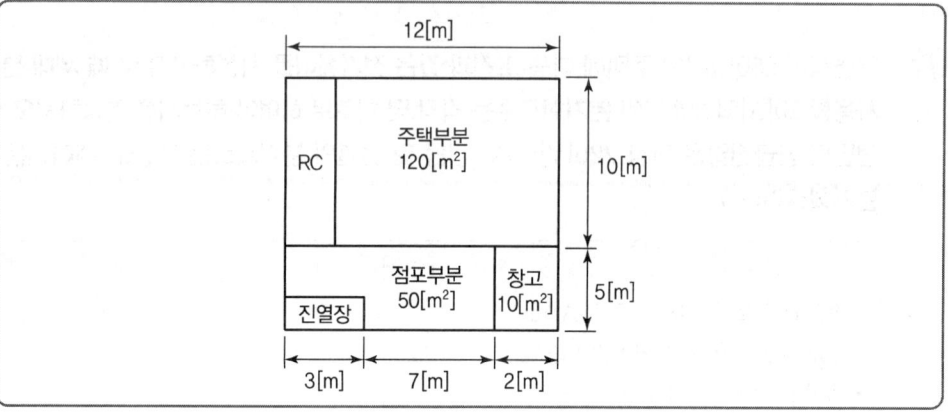

[참고자료]

가. 설비부하용량은 다만 "가" 및 "나"에 표시하는 종류 및 그 부분에 해당하는 표준부하에 바닥면적을 곱한 값에 "다"에 표시하는 건물 등에 대응하는 표준부하 [VA]를 가한 값으로 할 것

표 1. 표준부하	
건축물의 종류	표준부하[VA/m²]
공장, 공회당, 사원, 교회, 극장, 영화관, 연회장 등	10
기숙사, 여관, 호텔, 병원, 학교, 음식점, 다방, 대중목욕탕	20
주택, 아파트, 사무실, 은행, 상점, 이발소, 미장원	30

[비고] 건물이 음식점과 주택 부분의 2 종류로 될 때에는 각각 그에 따른 표준부하를 사용할 것
[비고] 학교와 같이 건물의 일부분이 사용되는 경우에는 그 부분만을 적용한다.

나. 건물(주택, 아파트 제외) 중 별도 계산할 부분의 표준부하

표 2. 부분적인 표준부하	
건축물의 종류	표준부하[VA/m²]
복도, 계단, 세면장, 창고, 다락	5
강당, 관람석	10

다. 표준부하에 따라 산출한 수치에 가산하여야 할 [VA] 수
   ① 주택, 아파트(1세대마다)에 대하여는 1,000~500[VA]
   ② 상점의 진열장에 대하여는 진열장 폭 1[m]에 대하여 300[VA]
   ③ 옥외의 광고등, 전광 사인등의 [VA] 수
   ④ 극장, 댄스홀 등의 무대조명, 영화관 등의 특수 전등부하의 [VA] 수

1 배선을 설계하기 위한 전등 및 소형전기기계기구의 설비용량을 계산하시오.
2 다음 괄호 안에 들어갈 내용을 완성하시오.
사용 전압 220[V]의 15[A], 20[A](배선용 차단기에 한한다) 분기회로수는 "부하의 상정"에 따라 상정한 설비부하용량(전등 및 소형 전기 기계 기구에 한한다)을 (①)[VA]로 나눈 값을 원칙으로 한다. 단, 사용전압이 110[V]인 경우에는 (②)[VA]로 나눈 값을 분기회로수로 한다. 이 경우 계산 결과에 단수가 생겼을 때에는 절상한다.
3 분기회로수를 사용전압이 220[V]인 경우 및 회로인지 구하시오.
4 분기회로수를 사용전압이 110[V]인 경우 및 회로인지 구하시오.
5 연속부하가 있는 분기회로의 부하용량은 그 분기회로를 보호하는 과전류차단기의 정격전류의 몇 [%]를 초과하지 않아야 하는가?(단, 연속부하는 상시 3시간 이상 연속하여 사용하는 것을 말한다.)

해답
1 계산 : $P = (120 \times 30) + (50 \times 30) + (3 \times 300) + (10 \times 5) + 1,000$
$= 7,050[VA]$ 답 7,050[VA]

2 ① 3,300   ② 1,650

3 사용전압이 220[V]인 경우 : $\frac{7,050}{3,300} = 2.14$
∴ 3회로+RC 1회로 총 4회로   답 4회로

4 사용전압이 110[V]인 경우 : $\frac{7,050}{1,650} = 4.27$
∴ 5회로+RC 1회로 총 6회로   답 6회로

5 80[%]

8 과전류에 대한 보호

과부하 전류 전용 보호장치는 아래(KEC 212.4)의 요구 사항을 충족하여야 하며, 차단용량은 그 설치점에서의 예상 단락전류 값 미만으로 할 수 있다.

1) 과부하 보호장치의 동작 특성

과부하에 대해 케이블(전선)을 보호하는 장치의 동작 특성은 다음의 조건을 충족해야 한다.
① $I_B \leq I_n \leq I_z$ ········ Ⓐ
② $I_2 \leq 1.45 I_z$ ········ Ⓑ
여기서, I_B : 회로의 설계전류
I_Z : 케이블의 허용전류
I_n : 보호장치의 정격전류
I_2 : 보호장치가 규약시간 이내에 유효하게 동작하는 것을 보장하는 전류

㉠ 조정할 수 있게 설계 및 제작된 보호장치의 경우 정격전류 I_n은 사용현장에 적합하게 조정된 전류의 설정값이다.
㉡ 보호장치의 유효한 동작을 보장하는 전류 I_2는 제조자로부터 제공되거나 제품 표준에 제시되어야 한다.
㉢ 식 ⓑ에 따른 보호는 조건에 따라서는 보호가 불확실한 경우가 발생할 수 있다. 이러한 경우에는 식 ⓑ에 따라 선정된 케이블보다 단면적이 큰 케이블을 선정해야 한다.
㉣ I_B는 선도체를 흐르는 설계전류이거나, 함유율이 높은 영상분 고조파(특히 제3고조파)가 지속적으로 흐르는 경우 중성선에 흐르는 전류이다.

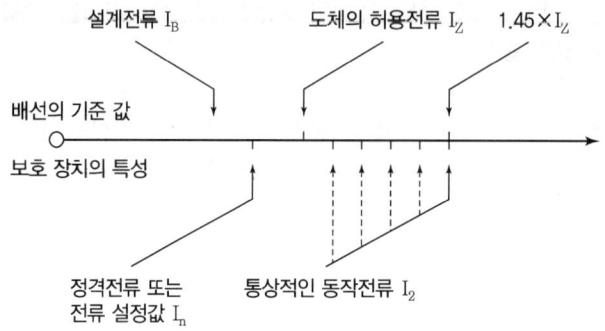

2) 도체와 과부하 보호장치 사이의 협조

① 도체를 보호하여야 하는 과부하 보호장치는 부하최대전류 또는 부하의 설계전류를 도체에 연속하여 안전하게 흐르게 하여야 하며, 설계전류 이상의 과부하전류가 흐르게 되면 도체를 보호하기 위하여 도체의 과부하 보호점($1.45I_Z$)이 보호될 수 있도록 하는 것이다. 보호장치의 설치 목적은 일반적으로 회로에 과부하전류가 흘러 도체의 절연체 및 피복에 온도상승으로 인한 열적 손상이 일어나기 전에 과부하전류를 차단하기 위함이다.

② 회로의 설계전류(I_B)는 분기회로인 경우에는 부하의 효율과 역률 및 부하율이 고려된 부하최대전류를 의미하며, 고조파 발생 부하인 경우에는 고조파전류에 의한 선전류 증가분이 고려되어야 한다. 간선의 경우에는 추가로 수용률, 부하불평형률, 장래 부하증가에 대한 여유 등이 고려되어야 한다. 회로의 설계전류는 다음 식으로 계산하여 적용하면 된다.

$$I_B = \frac{\sum P_i}{K \cdot V} \times \alpha \times h \times k$$

여기서, I_B : 회로의 설계전류[A]
   P_i : 단상 또는 3상 부하의 입력[VA]
   K : 상 계수(3상 : $\sqrt{3}$, 단상 : 1)
   V : 부하의 정격전압[V], α : 수용률
   h : 고조파 발생부하의 증가계수
   k : 부하의 불평형에 따른 선전류 증가 계수

③ 케이블의 허용전류(I_Z)는 도체가 정상상태에서 온도가 지정된 수치(절연물의 종류에 대한 최고허용온도)를 초과하지 않는 범위 이내에서 연속적으로 흘릴 수 있는 최대전류이다. 절연물의 종류에 따른 최고 허용온도는 아래와 같다.

절연물	최고허용온도[℃]
열가소성 물질[폴리염화비닐] PVC	70[℃]
열경화성 물질[가교폴리에틸렌] XLPE	90[℃]
무기물 (열가소성 물질 피복 또는 나도체로 사람이 접촉할 우려가 있는 것)	70[℃]
무기물 (사람의 접촉에 노출되지 않고, 가연성 물질과 접촉할 우려가 없는 나도체)	105[℃]

④ 보호장치의 정격전류(I_n)는 대기 중에 노출된 상태에서 규정된 온도상승한도를 초과하지 않는 한도 이내에서 연속하여 최대로 흘릴 수 있는 전류값으로 정하고 있다. 보호장치 정격전류의 표준값은 KS C IEC 60059(표준정격전류)에서 정하고 있다. 단, 정격전류를 조정할 수 있도록 설계 및 제작된 경우에는 조정된 전류값이 보호장치의 정격전류가 된다.

⑤ 보호장치의 규약동작전류(I_2)는 보호장치가 규약시간(60분 또는 120분) 이내에 유효한 동작을 보장하는 전류로 I_2는 제조사가 기술사양서에 공시하여 제공하거나, 제품 표준에 제시되어야 한다. 다음은 표준에서 규정하고 있는 보호장치의 동작특성이다.

| 표 1. 과전류트립 동작시간 및 특성(산업용 배선용 차단기) |

정격전류의 구분	시간	정격전류의 배수	
		부동작 전류	동작 전류
63[A] 이하	60분	1.05배	1.3배
63[A] 초과	120분	1.05배	1.3배

| 표 2. 순시트립에 따른 구분(주택용 배선용 차단기) |

형	순시트립 범위
B	$3I_n$ 초과 ~ $5I_n$ 이하
C	$5I_n$ 초과 ~ $10I_n$ 이하
D	$10I_n$ 초과 ~ $20I_n$ 이하

비고 1. B, C, D 순시트립전류에 따른 차단기 분류
    2. I_n 차단기 정격전류

| 표 3. 과전류트립 동작시간 및 특성(주택용 배선용 차단기) |

정격전류의 구분	시간	정격전류의 배수	
		부동작 전류	동작 전류
63[A] 이하	60분	1.13배	1.45배
63[A] 초과	120분	1.13배	1.45배

| 표 4. 퓨즈의 용단특성 |

정격전류의 구분	시간	정격전류의 배수	
		불용단 전류	용단 전류
4[A] 이하	60분	1.5배	2.1배
4[A] 초과 16[A] 미만	60분	1.5배	1.9배
16[A] 이상 63[A] 이하	60분	1.25배	1.6배
63[A] 초과 160[A] 이하	120분	1.25배	1.6배
160[A] 초과 400[A] 이하	180분	1.25배	1.6배
400[A] 초과	240분	1.25배	1.6배

⑥ 케이블(도체)의 과부하 보호점($1.45I_z$)은 I_2의 동작전류를 결정하는 범위의 한계값으로 케이블 허용전류의 1.45배가 된다. 따라서 I_2는 케이블 허용전류의 1.45배(과부하 보호점) 이내에서 선정하여야 한다. 보호협조 방법은 $I_B \leq I_n \leq I_z$, $I_2 \leq 1.45I_z$의 요구조건이 충족되도록 하여야 한다. 과전류 차단기의 정격전류 또는 설정값(I_n)은 회로 설계전류(I_B) 이상이 되어야 한다.

⑦ 과전류 차단기의 정격전류(I_n)는 정상운전 시 흐르는 최대사용전류와 비정상 조건에서 흐를 수 있는 전류 및 이 전류가 흐를 것으로 예상되는 시간을 고려하여 선정하여야 한다. 따라서 전동기 등과 같이 기동전류가 큰 부하의 경우에는 전동기 등의 기동 시 과전류 보호장치가 전동기의 기동전류에 동작되지 않도록 선정하여야 할 필요가 있다.

3) 케이블 단면적의 선정

케이블의 허용전류(I_z)는 과전류 차단기의 정격전류 또는 설정값(I_n) 이상이 되어야 한다. 케이블 허용전류의 크기와 단면적의 크기는 비례적 함수관계에 있으므로 케이블 단면적의 선정은 다음의 사항을 고려하여 결정하도록 한다.

① 도체의 연속사용온도 및 단시간 허용온도(열적 강도)
② 부하의 운전 시 허용전압강하 및 전동기부하의 기동 시 허용전압강하
③ 고장전류에 의해 발생할 수 있는 전자기력에 의한 기계적 강도
④ 도체가 받을 수 있는 그 외의 응력

⑤ 고장전류에 대한 보호기능과 관련한 최대 임피던스
⑥ 설치방법

$I_2 \leq 1.45 I_z$의 요구조건은 과전류 보호장치의 규약동작전류(I_2)를 케이블 허용전류(I_z)의 1.45배 이하가 되도록 설정하여야 한다. $1.45 I_z$는 케이블에 허용전류의 1.45배의 전류가 60분간 지속할 때 연속사용온도에 도달하는 지점이다. 이 점을 케이블의 과부하 보호점이라고 하며 과부하보호의 보호대상이 된다. 과부하전류의 크기가 도체의 허용전류(I_z)보다 크고, I_2 미만의 전류가 지속적으로 흐르는 경우에는 도체가 과전류 보호장치에 의하여 보호되지 않을 수도 있다. 이러한 경우에는 도체의 단면적을 더욱 크게 선정하여야 하며, 이러한 과부하전류에 의하여 도체가 장시간에 걸쳐 열적 손상에 의한 피해를 입는 것을 방지하기 위하여 가능한 한 도체의 허용전류 선정은 과부하 차단기 정격전류의 1.25배 이상이 되도록 선정하는 것이 바람직하다.

✓ 핵심 과년도 문제

09 단상 3선식 110/220[V]을 채용하고 있는 어떤 건물이 있다. 변압기가 설치된 수전실로부터 50[m] 되는 곳에 부하 집계표와 같은 분전반을 시설하고자 한다. 다음 표를 참고하여 전압변동률 2[%] 이하, 전압강하율 2[%] 이하가 되도록 다음 사항을 구하시오. (단, 공사방법은 B1이며, 전선은 PVC 절연전선이다, 후강 전선관 공사로 한다, 3선 모두 같은 선으로 한다, 부하의 수용률은 100[%]로 적용, 후강 전선관 내 전선의 점유율은 60[%] 이내를 유지할 것)

| 표 1. 부하 집계표 |

회로 번호	부하 명칭	부하[VA]	부하 분담[VA]		NFB 크기			비고
			A	B	극수	AF	AT	
1	전등	2,400	1,200	1,200	2	50	16	
2	〃	1,400	700	700	2	50	16	
3	콘센트	1,000	1,000	–	2	50	20	
4	〃	1,400	1,400	–	2	50	20	
5	〃	600	–	600	2	50	20	
6	〃	1,000	–	1,000	2	50	20	
7	팬코일	700	700	–	2	30	16	
8	팬코일	700	–	700	2	30	16	
합계		9,200	5,000	4,200				

01 Table-Spec

| 표 2. 전선(피복 절연물을 포함)의 단면적 |

도체 단면적[mm²]	절연체 두께[mm]	평균 완성 바깥지름[mm]	전선의 단면적[mm²]
1.5	0.7	3.3	9
2.5	0.8	4.0	13
4	0.8	4.6	17
6	0.8	5.2	21
10	1.0	6.7	35
16	1.0	7.8	48
25	1.2	9.7	74
35	1.2	10.9	93
50	1.4	12.8	128
70	1.4	14.6	167
95	1.6	17.1	230
120	1.6	18.8	277
150	1.8	20.9	343
185	2.0	23.3	426
240	2.2	26.6	555
300	2.4	29.6	688
400	2.6	33.2	865

(주) 1. 전선의 단면적은 평균 완성 바깥지름의 상한값을 환산한 값이다.
　　 2. KS C IEC60227-3의 450/750[V] 일반용 단심 비닐절연전선(연선)을 기준한 것이다.

| 표 3. 공사방법의 허용 전류[A] |

PVC 절연, 3개 부하전선, 동 또는 알루미늄
전선온도 : 70[℃], 주위온도 : 기중 30[℃], 지중 20[℃]

전선의 공칭단면적 [mm²]	표 A.52-1의 공사방법					
	A1	A2	B1	B2	C	D
1	2	3	4	5	6	7
동						
1.5	13.5	13	15.5	15	17.5	18
2.5	18	17.5	21	20	24	24
4	24	23	28	27	32	31
6	31	29	36	34	41	39
10	42	39	50	46	57	52
16	56	52	68	62	76	67
25	73	68	89	80	96	86
35	89	83	110	99	119	103
50	108	99	134	118	144	122
70	136	125	171	149	184	151
95	164	150	207	179	223	179
120	188	172	239	206	259	203
150	216	196	–	–	299	230
185	245	223	–	–	341	258
240	286	261	–	–	403	297
300	328	298	–	–	464	336

1 간선의 굵기는?(단, 중성선의 전압강하는 무시한다.)
2 후강 전선관의 굵기는?
3 간선 보호용 과전류 차단기의 정격 전류는?
4 분전반의 복선 결선도를 완성하시오.
5 설비불평형률은?

(해답) 1 계산 : A선의 전류 $I_A = \dfrac{5{,}000}{110} = 45.45[A]$

B선의 전류 $I_B = \dfrac{4{,}200}{110} = 38.18[A]$

I_A, I_B 중 큰 값인 45.45[A]를 기준으로 함

$A = \dfrac{17.8LI}{1{,}000e} = \dfrac{17.8 \times 50 \times 45.45}{1{,}000 \times 110 \times 0.02} = 18.39[\text{mm}^2]$

답 $25[\text{mm}^2]$

2 계산 : 표 2에서 25[mm²] 전선의 피복 포함 단면적이 74[mm²]이므로

전선의 총 단면적 $A = 74 \times 3 = 222[\text{mm}^2]$

문제의 조건에서 후강 전선관 내단면적의 60[%]를 사용하므로

$A = \dfrac{1}{4}\pi d^2 \times 0.6 \geq 222$ ∴ $d = \sqrt{\dfrac{222 \times 4}{0.6 \times \pi}} = 21.7[\text{mm}]$

답 22[mm] 후강 전선관 선정
(∵ 후강 전선관의 종류 : 16, 22, 28, 36, 42, 54, 70, 82, 92, 104 ⋯)

3 계산 : 설계전류 $I_B = 45.45[A]$이고, 표 3에서 25[mm²] 전선 3본을 공사방법 B1으로 할 경우 허용전류 $I_Z = 89[A]$이므로 $I_B \leq I_n \leq I_Z$의 조건을 만족하는 정격전류 $I_n = 80[A]$의 배선용 차단기 선정

답 80[A]

4

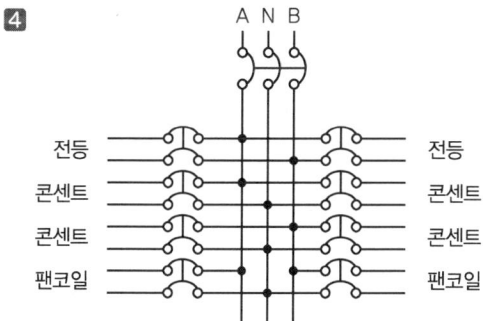

5 설비불평형률 $= \dfrac{3{,}100 - 2{,}300}{\dfrac{1}{2}(5{,}000 + 4{,}200)} \times 100 = 17.39[\%]$

답 17.39[%]

01 Table-Spec

> **TIP**
>
> ▶ 도체와 과부하 보호장치 사이의 협조(KEC 212.4.1)
>   과부하에 대해 케이블(전선)을 보호하는 장치의 동작특성은 다음의 조건을 충족해야 한다.
> $I_B \leq I_n \leq I_Z$, $I_2 \leq 1.45 \times I_Z$
>   여기서, I_B : 회로의 설계전류(선도체를 흐르는 설계전류 또는 함유율이 높은 영상분 고조파, 특히 제3고조파가 지속적으로 흐르는 경우 중성선에 흐르는 전류이다.)
> I_Z : 케이블의 허용전류
> I_n : 보호장치의 정격전류(사용 현장에 적합하게 조정된 전류의 설정값)
> I_2 : 보호장치가 규약시간 이내에 유효하게 동작하는 것을 보장하는 전류
>
>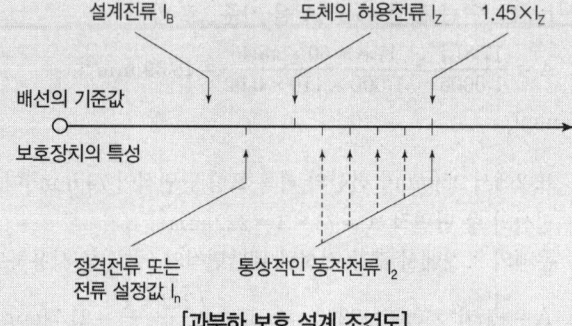
>
> [과부하 보호 설계 조건도]
>
> ▶ 단상 3선식에서 설비불평형률
>   설비불평형률 = $\dfrac{\text{중성선과 각 전압 측 전선 간에 접속되는 부하설비용량[kVA]의 차}}{\text{총 부하설비용량[kVA]의 1/2}} \times 100 [\%]$
>   여기서, 불평형률은 40[%] 이하이어야 한다.
>
> ▶ 배선용 차단기 정격전류
>   ① KS C 8321
>   6, 8, 10, 13, 16, 20, 25, 32, 40, 50, 63, 80, 100, 125, 150, 160, 175, 200A…
>   ② KS C IEC60947-2
>   1, 1.25, 1.6, 2, 2.5, 3.15, 4, 5, 6.3, 8, 10, 12.5, 16, 20, 25, 31.5, 40, 50, 63, 80, 100, 125, 160, 200A…

Chapter 01 실·전·문·제

01 3상 4선식 배선으로 IV 10[mm²] 전선 4본(상전선 3본, 중성선 1본)을 금속관에 배관코자 한다. 다음 표를 보고 후강 전선관의 굵기를 구하여라.

| 후강 전선관의 굵기 선정 |

도체 단면적 [mm²]	전선 본수									
	1	2	3	4	5	6	7	8	9	10
	전선관의 최소 굵기[mm]									
2.5	16	16	16	16	22	22	22	28	28	28
4	16	16	16	22	22	22	28	28	28	28
6	16	16	22	22	22	28	28	28	36	36
10	16	22	22	28	28	36	36	36	36	36
16	16	22	28	28	36	36	36	42	42	42
25	22	28	28	36	36	42	54	54	54	54
35	22	28	36	42	54	54	54	70	70	70
50	22	36	54	54	70	70	70	82	82	82
70	28	42	54	54	70	70	70	82	82	82
95	28	54	54	70	70	82	82	92	92	104
120	36	54	54	70	70	82	82	92		
150	36	70	70	82	92	92	104	104		
185	36	70	70	82	92	104				
240	42	82	82	92	104					

해답 28[mm] 후강 전선관

> **TIP**
> ▶ 동일한 굵기의 전선 본수에 따른 전선관의 굵기 선정
> 1. 문제에 주어진 표의 좌측에서 전선의 굵기 선정 ➡ 10[mm²]
> 2. 문제에 주어진 표의 상단에서 전선의 본수 선정 ➡ 4가닥(3상 4선식)
> 3. 문제에 주어진 표의 교차지점에서 28[mm] 선정

01 Table-Spec

02 IV 전선 25[mm²] 3가닥, 35[mm²] 3가닥을 넣을 수 있는 후강 전선관의 최소 굵기(지름)는 몇 [mm]를 사용하는 것이 적당한가?

| 표 1. 전선(피복절연물 포함)의 단면적 |

도체 단면적[mm²]	전선의 단면적[mm²]	도체 단면적[mm²]	전선의 단면적[mm²]
1.5	9	70	167
2.5	13	95	230
4	17	120	277
6	21	150	343
10	35	185	426
16	48	240	555
25	74	300	688
35	93	400	865
50	128		

| 표 2. 절연전선을 금속관 내에 넣을 경우의 보정계수 |

도체 단면적[mm²]	보정계수
2.5, 4	2.2
6, 10	1.2
16 이상	1.0

| 표 3. KEC 개정 전 후강 전선관 내 단면적의 32[%] 및 48[%] |

관의 호칭	내 단면적의 32%[mm²]	내 단면적의 48%[mm²]
16	67	101
22	120	180
28	201	301
36	342	513
42	460	690
54	732	1,098
70	1,216	1,825
82	1,701	2,552
92	2,205	3,308
104	2,843	4,265

해답 계산

25[mm²] ➡ 74[mm²]×3가닥×1.0(보정계수)=222[mm²]
35[mm²] ➡ 93[mm²]×3가닥×1.0(보정계수)=279[mm²]

표 3에서 32[%] 아래로 501[mm²](222+279) 이상을 선정하면 732[mm²]이고, 이때 전선관은 좌측에 54호이다.

답 54[mm] 후강 전선관

※ KEC 개정 후 해답

| 표 4. KEC 개정 후 금속관의 내 단면적 1/3(33.3[%]) |

후강전선관			박강전선관		
호칭	내경(mm)	1/3(mm²)	호칭	내경(mm)	1/3(mm²)
16	16.4	70	C19	15.9	66
22	21.9	125	C25	22.2	128
28	28.3	209	C31	28.6	214
36	36.9	356	C39	34.9	318
42	42.8	479	C51	47.6	592
54	54	763	C63	59.5	926
70	69.6	1,267	C75	72.2	1,364
82	82.3	1,772			
92	93.7	2,297			
104	106.4	2,962			

표 4에서 1/3(33.3[%]) 아래로 501[mm²] 이상을 선정하므로 763[mm²]이고, 이때 전선관은 좌측에 54호이다.

03 단상 2선식 220[V] 옥내 배선에서 소비전력 60[W], 역률 90[%]인 형광등 50개와 소비전력 100[W]인 백열등 60개를 설치할 때 최소 분기 회로수는 몇 회로인가?(단, 16[A] 분기회로로 한다.)

[해답] 계산 : 형광등 유효전력 $P = 60 \times 50 = 3,000[W]$

형광등 무효전력 $Q = 60 \times \dfrac{\sqrt{1-0.9^2}}{0.9} \times 50 = 1,452.97[\text{Var}]$

백열등 유효전력 $P = 100 \times 60 = 6,000[W]$

백열등 무효전력 $Q = 0[\text{Var}]$

전체 피상전력 $P_a = \sqrt{(3,000+6,000)^2 + 1,452.97^2} = 9,116.53[VA]$

분기회로수 $N = \dfrac{9,116.53}{220 \times 16} = 2.59$ 회로

답 16[A] 분기 3회로

04 3상 3선식 380[V] 회로에 그림과 같이 2.2[kW], 7.5[kW], 50[kW]의 전동기와 5[kW]의 전열기가 접속되어 있다. 간선의 허용전류[A]를 구하여라.(단, 전동기의 평균 역률은 75[%]이다.) ※ KEC 규정에 따라 문항 변경

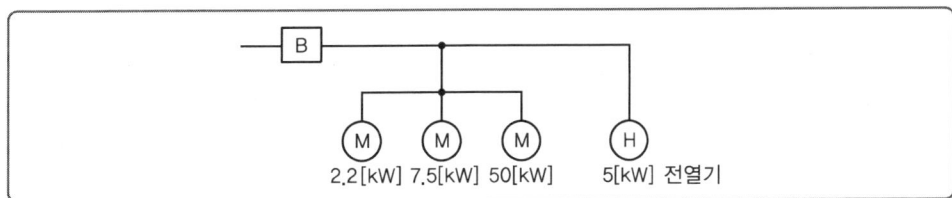

01 Table-Spec

해답 계산 : $\Sigma I_M = \dfrac{(2.2+7.5+50)\times 10^3}{\sqrt{3}\times 380 \times 0.75} = 120.94[A]$

전동기 유효전류 $I_1 = 120.94 \times 0.75 = 90.71[A]$

전동기 무효전류 $I_2 = 120.94 \times \sqrt{1-0.75^2} = 79.99[A]$

$\Sigma I_H = \dfrac{5\times 10^3}{\sqrt{3}\times 380} = 7.6[A]$

$\therefore I_B = \sqrt{(90.71+7.6)^2 + 79.99^2} = 126.74[A]$

$\therefore$ 허용전류 $I_Z \geq 126.74[A]$

답 126.74[A]

---

05 3상 3선식 회로에서 배관은 금속관 공사로 하며, 전선은 IV 전선을 사용할 경우 사용전선의 굵기 및 전선관의 굵기를 선정하시오.

① 배선의 긍장은 100[m]이다.   ④ 부하역률은 85[%]이다.
② 선간전선은 380[V]이다.   ⑤ 배선설계 전압 강하 : 7.6[V]로 본다.
③ 부하는 97[kW]이며 전등 전열 부하로 본다.   ⑥ 금속관은 후강 전선관을 사용한다.

| 표 1. 단상 2선식(전압강하 2.2[V])(동선) |

전류(A)	전선의 굵기[mm²]												
	2.5	4	6	10	16	25	35	50	95	150	185	240	300
	전선 최대 길이[m]												
1	154	247	371	618	989	1,545	2,163	3,090	5,781	9,270	11,433	14,831	18,539
2	77	124	185	309	494	772	1,081	1,545	2,935	4,635	5,716	7,416	9,270
3	51	82	124	206	330	515	721	1,030	1,957	3,090	3,811	4,944	6,180
4	39	62	93	154	247	386	541	772	1,468	2,317	2,858	3,708	4,635
5	31	49	74	124	198	309	433	618	1,174	1,854	2,287	2,966	3,708
6	26	41	62	103	165	257	360	515	978	1,545	1,905	2,472	3,090
7	22	35	53	88	141	221	309	441	839	1,324	1,633	2,119	2,648
8	19	31	46	77	124	193	270	386	734	1,159	1,429	1,854	2,317
9	17	27	41	69	110	172	240	343	652	1,030	1,270	1,648	2,060
12	13	21	31	41	82	129	180	257	489	772	953	1,236	1,545
14	11	18	26	44	71	110	154	221	419	662	817	1,059	1,324
15	10	16	25	41	66	103	144	206	391	618	762	989	1,236
16	9.7	15	23	39	62	97	135	193	367	579	715	927	1,159
18	8.6	14	21	34	55	86	120	172	326	515	635	824	1,030
25	6.2	10	15	25	40	62	87	124	235	371	457	593	742
35	4.4	7.1	11	18	28	44	62	88	168	265	327	424	530
45	3.4	5.5	8.2	14	22	34	48	69	130	187	254	330	412

비 고
1. 전압강하가 2% 또는 3%의 경우, 전선길이는 각각 이 표의 2배 또는 3배가 된다. 다른 경우에도 이 예에 따른다.
2. 전류가 20[A] 경우의 전선길이는 각각 이 표의 전류 2[A] 경우의 $\frac{1}{10}$ 또는 $\frac{1}{100}$ 이 된다. 다른 경우에도 이 예에 따른다.
3. 이 표는 역률을 1로 하여 계산한 것이다.

| 표 2. 3상 3선식(전압강하 3.8[V])(동선) (3상 380[V] 배선인 경우) |

전류(A)	전선의 굵기[mm²]												
	2.5	4	6	10	16	25	35	50	95	150	185	240	300
	전선 최대 길이[m]												
1	534	854	1,281	2,135	3,416	5,337	7,472	10,674	20,281	32,022	39,494	51,236	64,045
2	267	427	640	1,067	1,708	2,669	3,736	5,337	10,140	16,011	19,747	25,618	32,022
3	178	285	427	712	1,139	1,779	2,491	3,558	6,760	10,674	13,165	17,079	21,348
4	133	213	320	534	854	1,334	1,868	2,669	5,070	8,006	9,874	12,809	16,011
5	107	171	256	427	683	1,067	1,494	2,135	4,056	6,404	7,899	10,247	12,809
6	89	142	213	356	569	890	1,245	1,779	3,380	5,337	6,582	8,539	10,674
7	76	122	183	305	488	762	1,067	1,525	2,897	5,475	5,642	7,319	9,149
8	67	107	160	267	427	667	934	1,334	2,535	4,003	4,937	6,404	8,006
9	59	95	142	237	380	593	830	1,186	2,253	3,558	4,388	5,693	7,116
12	44	71	107	187	285	445	623	890	1,690	2,669	3,291	4,270	5,337
14	38	61	91	152	244	381	534	762	1,449	2,287	2,821	3,660	4,575
15	36	57	85	142	228	356	498	712	1,352	2,135	2,633	3,416	4,270
16	33	53	80	133	213	334	467	667	1,268	2,001	2,468	3,202	4,003
18	30	47	71	119	190	297	415	593	1,127	1,779	2,194	2,846	3,558
25	21	34	51	85	137	213	299	427	811	1,281	1,580	2,049	2,562
35	15	24	37	61	98	152	213	305	579	915	1,128	1,464	1,830
45	12	19	28	47	76	119	166	237	451	712	878	1,139	1,423

비 고
1. 전압강하가 2% 또는 3%의 경우, 전선길이는 각각 이 표의 2배 또는 3배가 된다. 다른 경우에도 이 예에 따른다.
2. 전류가 20[A] 또는 200[A] 경우의 전선길이는 각각 이 표 전류 2[A] 경우의 $\frac{1}{10}$ 또는 $\frac{1}{100}$ 이 된다. 다른 경우에도 이 예에 따른다.
3. 이 표는 평형부하일 경우에 한한다.
4. 이 표는 역률을 1로 하여 계산한 것이다.

01 Table-Spec

| 표 3. 후강 전선관의 굵기 선정 |

도체 단면적 [mm²]	전선 본수									
	1	2	3	4	5	6	7	8	9	10
	전선관의 최소 굵기[mm]										
2.5	16	16	16	16	22	22	22	28	28	28
4	16	16	16	22	22	22	28	28	28	28
6	16	16	22	22	22	28	28	28	36	36
10	16	22	22	28	28	36	36	36	36	36
16	16	22	28	28	36	36	36	42	42	42
25	22	28	28	36	36	42	54	54	54	54
35	22	28	36	42	54	54	54	70	70	70
50	22	36	54	54	70	70	70	82	82	82
70	28	42	54	54	70	70	70	82	82	82
95	28	54	54	70	70	82	82	92	92	104
120	36	54	54	70	70	82	82	92		
150	36	70	70	82	92	92	104	104		
185	36	70	70	82	92	104				
240	42	82	82	92	104					

비 고
1. 전선 1본에 대한 숫자는 접지선 및 직류회로의 전선에 적용된다.
2. 이 표는 실험결과와 경험을 토대로 결정한 것이다.

해답 계산

3상 3선식의 전선의 굵기 선정은 표 2를 이용하여

$$\text{최대부하전류} = \frac{P}{\sqrt{3} \times V_n \times \cos\theta} = \frac{97 \times 10^3}{\sqrt{3} \times 380 \times 0.85} = 173.384[A]$$

$$\text{전선의 최대길이} = \frac{100 \times \frac{173.384}{18}}{\frac{7.6}{3.8}} = 481.622[m]$$

표 2에서 전선의 최대길이가 481.622[m] 이상의 값을 전류 18[A]의 행을 통해 찾아 593을 선정하고 동일열 상단의 전선의 굵기 50[mm²]을 선정한다.

이때, 표 3에서 후강 전선관의 굵기는 좌측 50[mm²]와 상단 3본(3선식)이 교차하는 54[mm]이다.

답 50[mm²], 54[mm] 후강 전선관

06 3상 380[V]의 전동기 부하가 분전반으로부터 300[m] 되는 지점에(전선 한 가닥의 길이로 본다.) 설치되어 있다. 전동기는 1대로 입력이 78.979[kVA]라고 하며 전압 강하를 6[V]로 하여 분기회로의 전선을 정하고자 할 때에 전선의 최소 규격과 전선관 규격을 산정하시오.(단, 전선은 IV 600[V] 동전선으로 하고 전선관을 후강 전선관으로 하며 부하는 평형되었다.)

| 후강 전선관의 굵기 선정 |

도체 단면적 [mm²]	전선 본수									
	1	2	3	4	5	6	7	8	9	10
	전선관의 최소 굵기[mm]									
2.5	16	16	16	16	22	22	22	28	28	28
4	16	16	16	22	22	22	28	28	28	28
6	16	16	22	22	22	28	28	28	36	36
10	16	22	22	28	28	36	36	36	36	36
16	16	22	28	28	36	36	36	42	42	42
25	22	28	28	36	36	42	54	54	54	54
35	22	28	36	42	54	54	54	70	70	70
50	22	36	54	54	70	70	70	82	82	82
70	28	42	54	54	70	70	70	82	82	82
95	28	54	54	70	70	82	82	92	92	104
120	36	54	54	70	70	82	82	92		
150	36	70	70	82	92	92	104	104		
185	36	70	70	82	92	104				
240	42	82	82	92	104					

해답 계산

최대부하전류 $= \dfrac{P}{\sqrt{3} \times V_n} = \dfrac{78.979 \times 10^3}{\sqrt{3} \times 380} = 119.996[\text{A}]$

전선의 굵기(단면적) : $A = \dfrac{\sqrt{3} \times 17.8 \times I \times L}{1,000 \times e} = \dfrac{30.8 \times 119.996 \times 300}{1,000 \times 6}$
$= 184.794[\text{mm}^2] \leq 185[\text{mm}^2]$

이때, 표에서 후강 전선관의 굵기는 좌측 185[mm²]와 상단 3본(3선식)이 교차하는 70[mm]이다.

답 185[mm²], 70[mm] 후강 전선관

01 Table-Spec

07 어느 공장 구내 건물에 220/440[V] 단상 3선식을 채용하고, 공장 구내 변압기가 설치된 변전실에서 60[m] 되는 곳의 부하를 아래의 표와 같이 배분하는 분전반을 시설하고자 한다. 이 건물의 전기설비에 대하여 자료를 이용하여 다음 각 물음에 답하시오. (단, 전압강하는 2[%]로 하고 후강 전선관으로 시설하며, 간선의 수용률은 100[%]로 한다.)

| 표 1. 부하 집계표 |

회로 번호	부하 명칭	총 부하 [VA]	부하 분담[VA]		MCCB 규격			비고
			A선	B선	극수	AF	AT	
1	전등 1	4,920	4,920		1	30	20	
2	전등 2	3,920		3,920	1	30	20	
3	전열기 1	4,000	4,000(A, B 간)		2	50	20	
4	전열기 2	2,000	2,000(A, B 간)		2	50	15	
합계		14,840						

※ 전선 굵기 중 상과 중성선의 굵기는 같게 한다.

| 표 2. 후강 전선관 굵기 산정 |

도체 단면적 [mm]	전선 본수									
	1	2	3	4	5	6	7	8	9	10
	전선관의 최소 굵기[mm]									
2.5	16	16	16	16	22	22	28	28	28	28
4	16	16	16	22	22	28	28	28	28	28
6	16	16	22	22	28	28	28	28	36	36
10	16	22	22	28	36	36	36	36	36	36
16	16	22	28	36	36	36	42	42	42	42
25	22	28	28	36	42	54	54	54	54	54
35	22	28	36	54	54	54	70	70	70	70
50	22	36	54	70	70	70	82	82	82	82
70	28	42	54	70	70	70	82	82	82	82
95	28	54	54	70	82	82	92	92	92	104
120	36	54	54	70	82	82	92	92		
150	36	70	70	92	92	104	104	104		
185	36	70	70	92	104					
240	42	82	82	104						

※ 비고 1. 전선의 1본수는 접지선 및 직류회로의 전선에도 적용한다.
   2. 이 표는 실험결과와 경험을 기초로 하여 결정한 것이다.
   3. 이 표는 KS C IEC 60227-3의 450/700[V] 일반 단심 비닐절연전선을 기준으로 한다.

1 간선의 단면적을 선정하시오.
2 간선 설비에 필요한 후강 전선관의 굵기를 선정하시오.

❸ 분전반의 복선결선도를 작성하시오.
❹ 부하집계표에 의한 설비 불평형률을 구하시오.

(해답) ❶ 계산 : $I = \dfrac{4{,}920}{220} + \dfrac{4{,}000+2{,}000}{440} = 36[A]$

$e = 220 \times 0.02 = 4.4[V]$

$A = \dfrac{17.8LI}{1{,}000e} = \dfrac{17.8 \times 60 \times 36}{1{,}000 \times 4.4} = 8.74[mm^2]$

답 $10[mm^2]$

❷ 계산 : $10[mm^2]$ 3본이므로 $22[mm]$ 선정

답 $22[mm]$

TIP
전등부하의 부하 산정 시 큰 전류(큰 부하)를 기준으로 한다.

❸
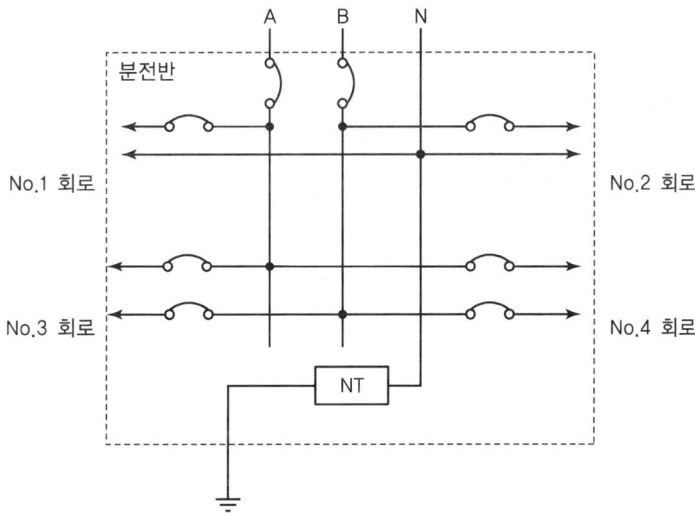

❹ 계산 : $\dfrac{4{,}920 - 3{,}920}{(4{,}920 + 3{,}920 + 4{,}000 + 2{,}000)\dfrac{1}{2}} \times 100 = 13.48[\%]$

답 $13.48[\%]$

TIP
$1\phi 3W = \dfrac{\text{중성선과 각 전압선의 부하설비용량의 차}}{\text{총 부하설비용량} \times \dfrac{1}{2}} \times 100[\%]$

01 Table-Spec

08 다음 그림은 3φ3W, 200[V], 7.5[kW] 10[HP], 직입 기동 3상 유도 전동기 1대에 대한 배선 설계도이다. 주어진 표 1~3을 이용하여 다음 각 물음에 답하시오. (단, 후강 금속관 공사로 보고, 전선은 XLPE이며 벽 내 공사로 한다.)

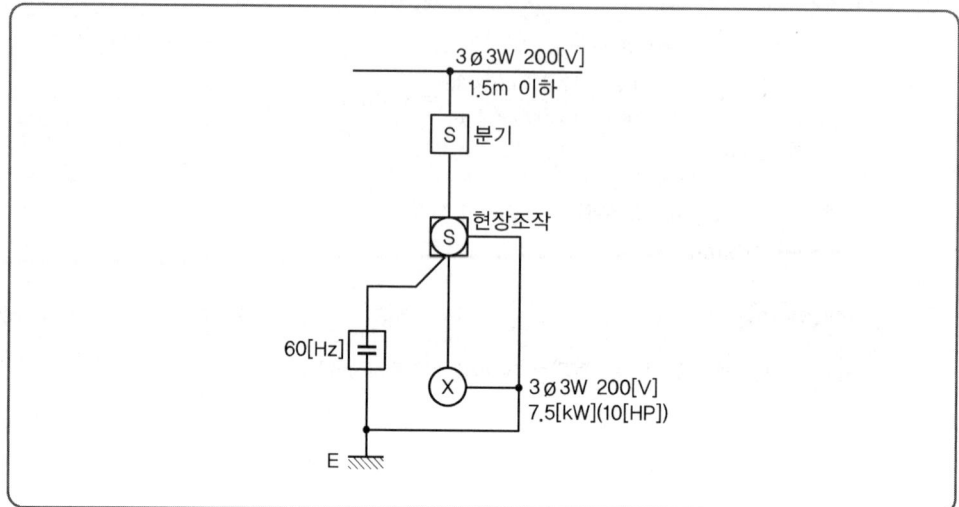

① 분기선의 최소 굵기[mm²] 및 금속관의 최소 굵기[mm]는?
② 분기 개폐기 용량[A] 및 과전류 보호기 용량[A]은?
③ 현장 조작 개폐기 용량[A] 및 과전류 보호기 용량[A]은?
④ 접지선의 굵기[mm²] 및 금속관의 최소 굵기[mm]는?
⑤ 콘덴서의 [kVA] 용량 및 [μF] 용량은?
⑥ 초과 눈금 전류계[A]의 눈금은?

| 표 1. 200[V] 3상 유도전동기가 1대인 경우의 분기회로 | | B종 퓨즈의 경우 |

정격출력 [kW]	전부하전류 [A]	배선종류에 의한 동 전선의 최소 굵기[mm²]						개폐기 용량(B종 퓨즈)[A]				과전류 차단기(B종 퓨즈)[A]				전동기용 초과눈금 전류계의 정격전류[A]	접지선의 최소 굵기 [mm²]
		공사방법 A1 (3개선)		공사방법 B1 (3개선)		공사방법 C (3개선)		직입기동		기동기 사용		직입기동		기동기 사용			
		PVC	XLPE, EPR	PVC	XLPE, EPR	PVC	XLPE, EPR	현장조작	분기	현장조작	분기	현장조작	분기	현장조작	분기		
0.2	1.8	2.5	2.5	2.5	2.5	2.5	2.5	15	15			15	15			3	2.5
0.4	3.2	2.5	2.5	2.5	2.5	2.5	2.5	15	15			15	15			5	2.5
0.75	4.8	2.5	2.5	2.5	2.5	2.5	2.5	15	15			15	15			5	2.5
1.5	8	2.5	2.5	2.5	2.5	2.5	2.5	15	30			15	20			10	4
2.2	11.1	2.5	2.5	2.5	2.5	2.5	2.5	30	30			20	30			15	4
3.7	17.4	2.5	2.5	2.5	2.5	2.5	2.5	30	60			30	50			20	6
5.5	26	6	4	4	2.5	4	2.5	60	60	30	30	50	60	30	50	30	6
7.5	34	10	6	6	4	6	4	100	100	60	50	75	100	50	75	30	10
11	48	16	10	10	6	10	6	100	200	100	75	100	150	75	100	60	16
15	65	25	16	16	10	16	10	200	200	100	100	100	150	100	100	60	16
18.5	79	35	25	25	16	25	16	200	200	100	100	150	200	100	150	100	16
22	93	50	25	35	25	25	16	200	200	100	100	150	200	100	150	100	16
30	124	70	50	50	35	50	35	200	400	200	150	200	300	150	200	150	25
37	152	95	70	70	50	70	50	200	400	200	150	200	300	150	200	200	25

※ 단, 공사방법 A1은 벽 내의 전선관에 공사한 절연전선 또는 단심케이블, 공사방법 B1은 벽면의 전선관에 공사한 절연전선 또는 단심케이블, 공사방법 C는 벽면에 공사한 단심 또는 다심케이블을 시설하는 경우의 전선 굵기를 표시하였다.

01 Table-Spec

| 표 2. 역률 개선용 콘덴서(200[V] 3상 유도 전동기의 경우) |

출력 [kW]	설비용량기준[μF]				출력 [kW]	설비용량기준[μF]			
	50[Hz]		60[Hz]			50[Hz]		60[Hz]	
	[μF]	[kVA]	[μF]	[kVA]		[μF]	[kVA]	[μF]	[kVA]
0.2 이하	15	0.9	10	0.15	11	200	2.51	150	2.26
0.4	20	0.25	15	0.23	15	250	3.14	200	3.02
0.75	30	0.38	20	0.30	19	300	3.77	250	3.77
1	30	0.38	20	0.30	20	400	3.77	250	3.77
1.1	30	0.38	20	0.30	22	400	5.03	300	4.52
1.5	40	0.58	30	0.45	25	400	5.03	300	4.5
2	50	0.68	40	0.60	30	500	5.28	400	6.03
2.2	50	0.68	40	0.60	37	600	7.54	500	7.54
3	50	0.68	40	0.60	40	600	7.54	500	7.54
3.7	75	0.98	50	0.75	45	750	9.42	600	9.04
4	75	0.91	50	0.75	50	900	11.30	750	11.30
5	100	1.25	75	1.13	55	900	11.30	750	11.30
5.5	100	1.26	75	1.13					
7.5	150	1.28	100	1.51					
10	200	2.51	150	2.26					

| 표 3. 후강 전선관의 굵기 선정 |

도체 단면적 [mm²]	전선 본수									
	1	2	3	4	5	6	7	8	9	10
	전선관의 최소 굵기[mm]									
2.5	16	16	16	16	22	22	22	28	28	28
4	16	16	16	22	22	22	28	28	28	28
6	16	16	22	22	22	28	28	28	36	36
10	16	22	22	28	28	36	36	36	36	36
16	16	22	28	28	36	36	36	42	42	42
25	22	28	28	36	36	42	54	54	54	54
35	22	28	36	42	54	54	54	70	70	70
50	22	36	54	54	70	70	70	82	82	82
70	28	42	54	54	70	70	70	82	82	82
95	28	54	54	70	70	82	82	92	92	104
120	36	54	54	70	70	82	82	92		
150	36	70	70	82	92	92	104	104		
185	36	70	70	82	92	104				
240	42	82	82	92	104					

해답 **1** 표 1에서 좌측 7.5[kW]의 행과 상단 벽 내 공사(A1) 내 XLPE의 열이 만나는 6[mm²]가 전선의 굵기가 되고, 표 3에서 좌측 6[mm²]의 행과 상단 3본(3상 3선식)의 열이 만나는 22[mm]가 금속관의 굵기가 된다.

답 6[mm²], 22[mm]

❷ 표 1에서 좌측 7.5[kW]의 행과 상단 개폐기 용량 내 직입기동 및 분기의 열이 만나는 100[A]가 분기 개폐기 용량이 되고, 상단 과전류 보호기(차단기) 내 직입기동 및 분기의 열이 만나는 100[A]가 분기 과전류 보호기 용량이 된다.
답 100[A], 100[A]

❸ 표 1에서 좌측 7.5[kW]의 행과 상단 개폐기 용량 내 직입기동 및 현장조작의 열이 만나는 100[A]가 현장 조작 개폐기 용량이 되고, 상단 과전류 보호기(차단기) 내 직입기동 및 현장 조작의 열이 만나는 75[A]가 현장 조작기 과전류 보호기 용량이 된다.
답 100[A], 75[A]

❹ 표 1에서 좌측 7.5[kW]의 행과 상단 우측 접지선 최소 굵기의 열이 만나는 10[mm²]가 접지선의 굵기가 되고, 표 3에서 좌측 10[mm²]의 행과 상단 1본(접지선)의 열이 만나는 16[mm]가 금속관의 굵기가 된다.
답 10[mm²], 16[mm]

❺ 표 2에서 좌측 7.5[kW]의 행과 상단 60[Hz] 열이 만나는 콘덴서의 용량 100[μF]과 1.5[kVA]가 된다.
답 1.51[kVA], 100[μF]

❻ 표 1에서 좌측 7.5[kW]의 행과 상단 우측 전동기용 초과눈금 전류계 정격전류의 열이 만나는 30[A]가 초과눈금 전류계[A] 눈금이 된다.
답 30[A]

TIP 자주 출제되는 문제입니다. 표의 좌측과 상단이 만나는 값을 신중히 !!

09 정격 전압 200[V]인 3상 유도 전동기를 간선에 연결하려고 한다. 주어진 표를 이용하여 다음 물음에 답하시오. (단, 공사방법 B1, XLPE 절연전선을 사용하는 경우이다.)

- 3.7[kW] 1대 : 직입 기동
- 7.5[kW] 1대 : 직입 기동
- 15[kW] 1대 : 기동 보상기 사용

❶ 간선에 흐르는 전체전류는 몇 [A]인가?
❷ 간선의 굵기는 몇 [mm²]인가?
❸ 간선 과전류 차단기의 용량을 주어진 표를 이용하여 구하시오.
❹ 간선 개폐기의 용량을 주어진 표를 이용하여 구하시오.

01 Table-Spec

| 표 1. 전동기 공사에서 간선의 전선 굵기 · 개폐기 용량 및 적정 퓨즈(200[V], B종 퓨즈) |

정격출력 [kW]의 총계 ① [kW] 이하	전 부하 전류 [A]①' 이하	배선종류에 의한 간선의 최소 굵기 [mm²]									직입기동 전동기 중 최대용량의 것(동선)									
		공사방법 A1		공사방법 B1		공사방법 C					0.75 이하	1.5	2.2	3.7	5.5	7.5	11	15	18.5	22	30	37" 55
		3개선		3개선		3개선					기동기 사용 전동기 중 최대용량의 것(동선)									
		PVC	XLPE, EPR	PVC	XLPE, EPR	PVC	XLPE, EPR				-	-	-	5.5	7.5	11 15	18.5 22		30 37		45	55
											과전류차단기[A] 개폐기 용량[A] (칸 위 숫자) ③ (칸 아래 숫자) ④									
3	15	2.5	2.5	2.5	2.5	2.5	2.5				15 30	-	-	-	-	-	-	-	-	-	-	-
4.5	20	4	2.5	2.5	2.5	2.5	2.5				20 30	20 30	30 30	-	-	-	-	-	-	-	-	-
6.3	30	6	4	6	4	4	2.5				30 30	30 30	30 30	50 60	-	-	-	-	-	-	-	-
8.2	40	10	6	10	6	6	4				50 60	50 60	50 60	50 60	75 100	-	-	-	-	-	-	-
12	50	16	10	10	10	10	6				50 60	50 60	50 60	75 100	75 100	100 100	-	-	-	-	-	-
15.7	75	35	25	25	16	25	16				75 100	75 100	75 100	75 100	75 100	100 100	150 200	-	-	-	-	-
19.5	90	50	25	35	25	35	16				100 100	100 100	100 100	100 100	100 100	100 100	150 200	200 200	-	-	-	-
23.2	100	50	35	35	25	35	25				100 100	100 100	100 100	100 100	100 100	150 200	150 200	200 200	200 200	-	-	-
30	125	70	50	50	35	50	35				150 200	150 200	150 200	150 200	150 200	150 200	150 200	200 200	200 200	200 200	-	-
37.5	150	95	70	70	50	70	50				150 200	150 200	150 200	150 200	150 200	200 200	200 200	200 200	300 300	300 300	300 300	-
45	175	120	70	95	50	95	50				200 200	200 200	200 200	200 200	200 200	200 200	200 200	300 300	300 300	300 300	300 300	300 300
52.5	200	150	95	95	70	95	70				200 200	200 200	200 200	200 200	200 200	200 200	300 300	300 300	300 300	300 300	400 400	400 400
63.7	25	240	150	-	95	120	95				300 300	300 300	300 300	300 300	300 300	300 300	300 300	300 300	300 300	400 400	400 400	500 600
78	300	300	185	-	120	185	120				300 300	300 300	300 300	300 300	300 300	300 300	300 300	300 300	400 400	400 400	400 400	500 600
86.2	350	-	240	-	-	240	150				400 400	400 400	400 400	400 400	400 400	400 400	400 400	400 400	400 400	400 400	400 400	600 600

※ 단, 공사방법 A1은 벽 내의 전선관에 공사한 절연전선 또는 단심케이블, 공사방법 B1은 벽면의 전선관에 공사한 절연전선 또는 단심케이블, 공사방법 C는 벽면에 공사한 단심 또는 다심케이블을 사용하는 경우의 전선 굵기를 표시하였다.

| 표 2. 3상 유도 전동기의 규약 전류값 |

출력		전류[A]		출력		전류[A]	
[kW]	환산[HP]	200[V]용	400[V]용	[kW]	환산[HP]	200[V]용	400[V]용
0.2	1/4	1.8	0.8	18.5	25	79	38
0.4	1/2	3.2	1.6	22	30	93	46
075	1	4.8	4.0	30	40	124	62
1.5	2	8.0	4.0	37	50	151	75
2.2	3	11.1	5.5	45	60	180	90
3.7	5	17.4	8.9	55	75	225	110
5.5	7.5	26	13	75	100	300	150
7.5	10	34	17	110	150	435	220
11	15	49	24	150	200	580	285
15	20	65	32				

※ 사용하는 회로의 표준 전압이 220[V]나 440[V]이면 200[V] 또는 400[V]일 때의 각각 0.9배로 한다.

(해답) **1** 표 2를 이용하여
3.7[kW]→17.4[A], 7.5[kW]→34[A], 15[kW] → 65[A]
간선의 전체 전류 I = 17.4 + 34 + 65 = 116.4[A]
답 116.4[A]

2 표 1에서 116.4[A]보다 큰 125[A]를 선정하고 공사방법(B1, XLPE)의 전선 굵기를 선택한다.
답 35[mm^2]

3 150[A]

4 200[A]

TIP
소문제 **3**, **4**는 표 1에서 116.4[A]보다 큰 125[A]를 선정하고 직입기동 7.5[kW]와 기동기 사용 15[kW]의 과전류차단기와 개폐기를 선택한다.

01 Table-Spec

10 어느 빌딩 수용가가 자가용 디젤 발전기 설비를 계획하고 있다. 발전기 용량 산출에 필요한 부하의 종류 및 특성이 다음과 같을 때 주어진 조건과 표를 이용하여 전부하를 운전하는 데 필요한 발전기 용량[kVA]을 빈칸을 채우며 구하시오.

부하의 종류	출력[kW]	극수(극)	대수(대)	적용부하	기동방법
전동기	37	6	1	소화전펌프	리액터 기동
	22	6	2	급수펌프	리액터 기동
	11	6	2	배풍기	Y-△ 기동
	5.5	4	1	배수펌프	직입기동
전등, 기타	50	-	-	비상 조명	-

① 전동기 기동 시에 필요한 용량은 무시한다.
② 수용률 적용(동력) : 최대 입력 전동기 1대에 대하여 100[%], 기타는 80[%], 전등, 기타는 100[%]를 적용한다.
③ 전등, 기타의 역률과 효율은 100[%]를 적용한다.

| 자가용 디젤 표준 출력[kVA] |

| 50 | 100 | 150 | 200 | 300 | 400 |

구분	효율[%]	역률[%]	입력[kVA]	수용률[%]	수용률 적용값[kVA]
37×1					
22×2					
11×2					
5.5×1					
50					
계					

| 참고자료 |

정격출력[kW]	극수	동기속도[rpm]	전부하 특성		비 고		
			효율 η [%]	역률 Pf [%]	무부하 전류 I_0(각 상의 평균값)[A]	전부하 전류 I (각 상의 평균값)[A]	저부하슬립 S[%]
5.5	2	3,600	84.5 이상	80.0 이상	10.0	20.9	8.0
7.5			85.5 이상	81.0 이상	12.7	28.2	6.0
11			86.5 이상	82.5 이상	18.4	40.2	5.5
13			88.0 이상	83.0 이상	20.9	52.7	5.5
18.5			88.0 이상	83.5 이상	25.3	64.5	5.3
22			89.0 이상	83.5 이상	30.0	78.4	3.0
30			89.0 이상	84.0 이상	40.0	102.7	3.0
37			90.0 이상	84.5 이상	49.1	125.5	3.0

| 참고자료 |

정격출력 [kW]	극수	동기속도 [rpm]	전부하 특성		비 고		저부하슬립 S[%]
			효율 η [%]	역률 Pf [%]	무부하 전류 I_0(각 상의 평균값)[A]	전부하 전류 I (각 상의 평균값)[A]	
0.75	4	1,800	71.3 이상	70.0 이상	2.5	3.8	8.0
1.5			78.0 이상	75.0 이상	3.9	6.6	7.5
2.2			81.0 이상	77.0 이상	5.0	9.1	7.0
3.7			83.0 이상	78.0 이상	8.2	14.6	8.5
5.5			85.0 이상	78.0 이상	10.9	81.8	5.0
7.5			86.0 이상	79.0 이상	13.6	28.2	6.0
11			87.0 이상	80.0 이상	20.0	40.9	6.0
15			88.0 이상	80.5 이상	25.3	54.5	5.5
18.5			88.5 이상	80.3 이상	30.9	67.3	5.3
22			89.0 이상	81.3 이상	34.5	78.2	5.5
30			89.5 이상	83.8 이상	44.5	104.5	5.5
37			98.8 이상	82.5 이상	53.6	128.2	3.5
0.75	6	1,200	70.0 이상	63.0 이상	3.1	4.4	8.5
1.5			76.5 이상	69.0 이상	4.7	7.3	8.0
2.2			79.5 이상	71.0 이상	6.2	10.1	7.0
3.7			82.5 이상	73.0 이상	9.1	15.8	8.5
5.5			84.3 이상	73.0 이상	13.6	22.7	6.0
7.5			85.5 이상	74.0 이상	17.3	30.9	6.0
11			86.5 이상	75.5 이상	22.7	43.6	5.0
15			87.5 이상	76.5 이상	29.1	58.2	8.0
18.5			88.0 이상	76.5 이상	37.3	70.9	5.3
22			88.5 이상	77.3 이상	39.1	82.7	3.5
30			89.0 이상	78.5 이상	49.1	110.9	5.3
37			89.5 이상	79.0 이상	59.1	135.5	5.3

[해답]

구분	효율[%]	역률[%]	입력[kVA]	수용률[%]	수용률 적용값[kVA]
37×1	89.5	79.0	52.33	100	52.33
22×2	88.5	77.3	64.32	80	51.46
11×2	86.5	75.5	33.68	80	26.94
5.5×1	85.0	78.0	8.30	80	6.64
50	100	100	50	100	50
계					187.37

目 200[kVA]

01 Table-Spec

> **TIP**
> ① 입력[kVA]= $\dfrac{\text{출력[kW]}}{\text{효율}\times\text{역률}}$
> ② 최대입력 전동기 1대가 기준이므로 37[kW] 전동기로 선정
>   37[kW] ➡ 52.33[kVA], 22[kW] ➡ 32.16[kW]×2대=64.32[kW]
> ③ 수용률 적용값=입력×수용률
> ④ 발전기 용량 설정은 187[kVA]≤200[kVA]로 선정

11 3층 사무실용 건물에 3상 3선식의 6,000[V]를 200[V]로 강압하여 수전하는 설비가 있다. 각종 부하 설비가 표와 같을 때 참고자료를 이용하여 다음 물음에 답하시오.

| 표 1. 동력 부하 설비 |

사용 목적	용량 [kW]	대수	상용동력 [kW]	하계동력 [kW]	동계동력 [kW]
난방 관계 • 보일러 펌프 • 오일 기어 펌프 • 온수 순환 펌프	6.7 0.4 3.7	1 1 1			6.7 0.4 3.7
공기조화관계 • 1, 2, 3층 패키지 콤프레셔 • 콤프레셔 팬 • 냉각수 펌프 • 쿨링 타워	7.5 5.5 5.5 1.5	6 3 1 1	16.5	45.0 5.5 1.5	
급수·배수 관계 • 양수 펌프	3.7	1	3.7		
기타 • 소화 펌프 • 셔터	5.5 0.4	1 2	5.5 0.8		
합계			26.5	52.0	10.8

| 표 2. 조명 및 콘센트 부하 설비 |

사용 목적	와트수 [W]	설치 수량	환산용량 [VA]	총용량 [VA]	비고
전등관계					
• 수은등 A	200	2	260	520	200[V] 고역률
• 수은등 B	100	8	140	1,120	100[V] 고역률
• 형광등	40	820	55	45,100	200[V] 고역률
• 백열전등	60	20	60	1,200	
콘센트 관계					
• 일반 콘센트		70	150	10,500	2P 15[A]
• 환기팬용 콘센트		8	55	440	
• 히터용 콘센트	1,500	2		3,000	
• 복사기용 콘센트		4		3,600	
• 텔레타이프용 콘센트		2		2,400	
• 룸 쿨러용 콘센트		6		7,200	
기타					
• 전화교환용 정류기		1		800	
합계				75,880	

[조건]

1. 동력부하의 역률은 모두 70[%]이며, 기타는 100[%]로 간주한다.
2. 조명 및 콘센트 부하설비의 수용률은 다음과 같다.
    - 전등설비 : 60[%]
    - 콘센트 설비 : 70[%]
    - 전화교환용 정류기 : 100[%]
3. 변압기 용량 산출 시 예비율(여유율)은 고려하지 않으며 용량은 표준규격으로 답하도록 한다.
4. 변압기 용량 산정 시 필요한 동력부하설비의 수용률은 전체 평균 65[%]로 한다.

1 동계 난방 때 온수 순환 펌프는 상시 운전하고, 보일러용과 오일 기어 펌프의 수용률이 55[%]일 때 난방동력 수용부하는 몇 [kW]인가?

2 상용동력, 하계동력, 동계동력에 대한 피상전력은 몇 [kVA]가 되겠는가?
  ① 상용동력
  ② 하계동력
  ③ 동계동력

3 이 건물의 총 전기설비 용량은 몇 [kVA]를 기준으로 하여야 하는가?

4 조명 및 콘센트 부하설비에 대한 단상변압기의 용량은 최소 몇 [kVA]가 되어야 하는가?

5 동력부하용 3상 변압기의 용량은 몇 [kVA]가 되겠는가?

6 단상과 3상 변압기의 전류계용으로 사용되는 변류기의 1차 측 정격전류는 각각 몇 [A]인가?
  ① 단상, ② 3상

7 역률개선을 위하여 각 부하마다 전력용 콘덴서를 설치하려고 할 때 보일러 펌프의 역률을 95[%]로 개선하려면 몇 [kVA]의 전력용 콘덴서가 필요한가?

해답

1 계산 : 수용부하 $= 3.7 + (6.7 + 0.4) \times 0.55 = 7.61 [\text{kW}]$

답 $7.61 [\text{kW}]$

2 ① 계산 : 상용동력의 피상전력 $= \dfrac{26.5}{0.7} = 37.86 [\text{kVA}]$

답 $37.86 [\text{kVA}]$

② 계산 : 하계동력의 피상전력 $= \dfrac{52.0}{0.7} = 74.29 [\text{kVA}]$

답 $74.29 [\text{kVA}]$

③ 계산 : 동계동력의 피상전력 $= \dfrac{10.8}{0.7} = 15.43 [\text{kVA}]$

답 $15.43 [\text{kVA}]$

3 계산 : $37.86 + 74.29 + 75.88 = 188.03 [\text{kVA}]$

답 $188.03 [\text{kVA}]$

4 계산

전등관계 : $(520 + 1{,}120 + 45{,}100 + 1{,}200) \times 0.6 \times 10^{-3} = 28.76 [\text{kVA}]$

콘센트 관계 : $(10{,}500 + 440 + 3{,}000 + 3{,}600 + 2{,}400 + 7{,}200) \times 0.7 \times 10^{-3} = 19 [\text{kVA}]$

기타 : $800 \times 1 \times 10^{-3} = 0.8 [\text{kVA}]$

$28.76 + 19 + 0.8 = 48.56 [\text{kVA}]$

답 $50 [\text{kVA}]$

5 계산 : 동계동력과 하계동력 중 큰 부하를 기준으로 하고 상용동력과 합산하여 계산하면

$\dfrac{(26.5 + 52.0)}{0.7} \times 0.65 = 72.89 [\text{kVA}]$ 이므로

3상 변압기 용량은 $75 [\text{kVA}]$가 된다.

답 $75 [\text{kVA}]$

6 ① 계산 : $I = \dfrac{50 \times 10^3}{6 \times 10^3} \times (1.25 \sim 1.5) = 10.42 \sim 12.5 [\text{A}]$

답 $15 [\text{A}]$ 선정

② 계산 : $I = \dfrac{75 \times 10^3}{\sqrt{3} \times 6 \times 10^3} \times (1.25 \sim 1.5) = 9.02 \sim 10.83 [\text{A}]$

답 $10 [\text{A}]$ 선정

7 계산 : $Q_c = P(\tan\theta_1 - \tan\theta_2) = 6.7 \left(\dfrac{\sqrt{1 - 0.7^2}}{0.7} - \dfrac{\sqrt{1 - 0.95^2}}{0.95} \right) = 4.63 [\text{kVA}]$

답 $4.63 [\text{kVA}]$

12 10층 사무실용 건물에 3상 3선식의 6,000[V]를 200[V]로 강압하여 수전하는 설비이다. 각종 부하 설비가 표와 같을 때 참고자료를 이용하여 다음 물음에 답하시오.

동력 부하 설비					
사용 목적	용량[kW]	대수	상용 동력[kW]	하계 동력[kW]	동계 동력[kW]
난방 관계 • 보일러 펌프 • 오일 기어 펌프 • 온수 순환 펌프	6.0 0.4 3.0	1 1 1			6.0 0.4 3.0
공기 조화 관계 • 1, 2, 3층 패키지 컴프레서 • 컴프레서 팬 • 냉각수 펌프 • 쿨링 타워	7.5 5.5 5.5 1.5	6 3 1 1	16.5	45.0 5.5 1.5	
급수 · 배수 관계 • 양수 펌프	3.0	1	3.0		
기타 • 소화 펌프 • 셔터	5.5 0.4	1 2	5.5 0.8		
합 계			25.8	52.0	9.4

조명 및 콘센트 부하 설비					
사용 목적	와트 수 [W]	설치 수량	환산 용량 [VA]	총 용량 [VA]	비고
전등관계 • 수은등 A • 수은등 B • 형광등 • 백열전등	200 100 40 60	4 8 820 10	260 140 55 60	1,040 1,120 45,100 600	200[V] 고역률 200[V] 고역률 200[V] 고역률
콘센트 관계 • 일반 콘센트 • 환기팬용 콘센트 • 히터용 콘센트 • 복사기용 콘센트 • 텔레타이프용 콘센트 • 룸 쿨러용 콘센트	 1,500 	80 8 2 4 2 6	150 55	12,000 440 3,000 3,600 2,400 7,200	2P 15[A]
기타 • 전화 교환용 정류기		1		800	
합 계				77,300	

01 Table-Spec

| 참고자료 1. 변압기 보호용 전력퓨즈의 정격 전류 |

상수	단상				3상			
공칭전압	3.3[kV]		6.6[kV]		3.3[kV]		6.6[kV]	
변압기 용량 [kVA]	변압기 정격전류 [A]	정격전류 [A]	변압기 정격전류 [A]	정격전류 [A]	변압기 정격전류 [A]	정격전류 [A]	변압기 정격전류 [A]	정격전류 [A]
5	1.52	5	0.76	1.5	0.88	1.5	–	–
10	3.03	7.5	1.52	3	1.8	3	0.88	1.5
15	4.55	7.5	2.28	3	2.63	3	1.3	2
20	6.06	7.5	3.03	7.5	–	–	–	–
30	9.10	15	4.56	7.5	5.26	7.5	2.63	3
50	15.2	20	7.60	15	8.45	15	4.38	7.5
75	22.7	30	11.4	15	13.1	15	6.55	7.5
100	30.3	45	15.2	20	17.5	20	8.75	15
150	45.5	50	22.7	30	26.3	30	13.1	15
200	60.7	75	30.3	50	35.0	50	17.5	25
300	91.0	100	45.5	60	52.0	75	26.3	30
400	121.4	150	60.7	75	70.0	75	35.0	50
500	152.0	200	75.87	100	87.5	100	43.8	50

| 참고자료 2. 배전용 변압기의 정격 |

항목			소형 6[kV] 유입 변압기							중형 6[kV] 유입 변압기					
정격 용량[kVA]			3	5	7.5	10	15	20	30	50	75	100	150	200	300	500
정격 2차 전류 [A]	단상	105 [V]	28.6	47.6	71.4	95.2	143	190	286	476	714	852	1,430	1,904	2,857	4,762
		210 [V]	14.3	23.8	35.7	47.6	71.4	95.2	143	238	357	476	714	952	1,429	2,381
	3상	210 [V]	8	13.7	20.6	27.5	41.2	55	82.5	137	206	275	412	550	825	1,376
정격 전압	정격 2차 전압		6,300[V] 6/3[kV] 공용 : 6,300[V]/3,150[V]							6,300[V] 6/3[kV] 공용 : 6,300[V]/3,150[V]					
	정격 2차 전압	단상	210[V] 및 105[V]							200[kVA] 이하의 것 : 210[V] 및 105[V] 200[kVA] 이하의 것 : 210[V]					
		3상	210[V]							210[V]					
탭 전압	전용량 탭전압	단상	6,900[V], 6,600[V] 6/3[kV] 공용 : 6,300[V]/3,150[V] 6,600[V]/3,300[V]							6,900[V], 6,600[V]					
		3상	6,600[V] 6/3[kV] 공용 : 6,600[V]/3,300[V],							6/3[kV] 공용 : 6,300[V]/3,150[V] 6,600[V]/3,300[V]					
	저감 용량 탭전압	단상	6,000[V], 5,700[V] 6/3[kV] 공용 : 6,000[V]/3,000[V] 5,700[V]/2,850[V]							6,000[V], 5,700[V]					
		3상	6,600[V] 6/3[kV] 공용 : 6,000[V]/3,300[V]							6/3[kV] 공용 : 6,000[V]/3,300[V] 5,700[V]/2,850[V]					
변압기의 결선		단상	2차 권선 : 분할 결선							3상	1차 권선 : 성형 권선 2차 권선 : 삼각 권선				
		3상	1차 권선 : 성형 권선, 2차 권선 : 성형 권선												

| 참고자료 3. 역률개선용 콘덴서의 용량 계산표[%] |

구분		개선 후의 역률																
		1.00	0.99	0.98	0.97	0.96	0.95	0.94	0.93	0.92	0.91	0.90	0.89	0.88	0.87	0.86	0.85	0.83	0.80
개선 전의 역률	0.50	173	159	153	148	144	140	137	134	131	128	125	122	119	117	114	111	106	98
	0.55	152	138	132	127	123	119	116	112	108	106	103	101	98	95	92	90	85	77
	0.60	133	119	113	108	104	100	97	94	91	88	85	82	79	77	74	71	66	58
	0.62	127	112	106	102	97	94	90	87	84	81	78	75	73	70	67	65	59	52
	0.64	120	106	100	95	91	87	84	81	78	76	72	69	66	63	61	58	53	45
	0.66	114	100	94	89	85	81	78	74	71	68	65	63	60	57	54	52	47	39
	0.68	108	94	88	83	79	75	72	68	65	62	59	57	54	51	49	46	41	33
	0.70	102	88	82	77	73	69	66	63	59	56	54	51	48	45	43	40	35	27
	0.72	96	82	76	71	67	64	60	57	54	51	48	45	42	40	37	34	29	21
	0.74	91	77	71	68	62	58	55	51	48	45	43	40	37	34	32	29	24	16
	0.76	86	71	65	60	58	53	49	46	43	40	37	34	32	29	26	24	18	11
	0.78	80	66	60	55	51	47	44	41	38	35	32	29	26	24	21	18	13	5
	0.79	78	63	57	53	48	45	41	38	34	32	29	25	24	21	18	16	10	2.6
	0.80	75	61	55	50	46	42	39	36	32	29	27	24	21	18	16	13	8	
	0.81	72	58	52	47	43	40	36	33	30	27	24	21	18	16	13	10	5	
	0.82	70	56	50	45	41	37	34	30	27	24	21	18	16	13	10	8	2.6	
	0.83	67	53	47	43	38	34	31	28	25	22	19	16	13	11	8	5		
	0.84	65	50	44	40	35	32	28	25	22	19	16	13	11	8	5	2.6		
	0.85	62	48	42	37	33	29	25	23	19	16	14	11	8	5	2.7			
	0.86	59	45	39	34	30	28	23	20	17	14	11	8	5	2.6				
	0.87	57	42	36	32	28	24	20	17	14	11	8	6	2.7					
	0.88	54	40	34	29	25	21	18	15	11	8	6	2.8						
	0.89	41	37	31	26	22	18	15	12	9	6	2.8							
	0.90	48	34	28	23	19	16	12	9	6	2.8								
	0.91	46	31	25	21	16	13	9	8	3									
	0.92	43	28	22	18	13	10	8	3.1										
	0.93	40	25	19	14	10	7	3.2											
	0.94	36	22	16	11	7	3.4												
	0.95	33	19	13	8	3.7													
	0.96	29	15	9	4.1														
	0.97	25	11	4.8															
	0.98	20	8																
	0.99	14																	

1 동계 난방 때 온수 순환 펌프는 상시 운전하고, 보일러용과 오일 기어 펌프의 수용률이 60[%]일 때 난방 동력 수용 부하는 몇 [kW]인가?

2 동력 부하의 역률이 전부 80[%]라고 한다면 피상 전력은 각각 몇 [kVA]인가?(단, 상용 동력, 하계 동력, 동계 동력별로 각각 계산하시오.)

01 Table-Spec

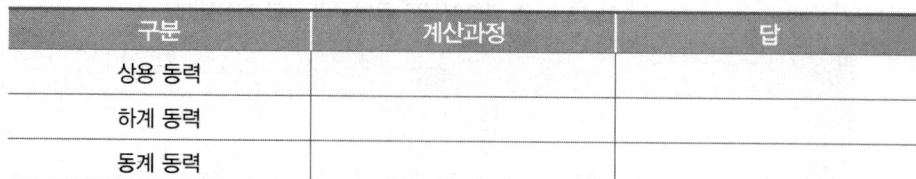

구분	계산과정	답
상용 동력		
하계 동력		
동계 동력		

3 총 전기설비용량은 몇 [kVA]를 기준으로 하여야 하는가?

4 전등의 수용률은 70[%], 콘센트 설비의 수용률은 50[%]라고 한다면 몇 [kVA]의 단상 변압기에 연결하여야 하는가?(단, 전화 교환용 정류기는 100[%] 수용률로서 계산한 결과에 포함시키며 변압기 예비율은 무시한다.)

5 동력 설비 부하의 수용률이 모두 60[%]라면 동력 부하용 3상 변압기의 용량은 몇 [kVA]인가?(단, 동력 부하의 역률은 80[%]로 하며 변압기의 예비율은 무시한다.)

6 상기 건물에 시설된 변압기 총 용량은 몇 [kVA]인가?

7 단상 변압기와 3상 변압기의 1차 측의 전력 퓨즈의 정격 전류는 각각 몇 [A]의 것을 선택하여야 하는가?

8 선정된 동력용 변압기 용량에서 역률을 95[%]로 개선하려면 콘덴서 용량은 몇 [kVA]인가?

해답

1 계산 : 수용부하=(수용률 적용 부하×수용률)+수용률 비적용 부하
$= ((6.0+0.4)\times 0.6)+3.0=6.84[kW]$

답 6.84[kW]

2 계산 : 피상전력[kVA]=$\dfrac{각\ 동력[kW]}{역률}$

구분	계산과정	답
상용 동력	$\dfrac{25.8}{0.8}=32.25[kVA]$	32.25[kVA]
하계 동력	$\dfrac{52}{0.8}=65[kVA]$	65[kVA]
동계 동력	$\dfrac{9.4}{0.8}=11.75[kVA]$	11.75[kVA]

3 계산 : 총 전기설비용량=상용동력[kVA]+하계동력[kVA]+기타 설비용량[kVA]
$=32.25+65+77.3=174.5[kVA]$

답 174.55[kVA]

4 계산 : 수용 부하=Σ 각 관계 설비부하×수용률
$=(1.04+1.12+45.1+0.6)\times 0.7+(12+0.44+3+3.6+2.4+7.2)\times 0.5$
$+0.8\times 1$
$=48.62[kVA]$

일 때, 참고자료 2에서 선정하면 50[kVA]이다.

답 50[kVA]

5 계산 : 총 동력설비용량을 구할 때는 하계동력과 동계동력은 동시에 사용하지 않으므로, 용량이 큰 하계동력을 선정하여 상용동력과 합산한다.
총 동력설비용량=(32.25+65)×0.6=58.35[kVA]일 때, [참고자료 2]에서 선정하면 75[kVA]이다.

답 75[kVA]

6 계산 : 총 변압기 용량=단상 변압기 용량+3상 변압기 용량
=50+75=125[kVA]

답 125[kVA]

7 계산 : [참고자료 1]의 6.6[kV]에서
단상은 50[kVA]일 때 15[A], 3상은 75[kVA]일 때 7.5[A]이다.

답 단상 : 15[A], 3상 : 7.5[A]

8 계산 : 동력설비의 개선 전 역률 80[%](물음 2 참조)에서 95[%]로 역률 개선 시 [참고자료 3]에서 80[%](세로)과 95[%](가로)가 만나는 0.42를 선정하면,
콘덴서의 용량=[kW]×0.42=(변압기 용량[kVA]×개선 전 역률)×0.42
=(75×0.8)×0.42=25.2[kVA]

답 25.2[kVA]

13 다음과 같은 아파트 단지를 계획하고 있다. 주어진 규모 및 참고자료를 이용하여 다음 각 물음에 답하시오.

[규모]

① 아파트 동수 및 세대수 : 2개동, 300세대
② 세대당 면적과 세대수

동별	세대당 면적[m²]	세대수	동별	세대당 면적[m²]	세대수
1동	50	30	2동	50	50
	70	40		70	30
	90	50		90	40
	110	30		110	30

③ 계단, 복도, 지하실 등의 공용면적 1동 : 1,700[m²], 2동 : 1,700[m²]

[조건]

① 면적의 [m²]당 상정부하는 다음과 같다.
아파트 : 30[VA/m²], 공용면적부분 : 7[VA/m²]
② 세대당 추가로 가산하여야 할 상정부하는 다음과 같다.
• 80[m²] 이하의 세대 : 750[VA]
• 150[m²] 이하의 세대 : 1,000[VA]

③ 아파트 동별 수용률은 다음과 같다.
  - 70세대 이하인 경우 : 65[%]
  - 100세대 이하인 경우 : 60[%]
  - 150세대 이하인 경우 : 55[%]
  - 200세대 이하인 경우 : 50[%]

④ 모든 계산은 피상전력을 기준으로 한다.
⑤ 역률은 100[%]로 보고 계산한다.
⑥ 주변전실로부터 1동까지는 150[m]이며 동 내부의 전압 강하는 무시한다.
⑦ 각 세대의 공급 방식은 110/220[V]의 단상 3선식으로 한다.
⑧ 변전식의 변압기는 단상 변압기 3대로 구성한다.
⑨ 동간 부등률은 1.4로 본다.
⑩ 공용 부분의 수용률은 100[%]로 한다.
⑪ 주변전실에서 각 동까지의 전압 강하는 3[%]로 한다.
⑫ 간선의 후강 전선관 배선으로는 NR전선을 사용하며, 간선의 굵기는 300[mm²] 이하로 사용하여야 한다.
⑬ 이 아파트 단지의 수전은 13,200/22,900[V]의 Y상 3상 4선식의 계통에서 수전한다.
⑭ 사용 설비에 의한 계약전력은 사용 설비의 개별 입력의 한계에 대하여 다음 표의 계약전력 환산율을 곱한 것으로 한다.

구분	계약전력환산율	비고
처음 75[kW]에 대하여	100[%]	
다음 75[kW]에 대하여	85[%]	계산의 합계치 단수가 1[kW] 미만일 경우 소수점 이하 첫째 자리에서 반올림한다.
다음 75[kW]에 대하여	75[%]	
다음 75[kW]에 대하여	65[%]	
300[kW] 초과분에 대하여	60[%]	

1 1동의 상정부하는 몇 [VA]인가?

2 2동의 수용부하는 몇 [VA]인가?

3 이 단지의 변압기는 단상 몇 [kVA]짜리 3대를 설치하여야 하는가?(단, 변압기의 용량은 10[%]의 여유율을 보이며 단상 변압기의 표준용량은 75, 100, 150, 200, 300[kVA] 등이다.)

4 한국전력공사와 변압기 설비에 의하여 계약한다면 몇 [kW]로 계약하여야 하는가?

5 한국전력공사와 사용 설비에 의하여 계약한다면 몇 [kW]로 계약하여야 하는가?

해답 **1**

세대당 면적 [m²]	상정부하 [VA/m²]	가산 부하 [VA]	세대수	상정부하[VA]
50	30	750	30	[(50×30)+750]×30 = 67,500
70	30	750	40	[(70×30)+750]×40 = 114,000
90	30	1,000	50	[(90×30)+1,000]×50 = 185,000
110	30	1,000	30	[(110×30)+1,000]×30 = 129,000
합계				495,500[VA]

∴ 공용면적까지 고려한 상정부하 = $495,500 + 1,700 \times 7 = 507,400[VA]$
상정부하 합계 : 507,400[VA]

2

세대당 면적 [m²]	상정부하 [VA/m²]	가산부하 [VA]	세대수	상정부하[VA]
50	30	750	50	[(50×30)+750]×50 = 112,500
70	30	750	30	[(70×30)+750]×30 = 85,500
90	30	1,000	40	[(90×30)+1,000]×40 = 148,000
110	30	1,000	30	[(110×30)+1,000]×30 = 129,000
합계				= 475,000[VA]

∴ 공용면적까지 고려한 수용 부하 = $475,000 \times 0.55 + 1,700 \times 7 = 273,150[VA]$
수용부하 합계 : 273,150[VA]

3 계산 : 변압기 용량 ≥ 합성 최대 전력 = $\dfrac{\text{최대수용전력}}{\text{부등률}} = \dfrac{\text{설비 용량} \times \text{수용률}}{\text{부등률}}$

$$= \dfrac{495,500 \times 0.55 + 1,700 \times 7 + 273,150}{1.4} \times 10^{-3}$$

$$= 398.27[kVA]$$

변압기 용량 = $\dfrac{398.27}{3} \times 1.1 = 146.03[kVA]$

∴ 표준 용량 150[kVA]를 선정
답 150[kVA]

4 변압기 용량 150[kVA] 3대이므로 450[kW]로 제약한다.

5 계산 : 설비용량 = $(507,400 + 486,900) \times 10^{-3} = 994.3[kVA]$
계약전력 = $75 + 75 \times 0.85 + 75 \times 0.75 + 75 \times 0.65 + 694.3 \times 0.6 = 660.33[kW]$
답 660[kW]

자동제어 운용

PART 5

Chapter 01 시퀀스

① 시퀀스 제어

시퀀스 제어의 정의 및 종류

미리 정해진 순서나 일정한 논리에 의하여 정해진 순서에 따라 제어의 각 단계를 순서적으로 진행하는 방식을 시퀀스 제어라 하며, 기계 혹은 장치의 시동, 운전, 정지 등의 상태 변화의 해석에 의의를 둔다.

1) 유접점 회로

릴레이 시퀀스라고도 부르며 임의의 시퀀스 제어회로를 계전기, 즉 릴레이, 타이머, 전자접촉기 등의 내부 접점을 이용하여 각각의 동작사항을 구성하는 기계적 제어를 말한다.

> **TIP**
> ▶ 릴레이
> 입력이 어떤 값에 도달하였을 때 작동하여 다른 회로를 개폐하는 장치로서 접점이 있는 릴레이, 서머릴레이, 압력릴레이, 광 릴레이 등이 대표적이다.

2) 무접점 회로

기계적인 접점을 가지지 않는 반도체 스위칭 소자를 이용하여 구성하는 회로를 말한다. 일반적으로 로직시퀀스, 논리회로 등으로 부른다.

① 시퀀스

❷ 유접점 회로의 이해

1) 접점의 구분

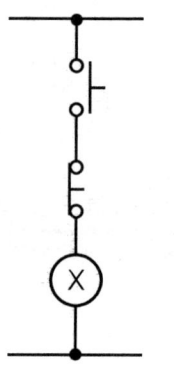

- 평상시 : OFF 상태
- 조작 시 : ON 상태

- 평상시 : ON 상태
- 조작 시 : OFF 상태

- 접점의 명칭
  : 수동조작 자동복귀(a, b) 접점 (내부구조 : 2a, 2b)

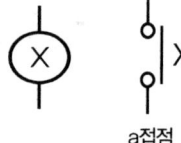
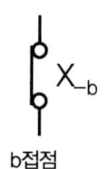

- 접점의 명칭
  : 순시동작 순시복귀(a, b) 접점

2) a접점과 b접점의 용도

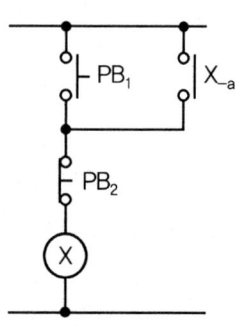

※ 정지우선 자기유지 회로의 동작설명

PB_1을 ON하면 릴레이 ⓧ가 여자되어 X_{-a} 접점이 폐로된다. 이때, PB_1을 OFF하여도 X_{-a} 접점이 계속 폐로되어 있어 릴레이 ⓧ는 계속 여자된다. 이를 자기유지라고 한다. 만일, PB_2를 ON하면(누르면) 릴레이 ⓧ는 소자되고 X_{-a} 접점은 개로한다.

- PB_1의 용도 : 기동(a접점)
- X_{-a}의 용도 : 자기유지(a접점)
- PB_2의 용도 : 정지(b접점)

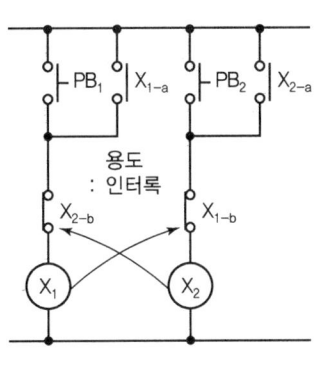

※ 선입력 우선회로(병렬우선회로)의 동작설명

- 먼저 PB_1을 눌렀다 놓으면 릴레이 X_1이 여자되고 X_{1-a}접점이 폐로되어 자기유지하며 X_{1-b}접점은 개로한다. 이때 PB_2를 눌러도 릴레이 X_2는 여자되지 않는다.
- 먼저 PB_2를 눌렀다 놓으면 릴레이 X_2가 여자되고 X_{2-a}접점이 폐로되어 자기유지하며 X_{2-b}접점은 개로한다. 이때 PB_1을 눌러도 릴레이 X_1은 여자되지 않는다.
- X_{1-b} 및 X_{2-b}의 용도 : 동시투입 방지(인터록, b접점)

3) 자기유지 회로의 구분

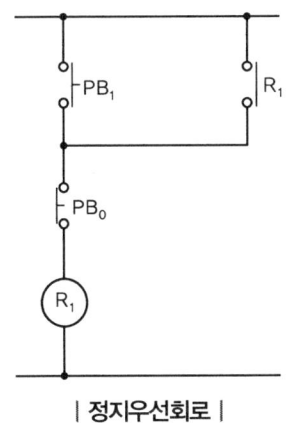

| 정지우선회로 |

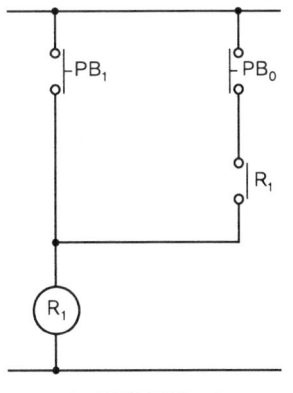

| 기동우선회로 |

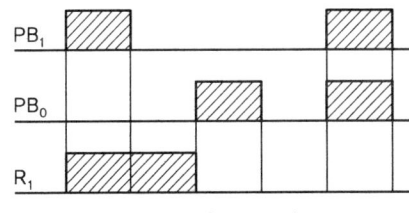

| 타임차트(정지우선) |

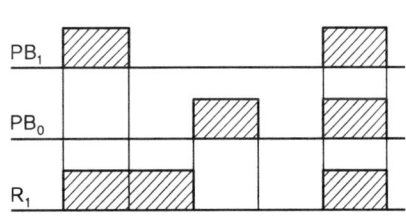

| 타임차트(기동우선) |

- 논리식 $R_1 = (PB_1 + R_1) \cdot \overline{PB_0}$

- 논리식 $R_1 = PB_1 + \overline{PB_0} \cdot R_1$

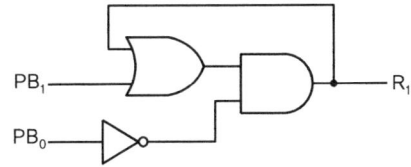

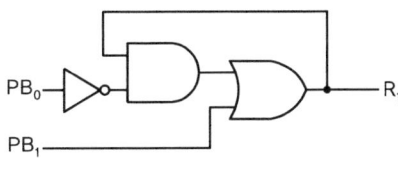

| 논리회로 |

> **TIP**
> ▶ 기출문제 분석
> 선입력 우선회로 및 신입력 우선회로로 변경하여 보조회로를 그릴 수 있어야 한다.

4) 선입력 우선회로 = 병렬우선회로

- 회로동작설명 : 릴레이 R_1과 릴레이 R_2의 동시 투입 방지

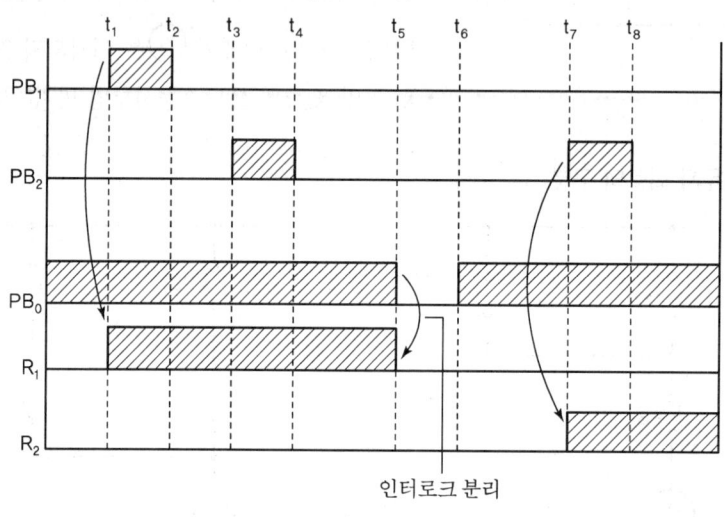

| 타임차트 |

- 논리식

$$R_1 = \overline{PB_0} \cdot (PB_1 + R_1) \cdot \overline{R_2}$$
$$R_2 = \overline{PB_0} \cdot (PB_2 + R_2) \cdot \overline{R_1}$$

> **TIP**
> ▶ 기출문제 분석
> 미완성 접점 및 논리식, 유접점, 논리회로 그리기
>
>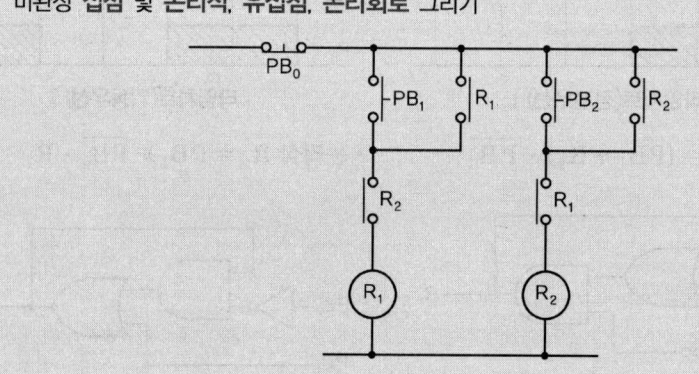

✓ 핵심 과년도 문제

01 그림은 누름버튼 스위치 PB_1, PB_2, PB_3를 ON 조작하여 전동기 A, B, C를 운전하는 시퀀스 회로도이다. 이 회로를 타임차트 1~3의 요구사항과 같이 병렬 우선순위 회로로 고쳐서 그리시오. (단, R_1, R_2, R_3는 계전기이며, 이 계전기의 보조 a접점 또는 b접점을 추가 또는 삭제하여 작성하되 불필요한 접점을 사용하지 않도록 하며, 보조 접점에는 접점명을 기입하도록 한다.)

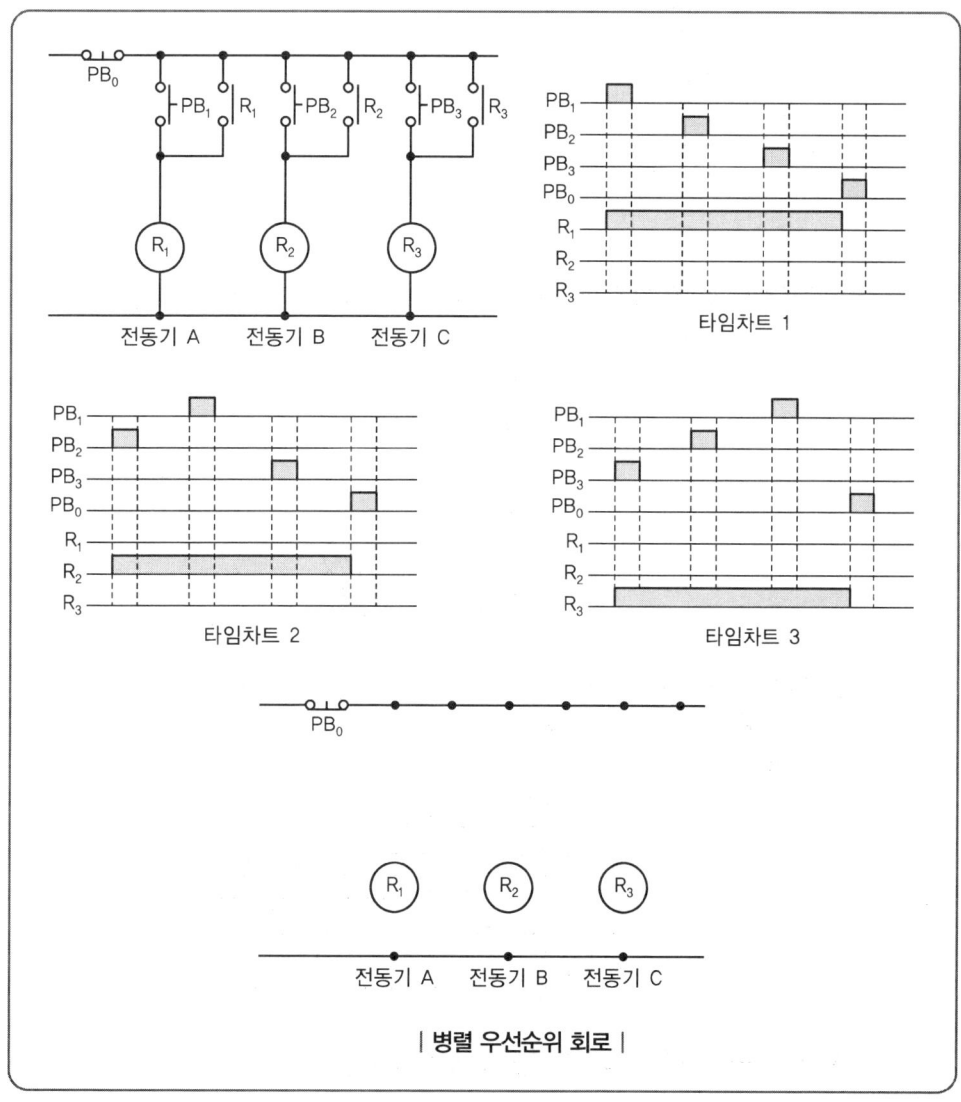

| 병렬 우선순위 회로 |

01 시퀀스

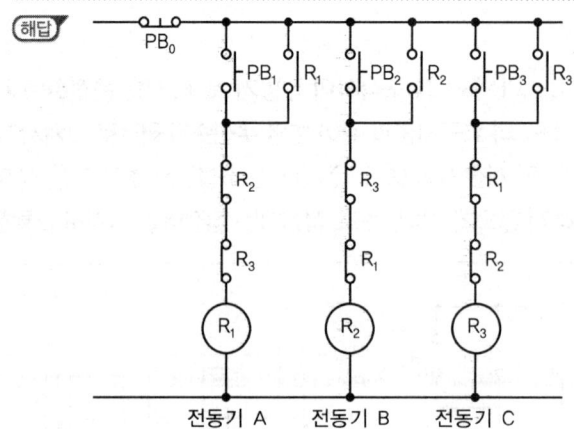

02 그림은 릴레이 인터록 회로이다. 이 그림을 보고 다음 각 물음에 답하시오.

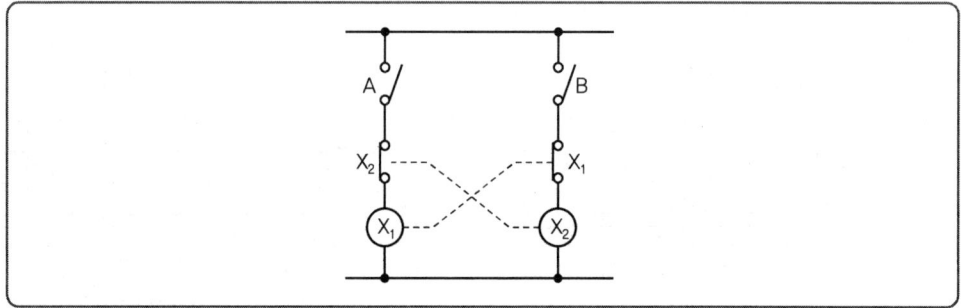

1 이 회로를 논리회로로 고쳐서 그리고, 주어진 타임차트를 완성하시오.
  ① 논리회로
  ② 타임차트

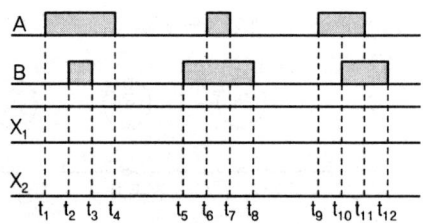

2 인터록 회로는 어떤 회로인지 상세하게 설명하시오.

해답 **1** ① 논리회로

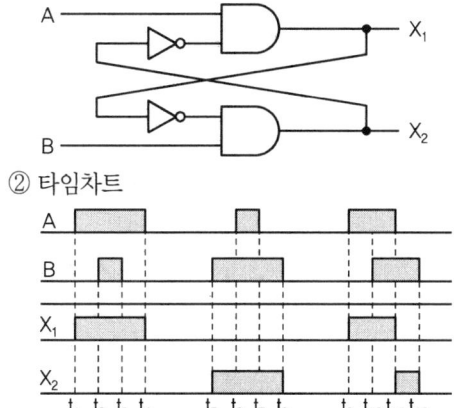

② 타임차트

2 릴레이 X_1이 여자되어 있을 때 스위치 B로 릴레이 X_2를 여자할 수 없고, 릴레이 X_2가 여자되어 있을 때 스위치 A로 릴레이 X_1을 여자할 수 없는 회로

5) 신입력 우선회로 = 후입력 우선회로

- **회로동작설명** : 항상 새로운 입력이 우선되어 동작하는 회로

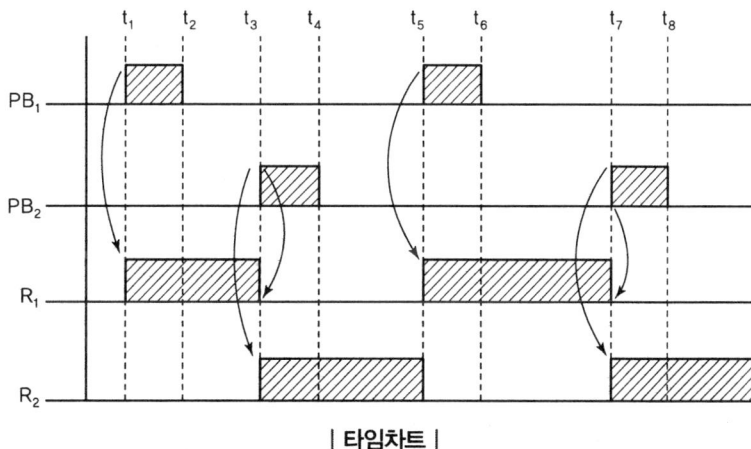

| 타임차트 |

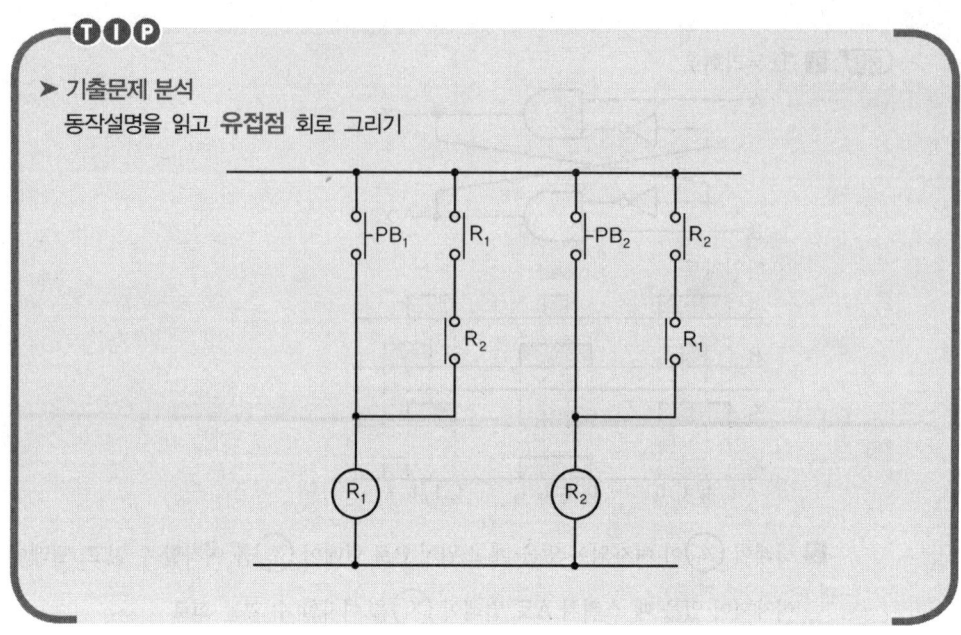

▶ 기출문제 분석
   동작설명을 읽고 유접점 회로 그리기

6) 직렬우선회로 = 순차회로

- 회로동작설명 : $PB_1 \to PB_2 \to PB_3$ 순으로 누르지 않으면 동작하지 않는 회로이다.

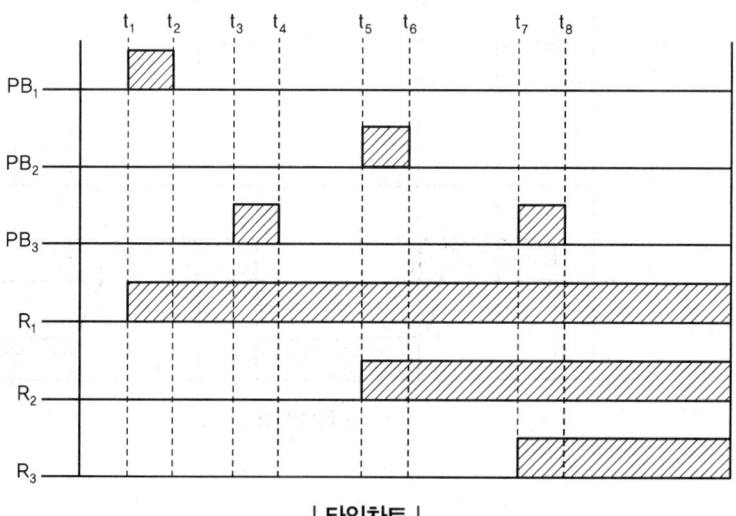

| 타임차트 |

- 논리식 : $R_1 = \overline{PB_0} \cdot (PB_1 + R_1)$

   $R_2 = \overline{PB_0} \cdot (PB_1 + R_1) \cdot (PB_2 + R_2)$

   $R_3 = \overline{PB_0} \cdot (PB_1 + R_1) \cdot (PB_2 + R_2) \cdot (PB_3 + R_3)$

제5편 • 자동제어 운용

> **TIP**
> ▶ 기출문제 분석
> 　회로명칭, 논리식, 동작설명, 타임차트 그리기

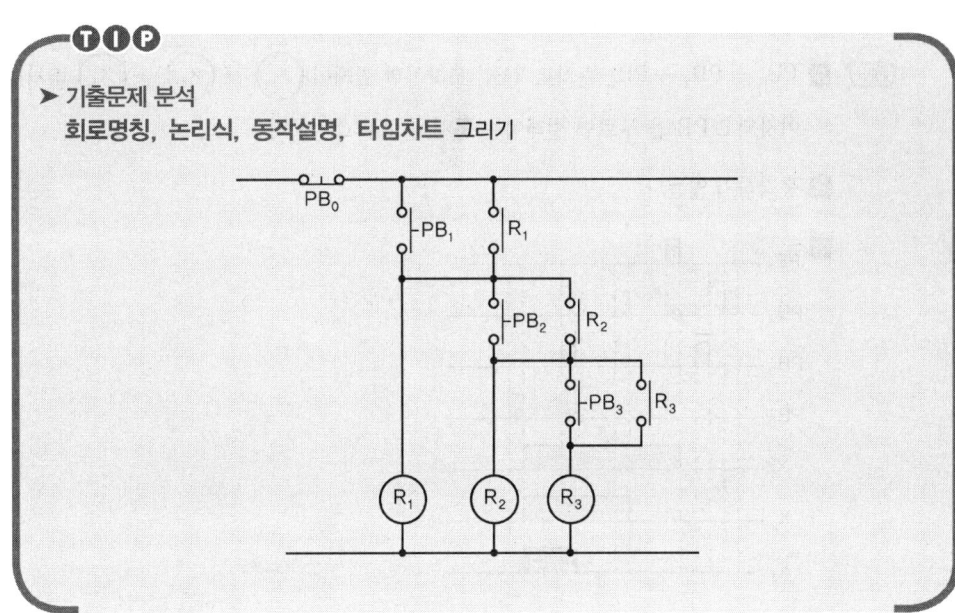

✅ 핵심 과년도 문제

03 시퀀스도를 보고 다음 각 물음에 답하시오.

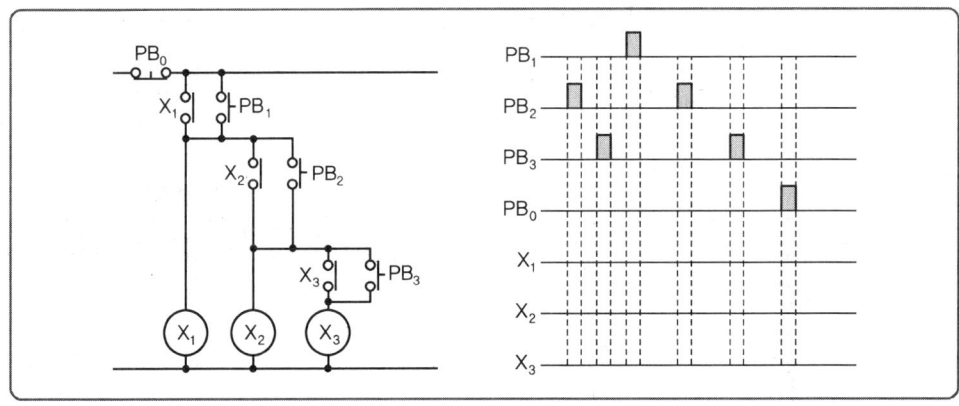

① 전원 측에 가장 가까운 푸시버튼 PB_1으로부터 PB_3, PB_0까지 "ON" 조작할 경우의 동작사항을 간단히 설명하시오.
② 최초에 PB_2를 "ON" 조작한 경우에는 어떻게 되는가?
③ 타임차트를 푸시버튼 PB_1, PB_2, PB_3, PB_0와 같이 타이밍으로 "ON" 조작하였을 때의 타임차트의 X_1, X_2, X_3를 완성하시오.

Chapter 1 시퀀스　287

(해답) **1** $PB_1 \to PB_2 \to PB_3$ 순서로 'ON' 조작하면 릴레이 $X_1 \to X_2 \to X_3$ 순서로 여자되고 PB_0을 누르면 릴레이는 동시에 모두 소자된다.

2 동작하지 않는다.

3

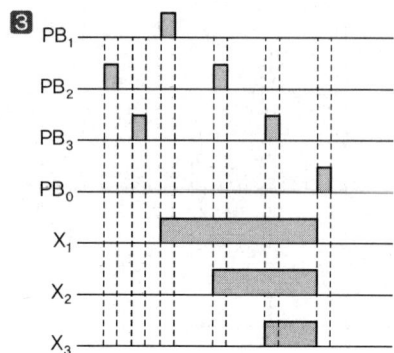

③ 논리곱회로(AND Gate, 직렬접속)

입력 A, B가 동시에 동작 시 출력이 생기는 회로이다.

| 논리회로 |

$$X = A \cdot B$$

| 논리식(출력식) |

| 진리표(출력표) |

입력		출력
A	B	X
0	0	0
0	1	0
1	0	0
1	1	1

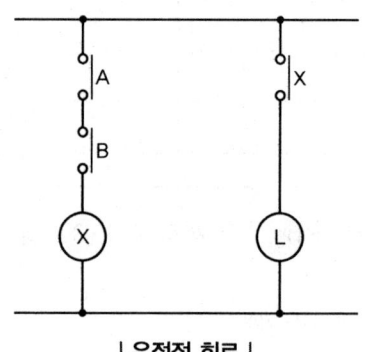

| 유접점 회로 |

제5편 · 자동제어 운용

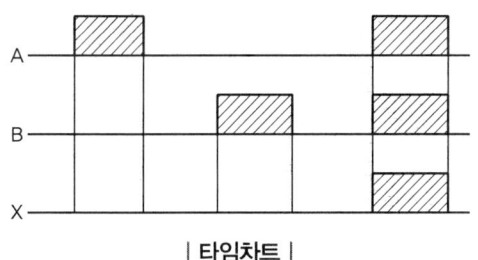

| 타임차트 |

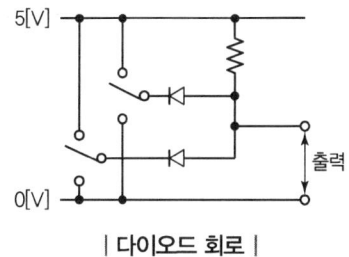

| 다이오드 회로 |

TIP

➤ 기출문제 분석
논리기호, 유접점, 타임차트, 다이오드 회로 명칭은 자주 출제된다.

✓ 핵심 과년도 문제

04 그림과 같은 무접점 릴레이 회로의 출력식 Z를 구하고 이것의 타임차트를 그리시오.

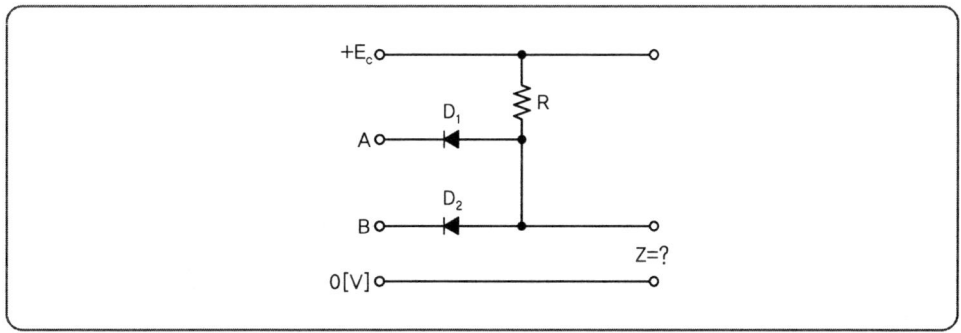

(해답)
- 출력식 : $Z = A \cdot B$
- 타임차트

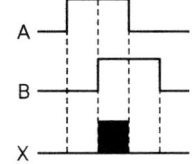

Chapter 1 시퀀스 **289**

④ 논리합회로(OR Gate, 병렬접속)

입력 A, B 중 어느 하나만 동작하여도 출력 X가 생긴다.

| 논리회로 |

$$X = A + B$$

| 논리식(출력식) |

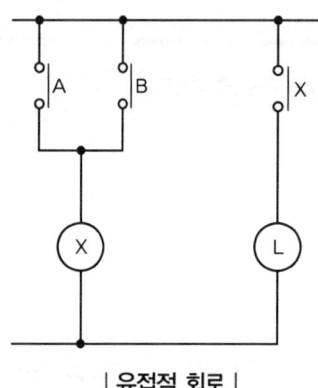

| 유접점 회로 |

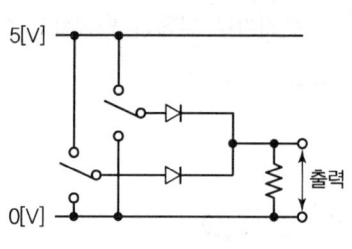

| 다이오드 회로 |

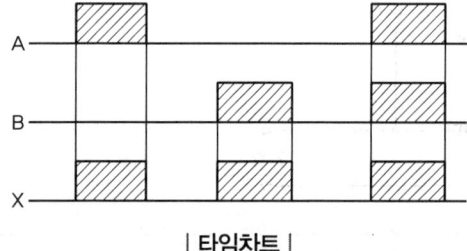

| 타임차트 |

| 진리표(출력표) |

입력		출력
A	B	X
0	0	0
0	1	1
1	0	1
1	1	1

TIP

➤ 기출문제 분석
　논리기호, 유접점, 타임차트, 다이오드 회로 명칭은 자주 출제된다.

✓ 핵심 과년도 문제

05 다음 그림과 같은 무접점 릴레이 출력을 쓰고 이것을 전자릴레이 회로로 그리시오.

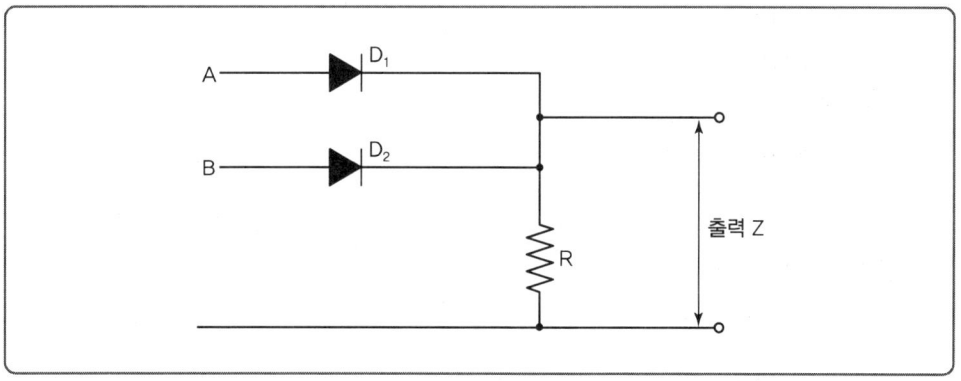

해답 $Z = A + B$

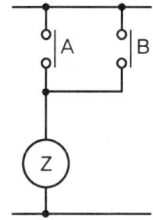

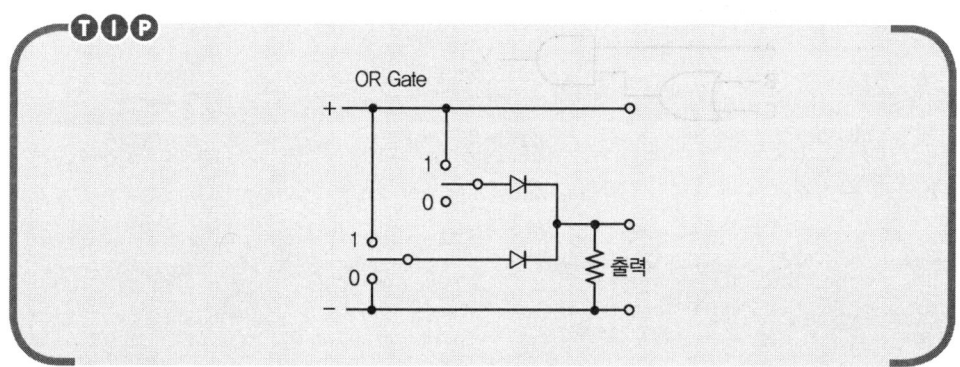

01 시퀀스

06 보조 릴레이 A, B, C의 계전기로 출력(H레벨)이 생기는 유접점 회로와 무접점 회로를 그리시오. (단, 보조 릴레이의 접점은 모두 a접점만을 사용하도록 한다.)

1 A와 B를 같이 ON 하거나 C를 ON 할 때 X_1 출력
 ① 유접점 회로
 ② 무접점 회로

2 A를 ON 하고 B 또는 C를 ON 할 때 X_2 출력
 ① 유접점 회로
 ② 무접점 회로

해답 **1** ① 유접점 회로

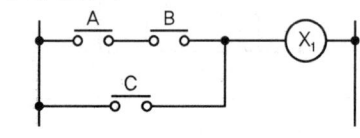

② 무접점 회로

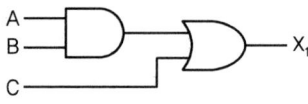

2 ① 유접점 회로

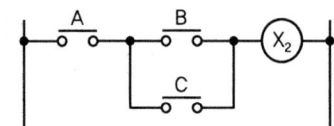

② 무접점 회로

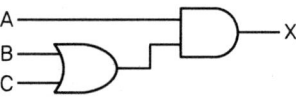

5 논리부정회로(NOT Gate, Inverter)

출력이 입력의 반대가 되는 회로로서 입력이 1이면 출력이 0이고 입력이 0이면 출력이 1이 되는 반전(부정)회로이다.

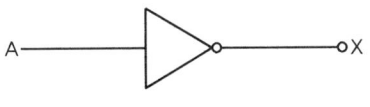

| 논리회로 |

$$X = \overline{A}$$

| 논리식(출력식) |

| 진리표 (동작표) |

입력	출력
A	X
0	1
1	0

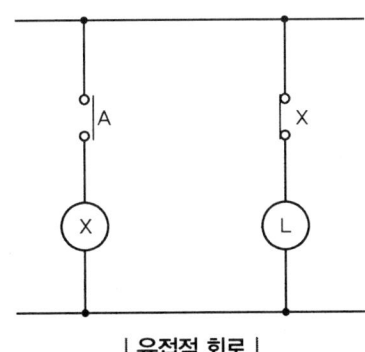

| 유접점 회로 |

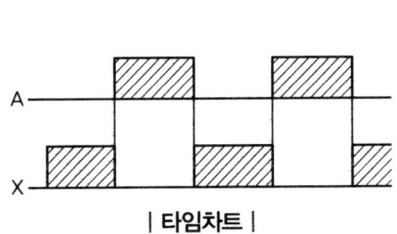

| 타임차트 |

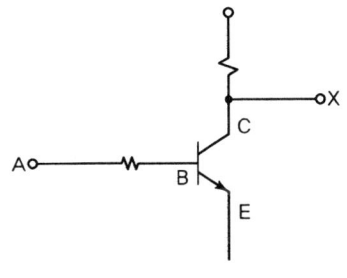

| 트랜지스터 회로 |

> **TIP**
> ▶ NPN 트랜지스터
> 베이스(Base)에 전류가 흘러야 콜렉터(Collector)에서 에미터(Emitter)로 전류가 흐른다.

07 다음 그림과 같은 회로에서 램프 ⓛ의 동작을 답안지의 타임차트에 표시하시오. (단, PB : 푸시버튼 스위치, Ⓡ : 릴레이 접점, LS : 리미트 스위치)

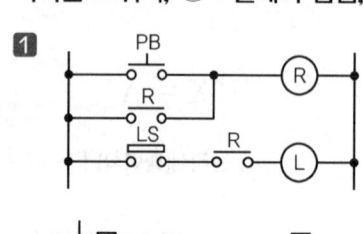
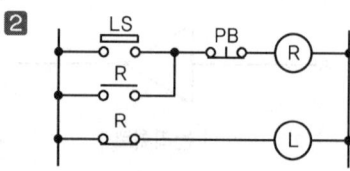

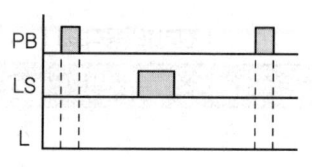
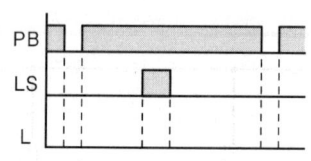

해답
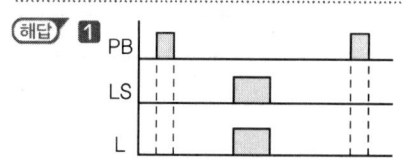
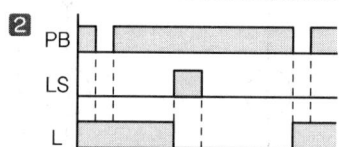

08 그림과 같은 무접점의 논리회로도를 보고 다음 각 물음에 답하시오.

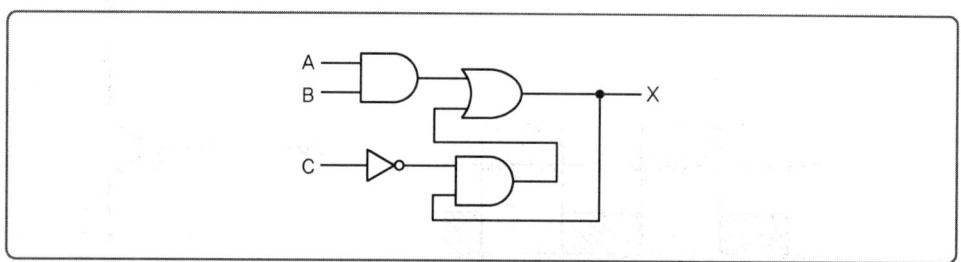

❶ 출력식을 나타내시오.
❷ 주어진 무접점 논리회로를 유접점 논리회로로 바꾸어 그리시오.

해답 ❶ $X = AB + \overline{C}X$

❷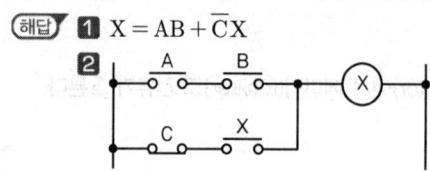

6 부정논리곱(NAND Gate)

AND 회로와 반대로 동작하는 회로이다.

| 논리회로 |

$$X = \overline{A \cdot B} = \overline{A} + \overline{B}$$

| 논리식(출력식) |

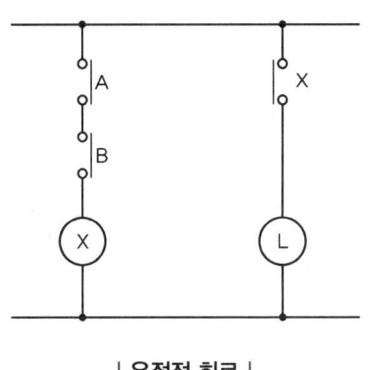

| 유접점 회로 |

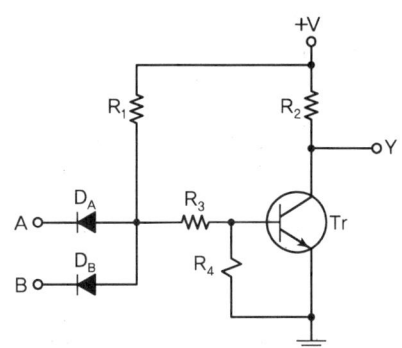

| 다이오드 회로 |

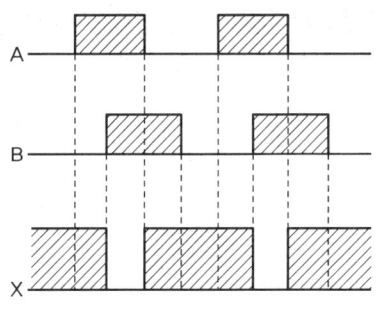

| 타임차트 |

| 진리표(출력표) |

입력		출력
A	B	Y
0	0	1
0	1	1
1	0	1
1	1	0

> **TIP**
>
> ➤ 기출문제 분석
>   AND, OR, NOT 회로를 NAND 회로로 변환하여 그리기 등의 문제가 자주 출제된다.

7 부정논리합회로(NOR Gate)

OR 회로와 반대로 출력이 생기는 회로이다.

| 논리회로 |

$$X = \overline{A + B} = \overline{A} \cdot \overline{B}$$

| 논리식(출력식) |

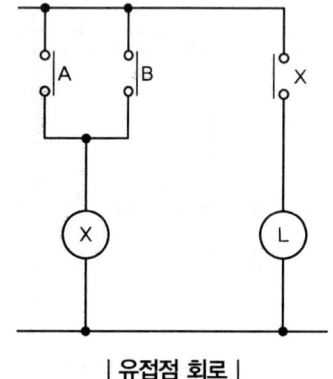

| 유접점 회로 |

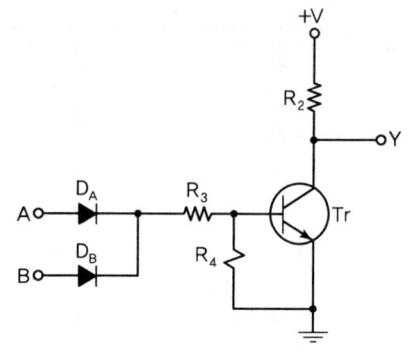

| 다이오드 회로 |

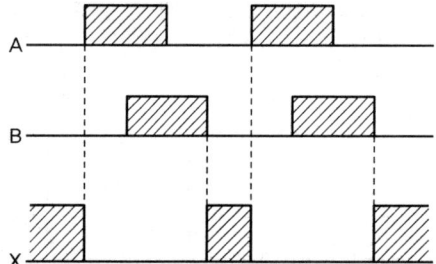

| 타임차트 |

| 진리표(출력표) |

입력		출력
A	B	Y
0	0	1
0	1	0
1	0	0
1	1	0

✓ 핵심 과년도 문제

09 그림과 같은 회로의 출력을 입력변수로 나타내고 AND 회로 1개, OR 회로 2개, NOT 회로 1개를 이용한 등가회로를 그리시오.

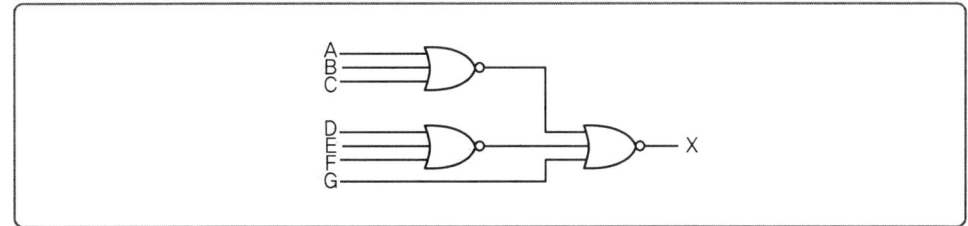

❶ 출력식
❷ 등가회로

해답 ❶ 출력식 : $X = \overline{\overline{A+B+C} + \overline{D+E+F} + G}$
$\qquad\qquad\quad = (A+B+C) \cdot (D+E+F) \cdot \overline{G}$

❷ 등가회로

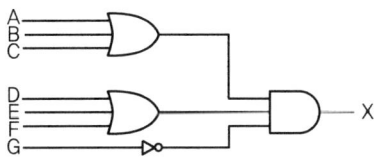

TIP

$X = \overline{\overline{A+B+C} + \overline{D+E+F} + G}$
$\quad = \overline{\overline{A+B+C}} \cdot \overline{\overline{D+E+F}} \cdot \overline{G}$
$\quad = (A+B+C) \cdot (D+E+F) \cdot \overline{G}$

10 다음은 어느 계전기 회로의 논리식이다. 이 논리식을 이용하여 다음 각 물음에 답하시오. (단, 여기에서 A, B, C는 입력이고, X는 출력이다.)

논리식 : $X = (A+B) \cdot \overline{C}$

❶ 이 논리식을 로직을 이용한 시퀀스도(논리회로)로 나타내시오.
❷ 물음 ❶에서 로직 시퀀스도로 표현된 것을 2입력 NAND Gate만으로 등가 변환하시오.
❸ 물음 ❶에서 로직 시퀀스도로 표현된 것을 2입력 NOR Gate만으로 등가 변환하시오.

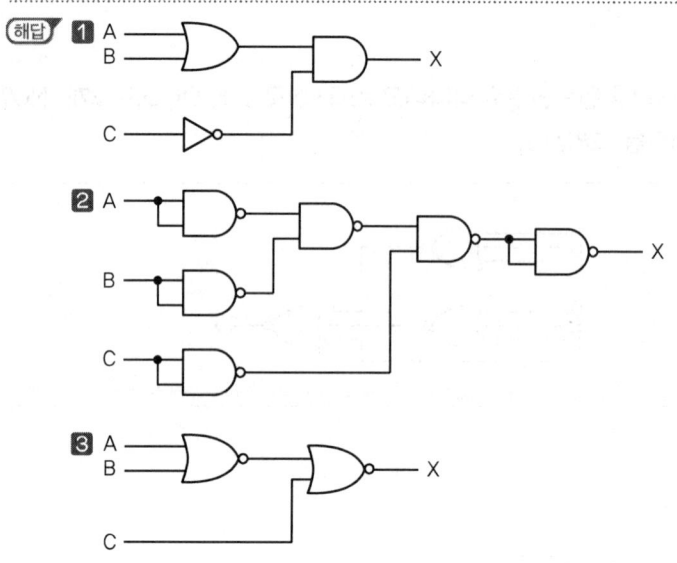

11 다음 논리식에 대한 물음에 답하시오.

$$X = A + B\overline{C}$$

1 무접점 시퀀스로 그리시오.
2 NAND Gate로 그리시오.
3 NOR Gate를 최소로 이용하여 그리시오.

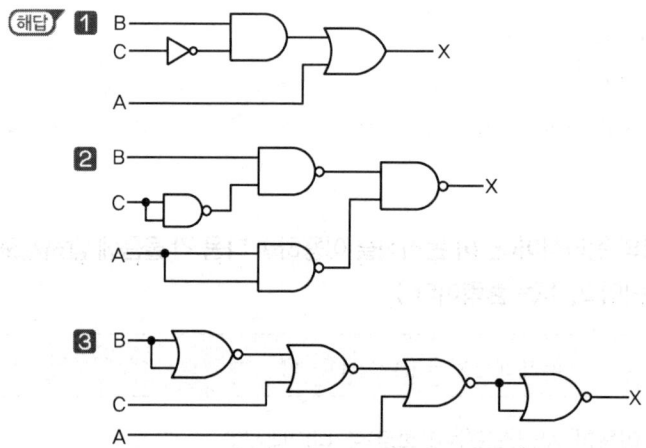

> **TIP**
> ❷ NAND Gate : $\overline{A+BC} = \overline{A} \cdot \overline{BC}$
> ❸ NOR Gate : $\overline{\overline{A+BC}} = \overline{A+BC} = \overline{A} + \overline{\overline{B+C}}$

12 그림과 같은 논리회로를 이용하여 다음 각 물음에 답하시오.

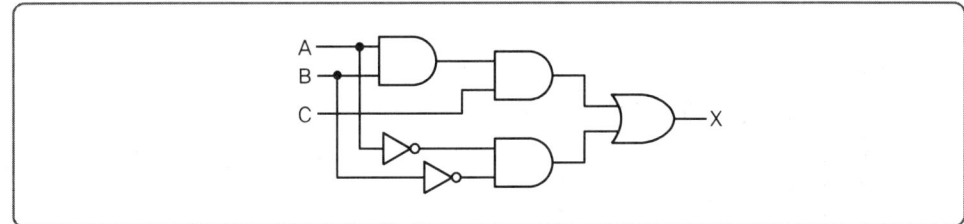

❶ 주어진 논리회로를 논리식으로 표현하시오.
❷ 논리회로의 동작상태를 다음의 타임차트에 나타내시오.

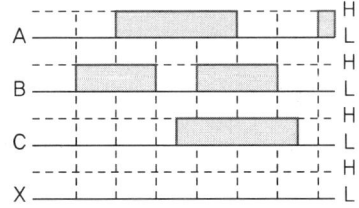

❸ 다음과 같은 진리표를 완성하시오.(단, L은 Low이고, H는 High이다.)

A	L	L	L	L	H	H	H	H
B	L	L	H	H	L	L	H	H
C	L	H	L	H	L	H	L	H
X								

[해답] ❶ $X = A \cdot B \cdot C + \overline{A} \cdot \overline{B}$

❷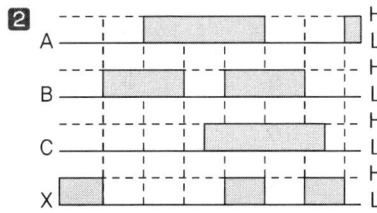

❸

A	L	L	L	L	H	H	H	H
B	L	L	H	H	L	L	H	H
C	L	H	L	H	L	H	L	H
X	H	H	L	L	L	L	L	H

❽ 배타적 논리합 회로(Exclusive OR Gate)

A, B 입력상태가 서로 다를 경우 출력이 생기는 회로이다.

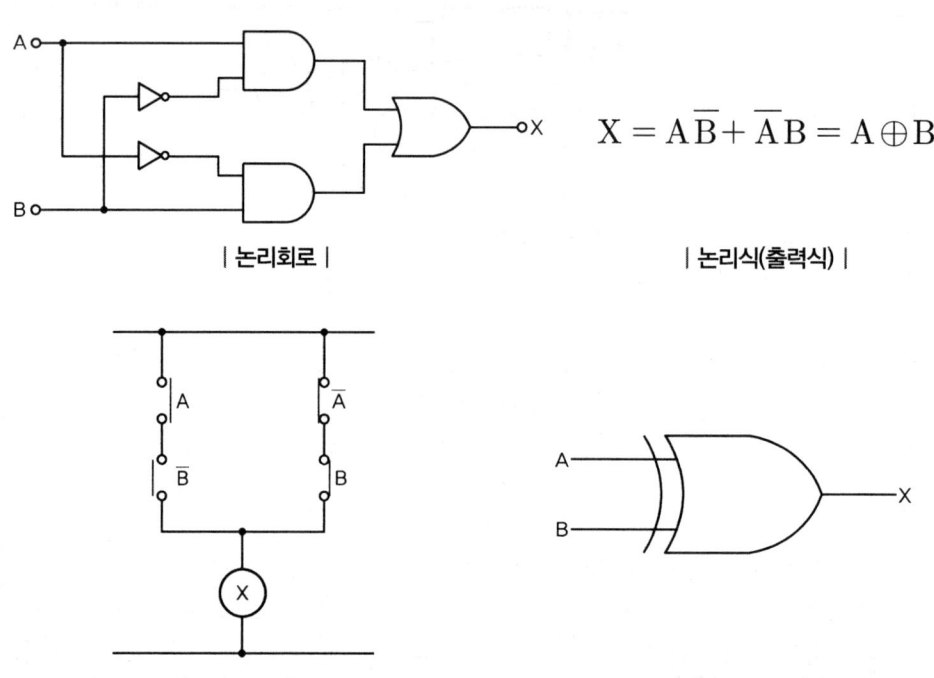

$$X = A\overline{B} + \overline{A}B = A \oplus B$$

| 논리회로 | | 논리식(출력식) |

| 유접점 회로 | | 논리심벌(논리기호) |

| 진리표(출력표) |

입력		출력
A	B	X
0	0	0
0	1	1
1	0	1
1	1	0

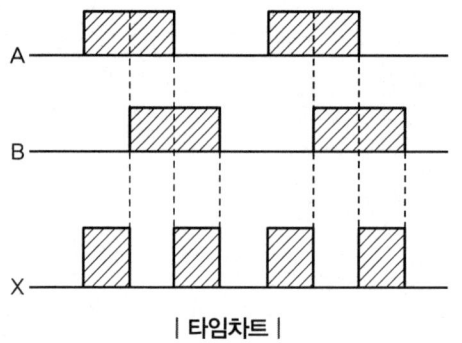

| 타임차트 |

제5편 • 자동제어 운용

> **TIP**
> ➤ 기출문제 분석
> 다양한 형태로 변경하여 다수의 문제가 출제된다.

✅ 핵심 과년도 문제

13 다음 회로를 이용하여 각 물음에 답하시오.

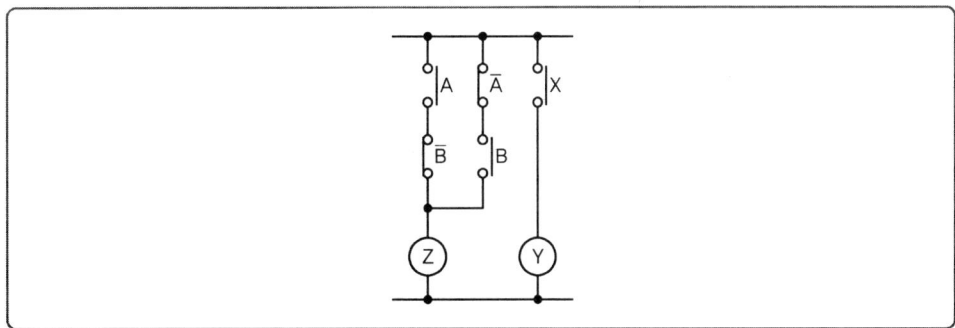

❶ 그림과 같은 회로의 명칭을 쓰시오.
❷ 논리식을 쓰시오.
❸ 무접점 논리회로를 그리시오.

해답 ❶ 배타적 논리합 회로
❷ $Z = A\overline{B} + \overline{A}B = A \oplus B$, $Y = Z$
❸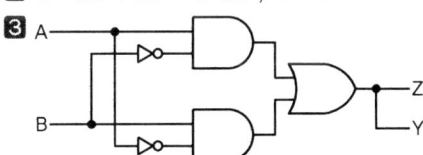

14 3개의 입력신호 A, B, C에 의한 조건이 ①~③일 때, 이 조건을 이용하여 다음 각 물음에 답하시오.

[조건]
① 입력신호 A, B 중 어느 하나의 신호로 동작하거나 혹은 C의 신호가 소멸하면 동작
② A, C 양쪽의 신호가 들어가고 B의 신호가 소멸하면 동작
③ A, B 양쪽의 신호가 들어가고 C의 신호가 소멸하면 동작

Chapter 1 시퀀스

01 시퀀스

1 ①~③에 대한 논리식을 쓰고 논리회로를 그리시오.

2 ①의 조건과 ②, ③의 조건 중 하나를 만족하는 조건이 동시에 이루어졌을 때 출력이 나타나는 논리식을 쓰고 논리회로를 그리시오.[단, ①~③을 직접 합성하는 경우와 이것을 최소화한 논리 소자로 구성되는 경우(즉, 간략화하는 경우)로 답하도록 한다.]
- 간략화하지 않고 직접 합성하는 경우
- 간략화(최소화)하는 경우

[해답]

1 ① 논리식 = $A\overline{B} + \overline{A}B + \overline{C}$

② 논리식 = $A\overline{B}C$

③ 논리식 = $AB\overline{C}$

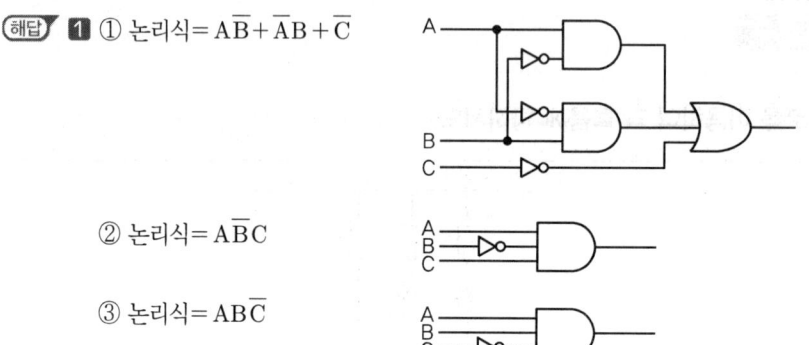

2 • 간략화하지 않고 직접 합성하는 경우

논리식 = ①(②③ + ②③) = $(A\overline{B} + \overline{A}B + \overline{C})(A\overline{B}C \cdot \overline{AB\overline{C}} + \overline{A\overline{B}C} \cdot AB\overline{C})$
= $(A\overline{B} + \overline{A}B + \overline{C})(A\overline{B}C + AB\overline{C})$

논리회로

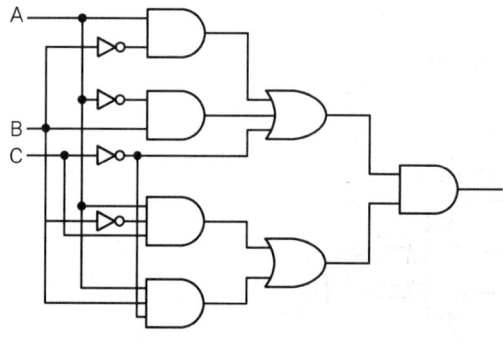

• 간략화(최소화)하는 경우

논리식 = $(A\overline{B} + \overline{A}B + \overline{C})(A\overline{B}C + AB\overline{C}) = A\overline{B}C + AB\overline{C}$
= $A(\overline{B}C + B\overline{C})$

논리회로

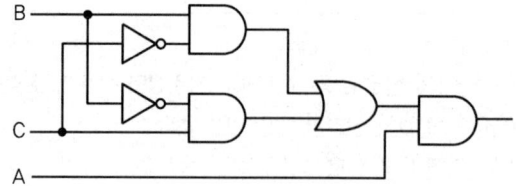

15 그림과 같은 릴레이 시퀀스도를 이용하여 다음 각 물음에 답하시오.

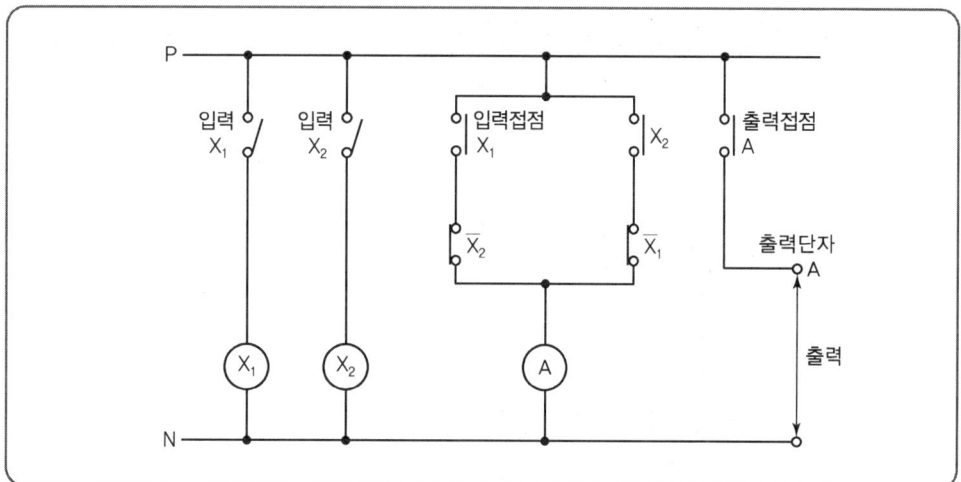

❶ AND, OR, NOT 등의 논리심벌을 이용하여 주어진 릴레이 시퀀스도를 논리회로로 바꾸어 그리시오.

❷ 물음 ❶에서 작성된 회로에 대한 논리식을 쓰시오.

❸ 논리식에 대한 진리표를 완성하시오.

X_1	X_2	A
0	0	
0	1	
1	0	
1	1	

❹ 진리표를 만족할 수 있는 로직회로를 간소화하여 그리시오.

❺ 주어진 타임차트를 완성하시오.

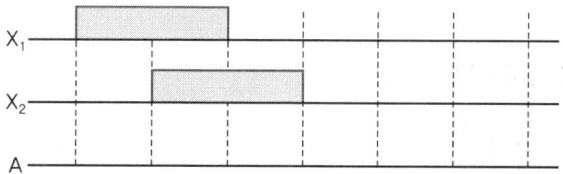

해답 ❶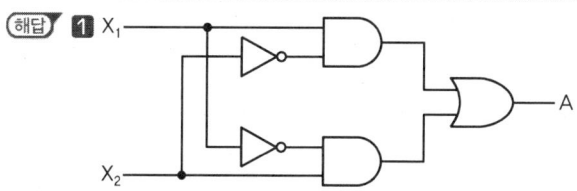

② $A = X_1\overline{X}_2 + \overline{X}_1 X_2$

③
X_1	X_2	A
0	0	0
0	1	1
1	0	1
1	1	0

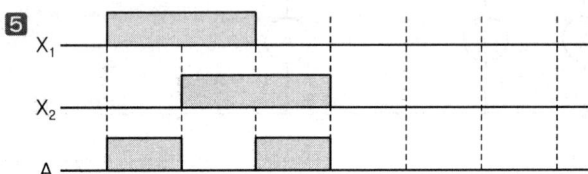

9 논리식의 간소화

1) 부울대수

부울대수는 논리 판단을 하는 데 이용되는 수학적인 기법이다. 본래 부울대수는 결과가 참 혹은 거짓으로 되는 명제만을 취급하였으나 시퀀스 제어에 있어서 부울대수는 상태가 1 또는 0으로 될 수 있는 회로를 취급하는 데 사용한다.

이때 기호 1과 0은 각각 논리적 1 및 논리적 0을 의미하지만 2진법의 수학 1 및 0과도 대응하게 된다. 그리고 논리 1과 논리 0은 각각 스위치의 ON과 OFF의 상태를 나타내는 것으로 해석한다.

2) 부울대수 기본연산 및 기본정리

AND	$1 \cdot 1 = 1$	$1 \cdot 0 = 0$	$0 \cdot 0 = 0$
OR	$1 + 1 = 1$	$1 + 0 = 1$	$0 + 0 = 0$

AND	$A \cdot 0 = 0$	$A \cdot 1 = A$	$A \cdot A = A$	$A \cdot \overline{A} = 0$
OR	$A + 0 = A$	$A + 1 = 1$	$A + A = A$	$A + \overline{A} = 1$

① 교환법칙
  ㉠ A+B=B+A
  ㉡ A · B=B · A

② 결합법칙
  ㉠ A+(B+C)=(A+B)+C
  ㉡ A · (B · C)=(A · B) · C

③ 분배법칙
  ㉠ A(B+C)=AB+AC
  ㉡ A+BC=(A+B)(A+C)

④ 흡수법칙
  ㉠ A+A=A
  ㉡ A · A=A
  ㉢ A+AB=(A+A)(A+B)=AA+AB=A+AB=A(1+B)=A
  ㉣ A(A+B)=AA+AB=A+AB=A(1+B)=A

3) 드모르간의 정리

부울대수 식에서 0과 1 및 논리곱과 논리합을 동시에 교환한 식은 반드시 성립한다는 것이다. 이것은 논리합(OR)과 논리곱(AND)이 완전히 독립되어 성립하는 것이 아니라 부정(NOT)을 조합시켜서 상호 교환이 가능하도록 하는 중요한 정리로 논리회로 결합의 구성상 필수적인 성질이다.

① 제1정리 : 논리합을 논리곱으로 바꾸는 정리
  $\overline{A+B} = \overline{A} \cdot \overline{B}$

② 제2정리 : 논리곱을 논리합으로 바꾸는 정리
  ㉠ $\overline{A \cdot B} = \overline{A} + \overline{B}$
  ㉡ $\overline{\overline{A \cdot B}} = A \cdot B$
  ㉢ $\overline{\overline{A + B}} = A + B$

③ 부정의 법칙
  $\overline{\overline{A}} = A$

4) 카르노 도표(맵)

그래프(도표)를 사용하여 논리식의 간소화를 쉽게 해결하는 방법이다.

① 3변수 카르노 맵의 작성 및 해석법

임의의 3변수 A, B, C에 대한 출력 Y가 아래와 같을 때 카르노 맵의 작성법은 다음과 같다. 우선, 변수가 3개일 경우에는 $2^3 = 8(2^n)$가지의 상태 변화가 존재하며 진리표는 다음과 같다.

| 진리표 |

A	B	C	Y
0	0	0	0
0	0	1	0
0	1	0	1
0	1	1	1
1	0	0	0
1	0	1	0
1	1	0	1
1	1	1	1

| 3변수 |

C \ AB	00	01	11	10
0	0	1	1	0
1	0	1	1	0

위 표와 같이 가로에 2개의 변수와 그의 보수를 작성하고, 세로에는 1개의 변수와 그의 보수를 배열한다. 이때, 가로와 세로의 경우의 수는 변경이 가능하다. 다만, 2변수 배열 순서에 유의할 필요가 있다. 2변수가 AB라면 00, 01, 10, 11의 순서가 아닌 00, 01, 11, 10의 순서를 작성함에 주의한다.

다음으로 진리표상에 출력이 1이 되는 부분을 찾아서 맵의 맞는 위치에 1로 표시하고 나머지 칸은 모두 0으로 작성한다.

이제 작성한 1을 기준으로 수평, 수직으로 (1,2,4,8, …) 2^n개로 묶어 준다. 이때 묶음의 크기를 최대한 크게 묶어 주는 것이 간소화를 가장 잘 한 경우이다.

끝으로 묶음 원에서 변화하지 않은 변수를 찾아 1로 변하지 않을 경우는 그대로 0으로, 변하지 않을 경우는 부정으로 표시하면 Y=B가 된다.

② 부울대수를 통한 간소화

$$Y = \overline{A}\,B\,\overline{C} + A\,B\,\overline{C} + \overline{A}\,B\,C + A\,B\,C = B\,\overline{C} \cdot (\overline{A} + A) + B\,C \cdot (\overline{A} + A)$$
$$= B\,\overline{C} + B\,C = B \cdot (\overline{C} + C) = B$$

TIP

▶ 기출문제 분석
- 간략화 및 간소화를 요하는 문제는 무조건 부울대수를 기준으로 작성함을 원칙으로 한다. 다만 출제자의 의도가 카르노 맵을 사용하고자 할 때는 반드시 카르노 맵을 사용하여 간소화한다.
- 간소화를 통한 로직회로 작성, 진리표 작성 등의 유형이 출제된다.

✓ 핵심 과년도 문제

16 스위치 S_1, S_2, S_3에 의하여 직접 제어되는 계전기 X, Y, Z가 있다. 전등 L_1, L_2, L_3, L_4가 동작표와 같이 점등된다고 할 때 다음 각 물음에 답하시오.

| 동작표 |

X	Y	Z	L_1	L_2	L_3	L_4
0	0	0	0	0	0	1
0	0	1	0	0	1	0
0	1	0	0	0	1	0
0	1	1	0	1	0	0
1	0	0	0	0	1	0
1	0	1	0	1	0	0
1	1	0	0	1	0	0
1	1	1	1	0	0	0

[조건]
- 출력 램프 L_1에 대한 논리식 $L_1 = X \cdot Y \cdot Z$
- 출력 램프 L_2에 대한 논리식 $L_2 = \overline{X} \cdot Y \cdot Z + X \cdot \overline{Y} \cdot Z + X \cdot Y \cdot \overline{Z}$
- 출력 램프 L_3에 대한 논리식 $L_3 = \overline{X} \cdot \overline{Y} \cdot Z + \overline{X} \cdot Y \cdot \overline{Z} + X \cdot \overline{Y} \cdot \overline{Z}$
- 출력 램프 L_4에 대한 논리식 $L_4 = \overline{X} \cdot \overline{Y} \cdot \overline{Z}$

01 시퀀스

1 답안지의 유접점 회로에 대한 미완성 부분을 최소 접점수로 도면을 완성하시오.

예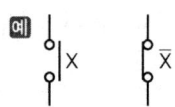

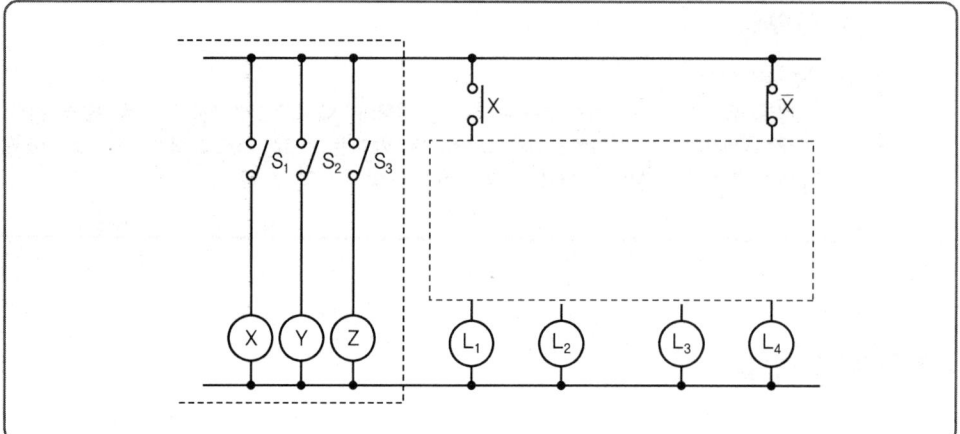

2 답안지의 무접점 회로에 대한 미완성 부분을 완성하고 출력을 표시하시오.

예 출력 L_1, L_2, L_3, L_4

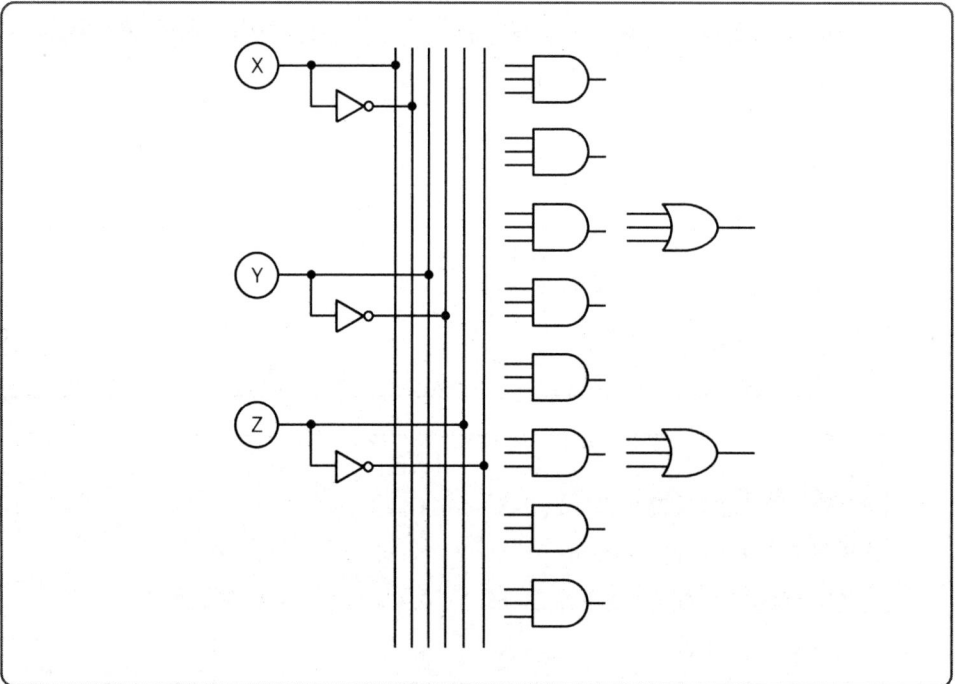

해답 **1** L_2, L_3를 간소화하면

$L_2 = \overline{X} \cdot Y \cdot Z + X \cdot \overline{Y} \cdot Z + X \cdot Y \cdot \overline{Z} = \overline{X} \cdot Y \cdot Z + X \cdot (\overline{Y} \cdot Z + Y \cdot \overline{Z})$

$L_3 = \overline{X} \cdot \overline{Y} \cdot Z + \overline{X} \cdot Y \cdot \overline{Z} + X \cdot \overline{Y} \cdot \overline{Z} = X \cdot \overline{Y} \cdot \overline{Z} + \overline{X} \cdot (Y \cdot \overline{Z} + \overline{Y} \cdot Z)$

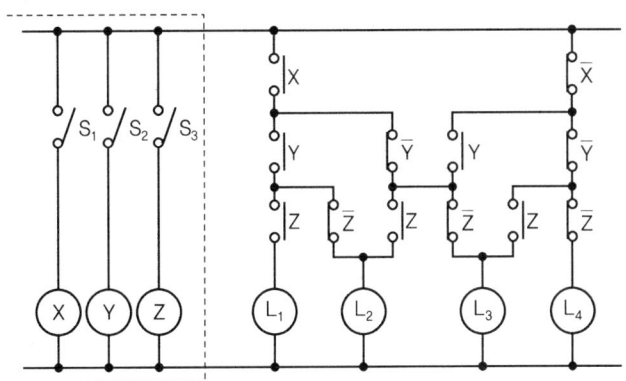

2

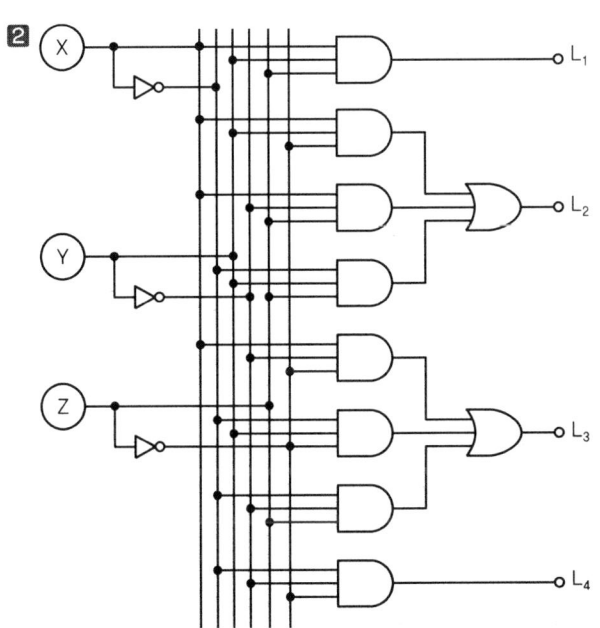

17 다음의 논리식을 간소화하시오.

1 $X = (A+B+C)A$

2 $X = \overline{A}C + BC + AB + \overline{B}C$

[해답] **1** $X = (A+B+C)A = AA + AB + AC = A + AB + AC = A(1+B+C) = A$

2 $X = C(B+\overline{B}) + AB + \overline{A}C = C + AB + \overline{A}C = C(1+\overline{A}) + AB = AB + C$

TIP
① $AA = A$
② $1 + B + C = 1$
③ $A + \overline{A} = 1$, $B + \overline{B} = 1$

18 카르노 도표를 보고 물음에 답하시오. (단, "0" : L(Low Level), "1" : H(High Level)이며, 입력은 A B C, 출력은 X이다.)

A \ BC	0 0	0 1	1 1	1 0
0		1		1
1		1		1

1 논리식으로 나타낸 후 간략화하시오.

2 무접점 논리회로를 그리시오.

[해답] **1** 계산 : $X = \overline{A}\overline{B}C + A\overline{B}C + \overline{A}B\overline{C} + AB\overline{C}$
$= (\overline{A}+A)\overline{B}C + (\overline{A}+A) \cdot B\overline{C}$ ······· 보수법칙
$= \overline{B}C + B\overline{C}$

답 $X = \overline{B}C + B\overline{C}$

2
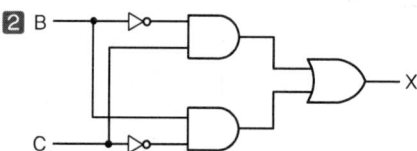

TIP
➤ 논리식의 보수법칙
$(\overline{A}+A) = 1$, $(\overline{B} \cdot B) = 0$

19 진리값(참값) 표는 3개의 리미트 스위치 LS_1, LS_2, LS_3에 입력을 주었을 때 출력 X와의 관계표이다. 정확히 이해하고 다음 물음에 답하시오.

| 진리값(참값) 표 |

LS_1	LS_2	LS_3	X
0	0	0	0
0	0	1	0
0	1	0	0
0	1	1	1
1	0	0	0
1	0	1	1
1	1	0	1
1	1	1	1

1 진리값(참값) 표를 보고 Karnaugh 도표를 완성하시오.

LS_3 \ LS_1LS_2	0 0	0 1	1 1	1 0
0				
1				

2 Karnaugh 도표를 보고 논리식을 쓰시오.

3 진리값(참값)과 논리식을 보고 무접점 회로도로 표시하시오.

해답 **1**

LS_3 \ LS_1LS_2	0 0	0 1	1 1	1 0
0	0	0	1	0
1	0	1	1	1

2 $X = LS_2LS_3 + LS_1LS_3 + LS_1LS_2$

3
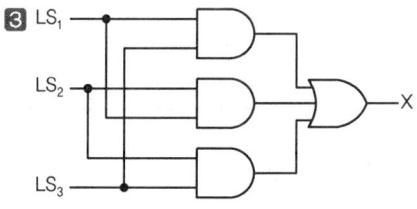

20 어느 회사에서 한 부지 A, B, C에 세 공장을 세워 3대의 급수 펌프 P_1(소형), P_2(중형), P_3(대형)으로 다음 계획에 따라 급수 계획을 세웠다. 계획 내용을 잘 살펴보고 다음 물음에 답하시오.

[계획]
① 모든 공장 A, B, C가 휴무일 때 또는 그중 한 공장만 가동할 때에는 펌프 P_1만 가동시킨다.
② 모든 공장 A, B, C 중 어느 것이나 두 개의 공장만 가동할 때에는 P_2만 가동시킨다.
③ 모든 공장 A, B, C가 모두 가동할 때에는 P_3만 가동시킨다.

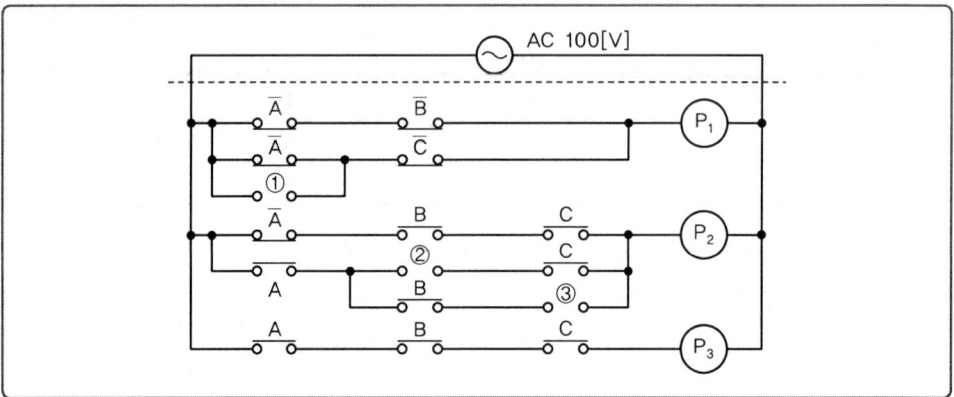

① 조건과 같은 진리표를 작성하시오.
② ①~③의 접점 문자 기호를 쓰시오.
③ P_1~P_3의 출력식을 각각 쓰시오.
   ※ 접점 심벌을 표시할 때는 A, B, C, $\overline{A}$, $\overline{B}$, $\overline{C}$ 등 문자 표시도 할 것

[해답] ❶

A	B	C	P_1	P_2	P_3
0	0	0	1	0	0
0	0	1	1	0	0
0	1	0	1	0	0
0	1	1	0	1	0
1	0	0	1	0	0
1	0	1	0	1	0
1	1	0	0	1	0
1	1	1	0	0	1

❷ ① —o$\overline{B}$o—   ② —o$\overline{B}$o—   ③ —o$\overline{C}$o—

❸ $P_1 = \overline{A}\,\overline{B}\,\overline{C} + \overline{A}\,\overline{B}\,C + \overline{A}\,B\,\overline{C} + A\,\overline{B}\,\overline{C} = \overline{A}\,\overline{B} + \overline{A}\,\overline{C} + \overline{B}\,\overline{C}$
$P_2 = \overline{A}\,B\,C + A\,\overline{B}\,C + A\,B\,\overline{C}$
$P_3 = A\,B\,C$

21 다음 무접점 회로를 보고 논리 식을 적고 유접점 회로를 그리시오.

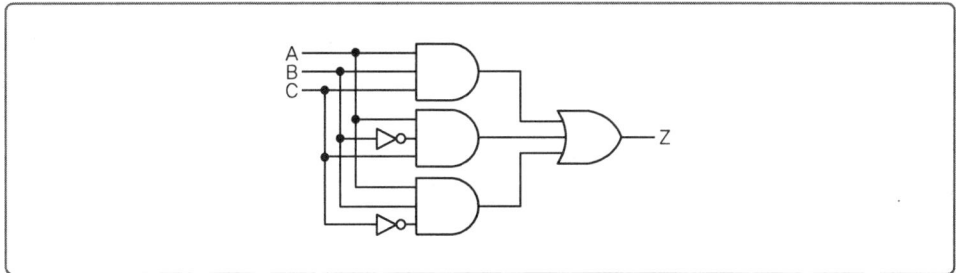

① 논리식을 표시하시오.

② 유접점 회로를 나타내시오.

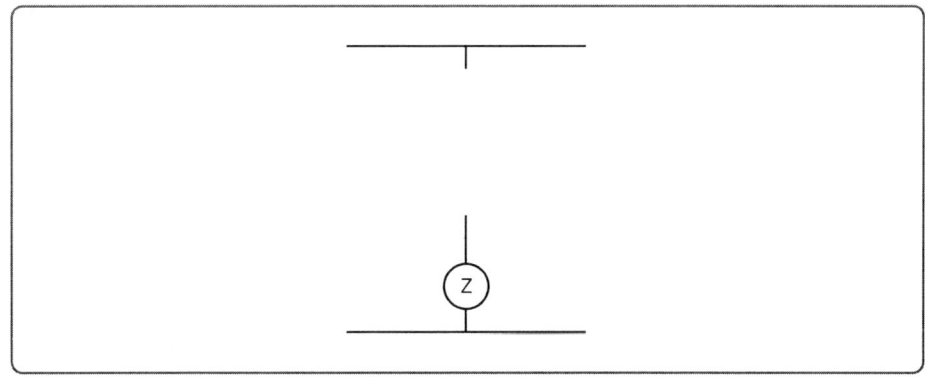

(해답) ① $Z = ABC + A\overline{B}C + AB\overline{C}$

②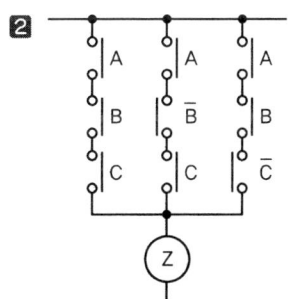

22

누름버튼 스위치 BS_1, BS_2, BS_3에 의하여 직접 제어되는 계전기 X_1, X_2, X_3가 있다. 이 계전기 3개가 모두 소자(복귀)되어 있을 때만 출력램프 L_1이 점등되고, 그 이외에는 출력램프 L_2가 점등되도록 계전기를 사용한 시퀀스 제어회로를 설계하려고 한다. 이때 다음 각 물음에 답하시오.

1 본문 요구조건과 같은 진리표를 작성하시오.

입력			출력	
X_1	X_2	X_3	L_1	L_2
0	0	0		
0	0	1		
0	1	0		
0	1	1		
1	0	0		
1	0	1		
1	1	0		
1	1	1		

2 최소 접점수를 갖는 논리식을 쓰시오.

3 논리식에 대응되는 계전기 시퀀스 제어회로(유접점 회로)를 그리시오.

해답 1

입력			출력	
X_1	X_2	X_3	L_1	L_2
0	0	0	1	0
0	0	1	0	1
0	1	0	0	1
0	1	1	0	1
1	0	0	0	1
1	0	1	0	1
1	1	0	0	1
1	1	1	0	1

2 $L_1 = \overline{X_1} \cdot \overline{X_2} \cdot \overline{X_3}$

$L_2 = \overline{X_1} \cdot \overline{X_2} \cdot X_3 + \overline{X_1} \cdot X_2 \cdot \overline{X_3} + \overline{X_1} \cdot X_2 \cdot X_3$
$\quad + X_1 \cdot \overline{X_2} \cdot \overline{X_3} + X_1 \cdot \overline{X_2} \cdot X_3 + X_1 \cdot X_2 \cdot \overline{X_3} + X_1 \cdot X_2 \cdot X_3$
$\quad = X_1 + X_2 + X_3$

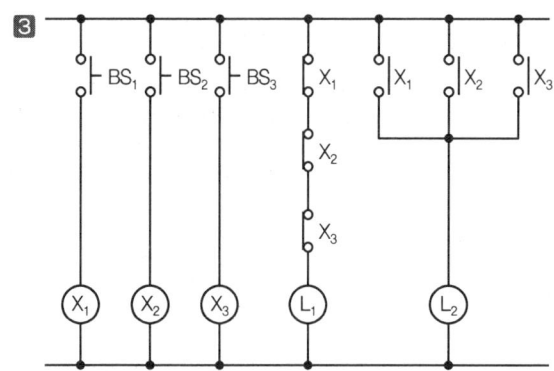

23 다음 논리회로의 출력을 논리식으로 나타내고 간략화하시오.

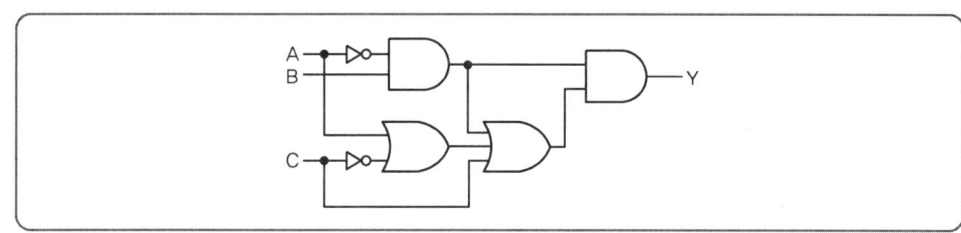

(해답) $Y = (\overline{A}B)(\overline{A}B + A + \overline{C} + C) = (\overline{A}B)(\overline{A}B + A + 1) = \overline{A}B$

10 릴레이 접점의 종류

접점의 종류	접점의 심벌	접점의 동작 설명
① a접점	릴레이 코일 (X)----a 접점	릴레이 코일이 여자된 때에 ON 되고, 여자를 잃으면 OFF 되는 접점을 말한다. 메이크(Make) 접점이라고 한다.
② b접점	릴레이 코일 (X)----b 접점	릴레이 코일이 여자된 때에 OFF 되고, 여자를 잃을 때에 ON 되는 접점을 말한다. 브레이크(Brake)접점이라고 한다.
③ c접점	릴레이 코일 (X)----접점 (a b c)	a접점과 b접점과의 절체 접점을 말한다. 트랜스퍼(Transfer) 접점이라고도 한다.
④ 명칭 : 한시동작계전기 작동상태 : 한시동작 순시복귀접점	(X)---- a b	보통 릴레이에서는 코일을 여자하면 접점은 곧 ON이 되고, 여자를 풀면 접점도 OFF로 되지만 한시 접점은 코일을 여자한 때 또는 여자를 풀었을 때 일정 시간 지나서 동작하는 것이다. 한시동작(순시복귀)접점은 코일이 여자되면 일정 시간 후에 ON 되고, 여자가 풀리면 순시에 OFF 된다.

01 시퀀스

접점의 종류	접점의 심벌	접점의 동작 설명
⑤ 명칭 : 한시복귀계전기 작동상태 : 순시동작 한시복귀접점	(X) ─┤├─ ─┤├─ a b	코일이 여자되면 a접점은 순시에 닫히고, 코일의 여자가 풀리면 일정한 시간 후에 열리며, 역으로 b접점은 코일이 여자되면 순시에 열리고 코일의 여자가 풀리면 일정 시간 후에 닫힌다.
⑥ 명칭 : 플리커계전기 작동상태 : 한시동작 한시복귀접점	(X) ─┤├─ ─┤├─ a b	코일이 여자된 때부터 일정한 시간 후에 a접점은 닫히고 b접점은 열린다. 또 코일의 여자가 풀리면 일정한 시간 후에 a접점은 열리고 b접점은 닫힌다.
⑦ 명칭 : 열동계전기 작동상태 : 자동동작 수동복귀접점	(X) ─┤├─ ─┤├─ a b	릴레이 접점은 릴레이의 여자가 끊어지면 릴레이의 동작과 같이 접점도 복귀하지만, 열동 계전기의 접점과 같이 동작을 한 접점은 여자가 끊어져도 계속 동작 상태를 하고 있어 복구되려면 수동 조작으로 복귀하여야 한다.

TIP

▶ 기출문제 분석
위의 각 접점의 종류별 동작 특성을 구분하여야 하는 문제가 출제된다.

✓ 핵심 과년도 문제

24 주어진 시퀀스도와 작동원리를 이용하여 다음 각 물음에 답하시오.

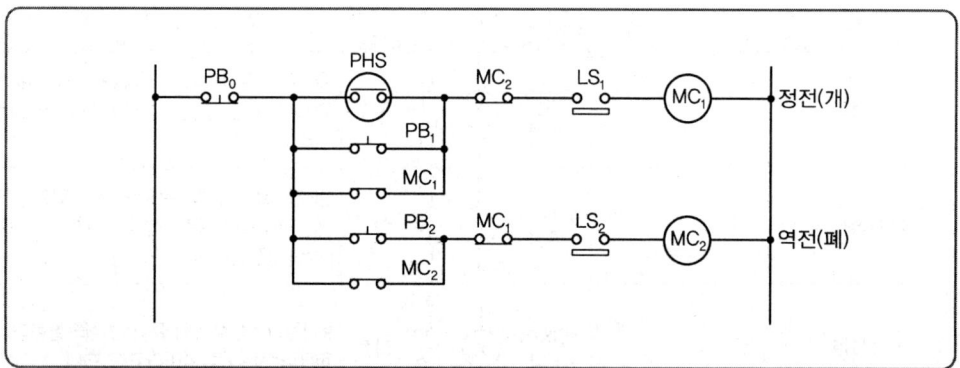

[작동원리]
자동차 차고의 셔터에 라이트가 비치면 PHS에 의해 셔터가 자동으로 열리며, 또한 PB_1을 조작(ON)해도 열린다. 셔터를 닫을 때는 PB_2를 조작(ON)하면 셔터는 닫힌다. 리밋 스위치 LS_1은 셔터의 상한이고, LS_2는 셔터의 하한이다.

1 MC₁, MC₂의 a접점은 어떤 역할을 하는 접점인가?

2 MC₁, MC₂의 b접점은 상호 간에 어떤 역할을 하는가?

3 LS₁, LS₂의 명칭을 쓰고 그 역할을 설명하시오.
　① 명칭 :
　② 역할 :

4 시퀀스도에서 PHS(또는 PB₁)과 PB₂를 타임차트와 같은 타이밍으로 ON 조작하였을 때의 타임차트를 완성하여라.

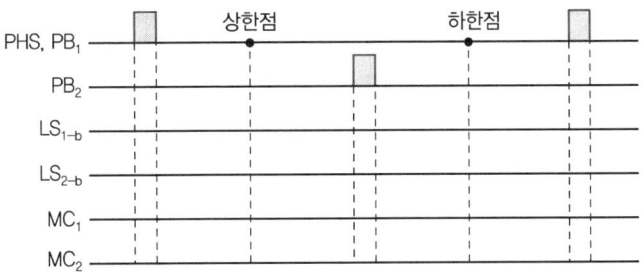

해답
1 MC₁₋ₐ : MC₁ 자기유지, MC₂₋ₐ : MC₂ 자기유지
2 인터록(MC₁, MC₂ 동시투입 방지)
3 ① 명칭 : LS₁ : 상한 리밋 스위치
　　　　　　LS₂ : 하한 리밋 스위치
　② 역할 : LS₁ : 셔터의 상한점 감지 시 MC₁을 소자시킨다.
　　　　　　LS₂ : 셔터의 하한점 감지 시 MC₂를 소자시킨다.

4
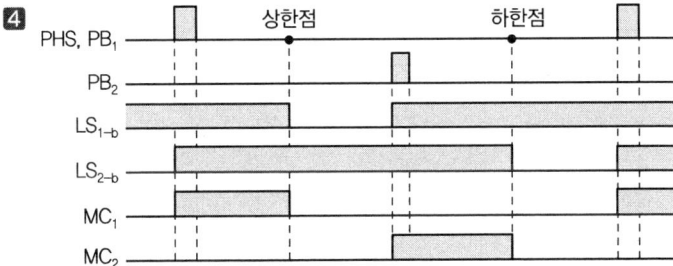

25 다음은 펌프용 유도전동기의 수동 및 자동 절환 운전 회로도이다. 그림의 ①~⑦ 기기의 명칭을 쓰시오.

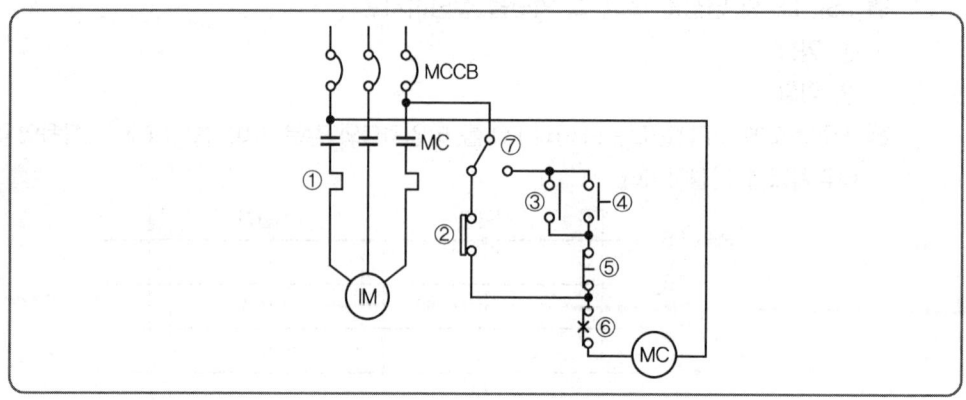

해답 ① 열동계전기 ② 리밋 스위치
③ 순시동작순시복귀 a접점 ④ 수동조작자동복귀 a접점
⑤ 수동조작자동복귀 b접점 ⑥ 열동계전기 b접점(수동복귀 b접점)
⑦ 수동 및 자동절환 스위치(=셀렉터스위치)

26 그림과 같은 회로의 램프 ⓛ에 대한 점등을 타임차트로 표시하시오.

1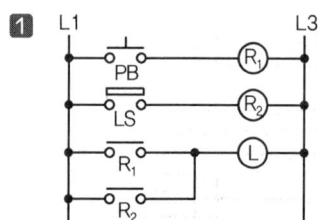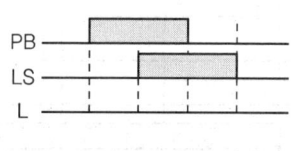

2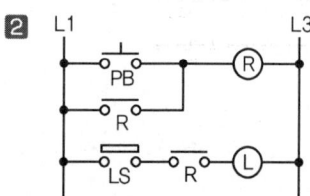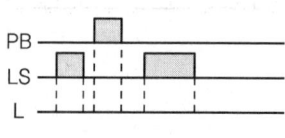

3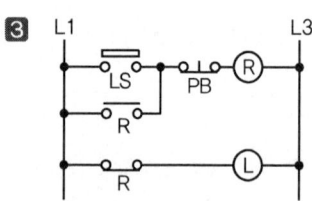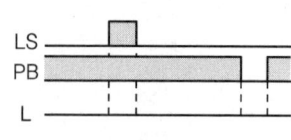

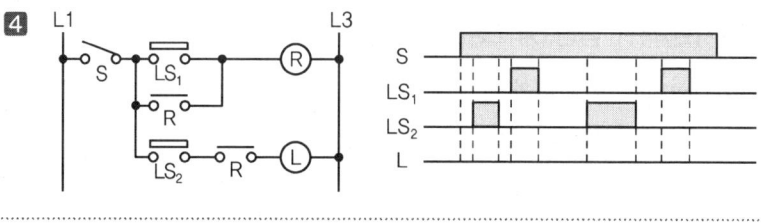

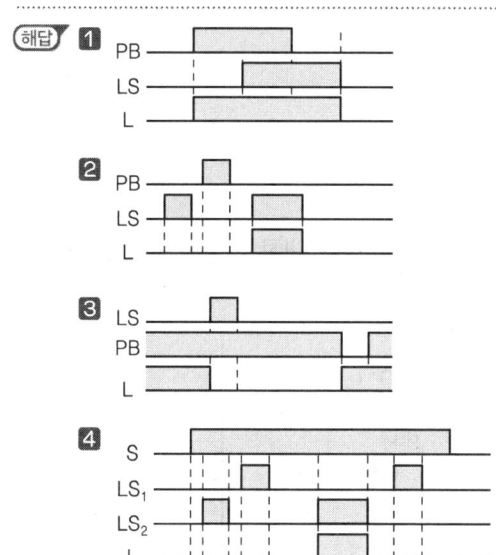

11 타이머 회로의 구분

1) 타이머

대체로 전자릴레이는 전자코일에 전류가 흐르면 그 접점은 순간적으로 폐로 또는 개로하게 되어 있다. 하지만 타이머는 전기적 또는 기계적인 입력을 부여하면 전자릴레이와는 달리 미리 정해진 시한을 경과한 후에 그 접점이 폐로 혹은 개로하는 것이다. 따라서 타이머의 접점을 한시(시한)접점이라 하며, 이 한시(시한)접점에는 한시(시한)동작 접점과 한시(시한)복귀 접점이 있다.

2) 한시(시한)동작 순시복귀 접점(On Delay Timer)

한시(시한)동작 접점이란, 타이머가 동작할 때에 시간지연이 있고 복귀할 때에 순시에 복귀하는 접점을 말하며, 한시동작 a접점과 한시동작 b접점이 있다.
① **한시동작 a접점** : 타이머가 동작할 때에 시간지연이 있으며 닫히는 접점
② **한시동작 b접점** : 타이머가 동작할 때에 시간지연이 있으며 열리는 접점

3) 순시동작 한시(시한)복귀 접점(Off Delay Timer)

한시(시한)복귀 접점이란, 타이머가 동작할 때에 순시에 동작하고 복귀할 때에 시간지연이 있는 접점을 말하며, 한시복귀 a접점과 한시복귀 b접점이 있다.
① 한시복귀 a접점 : 타이머가 복귀할 때에 시간지연이 있으며 열리는 접점
② 한시복귀 b접점 : 타이머가 복귀할 때에 시간지연이 있으며 닫히는 접점

✓ 핵심 과년도 문제

27 그림은 타이머 내부 결선도이다. * 표시의 점선 부분에 대한 접점의 동작 설명을 하시오.

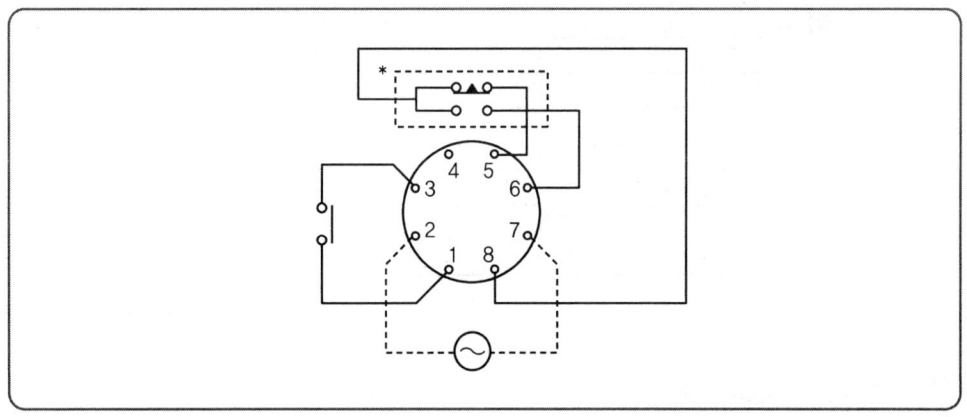

(해답) 한시동작 순시복귀 a, b접점으로 타이머가 여자된 후 설정시간 후에 동작되며, 소자되면 즉시 복귀한다.

28 그림은 기동입력 BS$_1$을 준 후 일정 시간이 지난 후에 전동기 M이 기동 운전되는 회로의 일부이다. 여기서 전동기 M이 기동하면 릴레이 X와 타이머 T가 복구되고 램프 RL이 점등되며 램프 GL은 소등되고, Thr이 트립되면 램프 OL이 점등하도록 회로의 점선 부분을 아래의 수정된 회로에 완성하시오. [단, MC의 보조접점(2a, 2b)을 모두 사용한다.]

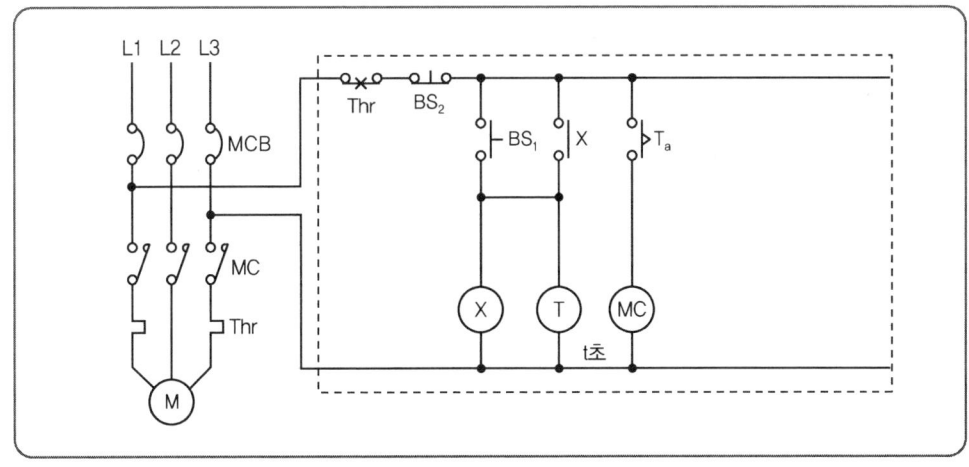

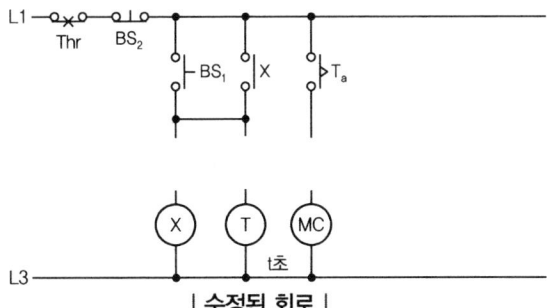

| 수정된 회로 |

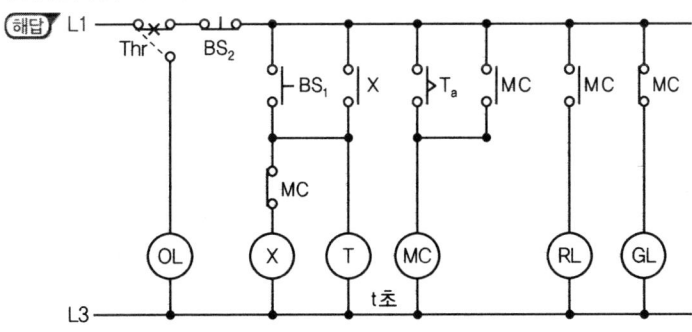

01 시퀀스

29 다음 회로는 환기 팬의 자동운전회로이다. 이 회로와 동작 개요를 보고, 다음 각 물음에 답하시오.

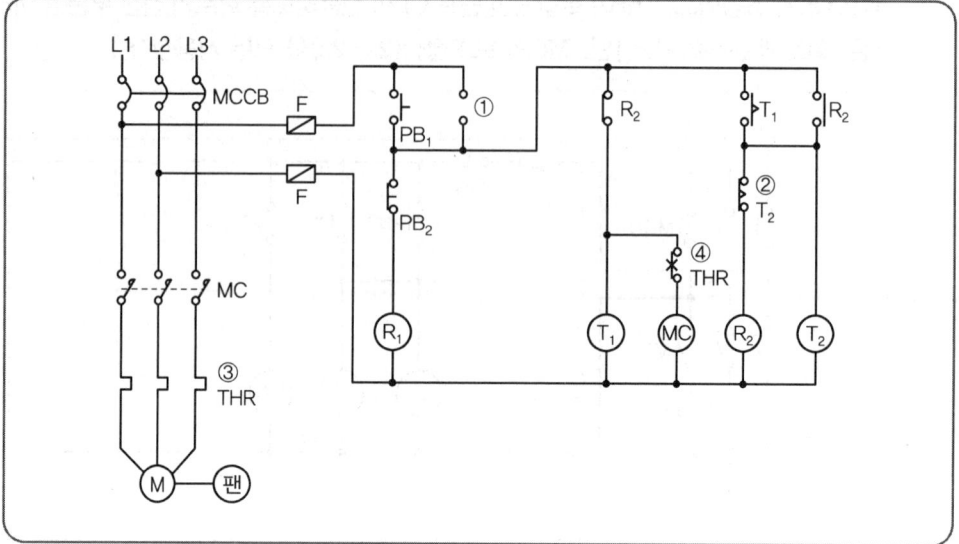

[동작 설명]

① 한시 동작할 경우가 없는 환기용 전등의 운전 회로에서 기동 버튼에 의하여 운전을 개시하면 그 다음에는 자동적으로 운전 정지를 반복하는 회로이다.

② 기동 버튼 PB_1을 'ON' 조작하면 타이머 T_1의 설정 기간만 환기팬을 운전하고 자동적으로 정지한다. 그리고 타이머 T_2의 설정 기간에만 정지하고 재차 자동적으로 운전을 개시한다.

③ 운전 도중에 환기팬을 정지시키려고 할 경우에는 버튼 스위치 PB_2를 'ON' 조작하여 실행한다.

1 ②로 표시된 접점 기호의 명칭과 동작을 간단히 설명하시오.

2 THR로 표시된 ③, ④의 명칭과 동작을 간단히 설명하시오.

3 위 시퀀스도에서 릴레이 R_1이 자기 유지될 수 있도록 ①로 표시된 곳에 접점 기호를 그려 넣으시오.

(해답) **1** 명칭 : 한시 동작 순시 복귀 b접점(타이머 b접점)
　　　동작 : T_2가 여자가 되면 일정 시간 후 접점이 열리고, T_2가 소자가 되면 즉시 접점이 닫힌다.

2 ③ 명칭 : 열동계전기, 동작 : 전동기의 과부하 운전 방지
　　④ 명칭 : 열동계전기 b접점, 동작 : 전동기의 과부하 운전 시 접점이 열린다.

3 ─o│o─ R_1

30 도면은 전동기 A, B, C 3대를 기동시키는 데 필요한 제어회로이다. 이 회로를 보고 다음 각 물음에 답하시오.(단, MA : 전동기 A의 기동정지 개폐기, MB : 전동기 B의 기동정지 개폐기, MC : 전동기 C의 기동정지 개폐기이다.)

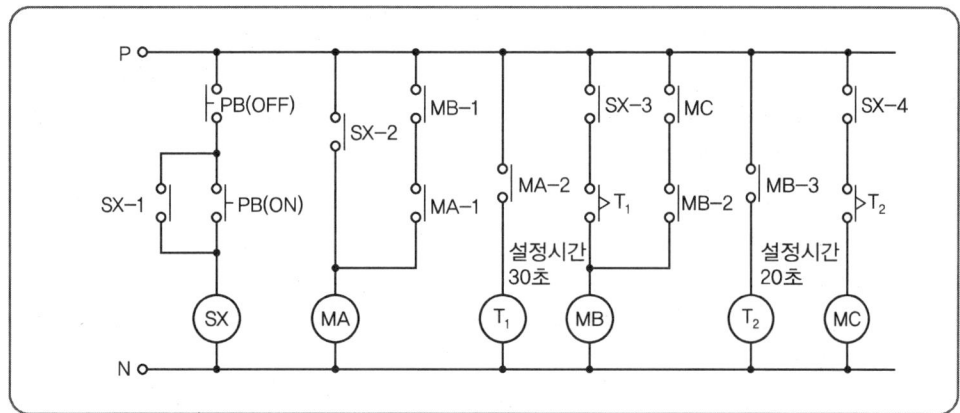

① 전동기를 기동시키기 위하여 PB(ON)를 누를 경우 전동기의 기동과정을 상세히 설명하시오.
② SX-1의 역할에 대한 접점 명칭은 무엇인가?
③ 전동기를 정지시키고자 PB(OFF)를 눌렀을 때, 전동기가 정지되는 순서는 어떻게 되는가?

해답 ① PB(ON)을 누르면 (SX)가 여자되어 (T₁), (MA)가 여자되고 A전동기가 기동한다. (T₁)의 설정시간 30초 후 (MB), (T₂)가 여자되고 B전동기가 기동한다. (T₂)의 설정시간 20초 후 (MC)가 여자되고 C전동기가 기동한다.
② (SX) 자기유지접점
③ C → B → A

TIP
유접점 동작을 이해하고 접촉기 동작 순서에 따라 전동기 동작순서를 이해하자!

31 다음의 요구사항에 의하여 동작이 되도록 회로의 미완성된 부분(①~⑦)에 접점기호를 그리시오.

[요구사항]
- 전원이 투입되면 GL이 점등하도록 한다.
- 누름버튼 스위치(PB-ON 스위치)를 누르면 MC에 전류가 흐름과 동시에 MC의 보조접점에 의하여 GL이 소등되고 RL이 점등되도록 한다. 이때 전동기는 운전된다.
- 누름버튼 스위치(PB-ON 스위치) ON에서 손을 떼어도 MC는 계속 동작하여 전동기의 운전은 계속된다.
- 타이머 T에 설정된 일정 시간이 지나면 MC에 전류가 끊기고 전동기는 정지, RL은 소등, GL은 점등된다.
- 타이머 T에 설정된 시간 전이라도 누름버튼 스위치(PB-OFF 스위치)를 누르면 전동기는 정지되며, RL은 소등, GL은 점등된다.
- 전동기 운전 중 사고로 과전류가 흘러 열동계전기가 동작되면 모든 제어회로의 전원이 차단된다.

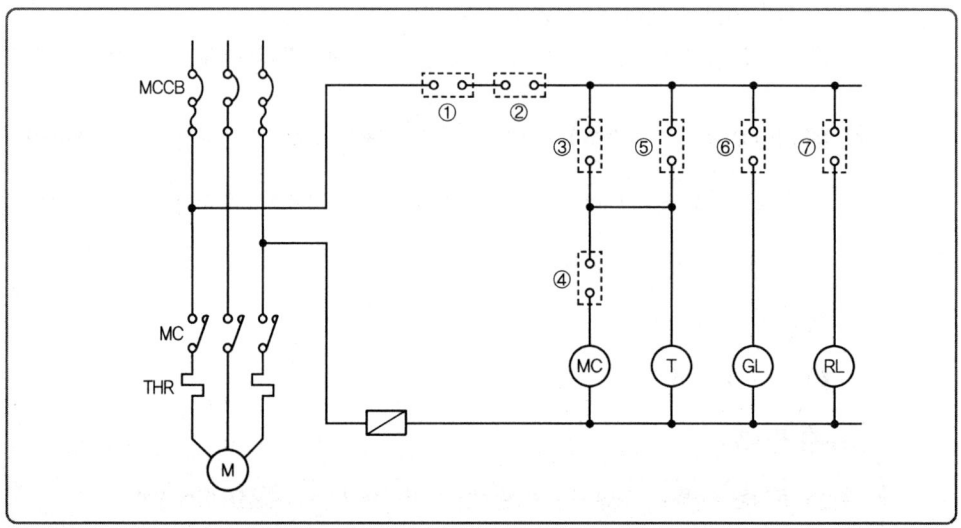

해답 ① THR ② PB-OFF ③ PB-ON ④ T ⑤ MC ⑥ MC ⑦ MC

32 그림과 같은 시퀀스 회로에서 접점 "PB"를 눌러서 폐회로가 될 때 표시등 L의 동작사항을 설명하시오. (단, X는 보조릴레이, $T_1 \sim T_2$는 타이머이며 설정시간은 3초이다.)

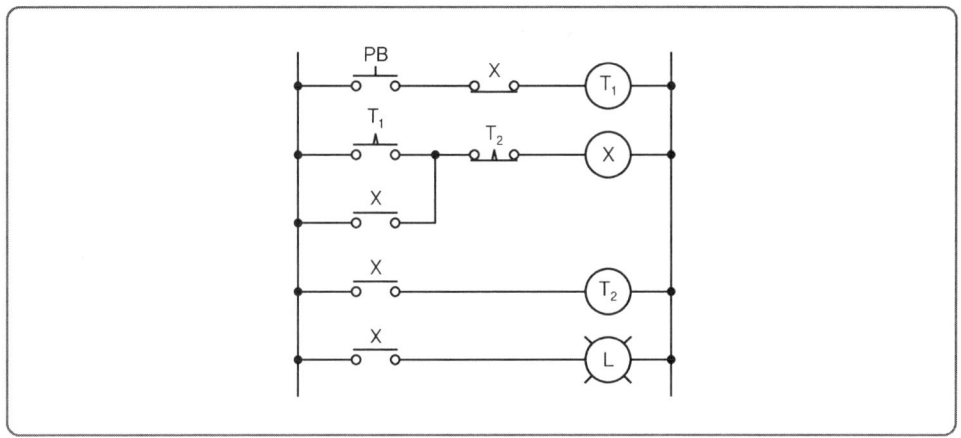

해답 PB를 누르면 T_1이 여자되고, 설정시간 3초 후 X, T_2가 여자되어 L이 점등된다. T_2의 설정시간 3초 후 X가 소자되고 L은 소등된다.
이상의 동작은 PB가 눌러져 폐회로가 되어 있는 동안 반복한다.

12 전동기 정·역 운전 회로

셔터의 개폐 및 컨베이어의 회전, 리프트의 상승·하강 등 회전방향을 바꾸거나 이송방향을 바꿈에 있어 전동기의 회전방향을 바꿈으로써 제어하는 방법으로, 전동기의 회전방향을 정방향에서 역방향으로 또는 역방향에서 정방향으로 절환하여 운전을 제어하는 회로를 의미한다. 이때 전동기의 회전방향은 특별한 지정이 없을 경우 시계방향을 정방향으로, 반시계방향을 역방향으로 정할 수 있다.

1) 전동기의 정·역 주회로 결선방법

① 3상 전동기 : 전원의 3단자 중 2단자의 접속을 변경한다.
② 단상 전동기 : 기동권선의 접속을 바꾼다.

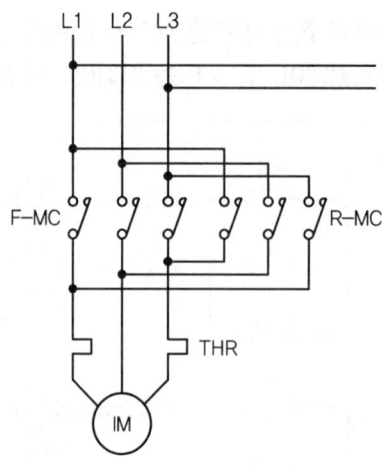

2) 전동기의 정·역 보조회로

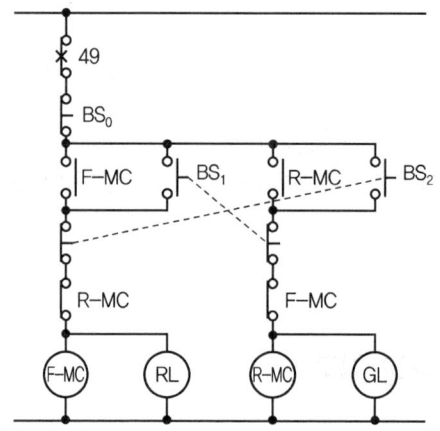

3) 논리회로

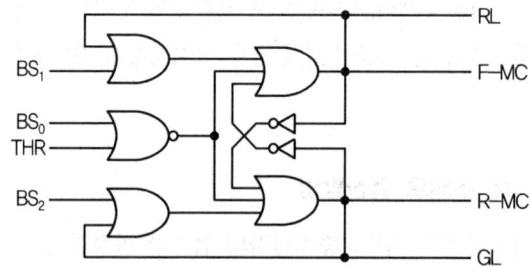

✓ 핵심 과년도 문제

33 아래의 그림은 전동기의 정·역 운전 회로도의 일부분이다. 동작 설명과 미완성 도면을 이용하여 다음 각 물음에 답하시오.

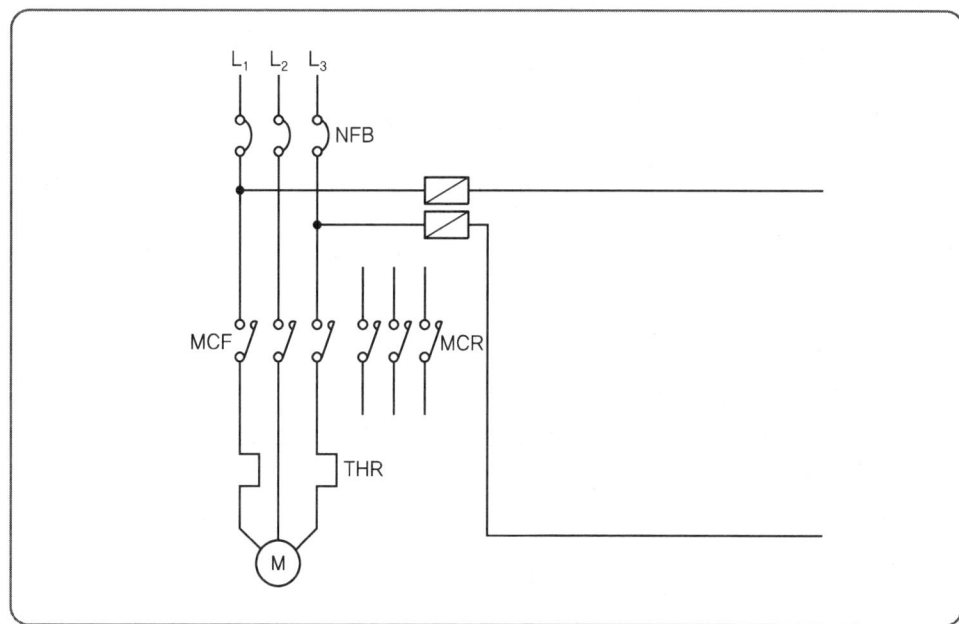

- NFB를 투입하여 전원을 인가하면 ⓖ등이 점등되도록 한다.
- 누름버튼 스위치 PB_1(정)을 ON하면 MCF가 여자되며, 이때 ⓖ등은 소등되고 ⓡ등은 점등되도록 하며, 또한 정회전한다.
- 누름버튼 스위치 PB_0를 OFF하면 전동기는 정지한다.
- 누름버튼 스위치 PB_2(역)을 ON하면 MCR가 여자되며, 이때 ⓨ등이 점등되게 된다.
- 과부하 시에는 열동계전기 THR이 동작되어 THR의 b접점이 개방되어 전동기는 정지된다.
- ※ 위와 같은 사항으로 동작되며, 특이한 사항은 MCF나 MCR 어느 하나가 여자되면 나머지 하나는 전동기가 정지 후 동작시켜야 동작이 가능하다.
- ※ MCF, MCR의 보조접점으로는 각각 a접점 1개, b접점 2개를 사용한다.

01 시퀀스

1 다음 주회로 부분을 완성하시오.

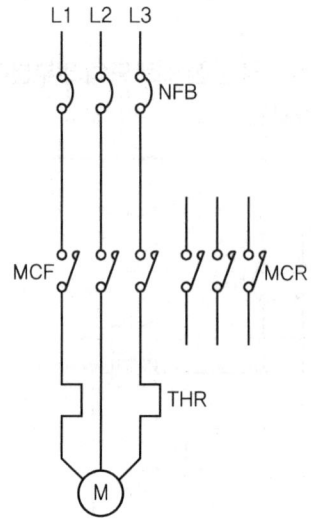

2 다음 보조회로 부분을 완성하시오.

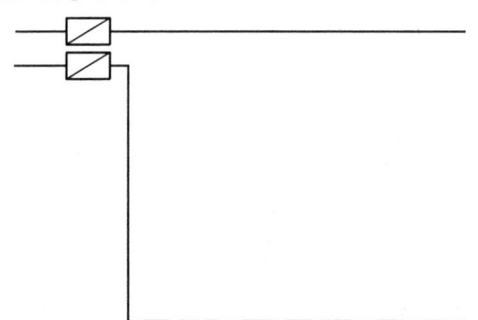

해답

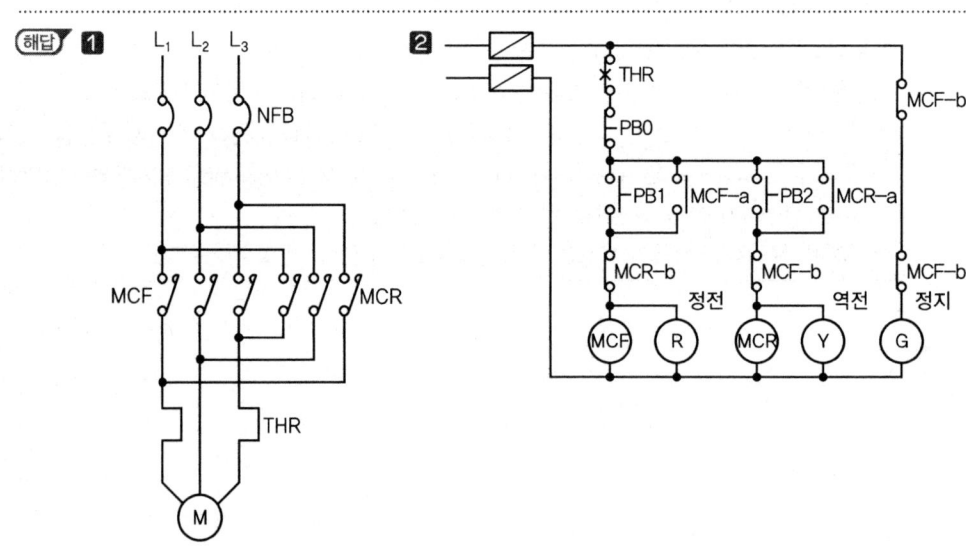

34 그림은 전동기의 정·역 변환이 가능한 미완성 시퀀스 회로도이다. 이 회로도를 보고 다음 각 물음에 답하시오.(단, 전동기는 가동 중 정·역을 곧바로 바꾸면 과전류와 기계적 손상이 발생되기 때문에 지연 타이머로 지연시간을 주도록 하였다.)

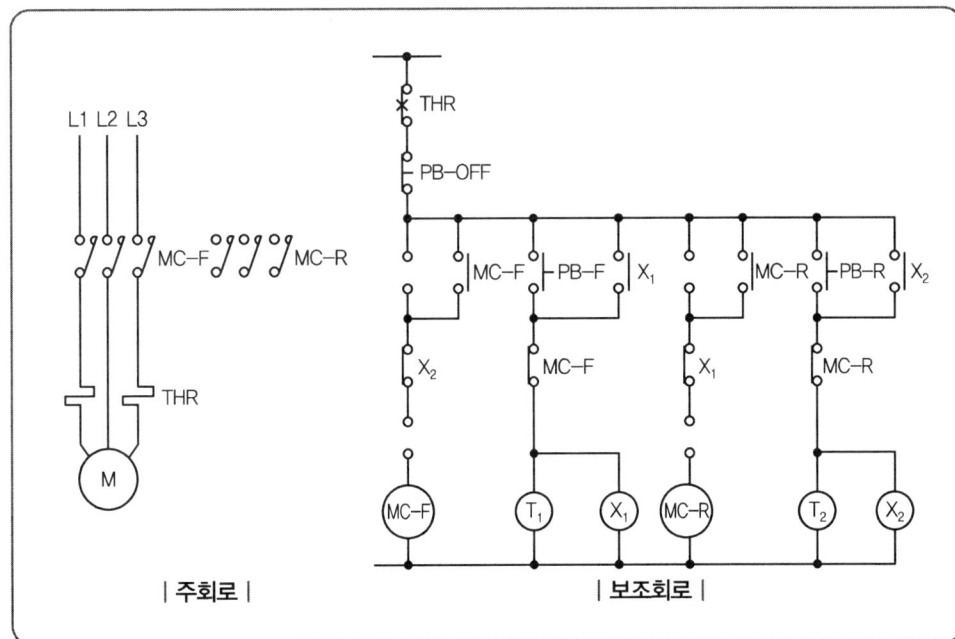

| 주회로 | | 보조회로 |

① 정·역 운전이 가능하도록 주어진 회로의 주회로의 미완성 부분을 완성하시오.
② 정·역 운전이 가능하도록 주어진 보조(제어)회로의 미완성 부분을 완성하시오.(단, 접점에는 접점 명칭을 반드시 기록하도록 하시오.)
③ 주회로 도면에서 약호 THR은 무엇인가?

해답 ①

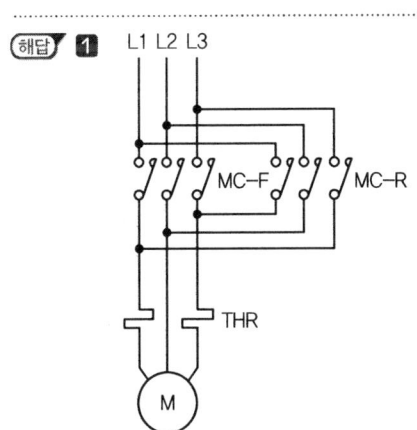

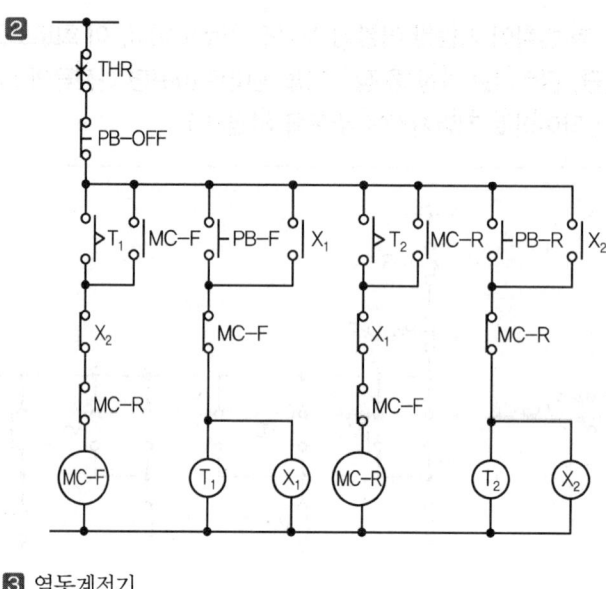

❸ 열동계전기

35 3상 유도 전동기의 정역 회로도이다. 다음 물음에 답하시오.

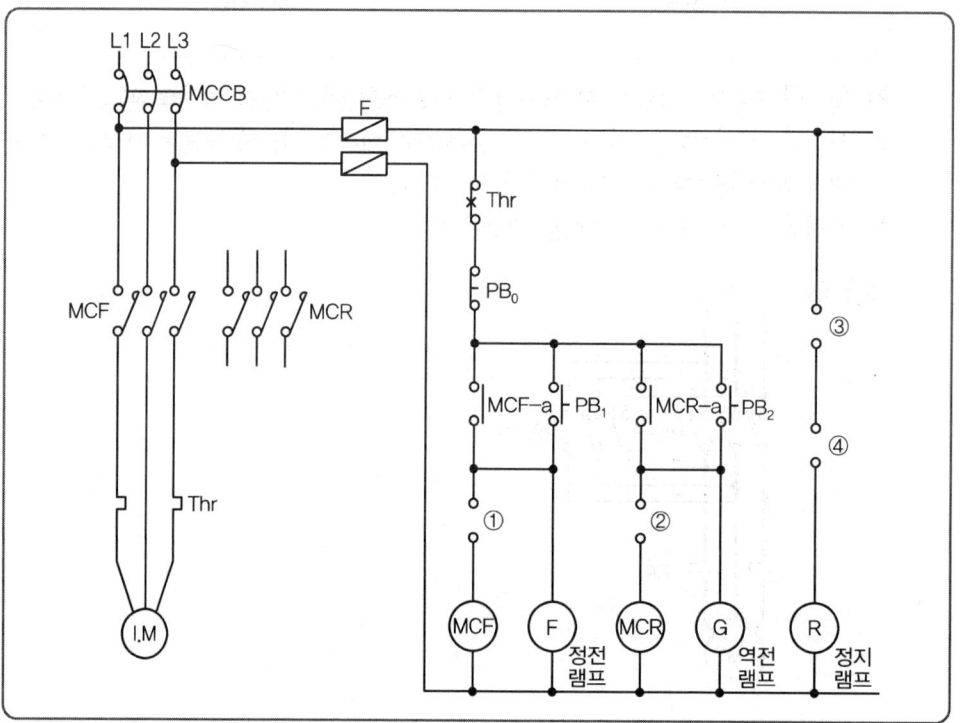

1 주회로 및 보조회로의 미완성 부분(①~④)을 완성하시오.
2 타임차트를 완성하시오.

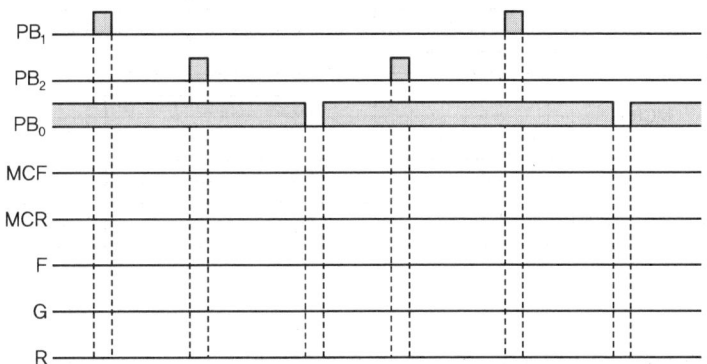

해답 1

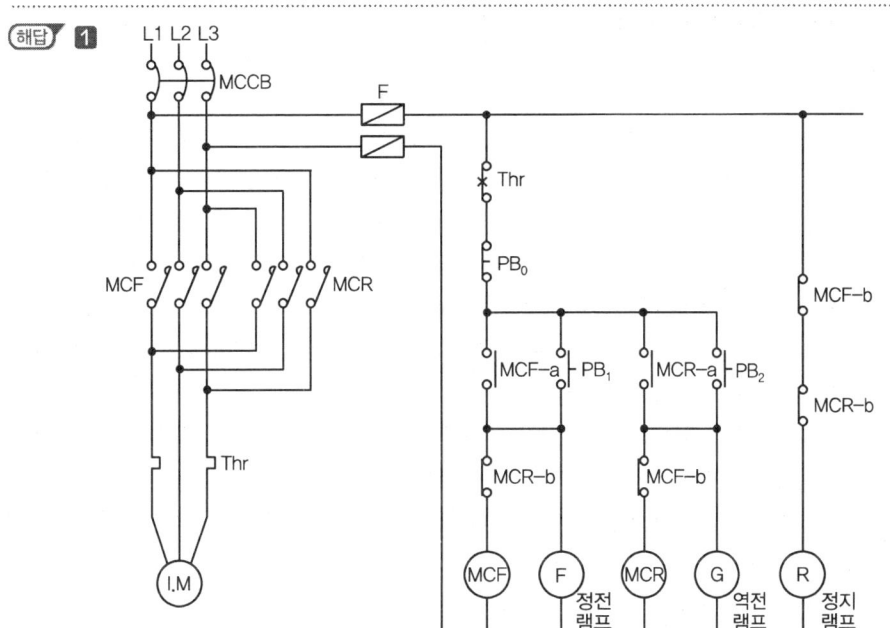

01 시퀀스

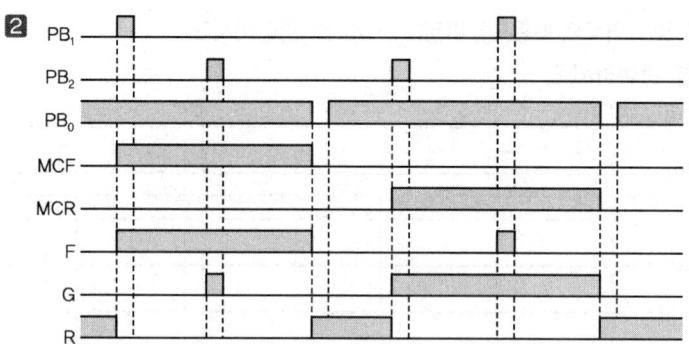

36 아래 요구사항을 만족하는 주회로 및 제어회로의 미완성 결선도를 직접 그려 완성하시오. (단, 접점기호와 명칭 등을 정확히 나타내시오.)

[요구사항]
- 전원스위치 MCCB를 투입하면 주회로 및 제어회로에 전원이 공급된다.
- 누름버튼스위치(PB_1)를 누르면 MC_1이 여자되고 MC_1의 보조접점에 의하여 RL이 점등되며, 전동기는 정회전한다.
- 누름버튼스위치(PB_1)를 누른 후 손을 떼어도 MC_1은 자기유지되어 전동기는 계속 정회전한다.
- 전동기 운전 중 누름버튼스위치(PB_2)를 누르면 연동에 의하여 MC_1이 소자되어 전동기가 정지되고, RL은 소등된다. 이때 MC_2는 자기유지되어 전동기는 역회전(역상제동을 함)하고 타이머가 여자되며, GL이 점등된다.
- 타이머 설정시간 후 역회전 중인 전동기는 정지하고 GL도 소등된다. 또한 MC_1과 MC_2의 보조접점에 의하여 상호 인터록이 되어 동시에 동작되지 않는다.
- 전동기 운전 중 과전류가 감지되어 EOCR이 동작되면, 모든 제어회로의 전원은 차단되고 YL만 점등된다.
- EOCR을 리셋하면 초기상태로 복귀한다.

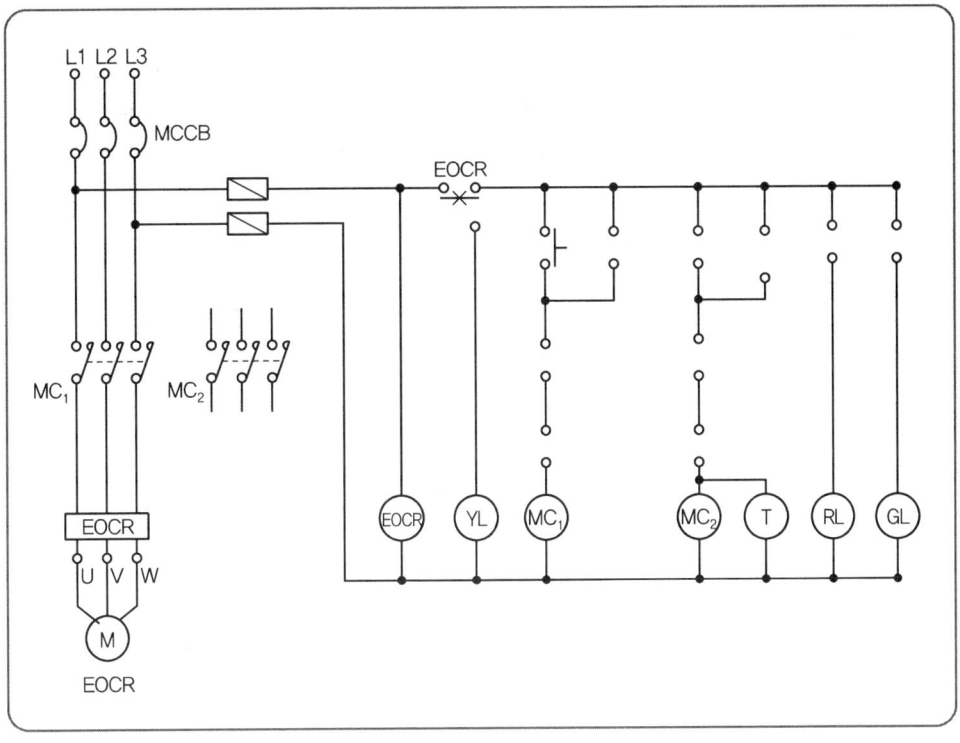

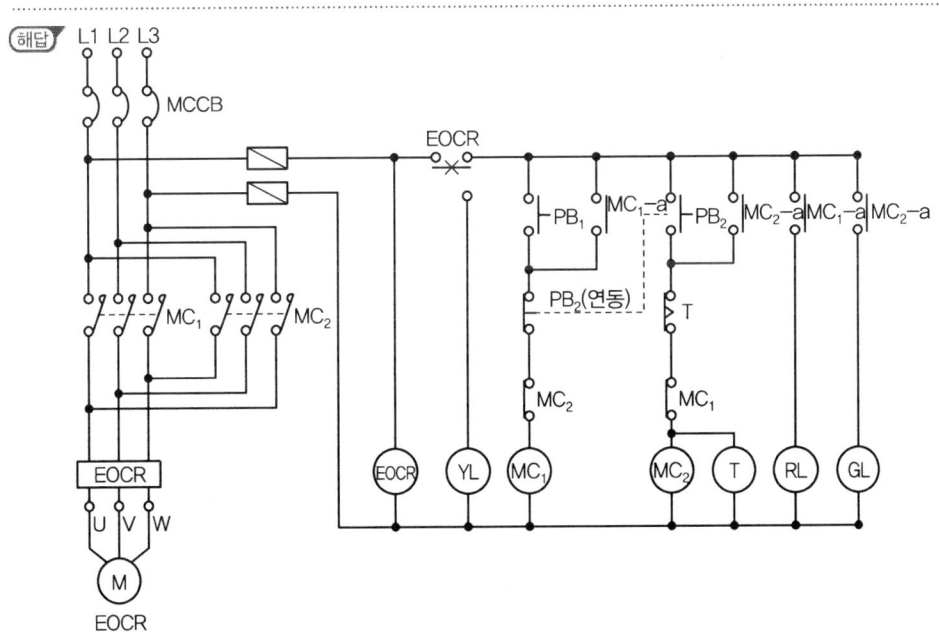

13 전동기 Y-△ 운전

종래 사용되고 있는 Y-△ 회로의 결선은 Y결선 시의 U · X 권선의 유도 기전력의 위상이 $L_1 - L_2$ 상 간의 전압보다도 대략 30° 뒤져 있다. 또 Y결선 시에 △결선으로 전환하는 때에 기동회로가 열려 전동기 회전자의 속도가 늦어져 슬립이 발생한다. 이 슬립 때문에 전압의 위상차는 30°보다 더욱 커진 상태에서 △결선이 된다. 따라서 전동기의 권선이 △접속이 되었을 때에 큰 돌입 전류가 흐른다.

한편 개선된 Y-△ 회로의 결선은 전동기의 U · X 권선의 유도 기전력의 위상이 $L_1 - L_3$ 상 간의 전압보다 대략 30° 앞서 있다. 따라서 전동기의 권선을 Y결선에서 △결선으로 전환할 때에 기동회로가 열려 전동기 회전자의 속도가 늦어져 슬립이 발생해도 전압의 위상차는 30°보다 작아지는 방향으로 변환한다. 이로 인해 Y결선에서 △결선으로 전환 시의 개로 시간이 현저하게 길지 않고, 또 그간의 부하에 의한 전동기의 속도 감속이 현저하게 크지 않는 한 Y결선에서 △결선으로 전환한 직후의 과도 전류 및 과도 토크의 크기는 종래의 방식에 의해 작을 것이 예상된다. 또 이들의 기동회로에 대해서는 실측 데이터에 의해서도 돌입 전류가 낮아지는 현상이 나타나고 있어 개선된 Y-△ 회로 결선의 사용을 권장하고 있다.

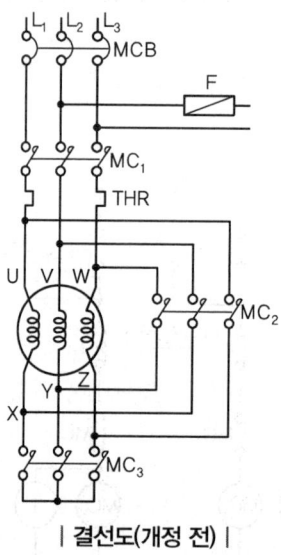

| 결선도(개정 전) |

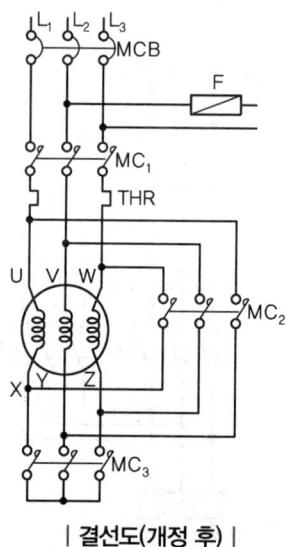

| 결선도(개정 후) |

※ 주회로 결선 시 개정 후 결선도 변경(기동 시 슬립, 위상 보상)

> **TIP**
> ▶ 기출문제 분석
> 주회로, 보조회로 그리기, 동작설명 쓰기 등이 자주 출제된다.

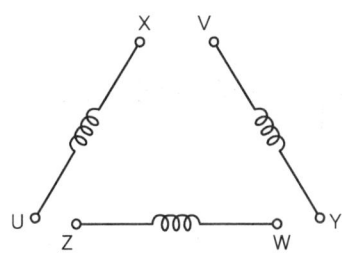

Y결선			△결선		
L₁	L₂	L₃	L₁	L₂	L₃
|	|	|	|	|	|
U	V	W	U	V	W
|			|	|	|
Z − X − Y			Z	X	Y

| 종래 사용되고 있는 Y−△결선(권선 접속도) |

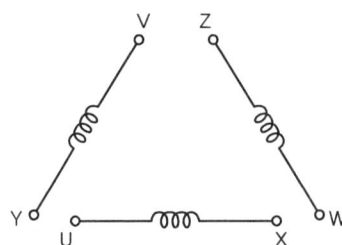

Y결선			△결선		
L₁	L₂	L₃	L₁	L₂	L₃
|	|	|	|	|	|
U	V	W	U	V	W
|			|	|	|
Y − Z − X			Y	Z	X

| 개정된 Y−△회로의 결선(권선 접속도) |

△를 Y로 바꾸면 기동 시의 1차 전류는 보통 선전류를 말하므로

V : 선간전압

Z : 1차로 환산한 기동 시 1상의 임피던스

$I_\triangle$: △결선일 때의 선전류

I_Y : Y결선일 때의 선전류

T : 토크라 하면

$$I_\triangle = \sqrt{3}\,\frac{V}{Z},\ I_Y = \frac{V}{\sqrt{3}\cdot Z}$$

$$\frac{I_Y}{I_\triangle} = \frac{\frac{V}{\sqrt{3}\cdot Z}}{\sqrt{3}\cdot \frac{V}{Z}} = \frac{1}{3} \qquad 즉,\ \frac{1}{3}로 감소한다.$$

또한 △에서 Y로 변환하면 1상의 가해지는 전압(상전압)이 $\frac{1}{\sqrt{3}}$ 배가 된다.

토크는 전압의 2승이 되므로 $T = \left(\frac{1}{\sqrt{3}}\right)^2 = \frac{1}{3}$ 이 된다.

✅ 핵심 과년도 문제

37 그림의 회로는 Y-△ 기동방식의 주회로 부분이다. 도면을 보고 다음 각 물음에 답하시오.

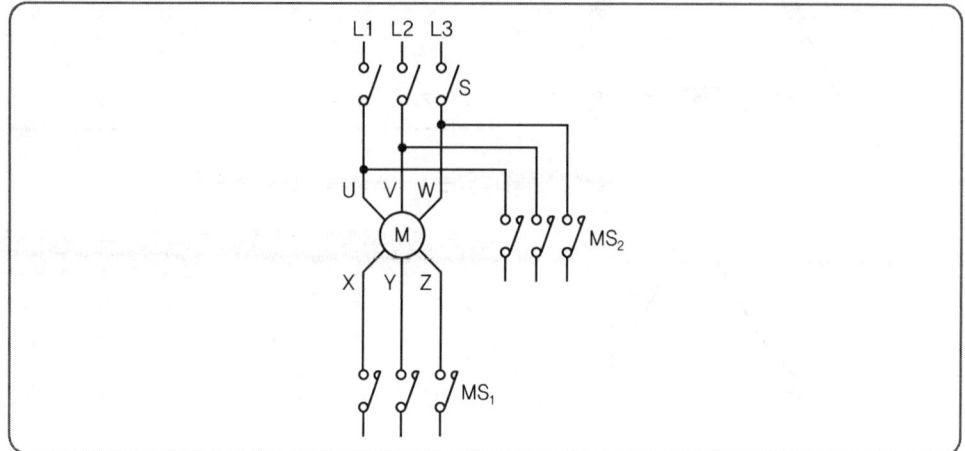

① 주회로 부분의 미완성 회로에 대한 결선을 완성하시오.
② Y-△ 기동 시와 전전압 기동 시의 기동전류를 비교 설명하시오.
③ 전동기를 운전할 때 Y-△ 기동에 대한 기동 및 운전에 대한 조작요령을 설명하시오.

해답 ①

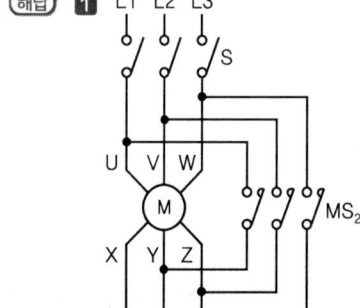

② Y-△ 기동 시 기동전류는 전전압 기동 시 기동전류의 1/3배이다.
③ S와 MS_1이 폐로되어 전동기는 Y결선으로 기동하고, 설정시간 후 기동이 완료되면 MS_1은 개로되고 MS_2가 폐로되어 전동기는 △결선으로 운전한다. 이때, Y와 △는 동시투입이 되어서는 안 된다.

> **TIP**
>
> ① 기동전류 $\dfrac{I_Y}{I_\triangle} = \dfrac{\dfrac{V_l}{\sqrt{3}Z}}{\dfrac{\sqrt{3}V_l}{Z}} = \dfrac{1}{3}$
>
> ② 기동전압(선간전압) $V_l = \sqrt{3}\,V_p$ $\quad\therefore V_p = \dfrac{1}{\sqrt{3}}V_l$
>
> ③ 기동토크 $T_s \propto V^2$ $\quad\therefore \left(\dfrac{1}{\sqrt{3}}\right)^2 = \dfrac{1}{3}$

38 답란의 그림은 농형 유도전동기의 Y-△ 기동 회로도이다. 이 중 미완성 부분인 ①~⑨까지 완성하시오. (단, 접점 등에는 접점 기호를 반드시 쓰도록 하며, MC△, MCY, MC는 전자접촉기, ⓞ, ⓡ, ⓖ는 각 경우의 표시등이다.)

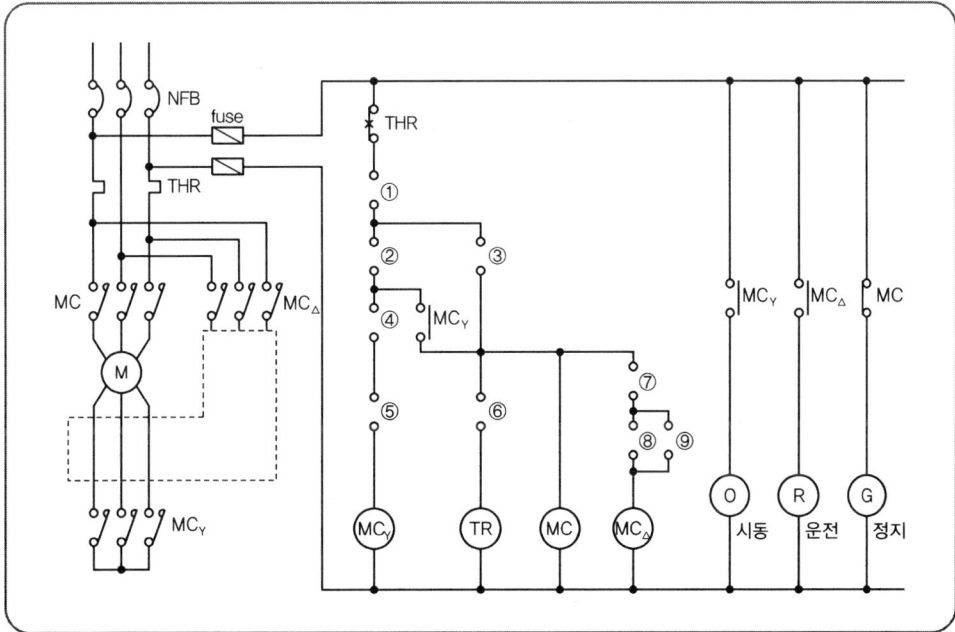

해답

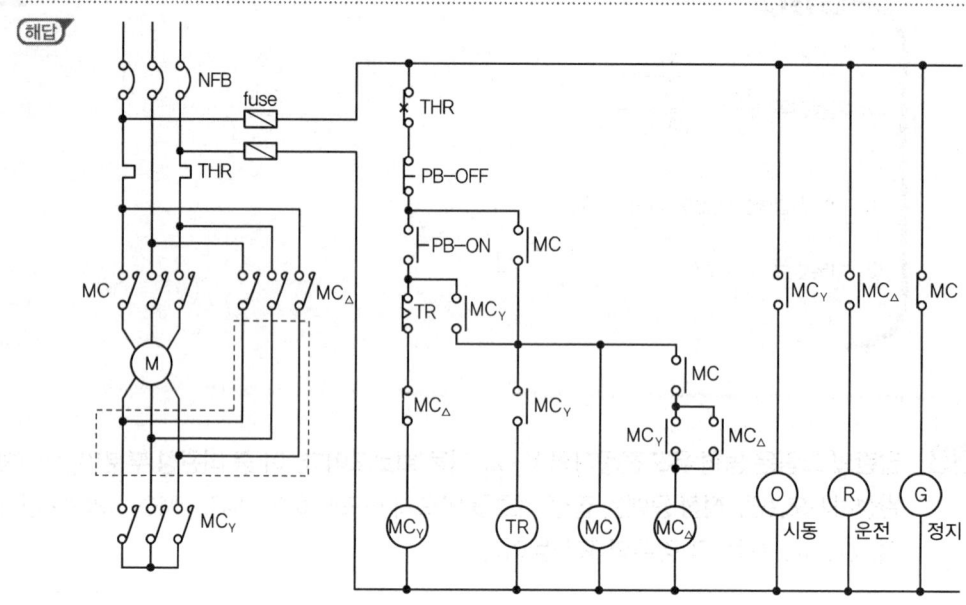

39 그림은 자동 Y-△ 기동회로이다. 이 회로를 보고 다음 각 물음에 답하시오.

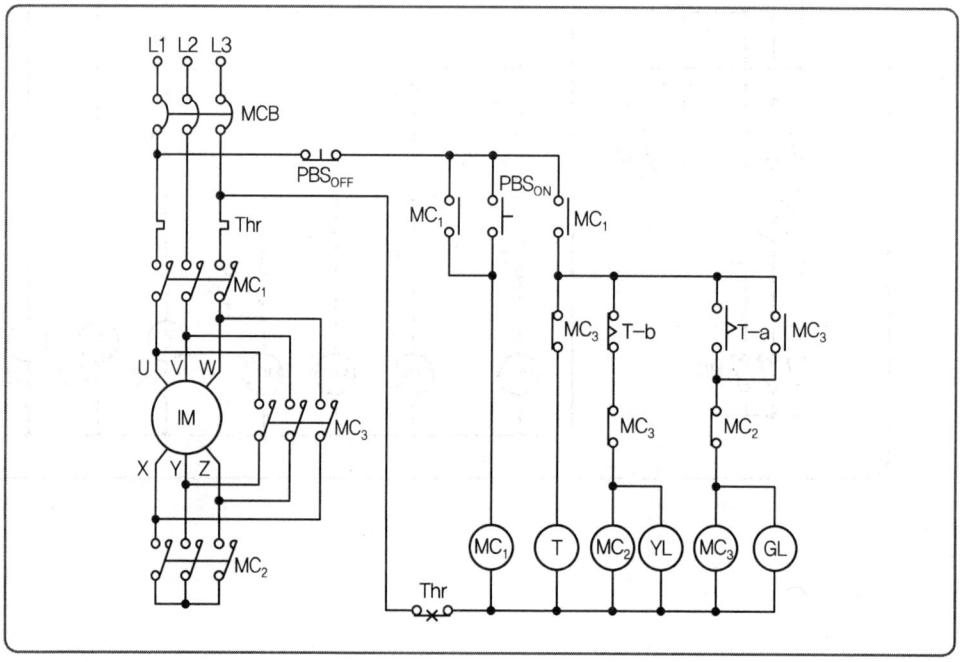

1 작동 설명의 ( ) 안에 알맞은 내용을 쓰시오.
- 기동스위치 PBS_ON을 누르면 (①)이 여자되고, (②)가 여자되면서 일정시간 동안 (③)와 (④) 접점에 의해 MC₂가 여자되어 MC₁, MC₂가 작동하여 (⑤) 결선으로 전동기가 기동된다.
- 일정시간 이후에 (⑥) 접점에 의해 개회로가 되므로 (⑦)가 소자되고, (⑧)와 (⑨) 접점에 의해 MC₃이 여자되어 MC₁, (⑩)가 작동하여 (⑪) 결선에서 (⑫) 결선으로 변환되어 전동기가 정상운전 된다.

2 주어진 기동회로에 인터록 회로의 표시를 한다면 어느 부분에 어떻게 표현하여야 하는가?

[해답]

1 ① MC_1 ② T ③ $T-b$ ④ MC_3-b
⑤ Y ⑥ $T-b$ ⑦ MC_2 ⑧ $T-a$
⑨ MC_2-b ⑩ MC_3 ⑪ Y ⑫ $\triangle$

2 MC_2 회로에 있는 MC_3-b와 MC_3를 점선으로 연결하고,
MC_3 회로에 있는 MC_2-b와 MC_2를 점선으로 연결한다.

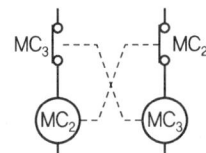

40 그림은 3상 유도전동기의 Y-△ 기동법을 나타내는 결선도이다. 다음 물음에 답하시오.

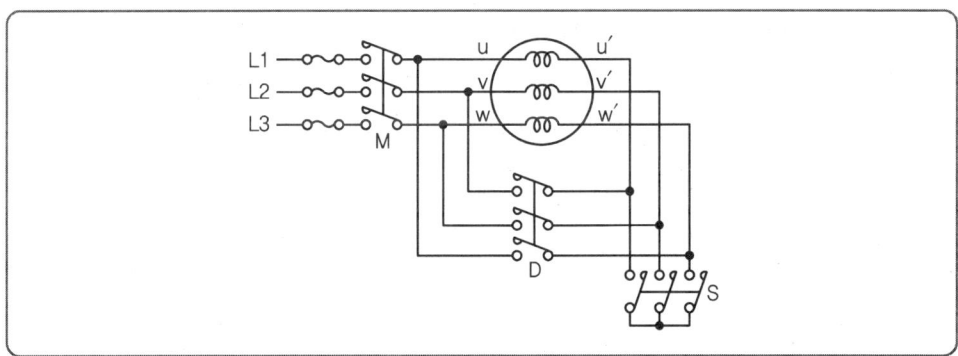

1 다음 표의 빈칸에 기동 시 및 운전 시의 전자개폐기 접점의 ON, OFF 상태 및 접속상태(Y결선, △결선)를 쓰시오.

구분	전자개폐기 접점상태(ON, OFF)			접속상태
	S	D	M	
기동 시				
운전 시				

01 시퀀스

2 전전압 기동과 비교하여 Y-△ 기동법의 기동 시 기동전압, 기동전류 및 기동토크는 각각 어떻게 되는가?
① 기동전압(선간전압)
② 기동전류
③ 기동토크

해답 **1**

구분	전자개폐기 접점상태(ON, OFF)			접속상태
	S	D	M	
기동 시	ON	OFF	ON	Y결선
운전 시	OFF	ON	ON	△결선

2 ① 기동전압(선간전압) : $\dfrac{1}{\sqrt{3}}$ 배

② 기동전류 : $\dfrac{1}{3}$ 배

③ 기동토크 : $\dfrac{1}{3}$ 배

TIP

- Y결선의 기동전류 $I_Y = \dfrac{\frac{V}{\sqrt{3}}}{Z} = \dfrac{V}{\sqrt{3}Z}$

- △결선의 기동전류 $I_\Delta = \sqrt{3}\dfrac{V}{Z}$

- 기동전류 비교 $\dfrac{I_Y}{I_\Delta} = \dfrac{\frac{V}{\sqrt{3}Z}}{\frac{\sqrt{3}V}{Z}} = \dfrac{1}{3}$ 배

따라서 Y기동 시 기동전류가 △운전 시 전류의 $\dfrac{1}{3}$ 배가 된다.

기동토크 $T_S \propto V^2$ ∴ $\left(\dfrac{1}{\sqrt{3}}\right) = \dfrac{1}{3}$ 배

41 도면과 같은 시퀀스도는 기동 보상기에 의한 전동기의 기동제어 회로의 미완성 도면이다. 도면을 보고 다음 각 물음에 답하시오.

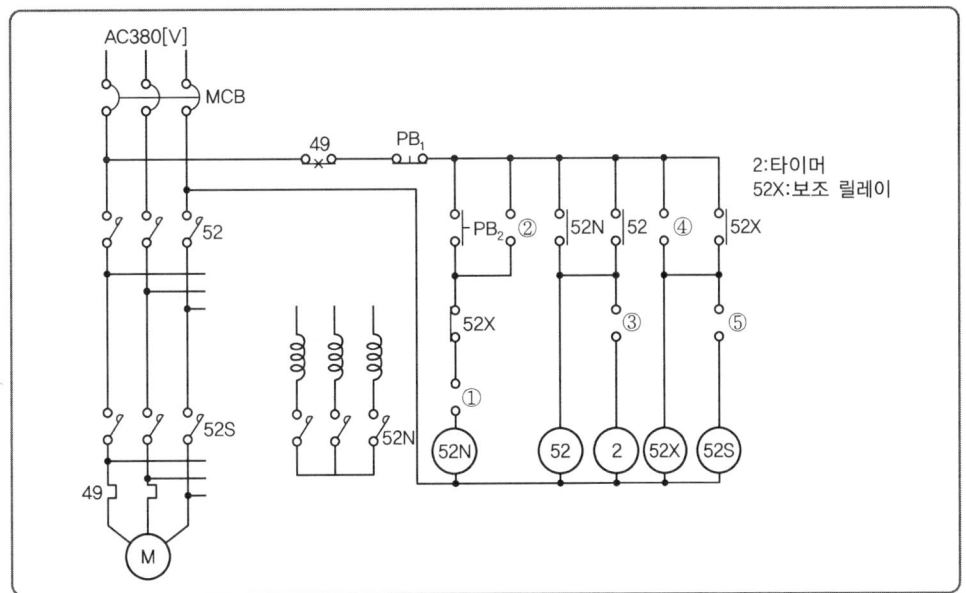

① 전동기의 기동 보상기에 의한 기동제어 회로란 어떤 기동방법인지 그 방법을 상세히 설명하시오.
② 주 회로에 대한 미완성 부분을 완성하시오.
③ 보조 회로의 미완성 접점을 그리고 그 접점의 명칭을 표기하시오.

해답 ① 전동기 기동 시 인가전압을 단권 변압기로 감압하여 공급함으로써 기동전류를 감소시키고 일정시간 후 기동이 완료되면 전전압으로 운전하는 방식

② ③
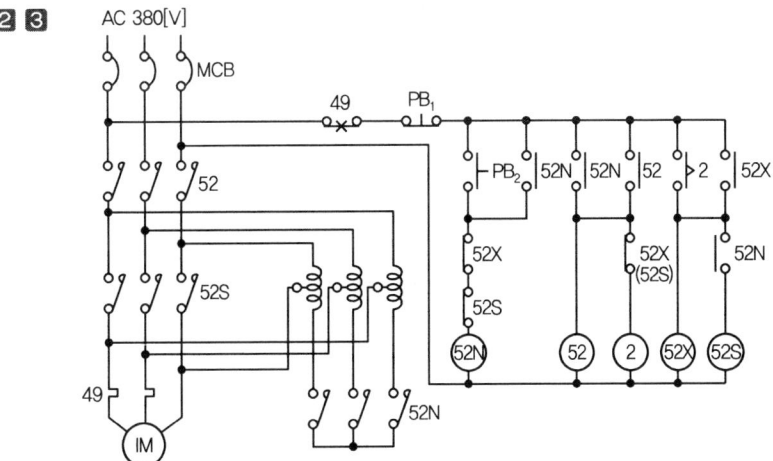

01 시퀀스

42 다음 도면은 3상 유도전동기의 기동보상기에 의한 기동제어회로 미완성 도면이다. 이 도면을 보고 다음 각 물음에 답하시오.

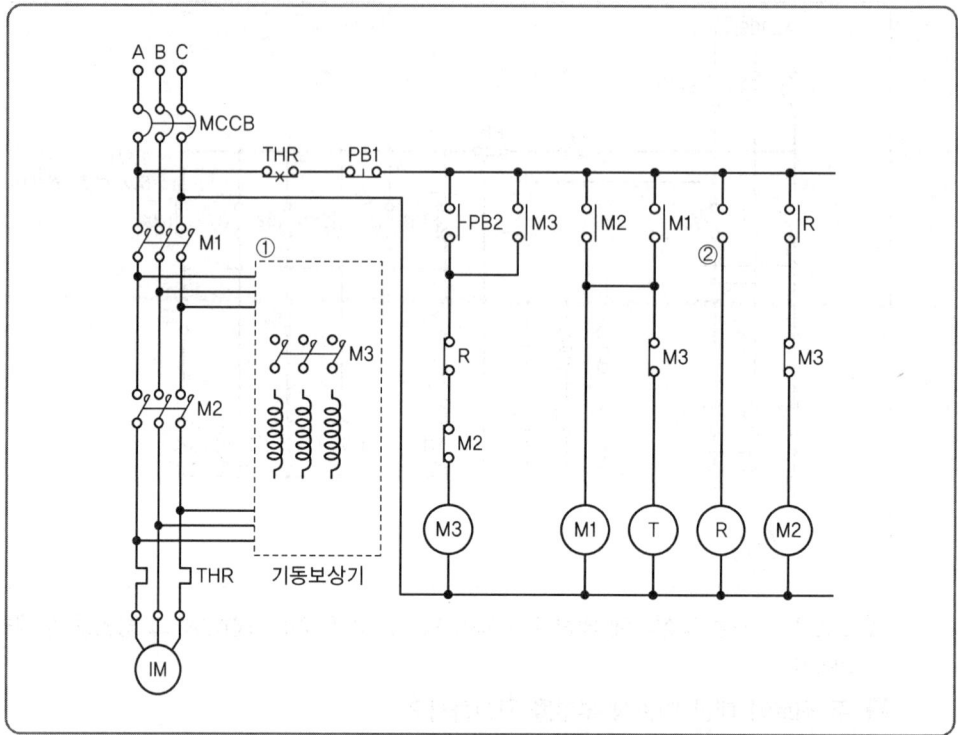

- M_1, M_2, M_3 : 전자개폐기
- T : 타이머
- THR : 열동계전기
- R : 릴레이

1 ① 부분에 들어갈 기동보상기와 M3의 주회로 배선을 회로도에 직접 그리시오.

2 ② 부분에 들어갈 적당한 접점의 기호와 명칭을 회로도에 직접 그리시오.

3 보조회로에서 잘못된 부분이 있으면 올바르게 수정하시오.

해답

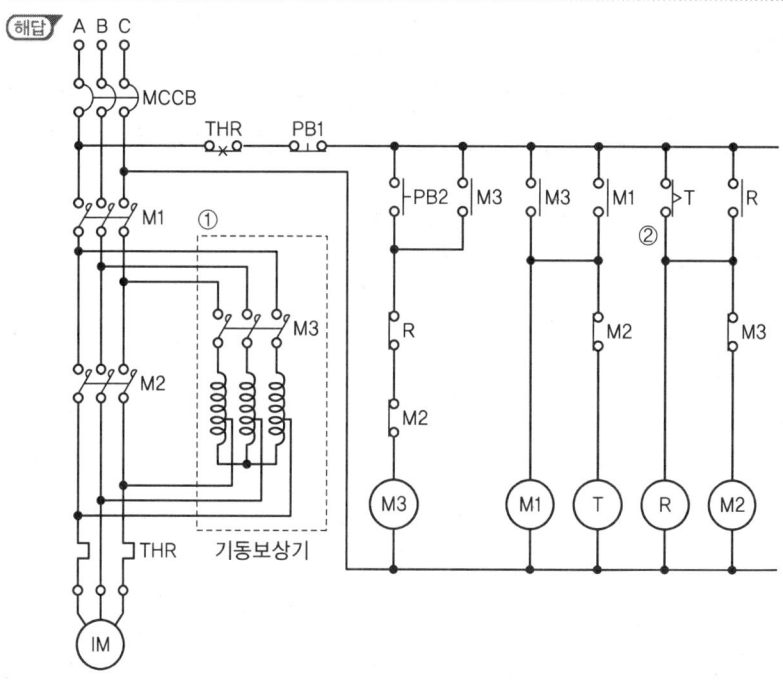

43 답안지의 그림은 리액터 기동 정지 시퀀스 제어회로의 미완성 회로이다. 도면을 이용하여 다음 각 물음에 답하시오.

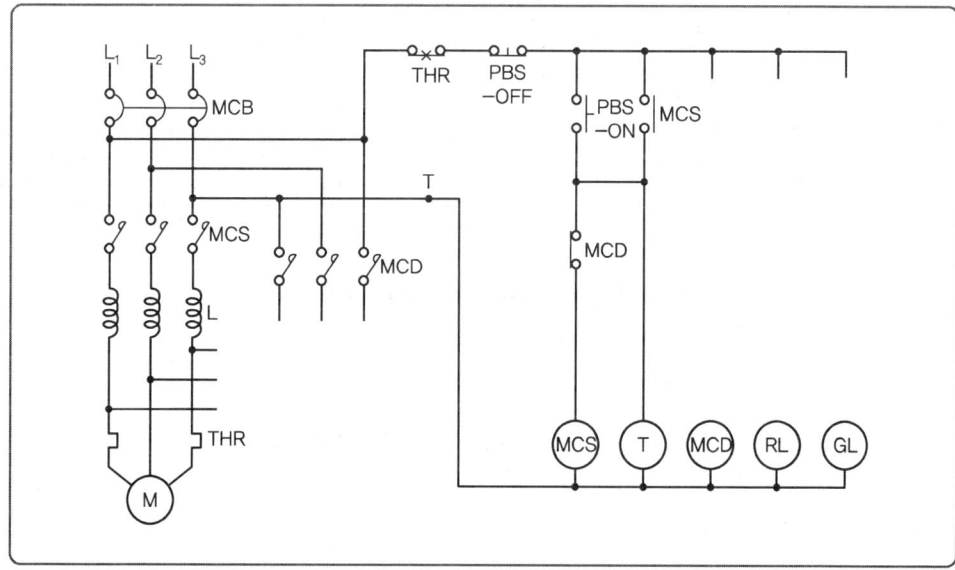

01 시퀀스

1 미완성 부분의 다음 회로를 완성하시오.
　① 리액터 입력용 전자접촉기 MCD의 주 회로를 완성하시오.
　② PBS-ON 스위치를 투입하였을 때 자기유지가 될 수 있는 회로를 구성하시오.
　③ 전동기 운전용 램프 (RL)과 정지용 램프 (GL) 회로를 구성하시오.

2 정격전류가 6배가 흐르는 전동기를 80[%] 탭에서 리액터 시동한 경우의 시동전류는 직입시동 시 시동전류의 약 몇 배 정도 되는가?

3 직입시동 시의 시동 토크가 정격 토크의 2배였다고 하면 80[%] 탭에서 리액터 시동한 경우의 시동 토크는 약 몇 배로 되는가?

> **TIP**
> 감전압기동법에 속하는 리액터 시동법으로서 기동전류를 감소시키는 방법을 이해하자!

해답 1

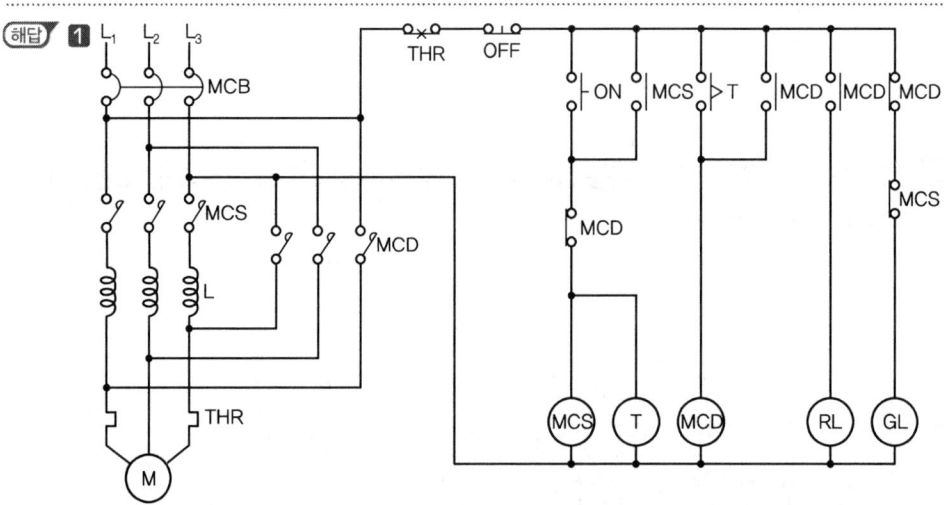

2 기동전류 $I_s \propto V$ 이고, 시동전류는 정격전류의 6배이므로
계산 : $I_s = 6I \times 0.8 = 4.8I$
답 정격전류의 4.8배

3 시동토크 $T_s \propto V^2$ 이고, 시동토크는 정격토크의 2배이므로
계산 : $T_s = 2T \times (0.8)^2 = 1.28T$
답 정격토크의 1.28배

44. 다음 그림은 리액터 기동 정지 조작회로의 미완성 도면이다. 이 도면에 대하여 다음 물음에 답하시오.

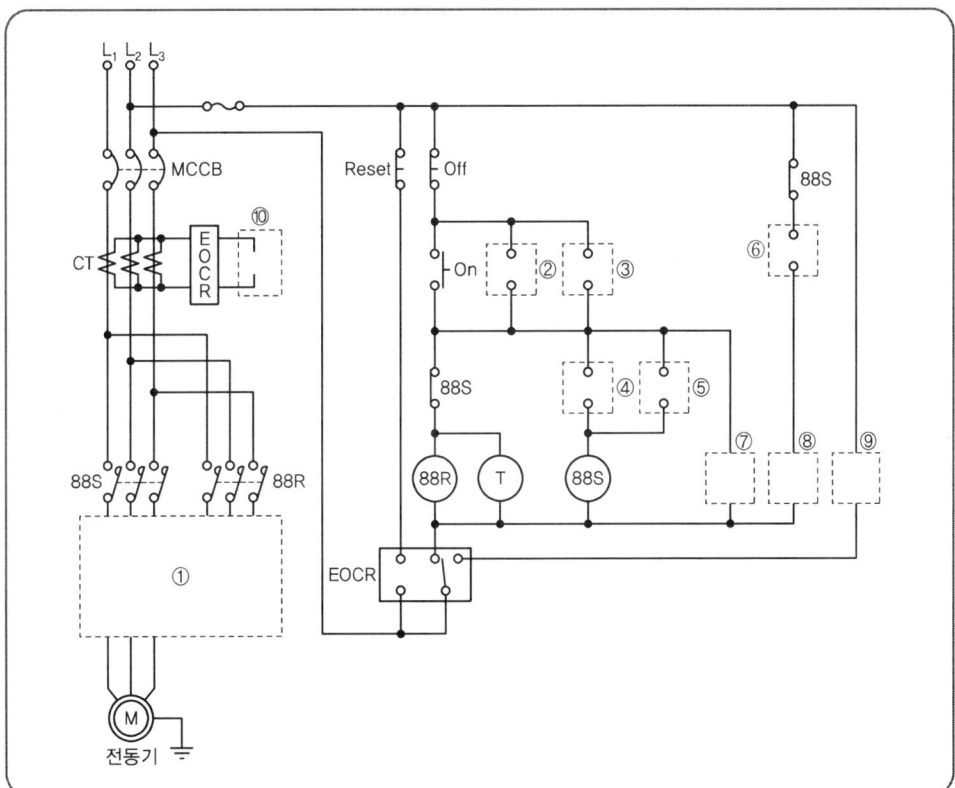

1. ①부분의 미완성 주회로를 회로도에 직접 그리시오.
2. 제어회로에서 ②, ③, ④, ⑤, ⑥ 부분의 접점을 완성하고 그 기호를 쓰시오.
3. ⑦, ⑧, ⑨, ⑩ 부분에 들어갈 LAMP와 계기의 그림 기호를 그리시오.(예 : Ⓖ 정지, Ⓡ 기동 및 운전, Ⓟ 과부하로 인한 정지)
4. 직입기동 시 시동전류가 정격전류의 6배가 되는 전동기를 65[%] 탭에서 리액터 시동한 경우 시동전류는 약 몇 배 정도가 되는지 계산하시오.
5. 직입기동 시 시동토크가 정격토크의 2배였다고 하면 65[%] 탭에서 리액터 시동한 경우 시동토크는 어떻게 되는지 설명하시오.

01 시퀀스

해답 **1**

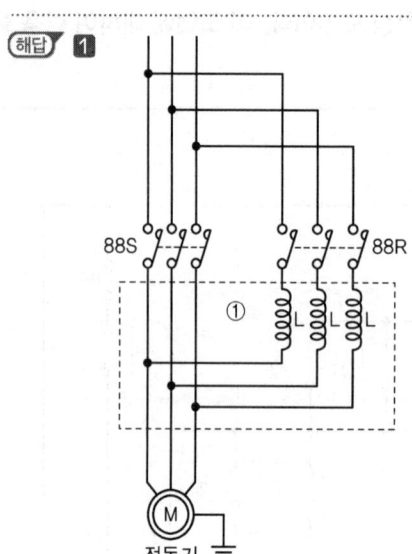

2

구분	②	③	④	⑤	⑥
접점 및 기호	88R	88S	T-a	88S	88R

3

구분	⑦	⑧	⑨	⑩
그림 기호	R	G	P	A

4 계산 : 기동 전류 $I_0 \propto V_1$ 이고, 시동 전류는 정격 전류의 6배이므로
$I_0 = 6I \times 0.65 = 3.9I$
답 3.9배

5 계산 : 시동 토크 $T_0 \propto V_1^2$ 이고, 시동 토크는 정격 토크의 2배이므로
$T_0 = 2T \times 0.65^2 = 0.845T$
답 0.85배

45 그림과 같은 전자 릴레이 회로를 미완성 다이오드 매트릭스 회로에 다이오드를 추가시켜 다이오드 매트릭스 회로로 바꾸어 그리시오.

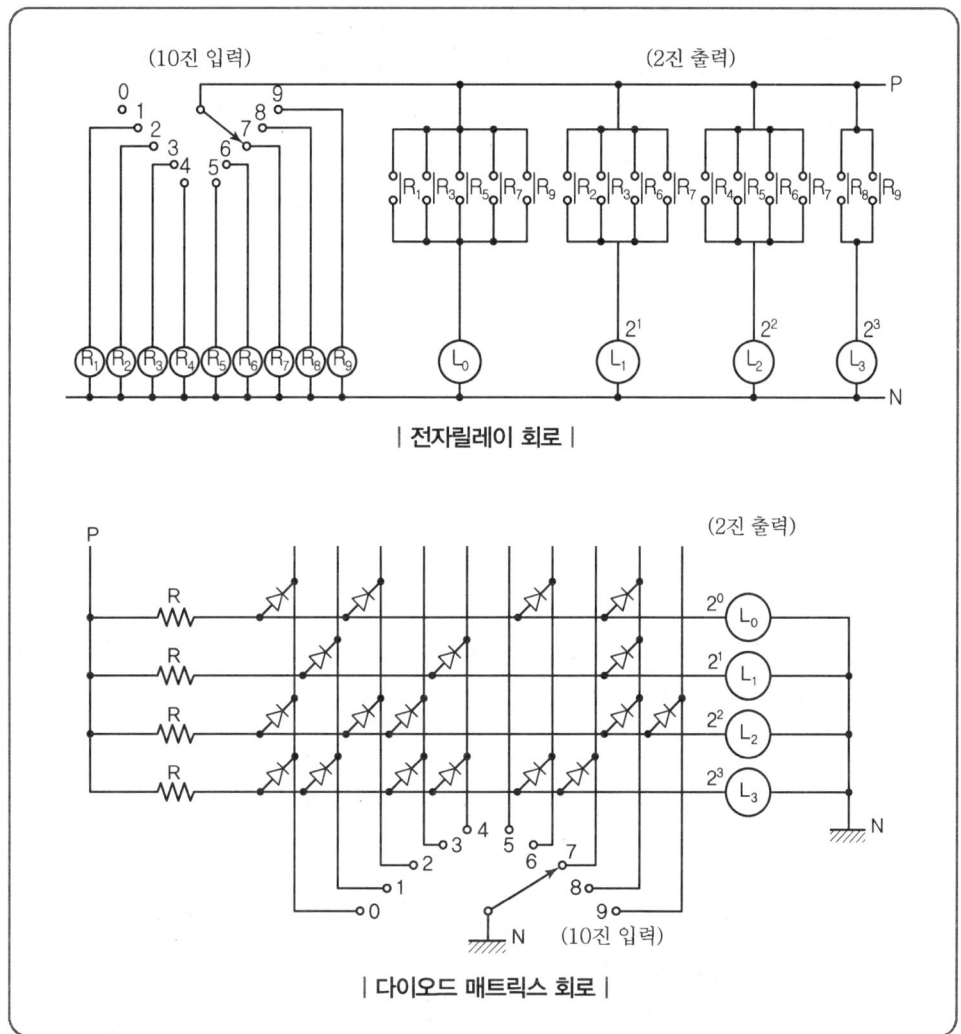

해답

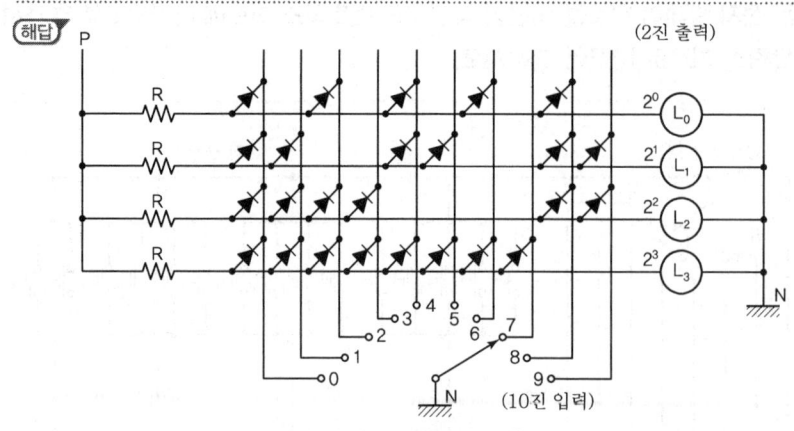

| 다이오드 매트릭스 회로 |

TIP
다이오드를 추가하면 램프가 소등되는 동작을 이해하고 회로를 완성한다.

46 그림은 전동기 5대가 동작할 수 있는 제어회로 설계도이다. 회로를 완전히 숙지한 다음 ( ) 안에 알맞은 말을 넣어 완성하시오.

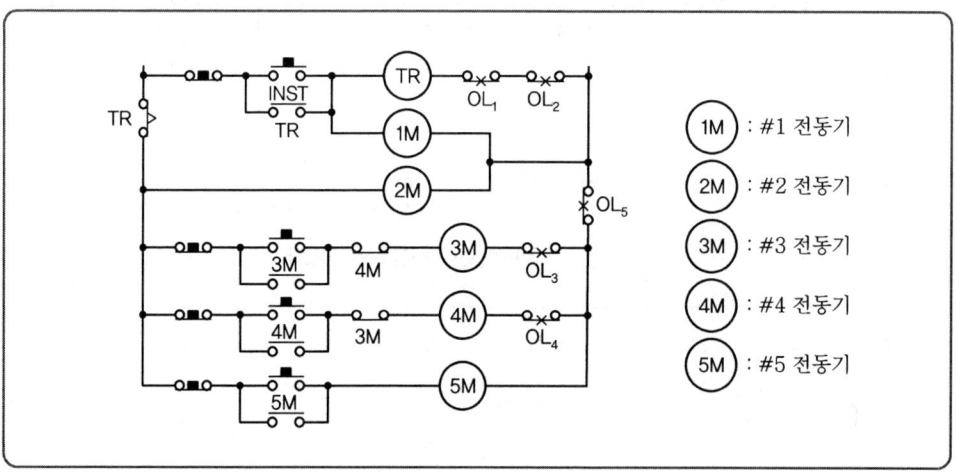

① #1 전동기가 기동하면 일정시간 후에 (①) 전동기도 기동하고 #1 전동기가 운전 중에 있는 한 (②) 전동기도 동작한다.

② #1, #2 전동기가 운전 중이 아니면 (①) 전동기는 기동할 수 없다.

③ #4 전동기가 운전 중일 때 (①) 전동기는 기동할 수 없으며 #3 전동기가 운전 중일 때 (②) 전동기는 기동할 수 없다.

4 #1 또는 #2 전동기의 과부하 계전기가 트립하면 (①) 전동기는 정지하여야 한다.
5 #5 전동기의 과부하 계전기가 트립하면 (①) 전동기가 정지한다.

해답
1 ① : #2   ② : #2
2 ① : #3, #4, #5
3 ① : #3   ② : #4
4 ① : #1, #2, #3, #4, #5
5 ① : #3, #4, #5

47 답안지의 그림과 같이 송풍기용 유도전동기의 운전을 현장인 전동기 옆에서도 할 수 있고, 멀리 떨어져 있는 제어실에서도 할 수 있는 시퀀스 제어 회로도를 완성하시오.

- 그림에 있는 전자개폐기에는 주접점 외에 자기유지 접점이 부착되어 있다.
- 도면에 사용되는 심벌에는 심벌의 약호를 반드시 기록하여야 한다.
  (예 PBS-ON, MC-a, PBS-OFF)
- 사용되는 기구는 누름버튼 스위치 2개, 전자코일 MC 1개, 자기 유지 접점(MC-a) 1개이다.
- 누름버튼 스위치는 기동용 접점과 정지용 접점이 있는 것으로 한다.

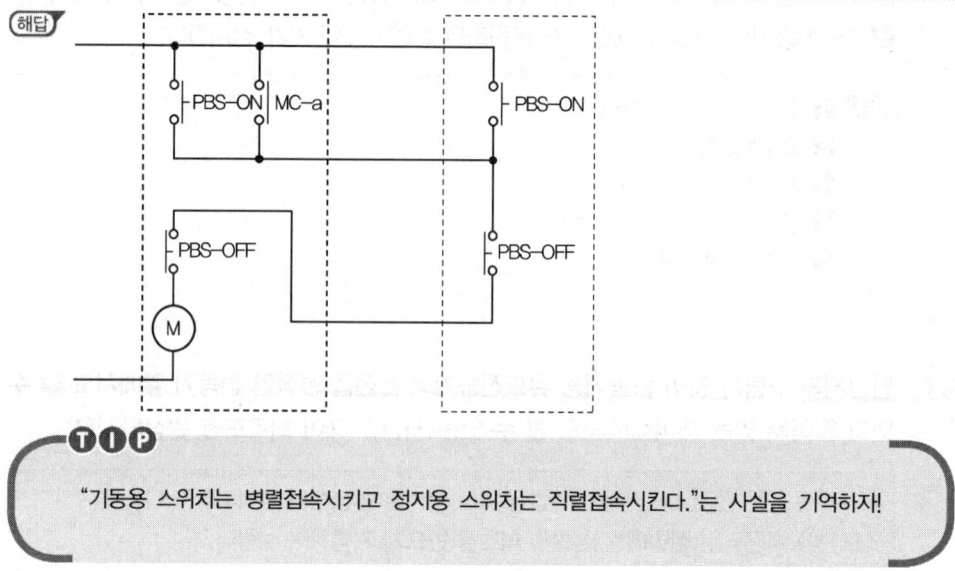

> "기동용 스위치는 병렬접속시키고 정지용 스위치는 직렬접속시킨다."는 사실을 기억하자!

48 그림은 플로트리스(플로트스위치가 없는) 액면 릴레이를 사용한 급수제어의 시퀀스도이다. 다음 각 물음에 답하시오.

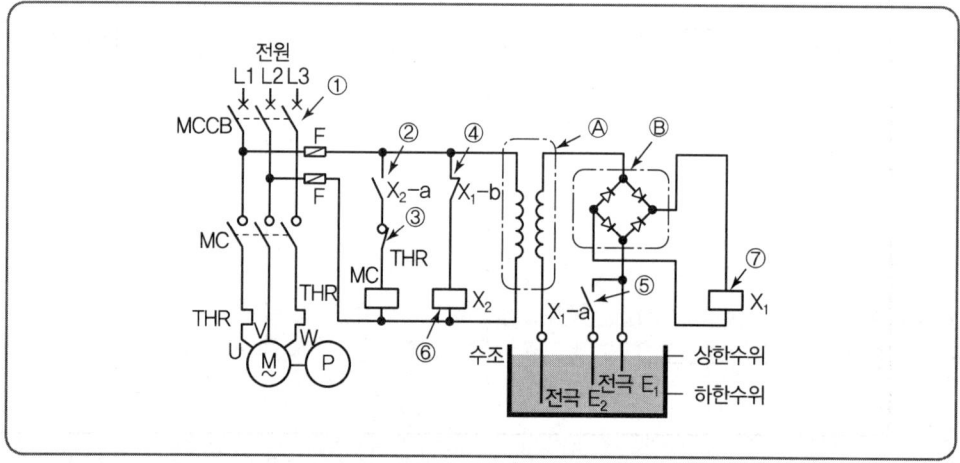

1 도면에서 기기 ⓑ의 명칭을 쓰고 그 기능을 설명하시오.
  ① 명칭 :
  ② 기능 :

2 전동펌프가 과전류가 되었을 때 최초에 동작하는 계전기의 접점을 도면에 표시되어 있는 번호로 지적하고 그 명칭은 무엇인지를 구체적으로(동작에 관련된 명칭) 쓰시오.

3 수조의 수위가 전극보다 올라갔을 때 전동펌프는 어떤 상태로 되는가?

4 수조의 수위가 전극 E_1보다 내려갔을 때 전동펌프는 어떤 상태로 되는가?
5 수조의 수위가 전극 E_2보다 내려갔을 때 전동펌프는 어떤 상태로 되는가?

(해답) 1 ① 명칭 : 브리지 정류 회로
② 기능 : 교류를 직류로 변환하여 릴레이 X_1에 공급
2 ③, 수동 복귀 b접점
3 정지 상태
4 정지 상태
5 운전 상태

49 다음 그림은 환기팬의 수동 운전 및 고장 표시등 회로의 일부이다. 이 회로를 이용하여 다음 각 물음에 답하시오.

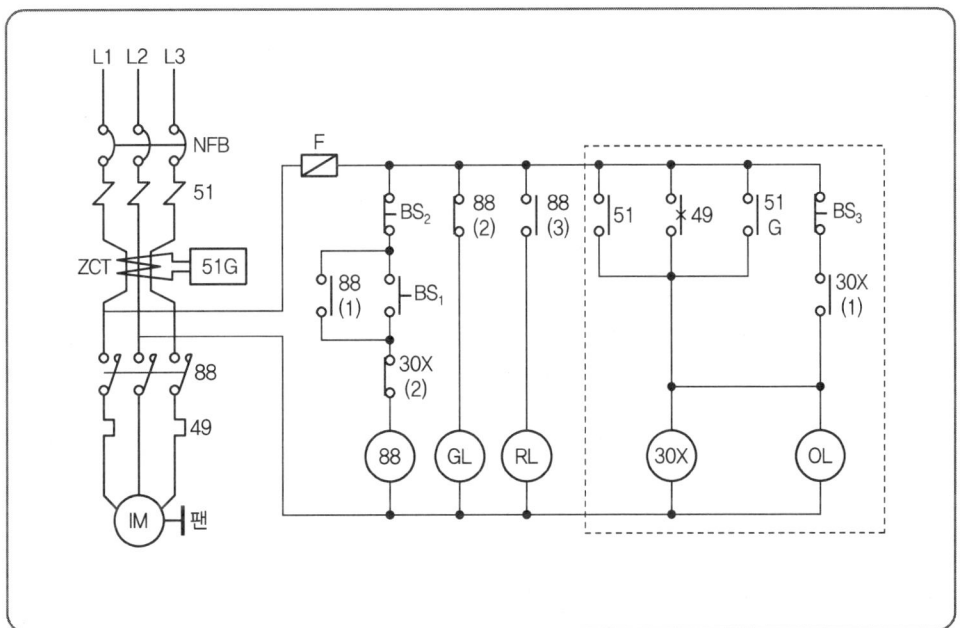

1 88은 MC로서 도면에서는 출력기구이다. 도면에 표시된 기구에 대하여 다음에 해당되는 명칭을 그 약호로 쓰시오.(단, 중복은 없고 NFB, ZCT, IM, 팬은 제외하며, 해당되는 기구가 여러 가지일 경우에는 모두 쓰도록 한다.)

① 고장표시기구 :   ② 고장회복 확인기구 :
③ 기동기구 :   ④ 정지기구 :
⑤ 운전표시램프 :   ⑥ 정지표시램프 :
⑦ 고장표시램프 :   ⑧ 고장검출기구 :

01 시퀀스

2 그림의 점선으로 표시된 회로를 AND, OR, NOT 회로를 사용하여 로직회로를 그리시오.
(단, 로직소자는 3입력 이하로 한다.)

해답

1 ① 30X ② BS_3
③ BS_1 ④ BS_2
⑤ RL ⑥ GL
⑦ OL ⑧ 51, 51G, 49

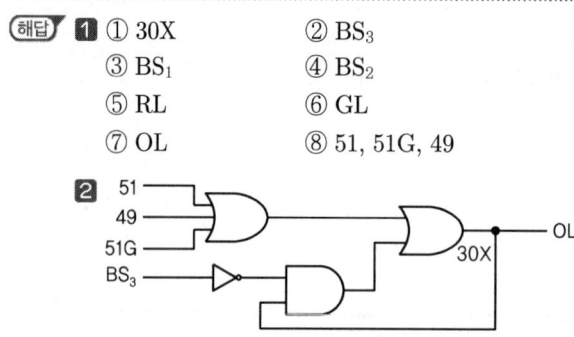

Chapter 02 PLC

1. PLC(Programmable Logic Controller) 구성

아래 그림과 같이 입력기기, 입력회로, CPU, 출력회로, 출력기기의 5단계로 구성되며 시퀀스의 내용을 CPU에 입력하는 프로그램 장치, 기타, 모니터, TV, 통신 링크, 프린터, 컴퓨터 등의 주변 기기로 되어 있다.

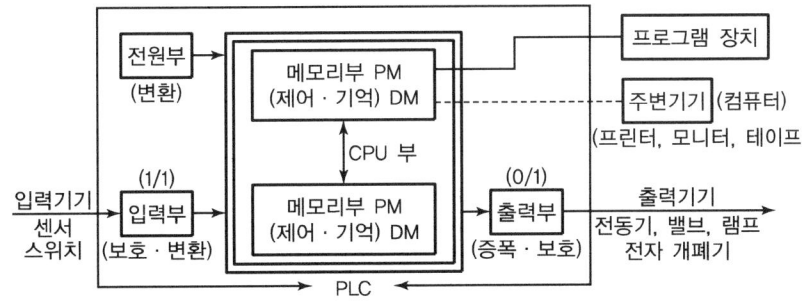

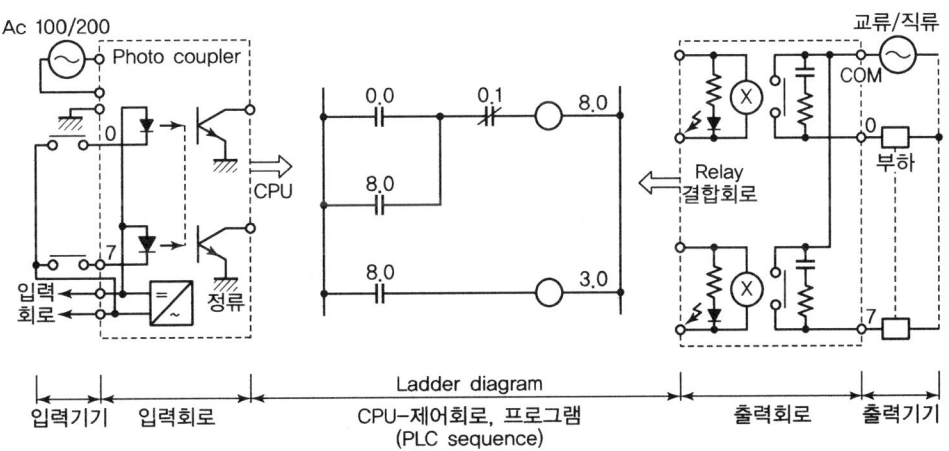

| PLC 구성 |

1) 입·출력부(I/O card)는 레벨 변환, 절연 결합 회로로 되어 있다.
2) CPU는 연산부와 메모리(DM, PM) 부로 구성된다.
   ① DATA Memory : 시퀀스 구성 소자를 a접점으로 기억시키고 제어회로 구성의 연산용 자료로 사용한다.
   ② PROGRAM Memory : 시퀀스의 순서, 명령을 기억시켜 연산부에 실행을 지령한다.
   ③ 연산부 : DM의 자료를 사용하여 PM에 따라 시퀀스를 작성한다.

2 PLC 시퀀스와 프로그램

PLC에서는 사용 기구를 기억시킬 번지를 정하고, 시퀀스 회로인 래더 다이어그램(Ladder Diagram)을 작성하며 명령어를 사용하여 프로그램을 작성한 후 프로그램 장치(Loader)로 CPU에 입력한다. PLC의 표현은 각 제조 회사마다 차이가 있으므로 여기서는 일부 회사 제품의 예를 든다.

내용	명령어	부호	번지설정
시작 입력	① R(Read), ② LOAD, ③ STR	─┤├─	입력기구 : ① 0.0~2.7 ② P000~P0070 ③ 0~17
	RN, LOAD NOT, STR NOT	─┤╱├─	
직렬	A, AND	─┤├─┤├─	출력기구 : ① 3.0~4.7 ② P010~P017 ③ 20~37
	AN, AND NOT	─┤╱├─┤╱├─	
병렬	O, OR	(병렬 기호)	보조기구 : ① 8.0~ (내부출력) ② M000~ ③ 170~
	ON, OR NOT	(병렬 NOT 기호)	
출력	W(Write), OUT	─◯─	타이머 : ① T40~(40.7~) ② T000~ ③ T600
직렬 묶음	A MRG, AND LOAD, AND STR	───	
병렬 묶음	O MRG, OR LOAD, OR STR	───	카운터 : ① C400~ ② C000~ ③ C600~
공통 묶음	W[WN, NRG, MCS[MCR]		
타이머	T[DS], TMR⟨DATA⟩, TIM	─◯─	설정시간 : ① DS ② ⟨DATA⟩
카운터	CNT	─◯─	

| LOAD 방식의 명령어 일람 및 세부설명 |

명령어	Loader상의 Symbol	대상접점	용도
LOAD	─┤├─	입출력 접점, 보조접점 불휘발성접점, Counter Timer	논리연산의 시작(a접점)
LOAD NOT	─┤/├─	입출력 접점, 보조접점 불휘발성접점, Counter Timer	논리연산의 시작(b접점)
AND	─┤├─	입출력 접점, 보조접점 불휘발성접점, Counter Timer	직렬접속(a접점)
AND NOT	─┤/├─	입출력 접점, 보조접점 불휘발성접점, Counter Timer	직렬접속(b접점)
OR	─┤├─┐	입출력 접점, 보조접점 불휘발성접점, Counter Timer	병렬접속(a접점)
OR NOT	─┤/├─┐	입출력 접점, 보조접점 불휘발성접점, Counter Timer	병렬접속(b접점)
AND LOAD	•───•	—	Block 간의 직렬접속
OR LOAD	│	—	Block 간의 병렬접속
OUT	─◯─	출력접점, 보조접점 불휘발성 접점	연산 결과의 출력
D	─[ ]─	출력접점, 보조접점 불휘발성 접점	입력 ON일 때의 미분 Pulse 출력
D NOT	─[ ]─	출력접점, 보조접점 불휘발성 접점	입력 OFF일 때의 미분 Pulse 출력
TMR	═[ ]═	Timer	Timer 동작
CTR	═[ ]═	Counter	Counter 동작
SR	═[ ]═	출력접점, 보조접점 불휘발성 접점	Card 내의 1bit shift 동작
SC	─[ ]─	출력접점, 보조접점 불휘발성 접점	Step Contoller 동작 Self-holding 기능 Card 내 상관 interlock 기능
SET	─[ ]─	출력접점, 보조접점 불휘발성 접점	Bit 단위 Self-holding (ON)
RST	─[ ]─	출력접점, 보조접점 불휘발성 접점	Bit 단위 Self-holding (OFF)
CLR	─[ ]─	출력접점, 보조접점 불휘발성 접점	1Card 분의 Data CLEAR
MCS		—	공통 interlock Set
MCSCLR		—	공통 interlock Reset

Chapter 02 실·전·문·제

01 그림의 유접점 회로에 대한 PLC 래더 다이어그램을 그리고 프로그램하시오.

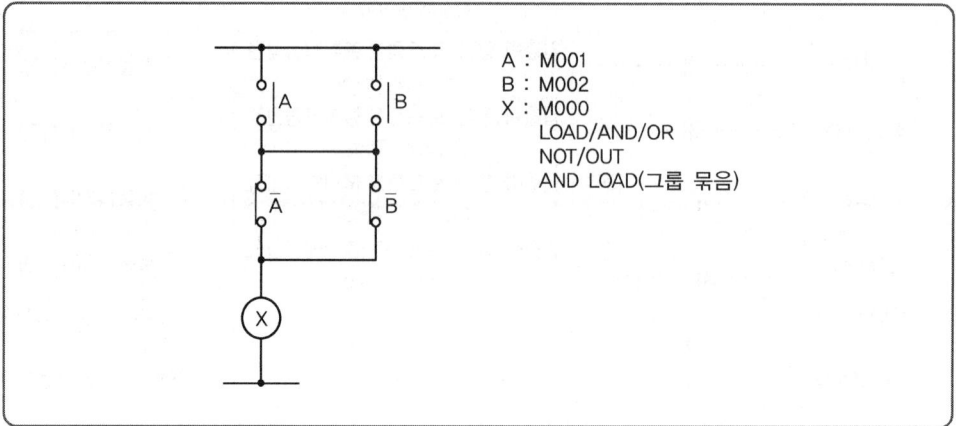

차례	명령	번지
0		
1		
2		
3		
4		
5		

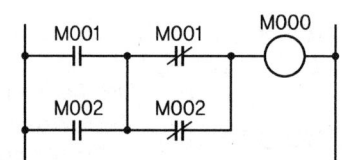

차례	명령	번지
0	LOAD	M001
1	OR	M002
2	LOAD NOT	M001
3	OR NOT	M002
4	AND LOAD	–
5	OUT	M000

TIP

▶ PLC 프로그램 작성순서
  1) 유접점 회로를 PLC 래더 다이어그램으로 변환한다.
  2) PLC 래더 다이어그램을 보고 PLC 프로그램으로 작성한다.

02 다음 PLC에 대한 내용으로 아래 그림의 기능을 간단하게 쓰시오.

명칭	기호	기능
NOT	─╳─	

[해답] 입력과 출력의 상태가 반대로 되는 회로

> **TIP**
> 입력이 1이면 출력이 0이고 입력이 0이면 출력 1이 되는 회로

03 다음 PLC 프로그램을 보고 래더 다이어그램을 완성하시오.

프로그램번지 (어드레스)	명령어	데이터	비고	프로그램번지 (어드레스)	명령어	데이터	비고
01	STR	001	W	07	ANDN	002	W
02	STR	003	W	08	OR	003	W
03	ANDN	002	W	09	OB		W
04	OB		W	10	OUT	200	W
05	OUT	100	W	11	END		W
06	STR	001	W				

- STR : 입력 a접점(신호)
- AND : AND a접점
- OR : OR a접점
- OB : 병렬접속점
- END : 끝
- STRN : 입력 b접점(신호)
- ANDN : AND b접점
- ORN : OR b접점
- OUT : 출력
- W : 각 번지 끝

[해답]

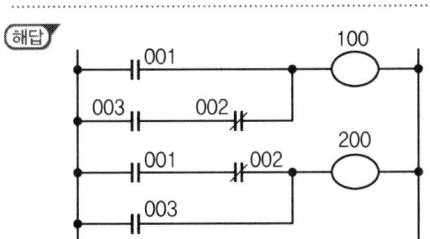

04 그림의 프로그램 번지를 적으시오.(단, 회로 시작 LOAD, 출력 OUT, 직렬 AND, 병렬 OR, b접점 NOT, 그룹 간 직렬 AND LOAD이다.)

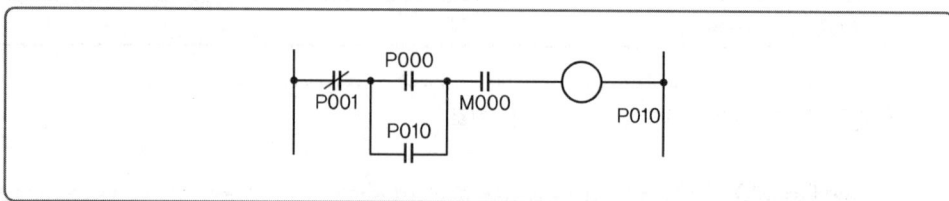

스텝	명령	번지
0	LOAD NOT	(1)
1	LOAD	(2)
2	OR	(3)
3	AND LOAD	–
4	AND	(4)
5	OUT	(5)

[해답]

스텝	명령	번지
0	LOAD NOT	P001
1	LOAD	P000
2	OR	P010
3	AND LOAD	–
4	AND	M000
5	OUT	P010

TIP
1) LOAD NOT : B접점
2) OR : 병렬 A접점
3) OUT : 출력

05 다음 PLC의 표를 보고 물음에 답하시오.

단계	명령어	번지
0	LOAD	P000
1	OR	P010
2	AND NOT	P001
3	AND NOT	P002
4	OUT	P010

1 래더 다이어그램을 그리시오.
2 논리회로를 그리시오.

해답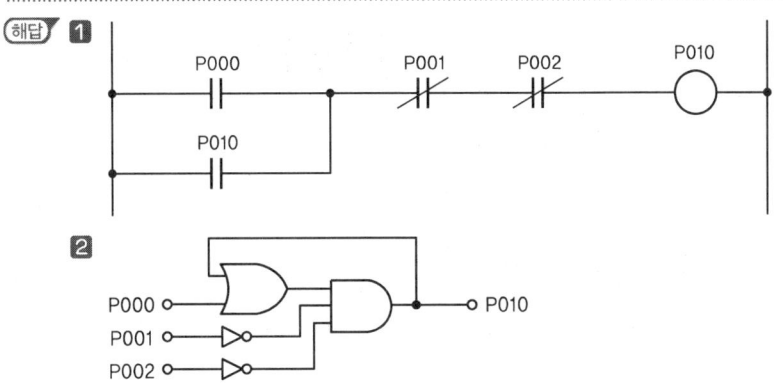

06 그림의 프로그램(A~F)을 완성하시오. (단, 회로 시작 LOAD, 출력 OUT, 직렬 AND, 병렬 OR, b접점 NOT만을 사용한다.)

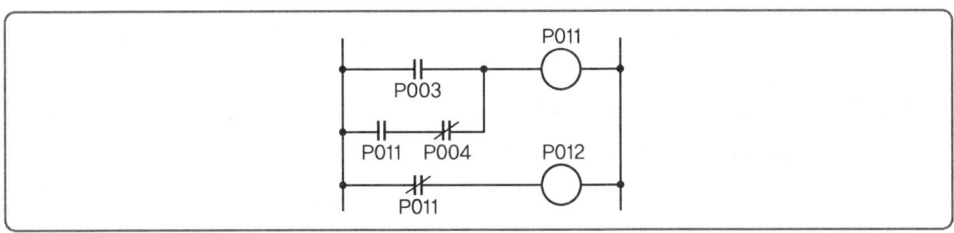

스텝	명령	번지
0	LOAD	P011
1	(A)	(B)
2	(C)	(D)
3	OUT	P011
4	(E)	P011
5	(F)	P012

해답 (A) AND NOT (B) P004 (C) OR
  (D) P003 (E) LOAD NOT (F) OUT

07 그림의 PLC 시퀀스의 프로그램상의 (1)~(5)를 완성하시오. (단, 명령어는 LOAD(시작 입력), OUT(출력), AND, OR, NOT, 그룹 간의 접속은 AND LOAD, OR LOAD이다.)

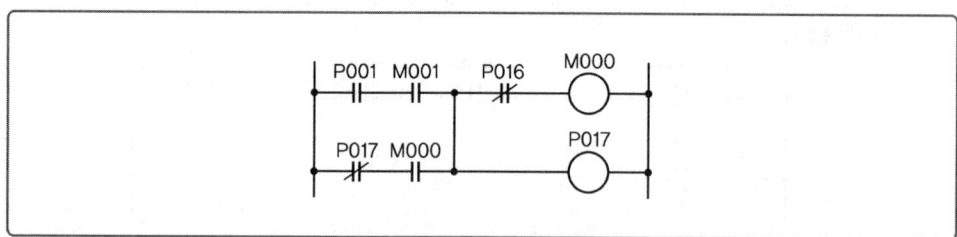

step	op	add	step	op	add
0	LOAD	P001	4	(2)	–
1	AND	M001	5	OUT	(3)
2	(1)	P017	6	(4)	P016
3	AND	M000	7	OUT	(5)

해답 (1) LOAD NOT (2) OR LOAD (3) P017
(4) AND NOT (5) M000

08 그림의 프로그램을 완성하시오. (명령어는 회로 시작 LOAD, 출력 OUT, AND, OR, NOT, TMR를 사용하고 시간은 0.1초 단위이다.)

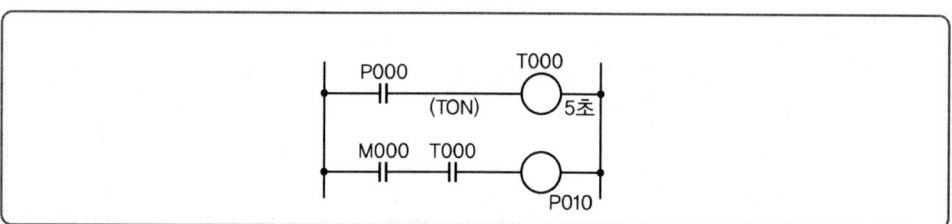

step	op	add	step	op	add
0	LOAD	(1)	4	(4)	M000
1	TMR	(2)	5	(5)	(7)
2	DATA	(3)	6	(6)	(8)

해답 (1) P000 (2) T000
(3) 50 (4) LOAD
(5) AND (6) OUT
(7) T000 (8) P010

09 표의 PLC 프로그램을 보고 PLC 시퀀스, 로직 회로, 논리식을 각각 구하시오. (단, 명령어는 입력 시작(STR), 출력(OUT), AND, OR, NOT이고 논리식은 번지로 표시한다.)

차례	명령	번지
5	STR NOT	170
6	AND	171
7	OR	170
8	OUT	172

해답

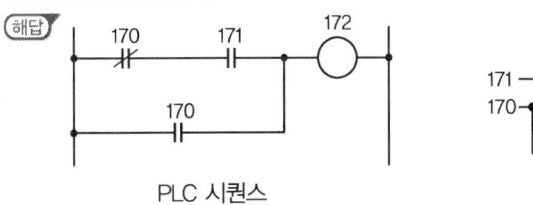
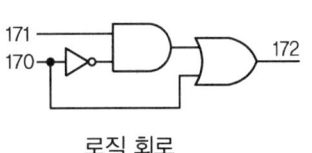

PLC 시퀀스   로직 회로

논리식 : $172 = 171 \cdot \overline{170} + 170$

10 그림의 릴레이 회로를 로직 회로로 바꾸고 PLC 래더 다이어그램을 그리시오. (단, 번지는 문자 기호를 그대로 사용한다.)

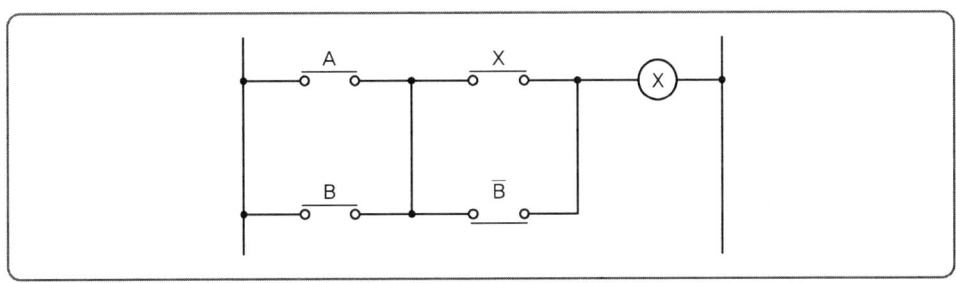

해답

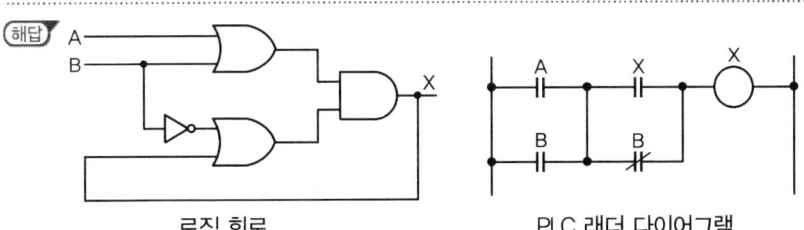

로직 회로   PLC 래더 다이어그램

TIP

로직 회로는 유접점회로에서 논리식을 완성 후 작성한다.
$X = (A+B) \cdot (X+\overline{B})$

11 그림의 로직 회로를 보고 PLC 래더 다이어그램을 그리고, 니모닉 프로그램을 완성하시오.
(단, 회로 시작 LOAD, 출력 OUT, AND, OR, NOT 명령을 쓴다.)

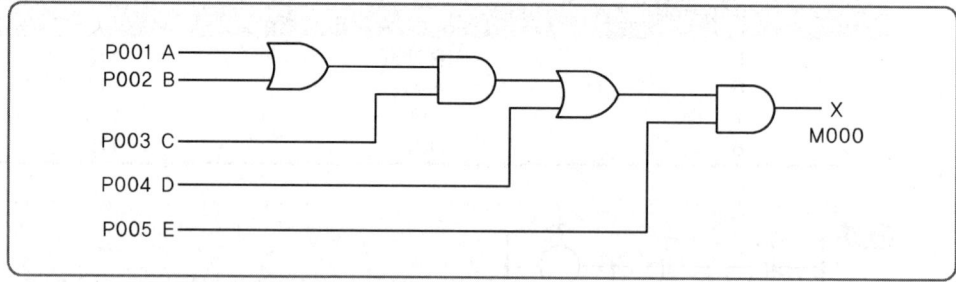

스텝	명령	번지
0		
1		
2		
3		
4		
5		

해답

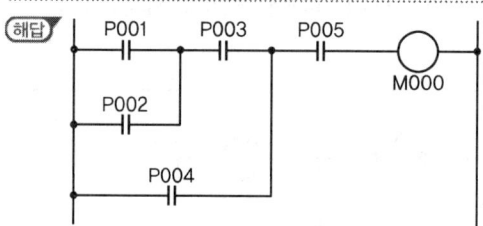

PLC 래더 다이어그램

스텝	명령	번지
0	LOAD	P001
1	OR	P002
2	AND	P003
3	OR	P004
4	AND	P005
5	OUT	M000

TIP

논리식 : $X = ((A+B) \cdot C + D) \cdot E$
 → $M000 = ((P001 + P002) \cdot P003 + P004) \cdot P005$

12 그림의 로직 회로를 이해하고 논리식을 쓰고 PLC 프로그램을 완성하시오.(단, 회로 시작 (STR), 출력(OUT), AND, OR, NOT의 명령어를 쓴다.)

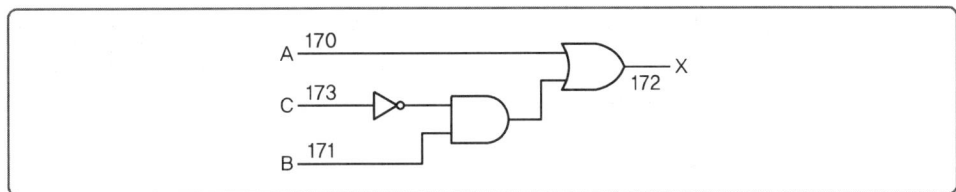

차례	명령	번지
11	STR	(4)
12	(1)	(5)
13	(2)	(6)
14	(3)	172

해답 논리식 : $172 = \overline{173} \cdot 171 + 170$

(1) AND NOT (2) OR
(3) OUT (4) 171
(5) 173 (6) 170

T I P

논리식을 PLC 래더 다이어그램으로 변형 후 프로그램을 작성한다.

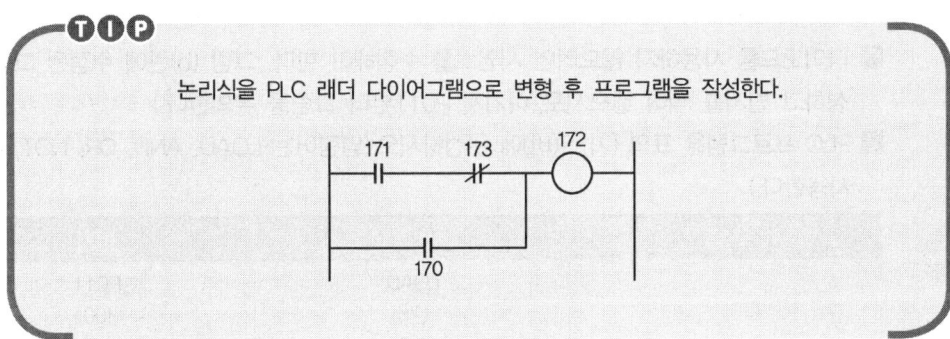

13 그림과 같은 PLC시퀀스(래더 다이어그램)가 있다. PLC 프로그램에서의 신호 흐름은 단방향 이므로 시퀀스를 수정해야 한다. 문제의 도면을 바르게 작성하시오.

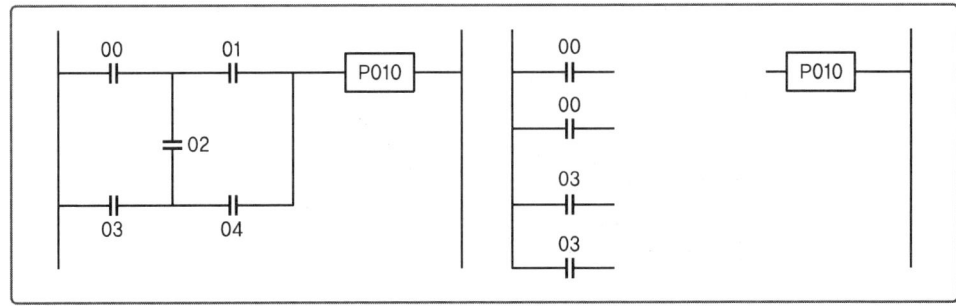

해답

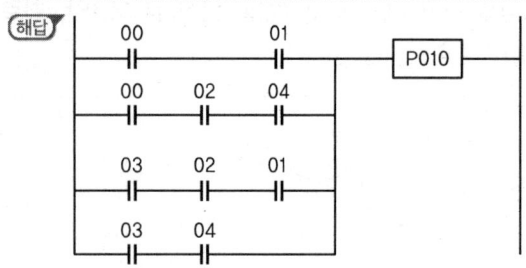

14 그림 (a)와 같은 PLC 시퀀스가 있다. ❶, ❷의 물음에 답하시오.(여기서 D는 역방향 저지 다이오드이다.)

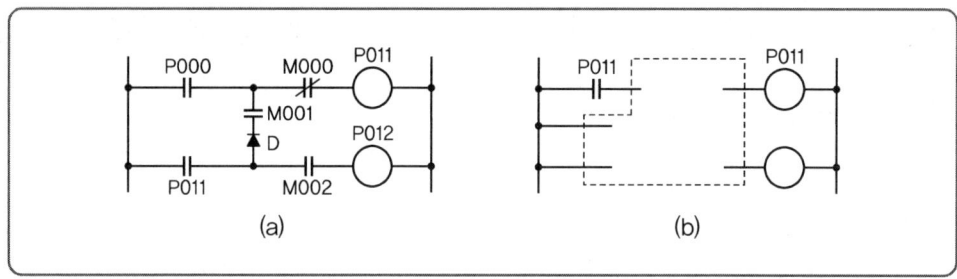

❶ 다이오드를 사용하지 않으려면 시퀀스를 수정해야 한다. 그림 (b)란에 수정된 그림을 완성하고 번지를 적어 넣으시오.(여기서 P011부터 그림을 유의한다.)

❷ PLC 프로그램을 표의 (가)~(바)에 완성하시오.(명령어는 LOAD, AND, OR, NOT, OUT를 사용한다.)

스텝	명령	번지
생략	LOAD	P011
	(가)	M001
	OR	(나)
	(다)	M000
	(라)	P011
	LOAD	(마)
	AND	M002
	OUT	(바)

해답 ❶

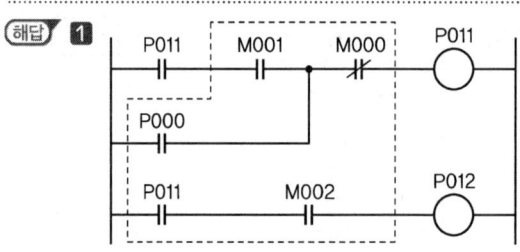

2 (가) AND　　(나) P000　　(다) AND NOT
　　(라) OUT　　(마) P011　　(바) P012

15 다음은 컨베이어시스템 제어회로의 도면이다. 3대의 컨베이어가 A → B → C 순서로 기동하며, C → B → A 순서로 정지한다고 할 때, 타임차트도를 보고 PLC 프로그램 입력 ①~⑤를 답안지에 완성하시오.

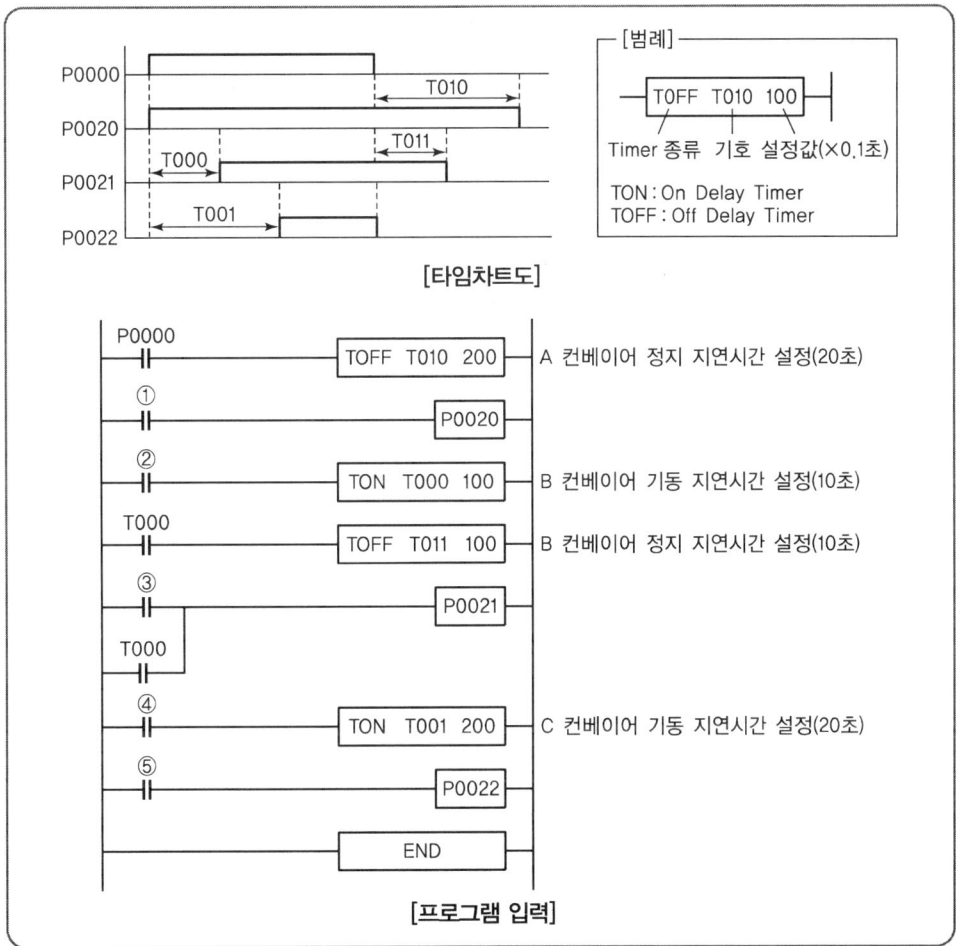

	①	②	③	④	⑤
해답	T010	P0000	T011	P0000	T001

16 그림은 입력을 주면 10초 후에 램프가 점등한 후 60초 후에 자동으로 소등된다. 프로그램을 완성하시오. (단, 명령어는 회로 시작 LOAD, 출력 OUT, 타이머 TMR(TON), 시간 지연 DATA 0.1초 단위이다.)

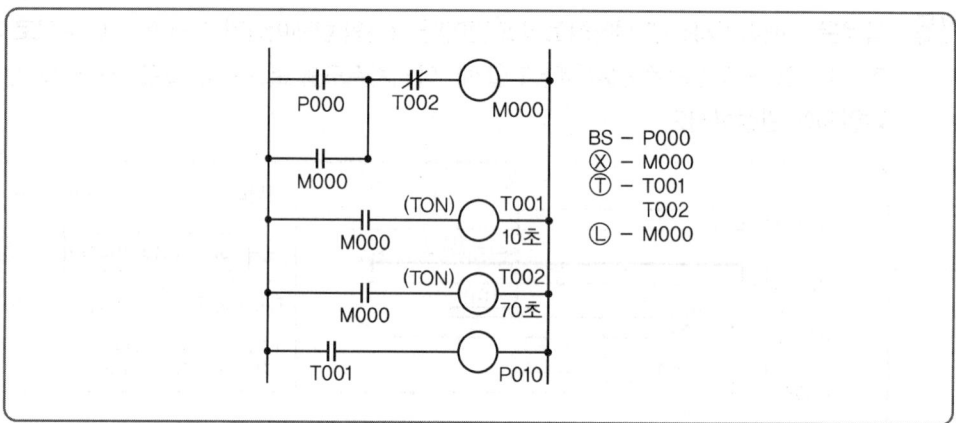

스텝	명령	번지
0000	LOAD	P000
0001	①	㉮
0002	②	㉯
0003	OUT	㉰
0004	③	M000
0005	TMR	㉱
0006	⟨DATA⟩	100
0008	④	㉲
0009	⑤	T002
0010	⟨DATA⟩	700
0012	LOAD	㉳
0013	⑥	P010

[해답] ① OR   ㉮ M000
② AND NOT   ㉯ T002
③ LOAD   ㉰ M000
④ LOAD   ㉱ T001
⑤ TMR   ㉲ M000
⑥ OUT   ㉳ T001

17 그림의 PLC 시퀀스의 프로그램에서 잘못된 곳이 3군데 있다. 찾아서 스텝 수를 밝히고 답란에 수정하시오. (여기서 입력 시작(STR), 출력(OUT), AND, OR, NOT, 그룹 간 접속(AND STR, OR, STR)의 명령어를 사용한다.)

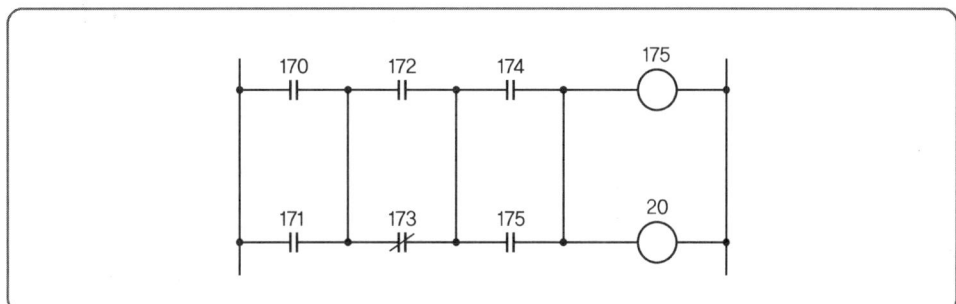

step	op	add	step	op	add
0	STR	170	5	AND	174
1	OR	171	6	OR	175
2	AND	172	7	AND STR	–
3	OR NOT	173	8	OUT	175
4	OR	–	9	OUT	20

[해답]

step	op	add	step	op	add
0	STR	170	5	STR	174
1	OR	171	6	OR	175
2	STR	172	7	AND STR	–
3	OR NOT	173	8	OUT	175
4	AND STR	–	9	OUT	20

18 그림과 같은 PLC 시퀀스의 프로그램을 표의 차례 1~9에 알맞은 명령어를 각각 쓰시오. (여기서 시작 입력 STR, 출력 OUT, 직렬 AND, 병렬 OR, 부정 NOT, 그룹 병렬 OR STR의 명령을 사용한다.)

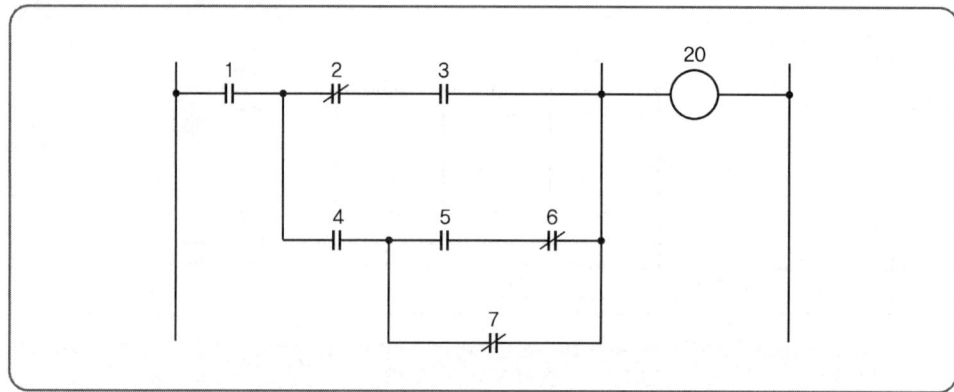

차례	명령	번지	차례	명령	번지
0	STR	1	6		7
1		2	7		–
2		3	8		–
3		4	9		–
4		5	10	OUT	20
5		6			

해답

차례	명령	번지	차례	명령	번지
0	STR	1	6	OR NOT	7
1	STR NOT	2	7	AND STR	–
2	AND	3	8	OR STR	–
3	STR	4	9	AND STR	–
4	STR	5	10	OUT	20
5	AND NOT	6			

19 다음은 PLC 래더 다이어그램에 의한 프로그램이다. 아래의 명령어를 활용하여 각 스텝에 알맞은 내용으로 프로그램을 입력하시오.

[명령어]
- 입력 a접점 : LD
- 직렬 a접점 : AND
- 병렬 a접점 : OR
- 블록 간 병렬접속 : OB
- 입력 b접점 : LDI
- 직렬 b접점 : ANI
- 병렬 b접점 : ORI
- 블록 간 직렬접속 : ANB

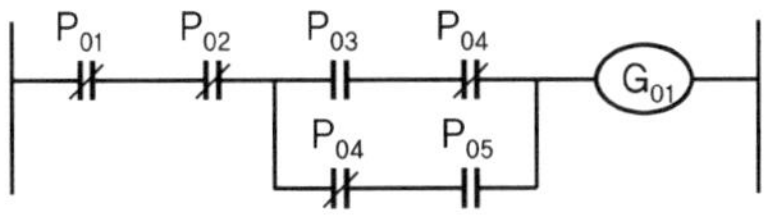

STEP	명령어	번지
1	LDI	P_{01}
2		
3		
4		
5		
6		
7		
8		
9	OUT	G_{01}

(해답)

STEP	명령어	번지
1	LDI	P_{01}
2	ANI	P_{02}
3	LD	P_{03}
4	ANI	P_{04}
5	LDI	P_{04}
6	AND	P_{05}
7	OB	–
8	ANB	–
9	OUT	G_{01}

20

그림은 Y – △ 기동회로의 일부분이다. P010은 모선 접속, P011은 Y 기동용이며, 7초 후 P012로 △ 운전되며, 운전 시 타이머 기구는 복구된다. 여기서 BS_1 기능은 P001이다. 물음에 답하시오.

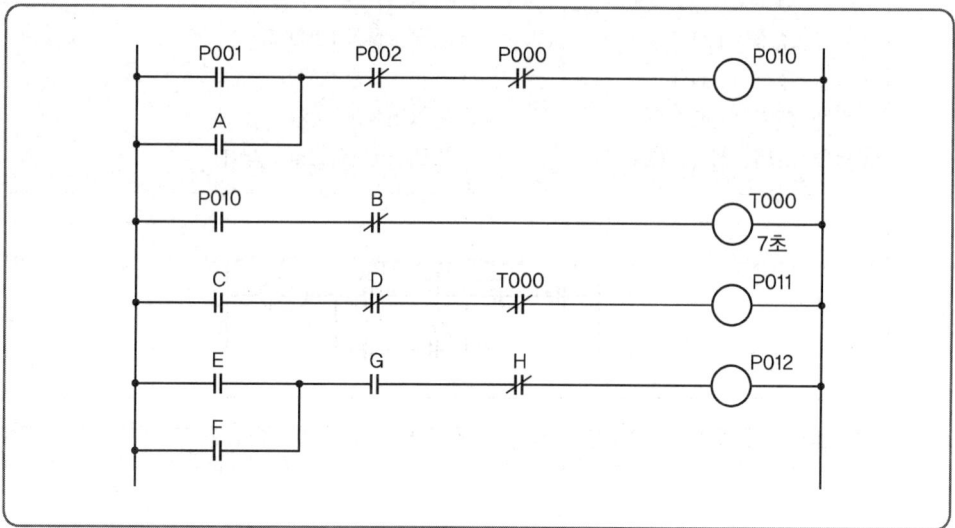

스텝	명령	번지	스텝	명령	번지
생략	LOAD	P001	생략	LOAD	C
	㉮	A		AND NOT	D
	AND NOT	P002		㉰	T000
	AND NOT	P000		㉱	P011
	OUT	P010		LOAD	E
"	㉯	P010	"	OR	F
	AND NOT	B		AND	G
	TMR	T000		AND NOT	H
	DATA	70		OUT	P012

1 A~F에 알맞은 번지를 쓰시오.
2 ㉮~㉱에 알맞은 명령어를 쓰시오.
3 A~H 중 유지 기능으로 사용된 것 1개만 쓰시오.
4 A~H 중 인터로크 기능으로 사용된 것 1개만 쓰시오.
5 A~H 중 정지 기능으로 사용된 것 1개만 쓰시오.
6 A~H 중 P001과 같이 기동 기능이 있는 것 1개를 쓰시오.
7 회로 전체를 정지시킬 수 있는 기능이 있는 기구의 번지를 2개 쓰시오.
8 ──╫── 과 같은 기능의 릴레이(타이머) 접점을 그리시오.

제5편 · 자동제어 운용

[해답]
1 A : P010, B : P012, C : P010, D : P012, E : T000, F : P012, G : P010, H : P011
2 ㉮ OR, ㉯ LOAD, ㉰ AND NOT, ㉱ OUT
3 A
4 D
5 B
6 E
7 P002, P000
8

전기기사·산업기사
실기 Ⅱ권

이책의 차례

제 1 권

- 제1편 전기설비 운용 및 유지
- 제2편 전기설계
- 제3편 감리업무 수행 및 업무
- 제4편 전기계획
- 제5편 자동제어 운용

제 2 권

과년도 기출문제
(기사 2019~2024 / 산업기사 2019~2024)

 ## 과년도 기출문제

■ 전기기사

2019년도 1회 시험 / 3
2019년도 2회 시험 / 18
2019년도 3회 시험 / 34

2020년도 1회 시험 / 48
2020년도 2회 시험 / 64
2020년도 3회 시험 / 83
2020년도 통합 4·5회 시험 / 97

2021년도 1회 시험 / 111
2021년도 2회 시험 / 123
2021년도 3회 시험 / 139

2022년도 1회 시험 / 160
2022년도 2회 시험 / 175
2022년도 3회 시험 / 190

2023년도 1회 시험 / 208
2023년도 2회 시험 / 223
2023년도 3회 시험 / 243

2024년도 1회 시험 / 257
2024년도 2회 시험 / 271
2024년도 3회 시험 / 286

■ 전기산업기사

2019년도 1회 시험 / 307
2019년도 2회 시험 / 320
2019년도 3회 시험 / 333

2020년도 1회 시험 / 346
2020년도 2회 시험 / 360
2020년도 3회 시험 / 374
2020년도 통합 4·5회 시험 / 387

2021년도 1회 시험 / 405
2021년도 2회 시험 / 421
2021년도 3회 시험 / 435

2022년도 1회 시험 / 448
2022년도 2회 시험 / 461
2022년도 3회 시험 / 475

2023년도 1회 시험 / 492
2023년도 2회 시험 / 505
2023년도 3회 시험 / 522

2024년도 1회 시험 / 536
2024년도 2회 시험 / 550
2024년도 3회 시험 / 565

ENGINEER ELECTRICITY

과년도 기출문제 (기사)

수험생의 기억을 토대로 복원한 것으로
실제 출제된 문제와 다를 수 있습니다.

PART 6

2019년도 1회 시험 과년도 기출문제

01 단상변압기 2대를 V결선하여 출력 11[kW], 역률 0.8, 효율 0.85의 전동기를 운전하려고 한다. 변압기 한 대의 용량을 선정하시오.(단, 변압기 표준용량은 5, 7.5, 10, 15, 20, 25, 50, 75, 100[kVA]이다.)

계산 : _____ 답 : _____

해답 계산 : 단상변압기 2대를 V결선했을 경우의 출력 $P_V = \sqrt{3}\,P_1[kVA]$

전동기 $P' = \dfrac{P}{\eta \times \cos\theta} = \dfrac{11}{0.8 \times 0.85} = 16.18[kVA]$

$P_V = \sqrt{3}\,P_1 = 16.18[kVA]$

$P_1 = \dfrac{16.18}{\sqrt{3}} = 9.34[kVA]$, 표준용량 10[kVA] 선정   **답** 10[kVA]

TIP
$P_V = \sqrt{3} \times 1$대 용량(VI)

---

02 3상 3선식 배전선로의 말단에 지역률 80[%]인 평형 3상의 말단집중 부하가 있다. 변전소 인출구의 전압이 6,600[V]인 경우 부하의 단자전압을 6,000[V] 이하로 떨어뜨리지 않으려면 부하 전력[kW]은 얼마인가?(단, 전선 1선의 저항은 1.4[Ω], 리액턴스는 1.8[Ω]으로 하고 그 이외의 선로정수는 무시한다.)

계산 : _____ 답 : _____

해답 계산 : $e = \dfrac{P}{V}(R + X\tan\theta)$

$600 = \dfrac{P}{6,000}\left(1.4 + 1.8 \times \dfrac{0.6}{0.8}\right)$ **답** 1,309.09[kW]

TIP
▶ 3상 3선식 전압강하
① $e = \sqrt{3}\,I(R\cos\theta + X\sin\theta)$ ② $e = \dfrac{P}{V}(R + X\tan\theta)$

03 스폿 네트워크(Spot Network) 수전방식에 대하여 설명하고 특징을 4가지만 쓰시오.

1 Spot Network 방식

2 특징

해답

1 Spot Network 방식 : 전력회사의 변전소로부터 2회선 이상 수전하는 방식으로 변압기 2차 측을 병렬로 운전하는 방식

2 특징
 ① 무정전 전력공급이 가능하다.
 ② 공급신뢰도가 높다.
 ③ 전압 변동률이 낮다.
 ④ 부하 증가에 대한 적응성이 좋다.
 그 외
 ⑤ 기기의 이용률이 향상된다.

TIP

1. 목적
 무정전 공급이 가능해서 신뢰도가 높고 전압변동률이 낮고 도심부의 부하 밀도가 높은 지역의 대용량 수용가에 공급하는 방식

2. 구성도

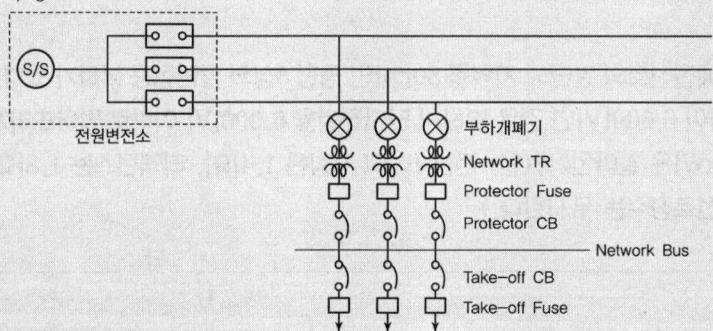

3. 주요 기기
 (1) 부하개폐기(1차 개폐기)
  Network TR 1차 측에 설치(SF_6 개폐기, 기중부하개폐기)
 (2) Network TR
  ① 1회선 정전 시 다른 건전한 회선만으로 최대부하에 견딜 수 있을 것
  ② 130[%] 과부하에서 8시간 운전 가능할 것(Mold, SF_6, Gas TR 사용)
  ③ 변압기 용량 = $\dfrac{최대수용전력}{변압기\ 대수-1} \times \dfrac{100}{과부하율}$ [kVA](변압기 대수 1개당 1회선 연결)

04 그림과 같이 완전 확산형의 조명기구가 설치되어 있다. A 점에서의 광도와 수평면 조도를 계산하시오. (단, 조명기구의 전 광속은 18,500[lm]이다.)

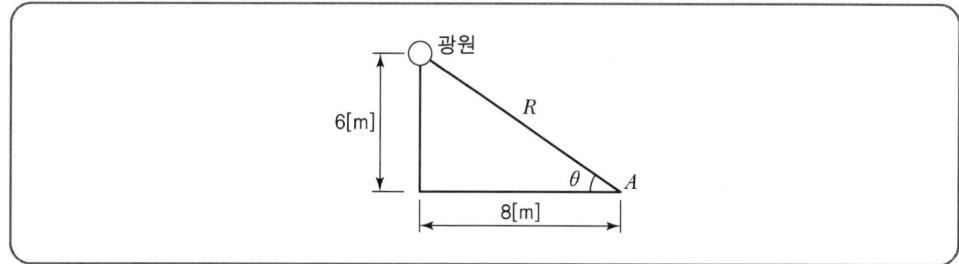

1 광도[cd]를 구하시오.

계산 : _____ 답 : _____

2 A점의 수평면 조도를 구하시오.

계산 : _____ 답 : _____

해답 1 광원의 광도

계산 : $I = \dfrac{F}{\omega} = \dfrac{F}{4\pi} = \dfrac{18{,}500}{4\pi} = 1{,}472.18\,[\text{cd}]$

답 1,472.18[cd]

2 수평면 조도

계산 : $E_h = \dfrac{I}{\ell^2}\cos\theta = \dfrac{1{,}472.18}{10^2} \times \dfrac{6}{\sqrt{6^2+8^2}} = 8.83\,[\text{lx}]$

답 8.83[lx]

TIP

① 법선 조도 $E_n = \dfrac{I}{\ell^2}$

② 수직면 조도 $E_l = \dfrac{I}{\ell^2}\sin\theta$

③ 수평면 조도 $E_h = \dfrac{I}{\ell^2}\cos\theta$

④ 광원

$\cos\theta = \dfrac{h}{l}$

$l = \dfrac{h}{\cos\theta}$

05 주어진 논리회로의 출력을 입력변수로 나타내고, 이 식을 AND, OR, NOT 소자만의 논리회로로 변환하여 논리식과 논리회로를 그리시오.

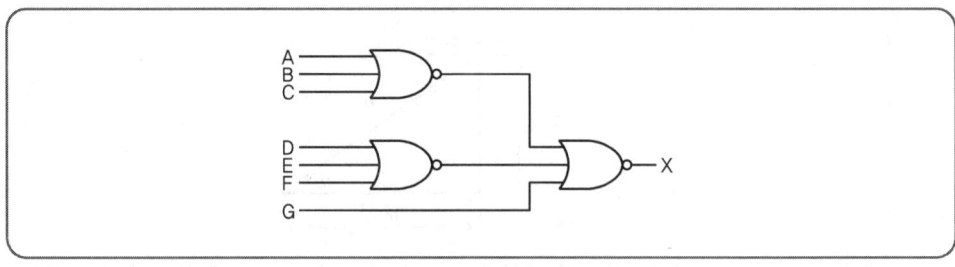

해답 논리식과 논리회로
$$X = \overline{(\overline{A+B+C}) + (\overline{D+E+F}) + G} = (A+B+C) \cdot (D+E+F) \cdot \overline{G}$$

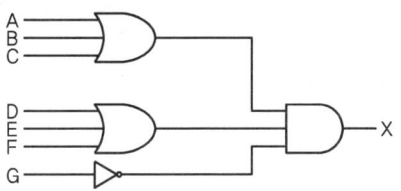

06 다음 도면을 참고하여 수용가의 역률이 0.9일 경우 변압기 용량을 구하시오. (단, 부등률은 1.35, 변압기 용량은 15[%] 여유를 두며, 변압기 표준용량은 50, 100, 250, 300, 500[kVA]이다.)

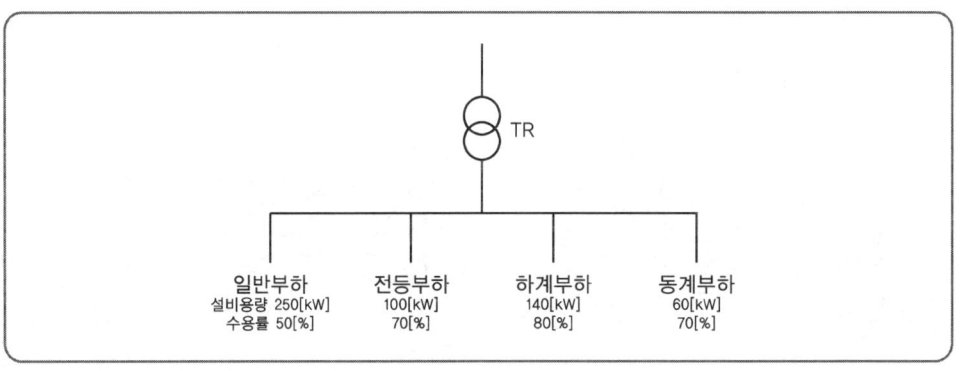

계산 : _____ 답 : _____

해답 계산 : $P = \dfrac{\text{설비용량} \times \text{수용률}}{\text{부등률} \times \text{역률}} \times \text{여유율}$

$= \dfrac{100 \times 0.7 + 250 \times 0.5 + 140 \times 0.8}{1.35 \times 0.9} \times 1.15 = 290.58\,[\text{kVA}]$

∴ 표준용량 300[kVA] 선정

답 300[kVA]

TIP
계절부하는 동시에 사용되지 않으므로 큰 부하인 하계부하를 기준으로 구한다.

07 고압에서 사용하는 진공차단기(VCB)의 특징 3가지를 적으시오.

해답 ① 차단성능이 주파수의 영향을 받지 않는다.
② 화재에 가장 안전하다.
③ 수명이 가장 길며 보수가 간단하다.
그 외
④ 차단 시 소음이 작다.
⑤ 동작 시 이상전압이 발생한다.

08 그림은 통상적인 단락, 지락 보호에 쓰이는 방식으로서 주보호와 후비보호의 기능을 지니고 있다. 도면을 보고 다음 각 물음에 답하시오.

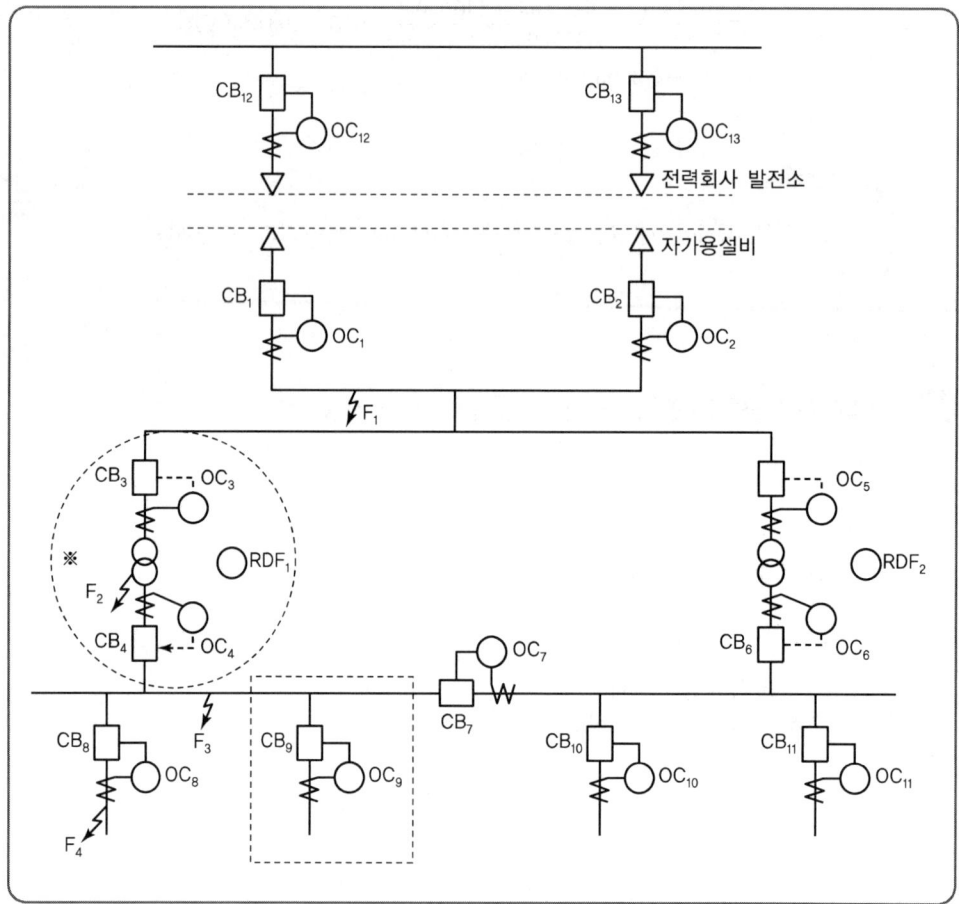

1 사고점이 F_1, F_2, F_3, F_4라고 할 때 주보호와 후비보호에 대한 표의 ( ) 안을 채우시오.

사고점	주보호	후비보호
F_1	$OC_1 + CB_1 \, And \, OC_2 + CB_2$	(①)
F_2	(②)	$OC_1 + CB_1 \, And \, OC_2 + CB_2$
F_3	$OC_4 + CB_4 \, And \, OC_7 + CB_7$	$OC_3 + CB_3 \, And \, OC_6 + CB_6$
F_4	$OC_8 + CB_8$	$OC_4 + CB_4 \, And \, OC_7 + CB_7$

2 그림은 도면의 ※표 부분을 좀 더 상세하게 나타낸 도면이다. 각 부분 ①~④의 명칭을 쓰고, 보호 기능 구성상 ⑤~⑦의 부분을 검출부, 판정부, 동작부로 나누어 표현하시오.

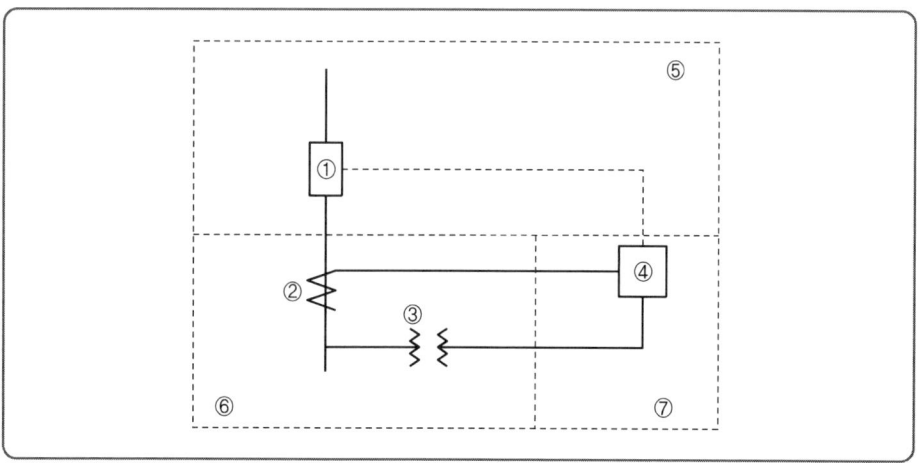

① :　　　　　② :　　　　　③ :　　　　　④ :
⑤ :　　　　　⑥ :　　　　　⑦ :

3 답란의 그림 F_2 사고와 관련된 검출부, 판정부, 동작부의 도면을 완성하시오.

4 자가용 전기 설비에 발전 시설이 구비되어 있을 경우 자가용 수용가에 설치되어야 할 계전기는 어떤 계전기인가?

해답 **1** ① $OC_{12} + CB_{12}$ And $OC_{13} + CB_{13}$
② $RDF_1 + OC_4 + CB_4$ And $RDF_1 + OC_3 + CB_3$

2 ① 교류 차단기　② 변류기　③ 계기용 변압기　④ 과전류 계전기
⑤ 동작부　⑥ 검출부　⑦ 판정부

3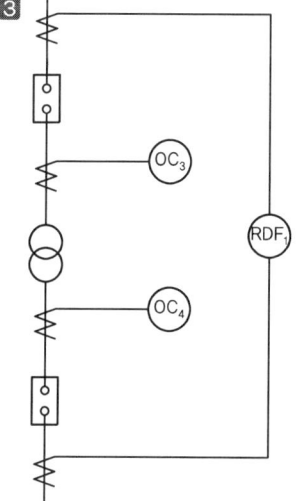

4 ① 과전류 계전기
② 과전압 계전기
③ 부족전압 계전기
④ 지락과전류 계전기
⑤ 비율차동 계전기

> **TIP**
> ① 주보호 : 수용가 측 보호, 후비보호 : 전력회사 측 보호
> ② 과년도에서는 F_3 및 F_4에 대하여도 출제되었다.
> ③ 비율차동 계전기 CT를 별도로 설치해야 한다.

09 다음은 수용가에서 공급하는 경우의 전압강하표이다. 다음 표의 전압강하[%]를 완성하시오.
※ KEC 규정에 따라 문항 변경

부하 종별	저압으로 수전하는 경우	고압 이상으로 수전하는 경우
조명부하	(①)[%] 이하	(③)[%] 이하
기타부하	(②)[%] 이하	8[%] 이하

해답

부하 종별	저압으로 수전하는 경우	고압 이상으로 수전하는 경우
조명부하	3[%] 이하	6[%] 이하
기타부하	5[%] 이하	8[%] 이하

> **TIP**
> ▶ 수용가 설비에서의 전압강하
> 1. 수용가 설비의 인입구로부터 기기까지의 전압강하
>
> | 설비의 유형 | 조명[%] | 기타[%] |
> |---|---|---|
> | A – 저압으로 수전하는 경우 | 3 | 5 |
> | B – 고압 이상으로 수전하는 경우* | 6 | 8 |
>
> * 가능한 한 최종회로 내의 전압강하가 A유형의 값을 넘지 않도록 하는 것이 바람직하다. 사용자의 배선설비가 100[m]를 넘는 부분의 전압강하는 미터당 0.005[%] 증가할 수 있으나 이러한 증가분은 0.5[%]를 넘지 않아야 한다.
>
> 2. 다음의 경우에는 위의 표보다 더 큰 전압강하를 허용할 수 있다.
> ① 기동시간 중의 전동기
> ② 돌입전류가 큰 기타 기기

10 접지저항을 측정하고자 한다. 다음 각 물음에 답하시오.

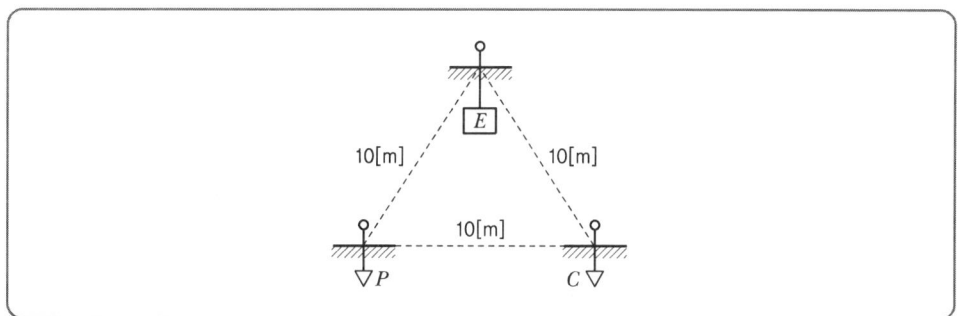

① 접지저항을 측정하기 위하여 사용되는 계측기는?
② 그림의 접지저항 측정방법은?
③ 그림과 같이 본 접지 E에 제1보조접지 P, 제2보조접지 C를 설치하면 본 접지 E의 접지 저항은 몇 [Ω]인가?(단, 본 접지와 P 사이의 저항값은 86[Ω], 본 접지와 C 사이의 접지저항값은 92[Ω], P와 C 사이의 접지저항값은 160[Ω]이다.)
계산 : _____ 답 : _____

해답 ① 어스 테스터기(접지저항기)
② 콜라우시 브리지에 의한 3극 접지저항 측정법
③ 계산 : $R_E = \frac{1}{2}(R_{EP} + R_{EC} - R_{PC}) = \frac{1}{2}(86 + 92 - 160) = 9\,[\Omega]$ 답 9[Ω]

11 다음 3상 3선식 220[V]인 수전회로에서 ⓗ는 전열부하이고, ⓜ은 역률 0.8인 전동기이다. 이 그림을 보고 다음 각 물음에 답하시오.

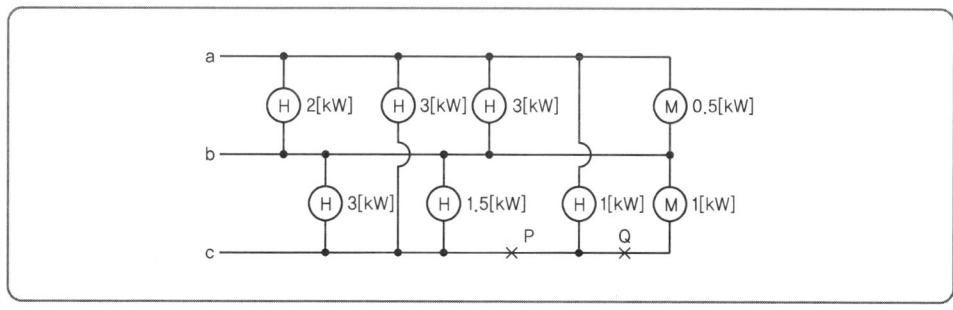

① 저압 수전의 3상 3선식 선로인 경우에 설비불평형률은 몇 [%] 이하로 하여야 하는가?
② 그림의 설비불평형률은 몇 [%]인가?(단, P, Q점은 단선이 아닌 것으로 계산한다.)
계산 : _____ 답 : _____

❸ P, Q점에서 단선이 되었다면 설비불평형률은 몇 [%]가 되겠는가?
계산 : _____ 답 : _____

(해답) ❶ 30

❷ 계산 : 설비불평형률 $= \dfrac{\left(3+1.5+\dfrac{1}{0.8}\right)-(3+1)}{\dfrac{1}{3}\left(2+3+\dfrac{0.5}{0.8}+3+1.5+\dfrac{1}{0.8}+3+1\right)} \times 100 = 34.15[\%]$

답 34.15[%]

❸ 계산 : 설비불평형률 $= \dfrac{\left(2+3+\dfrac{0.5}{0.8}\right)-3}{\dfrac{1}{3}\left(2+3+\dfrac{0.5}{0.8}+3+1.5+3\right)} \times 100 = 60[\%]$

답 60[%]

TIP

❶, ❷ 3상 3선식의 경우

설비불평형률 $= \dfrac{\text{각 선간에 접속되는 단상부하의 최대와 최소의 차}}{\text{총 부하 설비용량의 } 1/3} \times 100[\%]$

여기서, 설비불평형률은 30[%] 이하가 되도록 하여야 한다.

❸ P점에서 단선 후 변경된 회로

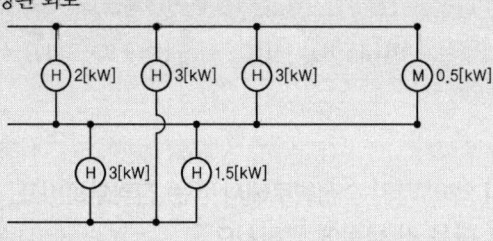

12 다음 회로도를 보고 물음에 답하시오.

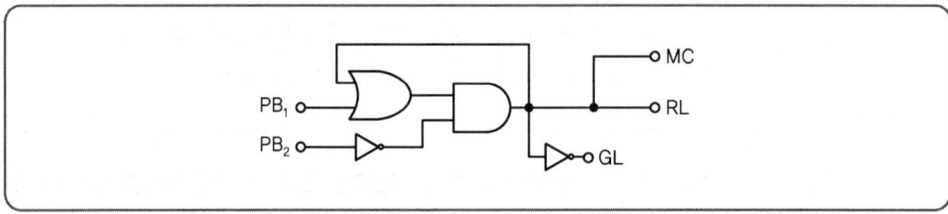

❶ 답안지의 시퀀스 회로도를 완성하시오.
❷ 논리식을 쓰시오.

해답 **1**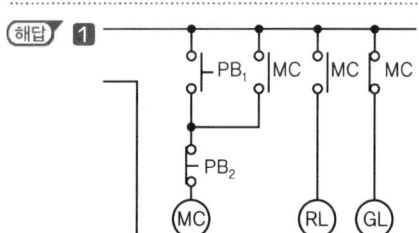

2 $MC = (PB_1 + MC) \cdot \overline{PB_2}$
$GL = \overline{MC}$
$RL = MC$

13 태양광 발전의 장점 4가지와 단점 2가지를 쓰시오.

1 장점

2 단점

해답 **1** 장점
① 무인화가 가능하다.
② 유지보수가 용이하다.
③ 에너지 자원이 반영구적이다.
④ 수명이 길다.

2 단점
① 에너지 밀도가 낮다.
② 발전량이 일사량에 의존하므로 설치면적이 크고 설치비용이 많으며 발전단가가 높다.

14 부하의 역률 개선에 대한 다음 각 물음에 답하시오.

❶ 역률을 개선하는 원리를 간단히 설명하시오.

❷ 부하 설비의 역률이 저하하는 경우 수용가가 볼 수 있는 손해를 두 가지만 쓰시오.

❸ 어느 공장의 3상 부하가 30[kW]이고, 역률이 65[%]이다. 이것을 역률 90[%]로 개선하려면 전력용 콘덴서는 몇 [kVA]가 필요한가?

계산 : _____ 답 : _____

해답 **❶** 병렬로 콘덴서를 설치하여 진상 전류를 흘려줌으로써 무효전력을 감소시켜 역률을 개선한다.

❷ ① 전력 손실이 커진다.
② 전압 강하가 커진다.
그 외
③ 전기 요금이 증가한다.
④ 설비이용률이 감소한다.

❸ 계산 : $Q_c = P(\tan\theta_1 - \tan\theta_2) = 30\left(\dfrac{\sqrt{1-0.65^2}}{0.65} - \dfrac{\sqrt{1-0.9^2}}{0.9}\right) = 20.54\,[\text{kVA}]$

답 20.54[kVA]

> **TIP**
> $Q_c = P(\tan\theta_1 - \tan\theta_2)[\text{kVA}]$
> 여기서, P : 유효전력[kW], $\tan\theta = \dfrac{\sin\theta}{\cos\theta}$

---

15 그림과 같은 3상 3선식 배전선로가 있다. 다음 각 물음에 답하시오. (단, 전선 1가닥의 저항은 0.5[Ω/km]이다.)

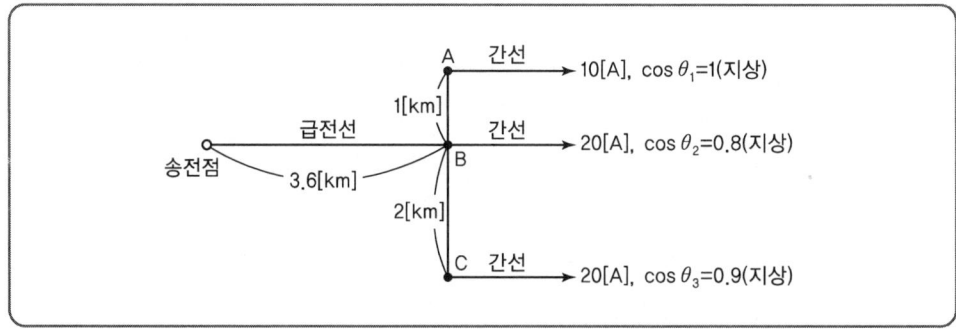

1 급전선에 흐르는 전류는 몇 [A]인가?

계산 : _____ 답 : _____

2 선로 손실[kW]을 구하시오.

계산 : _____ 답 : _____

[해답]

1 계산 : $I = I_A + I_B + I_C = 10 + 20(0.8 - j0.6) + 20(0.9 - j0.436)$
$= 44 - j20.717 = 48.63[A]$

답 48.63[A]

2 계산 : $P_l = 3I^2R(\text{급전선 손실}) + 3I^2R_A(\text{A점 손실}) + 3I^2R_C(\text{C점 손실})$
$= [3 \times 48.63^2 \times (0.5 \times 3.6) + 3 \times 10^2 \times (0.5 \times 1) + 3 \times 20^2 \times (0.5 \times 2)] \times 10^{-3}$
$= 14.12[kW]$

답 14.12[kW]

TIP
① 역율이 다르므로 실수전류와 허수전류를 각각 계산하여 합한다.
② 손실계산에서 B점의 손실은 급전선과의 거리가 없으므로 저항이 없다.

16 답안지의 그림과 같은 수전 설비 계통도의 미완성 도면을 보고 다음 각 물음에 답하시오.

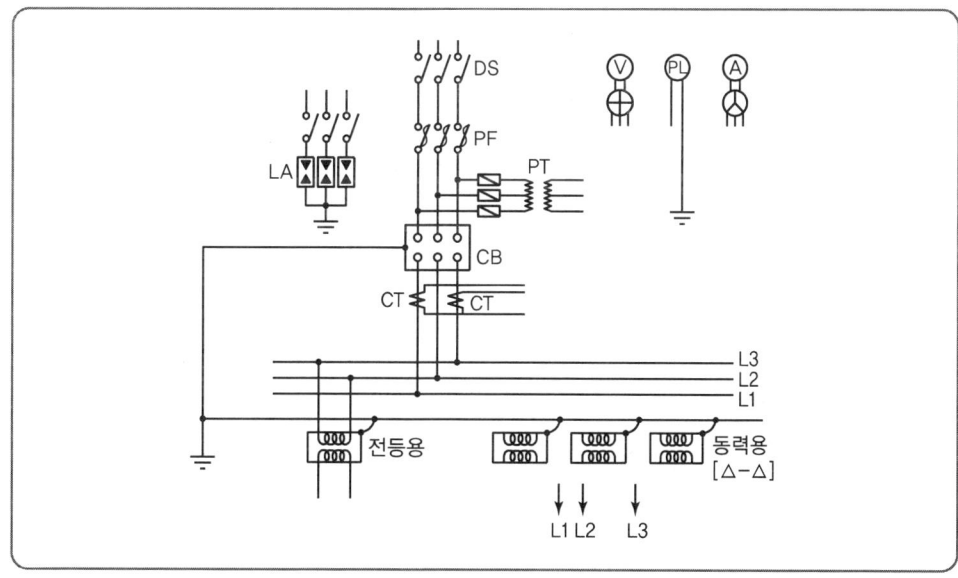

1 계통도를 완성하시오.

2 통전 중에 있는 변류기 2차 측 기기를 교체하고자 할 때 가장 먼저 취하여야 할 조치 및 그 이유를 쓰시오.
① 조치 :
② 이유 :

3 인입구 개폐기에서 단로기(DS) 대신 주로 사용하는 것의 명칭과 약호를 쓰시오.
① 명칭 :
② 약호 :

4 진공차단기(VCB)와 몰드변압기를 사용할 때 보호기기 명칭과 설치위치를 쓰시오.
① 명칭 :
② 설치위치 :

해답 **1**

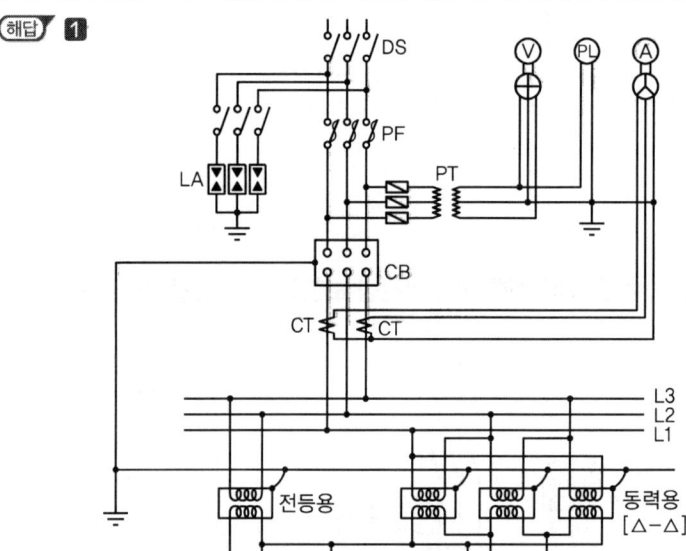

2 ① 조치 : 2차 측을 단락시킨다.
② 이유 : 변류기의 2차 측을 개방하면 변류기 2차 측에 고전압을 유기하여 변류기의 절연이 소손한다.

3 ① 명칭 : 자동고장구분개폐기
② 약호 : ASS

4 ① 명칭 : 서지흡수기
② 설치위치 : VCB와 몰드변압기 사이(몰드변압기 1차 측)

TIP

1. 인입개폐기 종류
   ① 단로기(DS)
   ② 자동고장구분개폐기(ASS)

2. 서지보호기기
   ① SA : 진공차단기 2차 측에 설치하여 개폐서지를 억제한다.
   ② LA : PF 전단에(차단기 1차 측) 설치하여 뇌서지를 억제한다.

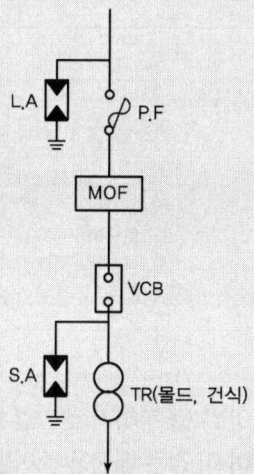

▶ 서지흡수기 정격

공칭전압[kV]	정격전압[kV]	공칭방전전류[kA]
3.3	4.5	5
6.6	7.5	5
22.9	18	5

전기기사 2019년도 2회 시험 — 과년도 기출문제

01 접지계기용 변압기(GPT)의 변압비는 $\dfrac{3{,}300}{\sqrt{3}} / \dfrac{110}{\sqrt{3}}$ 이다. 이때 2차 측의 영상전압을 구하시오.

계산 : _____ 답 : _____

해답 계산 : $\dfrac{110}{\sqrt{3}} \times 3 = 190.53[\text{V}]$ 답 190.53[V]

TIP
GPT의 영상전압은 개방단이므로 3배의 전위 상승

02 3상 4선식 교류 380[V], 50[kVA] 부하가 전기실 배전반에서 250[m] 떨어져 설치되어 있다. 허용전압강하는 얼마이며 이 경우 배전용 케이블의 최소 단면적은 얼마로 하여야 하는지 선정하시오. (단, 전기사용장소 내 시설한 변압기이며, 케이블은 IEC 규격에 의하며 6, 10, 16, 25, 35, 50, 70[mm²]이다.)

1 허용전압강하
계산 : _____ 답 : _____

2 케이블의 최소 단면적
계산 : _____ 답 : _____

해답
1 계산 : e = 380×0.055 = 20.9[V]
   (250 − 100) × 0.005 = 0.75[%]
   ∴ 0.5[%] 적용
   답 20.9[V]

2 계산 : $I = \dfrac{P}{\sqrt{3}\,V} = \dfrac{50 \times 10^3}{\sqrt{3} \times 380} = 75.97[\text{A}]$
   $A = \dfrac{17.8LI}{1{,}000e}$ 에서 $A = \dfrac{17.8 \times 250 \times 75.97}{1{,}000 \times 220 \times 0.055} = 27.94[\text{mm}^2]$
   답 35[mm²]

TIP

① 다른 조건을 고려하지 않을 경우 설비의 인입구로 부터 기기까지의 전압강하는 아래의 값 이하이어야 한다.

설비의 유형	조명[%]	기타[%]
A – 저압으로 수전하는 경우	3	5
B* – 고압 이상으로 수전하는 경우	6	8

* 가능한 한 최종회로 내의 전압강하가 A유형을 넘지 않도록 하는 것이 바람직하다. 사용자의 배선설비가 100[m] 넘는 부분의 전압강하는 미터당 0.005[%] 증가할 수 있으나 이러한 증가분은 0.5[%]를 넘지 않도록 한다.

② 배전방식에 따른 도체단면적

단상 2선식	$A = \dfrac{35.6LI}{1,000e}$	선간
3상 3선식	$A = \dfrac{30.8LI}{1,000e}$	선간
3상 4선식	$A = \dfrac{17.8LI}{1,000e}$	대지간

③ IEC 전선규격[mm^2]

1.5, 2.5, 4, 6, 10, 16, 25, 35, 50, 70, 95, 120, 150, 185…

03 주어진 도면은 어떤 수용가의 수전 발전 설비의 단선 결선도이다. 도면과 참고표를 이용하여 물음에 답하시오.

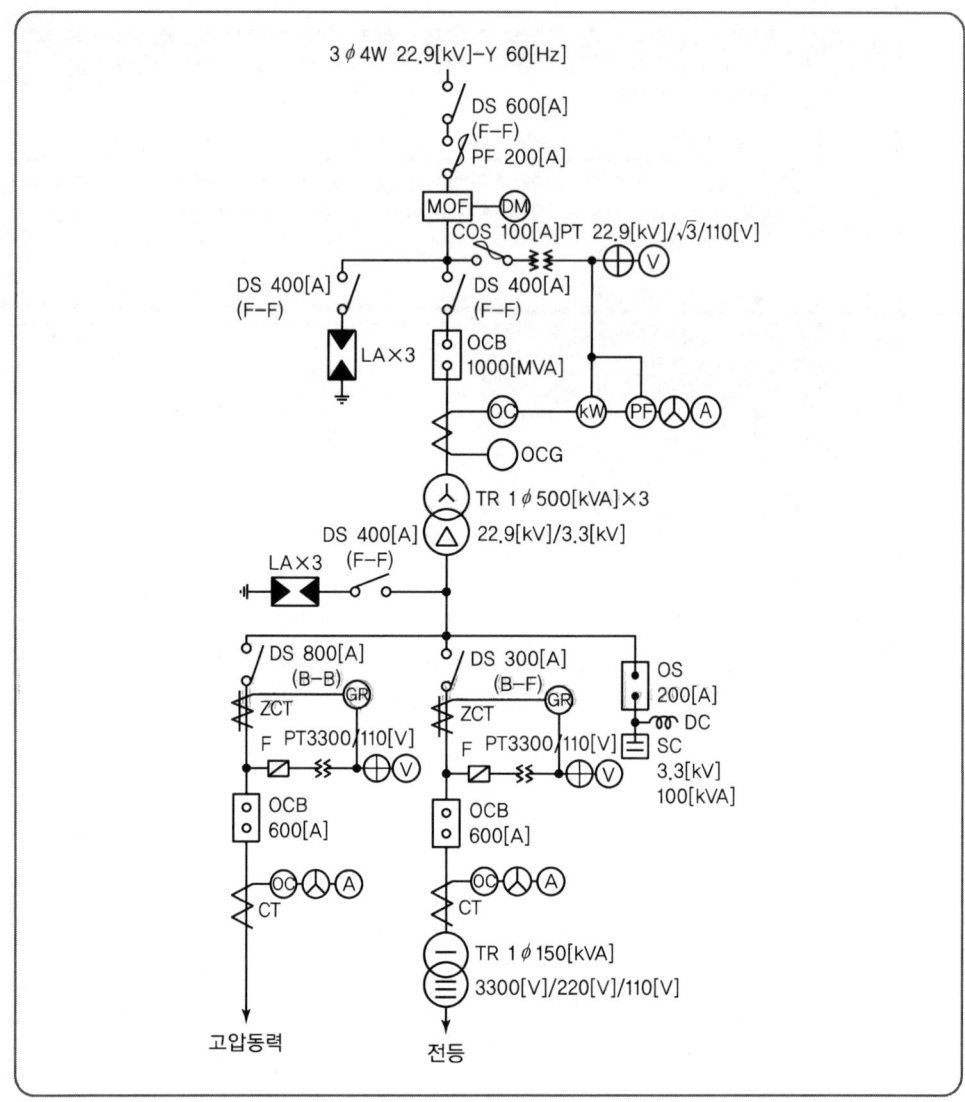

1 22.9[kV] 측 DS의 정격 전압은 몇 [kV]인가?

2 ZCT의 기능을 쓰시오.

3 GR의 기능을 쓰시오.

4 MOF에 연결되어 있는 ⓓⓜ은 무엇인가?

5 1대의 전압계로 3상 전압을 측정하기 위한 개폐기를 약호로 쓰시오.

6 1대의 전류계로 3상 전류를 측정하기 위한 개폐기를 약호로 쓰시오.

7 22.9[kV] 측 LA의 정격 전압은 몇 [kV]인가?

8 PF의 기능을 쓰시오.

9 MOF의 기능을 쓰시오.

10 차단기의 기능을 쓰시오.

11 SC의 기능을 쓰시오..

12 OS의 명칭을 쓰시오.

13 3.3[kV] 측 차단기에 적힌 전류값 600[A]는 무엇을 의미하는가?

【해답】
1 25.8[kV]

2 지락(영상)전류를 검출한다.

3 지락전류로부터 차단기를 개방한다.

4 최대 수요 전력량계

5 VS

6 AS

7 18[kV]

8 • 부하전류를 안전하게 통전시킨다.
 • 사고전류를 차단하여 전로나 기기를 보호한다.

9 PT와 CT를 조합하여 사용전력량을 측정한다.

10 부하전류 및 사고전류를 차단한다.

11 역률을 개선한다.

12 유입개폐기

13 정격전류

04 도면과 같은 345[kV] 변전소의 단선도와 변전소에 사용되는 주요 제원을 이용하여 다음 각 물음에 답하시오.

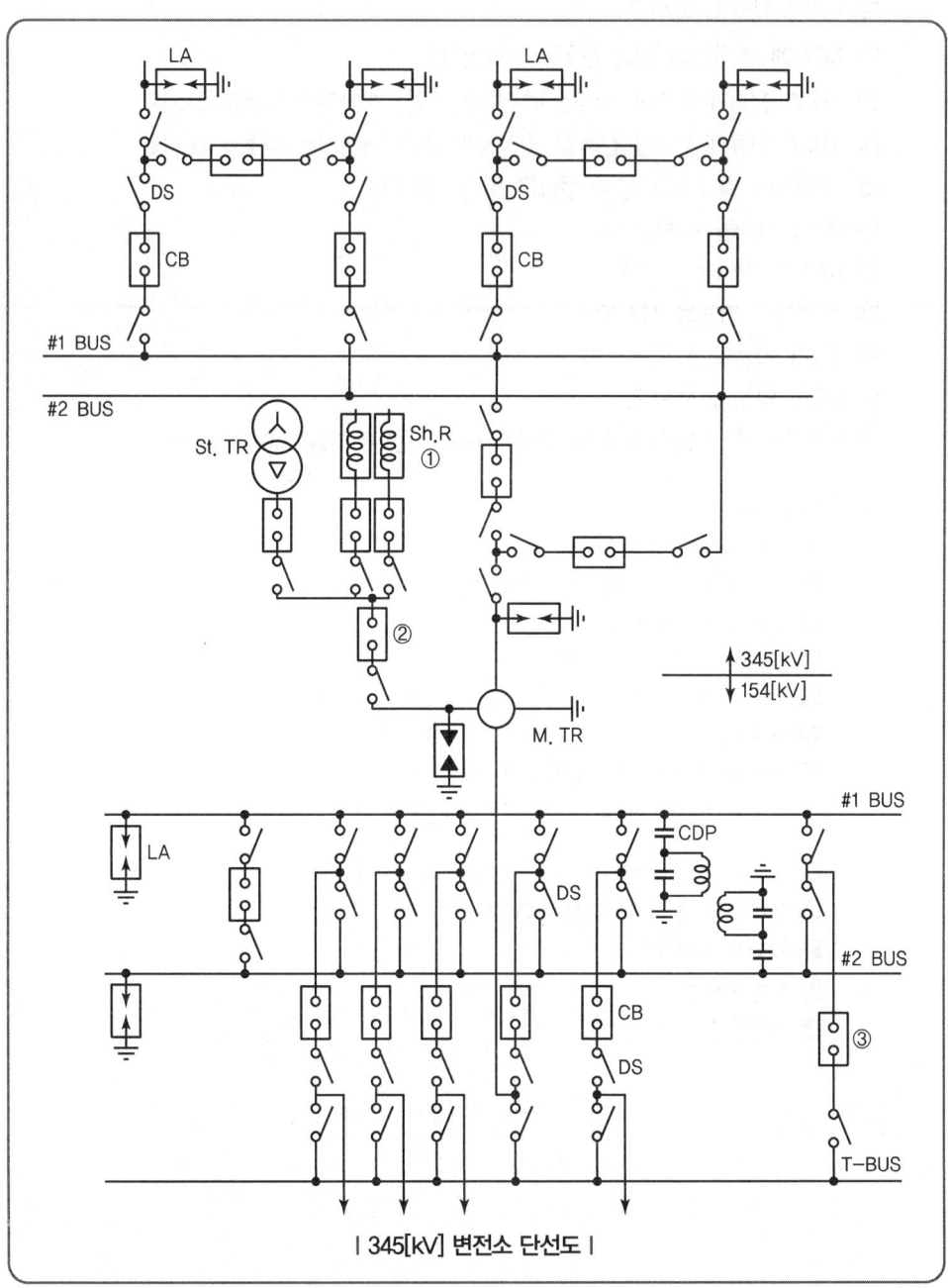

| 345[kV] 변전소 단선도 |

■ 도면의 345[kV] 측 모선방식은 어떤 모선방식인가?
■ 도면에서 ①번 기기의 설치목적은 무엇인가?

3 도면에 주어진 제원을 참조하여 주 변압기에 대한 등가 %임피던스(Z_H, Z_M, Z_L)를 구하고, ②번 22[kV] VCB의 차단용량을 계산하시오.(단, 그림과 같은 임피던스 회로는 100[MVA] 기준이다.)

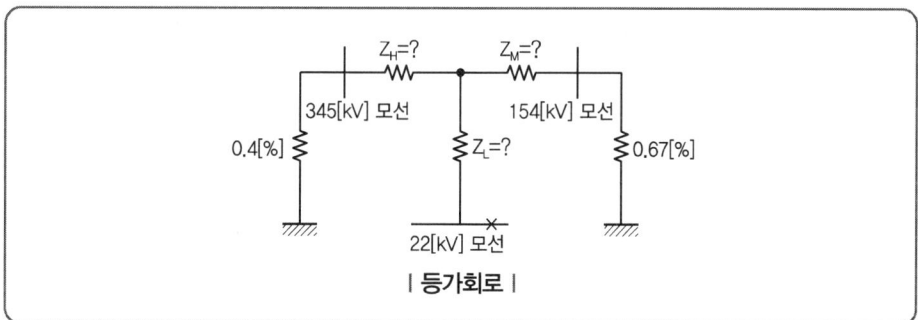

| 등가회로 |

① 등가 %임피던스(Z_H, Z_M, Z_L)
  계산 : _____ 답 : _____
② 22[kV] VCB 차단용량
  계산 : _____ 답 : _____

4 도면의 345[kV] GCB에 내장된 계전기용 BCT의 오차계급은 C800이다. 부담은 몇 [VA]인가?
  계산 : _____ 답 : _____

5 도면에서 ③번 차단기의 설치목적을 설명하시오.

6 도면의 주 변압기 1Bank(단상×3대)를 증설하여 병렬운전시키고자 한다. 이때 병렬운전을 할 수 있는 조건 4가지를 쓰시오.

[기본 사항]

• 주 변압기
  단권변압기 345[kV]/154[kV]/22[kV](Y-Y-△)
    166.7[MVA]×3대≒500[MVA], OLTC부
  %임피던스(500[MVA] 기준) : 1~2차 : 10[%], 1~3차 : 78[%], 2~3차 : 67[%]
• 차단기
  362[kV] GCB 25[GVA] 4,000[A]~2,000[A]
  170[kV] GCB 15[GVA] 4,000[A]~2,000[A]
  25.8[kV] VCB ( )[MVA] 2,500[A]~1,200[A]
• 단로기
  362[kV] DS 4,000[A]~2,000[A]
  170[kV] DS 4,000[A]~2,000[A]
  25.8[kV] DS 2,500[A]~1,200[A]

• 피뢰기 288[kV] LA 10[kA] 144[kV] LA 10[kA] 21[kV] LA 2.5[kA]	• 분로 리액터 22[kV] Sh.R 40[MVAR] • 주모선 CU1 – Tube 200ϕ

[해답]

1 2중 모선 1.5 차단방식

2 페란티 현상 방지

3 ① 등가 % 임피던스

계산 : 500[MVA] 기준 %Z는 1~2차 $Z_{HM}=10[\%]$
2~3차 $Z_{ML}=67[\%]$
1~3차 $Z_{HL}=78[\%]$이므로

100[MVA] 기준으로 환산하면

$Z_{HM} = 10 \times \dfrac{100}{500} = 2[\%]$

$Z_{ML} = 67 \times \dfrac{100}{500} = 13.4[\%]$

$Z_{HL} = 78 \times \dfrac{100}{500} = 15.6[\%]$

∴ 등가 임피던스

$Z_H = \dfrac{1}{2}(Z_{HM} + Z_{HL} - Z_{ML}) = \dfrac{1}{2}(2 + 15.6 - 13.4) = 2.1[\%]$

$Z_M = \dfrac{1}{2}(Z_{HM} + Z_{ML} - Z_{HL}) = \dfrac{1}{2}(2 + 13.4 - 15.6) = -0.1[\%]$

$Z_L = \dfrac{1}{2}(Z_{HL} + Z_{ML} - Z_{HM}) = \dfrac{1}{2}(15.6 + 13.4 - 2) = 13.5[\%]$

답 $Z_H=2.1[\%]$, $Z_M=-0.1[\%]$, $Z_L=13.5[\%]$

② 22[kV] VCB 차단용량

계산 : 등가회로로 그리면

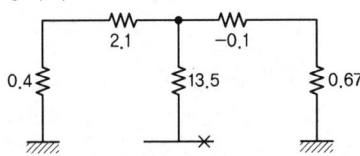

따라서, 등가회로를 알기 쉽게 다시 그리면 다음과 같다.

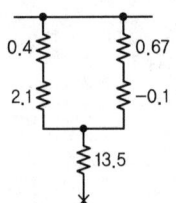

22[kV] VCB 설치점까지 전체 임피던스 %Z

$\%Z = 13.5 + \dfrac{(2.1+0.4)(-0.1+0.67)}{(2.1+0.4)+(-0.1+0.67)} = 13.96[\%]$

∴ 22[kV] VCB 단락용량 $P_s = \dfrac{100}{\%Z}P_n = \dfrac{100}{13.96} \times 100$
$= 716.33[MVA]$

답 716.33[MVA]

4 계산 : 오차계급 C800에서 임피던스는 8[Ω]이므로

부담 $I^2R = 5^2 \times 8 = 200[VA]$

답 200[VA]

5 모선절체 : 무정전으로 점검하기 위해 설치한다.

6 ① 정격전압(권수비)이 같을 것   ② 극성이 같을 것
③ %임피던스가 같을 것   ④ 각 변위가 같을 것
그 외
⑤ 각 변압기의 저항과 누설리액턴스비가 같을 것
⑥ 상회전 방향이 같을 것

05 CT 비오차에 관하여 다음 물음에 답하시오.

1 비오차가 무엇인지 설명하시오.

2 비오차를 구하는 공식을 쓰시오.(단, 비오차 : ε, 공칭 변류비 : K_n, 측정 변류비 : K이다.)

(해답) **1** 공칭 변류비와 측정 변류비 사이에서 발생된 백분율 오차를 말한다.

2 비오차 = $\dfrac{\text{공칭 변류비} - \text{측정 변류비}}{\text{측정 변류비}} \times 100[\%]$ $\therefore \varepsilon = \dfrac{K_n - K}{K} \times 100[\%]$

06 도로 폭 20[m], 등주 길이가 10[m](폴)인 등을 대칭배열로 설계하고자 한다. 조도는 22.5[lx], 감광보상률 1.5, 조명률 0.5, 등은 20,000[lm], 300[W]의 메탈할라이드등을 사용한다. 물음에 답하시오.

1 간격을 구하시오.

계산 : _____ 답 : _____

2 운전자의 눈부심을 방지하기 위하여 컷오프(Cut off) 조명을 설치할 때 최소 등간격을 구하시오.

계산 : _____ 답 : _____

3 보수율을 구하시오.

계산 : _____ 답 : _____

(해답) **1** 계산 : FUN = DEA

$\dfrac{a \times b}{2} = \dfrac{FUN}{DE}$

$a = \dfrac{2FUN}{bDE} = \dfrac{2 \times 20,000 \times 0.5 \times 1}{20 \times 1.5 \times 22.5} = 29.63[m]$

답 29.63[m]

2 계산 : S ≤ 3H = 3 × 10 = 30[m]   **답** 30[m] 이하

3 계산 : 보수율 = $\dfrac{1}{1.5}$ = 0.67   **답** 0.67

TIP
① 대칭배열(양쪽 배열)의 면적 A = $\dfrac{간격(a) \times 폭(b)}{2}$
② 감광보상률(D) = $\dfrac{1}{보수율(유지율)}$
③ 보수율은 단위법을 사용한다.

---

07 다음은 고압 6.6[kV]에 설치하는 SA의 시설 적용을 나타낸 표이다. 빈칸에 적용 또는 불필요를 구분하여 쓰시오.

차단기 종류 \ 2차 보호기기	전동기	변압기			콘덴서
		유입식	몰드식	건식	
VCB	①	②	③	④	⑤

해답
① 적용   ② 불필요
③ 적용   ④ 적용
⑤ 불필요

TIP

▶ 서지보호기기
① SA : 진공차단기 2차 측에 설치하여 개폐서지를 억제한다.
② LA : PF 전단에(차단기 1차 측) 설치하여 뇌서지를 억제한다.

▶ 서지흡수기 정격

공칭전압[kV]	정격전압[kV]	공칭방전전류[kA]
3.3	4.5	5
6.6	7.5	5
22.9	18	5

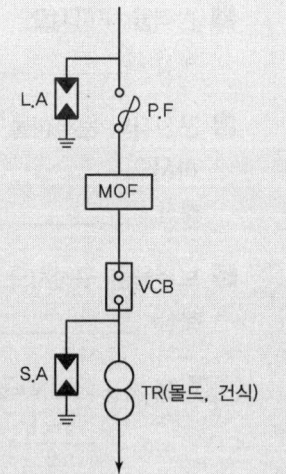

08 고압 동력 부하의 사용 전력량을 측정하려고 한다. CT 및 PT 취부 3상 적산 전력량계를 그림과 같이 오결선(1S와 1L 및 P_1과 P_3가 바뀜) 하였을 경우 어느 기간 동안 사용 전력량이 3,000[kWh] 였다면 그 기간 동안 실제 사용 전력량은 몇 [kWh]이겠는가?(단, 부하 역률은 0.8이다.)

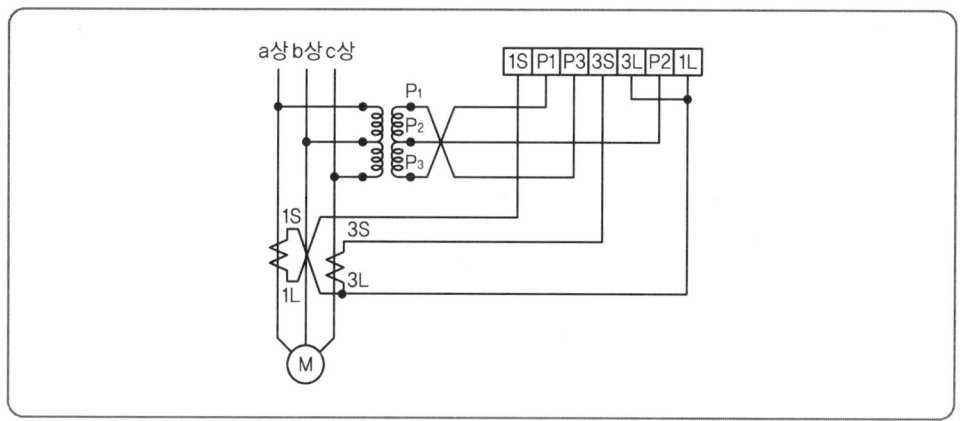

계산 : _____ 답 : _____

(해답) 계산 : $W = W_1 + W_2 = 2VI\sin\theta$ 이므로

$$VI = \frac{W_1 + W_2}{2\sin\theta} = \frac{3,000}{2 \times 0.6} = \frac{1,500}{0.6}$$

∴ 실제 사용 전력량

$$W' = \sqrt{3}\,VI\cos\theta = \sqrt{3} \times \frac{1,500}{0.6} \times 0.8 = 3,464.1[\text{kWh}]$$

답 3,464.1[kWh]

TIP

E : 상전압, I : 선전류, V : 선간 전압, $\cos\theta$: 역률이라 하면
$W_1 = V_{32}I_1\cos(90-\theta) = VI\cos(90-\theta)$
$W_2 = V_{12}I_3\cos(90-\theta) = VI\cos(90-\theta)$
∴ $W = W_1 + W_2 = 2VI\cos(90-\theta) = 2VI\sin\theta$

09 지중선을 가공선과 비교하여 이에 대한 장단점을 각각 3가지만 쓰시오.

1 지중선의 장점
_____

2 지중선의 단점
_____

해답

1 지중선의 장점
① 지중에 매설되어 있으므로 도시 미관을 해치지 않는다.
② 폭풍우, 뇌격 등의 외부 환경에 영향을 받지 않으므로 안전성 및 신뢰성이 높다.
③ 인축(人畜)에 대한 안정성이 높다.
그 외
④ 다수 회선을 동일 경과지에 부설할 수 있다.
⑤ 경과지 확보가 용이하다.
⑥ 지하 시설로 설비의 보안유지가 용이하다.
⑦ 유도장해를 경감한다.

2 지중선의 단점
① 같은 굵기의 가공선식에 비하여 송전용량이 작다.
② 건설비가 고가이며, 사고복구에 시간이 많이 걸린다.
③ 건설작업 시 교통장해, 소음, 분진 등이 많다.
그 외
④ 건설공기가 길다.

TIP

1. 송전선로로서 지중전선로를 채택하는 이유
   ① 도시의 미관을 중요시하는 경우
   ② 수용밀도가 높은 지역에 공급하는 경우
   ③ 뇌·풍수해 등으로 인해 발생하는 사고에 대한 높은 신뢰도가 요구되는 경우
   ④ 보안상의 제한 조건 등으로 가공선로를 건설할 수 없는 경우
2. 케이블 매설방식(하중을 받으면 1[m], 받지 않으면 0.6[m] 이상)
   ① 직접매설식   ② 관로식   ③ 암거식

10 도면은 유도 전동기 IM의 정회전 및 역회전용 운전의 단선 결선도이다. 이 도면을 이용하여 다음 각 물음에 답하시오.(단, 52F는 정회전용 전자접촉기이고, 52R은 역회전용 전자접촉기이다.)

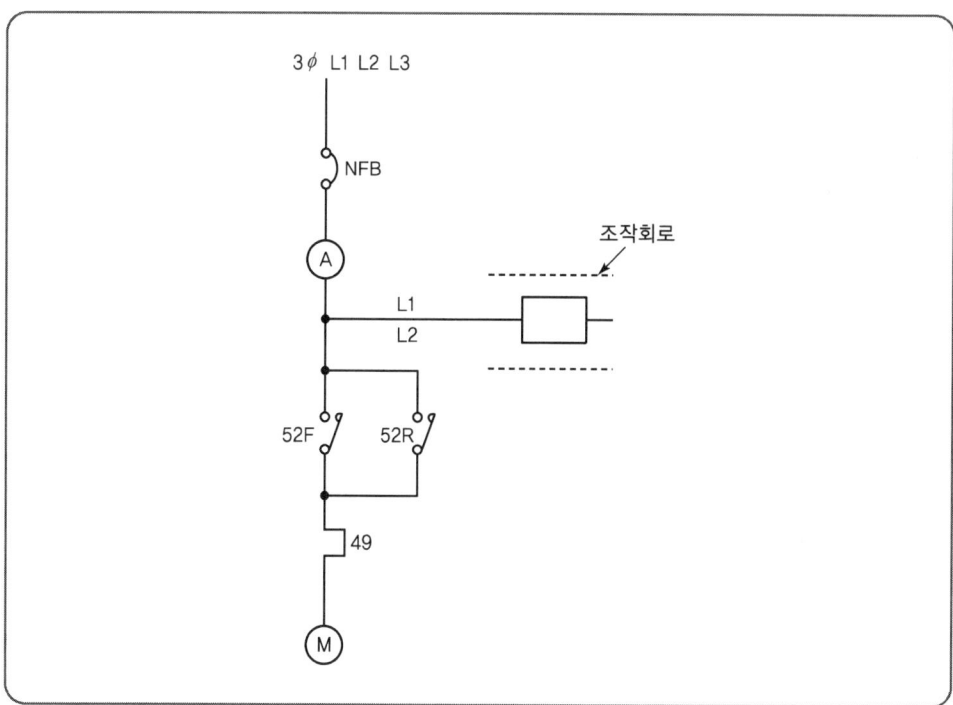

❶ 단선도를 이용하여 3선 결선도를 그리시오.(단, 점선 내의 조작회로는 제외하도록 한다.)
❷ 주어진 단선 결선도를 이용하여 정·역회전을 할 수 있도록 조작회로를 그리시오.(단, 누름버튼 스위치 OFF 버튼 2개, ON 버튼 2개 및 정회전 표시램프 RL, 역회전 표시램프 GL도 사용하도록 한다.)

L1 ─────────────────────────────────

L2 ─────────────────────────────────

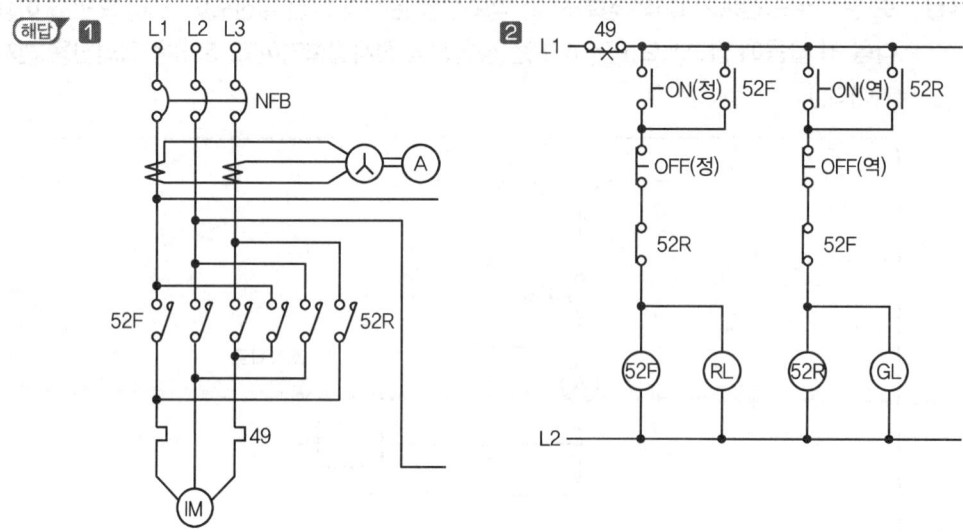

11 감리원은 설계도서 등에 대하여 공사계약문서 상호 간의 모순되는 사항, 현장 실정과의 부합 여부 등 현장 시공을 주안으로 하여 해당 공사 시작 전에 검토하여야 한다. 검토하여야 할 사항 3가지를 적으시오.

해답 ① 현장조건에 부합 여부
② 시공의 실제 가능 여부
③ 다른 사업 또는 다른 공정과의 상호 부합 여부
그 외
④ 설계도면, 설계설명서, 기술계산서, 산출내역서 등의 내용에 대한 상호 일치 여부
⑤ 설계도서의 누락, 오류 등 불명확한 부분의 존재 여부
⑥ 발주자가 제공한 물량 내역서와 공사업자가 제출한 산출내역서의 수량 일치 여부
⑦ 시공상의 예상 문제점 및 대책 등

12 다음 분전반 설치에 관한 설명에서 괄호 안에 들어갈 내용을 완성하시오.

(1) 분전반은 각 층마다 설치한다.
(2) 분전반은 분기회로의 길이가 (①)m 이하가 되도록 설계하며 사무실 용도인 경우 하나의 분전반에 담당하는 면적은 일반적으로 1,000m² 내외로 한다.

(3) 1개 분전반 또는 개폐기함 내에 설치할 수 있는 과전류장치는 예비회로(10~20%)를 포함하여 42개 이하(주개폐기 제외)로 하고, 이 회로수를 넘는 경우는 2개 분전반으로 분리하거나 (②)으로 한다. 다만, 2극, 3극 배선용 차단기는 과전류장치 소자 수량의 합계로 계산한다.

(4) 분전반의 설치높이는 긴급 시 도구를 사용하거나 바닥에 앉지 않고 조작할 수 있어야 하며, 일반적으로는 분전반 상단을 기준으로 하여 바닥 위 (③)m로 하고, 크기가 작은 경우는 분전반의 중간을 기준으로 하여 바닥 위 (④)m로 하거나 하단을 기준으로 하여 바닥 위 (⑤)m 정도로 한다.

(5) 분전반과 분전반은 도어의 열림 반경 이상으로 이격하여 안전성을 확보하고 2개 이상의 전원이 하나의 분전반에 수용되는 경우에는 각각의 전원 사이에는 해당하는 분전반과 동일한 재질로 (⑥)을 설치해야 한다.

[해답] ① 30 ② 자립형 ③ 1.8
④ 1.4 ⑤ 1.0 ⑥ 격벽

13 다음 각 물음에 답하시오.

1 묽은황산의 농도는 표준이고, 액면이 저하하여 극판이 노출되어 있다. 어떤 조치를 하여야 하는가?

2 축전지의 과방전 및 방치상태, 가벼운 Sulfation(설페이션) 현상 등이 생겼을 때 기능 회복을 위해 실시하는 충전 방식은?

3 알칼리축전지의 공칭전압은 몇 [V]인가?

4 부하의 허용 최저 전압이 115[V]이고, 축전지와 부하 사이의 전압 강하가 5[V]일 경우 직렬로 접속한 축전지 개수가 55개라면 축전기 한 셀당 허용 최저 전압은 몇 [V]인가?
계산 : _____ 답 : _____

[해답] **1** 증류수를 보충한다.
2 회복 충전 방식
3 1.2[V]
4 계산 : $V = \dfrac{V_a + V_c}{n} = \dfrac{115 + 5}{55} = 2.18[V]$
답 2.18[V]

> **TIP**
>
> ① $C = \dfrac{1}{L} KI$ [Ah]
>
>   여기서, C : 축전지의 용량[Ah], L : 보수율(경년용량 저하율)
>   K : 용량환산시간 계수, I : 방전전류[A]
>
> ② 설페이션 현상
>   납축전지를 방전상태로 장시간 방치하면 극판의 황산납이 회백색으로 변하며, 가스 발생이 심하며, 전지의 용량이 감퇴하고, 수명이 단축되는 현상

14 전압이 22,900[V], 주파수가 60[Hz], 선로길이가 7[km]인 1회선의 3상 지중 송전선로가 있다. 이 지중 전선로의 3상 무부하 충전전류 및 충전용량을 구하시오.(단, 케이블의 1선당 작용 정전용량은 $0.4[\mu F/km]$이다.)

1 충전전류
  계산 : _____ 답 : _____

2 충전용량
  계산 : _____ 답 : _____

[해답] **1** 계산 : $I_c = WC \dfrac{V}{\sqrt{3}}$

$= 2\pi \times 60 \times 0.4 \times 10^{-6} \times 7 \times \left(\dfrac{22,900}{\sqrt{3}}\right) = 13.956[A]$

답 13.96[A]

2 계산 : $Q_c = WCV^2 \times 10^{-3}$

$= 2\pi \times 60 \times 0.4 \times 10^{-6} \times 7 \times (22,900)^2 \times 10^{-3} = 553.553[kVA]$

답 553.55[kVA]

> **TIP**
>
> ① 충전전류 $I_c = \dfrac{E}{\dfrac{1}{WC}} = WCE = WC\dfrac{V}{\sqrt{3}}$ [A]
>
>   여기서, E : 상전압, V : 선간전압
>
> ② 충전용량 $Q_c = 3E \cdot I_c = 3WCE^2 = WCV^2 \times 10^{-3}$ [kVA]

15 지락사고 시 계전기가 동작하기 위하여 영상전류를 검출하는 방법 3가지를 쓰시오.

[해답] ① 영상변류기에 의한 방법
② Y결선의 잔류회로를 이용하는 방법
③ 3권선 CT를 이용하는 방법(영상분로방식)
그 외
④ 중성선 CT에 의한 검출방법
⑤ 콘덴서접지와 누전차단기의 조합에 의한 방법

2019년도 3회 시험 과년도 기출문제

01 전압 1.0183[V]를 측정하는 데 전압계 측정값이 1.0092[V]이었다. 이 경우의 다음 각 물음에 답하시오. (단, 소수점 이하 넷째 자리까지 계산하시오.)

1 오차
계산 : _____ 답 : _____

2 오차율
계산 : _____ 답 : _____

3 보정계수(값)
계산 : _____ 답 : _____

4 보정률
계산 : _____ 답 : _____

[해답]

1 계산 : 오차 = 측정값 − 참값 = 1.0092 − 1.0183 = −0.0091
답 −0.0091

2 계산 : 오차율 = $\dfrac{측정값 - 참값}{참값} \times 100$
 = $\dfrac{1.0092 - 1.0183}{1.0183} \times 100 = -0.8936[\%]$
답 −0.8936[%]

3 계산 : 보정값 = 참값 − 측정값 = 1.0183 − 1.0092 = 0.0091
답 0.0091

4 계산 : 보정률 = $\dfrac{보정값}{측정값} \times 100 = \dfrac{0.0091}{1.0092} \times 100 = 0.9017[\%]$
답 0.9017[%]

02 수용가의 부하설비가 50[kW], 30[kW], 15[kW], 25[kW]일 때 수용률이 각각 50[%], 65[%], 75[%], 60[%]라고 할 경우 변압기 용량을 선정하시오.(단, 부등률은 1.2, 부하 역률은 80[%]로 한다.)

변압기 표준 용량표[kVA]						
25	30	50	75	100	150	200

계산 : _____ 답 : _____

[해답] 계산 : $kVA = \dfrac{\text{개별 최대 전력의 합(수용률} \times \text{설비용량)}}{\text{부등률} \times \text{역률}}$

$$P_a = \dfrac{50 \times 0.5 + 30 \times 0.65 + 15 \times 0.75 + 25 \times 0.6}{0.8 \times 1.2} = 73.6979[kVA]$$

답 75[kVA]

TIP

1. 수용률
   ① 의미 : 수용설비의 기기를 동시에 사용하는 정도
   ② 정의 : 설비용량에 대한 최대수용전력의 비
   ③ 수용률 $= \dfrac{\text{최대전력[kW]}}{\text{설비용량[kW]}} \times 100[\%]$
   ④ 변압기 용량[kVA] $= \dfrac{\text{최대전력[kW]}}{\cos\theta} = \dfrac{\text{설비용량} \times \text{수용률[kW]}}{\cos\theta}$

2. 부등률
   ① 정의(의미) : 여러 전력 기기를 동시에 사용하는 정도를 시간, 계절별로 나타내는 지수
   ② 부등률식의 정의 : 합성 최대전력에 대한 개별 최대수용전력의 합의 비
   ③ 부등률 $= \dfrac{\text{개별 최대전력의 합[kW]}}{\text{합성 최대전력[kW]}} \geq 1$
   ④ 합성 최대전력[kW] $= \dfrac{\text{개별 최대전력의 합[kW]}}{\text{부등률}}$
   ⑤ 변압기 용량[kVA] $= \dfrac{\text{합성 최대전력[kW]}}{\cos\theta} = \dfrac{\text{개별 최대전력의 합[kW]}}{\text{부등률} \cdot \cos\theta}$
   ⑥ 부등률은 단위가 없다.

3. 부하율
   ① 의미 : 전력 변동 상태를 알 수 있는 정도
   ② 정의 : 최대전력에 대한 평균전력의 비
   부하율[F] $= \dfrac{\text{평균전력[kW]}}{\text{최대전력[kW]}} \times 100 = \dfrac{\text{사용전력량[kWh]/시간}}{\text{최대전력[kW]}} \times 100$
   ③ 부하율이 작으면 전력공급설비를 유용하게 사용하지 못하며 실가동률이 저하된다.

03 선로의 길이가 30[km]인 3상 3선식 2회선 송전 선로가 있다. 수전단에 30[kV], 6,000[kW], 역률 0.8의 3상 부하에 공급할 경우 송전 손실을 10[%] 이하로 하기 위해 필요한 전선의 단면적을 선정하시오. (단, 사용 전선의 고유 저항은 1/55[Ω · mm²/m]이고 전선의 단면적은 2.5, 4, 6, 10, 16, 25, 35, 70, 90[mm²]이다.)

계산 : _____ 답 : _____

[해답] 계산 : 송전 손실을 10[%] 이하로 하기 위한 전선의 굵기

$$P_l = 0.1 \times \left(6,000 \times \frac{1}{2}\right) = 300[\text{kW}]$$

$$I = \frac{P}{\sqrt{3}\,V\cos\theta} = \frac{3,000}{\sqrt{3} \times 30 \times 0.8} = 72.17[\text{A}]$$

$$P_l = 3I^2 R = 3I^2 \times \frac{1}{55} \times \frac{L}{A} \text{에서}$$

$$A = \frac{3 \times I^2 \times L}{55 \times P_l} = \frac{3 \times 72.17^2 \times 30,000}{55 \times 300 \times 10^3} = 28.42[\text{mm}^2]$$

∴ 35[mm²] 선정

답 35[mm²]

TIP
① 3상 1회선을 기준하므로 전력은 3,000[kW]가 된다.
② $R = \rho\frac{L}{A}[\Omega]$ 여기서, R : 저항, ρ : 고유저항, L : 길이, A : 단면적
③ 단면적(굵기) 계산 시 저항(R)이 있는 공식을 찾는다.
  • 전압강하 $e = \sqrt{3}\,I(R\cos\theta + X\sin\theta) \rightarrow R$
  • 전력손실 $P_L = 3I^2R \rightarrow R$
④ 저항 $R = \rho\frac{L}{A}$ 에서 단면적 A를 계산한다.

04 부하 40[kW], 역률이 0.75인 교류 회로의 전압이 3,000[V]이다. 3,000/210[V]의 승압기 2대를 사용하여 승압할 경우 승압기 1대의 용량은 얼마인가?

계산 : _____ 답 : _____

[해답] 계산 : 승압기 용량 $= e_2 I_2 = e_2 \times \frac{P}{\sqrt{3}\,V_h \cos\theta}$

$$= 210 \times \frac{40 \times 10^3}{\sqrt{3} \times 3,210 \times 0.75} \times 10^{-3} = 2.01[\text{kVA}]$$

$$V_h = V_L\left(1 + \frac{1}{a}\right) = 3,000\left(1 + \frac{210}{3,000}\right) = 3,210[V]$$

답 2.01[kVA]

> **TIP**
> ① V 결선(2대) : $\dfrac{\text{자기용량}}{\text{부하용량}} = \dfrac{2}{\sqrt{3}}\left(\dfrac{V_h - V_l}{V_h}\right)$ 에서 1대의 자기용량 $\times \dfrac{1}{2}$ 이 승압기 용량이 된다.
> ② 승압기 용량(1대) $= e_2 I_2 = e_2 \times \dfrac{P}{\sqrt{3}\,V_h \cos\theta}$
> ③ 부하전력 $P = \sqrt{3}\,V_h I_2 \cos\theta [kW]$

05 다음 그림은 리액터 기동 정지 조작회로의 미완성 도면이다. 이 도면에 대하여 다음 물음에 답하시오.

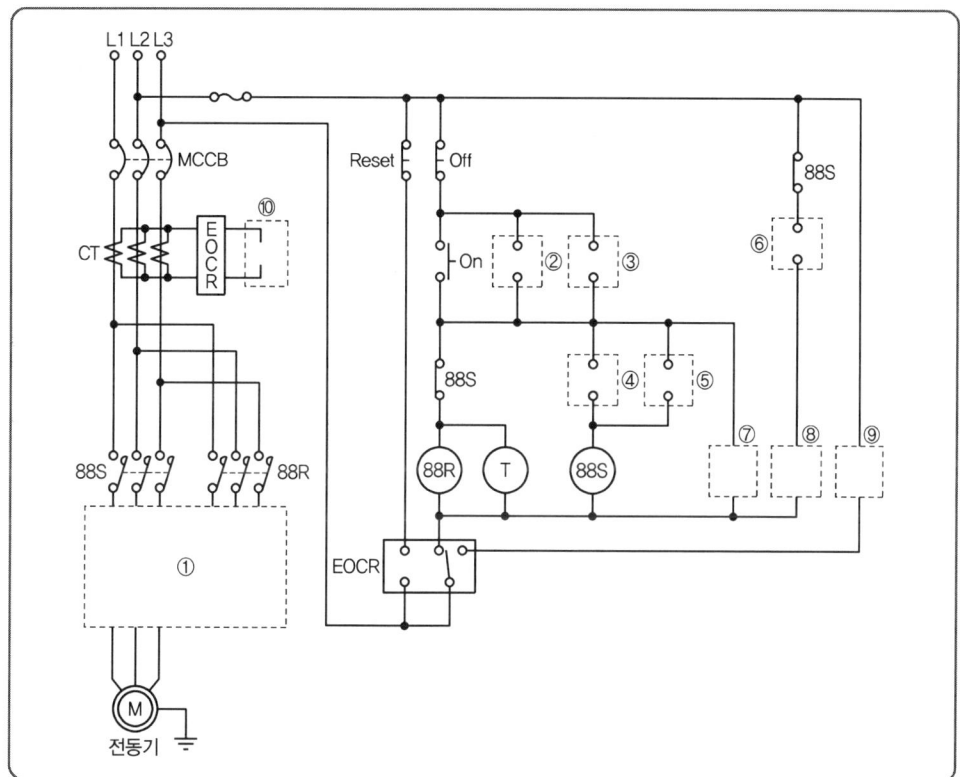

1 ① 부분의 미완성 주회로를 회로도에 직접 그리시오.
2 제어회로에서 ②, ③, ④, ⑤, ⑥ 부분의 접점을 완성하고 그 기호를 쓰시오.

3 ⑦, ⑧, ⑨, ⑩ 부분에 들어갈 LAMP와 계기의 그림 기호를 그리시오.(예 : Ⓖ 정지, Ⓡ 기동 및 운전, Ⓟ 과부하로 인한 정지)

4 직입기동 시 시동전류가 정격전류의 6배가 되는 전동기를 65[%] 탭에서 리액터 시동한 경우 시동전류는 약 몇 배 정도가 되는지 계산하시오.
계산 : _____ 답 : _____

5 직입기동 시 시동토크가 정격토크의 2배였다고 하면 65[%] 탭에서 리액터 시동한 경우 시동토크는 어떻게 되는지 설명하시오.
계산 : _____ 답 : _____

(해답) 1

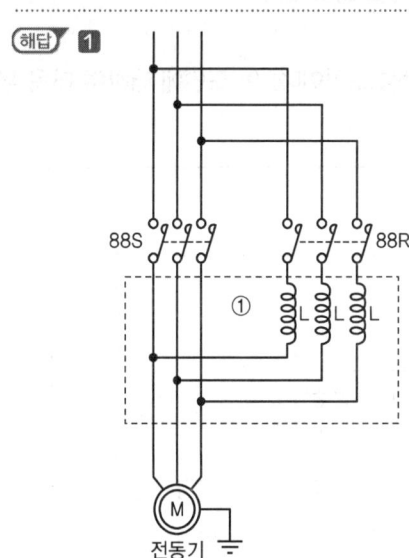

2

구분	②	③	④	⑤	⑥
접점 및 기호	88R	88S	T-a	88S	88R

3

구분	⑦	⑧	⑨	⑩
그림 기호	Ⓡ	Ⓖ	Ⓟ	Ⓐ

4 계산 : 기동 전류 $I_0 \propto V_1$ 이고, 시동 전류는 정격 전류의 6배이므로
$I_0 = 6I \times 0.65 = 3.9I$ **답** 3.9배

5 계산 : 시동 토크 $T_0 \propto V_1^2$ 이고, 시동 토크는 정격 토크의 2배이므로
$T_0 = 2T \times 0.65^2 = 0.845T$ **답** 0.85배

06 변압기 단락시험을 하고자 한다. 그림과 같이 있을 때 다음 각 물음에 답하시오.

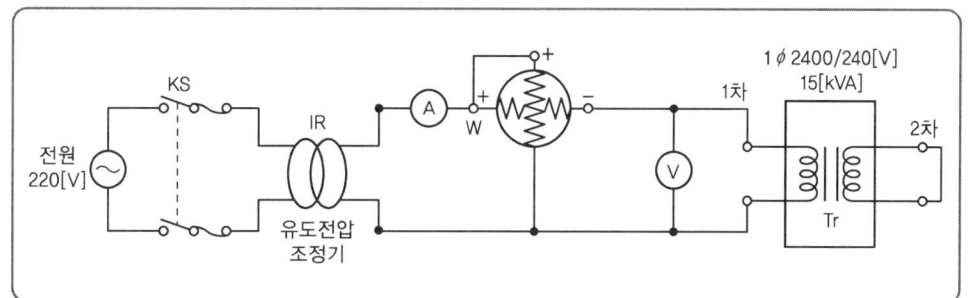

① KS를 투입하기 전에 유도전압조정기(IR) 핸들은 어디에 위치시켜야 하는가?
② 시험할 변압기를 사용할 수 있는 상태로 두고, 유도전압조정기의 핸들을 서서히 돌려 전류계의 지시값이 (   )과 같게 될 때까지 전압을 가한다. 이때 어떤 전류가 전류계에 표시되는가?
③ 유도전압조정기의 핸들을 서서히 돌려 전압을 인가하여 단락시험을 하였다. 이때 전압계의 지시값을 (   )전압, 전력계의 지시값을 (   )와트라 한다. (   )에 공통으로 들어갈 말은?
④ %임피던스는 $\dfrac{\text{교류 전압계의 지시값}}{(\quad)} \times 100 [\%]$ 이다. (   ) 안에 들어갈 말은?

해답
① 전압이 0[V]가 되도록 위치한다.
② 1차 정격전류
③ 임피던스
④ 1차 정격전압

---

07 반사율 ρ, 투과율 τ, 반지름 r인 완전 확산성 구형 글로브의 중심의 광도 I의 점광원을 켰을 때, 광속 발산도 R은?

계산 : _____ 답 : _____

해답 계산 : $R = \dfrac{F}{A} \cdot n = \dfrac{4\pi I(\text{구형})}{4\pi r^2 (\text{구형})} n = \dfrac{I}{r^2} n = \dfrac{I}{r^2} \cdot \dfrac{\tau}{1-\rho} [\text{lm/m}^2]$
여기서, n : 효율

답 $R = \dfrac{I}{r^2} \cdot \dfrac{\tau}{1-\rho} [\text{lm/m}^2]$ 또는 [rlx]

08 가스절연 변전소(G.I.S)의 특징을 5가지만 설명하시오. (단, 경제적이거나 비용에 관한 답은 제외한다.)

해답
① 소형화할 수 있다.
② 충전부가 완전히 밀폐되어 안정성이 높다.
③ 소음이 적고 주변 환경과의 조화를 이룬다.
④ 대기 중의 오염물의 영향을 받지 않으므로 신뢰도가 높다.
⑤ 조작 중 소음이 적고 라디오 방해전파를 줄여 공해문제를 해결해 준다.
그 외
⑥ 설치공사기간이 단축된다.

TIP

▶ 단점
① 사고의 대응이 부적절할 경우 대형사고 유발 우려가 있다.
② 고장 발생 시 조기 복구, 임시 복구가 거의 불가능하다.
③ 육안 점검이 곤란하며 SF_6 Gas의 세심한 주의가 필요하다.
④ 한랭지에서는 가스의 액화 방지 장치가 필요하다.

09 고조파의 유입으로 인한 장해를 방지하기 위하여 전력용 콘덴서 회로에 콘덴서 용량의 11[%]인 직렬 리액터를 설치하였다. 이 경우에 콘덴서의 정격전류가 10[A]라면 콘덴서 투입 전류는 몇 [A]인가?

계산 : _____ 답 : _____

해답 계산 : $I = I_n\left(1 + \sqrt{\dfrac{X_C}{X_L}}\right) = I_n\left(1 + \sqrt{\dfrac{X_C}{0.11 X_C}}\right)$

$= 10 \times \left(1 + \sqrt{\dfrac{1}{0.11}}\right) = 40.15[A]$

여기서, I : 투입전류
I_n : 정격전류

답 40.15[A]

10 피뢰접지를 실시한 후, 접지저항을 보조 접지 2개(A와 B)를 시설하여 측정하였더니 본 접지와 A 사이의 저항은 86[Ω], A와 B 사이의 저항은 156[Ω], B와 본 접지 사이의 저항은 80[Ω]이었다. 이때 다음 각 물음에 답하시오.

1 피뢰기의 접지 저항값을 구하시오.
계산 : _____ 답 : _____

2 피뢰접지의 적합 여부를 판단하고, 그 이유를 설명하시오.
① 적합 여부 :
② 이유 :

[해답]

1 계산 : $R_E = \dfrac{1}{2}(R_{Ea} - R_{bE} - R_{ab}) = \dfrac{1}{2}(86 + 80 - 156) = 5[\Omega]$

답 $5[\Omega]$

2 ① 적합 여부 : 적합
② 이유 : 피뢰기의 접지저항값은 10[Ω] 이하로 이를 만족한다.

TIP
① 피뢰기 접지공사(E_1) ⇒ 피뢰접지(KEC 기준)
② 피뢰기 접지저항 ⇒ 10[Ω] 이하(KEC 기준)

---

11 역률이 0.6인 30[kW] 전동기 부하와 24[kW]의 전열기 부하에 전원을 공급하는 변압기가 있다. 이때 변압기 용량을 선정하시오.

단상 변압기 표준용량

표준용량[kVA]	1, 2, 3, 5, 7.5 10, 15, 20, 30, 50, 75, 100, 150, 200

계산 : _____ 답 : _____

[해답] 계산 :
• 전동기 유효전력 $P = 30[kW]$
• 무효전력 $P_r = P\tan\theta = 30 \times \dfrac{0.8}{0.6} = 40[kVAR]$
• 전열기 유효전력 $P = 24[kW]$
• 무효전력 $P_r = 0$
• 변압기용량 $= \sqrt{P^2 + P_r^2} = \sqrt{(30+24)^2 + 40^2} = 67.2[kVA]$

답 $75[kVA]$

12 다음 PLC의 표를 보고 물음에 답하시오.

단계	명령어	번지
0	LOAD	P000
1	OR	P010
2	AND NOT	P001
3	AND NOT	P002
4	OUT	P010

1 래더 다이어그램을 그리시오.
2 논리회로를 그리시오.

해답

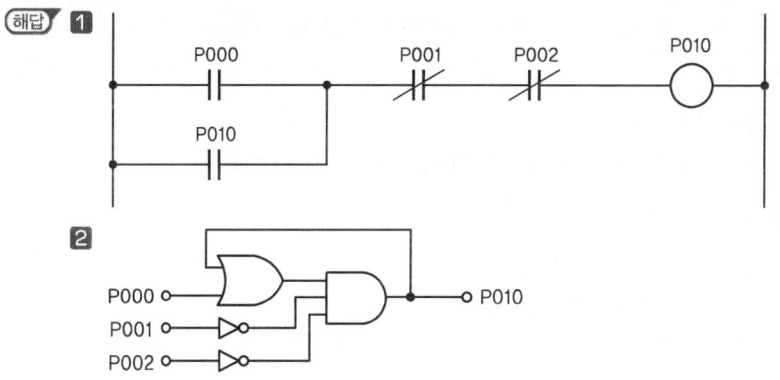

13 피뢰기에 흐르는 정격방전전류는 변전소의 차폐유무와 그 지방의 연간 뇌우(雷雨) 발생일 수와 관계되나 모든 요소를 고려한 경우 일반적인 시설장소별 적용할 피뢰기의 공칭방전전류를 쓰시오.

공칭방전전류	설치장소	적용조건
①	변전소	• 154[kV] 이상의 계통 • 66[kV] 및 그 이하의 계통에서 Bank 용량이 3,000[kVA]를 초과하거나 특히 중요한 곳 • 장거리 송전케이블(배전선로 인출용 단거리 케이블은 제외) 및 정전축전기 Bank를 개폐하는 곳 • 배전선로 인출 측(배전 간선 인출용 장거리 케이블은 제외)
②	변전소	66[kV] 및 그 이하의 계통에서 Bank 용량이 3,000[kVA] 이하인 곳
③	선로	배전선로

해답 ① 10,000[A]　② 5,000[A]　③ 2,500[A]

TIP

1. 피뢰기 구성 및 전압의 정의
   ① 구성요소 : 직렬갭과 특성요소로 구성
   ② 피뢰기 정격전압 : 속류를 차단할 수 있는 최고의 교류전압
   ③ 피뢰기 제한전압 : 피뢰기 동작 중 단자전압의 파고치

2. 피뢰기 정격전압

공칭전압 [kV]	중성점 접지상태	피뢰기 정격전압[kV]		이격거리[m] 이내
		변전소	선로	
345	유효접지	288	–	85
154	유효접지	144	–	65
22.9	3상 4선식 다중접지	21	18	20
6.6	비접지	7.5	7.5	20

3. 피뢰기 공칭방전전류

공칭방전전류 [A]	설치장소	적용조건
10,000	변전소	① 154[kV] 이상의 계통 ② 66[kV] 및 그 이하에서 Bank 용량이 3,000[kVA]를 초과하거나 중요한 곳 ③ 장거리 송전선, 케이블 및 정전 축전기 Bank를 개폐하는 곳
5,000	변전소	66[kV] 및 그 이하에서 3,000[kVA] 이하
2,500	선로변전소	22.9[kV] 이하의 배전선로 및 배전선로 피더 인출 측

4. 피뢰기 설치장소
   ① 발전소, 변전소 또는 이에 준하는 장소의 가공전선 인입구와 인출구
   ② 특고압 가공전선로에 접속하는 특고압 배전용 변압기의 고압 측 및 특별고압 측
   ③ 고압 또는 특별고압 가공전선로로부터 공급을 받는 수용장소의 인입구
   ④ 가공전선로와 지중전선로가 접속되는 곳

5. 피뢰기의 구비조건
   ① 충격 방전개시 전압이 낮을 것
   ② 제한전압이 낮고 방전내량이 클 것
   ③ 상용주파 방전개시 전압이 높을 것
   ④ 속류를 차단하는 능력이 있을 것

14 차단기 명판에 BIL 150[kV], 정격 차단전류 20[kA], 차단시간 5 사이클, 솔레노이드 (solenoid)형이라고 기재되어 있다. 비유효 접지계에서 계산하는 것으로 할 경우 다음 각 물음에 답하시오.

1 BIL이란 무엇인가?

2 이 차단기의 정격전압은 몇 [kV]인가?
  계산 : _____ 답 : _____

3 이 차단기의 정격 차단 용량은 몇 [MVA]인가?
  계산 : _____ 답 : _____

[해답]

1 기준충격절연강도

2 계산 : BIL = 절연계급 × 5 + 50[kV]에서 절연계급 = $\dfrac{BIL - 50}{5}$ [kV]

∴ 절연계급 = $\dfrac{150 - 50}{5} = 20$ [kV]

공칭전압 = 절연계급 × 1.1 = 20 × 1.1 = 22[kV]

정격전압 $V_n = 22 \times \dfrac{1.2}{1.1} = 24$ [kV]

∴ 정격전압 24[kV] 선정

답 24[kV]

3 계산 : $P_s = \sqrt{3}\, V_n I_s = \sqrt{3} \times 24 \times 20 = 831.38$ [MVA]

답 831.38[MVA]

TIP

▶ 차단기 용량 선정

① 퍼센트 임피던스(%Z)가 주어졌을 경우

$P_s = \dfrac{100}{\%Z} \times P_n$ (자기용량, 기준용량)

② 정격차단전류[kA]가 주어졌을 경우

$P_s = \sqrt{3} \times 정격전압[kV] \times 정격차단전류[kA] = [MVA]$

15 우리나라에서 송전계통에 사용하는 차단기의 정격전압과 정격차단시간을 나타낸 표이다. 다음 빈칸을 채우시오. (단, 사이클은 60[Hz] 기준이다.)

공칭전압[kV]	22.9	154	345
정격전압[kV]	①	②	③
정격차단시간(사이클은 60[Hz] 기준)	④	⑤	⑥

[해답] ① 25.8 ② 170 ③ 362 ④ 5 ⑤ 3 ⑥ 3

> **TIP**
>
> ▶ 퓨즈·차단기·피뢰기의 정격전압

공칭전압 계통전압 [kV]	퓨즈		차단기		피뢰기		공칭방전 전류[A]
	퓨즈정격 전압[kV]	최대설계 전압[kV]	정격전압 [kV]	차단시간 [c/s]	정격전압[kV]		
					변전소	배전선로	
3.3			3.6		7.5	7.5	
6.6	6.9/7.5	8.25	7.2	5	7.5	7.5	
13.2	15	15.5					
22.9	23	25.8	25.8	5	21	18	2,500
22			24		24		
66	69	72.5	72.5	5	72		5,000
154	161	169	170	3	144		10,000
345			362	3	288		
765			800	2			

16 그림은 고압 전동기를 사용하는 고압 수전 설비 결선도이다. 이 그림을 보고 다음 각 물음에 답하시오.

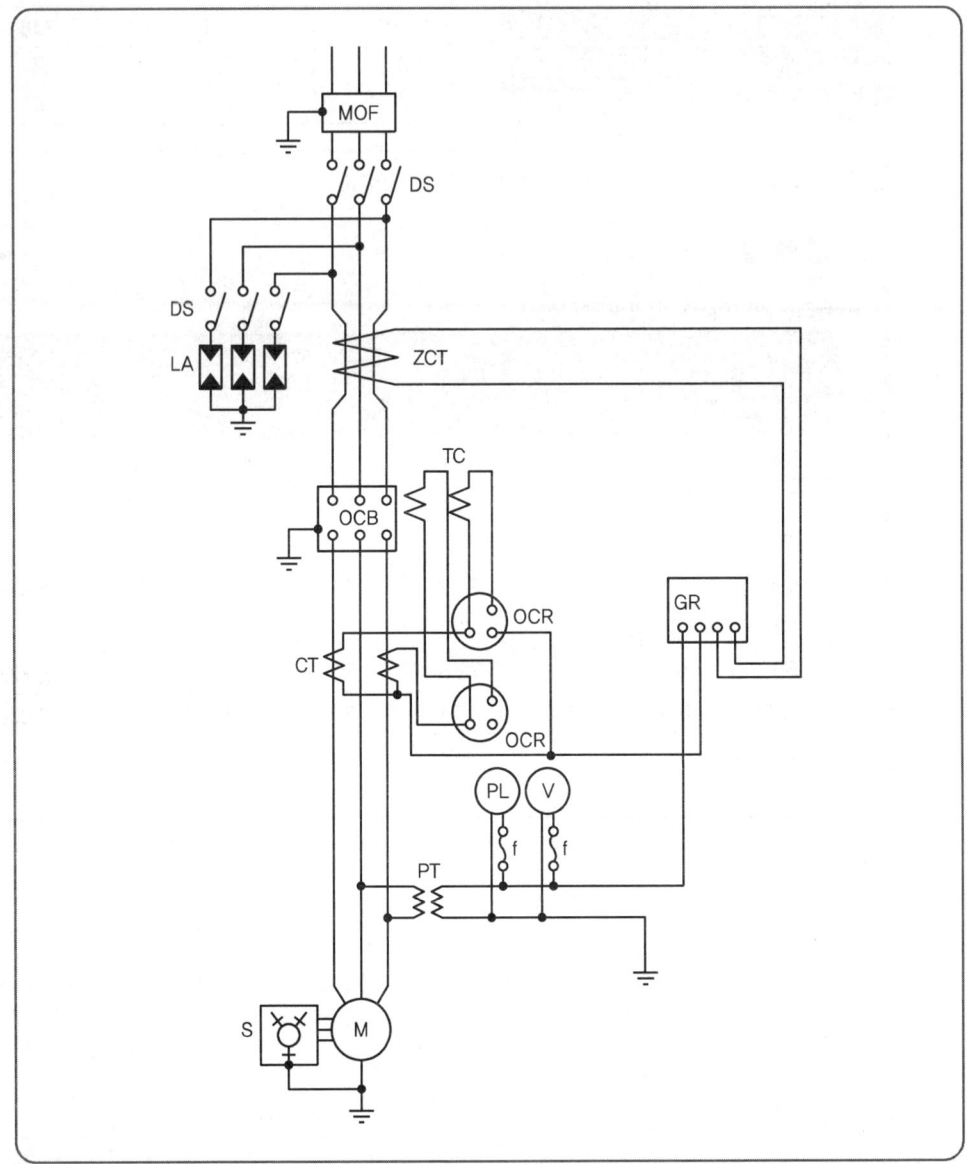

1. 계전기용 변류기는 차단기의 전원 측에 설치하는 것이 바람직하다. 무슨 이유에서인가?
2. 본 도면에서 생략할 수 있는 부분은?
3. 진상 콘덴서에 연결하는 방전코일의 목적은?

4 도면에서 다음의 명칭은?
- ZCT
- TC

5 도면의 접지 개소 ①~⑤의 접지 종별은? ※ KEC 규정에 따라 삭제

해답
1 고장점 보호 범위를 넓히기 위하여
2 LA용 DS
3 전원 개방 시 콘덴서의 잔류전하 방전
4 ZCT : 영상 변류기, TC : 트립코일

TIP
KEC 규정에 따라 접지공사는 생략함

전기기사
2020년도 1회 시험
과년도 기출문제

01 어느 공장에 조명공사를 하는데 32[W]×2 매입 하면개방형 형광등 30등을 32[W]×3 매입 루버형으로 교체하고, 20[W]×2 펜던트형 형광등 20등을 20[W]×2 직부 개방형으로 교체하였다. 철거되는 20[W]×2 펜던트형 형광등은 재사용할 것이다. 천장 구멍 뚫기 및 취부테 설치와 등기구 보강 작업은 계상하지 않으며, 공구손료 등을 제외한 직접 노무비만 계산하시오. (단, 인공계산은 소수점 셋째 자리까지 구하고, 내선전공의 노임은 225,000원으로 한다.)

계산 : _____ 답 : _____

종별	직부형	펜던트형	반매입 및 매입형
10[W] 이하×1	0.123	0.150	0.182
20[W] 이하×1	0.141	0.168	0.214
20[W] 이하×2	0.177	0.215	0.273
20[W] 이하×3	0.223	–	0.335
20[W] 이하×4	0.323	–	0.489
30[W] 이하×1	0.150	0.177	0.227
30[W] 이하×2	0.189	–	0.310
40[W] 이하×1	0.223	0.268	0.340
40[W] 이하×2	0.277	0.332	0.415
40[W] 이하×3	0.359	0.432	0.545
40[W] 이하×4	0.468	–	0.710
110[W] 이하×1	0.414	0.495	0.627
110[W] 이하×2	0.505	0.601	0.764

[해설] ① 하면 개방형 기준임, 루버 또는 아크릴 커버형일 경우 해당 등기구 설치품의 110[%]
② 등기구 조립·설치, 결선, 지지금구류 설치, 장내 소운반 및 잔재 정리 포함
③ 매입 또는 반매입 등기구의 천장 구멍 뚫기 및 취부테 설치 별도 가산
④ 매입 및 반매입 등기구에 등기구보강대를 별도로 설치할 경우 이 품의 20[%] 별도 계상
⑤ 광천장 방식은 직부형 품 적용
⑥ 폭발방지형 200[%]
⑦ 높이 1.5[m] 이하의 Pole형 등기구는 직부형 품의 150[%] 적용(기초대 설치 별도)
⑧ 형광등 안정기 교환은 해당 등기구 시설품의 110[%]. 다만, 펜던트형은 90[%]
⑨ 아크릴 간판의 형광등 안정기 교환은 매입형 등기구 설치품의 120[%]
⑩ 공동주택 및 교실 등과 같이 동일 반복 공정으로 비교적 쉬운 공사의 경우는 90[%]
⑪ 형광램프만 교체 시 해당 등기구 1등용 설치품의 10[%]
⑫ T-5(28[W]) 및 FLP(36[W], 55[W])는 FL40[W] 기준품 적용
⑬ 펜던트형은 파이프 펜던트형 기준, 체인 펜던트는 90[%]
⑭ 등의 증가 시 매 증가 1등에 대하여 직부형은 0.005[인], 매입 및 반매입형은 0.015[인] 가산
⑮ 철거 30[%], 재사용 철거 50[%]

해답 계산 : ① 설치인공
- 32[W]×3 매입 루버형 : 0.545×30×1.1=17.985[인]
- 20[W]×2 직부 개방형 : 0.177×20=3.54[인]

② 철거인공
- 32[W]×2 매입 하면 개방형 : 0.415×30×0.3=3.735[인]
- 20[W]×2 펜던트형 : 0.215×20×0.5=2.15[인]

③ 총 소요인공
내선전공=17.985+3.54+3.735+2.15=27.41[인]

④ 직접 노무비
직접 노무비=27.41×225,000=6,167,250[원]

답 6,167,250[원]

02 전등을 한 계통의 3개소에서 점멸하기 위하여 3로 스위치 2개와 4로 스위치 1개로 조합하는 경우 이들의 계통도(배선도)를 그리시오.

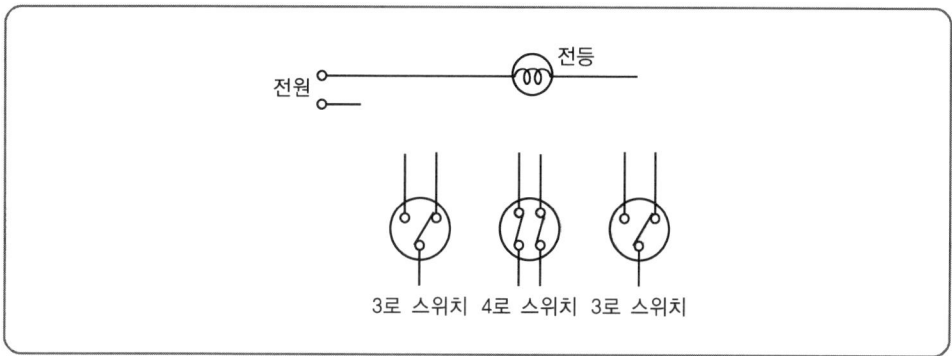

해답

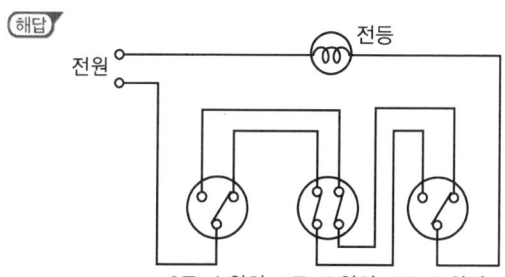

03 소선의 직경이 3.2[mm]인 37가닥의 연선을 사용할 경우 외경은 몇 [mm]인가?

계산 : _____ 답 : _____

해답 계산 : 소선의 가닥수가 37인 경우 3층이므로 $D = (1+2n)d = (1+2 \times 3) \times 3.2 = 22.4$[mm]

답 22.4[mm]

TIP

층수	가닥수
1층	7가닥
2층	19가닥
3층	37가닥
4층	61가닥

04 그림과 같은 평형 3상 회로로 운전하는 유도전동기가 있다. 이 회로에 그림과 같이 2개의 전력계 W_1, W_2, 전압계 Ⓥ, 전류계 Ⓐ를 접속한 후 지시값은 $W_1 = 6$[kW], $W_2 = 2.9$[kW], $V = 200$[V], $I = 30$[A]이었다.

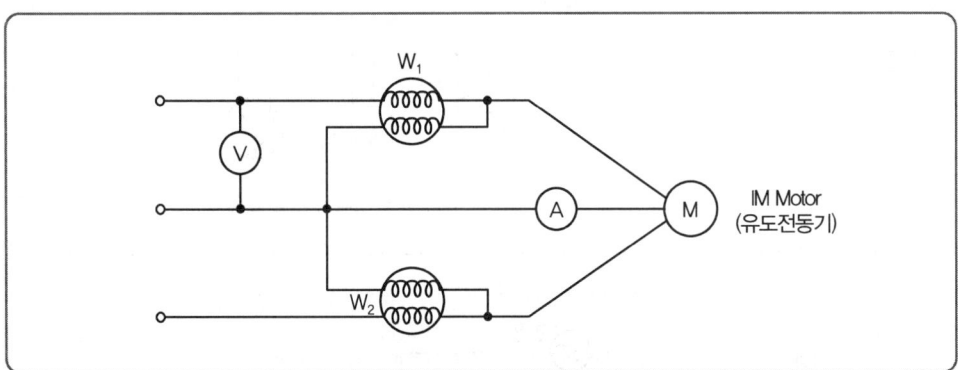

1 이 유도전동기의 역률은 몇 [%]인가?

계산 : _____ 답 : _____

2 역률을 90[%]로 개선시키려면 몇 [kVA] 용량의 콘덴서가 필요한가?

계산 : _____ 답 : _____

3 이 전동기로 만일 매분 20[m]의 속도로 물체를 권상한다면 몇 [ton]까지 가능한가?(단, 종합효율은 80[%]로 한다.)

계산 : _____ 답 : _____

해답

1 계산 : 전력 $P = W_1 + W_2 = 6 + 2.9 = 8.9 [kW]$

피상전력 $P_a = \sqrt{3}\,VI = \sqrt{3} \times 200 \times 30 \times 10^{-3} = 10.39 [kVA]$

역률 $\cos\theta = \dfrac{8.9}{10.39} \times 100 = 85.66 [\%]$

답 85.66[%]

2 계산 : $Q_c = P(\tan\theta_1 - \tan\theta_2)$

$= 8.9 \times \left(\dfrac{\sqrt{1-0.8566^2}}{0.8566} - \dfrac{\sqrt{1-0.9^2}}{0.9} \right) = 1.05 [kVA]$

답 1.05[kVA]

3 계산 : 권상용 전동기의 용량 $P = \dfrac{W \cdot V}{6.12\eta} [kW]$

∴ 물체의 중량 $W = \dfrac{6.12 \times 0.8 \times 8.9}{20} = 2.18 [ton]$

답 2.18[ton]

> **TIP**
> ▶ 2전력계법에서 피상전력 계산방법
> ① 전압 · 전류계가 있는 경우 $P_a = \sqrt{3}\,VI\ [VA]$
> ② 전압 · 전류계가 없는 경우 $P_a = 2\sqrt{W_1^2 + W_2^2 - W_1 W_2}\ [VA]$

05 다음 그림은 변류기를 영상 접속시켜 그 잔류 회로에 지락계전기 DG를 삽입시킨 것이다. 선로의 전압은 66[kV], 중성점에 300[Ω]의 저항 접지로 하였고, 변류기의 변류비는 300/5[A] 이다. 송전 전력이 20,000[kW], 역률이 0.8(지상)일 때 a상에 완전 지락 사고가 발생하였다. 다음 각 물음에 답하시오. (단, 부하의 정상, 역상 임피던스, 기타의 정수는 무시한다.)

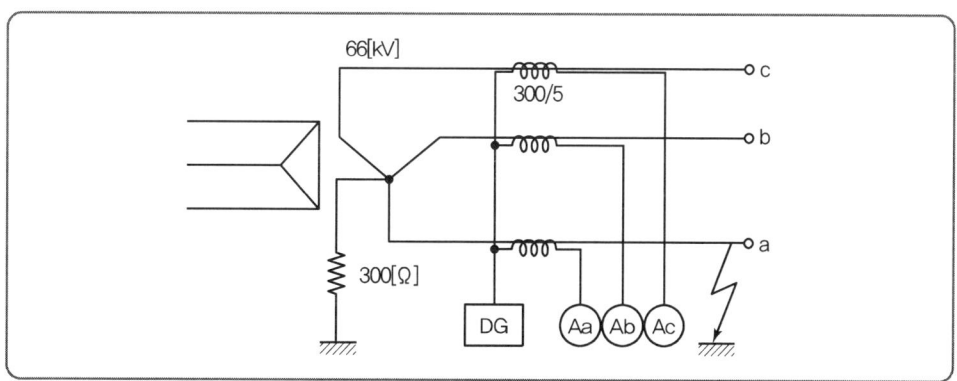

■ 지락계전기 DG에 흐르는 전류는 몇 [A]인가?
계산 : _____ 답 : _____

② a상 전류계 Aa에 흐르는 전류는 몇 [A]인가?
계산 : _____ 답 : _____

③ b상 전류계 Ab에 흐르는 전류는 몇 [A]인가?
계산 : _____ 답 : _____

④ c상 전류계 Ac에 흐르는 전류는 몇 [A]인가?
계산 : _____ 답 : _____

해답 계산 : 부하전류 $I_L = \dfrac{P}{\sqrt{3}\,V\cos\theta}(\cos\theta - j\sin\theta) = \dfrac{20{,}000}{\sqrt{3}\times 66 \times 0.8}(0.8 - j\,0.6)$

$= 175 - j\,131.2 = 218.7[A]$

지락전류 $I_g = \dfrac{E}{R} = \dfrac{66{,}000}{\sqrt{3}\times 300} = 127[A]$

건전상 b, c상에서는 부하전류만 흐르고 고장상 a상에는 I_L과 I_g가 중첩해서 흐른다.

따라서 $I_a = 175 - j\,131.2 + 127$

$= 302 - j\,131.2 = \sqrt{302^2 + 131.2^2} = 329.26[A]$

■ 계산 : $i_n = I_g \times \dfrac{1}{CT비} = I_g \times \dfrac{5}{300} = 127 \times \dfrac{5}{300} = 2.116[A]$

📖 2.12[A]

② 계산 : $i_a = I_a \times \dfrac{1}{CT비} = I_a \times \dfrac{5}{300} = 329.26 \times \dfrac{5}{300} = 5.487[A]$

📖 5.49[A]

③ 계산 : $i_b = I_L \times \dfrac{1}{CT비} = I_L \times \dfrac{5}{300} = 218.7 \times \dfrac{5}{300} = 3.645[A]$

📖 3.65[A]

④ 계산 : $i_c = I_b = 3.645[A]$

📖 3.65[A]

TIP

➤ a상의 부하전류와 사고전류의 합을 구할 때 유의한다.
① 부하전류는 유효전류와 무효전류의 합이다.
② 지락전류는 접지선의 저항이 설치되어 있으므로 유효전류로 해석한다.

06 이상전압이 발생하였을 때 선로와 기기를 보호하기 위하여 피뢰기를 설치한다. 한국전기설비기준(KEC)에서 정의하는 피뢰기를 시설해야 하는 곳 3개소를 쓰시오.

[해답] ① 발전소, 변전소 또는 이에 준하는 장소의 가공전선 인입구 및 인출구
② 가공전선로와 지중전선로가 접속되는 곳
③ 고압, 특별고압 가공전선로로부터 공급받는 수용장소의 인입구

TIP

1. 피뢰기 구성 및 전압의 정의
   ① 구성요소 : 직렬갭과 특성요소로 구성
   ② 피뢰기 정격전압 : 속류를 차단할 수 있는 최고의 교류전압
   ③ 피뢰기 제한전압 : 피뢰기 동작 중 단자전압의 파고치

2. 피뢰기 정격전압

공칭전압 [kV]	중성점 접지상태	피뢰기 정격전압[kV]		이격거리[m] 이내
		변전소	선로	
345	유효접지	288	–	85
154	유효접지	144	–	65
22.9	3상 4선식 다중접지	21	18	20
6.6	비접지	7.5	7.5	20

3. 피뢰기 공칭방전전류

공칭방전전류 [A]	설치장소	적용조건
10,000	변전소	① 154[kV] 이상의 계통 ② 66[kV] 및 그 이하에서 Bank 용량이 3,000[kVA]를 초과하거나 중요한 곳 ③ 장거리 송전선, 케이블 및 정전 축전기 Bank를 개폐하는 곳
5,000	변전소	66[kV] 및 그 이하에서 3,000[kVA] 이하
2,500	선로변전소	22.9[kV] 이하의 배전선로 및 배전선로 피더 인출 측

4. 피뢰기 설치장소
   ① 발전소, 변전소 또는 이에 준하는 장소의 가공전선 인입구와 인출구
   ② 특고압 가공전선로에 접속하는 특고압 배전용 변압기의 고압 측 및 특별고압 측
   ③ 고압 또는 특별고압 가공전선로로부터 공급을 받는 수용장소의 인입구
   ④ 가공전선로와 지중전선로가 접속되는 곳

5. 피뢰기의 구비조건
   ① 충격 방전개시 전압이 낮을 것   ② 제한전압이 낮고 방전내량이 클 것
   ③ 상용주파 방전개시 전압이 높을 것   ④ 속류를 차단하는 능력이 있을 것

07 설계자가 크기, 형상 등 전체적인 조화를 생각하여 형광등 기구를 벽면 상방 모서리에 숨겨서 설치하는 방식으로 기구로부터의 빛이 직접 벽면을 조명하는 건축화 조명을 무슨 조명이라 하는가?

해답 코니스 조명(Cornice Light)

TIP

▶ 벽면 조명
① 코니스 조명 : 직접 형광등 기구를 벽면 위쪽에 설치하고, 목재나 금속판으로 광원을 숨기며 직접 빛이 벽면을 조명
② 밸런스 조명 : 벽에 형광등 기구를 설치해 목재, 금속판 및 투과율이 낮은 재료로 광원을 숨기며 직접광은 아래쪽 벽이나 커튼을, 위쪽은 천장을 비추는 분위기 조명
③ 광창 조명 : 지하실이나 자연광이 들어가지 않는 방에서 낮 동안 창문에서 채광되고 있는 청명한 느낌의 조명

08 그림과 같이 차동계전기에 의하여 보호되고 있는 △−Y결선 30[MVA], 33/11[kV] 변압기가 있다. 고장전류가 정격전류의 200[%] 이상에서 동작하는 계전기의 전류(i_r) 값은 얼마인가?(단, 변압기 1차 측 및 2차 측 CT의 변류비는 각각 500/5[A], 2,000/5[A]이다.)

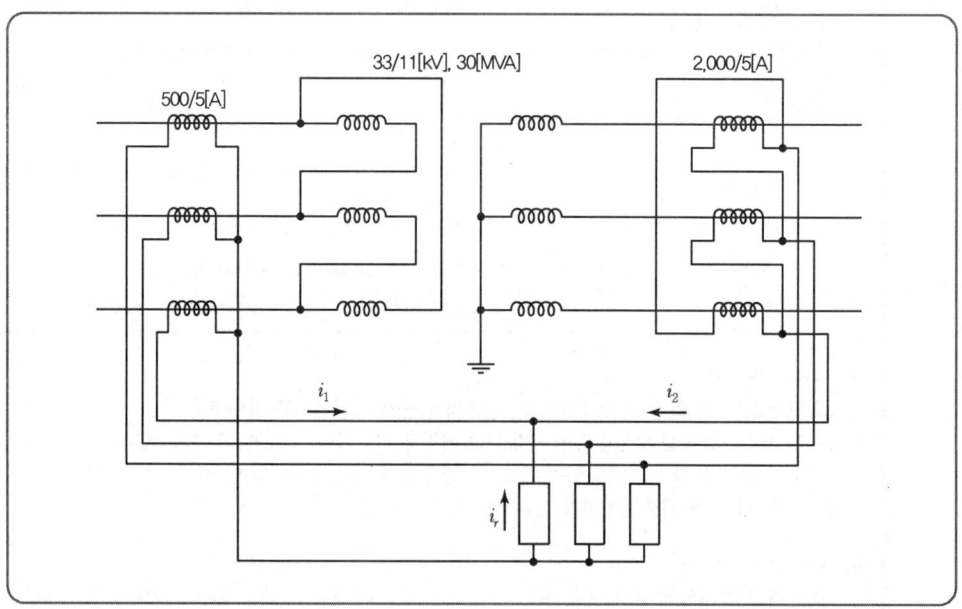

계산 : _____ 답 : _____

해답 계산 : $i_r = (i_2 - i_1) \times 2 = (6.82 - 5.25) \times 2\text{배} = 3.14[A]$

1차 전류	2차 전류
$i_1 = \dfrac{P}{\sqrt{3}\,V_1} \times \dfrac{1}{CT\text{비}}$ $= \dfrac{30 \times 10^3}{\sqrt{3} \times 33} \times \dfrac{5}{500} = 5.248[A]$	$i_2 = \dfrac{P}{\sqrt{3}\,V_2} \times \dfrac{1}{CT\text{비}} \times \sqrt{3}$ $= \dfrac{30 \times 10^3}{\sqrt{3} \times 11} \times \dfrac{5}{2,000} \times \sqrt{3} = 6.818[A]$

답 3.14[A]

TIP
변압기 2차 측의 CT는 △을 하므로 $\sqrt{3}$ 가 더 지시된다.

09 500[kVA] 단상 변압기 3대를 3상 △-△결선으로 사용하고 있었는데 부하 증가로 500[kVA] 예비 변압기 1대를 추가하여 공급한다면 몇 [kVA]로 공급할 수 있는가?

계산 : _____ 답 : _____

해답 계산 : 변압기가 4대이므로 V-V 2뱅크 운전이 된다.
$P_c = \sqrt{3} \times P \times 2\text{대} = \sqrt{3} \times 500 \times 2 = 1,732.05[kVA]$

답 1,732.05[kVA]

10 방의 가로 길이가 10[m], 세로 길이가 8[m], 방바닥에서 천장까지의 높이가 4.85[m]인 방에서 조명기구를 천장에 직접 취부하고자 한다. 이 방의 실지수를 구하시오.(단, 작업면은 방바닥에서 0.85[m]이다.)

계산 : _____ 답 : _____

해답 계산 : H = 4.85 - 0.85 = 4
∴ 실지수 $K = \dfrac{XY}{H(X+Y)} = \dfrac{10 \times 8}{4 \times (10+8)} = 1.11$

답 1.11

TIP
작업면(책상)의 높이가 주어지지 않은 경우 0.85[m]를 생략

11 그림과 같은 특성곡선을 갖는 부하에 필요한 축전지 용량은 몇 [Ah]인지 구하시오. (단, 방전전류 : $I_1 = 200[A]$, $I_2 = 300[A]$, $I_3 = 150[A]$, $I_4 = 100[A]$, 방전시간 : $T_1 = 130[분]$, $T_2 = 120[분]$, $T_3 = 40[분]$, $T_4 = 5[분]$, 용량환산시간 : $K_1 = 2.45$, $K_2 = 2.45$, $K_3 = 1.46$, $K_4 = 0.45$, 보수율은 0.8로 적용한다.)

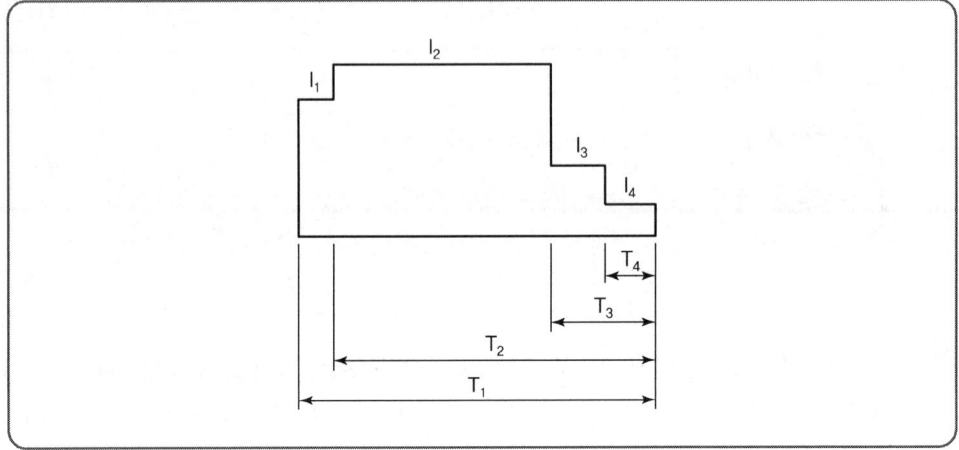

계산 : _____ 답 : _____

해답 계산 : $C = \dfrac{1}{L}[K_1 I_1 + K_2(I_2 - I_1) + K_3(I_3 - I_2) + K_4(I_4 - I_3)]$

$= \dfrac{1}{0.8}[2.45 \times 200 + 2.45 \times (300 - 200) + 1.46 \times (150 - 300) + 0.45 \times (100 - 150)]$

$= 616.875[Ah]$

답 616.88[Ah]

TIP

$C = \dfrac{1}{L}KI\,[Ah]$

여기서, C : 축전지의 용량[Ah], L : 보수율(경년용량 저하율)
K : 용량환산시간 계수, I : 방전전류[A]

12 공칭 변류비가 100/5[A]이다. 1차 측에 250[A]를 흘렸을 때 2차에 10[A]가 흘렀을 경우 비오차[%]는?

계산 : _____ 답 : _____

해답 계산 : 비오차 = $\dfrac{\text{공칭 변류비} - \text{측정 변류비}}{\text{측정 변류비}} \times 100[\%]$

$= \dfrac{\dfrac{100}{5} - \dfrac{250}{10}}{\dfrac{250}{10}} \times 100 = -20[\%]$ **답** $-20[\%]$

13 다음 간이수전설비도를 보고 물음에 답하시오.

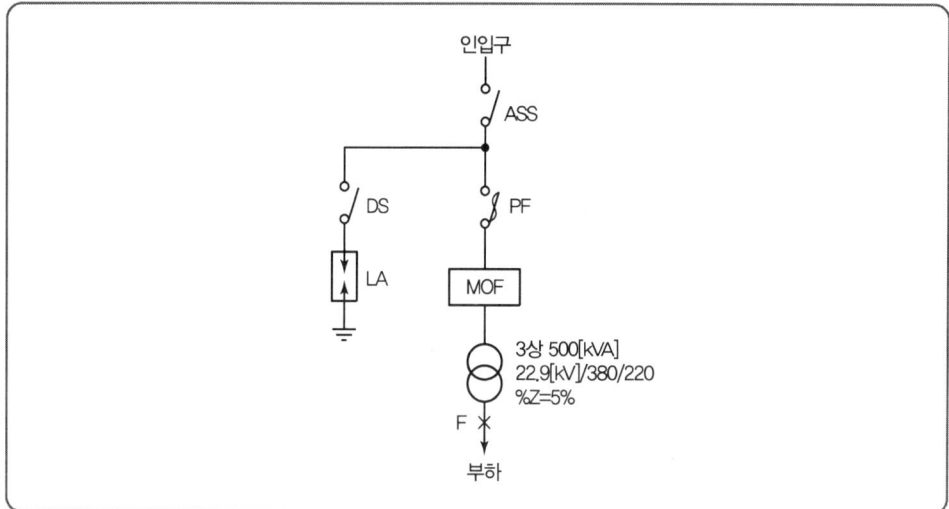

1 ASS의 LOCK 전류값과 LOCK 전류의 기능은 무엇인가?
   ① LOCK 전류
   ② LOCK 전류의 기능

2 LA 정격전압과 제1보호대상은 무엇인가?
   ① 정격전압
   ② 제1보호대상

3 PF(한류퓨즈)의 단점 2가지를 쓰시오.

4 MOF의 과전류 강도는 각 설치점에서 단락전류에 의해 계산하되, 22.9[kV]에서 60[A] 이하일 때 전기사업자 규격에 의한 MOF 최소 과전류 강도는 (①)배이고, 계산한 값이 75배 이상인 경우에는 (②)배를 적용하며, 60[A]를 초과 시 MOF 과전류 강도는 (③)배를 적용한다.

①	②	③

5 고장점 F에 흐르는 3상 단락전류와 선간(2상) 단락전류를 구하시오.
  ① 3상 단락전류
     계산 : _____ 답 : _____
  ② 선간(2상) 단락전류
     계산 : _____ 답 : _____

[해답]

1 ① 800[A]
   ② 정격 LOCK 전류(800[A]) 이상 발생 시 개폐기는 LOCK되며 후비보호장치 차단 후 개폐기(ASS)가 개방되어 고장구간을 자동 분리하는 기능을 한다.

2 ① 18[kV]
   ② 수전용 변압기(전력용 변압기)

3 ① 재투입을 할 수 없다.
   ② 과도 전류로 용단되기 쉽다.
   그 외
   ③ 동작시간, 전류특성을 자유로이 조정할 수 없다.
   ④ 비보호 영역이 있다.

4

①	②	③
75	150	40

5 ① 3상 단락전류

계산 : $I_s = \dfrac{100}{\%Z}I_n = \dfrac{100}{5} \times \dfrac{500 \times 10^3}{\sqrt{3} \times 380} = 15{,}193.428[A]$

답 15,193.43[A]

② 선간(2상) 단락전류
계산 : 3상 단락전류의 86.6[%]에 해당하므로

$I_s = \dfrac{100}{\%Z}I_n \times 0.866 = \dfrac{100}{5} \times \dfrac{500 \times 10^3}{\sqrt{3} \times 380} \times 0.866 = 13{,}157.508[A]$

답 13,157.51[A]

14 다음 변류기(CT)의 과전류 강도에 대하여 답하시오.

1 정격 과전류 강도(S_n), 통전시간(t)일 때의 열적 과전류 강도(S)를 표시하는 식은?
2 기계적 과전류란 무엇인가?

[해답]

1 $S = \dfrac{S_n}{\sqrt{t}}$

2 단락 시 전자력에 의한 권선의 변형에 견디는 강도(열적 과전류 강도의 2.5배)

15 10층 사무실용 건물에 3상 3선식의 6,000[V]를 200[V]로 강압하여 수전하는 설비이다. 각종 부하 설비가 표와 같을 때 참고자료를 이용하여 다음 물음에 답하시오.

동력 부하 설비					
사용 목적	용량[kW]	대수	상용 동력[kW]	하계 동력[kW]	동계 동력[kW]
난방 관계 • 보일러 펌프 • 오일 기어 펌프 • 온수 순환 펌프	6.0 0.4 3.0	1 1 1			6.0 0.4 3.0
공기 조화 관계 • 1, 2, 3층 패키지 컴프레서 • 컴프레서 팬 • 냉각수 펌프 • 쿨링 타워	7.5 5.5 5.5 1.5	6 3 1 1	16.5	45.0 5.5 1.5	
급수 · 배수 관계 • 양수 펌프	3.0	1	3.0		
기타 • 소화 펌프 • 셔터	5.5 0.4	1 2	5.5 0.8		
합 계			25.8	52.0	9.4

조명 및 콘센트 부하 설비					
사용 목적	와트 수 [W]	설치 수량	환산 용량 [VA]	총 용량 [VA]	비고
전등관계 • 수은등 A • 수은등 B • 형광등 • 백열전등	200 100 40 60	4 8 820 10	260 140 55 60	1,040 1,120 45,100 600	200[V] 고역률 200[V] 고역률 200[V] 고역률
콘센트 관계 • 일반 콘센트 • 환기팬용 콘센트 • 히터용 콘센트 • 복사기용 콘센트 • 텔레타이프용 콘센트 • 룸 쿨러용 콘센트	 1,500 	80 8 2 4 2 6	150 55	12,000 440 3,000 3,600 2,400 7,200	2P 15[A]
기타 • 전화 교환용 정류기		1		800	
합 계				77,300	

| 참고자료 1. 변압기 보호용 전력퓨즈의 정격 전류 |

상수	단상				3상			
공칭전압	3.3[kV]		6.6[kV]		3.3[kV]		6.6[kV]	
변압기 용량 [kVA]	변압기 정격전류 [A]	정격전류 [A]	변압기 정격전류 [A]	정격전류 [A]	변압기 정격전류 [A]	정격전류 [A]	변압기 정격전류 [A]	정격전류 [A]
5	1.52	5	0.76	1.5	0.88	1.5	–	–
10	3.03	7.5	1.52	3	1.8	3	0.88	1.5
15	4.55	7.5	2.28	3	2.63	3	1.3	2
20	6.06	7.5	3.03	7.5	–	–	–	–
30	9.10	15	4.56	7.5	5.26	7.5	2.63	3
50	15.2	20	7.60	15	8.45	15	4.38	7.5
75	22.7	30	11.4	15	13.1	15	6.55	7.5
100	30.3	45	15.2	20	17.5	20	8.75	15
150	45.5	50	22.7	30	26.3	30	13.1	15
200	60.7	75	30.3	50	35.0	50	17.5	25
300	91.0	100	45.5	60	52.0	75	26.3	30
400	121.4	150	60.7	75	70.0	75	35.0	50
500	152.0	200	75.87	100	87.5	100	43.8	50

| 참고자료 2. 배전용 변압기의 정격 |

항목			소형 6[kV] 유입 변압기						중형 6[kV] 유입 변압기					
정격 용량[kVA]			3	5	7.5	10	15	20	30	50	75	100	150	200	300	500
정격 2차 전류 [A]	단상	105[V]	28.6	47.6	71.4	95.2	143	190	286	476	714	852	1,430	1,904	2,857	4,762
		210[V]	14.3	23.8	35.7	47.6	71.4	95.2	143	238	357	476	714	952	1,429	2,381
	3상	210[V]	8	13.7	20.6	27.5	41.2	55	82.5	137	206	275	412	550	825	1,376
정격 전압	정격 2차 전압		6,300[V] 6/3[kV] 공용 : 6,300[V]/3,150[V]							6,300[V] 6/3[kV] 공용 : 6,300[V]/3,150[V]						
	정격 2차 전압	단상	210[V] 및 105[V]							200[kVA] 이하의 것 : 210[V] 및 105[V] 200[kVA] 이하의 것 : 210[V]						
		3상	210[V]							210[V]						
탭 전압	전용량 탭전압	단상	6,900[V], 6,600[V] 6/3[kV] 공용 : 6,300[V]/3,150[V] 6,600[V]/3,300[V]							6,900[V], 6,600[V]						
		3상	6,600[V] 6/3[kV] 공용 : 6,600[V]/3,300[V],							6/3[kV] 공용 : 6,300[V]/3,150[V] 6,600[V]/3,300[V]						
	저감 용량 탭전압	단상	6,000[V], 5,700[V] 6/3[kV] 공용 : 6,000[V]/3,000[V] 5,700[V]/2,850[V]							6,000[V], 5,700[V]						
		3상	6,600[V] 6/3[kV] 공용 : 6,000[V]/3,300[V]							6/3[kV] 공용 : 6,000[V]/3,300[V] 5,700[V]/2,850[V]						
변압기의 결선	단상		2차 권선 : 분할 결선							3상	1차 권선 : 성형 권선 2차 권선 : 삼각 권선					
	3상		1차 권선 : 성형 권선, 2차 권선 : 성형 권선													

| 참고자료 3. 역률개선용 콘덴서의 용량 계산표[%] |

구분	개선 후의 역률																	
		1.00	0.99	0.98	0.97	0.96	0.95	0.94	0.93	0.92	0.91	0.90	0.89	0.88	0.87	0.86	0.85	0.83	0.80
개선 전의 역률	0.50	173	159	153	148	144	140	137	134	131	128	125	122	119	117	114	111	106	98
	0.55	152	138	132	127	123	119	116	112	108	106	103	101	98	95	92	90	85	77
	0.60	133	119	113	108	104	100	97	94	91	88	85	82	79	77	74	71	66	58
	0.62	127	112	106	102	97	94	90	87	84	81	78	75	73	70	67	65	59	52
	0.64	120	106	100	95	91	87	84	81	78	76	72	69	66	63	61	58	53	45
	0.66	114	100	94	89	85	81	78	74	71	68	65	63	60	57	54	52	47	39
	0.68	108	94	88	83	79	75	72	68	65	62	59	57	54	51	49	46	41	33
	0.70	102	88	82	77	73	69	66	63	59	56	54	51	48	45	43	40	35	27
	0.72	96	82	76	71	67	64	60	57	54	51	48	45	42	40	37	34	29	21
	0.74	91	77	71	68	62	58	55	51	48	45	43	40	37	34	32	29	24	16
	0.76	86	71	65	60	58	53	49	45	43	40	37	34	32	29	26	24	18	11
	0.78	80	66	60	55	51	47	44	41	38	35	32	29	26	24	21	18	13	5
	0.79	78	63	57	53	48	45	41	38	34	32	29	25	24	21	18	16	10	2.6
	0.80	75	61	55	50	46	42	39	36	32	29	27	24	21	18	16	13	8	
	0.81	72	58	52	47	43	40	36	33	30	27	24	21	18	16	13	10	5	
	0.82	70	56	50	45	41	37	34	30	27	24	21	18	16	13	10	8	2.6	
	0.83	67	53	47	43	38	34	31	28	25	22	19	16	13	11	8	5		
	0.84	65	50	44	40	35	32	28	25	22	19	16	13	11	8	5	2.6		
	0.85	62	48	42	37	33	29	25	23	19	16	14	11	8	5	2.7			
	0.86	59	45	39	34	30	28	23	20	17	14	11	8	5	2.6				
	0.87	57	42	36	32	28	24	20	17	14	11	8	6	2.7					
	0.88	54	40	34	29	25	21	18	15	11	8	6	2.8						
	0.89	41	37	31	26	22	18	15	12	9	6	2.8							
	0.90	48	34	28	23	19	16	12	9	6	2.8								
	0.91	46	31	25	21	16	13	9	8	3									
	0.92	43	28	22	18	13	10	8	3.1										
	0.93	40	25	19	14	10	7	3.2											
	0.94	36	22	16	11	7	3.4												
	0.95	33	19	13	8	3.7													
	0.96	29	15	9	4.1														
	0.97	25	11	4.8															
	0.98	20	8																
	0.99	14																	

1 동계 난방 때 온수 순환 펌프는 상시 운전하고, 보일러용과 오일 기어 펌프의 수용률이 60[%]일 때 난방 동력 수용 부하는 몇 [kW]인가?

계산 : _____ 답 : _____

2 동력 부하의 역률이 전부 80[%]라고 한다면 피상 전력은 각각 몇 [kVA]인가?(단, 상용 동력, 하계 동력, 동계 동력별로 각각 계산하시오.)

구분	계산	답
상용 동력		
하계 동력		
동계 동력		

3 총 전기설비용량은 몇 [kVA]를 기준으로 하여야 하는가?
　계산 : _____　답 : _____

4 전등의 수용률은 70[%], 콘센트 설비의 수용률은 50[%]라고 한다면 몇 [kVA]의 단상 변압기에 연결하여야 하는가?(단, 전화 교환용 정류기는 100[%] 수용률로서 계산한 결과에 포함시키며 변압기 예비율은 무시한다.)
　계산 : _____　답 : _____

5 동력 설비 부하의 수용률이 모두 60[%]라면 동력 부하용 3상 변압기의 용량은 몇 [kVA]인가?(단, 동력 부하의 역률은 80[%]로 하며 변압기의 예비율은 무시한다.)
　계산 : _____　답 : _____

6 상기 건물에 시설된 변압기 총 용량은 몇 [kVA]인가?
　계산 : _____　답 : _____

7 단상 변압기와 3상 변압기의 1차 측의 전력 퓨즈의 정격 전류는 각각 몇 [A]의 것을 선택하여야 하는가?

8 선정된 동력용 변압기 용량에서 역률을 95[%]로 개선하려면 콘덴서 용량은 몇 [kVA]인가?
　계산 : _____　답 : _____

(해답) **1** 계산 : 난방 동력 수용 부하=(수용률 적용 부하×수용률)+수용률 비적용 부하
　　　　　　　　　　　　=((6.0+0.4)×0.6)+3.0=6.84[kW]
　　답 6.84[kW]

2 계산 : 피상전력[kVA]=$\dfrac{\text{각 동력[kW]}}{\text{역률}}$

구분	계산	답
상용 동력	$\dfrac{25.8}{0.8}=32.25$[kVA]	32.25[kVA]
하계 동력	$\dfrac{52}{0.8}=65$[kVA]	65[kVA]
동계 동력	$\dfrac{9.4}{0.8}=11.75$[kVA]	11.75[kVA]

3 계산 : 총 전기설비용량=상용 동력[kVA]+하계 동력[kVA]+기타 설비용량[kVA]
　　　　　　　　　　=32.25+65+77.3=174.55[kVA]
　　답 174.55[kVA]

④ 계산 : 수용 부하=Σ 각 관계 설비부하×수용률
    =(1.04+1.12+45.1+0.6)×0.7+(12+0.44+3+3.6+2.4+7.2)×0.5
     +0.8×1
    =48.622[kVA]
일 때, 참고자료 1에서 선정하면 50[kVA]이다.
답 50[kVA]

⑤ 계산 : 총 동력설비용량을 구할 때는 하계 동력과 동계 동력은 동시에 사용하지 않으므로, 용량이 큰 하계 동력을 선정하여 상용 동력과 합산한다.
총 동력설비용량=(32.25+65)×0.6=58.35[kVA]일 때,
참고자료 1에서 선정하면 75[kVA]이다.
답 75[kVA]

⑥ 계산 : 총 변압기 용량=단상 변압기 용량+3상 변압기 용량
    =50+75=125[kVA]
답 125[kVA]

⑦ 참고자료 1의 6.6[kV]에서 단상은 50[kVA]일 때 15[A], 3상은 75[kVA]일 때 7.5[A]이다.
답 단상 : 15[A], 3상 : 7.5[A]

⑧ 계산 : 동력설비의 개선 전 역률 80[%](물음 ② 참조)에서 95[%]로 역률 개선 시 참고자료 3에서 80[%](세로)과 95[%](가로)가 만나는 0.42를 선정하면,
콘덴서의 용량=[kW]×0.42=(변압기 용량[kVA]×개선 전 역률)×0.42
    =(75×0.8)×0.42=25.2[kVA]
답 25.2[kVA]

16 ACSR 전선에 댐퍼를 설치하는 이유는 무엇인가?

해답 전선의 진동 방지

2020년도 2회 시험 과년도 기출문제

01 3.7[kW]와 7.5[kW]의 직입기동 3상 농형 유도전동기 및 25[kW]의 3상 권선형 유도전동기 등 3대를 그림과 같이 접속하였다. 이때 다음 각 물음에 답하시오.(단, 공사방법 B1으로 XLPE 절연전선을 사용하였으며, 정격전압은 200[V]이고 간선 및 분기회로에 사용되는 전선 도체의 재질 및 종류는 같다.)

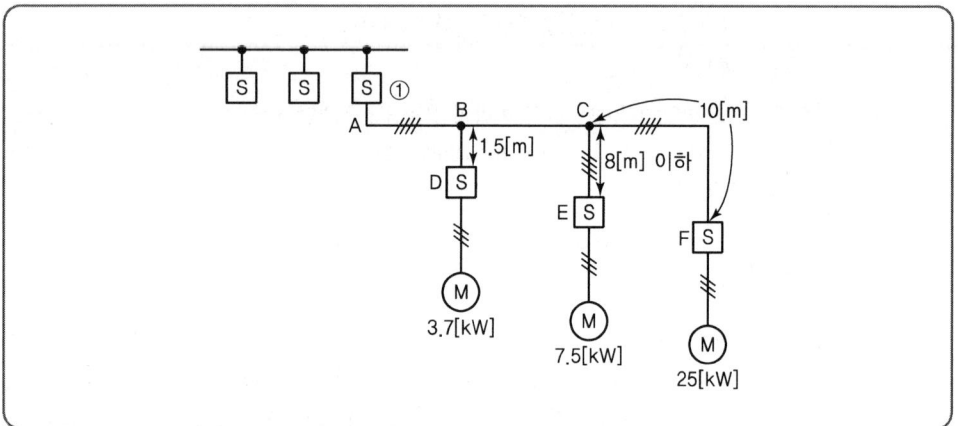

1 간선에 사용되는 과전류 차단기와 개폐기(①)의 최소 용량은 몇 [A]인가?
- 선정과정
- 과전류 차단기 용량
- 개폐기 용량

2 간선의 최소 굵기는 몇 [mm²]인가?

3 ※ KEC 규정에 따라 문항 삭제

4 ※ KEC 규정에 따라 문항 삭제

표 1. 200[V] 3상 유도 전동기의 간선 굵기 및 기구의 용량

(B종 퓨즈의 경우) (동선)

전동기 [kW] 수의 총계 [kW] 이하	최대 사용 전류 [A] 이하	배선 종류에 의한 간선의 최소 굵기[mm²]						직입기동 전동기 중 최대 용량의 것										
		공사방법 A₁		공사방법 B₁		공사방법 C		0.75 이하	1.5	2.2	3.7	5.5	7.5	11	15	18.5	22	30	37~55
								기동기 사용 전동기 중 최대 용량의 것										
								–	–	–	5.5	7.5	11 15	18.5 22	–	30 37	–	45	55
		PVC	XLPE, EPR	PVC	XLPE, EPR	PVC	XLPE, EPR	과전류 차단기[A] …… (칸 위 숫자) 개폐기 용량[A] …… (칸 아래 숫자)										
3	15	2.5	2.5	2.5	2.5	2.5	2.5	15/30	20/30	30/30	–	–	–	–	–	–	–	–	–
4.5	20	4	2.5	2.5	2.5	2.5	2.5	20/30	20/30	30/30	50/60	–	–	–	–	–	–	–	–
6.3	30	6	4	6	4	4	2.5	30/30	30/30	50/60	50/60	75/100	–	–	–	–	–	–	–
8.2	40	10	6	10	6	6	4	50/60	50/60	50/60	75/100	75/100	100/100	–	–	–	–	–	–
12	50	16	10	10	10	10	6	50/60	50/60	50/60	75/100	75/100	100/100	150/200	–	–	–	–	–
15.7	75	35	25	25	16	16	16	75/100	75/100	75/100	75/100	100/100	100/100	150/200	150/200	–	–	–	–
19.5	90	50	25	35	25	25	16	100/100	100/100	100/100	100/100	100/100	150/200	150/200	200/200	200/200	–	–	–
23.2	100	50	35	35	25	35	25	100/100	100/100	100/100	100/100	100/100	150/200	200/200	200/200	200/200	200/200	–	–
30	125	70	50	50	35	50	35	150/200	150/200	150/200	150/200	150/200	150/200	200/200	200/200	200/200	200/200	–	–
37.5	150	95	70	70	50	70	50	150/200	150/200	150/200	150/200	150/200	200/200	200/200	300/300	300/300	300/300	–	–
45	175	120	70	95	50	70	50	200/200	200/200	200/200	200/200	200/200	200/200	200/200	300/300	300/300	300/300	300/300	–
52.5	200	150	95	95	70	95	70	200/200	200/200	200/200	200/200	200/200	200/200	200/200	300/300	300/300	300/300	400/400	400/400
63.7	250	240	150	–	95	120	95	300/300	300/300	300/300	300/300	300/300	300/300	300/300	300/300	400/400	400/400	500/600	–
75	300	300	185	–	120	185	120	300/300	300/300	300/300	300/300	300/300	300/300	300/300	300/300	400/400	400/400	500/600	–
86.2	350	–	240	–	–	240	150	400/400	400/400	400/400	400/400	400/400	400/400	400/400	400/400	400/400	400/400	600/600	–

[비고]
1. 최소 전선 굵기는 1회선에 대한 것이다.
2. 공사방법 A₁은 벽 내의 전선관에 공사한 절연전선 또는 단심케이블, B₁은 벽면의 전선관에 공사한 절연전선 또는 단심케이블, 공사방법 C는 벽면에 공사한 단심 또는 다심케이블을 시설하는 경우의 전선 굵기를 표시하였다.
3. 「전동기 중 최대의 것」에 동시 기동하는 경우를 포함한다.
4. 과전류 차단기의 용량은 해당 조항에 규정되어 있는 범위에서 실용상 거의 최댓값을 표시한다.
5. 과전류 차단기의 선정은 최대용량의 정격전류의 3배에 다른 전동기의 정격전류의 합계를 가산한 값 이하를 표시한다.
6. 고리퓨즈는 300[A] 이하에서 사용하여야 한다.

해답 **1** 계산 : 전동기 수의 총 전력＝3.7＋7.5＋25＝36.2[kW]

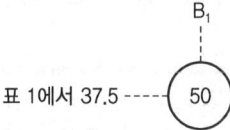

표 1에서 37.5

답 과전류 차단기 용량 : 300[A], 개폐기 용량 : 300[A]

2 계산 : 전동기 수의 총 전력＝3.7＋7.5＋25＝36.2[kW]

표 1에서 37.5 ---- 50 B₁

답 50[mm²]

TIP
▶ 분기회로의 개폐기 및 과전류 차단기의 시설
분기회로에는 저압 옥내간선과의 분기점에서 전선의 길이가 3[m] 이하의 장소에 개폐기 및 과전류 차단기를 시설하여야 한다.

02 도로의 너비가 30[m]인 곳의 양쪽으로 30[m] 간격으로 지그재그식으로 등주를 배치하여 도로 위의 평균 조도를 6[lx]가 되도록 하고자 한다. 도로면의 광속 조명률은 32[%], 유지율은 80[%]로 한다고 할 때 각 등주에 사용되는 수은등의 크기는 몇 [W]의 것을 사용하여야 하는지, 전광속을 계산하고, 주어진 수은등 규격표에서 찾아 쓰시오.

| 수은등의 규격표 |

크기[W]	전광속[lm]
100	2,200~3,000
200	4,000~5,500
250	7,700~8,500
300	10,000~11,000
500	13,000~14,000

계산 : _____ 답 : _____

해답 계산 : FUN＝DEA

$$F = \frac{\frac{1}{0.8} \times 6 \times \frac{30 \times 30}{2}}{0.32 \times 1} = 10,546.875 [\text{lm}]$$

답 300[W] 선정

> **TIP**
> ① 지그재그식 1등당 조명 면적 $A = \frac{1}{2} \times B(도로 폭) \times S(등 간격)$
> ② 감광보상률 $D = \frac{1}{M(유지율)}$
> ∴ FNU = EAD에서 $F = \frac{EAD}{N}$ [lm]

03 아래 표에서 금속관 부품의 특징에 해당하는 부품명을 쓰시오.

부품명	특징
①	박스에 금속관을 고정할 때 커플링으로 관 상호 간을 접속할 때 커플링이 도는 것을 방지하기 위해서 사용된다. 6각형과 톱니형 두 가지가 있다. 톱니형은 두꺼운 전선관의 경우 54[mm] 이상을 사용한다.
②	전선의 절연 피복을 보호하기 위해서 금속관의 관 끝에 취부한다. 안쪽을 절연물로 피복하였기 때문에 안정성이 높다.
③	바닥 밑으로 매입배선을 할 때 콘센트 기타 바닥에 취부하는 기구를 취부할 때, 또는 배선을 시설하는 경우에 사용한다.
④	금속관을 아웃트렛 박스 등의 녹아웃(Knock Out)에 취부할 때 녹아웃의 지름이 관의 지름보다 큰 관계로 록 너트만으로는 고정할 수 없을 때 보조적으로 사용한다.
⑤	금속관의 상호를 접속할 때 사용한다.
⑥	전선접속, 조명기구, 콘센트 등의 취부에 사용한다. 중형 4각(얕은형, 깊은형), 대형 4각(얕은형, 깊은형) 등 사용목적에 따라 여러 종류가 있다.
⑦	노출배관 공사와 점검할 수 있는 은폐배관 공사 등에서 전선관을 조영재에 취부해서 고정하는 경우에 사용한다.(1공형, 2공형)
⑧	서비스 캡이라고도 하며 노출배관에서 금속배관으로 들어갈 때 관단에 사용한다.

해답
① 록 너트 ② 절연부싱
③ 플로어 박스 ④ 링리듀서
⑤ 커플링 ⑥ 아웃트렛 박스
⑦ 새들 ⑧ 엔드

04 축전지의 정격용량 200[Ah], 상시부하 10[kW], 표준전압 100[V]인 부동충전방식의 2차 충전전륫값은 얼마인지 계산하시오.(단, 납축전지의 방전율은 10시간을, 알칼리축전지는 5시간을 방전률로 한다.)

과년도 기출문제

1 납축전지
   계산 : _____ 답 : _____

2 알칼리축전지
   계산 : _____ 답 : _____

해답

1 계산 : 충전기 2차 전류$[A] = \dfrac{축전지용량[Ah]}{정격방전율[h]} + \dfrac{상시\ 부하용량[VA]}{표준전압[V]}$

$I = \dfrac{200}{10} + \dfrac{10 \times 10^3}{100} = 120[A]$

답 120[A]

2 계산 : $I = \dfrac{200}{5} + \dfrac{10 \times 10^3}{100} = 140[A]$

답 140[A]

TIP

1. 축전지 정격방전율
   ① 연축전지 : 10[h]   ② 알칼리축전지 : 5[h]

2. 축전지 공칭전압
   ① 연축전지 : 2.0[V/셀]   ② 알칼리축전지 : 1.2[V/셀]

3. 충전기 2차 전류(I_2) = $\dfrac{축전지용량}{방전율} + \dfrac{상시부하}{표준전압}$

4. 축전지의 충전방식
   ① 부동충전 : 축전지의 자기방전을 보충함과 동시에 상용부하에 대한 전력공급은 충전기가 부담하도록 하되 충전기가 부담하기 어려운 일시적인 대전류 부하는 축전지로 부담하는 방식
   ② 균등충전 : 각 전해조에서 일어나는 전위차를 보정하기 위해 1~3개월마다 1회 정전압으로 10~12시간 충전하는 방식
   ③ 보통충전 : 필요할 때마다 시간율로 소정의 충전을 하는 방식
   ④ 급속충전 : 비교적 단시간(보통충전의 2~3배)에 충전하는 방식
   ⑤ 세류충전 : 자기 방전량만을 충전하는 방식
   ⑥ 회복충전 : 과방전 및 설치상태 설페이션 현상이 발생했을 때 기능을 회복시키려 충전하는 방식

5. 알칼리축전지의 장단점
   ① 장점
      ㉠ 수명이 길다.   ㉡ 진동·충격에 강하다.
      ㉢ 사용온도 범위가 넓다.   ㉣ 방전 시 전압변동이 적다.
      ㉤ 과충전·과방전에 강하다.
   ② 단점
      ㉠ 중량이 무겁다.   ㉡ 가격이 비싸다.   ㉢ 단자 전압이 낮다.

6. 축전지 용량
   $C = \dfrac{1}{L} \times K \times I[Ah]$
   여기서, L : 보수율(경년용량 저하율), K : 용량환산시간, I : 방전전류

05 수용가에서 사용되고 있는 특고압용 및 저압용 차단기 종류 각 3가지의 영문약호와 한글명칭을 쓰시오.

1 특고압용 차단기

영문약호	한글명칭

2 저압용 차단기

영문약호	한글명칭

[해답]

1 특고압용 차단기

영문약호	한글명칭
VCB	진공차단기
GCB	가스차단기
ABB	공기차단기

2 저압용 차단기

영문약호	한글명칭
ACB	기중차단기
MCCB	배선용 차단기
ELB	누전차단기

TIP

➤ 특고압용 차단기의 종류 및 소호매질
 ① OCB(유입차단기) : 소호실 내의 아크에 의한 절연유의 분해가스로 소호시킨다.
 ② VCB(진공차단기) : 고진공 중의 절연내력을 이용하여 소호시킨다.
 ③ ABB(공기차단기) : 압축된 공기로 분사하여 소호시킨다.
 ④ GCB(가스차단기) : SF_6 가스를 이용하여 소호시킨다.

06 전력퓨즈 정격사항에 대하여 주어진 표의 빈칸을 채우시오.

계통전압[kV]	퓨즈 정격	
	정격전압[kV]	최대설계전압[kV]
6.6	①	8.25
13.2	15	②
22 또는 22.9	③	25.8
66	69	④
154	⑤	169

해답 ① 6.9 또는 7.5 ② 15.5
③ 23 ④ 72.5
⑤ 161

TIP

▶ 퓨즈 · 차단기 · 피뢰기의 정격전압

공칭전압 계통전압 [kV]	퓨즈		차단기		피뢰기		공칭방전 전류[A]
	퓨즈정격 전압[kV]	최대설계 전압[kV]	정격전압 [kV]	차단시간 [c/s]	정격전압[kV]		
					변전소	배전선로	
3.3			3.6		7.5	7.5	
6.6	6.9/7.5	8.25	7.2	5	7.5	7.5	
13.2	15	15.5					
22.9	23	25.8	25.8	5	21	18	2,500
22			24		24		
66	69	72.5	72.5	5	72		5,000
154	161	169	170	3	144		10,000
345			362	3	288		
765			800	2			

07 고압 선로에서의 접지사고 검출 및 경보장치를 그림과 같이 시설하였다. A선에 누전사고가 발생하였을 때 다음 각 물음에 답하시오.(단, 전원이 인가되고 경보벨의 스위치는 닫혀 있는 상태라고 한다.)

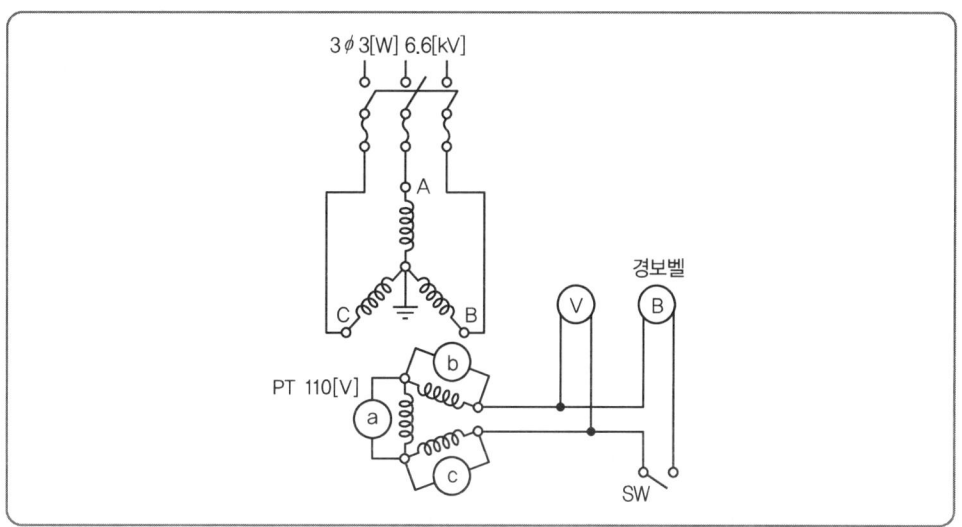

1 1차 측 A선의 대지 전압이 0[V]인 경우 B선 및 C선의 대지 전압은 각각 몇 [V]인가?
① B선의 대지전압
　계산 : _____ 답 : _____
② C선의 대지전압
　계산 : _____ 답 : _____

2 2차 측 전구 ⓐ의 전압이 0[V]인 경우 ⓑ 및 ⓒ 전구의 전압과 전압계 Ⓥ의 지시전압, 경보벨 Ⓑ에 걸리는 전압은 각각 몇 [V]인가?
① ⓑ 전구의 전압
　계산 : _____ 답 : _____
② ⓒ 전구의 전압
　계산 : _____ 답 : _____
③ 전압계 Ⓥ의 지시 전압
　계산 : _____ 답 : _____
④ 경보벨 Ⓑ에 걸리는 전압
　계산 : _____ 답 : _____

해답

1 ① B선의 대지전압

계산 : $\dfrac{6,600}{\sqrt{3}} \times \sqrt{3} = 6,600[V]$ 　　　　**답** $6,600[V]$

② C선의 대지전압

계산 : $\dfrac{6,600}{\sqrt{3}} \times \sqrt{3} = 6,600[V]$ 　　　　**답** $6,600[V]$

2 ① ⓑ 전구의 전압

계산 : $\dfrac{110}{\sqrt{3}} \times \sqrt{3} = 110[V]$ 　　　　**답** $110[V]$

② ⓒ 전구의 전압

계산 : $\dfrac{110}{\sqrt{3}} \times \sqrt{3} = 110[V]$ 　　　　**답** $110[V]$

③ 전압계 ⓥ의 지시 전압

계산 : $\dfrac{110}{\sqrt{3}} \times 3 = 110 \times \sqrt{3} = 190.53[V]$ 　　　　**답** $190.53[V]$

④ 경보벨 ⓑ에 걸리는 전압

계산 : $\dfrac{110}{\sqrt{3}} \times 3 = 110 \times \sqrt{3} = 190.53[V]$ 　　　　**답** $190.53[V]$

TIP

① 지락된 상 : $0[V]$
② 지락 안된 상 : $\sqrt{3}$ 배
③ 개방단 : 3배

08 그림과 같은 송전계통 S점에서 3상 단락사고가 발생하였다. 주어진 도면과 표를 참고하여 변압기(T_2)의 각각의 %리액턴스를 100[MVA] 출력으로 환산하고, 1차(P), 2차(T), 3차(S)의 %리액턴스를 구하시오.

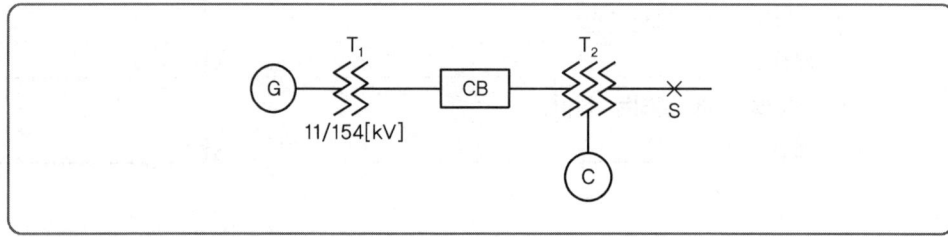

[조건]				
번호	기기명	용량	전압	%X
1	발전기(G)	50,000[kVA]	11[kV]	30
2	변압기(T_1)	50,000[kVA]	11/154[kV]	12
3	송전선	10,000[kVA]	154[kV]	10
4	변압기(T_2)	1차 25,000[kVA]	154[kV]	1~2차 12
		2차 25,000[kVA]	77[kV]	2~3차 15
		3차 10,000[kVA]	11[kV]	3~1차 10.8
5	조상기(C)	10,000[kVA]	11[kV]	20

1 1차
계산 : _____ 답 : _____

2 2차
계산 : _____ 답 : _____

3 3차
계산 : _____ 답 : _____

(해답) 계산 : • 1~2차 간 : $X_{P-T} = \dfrac{100}{25} \times 12 = 48[\%]$

• 2~3차 간 : $X_{T-S} = \dfrac{100}{25} \times 15 = 60[\%]$

• 3~1차 간 : $X_{S-P} = \dfrac{100}{10} \times 10.8 = 108[\%]$

1 계산 : 1차 $X_P = \dfrac{X_{PT} + X_{SP} - X_{TS}}{2} = \dfrac{48 + 108 - 60}{2} = 48[\%]$ 답 1차 : 48[%]

2 계산 : 2차 $X_T = \dfrac{X_{PT} + X_{TS} - X_{SP}}{2} = \dfrac{48 + 60 - 108}{2} = 0[\%]$ 답 2차 : 0[%]

3 계산 : 3차 $X_S = \dfrac{X_{TS} + X_{SP} - X_{PT}}{2} = \dfrac{60 + 108 - 48}{2} = 60[\%]$ 답 3차 : 60[%]

09 수전전압 6,600[V], 가공 배전 전선로의 %임피던스가 60.5[%]일 때 수전점의 3상 단락 전류가 7,000[A]인 경우 기준 용량을 구하고 수전용 차단기의 차단 용량을 선정하시오.

차단기의 정격 용량[MVA]										
10	20	30	50	75	100	150	250	300	400	500

1 기준 용량을 구하시오.

계산 : _____ 답 : _____

2 **1**번의 기준용량을 이용하여 차단 용량을 구하시오.

계산 : _____ 답 : _____

해답 **1** 계산 : $I_s = \dfrac{100}{\%Z} I_n$

$$I_n = \dfrac{I_s \%Z}{100} = \dfrac{60.5}{100} \times 7{,}000 = 4{,}235 [A]$$

$$P = \sqrt{3}\, V I_n = \sqrt{3} \times 6{,}600 \times 4{,}235 \times 10^{-6} = 48.412 [MVA]$$ **답** 48.41[MVA]

2 계산 : $P_s = \dfrac{100}{\%Z} \times P = \dfrac{100}{60.5} \times 48.41 = 80.02 [MVA]$ **답** 100[MVA]

T I P

1. 차단기 용량 선정
   ① 퍼센트 임피던스(%Z)가 주어졌을 경우
   $$P_s = \dfrac{100}{\%Z} \times P_n \qquad 여기서,\ P_n : 기준용량$$
   ② 정격차단전류[kA]가 주어졌을 경우
   $$P_s = \sqrt{3} \times 정격전압[kV] \times 정격차단전류[kA] = [MVA]$$

2. 단락전류
   ① 퍼센트 임피던스(%Z)가 주어졌을 경우
   $$I_S = \dfrac{100}{\%Z} I_n [A] \qquad 여기서,\ I_n : 정격전류$$
   ② 임피던스(Z)가 주어졌을 경우
   $$I_S = \dfrac{E}{Z} = \dfrac{\frac{V}{\sqrt{3}}}{Z} [A] \qquad 여기서,\ E : 상전압,\ V : 선간전압$$

10 옥내 배선의 시설에 있어서 인입구 부근에 전기 저항치가 3[Ω] 이하의 값을 유지하는 수도관 또는 철골이 있는 경우에는 이것을 접지극으로 사용하여 이를 혼촉방지 접지 공사한 저압 전로의 중성선 또는 접지 측 전선에 추가 접지할 수 있다. 이 추가 접지의 목적은 저압전로에 침입하는 뇌격이나 고저압 혼촉으로 인한 이상 전압에 의한 옥내 배선의 전위 상승을 억제하는 역할을 한다. 또 지락사고 시에 단락 전류를 증가시킴으로써 과전류 차단기의 동작을 확실하게 하는 것이다. 그림에 있어서 (나)점에서 지락이 발생한 경우 추가 접지가 없는 경우의 지락 전류와 추가 접지가 있는 경우의 지락전류값을 구하시오. ※ KEC 규정에 따라 문항 변경

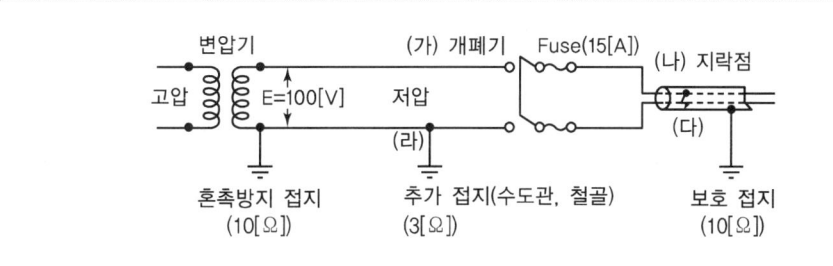

1 추가 접지가 없는 경우
계산 : _____ 답 : _____

2 추가 접지가 있는 경우
계산 : _____ 답 : _____

(해답) **1** 추가 접지가 없는 경우

계산 : $I_s = \dfrac{E}{R_2 + R_3} = \dfrac{100}{10 + 10} = 5[A]$ 답 5[A]

2 추가 접지가 있는 경우

계산 : $I_s = \dfrac{100}{10 + \dfrac{10 \times 3}{10 + 3}} = 8.125[A]$ 답 8.13[A]

TIP

구 규정	KEC 규정
제2종 접지공사	변압기 중성점 접지(혼촉방지 접지)
제3종, 특3종 접지공사	저압 보호 접지

- 추가 접지가 없는 경우 : 보호접지와 혼촉방지접지가 직렬
- 추가 접지가 있는 경우 : 혼촉방지접지와 추가접지가 병렬이 되고 보호접지와는 직렬

11 다음에 주어진 단상 유도전동기이다. 역회전이 가능한 방법을 보기에서 골라 ( )에 쓰시오.

[보기]
ㄱ. 역회전이 불가능하다.
ㄴ. 기동권선이 접속을 반대로 한다.
ㄷ. 브러시의 위치를 바꾼다.

1 반발기동형 ( )   **2** 분상기동형 ( )   **3** 셰이딩 코일형 ( )

해답 ① 반발기동형 (ㄷ)   ② 분상기동형 (ㄴ)   ③ 셰이딩 코일형 (ㄱ)

TIP
단상 반발전동기는 브러시 이동으로 속도 제어 및 역전이 가능하다. 셰이딩 코일형은 역회전이 불가능한 전동기이며, 분상기동형은 기동권선의 접속을 반대로 하여 역회전한다.

12 최대전류가 흐를 때의 손실이 100[kW]이며 부하율이 60[%]인 전선로의 평균 손실은 몇 [kW]인가?(단, 배전 선로의 손실 계수를 구하는 α는 0.2이다.)

계산 : _____ 답 : _____

해답 계산 : $H = \alpha F + (1-\alpha)F^2 = 0.2 \times 0.6 + (1-0.2) \times 0.6^2 = 0.408$
평균전력손실 = 최대전력손실 × H = 100 × 0.408 = 40.8[kW]

답 40.8[kW]

TIP
손실계수(H) = $\dfrac{평균전력손실}{최대전력손실}$

13 감리원은 공사가 시작된 경우에는 공사업자로부터 다음 서류가 포함된 착공신고서를 제출받아 적정성 여부를 검토하여 7일 이내 발주자에게 보고한다. 다음 빈칸을 완성하시오.

① 시공관리책임자 지정 통지서(현장관리조직, 안전관리자)
② (①)
③ (②)
④ 공사도급 계약서 사본 및 산출내역서
⑤ 공사 시작 전 사진
⑥ 현장기술자 경력사항 확인서 및 자격증
⑦ (③)
⑧ 작업인원 및 장비투입 계획서
⑨ 그 밖에 발주자가 지정한 사항

해답 ① 공사 예정 공정표
② 품질관리계획서
③ 안전관리계획서

14 다음 도면을 보고 물음에 답하시오.(단, 기준용량은 100[MVA]이며, 소수점 다섯째 자리에서 반올림하시오.)

```
기준용량 100[MVA]
KEPCO 1,000[MVA](X/R비=10)

CNCV 케이블
(0.234[Ω/km]+j0.162[Ω/km])
3[km]

22.9[kV]/380[V]
3φ 2,500[kVA]
%Z=7(X/R비=8)

단락지점 ✕
```

1 전원 측 (%Z, %X, %R)를 구하시오.
① %Z 계산 : _____ 답 : _____
② %X 계산 : _____ 답 : _____
③ %R 계산 : _____ 답 : _____

2 케이블의 %임피던스를 구하시오.
계산 : _____ 답 : _____

3 변압기의 (%Z, %X, %R)를 구하시오.
① %Z 계산 : _____ 답 : _____
② %X 계산 : _____ 답 : _____
③ %R 계산 : _____ 답 : _____

4 단락점까지 합성 %임피던스를 구하시오.
계산 : _____ 답 : _____

5 단락점의 단락전류를 구하시오.
계산 : _____ 답 : _____

해답

1 ① 계산 : $\%Z = \dfrac{100}{P_s}P = \dfrac{100}{1{,}000} \times 100 = 10[\%]$

답 $10[\%]$

② 계산 : $\%X = 10 \cdot \%R = 10 \cdot 0.995037 = 9.95037[\%]$

답 $9.9504[\%]$

③ 계산 : $\dfrac{X}{R} = 10$ 이므로

$\%Z^2 = \%R^2 + \%X^2 = \%R^2 + (10\%R)^2 = 101 \cdot \%R^2$

$10^2 = 101 \cdot \%R^2$ 에서 $\%R = \sqrt{\dfrac{10^2}{101}} = 0.995037[\%]$

답 $0.9950[\%]$

2 계산 : $\%R = \dfrac{PR}{10V^2} = \dfrac{100 \times 10^3 \times 0.234 \times 3}{10 \times 22.9^2} = 13.3865[\%]$

$\%X = \dfrac{PX}{10V^2} = \dfrac{100 \times 10^3 \times 0.162 \times 3}{10 \times 22.9^2} = 9.2676[\%]$

$\%Z_L = \sqrt{13.3865^2 + 9.2676^2} = 16.2815[\%]$

답 $\%Z_L = 16.2815[\%]$

3 ① 계산 : $\%Z = 7 \times \dfrac{100}{2.5} = 280[\%]$

답 $280[\%]$

② 계산 : $\%X = 8 \cdot \%R = 8 \cdot 34.72972 = 277.8378[\%]$

답 $277.8378[\%]$

③ 계산 : $\dfrac{X}{R} = 8$ 이므로

$\%Z^2 = \%R^2 + \%X^2 = \%R^2 + (8\%R)^2 = 65 \cdot \%R^2$

$280^2 = 65 \cdot \%R^2$ 에서 $\%R = \sqrt{\dfrac{280^2}{65}} = 34.72972[\%]$

답 $34.7297[\%]$

4 계산 : $\%R_t = 0.9950 + 13.3865 + 34.7297 = 49.1112[\%]$

$\%X_t = 9.9504 + 9.2676 + 277.8378 = 297.0558[\%]$

$\%Z = \sqrt{49.1112^2 + 297.0558^2} = 301.0881[\%]$

답 $\%Z = 301.0881[\%]$

5 계산 : $I_s = \dfrac{100}{\%Z}I_n = \dfrac{100}{301.0881} \times \dfrac{100 \times 10^6}{\sqrt{3} \times 380} \times 10^{-3} = 50.4617[\text{kA}]$

답 $50.4617[\text{kA}]$

15 다음은 전동기 Y-△ 기동에 대한 시퀀스 도면이다. 회로 변경, 접점 추가, 접점 제거 또는 변경을 등을 활용하여 다음 조건에 맞는 동작을 할 수 있도록 도면에서 잘못된 부분을 고쳐서 그리시오. (단, 전자접촉기, 접점 등의 명칭을 시퀀스 도면 수정 시 정확히 표현하시오.)

[조건]
- PBS(ON)을 누르면 전자접촉기 MCM, MCS 타이머 T가 동작하며, 전동기 IM이 Y 결선으로 기동하고, PBS(ON)을 놓아도 자기 유지에 의해 동작이 유지된다.
- 타이머 설정시간 후 전자접촉기 MCS와 타이머 T가 소자되고, 전자접촉기 MCD가 동작하며, 전동기 IM이 △결선으로 운전한다.
- MCS와 MCD는 서로 동시에 투입되지 않도록 한다.
- PBS(OFF)를 누르면 모든 동작이 정지한다.
- 전동기운전과전류가 흐르면 THR에 의해 모든 동작이 정지한다.

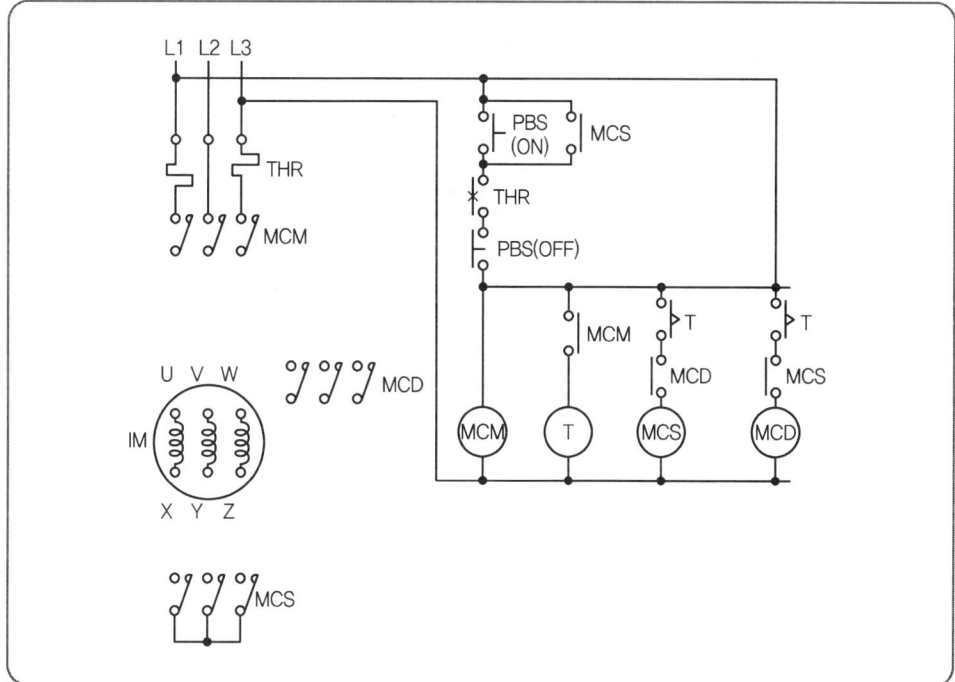

❶ 주회로를 완성하시오.
❷ 틀린 부분을 고쳐 올바르게 그리시오.

과년도 기출문제

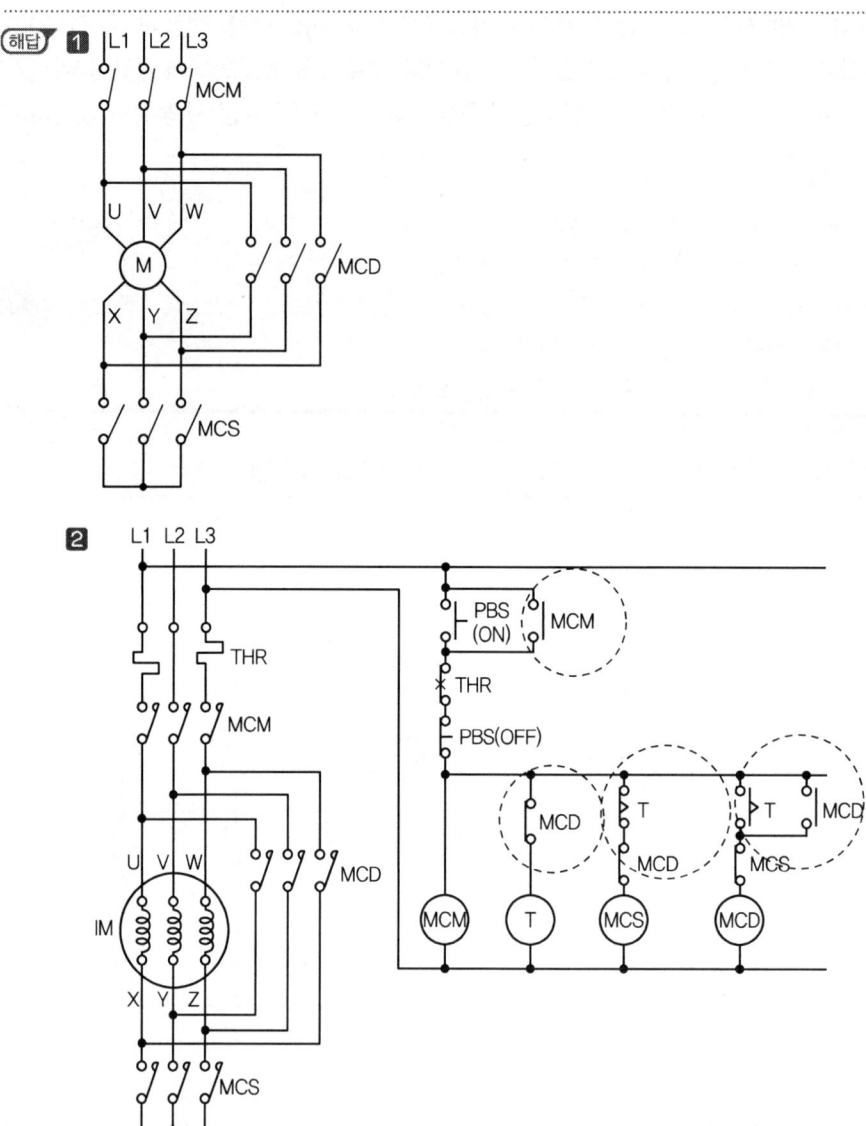

16 어느 변전소에서 그림과 같은 일부하 곡선을 가진 3개의 부하 A, B, C의 수용가에 있을 때, 다음 각 물음에 답하시오. (단, 부하 A, B, C의 역률은 각각 100[%], 80[%], 60[%]라 한다.)

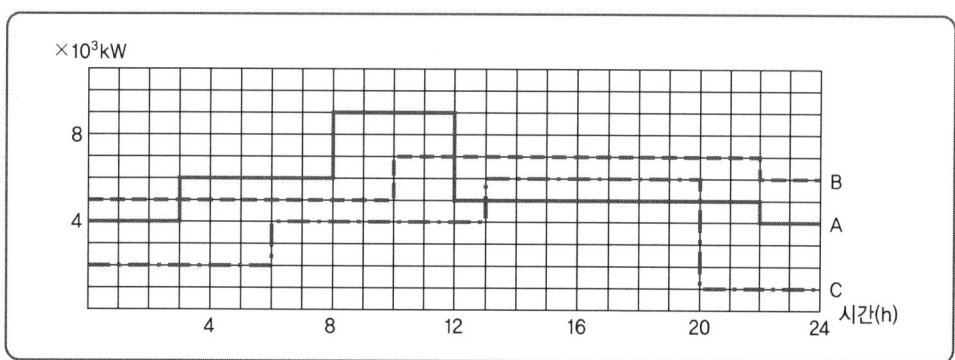

1 합성최대전력[kW]을 구하시오.
계산 : _____ 답 : _____

2 종합부하율[%]을 구하시오.
계산 : _____ 답 : _____

3 부등률을 구하시오.
계산 : _____ 답 : _____

4 최대부하 시 종합역률[%]을 구하시오.
계산 : _____ 답 : _____

5 A수용가에 대한 다음 물음에 답하시오.
① 첨두부하는 몇 [kW]인가?
② 첨두부하가 지속되는 시간은 몇 시부터 몇 시까지인가?
③ 하루 공급된 전력량은 몇 [MWh]인가?
계산 : _____ 답 : _____

해답 **1** 계산 : 합성최대전력은 도면에서 10~12시에 나타나며
$P = (9+7+4) \times 10^3 = 20 \times 10^3 \text{[kW]}$ **답** 20,000[kW]

2 계산 : • A부하의 평균전력
$$P_A = \frac{\text{사용전력량}}{24} = \frac{\{(4 \times 3) + (6 \times 5) + (9 \times 4) + (5 \times 10) + (4 \times 2)\} \times 10^3}{24}$$
$$= 5.67 \times 10^3 \text{[kW]}$$

• B부하의 평균전력
$$P_B = \frac{\text{사용전력량}}{24} = \frac{\{(5 \times 10) + (7 \times 12) + (6 \times 2)\} \times 10^3}{24}$$
$$= 6.08 \times 10^3 \text{[kW]}$$

• C부하의 평균전력

$$P_C = \frac{\text{사용전력량}}{24} = \frac{\{(2 \times 6) + (4 \times 7) + (6 \times 7) + (1 \times 4)\} \times 10^3}{24}$$

$$= 3.58 \times 10^3 [\text{kW}]$$

따라서, 종합 부하율 $= \dfrac{\text{평균전력}}{\text{합성최대전력}} \times 100$

$$= \frac{\text{A, B, C 각 평균전력의 합계}}{\text{합성최대전력}} \times 100$$

$$= \frac{(5.67 + 6.08 + 3.58) \times 10^3}{20 \times 10^3} \times 100 = 76.65[\%]$$

답 76.65[%]

3 계산 : 부등률 $= \dfrac{\text{A, B, C 최대전력의 합계}}{\text{합성최대전력}} = \dfrac{(9+7+6) \times 10^3}{20 \times 10^3} = 1.1$

답 1.1

4 계산 : 먼저 최대부하 시 무효전력 $Q = P \tan\theta = P \dfrac{\sin\theta}{\cos\theta}$ 를 구하면

$$Q = 9 \times 10^3 \times \frac{0}{1} + 7 \times 10^3 \times \frac{0.6}{0.8} + 4 \times 10^3 \times \frac{0.8}{0.6} = 10,583.33 [\text{kVar}]$$

$$\cos\theta = \frac{P}{\sqrt{P^2 + Q^2}} = \frac{20,000}{\sqrt{20,000^2 + 10,583.33^2}} \times 100 = 88.39[\%]$$

답 88.39[%]

5 ① $9 \times 10^3 [\text{kW}]$

② 8~12시

③ 계산 : $W = \{(4 \times 3) + (6 \times 5) + (9 \times 4) + (5 \times 10) + (4 \times 2)\} \times 10^3$

$= 136 \times 10^3 [\text{kWh}] = 136 [\text{MWh}]$

답 136[MWh]

> **TIP**
>
> ① $\cos\theta = \dfrac{P}{\sqrt{P^2 + Q^2}} \times 100$
>
> $Q = P \tan\theta = P \dfrac{\sin\theta}{\cos\theta}$
>
> 여기서, P : 유효전력, Q : 무효전력
>
> ② 첨두부하 = 최대부하

2020년도 3회 시험 과년도 기출문제

01 154[kV] 2회선 송전선이 있다. 1회선만이 송전 중일 때 휴전 회선에 대한 정전유도전압은?
(단, 송전 중의 회선과 휴전선 중의 회선과의 정전용량은 $C_a = 0.001[\mu F]$, $C_b = 0.0006$ $[\mu F]$, $C_c = 0.0004[\mu F]$이고, 휴전선의 1선 대지정전용량은 $C_s = 0.0052[\mu F]$이다.)

계산 : _____ 답 : _____

해답 계산 : $E_n = \dfrac{\sqrt{C_a(C_a - C_b) + C_b(C_b - C_c) + C_c(C_c - C_a)}}{C_a + C_b + C_c + C_s} \times \dfrac{V}{\sqrt{3}}[V]$

$= \dfrac{\sqrt{0.001(0.001 - 0.0006) + 0.0006(0.0006 - 0.0004) + 0.0004(0.0004 - 0.001)}}{0.001 + 0.0006 + 0.0004 + 0.0052}$

$\times \dfrac{154 \times 10^3}{\sqrt{3}} = 6,534.41[V]$

답 6,534.41[V]

02 그림과 같은 논리회로의 명칭을 쓰고 진리표를 완성하시오.

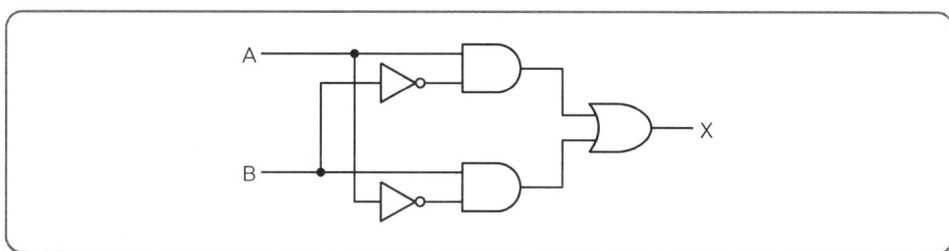

1 명칭을 쓰시오.
2 출력식을 쓰시오.
3 진리표를 완성하시오.

A	B	X
0	0	
0	1	
1	0	
1	1	

해답 1 배타적 논리합 회로(Exclusive OR)
2 논리식 : X = A$\overline{B}$ + $\overline{A}$B
3 진리표

A	B	X
0	0	0
0	1	1
1	0	1
1	1	0

03 단상변압기 100[kVA] 6,300/210[V] 2대로 병렬로 운전할 때 2차 측에서 단락 시 전원에 유입되는 단락전류의 값은?(단, 단상변압기 임피던스는 6[%]이다.)

계산 : _____ 답 : _____

해답 계산 : $I_s = \dfrac{100}{\%Z} I_n = \dfrac{100}{3} \times \dfrac{100 \times 10^3}{6,300} = 529.1[A]$ $\%Z = \dfrac{6}{2} = 3[\%]$

답 529.1[A]

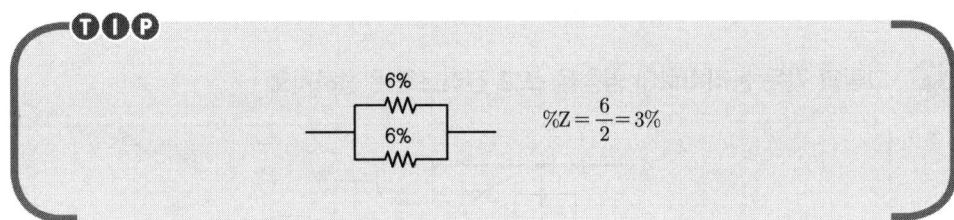

04 그림과 같이 20[kVA]의 단상 변압기 3대를 사용하여 45[kW], 역률 0.8(지상)인 3상 전동기 부하에 전력을 공급하는 배선이 있다. 지금 변압기 ⓐ, ⓑ의 중성점 n에 1선을 접속하여 ⓐn, nⓑ 사이에 같은 수의 전구를 점등하고자 한다. 60[W]의 전구를 사용하여 변압기가 과부하 되지 않는 한도 내에서 몇 등까지 점등할 수 있겠는가?

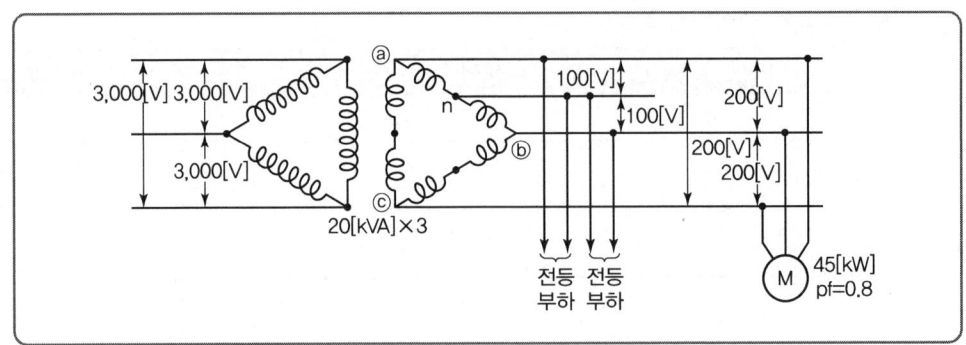

계산 : _____   답 : _____

[해답] 피상² = 유효² + 무효²

계산 : $20^2 = (15+P)^2 + \left(15 \times \dfrac{0.6}{0.8}\right)^2$

$P = \sqrt{20^2 - \left(15 \times \dfrac{0.6}{0.8}\right)^2} - 15 = 1.535 [kW]$

여기서,

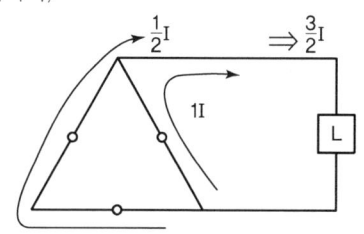

$P' = P \times \dfrac{3}{2} = 1.535 \times \dfrac{3}{2} = 2.303 [kW]$

∴ 등수(N) = $\dfrac{2,303[W]}{60[W]} = 38.5 [등]$

변압기가 과부화되지 않는 한도 내에서이므로 38[등]까지 점등할 수 있다.

답 38[등]

TIP
무효전력 $Q = P \tan\theta$
  여기서, P : 유효전력[kW]

05 전동기에 콘덴서를 설치할 경우 발생할 수 있는 자기여자현상의 발생 원인과 현상을 설명하시오.

1 원인

2 현상

[해답]
1 원인 : 콘덴서 전류가 전동기 무부하 전류보다 큰 경우
2 현상 : 전동기 단자전압이 일시적으로 정격 전압을 초과하는 현상

TIP
전동기 자기여자현상의 대책 : 콘덴서의 정격전류는 전동기의 무부하 전류보다 작은 것을 선정한다.

06 그림은 모선의 단락보호 계전방식을 도면화한 것이다. 이 도면을 보고 다음 각 물음에 답하시오.

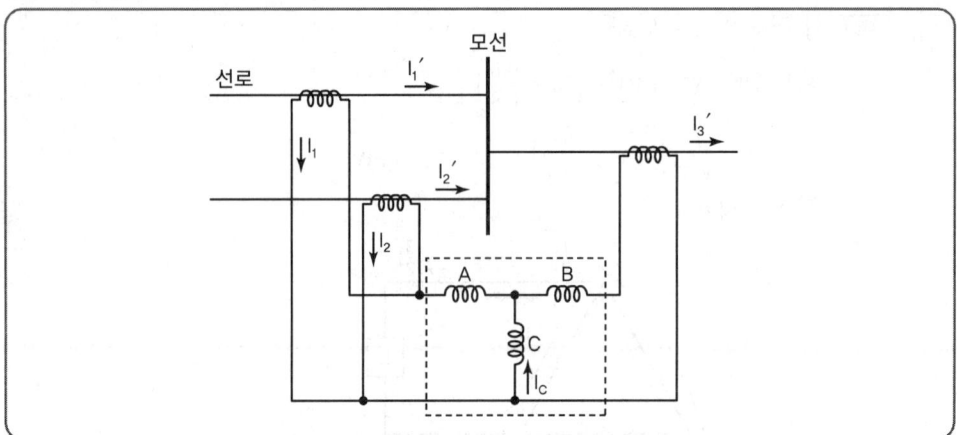

① 점선 안의 계전기 명칭은?
② A, B, C 코일의 명칭을 쓰시오.
③ 모선의 단락이 생길 때 코일 C의 전류 i_C는 어떻게 표현되는가?

해답
① 비율차동계전기
② A : 억제코일, B : 억제코일, C : 동작코일
③ $i_C = |(i_1 + i_2) - i_3|$

TIP
② C코일 : 동작 코일(내부 사고 시 동작하는 코일)
   A, B코일 : 억제 코일(외부 사고 시 억제하는 코일)
③ C코일(동작 코일)에 흐르는 전류 i_C는 A, B코일(억제 코일)에 흐르는 전류의 차전류가 흐른다.

07 바닥면적 100[m²] 강당에 분전반을 설치하려고 한다. 단위면적당 표준부하가 10[VA/m²]이고 공사시공법에 의한 전류 감소율은 0.7이라면 간선의 최소허용전류가 얼마인 것을 사용하여야 하는가?(단, 배전전압은 220[V]이다.) ※ KEC 규정에 따라 문항 변경

계산 : _____ 답 : _____

해답 계산 : I_B(설계전류) ≤ I_n(정격전류) ≤ I_Z(허용전류) 조건에 부합하여야 하고,
$P_a = VI\,[\text{VA}] = \text{m}^2 \times \dfrac{\text{VA}}{\text{m}^2} = 100 \times 10 = 1{,}000[\text{VA}]$

또한, 전류 감소율이 0.7이므로 $I_Z \times 0.7 \geq I_n \left(= \dfrac{P_a}{V} \right)$

$\therefore I_Z \times 0.7 \geq \dfrac{1,000}{220}$

$I_Z \geq \dfrac{1,000}{220 \times 0.7} = 6.49[A]$

답 6.49[A]

08 다음은 전동기의 결선도이다. 물음에 답하시오.

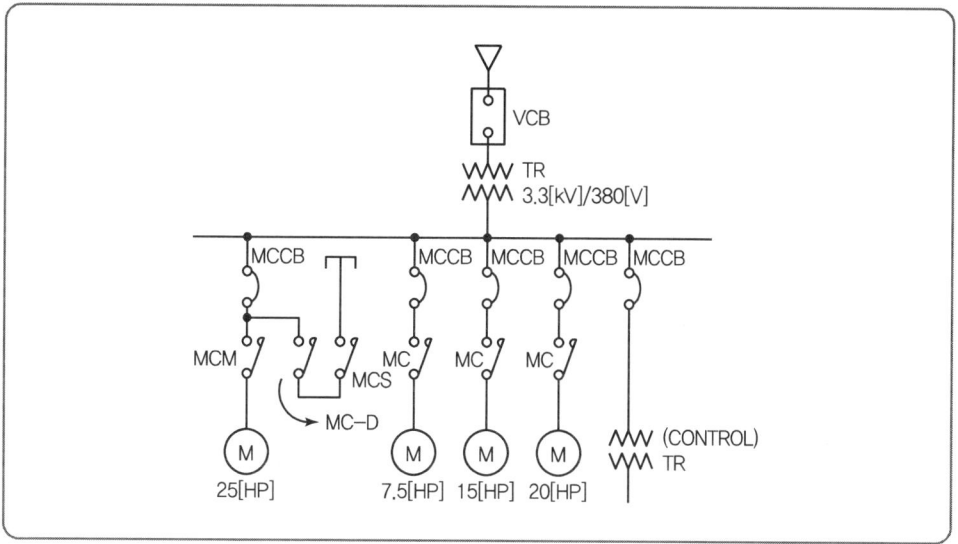

변압기의 표준용량[kVA]					
50	75	100	150	200	250

1 3상 유도 전동기이다. 20[HP] 전동기의 분기회로의 케이블 선정 시 허용전류를 계산하시오.(단, 역률 0.9, 효율은 0.8이다.)

계산 : _____ 답 : _____

2 상기 결선도의 3상 교류 유도 전동기의 변압기 용량을 계산하시오.(단, 수용률은 0.65이고, 역률 0.9, 효율은 0.8이다.)

계산 : _____ 답 : _____

3 25[HP] 3상 농형 유도 전동기의 Y-△ 3선 결선도를 작성하시오.

4 CONTROL TR(제어용 변압기)의 목적은?

5 ※ KEC 규정에 따라 문항 삭제

해답

1 계산 : $I = \dfrac{P}{\sqrt{3}\,V\cos\theta\,\eta} = \dfrac{746 \times 20}{\sqrt{3} \times 380 \times 0.9 \times 0.8} = 31.48[A]$

∴ 허용전류 $I_a = 31.48$

답 31.48[A]

2 계산 : $P_a = \dfrac{개별최대전력의합(설비용량 \times 수용률)}{역률 \times 효율}$

$= \dfrac{(7.5 + 15 + 20 + 25) \times 0.65 \times 746}{0.9 \times 0.8} \times 10^{-3} = 45.46[kVA]$

답 45.46[kVA] or 표준용량 50[kVA]

3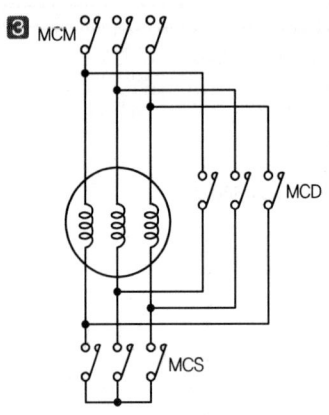

4 높은 전압을 저전압으로 변성하여 제어회로의 조작 전원으로 공급

09 그림과 같은 2 : 1 로핑의 기어레스 엘리베이터에서 적재 하중은 1,000[kg], 속도는 140[m/min]이다. 구동 로프 바퀴의 직경은 760[mm]이며, 기체의 무게는 1,500[kg]인 경우 다음 각 물음에 답하시오.(단, 평형률은 0.6, 엘리베이터의 효율은 기어레스에서 1 : 1 로핑인 경우 85[%], 2 : 1 로핑인 경우는 80[%]이다.)

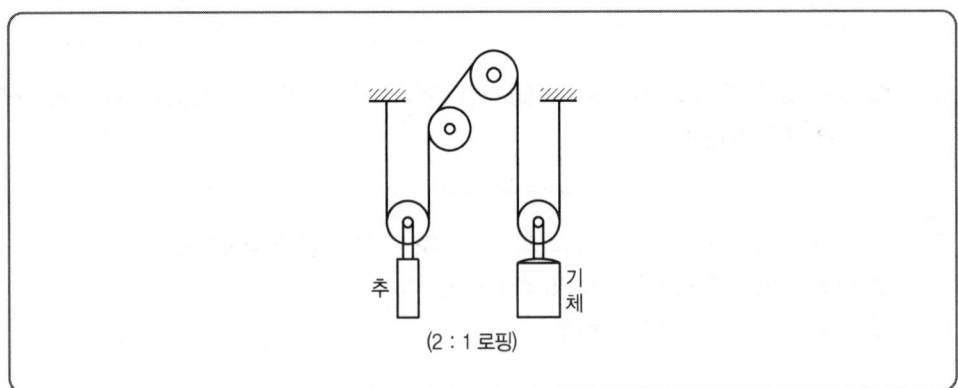

1 권상소요 동력은 몇 [kW]인지 계산하시오.

계산 : _____ 답 : _____

2 전동기의 회전수는 몇 [rpm]인지 계산하시오.

계산 : _____ 답 : _____

해답 **1** 계산 : $P = \dfrac{WVK}{6.12\eta} = \dfrac{1 \times 140 \times 0.6}{6.12 \times 0.8} = 17.156[kW]$

답 17.16[kW]

2 계산 : $N = \dfrac{V}{D\pi} = \dfrac{280}{0.76 \times \pi} = 117.27[rpm]$

답 117.27[rpm]

TIP

$V = \pi DN$
여기서, N : 전동기 회전수, V : 엘리베이터 속도

10 단상 3선식 110/220[V]을 채용하고 있는 어떤 건물이 있다. 변압기가 설치된 수전실로부터 50[m]되는 곳에 부하집계표와 같은 분전반을 시설하고자 할 때 다음 조건과 전선의 허용전류표를 이용하여 다음 각 물음에 답하시오.

단, • 전압변동률은 2[%] 이하가 되도록 한다.
 • 전압강하율은 2[%] 이하가 되도록 한다.(단, 중성선의 전압강하는 무시한다.)
 • 후강 전선관 공사로 한다.
 • 3선 모두 같은 선으로 한다.
 • 부하의 수용률은 100[%]로 적용한다.
 • 후강 전선관 내 전선의 점유율은 48[%] 이내를 유지한다.

| 전선의 허용전류표 |

단면적[mm^2]	허용전류[A]	전선관 3본 이하 수용 시[A]	피복 포함 단면적[mm^2]
6	54	48	32
10	75	66	43
16	100	88	58
25	133	117	88
35	164	144	104
50	198	175	163

| 부하집계표 |

회로 번호	부하 명칭	부하 [VA]	부하 분담[VA]		MCCB 크기			비고
			A	B	극수	AF	AT	
1	전등	2,400	1,200	1,200	2	50	16	
2	〃	1,400	700	700	2	50	16	
3	콘센트	1,000	1,000	–	2	50	20	
4	〃	1,400	1,400	–	2	50	20	
5	〃	600	–	600	2	50	20	
6	〃	1,000	–	1,000	2	50	20	
7	팬코일	700	700	–	2	30	16	
8	〃	700	–	700	2	30	16	
합계		9,200	5,000	4,200				

1 간선의 공칭단면적[mm²]을 선정하시오.

계산 : _____ 답 : _____

2 후강 전선관의 굵기[mm]를 선정하시오.

계산 : _____ 답 : _____

3 간선보호용 과전류차단기의 용량(AF, AT)을 선정하시오.

계산 : _____ 답 : _____

4 분전반의 복선 결선도를 완성하시오.(단, 접지공사의 종별을 같이 기입하시오.)

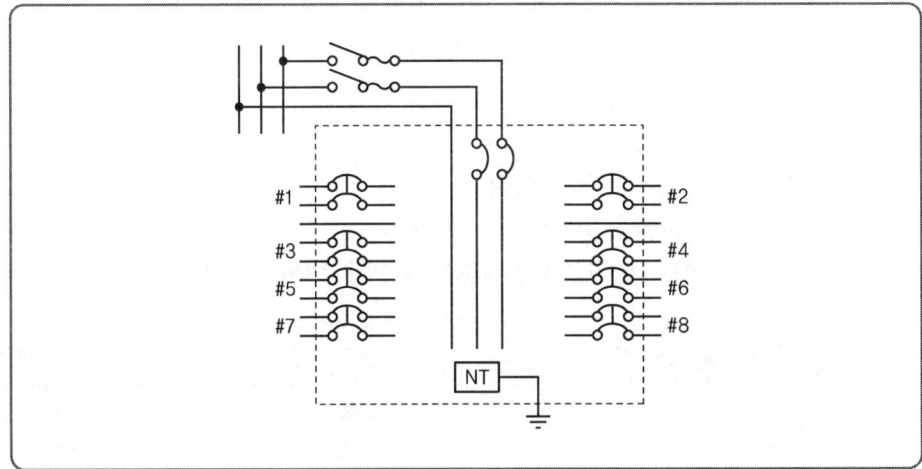

5 설비불평형률은 몇 [%]인지 구하시오.

계산 : _____ 답 : _____

해답 **1** 계산 : A선의 전류 $I_A = \dfrac{5,000}{110} = 45.45[A]$, B선의 전류 $I_B = \dfrac{4,200}{110} = 38.18[A]$

I_A, I_B 중 큰 값인 45.45[A]를 기준으로 함

$$\therefore A = \dfrac{17.8LI}{1,000e} = \dfrac{17.8 \times 50 \times 45.45}{1,000 \times 110 \times 0.02} = 18.39[mm^2]$$

답 $25[mm^2]$

2 계산 : [전선의 허용전류표]에서 25[mm²] 전선의 피복 포함 단면적이 88[mm²]이므로

전선의 총 단면적 $A = 88 \times 3 = 264[mm^2]$

문제의 조건에서 후강 전선관 내단면적의 48[%] 이내를 유지해야 하므로

$$A = \dfrac{1}{4}\pi d^2 \times 0.48 \geq 264$$

$$\therefore d = \sqrt{\dfrac{264 \times 4}{0.48 \times \pi}} = 26.46[mm]$$

답 28[mm] 후강 전선관 선정

3 계산 : 설계전류 $I_B = 45.45[A]$이고 공칭단면적 25[mm²] 전선의 허용전류 $I_Z = 117[A]$이므로 $I_B \leq I_n \leq I_Z$의 조건을 만족하는 정격전류 $I_n = 100[A]$의 과전류차단기를 선정

답 • AF : 100[A]
  • AT : 100[A]

4

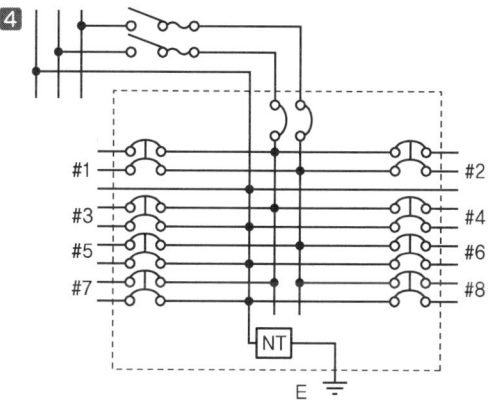

5 계산 : 설비불평형률

$$= \dfrac{\text{중성선과 각 전압 측 전선 간에 접속되는 부하설비 용량의 차}}{\text{총 부하 설비 용량의 1/2}} \times 100[\%]$$

$$= \dfrac{3,100 - 2,300}{\dfrac{1}{2}(5,000 + 4,200)} \times 100 = 17.39[\%]$$

답 17.39[%]

11 다음 옥내용 변류기(C.T)에 대하여 ( ) 안에 알맞은 내용을 기입하시오.

1 24시간 동안 측정한 상대습도의 평균값은 (　　)[%]를 초과하지 않는다.
2 24시간 동안 측정한 수증기압의 평균값은 (　　)[kPa]을 초과하지 않는다.
3 1달 동안 측정한 상대습도의 평균값은 (　　)[%]를 초과하지 않는다.
4 1달 동안 측정한 수증기압의 평균값은 (　　)[kPa]을 초과하지 않는다.

해답
1 95[%]
2 2.2[kPa]
3 90[%]
4 1.8[kPa]

12 아래 요구사항을 만족하는 주회로 및 제어회로의 미완성 결선도를 직접 그려 완성하시오. (단, 접점기호와 명칭 등을 정확히 나타내시오.)

[요구사항]
- 전원스위치 MCCB를 투입하면 주회로 및 제어회로에 전원이 공급된다.
- 누름버튼스위치(PB₁)를 누르면 MC₁이 여자되고 MC₁의 보조접점에 의하여 RL이 점등되며, 전동기는 정회전한다.
- 누름버튼스위치(PB₁)를 누른 후 손을 떼어도 MC₁은 자기유지되어 전동기는 계속 정회전한다.
- 전동기 운전 중 누름버튼스위치(PB₂)를 누르면 연동에 의하여 MC₁이 소자되어 전동기가 정지되고, RL은 소등된다. 이때 MC₂는 자기유지되어 전동기는 역회전(역상제동을 함)하고 타이머가 여자되며, GL이 점등된다.
- 타이머 설정시간 후 역회전 중인 전동기는 정지하고 GL도 소등된다. 또한 MC₁과 MC₂의 보조접점에 의하여 상호 인터록이 되어 동시에 동작되지 않는다.
- 전동기 운전 중 과전류가 감지되어 EOCR이 동작되면, 모든 제어회로의 전원은 차단되고 YL만 점등된다.
- EOCR을 리셋하면 초기상태로 복귀한다.

과년도 기출문제

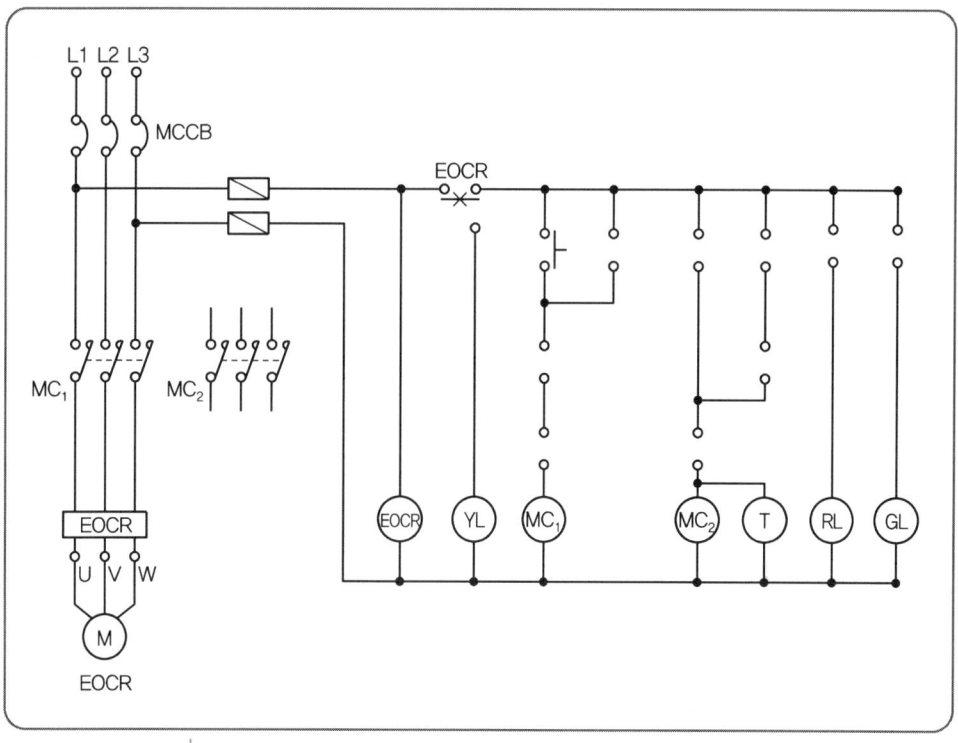

[해답]

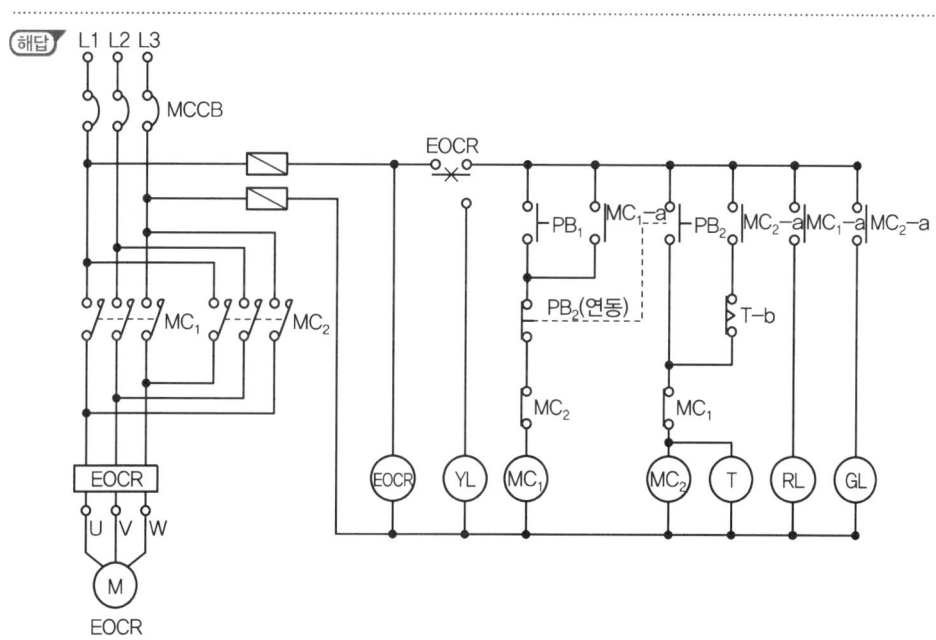

13 교류 동기 발전기에 대한 다음 각 물음에 답하시오.

1 정격전압 6,000[V], 용량 5,000[kVA]인 3상 동기 발전기에서 계자전류가 10[A], 무부하 단자전압은 6,000[V], 단락전류 700[A]라고 한다. 이 발전기의 단락비는 얼마인가?
계산 : _____ 답 : _____

2 단락비가 큰 발전기는 전기자 권선의 권수가 적고 자속량이 (①)하기 때문에 부피가 크고, 중량이 무거우며, 동이 비교적 적고 철을 많이 사용하여 이른바 철기계가 되며 효율은 (②), 안정도는 (③) 선로 충전용량의 증대가 된다. ( ) 안의 내용은 증가(감소), 크다(작고), 높다(낮고), 적다(많고) 등으로 표현한다.

해답 **1** 계산 : $K_s = \dfrac{I_s}{I_n} = \dfrac{I_s}{\dfrac{P}{\sqrt{3}\,V}} = \dfrac{700}{\dfrac{5{,}000 \times 10^3}{\sqrt{3} \times 6{,}000}} = 1.454$

답 1.45

2 ① 증가 ② 낮고 ③ 높고

TIP
▶ 동기 발전기의 병렬운전 조건
① 기전력의 위상이 같을 것
② 기전력의 크기가 같을 것
③ 기전력의 주파수가 같을 것
④ 기전력의 파형이 같을 것

14 폭 15[m]의 무한히 긴 도로의 양측에 간격 20[m] 간격으로 가로등이 점등되고 있다. 1등당의 전광속은 3,000[lm]으로 그 45[%]가 도로 전면에 방사하는 것으로 하면 도로면의 평균조도는 얼마인가?
계산 : _____ 답 : _____

해답 계산 : FUN = DAE $E = \dfrac{3{,}000 \times 0.45 \times 1}{\dfrac{1}{2} \times 15 \times 20} = 9[lx]$ 답 9[lx]

TIP
$E = \dfrac{FUN}{DA}[lx]$
여기서, E : 작업면상의 평균조도[lx], F : 광원 1개당의 광속[lm], U : 조명률[%],
N : 광원의 개수[등], D : 감광보상률(D > 1), A : 방의 면적[m²]

15 책임 설계감리원이 설계감리의 기성 및 준공을 처리한 때에는 다음 각 호의 준공서류를 구비하여 발주자에게 제출하여야 한다. 준공서류 중 감리기록서류의 종류 5가지를 쓰시오.(단, 설계감리업무 수행지침에 따른다.)

해답 설계감리일지, 설계감리지시부, 설계감리기록부, 설계감리요청서, 설계자와 협의사항 기록부

16 3상 3선식 380[V] 전원에 그림과 같이 전동기용량이 3.75[kW], 2.2[kW], 7.5[kW]의 전동기 3대와 정격전류가 20[A]인 전열기 1대가 접속되어 있다. 이 회로의 동력 간선 A점에는 몇 [A] 이상의 허용전류를 갖는 전선을 사용해야 하는지 구하시오.(단, 전동기 역률은 3.75[kW]는 88[%], 2.2[kW]는 85[%], 7.5[kW]는 90[%]이다.)

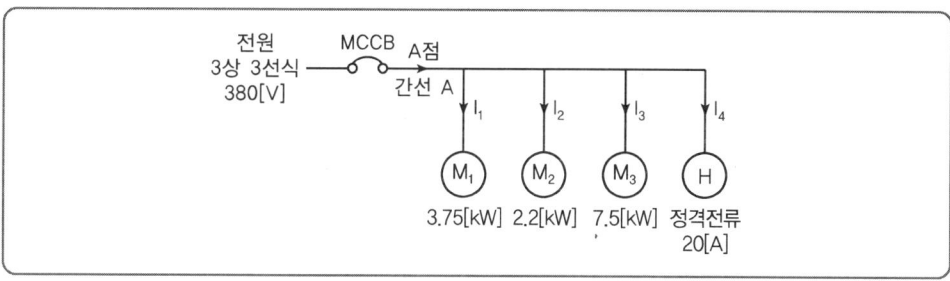

계산 : _____ 답 : _____

해답 계산 : ① 3.75[kW] 전동기

- 정격전류 $I = \dfrac{P}{\sqrt{3}\,V\cos\theta} = \dfrac{3,750}{\sqrt{3} \times 380 \times 0.88} = 6.47[A]$
- 유효전류 $I_r = I\cos\theta = 6.47 \times 0.88 = 5.69[A]$
- 무효전류 $I_q = I\sin\theta = 6.47 \times \sqrt{(1-0.88^2)} = 3.07[A]$

② 2.2[kW] 전동기

- 정격전류 $I = \dfrac{P}{\sqrt{3}\,V\cos\theta} = \dfrac{2,200}{\sqrt{3} \times 380 \times 0.85} = 3.93[A]$
- 유효전류 $I_r = I\cos\theta = 3.93 \times 0.85 = 3.34[A]$
- 무효전류 $I_q = I\sin\theta = 3.93 \times \sqrt{(1-0.85^2)} = 2.07[A]$

③ 7.5[kW] 전동기

- 정격전류 $I = \dfrac{P}{\sqrt{3}\,V\cos\theta} = \dfrac{7,500}{\sqrt{3} \times 380 \times 0.9} = 12.66[A]$
- 유효전류 $I_r = I\cos\theta = 12.66 \times 0.9 = 11.39[A]$
- 무효전류 $I_q = I\sin\theta = 12.66 \times \sqrt{(1-0.9^2)} = 5.52[A]$

④ 전열기
- 유효전류 $I_r = 20[A]$

따라서 설계전류 $I_n = \sqrt{유효전류^2 + 무효전류^2}$
$= \sqrt{(5.69+3.34+11.39+20)^2 + (3.07+2.07+5.52)^2}$
$= \sqrt{40.42^2 + 10.66^2} = 41.8[A]$

$I_B \leq I_n \leq I_Z$의 조건을 만족하는 전선의 허용전류 $I_Z \geq 41.8[A]$

📗 41.8[A]

17
어느 수용가의 변압기용량이 1,000[kVA]에 유효전력 200[kW], 무효전력 500[kVar] 부하가 걸려 있다. 여기에 전력 400[kW] 역률 0.8 부하를 증설하고, 전력용 콘덴서 350[kVA]를 병렬 연결하여 역률을 개선할 때 다음 물음에 답하시오.

1 콘덴서 설치 전의 종합역률을 구하시오.
계산 : _____ 답 : _____

2 콘덴서 설치 후, 부하 200[kW]를 추가로 설치할 때 변압기 용량이 1,000[kVA]가 과부하가 되지 않으려면 200[kW]에 대한 역률은 몇 이상이어야 하는가?
계산 : _____ 답 : _____

3 200[kW]의 부하가 추가되었을 때 종합역률은 몇인가?
계산 : _____ 답 : _____

해답

1 계산 : 유효전력 $P = 400 + 200 = 600[kW]$

무효전력 $Q = P_1 \tan\theta + Q_2 = 400 \times \dfrac{0.6}{0.8} + 500 = 800[kVar]$

$\therefore$ 역률 $\cos\theta = \dfrac{600}{\sqrt{600^2 + 800^2}} \times 100 = 60[\%]$

📗 60[%]

2 계산 : 200[kW]의 $\cos\theta$ 부하가 추가되어 전용량을 공급하므로
$1,000 = \sqrt{(600+200)^2 + (800-350+Q)^2}$
이므로 200[kW] 부하의 무효전력은 $Q = 150[kVar]$

$\therefore$ 200[kW] 부하의 역률 $\cos\theta = \dfrac{200}{\sqrt{200^2 + 150^2}} \times 100 = 80[\%]$

📗 80[%]

3 계산 : 200[kW] 역률 0.8의 부하가 추가되었으므로

$\therefore$ 역률 $\cos\theta = \dfrac{600+200}{\sqrt{(600+200)^2 + (800-350+150)^2}} \times 100 = 80[\%]$

📗 80[%]

2020년도 통합 4·5회 시험 과년도 기출문제

01 3상 3선식으로 전압 6,600[V](경동선의 전선굵기 150[mm²])이며 저항 0.2[Ω/km], 선로 길이 1[km]인 경우 다음 물음에 답하시오. (단, 부하의 역률은 0.9이다.)

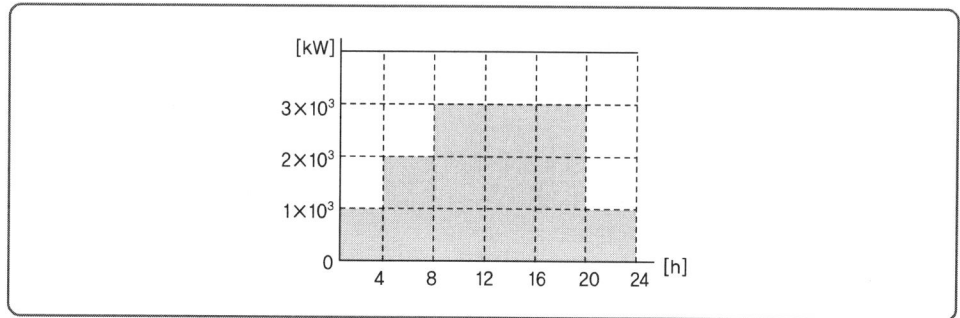

1 표의 부하율을 구하시오.
계산 : _____ 답 : _____

2 손실계수를 구하시오.
계산 : _____ 답 : _____

3 1일 손실 전력량을 구하시오.
계산 : _____ 답 : _____

해답 1 계산 : 부하율 = $\dfrac{평균전력}{최대 전력} \times 100$

$= \dfrac{(1{,}000 \times 4 + 2{,}000 \times 4 + 3{,}000 \times 12 + 1{,}000 \times 4)/24}{3{,}000} \times 100 = 72.22[\%]$

답 72.22[%]

2 계산 : 1,000[kW] 부하전류를 I, 1선당 저항을 R이라고 하면 1일 동안의 전력손실 P_L은

$P_L = 3I^2R \times 4 + 3 \times (2I)^2 R \times 4 + 3 \times (3I)^2 R \times 12 + 3I^2 R \times 4$

$= 3I^2R(4 + 16 + 108 + 4) = 3I^2R \times 132$

평균전력손실 $= \dfrac{3I^2R \times 132}{24} = 3I^2R \times 5.5$

최대전력손실 $= 3 \times (3I)^2 R = 3I^2R \times 9$

손실계수(H) $= \dfrac{평균\ 전력\ 손실}{최대\ 전력\ 손실} = \dfrac{3I^2R \times 5.5}{3I^2R \times 9} = 0.61$

답 0.61

③ 계산 : 1일 손실전력량 $= 3 \times \left(\dfrac{1,000}{\sqrt{3} \times 6.6 \times 0.9}\right)^2 \times 0.2 \times 132 \times 10^{-3} = 748.22\,[\text{kWh}]$

답 748.22[kWh]

02 다음 물음에 답하시오.

1 폭발방지형 전동기에 대하여 설명하시오.
2 전기설비 폭발방지구조의 종류 3가지를 쓰시오.

해답 1 지정된 폭발성 가스 중에서 사용에 적합한 구조의 전동기
2 종류 : ① 내압 폭발방지구조
② 유입 폭발방지구조
③ 안전증 폭발방지구조
그 외
④ 본질안전 폭발방지구조
⑤ 특수 폭발방지구조

TIP

▶ 폭발방지구조의 종류

	구분
폭발방지구조의 종류	내압 폭발방지구조(d)
	유입 폭발방지구조(o)
	압력 폭발방지구조(p)
	안전증 폭발방지구조(e)
	본질안전 폭발방지구조(ia, ib)
	특수 폭발방지구조(s)

03 변류기(CT)에 관한 다음 각 물음에 답하시오.

1 Y-△로 결선한 주 변압기의 보호로 비율차동계전기를 사용한다면 CT의 결선은 어떻게 하여야 하는지를 설명하시오.
2 통전 중에 있는 변류기의 2차 측 기기를 교체하고자 할 때 가장 먼저 취하여야 할 조치를 설명하시오.

❸ 수전전압이 22.9[kV], 수전설비의 부하전류가 50[A]이다. 60/5[A]의 변류기를 통하여 과부하 계전기를 시설하였다. 120[%]의 과부하에서 차단시킨다면 과부하 트립 전륫값은 몇 [A]로 설정해야 하는가?

계산 : _____ 답 : _____

(해답) ❶ 변압기 결선이 Y−△이므로 CT는 △−Y결선을 한다.

❷ 변류기 2차 측을 단락시킨다.

❸ 계산 : 계전기 탭 $I_t = $ 부하전류 $\times \dfrac{1}{\text{CT비}} \times (1.25 \sim 1.5)$

$$= 50 \times \dfrac{5}{60} \times 1.2 = 5[\text{A}]$$

답 5[A]

T I P

① 비율차동계전기 CT결선은 30° 위상을 보정하기 위하여 변압기 결선과 반대로 한다.
② 점검 시 PT : 개방, CT : 단락(2차 측)

04 다음 그림과 같은 3상 3선식 380[V] 수전의 경우 설비불평형률[%]은 얼마인가?

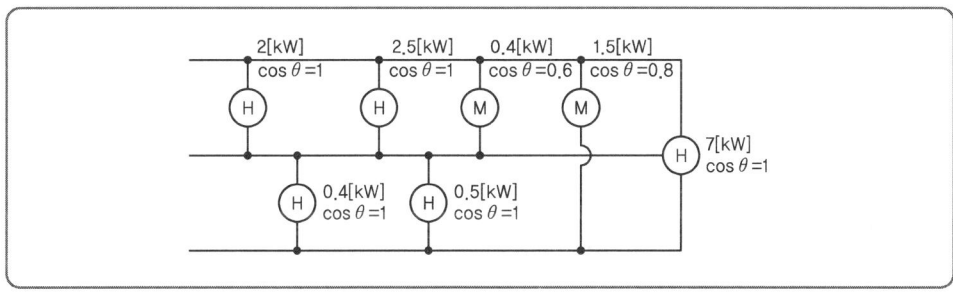

계산 : _____ 답 : _____

(해답) 계산 : 설비불평형률 = $\dfrac{\text{각 간선에 접속되는 단상 부하 총 설비용량의 최대와 최소의 차}}{\text{총 부하설비용량의 } \dfrac{1}{3}}$

$$= \dfrac{\left(2+2.5+\dfrac{0.4}{0.6}\right)-(0.4+0.5)}{\dfrac{1}{3}\left(2+2.5+\dfrac{0.4}{0.6}+0.4+0.5+\dfrac{1.5}{0.8}+7\right)} \times 100 = 85.67[\%]$$

답 85.67[%]

> **TIP**
> 1. 피상전력(VA, kVA)을 기준한다.
> 2. 불평형부하의 제한
>   저압, 고압 및 특고압 수전의 3상 3선식 또는 3상 4선식에서 불평형 부하의 한도는 단상접속부하로 계산하여 설비불평형률을 30[%] 이하로 하는 것을 원칙으로 한다. 다만, 다음 각 호의 경우에는 이 제한에 따르지 아니할 수 있다.
>   ① 저압수전에서 전용 변압기 등으로 수전하는 경우
>   ② 고압 및 특고압 수전에서 100[kVA]([kW]) 이하의 단상부하인 경우
>   ③ 고압 및 특고압 수전에서 단상부하용량의 최대와 최소의 차가 100[kVA]([kW]) 이하인 경우
>   ④ 특고압 수전에서 100[kVA]([kW]) 이하의 단상 변압기 2대로 역V결선하는 경우

05 수전설비에서 단락용량 억제대책을 3가지 이상 쓰시오.

해답 ① 한류리액터 사용 ② 캐스케이딩 보호 ③ 계통연계기 사용
그 외
④ 계통의 분리 ⑤ 변압기 임피던스 제어 ⑥ 한류 Fuse 백업 차단

> **TIP**
> ▶ 저압 측 대책
>   ① 변압기 임피던스 변화 ② 한류 리액터 설치 ③ 계통 연계기 사용

06 답안지의 그림은 3상 4선식 전력량계의 결선도를 나타낸 것이다. PT와 CT를 사용하여 미완성 부분의 결선도를 완성하시오.(단, 접지종별은 적지 않는다.)

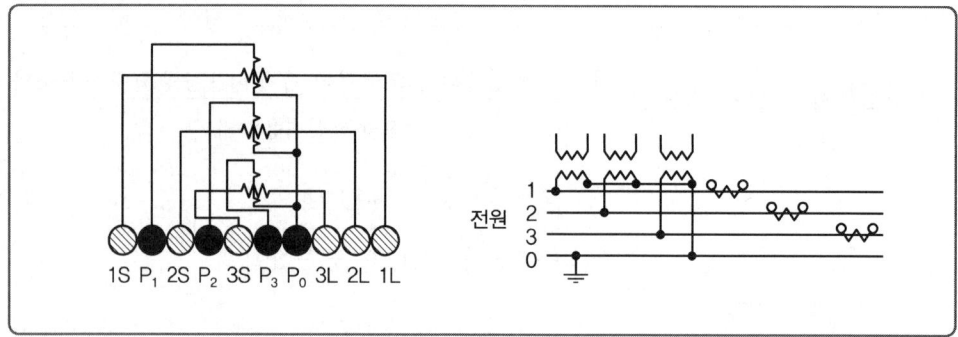

해답

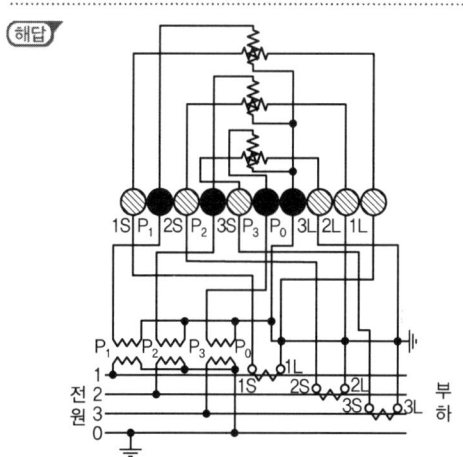

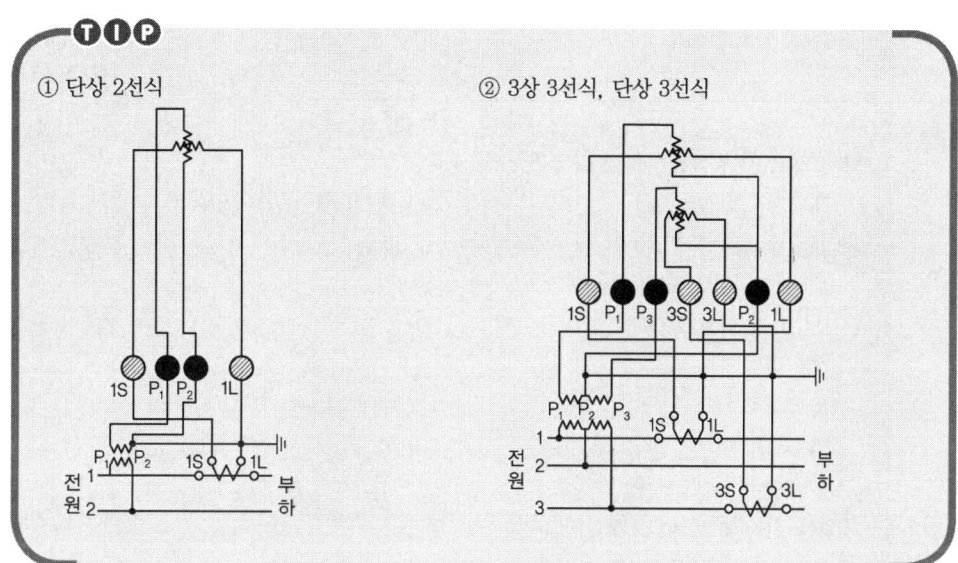

① 단상 2선식
② 3상 3선식, 단상 3선식

07 우리나라 초고압 송전전압은 345[kV]이다. 선로 길이가 200[km]인 경우 1회선당 가능한 송전전력은 몇 [kW]인지 Still의 식에 의거하여 구하시오.

계산 : _____ 답 : _____

해답 계산 : $V_s[\text{kV}] = 5.5\sqrt{0.6 \times \text{송전거리}[\text{km}] + \dfrac{\text{송전전력}[\text{kW}]}{100}}$

$P = \left(\dfrac{V_s^2}{5.5^2} - 0.6l\right) \times 100 = \left(\dfrac{345^2}{5.5^2} - 0.6 \times 200\right) \times 100 = 381{,}471.07[\text{kW}]$

답 381,471.07[kW]

08 다음과 같은 아파트 단지를 계획하고 있다. 주어진 규모 및 참고자료를 이용하여 다음 각 물음에 답하시오.

[규모]

- 아파트 동수 및 세대수 : 2개동, 300세대
- 세대당 면적과 세대수

동별	세대당 면적[m²]	세대수	동별	세대당 면적[m²]	세대수
1동	50	30	2동	50	50
	70	40		70	30
	90	50		90	40
	110	30		110	30

- 계단, 복도, 지하실 등의 공용면적
  - 1동 : 1,700[m²]
  - 2동 : 1,700[m²]

[조건]

- 면적의 [m²]당 상정부하는 다음과 같다.
  - 아파트 : 30[VA/m²]
  - 공용면적부분 : 7[VA/m²]
- 세대당 추가로 가산하여야 할 상정부하는 다음과 같다.
  - 80[m²] 이하의 세대 : 750[VA]
  - 150[m²] 이하의 세대 : 1,000[VA]
- 아파트 동별 수용률은 다음과 같다.
  - 70세대 이하인 경우 : 65[%]
  - 100세대 이하인 경우 : 60[%]
  - 150세대 이하인 경우 : 55[%]
  - 200세대 이하인 경우 : 50[%]
- 모든 계산은 피상전력을 기준으로 한다.
- 역률은 100[%]로 보고 계산한다.
- 주변전실로부터 1동까지는 150[m]이며 동 내부의 전압 강하는 무시한다.
- 각 세대의 공급 방식은 110/220[V]의 단상 3선식으로 한다.
- 변전식의 변압기는 단상 변압기 3대로 구성한다.
- 동간 부등률은 1.4로 본다.
- 공용 부분의 수용률은 100[%]로 한다.
- 주변전실에서 각 동까지의 전압 강하는 3[%]로 한다.
- 간선의 후강 전선관 배선으로는 NR전선을 사용하며, 간선의 굵기는 300[mm²] 이하로 사용하여야 한다.
- 이 아파트 단지의 수전은 13,200/22,900[V]의 Y상 3상 4선식의 계통에서 수전한다.
- 사용 설비에 의한 계약전력은 사용 설비의 개별 입력의 한계에 대하여 다음 표의 계약전력 환산율을 곱한 것으로 한다.

구분	계약전력환산율	비고
처음 75[kW]에 대하여	100[%]	계산의 합계치 단수가 1[kW] 미만일 경우 소수점 이하 첫째 자리에서 반올림한다.
다음 75[kW]에 대하여	85[%]	
다음 75[kW]에 대하여	75[%]	
다음 75[kW]에 대하여	65[%]	
300[kW] 초과분에 대하여	60[%]	

1 1동의 상정부하는 몇 [VA]인가?
　계산 : _____　답 : _____

2 2동의 수용부하는 몇 [VA]인가?
　계산 : _____　답 : _____

3 이 단지의 변압기는 단상 몇 [kVA]짜리 3대를 설치하여야 하는가?(단, 변압기의 용량은 10[%]의 여유율을 보이며 단상 변압기의 표준용량은 75, 100, 150, 200, 300[kVA] 등이다.)
　계산 : _____　답 : _____

4 한국전력공사와 변압기 설비에 의하여 계약한다면 몇 [kW]로 계약하여야 하는가?

5 한국전력공사와 사용 설비에 의하여 계약한다면 몇 [kW]로 계약하여야 하는가?
　계산 : _____　답 : _____

[해답]

1

세대당 면적 [m²]	상정부하 [VA/m²]	가산 부하 [VA]	세대수	상정부하[VA]
50	30	750	30	[(50×30)+750]×30 = 67,500
70	30	750	40	[(70×30)+750]×40 = 114,000
90	30	1,000	50	[(90×30)+1,000]×50 = 185,000
110	30	1,000	30	[(110×30)+1,000]×30 = 129,000
합계				495,500[VA]

∴ 공용면적까지 고려한 상정부하 = $495,500 + 1,700 \times 7 = 507,400$[VA]
　상정부하 합계 : 507,400[VA]

2

세대당 면적 [m²]	상정부하 [VA/m²]	가산부하 [VA]	세대수	상정부하[VA]
50	30	750	50	[(50×30)+750]×50 = 112,500
70	30	750	30	[(70×30)+750]×30 = 85,500
90	30	1,000	40	[(90×30)+1,000]×40 = 148,000
110	30	1,000	30	[(110×30)+1,000]×30 = 129,000
합계				= 475,000[VA]

∴ 공용면적까지 고려한 수용 부하 = $475,000 \times 0.55 + 1,700 \times 7 = 273,150$[VA]
　수용부하 합계 : 273,150[VA]

3 계산 : 변압기 용량 ≥ 합성 최대 전력 = $\dfrac{\text{최대수용전력}}{\text{부등률}} = \dfrac{\text{설비 용량} \times \text{수용률}}{\text{부등률}}$

$$= \dfrac{495{,}500 \times 0.55 + 1{,}700 \times 7 + 273{,}150}{1.4} \times 10^{-3}$$

$$= 398.27 [\text{kVA}]$$

변압기 용량 = $\dfrac{398.27}{3} \times 1.1 = 146.03 [\text{kVA}]$

∴ 표준 용량 150[kVA]를 선정

답 150[kVA]

4 변압기 용량 150[kVA] 3대이므로 450[kW]로 제약한다.

5 계산 : 설비용량 = $(507{,}400 + 486{,}900) \times 10^{-3} = 994.3 [\text{kVA}]$

계약전력 = $75 + 75 \times 0.85 + 75 \times 0.75 + 75 \times 0.65 + 694.3 \times 0.6 = 660.33 [\text{kW}]$

답 660[kW]

09 가로 10[m], 세로 14[m], 천장 높이 2.75[m], 작업면 높이 0.75[m]인 사무실에 천장 직부 형광등 F32×2를 설치하려고 한다.

1 이 사무실의 실지수는 얼마인가?

계산 : _____ 답 : _____

2 F32×2의 심벌을 그리시오.

3 이 사무실의 작업면 조도를 250[lx], 천장 반사율 70[%], 벽 반사율 50[%], 바닥 반사율 10[%], 32[W] 형광등 1등의 광속 3,200[lm], 보수율 70[%], 조명률 50[%]로 한다면 이 사무실에 필요한 소요 등기구 수는 몇 등인가?

계산 : _____ 답 : _____

해답 **1** 계산 : $k = \dfrac{XY}{H(X+Y)} = \dfrac{10 \times 14}{(2.75 - 0.75)(10 + 14)} = 2.92$

답 2.92

2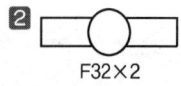
F32×2

3 계산 : 등수 $N = \dfrac{EAD}{FU} = \dfrac{EA\dfrac{1}{M}}{FU} = \dfrac{250 \times 10 \times 14 \times \dfrac{1}{0.7}}{3{,}200 \times 2 \times 0.5} = 15.63$[등]

답 16[등]

> **TIP**
>
> ① $FUN = EAD$에서 $N = \dfrac{EAD}{FU}$
>
> 여기서, F : 광원 1개당의 광속[lm], N : 광원의 개수[등], E : 작업면상의 평균 조도[lx]
> A : 방의 면적[m²], D : 감광보상률, U : 조명률
>
> ② 감광보상률 $D = \dfrac{1}{M(유지율)}$

10 다음 그림은 어느 수용가의 수전설비 계통도이다. 다음 각 물음에 답하시오.

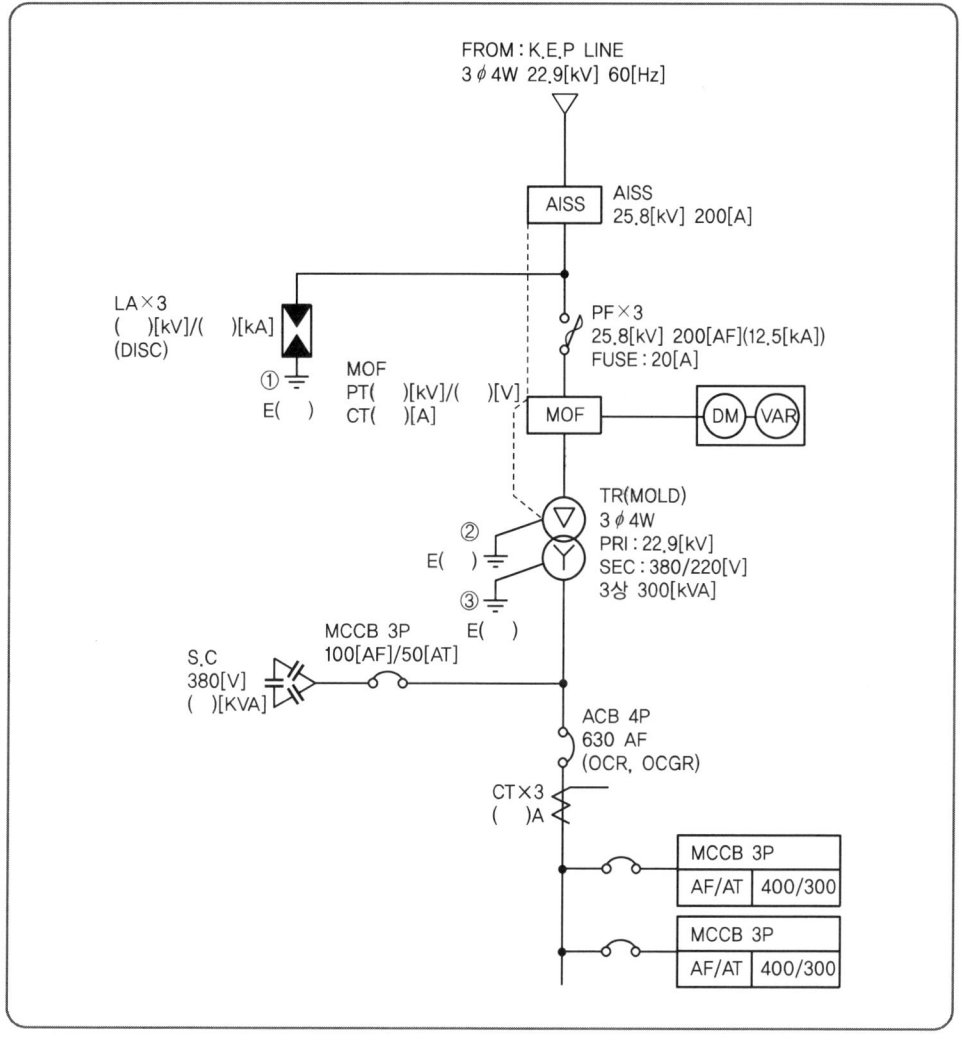

과년도 기출문제

1 AISS의 명칭을 쓰고 기능을 2가지 쓰시오.
- 명칭
- 기능

2 피뢰기의 정격전압 및 공칭 방전전류를 쓰고 그림에서의 DISC의 기능을 간단히 설명하시오.
- 피뢰기 규격
- DISC(Disconnector)의 기능

3 ①~③의 접지 종별을 쓰시오. ※ KEC 규정에 따라 삭제

①	②	③

4 MOF의 정격을 구하시오.(단, CT의 여유율은 1.25배로 한다.)
계산 : _____ 답 : _____

5 MOLD TR의 장점 및 단점을 각각 2가지만 쓰시오.(단, 경제성 및 유지보수는 쓰지 말 것)
- 장점
- 단점

6 ACB의 명칭을 쓰시오.

7 CT의 정격(변류비)을 구하시오.(단, CT의 여유율은 1.25배로 한다.)
계산 : _____ 답 : _____

해답

1
- 명칭 : 기중형 자동고장구분개폐기
- 기능 : ① 고장 시 개방하여 정전사고 파급 방지
         ② 과부하 보호

2
- 피뢰기 규격 : 18[kV], 2.5[kA]
- DISC(Disconnector)의 기능 : 피뢰기 내부 고장 시 대지와 분리

3 ※ KEC 규정에 따라 삭제

4 계산 : PT비 : 13,200/110

$$\text{CT비} : I = \frac{P}{\sqrt{3}\,V} \times 1.25 = \frac{300}{\sqrt{3} \times 22.9} \times 1.25 = 9.45[A]$$

∴ 변류비 10/5 선정

답 PT비 : 13,200/110, CT비 : 10/5

5
- 장점
  ① 난연성이 우수하다.
  ② 저손실이므로 에너지 절약이 가능하다.
  그 외
  ③ 소형 경량화가 가능하다.
  ④ 단시간 과부하 내량이 높다.

• 단점
  ① 고가이다.
  ② 충격파 내전압이 낮다.
  그 외
  ③ 수지층에 차폐물이 없으므로 운전 중 코일 표면에 접촉할 수 있어 위험하다.

6 기중차단기

7 계산 : CT비 $I = \dfrac{P}{\sqrt{3}\,V} \times 1.25 = \dfrac{300}{\sqrt{3} \times 0.38} \times 1.25 = 569.75[A]$

∴ 600/5 선정

답 600/5

11 어느 수용가에서 종량제 요금은 1개월(30일) 기본요금 100[원] 그리고 1[kWh]당 10원 추가된다. 정액제 요금은 1개월(30일)에 1등당 205[원]이다. 등수는 8[등]이고 1등당 전력은 60[W], 전구요금은 65[원]이다. 정액제 사용 시 수용가에서 전구요금은 부담하지 않는다. 종량제에서 일일 평균 몇 시간을 사용해야 정액제 요금과 같아질 수 있겠는가?(단, 전구의 수명은 1,000[h]이다.)

계산 : _____ 답 : _____

해답 계산 : 정액제 1개월 요금 205[원]×8[등] = 1,640[원]
종량제 1개월 요금(1일 t시간 사용 시)
$= 100 + 60 \times 8 \times t \times 30 \times 10^{-3} \times 10 + \dfrac{65}{1,000} \times 8 \times t \times 30$[원]
$= 100 + t(159.6)$
1개월 간 종량제와 정액제 요금이 같아야 하므로
$100 + t(159.6) = 1,640$
$t \cdot (159.6) = 1,540$
∴ $t = \dfrac{1,540}{159.6} = 9.65$

답 9.65[h]

12 조명기구에서 사용하는 램프(등)의 발광원리 3가지를 쓰시오.

해답 ① 온도복사(온도방사) ② 루미네선스 ③ 유도방사(유도복사)

13 380/220[V] 3상 4선식 선로에서 150[m] 떨어진 곳에 다음 표와 같이 부하가 연결되어 있다. 간선의 허용전류와 표를 보고 단면적을 선정하시오.(단, 전압강하는 3[%]로 한다.)

종류	출력	수량	역률×효율	수용률
급수펌프	3상 380[V]/7.5[kW]	4	0.7	0.7
소방펌프	3상 380[V]/20[kW]	2	0.7	0.7
전열기	단상 220[V]/10[kW]	3(각상 평형배치)	1	0.5

1 간선의 허용전류를 구하시오.
계산 : _____ 답 : _____

2 간선의 단면적을 선정하시오.

전선의 공칭 단면적[mm²]		
1.5	2.5	4
6	10	16
25	35	50
70	95	120
150	185	240
300	400	500

계산 : _____ 답 : _____

해답 1 계산 : 급수펌프의 허용전류 $I_M = \dfrac{\text{설비용량} \times \text{수용률}}{\sqrt{3}\,V\cos\theta} = \dfrac{7.5 \times 10^3 \times 4}{\sqrt{3} \times 380 \times 0.7} \times 0.7 = 45.58[A]$

소방펌프의 허용전류 $I_M = \dfrac{\text{설비용량} \times \text{수용률}}{\sqrt{3}\,V\cos\theta} = \dfrac{20 \times 10^3 \times 2}{\sqrt{3} \times 380 \times 0.7} \times 0.7 = 60.77[A]$

전열기 전류 $I_R = \dfrac{\text{설비용량} \times \text{수용률}}{V\cos\theta} = \dfrac{10 \times 10^3}{220 \times 1} \times 0.5 = 22.73[A]$

간선의 설계전류 $I_B = 45.58 + 60.77 + 22.73 = 129.08$

∴ $I_B \leq I_n \leq I_Z$을 만족하는 허용전류 $I_Z \geq 129.08[A]$

답 129.08[A]

2 계산 : $A = \dfrac{17.8LI}{1,000e} = \dfrac{17.8 \times 150 \times 129.08}{1,000 \times 220 \times 0.03} = 52.22[mm^2]$

∴ $70[mm^2]$

답 $70[mm^2]$

14 감리원은 해당공사 완료 후 준공검사 전에 사전 시운전 등이 필요한 부분에 대하여 공사업자에게 시운전을 위한 계획을 수립하여 30일 이내 제출하도록 하여야 하는데, 이때 발주자에게 제출하여야 할 서류에 대하여 5가지 적으시오.

해답 ① 시운전 일정
② 시운전 항목 및 종류
③ 시운전 절차
④ 시험장비 확보 및 보정
⑤ 기계 기구 사용계획
그 외
⑥ 운전요원 및 검사요원 선임계획

15 다음은 PLC 래더 다이어그램방식의 프로그램이다. 프로그램을 참고하여 아래 빈칸을 채우시오.(단, 입력 : LOAD, 직렬 : AND, 직렬 반전 : AND NOT, 병렬 : OR, 병렬 반전 : OR NOT, 출력 : OUT이다.)

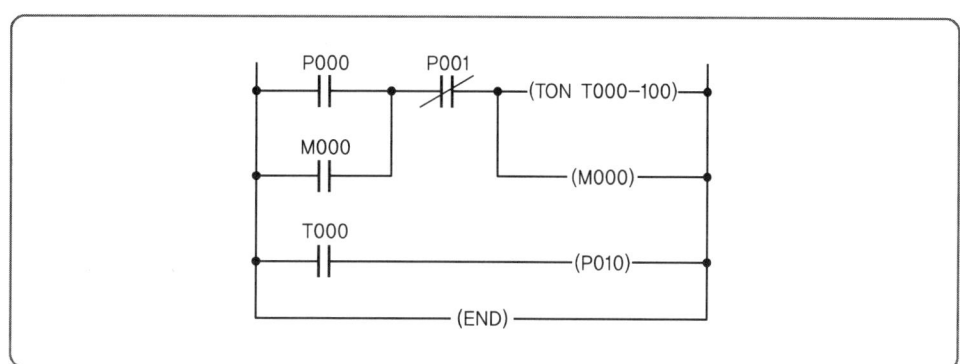

STEP	명령	번지
0	LOAD	P000
1		
2		
3	TON	T000
4	DATA	100
5		
6		
7	OUT	P010
8	END	

과년도 기출문제

STEP	명령	번지
0	LOAD	P000
1	OR	M000
2	AND NOT	P001
3	TON	T000
4	DATA	100
5	OUT	M000
6	LOAD	T000
7	OUT	P010
8	END	

2021년도 1회 시험 과년도 기출문제

01 보정률이 -0.8%일 경우 측정값이 103[V]이면 참값은 얼마가 되겠는가?

계산 : _____ 답 : _____

해답 계산 : 보정률 = $\dfrac{보정}{측정값} \times 100[\%]$ 에서 보정 = $103 \times (-0.008) = -0.824$

참값 = 보정 + 측정값 = $-0.824 + 103 = 102.176$

답 102.18[V]

TIP
① 오차 = 측정값(M) - 참값(T)
② 오차율 = $\dfrac{측정값(M) - 참값(T)}{참값(T)} \times 100$
③ 보정 = 참값(T) - 측정값(M)
④ 보정률 = $\dfrac{참값(T) - 측정값(M)}{측정값(M)} \times 100$

02 수전단 전압이 3,000[V]인 3상 3선식 배전선로의 수전단에 역률이 0.8(지상) 되는 520[kW]의 부하가 접속되어 있다. 이 부하에 동일 역률의 부하 80[kW]를 추가하여 600[kW]로 증가시키되 부하와 병렬로 콘덴서를 설치하여 수전단 전압 및 선로전류를 일정하게 불변으로 유지하고자 한다. 이때 필요한 소요 콘덴서 용량 및 부하 증가 전후의 송전단 전압을 구하시오. (단, 전선의 1선당 저항 및 리액턴스는 각각 1.78[Ω], 1.17[Ω]이다.)

1 이 경우 필요한 전력용 콘덴서 용량은 몇 [kVA]인가?
계산 : _____ 답 : _____

2 부하 증가 전의 송전단 전압은 몇 [V]인가?
계산 : _____ 답 : _____

3 부하 증가 후의 송전단 전압은 몇 [V]인가?
계산 : _____ 답 : _____

해답

1 소요 콘덴서 용량

계산 : 520[kW](역률 0.8) 부하 시와 600[kW] 부하 시의 선로 전류 및 수전단 전압이 일정하므로

$$I_1 = \frac{P_1}{\sqrt{3}\,V\cos\theta_1} = \frac{P_2}{\sqrt{3}\,V\cos\theta_2}$$

$$I_1 = \frac{520 \times 10^3}{\sqrt{3} \times 3,000 \times 0.8} = \frac{600 \times 10^3}{\sqrt{3} \times 3,000 \times \cos\theta_2}$$

$$\therefore \cos\theta_2 = \frac{600}{520} \times 0.8 = 0.923$$

소요 콘덴서 용량

$$Q_C = P\left(\frac{\sin\theta_1}{\cos\theta_1} - \frac{\sin\theta_2}{\cos\theta_2}\right) = 600 \times \left(\frac{0.6}{0.8} - \frac{\sqrt{1-0.923^2}}{0.923}\right) = 199.859[\text{kVA}]$$

답 199.86[kVA]

2 부하 증가 전의 송전단 전압

계산 : 선로 전류 $I = \dfrac{P}{\sqrt{3}\,V_R\cos\theta} = \dfrac{520 \times 10^3}{\sqrt{3} \times 3,000 \times 0.8} = 125.09[\text{A}]$

전선의 저항 및 리액턴스는 $R=1.78[\Omega]$, $X=1.17[\Omega]$

또한 $\cos\theta=0.8$이므로, $\sin\theta=0.6$이다.

따라서, 송전단 전압

$$V_S = V_R + \sqrt{3}\,I(R\cos\theta + X\sin\theta)$$
$$= 3,000 + \sqrt{3} \times 125.09 \times (1.78 \times 0.8 + 1.17 \times 0.6) = 3,460.62[\text{V}]$$

답 3,460.62[V]

3 부하 증가 후의 송전단 전압

계산 : 선로 전류 $I = \dfrac{P}{\sqrt{3}\,V_R\cos\theta_2} = \dfrac{600 \times 10^3}{\sqrt{3} \times 3,000 \times 0.923} = 125.1[\text{A}]$

$$V_S = V_R + \sqrt{3}\,I(R\cos\theta + X\sin\theta)$$
$$= 3,000 + \sqrt{3} \times 125.1(1.78 \times 0.92 + 1.17 \times 0.39)$$
$$= 3,453.705[\text{V}]$$

답 3,453.71[V]

TIP

① 520[kW]에서 600[kW] 전력을 증가시키려면 콘덴서를 설치하여 역률을 개선해야 한다.
② 부하 증가 후 송전단 전압($\cos\theta_2 = 0.923$)을 계산하고 콘덴서 설치 전과 설치 후의 전압강하까지 계산해야 한다.

03 용량 10[kVA], 철손 120[W], 전부하 동손 200[W]인 단상 변압기 2대를 V결선하여 부하를 걸었을 때, 전부하 효율은 몇 [%]인가?(단, 부하의 역률은 $\frac{1}{2}$이라 한다.)

계산 : _____ 답 : _____

해답 계산 : V결선 전부하 시 효율

$$\eta = \frac{출력}{출력+철손+동손} \times 100 = \frac{\sqrt{3}\,P_a\cos\theta}{\sqrt{3}\,P_a\cos\theta + 2P_i + 2P_c}$$

$$= \frac{\sqrt{3} \times 10 \times 10^3 \times \frac{1}{2}}{\sqrt{3} \times 10 \times 10^3 \times \frac{1}{2} + 2 \times 120 + 2 \times 200} \times 100 = 93.118[\%]$$

답 93.12[%]

TIP
V결선은 변압기가 2대이므로 동손, 철손은 2배가 된다.

---

04 다음은 한국전기설비규정에서 정하는 수용가 설비에서의 전압강하에 관한 내용이다. 다른 조건을 고려하지 않는다면 수용가 설비의 인입구로부터 기기까지의 전압강하는 표의 값 이하로 하여야 한다. 다음 물음에 답하시오.

| 수용가 설비의 전압강하 |

설비의 유형	조명(%)	기타(%)
A – 저압으로 수전하는 경우	(1)	(2)
B – 고압 이상으로 수전하는 경우[a]	(3)	(4)

[a] 가능한 한 최종회로 내의 전압강하가 A유형의 값을 넘지 않도록 하는 것이 바람직하다. 사용자의 배선 설비가 100m를 넘는 부분의 전압강하는 미터당 0.005% 증가할 수 있으나 이러한 증가분은 0.5%를 넘지 않아야 한다.

(1) _____ (2) _____ (3) _____ (4) _____

1 전압강하 표를 완성하시오.

2 표보다 큰 전압강하를 허용할 수 있는 경우 2가지를 쓰시오.

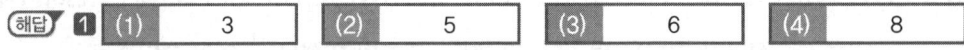

② ① 기동시간 중의 전동기
　② 돌입전류가 큰 기타 기기

05 그림과 같이 Y결선된 평형 부하의 전압을 측정할 때 전압계의 지시값이 $V_P = 150[V]$, $V_\ell = 220[V]$로 나타났다. 다음 각 물음에 답하시오.(단, 부하 측에 인가된 전압은 각 상의 평형 전압이고 기본파와 제3고조파분 전압만이 포함되어 있다.)

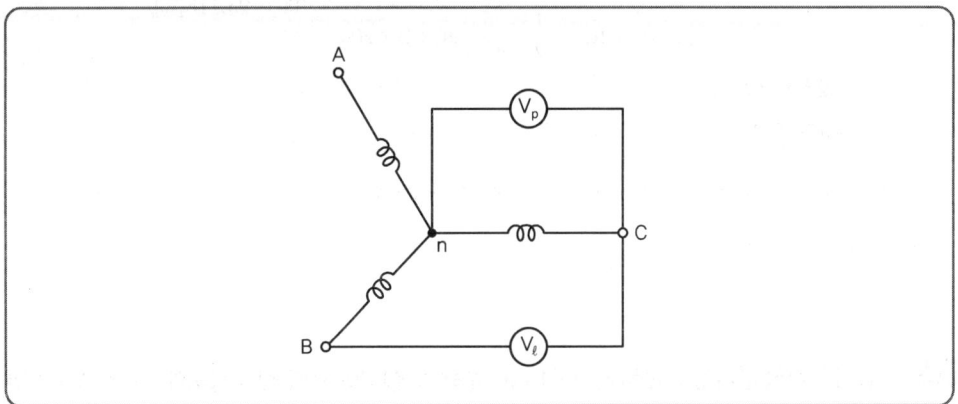

1 제3고조파 전압[V]을 구하시오.
　계산 : _____ 답 : _____

2 전압의 왜형률[%]을 구하시오.
　계산 : _____ 답 : _____

(해답) **1** 계산 : $V_\ell = \sqrt{3}\,V_1$, $220 = \sqrt{3}\,V_1$

$$V_1 = \frac{220}{\sqrt{3}} = 127.02[V]$$

따라서 제3고조파 $V_3 = \sqrt{150^2 - 127.02^2} = 79.79[V]$　**답** 79.79[V]

2 계산 : $\dfrac{79.79}{127.02} \times 100 = 62.82[\%]$　**답** 62.82[%]

TIP
① 기본파 상전압 $V_P = \sqrt{V_1^2 + V_3^2}$　② 왜형률 $= \dfrac{\text{전 고조파 실효값}}{\text{기본파 실효값}} \times 100$

06 4[L]의 물을 15[℃]에서 90[℃]로 온도를 높이는 데 1[kW]의 전열기로 25분간 가열하였다. 이 전열기의 효율[%]을 구하시오. (단, 비열은 1[kcal/kg · ℃]이며, 온도변화에 관계없이 일정하다.)

계산 : _____ 답 : _____

[해답] 계산 : 전열기의 용량 $P = \dfrac{mC\theta}{860 \cdot t \cdot \eta}$ [kW]에서

전열기의 효율 $\eta = \dfrac{mC\theta}{860 \times t \times P} = \dfrac{4 \times 1 \times (90-15)}{860 \times \dfrac{25}{60} \times 1} = 0.8372 = 83.72[\%]$

답 83.72[%]

TIP

열량 : $860Pt\eta = mC\theta$
여기서, m : 질량, C : 비열, θ : 온도차($T_2 - T_1$)
P : 전력[kW], t : 시간[h], η : 효율[%]

07 인텔리전트 빌딩에 대한 등급별 추정 전원 용량에 대한 다음 표를 이용하여 각 물음에 답하시오.

등급별 내용	0등급	1등급	2등급	3등급
조명	32	22	22	29
콘센트	–	13	5	5
사무자동화(OA) 기기	–	–	34	36
일반동력	38	45	45	45
냉방동력	40	43	43	43
사무자동화(OA) 동력	–	2	8	8
합계	110	125	157	166

| 등급별 추정 전원 용량[VA/m²] |

과년도 기출문제

1 연면적 10,000[m²]인 인텔리전트 2등급인 사무실 빌딩의 전력 설비 용량을 상기 '등급별 추정 전원 용량[VA/m²]'을 이용하여 빈칸에 계산과정과 답을 쓰시오.

부하 내용	면적을 적용한 부하용량[kVA]
조명	
콘센트	
OA 기기	
일반동력	
냉방동력	
OA 동력	
합계	

2 물음 **1**에서 조명, 콘센트, 사무자동화 기기의 적정 수용률은 0.8, 일반동력 및 사무자동화 동력의 적정 수용률은 0.5, 냉방동력의 적정 수용률은 0.80이고, 주 변압기 부등률은 1.2로 적용한다. 이때 전압방식을 2단 강압 방식으로 채택할 경우 변압기의 용량에 따른 변전설비의 용량을 산출하시오.(단, 조명, 콘센트, 사무자동화 기기를 3상 변압기 1대로, 일반동력 및 사무자동화 동력을 3상 변압기 1대로, 냉방동력을 3상 변압기 1대로 구성하고 상기 부하에 대한 주 변압기 1대를 사용하도록 하며, 변압기 용량은 일반 규격 용량으로 정하도록 한다.)

① 조명, 콘센트, 사무자동화 기기에 필요한 변압기 용량 산정
   계산 : _____ 답 : _____

② 일반동력, 사무자동화 동력에 필요한 변압기 용량 산정
   계산 : _____ 답 : _____

③ 냉방동력에 필요한 변압기 용량 산정
   계산 : _____ 답 : _____

④ 주 변압기 용량 산정
   계산 : _____ 답 : _____

3 수전 설비의 단선 계통도를 간단하게 그리시오.

해답 1

부하 내용	면적을 적용한 부하용량[kVA]
조명	$22 \times 10,000 \times 10^{-3} = 220$
콘센트	$5 \times 10,000 \times 10^{-3} = 50$
OA 기기	$34 \times 10,000 \times 10^{-3} = 340$
일반동력	$45 \times 10,000 \times 10^{-3} = 450$
냉방동력	$43 \times 10,000 \times 10^{-3} = 430$
OA 동력	$8 \times 10,000 \times 10^{-3} = 80$
합계	$157 \times 10,000 \times 10^{-3} = 1,570$

2 ① 계산 : TR_1 = 설비용량(부하용량)×수용률= $(220+50+340) \times 0.8 = 488$
   답 500[kVA]
② 계산 : TR_2 = 설비용량(부하용량)×수용률= $(450+80) \times 0.5 = 265$
   답 300[kVA]
③ 계산 : TR_3 = 설비용량(부하용량)×수용률= $430 \times 0.8 = 344$
   답 500[kVA]
④ 계산 : 주 변압기 용량 = $\dfrac{\text{개별 최대전력의 합}}{\text{부등률}} = \dfrac{488+265+344}{1.2} = 914.17$
   답 1,000[kVA]

3

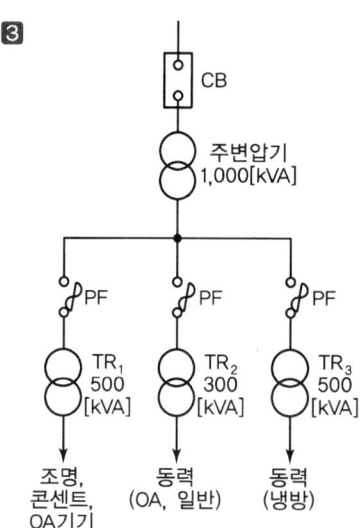

TIP

1) 3상 변압기 표준 용량
   3, 5, 7.5, 10, 15, 20, 30, 50, 75, 100, 150, 200, 300, 500, 750, 1,000[kVA]

2) 변압기 용량 선정 시
   ① "표준 용량, 정격 용량, 선정하시오"라고 하면 표준 용량으로 답할 것
      예 480[kVA] 답 500[kVA]
   ② "계산하시오, 구하시오"라고 하면 계산값으로 답할 것
      예 480[kVA] 답 480[kVA], 500[kVA]

08 3상 4선식에서 역률 100[%]의 부하가 각 상과 중성선 간에 연결되어 있다. I_a상, I_b상, I_c상에 흐르는 전류가 각각 10[A], 8[A], 9[A]이다. 중성선에 흐르는 전류의 절댓값 크기를 계산하시오.(단, 각 상 전류의 위상차는 120°이다.)

계산 : _____ 답 : _____

해답 계산 : $I_N = I_a + a^2 I_b + a I_c [A] = 10 + \left(-\dfrac{1}{2} - j\dfrac{\sqrt{3}}{2}\right) \times 8 + \left(-\dfrac{1}{2} + j\dfrac{\sqrt{3}}{2}\right) \times 9 = 1.732 [A]$

답 1.73 또는 $\sqrt{3}$ [A]

09 보조 릴레이 A, B, C의 계전기로 출력(H레벨)이 생기는 유접점 회로와 무접점 회로를 그리시오.(단, 보조 릴레이의 접점을 모두 a접점만을 사용하도록 한다.)

1 A와 B를 같이 ON 하거나 C를 ON 할 때 X_1 출력
  ① 유접점 회로
  ② 무접점 회로

2 A를 ON 하고 B 또는 C를 ON 할 때 X_2 출력
  ① 유접점 회로
  ② 무접점 회로

해답 **1** ① 유접점 회로

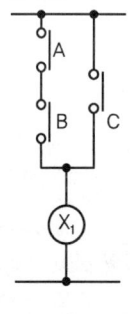

② 무접점 회로

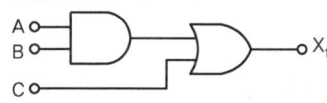

2 ① 유접점 회로

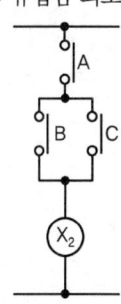

② 무접점 회로

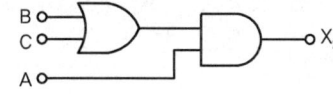

10 다음 고압 배전선의 구성과 관련된 미완성 환상(루프식)식 배전간선의 단선도를 완성하시오.

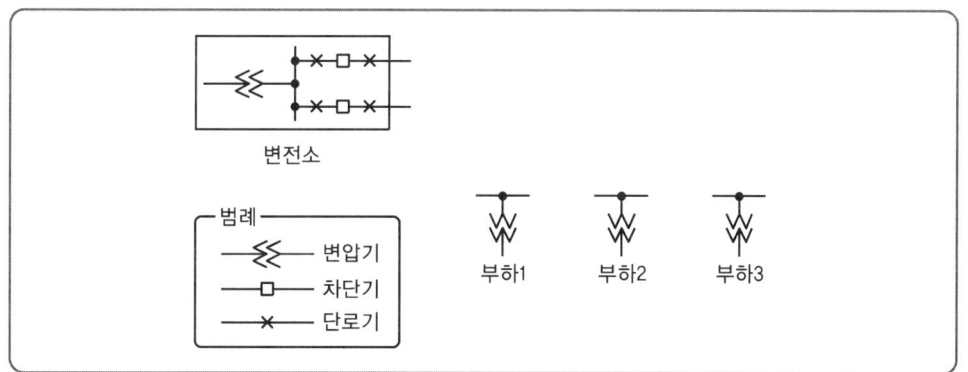

해답

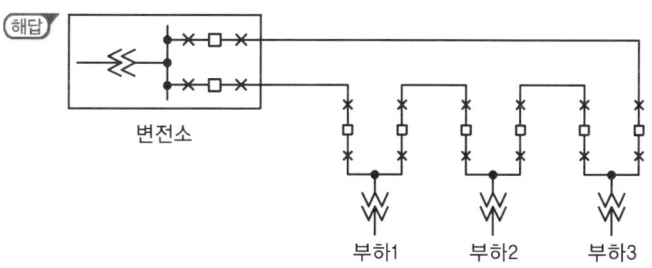

11 지름 20[cm]의 구형 외구의 광속발산도가 2,000[rlx]라고 한다. 이 외구의 중심에 있는 균등 점광원의 광도는 얼마인가?(단, 외구의 투과율은 90[%]라 한다.)

계산 : _____ 답 : _____

해답 계산 : $R = \dfrac{I}{r^2} \cdot \eta = \dfrac{I}{r^2} \cdot \dfrac{\tau}{1-\rho} = \dfrac{I\tau}{r^2(1-\rho)}$ 에서

$I = \dfrac{(1-\rho)r^2}{\tau} \times R = \dfrac{(1-0) \times 0.1^2}{0.9} \times 2,000 = 22.22[cd]$

답 22.22[cd]

12. 다음은 저압전로의 절연성능에 관한 표이다. 다음 빈칸을 완성하시오.

전로의 사용전압[V]	DC 시험전압[V]	절연저항[MΩ]
SELV 및 PELV		
FELV, 500[V] 이하		
500[V] 초과		

[주] 특별저압(Extra Low Voltage : 2차 전압이 AC 50[V], DC 120[V] 이하)으로 SELV(비접지회로 구성) 및 PELV(접지회로 구성)은 1차와 2차가 전기적으로 절연된 회로, FELV는 1차와 2차가 전기적으로 절연되지 않은 회로

※ 특별저압(ELV, Extra Low Voltage)이란 인체에 위험을 초래하지 않을 정도의 저압을 말한다. 여기서 SELV(Safety Extra Low Voltage)는 비접지회로에 해당되며, PELV(Protective Extra Low Voltage)는 접지회로에 해당된다.)

[해답]

전로의 사용전압[V]	DC 시험전압[V]	절연저항[MΩ]
SELV 및 PELV	250	0.5
FELV, 500[V] 이하	500	1.0
500[V] 초과	1,000	1.0

13. 접지저항의 결정요인인 접지저항 요소 3가지를 쓰시오.

[해답]
① 접지도체와 접지전극의 도체저항
② 접지전극의 표면과 토양 사이의 접촉저항
③ 접지전극 주위의 토양성분의 저항, 즉 대지저항률

14. 다음은 지중 케이블의 사고점 측정법과 절연의 건전도를 측정하는 방법을 열거한 것이다. 다음 방법 중 사고점 측정법과 절연 감시법을 구분하시오.

| (1) Megger법 | (2) Tanδ 측정법 | (3) 부분 방전 측정법 |
| (4) Murray Loop법 | (5) Capacity Bridge법 | (6) Pulse Radar법 |

1 사고점 측정법
2 절연 감시법

[해답] **1** 사고점 측정법 : (4), (5), (6)
2 절연 감시법 : (1), (2), (3)

15 다음 조명에 대한 각 물음에 답하시오.

1 어느 광원의 광색이 어느 온도의 흑체의 광색과 같을 때 그 흑체의 온도를 이 광원의 무엇이라 하는지 쓰시오.

2 빛의 분광 특성이 색의 보임에 미치는 효과를 말하며, 동일한 색을 가진 것이라도 조명하는 빛에 따라 다르게 보이는 특성을 무엇이라 하는지 쓰시오.

(해답) **1** 색온도
2 연색성

16 주파수 60[Hz], 특성 임피던스 Z_0가 600[Ω], 선로길이 L인 무손실 장거리 송전선로에서 수전단의 부하 Z_0를 접속할 때 다음을 구하시오. (단, 전파속도는 3×10^5[km/s]이다.)

1 송전선로의 인덕턴스[H/km]와 커패시터[F/km]를 각각 구하시오.

계산 : _____ 답 : _____

2 전파의 파장[m]을 구하시오.

계산 : _____ 답 : _____

3 송전단에서 부하 측으로 본 합성 임피던스[Ω]를 구하시오.

(해답) **1** 계산 : 무손실 선로에서의 특성 임피던스 $Z_0 = \sqrt{\dfrac{L}{C}} = 138\log_{10}\dfrac{D}{r} = 600[\Omega]$에서

$$\log_{10}\dfrac{D}{r} = \dfrac{600}{138}$$

∴ 인덕턴스 $L = 0.05 + 0.4605\log_{10}\dfrac{D}{r}$

$= 0.05 + 0.4605 \times \dfrac{600}{138} = 2.05[\text{mH/km}] = 2.05 \times 10^{-3}[\text{H/km}]$

∴ 커패시터 $C = \dfrac{0.02413}{\log_{10}\dfrac{D}{r}} = \dfrac{0.02413}{\dfrac{600}{138}} = 5.55 \times 10^{-3}[\mu\text{F/km}] = 5.55 \times 10^{-9}[\text{F/km}]$

답 인덕턴스 $L = 2.05 \times 10^{-3}$[H/km], 커패시터 $C = 5.55 \times 10^{-9}$[F/km]

2 계산 : 파장 $\lambda = \dfrac{v}{f} = \dfrac{3 \times 10^5}{60} \times 10^3 = 5 \times 10^6$[m]

답 5×10^6[m]

3 특성 임피던스는 길이와 관계없이 일정하다.
답 600[Ω]

17 다음 결선도는 수동 및 자동(하루 중 설정시간 동안 운전) Y-△ 배기팬 MOTOR 결선도 및 조작회로이다. 다음 각 물음에 답하시오.

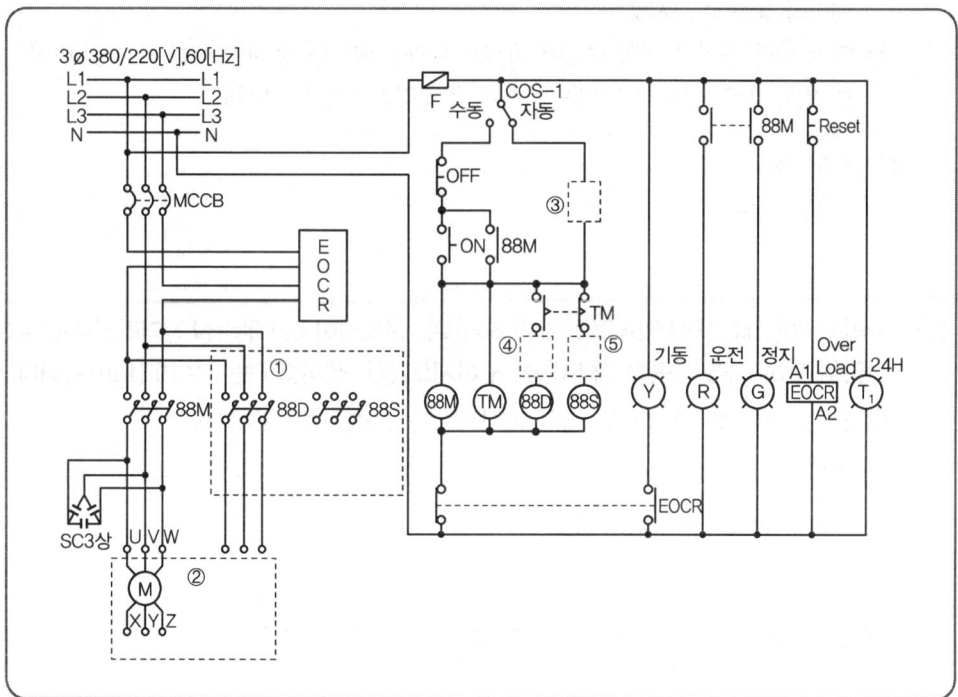

1 ③, ④, ⑤의 미완성 부분의 접점을 그리고 그 접점기호를 표기하시오.
2 ①, ② 부분의 누락된 회로를 완성하시오.
3 ─o͡o─ 의 접점 명칭을 쓰시오.

[해답] 1 ③ T_1, ④ 88S, ⑤ 88D

2

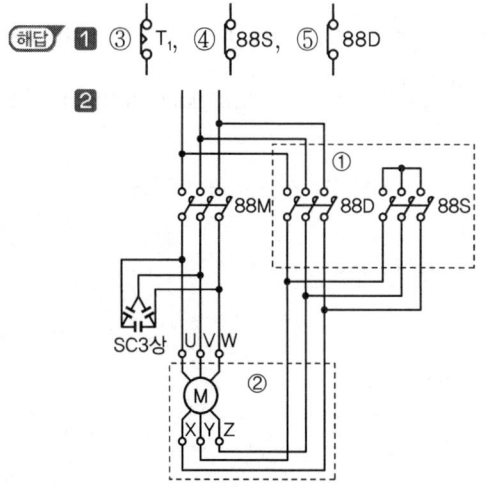

3 한시동작 순시복귀 a접점

2021년도 2회 시험 과년도 기출문제

01 피뢰시스템(LPS)의 특성은 보호대상 구조물의 특성과 피뢰레벨에 따라 결정된다. 피뢰시스템의 등급과 관계가 있는 데이터와 피뢰시스템의 등급과 관계없는 데이터를 구분하여 기호로 답하시오.

> ⓐ 회전구체의 반지름, 메시(mesh)의 크기 및 반지름
> ⓑ 인하도선 사이 및 환상도체 사이의 전형적인 최적거리
> ⓒ 위험한 불꽃방전에 대비한 이격거리
> ⓓ 접지극의 최소길이
> ⓔ 수뢰부시스템으로 사용되는 금속관과 금속관의 최소두께
> ⓕ 접속도체의 최소치수
> ⓖ 피뢰시스템의 재료 및 사용조건
> ⓗ 피뢰 등전위본딩

1 피뢰시스템의 등급과 관계가 있는 데이터
2 피뢰시스템의 등급과 관계없는 데이터

[해답] **1** ⓐ, ⓑ, ⓒ, ⓓ **2** ⓔ, ⓕ, ⓖ, ⓗ

---

02 ALTS의 명칭과 사용 용도를 쓰시오.

1 명칭   **2** 용도

[해답] **1** 명칭 : 자동부하전환개폐기
2 용도 : 수용가에서 이중전원을 확보하여 주전원이 정전될 경우 다른 전원으로 자동으로 전환되는 장치

TIP
① ATS(자동전환개폐기) : 상용전원 정전 시 자동으로 비상발전기(예비전원)로 전환하는 장치
② ALTS(자동부하전환개폐기) : 수용가에서 이중전원을 확보하여 주전원이 정전될 경우 다른 전원으로 자동으로 전환되는 장치
③ 절체, 절환, 전환은 같은 뜻으로 사용된다.

03 $i(t) = 10\sin\omega t + 4\sin(2\omega t + 30°) + 3\sin(3\omega t + 60°)$[A]의 실효값을 구하시오.

계산 : _____ 답 : _____

해답 계산 : 실효값 $I = \sqrt{\left(\dfrac{V_m}{\sqrt{2}}\right)^2 + \left(\dfrac{V_{m2}}{\sqrt{2}}\right)^2 + \left(\dfrac{V_{m3}}{\sqrt{2}}\right)^2} = \sqrt{\left(\dfrac{10}{\sqrt{2}}\right)^2 + \left(\dfrac{4}{\sqrt{2}}\right)^2 + \left(\dfrac{3}{\sqrt{2}}\right)^2}$
$= 7.91$[A]

답 7.91[A]

TIP
① 비정현파 교류의 실효값은 각각의 성분의 제곱의 합의 제곱근으로 구한다.
② 직류분은 없으므로 무시한다.

---

04 154[kV], 60[Hz]의 3상 송전선이 있다. 전선으로서 37/2.6[mm] 강심알루미늄전선(지름 1.6[cm])을 쓰고 D = 400[cm]의 정삼각 배치로 되어 있다. 기온 t = 30[℃]일 때 코로나 임계전압[kV] 및 코로나 손실[kW/km/선]을 Peek의 식에 의해 구하시오. (단, 날씨계수 $m_0 = 1$, 표면계수 $m_1 = 0.85$, 기압은 760[mmHg], 25[℃]일 때 상대공기밀도는 1이다.)

1 코로나 임계전압
계산 : _____ 답 : _____

2 코로나 손실
계산 : _____ 답 : _____

해답 **1** 계산 : 상대공기밀도 $\delta = \dfrac{b}{760} \times \dfrac{273+25}{273+t} = \dfrac{760}{760} \times \dfrac{273+25}{273+30} = 0.983$

$E_0 = 24.3 m_0 m_1 \delta d \log_{10} \dfrac{D}{r}$

$= 24.3 \times 1 \times 0.85 \times 0.983 \times 1.6 \times \log \dfrac{400}{\dfrac{1.6}{2}} = 87.679$[kV]

답 87.68[kV]

2 계산 : Peek의 식 $P_0 = \dfrac{241}{\delta}(f+25)\sqrt{\dfrac{d}{2D}}(E-E_0)^2 \times 10^{-5}$

$= \dfrac{241}{0.983}(60+25)\sqrt{\dfrac{1.6}{2 \times 400}}\left(\dfrac{154}{\sqrt{3}} - 87.679\right)^2 \times 10^{-5}$

$= 0.014$[kW/km/선]

답 0.01[kW/km/선]

05 다음은 등전위본딩 도체에 관한 내용이다. 빈칸에 들어갈 도체의 굵기를 쓰시오.

1 주접지단자에 접속하기 위한 등전위본딩 도체는 설비 내에 있는 가장 큰 보호접지 도체 단면적의 1/2 이상의 단면적을 가져야 하고 다음의 단면적 이상이어야 한다.
  ① 구리 도체 (①)[mm^2]
  ② 알루미늄 도체 (②)[mm^2]
  ③ 강철 도체 (③)[mm^2]

2 주접지단자에 접속하기 위한 보호본딩 도체의 단면적은 구리도체 (④)[mm^2] 또는 다른 재질의 동등한 단면적을 초과할 필요는 없다.

[해답]
1 ① 구리 도체 6[mm^2]
  ② 알루미늄 도체 16[mm^2]
  ③ 강철 도체 50[mm^2]

2 ④ 25[mm^2]

06 100[V], 20[A]용 단상 적산 전력계에 어느 부하를 가할 때 원판의 회전수 20[회]에 대하여 40.3[초] 걸렸다. 만일 이 계기의 20[A]에 있어서 오차가 +2[%]라 하면 부하 전력은 몇 [kW]인가?(단, 이 계기의 계기 정수는 1,000[Rev/kWh]이다.)

계산 : _____ 답 : _____

[해답] 계산 : 적산 전력계의 측정값 $P_M = \dfrac{3,600 \cdot n}{t \cdot k} = \dfrac{3,600 \times 20}{40.3 \times 1,000} = 1.79[kW]$

$\varepsilon = \dfrac{P_M - P_T}{P_T} \times 100[\%]$에서 $2 = \dfrac{1.79 - P_T}{P_T} \times 100[\%]$

$\therefore P_T = \dfrac{1.79}{1.02} = 1.75[kW]$

답 1.75[kW]

07 다음에 주어진 표에 들어갈 절연내력 시험전압은 몇 [V]인가? 빈칸에 채워 넣으시오.

공칭전압[V]	최대사용전압[V]	접지방식	시험전압[V]
6,600	6,900	비접지	①
13,200	13,800	중성점 다중접지	②
22,900	24,000	중성점 다중접지	③

해답 ① $6,900 \times 1.5 = 10,350[V]$
② $13,800 \times 0.92 = 12,696[V]$
③ $24,000 \times 0.92 = 22,080[V]$

TIP

➤ 전로의 종류 및 시험전압

전로의 종류	시험전압
1. 최대사용전압 7[kV] 이하인 전로	최대사용전압의 1.5배 전압
2. 최대사용전압 7[kV] 초과 25[kV] 이하인 중성점 접지식 전로(중성선을 가지는 것으로서 그 중성선을 다중접지 하는 것에 한한다.)	최대사용전압의 0.92배 전압
3. 최대사용전압 7[kV] 초과 60[kV] 이하인 전로(2란의 것을 제외한다.)	최대사용전압의 1.25배 전압 (10.5[kV] 미만으로 되는 경우는 10.5[kV])
4. 최대사용전압 60[kV] 초과 중성점 비접지식 전로(전위 변성기를 사용하여 접지하는 것을 포함한다.)	최대사용전압의 1.25배 전압
5. 최대사용전압 60[kV] 초과 중성점 접지식 전로(전위 변성기를 사용하여 접지하는 것 및 6란과 7란의 것을 제외한다.)	최대사용전압의 1.1배 전압 (75[kV] 미만으로 되는 경우는 75[kV])
6. 최대사용전압 60[kV] 초과 중성점 직접 접지식 전로 (7란의 것을 제외한다.)	최대사용전압의 0.72배 전압
7. 최대사용전압이 170[kV] 초과 중성점 직접 접지식 전로로서 그 중성점이 직접 접지되어 있는 발전소 또는 변전소 혹은 이에 준하는 장소에 시설하는 것	최대사용전압의 0.64배 전압

08 다음은 3φ4W 22.9[kV] 수전설비 단선결선도이다. 다음 각 물음에 답하시오.

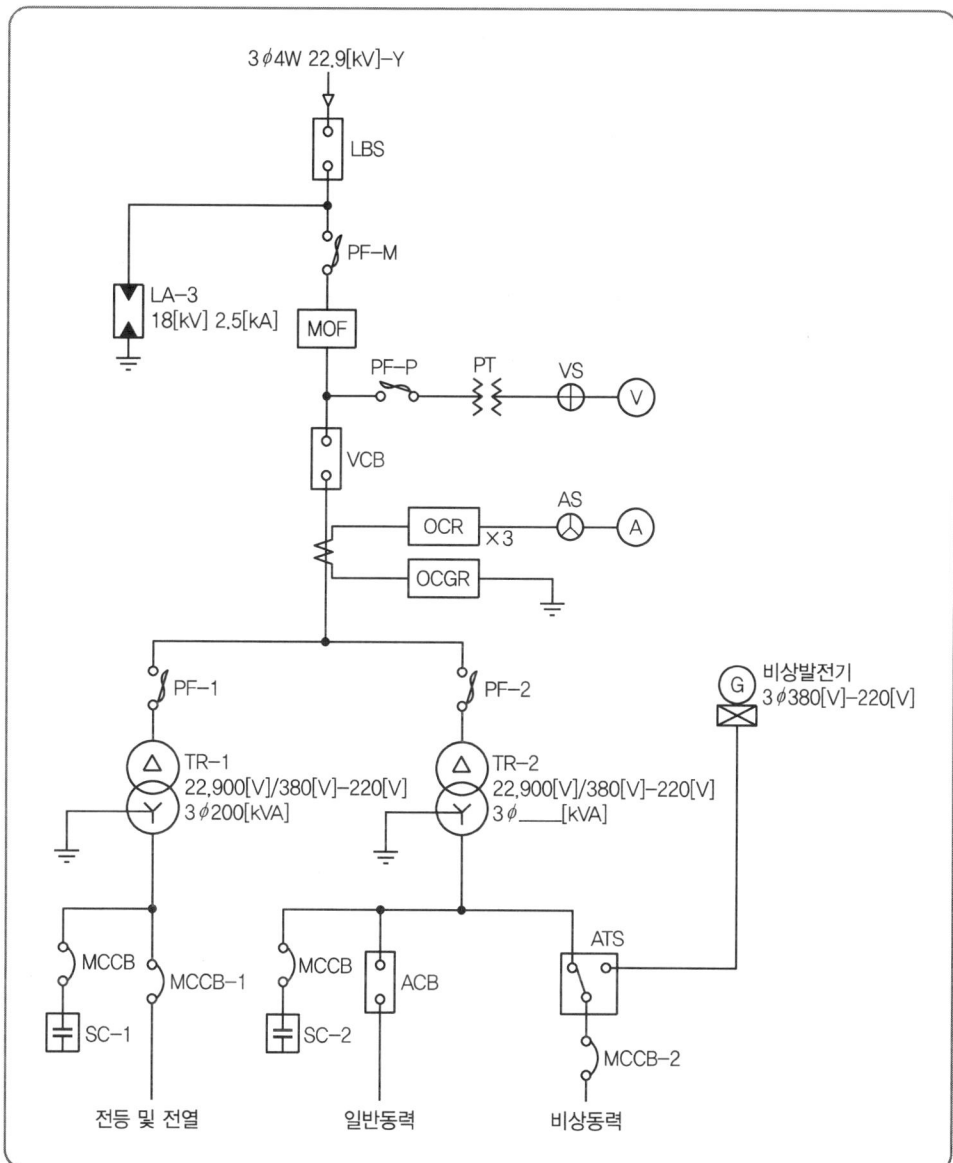

1 위 수전설비 단선결선도의 LA에 대하여 다음 물음에 답하시오.
① 우리말의 명칭은 무엇인가?
② 기능과 역할에 대해 간단히 설명하시오.
③ 요구되는 성능조건을 4가지만 쓰시오.

2 위 수전설비 단선결선도의 부하집계 및 입력환산표를 완성하시오.(단, 입력환산[kVA]은 계산 값의 소수 둘째 자리에서 반올림한다.)

구분	전등 및 전열	일반동력	비상동력
설비용량 및 효율	합계 350[kW] 100[%]	합계 635[kW] 85[%]	유도전동기1 7.5[kW] 2대 85[%] 유도전동기2 11[kW] 1대 85[%] 유도전동기3 15[kW] 1대 85[%] 비상조명 8,000[W] 100[%]
평균(종합)역률	80[%]	90[%]	90[%]
수용률	60[%]	45[%]	100[%]

구분		설비용량[kW]	효율[%]	역률[%]	입력환산[kVA]
전등 및 전열		350			
일반동력		635			
비상동력	유도전동기1	7.5×2			
	유도전동기2	11			
	유도전동기3	15			
	비상조명	8			
	소계	−			

3 단선결선도와 2의 부하집계표에 의한 TR-2의 적정 용량은 몇 [kVA]인지 구하시오.

[참고사항]
- 일반 동력군과 비상 동력군 간의 부등률은 1.3으로 본다.
- 변압기 용량은 15[%] 정도의 여유를 갖게 한다.
- 변압기의 표준규격[kVA]은 200, 300, 400, 500, 600으로 한다.

계산 : _____ 답 : _____

4 단선결선도에서 TR-2의 2차 측 중성점 접지공사의 접지선 굵기[mm²]를 구하시오.

[참고사항]
- 접지도체는 GV전선을 사용하고 표준굵기[mm²]는 6, 10, 16, 25, 35, 50, 70 중에서 선정한다.
- GV전선의 표준굵기[mm²]의 선정은 전기기기의 선정 및 설치-접지설비 및 보호도체(KS C IEC 60364-5-54)에 따른다.
- 과전류차단기를 통해 흐를 수 있는 예상 고장전류는 변압기 2차 정격전류의 20배로 본다.
- 도체, 절연물, 그 밖의 부분의 재질 및 초기온도와 최종온도에 따라 정해지는 계수는 143(구리도체)으로 한다.
- 변압기 2차의 과전류차단기는 고장전류에서 0.1초에 차단되는 것이다.

계산 : _____ 답 : _____

해답 **1** ① 피뢰기

② 이상전압 내습 시 대지에 방전하여 전기기계기구를 보호하고 속류를 차단한다.

③ ㉠ 상용주파 방전개시전압이 높을 것
　㉡ 제한전압이 낮을 것
　㉢ 충격방전개시전압이 낮을 것
　㉣ 속류차단이 우수할 것

2 부하집계 및 입력환산표

입력환산[kVA] = $\dfrac{\text{설비용량[kW]}}{\text{역률} \times \text{효율}}$ [kVA]

구분		설비용량[kW]	효율[%]	역률[%]	입력환산[kVA]
전등 및 전열		350	100	80	$\dfrac{350}{0.8 \times 1} = 437.5$
일반동력		635	85	90	$\dfrac{635}{0.9 \times 0.85} = 830.1$
비상동력	유도전동기1	7.5×2	85	90	$\dfrac{7.5 \times 2}{0.9 \times 0.85} = 19.6$
	유도전동기2	11	85	90	$\dfrac{11}{0.9 \times 0.85} = 14.4$
	유도전동기3	15	85	90	$\dfrac{15}{0.9 \times 0.85} = 19.6$
	비상조명	8	100	90	$\dfrac{8}{0.9 \times 1} = 8.9$
	소계	-	-	-	62.5

3 계산 : 변압기 용량 TR-2 = $\dfrac{\text{설비용량[kVA]} \times \text{수용률}}{\text{부등률}} \times \text{여유율}$ [kVA]

$= \dfrac{830.1 \times 0.45 + 62.5 \times 1}{1.3} \times 1.15 = 385.73 \text{[kVA]}$

답 400[kVA]

4 계산 : ① TR-2의 2차 측 정격전류는

$I_2 = \dfrac{P}{\sqrt{3}\,V} = \dfrac{400 \times 10^3}{\sqrt{3} \times 380} = 607.74 \text{[A]}$

② 예상 고장전류(I)는 변압기 2차 정격전류의 20배이므로

$I = 20 I_2 = 20 \times 607.74 = 12,154.8 \text{[A]}$

∴ $S = \dfrac{\sqrt{I^2 t}}{k} = \dfrac{\sqrt{12,154.8^2 \times 0.1}}{143} = 26.88 \text{[mm}^2\text{]}$

답 35[mm²]로 선정

과년도 기출문제

> **TIP**
> ▶ KEC 접지도체 단면적 공식
> $$S = \frac{\sqrt{I^2 \cdot t}}{k} = \frac{\sqrt{t}}{k}I$$
> 여기서, S : 단면적[mm²]
> I : 보호장치를 통해 흐를 수 있는 예상 고장전류 실효값[A]
> t : 자동차단을 위한 보호장치의 동작시간[sec]
> k : 재질 및 초기온도와 최종온도에 따라 정해지는 계수

09 다음 그림은 345[kV] 송전선로 철탑 및 1상당 소도체를 나타낸 그림이다. 다음 각 물음에 답하시오. (단, 각 수치의 단위는 [mm]이며, 도체의 직경은 29.61[mm]이다.)

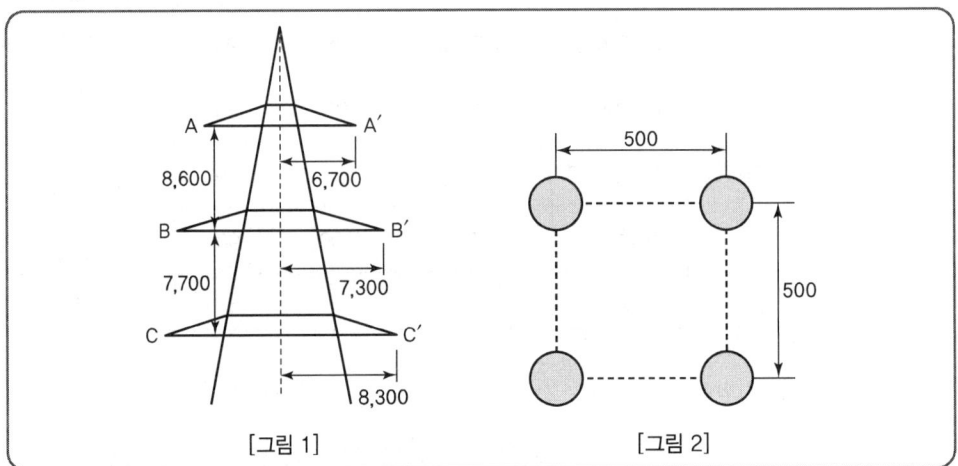

[그림 1]   [그림 2]

1 송전철탑의 암의 길이 및 암 간격이 [그림 1]과 같은 경우 등가 선간거리[m]를 구하시오.
계산 : _____ 답 : _____

2 송전선로 1상당 소도체가 [그림 2]와 같이 구성되어 있을 경우 기하학적 평균거리[m]를 구하시오.
계산 : _____ 답 : _____

해답 **1** 계산 : $D_{AB} = \sqrt{8.6^2 + (7.3-6.7)^2} = 8.62[\text{m}]$
$D_{BC} = \sqrt{7.7^2 + (8.3-7.3)^2} = 7.76[\text{m}]$
$D_{CA} = \sqrt{(8.6+7.7)^2 + (8.3-6.7)^2} = 16.38[\text{m}]$
등가 선간거리 $D_e = \sqrt[3]{D_{AB} \cdot D_{BC} \cdot D_{CA}} = \sqrt[3]{8.62 \times 7.76 \times 16.38} = 10.31[\text{m}]$
답 10.31[m]

2 계산 : $D = \sqrt[6]{2}\,S = \sqrt[6]{2} \times 0.5 = 0.56[m]$ **답** 0.56[m]

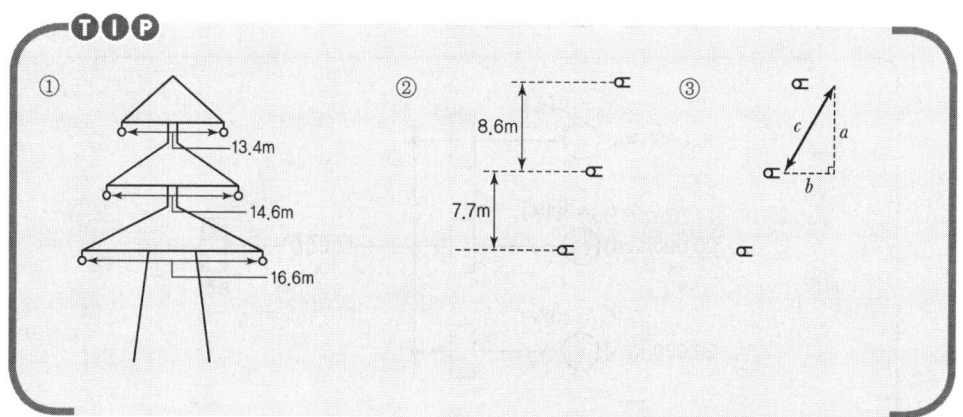

10 그림과 같은 회로에서 최대 눈금 15[A]의 직류 전류계 2개를 접속하고 전류 20[A]를 흘리면 각 전류계의 지시는 몇 [A]인가?(단, 전류계 최대 눈금의 전압강하는 A_1이 75[mV], A_2가 50[mV]이다.)

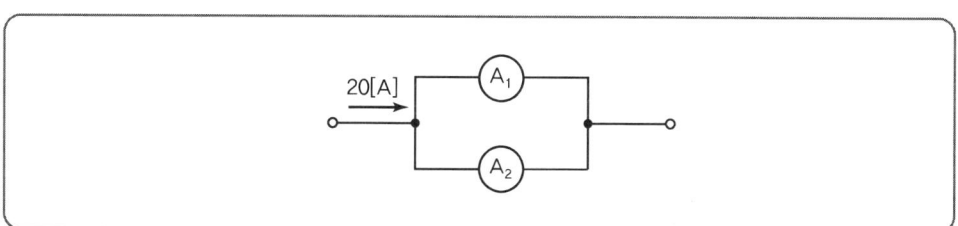

계산 : _____ 답 : _____

해답 계산 : ① 각 전류계의 내부저항

$$r_1 = \frac{V_1}{I_1} = \frac{75 \times 10^{-3}}{15} = \frac{1}{200}[\Omega]$$

$$r_2 = \frac{V_2}{I_2} = \frac{50 \times 10^{-3}}{15} = \frac{1}{300}[\Omega]$$

② 분배전류

$$A_1 = \frac{R_2}{R_1 + R_2}I = \frac{\frac{1}{300}}{\frac{1}{200} + \frac{1}{300}} \times 20 = 8[A]$$

$$\therefore A_2 = A_t - A_1 = 20 - 8 = 12[A]$$

$$\therefore A_1 = 8[A],\ A_2 = 12[A]$$

답 $A_1 = 8[A],\ A_2 = 12[A]$

11 그림에서 B점의 차단기 용량을 100[MVA]로 제한하기 위한 한류 리액터의 리액턴스는 몇 [%]인가?(단, 20[MVA]를 기준으로 한다.)

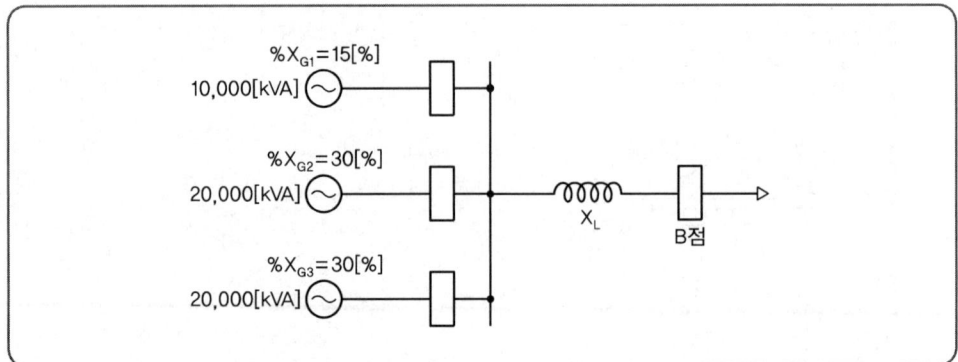

계산 : _____ 답 : _____

해답 계산 : 20[MVA] 기준이므로 우선 %X_{G1}을 기준용량으로 환산한다.

10[MVA] : 15[%] = 20[MVA] : %X'_{G1}

%X'_{G1} = 30[%]

%X'_{G1}, %X_{G2}, %X_{G3}는 병렬이므로 합성 %$X_G = \dfrac{30}{3} = 10[\%]$

B점의 %X_B를 구하면 $P_s = \dfrac{100}{\%X_B} \times P_n$에서

%$X_B = \dfrac{100}{P_s} \times P_n = \dfrac{100}{100[MVA]} \times 20[MVA] = 20[\%]$

따라서, 합성 %X_G + %X_L = %X_B

%X_L = %X_B - 합성 %X_G = 20[%] - 10[%] = 10[%]

답 10[%]

T I P

① 한류 리액터 : 단락전류를 억제하기 위한 리액턴스

② %X(%Z) = $\dfrac{\text{기준용량}}{\text{자기용량}} \times$ %X(%Z)

③ 발전기 3대가 병렬이므로 = $\dfrac{1\text{대의 }\%X}{3}$

12 3상 배전선로의 말단에 역률 80[%](lag)의 3상 평형부하가 있다. 변전소 인출구의 전압이 3,300[V]일 때 부하의 단자전압을 최소 3,000[V]로 유지하기 위한 최대 부하전력[kW]을 구하시오.(단, 전선 1선의 저항을 2[Ω], 리액턴스는 1.8[Ω]으로 하고 그 밖의 선로정수는 무시한다.)

계산 : _____ 답 : _____

(해답) 계산 : 전압강하 $e = V_s - V_r = 3,300 - 3,000 = 300[V]$

$$e = \frac{P}{V_r}(R + X\tan\theta)[V]$$

부하전력 $P = \dfrac{300 \times 3,000}{2 + 1.8 \times \dfrac{0.6}{0.8}} \times 10^{-3} = 268.66[kW]$

답 268.66[kW]

TIP
▶ 3상 3선식 전압강하
① $e = \sqrt{3}\,I\,(R\cos\theta + X\sin\theta)$
② $e = \dfrac{P}{V}(R + X\tan\theta)$

13 단상 2선식 220[V] 옥내 배선에서 소비전력 60[W], 역률 90[%]인 형광등 50개와 소비전력 100[W]인 백열등 60개를 설치할 때 최소 분기 회로수는 몇 회로인가?(단, 16[A] 분기회로로 한다.)

계산 : _____ 답 : _____

(해답) 계산 : 형광등 유효전력 $P = 60 \times 50 = 3,000[W]$

형광등 무효전력 $Q = P\tan\theta \times 등수 = 60 \times \dfrac{\sqrt{1-0.9^2}}{0.9} \times 50 = 1,452.97[Var]$

백열등 유효전력 $P = 100 \times 60 = 6,000[W]$
백열등 무효전력 $Q = 0[Var]$

전체 피상전력 $P_a = \sqrt{(3,000+6,000)^2 + 1,452.97^2} = 9,116.53[VA]$

분기회로수 $N = \dfrac{부하용량[VA]}{정격전압[V] \times 분기회로전류[A]} = \dfrac{9,116.53}{220 \times 16} = 2.59$회로

답 16[A] 분기 3회로

14 지상 31[m] 되는 곳에 수조가 있다. 이 수조에 분당 12[m³]의 물을 양수하는 펌프용 전동기를 설치하여 3상 전력을 공급하려고 한다. 펌프 효율이 65[%]이고, 펌프 측 동력에 10[%]의 여유를 둔다고 할 때 다음 각 물음에 답하시오.(단, 펌프용 3상 농형 유도전동기의 역률은 100[%]로 가정한다.)

1 펌프용 전동기의 용량은 몇 [kW]인가?
계산 : _____ 답 : _____

2 3상 전력을 공급하고자 단상변압기 2대를 V결선하여 이용하고자 한다. 단상변압기 1대의 용량은 몇 [kVA]인가?
계산 : _____ 답 : _____

해답
1 계산 : $P = \dfrac{9.8QHK}{\eta} = \dfrac{9.8 \times 12 \times 31 \times 1.1}{60 \times 0.65} = 102.82[\text{kW}]$ 답 $P = 102.82[\text{kW}]$

2 계산 : $P_a = \dfrac{P_v}{\sqrt{3}\cos\theta}[\text{kVA}] = \dfrac{102.82}{\sqrt{3} \times 1} = 59.36[\text{kVA}]$ 답 $P_a = 59.36[\text{kVA}]$

TIP
① 변압기 2대 운전 시 V결선
  ㉠ $P_V = \sqrt{3} \times 1$대 용량 $\times \cos\theta[\text{kW}]$
  ㉡ 1대 용량 $= \dfrac{P_V[\text{kW}]}{\sqrt{3} \times \cos\theta}[\text{kVA}]$
② 변압기 용량 선정 시
  ㉠ "표준용량, 정격용량, 선정하시오"라고 하면, 표준값을 적용
    예 48.5[kVA] 답 50[kVA]
  ㉡ "구하라, 계산하시오"라고 하면, 계산값이나 표준값을 적용
    예 48.5[kVA] 답 48.5[kVA] 또는 50[kVA]
③ $P = \dfrac{Q \times H}{6.12\eta} \times K[\text{kW}]$
  여기서, Q : 유량[m³/min], H : 낙차(양정)[m], η : 효율

15 전압 22,900[V], 주파수 60[Hz], 선로길이 50[km] 1회선의 3상 지중 송전선로가 있다. 이 지중 전선로의 3상 무부하 충전용량을 구하시오.(단, 케이블의 1건당 작용 정전용량은 0.01[μF/km]라고 한다.)

계산 : _____ 답 : _____

해답 계산 : $Q_c = 3WCE^2 = 3WC\left(\dfrac{V}{\sqrt{3}}\right)^2 = 3 \times 2\pi \times 60 \times 0.01 \times 10^{-6} \times 50 \times \left(\dfrac{22{,}900}{\sqrt{3}}\right)^2 \times 10^{-3}$
$= 98.848[\text{kVA}]$

답 98.85[kVA]

TIP

① 충전전류 $I_c = \dfrac{E}{\dfrac{1}{WC}} = WCE = WC\dfrac{V}{\sqrt{3}}[A]$

여기서, E : 상전압 V : 선간전압

② 충전용량 $Q_c = 3E \cdot I_c = 3WCE^2 = WCV^2 \times 10^{-3}[\text{kVA}]$

16 정격전압 1차 6,600[V], 2차 210[V], 7.5[kVA]의 단상변압기 2대를 승압기로 V결선하여 6,300[V]의 3상 전원에 접속하였다. 다음 물음에 답하시오.

1 승압된 전압은 몇 [V]인지 계산하시오.

계산 : _____ 답 : _____

2 3상 V결선 승압기의 결선도를 완성하시오.

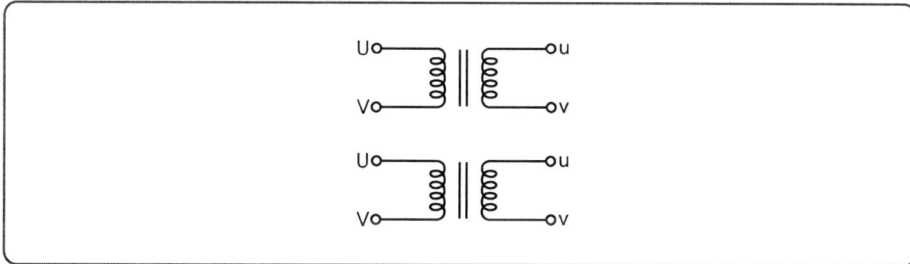

해답 **1** 계산 : 2차 전압 $V_2 = V_1\left(1 + \dfrac{1}{a}\right) = 6{,}300\left(1 + \dfrac{210}{6{,}600}\right) = 6{,}500.45[V]$

답 6,500.45[V]

2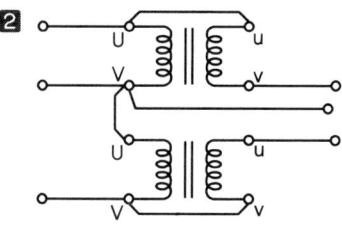

17

아래의 [요구사항]을 참고하여 미완성 시퀀스회로와 타임차트의 빈칸을 채워 완성하시오. (단, 타이머(T1, T2, T3, T4) 설정시간은 타이머의 한시동작 a(또는 b)접점이 동작된 시간을 의미하며, 아래의 예시를 활용하여 회로를 완성한다.)

[요구사항]

① 전원을 투입하면 주회로 및 제어회로에 전원이 공급된다.
② 푸시버튼스위치 PB1을 누르면 전자접촉기 MC1이 여자, 타이머 T1이 여자, 램프 RL이 점등되며 전동기 M1이 회전한다. 이때 푸시버튼스위치 PB2에 의해 릴레이 X가 여자될 수 있는 상태가 된다.
③ 타이머 T1의 설정시간 후 전자접촉기 MC2가 여자, 타이머 T2가 여자, 램프 GL이 점등되며, 타이머 T1이 소자되고 전동기 M2가 회전한다.
④ 타이머 T2의 설정시간 후 전자접촉기 MC3가 여자, 램프 WL이 점등되며, 타이머 T2가 소자되고 전동기 M3가 회전한다.
⑤ 푸시버튼스위치 PB2를 누르면 릴레이 X가 여자, 타이머 T3, T4가 여자, 전자접촉기 MC3가 소자되며, 램프 WL가 소등되고 전동기 M3가 정지한다.
⑥ 타이머 T3의 설정시간 후 전자접촉기 MC2가 소자되고 램프 GL이 소등되며, 전동기 M2가 정지한다.
⑦ 타이머 T4의 설정시간 후 전자접촉기 MC1이 소자되어 릴레이 X, 타이머 T3, T4가 소자되고 램프 RL이 소등되며, 전동기 M1이 정지한다.
⑧ 운전 중 푸시버튼스위치 PB0를 누르면 전동기의 모든 운동은 정지한다.
⑨ 전동기 운전 중 과전류가 감지되어 EOCR이 동작되면, 모든 제어회로의 전원은 차단되고 램프 YL만 점등된다.
⑩ EOCR을 리셋(RESET)하면 초기상태로 복귀된다.

[예시]

| PB | PB | T | T | MC | MC | FR | FR |

1 미완성 시퀀스회로의 빈칸을 채워 완성하시오.

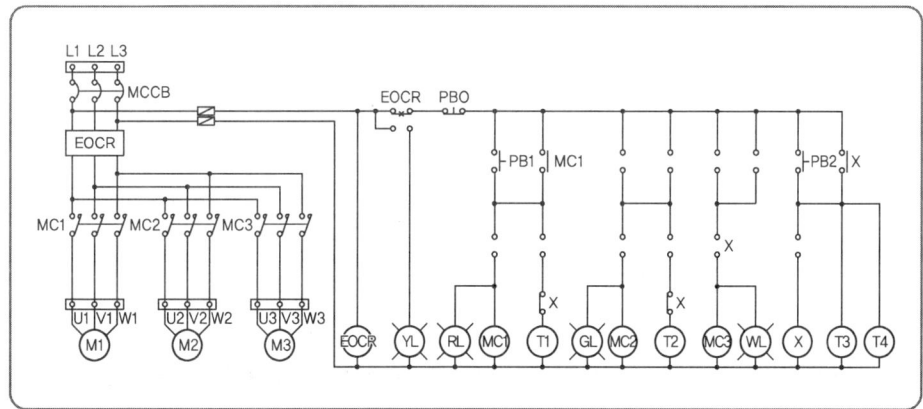

2 미완성 타임차트의 릴레이 X, 전자접촉기 MC1, MC2, MC3의 동작사항을 완성하시오.

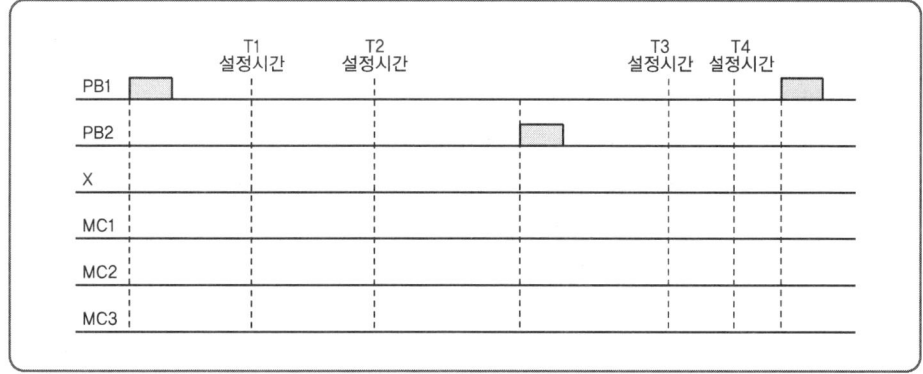

해답 1

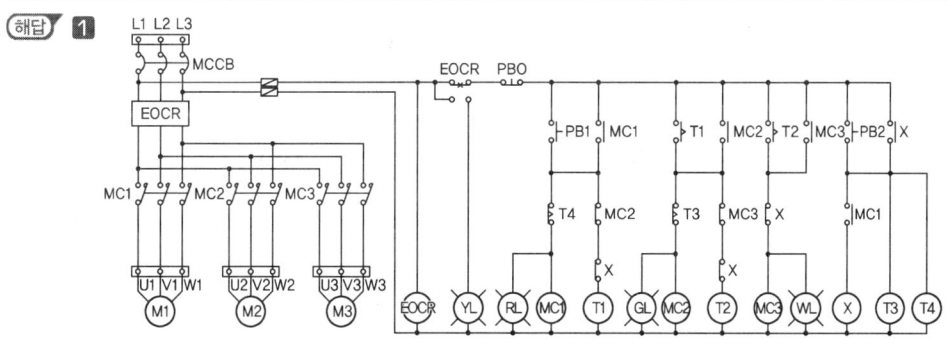

과년도 기출문제

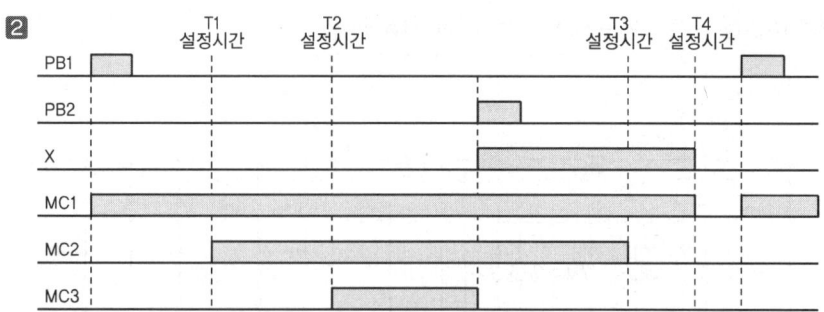

18 태양광발전 모듈의 조건이 다음과 같을 때 최대출력점에서의 최대출력(P_{MPP})은 몇 [W]인지 구하시오.

[조건]

- 태양광발전 모듈 직렬 구성 수 : 5개
- 태양광발전 모듈 병렬 구성 수 : 2개
- 태양광발전 모듈 개방전압(V_{OC}) : 22[V]
- 태양광발전 모듈 단락전류(I_{SC}) : 5[A]
- 태양광발전 모듈 효율(η) : 15[%]
- 태양광발전 모듈 크기 : (L)1,200[mm]×(W)500[mm]

계산 : _____ 답 : _____

해답 계산 : 태양광발전 모듈 효율 $\eta = \dfrac{P_{MPP}[W]}{A[m^2] \times S[W/m^2]} \times 100$

$$15(\%) = \dfrac{P_{MPP}}{(1.2 \times 0.5 \times 5 \times 2) \times 1,000} \times 100$$

$\therefore P_{MPP} = 0.15 \times (1.2 \times 0.5 \times 5 \times 2) \times 1,000 = 900[W]$

답 900[W]

2021년도 3회 시험 과년도 기출문제

01 어느 건물의 가로 32[m], 세로 20[m]의 직접조명에 LED형광등 160[W], 효율 123[lm/W]의 평균조도로 500[lx]를 얻기 위한 광원의 소비전력을 구하려고 한다. 주어진 조건과 참고자료를 이용하여 다음 각 물음에 답하시오.

[조건]
- 천장 반사율 75[%], 벽면의 반사율은 50[%]이다.
- 광원과 작업면의 높이는 6[m]이다.
- 감광보상률의 보수 상태는 양호하다.
- 배광은 직접 조명으로 한다.
- 조명 기구는 금속 반사갓 직부형이다.

1 실지수 표를 이용하여 실지수를 구하시오.
계산 : _____ 답 : _____

2 실지수 그림을 이용하여 실지수를 구하시오.
계산 : _____ 답 : _____

3 조명률 표를 이용하여 조명률을 구하시오.

4 필요한 등수를 구하시오.
계산 : _____ 답 : _____

5 16[A] 분기회로수는 몇 회로인가?(단, 전압은 220[V]이다.)
계산 : _____ 답 : _____

6 등과 등 사이의 최대 거리는 얼마인가?
계산 : _____ 답 : _____

7 등과 벽 사이의 최대 거리는 얼마인가?(단, 벽면을 사용하지 않는 것으로 한다.)
계산 : _____ 답 : _____

8 ⊏─○─⊐의 명칭은?

표 1. 조명률, 감광보상률 및 설치 간격

번호	배광 / 설치간격	조명기구	감광보상률 (D) / 보수상태 양중부	반사율 ρ / 천장 / 벽	실지수	0.75 / 0.5	0.75 / 0.3	0.75 / 0.1	0.50 / 0.5	0.50 / 0.3	0.50 / 0.1	0.3 / 0.3	0.3 / 0.1
(1)	간 접 0.80 / 0 / S ≤1.2H		전 구 1.5 1.7 2.0 / 형광등 1.7 2.0 2.5		J0.6 I0.8 H1.0 G1.25 F1.5 E2.0 D2.5 C3.0 B4.0 A5.0	16 20 23 26 29 32 36 38 42 44	13 16 20 23 26 29 32 35 39 41	11 15 17 20 22 26 30 32 36 39	12 15 17 20 22 24 26 28 30 33	10 13 14 17 19 21 24 25 29 30	08 11 13 15 17 19 22 24 27 29	06 08 10 11 12 13 15 16 18 19	05 07 08 10 11 12 14 15 17 18
(2)	반 간 접 0.70 / 0.10 / S ≤1.2H		전 구 1.4 1.5 1.7 / 형광등 1.7 2.0 2.5		J0.6 I0.8 H1.0 G1.25 F1.5 E2.0 D2.5 C3.0 B4.0 A5.0	18 22 26 29 32 35 39 42 46 48	14 19<
22 25 28 32 35 38 42 44	12 17 19 22 25 29 32 35 39 42	14 17 20 22 24 27 29 31 34 36	11 15 17 19 21 24 26 28 31 33	09 13 15 17 19 21 24 27 29 31	08 10 12 14 15 17 19 20 22 23	07 09 10 12 14 15 18 19 21 22
(3)	전반확산 0.40 / 0.40 / S ≤1.2H		전 구 1.3 1.4 1.5 / 형광등 1.4 1.7 2.0		J0.6 I0.8 H1.0 G1.25 F1.5 E2.0 D2.5 C3.0 B4.0 A5.0	24 29 33 37 40 45 48 51 55 57	19 25 28 32 36 40 43 46 50 53	16 22 26 29 31 36 39 42 47 49	22 27 30 33 36 40 43 45 49 51	18 23 26 29 31 36 39 40 45 47	15 20 24 26 29 33 36 38 42 44	16 21 24 26 29 32 34 37 40 41	14 19 21 24 26 29 33 34 37 40
(4)	반 직 접 0.25 / 0.05 / S≤H		전 구 1.3 1.4 1.5 / 형광등 1.6 1.7 1.8		J0.6 I0.8 H1.0 G1.25 F1.5 E2.0 D2.5 C3.0 B4.0 A5.0	26 33 36 40 43 47 51 54 57 59	22 28 32 36 39 44 47 49 53 55	19 26 30 33 35 40 43 45 50 52	24 30 33 36 39 43 46 48 51 53	21 26 30 33 35 39 42 44 47 49	18 24 28 30 33 36 40 42 45 47	19 25 28 30 33 36 39 42 43 47	17 23 26 29 31 34 37 38 41 43

번호	배광	조명기구	감광보상률 (D)	반사율 ρ	천장	0.75			0.50			0.3	
					벽	0.5	0.3	0.1	0.5	0.3	0.1	0.3	0.1
	설치간격		보수상태 양중부	실지수		조명률 U[%]							
(5)	직접 0↑ ↓0.75 S≤1.3H		전 구 1.3 1.4 1.5 형광등 1.4 1.7 2.0	J0.6 I0.8 H1.0 G1.25 F1.5 E2.0 D2.5 C3.0 B4.0 A5.0		34 43 47 50 52 58 62 64 67 68	29 38 43 47 50 55 58 61 64 66	26 35 40 44 47 52 56 58 62 64	32 39 41 44 46 49 52 54 55 56	29 36 40 43 44 48 51 52 53 54	27 35 38 41 43 46 49 51 52 53	29 36 40 42 44 47 50 51 52 54	27 34 38 41 43 46 49 50 52 52

| 표 2. 실지수 기호 |

기호	A	B	C	D	E	F	G	H	I	J
실지수	5.0	4.0	3.0	2.5	2.0	1.5	1.25	1.0	0.8	0.6
범위	4.5 이상	4.5~3.5	3.5~2.75	2.75~2.25	2.25~1.75	1.75~1.38	1.38~1.12	1.12~0.9	0.9~0.7	0.7 이하

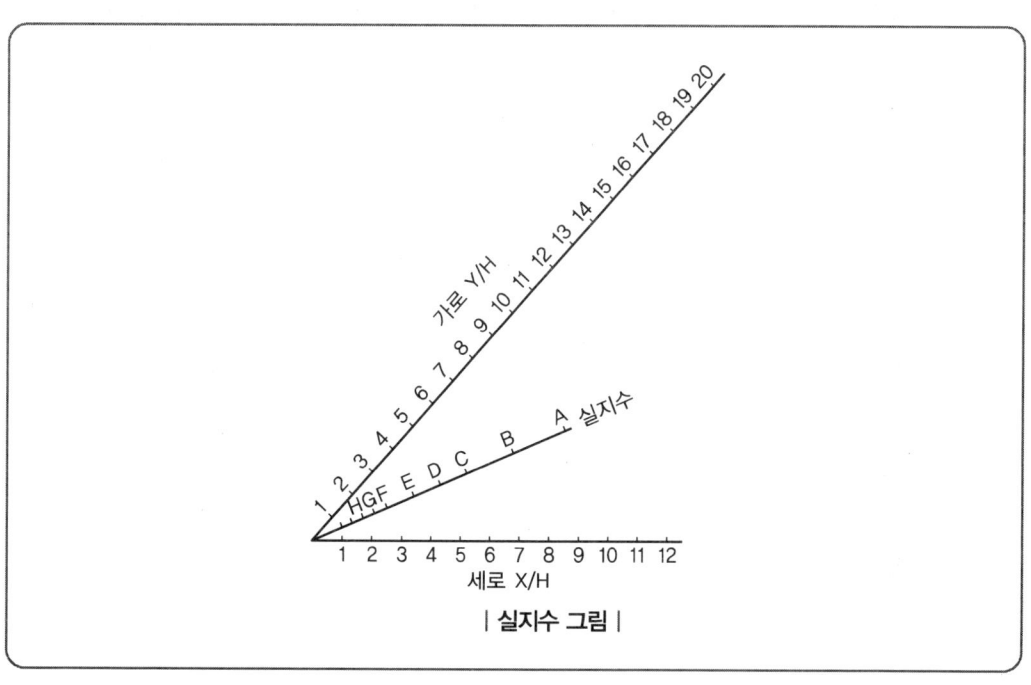

| 실지수 그림 |

해답

1 계산 : $K = \dfrac{XY}{H(X+Y)} = \dfrac{32 \times 20}{6(32+20)} = 2.05$

∴ 표 2에서 실지수 E(2.0) 선정   **답** E(2.0)

2 계산 : $\dfrac{Y}{H} = \dfrac{32}{6} = 5.33$ $\dfrac{X}{H} = \dfrac{20}{6} = 3.33$

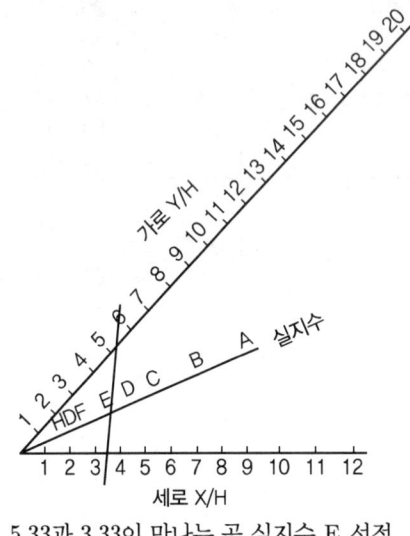

5.33과 3.33이 만나는 곳 실지수 E 선정   **답** E

3 표 1의 직접에서 실지수 E2.0과 천장 반사율 75%, 벽반사율 50%의 교차점 58%로 선정

답 58%

4 계산 : 표 1에서 직접조명의 보수상태 양호의 감광보상률 1.4 선정

$N = \dfrac{EAD}{FU} = \dfrac{500 \times 32 \times 20 \times 1.4}{160 \times 123 \times 0.58} = 39.249[등]$ **답** 40[등]

5 계산 : 분기회로수 $N = \dfrac{부하용량}{정격전압 \times 분기회로전류} = \dfrac{40 \times 160}{220 \times 16} = 1.82[회로]$

답 16[A] 2분기회로

6 계산 : 표 1에서 등과 등 사이 설치 간격 $S \leq 1.3H$이므로 $S \leq 1.3 \times 6$

∴ $S \leq 7.8$ **답** 7.8[m]

7 계산 : 벽면을 사용하지 않을 경우 $S \leq 0.5H$이므로 $S \leq 0.5 \times 6$

∴ $S \leq 3$ **답** 3[m]

8 형광등

02 송전단 전압이 3,300[V]인 변전소로부터 3[km] 떨어진 곳까지 지중 송전으로 역률 0.8(지상) 1,000[kW]의 3상 동력 부하에 전력을 공급할 때 케이블의 허용전류(또는 안전전류) 범위 내에서 수전단 전압을 3,150[V]로 유지하려고 할 때 케이블을 선정하시오.(단, 도체(동선)의 고유저항은 1.818×10^{-2}[Ω·mm²/m]로 하고 케이블의 정전용량 및 리액턴스 등은 무시한다.)

전선의 굵기(mm²)				
95	120	150	225	325

계산 : _____ 답 : _____

해답 계산 : 전압강하 $e = V_s - V_R = 3,300 - 3,150 = 150$[V]

∴ $e = \sqrt{3}I(R\cos\theta + X\sin\theta)$에서 리액턴스를 무시하면 $e = \sqrt{3}IR\cos\theta$

∴ $R = \dfrac{e}{\sqrt{3}I\cos\theta} = \dfrac{150}{\sqrt{3} \times \dfrac{1,000 \times 10^3}{\sqrt{3} \times 3,150 \times 0.8} \times 0.8} = 0.4725$[Ω]

∴ $A = \rho\dfrac{L}{R} = 1.818 \times 10^{-2} \times \dfrac{3,000}{0.4725} = 115.43$[mm²]

∴ 120[mm²] 선정

답 120[mm²]

TIP

① 단면적(굵기) 계산 시 저항(R)이 있는 공식을 찾는다.
  - 전압강하 $e = \sqrt{3}I(R\cos\theta + X\sin\theta) \rightarrow R$
  - 전력손실 $P_L = 3I^2R \rightarrow R$

② 저항 $R = \rho\dfrac{L}{A}$에서 단면적 A를 계산한다.

03 어느 수용가가 자가용 디젤 발전기 설비를 계획하고 있다. 발전기 용량 산출에 필요한 부하의 종류 및 특성이 다음과 같을 때 주어진 조건과 참고자료를 이용하여 전부하 운전을 하는 데 필요한 발전기 용량[kVA]을 답안지의 빈칸을 채우면서 선정하시오.(단, 수용률을 적용한 [kVA] 합계를 구할 때는 유효분과 무효분을 나누어 구한다.)

[조건]
① 전동기 기동 시에 필요한 용량은 무시한다.
② 수용률 적용(동력) : 최대 입력 전동기 1대에 대하여 100[%], 2대는 80[%], 전등, 기타는 100[%]를 적용한다.

③ 전등, 기타의 역률은 100[%]를 적용한다.

부하의 종류	출력[kW]	극수(극)	대수(대)	적용 부하	기동방법
전동기	37	8	1	소화전 펌프	리액터 기동
	22	6	2	급수 펌프	리액터 기동
	11	6	2	배풍기	Y-Δ 기동
	5.5	4	1	배수 펌프	직입 기동
전등, 기타	50	-	-	비상 조명	-

| 표 1. 저압 특수 농형 2종 전동기(KSC 4202)[개방형・반밀폐형] |

정격 출력 [kW]	극수	동기 속도 [rpm]	전부하 특성		기동 전류 I_{st} 각 상의 평균값 [A]	비고		전부하 슬립 S [%]
			효율 η [%]	역률 pf [%]		무부하 전류 I_0 각 상의 전류값 [A]	전부하 전류 I 각 상의 평균값 [A]	
5.5	4	1,800	82.5 이상	79.5 이상	150 이하	12	23	5.5
7.5			83.5 이상	80.5 이상	190 이하	15	31	5.5
11			84.5 이상	81.5 이상	280 이하	22	44	5.5
15			85.5 이상	82.0 이상	370 이하	28	59	5.0
(19)			86.0 이상	82.5 이상	455 이하	33	74	5.0
22			86.5 이상	83.0 이상	540 이하	38	84	5.0
30			87.0 이상	83.5 이상	710 이하	49	113	5.0
37			87.5 이상	84.0 이상	875 이하	59	138	5.0
5.5	6	1,200	82.0 이상	74.5 이상	150 이하	15	25	5.5
7.5			83.0 이상	75.5 이상	185 이하	19	33	5.5
11			84.0 이상	77.0 이상	290 이하	25	47	5.5
15			85.0 이상	78.0 이상	380 이하	32	62	5.5
(19)			85.5 이상	78.5 이상	470 이하	37	78	5.0
22	6	1,200	86.0 이상	79.0 이상	555 이하	43	89	5.0
30			86.5 이상	80.0 이상	730 이하	54	119	5.0
37			87.0 이상	80.0 이상	900 이하	65	145	5.0
5.5	8	900	81.0 이상	72.0 이상	160 이하	16	26	6.0
7.5			82.0 이상	74.0 이상	210 이하	20	34	5.5
11			83.5 이상	75.5 이상	300 이하	26	48	5.5
15			84.0 이상	76.5 이상	405 이하	33	64	5.5
(19)			85.5 이상	77.0 이상	485 이하	39	80	5.5
22			85.0 이상	77.5 이상	575 이하	47	91	5.0
30			86.5 이상	78.5 이상	760 이하	56	121	5.0
37			87.0 이상	79.0 이상	940 이하	68	148	5.0

과년도 기출문제

| 표 2. 자가용 디젤 표준 출력[kVA] |

| 50 | 100 | 150 | 200 | 300 | 4,400 |

	효율[%]	역률[%]	입력[kVA]	수용률[%]	수용률 적용값[kVA]
37×1					
22×2					
11×2					
5.5×1					
50					
계					

발전기 용량[kVA] :

[해답]

	효율[%]	역률[%]	입력[kVA]	수용률[%]	수용률 적용값[kVA]
37×1	87	79	$\frac{37}{0.87 \times 0.79} = 53.83$	100	$53.83 \times 1 = 53.83$
22×2	86	79	$\frac{22 \times 2}{0.86 \times 0.79} = 64.76$	80	$64.76 \times 0.8 = 51.81$
11×2	84	77	$\frac{11 \times 2}{0.84 \times 0.77} = 34.01$	80	$34.01 \times 0.8 = 27.21$
5.5×1	82.5	79.5	$\frac{5.5}{0.825 \times 0.795} = 8.39$	100	$8.39 \times 1 = 8.39$
50	100	100	50	100	50
계	-	-	-	-	① $53.83 \times 0.79 = 42.53$ $53.83 \times \sqrt{1 - 0.79^2} = 33$ ② $51.81 \times 0.79 = 40.93$ $51.81 \times \sqrt{1 - 0.79^2} = 31.765$ ③ $27.21 \times 0.77 = 20.95$ $27.21 \times \sqrt{1 - 0.77^2} = 17.36$ ④ $8.39 \times 0.795 = 6.67$ $8.39 \times \sqrt{1 - 0.795^2} = 5.09$ ⑤ 50 $\therefore \sqrt{\begin{array}{c}(42.53 + 40.93 + 20.95 + 6.67 + 50)^2 \\ + (33 + 31.765 + 17.36 + 5.09)^2\end{array}}$ $= 183.175$

[답] 발전기 용량 : 200[kVA]

TIP

① 입력환산[kVA] = $\frac{\text{출력[kW]}}{\text{역률} \times \text{효율}}$ ② 유효분 $P = P\cos\theta$, 무효분 $Q = P\sin\theta$

③ 발전기용량 $G = \sqrt{P^2 + Q^2}$

04 한국전기설비규정에 따라 공칭 전압이 154[kV]인 중성점 직접 접지식 전로의 절연내력을 시험을 하려고 한다. 시험전압과 시험방법에 대하여 다음 각 물음에 답하시오.

1 절연내력 시험전압(단, 최고전압을 정격전압으로 시험한다.)
계산 : _____ 답 : _____

2 절연내력 시험방법
_____

[해답] **1** 계산 : 시험전압 = 170,000 × 0.72 = 122,400[V]　　　　答 122,400[V]

2 전로와 대지 사이에 연속하여 10분간 가한다.

TIP

▶ **전로의 종류 및 시험전압**

전로의 종류	시험전압
1. 최대사용전압 7[kV] 이하인 전로	최대사용전압의 1.5배 전압
2. 최대사용전압 7[kV] 초과 25[kV] 이하인 중성점 접지식 전로(중성선을 가지는 것으로서 그 중성선을 다중접지 하는 것에 한한다.)	최대사용전압의 0.92배 전압
3. 최대사용전압 7[kV] 초과 60[kV] 이하인 전로(2란의 것을 제외한다.)	최대사용전압의 1.25배 전압 (10.5[kV] 미만으로 되는 경우는 10.5[kV])
4. 최대사용전압 60[kV] 초과 중성점 비접지식 전로(전위 변성기를 사용하여 접지하는 것을 포함한다.)	최대사용전압의 1.25배 전압
5. 최대사용전압 60[kV] 초과 중성점 접지식 전로(전위 변성기를 사용하여 접지하는 것 및 6란과 7란의 것을 제외한다.)	최대사용전압의 1.1배 전압 (75[kV] 미만으로 되는 경우는 75[kV])
6. 최대사용전압 60[kV] 초과 중성점 직접 접지식 전로 (7란의 것을 제외한다.)	최대사용전압의 0.72배 전압
7. 최대사용전압이 170[kV] 초과 중성점 직접 접지식 전로로서 그 중성점이 직접 접지되어 있는 발전소 또는 변전소 혹은 이에 준하는 장소에 시설하는 것	최대사용전압의 0.64배 전압

05 선간전압 200[V], 역률 100[%], 효율 100[%], 용량 200[kVA] 6펄스 3상 UPS에서 전원을 공급할 때 기본파 전류와 제5고조파 전류를 계산하시오. (단, 제5고조파 저감계수 $K_5 = 0.5$이다.)

1 기본파 전류를 구하시오.
계산 : _____ 답 : _____

2 제5고조파 전류를 구하시오.

계산 : _____ 답 : _____

해답

1 계산 : 기본파 전류 $I_1 = \dfrac{P}{\sqrt{3}\,V} = \dfrac{200 \times 10^3}{\sqrt{3} \times 200} = 577.35[A]$ 답 577.35[A]

2 계산 : 제5고조파 전류 $I_n = \dfrac{K_n I}{n} = \dfrac{0.5 \times 577.35}{5} = 57.74[A]$ 답 57.74[A]

TIP

고조파 전류 $I_n = \dfrac{K_n I}{n}$

여기서, I : 기본파 전류, K_n : 고조파 저감계수, n : 고조파 차수

06 어느 자가용 전기설비의 3상 고장전류가 8[kA]이고 CT비가 50/5[A]일 때 변류기의 정격과전류 강도(표준)는 얼마인지 쓰시오. (단, 열적과전류 강도는 40배, 75배, 150배, 300배에서 선정하며, 사고 발생 후 0.2초 이내에 한전 차단기가 동작하는 것으로 한다.)

계산 : _____ 답 : _____

해답 계산 : 열적과전류 강도 $S = \dfrac{S_n}{\sqrt{t}}$

여기서, S_n : 정격과전류 강도

t : 통전시간[sec]

$S_n = \sqrt{0.2} \times \dfrac{8{,}000}{50} = 71.55$배

∴ 정격과전류 강도 75배 선정

답 75배

TIP

정격 1차 전류 \ 정격 1차 전압[kV]	6.6/3.3	22.9/13.2
60[A] 이하	75배	75배
60[A] 초과 500[A] 미만	40배	40배
500[A] 이상	40배	40배

07 그림과 주어진 조건 및 참고표를 이용하여 3상 단락용량, 3상 단락전류, 차단기의 차단용량 등을 계산하시오.

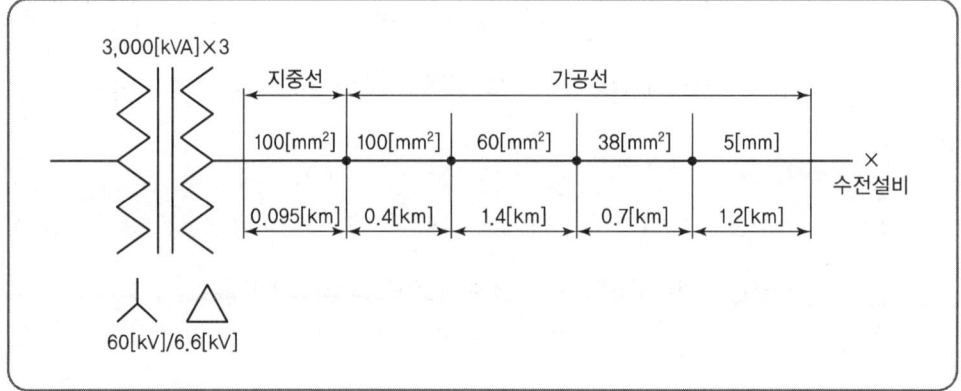

[조건]
수전설비 1차 측에서 본 1상당의 합성임피던스 %X_g = 1.5[%]이고, 변압기 명판에는 7.4[%]/9,000[kVA](기준용량은 10,000[kVA]이다.)

| 표 1. 유입차단기 전력퓨즈의 정격차단용량 |

정격전압[V]	정격 차단용량 표준치(3상[MVA])						
3,600	10	25	50	(75)	100	150	250
7,200	25	50	(75)	100	150	(200)	250

| 표 2. 가공 전선로(경동선) %임피던스 |

배선 방식	선의 굵기 %r, %x	%r, %x의 값[%/km]								
		100	80	60	50	38	30	22	14	5[mm]	4[mm]
3상 3선 3[kV]	%r	16.5	21.1	27.9	34.8	44.8	57.2	75.7	119.15	83.1	127.8
	%x	29.3	30.6	31.4	32.0	32.9	33.6	34.4	35.7	35.1	36.4
3상 3선 6[kV]	%r	4.1	5.3	7.0	8.7	11.2	18.9	29.9	29.9	20.8	32.5
	%x	7.5	7.7	7.9	8.0	8.2	8.4	8.6	8.7	8.8	9.1
3상 4선 5.2[kV]	%r	5.5	7.0	9.3	11.6	14.9	19.1	25.2	39.8	27.7	43.3
	%x	10.2	10.5	10.7	10.9	11.2	11.5	11.8	12.2	12.0	12.4

※ 3상 4선식 5.2[kV] 선로에서 전압선 2선, 중앙선 1선인 경우 단락 용량의 계획은 3상 3선식 3[kV] 시에 따른다.

| 표 3. 지중 케이블 전로의 %임피던스 |

배선 방식	선의 굵기 %r, %x	%r, %x의 값[%/km]										
		250	200	150	125	100	80	60	50	38	30	22
3상 3선 3[kV]	%r	6.6	8.2	13.7	13.4	16.8	20.9	27.6	32.7	43.4	55.9	118.5
	%x	5.5	5.6	5.8	5.9	6.0	6.2	6.5	6.6	6.8	7.1	8.3
3상 3선 6[kV]	%r	1.6	2.0	2.7	3.4	4.2	5.2	6.9	8.2	8.6	14.0	29.6
	%x	1.5	1.5	1.6	1.6	1.7	1.8	1.9	1.9	1.9	2.0	–
3상 4선 5.2[kV]	%r	2.2	2.7	3.6	4.5	5.6	7.0	9.2	14.5	14.5	18.6	–
	%x	2.0	2.0	2.1	2.2	2.3	2.3	2.4	2.6	2.6	2.7	–

※ 3상 4선식 5.2[kV] 전로의 %r, %x의 값은 6[kV] 케이블을 사용한 것으로서 계산한 것이다.
※ 3상 3선식 5.2[kV]에서 전압선 2선, 중앙선 1선의 경우 단락용량의 계산은 3상 3선식 3[kV] 전로에 따른다.

1 수전설비에서의 합성 %임피던스를 계산하시오.

　　계산 : _____　　답 : _____

2 수전설비에서의 3상 단락용량을 계산하시오.

　　계산 : _____　　답 : _____

3 수전설비에서의 3상 단락전류를 계산하시오.

　　계산 : _____　　답 : _____

4 수전설비에서의 정격차단용량을 계산하고, 표에서 적당한 용량을 찾아 선정하시오.

　　계산 : _____　　답 : _____

(해답) **1** 계산 : 기준용량을 10,000[kVA]으로 환산하면

- 변압기 : $\%X_t = \dfrac{10,000}{9,000} \times j\,7.4 = j\,8.22[\%]$
- 지중선 : 표 3에 의해
  $\%Z_l = \%r + j\%x = (0.095 \times 4.2) + j(0.095 \times 1.7) = 0.399 + j\,0.1615$
- 가공선 : 표 2에 의해

구분		%r	%x
가공선	100[mm²]	0.4×4.1 = 1.64	0.4×7.5 = 3
	60[mm²]	1.4×7 = 9.8	1.4×7.9 = 11.06
	38[mm²]	0.7×11.2 = 7.84	0.7×8.2 = 5.74
	5[mm]	1.2×20.8 = 24.96	1.2×8.8 = 10.56
계		44.24	30.36

- 합성 %임피던스 $\%Z = \%Z_g + \%Z_T + \%Z_l$
  $= j\,8.22 + 0.399 + j\,0.1615 + 44.24 + j\,30.36 + j\,1.5$
  $= (0.399 + 44.24) + j(8.22 + 0.1615 + 30.36 + 1.5)$
  $= 44.639 + j\,40.2415 = 60.1[\%]$　　**답** 60.1[%]

2 계산 : 단락용량 $P_s = \dfrac{100}{\%Z}P_n = \dfrac{100}{60.1} \times 10,000 = 16,638.94[kVA]$ 답 16,638.94[kVA]

3 계산 : 단락전류 $I_s = \dfrac{100}{\%Z}I_n = \dfrac{100}{60.1} \times \dfrac{10,000}{\sqrt{3} \times 6.6} = 1,455.53[A]$ 답 1,455.53[A]

4 계산 : 차단용량 $= \sqrt{3} \times$ 정격 전압 $\times$ 정격 차단 전류
$= \sqrt{3} \times 7,200 \times 1,455.53 \times 10^{-6} = 18.15[MVA]$ 답 25[MVA] 선정

TIP

1. 차단기 용량 선정
   ① 퍼센트 임피던스(%Z)가 주어졌을 경우
   $P_s = \dfrac{100}{\%Z} \times P_n$ 여기서, P_n : 기준용량
   ② 정격차단전류[kA]가 주어졌을 경우
   $P_s = \sqrt{3} \times$ 정격전압[kV] $\times$ 정격차단전류[kA] = [MVA]

2. 단락전류
   ① 퍼센트 임피던스(%Z)가 주어졌을 경우
   $I_S = \dfrac{100}{\%Z}I_n[A]$ 여기서, I_n : 정격전류
   ② 임피던스(Z)가 주어졌을 경우
   $I_S = \dfrac{E}{Z} = \dfrac{\frac{V}{\sqrt{3}}}{Z}[A]$ 여기서, E : 상전압, V : 선간전압

08 55[mm²](0.3195[Ω/km]), 전장 6[km]인 3심 전력 케이블의 어떤 중간지점에서 1선 지락 사고가 발생하여 전기적 사고점 탐지법의 하나인 머레이 루프법으로 측정한 결과 그림과 같은 상태에서 평형이 되었다고 한다. 측정점에서 사고지점까지의 거리를 구하시오.

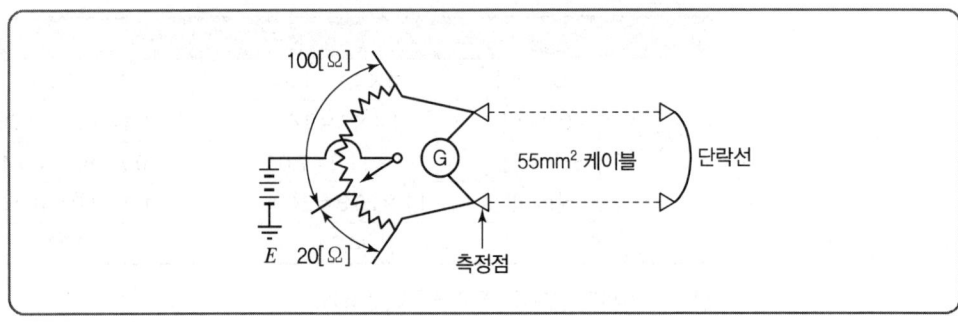

계산 : _____ 답 : _____

해답 계산 : 고장점까지의 거리를 x, 전장을 $L[km]$라 하고 휘트스톤 브리지의 원리에 의해

$$20 \times (2 \times 6 - x) = 100 \times x$$
$$5x = 12 - x$$
$$5x + x = 12$$
$$6x = 12$$
$$x = \frac{12}{6} = 2[km]$$

답 2[km]

TIP

①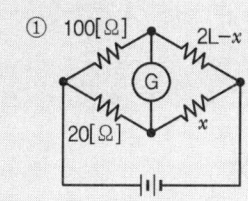

② 대각선을 곱하여 고장점 거리를 계산한다.

09 자동차단시간을 위한 보호장치의 동작시간이 0.5초이며, 예상 고장전류 실효값이 25[kA]인 경우 보호도체의 최소 단면적을 구하시오. (단, 보호도체, 절연, 기타 부위의 재질 및 초기온도와 최종온도에 따라 정해지는 계수는 159이며, 동선을 사용하는 경우이다.)

계산 : _____ 답 : _____

해답 계산 : $S = \frac{\sqrt{t}}{K} I_n = \frac{\sqrt{0.5}}{159} \times 25,000 = 111.18 [mm^2]$

답 120[mm²]

TIP

보호도체의 굵기 $S = \frac{\sqrt{I_n^2 \cdot t}}{k} = \frac{\sqrt{t}}{k} I_n$

여기서, S : 단면적[mm²]
  I : 보호장치를 통해 흐를 수 있는 예상 고장전류 실효값[A]
  t : 자동차단을 위한 보호장치의 동작시간[sec]
  k : 재질 및 초기온도와 최종온도에 따라 정해지는 계수

10 설계감리원은 필요한 경우 다음 각 호의 문서를 비치하고, 그 세부양식은 발주자의 승인을 받아 설계감리과정을 기록하여야 하며, 설계감리 완료와 동시에 발주자에게 제출하여야 한다. 다음 보기 중 비치하지 않아도 되는 문서 3가지를 고르시오.

[보기]
① 근무상황부
② 설계감리일지
③ 공사예정공정표
④ 설계감리기록부
⑤ 설계자와 협의사항 기록부
⑥ 설계감리 추진현황
⑦ 설계수행계획서
⑧ 설계감리 검토의견 및 조치 결과서
⑨ 설계도서(내역서, 수량산출 및 도면 등)를 검토한 근거서류
⑩ 타 공정 신청서

해답 ③, ⑦, ⑩

11 다음 PLC 래더 다이어그램을 이용하여 논리회로를 그리시오.(단, 입력 2개, 출력 1개로 이루어진 AND, OR, NOT 게이트를 조합한다.)

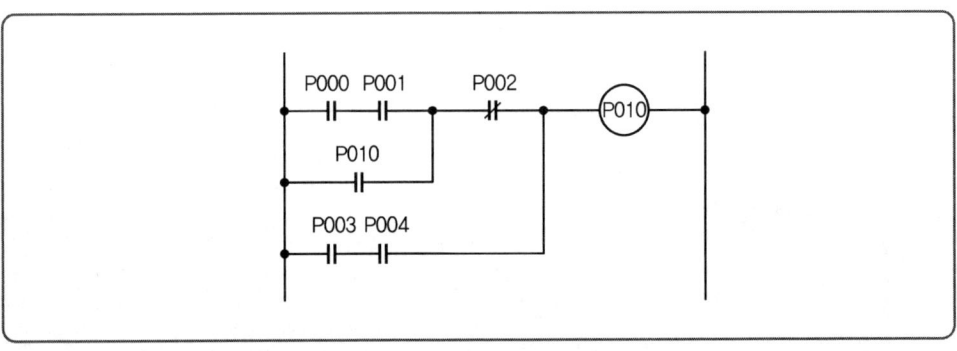

해답

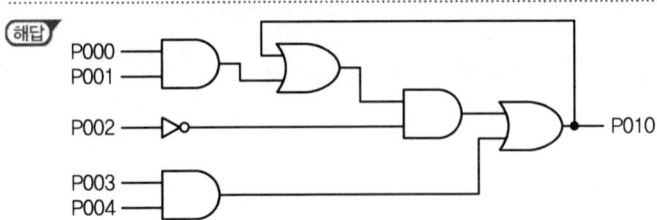

12 전동기 부하를 사용하는 곳의 역률개선을 위하여 회로에 병렬로 역률개선용 저압콘덴서를 설치(Y결선)하여 전동기의 역률을 개선하여 90[%] 이상으로 유지하려고 한다. 다음 물음에 답하시오.

1 정격전압 380[V], 정격출력 18.5[kW], 역률 70[%]인 전동기의 역률을 90[%]로 개선하고자 하는 경우 필요한 3상 콘덴서의 용량[kVA]을 구하시오.

계산 : _____ 답 : _____

2 물음 **1**에서 구한 3상 콘덴서의 용량[kVA]을 [μF]로 환산한 용량으로 구하시오.(단, 정격 주파수는 60[Hz]로 계산한다.)

계산 : _____ 답 : _____

해답

1 계산 : $Q_c = P\left(\dfrac{\sqrt{1-\cos\theta_1^2}}{\cos\theta_1} - \dfrac{\sqrt{1-\cos\theta_2^2}}{\cos\theta_2}\right) = 18.5\left(\dfrac{\sqrt{1-0.7^2}}{0.7} - \dfrac{\sqrt{1-0.9^2}}{0.9}\right)$
$= 9.91 [\text{kVA}]$

답 9.91[kVA]

2 계산 : $C = \dfrac{Q_c}{2\pi f V^2} = \dfrac{9.91 \times 10^3}{2\pi \times 60 \times 380^2} \times 10^6 = 182.04 [\mu\text{F}]$

답 182.04[μF]

TIP

▶ 충전용량(콘덴서용량)
① △결선 $Q_\triangle = 3\omega CE^2 = 3\omega CV^2 \times 10^{-3}$ [kVA]
② Y결선 $Q_Y = 3\omega CE^2 = 3\omega C\left(\dfrac{V}{\sqrt{3}}\right)^2 = \omega CV^2 \times 10^{-3}$ [kVA]
여기서, E : 상전압 V : 선간전압

13 다음의 계측장비를 주기적으로 교정하고 또한 안전장구의 성능을 적정하게 유지할 수 있도록 시험하여야 한다. 다음 표의 권장 교정 및 시험주기는 몇 년인가?

구분	년
절연저항 측정기	
계전기 시험기	
접지저항 측정기	
절연저항계	
클램프미터	

해답

구분	년
절연저항 측정기	1
계전기 시험기	1
접지저항 측정기	1
절연저항계	1
클램프미터	1

TIP

구분		권장 교정 및 시험주기(년)
계측 장비 교정	계전기 시험기	1
	절연내력 시험기	1
	절연유 내압 시험기	1
	적외선 열화상 카메라	1
	전원품질분석기	1
	절연저항 측정기(1,000[V], 2,000[MΩ])	1
	절연저항 측정기(500[V], 100[MΩ])	1
	회로시험기	1
	접지저항 측정기	1
	클램프미터	1
안전 장구 시험	특고압 COS 조작봉	1
	저압검전기	1
	고압·특고압 검전기	1
	고압절연장갑	1
	절연장화	1
	절연안전모	1

14 다음 그림과 같이 높이 2.5[m]인 조명탑을 8[m] 간격을 두고 시설할 때 환기팬 중앙의 P 수평면 조도를 구하시오.(단, 중앙에서 광원으로 향하는 광도는 각각 270[cd]이다.)

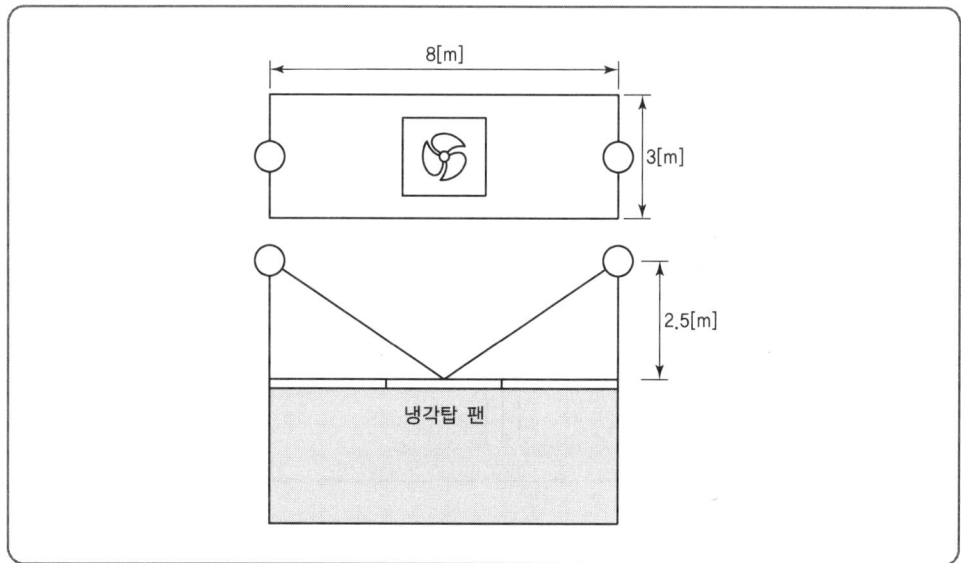

계산 : _____ 답 : _____

해답 계산 : $r = \sqrt{2.5^2 + 4^2} = 4.72[m]$

수평면 조도 $E_n = \dfrac{I}{r^2}\cos\theta = \dfrac{270}{4.72^2} \cdot \dfrac{2.5}{4.72} \times 2 = 12.84[lx]$

답 12.84[lx]

TIP
① 간격이 8[m]이므로 조명탑 팬의 밑면이 4[m]가 된다.
② 램프가 2개이므로 조도는 2배가 된다.

15 △-Y 결선방식의 주 변압기 보호에 사용되는 비율차동계전기의 간략화한 회로도이다. 주 변압기 1차 및 2차 측 변류기(CT)의 미결선된 2차 회로를 완성하시오.

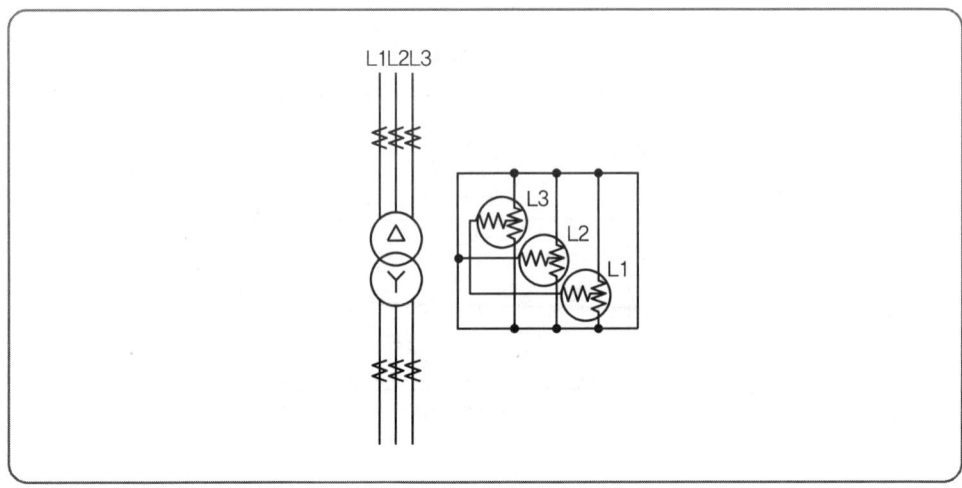

해답

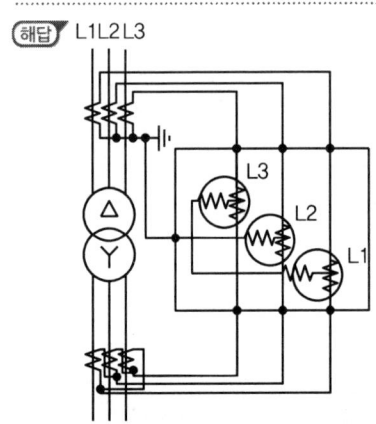

TIP

변압기 결선이 △-Y일 경우 30°의 위상차가 발생하므로 비율차동계전기 CT결선은 Y-△하여 동위상을 만들어 준다.

16 다음 요구사항을 만족하는 주회로 및 제어회로의 미완성 결선도를 완성하시오. (단, 아래의 예시를 참고하여 접점기호와 명칭을 정확히 표시하시오.)

[예시]

| ○⫶PB | ⫶○PB | ○⫶T | ⫶○T | ○⫶MC | ⫶○MC | ⟨⟩FR | ⟨⟩FR |

[요구사항]
- 전원을 투입하면 주회로 및 제어회로에 전원이 공급된다.
- 누름버튼스위치 PB1을 누르면 전자접촉기 MC1과 타이머 T1이 여자되고 MC1의 보조접점에 의하여 램프 GL이 점등되며, 이때 M1이 회전한다.
- 누름버튼스위치 PB1을 누른 후 손을 떼어도 MC1은 자기유지되어 전동기 M1은 계속 회전한다.
- 타이머 T1의 설정시간 후,
  - 전자접촉기 MC2와 타이머 T2, 플리커릴레이 FR이 여자되고, MC2의 보조접점에 의하여 램프 RL이 점등되며, 플리커릴레이의 b접점에 의해 램프 YL이 점등되고 이때 전동기 M2가 회전한다.
  - 플리커릴레이 FR의 설정시간 간격으로 램프 YL과 부저 BZ가 교대로 동작한다.
  - MC1과 타이머 T1이 소자되어 램프 GL이 소등되고 전동기 M1은 정지한다.
  - T1이 소자되어도 MC2는 자기유지되어 전동기 M2는 계속 회전한다.
- 타이어 T2의 설정시간 후 MC2와 타이머 T2, 플리커릴레이 FR이 소자되어 램프 RL, 램프 YL이 소등되고, 부저 BZ의 동작이 정지하며, 전동기 M2가 정지한다.
- 운전 중 누름버튼스위치 PB0를 누르면 모든 전동기의 운전은 정지한다.
- 전동기 운전 중 과전류가 감지되어 EOCR이 동작되면, 모든 제어회로의 전원은 차단되고 램프 WL만 점등된다.
- EOCR을 리셋(RESET)하면 초기상태로 복귀된다.

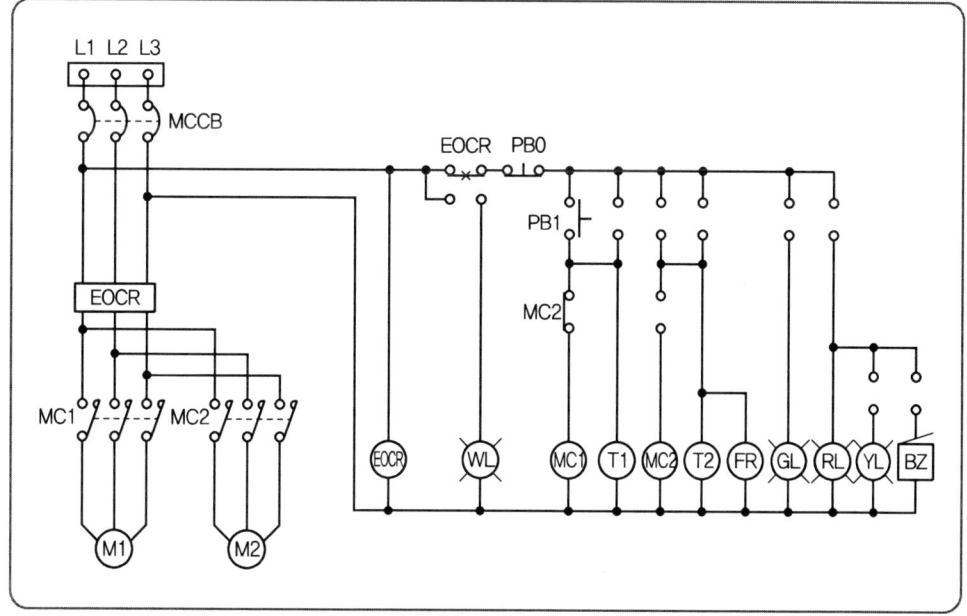

[해답]

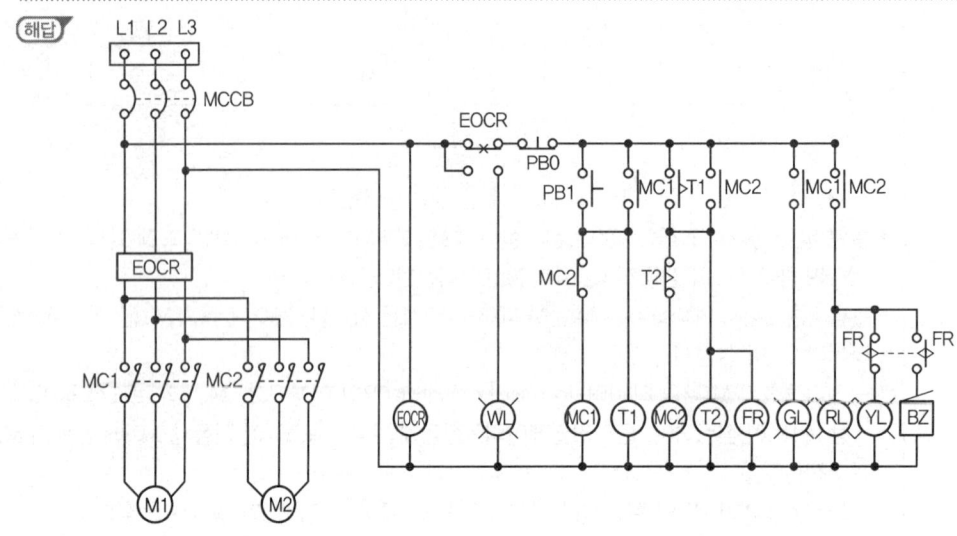

17 사용전압이 400[V] 이상인 저압 옥내 배선의 기능 여부를 시설장소에 따라 답안지 표의 빈칸에 ○, ×로 표시하시오. (단, ○는 시설장소, ×는 시설 불가능 표시를 의미한다.)

배선 방법	노출장소		은폐장소				옥측 배선	
			점검 가능		점검 불가능			
	건조한 장소	습기가 많은 장소	건조한 장소	습기가 많은 장소	건조한 장소	습기가 많은 장소	우선 내	우선 외
케이블공사	○		○				○	

[해답]

배선 방법	노출장소		은폐장소				옥측 배선	
			점검 가능		점검 불가능			
	건조한 장소	습기가 많은 장소	건조한 장소	습기가 많은 장소	건조한 장소	습기가 많은 장소	우선 내	우선 외
케이블공사	○	○	○	○	○	○	○	○

TIP

▶ 금속관, 케이블, 애자, 금속제 가요전선관 가용장소

시설공사	옥내						옥측/옥외	
	노출 장소		은폐 장소				우선 내	우선 외
			점검 가능		점검 불가능			
	건조한 장소	습기가 많은 장소 또는 물기가 있는 장소	건조한 장소	습기가 많은 장소 또는 물기가 있는 장소	건조한 장소	습기가 많은 장소 또는 물기가 있는 장소		
금속관	○	○	○	○	○	○	○	○
케이블 트레이	○	○	○	○	○	○	○	○
케이블	○	○	○	○	○	○	②	②
애자	○	○	×	×	×	×	③	③
1종 가요전선관	○	×	○	×	①	×	×	×
1종 비닐피복가요전선관	○	○	○	○	①	①	×	×
2종 가요전선관	○	×	○	×	○	×	○	×
2종 비닐피복가요전선관	○	○	○	○	○	○	○	○
합성수지관	○	○	④				○	○
			⑤					

① 기계적 충격을 받을 우려가 없는 경우에 한하여 시설할 수 있다.
② 연피, 알루미늄피, 무기질 절연(MI)케이블은 목조 이외의 조영물에 한하여 시설할 수 있다.
③ 전개된 장소 및 점검할 수 있는 은폐 장소에 한하여 시설할 수 있다.
④ 이중천장(반자 속 포함) 내에 시설할 수 없으며, 그 외의 장소에 시설할 수 있다.
⑤ 이중천장(반자 속 포함) 내에 시설할 수 없으며, 그 외의 장소에 시설하는 경우에는 직접 콘크리트에 매입(埋入)하여 시설하거나 옥내 전개된 장소에 시설하는 경우 이외에는 KS F ISO 1182(건축재료의 불연성 시험방법)에 따른 불연성능이 있는 것의 내부, 전용의 불연성 관 또는 덕트에 넣어 시설해야 한다.

2022년도 1회 시험 과년도 기출문제

01 그림은 누전차단기를 적용하는 것으로 CVCF 출력 측의 접지용 콘덴서 $C_0 = 5\,[\mu F]$이고, 부하 측 라인필터의 대지정전용량 $C_1 = C_2 = 0.1\,[\mu F]$, 누전차단기 ELB_1에서 지락점까지의 케이블의 대지정전용량 $C_{L1} = 0.2\,[\mu F]$(ELB_1의 출력단에 지락 발생 예상), ELB_2에서 부하 2까지의 케이블 대지정전용량 $C_{L2} = 0.2\,[\mu F]$이다. 지락저항은 무시하며, 사용전압은 220[V], 주파수가 60[Hz]인 경우 다음 각 물음에 답하시오.

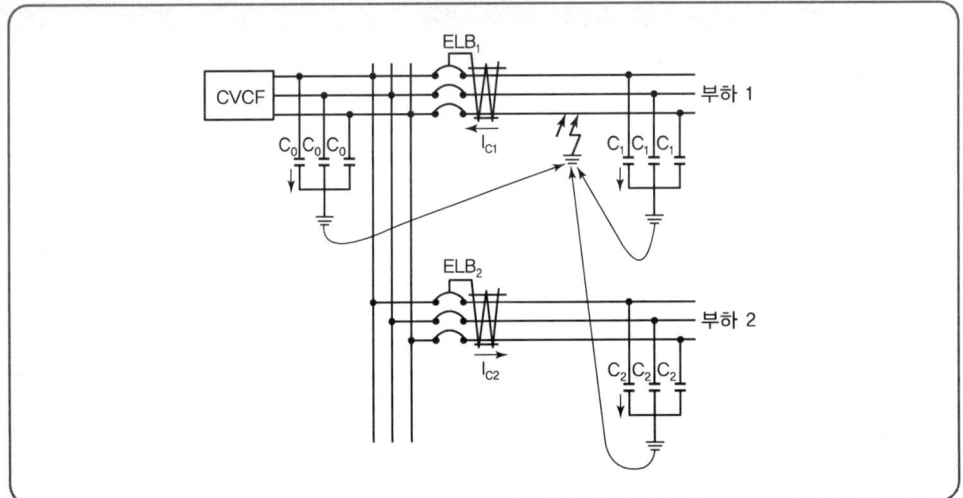

1 도면에서 CVCF는 무엇인지 우리말로 그 명칭을 쓰시오.

2 건전 피더(Feeder) ELB_2에 흐르는 지락전류 I_{C2}는 몇 [mA]인가?
  계산 : _____ 답 : _____

3 누전차단기 ELB_1, ELB_2가 불필요한 동작을 하지 않기 위해서는 정격감도 전류 몇 [mA] 범위의 것을 선정하여야 하는가?(단, 소수점 이하 절사한다.)
  ① ELB_1
  계산 : _____ 답 : _____
  ② ELB_2
  계산 : _____ 답 : _____

4 누전차단기의 시설 예에 대한 표의 빈칸에 ○, △, □를 표현하시오.

전로의 대지전압 \ 기계기구 시설장소	옥내		옥측		옥외	물기가 있는 장소
	건조한 장소	습기가 많은 장소	우선 내	우선 외		
150[V] 이하	−	−	−			
150[V] 초과 300[V] 이하				−		

[조건]
- ELB_1에 흐르는 지락전류 $I_{C1} = 3 \times 2\pi fCE$에 의하여 계산한다.
- 누전차단기는 지락 시의 지락전류의 $\frac{1}{3}$에 동작 가능하여야 하며, 부동작 전류는 건전피더에 흐르는 지락전류의 2배 이상의 것으로 한다.
- 누전차단기의 시설 예에 대한 표시 기호는 다음과 같다.
  ○ : 누전차단기를 시설할 것
  △ : 주택에 기계기구를 시설하는 경우에는 누전차단기를 시설할 것
  □ : 주택구내 또는 도로에 접한 면에 룸에어컨디션, 아이스박스, 진열장, 자동판매기 등 전동기를 부품으로 한 기계기구를 시설하는 경우에는 누전차단기를 시설하는 것이 바람직하다.

* 사람이 조작하고자 하는 기계기구를 시설한 장소보다 전기적인 조건이 나쁜 장소에서 접촉할 우려가 있는 경우에는 전기적 조건이 나쁜 장소에 시설된 것으로 취급한다.

해답

1 정전압 정주파수 장치

2 계산 : 지락전류 $I_c = 3\omega CE$에서

$$I_{C2} = 3 \times 2\pi f(C_2 + C_{L2})\frac{V}{\sqrt{3}} = 3 \times 2\pi \times 60 \times (0.2+0.1) \times 10^{-6} \times \frac{220}{\sqrt{3}}$$
$$= 43.095 [mA]$$

답 43.1[mA]

3 ① ELB_1

계산 : $I_{C1} = 3 \times \omega CE = 3 \times 2\pi f(C_0 + C_{L1} + C_1 + C_{L2} + C_2) \times \frac{V}{\sqrt{3}}$

$= 3 \times 2\pi \times 60 \times (5+0.2+0.1+0.2+0.1) \times 10^{-6} \times \frac{220}{\sqrt{3}} = 804.456 [mA]$

$= 804.46 [mA]$

동작전류=지락전류$\times \frac{1}{3}$ 이므로,

$ELB_1 = 804.46 \times \frac{1}{3} = 268.15 [mA]$ ∴ 268[mA]

부하 1측 cable 지락 시 건전피더의 전류

$$I_{C2} = 3 \times 2\pi f(C_{L2} + C_2) \times \frac{V}{\sqrt{3}} = 3 \times 2\pi \times 60(0.2+0.1) \times 10^{-6} \times \frac{220}{\sqrt{3}}$$
$$= 43.095 [mA] \quad \therefore 43.1 [mA]$$

부동작 전류 = 건전피더 지락전류 × 2이므로,
$$ELB_1 = 43.1 \times 2 = 86.2 [mA] \quad \therefore 86 [mA]$$

답 ELB_1 정격감도 전류 범위 : 86~268[mA]

② ELB_2

계산 : $I_{C1} = 3 \times \omega CE = 3 \times 2\pi f(C_0 + C_{L1} + C_1 + C_{L2} + C_2) \times \frac{V}{\sqrt{3}}$

$$= 3 \times 2\pi \times 60 \times (5+0.2+0.1+0.2+0.1) \times 10^{-6} \times \frac{220}{\sqrt{3}} = 804.456 [mA]$$
$$= 804.46 [mA]$$

동작전류 = 지락전류 × $\frac{1}{3}$ 이므로,

$$ELB_2 = 804.46 \times \frac{1}{3} = 268.15 [mA] \quad \therefore 268 [mA]$$

부하 1측 cable 지락 시 건전피더의 전류

$$I_{C2} = 3 \times 2\pi f(C_{L2} + C_2) \times \frac{V}{\sqrt{3}} = 3 \times 2\pi \times 60(0.2+0.1) \times 10^{-6} \times \frac{220}{\sqrt{3}}$$
$$= 43.095 [mA] \quad \therefore 43.1 [mA]$$

부동작 전류 = 건전피더 지락전류 × 2이므로,
$$ELB_2 = 43.1 \times 2 = 86.2 [mA] \quad \therefore 86 [mA]$$

답 ELB_2 정격감도 전류 범위 : 86~268[mA]

4

전로의 대지전압 \ 기계기구 시설장소	옥내 건조한 장소	옥내 습기가 많은 장소	옥측 우선 내	옥측 우선 외	옥외	물기가 있는 장소
150[V] 이하	-	-	-	□	□	○
150[V] 초과 300[V] 이하	△	○	-	○	○	○

과년도 기출문제

02 다음 각 상의 불평형 전압이 $V_a = 7.3\angle 12.5°$, $V_b = 0.4\angle -100°$, $V_c = 4.4\angle 154°$인 경우 대칭분 V_0, V_1, V_2를 구하시오.

1 V_0
   계산 : _____ 답 : _____

2 V_1
   계산 : _____ 답 : _____

3 V_2
   계산 : _____ 답 : _____

[해답]

1 V_0
   계산 : $V_0 = \dfrac{1}{3}(7.3\angle 12.5° + 0.4\angle -100° + 4.4\angle 154°)$
   $= 1.47\angle 45.11°$
   답 $1.47\angle 45.11°[V]$

2 V_1
   계산 : $V_1 = \dfrac{1}{3}(7.3\angle 12.5° + (1\angle 120°)\times 0.4\angle -100° + (1\angle 240°)\times 4.4\angle 154°)$
   $= 3.97\angle 20.54°$
   답 $3.97\angle 20.54°[V]$

3 V_2
   계산 : $V_2 = \dfrac{1}{3}(7.3\angle 12.5° + (1\angle 240°)\times 0.4\angle -100° + (1\angle 120°)\times 4.4\angle 154°)$
   $= 2.52\angle -19.70°$
   답 $2.52\angle -19.70°[V]$

TIP

영상분 $V_0 = \dfrac{1}{3}(V_a + V_b + V_c)$

정상분 $V_1 = \dfrac{1}{3}(V_a + aV_b + a^2V_c)$

역상분 $V_2 = \dfrac{1}{3}(V_a + a^2V_b + aV_c)$

$a = 1\angle 120° = -\dfrac{1}{2} + j\dfrac{\sqrt{3}}{2}$, $a^2 = 1\angle 240° = -\dfrac{1}{2} - j\dfrac{\sqrt{3}}{2}$

03 전압이 22,900[V], 주파수가 60[Hz], 선로길이가 7[km]인 1회선의 3상 지중 송전선로가 있다. 이 지중 전선로의 3상 무부하 충전전류 및 충전용량을 구하시오. (단, 케이블의 1선당 작용 정전용량은 0.4[μF/km]이다.)

1 충전전류
계산: _____ 답: _____

2 충전용량
계산: _____ 답: _____

해답 1 계산: $I_c = WC \dfrac{V}{\sqrt{3}} = 2\pi \times 60 \times 0.4 \times 10^{-6} \times 7 \times \left(\dfrac{22,900}{\sqrt{3}}\right) = 13.956$[A]

답 13.96[A]

2 계산: $Q_Y = 3WC \left(\dfrac{V}{\sqrt{3}}\right)^2 \times 10^{-3}$

$= 3 \times 2\pi \times 60 \times 0.4 \times 10^{-6} \times 7 \times \left(\dfrac{22,900}{\sqrt{3}}\right)^2 \times 10^{-3}$

$= 553.553$[kVA]

답 553.55[kVA]

> **TIP**
> ① 충전전류 $I_c = \dfrac{E}{\dfrac{1}{WC}} = WCE = WC\dfrac{V}{\sqrt{3}}$[A]
> ② 충전용량 $Q_c = 3E \cdot I_c = 3WCE^2 = WCV^2 \times 10^{-3}$[kVA]
> 여기서, E : 상전압 V : 선간전압

04 전선 및 기계기구를 보호하기 위하여 중요한 곳에는 과전류 차단기를 시설하여야 하는데 과전류 차단기의 시설을 제한하고 있는 곳이 있다. 이 과전류 차단기의 시설 제한 개소를 한국전기설비규정에 의해 3가지 쓰시오.

_____

해답 ① 접지 공사의 접지선
② 다선식 전로의 중성선
③ 저압 가공 전선로의 접지 측 전선

05 그림과 같은 논리 회로의 명칭을 쓰고 진리표를 완성하시오.

1 명칭을 쓰시오.
2 출력식을 쓰시오.
3 진리표를 완성하시오.

A	B	X
0	0	
0	1	
1	0	
1	1	

해답 1 명칭 : 배타적 부정 논리합(Exclusive−NOR=XNOR) 회로

2 출력식 : $X = \overline{A\overline{B} + \overline{A}B} = \overline{A\overline{B}} \cdot \overline{\overline{A}B} = (\overline{A}+B)(A+\overline{B})$
$= \overline{A}A + \overline{A}\,\overline{B} + AB + B\overline{B} = \overline{A}\,\overline{B} + AB$

답 $X = \overline{A}\,\overline{B} + AB$

3 진리표

A	B	X
0	0	1
0	1	0
1	0	0
1	1	1

06 단상 변압기에서 전부하 시 2차 전압은 115[V]이고, 전압 변동률은 2[%]이다. 1차 측 단자 전압은 몇 [V]인가?(단, 변압기 권선비는 20 : 1이다.)

계산 : _____ 답 : _____

해답 계산 : $\varepsilon = \dfrac{V_{20} - V_{2n}}{V_{2n}} \times 100[\%]$

$V_{20} = \left(1 + \dfrac{\varepsilon}{100}\right)V_{2n} = \left(1 + \dfrac{2}{100}\right) \times 115 = 117.3[V]$

∴ $V_1 = 20 \times 117.3 = 2,346[V]$

답 2,346[V]

07 최대 수요 전력이 5,000[kW], 부하 역률 0.9, 네트워크(Network) 수전 회선수 4회선, 네트워크 변압기의 과부하율 130[%]인 경우 네트워크 변압기 용량은 몇 [kVA] 이상이어야 하는가?

계산 : _____ 답 : _____

해답 계산 : 네트워크 변압기 용량 $= \dfrac{\text{최대 수요 전력}}{\text{수전 회선수}-1} \times \dfrac{100}{\text{과부하율}}$ [kVA]

$= \dfrac{5{,}000/0.9}{4-1} \times \dfrac{100}{130} = 1{,}424.50$ [kVA]

답 1,424.5[kVA]

TIP

1. 목적
   무정전 공급이 가능해서 신뢰도가 높고 전압변동률이 낮고 도심부의 부하 밀도가 높은 지역의 대용량 수용가에 공급하는 방식

2. 구성도

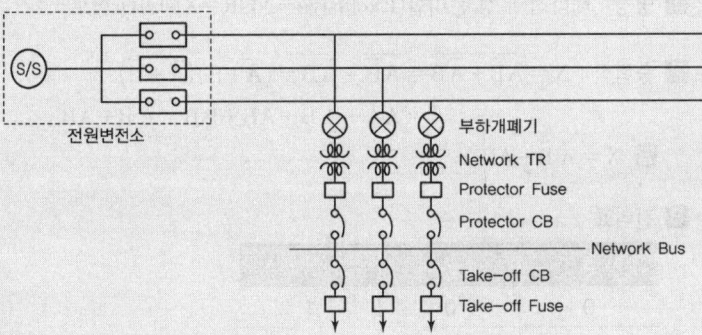

3. 주요 기기
   ① 부하개폐기(1차 개폐기)
      Network TR 1차 측에 설치(SF$_6$ 개폐기, 기중부하개폐기)
   ② Network TR
      ㉠ 1회선 정전 시 다른 건전한 회선만으로 최대부하에 견딜 수 있을 것
      ㉡ 130[%] 과부하에서 8시간 운전 가능할 것(Mold, SF$_6$, Gas TR 사용)
      ㉢ 변압기 용량 $= \dfrac{\text{최대수용전력}}{\text{변압기 대수}-1} \times \dfrac{100}{\text{과부하율}}$ [kVA](변압기 대수 1개당 1회선 연결)

08 50[Hz]로 사용하던 역률개선용 콘덴서를 동일 전압의 60[Hz]로 사용하면 전류는 몇 [%] 증가 또는 감소인가?(단, 인가전압 변동은 없다.)

계산 : _____ 답 : _____

해답 계산 : 콘덴서에 흐르는 전류는 $I_c = 2\pi f CV$에서 주파수에 비례하므로

$$\frac{60\text{Hz 전류 } I_c'}{50\text{Hz 전류 } I_c} = \frac{60}{50} = \frac{6}{5} = 1.2$$

답 20[%] 증가

TIP

콘덴서에 흐르는 전류 $I_c = \dfrac{V}{\dfrac{1}{\omega C}} = \omega CV = 2\pi f CV\,[A]$

---

09 설계도서, 법령해석, 감리자의 지시 등이 서로 일치하지 아니하는 경우에 있어 계약으로 그 적용의 우선 순위를 정하지 아니한 때에는 다음의 순서를 원칙으로 한다. 보기의 기호를 순서대로 나열하시오.

ㄱ. 설계도면	ㄴ. 공사시방서
ㄷ. 산출내역서	ㄹ. 전문시방서
ㅁ. 표준시방서	ㅂ. 감리자의 지시사항

해답 ㄴ - ㄱ - ㄹ - ㅁ - ㄷ - ㅂ

TIP

▶ 설계도서 작성기준 중 설계도서 해석의 우선순위

설계도서, 법령해석, 감리자의 지시 등이 서로 일치하지 아니하는 경우에 있어 계약으로 그 적용의 우선 순위를 정하지 아니한 때에는 다음의 순서를 원칙으로 한다.

① 공사시방서 ② 설계도면
③ 전문시방서 ④ 표준시방서
⑤ 산출내역서 ⑥ 승인된 상세시공도면
⑦ 관계법령의 유권해석 ⑧ 감리자의 지시사항

10 500[kVA]의 변압기에 역률 60[%]의 부하 300[kVA]가 접속되어 있다. 지금 합성 역률을 90[%]로 개선하기 위하여 전력용 커패시터를 접속하면 부하는 몇 [kW] 증가시킬 수 있는가?

계산 : _____ 답 : _____

해답 계산 : $P_1 = P_a \times \cos\theta_1 = 500 \times 0.9 = 450[kW]$
$P_2 = P_a \times \cos\theta_2 = 500 \times 0.6 = 300[kW]$
$P = 450 - 300 = 150[kW]$

답 150[kW]

TIP

1. 콘덴서 용량 계산식[kVA]
   $Q = P \times (\tan\theta_1 - \tan\theta_2)$
   여기서, $\tan\theta_1$: 개선 전 역률, $\tan\theta_2$: 개선 후 역률
   $= P[kW] \times \left(\dfrac{\sqrt{1-\cos^2\theta_1}}{\cos\theta_1} - \dfrac{\sqrt{1-\cos^2\theta_2}}{\cos\theta_2} \right)$ [kVA]

2. 콘덴서 보호장치
   ① OCR(과전류계전기) : 콘덴서의 단락사고 보호
   ② OVR(과전압계전기) : 선로의 과전압 시 보호
   ③ UVR(부족전압계전기) : 선로의 부족전압(상시전원 정전 시) 보호

3. 콘덴서 과보상 시
   ① 고조파 왜곡 증대　② 모선전압의 상승
   ③ 역률 저하　　　　 ④ 전력손실 증가
   ⑤ 계전기 오동작

---

11 대지 고유 저항률 400[Ω · m], 직경 19[mm], 길이 2,400[mm]인 접지봉을 전부 매입했다고 한다. 접지저항(대지저항) 값은 얼마인가?

계산 : _____ 답 : _____

해답 계산 : $R = \dfrac{\rho}{2\pi l} \times \ln\dfrac{2l}{r}$ [Ω]에서

$R = \dfrac{400}{2\pi \times 2.4} \times \ln\dfrac{2 \times 2,400}{\dfrac{19}{2}} = 165.13[Ω]$

답 165.13[Ω]

12 154[kV] 중성점 직접 접지 계통에서 접지계수가 0.75이고, 여유도가 1.1이라면 전력용 피뢰기의 정격전압은 피뢰기 정격전압 중 어느 것을 택하여야 하는가?

| 피뢰기 정격전압(표준치 [kV]) |

| 126 | 144 | 154 | 168 | 182 | 196 |

계산 : _____ 답 : _____

해답 계산 : $V = \alpha\beta V_m = 0.75 \times 1.1 \times 170 = 140.25$[kV]   ∴ 144[kV] 선정

답 144[kV]

TIP

▶ 퓨즈 · 차단기 · 피뢰기의 정격전압

공칭전압 계통전압 [kV]	퓨즈		차단기		피뢰기		
	퓨즈정격 전압[kV]	최대설계 전압[kV]	정격전압 [kV]	차단시간 [c/s]	정격전압[kV]		공칭방전 전류[A]
					변전소	배전선로	
3.3			3.6		7.5	7.5	
6.6	6.9/7.5	8.25	7.2	5	7.5	7.5	
13.2	15	15.5					
22.9	23	25.8	25.8	5	21	18	2,500
22			24		24		
66	69	72.5	72.5	5	72		5,000
154	161	169	170	3	144		10,000
345			362	3	288		
765			800	2			

22.9[kV-Y] 최대설계전압과 정격전류
ASS : 25.8[kV], 200[A] / LA : 18[kV], 2,500[A] / COS : 25[kV], 100[AF], 8[A]

13 다음과 같이 제조공장의 부하의 위치와 전력량 표가 주어졌을 경우 부하중심법을 이용하여 부하중심위치(X, Y)를 구하시오. (단, X는 X축 좌표, Y는 Y축 좌표를 의미한다.)

구분	전력량[kWh]	위치좌표 X[m]	위치좌표 Y[m]
물류	120	4	4
유틸리티	60	9	3
사무실	20	9	9
생산라인	320	6	12

계산 : _____ 답 : _____

해답 계산 : $X = \dfrac{(120 \times 4) + (60 \times 9) + (20 \times 9) + (320 \times 6)}{120 + 60 + 20 + 320} = 6[m]$

$Y = \dfrac{(120 \times 4) + (60 \times 3) + (20 \times 9) + (320 \times 12)}{120 + 60 + 20 + 320} = 9[m]$

답 $X = 6[m]$, $Y = 9[m]$

TIP

$L = \dfrac{I \cdot \ell}{I} = \dfrac{W \cdot \ell}{W}[m]$ 여기서, I : 전류, W : 전력

---

14 154[kV] 송전계통 변전소에 다음과 같은 정격전압 및 용량을 가진 3권선 변압기가 설치되어 있다. 다음 각 물음에 답하시오. (단, 기타 주어지지 않은 조건은 무시한다.)

1차 입력 154[kV]	2차 입력 66[kV]	3차 입력 23[kV]
1차 용량 100[MVA]	2차 용량 100[MVA]	3차 용량 50[MVA]
%X_{12}=9[%](100[MVA] 기준)	%X_{23}=3[%](50[MVA] 기준)	%X_{13}=8.5[%](50[MVA] 기준)

1 각 권선의 %X를 100[MVA] 기준으로 구하시오.

① %X_1 계산 : _____   답 : _____

② %X_2 계산 : _____   답 : _____

③ %X_3 계산 : _____   답 : _____

2 1차 입력이 100[MVA](역률 90[%] Lead)이고, 3차 측에 전력용 콘덴서 50[MVA]를 설치했을 때 2차 출력[MVA]과 그 역률[%]을 구하시오.

① 2차 출력

계산 : _____   답 : _____

② 역률

계산 : _____   답 : _____

3 **2**조건으로 운전 중 1차 전압이 154[kV]이면, 2차, 3차 전압을 구하시오.

① 2차 전압

계산 : _____   답 : _____

② 3차 전압

계산 : _____   답 : _____

해답 **1** $\%X_{12} = 9[\%]$, $\%X_{23} = \dfrac{100}{50} \times 3 = 6[\%]$, $\%X_{13} = \dfrac{100}{50} \times 8.5 = 17[\%]$

① 계산 : $\%X_1 = \dfrac{X_{12} + X_{13} - X_{23}}{2} = \dfrac{9 + 17 - 6}{2} = 10[\%]$ **답** $10[\%]$

② 계산 : $\%X_2 = \dfrac{X_{12} + X_{23} - X_{13}}{2} = \dfrac{9 + 6 - 17}{2} = -1[\%]$ **답** $-1[\%]$

③ 계산 : $\%X_3 = \dfrac{X_{23} + X_{13} - X_{12}}{2} = \dfrac{6 + 17 - 9}{2} = 7[\%]$ **답** $7[\%]$

2 ① 2차 출력

계산 : $P_1 = P_a \times \cos\theta = 100 \times 0.9 = 90(\text{MW})$

$Q_1 = P_a \times \sin\theta = 100 \times \sqrt{1 - 0.9} = -j43.59(\text{MVar})$

$Q_3 = -j50(\text{MVA})$

∴ 2차 출력 = $\sqrt{90^2 - j43.59 - j50} = \sqrt{90^2 + 93.59^2}$
$= 129.84[\text{MVA}]$ **답** $129.84[\text{MVA}]$

② 역률

계산 : $\cos\theta = \dfrac{90}{129.84} \times 100 = 69.32[\%]$ **답** $69.32[\%]$

3 ① 2차 전압(V_2)

계산 : 전압강하율 $\delta = -1\%$

$V_{2S} = (1+\delta)V_{2R} = \left(1 + \dfrac{-1}{100}\right) \times 66 = 65.34(\text{kV})$ **답** $65.34[\text{kV}]$

② 3차 전압

계산 : 전압강하율 $\delta = 7\% \times \dfrac{50}{100} = 3.5\%$

$V_{3S} = (1+\delta)V_{3R} = \left(1 + \dfrac{3.5}{100}\right) \times 23 = 23.805(\text{kV})$ **답** $23.81[\text{kV}]$

15 다음 부하에 대한 발전기 최소용량[kVA]을 아래 식을 이용하여 산정하시오.(단, 전동기의 기동계수(c)는 2, 전동기의 [kW]당 입력환산계수(α)는 1.45, 발전기의 허용전압강하계수(k)는 1.45이다.)

$$PG_2 \geq \left[\sum P + \sum (P_m - P_L) \times \alpha + (P_L \times \alpha \times c)\right] \times k$$

여기서, PG : 발전기용량, P : 전동기 이외 부하의 입력용량[kVA]
P_m : 전동기 부하용량의 합계[kW], P_L : 기동용량이 가장 큰 전동기의 부하용량[kW]
α : [kW]당 입력환산계수[kVA], c : 전동기의 기동계수
k : 발전기의 허용전압강하계수

No.	부하의 종류	부하용량
1	유도전동기 부하	37[kW] 1대
2	유도전동기 부하	10[kW] 5대
3	전동기 이외의 부하의 입력용량	30[kVA]

계산 : _____ 답 : _____

[해답] 계산 : $PG_2 \geq [\Sigma P + \Sigma(P_m - P_L) \times \alpha + (P_L \times \alpha \times c)] \times k$

∴ $PG_2 \geq [30 + (87 - 37) \times 1.45 + (37 \times 1.45 \times 2)] \times 1.45 = 304.21 [kVA]$

답 304.21[kVA]

16 측정범위 1[mA], 내부저항 20[kΩ]의 전류계에 분류기를 붙여서 6[mA]까지 측정하고자 한다. 몇 [kΩ]의 분류기를 사용하여야 하는지 계산하시오.

계산 : _____ 답 : _____

[해답] 계산 : $m = \dfrac{I}{I_a} = \dfrac{r_a}{R_s} + 1$

$\dfrac{I}{I_a} - 1 = \dfrac{r_a}{R_s}$

∴ $R_s = \dfrac{r_a}{\dfrac{I}{I_a} - 1} = \dfrac{20 \times 10^3}{\dfrac{6 \times 10^{-3}}{1 \times 10^{-3}} - 1} = 4{,}000$

답 4[kΩ]

TIP

➤ 배율기

$m = \dfrac{V}{V_a} = 1 + \dfrac{R_s}{r_a}$

여기서, m : 배율, V_a : 최고측정한도, V : 측정하려는 값
r_a : 내부저항, R_s : 배율기저항

17 다음과 같은 380[V] 선로에 계기용 변압기 2개를 그림과 같이 설치하였다. 전압계 지시값은 얼마인지 각각 구하시오. (단, PT비는 380/110[V]이다.)

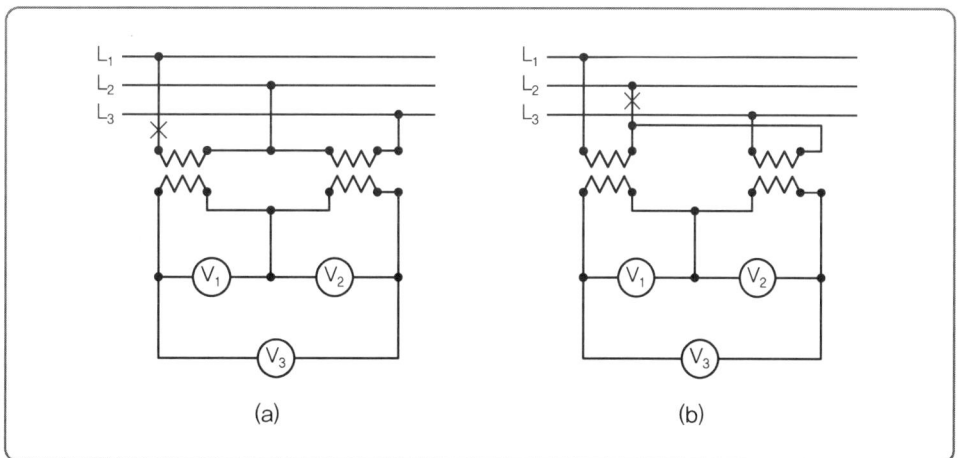

(a) (b)

1 그림 (a)의 ×지점에서 단선사고가 발생하였을 경우 전압계 V_1, V_2, V_3의 지시값을 구하시오.
① V_1 계산 : _____ 답 : _____
② V_2 계산 : _____ 답 : _____
③ V_3 계산 : _____ 답 : _____

2 그림 (b)의 ×지점에서 단선사고가 발생하였을 경우 전압계 V_1, V_2, V_3의 지시값을 구하시오.
① V_1 계산 : _____ 답 : _____
② V_2 계산 : _____ 답 : _____
③ V_3 계산 : _____ 답 : _____

(해답) **1** ① 계산 : $V_1 = 0[V]$ 답 0[V]

② 계산 : $V_2 = 380 \times \dfrac{110}{380} = 110[V]$ 답 110[V]

③ 계산 : $V_3 = 0 + 380 \times \dfrac{110}{380} = 110[V]$ 답 110[V]

2 ① 계산 : $V_1 = 380 \times \dfrac{1}{2} \times \dfrac{110}{380} = 55[V]$ 답 55[V]

② 계산 : $V_2 = 380 \times \dfrac{1}{2} \times \dfrac{110}{380} = 55[V]$ 답 55[V]

③ 계산 : $V_3 = 380 \times \dfrac{1}{2} \times \dfrac{110}{380} - 380 \times \dfrac{1}{2} \times \dfrac{110}{380} = 0[V]$ 답 0[V]

> **TIP**
>
> 1 V_1은 단선되어 전압이 0이 된다.
> V_2는 정상적으로 $380 \times \frac{110}{380} = 110[V]$
> $V_3 = V_1 + V_2 = 0 + 110 = 110[V]$
> 2 V_1, V_2는 1차 측이 직렬(380[V])이고 각 전압은 190[V]로 유도되므로
> $V_1 = 190 \times \frac{110}{380} = 55[V]$가 되고
> $V_3 = V_1 + (-V_2) = 50 - 50 = 0[V]$가 된다.

18 다음 논리식에 해당하는 유접점 회로를 그리시오.

- 논리식 : $L = (X + \overline{Y} + Z) \cdot (\overline{X} + Y)$
- 유접점 회로

[해답]

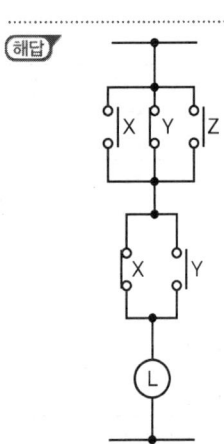

2022년도 2회 시험 과년도 기출문제

01 안전관리업무를 대행하는 전기안전관리자가 전기설비가 설치된 장소 또는 사업장을 방문하여 실시해야 하는 용량별 점검횟수 및 간격에 해당하는 빈칸을 채우시오.

용량별		점검횟수	점검간격
저압	1~300[kW] 이하	월 1회	20일 이상
	300[kW] 초과	월 2회	10일 이상
고압 이상	1~300[kW] 이하	월 1회	20일 이상
	300[kW] 초과~500[kW] 이하	월 ① 회	② 일 이상
	500[kW] 초과~700[kW] 이하	월 ③ 회	④ 일 이상
	700[kW] 초과~1,500[kW] 이하	월 ⑤ 회	⑥ 일 이상
	1,500[kW] 초과~2,000[kW] 이하	월 ⑦ 회	⑧ 일 이상
	2,000[kW] 초과	월 ⑨ 회	⑩ 일 이상

[해답]
① 2　　② 10
③ 3　　④ 7
⑤ 4　　⑥ 5
⑦ 5　　⑧ 4
⑨ 6　　⑩ 3

TIP

▶ 전기안전관리자의 직무에 관한 고시
제4조(점검주기 및 점검횟수) 안전관리업무를 대행하는 전기안전관리자는 전기설비가 설치된 장소 또는 사업장을 방문하여 점검을 실시해야 하며 그 기준은 다음과 같다.

용량별		점검횟수	점검간격
저압	1~300[kW] 이하	월 1회	20일 이상
	300[kW] 초과	월 2회	10일 이상
고압 이상	1~300[kW] 이하	월 1회	20일 이상
	300[kW] 초과~500[kW] 이하	월 2회	10일 이상
	500[kW] 초과~700[kW] 이하	월 3회	7일 이상
	700[kW] 초과~1,500[kW] 이하	월 4회	5일 이상
	1,500[kW] 초과~2,000[kW] 이하	월 5회	4일 이상
	2,000[kW] 초과	월 6회	3일 이상

02 3상 3선식 배전선로의 말단에 지역률 80[%]인 평형 3상의 말단집중 부하가 있다. 변전소 인출구의 전압이 6,600[V]인 경우 부하의 단자전압을 6,000[V] 이하로 떨어뜨리지 않으려면 부하 전력[kW]은 얼마인가?(단, 전선 1선의 저항은 1.4[Ω], 리액턴스는 1.8[Ω]으로 하고 그 이외의 선로정수는 무시한다.)

계산 : _____ 답 : _____

[해답] 계산 : $e = \dfrac{P}{V}(R + X\tan\theta)$

$600 = \dfrac{P}{6,000}\left(1.4 + 1.8 \times \dfrac{0.6}{0.8}\right)$

답 1,309.09[kW]

TIP
➤ 3상 3선식 전압강하
① $e = \sqrt{3}I(R\cos\theta + X\sin\theta)$
② $e = \dfrac{P}{V}(R + X\tan\theta)$

---

03 폭 15[m]의 무한히 긴 가로의 양측에 간격 20[m]를 두고 대칭배열로 수많은 가로등이 점등되고 있다. 1등당의 전광속은 8,000[lm]으로 그 45[%]가 가로 전면에 방사하는 것으로 하면 가로면의 평균조도는 얼마인가?

계산 : _____ 답 : _____

[해답] 계산 : $E = \dfrac{FU}{\dfrac{1}{2}BA} = \dfrac{8,000 \times 0.45}{\dfrac{1}{2} \times 15 \times 20} = 24[\text{lx}]$

답 24[lx]

TIP
1. 면적 : A
 ① 양쪽 배열, 지그재그 배열 : (간격×폭) × $\dfrac{1}{2}$
 ② 편측 배열, 중앙 배열 : (간격×폭)

2. 조도 : E
 ① FUN = EAD에서 $E = \dfrac{FUN}{AD}$
  여기서, F : 광원 1개당의 광속[lm], N : 광원의 개수[등], E : 작업면상의 평균 조도[lx]
  A : 방의 면적[m²], D : 감광보상률, U : 조명률
 ② 감광보상률 $D = \dfrac{1}{M(\text{유지율})}$

04 수전전압이 6,600[V], 가공전선로의 %임피던스가 58.5[%]일 때 수전점의 3상 단락전류가 8,000[A]인 경우 기준용량과 수전용 차단기의 차단용량은 얼마인가?

차단기의 정격용량[MVA]										
10	20	30	50	75	100	150	250	300	400	500

1 기준용량

계산 : _____ 답 : _____

2 차단용량

계산 : _____ 답 : _____

[해답]

1 기준용량

계산 : $I_s = \dfrac{100}{\%Z} I_n$ 에서 $I_n = \dfrac{\%Z}{100} I_s = \dfrac{58.5}{100} \times 8,000 = 4,680[A]$

∴ $P_n = \sqrt{3} V_n I_n = \sqrt{3} \times 6,600 \times 4,680 \times 10^{-6} = 53.499[MVA]$

답 53.5[MVA]

2 차단용량

계산 : 단락전류가 8[kA]이므로

$P_s = \sqrt{3} V_n I_s = \sqrt{3} \times 7.2 \times 8 = 99.77[MVA]$

표에서 100[MVA] 선정

답 100[MVA]

TIP

1. 차단기 용량 선정
   ① 퍼센트 임피던스(%Z)가 주어졌을 경우
   $P_s = \dfrac{100}{\%Z} \times P_n$ 여기서, P_n : 기준용량
   ② 정격차단전류[kA]가 주어졌을 경우
   $P_s = \sqrt{3} \times 정격전압[kV] \times 정격차단전류[kA] = [MVA]$

2. 단락전류
   ① 퍼센트 임피던스(%Z)가 주어졌을 경우
   $I_s = \dfrac{100}{\%Z} I_n [A]$ 여기서, I_n : 정격전류
   ② 임피던스(Z)가 주어졌을 경우
   $I_s = \dfrac{E}{Z} = \dfrac{\frac{V}{\sqrt{3}}}{Z} [A]$ 여기서, E : 상전압, V : 선간전압

05 주어진 도면은 어떤 수용가의 수전발전설비의 단선 결선도이다. 도면과 참고표를 이용하여 물음에 답하시오.

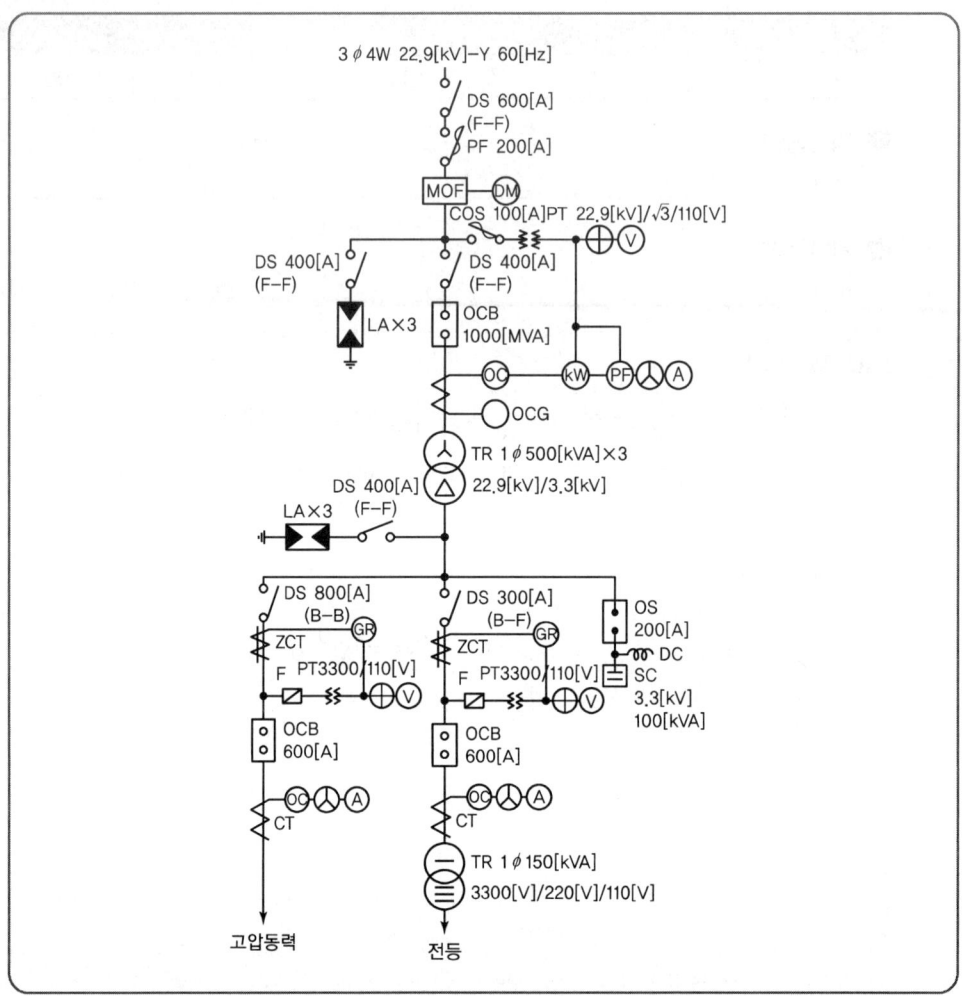

1. 22.9[kV] 측 DS의 정격전압은 몇[kV]인가?
2. ZCT의 기능을 쓰시오.
3. GR의 기능을 쓰시오.
4. MOF에 연결되어 있는 ⓓⓜ은 무엇인가?
5. 1대의 전압계로 3상 전압을 측정하기 위한 개폐기를 약호로 쓰시오.
6. 1대의 전류계로 3상 전류를 측정하기 위한 개폐기를 약호로 쓰시오.
7. 22.9[kV] 측 LA의 정격전압은 몇 [kV]인가?
8. PF의 기능을 쓰시오.
9. MOF의 기능을 쓰시오.
10. 차단기의 기능을 쓰시오.

11 SC의 기능을 쓰시오.
12 OS의 명칭을 쓰시오.
13 3.3[kV] 측 차단기에 적힌 전류값 600[A]는 무엇을 의미하는가?

(해답)
1 25.8[kV]
2 지락(영상)전류를 검출한다.
3 지락전류로부터 차단기를 개방한다.
4 최대 수요 전력량계
5 VS
6 AS
7 18[kV]
8 • 부하전류를 안전하게 통전시킨다.
   • 사고전류를 차단하여 전로나 기기를 보호한다.
9 PT와 CT를 조합하여 사용전력량을 측정한다.
10 부하전류 및 사고전류를 차단한다.
11 역률을 개선한다.
12 유입개폐기
13 정격전류

06 지표면상 10[m] 높이에 수조가 있다. 이 수조에 초당 1[m³]의 물을 양수하려고 한다. 여기에 사용되는 펌프 모터에 3상 전력을 공급하기 위하여 단상변압기 2대를 사용하였다. 펌프 효율이 70[%]이고, 펌프축 동력에 20[%]의 여유를 두는 경우 다음 각 물음에 답하시오.(단, 펌프용 3상 농형 유도전동기의 역률은 100[%]로 가정한다.)

1 펌프용 전동기의 소요 동력은 몇 [kW]인가?
계산 : _____ 답 : _____

2 변압기 1대의 용량은 몇 [kVA]인가?
계산 : _____ 답 : _____

(해답) **1** 계산 : $P = \dfrac{9.8 QHK}{\eta} = \dfrac{9.8 \times 1 \times 10 \times 1.2}{0.7} = 168[kW]$

답 168[kW]

2 계산 : $P_V = \sqrt{3} P_1 [kVA]$

$P_1 = \dfrac{168}{\sqrt{3} \times 1} = 96.99[kVA]$

답 96.99[kVA]

> **TIP**
> ① 단위 [kW]를 주는 경우 $P = \dfrac{9.8QH}{\eta}K[kW]$
> ② 단위 [kVA]를 주는 경우 $P = \dfrac{9.8QHK}{\eta \cdot \cos\theta}[kVA]$
> 여기서, Q : 유량[m³/s], H : 낙차[m], K : 여유계수, $\cos\theta$: 역률

07 다음 표는 한국전기설비규정에서 정한 전선의 색별표시에 관한 내용이다. 표를 완성하시오.

※ KEC 규정에 따라 변경

상(문자)	색상
L1	①
L2	검정색
L3	②
N	③
보호도체	④

해답

상(문자)	색상
L1	① 갈색
L2	검정색
L3	② 회색
N	③ 파란색
보호도체	④ 녹색-노란색

08 그림과 같이 전류계 A_1, A_2, A_3, 25[Ω]의 저항 R을 접속하였더니, 전류계의 지시는 A_1 = 10[A], A_2 = 4[A], A_3 = 7[A]이다. 부하의 전력[W]과 역률을 구하면?

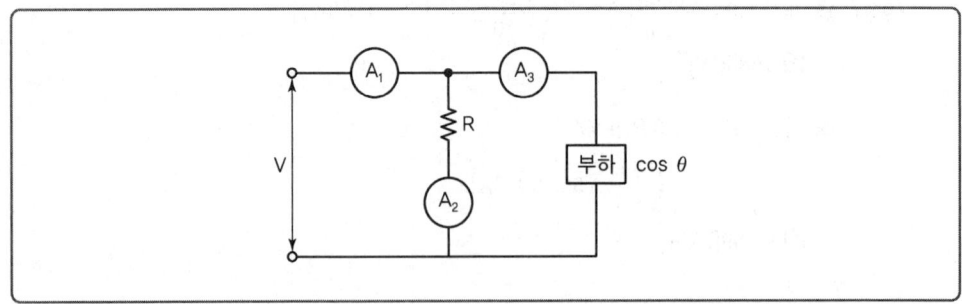

1 부하전력[W]

계산 : _____ 답 : _____

2 부하역률

계산 : _____ 답 : _____

[해답]

1 계산 : $A_1^2 = A_2^2 + A_3^2 + 2A_2A_3\cos\theta$ 이므로

$$\cos\theta = \frac{A_1^2 - A_2^2 - A_3^2}{2A_2A_3}$$

$$P = VI\cos\theta$$

$$= A_2 \cdot R \cdot A_3 \frac{A_1^2 - A_2^2 - A_3^2}{2A_2A_3}$$

$$= \frac{R}{2}(A_1^2 - A_2^2 - A_3^2)$$

$$\therefore P = \frac{25}{2} \times (10^2 - 4^2 - 7^2) = 437.5[W]$$

답 437.5[W]

2 계산 : $\cos\theta = \dfrac{A_1^2 - A_2^2 - A_3^2}{2A_2A_3}$

$$= \frac{10^2 - 4^2 - 7^2}{2 \times 4 \times 7} \times 100 = 62.5[\%]$$

답 62.5[%]

TIP

$\overrightarrow{A_1} = \overrightarrow{A_2} + \overrightarrow{A_3}$

$A_1^2 = A_2^2 + A_3^2 + 2A_2A_3\cos\theta$

- $\cos\theta = \dfrac{A_1^2 - A_3^2 - A_3^2}{2A_2A_3}$

- $P = VI\cos\theta = A_2R \times A_3 \times \cos\theta = \dfrac{R}{2}(A_1^2 - A_2^2 - A_3^2)$

09 다음은 감리의 설계변경 및 계약금액 조정에 관한 내용이다. ( )를 완성하시오.

감리원은 설계변경 등으로 인한 계약금액의 조정을 위한 각종서류를 공사업자로부터 제출받아 검토·확인한 후 감리업자에게 보고하여야 하며, 감리업자는 소속 비상주감리원에게 검토·확인하게 하고 대표자 명의로 발주자에게 제출하여야 한다. 이때 변경 설계도서의 설계자는 (①), 심사자는 (②)이 날인하여야 한다. 다만, 대규모 통합감리의 경우, 설계자는 실제 설계 담당 감리원과 책임감리원이 연명으로 날인하고 변경 설계도서의 표지양식은 사전에 발주처와 협의하여 정한다.

[해답] ① 책임감리원
② 비상주감리원

10 다음 각 상의 불평형 전류가 $I_a = 7.28 \angle 15.95°$, $I_b = 12.81 \angle -128.66°$, $I_c = 7.21 \angle 123.69°$인 경우 대칭분 I_0, I_1, I_2를 구하시오.

1 I_0 계산 : _____ 답 : _____

2 I_1 계산 : _____ 답 : _____

3 I_2 계산 : _____ 답 : _____

[해답] **1** 계산

영상전류 $I_0 = \dfrac{1}{3}(I_a + I_b + I_c)$

$= \dfrac{1}{3}(7.28 \angle 15.95° + 12.81 \angle -128.66° + 7.21 \angle 123.69°)$

$= 1.8 \angle -158.17°$

답 $1.8 \angle -158.17°$ [A]

2 계산

정상전류 $I_1 = \dfrac{1}{3}(I_a + aI_b + a^2 I_c)$

$= \dfrac{1}{3}[7.28 \angle 15.95° + (1 \angle 120°)(12.81 \angle -128.66°) + (1 \angle 240°)(7.21 \angle 123.69°)]$

$= 8.95 \angle 1.14°$

답 $8.95 \angle 1.14°$ [A]

3 계산

역상전류 $I_2 = \dfrac{1}{3}(I_a + a^2 I_b + aI_c)$

$= \dfrac{1}{3}[7.28 \angle 15.95° + (1 \angle 240°)(12.81 \angle -128.66°) + (1 \angle 120°)(7.21 \angle 123.69°)]$

$= 2.51 \angle 96.55°$

답 $2.51 \angle 96.55°$ [A]

11 그림과 같이 접속된 3상 3선식 고압 수전설비 변류기 2차 전류가 언제나 4.2[A]이었다. 이때 수전전력은 몇 [kW]인가?(단, 수전전압은 6,600[V], 변류비는 50/5, 역률은 100[%]이다.)

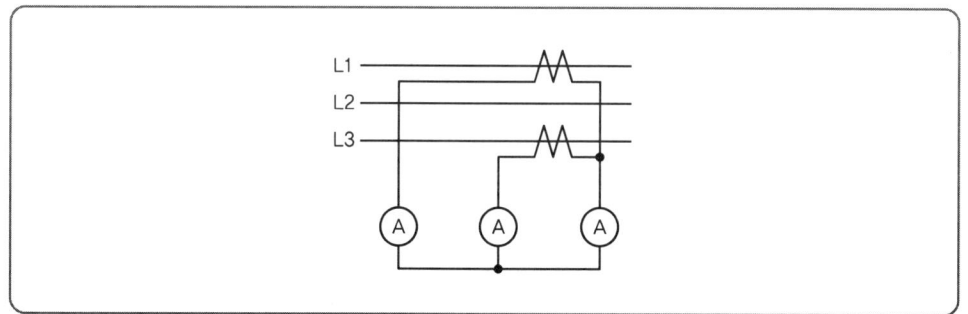

계산 : _____ 답 : _____

[해답] 계산 : 수전전력 : $P = \sqrt{3}\,V_1 I_1 \cos\theta \times 10^{-3}[\text{kW}]$

$$= \sqrt{3} \times 6,600 \times \left(4.2 \times \frac{50}{5}\right) \times 1 \times 10^{-3} = 480.12[\text{kW}]$$

답 480.12[kW]

12 한국전기설비규정에서 정하는 용어의 정의를 쓰시오.

1 PEL

2 PEM

[해답] **1** 직류회로에서 선도체 겸용 보호도체
2 직류회로에서 중간선 겸용 보호도체

TIP
① "PEN 도체(Protective Earthing Conductor and Neutral Conductor)"란 교류회로에서 중선선 겸용 보호도체를 말한다.
② "PEM 도체(Protective Earthing Conductor and a Mid-Point Conductor)"란 직류회로에서 중간선 겸용 보호도체를 말한다.
③ "PEL 도체(Protective Earthing Conductor and a Line Conductor)"란 직류회로에서 선도체 겸용 보호도체를 말한다.

13 어느 단상변압기의 2차 전압 2,300[V], 2차 정격전류 43.5[A], 2차 측에서 본 합성저항이 0.66[Ω], 무부하손 1,000[W]이다. 전부하 시 역률 100[%] 및 80[%]일 때의 효율을 각각 구하시오.

1 전부하 시 역률 100[%]인 경우 효율
  계산 : _____ 답 : _____

2 전부하 시 역률 80[%]인 경우 효율
  계산 : _____ 답 : _____

3 반부하 시 역률 100[%]인 경우 효율
  계산 : _____ 답 : _____

4 반부하 시 역률 80[%]인 경우 효율
  계산 : _____ 답 : _____

해답 **1** 전부하 시 역률 100[%]인 경우

계산 : $\eta = \dfrac{P\cos\theta}{P\cos\theta + P_i + P_c} \times 100$

$= \dfrac{2,300 \times 43.5 \times 1}{2,300 \times 43.5 \times 1 + 1,000 + 43.5^2 \times 0.66} \times 100 = 97.8[\%]$

답 97.8[%]

2 전부하 시 역률 80[%]인 경우

계산 : $\eta = \dfrac{P\cos\theta}{P\cos\theta + P_i + P_c} \times 100$

$= \dfrac{2,300 \times 43.5 \times 0.8}{2,300 \times 43.5 \times 0.8 + 1,000 + 43.5^2 \times 0.66} \times 100 = 97.27[\%]$

답 97.27[%]

3 반부하 시 역률 100[%]인 경우

계산 : $\eta = \dfrac{\dfrac{1}{2}P\cos\theta}{\dfrac{1}{2}P\cos\theta + P_i + \left(\dfrac{1}{2}\right)^2 P_c} \times 100$

$= \dfrac{\dfrac{1}{2} \times 2,300 \times 43.5 \times 1}{\dfrac{1}{2} \times 2,300 \times 43.5 \times 1 + 1,000 + \left(\dfrac{1}{2}\right)^2 \times 43.5^2 \times 0.66} \times 100 = 97.44[\%]$

답 97.44[%]

④ 반부하 시 역률 80[%]인 경우

계산 : $\eta = \dfrac{\frac{1}{2}P\cos\theta}{\frac{1}{2}P\cos\theta + P_i + \left(\frac{1}{2}\right)^2 P_c} \times 100$

$= \dfrac{\frac{1}{2} \times 2{,}300 \times 43.5 \times 0.8}{\frac{1}{2} \times 2{,}300 \times 43.5 \times 0.8 + 1{,}000 + \left(\frac{1}{2}\right)^2 \times 43.5^2 \times 0.66} \times 100 = 96.83[\%]$

답 96.83[%]

TIP

① 전력(출력) P = 부하율×전압×전류×역률

철손 $P_i = P_i$ 동손 $P_c = \left(\dfrac{1}{m}\right)^2 I^2 R$

② 효율 $\eta = \dfrac{출력}{출력+철손+동손} \times 100[\%]$

14 입력 A, B, C에 대한 출력 Y_1, Y_2를 다음의 진리표와 같이 동작시키고자 할 때, 다음 각 물음에 답하시오.

A	B	C	Y1	Y2
0	0	0	0	1
0	0	1	0	1
0	1	0	0	1
0	1	1	0	0
1	0	0	0	1
1	0	1	1	1
1	1	0	1	1
1	1	1	1	0

접속점 표기 방식	
접속	비접속

❶ 출력 Y_1, Y_2에 대한 논리식을 간략화하시오.(단, 간략화된 논리식은 최소한의 논리게이트와 접점 사용을 고려한 논리식이다.)

① Y_1 :

② Y_2 :

❷ ❶에서 구한 논리식을 논리회로로 나타내시오.

❸ ❶에서 구한 논리식을 시퀀스회로로 나타내시오.

해답

1 ① $Y_1 = A\overline{B}C + AB\overline{C} + ABC$
$= A\overline{B}C + AB(\overline{C}+C) = A\overline{B}C + AB = A(\overline{B}C+B) = A(B+C)$

② $Y_2 = \overline{A}\,\overline{B}\,\overline{C} + \overline{A}\,\overline{B}C + \overline{A}B\overline{C} + A\overline{B}\,\overline{C} + A\overline{B}C + AB\overline{C}$
$= \overline{A}\,\overline{B}(\overline{C}+C) + A\overline{B}(\overline{C}+C) + B\overline{C}(\overline{A}+A)$
$= \overline{A}\,\overline{B} + A\overline{B} + B\overline{C} = \overline{B}(\overline{A}+A) + B\overline{C} = \overline{B} + B\overline{C} = \overline{B} + \overline{C}$

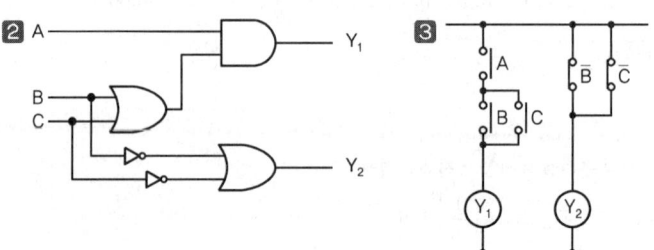

15 어느 수용가의 주어진 조건이 다음과 같을 때 합성최대전력[kW]을 구하시오.

전력[kW]	10	20	20	30
수용률[%]	80	80	60	60
부등률	1.3			

계산 : _____   답 : _____

해답 계산 : 합성최대전력 = $\dfrac{\text{설비용량} \times \text{수용률}}{\text{부등률}}$

$= \dfrac{10 \times 0.8 + 20 \times 0.8 + 20 \times 0.6 + 30 \times 0.6}{1.3} = 41.538 = 41.54 \text{[kW]}$

답 41.54[kW]

TIP

1. 수용률
   ① 의미 : 수용설비의 기기를 동시에 사용하는 정도
   ② 정의 : 설비용량에 대한 최대수용전력의 비
   ③ 수용률 = $\dfrac{\text{최대전력[kW]}}{\text{설비용량[kW]}} \times 100[\%]$
   ④ 변압기 용량[kVA] = $\dfrac{\text{최대전력[kW]}}{\cos\theta} = \dfrac{\text{설비용량} \times \text{수용률[kW]}}{\cos\theta}$

2. 부등률
   ① 정의(의미) : 여러 전력 기기를 동시에 사용하는 정도를 시간, 계절별로 나타내는 지수
   ② 부등률식의 정의 : 합성 최대전력에 대한 개별 최대수용전력의 합의 비

③ 부등률 = $\dfrac{\text{개별 최대전력의 합}[kW]}{\text{합성 최대전력}[kW]} \geq 1$

④ 합성 최대전력[kW] = $\dfrac{\text{개별 최대전력의 합}[kW]}{\text{부등률}}$

⑤ 변압기 용량[kVA] = $\dfrac{\text{합성 최대전력}[kW]}{\cos\theta} = \dfrac{\text{개별 최대전력의 합}[kW]}{\text{부등률} \cdot \cos\theta}$

⑥ 부등률은 단위가 없다.

3. 부하율
① 의미 : 전력 변동 상태를 알 수 있는 정도
② 정의 : 최대전력에 대한 평균전력의 비

부하율[F] = $\dfrac{\text{평균전력}[kW]}{\text{최대전력}[kW]} \times 100 = \dfrac{\text{사용전력량}[kWh]/\text{시간}}{\text{최대전력}[kW]} \times 100$

③ 부하율이 작으면 전력공급설비를 유용하게 사용하지 못하며 실가동률이 저하된다.

16 변압기용량이 5,000[kVA]에 5,000[kVA]의 역률 0.75(지상)가 연결되어 있다. 여기에 커패시터를 병렬로 연결하여 역률을 개선할 때 다음 물음에 답하시오.

1 커패시터 1,000[kVA] 추가 시 개선된 역률을 구하시오.
계산 : _____ 답 : _____

2 커패시터 설치 후, 역률 80[%]의 부하를 증설할 때 변압기 전용량까지 증설할 수 있는 최대부하[kW]는 얼마인가?
계산 : _____ 답 : _____

3 부하가 추가되었을 때 종합역률을 구하시오.
계산 : _____ 답 : _____

(해답) **1** 계산 : 유효전력 : $P = P_a \times \cos\theta = 5,000 \times 0.75 = 3,750[kW]$
커패시터 설치 후 무효전력 $Q = P_a \times \sin\theta - Q_c$
$= 5,000 \times \sqrt{1-0.75^2} - 1,000$
$= 2,307.19[kVar]$

∴ 역률 $\cos\theta = \dfrac{3,750}{\sqrt{3,750^2 + 2,307.19^2}} \times 100 = 85.17[\%]$

답 85.17[%]

2 계산 : $5,000 = \sqrt{P^2 + Q^2}$
$5,000 = \sqrt{(3,750 + 0.8P_a)^2 + (2,307.19 + 0.6P_a)^2}$
$P_a = 599.32[kVA]$
최대부하 $P = 599.32 \times 0.8 = 479.456[kW]$

답 479.46[kW]

③ 계산 : 합성역률 = $\frac{3{,}750 + 479.46}{5{,}000} \times 100 = 84.589[\%]$

답 84.59[%]

17 다음 유접점 회로의 논리식을 쓰고 무접점 회로를 그리시오.

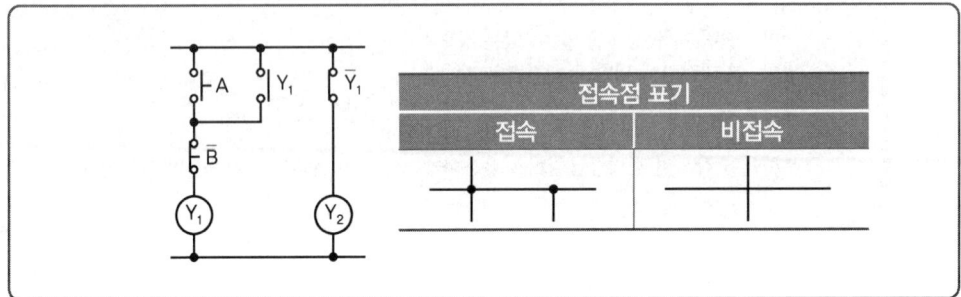

① 논리식
② 무접점 회로

해답 ① $Y_1 = (A + Y_1)\overline{B}$

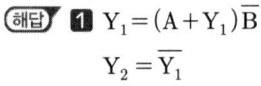

②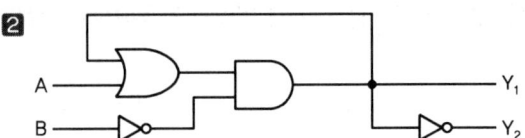

18 그림과 같은 전력계통이 있다. 각 계통의 %임피던스는 그림과 같으며, 10[MVA] 기준으로 환산된 것이다. a차단기의 차단용량은 얼마인가?

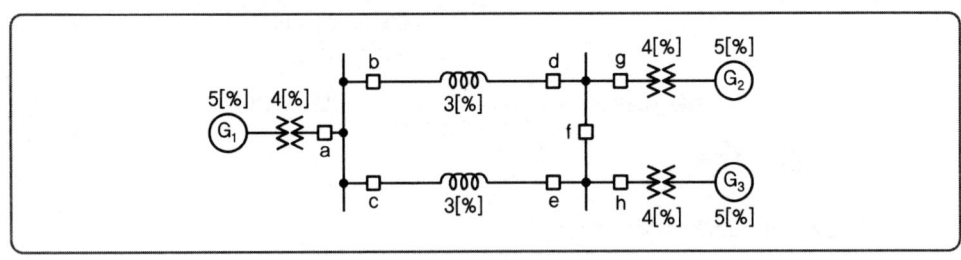

계산 : _____ 답 : _____

[해답] 계산 : ① G_1 발전기로부터 a점으로 흐르는 고장전류에 의한 차단기 용량

$$\%Z = 5 + 4 = 9[\%]$$

$$P_s = \frac{100}{\%Z}P = \frac{100}{9} \times 10 = 111.11[\text{MVA}]$$

② G_2, G_3 발전기로부터 흐르는 고장전류에 의한 차단기 용량

$$\%Z = \frac{4+5}{2} + \frac{3}{2} = 6[\%]$$

$$P_s = \frac{100}{\%Z}P = \frac{100}{6} \times 10 = 166.67[\text{MVA}]$$

∴ 166.67[MVA] 선정

답 166.67[MVA]

→ 전기기사
2022년도 3회 시험
과년도 기출문제

01 다음 그림과 같은 사무실이 있다. 이 사무실의 평균조도를 200[lx]로 하고자 할 때 다음 각 물음에 답하시오.

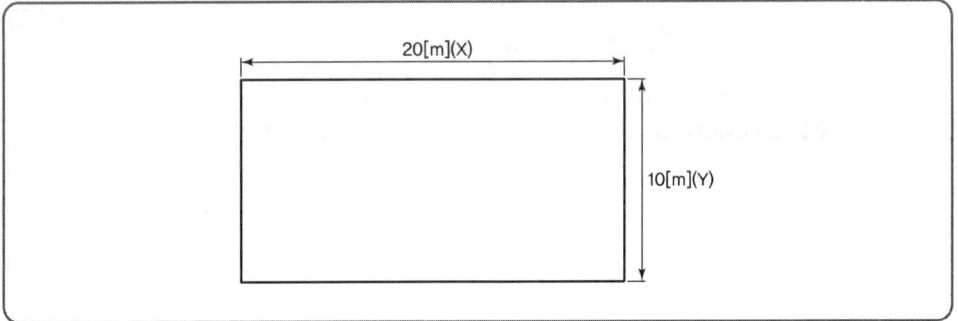

1 여기에 필요한 형광등의 개수를 구하시오.

[조건]
- 형광등은 40[W]를 사용한다.
- 조명률은 0.6으로 한다.
- 광속은 형광등 40[W]에서 2,500[lm]으로 한다.
- 감광보상률은 1.2로 한다.

계산 : _____ 답 : _____

2 등기구를 배치하시오.

[조건]
- 기둥은 없는 것으로 한다.
- 간격은 등기구 센터를 기준으로 한다.
- 가장 경제적인 것으로 한다.
- 등기구는 ○으로 표현한다.

3 등 간의 간격과 최외각에 설치된 등기구와 건물 벽 간의 간격(A, B, C, D)은 각각 몇 [m]인가?

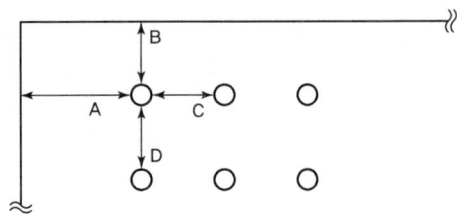

4 만일 주파수 60[Hz]에 사용하는 형광방전등을 50[Hz]에서 사용한다면 광속과 점등시간은 어떻게 변화되는가?(단, 증가, 감소, 빠름, 느림 등으로 표현할 것)
5 양호한 전반 조명이라면 등 간격은 등 높이의 몇 배 이하로 해야 하는가?

해답

1 계산 : $N = \dfrac{DEA}{FU} = \dfrac{1.2 \times 200 \times (10 \times 20)}{2,500 \times 0.6} = 32$[등]

답 32[등]

2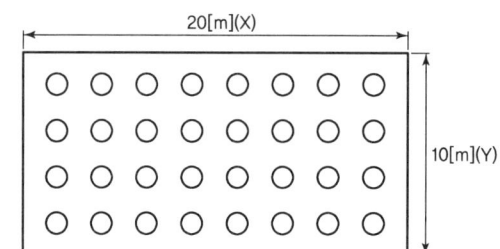

3
- A : 1.25[m]
- B : 1.25[m]
- C : 2.5[m]
- D : 2.5[m]

4
- 광속 : 증가
- 점등시간 : 느림

5 1.5배

TIP

① $FUN = EAD$에서 $N = \dfrac{EAD}{FU}$

여기서, F : 광원 1개당의 광속[lm], N : 광원의 개수[등], E : 작업면상의 평균 조도[lx]
A : 방의 면적[m²], D : 감광보상률, U : 조명률

② 감광보상률 $D = \dfrac{1}{M(유지율)}$

02 어떤 부하에 그림과 같이 접속된 전압계, 전류계 및 전력계의 지시가 각각 V = 220[V], I = 25[A], W_1 = 5.6[kW], W_2 = 2.4[kW]이다. 이 부하에 대하여 다음 각 물음에 답하시오.

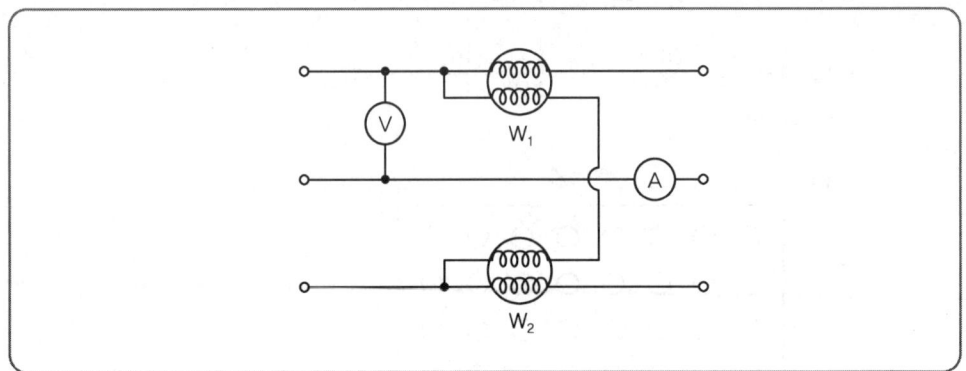

1 소비전력은 몇 [kW]인가?
  계산 : _____ 답 : _____

2 부하역률은 몇 [%]인가?
  계산 : _____ 답 : _____

[해답]

1 계산 : 소비전력 $P = W_1 + W_2 = 5.6 + 2.4 = 8 [\text{kW}]$

  답 8[kW]

2 계산 : 역률 $\cos\theta = \dfrac{P}{P_a}$

  $= \dfrac{8}{\sqrt{3} \times 220 \times 25 \times 10^{-3}} \times 100$

  $= \dfrac{8}{9.53} \times 100 = 83.95 [\%]$

  답 83.95[%]

TIP
▶ 2전력계법에서 피상전력 계산방법
  ① 전압 · 전류계가 있는 경우 $P_a = \sqrt{3} VI$ [VA]
  ② 전압 · 전류계가 없는 경우 $P_a = 2\sqrt{W_1^2 + W_2^2 - W_1 W_2}$ [VA]

03 다음 논리회로를 보고 물음에 답하시오.

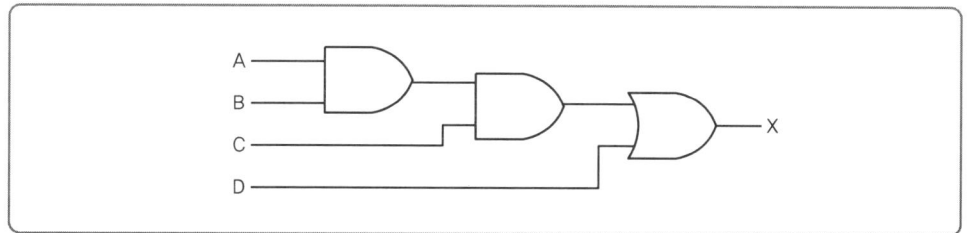

1 논리식을 작성하시오.
2 유접점회로로 나타내시오.

해답 **1** $X = ABC + D$

2
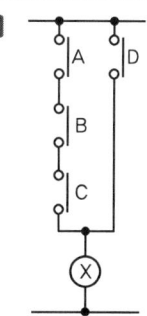

04 5[km]의 3상 3선식 배전선로의 말단에 1,000[kW], 역률 80[%](지상)의 부하가 접속되어 있다. 지금 전력용 콘덴서로 역률이 95[%]로 개선되었다면 이 선로의 전압강하와 전력손실은 역률 전의 몇 [%]로 되겠는가?(단, 선로의 임피던스는 1선당 $0.3 + j0.4$[Ω/km]라 하고 부하전압은 6,000[V]로 일정하다고 한다.)

1 전압강하
계산 : _____ 답 : _____

2 전력손실
계산 : _____ 답 : _____

해답 **1** 계산 : $e = \dfrac{P}{V}(R + X\tan\theta)$

• 개선 전 : $e = \dfrac{1,000 \times 10^3}{6,000}\left(0.3 \times 5 + 0.4 \times 5 \times \dfrac{0.6}{0.8}\right) = 500[V]$

• 개선 후 : $e = \dfrac{1,000 \times 10^3}{6,000}\left(0.3 \times 5 + 0.4 \times 5 \times \dfrac{\sqrt{1-0.95^2}}{0.95}\right) = 359.56[V]$

$$\frac{359.56}{500} \times 100 = 71.912[\%]$$

답 71.91[%]

2 계산 : $P_L = 3I^2R = \dfrac{P^2R}{V^2\cos^2\theta}[W]$

$$P_L \propto \frac{1}{\cos^2\theta} = \frac{0.8^2}{0.95^2} \times 100 = 70.914[\%]$$

답 70.91[%]

TIP

1. 전압강하(e)
    ① $e = V_S - V_R$ ② $e = \sqrt{3}I(R\cdot\cos\theta + X\cdot\sin\theta)$
    ③ $e = \sqrt{3}\cdot\dfrac{P}{\sqrt{3}V\cos\theta}(R\cdot\cos\theta + X\cdot\sin\theta) = \dfrac{P}{V}(R + X\tan\theta)$

2. 전압강하율(δ)
    $\delta = \dfrac{e}{V_R}\times 100$
    ① $\delta = \dfrac{V_S - V_R}{V_R}\times 100$ ② $\delta = \dfrac{\sqrt{3}I(R\cos\theta + X\sin\theta)}{V_R}\times 100$
    ③ $\delta = \dfrac{P}{V_R^2}(R + X\tan\theta)\times 100$

3. 전압 변동률(ε)
    $\varepsilon = \dfrac{V_{R_0} - V_R}{V_R}\times 100$
    여기서, V_{R_0} : 무부하 시 수전단 전압, V_R : 부하 시 수전단 전압

4. 전력 손실(선로 손실)
    $P_L = 3I^2R = 3\left(\dfrac{P}{\sqrt{3}V\cos\theta}\right)^2\cdot R[W] = \dfrac{P^2}{V^2\cos^2\theta}\cdot R[W]$

05 최대출력 400[kW], 일부하율 40[%], 중유의 발열량 9,600[kcal/L], 열효율 36[%]일 때 하루 동안의 연료소비량[L]은 얼마인가?

계산 : _____ 답 : _____

해답 계산 : $\eta = \dfrac{860W}{mH}\times 100[\%]$

$$m = \frac{860 \times 400 \times 0.4 \times 24}{0.36 \times 9,600} = 955.56[L]$$

답 955.56[L]

> **TIP**
> $$\eta = \frac{860W}{mH} \times 100[\%]$$
> 여기서, η : 효율, W : 전력량(전력×시간), m : 연료[kg 또는 L], H : 열량[kcal/L]

06 어느 기간 중에서의 수용가의 최대수요전력[kW]과 그 수용가가 설치하고 있는 설비용량의 합계[kW]와의 비를 말하는 것은 무엇인가?

[해답] 수용률

> **TIP**
>
> 1. 수용률
>   ① 의미 : 수용설비의 기기를 동시에 사용하는 정도
>   ② 정의 : 설비용량에 대한 최대수용전력의 비
>   ③ 수용률 = $\dfrac{\text{최대전력}[kW]}{\text{설비용량}[kW]} \times 100[\%]$
>   ④ 변압기 용량[kVA] = $\dfrac{\text{최대전력}[kW]}{\cos\theta} = \dfrac{\text{설비용량} \times \text{수용률}[kW]}{\cos\theta}$
>
> 2. 부등률
>   ① 정의(의미) : 여러 전력 기기를 동시에 사용하는 정도를 시간, 계절별로 나타내는 지수
>   ② 부등률식의 정의 : 합성 최대전력에 대한 개별 최대수용전력의 합의 비
>   ③ 부등률 = $\dfrac{\text{개별 최대전력의 합}[kW]}{\text{합성 최대전력}[kW]} \geq 1$
>   ④ 합성 최대전력[kW] = $\dfrac{\text{개별 최대전력의 합}[kW]}{\text{부등률}}$
>   ⑤ 변압기 용량[kVA] = $\dfrac{\text{합성 최대전력}[kW]}{\cos\theta} = \dfrac{\text{개별 최대전력의 합}[kW]}{\text{부등률} \cdot \cos\theta}$
>   ⑥ 부등률은 단위가 없다.
>
> 3. 부하율
>   ① 의미 : 전력 변동 상태를 알 수 있는 정도
>   ② 정의 : 최대전력에 대한 평균전력의 비
>   부하율[F] = $\dfrac{\text{평균전력}[kW]}{\text{최대전력}[kW]} \times 100 = \dfrac{\text{사용전력량}[kWh]/\text{시간}}{\text{최대전력}[kW]} \times 100$
>   ③ 부하율이 작으면 전력공급설비를 유용하게 사용하지 못하며 실가동률이 저하된다.

과년도 기출문제

07 정격전압이 같은 두 변압기가 병렬로 운전 중이다. A변압기의 정격용량은 20[kVA], %임피던스는 4[%]이고 B변압기의 정격용량은 75[kVA], %임피던스는 5[%]일 때 다음 각 물음에 답하시오.[단, 변압기 A, B의 내부저항과 누설리액턴스비는 같다. ($R_a/X_a = R_b/X_b$)]

1 2차 측의 부하용량이 60[kVA]일 때 각 변압기가 분담하는 전력은 얼마인가?
① A변압기 계산 : _____ 답 : _____
② B변압기 계산 : _____ 답 : _____

2 2차 측의 부하용량이 120[kVA]일 때 각 변압기가 분담하는 전력은 얼마인가?
① A변압기 계산 : _____ 답 : _____
② B변압기 계산 : _____ 답 : _____

3 변압기가 과부하되지 않는 범위 내에서 2차 측 최대부하용량은 얼마인가?
계산 : _____ 답 : _____

해답 **1** 분담용량 $\dfrac{P_a}{P_b} = \dfrac{P_A}{P_B} \times \dfrac{\%Z_B}{\%Z_A} \rightarrow \dfrac{20}{75} \times \dfrac{5}{4} = \dfrac{1}{3}$

① 계산 : A변압기 $= 60 \times \dfrac{1}{4} = 15$[kVA] **답** 15[kVA]

② 계산 : B변압기 $= 60 \times \dfrac{3}{4} = 45$[kVA] **답** 45[kVA]

2 $\dfrac{P_a}{P_b} = \dfrac{1}{3}$ 에서 부하용량 120[kVA]일 때

① 계산 : A변압기 $= 120 \times \dfrac{1}{4} = 30$[kVA] **답** 30[kVA]

② 계산 : B변압기 $= 120 \times \dfrac{3}{4} = 90$[kVA] **답** 90[kVA]

3 계산 : $\dfrac{P_b}{P_a} = \dfrac{3}{1} \times 20 = 60$[kVA]

A변압기 용량 20 + B변압기 용량 60 = 80[kVA]

답 80[kVA]

TIP
$\dfrac{P_a}{P_b} = \dfrac{1}{3}$ 에서   a변압기 정격용량이 20[kVA]이고
b변압기 정격용량이 75[kVA]에서
a변압기 용량을 줄이면 과부하가 걸리므로 b변압기 용량을 줄여 합성용량을 구한다.

08 무접점 논리회로에 대응하는 유접점회로를 그리고, 논리식으로 표현하시오.

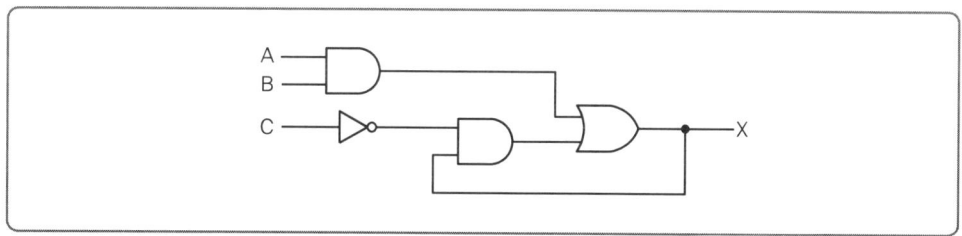

❶ 유접점회로

❷ 논리식

(해답) ❶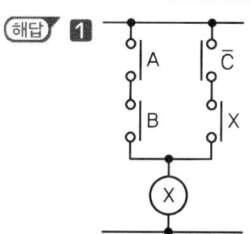

❷ $X = AB + \overline{C} X$

09 그림은 22.9[kV-Y] 1,000[kVA] 이하에 적용 가능한 특고압 간이수전설비 표준결선도이다. 이 결선도를 보고 다음 각 물음에 답하시오.

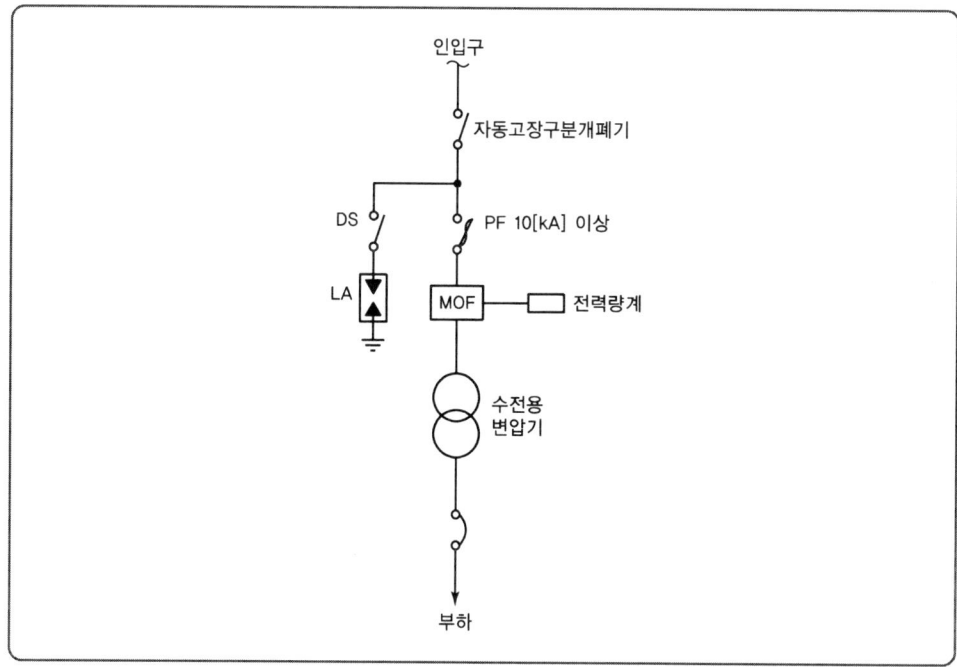

1 본 도면에서 생략할 수 있는 것은?

2 22.9[kV-Y]용의 LA는 (   ) 붙임형을 사용하여야 한다. (   ) 안에 알맞은 것은?

3 인입선을 지중선으로 시설하는 경우로서 공동주택 등 사고 시 정전피해가 큰 수전설비 인입선은 예비선을 포함하여 몇 회선으로 시설하는 것이 바람직한가?

4 22.9[kV-Y] 지중 인입선에는 어떤 케이블을 사용하여야 하는가?

5 300[kVA] 이하인 경우 PF 대신 COS를 사용하였다. 이것의 비대칭차단전류 용량은 몇 [kA] 이상의 것을 사용하여야 하는가?

6 용량 300[kVA] 이하에서 ASS 대신 사용할 수 있는 것은?

[해답]
1 LA용 DS
2 디스커넥터
3 2회선
4 CNCV-W 케이블(수밀형) 또는 TR CNCV-W(트리억제형)
5 10[kA]
6 인터럽터 스위치(기중부하개폐기)

TIP

▶ 특고압 간이수전설비
① LA용 DS는 생략할 수 있으며 22.9[kV-Y]용 LA는 Disconnector(또는 Isolator) 붙임형을 사용하여야 한다.
② 인입선을 지중선으로 시설하는 경우로 공동주택 등 고장 시 정전 피해가 큰 경우는 예비지중선을 포함하여 2회선으로 시설하는 것이 바람직하다.
③ 지중인입선의 경우에 22.9[kV-Y] 계통은 CNCV-W 케이블(수밀형) 또는 TR CNCV-W(트리억제형)을 사용하여야 한다. 다만, 전력구·공동구·덕트·건물구 내 등 화재 우려가 있는 장소에서는 FR CNCO-W(난연) 케이블을 사용하는 것이 바람직하다.
④ 300[kVA] 이하인 경우는 PF 대신 COS(비대칭 차단전류 10[kA] 이상의 것)을 사용할 수 있다.
⑤ 특별고압 간이수전설비는 PF의 용단 등의 결상사고에 대한 대책이 없으므로 변압기 2차 측에 설치되는 주차단기에는 결상계전기 등을 설치하여 결상사고에 대한 보호능력이 있도록 함이 바람직하다.

10 다음 각 계전기의 이름을 작성하시오.

1 OCR
2 OVR
3 UVR
4 GR

[해답]
1 과전류 계전기(Over Current Relay)
2 과전압 계전기(Over Voltage Relay)

❸ 부족전압 계전기(Under Voltage Relay)
❹ 지락 계전기(Ground Relay)

TIP

번호	명칭	약호	비고	
27	부족전압 계전기	UVR		
37	부족전류 계전기	UCR	37A	교류 부족전류 계전기
			37D	직류 부족전류 계전기
51	과전류 계전기	OCR	51G	지락 과전류 계전기
			51N	중성점 과전류 계전기
			51V	전압 억제부 과전류 계전기
52	차단기	CB	52C	차단기 투입코일
			52T	차단기 트립코일
59	과전압 계전기	OVR		
64	지락 과전압 계전기	OVGR		
67	지락 방향 계전기	DGR		
87	비율 차동 계전기	RDFR	87B	모선보호 차동 계전기
			87G	발전기용 차동 계전기
			87T	주변압기 차동 계전기
92	전력 계전기	PWR		

11 전기설비의 폭발방지구조 종류를 4가지만 쓰시오.

해답 ① 내압 폭발방지구조
② 유입 폭발방지구조
③ 압력 폭발방지구조
④ 안전증 폭발방지구조

> **TIP**
>
> ▶ 폭발방지구조의 종류
>
> | 구분 | |
> |---|---|
> | 폭발방지구조의 종류 | 내압 폭발방지구조(d) |
> | | 유입 폭발방지구조(o) |
> | | 압력 폭발방지구조(p) |
> | | 안전증 폭발방지구조(e) |
> | | 본질안전 폭발방지구조(ia, ib) |
> | | 특수 폭발방지구조(s) |

12 가로 10[m], 세로 16[m], 천장높이 3.85[m], 작업면 높이 0.85[m], 작업면 조도 300[lx]인 사무실에 천장 직부 형광등 F40×2를 설치하려고 한다. 다음 각 물음에 답하시오.

1 이 사무실의 실지수는 얼마인가?

계산 : _____ 답 : _____

2 이 사무실의 천장 반사율 70[%], 벽 반사율 50[%], 바닥 반사율 10[%], 40[W]인 형광등 1등의 광속 3,150[lm], 보수율 70[%], 조명률 61[%]로 한다면 이 사무실에 필요한 소요 등기구 수는 몇 등인가?

계산 : _____ 답 : _____

[해답]

1 계산 : 실지수 $K = \dfrac{X \cdot Y}{H(X+Y)}$, H(등고) : $3.85 - 0.85 = 3$

$$K = \dfrac{10 \times 16}{3 \times (10+16)} = 2.051$$

답 2.05

2 계산 : 등수 $N = \dfrac{DES}{FU} = \dfrac{ES}{FUM} = \dfrac{300 \times (10 \times 16)}{3,150 \times 2 \times 0.61 \times 0.7} = 17.84[등]$

답 18[등]

> **TIP**
>
> ① $FUN = EAD$에서 $N = \dfrac{EAD}{FU}$
>
> 여기서, F : 광원 1개당의 광속[lm], N : 광원의 개수[등], E : 작업면상의 평균 조도[lx]
> A : 방의 면적[m²], D : 감광보상률, U : 조명률
>
> ② 감광보상률 $D = \dfrac{1}{M(유지율)}$

13 전력계통에 이용되는 리액터에 대한 명칭을 쓰시오.

단락전류 제한	(1)
페란티 현상 방지	(2)
변압기 중성점 아크 소호	(3)

해답 (1) 한류 리액터
(2) 분로 리액터
(3) 소호 리액터

TIP
▶ 리액터의 목적
① 직렬 리액터 : 제5고조파를 제거하여 기전력의 파형을 개선
② 소호 리액터 : 1선 지락 시 아크를 제거하고 이상전압을 억제
③ 한류 리액터 : 단락전류를 제한
④ 분로 리액터 : 페란티 현상 방지

14 다음 상용전원과 예비전원 운전 시 유의하여야 할 사항이다. ( ) 안에 알맞은 내용을 쓰시오.

상용전원과 예비전원 사이에는 병렬운전을 하지 않는 것이 원칙이므로 수전용 차단기와 발전용 차단기 사이에는 전기적 또는 기계적 (①)을 시설해야 하며 (②)를 사용해야 한다.

해답 ① 인터록
② 자동전환개폐기

15 다음 설비 도면을 보고 각 물음에 답하시오.

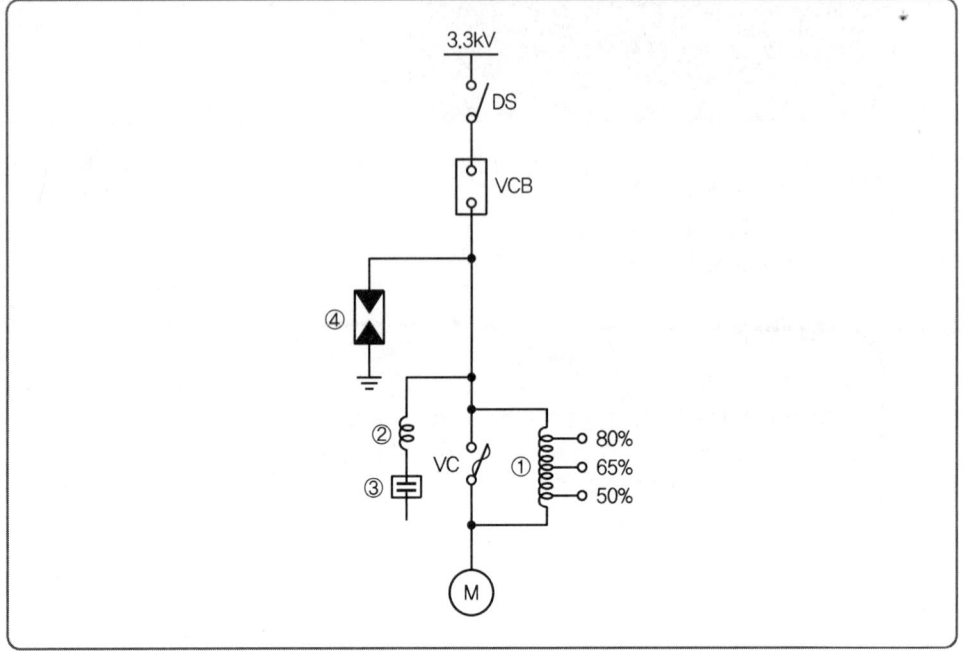

❶ 도면의 고압유도전동기의 기동방식이 무엇인지 쓰시오.
❷ ①~④의 명칭을 작성하시오.

해답 ❶ 리액터 기동방식

❷ ① 기동용 리액터
② 직렬리액터
③ 전력용 콘덴서
④ 서지흡수기

16 고압 선로에서의 접지사고 검출 및 경보장치를 그림과 같이 시설하였다. A선에 누전사고가 발생하였을 때 다음 각 물음에 답하시오.(단, 전원이 인가되고 경보벨의 스위치는 닫혀 있는 상태라고 한다.)

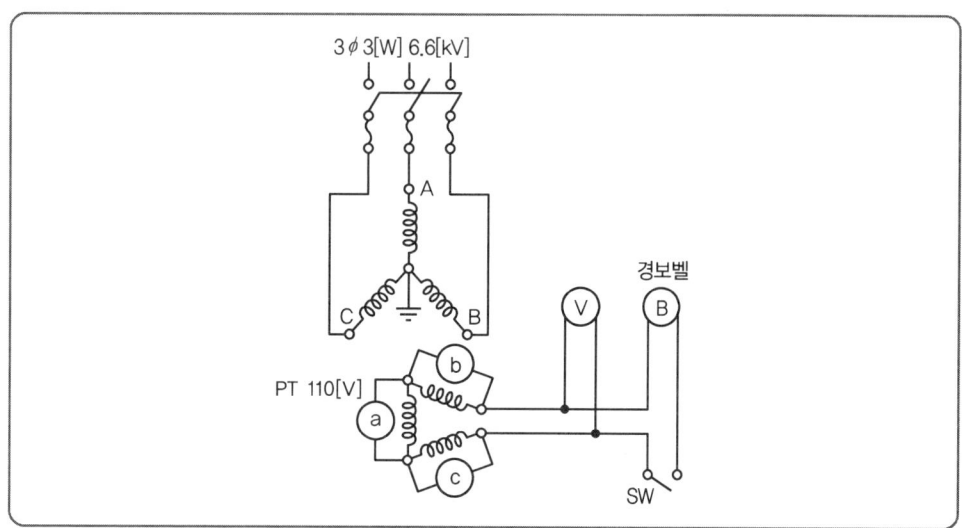

1 1차 측 A선의 대지 전압이 0[V]인 경우 B선 및 C선의 대지 전압은 각각 몇 [V]인가?
① B선의 대지전압
  계산 : _____ 답 : _____
② C선의 대지전압
  계산 : _____ 답 : _____

2 2차 측 전구 ⓐ의 전압이 0[V]인 경우 ⓑ 및 ⓒ 전구의 전압과 전압계 Ⓥ의 지시전압, 경보벨 Ⓑ에 걸리는 전압은 각각 몇 [V]인가?
① ⓑ 전구의 전압
  계산 : _____ 답 : _____
② ⓒ 전구의 전압
  계산 : _____ 답 : _____
③ 전압계 Ⓥ의 지시 전압
  계산 : _____ 답 : _____
④ 경보벨 Ⓑ에 걸리는 전압
  계산 : _____ 답 : _____

해답

1 ① B선의 대지전압

계산 : $\dfrac{6,600}{\sqrt{3}} \times \sqrt{3} = 6,600[V]$ 　　　답 $6,600[V]$

② C선의 대지전압

계산 : $\dfrac{6,600}{\sqrt{3}} \times \sqrt{3} = 6,600[V]$ 　　　답 $6,600[V]$

2 ① ⓑ 전구의 전압

계산 : $\dfrac{110}{\sqrt{3}} \times \sqrt{3} = 110[V]$ 　　　답 $110[V]$

② ⓒ 전구의 전압

계산 : $\dfrac{110}{\sqrt{3}} \times \sqrt{3} = 110[V]$ 　　　답 $110[V]$

③ 전압계 ⓥ의 지시 전압

계산 : $\dfrac{110}{\sqrt{3}} \times 3 = 110 \times \sqrt{3} = 190.53[V]$ 　　　답 $190.53[V]$

④ 경보벨 ⓑ에 걸리는 전압

계산 : $\dfrac{110}{\sqrt{3}} \times 3 = 110 \times \sqrt{3} = 190.53[V]$ 　　　답 $190.53[V]$

TIP

① 지락된 상 : $0[V]$
② 지락 안된 상 : $\sqrt{3}$ 배
③ 개방단 : 3배

17 그림과 같이 높이 5[m]의 점에 있는 백열전등에서 광도 12,500[cd]의 빛이 수평거리 7.5[m]의 점 P에 주어지고 있다. 다음 각 물음에 답하시오.

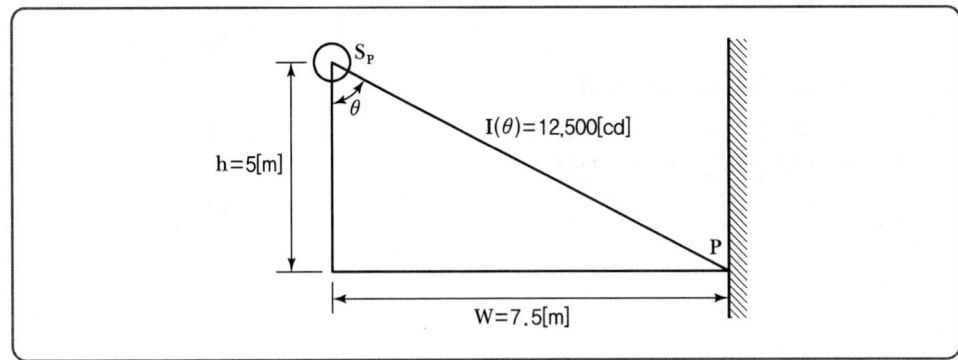

1 P점의 수평면 조도를 구하시오.
   계산 : _____ 답 : _____

2 P점의 수직면 조도를 구하시오.
   계산 : _____ 답 : _____

해답

1 계산 : 수평면 조도 $E_h = \dfrac{I}{\ell^2}\cos\theta = \dfrac{12{,}500}{5^2+7.5^2} \times \dfrac{5}{\sqrt{5^2+7.5^2}} = 85.338\,[\text{lx}]$

답 85.34[lx]

2 계산 : 수직면 조도 $E_v = \dfrac{I}{\ell^2}\sin\theta = \dfrac{12{,}500}{5^2+7.5^2} \times \dfrac{7.5}{\sqrt{5^2+7.5^2}} = 128.007\,[\text{lx}]$

답 128.01[lx]

TIP

▶ 조도 : E[lx]
어떤 면의 단위 면적당의 입사 광속으로서 피조면의 밝기를 나타낸다.

① 법선조도 : $E_n = \dfrac{I}{r^2}$

② 수평면 조도 : $E_h = E_n \cos\theta = \dfrac{I}{r^2}\cos\theta = \dfrac{I}{h^2}\cos^3\theta$

③ 수직면 조도 : $E_v = E_n \sin\theta = \dfrac{I}{r^2}\sin\theta = \dfrac{I}{d^2}\sin^3\theta$

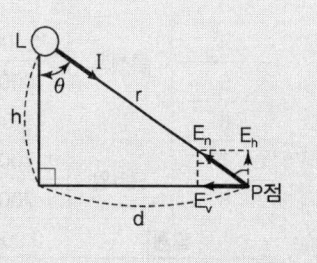

---

18 단상 3선식 110/220[V]을 채용하고 있는 어떤 건물이 있다. 변압기가 설치된 수전실로부터 100[m]되는 곳에 부하집계표와 같은 분전반을 시설하고자 한다. 다음 조건과 전선의 허용전류표를 이용하여 다음 각 물음에 답하시오. (단, 전압변동률 및 전압강하율은 2[%] 이하가 되도록 하며 중성선의 전압강하는 무시한다.)

[조건]
- 후강 전선관 공사로 한다.
- 3선 모두 같은 선으로 한다.
- 부하의 수용률은 100[%]로 적용
- 후강 전선관 내 전선의 점유율을 48[%] 이내를 유지할 것

| 표 1. 전선 허용전류표 |

단면적[mm²]	허용전류[A]	전선관 3본 이하 수용 시[A]	피복 포함 단면적[mm²]
5.5	34	31	28
14	61	55	66
22	80	72	88
38	113	102	121
50	133	119	161

| 표 2. 부하 집계표 |

회로 번호	부하 명칭	부하 [VA]	부하 분담[VA] A	부하 분담[VA] B	MCCB 크기 극수	MCCB 크기 AF	MCCB 크기 AT	비고
1	전등	2,400	1,200	1,200	2	50	15	
2		1,400	700	700	2	50	15	
3	콘센트	1,000	1,000	–	1	50	20	
4		1,400	1,400	–	1	50	20	
5		600	–	600	1	50	20	
6		1,000	–	1,000	1	50	20	
7	팬코일	700	700	–	1	30	15	
8		700	–	700	1	30	15	
합계		9,200	5,000	4,200				

| 표 3. 후강 전선관 규격 |

호칭	G16	G22	G28	G36	G42	G54

1 간선의 공칭단면적[mm²]을 선정하시오.

　계산 : _____　답 : _____

2 후강 전선관의 호칭을 표에서 선정하시오.

　계산 : _____　답 : _____

3 설비 불평형률은 몇 [%]인지 구하시오.

　계산 : _____　답 : _____

해답 **1** 계산 :
- $I_A = \dfrac{5,000}{110} = \dfrac{3,800}{220} + \dfrac{3,100}{110} = 45.45\,[A]$
- $I_B = \dfrac{4,200}{110} = \dfrac{3,800}{220} + \dfrac{2,300}{110} = 38.18\,[A]$

∴ $I_A = 45.45\,[A]$ 기준

$A = \dfrac{17.8LI}{1,000e} = \dfrac{17.8 \times 100 \times 45.45}{1,000 \times 110 \times 0.02} = 36.77\,[mm^2]$ 이므로 $38\,[mm^2]$ 선정

답 $38\,[mm^2]$ 선정

2 계산 : 표1.에서 단면적 38[mm²] 난의 피복 포함 단면적이 121[mm²]이므로

$$A = \frac{\pi d^2}{4} \times 0.48 \geq 121 \times 3$$

$$\therefore d = \sqrt{\frac{121 \times 3 \times 4}{\pi \times 0.48}} = 31.03[\text{mm}]$$ 이므로 표3.에서 G36 선정

답 G36 선정

3 계산 : 설비불평형률[%] = $\dfrac{\text{중성선과 전압 측 전선 간에 접속되는 설비용량의 차}}{\text{총부하설비용량} \times \dfrac{1}{2}} \times 100[\%]$

$$= \frac{3{,}100 - 2{,}300}{(5{,}000 + 4{,}200) \times \dfrac{1}{2}} \times 100 = 17.39[\%]$$

답 17.39[%]

2023년도 1회 시험 과년도 기출문제

01 다음 그림의 단상 3선식 회로에서 각 선에 흐르는 전류를 구하시오.(단, 부하의 역률은 100[%]이다.)

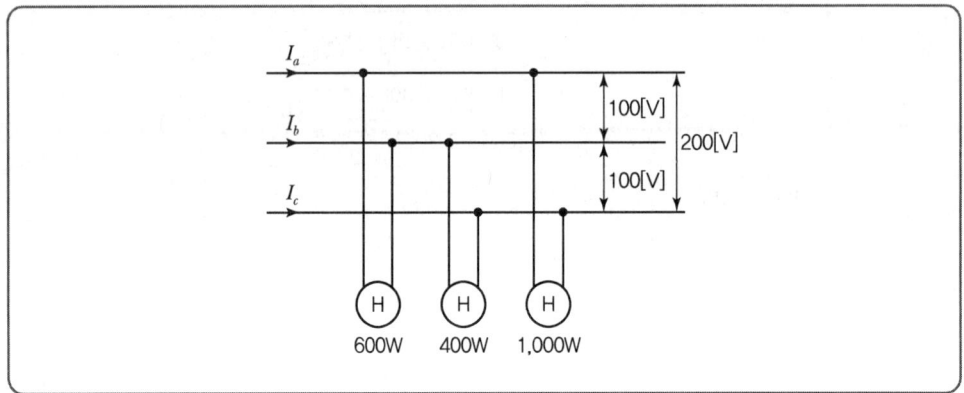

1 I_a 계산 : _____ 답 : _____

2 I_b 계산 : _____ 답 : _____

3 I_c 계산 : _____ 답 : _____

해답

1 계산 : $I_a = I_{ab} + I_{ac} = \dfrac{600}{100} + \dfrac{1,000}{200} = 11[A]$ 답 $11[A]$

2 계산 : $I_b = I_{ab} - I_{bc} = \dfrac{600}{100} - \dfrac{400}{100} = -2[A]$ 답 $-2[A]$

3 계산 : $I_c = -I_{bc} + (-I_{ca}) = -\dfrac{400}{100} + \left(-\dfrac{1,000}{200}\right) = -9[A]$ 답 $-9[A]$

TIP

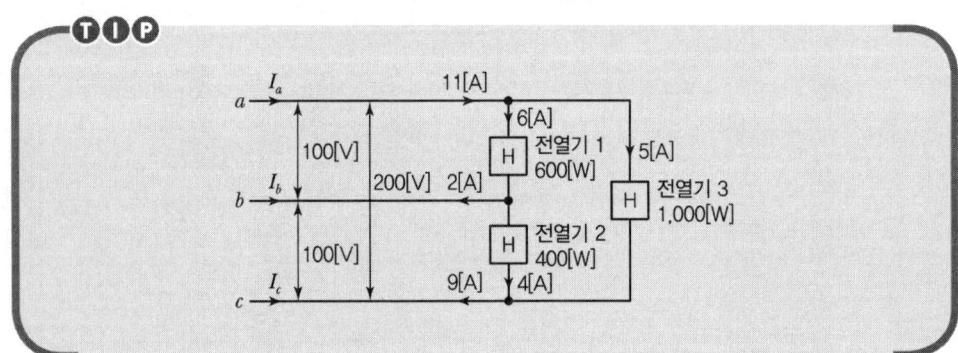

02 회전날개의 지름이 31[m]인 프로펠러형 풍차의 풍속이 16.5[m/s]일 때 풍력 에너지[kW]를 계산하시오. (단, 공기의 밀도는 1.225[kg/m³]이다.)

계산 : _____ 답 : _____

해답 계산 : $P = \frac{1}{2}mV^2 = \frac{1}{2}(\rho AV)V^2 = \frac{1}{2}\rho AV^3$

여기서, P : 에너지[W], m : 에너지[kg], V : 평균풍속[m/s]
ρ : 공기의 밀도(1.225[kg/m³]), A : 로터의 단면적[m²]

∴ $P = \frac{1}{2}\rho AV^3 = \frac{1}{2} \times 1.225 \times \pi \times \left(\frac{31}{2}\right)^2 \times 16.5^3 \times 10^{-3} = 2,076.69$[kW]

답 2,076.69[kW]

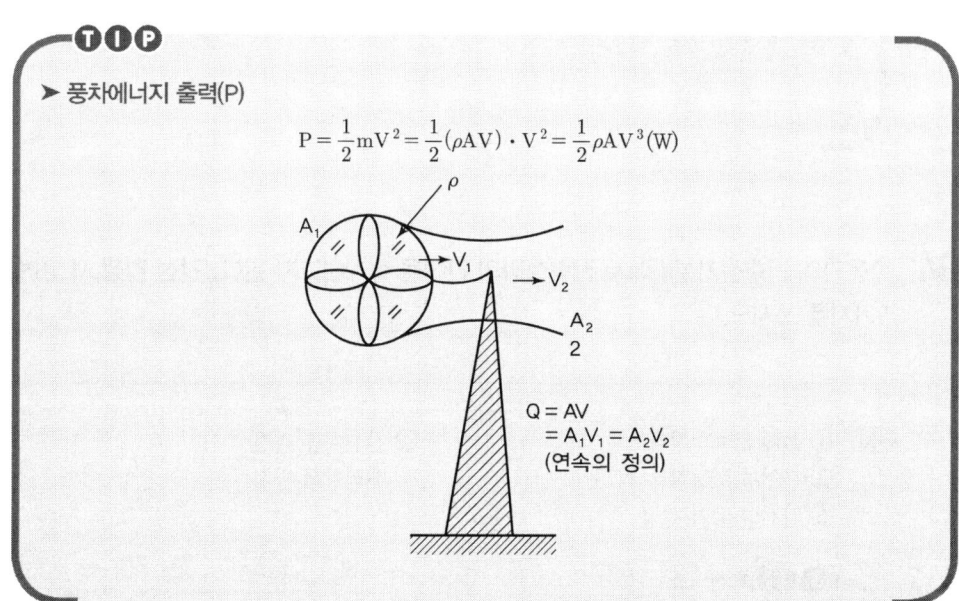

▶ 풍차에너지 출력(P)

$P = \frac{1}{2}mV^2 = \frac{1}{2}(\rho AV) \cdot V^2 = \frac{1}{2}\rho AV^3$(W)

Q = AV
= A₁V₁ = A₂V₂
(연속의 정의)

03 수전단전압 22,900[V], 계약전력 300[kW], 3상 단락전류가 7,000[A]일 때 수전단 차단기의 차단용량[MVA]을 구하시오.

계산 : _____ 답 : _____

해답 계산 : $P_s = \sqrt{3} \times V \times I_s = \sqrt{3} \times 25.8 \times 7 = 312.81$[MVA]

답 312.81[MVA]

> **TIP**
> 1. 차단기 용량 선정
>   ① 퍼센트 임피던스(%Z)가 주어졌을 경우
> $$P_s = \frac{100}{\%Z} \times P_n$$ 여기서, P_n : 기준용량
>   ② 정격차단전류[kA]가 주어졌을 경우
> $$P_s = \sqrt{3} \times 정격전압[kV] \times 정격차단전류[kA] = [MVA]$$
> 2. 단락전류
>   ① 퍼센트 임피던스(%Z)가 주어졌을 경우
> $$I_S = \frac{100}{\%Z} I_n [A]$$ 여기서, I_n : 정격전류
>   ② 임피던스(Z)가 주어졌을 경우
> $$I_S = \frac{E}{Z} = \frac{\frac{V}{\sqrt{3}}}{Z} [A]$$ 여기서, E : 상전압, V : 선간전압

04 수용가의 건축전기설비에서 전력설비의 간선을 설계하고자 한다. 간선 결정 시 고려할 사항 5가지를 쓰시오.

[해답] ① 설계조건의 정리   ② 간선계통 결정
③ 간선경로 결정   ④ 배선방식 결정
⑤ 간선의 굵기 선정

> **TIP**
> ➤ 간선의 굵기 선정
>   허용전류, 전압강하, 기계적 강도, 온도, 증설 등

05 전력용콘덴서의 개폐제어는 크게 수동조작과 자동조작으로 나눌 수 있다. 자동조작방식을 제어요소에 따라 분류할 때 그 제어요소는 어떤 것이 있는지 4가지만 쓰시오.

해답 ① 부하전류에 의한 제어 ② 수전점 역률에 의한 제어
③ 모선전압에 의한 제어 ④ 프로그램에 의한 제어
그 외
⑤ 수전점 무효전력에 의한 제어 ⑥ 특성부하 개폐신호에 의한 제어

TIP

▶ 콘덴서 자동제어방식별 특징

제어방식	적용
수전점 무효전력에 의한 제어	모든 변동부하
수전점 역률에 의한 제어	모든 변동부하
모선전압에 의한 제어	전원 임피던스가 크고 전압 변동률이 큰 계통
프로그램에 의한 제어	하루 부하변동이 일정한 곳
부하전류에 의한 제어	전류의 크기와 무효전력의 관계가 일정한 곳
특성부하 개폐에 의한 제어	변동하는 특성부하 이외의 무효전력이 거의 일정한 곳

06 최대전력이 전달되도록 단자 a-b 사이에 저항을 삽입하고자 한다. 다음 각 물음에 답하시오. (단, 효율은 90[%]이다.)

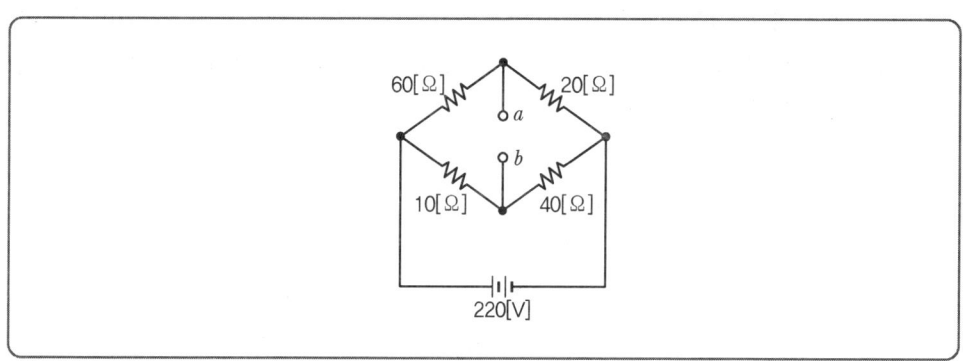

1 최대전력을 전달하기 위한 단자 a-b 사이에 넣어야 할 저항값을 구하시오.
계산 : _____ 답 : _____

2 10분간 전원을 인가할 경우 삽입한 저항이 한 일의 양은 몇 [kJ]인가 구하시오.
계산 : _____ 답 : _____

해답

1 계산

테브난의 등가회로는 아래와 같다.

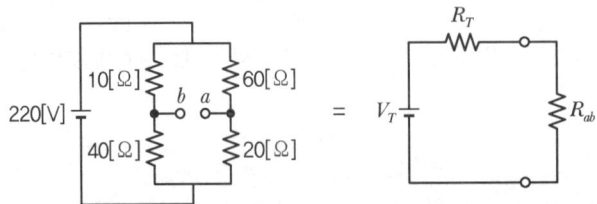

$$\therefore V_T = \frac{40}{10+40} \times 220 - \frac{20}{60+20} \times 220 = 121[V]$$

=전압원 단락 후 합성저항 $R_{ab} = \frac{10 \times 40}{10+40} + \frac{60 \times 20}{60+20} = 23[\Omega]$

결국 최대전력전송 조건 $R_{ab} = R_T$이므로 $R_T = 23[\Omega]$(ab 사이에 삽입할 저항)

답 $23[\Omega]$

2 계산 : 외부저항에서 소비되는 최대전력

$$P_m = \frac{E^2}{4R} = \frac{121^2}{4 \times 23} = 159.14[W]$$

효율 90% 시 전력량 $W = Pt \cdot \eta = 159.14 \times 10 \times 60 \times 0.9 \times 10^{-3} = 85.94[kJ]$

답 $85.94[kJ]$

07 그림과 같이 3상 4선식 배전선로에 역률 100[%]인 부하 a-N, b-N, c-N이 각 상과 중성선 간에 연결되어 있다. a, b, c 상에 흐르는 전류가 220[A], 172[A], 190[A]일 때 중성선에 흐르는 전류를 계산하시오.

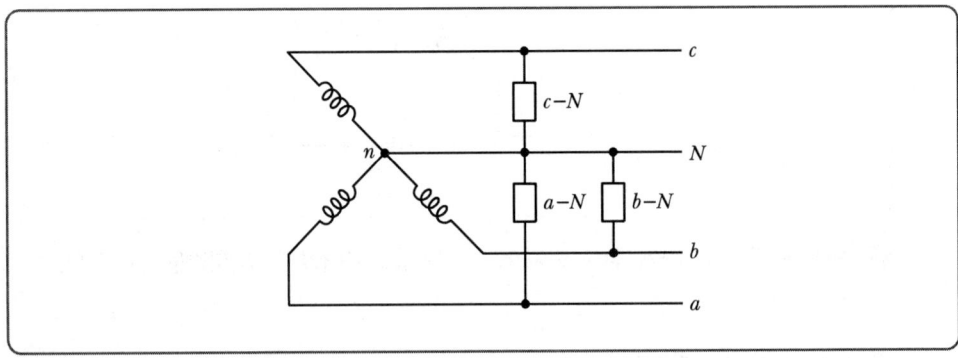

계산 : _____ 답 : _____

해답 계산 : $I_N = I_a + I_b + I_c = I_a + a^2 I_b + a I_c$
$= 220\angle 0° + 172\angle -120° + 190\angle -240° = 39 + j9\sqrt{3}$
$\therefore |I_N| = \sqrt{39^2 + (9\sqrt{3})^2} = 42[A]$

답 42[A]

08 다음 논리식에 대한 물음에 답하시오.(단, A, B, C는 입력, X는 출력이다.)

[논리식] $X = A + B \cdot \overline{C}$

1 논리식을 로직 시퀀스도로 나타내시오.

2 물음 **1**에서 로직 시퀀스도로 표현된 것을 2입력 NAND gate를 최소로 사용하여 동일한 출력이 나오도록 회로를 변환하시오.

3 물음 **1**에서 로직 시퀀스도로 표현된 것을 2입력 NOR gate를 최소로 사용하여 동일한 출력이 나오도록 회로를 변환하시오.

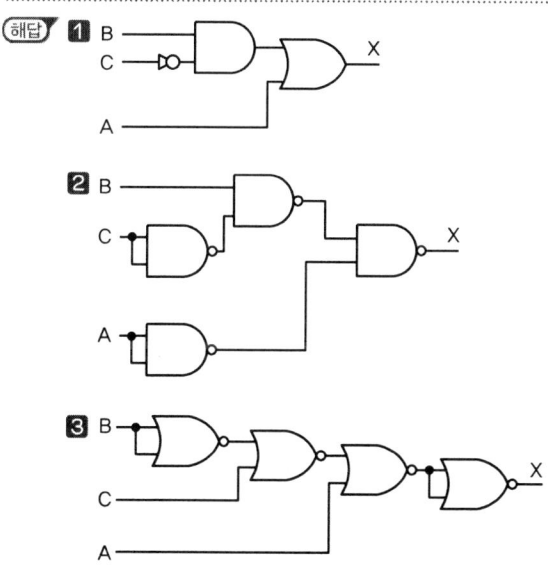

09 다음 조건과 같은 동작이 되도록 보조회로의 배선과 감시반 회로 배선단자의 상호 연결을 빈 칸에 채우시오.

[조건]
- 배선용차단기 MCCB를 투입하면 GL1과 GL2가 점등된다.
- 셀렉터스위치(SS)를 "L"에 위치하고 PB2를 누른 후, 떼어도 전자접촉기(MC)에 의하여 전동기가 운전되고, RL1과 RL2가 점등, GL1과 GL2는 소등된다.
- 전동기 운전 중, PB1을 누르면, 전동기는 정지하고, RL1과 RL2는 소등, GL1과 GL2는 점등된다.
- 셀렉터스위치(SS)를 "R"에 위치하고 PB3를 누른 후, 떼어도 전자접촉기(MC)에 의하여 전동기가 운전되고, RL1과 RL2가 점등, GL1과 GL2는 소등된다.
- 전동기 운전 중, PB4를 누르면, 전동기는 정지하고, RL1과 RL2는 소등, GL1과 GL2는 점등된다.
- 전동기 운전 중 과부하에 의하여 EOCR이 동작되면 전동기는 정지하고, 모든 램프는 소등되며, EOCR을 RESET하면 초기상태로 간다.

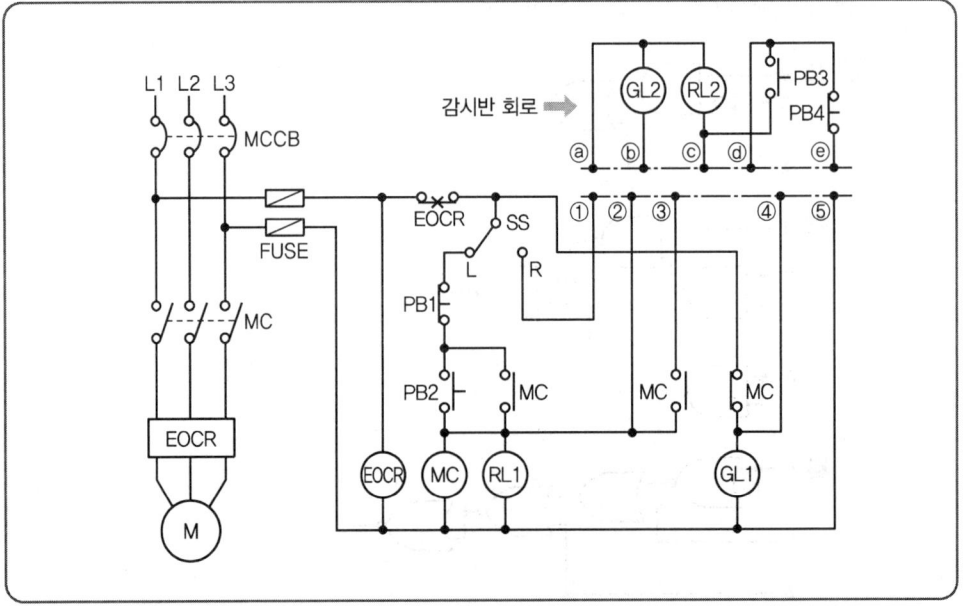

해답 ANS 13 :

ⓐ	ⓑ	ⓒ	ⓓ	ⓔ
⑤	④	②	③	①

10 어느 변전소에서 그림과 같은 일부하 곡선을 가진 3개의 부하 A, B, C의 수용가에 있을 때, 다음 각 물음에 답하시오. (단, 부하 A, B, C의 역률은 각각 100[%], 80[%], 60[%]라 한다.)

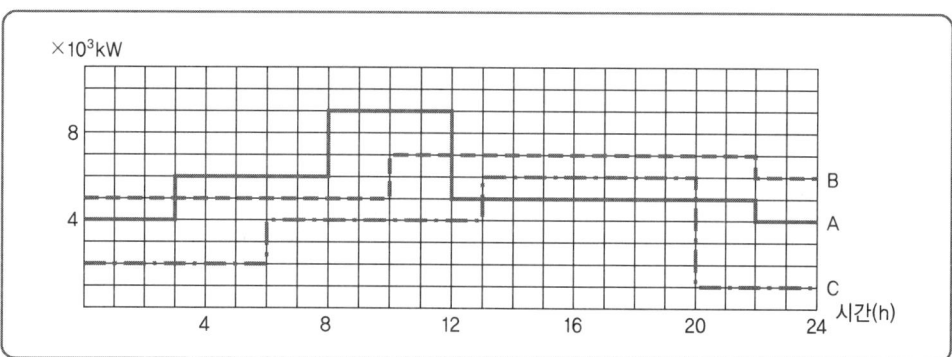

1 합성최대전력[kW]을 구하시오.

계산 : _____ 답 : _____

2 종합부하율[%]을 구하시오.

계산 : _____ 답 : _____

3 부등률을 구하시오.

계산 : _____ 답 : _____

4 최대부하 시 종합역률[%]을 구하시오.

계산 : _____ 답 : _____

해답

1 계산 : 합성최대전력은 도면에서 10~12시에 나타나며
$$P = (9+7+4) \times 10^3 = 20 \times 10^3 [kW]$$
답 20,000[kW]

2 계산 : • A부하의 평균전력
$$P_A = \frac{사용전력량}{24} = \frac{\{(4\times3)+(6\times5)+(9\times4)+(5\times10)+(4\times2)\}\times 10^3}{24}$$
$$= 5.67 \times 10^3 [kW]$$

• B부하의 평균전력
$$P_B = \frac{사용전력량}{24} = \frac{\{(5\times10)+(7\times12)+(6\times2)\}\times 10^3}{24} = 6.08 \times 10^3 [kW]$$

• C부하의 평균전력
$$P_C = \frac{사용전력량}{24} = \frac{\{(2\times6)+(4\times7)+(6\times7)+(1\times4)\}\times 10^3}{24}$$
$$= 3.58 \times 10^3 [kW]$$

따라서, 종합 부하율 = $\dfrac{\text{평균전력}}{\text{합성최대전력}} \times 100$

$= \dfrac{\text{A, B, C 각 평균전력의 합계}}{\text{합성최대전력}} \times 100$

$= \dfrac{(5.67 + 6.08 + 3.58) \times 10^3}{20 \times 10^3} \times 100 = 76.65 [\%]$

답 76.65[%]

③ 계산 : 부등률 = $\dfrac{\text{A, B, C 최대전력의 합계}}{\text{합성최대전력}} = \dfrac{(9+7+6) \times 10^3}{20 \times 10^3} = 1.1$

답 1.1

④ 계산 : 먼저 최대부하 시 무효전력 $Q = P\tan\theta = P\dfrac{\sin\theta}{\cos\theta}$ 를 구하면

$Q = 9 \times 10^3 \times \dfrac{0}{1} + 7 \times 10^3 \times \dfrac{0.6}{0.8} + 4 \times 10^3 \times \dfrac{0.8}{0.6} = 10,583.33 [\text{kVar}]$

$\cos\theta = \dfrac{P}{\sqrt{P^2 + Q^2}} = \dfrac{20,000}{\sqrt{20,000^2 + 10,583.33^2}} \times 100 = 88.39 [\%]$

답 88.39[%]

11 1차 정격전압이 6,600[V], 권수비가 30인 3상 변압기가 있다. 다음 물음에 답하시오.

① 2차 정격전압[V]을 구하시오.
   계산 : _____ 답 : _____

② 용량 50[kW], 역률 0.8인 부하를 2차에 접속할 경우 1차 전류 및 2차 전류를 구하시오.
   계산 : _____ 답 : _____

③ 1차 입력[kVA]을 구하시오.
   계산 : _____ 답 : _____

해답 ① 계산 : $V_2 = \dfrac{V_1}{a} = \dfrac{6,600}{30} = 220 [\text{V}]$ 답 220[V]

② ① 1차 전류

계산 : $I_1 = \dfrac{P}{\sqrt{3}\, V_1 \cos\theta} = \dfrac{50 \times 10^3}{\sqrt{3} \times 6,600 \times 0.8} = 5.47 [\text{A}]$ 답 5.47[A]

② 2차 전류

계산 : $I_2 = \dfrac{P}{\sqrt{3}\, V_3 \cos\theta} = \dfrac{50 \times 10^3}{\sqrt{3} \times 220 \times 0.8} = 164.02 [\text{A}]$ 답 164.02[A]

③ 계산 : $P = \sqrt{3}\, V_1 I_1 = \sqrt{3} \times 6,600 \times 5.47 \times 10^{-3} = 62.53 [\text{kVA}]$ 답 62.53[kVA]

> **TIP**
>
> 권수비 $a = \dfrac{V_1}{V_2} = \dfrac{I_2}{I_1}$

12 지중 전선로는 어떤 방식에 의하여 시설하여야 하는지 3가지만 쓰시오.

_____

해답 ① 직접매설식　　　　② 관로식　　　　③ 암거식

> **TIP**
>
> 1. 송전선로로서 지중전선로를 채택하는 이유
>   ① 도시의 미관을 중요시하는 경우
>   ② 수용밀도가 높은 지역에 공급하는 경우
>   ③ 뇌·풍수해 등으로 인해 발생하는 사고에 대한 높은 신뢰도가 요구되는 경우
>   ④ 보안상의 제한 조건 등으로 가공선로를 건설할 수 없는 경우
>
> 2. 케이블 매설방식(하중을 받으면 1[m], 받지 않으면 0.6[m] 이상)
>   ① 직접매설식　　　② 관로식　　　③ 암거식

13 평형 3상 회로에 변류비 100/5인 변류기 2개를 그림과 같이 접속하였을 때 전류계에 3[A]의 전류가 흘렀다. 1차 전류의 크기는 몇 [A]인가?

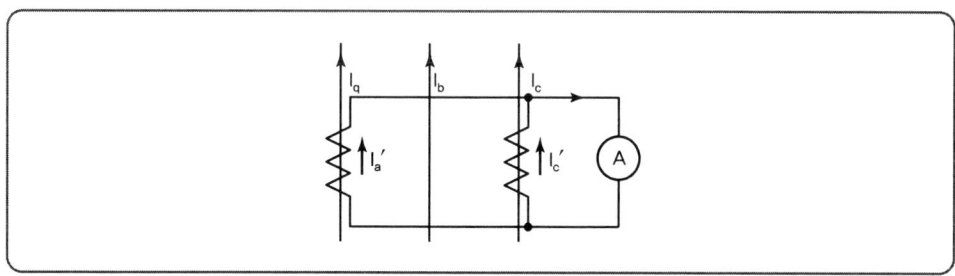

계산 : _____　　답 : _____

해답 계산 : $I_1 = $ 전류계 지시값 $\times$ CT비 $= I_2 \times$ CT비 $= 3 \times \dfrac{100}{5} = 60$

답 60[A]

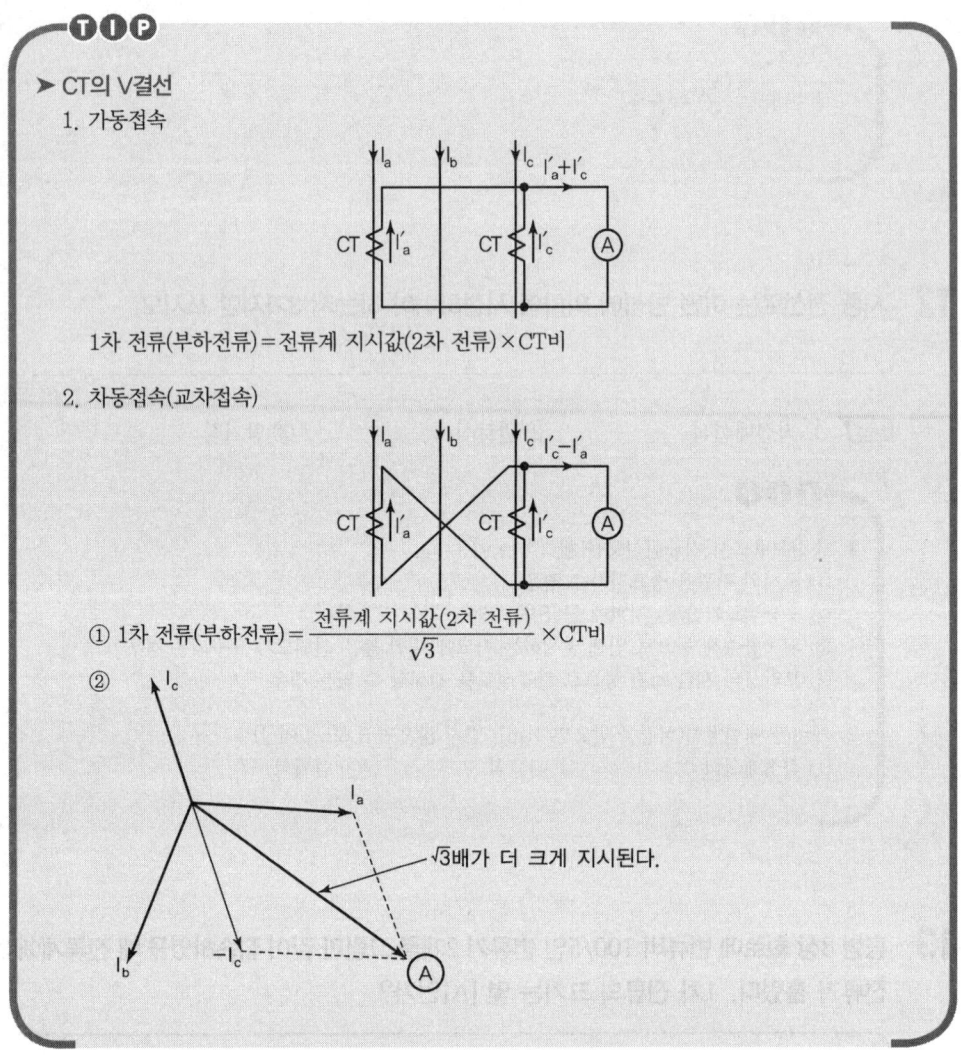

14 전력용 콘덴서에 직렬 리액터를 사용하여 제3고조파를 제거할 경우 직렬 리액터의 용량은 콘덴서 용량의 몇 [%]인지 구하시오.(단, 주파수 변동 등을 고려하여 2% 여유를 둔다.)

계산 : _____ 답 : _____

해답 계산 : $3\omega L = \dfrac{1}{3\omega C}$ 에서 $\omega L = \dfrac{1}{9} \times \dfrac{1}{\omega C} = 0.11 \times \dfrac{1}{\omega C}$

이론적으로는 콘덴서 용량의 11[%]를 산정한다. 주파수 변화 등을 고려하여 13[%]의 값을 사용한다.

답 13[%]

15 빙설이 많은 지방에서 을종 풍압하중을 적용하는 전선 기타 가섭선 주위에 부착되는 빙설의 두께와 비중을 구하시오.

1 두께 **2** 비중

해답 **1** 6[mm] **2** 0.9

16 전압 33,000[V], 주파수 60[c/s], 선로길이 7[km]인 1회선의 3상 지중 송전선로가 있다. 이 중 전선로의 3상 무부하 충전전류 및 충전용량을 구하시오.(단, 케이블의 1선당 작용 정전용량은 0.4[μF/km]라고 한다.)

1 충전전류
계산 : _____ 답 : _____

2 충전용량
계산 : _____ 답 : _____

해답 **1** 충전전류

계산 : $I_c = WCE = WC\dfrac{V}{\sqrt{3}}$

$= 2\pi \times 60 \times 0.4 \times 10^{-6} \times 7 \times \left(\dfrac{33,000}{\sqrt{3}}\right) = 20.11[A]$

답 20.11[A]

2 충전용량

계산 : $Q_c = 3WC\left(\dfrac{V}{\sqrt{3}}\right)^2 = WCV^2$

$= 2\pi \times 60 \times 0.4 \times 10^{-6} \times 7 \times 33,000^2 \times 10^{-3} = 1,149.52[kVA]$

답 1,149.52[kVA]

TIP

① 충전전류 $I_c = \dfrac{E}{\dfrac{1}{WC}} = WCE = WC\dfrac{V}{\sqrt{3}}[A]$

② 충전용량 $Q_c = 3E \cdot I_c = 3WCE^2 = WCV^2 \times 10^{-3}[kVA]$

여기서, E : 상전압, V : 선간전압

17 가스절연 변전소(G.I.S)의 특징을 5가지만 설명하시오.(단, 경제적이거나 비용에 관한 답은 제외한다.)

해답 ① 소형화할 수 있다.
② 충전부가 완전히 밀폐되어 안정성이 높다.
③ 소음이 적고 주변 환경과의 조화를 이룬다.
④ 대기 중의 오염물의 영향을 받지 않으므로 신뢰도가 높다.
⑤ 조작 중 소음이 적고 라디오 방해전파를 줄여 공해문제를 해결해 준다.
그 외
⑥ 설치공사기간이 단축된다.

TIP
▶ 단점
① 사고의 대응이 부적절할 경우 대형사고 유발 우려가 있다.
② 고장 발생 시 조기 복구, 임시 복구가 거의 불가능하다.
③ 육안 점검이 곤란하며 SF_6 Gas의 세심한 주의가 필요하다.
④ 한랭지에서는 가스의 액화 방지 장치가 필요하다.

18 그림과 같은 154[kV] 계통에서 X를 친 F점(모선 ③)에서 3상 단락 고장이 발생하였을 경우 다음 사항을 구하시오.(단, 그림에 표시된 수치는 모두 154[kVA], 100[MVA] 기준 %임피던스를 표시하여 모선 ①의 좌측 및 모선 ②의 우측 %임피던스는 각각 40[%], 4[%]로서 모선 전원 측 등가 임피던스를 표시한다.)

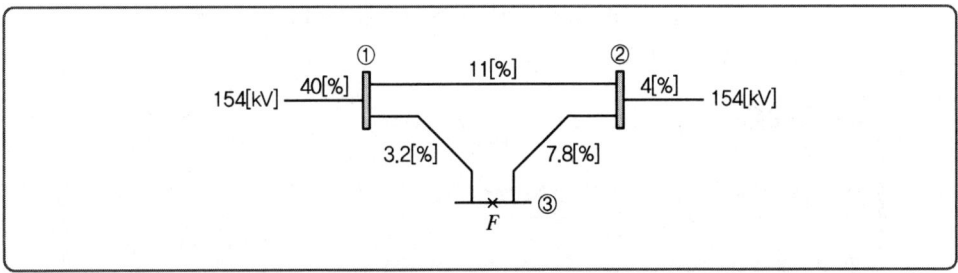

1 모선 1-2의 고장전류 I_{s12}를 구하시오.

계산 : _____ 답 : _____

2 모선 1-3의 고장전류 I_{s13}를 구하시오.

계산 : _____ 답 : _____

3 모선 2-3의 고장전류 I_{s23}을 구하시오.

계산 : _____ 답 : _____

4 모선 1-2의 고장전력 P_{s12}를 구하시오.

계산 : _____ 답 : _____

5 모선 1-3의 고장전력 P_{s13}을 구하시오.

계산 : _____ 답 : _____

6 모선 2-3의 고장전력 P_{s23}를 구하시오.

계산 : _____ 답 : _____

해답 계산

(1) 먼저 모선 ①, ②, ③의 마디를 △결선에서 Y결선으로 등가변환하여 단락전류를 계산한다.

- $\%Z_1 = \dfrac{3.2 \times 11}{3.2 + 7.8 + 11} = 1.6[\%]$

  $\%Z_2 = \dfrac{11 \times 7.8}{3.2 + 7.8 + 11} = 3.9[\%]$

  $\%Z_3 = \dfrac{3.2 \times 7.8}{3.2 + 7.8 + 11} = 1.1345[\%]$

- 합성 $\%Z = \%Z_3 + \dfrac{\%Z_1 \times \%Z_2}{\%Z_1 + \%Z_2} = 1.1345 + \dfrac{(40+1.6) \times (4+3.9)}{(40+1.6)+(4+3.9)} = 7.77[\%]$

  여기서 모선 ①과 $\%Z_1$과 직렬 (40+1.6)

  모선 ②와 $\%Z_2$과 직렬 (4+3.9)

따라서 단락전류 $I_s = \dfrac{100}{\%Z}I = \dfrac{100}{7.77} \times \dfrac{100 \times 10^3}{\sqrt{3} \times 154} = 4,825[A]$

(2) 병렬 분배전류를 이용한다.

$I_1 = \dfrac{\%Z_2}{\%Z_1 + \%Z_2}I_s = \dfrac{7.9}{41.6+7.9} \times 4,825 = 770.05[A]$

$I_2 = 4,825 - 770.05 = 4,054.95[A]$

(3) 각 %Z를 Z로 변환한다.

- $\%Z = \dfrac{PZ}{10V^2}$ 에서

  $Z = \dfrac{\%Z \times 10 \times 154^2}{100 \times 10^3} = \%Z \cdot 2.3716$

  $\%Z_1$에서 $Z_1 = 1.6 \times 2.3716 = 3.79[\Omega]$

$\%Z_2$에서 $Z_2 = 3.9 \times 2.3716 = 9.25\ [\Omega]$

$\%Z_3$에서 $Z_3 = 1.1345 \times 2.3716 = 2.69\ [\Omega]$

- $V_1 = I_1 Z_1 + I_3 Z_3 = (770.05 \times 3.79) + (4{,}825 \times 2.69) = 15{,}897.74\ [V]$

  $V_2 = I_2 Z_2 + I_3 Z_3 = (4{,}054.95 \times 9.25) + (4{,}825 \times 2.69) = 50{,}487.54\ [V]$

1 계산 : $I_{s12} = \dfrac{V_1 - V_2}{Z} = \dfrac{15{,}897.74 - 50{,}487.54}{11 \times 2.3716} = -1{,}325.91\ [A]$

답 $-1{,}325.91\ [A]$

2 계산 : $I_{s13} = \dfrac{15{,}897.74 - 0}{3.2 \times 2.3716} = 2{,}094.81\ [A]$

답 $2{,}094.81\ [A]$

3 계산 : $I_{s23} = \dfrac{50{,}487.54 - 0}{7.8 \times 2.3716} = 2{,}729.28\ [A]$

답 $2{,}729.28\ [A]$

4 계산 : $P_{s12} = 3 \times I_{s12}^2 \times Z_{12} = 3 \times 1{,}325.91^2 \times (11 \times 2.3716) \times 10^{-6} = 137.59\ [MVA]$

답 $137.59\ [MVA]$

5 계산 : $P_{s13} = 3 \times I_{s13}^2 \times Z_{13} = 3 \times 2{,}094.81^2 \times (3.2 \times 2.3716) \times 10^{-6} = 99.91\ [MVA]$

답 $99.91\ [MVA]$

6 계산 : $P_{s23} = 3 \times I_{s23}^2 \times Z_{23} = 3 \times 2729.28^2 \times (7.8 \times 2.3716) \times 10^{-6} = 413.38\ [MVA]$

답 $413.38\ [MVA]$

2023년도 2회 시험 — 과년도 기출문제

01 그림과 같이 변압기가 설치되어 있다. 도면과 조건을 이용하여 다음 각 물음에 답하여라.

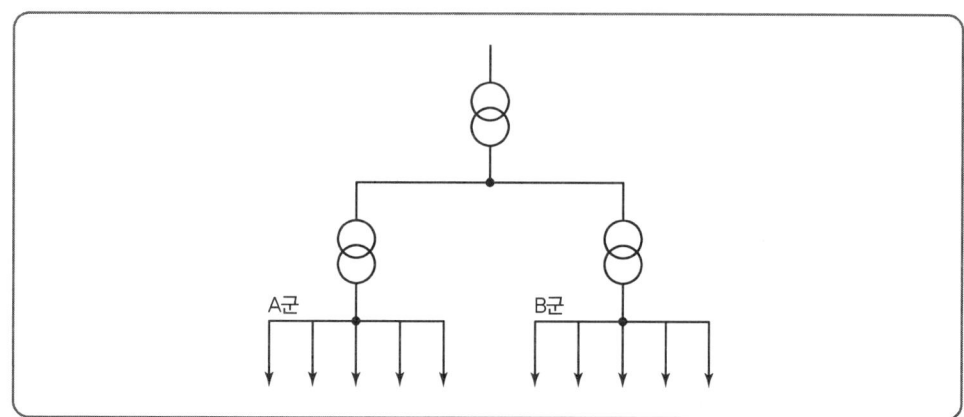

[조건]

구분	A군	B군
설비용량[kW]	50	30
역률	1	1
수용률	0.6	0.5
부등률	1.2	1.2
변압기간 부등률	1.3	

1 A수용가의 변압기 용량[kVA]을 구하시오.

계산 : _____ 답 : _____

2 B수용가의 변압기 용량[kVA]을 구하시오.

계산 : _____ 답 : _____

3 고압간선에 걸리는 최대부하[kW]를 구하시오.

계산 : _____ 답 : _____

[해답]

1 계산 : $TR_A = \dfrac{설비용량 \times 수용률}{부등률 \times 역률} = \dfrac{50 \times 0.6}{1.2 \times 1} = 25\,[kVA]$

   답 25[kVA]

2 계산 : $TR_B = \dfrac{설비용량 \times 수용률}{부등률 \times 역률} = \dfrac{30 \times 0.5}{1.2 \times 1} = 12.5\,[kVA]$

   답 12.5[kVA]

3 계산 : 최대부하 $P = \dfrac{개별\ 최대전력의\ 합}{부등률} = \dfrac{25 + 12.5}{1.3} = 28.85\,[kW]$

   답 28.85[kW]

TIP

1. 수용률
   ① 의미 : 수용설비의 기기를 동시에 사용하는 정도
   ② 정의 : 설비용량에 대한 최대수용전력의 비
   ③ 수용률 $= \dfrac{최대전력[kW]}{설비용량[kW]} \times 100\,[\%]$
   ④ 변압기 용량[kVA] $= \dfrac{최대전력[kW]}{\cos\theta} = \dfrac{설비용량 \times 수용률[kW]}{\cos\theta}$

2. 부등률
   ① 정의(의미) : 여러 전력 기기를 동시에 사용하는 정도를 시간, 계절별로 나타내는 지수
   ② 부등률식의 정의 : 합성 최대전력에 대한 개별 최대수용전력의 합의 비
   ③ 부등률 $= \dfrac{개별\ 최대전력의\ 합[kW]}{합성\ 최대전력[kW]} \geq 1$
   ④ 합성 최대전력[kW] $= \dfrac{개별\ 최대전력의\ 합[kW]}{부등률}$
   ⑤ 변압기 용량[kVA] $= \dfrac{합성\ 최대전력[kW]}{\cos\theta} = \dfrac{개별\ 최대전력의\ 합[kW]}{부등률 \cdot \cos\theta}$
   ⑥ 부등률은 단위가 없다.

3. 부하율
   ① 의미 : 전력 변동 상태를 알 수 있는 정도
   ② 정의 : 최대전력에 대한 평균전력의 비
   부하율[F] $= \dfrac{평균전력[kW]}{최대전력[kW]} \times 100 = \dfrac{사용전력량[kWh]/시간}{최대전력[kW]} \times 100$
   ③ 부하율이 작으면 전력공급설비를 유용하게 사용하지 못하며 실가동률이 저하된다.

02 전동기 부하를 사용하는 곳에 역률 개선을 위하여 회로에 병렬로 역률 개선용 저압 콘덴서를 설치하여 전동기의 역률을 90[%] 이상으로 유지하고자 하는 경우에 다음 각 물음에 답하시오.

1 정격전압 380[V], 정격출력 7.5[kW], 역률 80[%]인 전동기의 역률을 90[%]로 개선하고자 하는 경우에 필요한 3상 전력용 콘덴서의 용량[kVA]을 구하시오.

계산 : _____ 답 : _____

2 **1**에서 구한 콘덴서 한 상의 용량[kVA]을 [μF]으로 환산하시오.(단, 정격주파수는 60[Hz]이고 Δ결선이다.)

계산 : _____ 답 : _____

[해답]

1 계산 : 콘덴서 용량 $Q_C = P(\tan\theta_1 - \tan\theta_2) = 7.5\left(\dfrac{0.6}{0.8} - \dfrac{\sqrt{1-0.9^2}}{0.9}\right) = 1.992 [kVA]$

답 1.99[kVA]

2 계산 : 콘덴서 용량 $Q_\Delta = 3WC_\Delta V^2$ 에서

$$C_\Delta = \dfrac{Q_C}{3WV^2} = \dfrac{1.99 \times 10^3}{3 \times 2\pi \times 60 \times 380^2} \times 10^6 = 12.19[\mu F]$$

답 12.19[μF]

TIP

▶ 충전용량(콘덴서 용량)
① Δ결선 $Q_\Delta = 3WCE^2 = 3WCV^2 \times 10^{-3} [kVA]$
② Y결선 $Q_Y = 3WCE^2 = 3WC\left(\dfrac{V}{\sqrt{3}}\right)^2 = WCV^2 \times 10^{-3} [kVA]$

여기서, E : 상전압 V : 선간전압

---

03 다음은 주택용 배선용 차단기 과전류트립 동작시간 및 특성을 나타낸 표이다. 다음 표의 ①~⑤에 들어갈 알맞은 내용을 쓰시오.

형	순시트립 범위
①	$3I_n$ 초과 ~ $5I_n$ 이하
②	$5I_n$ 초과 ~ $10I_n$ 이하
③	$10I_n$ 초과 ~ $20I_n$ 이하

[비고]
1. B, C, D : 순시트립전류에 따른 차단기 분류
2. I_n : 차단기 정격전류

정격전류의 구분	시간	전격전류의 배수(모든 극에 통전)	
		부동작전류	동작전류
63A 이하	60분	④	⑤
63A 초과	120분	④	⑤

해답 ① B　　② C　　③ D　　④ 1.13　　⑤ 1.45

TIP

과전류 차단기로 저압전로에 사용하는 배선용 차단기
다만, 일반인이 접촉할 우려가 있는 장소(세대 내 분전반 및 이와 유사한 장소)에는 주택용 배선차단기를 시설하여야 한다.

| 과전류트립 동작시간 및 특성(산업용 배선용 차단기) |

정격전류의 구분	시간	정격전류의 배수(모든 극에 통전)	
		부동작전류	동작전류
63[A] 이하	60분	1.05배	1.3배
63[A] 초과	120분	1.05배	1.3배

| 순시트립에 따른 구분(주택용 배선용 차단기) |

형	순시트립 범위
B	$3I_n$ 초과 ~ $5I_n$ 이하
C	$5I_n$ 초과 ~ $10I_n$ 이하
D	$10I_n$ 초과 ~ $20I_n$ 이하

[비고] 1. B, C, D : 순시트립전류에 따른 차단기 분류
　　　2. I_n : 차단기 정격전류
　　　3. 돌입전류에 대한 순시트립 범위를 말한다.

예 배선용 차단기 명판에 D20A
　　차단기 정격전류 20[A], 돌입전류가 10배를 초과~20배 이하인 경우 0.1초에 차단한다.

| 과전류트립 동작시간 및 특성(주택용 배선용 차단기) |

정격전류의 구분	시간	정격전류의 배수(모든 극에 통전)	
		부동작전류	동작전류
63[A] 이하	60분	1.13배	1.45배
63[A] 초과	120분	1.13배	1.45배

04 3,300[V]/220[V]인 변압기의 용량이 각각 250[kVA], 200[kVA]이고, %임피던스 강하가 각각 2.7[%], 3[%]이다. 이때, 두 변압기를 병렬운전하고자 하는 경우의 병렬합성용량 [kVA]을 구하시오.

계산 : _____ 답 : _____

해답 계산 : $\dfrac{P_A}{P_B} = \dfrac{(kVA)A}{(kVA)B} \times \dfrac{\%Z_B}{\%Z_A} = \dfrac{250}{200} \times \dfrac{3}{2.7} = 1.39$

부하분담비 $\dfrac{P_A}{P_B} = 1.39$

$P_B = P_A \times \dfrac{1}{1.39} = 250 \times \dfrac{1}{1.39} = 179.86$

합성용량 = 179.86 + 250 = 429.86[kVA]

답 429.86[kVA]

TIP
$P_A = P_B \times 1.39 = 200 \times 1.39 = 278[kVA]$ 이므로 A변압기는 과부하가 소손된다.

05 변류비 50/5인 변류기 2대를 다음 그림과 같이 접속하였다. 변류기 2차 측 전류계에 2[A]의 전류가 흐를 경우의 1차 측 전류[A]를 구하시오.

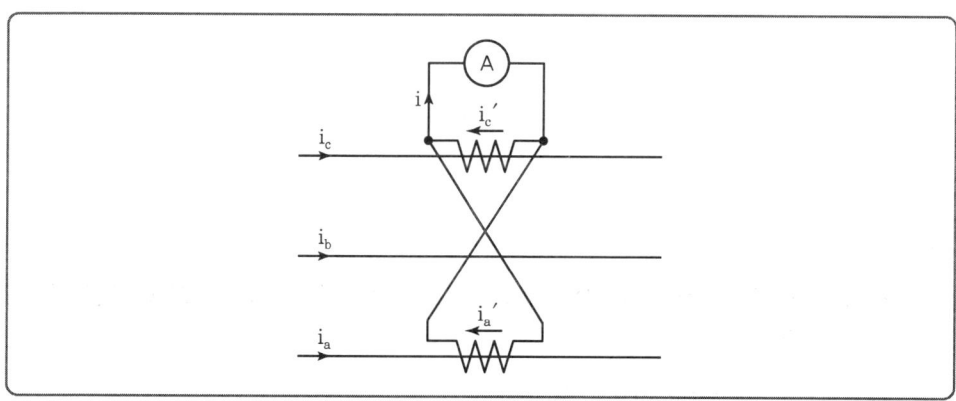

계산 : _____ 답 : _____

해답 계산 : 부하전류 $I_1 = \dfrac{Ⓐ}{\sqrt{3}} \times CT\text{비} = \dfrac{2}{\sqrt{3}} \times \dfrac{50}{5} = 11.55[A]$

답 11.55[A]

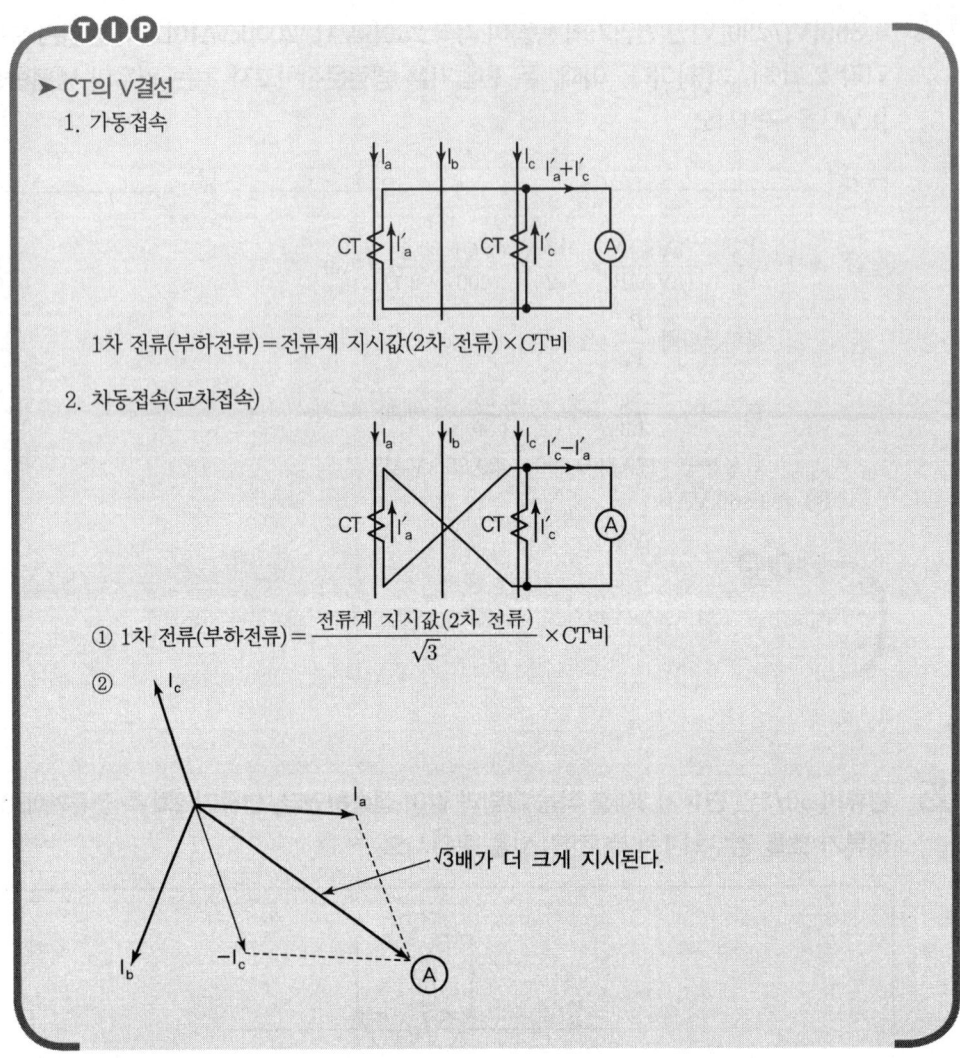

06 다음은 한국전기설비규정에 따른 피뢰기(L.A) 설치장소를 나타낸 것이다. 빈칸에 알맞은 말을 채우시오.

1 (①)의 가공전선 인입구 및 인출구
2 (②)에 접속하는 (③) 변압기의 고압 및 특고압 측
3 고압 및 특고압 가공전선로로부터 공급을 받는 (④)의 인입구
4 가공전선로와 (⑤)의 접속점

[해답] ① 발전소·변전소 또는 이에 준하는 장소
② 특고압 가공전선로
③ 배전용
④ 수용장소
⑤ 지중전선로

TIP

1. 피뢰기 구성 및 전압의 정의
   ① 구성요소 : 직렬갭과 특성요소로 구성
   ② 피뢰기 정격전압 : 속류를 차단할 수 있는 최고의 교류전압
   ③ 피뢰기 제한전압 : 피뢰기 동작 중 단자전압의 파고치

2. 피뢰기 정격전압

공칭전압 [kV]	중성점 접지상태	피뢰기 정격전압[kV]		이격거리[m] 이내
		변전소	선로	
345	유효접지	288	–	85
154	유효접지	144	–	65
22.9	3상 4선식 다중접지	21	18	20
6.6	비접지	7.5	7.5	20

3. 피뢰기 공칭방전전류

공칭방전전류 [A]	설치장소	적용조건
10,000	변전소	① 154[kV] 이상의 계통 ② 66[kV] 및 그 이하에서 Bank 용량이 3,000[kVA]를 초과하거나 중요한 곳 ③ 장거리 송전선, 케이블 및 정전 축전기 Bank를 개폐하는 곳
5,000	변전소	66[kV] 및 그 이하에서 3,000[kVA] 이하
2,500	선로변전소	22.9[kV] 이하의 배전선로 및 배전선로 피더 인출 측

4. 피뢰기 설치장소
   ① 발전소, 변전소 또는 이에 준하는 장소의 가공전선 인입구와 인출구
   ② 특고압 가공전선로에 접속하는 특고압 배전용 변압기의 고압 측 및 특별고압 측
   ③ 고압 또는 특별고압 가공전선로로부터 공급을 받는 수용장소의 인입구
   ④ 가공전선로와 지중전선로가 접속되는 곳

5. 피뢰기의 구비조건
   ① 충격 방전개시 전압이 낮을 것
   ② 제한전압이 낮고 방전내량이 클 것
   ③ 상용주파 방전개시 전압이 높을 것
   ④ 속류를 차단하는 능력이 있을 것

07 다음 그림은 TN-S 계통접지이다. 중성선(N), 보호선(PE), 보호선과 중성선을 겸한 선(PEN)을 도면을 완성하고 표시하시오. (단, 중성선은 ⊸, 보호선은 ⊤, 보호선과 중성선을 겸한 선은 ⊸로 표시한다.)

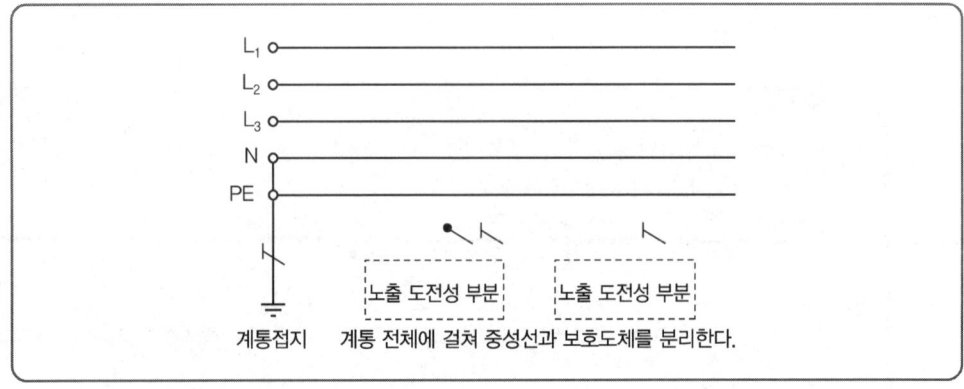

[해답]

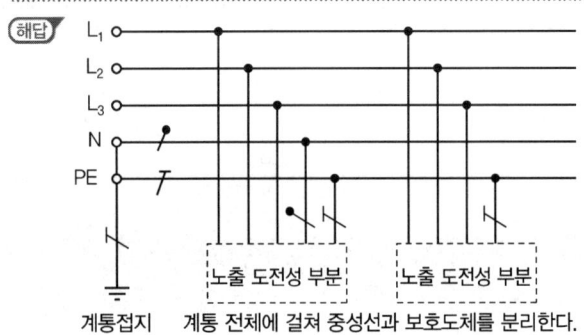

TIP

기호	기호설명
⊸	중성선(N), 중간도체(M)
⊤	보호도체(PE)
⊸	중성선과 보호도체 겸용(PEN)

[비고] 기호 : TN계통, TT계통, IT계통에 동일 적용

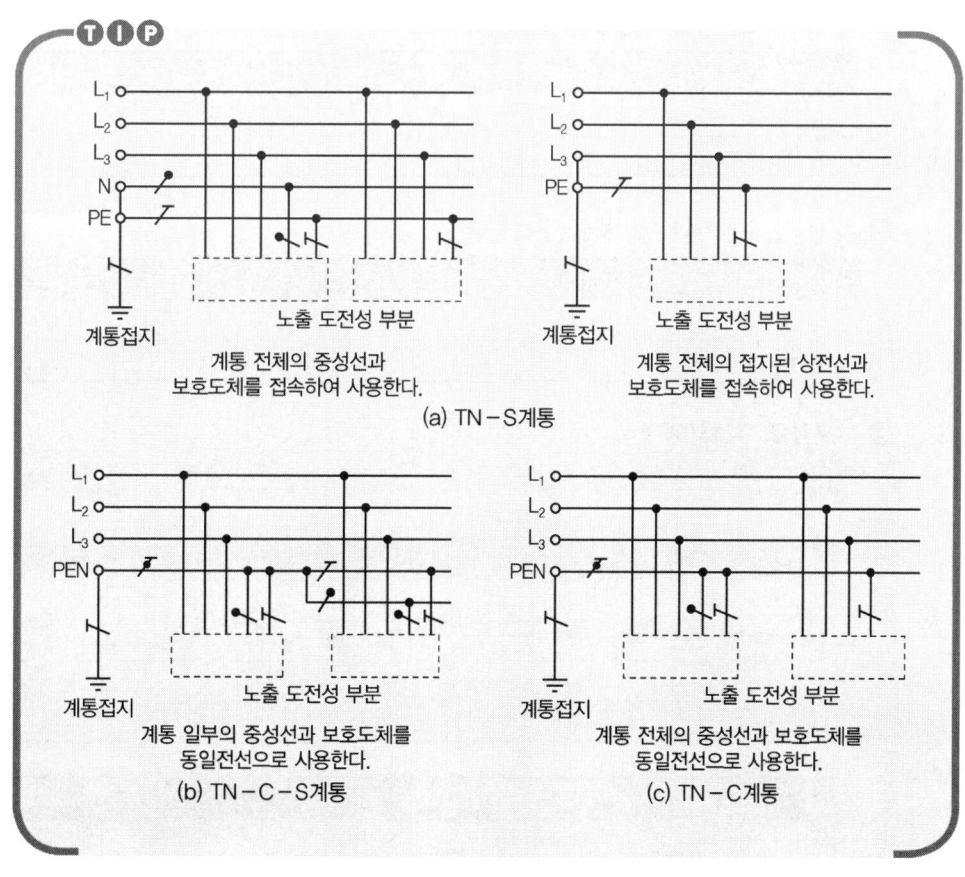

08 다음 그림은 설비용량 10[kW]인 A, B 수용가의 부하곡선이다. 다음 각 물음에 답하시오.

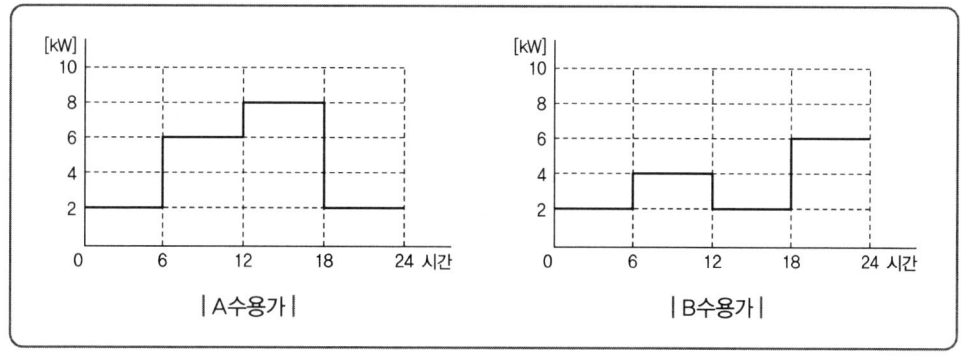

과년도 기출문제

1 A, B 각 수용가의 수용률을 구하시오.

구분	계산식	수용률
A		
B		

2 A, B 각 수용가의 부하율을 구하시오.

구분	계산식	부하율
A		
B		

3 부등률을 구하시오.

계산 : _____ 답 : _____

[해답]

1

구분	계산식	수용률
A	수용률 $= \dfrac{최대전력}{설비용량} \times 100 = \dfrac{8 \times 10^3}{10 \times 10^3} \times 100 = 80\,[\%]$	80[%]
B	수용률 $= \dfrac{최대전력}{설비용량} \times 100 = \dfrac{6 \times 10^3}{10 \times 10^3} \times 100 = 60\,[\%]$	60[%]

2

구분	계산식	부하율
A	부하율 $= \dfrac{평균전력}{최대전력} \times 100$ $= \dfrac{(2+6+8+2) \times 10^3 \times 6}{8 \times 10^3 \times 24} \times 100 = 56.25\,[\%]$	56.25[%]
B	부하율 $= \dfrac{평균전력}{최대전력} \times 100$ $= \dfrac{(2+4+2+6) \times 10^3 \times 6}{6 \times 10^3 \times 24} \times 100 = 58.33\,[\%]$	58.33[%]

3 계산 : 부등률 $= \dfrac{개별\ 최대전력의\ 합}{합성최대전력} = \dfrac{8+6}{10} = 1.4$

답 1.4

> **TIP**
>
> 1. 수용률
>   ① 의미 : 수용설비의 기기를 동시에 사용하는 정도
>   ② 정의 : 설비용량에 대한 최대수용전력의 비
>   ③ 수용률 = $\dfrac{최대전력[kW]}{설비용량[kW]} \times 100[\%]$
>   ④ 변압기 용량[kVA] = $\dfrac{최대전력[kW]}{\cos\theta} = \dfrac{설비용량 \times 수용률[kW]}{\cos\theta}$
>
> 2. 부등률
>   ① 정의(의미) : 여러 전력 기기를 동시에 사용하는 정도를 시간, 계절별로 나타내는 지수
>   ② 부등률식의 정의 : 합성 최대전력에 대한 개별 최대수용전력의 합의 비
>   ③ 부등률 = $\dfrac{개별\ 최대전력의\ 합[kW]}{합성\ 최대전력[kW]} \geq 1$
>   ④ 합성 최대전력[kW] = $\dfrac{개별\ 최대전력의\ 합[kW]}{부등률}$
>   ⑤ 변압기 용량[kVA] = $\dfrac{합성\ 최대전력[kW]}{\cos\theta} = \dfrac{개별\ 최대전력의\ 합[kW]}{부등률 \cdot \cos\theta}$
>   ⑥ 부등률은 단위가 없다.
>
> 3. 부하율
>   ① 의미 : 전력 변동 상태를 알 수 있는 정도
>   ② 정의 : 최대전력에 대한 평균전력의 비
>   부하율[F] = $\dfrac{평균전력[kW]}{최대전력[kW]} \times 100 = \dfrac{사용전력량[kWh]/시간}{최대전력[kW]} \times 100$
>   ③ 부하율이 작으면 전력공급설비를 유용하게 사용하지 못하며 실가동률이 저하된다.

09 그림과 같은 점광원으로부터 원뿔 밑면까지의 거리가 4[m]이고, 밑면의 반지름이 3[m]인 원형 면의 평균 조도가 100[lx]라면 이 점광원의 평균 광도[cd]는?

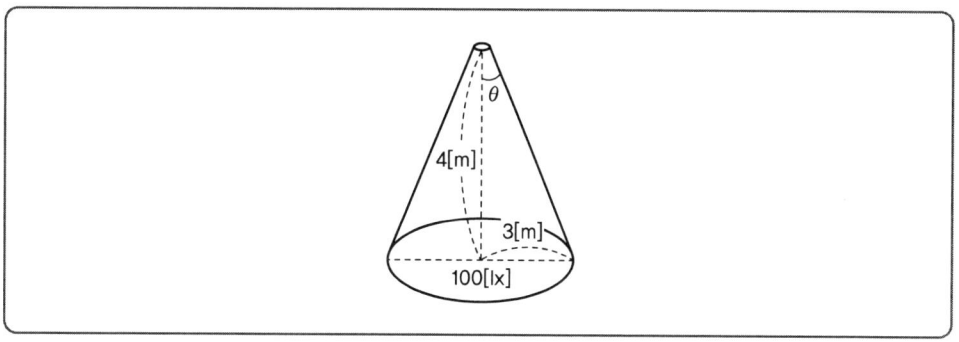

계산 : _____ 답 : _____

과년도 기출문제

해답 계산 : $E = \dfrac{F}{S} = \dfrac{\omega I}{\pi r^2} = \dfrac{2\pi(1-\cos\theta)I}{\pi r^2}$

$100 = \dfrac{2I\left(1-\dfrac{4}{5}\right)}{3^2}$, $900 = 2I \times 0.2$, $I = 2,250$

답 2,250[cd]

TIP

$I = \dfrac{F}{\omega} = \dfrac{F}{2\pi(1-\cos\theta)}$[cd]   여기서, F : 광속, I : 광도

10 고압 측 1선 지락사고 시 지락전류가 100[A]인 경우 이 전로에 접속된 주상 변압기 380[V] 측 한 단자에 중성점 접지공사를 할 때 접지 저항값은 얼마 이하로 유지하여야 하는지 구하시오. (단, 1초를 초과 2초 이내에 자동적으로 전로를 차단하는 장치를 설치한 경우이다.)

계산 : _____   답 : _____

해답 계산 : $R_g = \dfrac{300}{I_g} = \dfrac{300}{100} = 3[\Omega]$

답 3[Ω]

TIP

▶ 중성점 접지공사의 접지저항

① $R = \dfrac{150}{1\text{선 지락전류}}[\Omega]$

② 2초 이내에 동작하는 자동차단장치가 있는 경우 : $R = \dfrac{300}{1\text{선 지락전류}}[\Omega]$

③ 1초 이내에 동작하는 자동차단장치가 있는 경우 : $R = \dfrac{600}{1\text{선 지락전류}}[\Omega]$

11 그림과 같은 송전계통 S점에서 3상 단락사고가 발생하였다. 주어진 도면과 조건을 참고하여 다음 각 물음에 답하시오.

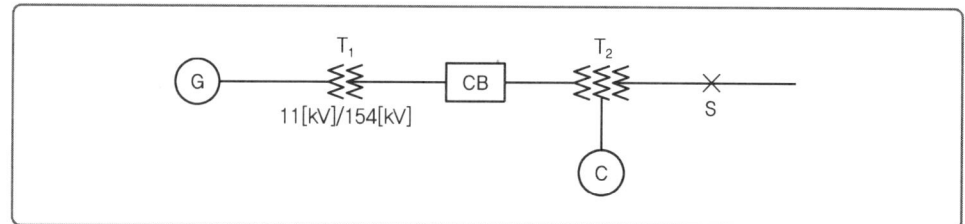

번호	기기명	용량	전압	%Z
1	발전기(G)	50,000[kVA]	11[kV]	25
2	변압기(T_1)	50,000[kVA]	11/154[kV]	10
3	송전선		154[kV]	8(10,000[kVA] 기준)
4	변압기(T_2)	1차 25,000[kVA]	154[kV]	12(25,000[kVA] 기준, 1차~2차)
		2차 30,000[kVA]	77[kV]	16(25,000[kVA] 기준, 2차~3차)
		3차 10,000[kVA]	11[kV]	9.5(10,000[kVA] 기준, 3차~1차)
5	조상기(C)	10,000[kVA]	11[kV]	15

1 변압기(T_2)의 %임피던스를 10[MVA] 기준으로 각각 환산하시오.
　① 1차~2차 계산 : _____ 답 : _____
　② 2차~3차 계산 : _____ 답 : _____
　③ 3차~1차 계산 : _____ 답 : _____

2 변압기(T_2)의 1차($\%Z_1$), 2차($\%Z_2$), 3차($\%Z_3$) %임피던스를 구하시오.
　① $\%Z_1$ 계산 : _____ 답 : _____
　② $\%Z_2$ 계산 : _____ 답 : _____
　③ $\%Z_3$ 계산 : _____ 답 : _____

3 단락점 S점에서 바라본 전원 측 합성 %임피던스를 10[MVA] 기준으로 구하시오.
　계산 : _____ 답 : _____

4 고장점의 단락용량[MVA]를 구하시오.
　계산 : _____ 답 : _____

5 고장점을 흐르는 단락전류[A]를 구하시오.
　계산 : _____ 답 : _____

해답 **1** ① 계산 : $\%Z_{12} = 12 \times \dfrac{10}{25} = 4.8[\%]$ **답** $4.8[\%]$

② 계산 : $\%Z_{23} = 16 \times \dfrac{10}{25} = 6.4[\%]$ **답** $6.4[\%]$

③ 계산 : $\%Z_{31} = 9.5 \times \dfrac{10}{10} = 9.5[\%]$ **답** $9.5[\%]$

2 ① 계산 : $\%Z_1 = \dfrac{Z_{12}+Z_{31}-Z_{23}}{2} = \dfrac{4.8+9.5-6.4}{2} = 3.95[\%]$ **답** $3.95[\%]$

② 계산 : $\%Z_2 = \dfrac{Z_{12}+Z_{23}-Z_{31}}{2} = \dfrac{4.8+6.4-9.5}{2} = 0.85[\%]$ **답** $0.85[\%]$

③ 계산 : $\%Z_3 = \dfrac{Z_{23}+Z_{31}-Z_{12}}{2} = \dfrac{6.4+9.5-4.8}{2} = 5.55[\%]$ **답** $5.55[\%]$

3 계산 : 발전기 10[MVA] 기준으로 환산하면 $\dfrac{10}{50} \times 25 = 5[\%]$

변압기 10[MVA] 기준으로 환산하면 $\dfrac{10}{50} \times 10 = 2[\%]$

변압기(T_2) 1차 : $\%Z_G + \%Z_{T_1} + \%Z_L + \%Z_1 = 5+2+8+3.95 = 18.95$

3차 : $\%Z_C + \%Z_3 = 15 + 5.55 = 20.55[\%]$

단락점에서 1차와 3차는 병렬이고 2차는 직렬이므로

합성 $\%Z = \dfrac{\%Z_{1차} \times \%Z_{3차}}{\%Z_{1차} + \%Z_{3차}} + \%Z_{2차} = \dfrac{18.95 \times 20.55}{18.95 + 20.55} + 0.85 = 10.71[\%]$

답 $10.71[\%]$

4 계산 : $P_S = \dfrac{100}{\%Z} P = \dfrac{100}{10.71} \times 10 = 93.37[\text{MVA}]$ **답** $93.37[\text{MVA}]$

5 계산 : $I_S = \dfrac{100}{\%Z} I_n = \dfrac{100}{10.71} \times \dfrac{10,000}{\sqrt{3} \times 77} = 700.1[\text{A}]$ **답** $700.1[\text{A}]$

TIP

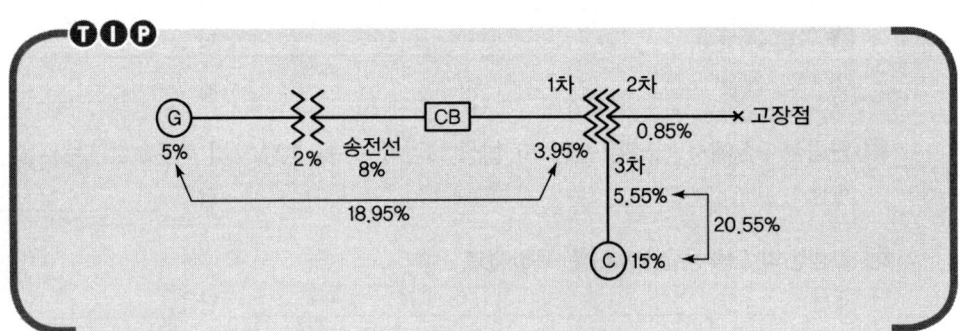

12 다음은 전기안전관리자의 직무에 관한 고시 제6조에 대한 사항이다. 빈칸에 알맞은 말을 채우시오.

> 전기안전관리자는 제1항에 따라 기록한 서류(전자문서를 포함한다)를 전기설비 설치장소로 하는 사업장마다 갖추어 주고, 그 기록서류를 (①)년간 보존하여야 한다. 전기안전관리자는 법 제11조에 따른 정기검사 시, 제1항에 따라 기록한 서류(전자문서를 포함한다)를 제출하여야 한다. 다만, 법 제38조에 따른 전기안전종합정보시스템에 매월 (②)회 이상 안전관리를 위한 확인 및 점검 결과 등을 입력한 경우에는 제출하지 아니할 수 있다.

해답 ① 4   ② 1

13 380[V], 4극 37[kW], 3상 유도전동기의 분기회로 긍장이 50[m]인 경우, 전압강하를 5[V] 이하로 하는 데 필요한 전선의 단면적[mm²]을 구하시오. (단, 전동기의 전부하 전류는 75[A]이고, 3상 3선식 배선이다.)

계산 : _____   답 : _____

해답 계산 : $A = \dfrac{30.8 \mathrm{LI}}{1{,}000 e} = \dfrac{30.8 \times 50 \times 75}{1{,}000 \times 5} = 23.1 [\mathrm{mm^2}]$ 답 25[mm²]

TIP

① 다른 조건을 고려하지 않을 경우 설비의 인입구로부터 기기까지의 전압강하는 아래의 값 이하이어야 한다.

설비의 유형	조명[%]	기타[%]
A – 저압으로 수전하는 경우	3	5
B* – 고압 이상으로 수전하는 경우	6	8

* 가능한 한 최종회로 내의 전압강하가 A유형을 넘지 않도록 하는 것이 바람직하다. 사용자의 배선설비가 100[m] 넘는 부분의 전압강하는 미터당 0.005[%] 증가할 수 있으나 이러한 증가분은 0.5[%]를 넘지 않도록 한다.

② 배전방식에 따른 도체단면적

배전방식	계산식	전압
단상 2선식	$A = \dfrac{35.6 \mathrm{LI}}{1{,}000 e}$	선간
3상 3선식	$A = \dfrac{30.8 \mathrm{LI}}{1{,}000 e}$	선간
3상 4선식	$A = \dfrac{17.8 \mathrm{LI}}{1{,}000 e}$	대지간

③ IEC 전선규격[mm²]
1.5, 2.5, 4, 6, 10, 16, 25, 35, 50, 70, 95, 120, 150, 185 …

14 다음 불평형 3상 교류회로에서 대칭분이 다음과 같을 경우 각 상의 전류 $I_a[A]$, $I_b[A]$, $I_c[A]$를 구하시오. 단, 각 상은 a, b, c의 순서이다.

영상분	1.8∠−159.17
정상분	8.95∠1.14
역상분	2.51∠96.55

1 I_a 계산 : _____ 답 : _____
2 I_b 계산 : _____ 답 : _____
3 I_c 계산 : _____ 답 : _____

(해답)

1 계산 : $I_a = I_0 + I_1 + I_2 = 1.8∠-159.17 + 8.95∠1.14 + 2.51∠96.55$
$= 6.98 + j2.03 = 7.27∠16.23$

답 $7.27∠16.23[A]$

2 계산 : $I_b = I_0 + a^2I_1 + aI_2$
$= 1.8∠-159.17 + (1∠240 × 8.95∠1.14) + (1∠120 × 2.51∠96.55)$
$= -8.02 - j9.97 = 12.8∠-128.8$

답 $12.8∠-128.8[A]$

3 계산 : $I_c = I_0 + aI_1 + a^2I_2$
$= 1.8∠-159.17 + (1∠120 × 8.95∠1.14) + (1∠240 × 2.51∠96.55)$
$= -4.01 + j6.02 = 7.23∠123.65$

답 $7.23∠123.65[A]$

15 다음 회로는 저항 $R = 20[Ω]$, 전원 전압 $V = 220\sqrt{2}\sin(120\pi t)[V]$, 변압비 1 : 1인 단상 전파 브리지 정류회로를 나타낸 것이다. 다음 각 물음에 답하시오.(단, 직류 측의 평활회로(리플 감소)는 무시한다.)

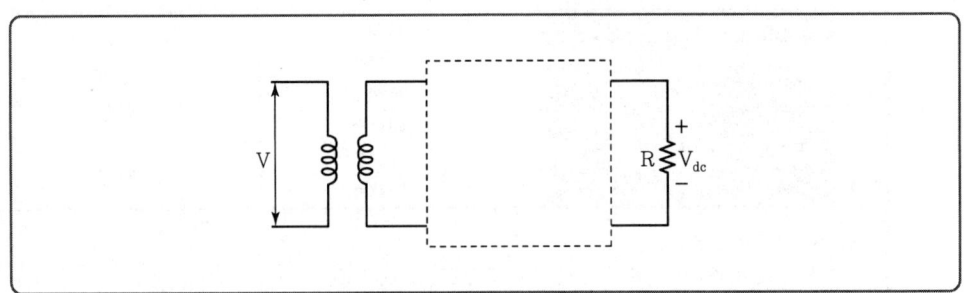

1 점선 안에 브리지 회로를 완성하시오.
2 V_{dc}의 평균전압[V]을 구하시오.
   계산 : _____ 답 : _____

3 R의 평균전류[A]를 구하시오.
   계산 : _____ 답 : _____

해답 1

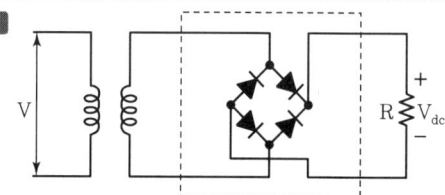

2 계산 : $V_{av} = \dfrac{2V_m}{\pi} = \dfrac{2 \times 220\sqrt{2}}{\pi} = 198.07[V]$ 답 198.07[V]

3 계산 : $I_{av} = \dfrac{V_{av}}{R} = \dfrac{198.07}{20} = 9.9[A]$ 답 9.9[A]

T I P

단상 전파 평균전압 $V_{av} = \dfrac{2\sqrt{2}}{\pi} V_{rms} = \dfrac{2V_m}{\pi}[V]$
여기서, V_{rms} : 실효값, V_m : 최댓값

16 다음 그림과 같이 3상 평형부하 Z가 접속되어 있는 경우 전압계의 지시값 220[V], 전류계의 지시값 20[A], 전력계의 지시값 2[kW]인 경우에 다음 각 물음에 답하시오.

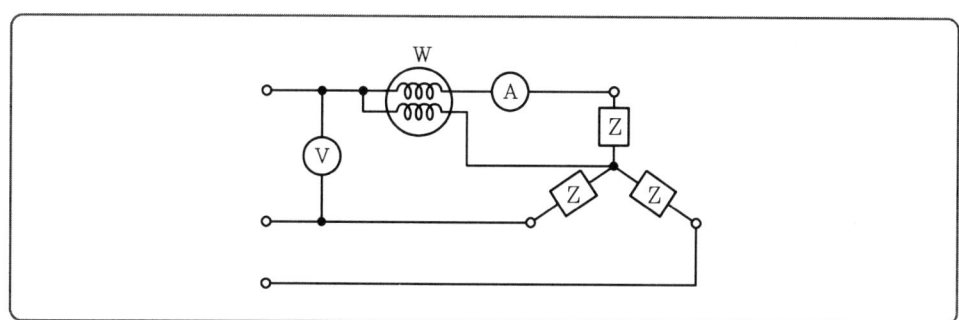

1 부하의 소비전력[kW]을 구하시오.
   계산 : _____ 답 : _____

2 부하의 임피던스[Ω]를 복소수 형태로 표현하시오.

계산 : _____ 답 : _____

(해답) **1** 계산 : 1상 유효전력 $W_1 = 2[\text{kW}]$

3상 유효전력 $W_3 = 3W = 3 \times 2 = 6[\text{kW}]$

답 $6[\text{kW}]$

2 계산 : 임피던스 $Z = \dfrac{E}{I} = \dfrac{\frac{220}{\sqrt{3}}}{20} = \dfrac{11}{\sqrt{3}}[\Omega]$

1상의 전력 $W = I^2 R$에서 $R = \dfrac{W}{I^2} = \dfrac{2 \times 10^3}{20^2} = 5[\Omega]$

리액턴스 $X = \sqrt{Z^2 - R^2} = \sqrt{\left(\dfrac{11}{\sqrt{3}}\right)^2 - 5^2} = 3.92[\Omega]$

답 $5 + j3.92[\Omega]$

17 스위치 S_1, S_2, S_3에 의하여 직접 제어되는 계전기 A, B, C가 있다. 전등 Y_1, Y_2가 진리표와 같이 점등된다고 할 경우 다음 각 물음에 답하시오.(단, 최소 접점수로 접점 표시하시오.)

A	B	C	Y_1	Y_2
0	0	0	1	1
0	0	1	0	0
0	1	0	0	1
0	1	1	0	1
1	0	0	1	1
1	0	1	0	0
1	1	0	1	1
1	1	1	0	1

접속점 표기	
접속	비접속
─•─•─	─│─

1 출력 Y_1과 Y_2에 대한 논리식을 간략화하시오.(단, 간략화된 논리식은 최소한의 논리게이트와 접점 사용을 고려한 논리식이다.)

① Y_1 :

② Y_2 :

2 **1**에서 구한 논리식을 무접점 회로로 표현하시오.

3 **1**에서 구한 논리식을 유접점 회로로 표현하시오.

해답

1 ① $Y_1 = \overline{A}\overline{B}\overline{C} + A\overline{B}\overline{C} + AB\overline{C}$
$= \overline{B}\overline{C}(\overline{A}+A) + AB\overline{C} = \overline{B}\overline{C} + AB\overline{C} = \overline{C}(\overline{B}+AB)$
$= \overline{C}\{(\overline{B}+A)(\overline{B}+B)\} = \overline{C}(\overline{B}+A) = \overline{C}(A+\overline{B})$

② $Y_2 = \overline{A}\overline{B}\overline{C} + \overline{A}B\overline{C} + \overline{A}BC + A\overline{B}\overline{C} + AB\overline{C} + ABC$
$= \overline{A}\overline{C}(\overline{B}+B) + AB(\overline{C}+C) + \overline{A}BC + A\overline{B}\overline{C}$
$= \overline{A}\overline{C} + AB + \overline{A}BC + A\overline{B}\overline{C} = \overline{A}(\overline{C}+BC) + A(B+\overline{B}\overline{C})$
$= \overline{A}\{(\overline{C}+B)(\overline{C}+C)\} + A\{(B+\overline{B})(B+\overline{C})\}$
$= \overline{A}(B+\overline{C}) + A(B+\overline{C}) = \overline{A}B + \overline{A}\overline{C} + AB + A\overline{C}$
$= B(\overline{A}+A) + \overline{C}(\overline{A}+A) = B + \overline{C}$

2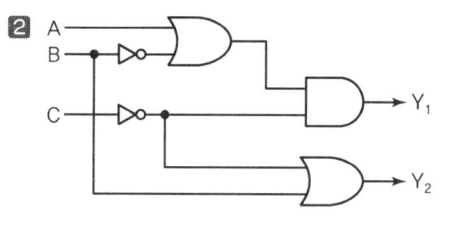

3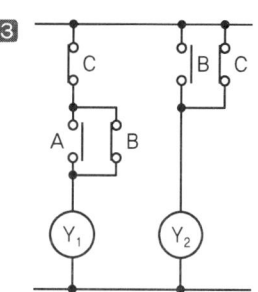

18 유도전동기를 유도전동기가 있는 현장반과 현장에서 조금 이격된 제어반의 어느 쪽에서든지 기동 및 정지 제어가 가능하도록, 전자접촉기(MC)와 기동버튼스위치(PB-ON용) 및 정지버튼스위치(PB-OFF용)를 이용하여 2개소 제어회로를 점선 안에 완성하시오.

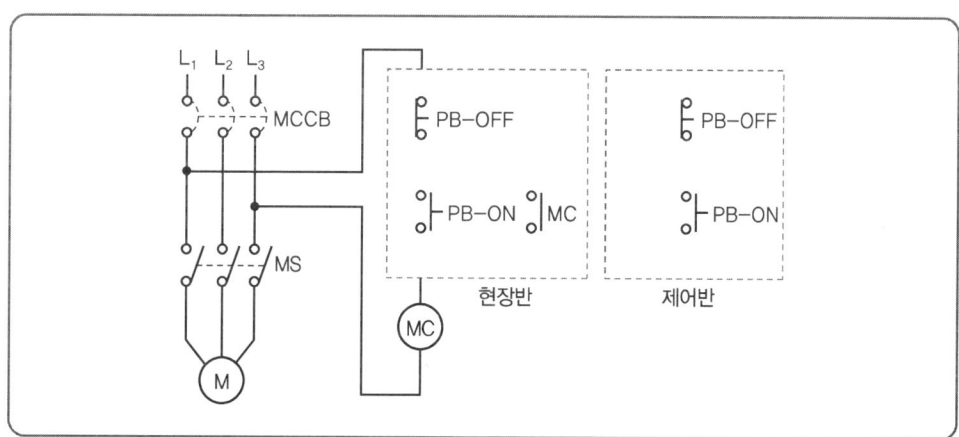

과년도 기출문제

해답

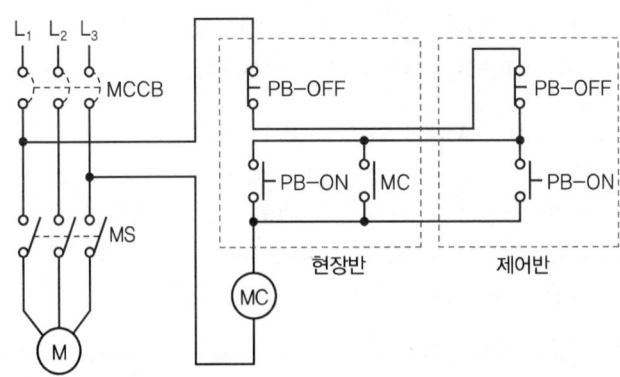

2023년도 3회 시험 과년도 기출문제

01 그림과 같이 주상 변압기 2대와 수저항기를 사용하여 변압기의 절연내력시험을 할 수 있다. 이때 다음 각 물음에 답하시오.(단, 최대 사용전압 6,900[V]의 변압기의 권선을 시험할 경우이며, $\dfrac{E_2}{E_1} = 105/6,300$[V]이다.)

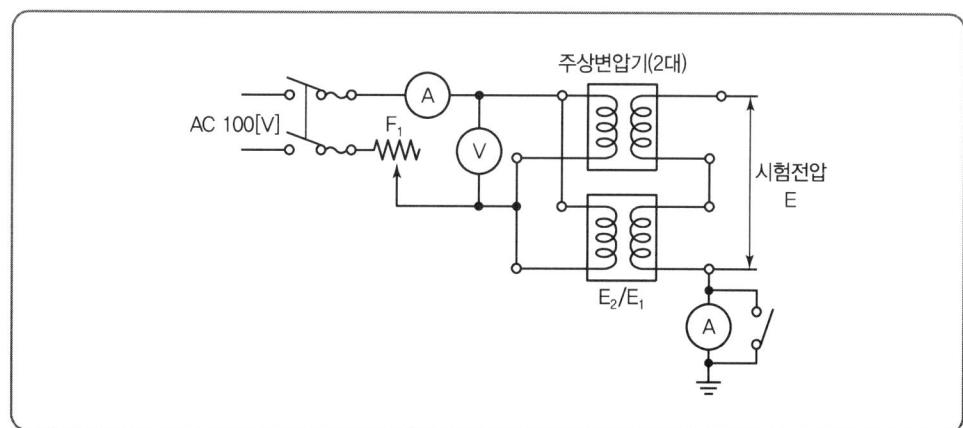

1 절연내력시험전압은 몇 [V]이며, 이 시험전압을 몇 분간 가하여 이에 견디어야 하는가?
  ① 절연내력시험전압
     계산 : _____ 답 : _____
  ② 가하는 시간

2 시험 시 전압계 Ⓥ로 측정되는 전압은 몇 [V]인가?
     계산 : _____ 답 : _____

3 도면의 오른쪽 하단에 접지되어 있는 전류계는 어떤 용도로 사용되는가?

【해답】 **1** ① 절연내력시험전압
　　　　계산 : 절연내력시험전압 $V = 6,900 \times 1.5 = 10,350$[V]　　　답 10,350[V]
　　　② 가하는 시간 : 10분

2 계산 : $V = 10,350 \times \dfrac{1}{2} \times \dfrac{105}{6,300} = 86.25$[V]　　　답 86.25[V]

3 누설전류의 측정

> **TIP**
>
> ① ⓥ전압계 지시값은 2차 전압 10,350[V]는 변압기 2대 값이고, 1차 전압은 변압기가 병렬(전압이 일정)이므로 1대 값이 된다.
> 즉, $10,350[V] \times \frac{1}{2}$ 이 된다.
>
> ② 절연내력시험전압(연속 10분간)
> 최대사용전압 7[kV] 이하×1.5배 (최저 500[V])

02 소선의 직경이 3.2[mm]인 37가닥의 연선을 사용할 경우 외경은 몇 [mm]인가?

계산 : _____ 답 : _____

[해답] 계산 : $D = (2n+1)d = (2 \times 3 + 1) \times 3.2 = 22.4 [mm]$
답 22.4[mm]

> **TIP**
>
>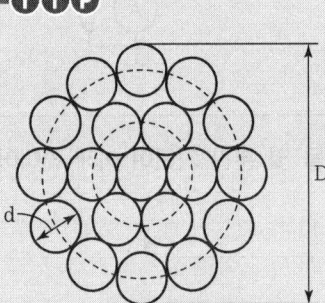
>
> | n = 2인 연선의 구조 |
>
> - $N = 3n(n+1)+1$
> - $D = (2n+1)d[mm]$
> - $A = Na[mm^2]$
>
> 여기서, N : 소선의 총수, n : 소선의 층수
> D : 연선의 외경, d : 소선의 지름
> A : 연선의 단면적, a : 소선의 단면적
>
> | 소선의 층수(n) | 소선의 총수(N) |
> |---|---|
> | 1 | 7 |
> | 2 | 19 |
> | 3 | 37 |
> | 4 | 61 |

03 다음은 과부하 보호장치의 설치위치에 대한 내용이다. 빈칸에 알맞은 값은?

> 분기회로(S_2)의 보호장치(P_2)는 보호장치의 전원 측에서 분기점(O) 사이에 다른 분기회로 또는 콘센트의 접속이 없고, 단락의 위험과 화재 및 인체에 대한 위험성이 최소화되도록 시설된 경우, 분기회로의 보호장치(P_2)는 분기회로의 분기점으로부터 (①)[m]까지 이동하여 설치할 수 있다.

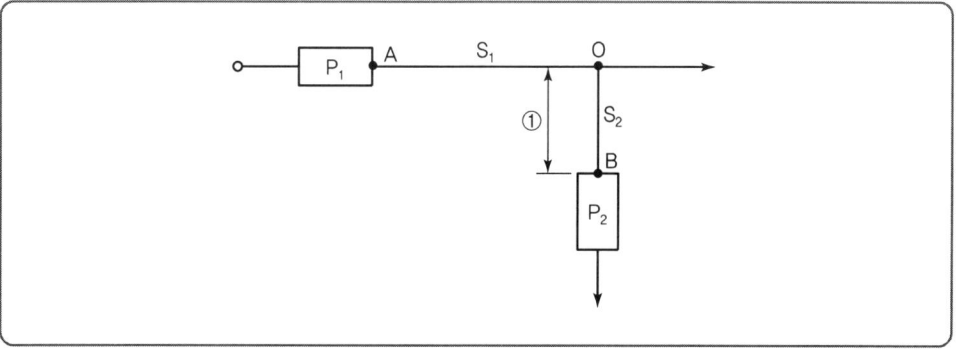

해답 3[m]

T I P

▶ 과부하 보호장치의 설치위치

분기회로(S_2)의 보호장치(P_2)는 P_2의 전원 측에서 분기점(O) 사이에 다른 분기회로 또는 콘센트의 접속이 없고, 단락의 위험과 화재 및 인체에 대한 위험성이 최소화되도록 시설된 경우, 분기회로의 보호장치(P_2)는 분기회로의 분기점(O)으로부터 3[m]까지 이동하여 설치할 수 있다.

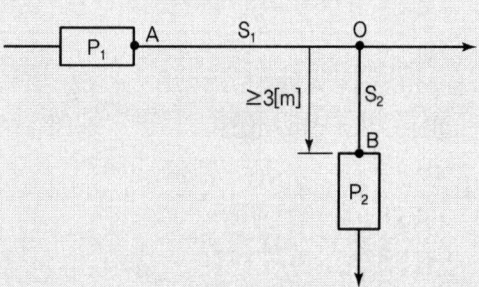

04 다음 차단기 트립방식에 대한 설명을 읽고 빈칸에 알맞은 답을 쓰시오.

트립방식	(①)	(②)	(③)
내용	고장 시 변류기 2차 전류에 의해 트립되는 방식	고장 시 콘덴서 충전전하에 의해 트립되는 방식	고장 시 전압의 저하에 의해 트립되는 방식

[해답] ① 과전류 트립방식 ② 콘덴서 트립방식 ③ 부족전압 트립방식

TIP

▶ 차단기 트립방식
① 직류전압 트립방식 : 별도로 설치된 축전지 등의 제어용 직류 전원의 에너지에 의하여 트립되는 방식
② 과전류 트립방식 : 차단기의 주회로에 접속된 변류기의 2차 전류에 의하여 차단기가 트립되는 방식
③ 콘덴서 트립방식 : 충전된 콘덴서의 에너지에 의하여 트립되는 방식
④ 부족전압 트립방식 : 부족전압 트립장치에 인가되어 있는 전압의 저하에 의하여 차단기가 트립되는 방식

05 6,600/220[V] 두 대의 단상 변압기 A, B가 있다. A는 30[kVA]로서 2차로 환산한 저항과 리액턴스의 값은 $r_A = 0.03[\Omega]$, $x_A = 0.04[\Omega]$이고, B의 용량은 20[kVA]로서 2차로 환산한 값은 $r_B = 0.03[\Omega]$, $x_B = 0.06[\Omega]$이다. 이 두 변압기를 병렬 운전해서 40[kVA]의 부하를 건 경우 A기의 분담부하[kVA]는 얼마인가?

계산 : _____ 답 : _____

[해답] 계산 : $\%Z_A = \dfrac{PZ_A}{10V_2^2} = \dfrac{30 \times \sqrt{0.03^2 + 0.04^2}}{10 \times 0.22^2} = 3.099[\%]$

$\%Z_B = \dfrac{PZ_B}{10V_2^2} = \dfrac{20 \times \sqrt{0.03^2 + 0.06^2}}{10 \times 0.22^2} = 2.771[\%]$

$\dfrac{P_A{}'}{P_B{}'} = \dfrac{P_A}{P_B} \times \dfrac{\%Z_B}{\%Z_A} = \dfrac{30}{20} \times \dfrac{2.771}{3.099} = 1.341$

$P_B{}' = \dfrac{P_A{}'}{1.341}$

$P_A{}' + P_B{}' = P_A{}' + \dfrac{P_A{}'}{1.341} = \dfrac{2.341}{1.341} P_A{}' = 40[kVA]$

$P_A{}' = 22.913[kVA]$

답 22.91[kVA]

> **TIP**
> ① %Z = $\sqrt{(\%R)^2 + (\%X)^2}$
> ② %Z = $\dfrac{P \cdot Z}{10V^2}$ 에서 기준단위 : P[kVA], V[kV]

06 어떤 공장의 어느 날 부하실적이 1일 사용전력량 192[kWh]이며, 1일의 최대전력이 12[kW]이고, 최대전력일 때의 전류값이 34[A]이었을 경우 다음 각 물음에 답하시오.(단, 이 공장은 220[V], 11[kW]인 3상 유도전동기를 부하설비로 사용한다.)

1 일 부하율은 몇 [%]인가?
   계산 : _____ 답 : _____

2 최대공급전력일 때의 역률은 몇 [%]인가?
   계산 : _____ 답 : _____

해답
1 계산 : 부하율 = $\dfrac{\text{전력량/시간}}{\text{최대전력}} \times 100 = \dfrac{192/24}{12} \times 100 = 66.666[\%]$

답 66.67[%]

2 계산 : $\cos\theta = \dfrac{P}{\sqrt{3}\,VI} = \dfrac{12 \times 10^3}{\sqrt{3} \times 220 \times 34} \times 100 = 92.62[\%]$

답 92.62[%]

> **TIP**
> 부하율 = $\dfrac{\text{평균전력}}{\text{최대전력}} \times 100 = \dfrac{\text{전력량/시간}}{\text{최대전력}} \times 100$

07 정격차단전류가 24[kA], VCB의 정격전압이 170[kV]인 경우 수용가의 수전용 차단기의 차단용량은 몇 [MVA]인가?

차단기 정격용량[MVA]				
5,800	6,600	7,300	9,200	12,000

계산 : _____ 답 : _____

[해답] 계산 : 차단용량 $P_s = \sqrt{3} \times 정격전압 \times 정격차단전류$
$= \sqrt{3} \times 170 \times 10^3 \times 24 \times 10^3 \times 10^{-6} = 7,066.77 \text{[MVA]}$

[답] 7,300[MVA]

TIP

1. 차단기 용량 선정
   ① 퍼센트 임피던스(%Z)가 주어졌을 경우
   $$P_s = \frac{100}{\%Z} \times P_n$$ 　　여기서, P_n : 기준용량
   ② 정격차단전류[kA]가 주어졌을 경우
   $$P_s = \sqrt{3} \times 정격전압[kV] \times 정격차단전류[kA] = [MVA]$$

2. 단락전류
   ① 퍼센트 임피던스(%Z)가 주어졌을 경우
   $$I_s = \frac{100}{\%Z} I_n [A]$$ 　　여기서, I_n : 정격전류
   ② 임피던스(Z)가 주어졌을 경우
   $$I_s = \frac{E}{Z} = \frac{\frac{V}{\sqrt{3}}}{Z} [A]$$ 　　여기서, E : 상전압, V : 선간전압

08 △결선 변압기의 한 대가 고장으로 제거되어 V결선으로 공급할 때, 변압기의 출력비와 이용률은 각각 몇 [%]인가?

[해답] ① 출력비 : 57.74[%]
② 이용률 : 86.6[%]

TIP

▶ 변압기 V결선

$$이용률 = \frac{\sqrt{3}}{2} \times 100 = 86.6[\%]$$

$$출력비 = \frac{\sqrt{3}}{3} \times 100 = 57.74[\%]$$

09 한국전기설비규정 KEC에 따른 과전류 보호에 대한 설명이다. 다음 빈칸에 알맞은 내용을 쓰시오. ※ KEC 규정에 따라 변경

> 중성선을 (①) 및 (②)하는 회로의 경우에 설치하는 개폐기 및 차단기는 (①) 시에는 중성선이 선도체보다 늦게 (①)되어야 하며, (②) 시에는 선도체와 동시 또는 그 이전에 (②)되는 것을 설치하여야 한다.

해답 ① 차단
② 재연결

TIP

▶ 중성선의 차단 및 재연결(KEC)
중성선을 차단 및 재연결하는 회로의 경우에 설치하는 개폐기 및 차단기는 차단 시에는 중성선이 선도체보다 늦게 차단되어야 하며, 재연결 시에는 선도체와 동시 또는 그 이전에 재연결되는 것을 설치하여야 한다.

10 다음 차단기 약호를 보고 명칭을 쓰시오.

1 OCB
2 ABB
3 GCB
4 MBB

해답 **1** OCB : 유입차단기
2 ABB : 공기차단기
3 GCB : 가스차단기
4 MBB : 자기차단기

TIP

▶ 특고압용 차단기의 종류 및 소호매질
① OCB(유입차단기) : 소호실 내의 아크에 의한 절연유의 분해가스로 소호시킨다.
② VCB(진공차단기) : 고진공 중의 절연내력을 이용하여 소호시킨다.
③ ABB(공기차단기) : 압축된 공기로 분사하여 소호시킨다.
④ GCB(가스차단기) : SF_6 가스를 이용하여 소호시킨다.

11 그림과 같은 논리회로를 이용하여 아래 진리표를 완성하시오. (단, L은 Low이고, H는 High 이다.)

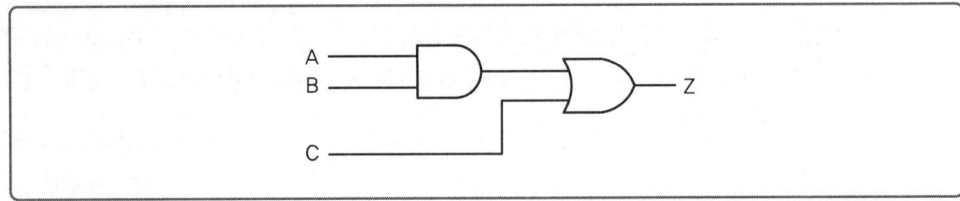

A	L	L	L	L	H	H	H	H
B	L	L	H	H	L	L	H	H
C	L	H	L	H	L	H	L	H
Z								

해답

A	L	L	L	L	H	H	H	H
B	L	L	H	H	L	L	H	H
C	L	H	L	H	L	H	L	H
Z	L	H	L	H	L	H	H	H

12 동기발전기의 병렬운전 조건 4가지를 쓰시오.

해답
① 기전력의 위상이 같을 것   ② 기전력의 크기가 같을 것
③ 기전력의 주파수가 같을 것 ④ 기전력의 파형이 같을 것

TIP

▶ 동기발전기 병렬운전

병렬운전 조건	조건이 맞지 않을 경우	횡류의 작용
기전력의 크기가 같을 것	무효순환전류 흐름(무효횡류)	두 발전기의 역률이 달라지고, 발전기 과열
기전력의 위상이 같을 것	동기화전류 흐름(유효횡류)	출력이 주기적으로 동요, 발전기 과열
기전력의 주파수가 같을 것	난조 발생	
기전력의 파형이 같을 것	고조파 무효순환전류 흐름	저항손실 증가, 권선 과열
상회전 방향이 같을 것(3상)		

13 연료전지의 특징 3가지를 쓰시오.

(해답) ① 발전효율이 높다.
② 다양한 연료 사용이 가능하다.
③ 친환경으로 수용가 근처에 설치할 수 있다.
그 외
④ 날씨와 계절에 상관없이 전기와 열의 생산이 가능하다.

14 그림은 전자개폐기 MC에 의한 시퀀스 회로를 개략적으로 그린 것이다. 이 그림을 보고 다음 각 물음에 답하시오.

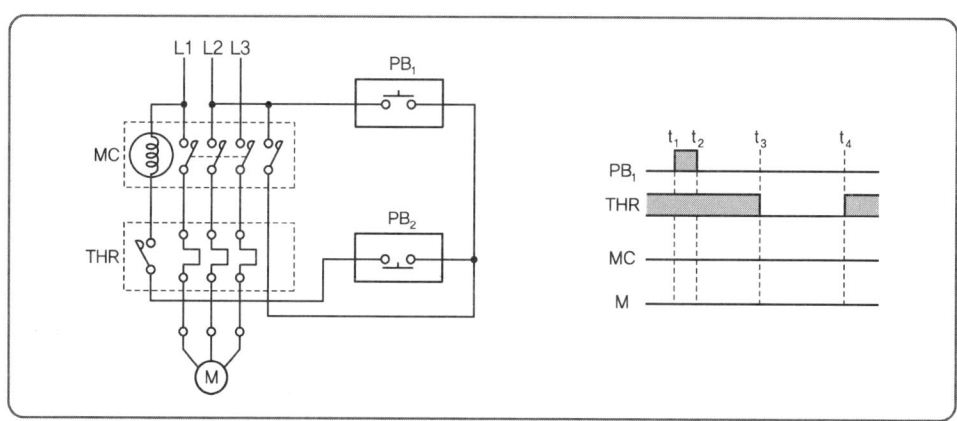

① 그림과 같은 회로용 전자개폐기 MC의 보조 접점을 사용하여 자기유지가 될 수 있는 일반적인 시퀀스 회로로 다시 작성하여 그리시오.
② 시간 t_3에 열동계전기가 작동하고, 시간 t_4에서 수동으로 복귀하였다. 이때의 동작을 타임차트로 표시하시오.

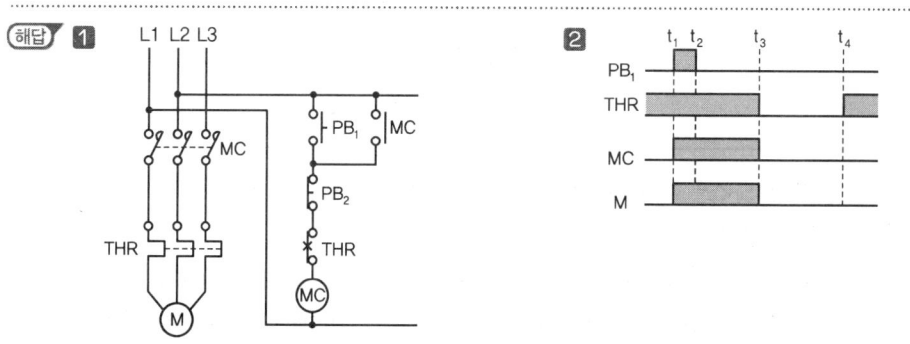

15 도면과 같은 345[kV] 변전소의 단선도와 변전소에 사용되는 주요 제원을 이용하여 다음 각 물음에 답하시오.

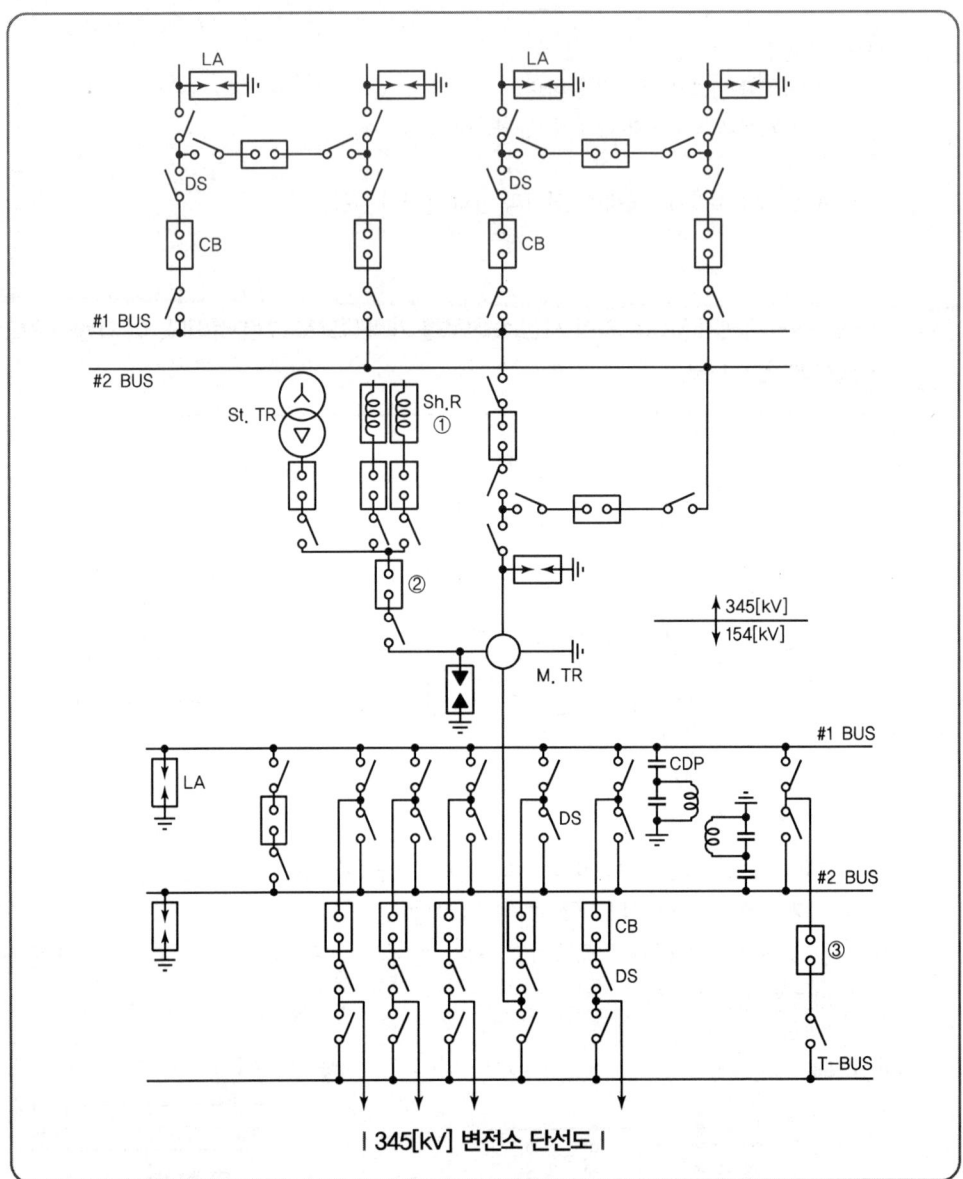

| 345[kV] 변전소 단선도 |

1 도면의 345[kV] 측 모선방식은 어떤 모선방식인가?
2 도면에서 ①번 기기의 설치목적은 무엇인가?
3 도면에 주어진 제원을 참조하여 주 변압기에 대한 등가 %임피던스(Z_H, Z_M, Z_L)를 구하고, ②번 22[kV] VCB의 차단용량을 계산하시오.(단, 그림과 같은 임피던스 회로는 100[MVA] 기준이다.)

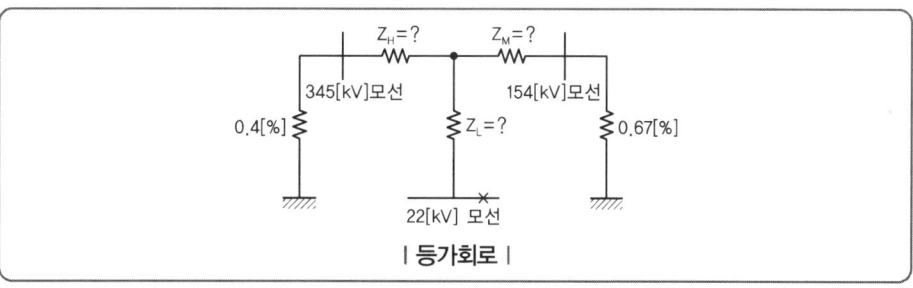

| 등가회로 |

① 등가 %임피던스(Z_H, Z_M, Z_L)

계산 : _____ 답 : _____

② 22[kV] VCB 차단용량

계산 : _____ 답 : _____

4 도면의 345[kV] GCB에 내장된 계전기용 BCT의 오차계급은 C800이다. 부담은 몇 [VA]인가?

계산 : _____ 답 : _____

5 도면에서 ③번 차단기의 설치목적을 설명하시오.

6 도면의 주 변압기 1Bank(단상×3대)를 증설하여 병렬운전시키고자 한다. 이때 병렬운전을 할 수 있는 조건 4가지를 쓰시오.

[기본 사항]

- 주 변압기
  단권변압기 345[kV]/154[kV]/22[kV] (Y-Y-△)
  166.7[MVA]×3대≒500[MVA], OLTC부
  %임피던스(500[MVA] 기준) : 1~2차 : 10[%], 1~3차 : 78[%], 2~3차 : 67[%]
- 차단기
  362[kV] GCB 25[GVA] 4,000[A]~2,000[A]
  170[kV] GCB 15[GVA] 4,000[A]~2,000[A]
  25.8[kV] VCB ( )[MVA] 2,500[A]~1,200[A]
- 단로기
  362[kV] DS 4,000[A]~2,000[A]
  170[kV] DS 4,000[A]~2,000[A]
  25.8[kV] DS 2,500[A]~1,200[A]
- 피뢰기
  288[kV] LA 10[kA]
  144[kV] LA 10[kA]
  21[kV] LA 2.5[kA]
- 분로 리액터
  22[kV] Sh.R 40[MVAR]
- 주모선
  CU1-Tube 200ϕ

(해답) 1 2중 모선 1.5 차단방식
2 페란티 현상 방지
3 ① 등가 %임피던스

계산 : 500[MVA] 기준 %Z는 1~2차 $Z_{HM}=10[\%]$
2~3차 $Z_{ML}=67[\%]$
1~3차 $Z_{HL}=78[\%]$이므로

100[MVA] 기준으로 환산하면

$$Z_{HM} = 10 \times \frac{100}{500} = 2[\%]$$

$$Z_{ML} = 67 \times \frac{100}{500} = 13.4[\%]$$

$$Z_{HL} = 78 \times \frac{100}{500} = 15.6[\%]$$

등가 임피던스

$$Z_H = \frac{1}{2}(Z_{HM} + Z_{HL} - Z_{ML}) = \frac{1}{2}(2 + 15.6 - 13.4) = 2.1[\%]$$

$$Z_M = \frac{1}{2}(Z_{HM} + Z_{ML} - Z_{HL}) = \frac{1}{2}(2 + 13.4 - 15.6) = -0.1[\%]$$

$$Z_L = \frac{1}{2}(Z_{HL} + Z_{ML} - Z_{HM}) = \frac{1}{2}(15.6 + 13.4 - 2) = 13.5[\%]$$

답 $Z_H=2.1[\%]$, $Z_M=-0.1[\%]$, $Z_L=13.5[\%]$

② 22[kV] VCB 차단용량
계산 : 등가 회로로 그리면

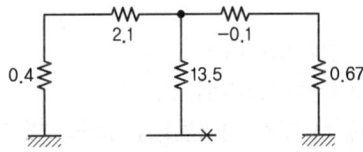

따라서, 등가회로를 알기 쉽게 다시 그리면 아래와 같이 된다.

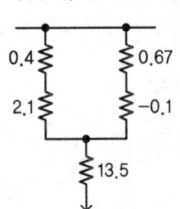

22[kV] VCB 설치점까지 전체 임피던스 %Z

$$\%Z = 13.5 + \frac{(2.1+0.4)(-0.1+0.67)}{(2.1+0.4)+(-0.1+0.67)} = 13.96[\%]$$

∴ 22[kV] VCB 단락용량 $P_s = \frac{100}{\%Z}P_n = \frac{100}{13.96} \times 100$
$= 716.33[MVA]$

답 716.33[MVA]

4 계산 : 오차계급 C800에서 임피던스는 8[Ω]이므로
부담 $I^2R = 5^2 \times 8 = 200[VA]$

답 200[VA]

5 모선절체 : 무정전으로 점검하기 위해

6 ① 정격전압(권수비)이 같을 것 ② 극성이 같을 것
③ %임피던스가 같을 것 ④ 각 변위가 같을 것
그 외
⑤ 각 변압기의 저항과 누설리액턴스비가 같을 것
⑥ 상회전 방향이 같을 것

16 진공차단기(VCB)의 특징 3가지를 쓰시오.

[해답] ① 소형 경량이다.
② 저소음으로 수명이 길다.
③ 고속도 개폐가 가능하고 차단성능이 우수하다.
그 외
④ 화재 우려가 없다.

17 22.9[kV-Y] 중성선 다중 접지 전선로에 정격전압 13.2[kV], 정격용량 250[kVA]의 단상 변압기 3대를 이용하여 아래 그림과 같이 Y-△ 결선하고자 한다. 다음 각 물음에 답하시오.

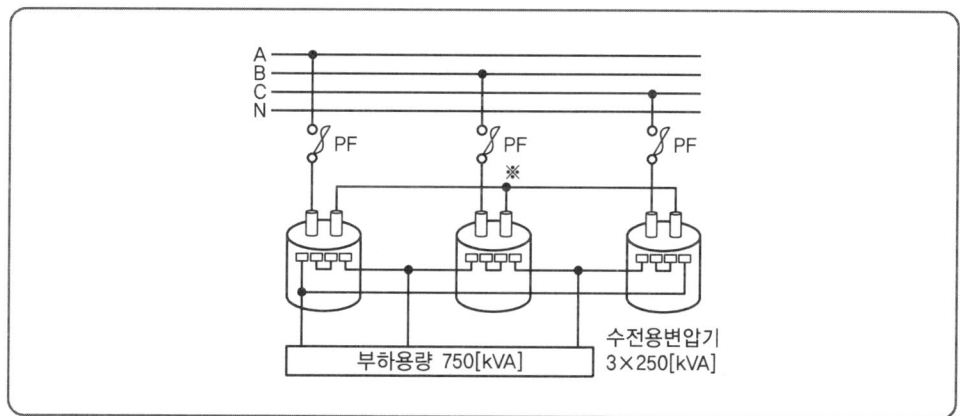

1 변압기 1차 측 Y결선의 중성점(※ 부분)을 전선로 N선에 연결해야 하는가? 연결해서는 안 되는가?

2 연결해야 한다면 연결해야 할 이유를, 연결해서는 안 된다면 연결해서는 안 되는 이유를 설명하시오.

❸ 전력 퓨즈의 용량은 몇 [A]인지 선정하시오.(단, 퓨즈 용량은 전부하전류에 1.25배를 고려한다.)

| 퓨즈의 정격용량[A] |

| 1 | 3 | 5 | 10 | 15 | 20 | 30 | 40 | 50 | 60 | 75 | 100 | 125 | 150 | 200 | 250 | 300 | 400 |

계산 : _____ 답 : _____

해답
❶ 연결해서는 안 된다.
❷ 한 상이 결상 시 나머지 2대의 변압기가 역V결선되므로 과부하로 인하여 변압기가 소손될 수 있다.
❸ 계산 : 전부하전류 $I = \dfrac{P}{\sqrt{3} \times V} = \dfrac{750 \times 10^3}{\sqrt{3} \times 22,900} = 18.91 [A]$
1.25배를 적용하여,
$18.91 \times 1.25 = 23.64 [A]$

답 30[A]

18 아래 부하집계표에 의한 변압기 용량[kVA]을 구하시오.

구분	설비 용량[kW]	수용률[%]	부등률	역률[%]
전등설비	60	80	-	95
전열설비	40	50	-	90
동력설비	70	40	1.4	90

| 변압기 정격[kVA] |

| 50 | 75 | 100 | 150 | 200 | 300 |

계산 : _____ 답 : _____

해답 계산 : 전등부하 유효전력 $P_1 = 설비용량 \times 수용률 = 60 \times 0.8 = 48 [kW]$

전등부하 무효전력 $Q_1 = P \tan\theta = 48 \times \dfrac{\sqrt{1-0.95^2}}{0.95} = 15.78 [kVar]$

전열부하 유효전력 $P_2 = 설비용량 \times 수용률 = 40 \times 0.5 = 20 [kW]$

전열부하 무효전력 $Q_2 = P \tan\theta = 20 \times \dfrac{\sqrt{1-0.9^2}}{0.9} = 9.69 [kVar]$

동력부하 유효전력 $P_3 = \dfrac{설비용량 \times 수용률}{부등률} = \dfrac{70 \times 0.4}{1.4} = 20 [kW]$

동력부하 무효전력 $Q_3 = P \tan\theta = 20 \times \dfrac{\sqrt{1-0.9^2}}{0.9} = 9.69 [kVar]$

변압기 용량 $P_a = \sqrt{P^2 + Q^2} = \sqrt{(48+20+20)^2 + (15.78+9.69+9.69)^2}$
$= 94.76 [kVA]$

답 100[kVA]

과년도 기출문제

전기기사 2024년도 1회 시험

01 연축전지의 정격용량 100[Ah], 상시부하 5[kW], 표준전압 100[V]인 부동충전 방식의 2차 충전전류값은 얼마인지 계산하시오.

계산 : _____ 답 : _____

해답 계산 : $I_2 = \dfrac{P}{V} + \dfrac{정격용량}{정격방전율} = \dfrac{5{,}000}{100} + \dfrac{100}{10} = 60[A]$

답 60[A]

TIP
▶ 방전율
① 연축전지 : 10[h] ② 알칼리전지 : 5[h]

02 어떤 램프의 소비 전력이 1,000[W]이고 램프에서 나오는 광속이 2,000[lm]이라면 이때 램프의 효율은 얼마인가?(단, 단위는 반드시 쓰도록 한다.)

계산 : _____ 답 : _____

해답 계산 : $\eta = \dfrac{F}{P} = \dfrac{2{,}000}{1{,}000} = 2[\mathrm{lm/W}]$

답 2[lm/W]

TIP
▶ 램프의 효율
$효율[\mathrm{lm/W}] = \dfrac{광속[\mathrm{lm}]}{소비\ 전력[\mathrm{W}]}$

03 욕실 등 인체가 물에 젖어있는 상태에서 물을 사용하는 장소에 콘센트를 시설하는 경우에 설치하여야 하는 인체감전보호용 누전차단기의 정격감도전류와 동작시간은 얼마 이하를 사용하여야 하는가?

① 정격감도전류
② 동작시간

(해답) ① 정격감도전류 : 15[mA] 이하
② 동작시간 : 0.03[sec] 이하

TIP
▶ 콘센트의 시설
① 욕조나 샤워시설이 있는 욕실 또는 화장실 등 콘센트를 시설하는 경우
   ㉠ 인체감전보호용 누전차단기(정격감도전류 15[mA] 이하, 동작시간 0.03초 이하의 전류동작형의 것에 한한다) 또는 절연변압기(정격용량 3[kVA] 이하인 것에 한한다)로 보호된 전로에 접속하거나, 인체감전보호용 누전차단기가 부착된 콘센트를 시설하여야 한다.
   ㉡ 콘센트는 접지극이 있는 방적형 콘센트를 사용하여 접지한다.
   ㉢ 습기가 많은 장소 또는 수분이 있는 장소에 시설하는 콘센트 및 기계·기구용 콘센트는 접지용 단자가 있는 것을 사용하여 접지하고 방습장치를 하여야 한다.
   ㉣ 주택의 옥내전로에는 접지극이 있는 콘센트를 사용하여 접지시스템 규정에 준하여 접지하여야 한다.

04 그림과 같은 논리회로의 명칭을 쓰고 진리표를 완성하시오.

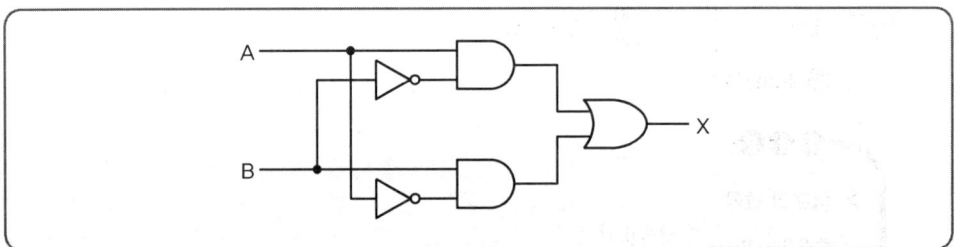

① 명칭을 쓰시오.
② 출력식을 쓰시오.
③ 진리표를 완성하시오.

A	B	X
0	0	
0	1	
1	0	
1	1	

해답
1. 배타적 논리합 회로(Exclusive OR)
2. 논리식 : $X = A\overline{B} + \overline{A}B$
3. 진리표

A	B	X
0	0	0
0	1	1
1	0	1
1	1	0

05 다음은 단락보호전용 퓨즈의 용단 및 동작특성에 관한 표이다. 괄호 안에 알맞은 내용을 쓰시오.

정격전류의 배수	불용단시간	용단시간
4배	(①)	-
6.3배	-	(②)
8배	0.5초 이내	-
10배	(③)	-
12.5배	-	0.5초 이내
19배	-	(④)

해답

정격전류의 배수	불용단시간	용단시간
4배	(① 60초 이내)	-
6.3배	-	(② 60초 이내)
8배	0.5초 이내	-
10배	(③ 0.2초 이내)	-
12.5배	-	0.5초 이내
19배	-	(④ 0.1초 이내)

> **TIP**
>
> ➤ 저압전로 중의 전동기 보호용 과전류보호장치의 시설
> ① 과부하 보호장치로 전자접촉기를 사용할 경우에는 반드시 과부하계전기가 부착되어 있을 것
> ② 단락보호전용 차단기의 단락동작설정 전류 값은 전동기의 기동방식에 따른 기동돌입전류를 고려할 것
> ③ 단락보호전용 퓨즈는 용단 특성에 적합한 것일 것
>
> [단락보호전용 퓨즈(aM)의 용단 특성]
>
> | 정격전류의 배수 | 불용단시간 | 용단시간 |
> |---|---|---|
> | 4배 | 60초 이내 | – |
> | 6.3배 | – | 60초 이내 |
> | 8배 | 0.5초 이내 | – |
> | 10배 | 0.2초 이내 | – |
> | 12.5배 | – | 0.5초 이내 |
> | 19배 | – | 0.1초 이내 |

06 자동차단을 위한 보호장치의 동작시간이 0.2초이며, 보호장치를 통해 흐를 수 있는 예상 고장전류 실효값이 10,000[A]인 경우 보호도체의 최소 단면적을 구하시오. (단, 보호도체, 절연, 기타 부위의 재질 및 초기온도와 최종온도에 따라 정해지는 계수는 143이며, 동선을 사용하는 경우이다. 단 전선의 규격은 1.5, 2.5, 4, 6, 10, 16, 25, 35, 50, 70, 95, 120, 150, 185, 240, 300, 400, 500, 630[mm²])

계산 : _____ 답 : _____

[해답] 계산 : $S = \dfrac{\sqrt{t}}{K}I_n = \dfrac{\sqrt{0.2}}{143} \times 10,000 = 31.27[\text{mm}^2]$

답 35[mm²]

> **TIP**
>
> 보호도체의 단면적 $S = \dfrac{\sqrt{I_n^2 t}}{K} = \dfrac{\sqrt{t}}{K}I_n \; [\text{mm}^2]$
>
> 여기서, t : 고장계속시간[sec]
> I_n : 고장점의 예상 고장전류(지락전류) 실효값[A]
> K : 보호도체의 절연물의 종류 및 주위온도에 따라 정해지는 계수

07 전력시설물 공사감리업무 수행지침에서 정하는 전기공사업자가 해당 공사현장에서 공사업무 수행상 비치하고 기록·보관하여야 하는 서식을 5가지만 쓰시오.

[해답]
① 하도급 현황
② 주요인력 및 장비투입 현황
③ 작업계획서
④ 기자재 공급원 승인현황
⑤ 주간공정계획 및 실적보고서

TIP

감리원은 다음 각 호의 서식 중 해당 감리현장에서 감리업무 수행상 필요한 서식을 비치하고 기록·보관하여야 한다.	1. 감리업무일지 2. 근무상황판 3. 지원업무수행 기록부 4. 착수 신고서 5. 회의 및 협의내용 관리대장 6. 문서접수대장 7. 문서발송대장 8. 교육실적 기록부 9. 민원처리부 10. 지시부 11. 발주자 지시사항 처리부 12. 품질관리 검사·확인대장 13. 설계변경 현황 14. 검사 요청서 15. 검사 체크리스트 16. 시공기술자 실명부 17. 검사결과 통보서	18. 기술검토 의견서 19. 주요기자재 검수 및 수불부 20. 기성부분 감리조서 21. 발생품(잉여자재) 정리부 22. 기성부분 검사조서 23. 기성부분 검사원 24. 준공 검사원 25. 기성공정 내역서 26. 기성부분 내역서 27. 준공검사조서 28. 준공감리조서 29. 안전관리 점검표 30. 사고 보고서 31. 재해발생 관리부 32. 사후환경영향조사 결과 보고서
공사업자는 다음 각 호의 서식 중 해당 공사현장에서 공사업무 수행상 필요한 서식을 비치하고 기록·보관하여야 한다.	1. 하도급 현황 2. 주요인력 및 장비투입 현황 3. 작업계획서 4. 기자재 공급원 승인현황	5. 주간공정계획 및 실적보고서 6. 안전관리비 사용실적 현황 7. 각종 측정 기록표

08 계약부하 설비에 의한 계약 최대전력을 정하는 경우에 부하설비 용량이 900[kW]인 경우 전력회사와의 계약 최대전력은 몇 [kW]인가?(단, 계약 최대전력 환산표는 다음과 같다)

구분	계약전력 환산율
처음 75[kW]에 대하여	100[%]
다음 75[kW]에 대하여	85[%]
다음 75[kW]에 대하여	75[%]
다음 75[kW]에 대하여	65[%]
300[kW] 초과분에 대하여	60[%]

계산 : _____ 답 : _____

해답 계산 : 계약전력 = 75 + 75 × 0.85 + 75 × 0.75 + 75 × 0.65 + (900 − 300) × 0.6 = 603.75[kW]
답 604[kW]

TIP
전력회사와 계약전력산정(20조) 시 계산의 합계치 단수가 1[kW] 미만일 경우에는 소수점 첫째 자리에서 반올림한다.

09 총양정 25[m], 양수량 18[m³/min] 물을 양수하는데 필요한 펌프용 전동기의 소요 동력은 몇 [kW]인가?(단, 펌프의 효율은 82[%]로 하고, 여유계수는 1.1로 한다)

계산 : _____ 답 : _____

해답 계산 : $P = \dfrac{9.8QH}{\eta}K = \dfrac{9.8 \times 18/60 \times 25}{0.82} \times 1.1 = 98.597[kW]$ 답 98.6[kW]

TIP
① $P = \dfrac{HQK}{6.12\eta} = \dfrac{25 \times 18 \times 1.1}{6.12 \times 0.82} = 98.64[kW]$

② $P = \dfrac{9.8QH}{\eta} \times K[kW]$
여기서, Q : 유량[m³/sec], H : 낙차(양정)[m]
η : 효율, K : 계수

③ $P = \dfrac{QH}{6.12\eta}K[kW]$
여기서, Q : 유량[m³/min], H : 낙차(양정)[m]
η : 효율

10 그림과 같은 단상 3선식 회로에서 중성선이 ×점에서 단선되었다면 부하 A 및 부하 B의 단자전압은 몇 [V]인가?

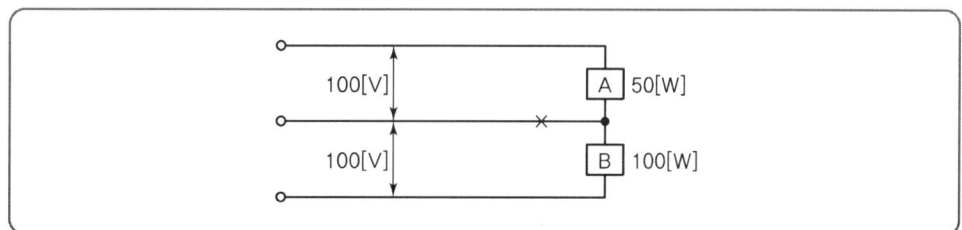

계산 : _____ 답 : _____

해답 계산 : $P = \dfrac{V^2}{R}$ 에서 $R = \dfrac{V^2}{P}$ 를 이용하여

$R_A = \dfrac{V^2}{P_A} = \dfrac{100^2}{50} = 200[\Omega]$

$R_B = \dfrac{V^2}{P_B} = \dfrac{100^2}{100} = 100[\Omega]$

$V_A = \dfrac{R_A}{R_A + R_B}V = \dfrac{200}{100+200} \times 200 = 133.333[V]$ **답** 133.33[V]

$V_B = \dfrac{R_B}{R_A + R_B}V = \dfrac{100}{100+200} \times 200 = 66.666[V]$ **답** 66.67[V]

TIP
중성선 단선 시 A부하와 B부하는 직렬이 되므로 전압이 분배된다.

11 도면은 어느 154[kV] 수용가의 수전설비 단선결선도의 일부분이다. 주어진 표와 도면을 이용하여 다음 각 물음에 답하시오.

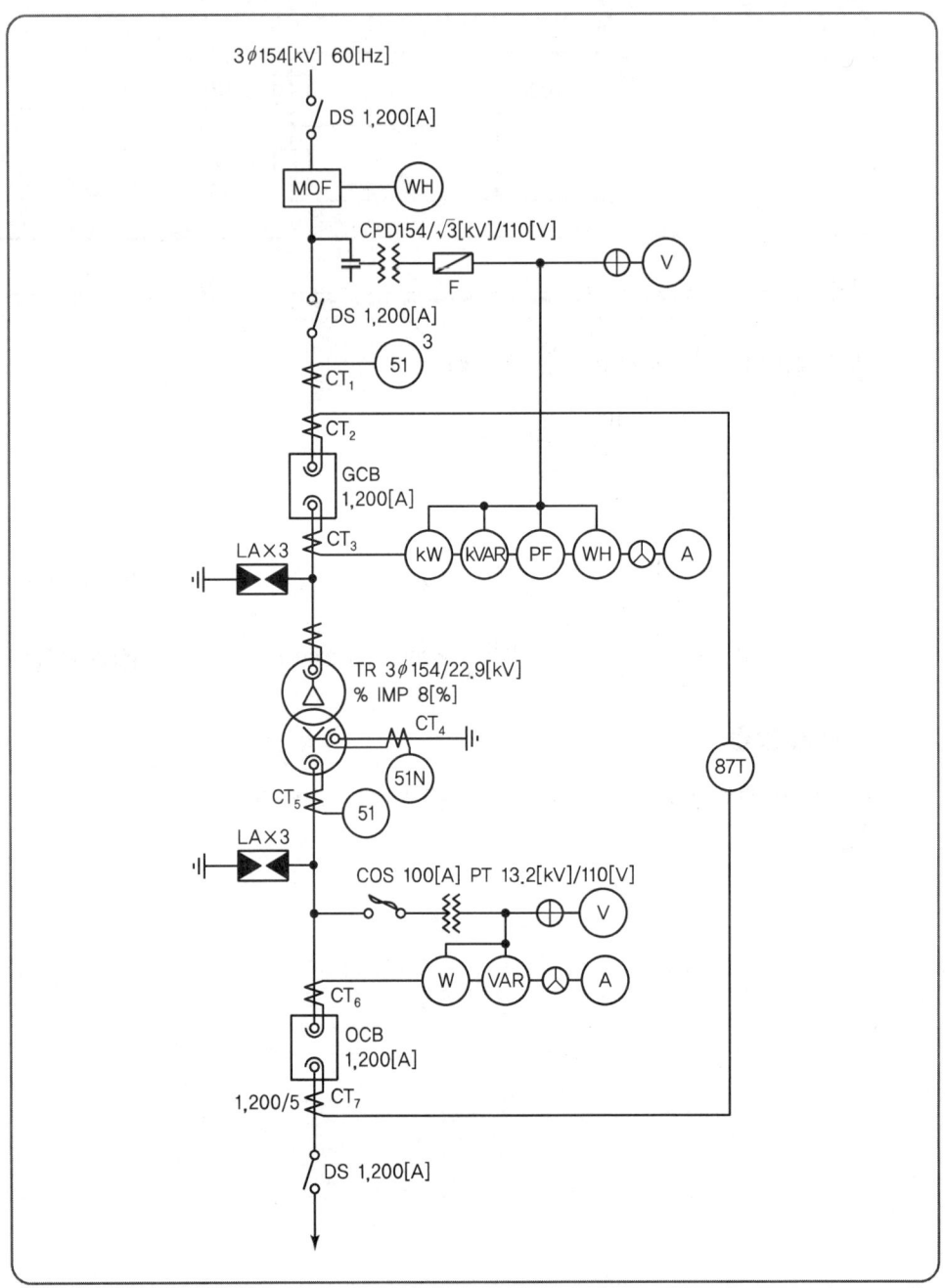

CT의 정격					
1차 정격전류[A]	200	400	600	800	1,200
2차 정격전류[A]	5				

변압기 표준 용량[MVA]						
10	20	30	40	50	75	100

1 변압기 2차 부하 설비용량이 51[MW], 수용률이 70[%], 부하역률이 90[%]일 때 도면의 변압기 용량은 몇 [MVA]가 되는가?(단, 주어진 표준용량을 참고하여 선정하시오.)
　계산 : ＿＿＿＿＿＿＿＿＿＿＿＿＿＿＿＿＿＿＿＿＿　답 : ＿＿＿＿＿＿＿

2 변압기 1차 측 DS의 정격전압은 몇 [kV]인가?

3 (1)번에서 선정한 변압기를 기준하여 CT_1의 비는 얼마인지를 계산하고 표에서 산정하시오(여유율 1.25).
　계산 : ＿＿＿＿＿＿＿＿＿＿＿＿＿＿＿＿＿＿＿＿＿　답 : ＿＿＿＿＿＿＿

4 OCB의 정격차단전류가 23[kA]일 때, 이 차단기의 차단용량은 몇 [MVA]인가?
　계산 : ＿＿＿＿＿＿＿＿＿＿＿＿＿＿＿＿＿＿＿＿＿　답 : ＿＿＿＿＿＿＿

5 과전류계전기의 정격부담이 9[VA]일 때, 이 계전기의 임피던스는 몇 [Ω]인가?
　계산 : ＿＿＿＿＿＿＿＿＿＿＿＿＿＿＿＿＿＿＿＿＿　답 : ＿＿＿＿＿＿＿

6 CT_7 1차 전류가 600[A]일 때 CT_7의 2차에서 비율차동계전기의 단자에 흐르는 전류는 몇 [A]인가?
　계산 : ＿＿＿＿＿＿＿＿＿＿＿＿＿＿＿＿＿＿＿＿＿　답 : ＿＿＿＿＿＿＿

해답

1 계산 : 변압기 용량 $= \dfrac{설비용량 \times 수용률}{부등률 \times 역률} = \dfrac{51 \times 0.7}{1 \times 0.9} = 39.666 [MVA]$

　답 40[MVA]

2 170[kV]

3 계산 : ① CT 1차 측 전류 : $I_1 = \dfrac{P}{\sqrt{3} \times V} = \dfrac{40 \times 10^3}{\sqrt{3} \times 154} = 149.96 [A]$
　　　　② CT의 여유 배수 적용 : $149.96 \times 1.25 = 187.45 [A]$
　　　　③ CT 정격을 선정 : $\dfrac{200}{5}$

　답 $\dfrac{200}{5}$

4 계산 : 차단용량 $P_s = \sqrt{3} V_n I_s = \sqrt{3} \times 25.8 \times 23 = 1,027.798 [MVA]$

　답 1,027.8[MVA]

5 계산 : 2차부담 임피던스 $P = I_n^2 \cdot Z[VA]$

$$Z = \frac{P}{I^2} = \frac{9}{5^2} = 0.36[\Omega]$$

답 $0.36[\Omega]$

6 계산 : $I_2 = 부하전류 \times \frac{1}{CT비} \times \sqrt{3} = 600 \times \frac{5}{1,200} \times \sqrt{3} = 4.33[A]$

답 $4.33[A]$

12
무정전 공급장치(UPS)의 2차 측에서 단락사고 등이 발생한 경우 고장 회로를 분리하는 방식 3가지를 쓰시오.

해답
① 배선용 차단기에 의한 방식
② 한류형 퓨즈에 의한 방식
③ 반도체 차단기에 의한 방식

13
5,500[V]의 전압을 낮추기 위해 단상변압기를 그림과 같이 접속하였다. 단상변압기의 변압비는 3,500/100[V]로 2대 모두 같고, 저압 측에 직렬로 설치된 저항은 각각 3[Ω], 5[Ω]이라고 할 때, 고압 측의 $E_1[V]$과 $E_2[V]$를 구하여라.

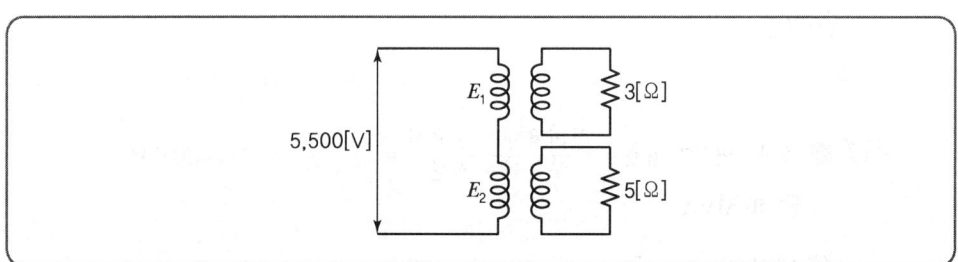

계산 : _____ 답 : _____

해답 계산 : $E_1 = \frac{Z_1}{Z_1 + Z_2} \times E = \frac{3}{3+5} \times 5,500 = 2,062.5[V]$ 답 $2,062.5[V]$

$E_2 = \frac{Z_2}{Z_1 + Z_2} \times E = \frac{5}{3+5} \times 5,500 = 3,437.5[V]$ 답 $3,437.5[V]$

14 다음은 한국전기설비규정에 따른 상주 감시를 하지 아니하는 변전소의 시설에 대한 내용이다. 빈칸에 알맞은 내용을 쓰시오.

> KEC 351.9 상주 감시를 하지 아니하는 변전소의 시설
> 변전소(이에 준하는 곳으로서 (①) [kV]를 초과하는 특고압의 전기를 변성하기 위한 것을 포함한다. 이하 같다)의 운전에 필요한 지식 및 기능을 가진 자(이하 "기술원"이라고 한다)가 그 변전소에 상주하여 감시를 하지 아니하는 변전소는 다음에 따라 시설하는 경우에 한한다.
> 가. 사용전압이 (②) [kV] 이하의 변압기를 시설하는 변전소로서 기술원이 수시로 순회하거나 그 변전소를 원격감시 제어하는 제어소(이하에서 "변전제어소"라 한다)에서 상시 감시하는 경우

해답 ① 50
② 170

TIP
▶ KEC 351.9 상주 감시를 하지 아니하는 변전소의 시설
1. 변전소(이에 준하는 곳으로서 50[kV]를 초과하는 특고압의 전기를 변성하기 위한 것을 포함한다. 이하 같다)의 운전에 필요한 지식 및 기능을 가진 자(이하 "기술원"이라고 한다)가 그 변전소에 상주하여 감시를 하지 아니하는 변전소는 다음에 따라 시설하는 경우에 한한다.
   가. 사용전압이 170[kV] 이하의 변압기를 시설하는 변전소로서 기술원이 수시로 순회하거나 그 변전소를 원격감시 제어하는 제어소(이하에서 "변전제어소"라 한다)에서 상시 감시하는 경우
   나. 사용전압이 170[kV]를 초과하는 변압기를 시설하는 변전소로서 변전제어소에서 상시 감시하는 경우

15 연면적 70,000[m²]의 빌딩에 조명설비 20[VA/m²], 동력설비 35[VA/m²], 냉방설비 40[VA/m²]인 경우 이 빌딩에 전력을 공급하는 변압기의 용량은 몇 [kVA]인가?

계산 : _____ 답 : _____

해답 계산 : 부하설비용량=부하밀도[VA/m²]×연면적[m²]
$= (20+35+40) \times 70{,}000 \times 10^{-3} = 6{,}650 \, [\text{kVA}]$

답 6,650[kVA]

16 다음 계전기 약어의 명칭을 쓰시오.

① OCR
② GR
③ OPR
④ OVR
⑤ PWR

(해답) ① 과전류계전기
② 지락계전기
③ 결상계전기
④ 과전압계전기
⑤ 전력계전기

TIP

번호	명칭	약호	비고	
27	부족전압 계전기	UVR		
37	부족전류 계전기	UCR	37A	교류 부족전류 계전기
			37D	직류 부족전류 계전기
47	결상계전기	OPR		
51	과전류 계전기	OCR	51G	지락 과전류 계전기
			51N	중성점 과전류 계전기
			51V	전압 억제부 과전류 계전기
52	차단기	CB	52C	차단기 투입코일
			52T	차단기 트립코일
59	과전압 계전기	OVR		
64	지락 과전압 계전기	OVGR		
67	지락 방향 계전기	DGR		
87	비율 차동 계전기	RDFR	87B	모선보호 차동 계전기
			87G	발전기용 차동 계전기
			87T	주변압기 차동 계전기
92	전력 계전기	PWR		

17 다음은 PLC 레더다이어도와 명령어를 참고하여 빈칸에 알맞은 내용을 쓰시오.

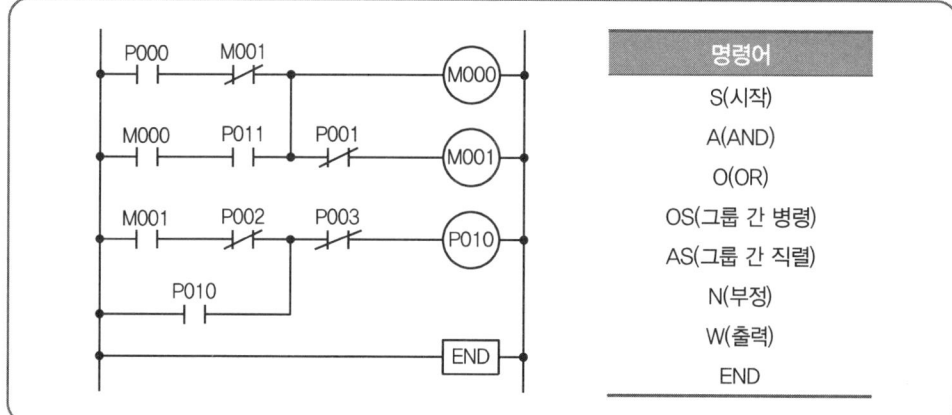

STEP	번지	비고	STEP	번지	비고
0	S	P000	7	W	M001
1	AN	M001	8	(⑤)	M001
2	(①)	(②)	9	AN	P002
3	A	(③)	10	(⑥)	(⑦)
4	(④)	–	11	AN	P003
5	W	M000	12	W	P010
6	AN	P001	13	(⑧)	–

해답

①	②	③	④	⑤	⑥	⑦	⑧
S	M000	P011	OS	S	O	P010	END

18 유도 전동기(IM)를 유도 전동기가 있는 현장과 현장에서 조금 떨어진 사무실의 어느 쪽에서든지 기동 및 정지가 가능하도록 푸시버튼 ON, OFF를 1개씩만 사용하여 제어회로를 구성하시오.

| 접속점 표기 방식 |

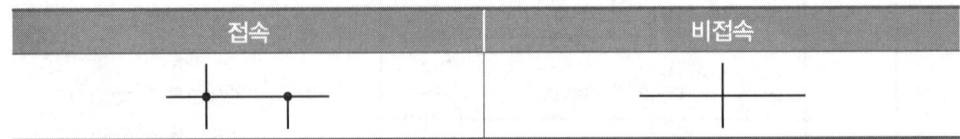

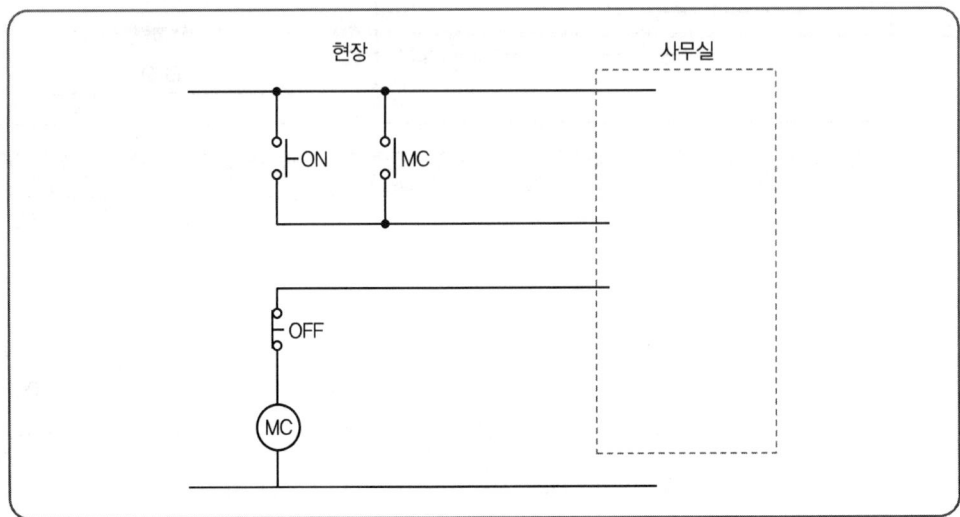

해답

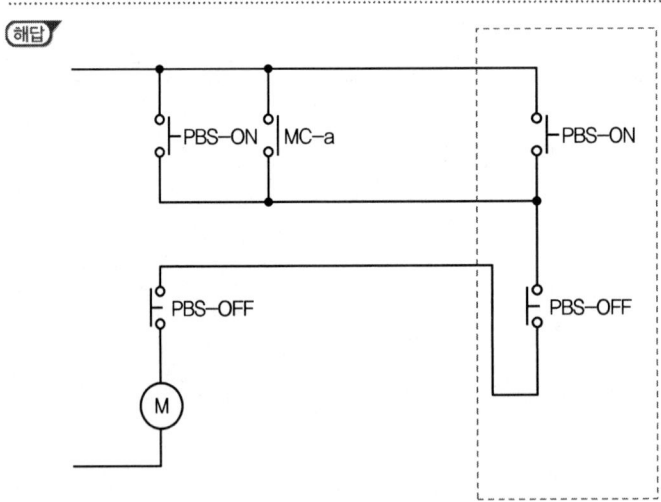

2024년도 2회 시험 과년도 기출문제

01 송전단 전압이 6,600[V]인 변전소로부터 3[km] 떨어진 곳까지 지중으로 역률 0.8(지상), 2,000[kW]의 3상 동력 부하에 전력을 공급할 때 수전단 전압이 6,300[V] 이하로 떨어지지 않게 하는 경동선의 굵기를 다음 표에서 선정하시오. (단, 경동선의 정전용량 및 리액턴스 등은 무시한다.)

심선의 굵기[mm²]											
1.5	2.5	4	6	10	16	25	35	50	70	95	120

계산 : _____ 답 : _____

해답 계산 : 전압강하 $e = V_s - V_R = 6,600 - 6,300 = 300[V]$

$$I = \frac{P}{\sqrt{3}\,V\cos\theta} = \frac{2,000 \times 10^3}{\sqrt{3} \times 6,300 \times 0.8} = 229.107[A]$$

$e = \sqrt{3}\,I(R\cos\theta + X\sin\theta)$ 에서 리액턴스를 무시하면 $e = \sqrt{3}\,IR\cos\theta$

$$\therefore R = \frac{e}{\sqrt{3}\,I\cos\theta} = \frac{300}{\sqrt{3} \times 229.107 \times 0.8} = 0.945[\Omega]$$

$$\therefore A = \rho\frac{L}{R} = \frac{1}{55} \times \frac{3,000}{0.945} = 57.72[mm^2]$$

$\therefore 70[mm^2]$ 선정

답 $70[mm^2]$

> **TIP**
> ① 단면적(굵기) 계산 시 저항(R)이 있는 공식을 찾는다.
>   - 전압강하 $e = \sqrt{3}\,I(R\cos\theta + X\sin\theta) \rightarrow R$
>   - 전력손실 $P_L = 3I^2R \rightarrow R$
> ② 저항 $R = \rho\frac{L}{A}$ 에서 단면적 A를 계산한다.

02 다음 기기의 명칭을 쓰시오.

1 가공배전선로 사고의 대부분이 나무에 의한 접촉이나 강풍 등에 의해 일시적으로 발생한 사고이므로 신속하게 고장구간을 차단하고 재투입하는 개폐장치이다.

② 책임 분기점에서 무부하 상태로 선로를 개폐하기 위하여 시설하는 것으로 근래에는 ASS를 사용하며, 66[kV] 이상의 경우에 사용하는 개폐장치이다.

해답 ① 리클로우저(리클리우저)
② 선로개폐기

TIP

▶ 개폐장치

부하개폐기	LBS	인입구 개폐기로 부하전류 개폐 및 결상 사고 차단
선로개폐기	LS	66[kV] 이상에서 인입구 개폐기로 사용된다.
자동고장구분 개폐기	ASS	① 사고 시 전기사업자 측(리클리우지, CB)과 협조하여 파급 사고 방지 ② 부하전류 개폐 ③ 과부하 보호기능
자동전환개폐기	ATS	정전 시 상용전원에서 발전기로 전환되어 전원공급을 하는 개폐기
자동부하전환 개폐기	ALTS	주회선 고장 시 예비선로로 전환되는 전원공급을 하는 개폐기

03 한국전기설비규정에서 규정하는 다음 각 용어의 정의에 대하여 빈칸을 작성하시오.

① PEN(Protective Earthing conductor and Neutral conductor) 도체
: (①) 회로에서 (②) 겸용 보호도체
② PEL(Protective Earthing conductor and a Line conductor) 도체
: (③) 회로에서 (④) 겸용 보호도체

해답 ① ① 교류   ② 중성선
② ③ 직류   ④ 선도체

TIP

① "PEN 도체(Protective Earthing Conductor and Neutral Conductor)"란 교류회로에서 중선선 겸용 보호도체를 말한다.
② "PEM 도체(Protective Earthing Conductor and a Mid-Point Conductor)"란 직류회로에서 중간선 겸용 보호도체를 말한다.
③ "PEL 도체(Protective Earthing Conductor and a Line Conductor)"란 직류회로에서 선도체 겸용 보호도체를 말한다.

04 개폐기 중에서 다음 기호(심벌)가 의미하는 것은 무엇인지 모두 쓰시오.

$$\boxed{\text{Ⓢ} \quad \begin{array}{l} \text{3P30A} \\ \text{f15A} \\ \text{A5} \end{array}}$$

1 3P30A **2** f15A **3** A5

(해답) **1** 3P30A : 3극 30[A] 개폐기
2 f15A : 퓨즈 정격 15[A]
3 A5 : 정격전류 5[A]

05 다음을 읽고 물음에 답하시오.

1 피뢰기 접지공사를 실시한 후, 접지저항을 보조접지 2개(A와 B)를 시설하여 측정하였더니 주접지와 A 사이의 저항은 86[Ω], A와 B 사이의 저항은 156[Ω], B와 주접지 사이의 저항은 80[Ω]이었다. 피뢰기의 접지저항값을 구하시오.
계산 : _____ 답 : _____

2 접지도체, 보호도체, 접지시스템, 내부 피뢰시스템, 계통접지, 보호접지 중 다음 설명에 맞는 것을 빈칸에 작성하시오.

종류	설명
(가)	계통, 설비 또는 기기의 한 점과 접지극 사이의 도전성 경로 또는 그 경로의 일부가 되는 도체
(나)	고장 시 감전에 대한 보호를 목적으로 기기의 한 점 또는 여러 점을 접지하는 것
(다)	기기나 계통을 개별적 또는 공통으로 접지하기 위하여 필요한 접속 및 장치로 구성된 설비

(해답) **1** 계산 : 접지저항값 $R_E = \dfrac{1}{2}(86 + 80 - 156) = 5[\Omega]$ 답 5[Ω]

2 ① 접지도체 ② 보호접지 ③ 접지시스템

TIP

1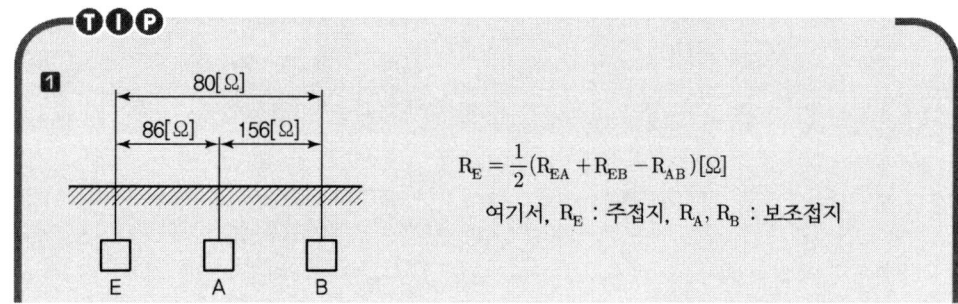

$$R_E = \frac{1}{2}(R_{EA} + R_{EB} - R_{AB})[\Omega]$$

여기서, R_E : 주접지, R_A, R_B : 보조접지

2 용어 정의

① "보호접지(Protective Earthing)"란 고장 시 감전에 대한 보호를 목적으로 기기의 한 점 또는 여러 점을 접지하는 것을 말한다.
② "보호도체(PE, Protective Conductor)"란 감전에 대한 보호 등 안전을 위해 제공되는 도체를 말한다.
③ "접지도체(Grounded Conductor)"란 계통, 설비 또는 기기의 한 점과 접지극 사이의 도전성 경로 또는 그 경로의 일부가 되는 도체를 말한다.
④ "접지시스템(Earthing System)"이란 기기나 계통을 개별적 또는 공통으로 접지하기 위하여 필요한 접속 및 장치로 구성된 설비를 말한다.
⑤ "내부 피뢰시스템(Internal Lightning Protection System)"이란 등전위본딩 또는 외부피뢰시스템의 전기적 절연으로 구성된 피뢰시스템의 일부를 말한다.
⑥ "계통접지(System Earthing)"란 전력계통에서 돌발적으로 발생하는 이상현상에 대비하여 대지와 계통을 연결하는 것으로, 중성점을 대지에 접속하는 것을 말한다.

06 논리식이 다음과 같을 경우 유접점회로를 그리시오. (단, 각 접점의 식별 문자를 표기하고, 접속점, 비접속점 표기방식을 참고하여 작성하시오.)

$$\text{논리식 : } L = (\overline{X}+Y+\overline{Z})(X+\overline{Y}+\overline{Z})$$

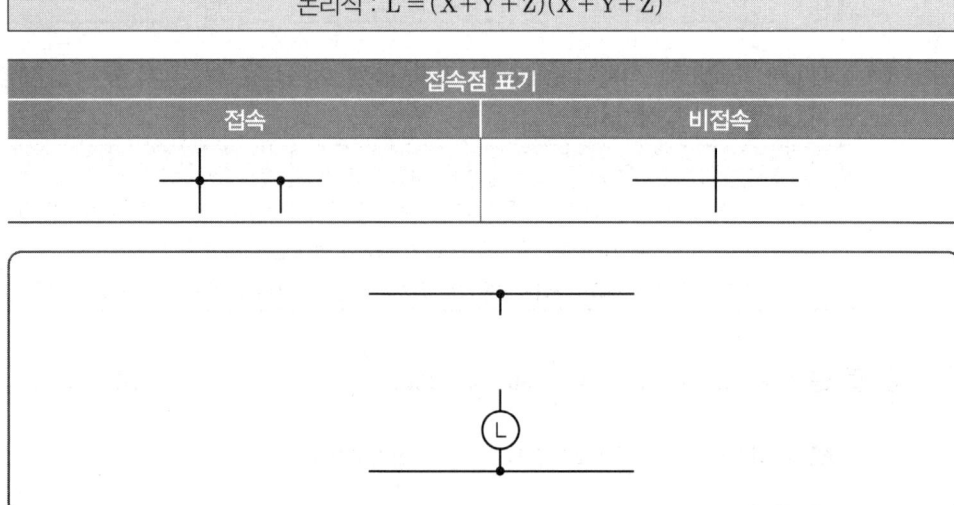

해답
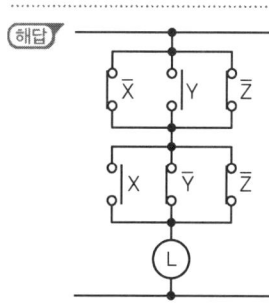

07 가로 10[m], 세로 16[m], 천장높이 3.85[m], 작업면 높이 0.85[m]인 사무실에 천장직부 형광등 F40×2를 설치하려고 한다.

1 F40×2의 심벌을 KS C 0301 규정에 따라 그리시오.

2 이 사무실의 실지수는 얼마인가?
계산 : _____ 답 : _____

3 이 사무실의 작업면 조도를 300[lx], 천장 반사율 70[%], 벽 반사율 50[%], 바닥 반사율 10[%], 40[W] 형광등[F40×2] 1개의 광속 3,150[m], 보수율 70[%], 조명률 60[%]로 한다면 이 사무실에 필요한 형광등[F40×2]은 몇 개인가?
계산 : _____ 답 : _____

해답 **1**
F40×2

2 계산 : 실지수$(K) = \dfrac{XY}{H(X+Y)} = \dfrac{10 \times 16}{(3.85-0.85) \times (10+16)} = 2.05$

답 2.05

3 계산 : $N = \dfrac{EAD}{FU} = \dfrac{300 \times (10 \times 16)}{3,150 \times 0.6 \times 0.7} = 36.28$

답 37[등]

TIP

① $FUN = EAD$에서 $N = \dfrac{EAD}{FU}$

여기서, F : 광원 1개당의 광속[lm], N : 광원의 개수[등], E : 작업면상의 평균 조도[lx]
A : 방의 면적[m²], D : 감광보상률, U : 조명률

② 감광보상률 $D = \dfrac{1}{M(유지율)}$

08 다음 그림과 같은 배선평면도와 주어진 조건을 이용하여 각 물음에 답하시오.

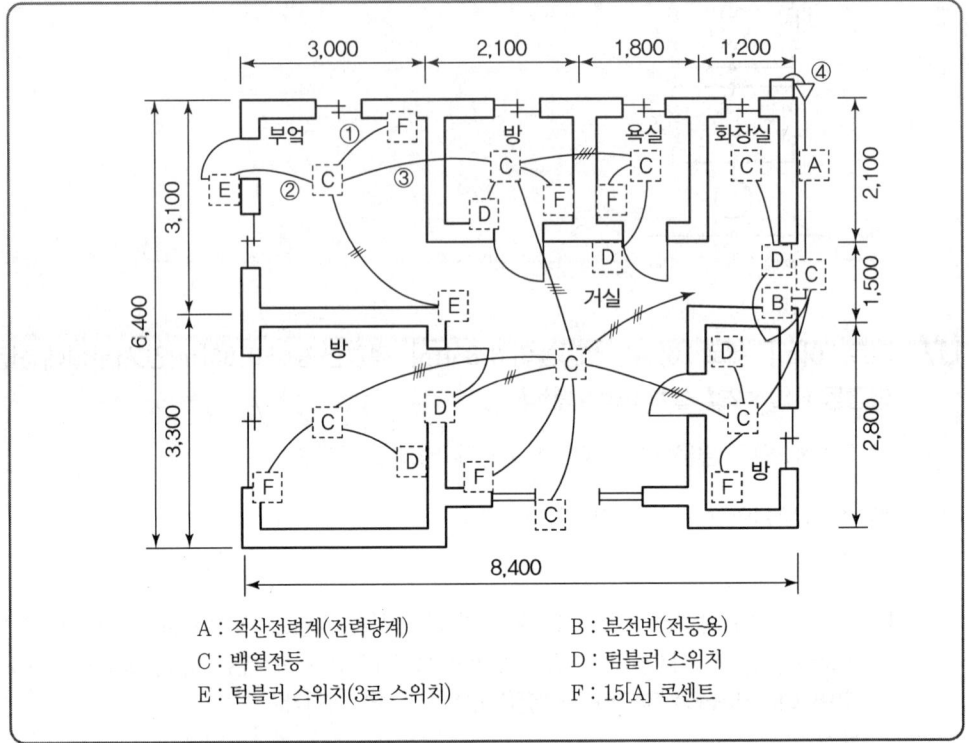

A : 적산전력계(전력량계)　　　B : 분전반(전등용)
C : 백열전등　　　　　　　　　D : 텀블러 스위치
E : 텀블러 스위치(3로 스위치)　F : 15[A] 콘센트

1 점선으로 표시된 위치(A~F)에 기구를 배치하여 배선평면도를 완성하려고 한다. 해당되는 기구의 그림기호를 그리시오.
A :　　　　B :　　　　C :　　　　D :　　　　E :　　　　F :

2 배선평면도의 ①~③의 배선 가닥수는 몇 가닥인가?
① :　　　　　　　　② :　　　　　　　　③ :

3 도면의 ④에 대한 그림기호의 명칭은 무엇인가?

4 본 배선평면도에 소요되는 4각 박스와 부싱은 몇 개인가?(단, 자재의 규격은 구분하지 않고 개수만 산정한다.)
4각 박스 :　　　　　　　　　　부싱 :

[조건]
- 사용하는 전선은 모두 NR 4.0[mm²]이다.
- 박스는 모두 4각 박스를 사용하며, 기구 1개에 박스 1개를 사용한다. 2개 연등인 경우에는 각 1개씩을 사용하는 것으로 한다.
- 전선관은 콘크리트 매입 후강 금속관이다.
- 층고는 3[m]이고, 분전반의 설치 높이는 1.5[m]이다.
- 3로 스위치 이외의 스위치는 단극 스위치를 사용하며, 2개를 나란히 사용한 개소는 2개소이다.

해답

1 A : WH B : ◩ C : ○
D : ● E : ● F : ⦂

2 ① 2가닥 ② 3가닥 ③ 4가닥

3 케이블 헤드

4 4각 박스 25개, 부싱 46개

TIP

4 ① 4각 박스 25개
- C : 9개
- D : 6개
- E : 2개
- F : 6개
- 스위치 2개를 나란히 사용한 장소에 추가되는 스위치 박스 : 2개

② 부싱 46개
4각 박스 수(스위치 2개를 나란히 사용한 장소 제외)×2 = 23×2 = 46개

09 전력계통에 발생되는 단락용량 경감대책 3가지를 쓰시오.

해답 ① 계통의 분리 ② 변압기 임피던스 변화
③ 한류 리액터 설치

그 외
④ 캐스케이드 보호방식 ⑤ 계통 연계기 설치
⑥ 한류 퓨즈에 의한 백업 차단 특성

TIP

▶ 저압 측 대책
① 변압기 임피던스 변화 ② 한류 리액터 설치 ③ 계통 연계기 사용

10 중성점 직접접지 방식의 장단점을 3가지씩 작성하시오.

1 장점

2 단점

해답

1 장점
① 1선지락 시 전위상승이 낮다.
② 보호장치(보호계전기) 동작이 확실하다.
③ 단절연이 가능하여 기기값이 저렴하다.

2 단점
① 유도장해가 크다.
② 과도안정도가 저하된다.
③ 지락전류가 커서 기기에 충격을 준다.

TIP

▶ 중성점 접지방식의 비교

구분	비접지	직접접지	고저항접지	소호리액터접지
1선지락 고장 시 건전상의 대지전압 (상전압의 배수)	$\sqrt{3}$ 배	1.3배 이하	$\sqrt{3}$ 배 이상	$\sqrt{3}$ 배 이상
피뢰기	1.4E	1.04~1.06E	1.4E	1.4E
기기절연 수준	최고	최저 단절연이 가능	비접지보다 약간 낮은 수준	고저항접지와 비슷
다중고장에의 확대가능성	길이가 길수록 가능성이 큼	거의 없음	비접지보다 가능성이 적음	고저항접지와 비슷
1선지락전류의 크기	소	최대	100~150[A]	최소
보호계전기 동작	지락계전기의 적용이 곤란	확실, 신속, 신뢰도 최대	소세력 지락계전기	선택지락계전기 적용이 곤란
전자유도장해	적음	큼(고속차단에 의해 고장시간을 단축)	적음	적음
1선지락 시 과도안정도	큼	최소(고속도 재폐로에 의해 개선)	중	최대
접지장치 가격	적음	최소	저항기 값이 큼	리액터 값이 큼
지락사고의 제거	곤란	용이	비교적 용이	자연소호
국내 상황	3.3, 6.6, 22[kV]	154, 345[kV]	배전선로가 긴 공장의 수변전설비	66[kV]

11 그림과 같이 환상 직류 배전선로에서 각 구간의 왕복 저항은 0.1[Ω], 급전점 A의 전압은 100[V], 부하점 B, C의 부하전류는 각각 30[A], 50[A]라 할 때 부하점 B의 전압은 몇 [V]인가?

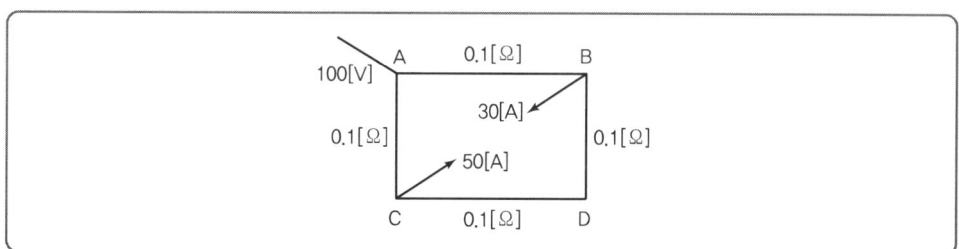

계산 : _____ 답 : _____

해답 계산 : 폐회로 내의 전압강하의 합은 0이고, $I_1 + I_2 = 80[A]$이므로 $I_1 = 80 - I_2$
$0.1I_1 + 0.1(I_1 - 30) + 0.1(I_1 - 30) - 0.1I_2 = 0$
$0.1I_1 + 0.1(I_1 - 30) + 0.1(I_1 - 30) - 0.1(80 - I_1) = 0$
$0.4I_1 = 14 \qquad I_1 = 35[A]$
부하점 B의 전압 $V_B = V_A - I_1 R = 100 - 35 \times 0.1 = 96.5[V]$

답 96.5[V]

TIP
• 키르히호프의 전압법칙(KVL) : 임의의 폐회로 내의 기전력의 총합과 전압강하의 총합은 같다.
• 키르히호프의 전류법칙(KCL) : 임의의 점을 기준으로 들어가는 전류와 나가는 전류의 대수합은 0이다.

12 3상 3선식 3,000[V], 200[kVA]의 배전선로 전압을 3,100[V]로 승압하기 위해서 단상 변압기 3대를 그림과 같이 접속하였다. 이 변압기의 1, 2차 전압과 용량을 구하시오.(단, 변압기의 손실은 무시한다.)

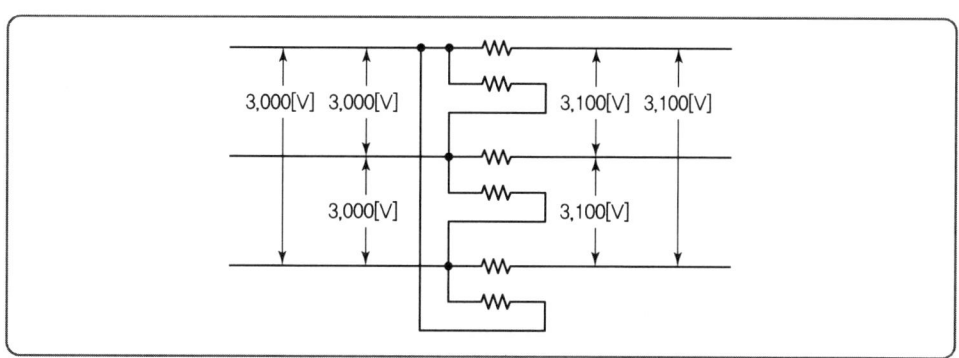

1 변압기 1, 2차 전압[V]

계산 : _____ 답 : _____

2 변압기 용량[kVA]

계산 : _____ 답 : _____

해답 **1** 변압기 1, 2차 전압[V]

계산 : 1차 전압 : 3,000[V]

2차 전압 $e_2 = \sqrt{\dfrac{4V_2^2 - V_1^2}{12}} - \dfrac{V_1}{2} = \sqrt{\dfrac{4 \times 3,100^2 - 3,000^2}{12}} - \dfrac{3,000}{2} = 66.31[V]$

답 66.31[V]

2 변압기 용량[kVA]

계산 : $\dfrac{\text{자기용량}}{\text{부하용량}} = \dfrac{3e_2 I_2}{\sqrt{3}\, V_2 I_2}$ 에서

변압기 용량(자기용량) $= \dfrac{3 \times 66.31}{\sqrt{3} \times 3,100} \times 200 = 7.41[kVA]$

답 7.41[kVA]

T I P

1. 승압기 △결선 시

   ① $E_2 = E_1\left(1 + \dfrac{3}{2}\dfrac{e_2}{e_1}\right)$ 에서

   $e_2 = \left(\dfrac{E_2}{E_1} - 1\right) \times \dfrac{2}{3} \times e_1 = \left(\dfrac{3,100}{3,000} - 1\right) \times \dfrac{2}{3} \times 3,000 = 66.666$

   ∴ 1차 전압 : 3,000[V], 2차 전압 : 66.67[V]

   ② $\dfrac{\text{자기용량}}{\text{부하용량}} = \dfrac{V_h^2 - V_l^2}{\sqrt{3}\, V_h \cdot V_l}$ 에서

   자기용량 $= \dfrac{V_h^2 - V_l^2}{\sqrt{3}\, V_h \cdot V_l} \times \text{부하용량}$

   $= \dfrac{3,100^2 - 3,000^2}{\sqrt{3} \times 3,100 \times 3,000} \times 200 = 7.573$

   ∴ 7.57[kVA]

2. 3상의 자기용량과 부하용량

   ① Y결선(3대) : $\dfrac{\text{자기용량}}{\text{부하용량}} = \dfrac{V_h - V_l}{V_h}$

   ② △결선(3대) : $\dfrac{\text{자기용량}}{\text{부하용량}} = \dfrac{1}{\sqrt{3}}\left(\dfrac{V_h^2 - V_l^2}{V_h \cdot V_l}\right)$

   ③ V결선(2대) : $\dfrac{\text{자기용량}}{\text{부하용량}} = \dfrac{2}{\sqrt{3}}\left(\dfrac{V_h - V_l}{V_h}\right)$

13 연동선을 사용한 코일의 저항이 0[℃]에서 4,000[Ω]이었다. 이 코일에 전류를 흘렸더니 그 온도가 상승하여 코일의 저항이 4,500[Ω]으로 되었다고 한다. 이때 연동선의 온도를 구하시오.

계산 : _____ 답 : _____

(해답) 계산 : 0[℃]에서의 연동선의 온도계수 $\alpha_0 = \dfrac{1}{234.5}$

$R_t = R_0\{1 + \alpha_0(t - t_0)\}$

$\therefore t = \left(\dfrac{R_t}{R_0} - 1\right) \times \dfrac{1}{\alpha_0} + t_0 = \left(\dfrac{4,500}{4,000} - 1\right) \times 234.5 + 0 = 29.31[℃]$

답 29.31[℃]

14 다음의 PLC 프로그램을 보고, 래더 다이어그램을 완성하시오. (단, 접속점을 표기할 것)

차례	명령	번지
0	STR	P00
1	OR	P01
2	STR NOT	P02
3	OR	P03
4	STR AND	–
5	AND NOT	P04
6	OUT	P10

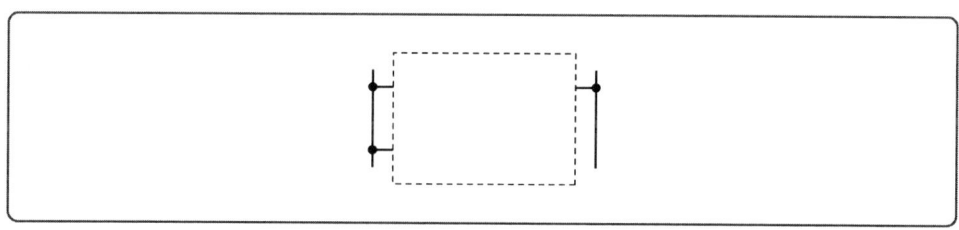

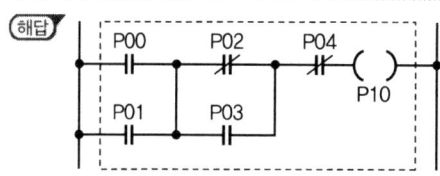

15 다음 그림은 변류기를 영상 접속시켜 그 잔류 회로에 지락 계전기 DG를 삽입시킨 것이다. 선로의 전압은 66[kV], 중성점에 300[Ω]의 저항 접지로 하였고, 변류기의 변류비는 $\frac{300}{5}$[A]이다. 송전 전력이 20,000[kW], 역률이 0.8(지상)일 때 a상에 완전 지락 사고가 발생하였다. 다음 각 물음에 답하시오. (단, 부하의 정상, 역상 임피던스, 기타의 정수는 무시한다.)

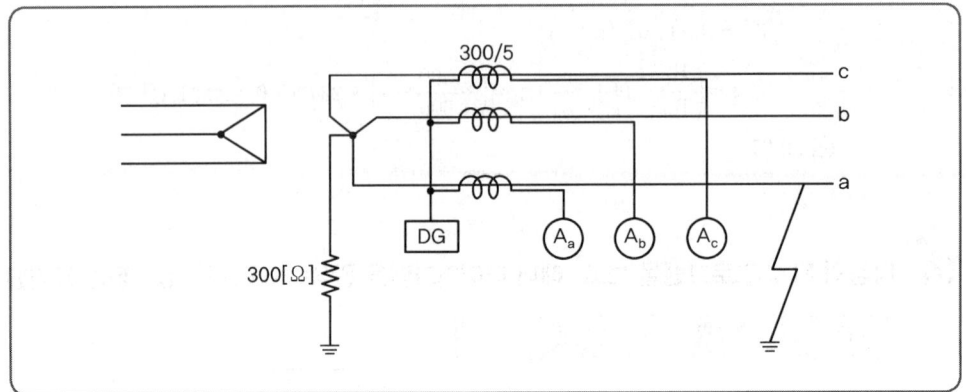

1 지락 계전기 DG에 흐르는 전류[A] 값은?
  계산 : _____ 답 : _____

2 a상 전류계 A_a에 흐르는 전류[A] 값은?
  계산 : _____ 답 : _____

3 b상 전류계 A_b에 흐르는 전류[A] 값은?
  계산 : _____ 답 : _____

4 c상 전류계 A_c에 흐르는 전류[A] 값은?
  계산 : _____ 답 : _____

해답 **1** 계산 : 지락전류 $I_g = \dfrac{E}{R} = \dfrac{66,000}{\sqrt{3} \times 300} = 127[A]$

$i_n = i_g \times \dfrac{1}{CT비} = I_g \times \dfrac{5}{300} = 127 \times \dfrac{5}{300} = 2.12[A]$

답 2.12 [A]

2 계산 : 부하전류 $I_L = \dfrac{P}{\sqrt{3}\,V\cos\theta}(\cos\theta - j\sin\theta) = \dfrac{20,000}{\sqrt{3} \times 66 \times 0.8}(0.8 - j0.6)$
$= 175 - j131.2 = 218.7[A]$

건전상 b, c상에서는 부하전류만 흐르고 고장상 a상에는 I_L과 I_g가 중첩해서 흐른다.
따라서, $I_a = 175 - j131.2 + 127$
$= 302 - j131.2 = \sqrt{302^2 + 131.2^2} = 329.26[A]$

$$i_a = I_a \times \frac{1}{CT비} = I_a \times \frac{5}{300} = 329.26 \times \frac{5}{300} = 5.487[A]$$

답 5.49[A]

3 계산 : 부하전류 $I_L = \frac{P}{\sqrt{3}V\cos\theta}(\cos\theta - j\sin\theta) = \frac{20,000}{\sqrt{3} \times 66 \times 0.8}(0.8 - j0.6)$
$= 175 - j131.2 = 218.7[A]$
$$i_b = I_L \times \frac{1}{CT비} = I_L \times \frac{5}{300} = 218.7 \times \frac{5}{300} = 3.65[A]$$

답 3.65[A]

4 계산 : $i_c = i_b = 3.65[A]$

답 3.65[A]

TIP
① DG 계전기에는 지락전류만 흐른다.
② a상에는 부하전류 및 지락전류가 흐른다.
③ b, c상에는 부하전류만 흐른다.

16 그림과 같이 Y결선된 평형 부하의 전압을 측정할 때 전압계의 지시값이 $V_P = 150[V]$, $V_\ell = 220[V]$로 나타났다. 다음 각 물음에 답하시오.(단, 부하 측에 인가된 전압은 각 상의 평형 전압이고 기본파와 제3고조파분 전압만이 포함되어 있다.)

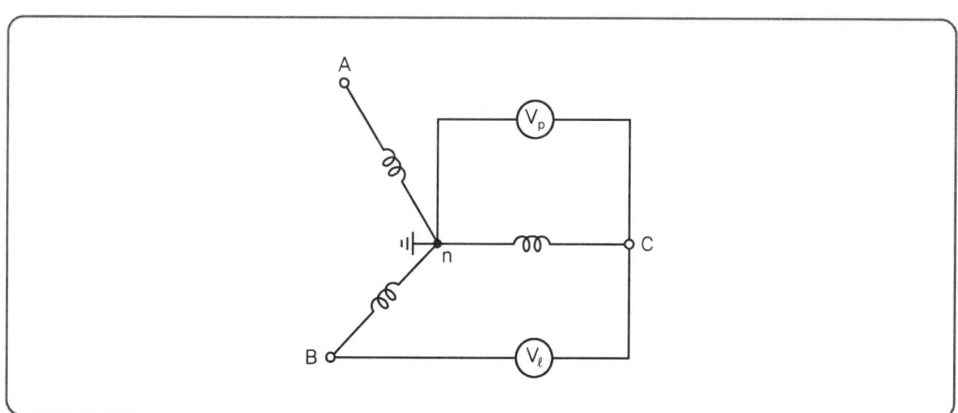

1 제3고조파 전압[V]을 구하시오.
계산 : _____ 답 : _____

2 전압의 왜형률[%]을 구하시오.
계산 : _____ 답 : _____

해답 **1** 계산 : $V_\ell = \sqrt{3}\,V_1$, $220 = \sqrt{3}\,V_1$

$$V_1 = \frac{220}{\sqrt{3}} = 127.02[V]$$

따라서 제3고조파 $V_3 = \sqrt{150^2 - 127.02^2} = 79.79[V]$

답 79.79[V]

2 계산 : $\dfrac{79.79}{127.02} \times 100 = 62.82[\%]$

답 62.82[%]

TIP
① 기본파 상전압 $V_P = \sqrt{V_1^2 + V_3^2}$
② 왜형률 = $\dfrac{\text{전 고조파 실효값}}{\text{기본파 실효값}} \times 100$

17 고휘도 방전램프(HID : High Intensity Discharge Lamp)의 종류를 3가지만 작성하시오.

해답 ① 고압 수은등
② 고압 나트륨등
③ 메탈할라이드등
그 외
④ 초고압 수은등
⑤ 고압 크세논방전등

18 그림과 같이 A 변전소에서 B 변전소로 1회선 송전을 하고 있다. 이 경우 B 변전소의 (a) 차단기의 차단용량을 구하시오. (단, 계통의 %임피던스는 10[MVA]를 기준으로 그림에 표시한 것으로 한다.)

| 차단기의 정격용량 |

차단용량[MVA]	50	100	200	300	500	750

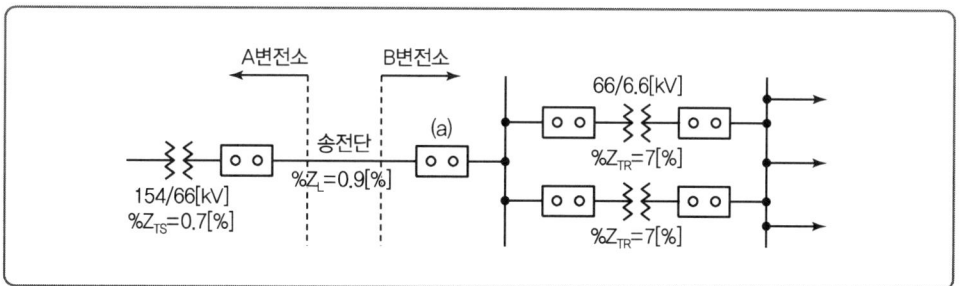

계산 : _____ 답 : _____

해답 계산 : (a)점을 기준하여 %Z = 0.7 + 0.9 = 1.6[%]

$$차단용량\ P_s = \frac{100}{\%Z}P = \frac{100}{1.6} \times 10 = 625[\text{MVA}]$$

답 750[MVA]

TIP

1. 차단기 용량 선정
   ① 퍼센트 임피던스(%Z)가 주어졌을 경우
   $P_s = \frac{100}{\%Z} \times P_n$ 여기서, P_n : 기준용량
   ② 정격차단전류[kA]가 주어졌을 경우
   $P_s = \sqrt{3} \times 정격전압[kV] \times 정격차단전류[kA] = [\text{MVA}]$

2. 단락전류
   ① 퍼센트 임피던스(%Z)가 주어졌을 경우
   $I_s = \frac{100}{\%Z} I_n[A]$ 여기서, I_n : 정격전류
   ② 임피던스(Z)가 주어졌을 경우
   $I_s = \frac{E}{Z} = \frac{\frac{V}{\sqrt{3}}}{Z}[A]$ 여기서, E : 상전압, V : 선간전압

2024년도 3회 시험 과년도 기출문제

01 전등부하 130[kW], 동력부하 230[kW], 하절기 냉방부하 130[kW], 동절기 난방부하 70[kW]일 때, 다음 표를 이용하여 변압기 표준용량을 선정하시오.(단, 종합역률은 85[%], 부등률은 1.3이고 변압기 용량은 최대부하에 20[%]의 여유를 주도록 한다.)

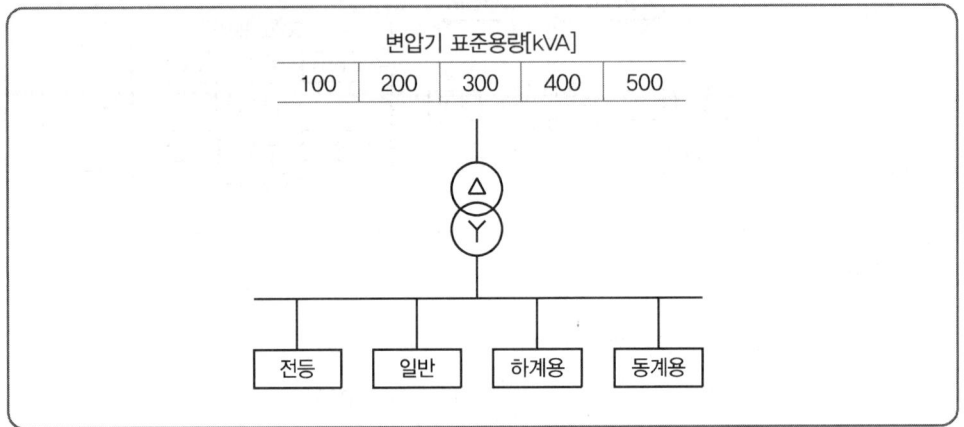

부하	전등부하	동력부하	하절기 냉방부하	동절기 난방부하
전력[kW]	130	230	130	70
수용률[%]	70	80	70	65

계산 : _____ 답 : _____

[해답] 계산 : 변압기 용량 $= \dfrac{\text{합성최대전력}}{\text{부등률} \times \text{역률}} \times \text{여유율}$

$= \dfrac{\text{개별 최대전력의 합(설비용량} \times \text{수용률)}}{\text{부등률} \times \text{역률}} \times \text{여유율}$

$= \dfrac{130 \times 0.7 + 230 \times 0.8 + 130 \times 0.7}{1.3 \times 0.85} \times 1.2 = 397.47 \text{[kVA]}$

탑 400[kVA]

TIP

1. 수용률
   ① 의미 : 수용설비의 기기를 동시에 사용하는 정도
   ② 정의 : 설비용량에 대한 최대수용전력의 비
   ③ 수용률 $= \dfrac{\text{최대전력}[kW]}{\text{설비용량}[kW]} \times 100[\%]$
   ④ 변압기 용량$[kVA] = \dfrac{\text{최대전력}[kW]}{\cos\theta} = \dfrac{\text{설비용량} \times \text{수용률}[kW]}{\cos\theta}$

2. 부등률
   ① 정의(의미) : 여러 전력 기기를 동시에 사용하는 정도를 시간, 계절별로 나타내는 지수
   ② 부등률식의 정의 : 합성 최대전력에 대한 개별 최대수용전력의 합의 비
   ③ 부등률 $= \dfrac{\text{개별 최대전력의 합}[KW]}{\text{합성 최대전력}[KW]} \geq 1$
   ④ 합성 최대전력$[kW] = \dfrac{\text{개별 최대전력의 합}[kW]}{\text{부등률}}$
   ⑤ 변압기 용량$[kVA] = \dfrac{\text{합성 최대전력}[kW]}{\cos\theta} = \dfrac{\text{개별 최대전력의 합}[kW]}{\text{부등률} \cdot \cos\theta}$
   ⑥ 부등률은 단위가 없다.

3. 부하율
   ① 의미 : 전력 변동 상태를 알 수 있는 정도
   ② 정의 : 최대전력에 대한 평균전력의 비
   $$\text{부하율}[F] = \dfrac{\text{평균전력}[kW]}{\text{최대전력}[kW]} \times 100 = \dfrac{\text{사용전력량}[kWh]/\text{시간}}{\text{최대전력}[kW]} \times 100$$
   ③ 부하율이 작으면 전력공급설비를 유용하게 사용하지 못하며 실가동률이 저하된다.

02 그림과 같은 전자 릴레이 회로를 미완성 다이오드 매트릭스 회로에 다이오드를 추가시켜 다이오드 매트릭스 회로로 바꾸어 그리시오.

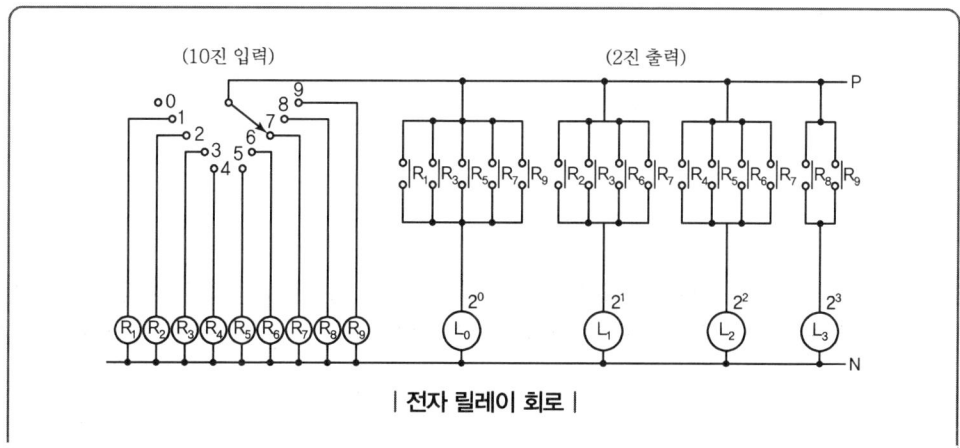

| 전자 릴레이 회로 |

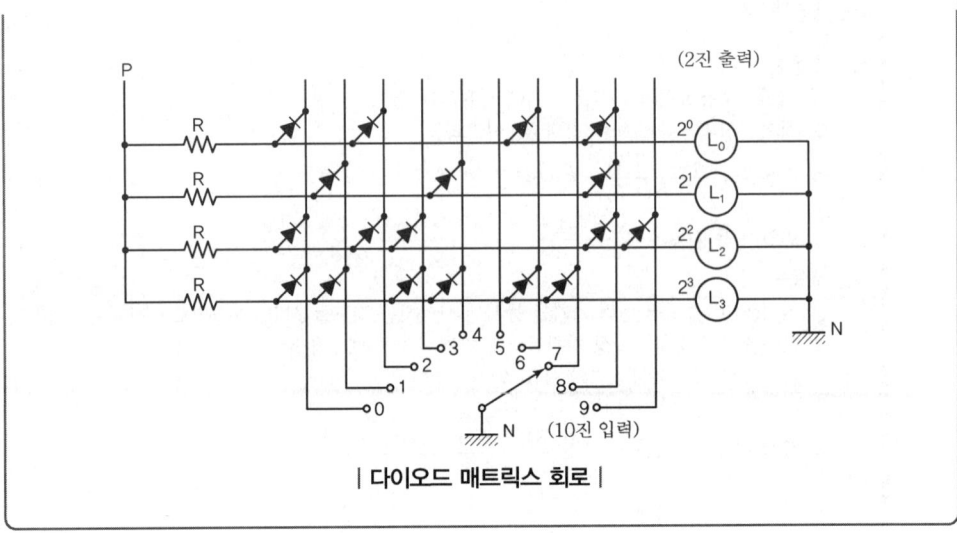

| 다이오드 매트릭스 회로 |

해답)

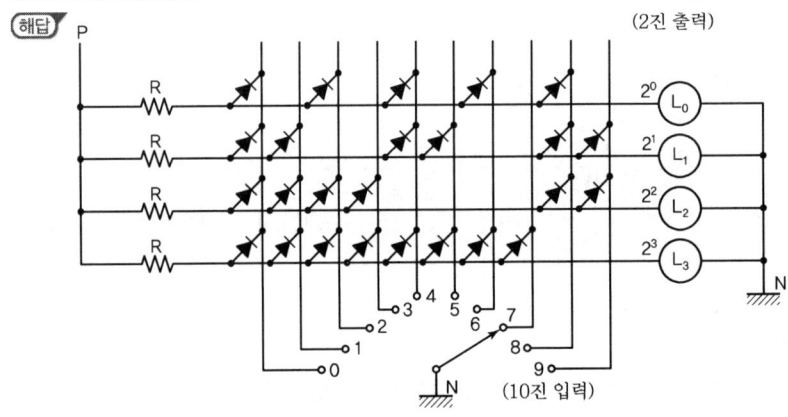

| 다이오드 매트릭스 회로 |

T I P
- $2^3 = 8$, $2^2 = 4$, $2^1 = 2$, $2^0 = 1$
- 8421 코드로 다이오드의 개수와 동일한 특징을 갖는다.

03 고압용 개폐기 · 차단기 · 피뢰기, 기타 이와 유사한 기구로서 동작 시에 마크가 생기는 것은 목재의 벽 또는 천장, 기타의 가연성 물체로부터 몇 [m] 이상 이격하여 시설하여야 하는가?

해답) 1[m]

> **TIP**
> ▶ 아크를 발생시키는 기구의 시설(KEC)
> 고압용 또는 특고압용의 개폐기·차단기·피뢰기, 기타 이와 유사한 기구로서 동작 시에 아크가 생기는 것은 목재의 벽 또는 천장, 기타의 가연성 물체로부터 표에서 정한 값 이상 이격하여 시설하여야 한다.
>
> | 기구 등의 구분 | 이격거리 |
> | --- | --- |
> | 고압용의 것 | 1[m] 이상 |
> | 특고압용의 것 | 2[m] 이상(사용전압 35[kV] 이하의 특고압용의 기구 등으로서 동작할 때에 생기는 아크의 방향과 길이를 화재가 발생할 우려가 없도록 제한하는 경우에는 1[m] 이상) |

04 한국전기설비규정에 따르면, 발전기에는 다음의 경우에 자동적으로 이를 전로로부터 차단하는 장치를 시설하여야 한다. 빈칸에 알맞은 말을 쓰시오.

- 발전기에 과전류나 과전압이 생긴 경우
- 용량이 (①)[kVA] 이상의 발전기를 구동하는 수차의 압유장치의 유압 또는 전동식 가이드밴 제어장치, 전동식 니들 제어장치 또는 전동식 디플렉터 제어장치의 전원전압이 현저히 저하한 경우
- 용량이 (②)[kVA] 이상의 발전기를 구동하는 풍차(風車)의 압유장치의 유압, 압축 공기장치의 공기압 또는 전동식 브레이드 제어장치의 전원전압이 현저히 저하한 경우
- 용량이 (③)[kVA] 이상인 수차 발전기의 스러스트 베어링의 온도가 현저히 상승한 경우
- 용량이 (④)[kVA] 이상인 발전기의 내부에 고장이 생긴 경우
- 정격출력이 (⑤)[kW]를 초과하는 증기터빈은 그 스러스트 베어링이 현저하게 마모되거나 그의 온도가 현저히 상승한 경우

①
②
③
④
⑤

해답 ① 500 ② 100
③ 2,000 ④ 10,000
⑤ 10,000

> **TIP**
>
> ▶ 발전기 등의 보호장치(KEC)
> ① 발전기에 과전류나 과전압이 생긴 경우
> ② 용량이 500[kVA] 이상의 발전기를 구동하는 수차의 압유장치의 유압 또는 전동식 가이드밴 제어장치, 전동식 니들 제어장치 또는 전동식 디플렉터 제어장치의 전원전압이 현저히 저하한 경우
> ③ 용량이 100[kVA] 이상의 발전기를 구동하는 풍차(風車)의 압유장치의 유압, 압축 공기장치의 공기압 또는 전동식 브레이드 제어장치의 전원전압이 현저히 저하한 경우
> ④ 용량이 2,000[kVA] 이상인 수차 발전기의 스러스트 베어링의 온도가 현저히 상승한 경우
> ⑤ 용량이 10,000[kVA] 이상인 발전기의 내부에 고장이 생긴 경우
> ⑥ 정격출력이 10,000[kVA]를 초과하는 증기터빈은 그 스러스트 베어링이 현저하게 마모되거나 그의 온도가 현저히 상승한 경우

05 다음 표의 절연내력 시험전압 ①, ②, ③을 구하시오.

공칭전압	6,000[V]	13,200[V] 중성점 다중접지	22,900[V] 중성점 다중접지
최대전압	6,900[V]	13,800[V]	24,000[V]
시험전압	①	②	③

① 계산 : _____ 답 : _____
② 계산 : _____ 답 : _____
③ 계산 : _____ 답 : _____

[해답]
① 계산 : $6,900 \times 1.5 = 10,350[V]$ **답** 10,350[V]
② 계산 : $13,800 \times 0.92 = 12,696[V]$ **답** 12,696[V]
③ 계산 : $24,000 \times 0.92 = 22,080[V]$ **답** 22,080[V]

> **TIP**
>
> ▶ 전로의 종류 및 시험전압
>
> | 전로의 종류 | 시험전압 |
> |---|---|
> | 1. 최대사용전압 7[kV] 이하인 전로 | 최대사용전압의 1.5배 전압 |
> | 2. 최대사용전압 7[kV] 초과 25[kV] 이하인 중성점 접지식 전로(중성선을 가지는 것으로서 그 중성선을 다중접지 하는 것에 한한다.) | 최대사용전압의 0.92배 전압 |
> | 3. 최대사용전압 7[kV] 초과 60[kV] 이하인 전로(2란의 것을 제외한다.) | 최대사용전압의 1.25배 전압 (10.5[kV] 미만으로 되는 경우는 10.5[kV]) |
> | 4. 최대사용전압 60[kV] 초과 중성점 비접지식 전로(전위 변성기를 사용하여 접지하는 것을 포함한다.) | 최대사용전압의 1.25배 전압 |

5. 최대사용전압 60[kV] 초과 중성점 접지식 전로(전위 변성기를 사용하여 접지하는 것 및 6란과 7란의 것을 제외한다.)	최대사용전압의 1.1배 전압 (75[kV] 미만으로 되는 경우는 75[kV])
6. 최대사용전압 60[kV] 초과 중성점 직접 접지식 전로 (7란의 것을 제외한다.)	최대사용전압의 0.72배 전압
7. 최대사용전압이 170[kV] 초과 중성점 직접 접지식 전로로서 그 중성점이 직접 접지되어 있는 발전소 또는 변전소 혹은 이에 준하는 장소에 시설하는 것	최대사용전압의 0.64배 전압

06 다음 그림을 보고 주어진 물음에 답하시오.(단, 문제에서 주어지지 않은 조건은 고려하지 않는다.)

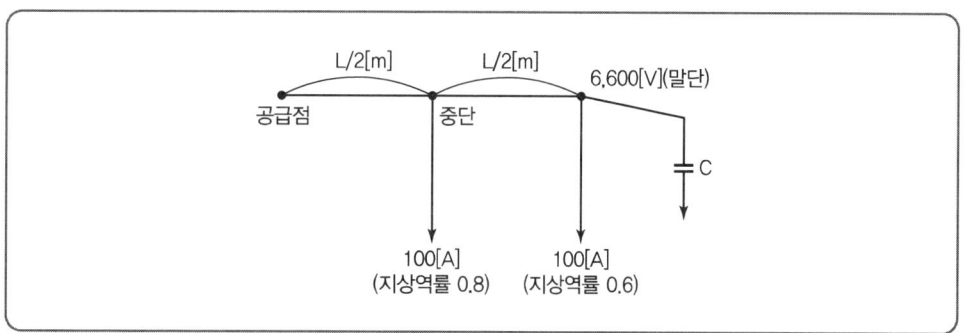

1 공급점을 지상역률 0.9로 개선하는 콘덴서 용량 Q_C[kVA] 값을 구하시오.

계산 : _____ 답 : _____

2 선로의 전력손실이 최소가 되는 콘덴서 용량 Q_C[kVA]를 구하시오.(단, 말단 전압은 6,600[V]로 일정하고, γ[Ω/m]이다.)

계산 : _____ 답 : _____

해답 **1** 계산 : 공급점 역률이 90[%]이고 각 부하 역률이 다르므로

합성전류 $I = I\cos\theta - jI\sin\theta = (80+60) - j(60+80) = 140 - j140$[A]

$$\cos\theta = \frac{유효전력}{피상전력} = \frac{유효전류}{피상전류}$$

$$0.9 = \frac{140}{\sqrt{140^2 + (140-I_c)^2}}$$

$I_c = 72.19$[A]

$Q_c = \sqrt{3} \times V \times I_c = \sqrt{3} \times 6,600 \times 72.19 \times 10^{-3} = 825.24$[kVA]

답 825.24[kVA]

② 계산 : 역률이 1일 때 전력손실이 최소가 된다.

$I_c = 140$일 때 $\dfrac{140}{\sqrt{140^2 + (140-140)^2}} = 1$

$Q_c = \sqrt{3} \times V \times I_c = \sqrt{3} \times 6{,}600 \times 140 \times 10^{-3} = 1{,}600.41\,[\text{kVA}]$

답 1,600.41[kVA]

07 다음의 그림은 TN계통의 TN-C-S 방식의 저압배전선로의 접지계통이다. 결선도를 완성하시오.

기호설명	
	중성선(N), 중간도체(M)
	보호도체(PE)
	중성선과 보호도체 겸용(PEN)

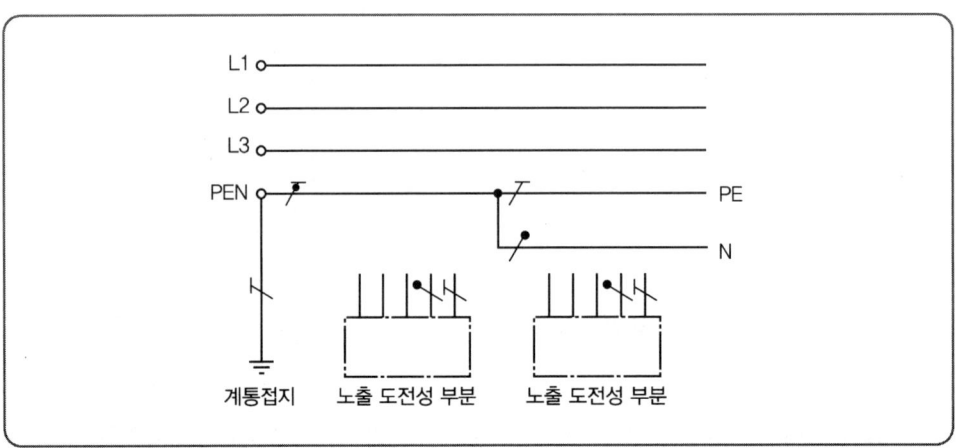

해답

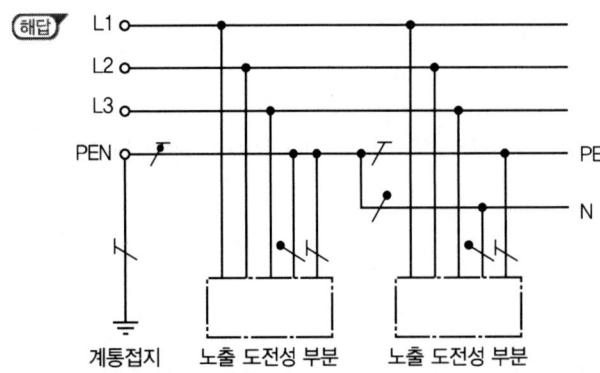

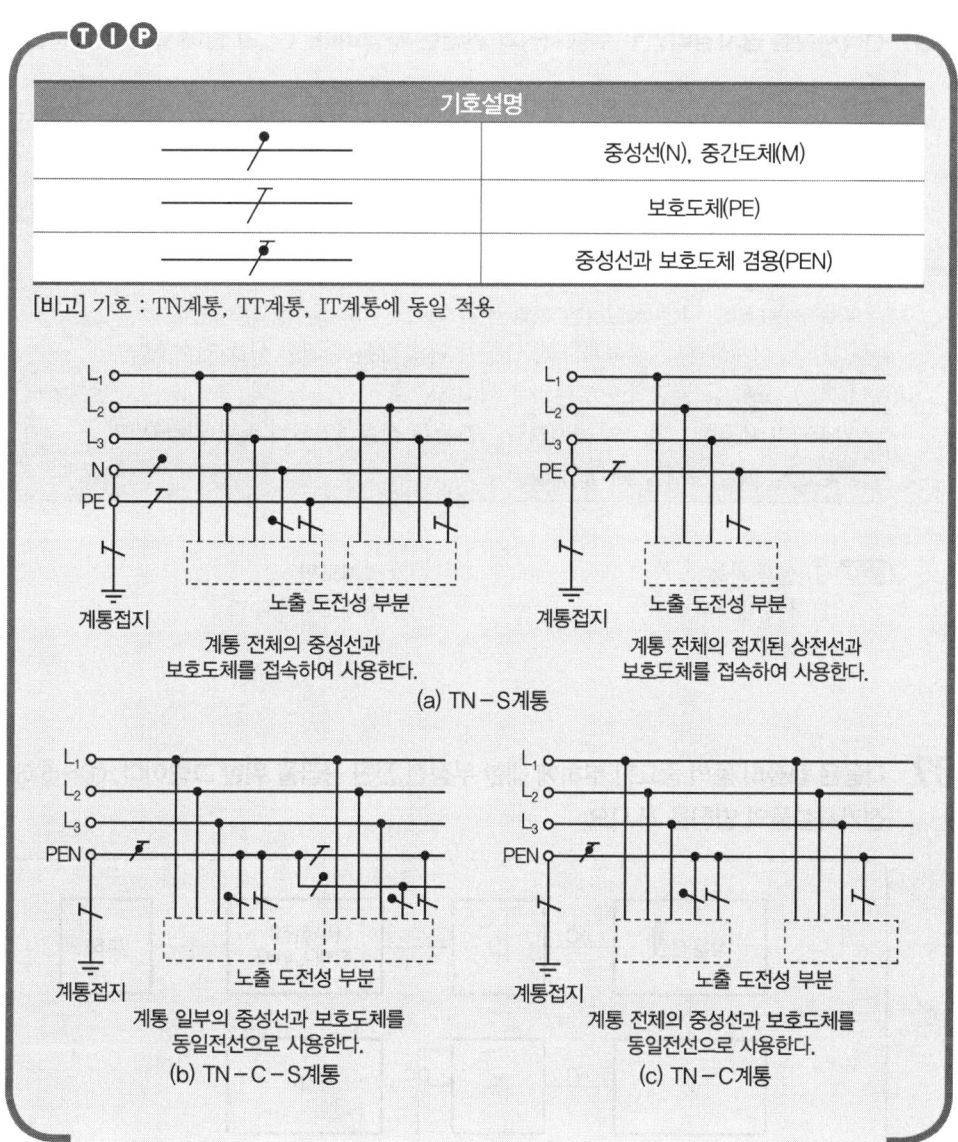

08 전력시설물 공사감리업무 수행지침과 관련된 사항이다. (   ) 안에 알맞은 내용을 쓰시오.

> 감리원은 설계도서 등에 대하여 공사계약문서 상호 간의 모순되는 사항, 현장 실정과의 부합 여부 등 현장 시공을 주안으로 하여 해당 공사 시작 전에 검토하여야 하며 검토 내용에는 다음 각 호의 사항 등이 포함되어야 한다.
> - 현장조건에 부합 여부
> - 시공의 (①) 여부
> - 다른 사업 또는 다른 공정과의 상호 부합 여부
> - (②), 설계설명서, 기술계산서, (③) 등의 내용에 대한 상호 일치 여부
> - (④), 오류 등 불명확한 부분의 존재 여부
> - 발주자가 제공한 (⑤)와 공사업자가 제출한 산출내역서의 수량 일치 여부
> - 시공상의 예상 문제점 및 대책 등

[해답] ① 실제 가능　　② 설계도면
③ 산출내역서　　④ 설계도서의 누락
⑤ 물량내역서

09 다음은 컴퓨터 등의 중요한 부하에 대한 무정전 전원 공급을 위한 그림이다. ①~⑤에 적당한 전기시설물의 명칭을 쓰시오.

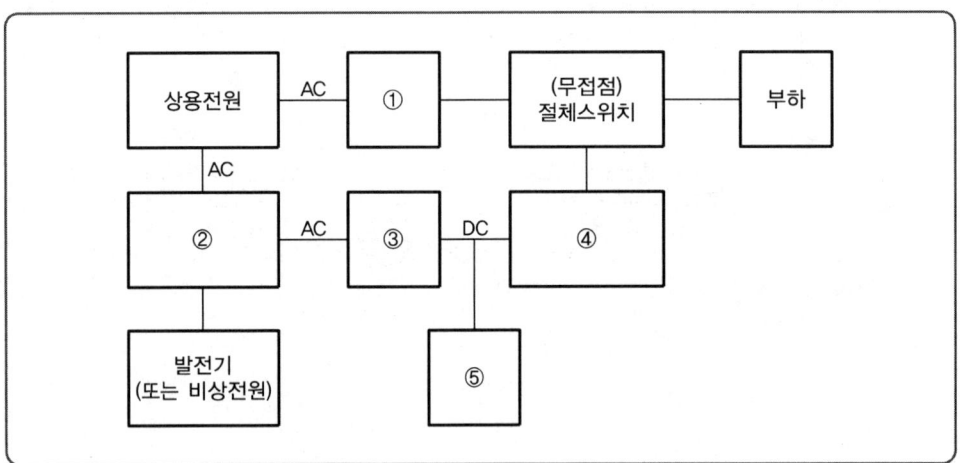

[해답] ① 자동전압조정기(AVR)　　② (무접점)절체스위치
③ 정류기　　④ 인버터
⑤ 축전지

> **TIP**
> ① 무접점 절체스위치 : 반도체를 이용한 스위치
> ② 축전지는 DC 상태에서 충전됨
> ③ 컨버터(Converter) : AC → DC
> ④ 인버터(Inverter) : DC → AC
> ⑤ CVCF : 정전압 정주파수 전원공급장치
> ⑥ UPS : 무정전 전원공급장치
>   ㉠ 평상시에는 정전압 정주파수로 전원을 공급하는 장치이다.
>   ㉡ 정전 시에는 무정전으로 전원을 공급하는 장치이다.

10 다음은 한국전기설비규정에 의한 지중전선로의 시설방법이다. (   ) 안에 알맞은 말을 쓰시오.

1 지중전선로는 전선에 케이블을 사용하고 또한 (①)·암거식(暗渠式)과 (②)에 의하여 시설하여야 한다.

2 (①)에 의하여 시설하는 경우에는 매설 깊이를 (②)[m] 이상으로 하되, 매설 깊이가 충분하지 못한 장소에는 견고하고 차량, 기타 중량물의 압력에 견디는 것을 사용할 것. 다만, 중량물의 압력을 받을 우려가 없는 곳은 0.6[m] 이상으로 한다.

[해답]
1 ① 관로식   ② 직접매설식
2 ① 관로식   ② 1

> **TIP**
> ▶ 지중전선로의 시설(KEC)
>   1. 지중전선로는 전선에 케이블을 사용하고 또한 관로식·암거식(暗渠式) 또는 직접 매설식에 의하여 시설하여야 한다.
>   2. 지중전선로를 관로식 또는 암거식에 의하여 시설하는 경우에는 다음에 따라야 한다.
>   ① 관로식에 의하여 시설하는 경우에는 매설 깊이를 1.0[m] 이상으로 하되, 매설 깊이를 충족하지 못한 장소에는 견고하고 차량, 기타 중량물의 압력에 견디는 것을 사용할 것. 다만 중량물의 압력을 받을 우려가 없는 곳은 0.6[m] 이상으로 한다.
>   ② 암거식에 의하여 시설하는 경우에는 견고하고 차량, 기타 중량물의 압력에 견디는 것을 사용할 것
>   3. 지중전선을 냉각하기 위하여 케이블을 넣은 관 내에 물을 순환시키는 경우에는 지중전선로는 순환수 압력에 견디고 또한 물이 새지 아니하도록 시설하여야 한다.
>   4. 지중전선로를 직접 매설식에 의하여 시설하는 경우에는 매설 깊이를 차량, 기타 중량물의 압력을 받을 우려가 있는 장소에는 1.0[m] 이상, 기타 장소에는 0.6[m] 이상으로 하고 또한 지중전선을 견고한 트로프, 기타 방호물에 넣어 시설하여야 한다.

11 그림은 통상적인 단락, 지락 보호에 쓰이는 방식으로서 주보호와 후비보호의 기능을 지니고 있다. 도면을 보고 다음 각 물음에 답하시오.

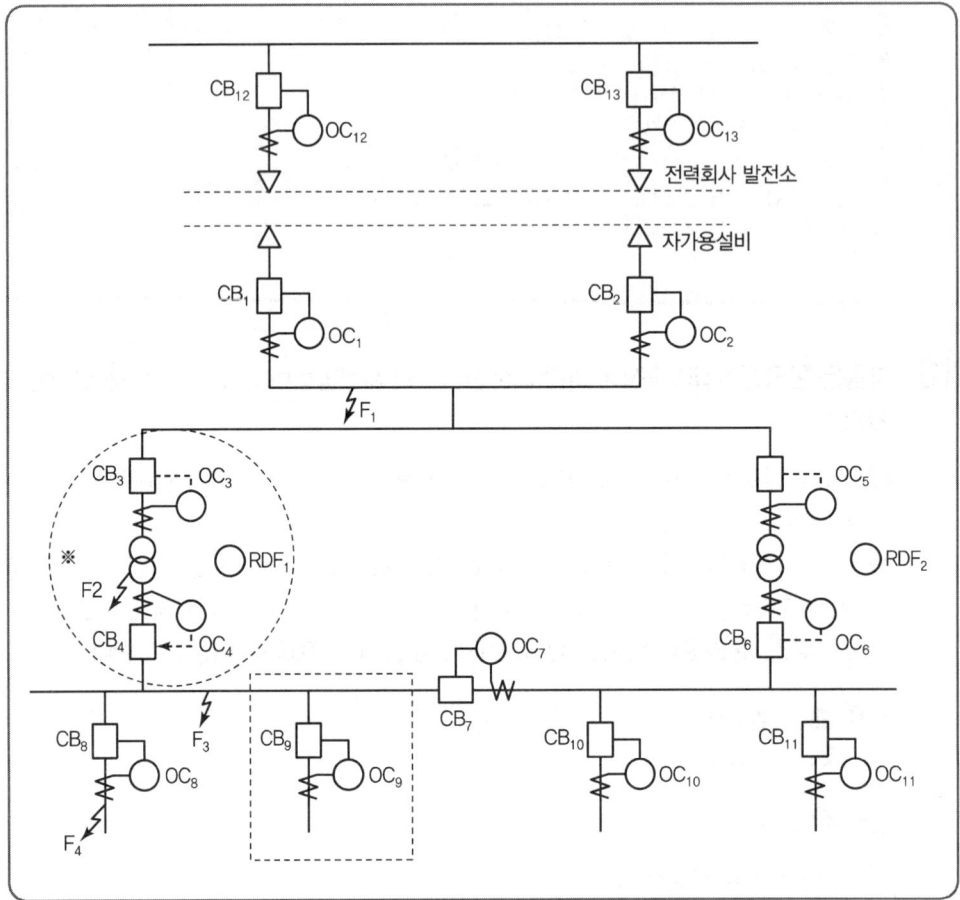

1 사고점이 F_1, F_2, F_3, F_4라고 할 때 주보호와 후비보호에 대한 표의 ( ) 안을 채우시오.

사고점	주보호	후비보호
F_1	$OC_1 + CB_1 \text{ And } OC_2 + CB_2$	(①)
F_2	(②)	$OC_1 + CB_1 \text{ And } OC_2 + CB_2$
F_3	$OC_4 + CB_4 \text{ And } OC_7 + CB_7$	$OC_3 + CB_3 \text{ And } OC_6 + CB_6$
F_4	$OC_8 + CB_8$	$OC_4 + CB_4 \text{ And } OC_7 + CB_7$

2 그림은 도면의 ※표 부분을 좀 더 상세하게 나타낸 도면이다. 각 부분 ①~④의 명칭을 쓰고, 보호 기능 구성상 ⑤~⑦의 부분을 검출부, 판정부, 동작부로 나누어 표현하시오.

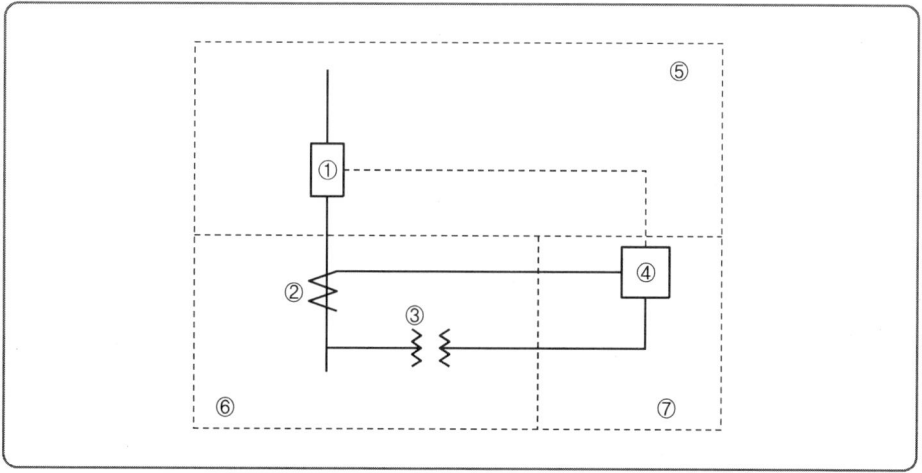

① :   ② :   ③ :   ④ :
⑤ :   ⑥ :   ⑦ :

3 답란의 그림 F_2 사고와 관련된 검출부, 판정부, 동작부의 도면을 완성하시오.

해답 1 ① $OC_{12} + CB_{12}\ And\ OC_{13} + CB_{13}$
② $RDF_1 + OC_4 + CB_4\ And\ RDF_1 + OC_3 + CB_3$

2 ① 교류 차단기   ② 변류기   ③ 계기용 변압기   ④ 과전류 계전기
⑤ 동작부   ⑥ 검출부   ⑦ 판정부

3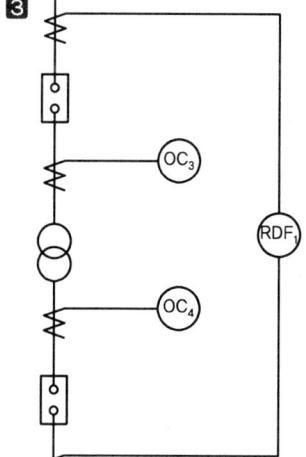

12 한류형 전력퓨즈의 단점 4가지를 쓰시오.

[해답] ① 재투입할 수 없다.
② 과도전류로 용단하기 쉽다.
③ 차단 시 이상전압이 발생한다.
④ 고임피던스 접지계통은 보호할 수 없다.
　그 외
⑤ 동작시간, 전류특성을 계전기처럼 자유롭게 조정할 수가 없다.

TIP

1. 전력퓨즈 기능 및 특성
　① 기능
　　㉠ 부하 전류를 안전하게 통전시킨다.
　　㉡ 일정치 이상의 과전류를 차단하여 전로나 기기를 보호한다.
　② 특성
　　㉠ 단시간 허용 특성　　㉡ 용단 특성　　㉢ 전차단 특성

2. 전력퓨즈 장단점
　① 장점
　　㉠ 소형이라 경량이다.　　　　　㉡ 가격이 싸다.
　　㉢ 고속으로 차단이 가능하다.　　㉣ 보수가 간단하다.
　　㉤ 차단용량이 크다.
　② 단점
　　㉠ 재투입할 수 없다.(큰 단점)　　㉡ 과도전류로 용단하기 쉽다.
　　㉢ 차단 시 이상전압이 발생한다.　㉣ 고임피던스 접지계통은 보호할 수 없다.
　　㉤ 동작시간, 전류특성을 계전기처럼 자유롭게 조정할 수가 없다.

3. 전력퓨즈 구입 시 고려 사항
　① 정격전압　　② 정격차단전류　　③ 전류-시간특성
　④ 사용장소　　⑤ 정격전류　　　　⑥ 최소차단전류

13 스폿 네트워크(Spot Network) 수전방식의 특징을 4가지만 쓰시오.

[해답] ① 무정전 전력공급이 가능하다.
② 공급신뢰도가 높다.
③ 전압변동률이 낮다.
④ 부하 증가에 대한 적응성이 좋다.
그 외
⑤ 기기의 이용률이 향상된다.

TIP

1. 목적
   무정전 공급이 가능해서 신뢰도가 높고 전압변동률이 낮고 도심부의 부하 밀도가 높은 지역의 대용량 수용가에 공급하는 방식

2. 구성도

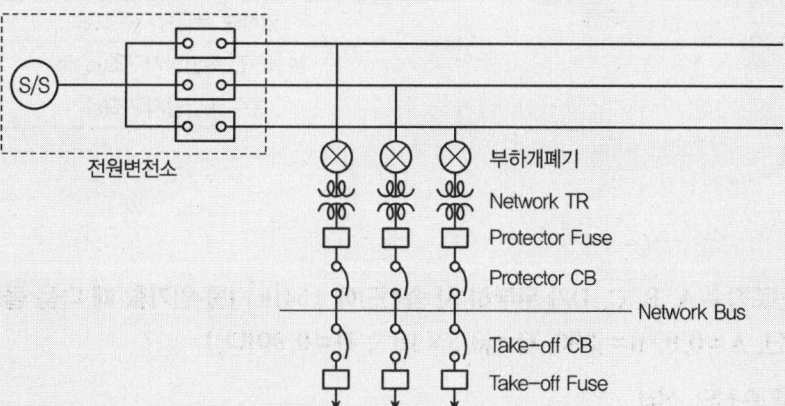

3. 주요 기기
   (1) 부하개폐기(1차 개폐기)
       Network TR 1차 측에 설치(SF_6 개폐기, 기중부하개폐기)
   (2) Network TR
       ① 1회선 정전 시 다른 건전한 회선만으로 최대부하에 견딜 수 있을 것
       ② 130[%] 과부하에서 8시간 운전 가능할 것(Mold, SF_6, Gas TR 사용)
       ③ 변압기 용량 = $\dfrac{\text{최대수용전력}}{\text{변압기 대수}-1} \times \dfrac{100}{\text{과부하율}}$ [kVA](변압기 대수 1개당 1회선 연결)

14 전기설비의 폭발방지구조 종류를 4가지만 쓰시오.

(해답) ① 내압 폭발방지구조
② 유입 폭발방지구조
③ 압력 폭발방지구조
④ 안전증 폭발방지구조

TIP

▶ 폭발방지구조의 종류

	구분
폭발방지구조의 종류	내압 폭발방지구조(d)
	유입 폭발방지구조(o)
	압력 폭발방지구조(p)
	안전증 폭발방지구조(e)
	본질안전 폭발방지구조(ia, ib)
	특수 폭발방지구조(s)

15 선로정수 A, B, C, D가 무부하 시 송전단에 154[kV]를 인가할 때 다음 물음에 답하시오.
(단, A=0.9, B=j380, C=j0.5×10⁻³, D=0.9이다.)

1 수전단 전압
계산 : _____ 답 : _____

2 송전단 전류
계산 : _____ 답 : _____

3 무부하 시 수전단 전압을 140[kV]로 유지하기 위해 필요한 조상설비용량[kVar]은?
계산 : _____ 답 : _____

(해답) **1** 계산 : 4단자 방정식 $E_s = AE_r + BI_r$, 무부하 시 $I_r = 0$이므로 $E_s = AE_r$이다.

$$\therefore E_r = \frac{1}{A}E_s = \frac{1}{0.9} \times 154 = 171.11 \,[\text{kV}]$$

답 171.11[kV]

2 계산 : 4단자 방정식 $I_s = CE_r + DI_r$, 무부하 시 $I_r = 0$이므로, $I_s = CE_r$이다.

$$\therefore I_s = CE_r = j0.5 \times 10^{-3} \times \frac{171.11 \times 10^3}{\sqrt{3}} = j49.40[A]$$

답 49.40[A]

3 계산 : 4단자 방정식 $E_s = AE_r + BI_r$

$$I_r = \frac{E_s - AE_r}{B} = \frac{\frac{154 \times 10^3}{\sqrt{3}} - 0.9 \times \frac{140 \times 10^3}{\sqrt{3}}}{j380} = -j42.54[A]$$

$$\therefore Q = \sqrt{3} V_r I_r \times 10^{-3}$$
$$= \sqrt{3} \times 140 \times 10^3 \times 42.54 \times 10^{-3}$$
$$= 10,315.40[kVar]$$

답 10,315.40[kVar]

16 송전단 전압이 3,300[V]인 변전소로부터 5.8[km] 떨어진 곳에 있는 역률 0.9(지상) 500[kW]의 3상 동력부하에 대하여 지중 송전선을 설치하여 전력을 공급하고자 한다. 케이블의 허용전류(또는 안전전류) 범위 내에서 전압강하가 10[%]를 초과하지 않도록 심선의 굵기를 결정하시오. (단, 케이블의 허용전류는 다음 표와 같으며 도체(동선)의 고유저항은 $\frac{1}{55}$ [Ω·mm²/m]로 하고 케이블의 정전용량 및 리액턴스 등은 무시한다.)

심선의 굵기와 허용전류							
심선의 굵기[mm²]	22	30	38	58	60	80	100	125
허용전류[A]	50	70	90	100	110	140	160	200

계산 : _____ 답 : _____

해답 계산 : ① 전압강하율 $\varepsilon = \frac{V_S - V_R}{V_R} \times 100 = 10[\%]$이므로 $V_R = \frac{V_S}{1+\varepsilon} = \frac{3,300}{1+0.1} = 3,000[V]$

② $e = V_S - V_R = 3,300 - 3,000 = \sqrt{3} I(R\cos\theta + X\sin\theta)$

$$I = \frac{P}{\sqrt{3} V \cos\theta} = \frac{500 \times 10^3}{\sqrt{3} \times 3,000 \times 0.9} = 106.92[A]$$

조건에서 리액턴스를 무시하면 $e = \sqrt{3} IR\cos\theta$에서 $R = \frac{e}{\sqrt{3} I\cos\theta}$가 된다.

$$\therefore R = \frac{300}{\sqrt{3} \times 106.92 \times 0.9} = 1.8[\Omega]$$

③ $R = \rho \frac{l}{A}$에서 $A = \rho \frac{l}{R}$이므로 $A = \frac{1}{55} \times \frac{5,800}{1.8} = 58.59[mm^2]$

답 60[mm²] 선정

> **TIP**
> ① 부하전류 I = 106.92[A]이므로 표에서 60[mm²]가 적정
> ② 문제에서 전압강하가 주어졌으므로 허용 전압강하 10[%]를 초과하지 않는 굵기를 선정하여야 한다. 그러나 전압강하가 주어지지 않았다면 표의 허용전류만 고려하여 선정할 수 있다.
> ③ 단면적(굵기) 계산 시 저항(R)이 있는 공식을 찾는다.
> • 전압강하 $e = \sqrt{3}I(R\cos\theta + X\sin\theta) \rightarrow R$
> • 전력손실 $P_L = 3I^2R \rightarrow R$
> ④ 저항 $R = \rho \dfrac{L}{A}$ 에서 단면적 A를 계산한다.

17 다음 그림의 명칭과 용도를 쓰시오.

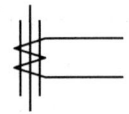

1 명칭

2 용도

(해답) **1** 명칭 : 영상변류기
      2 용도 : 지락 시 지락전류(영상전류)를 검출하여 계전기를 동작하게 함

18 한류저항기의 설치목적을 2가지만 쓰시오.

(해답) ① 지락 시 유효전류를 발생시킨다.
      ② 제3고조파를 억제한다.
      그 외
      ③ 중성점 이동을 억제한다.

TIP

➤ 접지계기용 변압기와 한류저항기

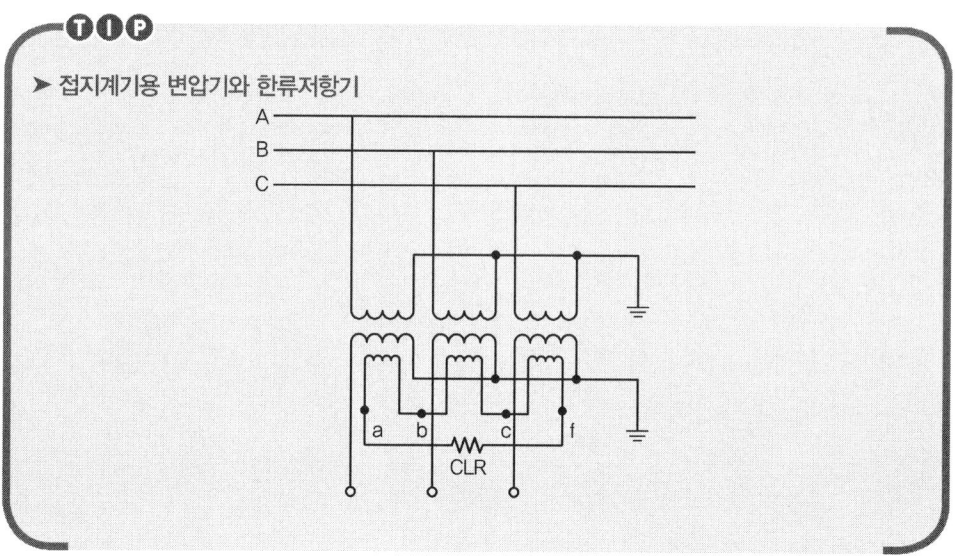

ENGINEER ELECTRICITY

과년도 기출문제 (산업기사)

수험생의 기억을 토대로 복원한 것으로
실제 출제된 문제와 다를 수 있습니다.

6 PART

과년도 기출문제

2019년도 1회 시험 / 전기산업기사

01 고압 수용가의 큐비클식 수전설비의 주차단기의 종류에 따른 분류 3가지를 쓰시오.

[해답] ① PF-S형　　② PF-CB형　　③ CB형

TIP
① 간이 수전설비 : PF-S형
② 정식 수전설비 : PF-CB형
③ 정식 수전설비 : CB형

02 신설공장의 부하설비가 표와 같을 때 다음 각 물음에 답하시오.

변압기군	부하의 종류	설비용량[kW]	수용률[%]	부등률	역률[%]
A	플라스틱압축기(전동기)	50	60	1.3	80
A	일반동력전동기	85	40	1.3	80
B	전등조명	60	80	1.1	90
C	플라스틱압출기	100	60	1.3	80

1 각 변압기군의 최대 수용전력은 몇 [kW]인가?
　① 변압기 A의 최대 수용전력
　　계산 : _____ 답 : _____
　② 변압기 B의 최대 수용전력
　　계산 : _____ 답 : _____
　③ 변압기 C의 최대 수용전력
　　계산 : _____ 답 : _____

2 변압기 효율을 98[%]로 할 때 각 변압기의 최소 용량은 몇 [kVA]인가?
　① 변압기 A의 용량
　　계산 : _____ 답 : _____

② 변압기 B의 용량

계산 : _____ 답 : _____

③ 변압기 C의 용량

계산 : _____ 답 : _____

[해답] **1** 최대 수용전력 = $\dfrac{\text{개별 최대 수용전력(설비용량×수용률)의 합}}{\text{부등률}}$ [kW]

① 계산 : 변압기 A의 최대 수용전력 = $\dfrac{(50\times 0.6)+85\times 0.4}{1.3}$ = 49.23[kW]

답 49.23[kW]

② 계산 : 변압기 B의 최대 수용전력 = $\dfrac{60\times 0.8}{1.1}$ = 43.64[kW]   **답** 43.64[kW]

③ 계산 : 변압기 C의 최대 수용전력 = $\dfrac{100\times 0.6}{1.3}$ = 46.15[kW]   **답** 46.15[kW]

2 변압기 용량 = $\dfrac{\text{최대 수용전력 [kW]}}{\text{효율×역률}}$ [kVA]

① 계산 : 변압기 A의 용량 = $\dfrac{49.23}{0.98\times 0.8}$ = 62.79[kVA]   **답** 62.79[kVA]

② 계산 : 변압기 B의 용량 = $\dfrac{43.64}{0.98\times 0.9}$ = 49.48[kVA]   **답** 49.48[kVA]

③ 계산 : 변압기 C의 용량 = $\dfrac{46.15}{0.98\times 0.8}$ = 58.86[kVA]   **답** 58.86[kVA]

03 어떤 변전소의 공급구역 내 총 부하용량은 전등 600[kW], 동력 800[kW]이다. 각 수용가의 수용률은 전등 60[%], 동력 80[%], 각 수용가 간의 부등률은 전등 1.2, 동력 1.6이며, 변전소에서 전등부하와 동력부하 간의 부등률을 1.4라 하고, 배전선(주상변압기 포함)의 전력 손실을 전등부하, 동력부하 각각 10[%]라 할 때 다음 각 물음에 답하시오.

1 전등의 종합 최대 수용전력은 몇 [kW]인가?

계산 : _____ 답 : _____

2 동력의 종합 최대 수용전력은 몇 [kW]인가?

계산 : _____ 답 : _____

3 변전소의 종합 최대 수용전력은 몇 [kW]인가?

계산 : _____ 답 : _____

[해답] **1** 계산 : P = $\dfrac{\text{설비용량×수용률}}{\text{부등률}}$ = $\dfrac{600\times 0.6}{1.2}$ = 300[kW]   **답** 300[kW]

2 계산 : P = $\dfrac{\text{설비용량×수용률}}{\text{부등률}}$ = $\dfrac{800\times 0.8}{1.6}$ = 400[kW]   **답** 400[kW]

3 계산 : $P = \dfrac{\text{최대전력의 합}}{\text{부등률}} \times \text{손실} = \dfrac{300+400}{1.4} \times (1+0.1) = 550[\text{kW}]$ **답** 550[kW]

> **TIP**
> ① 합성 최대전력 $= \dfrac{\text{개별 최대전력의 합}}{\text{부등률}}$
> ② 합성 최대전력 = 종합 최대수용전력
> ③ 전력손실 10[%]은 공급 측에서 보상

04 그림은 22.9[kV] 특별고압 수전설비의 단선도이다. 이 도면을 보고 다음 각 물음에 답하시오.

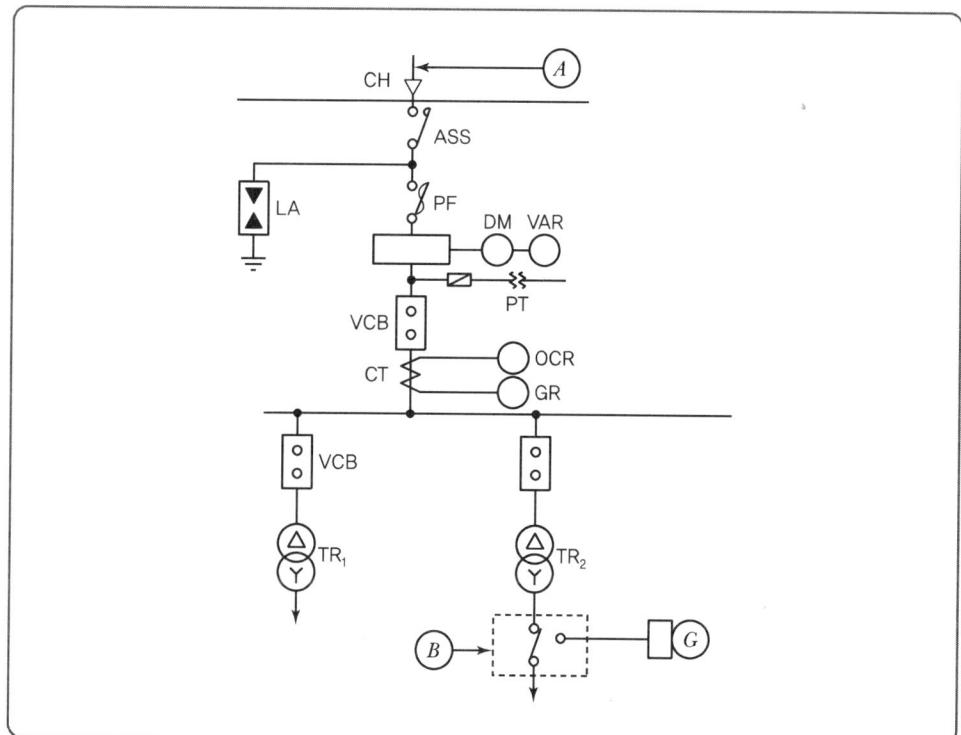

1 도면에 표시되어 있는 다음 약호의 명칭을 우리말로 쓰시오.
① ASS :   ② LA :
③ VCB :   ④ DM :

2 TR_1 쪽의 부하용량의 합이 300[kW]이고, 역률 및 효율이 각각 0.8, 수용률이 0.6이라면 TR_1 변압기의 용량은 몇 [kVA]가 적당한지를 계산하고 표준용량으로 답하시오.
계산 : _____ 답 : _____

3 Ⓐ에는 어떤 종류의 케이블이 사용되는가?

4 Ⓑ의 명칭은 무엇인가?

5 변압기의 결선도를 복선도로 그리시오.

해답 **1** ① ASS : 자동고장구분 개폐기 　② LA : 피뢰기
　　　　③ VCB : 진공 차단기　　　　　　④ DM : 최대 수요전력량계

2 계산 : $TR_1 = \dfrac{\text{설비용량} \times \text{수용률}}{\text{역률} \times \text{효율}} = \dfrac{300 \times 0.6}{0.8 \times 0.8} = 281.25[kVA]$ **답** 300[kVA]

3 CNCV-W 케이블(수밀형) 또는 TR CNCV-W(트리억제형)

4 자동전환 개폐기

5
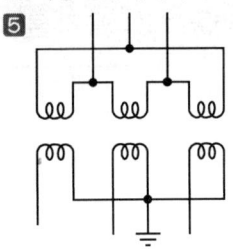

TIP

지중인입선의 경우 22.9[kV-Y] 계통은 CNCV-W 케이블(수밀형) 또는 TR CNCV-W 케이블(트리억제형)을 사용하여야 한다. 다만, 전력구, 공동구, 덕트, 건물구 내 등 화재의 우려가 있는 장소에서는 FR CNCO-W(난연) 케이블을 사용하는 것이 바람직하다.

---

05 피뢰기는 이상전압이 기기에 침입했을 때 그 파고값을 저감시키기 위하여 뇌전류를 대지 방전시켜 절연파괴를 방지하며, 방전에 의하여 생기는 속류를 차단하여 원래 상태로 회복시키는 장치이다. 다음 각 물음에 답하시오.

1 피뢰기의 구성요소를 쓰시오.

2 피뢰기의 구비 조건 4가지를 쓰시오.

3 피뢰기의 제한전압이란 무엇인가?

4 피뢰기의 정격전압이란 무엇인가?

5 충격방전 개시전압이란 무엇인가?

해답 **1** 직렬 갭과 특성요소

2 ① 충격파의 방전 개시 전압이 낮을 것
　　② 상용주파의 방전 개시 전압이 높을 것

③ 제한전압이 낮을 것
④ 속류 차단능력이 클 것

3 피뢰기 동작 중 단자전압의 파고치

4 속류를 차단할 수 있는 최고의 교류전압

5 피뢰기 단자 간에 충격전압이 내습 시 방전을 개시하는 전압

TIP

1. 피뢰기 구성 및 전압의 정의
   ① 구성요소 : 직렬캡과 특성요소로 구성
   ② 피뢰기 정격전압 : 속류를 차단할 수 있는 최고의 교류전압
   ③ 피뢰기 제한전압 : 피뢰기 동작 중 단자전압의 파고치

2. 피뢰기 정격전압

공칭전압	중성점 접지상태	피뢰기 정격전압		이격거리[m] 이내
		변전소	선로	
345	유효접지	288	–	85
154	유효접지	144	–	65
22.9	3상 4선식 다중접지	21	18	20
6.6	비접지	7.5	7.5	20

3. 피뢰기 공칭방전전류

공칭방전전류	설치장소	적용조건
10,000[A]	변전소	① 154[kV] 이상의 계통 ② 66[kV] 및 그 이하에서 Bank 용량이 3,000[kVA]를 초과하거나 중요한 곳 ③ 장거리 송전선, 케이블 및 정전 축전기 Bank를 개폐하는 곳
5,000[A]	변전소	66[kV] 및 그 이하에서 3,000[kVA] 이하
2,500[A]	선로변전소	22.9[kV] 이하의 배전선로 및 배전선로 피더 인출 측

4. 피뢰기 설치장소
   ① 발전소, 변전소 또는 이에 준하는 장소의 가공전선 인입구와 인출구
   ② 특고압 가공전선로에 접속하는 특고압 배전용 변압기의 고압 측 및 특별고압 측
   ③ 고압 또는 특별고압 가공전선로로부터 공급을 받는 수용장소의 인입구
   ④ 가공전선로와 지중전선로가 접속되는 곳

5. 피뢰기의 구비조건
   ① 충격 방전개시전압이 낮을 것
   ② 제한전압이 낮고 방전내량이 클 것
   ③ 상용주파 방전개시전압이 높을 것
   ④ 속류를 차단하는 능력이 있을 것

6. 피뢰기의 종류
   ① 저항형 피뢰기
   ② 밸브형 피뢰기
   ③ 밸브 저항형 피뢰기
   ④ 갭레스 피뢰기

06 비상용 조명으로 40[W] 120등, 60[W] 50등을 30분간 사용하려고 한다. 급방전형 축전지 (HS형) 1.7[V/셀]를 사용하여 허용 최저 전압 90[V], 최저 축전지 온도를 5[℃]로 할 경우 참고자료를 사용하여 물음에 답하시오.(단, 비상용 조명 부하의 전압은 100[V]로 한다.)

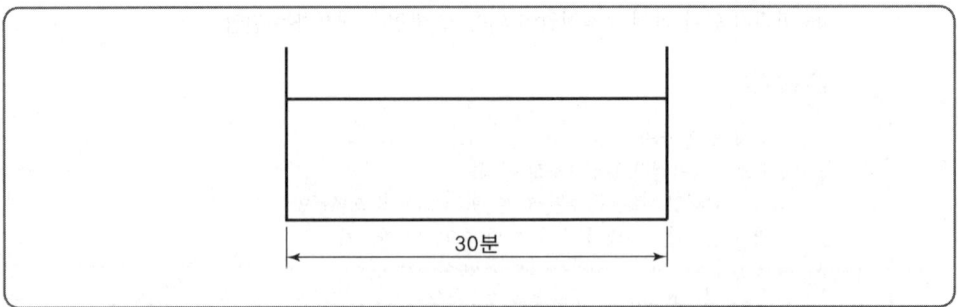

납 축전지 용량 환산시간(K)							
형식	온도[℃]	10분			30분		
		1.6[V]	1.7[V]	1.8[V]	1.6[V]	1.7[V]	1.8[V]
CS	25	0.9 0.8	1.15 1.06	1.6 1.42	1.41 1.34	1.6 1.55	2.0 1.88
	5	1.15 1.1	1.35 1.25	2.0 1.8	1.75 1.75	1.85 1.8	2.45 2.35
	−5	1.35 1.25	1.6 1.5	2.65 2.25	2.05 2.05	2.2 2.2	3.1 3.0
HS	25	0.58	0.7	0.93	1.03	1.14	1.38
	5	0.62	0.74	1.05	1.11	1.22	1.54
	−5	0.68	0.82	1.15	1.2	1.35	1.68

1 비상용 조명부하의 전류는?

계산 : _____ 답 : _____

2 HS형 납축전지의 셀 수는?(단, 1셀의 여유를 준다.)

계산 : _____ 답 : _____

3 HS형 납축전지의 용량[Ah]은?(단, 경년용량 저하율은 0.80이다.)

계산 : _____ 답 : _____

해답

1 계산 : $I = \dfrac{P}{V} = \dfrac{40 \times 120 + 60 \times 50}{100} = 78[A]$

답 78[A]

2 계산 : $N = \dfrac{V}{V_c} = \dfrac{90[V]}{1.7[V/셀]} = 52.94[셀] + 1[셀] = 53.94[셀]$

답 54[셀]

3 계산 : $C = \dfrac{1}{L} KI[Ah]$ (K는 표에서 1.22) $= \dfrac{1}{0.8} \times 1.22 \times 78 = 118.95[Ah]$

답 118.95[Ah]

TIP

① 축전지 셀 수는 짝수를 기본으로 한다.
② 셀 수는 소수점 이하 절상한다.
③ 축전지 용량

$C = \dfrac{1}{L} KI [Ah]$

여기서, C : 축전지의 용량[Ah]
L : 보수율(경년용량 저하율)
K : 용량환산시간 계수
I : 방전전류[A]

07 단상 2선식 200[V]인 옥내 배선에서 소비 전력이 60[W], 역률이 65[%]인 형광등을 100개 설치할 때 16[A] 분기회로의 최소 분기 회로수를 구하시오. (단, 회로의 부하 전류는 분기 회로 용량의 80[%]로 한다.)

계산 : _____ 답 : _____

해답 계산 : 분기 회로수 $N = \dfrac{부하용량}{정격전압 \times 분기회로전류 \times 용량}$

$= \dfrac{\dfrac{60 \times 100}{0.65}}{200 \times 16 \times 0.8} = 3.61 회로$

답 16[A] 분기 4회로

08 회로도는 펌프용 3.3[kV] 전동기 및 GPT 단선 결선도이다. 회로도를 보고 다음 물음에 답하시오.

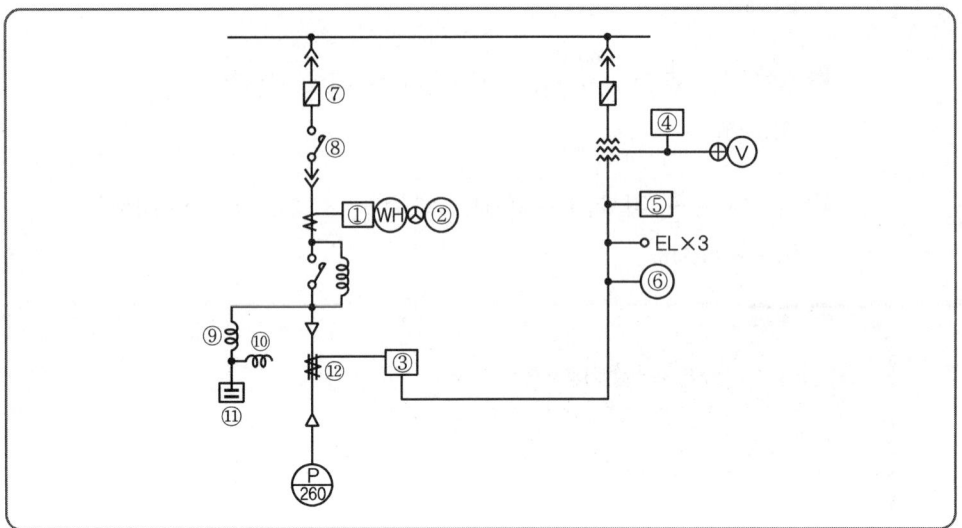

1 ①~⑥으로 표시된 보호 계전기 및 기기의 명칭을 쓰시오.

① : ② :
③ : ④ :
⑤ : ⑥ :

2 ⑦~⑫로 표시된 전기기계 기구의 명칭과 용도를 간단히 기술하시오.

⑦ 명칭 :   용도 :
⑧ 명칭 :   용도 :
⑨ 명칭 :   용도 :
⑩ 명칭 :   용도 :
⑪ 명칭 :   용도 :
⑫ 명칭 :   용도 :

3 펌프용 모터의 출력이 260[kW], 역률이 85[%]인 뒤진 역률 부하를 95[%]로 개선하는 데 필요한 전력용 콘덴서의 용량을 계산하시오.

계산 : _____ 답 : _____

해답 1 ① 과전류 계전기   ② 전류계
　　　　　③ 지락 방향 계전기   ④ 부족 전압 계전기
　　　　　⑤ 지락 과전압 계전기 ⑥ 영상 전압계

2 ⑦ 명칭 : 고압 퓨즈   용도 : 사고전류 차단 및 사고확대 방지
⑧ 명칭 : 개폐기   용도 : 전동기의 전원개방 투입
⑨ 명칭 : 직렬 리액터   용도 : 제5고조파의 제거
⑩ 명칭 : 방전코일   용도 : 잔류 전하의 방전
⑪ 명칭 : 전력용 콘덴서   용도 : 전동기 역률 개선
⑫ 명칭 : 영상 변류기   용도 : 지락사고 시 지락전류 검출

3 계산 : $Q_C = P(\tan\theta_1 - \tan\theta_2) = 260\left(\dfrac{\sqrt{1-0.85^2}}{0.85} - \dfrac{\sqrt{1-0.95^2}}{0.95}\right) = 75.68[kVA]$

답 75.68[kVA]

TIP

④번 앞에 있는 것은 GPT(접지계기용 변압기)
⑥번 앞에 있는 EL은 접지램프로서 ⑤, ⑥번은 접지사고와 관련된 것으로 이해할 수 있다.

09 용량 30[kVA]인 단상 주상 변압기가 있다. 이 변압기의 어느 날의 부하가 30[kW]로 4시간, 24[kW]로 8시간 및 8[kW]로 10시간이었다고 할 경우, 이 변압기의 일부하율 및 전일효율을 계산하시오. (단, 부하의 역률은 100[%], 변압기의 전부하 동손은 500[W], 철손은 300[W]이다.)

1 일부하율
   계산 : _____ 답 : _____

2 전일효율
   계산 : _____ 답 : _____

해답

1 일부하율

계산 : 일부하율 $= \dfrac{평균\ 전력}{최대\ 전력} \times 100[\%]$ 에서

부하율 $= \dfrac{(30\times 4 + 24\times 8 + 8\times 10)/24}{30} \times 100 = 54.44[\%]$ 답 54.44[%]

2 전일효율

계산 : 출력(전력량) $P = 전력 \times 시간 = 30\times 4 + 24\times 8 + 8\times 10 = 392[kWh]$

철손 $P_i = P_i \times 시간 = 0.3 \times 24 = 7.2[kWh]$

동손 $P_c = (\dfrac{1}{m})^2 P_c \times 시간 = 0.5 \times \left\{\left(\dfrac{30}{30}\right)^2 \times 4 + \left(\dfrac{24}{30}\right)^2 \times 8 + \left(\dfrac{8}{30}\right)^2 \times 10\right\}$

$= 4.92[kWh]$

전일효율 $\eta = \dfrac{392}{392 + 7.2 + 4.92} \times 100 = 97[\%]$ 답 97[%]

> **TIP**
> 전일효율 $\eta = \dfrac{\text{전력량}}{\text{전력량}+\text{동손}+\text{철손}} \times 100[\%]$

10 한시성 보호 계전기의 종류를 4가지 쓰시오.

해답
① 순한시 계전기 ② 반한시 계전기
③ 정한시 계전기 ④ 반한시성 정한시 계전기

> **TIP**
> ① 정한시 계전기 : 정해진 값 이상의 전류가 흘렀을 때 동작 전류의 크기에는 관계없이 정해진 시간이 경과한 후에 동작하는 계전기
> ② 반한시 계전기 : 정해진 값 이상의 전류가 흘렀을 때 동작하는 시간과 전류값이 서로 반비례하여 동작하는 계전기
> ③ 반한시-정한시 계전기 : 어느 전류값까지는 반한시 계전기의 성질을 띠지만 그 이상의 전류가 흐르는 경우 정한시 계전기의 성질을 띠는 계전기
> ④ 순한시 계전기 : 정해진 값 이상의 전류가 흘렀을 때 즉시 동작하는 계전기
>
>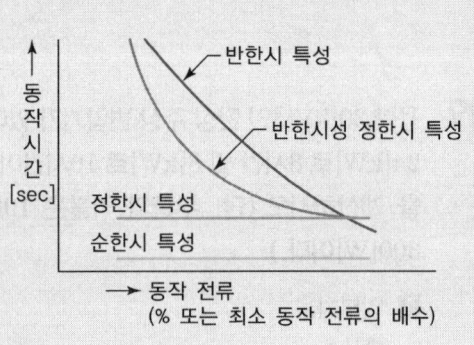

11 다음 변류기(C.T)에 대한 물음에 답하시오.

1 변류기의 역할을 쓰시오.
2 정격부담이란?

해답
1 정상운전 시 대전류를 소전류로 변성시킨다.
2 변류기의 권선당 부담을 나타내며, 변류기의 2차단자 간에 접속되는 부하가 정격 주파수의 2차전류를 소비하는 피상전력이다.

12 조명에서 사용되는 다음 용어를 설명하고, 그 단위를 쓰시오.

1 광속

2 조도

3 광도

[해답]
1 광속[lm] : 방사속(단위시간당 방사되는 에너지의 양) 중 빛으로 느끼는 부분
2 조도[lx] : 어떤 면의 단위 면적당의 입사 광속
3 광도[cd] : 광원에서 어떤 방향에 대한 단위 입체각으로 발산되는 광속

13 교류 차단기에서 52T, 52C의 각 명칭을 쓰시오.

1 52T

2 52C

[해답]
1 52T : 차단기 트립코일
2 52C : 차단기 투입코일

TIP

번호	명칭	약호	비고	
27	부족전압 계전기	UVR		
37	부족전류 계전기	UCR	37A	교류 부족전류 계전기
			37D	직류 부족전류 계전기
51	과전류 계전기	OCR	51G	지락 과전류 계전기
			51N	중성점 과전류 계전기
			51V	전압 억제부 과전류 계전기
52	차단기	CB	52C	차단기 투입코일
			52T	차단기 트립코일
59	과전압 계전기	OVR		
64	지락 과전압 계전기	OVGR		
67	지락 방향 계전기	DGR		
87	비율 차동 계전기	RDFR	87B	모선보호 차동 계전기
			87G	발전기용 차동 계전기
			87T	주변압기 차동 계전기
92	전력 계전기	PWR		

14 최대 사용전압이 22.9[kV]인 중성점 다중접지 방식의 절연내력 시험전압은 몇 [V]이며, 이 시험전압을 몇 분간 가하여 이에 견디어야 하는가?

1 절연내력 시험전압
　　계산 : _____　　답 : _____

2 시험전압을 가하는 시간

(해답) **1** 계산 : 22,900×0.92=21,068[V]
　　　　답 21,068[V]

　　　2 연속하여 10분

TIP

▶ 전로의 종류 및 시험전압

전로의 종류	시험전압
1. 최대사용전압 7[kV] 이하인 전로	최대사용전압의 1.5배 전압
2. 최대사용전압 7[kV] 초과 25[kV] 이하인 중성점 접지식 전로(중성선을 가지는 것으로서 그 중성선을 다중접지 하는 것에 한한다.)	최대사용전압의 0.92배 전압
3. 최대사용전압 7[kV] 초과 60[kV] 이하인 전로(2란의 것을 제외한다.)	최대사용전압의 1.25배 전압 (10.5[kV] 미만으로 되는 경우는 10.5[kV])
4. 최대사용전압 60[kV] 초과 중성점 비접지식 전로(전위 변성기를 사용하여 접지하는 것을 포함한다.)	최대사용전압의 1.25배 전압
5. 최대사용전압 60[kV] 초과 중성점 접지식 전로(전위 변성기를 사용하여 접지하는 것 및 6란과 7란의 것을 제외한다.)	최대사용전압의 1.1배 전압 (75[kV] 미만으로 되는 경우는 75[kV])
6. 최대사용전압 60[kV] 초과 중성점 직접 접지식 전로 (7란의 것을 제외한다.)	최대사용전압의 0.72배 전압
7. 최대사용전압이 170[kV] 초과 중성점 직접 접지식 전로로서 그 중성점이 직접 접지되어 있는 발전소 또는 변전소 혹은 이에 준하는 장소에 시설하는 것	최대사용전압의 0.64배 전압

15 바닥에서 3[m] 떨어진 높이에 300[cd] 광원이 있다. 그 광원 밑에서 수평으로 4[m] 떨어진 지점의 수평면 조도를 구하시오.

　　계산 : _____　　답 : _____

해답 계산 : $E_h = \dfrac{I}{r^2}\cos\theta = \dfrac{300}{3^2+4^2} \times \dfrac{3}{\sqrt{3^2+4^2}} = 7.20\,[\text{lx}]$ **답** 7.2[lx]

T I P

▶ 조도 : E[lx]
어떤 면의 단위 면적당의 입사 광속으로서 피조면의 밝기를 나타낸다.

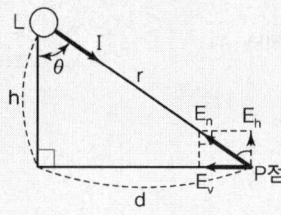

① 법선조도 : $E_n = \dfrac{I}{r^2}$

② 수평면 조도 : $E_h = E_n \cos\theta = \dfrac{I}{r^2}\cos\theta = \dfrac{I}{h^2}\cos^3\theta$

③ 수직면 조도 : $E_v = E_n \sin\theta = \dfrac{I}{r^2}\sin\theta = \dfrac{I}{d^2}\sin^3\theta$

16 사용전압은 3상 380[V]이고, 주파수는 60[Hz]의 1[kVA]의 전력용 콘덴서를 설치하고자 할 때 필요한 콘덴서의 정전용량[μF]을 선정하시오. (단, 표준용량은 10, 15, 20, 30, 50[μF]이다.)

계산 : _____ 답 : _____

해답 계산 : $Q_c = \omega CV^2 = 2\pi f CV^2$

$C = \dfrac{Q_c \times 10^3}{2\pi f V^2} = \dfrac{1 \times 10^3}{2\pi \times 60 \times 380^2} \times 10^6 = 18.37\,[\mu F]$

답 20[μF]

T I P

① △결선 $Q_\Delta = 3WCE^2 = 3WCV^2$ $C = \dfrac{Q_\Delta}{3WV^2}$

② Y결선 $Q_Y = 3WCE^2 = 3WC\left(\dfrac{V}{\sqrt{3}}\right)^2 = WCV^2$ $C = \dfrac{Q_Y}{WV^2}$

여기서, E : 상전압, V : 선간전압
W : $2\pi f$, C : 정전용량
Q : 충전용량(콘덴서용량)

2019년도 2회 시험 과년도 기출문제

01 변압기와 고압 전동기에 서지 흡수기를 설치하고자 한다. 각각의 경우에 대하여 서지 흡수기를 도면에 그려 넣고, 각각의 서지 흡수기의 정격전압[kV] 및 공칭방전전류[kA]를 쓰시오.

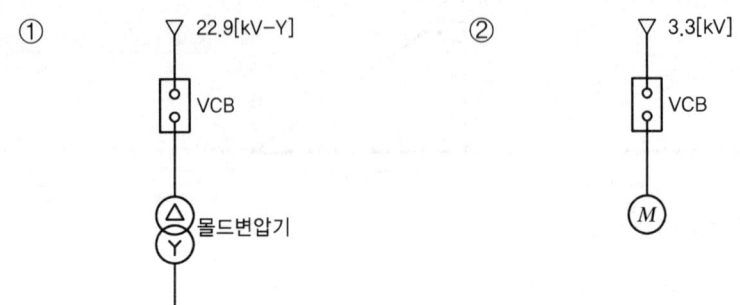

[해답]

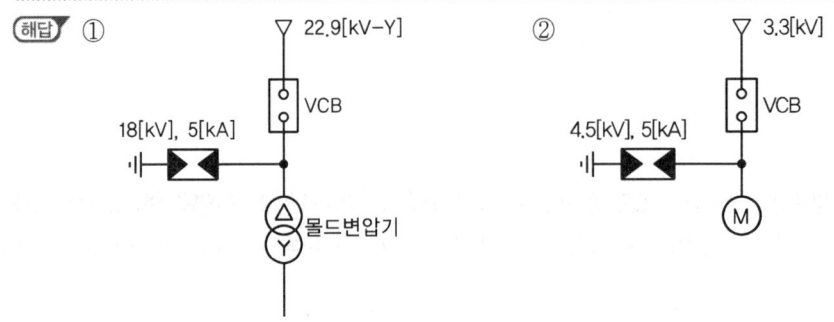

TIP

▶ 서지흡수기 정격

공칭전압	정격전압	공칭방전전류
3.3[kV]	4.5[kV]	5[kV]
6.6[kV]	7.5[kV]	5[kV]
22.9[kV]	18[kV]	5[kV]

02 거리 계전기의 설치점에서 고장점까지의 임피던스를 70[Ω]이라고 하면 계전기 측에서 본 임피던스는 몇 [Ω]인가?(단, PT의 변압비는 154,000/110[V]이고, CT의 변류비는 500/5 이다.)

계산 : _____ 답 : _____

해답 계산 : 거리 계전기 측에서 본 임피던스(Z_R) = 선로 임피던스(Z) × $\dfrac{1}{PT비}$ × CT비 [Ω]

$$\therefore Z_R = 70 \times \dfrac{110}{154,000} \times \dfrac{500}{5} = 5 [\Omega]$$

답 5[Ω]

TIP

$$Z_R = \dfrac{V_2}{I_2} = \dfrac{\dfrac{1}{PT비} \times V_1}{\dfrac{1}{CT비} \times I_1} = \dfrac{CT비}{PT비} \times \dfrac{V_1}{I_1} = \dfrac{CT비}{PT비} \times Z_1 = \dfrac{1}{PT비} \times CT비 \times Z_1$$

03 최대 눈금 250[V]인 전압계 V_1, V_2 전압계를 직렬로 접속하여 측정하면 몇 [V]까지 측정할 수 있는가?(단, 전압계 내부저항 V_1은 15[kΩ], V_2는 18[kΩ]으로 한다.)

계산 : _____ 답 : _____

해답 계산 : $I_1 = \dfrac{V_1}{R_1} = \dfrac{250}{15 \times 10^3} = \dfrac{1}{60} [A]$, $I_2 = \dfrac{V_2}{R_2} = \dfrac{250}{18 \times 10^3} = \dfrac{1}{72} [A]$

$I_1 > I_2$이므로 I_2 기준으로 전압계 전압 측정

$V_1 = I_2 R_1 = \dfrac{1}{72} \times 15 \times 10^3 = 208.33 [V]$, $V_2 = 250 [V]$

$\therefore V = V_1 + V_2 = 208.33 + 250 = 458.33 [V]$

답 458.33[V]

과년도 기출문제

04 PLC 프로그램을 보고 프로그램에 맞도록 주어진 PLC 접점 회로도를 완성하시오. (단, ① STR : 입력 A 접점(신호) ② STRN : 입력 A 접점(신호) ③ AND : AND A 접점 ④ ANDN : AND B 접점 ⑤ OR : OR A 접점 ⑥ ORN : OR B 접점 ⑦ OB : 병렬접속점 ⑧ OUT : 출력 ⑨ END : 끝 ⑩ W : 각 번지 끝이다.)

어드레스	명령어	데이터	비고
01	STR	001	W
02	STR	003	W
03	ANDN	002	W
04	OB	–	W
05	OUT	100	W
06	STR	001	W
07	ANDN	002	W
08	STR	003	W
09	OB	–	W
10	OUT	200	W
11	END	–	W

• PLC 접점 회로도

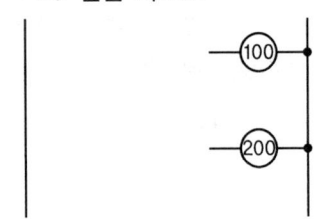

[해답]

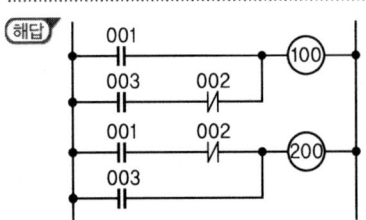

05 그림과 같은 무접점의 논리 회로도를 보고 각 물음에 답하시오.

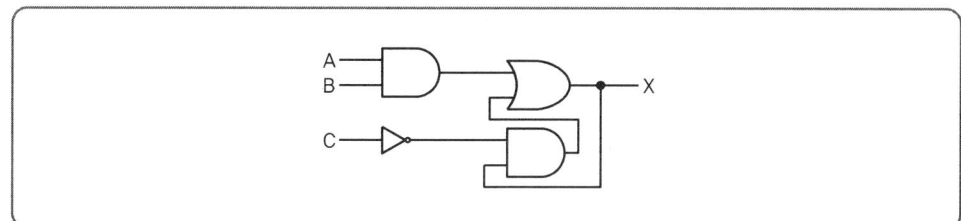

❶ 출력식을 나타내시오.
❷ 주어진 무접점 논리회로를 유접점 논리회로로 바꾸어 그리시오.
❸ 주어진 타임차트를 완성하시오.

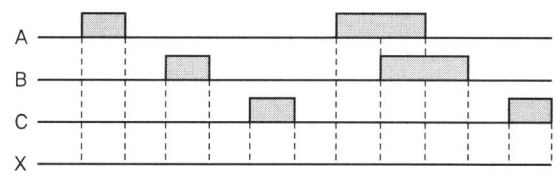

[해답] ❶ $X = AB + \overline{C}X$

❷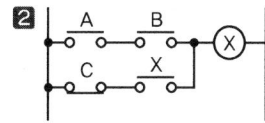

❸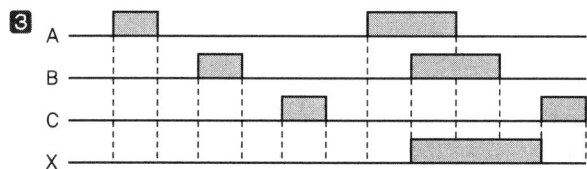

06 다음 그림은 환기 팬의 수동 운전 및 고장 표시등 회로의 일부이다. 이 회로를 이용하여 다음 각 물음에 답하시오.

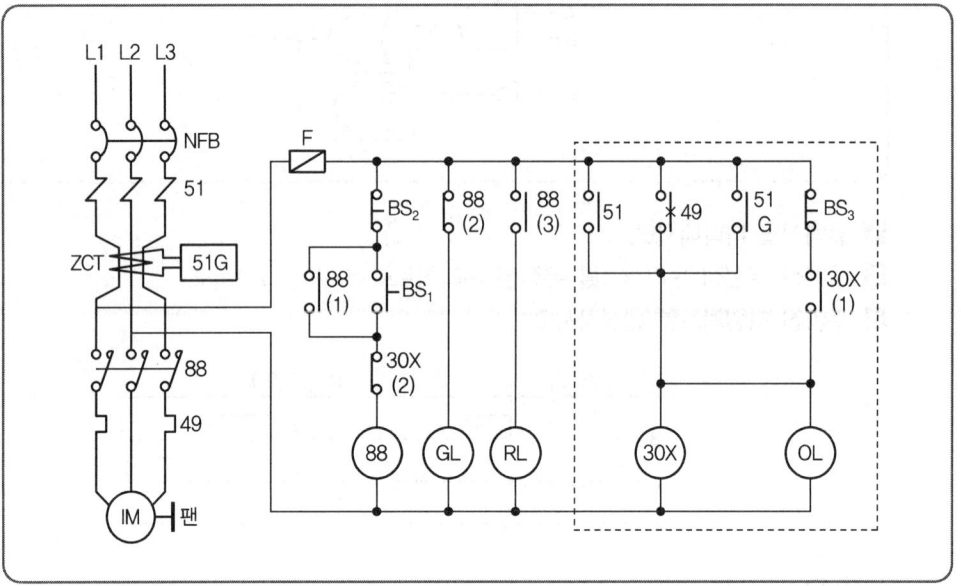

1 88은 MC로서 도면에서는 출력기구이다. 도면에 표시된 기구에 대하여 다음에 해당되는 명칭을 그 약호로 쓰시오.(단, 중복은 없고 NFB, ZCT, IM, 팬은 제외하며, 해당되는 기구가 여러 가지일 경우에는 모두 쓰도록 한다.)
① 고장표시기구 :
② 고장회복 확인기구 :
③ 기동기구 :
④ 정지기구 :
⑤ 운전표시램프 :
⑥ 정지표시램프 :
⑦ 고장표시램프 :
⑧ 고장검출기구 :

2 그림의 점선으로 표시된 회로를 AND, OR, NOT 회로를 사용하여 로직회로를 그리시오. (단, 로직소자는 3입력 이하로 한다.)

[해답] **1** ① 30X　　② BS₃
　　　　③ BS₁　　④ BS₂
　　　　⑤ RL　　　⑥ GL
　　　　⑦ OL　　　⑧ 51, 51G, 49

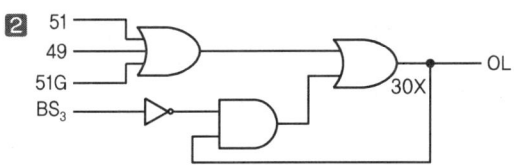

07 3상 3선식 송전선로의 1선당 저항이 3[Ω], 리액턴스가 4[Ω]이고 수전단 전압이 6,000[V], 수전단에 용량 480[kW] 역률 0.8(지상)인 3상 평형 부하가 접속되어 있을 경우에 송전단 전압 V_s, 송전단 전력 P_s 및 송전단 역률 $\cos\theta_s$를 구하시오.

1 송전단 전압
  계산 : _____ 답 : _____

2 송전단 전력
  계산 : _____ 답 : _____

3 송전단 역률
  계산 : _____ 답 : _____

해답

1 계산 : $V_s = V_r + \dfrac{P_r}{V_r}(R + X\tan\theta)$

$= 6,000 + \dfrac{480 \times 10^3}{6,000} \times \left(3 + 4 \times \dfrac{0.6}{0.8}\right) = 6,480[V]$

답 6,480[V]

2 계산 : $I = \dfrac{P_r}{\sqrt{3}\,V_r \cos\theta_r} = \dfrac{480,000}{\sqrt{3} \times 6,000 \times 0.8} = 57.74[A]$

$P_s = P_r + 3I^2R = 480 + 3 \times 57.74^2 \times 3 \times 10^{-3} = 510[kW]$

답 510[kW]

3 계산 : $\cos\theta = \dfrac{P_s}{P} = \dfrac{P_s}{\sqrt{3}\,V_s I} \times 100$

$= \dfrac{510 \times 10^3}{\sqrt{3} \times 6,480 \times 57.74} \times 100 = 78.699[\%]$

답 78.7[%]

TIP

전압강하 $e = V_s - V_r = \sqrt{3}\,I(R\cos\theta + X\sin\theta) = \dfrac{P}{V}(R + X\tan\theta)$

08 송전 계통의 중성점 접지방식에서 유효접지(Effective grounding)에 대하여 설명하고, 유효접지의 가장 대표적인 접지방식 한가지만 쓰시오.

❶ 유효접지
❷ 접지방식

(해답) ❶ 유효접지 : 1선 지락 사고 시 건전상의 전압상승이 상규 대지전압의 1.3배를 넘지 않도록 접지 임피던스를 조절해서 접지하는 것
❷ 접지방식 : 직접 접지방식

TIP
▶ 중성점 접지 종류
① 비접지   ② 저항접지
③ 소호리액터 접지   ④ 직접 접지

09 다음 전동기의 회전방향을 반대로 하려면 어떻게 해야 하는지 각각 설명하시오.

❶ 직류 직권 전동기
❷ 3상 유도 전동기
❸ 단상 유도 전동기 분상기동법

(해답) ❶ 전기자 권선 또는 계자 권선의 접속을 반대로 한다.
❷ 전원 3선 중 2선의 접속을 반대로 한다.
❸ 기동권선의 접속을 반대로 한다.

10 한국전기설비규정(KEC)에 의한 저압에 사용 가능한 케이블의 종류를 3가지만 쓰시오.
※ KEC 규정에 따라 문항 변경

(해답) ① 0.6/1kV 연피 케이블
② 클로로프렌 외장 케이블
③ 무기물 절연 케이블
그 외
④ 금속 외장 케이블

11 축전지 설비에 대하여 다음 각 물음에 답하시오.

1 연(鉛)축전지의 전해액이 변색되며, 충전하지 않고 방치된 상태에서도 다량으로 가스가 발생되고 있다. 어떤 원인의 고장으로 추정되는가?

2 거치용 축전설비에서 가장 많이 사용되는 충전 방식으로 자기방전을 보충함과 동시에 상용부하에 대한 전력공급은 충전기가 부담하도록 하되 충전기가 부담하기 어려운 일시적인 대전류 부하는 축전지로 하여금 부담하게 하는 충전 방식은?

3 연(鉛)축전지와 알칼리축전지의 공칭전압은 몇 [V/셀]인가?
  ① 연(鉛)축전지 :
  ② 알칼리축전지 :

4 축전기 용량을 구하는 식 $C_B = \dfrac{1}{L}[K_1 I_1 + K_2(I_2 - I_1) + K_3(I_3 - I_2) \cdots + K_n(I_n - I_{n-1})]$ [Ah]에서 L은 무엇을 나타내는가?

해답
1 전해액 불순물의 혼입
2 부동충전방식
3 ① 연(鉛)축전지 : 2.0[V/cell]
   ② 알칼리축전지 : 1.2[V/cell]
4 보수율

TIP

1. 축전지 정격방전율
   ① 연축전지 : 10[h]   ② 알칼리축전지 : 5[h]

2. 축전지의 충전방식
   ① 부동충전 : 축전지의 자기방전을 보충함과 동시에 상용부하에 대한 전력공급은 충전기가 부담하도록 하되 충전기가 부담하기 어려운 일시적인 대전류 부하는 축전지로 부담하는 방식
   ② 균등충전 : 각 전해조에서 일어나는 전위차를 보정하기 위해 1~3개월마다 1회 정전압으로 10~12시간 충전하는 방식
   ③ 보통충전 : 필요할 때마다 시간율로 소정의 충전을 하는 방식
   ④ 급속충전 : 비교적 단시간(보통충전의 2~3배)에 충전하는 방식
   ⑤ 세류충전 : 자기 방전량만을 충전하는 방식
   ⑥ 회복충전 : 과방전 및 설치상태 설페이션 현상이 발생했을 때 기능을 회복시키려 충전하는 방식

3. 알칼리축전지의 장단점
   ① 장점
     ㉠ 수명이 길다.   ㉡ 진동·충격에 강하다.
     ㉢ 사용온도 범위가 넓다.   ㉣ 방전 시 전압변동이 적다.
     ㉤ 과충전·과방전에 강하다.
   ② 단점
     ㉠ 중량이 무겁다.   ㉡ 가격이 비싸다.   ㉢ 단자 전압이 낮다.

4. 축전지 용량

$$C = \frac{1}{L} \times K \times I [Ah]$$

여기서, L : 보수율(경년용량 저하율)
K : 용량환산시간
I : 방전전류

5. 축전지 공칭전압
① 연축전지 : 2.0[V/셀]
② 알칼리축전지 : 1.2[V/셀]

12 어떤 변전소의 공급구역 내 총부하 용량은 전등 600[kW], 동력 800[kW]이다. 각 수용가의 수용률은 전등 60[%], 동력 80[%], 각 수용가 간의 부등률은 전등 1.2, 동력 1.6이며, 또한 변전소에서 전등부하와 동력부하 간의 부등률을 1.4라 하고, 배전선(주상변압기 포함)의 전력손실을 전등부하, 동력부하 각각 10[%]라 할 때 다음 각 물음에 답하시오.

1 전등의 종합 최대 수용전력은 몇 [kW]인가?
계산 : _____ 답 : _____

2 동력의 종합 최대 수용전력은 몇 [kW]인가?
계산 : _____ 답 : _____

3 변전소에 공급하는 최대 전력은 몇 [kW]인가?
계산 : _____ 답 : _____

[해답]

1 계산 : $P = \dfrac{\text{설비용량} \times \text{수용률}}{\text{부등률}} = \dfrac{600 \times 0.6}{1.2} = 300[kW]$ **답** 300[kW]

2 계산 : $P = \dfrac{\text{설비용량} \times \text{수용률}}{\text{부등률}} = \dfrac{800 \times 0.8}{1.6} = 400[kW]$ **답** 400[kW]

3 계산 : $P = \dfrac{\text{최대전력의 합}}{\text{부등률}} \times \text{손실} = \dfrac{300+400}{1.4} \times (1+0.1) = 550[kW]$ **답** 550[kW]

TIP

① 합성 최대전력 = $\dfrac{\text{개별 최대전력의 합}}{\text{부등률}}$
② 합성 최대전력 = 종합 최대수용전력
③ 전력손실 10[%]은 공급 측에서 보상

13 12×24[m]인 사무실의 조도를 300[lx]로 할 경우에 광속 6,000[lm]의 형광등 40[W] 2등용을 시설한다면 등 수는 몇 등이 되는가?(단, 40[W] 2등용 형광등의 조명률은 50[%], 보수율은 80[%]이다.)

계산 : _____ 답 : _____

해답 계산 : $N = \dfrac{EAD}{FU} = \dfrac{300 \times 12 \times 24 \times \dfrac{1}{0.8}}{6,000 \times 0.5} = 36[등]$

답 36[등]

TIP

① $FUN = EAD$에서 $N = \dfrac{EAD}{FU}$

여기서, F : 광원 1개당의 광속[lm], N : 광원의 개수[등]
E : 작업면상의 평균 조도[lx], A : 방의 면적[m²]
D : 감광보상률, U : 조명률

② 감광보상률 $D = \dfrac{1}{M(유지율)}$

---

14 다음 부하관계용어에 대한 물음에 답하시오.

1 다음 관계식을 쓰시오.
① 수용률 :
② 부등률 :
③ 부하율 :

2 부하율은 수용률 및 부등률과 어떤 관계인지 비례, 반비례를 사용하여 답하시오.

해답 **1** ① 수용률 = $\dfrac{최대\ 수용전력}{설비용량} \times 100[\%]$

② 부등률 = $\dfrac{개별\ 최대\ 수용전력의\ 합}{합성\ 최대\ 수용전력}$

③ 부하율 = $\dfrac{평균\ 수용전력}{최대\ 수용전력} \times 100[\%]$

2 부하율은 부등률에 비례하고 수용률에 반비례한다.

TIP

1. 수용률
   ① 의미 : 수용설비의 기기를 동시에 사용하는 정도
   ② 정의 : 설비용량에 대한 최대수용전력의 비
   ③ 수용률 $= \dfrac{\text{최대전력[kW]}}{\text{설비용량[kW]}} \times 100[\%]$
   ④ 변압기 용량[kVA] $= \dfrac{\text{최대전력[kW]}}{\cos\theta} = \dfrac{\text{설비용량} \times \text{수용률[kW]}}{\cos\theta}$

2. 부등률
   ① 정의(의미) : 여러 전력 기기를 동시에 사용하는 정도를 시간, 계절별로 나타내는 지수
   ② 부등률식의 정의 : 합성 최대전력에 대한 개별 최대수용전력의 합의 비
   ③ 부등률 $= \dfrac{\text{개별 최대전력의 합[kW]}}{\text{합성 최대전력[kW]}} \geq 1$
   ④ 합성 최대전력[kW] $= \dfrac{\text{개별 최대전력의 합[kW]}}{\text{부등률}}$
   ⑤ 변압기 용량[kVA] $= \dfrac{\text{합성 최대전력[kW]}}{\cos\theta} = \dfrac{\text{개별 최대전력의 합[kW]}}{\text{부등률} \cdot \cos\theta}$
   ⑥ 부등률은 단위가 없다.

3. 부하율
   ① 의미 : 전력 변동 상태를 알 수 있는 정도
   ② 정의 : 최대전력에 대한 평균전력의 비
   부하율[F] $= \dfrac{\text{평균전력[kW]}}{\text{최대전력[kW]}} \times 100[\%] = \dfrac{\text{사용전력량[kWh]/시간}}{\text{최대전력[kW]}} \times 100[\%]$
   ③ 부하율이 작으면 전력공급설비를 유용하게 사용하지 못하며 실가동율이 저하된다.

15 다음은 간이수변전설비의 단선도 일부이다. 각 물음에 답하시오.

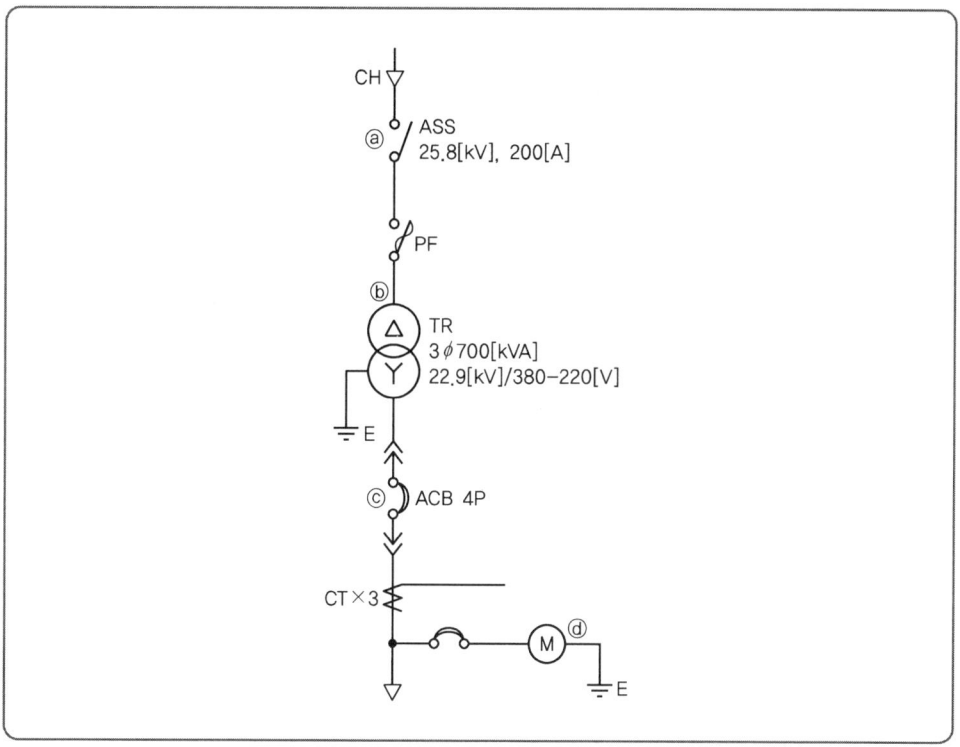

1 간이수변전설비의 단선도에서 ⓐ는 인입구 개폐기인 자동고장구분개폐기이다. 다음 (   )에 들어갈 내용을 답란에 쓰시오.

> 22.9[kV−Y] (①)[kVA] 이하에 적용이 가능하며 300[kVA] 이하의 경우에는 자동고장구분개폐기 대신에 (②)를 사용할 수 있다.

2 간이수변전설비의 단선도에서 ⓑ에 설치된 변압기에 대하여 다음 (   )에 들어갈 내용을 답란에 쓰시오.

> 과전류강도는 최대부하전류의 (①)배 전류를 (②)초 동안 흘릴 수 있어야 한다.

3 간이수변전설비의 단선도에서 ⓒ는 기중차단기(ACB)이다. 보호요소를 3가지만 쓰시오.

4 간이수변전설비의 단선도에서 ⓓ에 설치된 저압기기에 대하여 다음 (   )에 들어갈 내용을 답란에 쓰시오.

> 접지선의 굵기를 결정하기 위한 계산 조건에서 접지선에 흐르는 고장전류의 값은 전원 측 과전류 차단기 정격전류의 (①)배인 고장전류로 과전류 차단기가 최대 (②)초 이하에서 차단 완료했을 때 접지선의 허용온도는 최대 (③)[℃] 이하로 보호되어야 한다.

5 단선도에서 변류기의 변류비를 선정하시오.(단, CT의 정격전류는 부하전류의 125[%]로 하며 CT 1차 정격 : 1,000, 1,200, 1,500, 2,000, 2차 전류는 5[A]를 사용한다.)

계산 : _____   답 : _____

해답
1 ① 1,000   ② 인터럽트 스위치
2 ① 25   ② 2
3 ① 과전류 ② 부족전압   ③ 과전압
4 ① 20   ② 0.1   ③ 160
5 계산 : CT $I_1 = \dfrac{P}{\sqrt{3}\,V} \times 1.25 = \dfrac{700 \times 10^3}{\sqrt{3} \times 380} \times 1.25 = 1,329.42[A]$

∴ 1,500/5 선정

답 1,500/5

TIP
① 인터럽터 스위치(기중 부하 개폐기)
② CT 1차 정격 : $I_1 \times (1.25 \sim 1.5)$
③ 기중차단기 보호요소 : 과전류, 과전압, 결상, 부족전압, 지락

16 다음 괄호 안에 들어갈 내용을 완성하시오.

> 전기방식설비의 전원장치는 (①), (②), (③), (④) 4가지로 구성되어 있으며 최대 사용전압은 직류 (⑤)[V] 이하이다.

해답
① 절연변압기
② 정류기
③ 개폐기
④ 과전류차단기
⑤ 60[V]

2019년도 3회 시험 과년도 기출문제

01 유입 변압기와 비교하여 몰드 변압기에 대한 장점 3가지와 단점 3가지를 쓰시오.

1 장점

2 단점

해답
1 장점
① 단시간 과부하 내량이 크다.
② 진동이 작다.
③ 소형 경량화할 수 있다.
그 외
④ 보수 및 점검이 용이하다.
⑤ 전력손실이 감소한다.

2 단점
① 가격이 비싸다.
② 옥외 설치 및 대용량 제작이 곤란하다.
③ 충격파의 내전압이 낮다.

02 어떤 공장의 1일 사용전력량이 100[kWh]이며, 1일의 최대전력이 7[kW]이고, 최대전력일 때의 전류값이 20[A]이었을 경우 다음 각 물음에 답하시오(단, 이 공장은 220[V], 11[kVA]인 3상 유도전동기를 사용한다고 한다.)

1 일 부하율은 몇 [%]인가?
계산 : _____ 답 : _____

2 최대전력일 때의 역률은 몇 [%]인가?
계산 : _____ 답 : _____

해답 **1** 계산 : 부하율 $= \dfrac{\text{평균수용전력}}{\text{최대수용전력}} \times 100[\%] = \dfrac{\text{사용전력량/시간}}{\text{최대수용전력}} \times 100(\%)$

$= \dfrac{100/24}{7} \times 100(\%) = 59.52[\%]$

답 59.52[%]

2 계산 : $\cos\theta = \dfrac{P}{\sqrt{3}\,VI} = \dfrac{7 \times 10^3}{\sqrt{3} \times 220 \times 20} \times 100 = 91.85[\%]$

답 91.85[%]

03 다음 그림과 같은 단상 3선식 선로에서 설비불평형률은 몇 [%]인가?

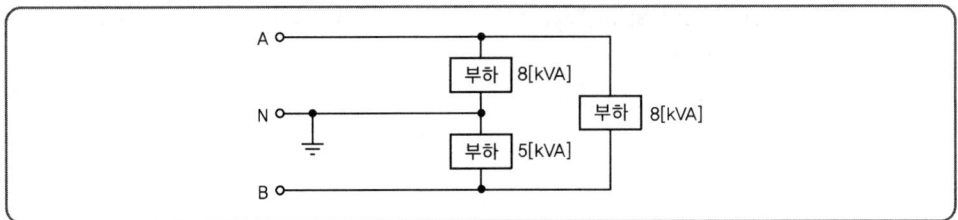

계산 : _____ 답 : _____

해답 계산 : 설비불평형률

$= \dfrac{\text{중성선과 각 전압 측 전선 간에 접속되는 부하설비용량[kVA]의 차}}{\text{총 부하설비용량[kVA]의 1/2}} \times 100[\%]$

$= \dfrac{8-5}{(8+5+8) \times \dfrac{1}{2}} \times 100 = 28.57[\%]$

답 28.57[%]

TIP

3상 3선식 설비불평형률 $= \dfrac{\text{각 선 간에 접속되는 단상 부하의 최대와 최소의 차}}{\text{총 부하 설비용량의 1/3}} \times 100[\%]$

04 스위치 S_1, S_2, S_3, S_4에 의하여 직접 제어되는 계전기 A_1, A_2, A_3, A_4가 있다. 전등 X, Y, Z가 동작표와 같이 점등되었다고 할 때 다음 각 물음에 답하시오.

A_1	A_2	A_3	A_4	X	Y	Z
0	0	0	0	0	1	0
0	0	0	1	0	0	0
0	0	1	0	0	0	0
0	0	1	1	0	0	0
0	1	0	0	0	0	0
0	1	0	1	0	0	0
0	1	1	0	1	0	0
0	1	1	1	1	0	0
1	0	0	0	0	0	0
1	0	0	1	0	0	1
1	0	1	0	0	0	0
1	0	1	1	1	1	0
1	1	0	0	0	0	1
1	1	0	1	0	0	1
1	1	1	0	0	0	0
1	1	1	1	1	0	0

- 출력 램프 X에 대한 논리식

$$X = \overline{A_1}A_2A_3\overline{A_4} + \overline{A_1}A_2A_3A_4 + A_1A_2A_3A_4 + A_1\overline{A_2}A_3A_4$$
$$= A_3(\overline{A_1}A_2 + A_1A_4)$$

- 출력 램프 Y에 대한 논리식

$$Y = \overline{A_1}\,\overline{A_2}\,\overline{A_3}\,\overline{A_4} + A_1\overline{A_2}A_3A_4$$
$$= \overline{A_2}(\overline{A_1}\,\overline{A_3}\,\overline{A_4} + A_1A_3A_4)$$

- 출력 램프 Z에 대한 논리식

$$Z = A_1\overline{A_2}\,\overline{A_3}A_4 + A_1A_2\overline{A_3}\,\overline{A_4} + A_1A_2\overline{A_3}A_4$$
$$= A_1\overline{A_3}(A_2 + A_4)$$

1 답란에 미완성 부분을 최소 접점수로 접점 표시를 하고 접점 기호를 써서 유접점 회로를 완성하시오.(예 : $\dashv\!\vdash A_1$ $\dashv\!\!\!/\!\vdash \overline{A_1}$)

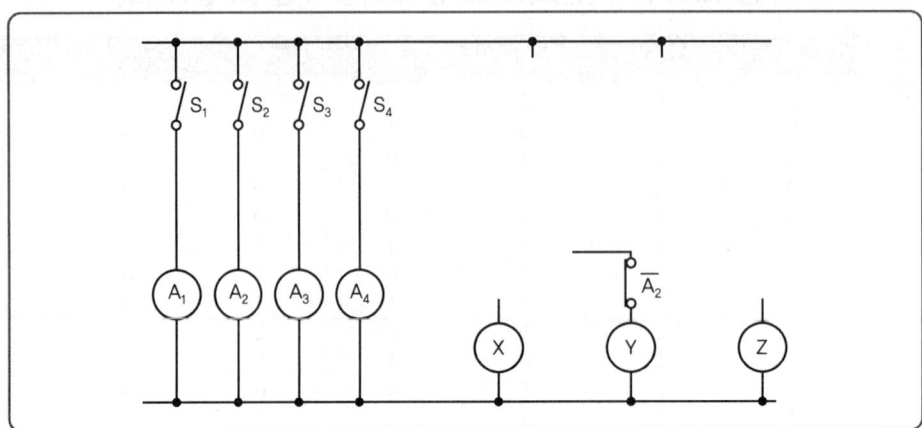

2 답란에 미완성 무접점 회로도를 완성하시오.

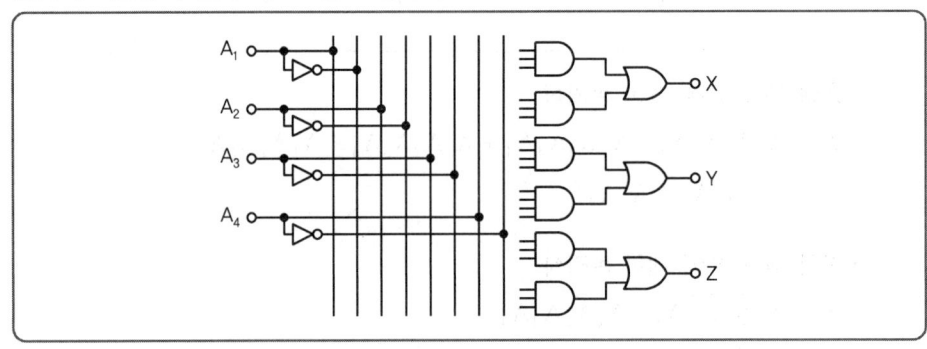

해답 **1**

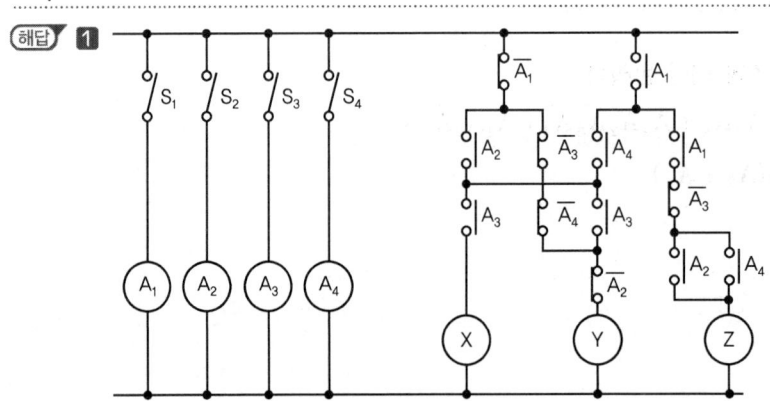

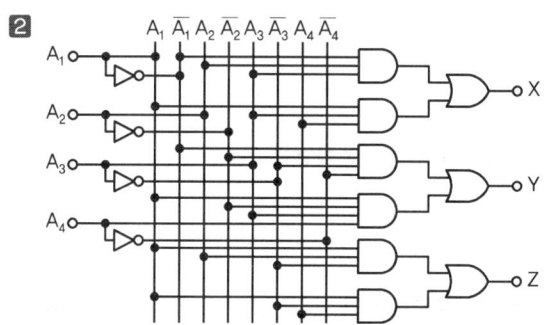

05 어느 공장의 수전설비에서 100[kVA] 단상 변압기 3대를 △ 결선하여 273[kW] 부하에 전력을 공급하고 있다. 단상 변압기 1대가 고장이 발생하여 단상 변압기 2대로 V결선하여 전력을 공급할 경우 다음 물음에 답하시오.(단, 부하역률은 1로 계산한다.)

1 V결선으로 하여 공급할 수 있는 최대 전력[kW]을 구하시오.
계산 : _____ 답 : _____

2 V결선된 상태에서 273[kW] 부하 전체를 연결할 경우 과부하율[%]을 구하시오.
계산 : _____ 답 : _____

(해답) **1** 계산 : $P_V = \sqrt{3}\,P_1\cos\theta = \sqrt{3} \times 100 \times 1 = 173.21[\text{kW}]$
답 173.21[kW]

2 계산 : 과부하율 $= \dfrac{\text{부하용량}}{\text{공급용량}} \times 100 = \dfrac{273}{173.21} \times 100 = 157.61[\%]$
답 157.61[%]

06 3상 3선식 비접지식 6,600[V] 고압 가공전선로가 있다. 실측한 결과 지락전류가 5A일 때 이 전로에 접속된 주상변압기 110[V] 측 1단자에 혼촉방지 접지를 할 때 접지 저항값은 얼마 이하인가?(단, 이 전선로는 고저압 혼촉 시 2초 이내에 자동 차단하는 장치가 없다.)

계산 : _____ 답 : _____

(해답) 계산 : $R = \dfrac{150}{5} = 30[\Omega]$
답 30[Ω]

> **TIP**
>
> $R = \dfrac{150, \ 300, \ 600}{I_g}[\Omega]$
>
> 여기서, 300 : 2초 이내 차단, 600 : 1초 이내 차단

07 아래 도면은 어느 수전설비의 단선 결선도이다. 도면을 보고 다음의 물음에 답하시오.

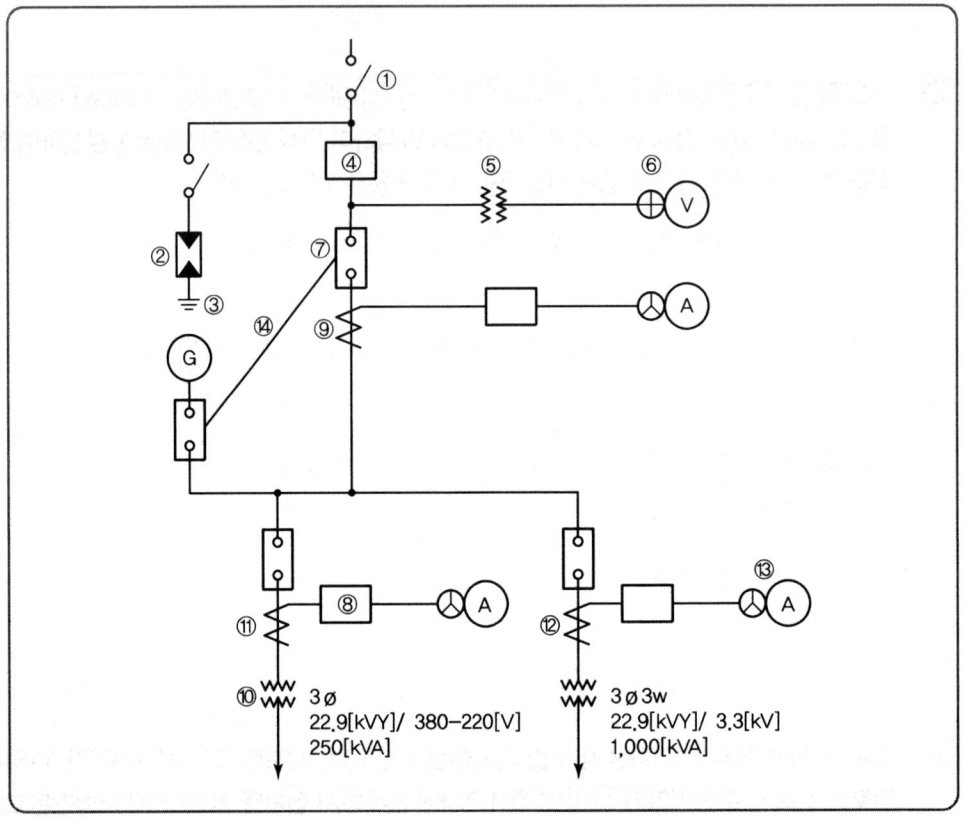

■ ①~⑨ 그리고 ⑬에 해당되는 부분의 명칭과 용도를 쓰시오.

① 명칭 :　　　　　　　　　　용도 :
② 명칭 :　　　　　　　　　　용도 :
③ 명칭 :　　　　　　　　　　용도 :
④ 명칭 :　　　　　　　　　　용도 :
⑤ 명칭 :　　　　　　　　　　용도 :
⑥ 명칭 :　　　　　　　　　　용도 :
⑦ 명칭 :　　　　　　　　　　용도 :

⑧ 명칭 :   용도 :
⑨ 명칭 :   용도 :
⑬ 명칭 :   용도 :

2 ⑤의 1, 2차 전압은?
1차 전압 :   2차 전압 :

3 ⑩의 2차 측 결선방법은?

4 ⑪, ⑫의 1, 2차 전류는?(단, CT 정격 전류는 부하 정격 전류의 1.5배로 한다.)
⑪ 계산 : _____ 답 : _____
⑫ 계산 : _____ 답 : _____

5 ⑭의 명칭 및 용도는?
⑭ 명칭 :   용도 :

(해답) **1** ① 명칭 : 단로기
    용도 : 무부하 시 전로 개폐
② 명칭 : 피뢰기
    용도 : 이상전압 내습 시 대지로 방전시키고 속류를 차단
③ ※ KEC 규정에 따라 삭제
④ 명칭 : 전력수급용 계기용 변성기
    용도 : 전력량을 산출하기 위해서 PT와 CT를 하나의 함에 내장한 것
⑤ 명칭 : 계기용 변압기
    용도 : 고전압을 저전압으로 변성시킴
⑥ 명칭 : 전압계용 절환 개폐기
    용도 : 하나의 전압계로 3상의 선간전압을 측정하는 전환 개폐기
⑦ 명칭 : 차단기
    용도 : 고장전류 차단 및 부하전류 개폐
⑧ 명칭 : 과전류 계전기
    용도 : 과부하 및 단락사고 시 차단기 개방
⑨ 명칭 : 계기용 변류기
    용도 : 대전류를 소전류로 변류시킴
⑬ 명칭 : 전류계용 절환 개폐기
    용도 : 하나의 전류계로 3상의 선간전류를 측정하는 절환 개폐기

2 1차 전압 : 13,200[V]   2차 전압 : 110[V]

3 Y결선

4 ⑪ 계산 : $I_1 = \dfrac{P}{\sqrt{3}\,V} = \dfrac{250}{\sqrt{3} \times 22.9} = 6.3[A]$ 답 6.3[A]
    $6.3 \times 1.5 = 9.45[A]$ 이므로 변류비 10/5 선정

$$I_2 = I_1 \times \frac{1}{CT비} = \frac{250}{\sqrt{3} \times 22.9} \times \frac{5}{10} = 3.15[A]$$ 답 3.15[A]

⑫ 계산 : $I_1 = \frac{P}{\sqrt{3}\,V} = \frac{1,000}{\sqrt{3} \times 22.9} = 25.21[A]$ 답 25.21[A]

$25.21 \times 1.5 = 37.82[A]$ 이므로 변류비 40/5 선정

$$I_2 = I_1 \times \frac{1}{CT비} = \frac{1,000}{\sqrt{3} \times 22.9} \times \frac{5}{40} = 3.15[A]$$ 답 3.15[A]

5 ⑭ 명칭 : 인터록
   용도 : 상시전원, 예비전원 동시 투입 방지

TIP
3 변압기 2차 측의 전압이 220[V](상전압), 380[V](선간전압)이 나오는 결선 : Y
4 $CT비 = \frac{용량}{\sqrt{3} \times 1차\ 전압} \times 배수(1.25 \sim 1.5)$
단, 문제에 조건이 주어지면 조건으로 할 것

08 그림과 같은 교류 3상 3선식 전로에 연결된 3상 평형 부하가 있다. 이때 L3상의 P점이 단선된 경우, 이 부하의 소비전력은 단선 전 소비전력에 비하여 어떻게 되는지 계산식을 이용하여 설명하시오.(단, 선간 전압은 E[V]이며, 부하의 저항은 R[Ω]이다.)

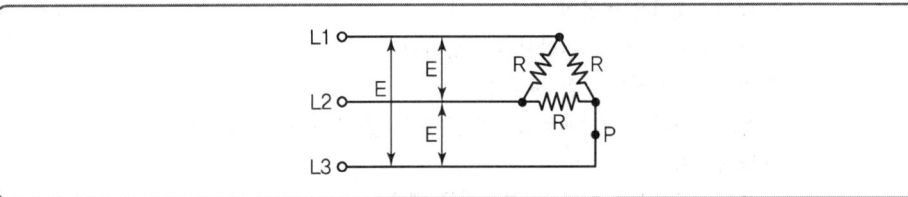

계산 : _____ 답 : _____

해답 계산 : 단선 전 소비전력$(P_1) = 3 \cdot \frac{E^2}{R}$

단선 후 소비전력$(P_2) = \frac{E^2}{R'} = \frac{E^2}{\frac{R \cdot 2R}{R+2R}} = 3 \cdot \frac{E^2}{2R}$

$\frac{단선\ 후\ 전력}{단선\ 전\ 전력} = \frac{P_2}{P_1} = \frac{\frac{3}{2} \cdot \frac{E^2}{R}}{3 \cdot \frac{E^2}{R}} = \frac{1}{2}$ 이 되므로 $\therefore P_2 = \frac{1}{2}P_1$

답 소비전력이 $\frac{1}{2}$로 감소한다.

> **TIP**
> ▶ 단선 후 등가 회로

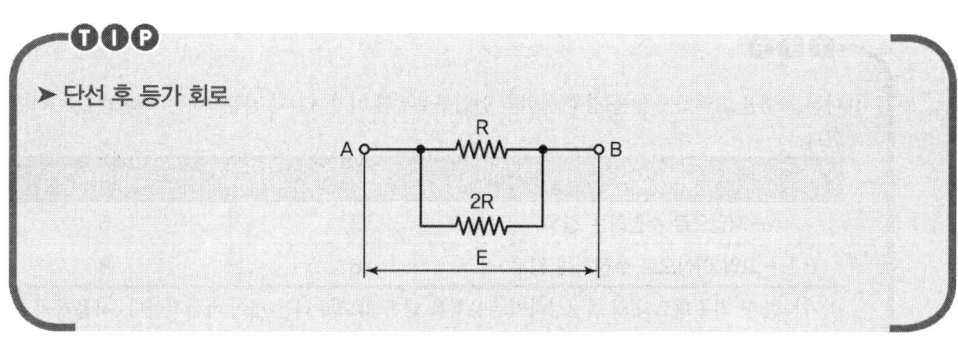

09 다음 그림과 같은 단상 2선식 분기회로의 전선 굵기를 표준 단면적으로 산정하시오. (단, 전압강하는 2[V] 이하이고, 배선방식은 교류 220[V] 후강전선관 공사로 한다고 한다.)

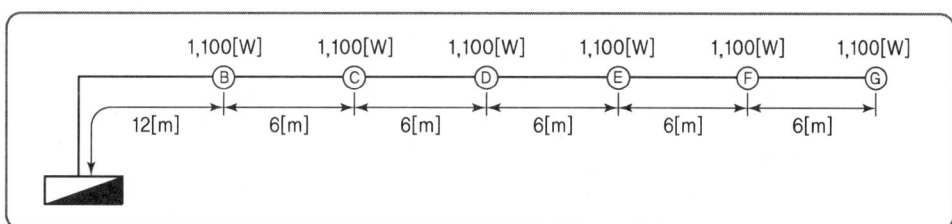

계산 : _____ 답 : _____

해답 계산 : 부하 중심점 $L = \dfrac{I_1 l_1 + I_2 l_2 + I_3 l_3 + \cdots + I_n l_n}{I_1 + I_2 + I_3 + \cdots + I_n}$

$L = \dfrac{5 \times 12 + 5 \times 18 + 5 \times 24 + 5 \times 30 + 5 \times 36 + 5 \times 42}{5 + 5 + 5 + 5 + 5 + 5} = 27 [\text{m}]$

부하 전류 $I = \dfrac{1,100 \times 6}{220} = 30 [\text{A}]$

∴ 전선의 굵기 $A = \dfrac{35.6 LI}{1,000 e} = \dfrac{35.6 \times 27 \times 30}{1,000 \times 2} = 14.42 [\text{mm}^2]$

그러므로, 공칭 단면적 16[mm²]로 결정

답 16[mm²]

TIP

① 다른 조건을 고려하지 않을 경우 설비의 인입구로부터 기기까지의 전압강하는 아래의 값 이하이어야 한다.

설비의 유형	조명[%]	기타[%]
A - 저압으로 수전하는 경우	3	5
B* - 고압 이상으로 수전하는 경우	6	8

* 가능한 한 최종회로 내의 전압강하가 A유형을 넘지 않도록 하는 것이 바람직하다. 사용자의 배선설비가 100[m] 넘는 부분의 전압강하는 미터당 0.005[%] 증가할 수 있으나 이러한 증가분은 0.5[%]를 넘지 않도록 한다.

② 배전방식에 따른 도체 단면적

단상 2선식	$A = \dfrac{35.6LI}{1,000e}$	선간
3상 3선식	$A = \dfrac{30.8LI}{1,000e}$	선간
3상 4선식	$A = \dfrac{17.8LI}{1,000e}$	대지간

③ IEC 전선규격[mm²]
1.5, 2.5, 4, 6, 10, 16, 25, 35, 50, 70, 95, 120, 150, 185, 240, 300, …

10 서지 흡수기(Surge Absorber)의 역할(기능)과 어느 개소에 설치하는지 그 위치를 쓰시오.

1 역할(기능)

2 설치위치

해답 **1** 역할(기능) : 개폐 서지를 억제하여 기기 보호
      2 설치위치 : 개폐 서지를 발생하는 차단기 2차 측과 부하 측의 1차 측 사이

11 형광방전램프의 점등방법에서 점등회로의 종류 3가지를 쓰시오.

해답 ① 글로스타터회로   ② 수동식기동회로   ③ 속시기동회로(래피드스타트회로)
     그 외
     ④ 순시기동회로   ⑤ 조광회로

12 3상 3선식 380[V] 회로에 그림과 같이 2.2[kW], 7.5[kW], 50[kW]의 전동기와 5[kW]의 전열기가 접속되어 있다. 간선의 허용전류[A]를 구하여라.(단, 전동기의 평균 역률은 75[%]이다.) ※ KEC 규정에 따라 문항 변경

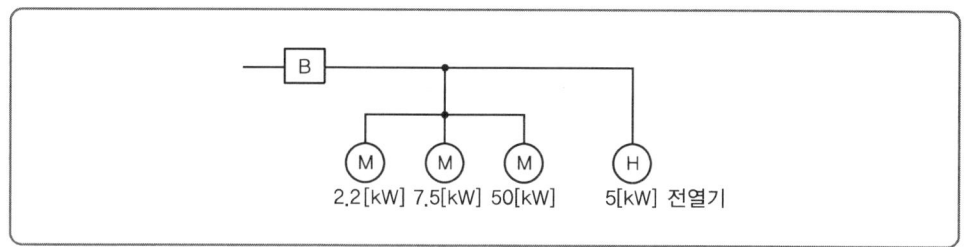

계산 : _____ 답 : _____

해답 계산 : $\sum I_M = \dfrac{\text{전동기 용량의 합[kW]}}{\sqrt{3} \times V \times \cos\theta} = \dfrac{(2.2+7.5+50) \times 10^3}{\sqrt{3} \times 380 \times 0.75} = 120.94[A]$

전동기 유효전류 $I_1 = I_M \times \cos\theta = 120.94 \times 0.75 = 90.71[A]$

전동기 무효전류 $I_2 = I_M \times \sin\theta = 120.94 \times \sqrt{1-0.75^2} = 79.99[A]$

$\sum I_H = \dfrac{\text{전열기 용량[kW]}}{\sqrt{3} \times V} = \dfrac{5 \times 10^3}{\sqrt{3} \times 380} = 7.6[A]$

$\therefore I_B = \sqrt{(90.71+7.6)^2 + 79.99^2} = 126.74[A]$

$\therefore$ 허용전류 $I_Z \geq 126.74[A]$

답 126.74[A]

13 전력 퓨즈에서 다음 각 물음에 답하시오.

1 퓨즈의 역할을 크게 2가지로 구분하여 간단하게 설명하시오.

2 퓨즈의 가장 큰 단점은 무엇인가?

3 주어진 표는 개폐장치(기구)의 동작 가능한 곳에 ○표를 한 것이다. ①~③은 어떤 개폐장치이겠는가?

기능 \ 능력	회로 분리		사고 차단	
	무부하	부하	과부하	단락
퓨즈	○			○
①	○	○	○	○
②	○	○	○	
③	○			

4 큐비클의 종류 중 PF-S형 큐비클은 주 차단장치로서 어떤 것들을 조합하여 사용하는 것을 말하는가?

해답

1
- 부하 전류를 안전하게 흐르게 한다.
- 과전류를 차단하여 전로나 기기를 보호한다.

2 재투입할 수 없다.

3 ① 차단기 ② 자동고장구분개폐기(ASS) ③ 단로기

4 전력 퓨즈와 고압 개폐기

TIP

1. 전력퓨즈 기능 및 특성
   ① 기능
      ㉠ 부하 전류를 안전하게 통전시킨다.
      ㉡ 일정치 이상의 과전류를 차단하여 전로나 기기를 보호한다.
   ② 특성
      ㉠ 단시간 허용 특성   ㉡ 용단 특성   ㉢ 전차단 특성

2. 전력퓨즈 장단점
   ① 장점
      ㉠ 소형이라 경량이다.   ㉡ 가격이 싸다.
      ㉢ 고속으로 차단이 가능하다.   ㉣ 보수가 간단하다.
      ㉤ 차단용량이 크다.
   ② 단점
      ㉠ 재투입할 수 없다.(큰 단점)   ㉡ 과도전류로 용단하기 쉽다.
      ㉢ 차단 시 이상전압이 발생한다.   ㉣ 고임피던스 접지계통은 보호할 수 없다.
      ㉤ 동작시간, 전류특성을 계전기처럼 자유롭게 조정할 수가 없다.

3. 전력퓨즈 구입 시 고려 사항
   ① 정격전압   ② 정격차단전류   ③ 전류-시간특성
   ④ 사용장소   ⑤ 정격전류   ⑥ 최소차단전류

14 60[Hz] 6,600/210[V] 50[kVA]의 단상 변압기가 있다. 저압 측이 단락하고 1차 측에 170[V]의 전압을 가하니 1차 측에 정격전류가 흘렀다. 이때 변압기에 입력이 700[W]라고 한다. 이 변압기에 역률 0.8의 정격부하를 걸었을 때의 전압변동률을 구하시오.

계산 : _____ 답 : _____

해답 계산 : $\%Z = \dfrac{V_o}{V_1} \times 100 = \dfrac{170}{6,600} \times 100 = 2.58[\%]$

$p = \dfrac{P_o}{V_{1n}I_{1n}} \times 100 = \dfrac{700}{50 \times 10^3} \times 100 = 1.4[\%]$

$q = \sqrt{z^2 - p^2} = \sqrt{2.58^2 - 1.4^2} = 2.17[\%]$

$\therefore \varepsilon = p\cos\theta + q\sin\theta = 1.4 \times 0.8 + 2.17 \times 0.6 = 2.422[\%]$

답 2.42[%]

15 설비용량이 350[kW], 수용률이 0.6일 때 변압기 용량을 구하시오. (단, 역률은 0.7이다.)

계산 : _____ 답 : _____

해답 계산 : $TR = \dfrac{350 \times 0.6}{0.7} = 300[kVA]$

답 300[kVA]

TIP

변압기 용량 = 최대전력 = $\dfrac{설비용량 \times 수용률}{역률}$ [kVA]

16 단상 2선식 분기회로에 3[kW] 부하가 연결되어 있다. 부하단의 수전전압이 220[V]인 경우, 간선에서 분기된 분기점에서 부하까지 한 선당 저항이 0.03[Ω]일 때 분기점에서의 전압은 얼마여야 하는가?

계산 : _____ 답 : _____

해답 계산 : 전압강하 $e = 2IR = 0.03 \times 2 \times \dfrac{3,000}{220} = 0.82[V]$

분기점 전압 $V_s = V_r + e = 220 + 0.82 = 220.82[V]$

답 220.82[V]

TIP

▶ 역률이 1일 때 전압강하
① 3상 4선식 : IR   ② 3상 3선식 : $\sqrt{3}$IR   ③ 단상 2선식 : 2IR

2020년도 1회 시험 과년도 기출문제

01 주어진 도면은 어떤 수용가의 수전설비의 단선 결선도이다. 도면과 참고표를 이용하여 물음에 답하시오.

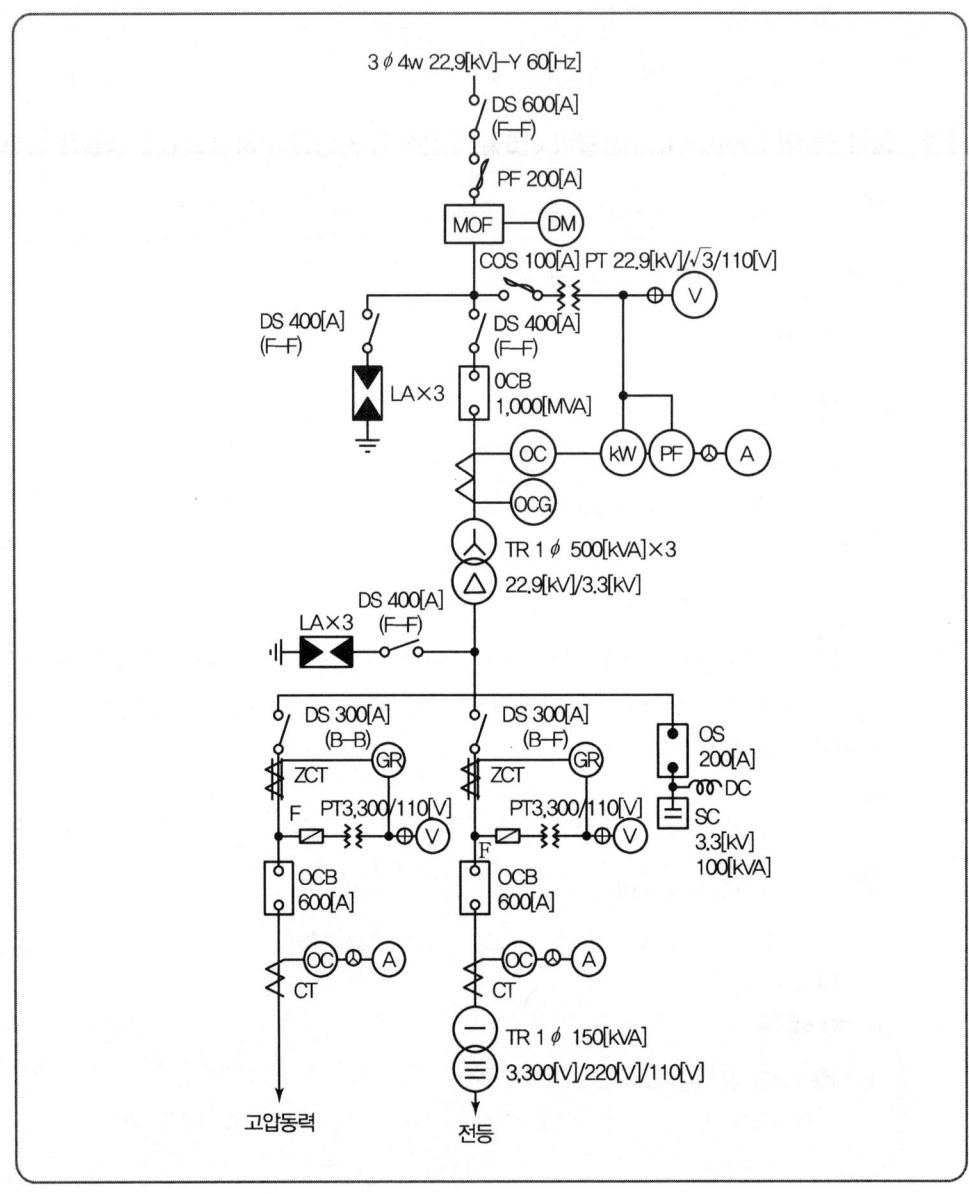

| 계기용 변압 변류기 정격(일반 고압용) |

종별		정격
PT	1차 정격 전압[V]	3,300, 6,000
	2차 정격 전압[V] 정격 부담[VA]	110 / 50, 100, 200, 400
CT	1차 정격 전류[A]	10, 15, 20, 30, 40, 50, 75, 100, 150, 200, 300, 400, 500, 600
	2차 정격 전류[A] 정격 부담[VA]	5 / 15, 40, 100 일반적으로 고압 회로는 40[VA] 이하, 저압회로는 15[VA] 이상

1 22.9[kV] 측에 대하여 다음 각 물음에 답하시오.

① MOF에 연결되어 있는 (DM)은 무엇인가?

② DS의 정격 전압은 몇 [kV]인가?

③ LA의 정격 전압은 몇 [kV]인가?

④ OCB의 정격 전압은 몇 [kV]인가?

⑤ OCB의 정격 차단 용량 선정은 무엇을 기준으로 하는가?

⑥ CT의 변류비는?(단, 1차 전류의 여유는 25[%]로 한다.)
계산 : _____ 답 : _____

⑦ DS에 표시된 F－F의 뜻은?

⑧ 그림과 같은 결선에서 단상 변압기가 2부싱형 변압기이면 1차 중성점의 접지는 어떻게 해야 하는가?(단, "접지를 한다", "접지를 하지 않는다."로 답하되 접지를 하게 되면 접지 종별을 쓰도록 하시오.)

⑨ OCB의 차단 용량이 1,000[MVA]일 때 정격 차단 전류는 몇 [A]인가?
계산 : _____ 답 : _____

2 3.3[kV] 측에 대하여 다음 각 물음에 답하시오.

① 애자 사용 배선에 의한 옥내 배선인 경우 간선에는 몇 [mm²] 이상의 전선을 사용하는 것이 바람직한가?

② 옥내용 PT는 주로 어떤 형을 사용하는가?

③ 고압 동력용 OCB에 표시된 600[A]는 무엇을 의미하는가?

④ 콘덴서에 내장된 DC의 역할은?

⑤ 전등 부하의 수용률이 70[%]일 때 전등용 변압기에 걸 수 있는 부하 용량은 몇 [kW]인가?
계산 : _____ 답 : _____

해답

1 ① 최대 수요 전력량계
② 25.8[kV]
③ 18[kV]
④ 25.8[kV]
⑤ 전원 측 단락 용량 또는 단락 전류
⑥ 계산 : $I_1 = \dfrac{P}{\sqrt{3}\,V} \times 1.25 = \dfrac{500 \times 3}{\sqrt{3} \times 22.9} \times 1.25 = 47.27[A]$ **답** 50/5
⑦ 표면-표면 접속
⑧ 접지를 하지 않는다.
⑨ 계산 : $I_s = \dfrac{P_s}{\sqrt{3}\,V} = \dfrac{1,000 \times 10^3}{\sqrt{3} \times 25.8} = 22,377.92[A]$ **답** 22,377.92[A]

2 ① 25[mm²]
② 몰드형
③ 정격 전류
④ 콘덴서에 축적된 잔류 전하 방전
⑤ 계산 : 부하 용량 = $\dfrac{\text{최대전력}}{\text{수용률}} = \dfrac{150}{0.7} = 214.29[kW]$ **답** 214.29[kW]

TIP
$P_s = \sqrt{3} \times V \times I_s$ 여기서, V : 정격 전압, I_s : 단락 전류

---

02 3상 3선식 6,600[V]인 변전소에서 저항 6[Ω], 리액턴스 8[Ω]의 송전선을 통하여 역률 0.8의 부하에 전력을 공급할 때 수전단 전압을 6,000[V] 이상으로 유지하기 위해서 걸 수 있는 부하는 최대 몇 [kW]까지 가능하겠는가?

계산 : _____ 답 : _____

해답 계산 : 전압강하 $e = \dfrac{P}{V}(R + X\tan\theta)$ 에서

$6,600 - 6,000 = \dfrac{P}{6,000}\left(6 + 8 \times \dfrac{0.6}{0.8}\right)$

$P = 300[kW]$ **답** 300[kW]

TIP
전압강하 $e = V_s - V_r = \sqrt{3}\,I(R\cos\theta + X\sin\theta) = \dfrac{P}{V_r}(R + X\tan\theta)$

03 그림은 3상 유도전동기의 Y-△ 기동법을 나타내는 결선도이다. 다음 물음에 답하시오.

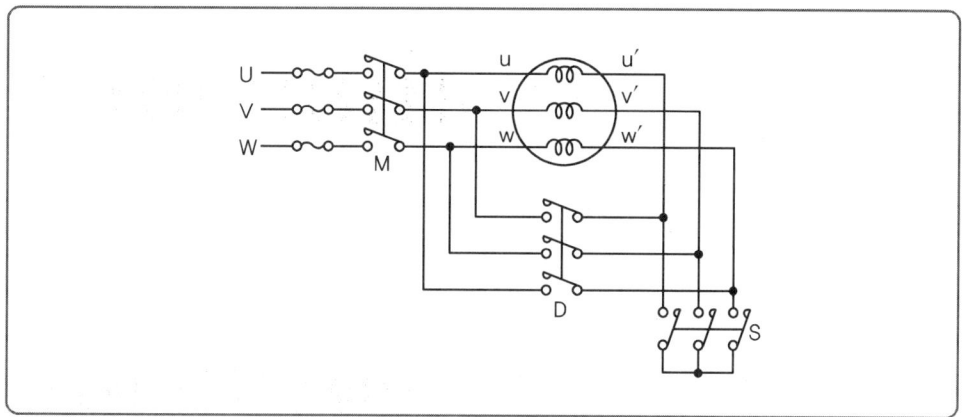

1 다음 표의 빈칸에 기동 시 및 운전 시의 전자개폐기 접점의 ON, OFF 상태 및 접속상태 (Y결선, △결선)를 쓰시오.

구분	전자개폐기 접점상태(ON, OFF)			접속상태
	S	D	M	
기동 시				
운전 시				

2 전전압 기동과 비교하여 Y-△ 기동법의 기동 시 기동전압, 기동전류 및 기동토크는 각각 어떻게 되는가?
① 기동전압(선간전압)
② 기동전류
③ 기동토크

해답 1

구분	전자개폐기 접점상태(ON, OFF)			접속상태
	S	D	M	
기동 시	ON	OFF	ON	Y결선
운전 시	OFF	ON	ON	△결선

2 ① 기동전압(선간전압) : $\dfrac{1}{\sqrt{3}}$ 배

② 기동전류 : $\dfrac{1}{3}$ 배

③ 기동토크 : $\dfrac{1}{3}$ 배

> **TIP**
>
> ① Y결선의 기동전류 $I_Y = \dfrac{\dfrac{V}{\sqrt{3}}}{Z} = \dfrac{V}{\sqrt{3}Z}$
>
> ② △결선의 기동전류 $I_\triangle = \sqrt{3}\dfrac{V}{Z}$
>
> ③ 기동전류 비교 $\dfrac{I_Y}{I_\triangle} = \dfrac{\dfrac{V}{\sqrt{3}Z}}{\dfrac{\sqrt{3}V}{Z}} = \dfrac{1}{3}$ 배
>
> 따라서 Y기동 시 기동전류가 △운전 시 전류의 $\dfrac{1}{3}$ 배가 된다.
>
> 기동토크 $T_S \propto V^2$ ∴ $\left(\dfrac{1}{\sqrt{3}}\right)^2 = \dfrac{1}{3}$ 배

04 배전용 변전소의 각종 전기시설에는 접지를 하고 있다. 그 접지 목적을 3가지로 요약하여 쓰고, 고압측 접지 개소를 3개소만 쓰시오. ※ KEC 규정에 따라 문항 변경

1 접지목적

2 접지개소

해답 **1** 접지목적
① 감전 방지
② 이상전압 억제
③ 보호 계전기의 확실한 동작

2 접지개소
① 일반 기기 및 제어반 외함 접지
② 피뢰기 및 피뢰침 접지
③ 옥외 철구 및 경계책 접지
④ 계기용 변성기 2차 측 접지

05 건축물의 연면적 350[m²]의 일반주택에 다음 조건과 같은 전기설비를 시설하고자 할 때 분전반에 사용할 20[A]와 30[A]의 분기회로수는 몇 회로로 하여야 하는지 총 분기회로수를 결정하시오. (단, 분전반의 전압은 220[V] 단상이고 전등 및 전열 분기회로는 20[A], 에어컨은 30[A] 분기회로이다.)

[조건]
- 전등과 전열용 부하는 25[VA/m²]
- 2,500[VA] 용량의 에어컨 2대
- 예비부하 3,500[VA]

계산 : _____ 답 : _____

해답 계산 : ① 전등 및 전열

$$20[A] \text{ 분기회로수 } N = \frac{\text{부하용량}}{\text{정격전압} \times \text{분기회로전류}} = \frac{25 \times 350 + 3{,}500}{20 \times 220} = 2.78 \text{회로}$$

∴ 3회로

② 에어컨

$$30[A] \text{ 분기회로수 } N = \frac{\text{부하용량}}{\text{정격전압} \times \text{분기회로전류}} = \frac{2{,}500 \times 2}{30 \times 220} = 0.76 \text{회로}$$

∴ 1회로

∴ 총 분기회로수 = 4회로

답 4회로

06 경간 200[m]인 가공 송전선로가 있다. 전선 1[m]당 무게는 2.0[kg]이고 풍압 하중이 없다고 한다. 인장강도 4,000[kg]의 전선을 사용할 때 처짐정도(Dip)와 전선의 실제 길이를 구하시오. (단, 안전율은 2.2로 한다.) ※ KEC 규정에 따라 변경

계산 : _____ 답 : _____

해답 계산 : ① 처짐정도

$$D = \frac{WS^2}{8T} = \frac{2.0 \times 200^2}{8 \times 4{,}000/2.2} = 5.5[m]$$

② 전선의 실제 길이

$$L = S + \frac{8D^2}{3S} = 200 + \frac{8 \times 5.5^2}{3 \times 200} = 200.4[m]$$

답 이도 : 5.5[m], 전선의 실제 길이 : 200.4[m]

> **TIP**
> 합성하중 $W = \sqrt{W_i^2 + W_p^2}$
> 여기서, W_i : 전선하중, W_p : 풍압하중
> 처짐정도(이도) $D = \dfrac{WS^2}{8T}$
> 여기서, T : 수평장력 $= \dfrac{\text{인장하중}}{\text{안전율}}$

07 200[V], 15[kVA]인 3상 유도전동기를 부하로 사용하는 공장이 있다. 이 공장이 어느 날 1일 사용전력량이 90[kWh]이고, 1일 최대전력이 10[kW]일 경우 다음 각 물음에 답하시오.(단, 최대전력일 때의 전류값은 43.3[A]라고 한다.)

1 일 부하율은 몇 [%]인가?
계산 : _____ 답 : _____

2 최대전력일 때의 역률은 몇 [%]인가?
계산 : _____ 답 : _____

[해답]

1 계산 : 일 부하율 $= \dfrac{90/24}{10} \times 100 = 37.5[\%]$

답 37.5[%]

2 계산 : $\cos\theta = \dfrac{P}{\sqrt{3}\,VI} = \dfrac{10 \times 10^3}{\sqrt{3} \times 200 \times 43.3} \times 100 = 66.67[\%]$

답 66.67[%]

> **TIP**
> 부하율 $= \dfrac{\text{평균전력}}{\text{최대전력}} \times 100 = \dfrac{\text{사용전력량/시간}}{\text{최대전력}} \times 100$

08 예비전원으로 이용되는 축전지에 대한 다음 각 물음에 답하시오.

1 그림과 같은 부하 특성을 갖는 축전지를 사용할 때 보수율이 0.8, 최저 축전지 온도 5[℃], 허용 최저 전압 90[V]일 때 몇 [Ah] 이상인 축전지를 선정하여야 하는가?(단, I_1 = 60[A], I_2 = 50[A], K_1 = 1.15, K_2 = 0.91, 셀(cell)당 전압은 1.06[V/cell]이다.)

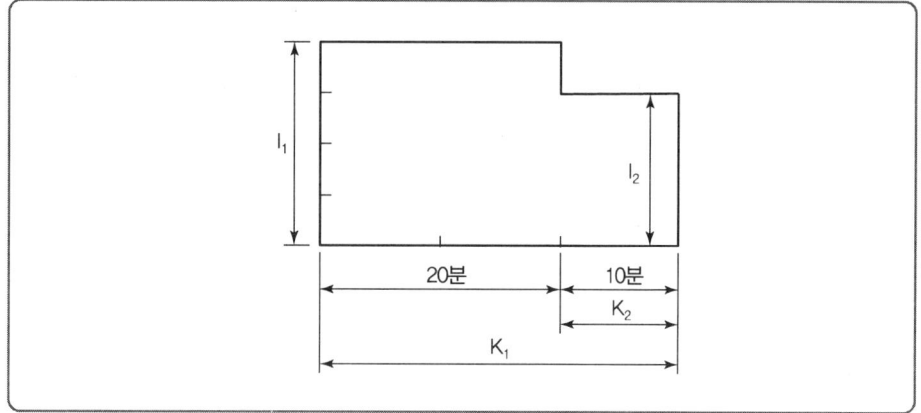

계산 : _____ 답 : _____

2 연축전지와 알칼리축전지의 공칭 전압은 각각 몇 [V]인가?
　① 연축전지 :
　② 알칼리축전지 :

해답 **1** 계산 : $C = \dfrac{1}{L}\left[K_1 I_1 + K_2(I_2 - I_1)\right]$

$= \dfrac{1}{0.8}\left[1.15 \times 60 + 0.91(50 - 60)\right]$

$= 74.88[Ah]$

답 74.88[Ah]

2 ① 연축전지 : 2[V]
　② 알칼리축전지 : 1.2[V]

TIP
① 연축전지 공칭전압 및 기전력 : 2.0[V], 2.05~2.08[V/셀]
② 알칼리축전지 공칭전압 및 기전력 : 1.2[V], 1.32[V/셀]

09 도면은 사무실 일부의 조명 및 전열 도면이다. 주어진 조건을 이용하여 다음 각 물음에 답하시오.

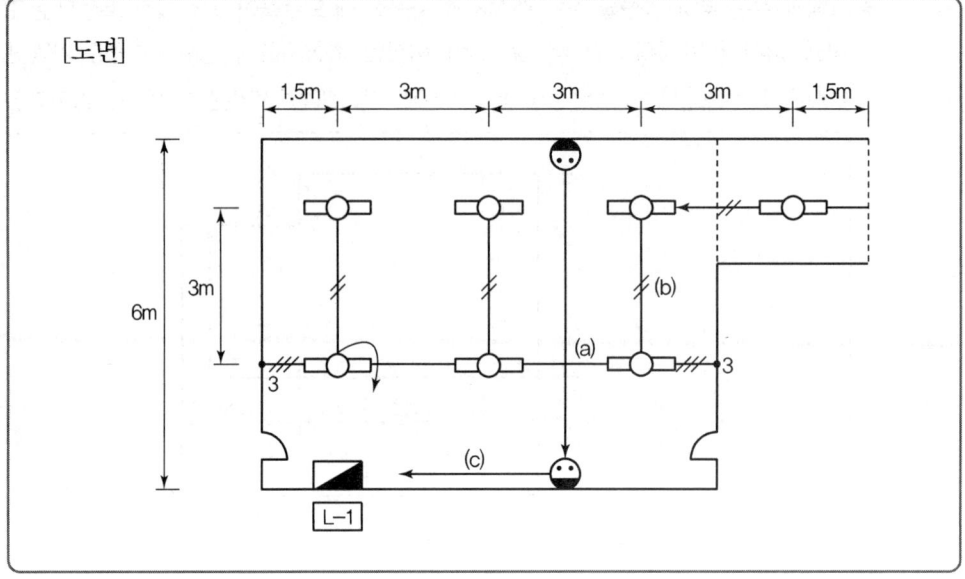

[도면]

[조건]
- 층고 : 3.6[m] 2중 천장
- 조명 기구 : FL40×2 매입형
- 콘크리트 슬래브 및 미장 마감
- 2중 천장과 천장 사이 : 1[m]
- 전선관 : 금속 전선관

1 전등과 전열에 사용할 수 있는 전선의 최소 굵기는 얼마인가?(단, 접지선은 제외한다.)
① 전등 :   ② 전열 :

2 (a)와 (b)에 배선되는 전선수는 최소 몇 본이 필요한가?
(a)   (b)

3 (c)에 사용될 전선의 종류와 전선의 굵기 및 전선 가닥수를 쓰시오.(단, 접지선은 제외한다.)
4 도면에서 박스(4각 박스+8각 박스)는 몇 개가 필요한가?
5 30AF/20AT에서 AF와 AT의 의미는 무엇인가?

해답
1 ① 전등 2.5[mm²]
　　② 전열 2.5[mm²]
2 (a) 6가닥
　　(b) 4가닥
3 NR(HFIX) 굵기 : 2.5[mm²], 4가닥
4 11개
5 AF : 프레임 전류, AT : 정격전류

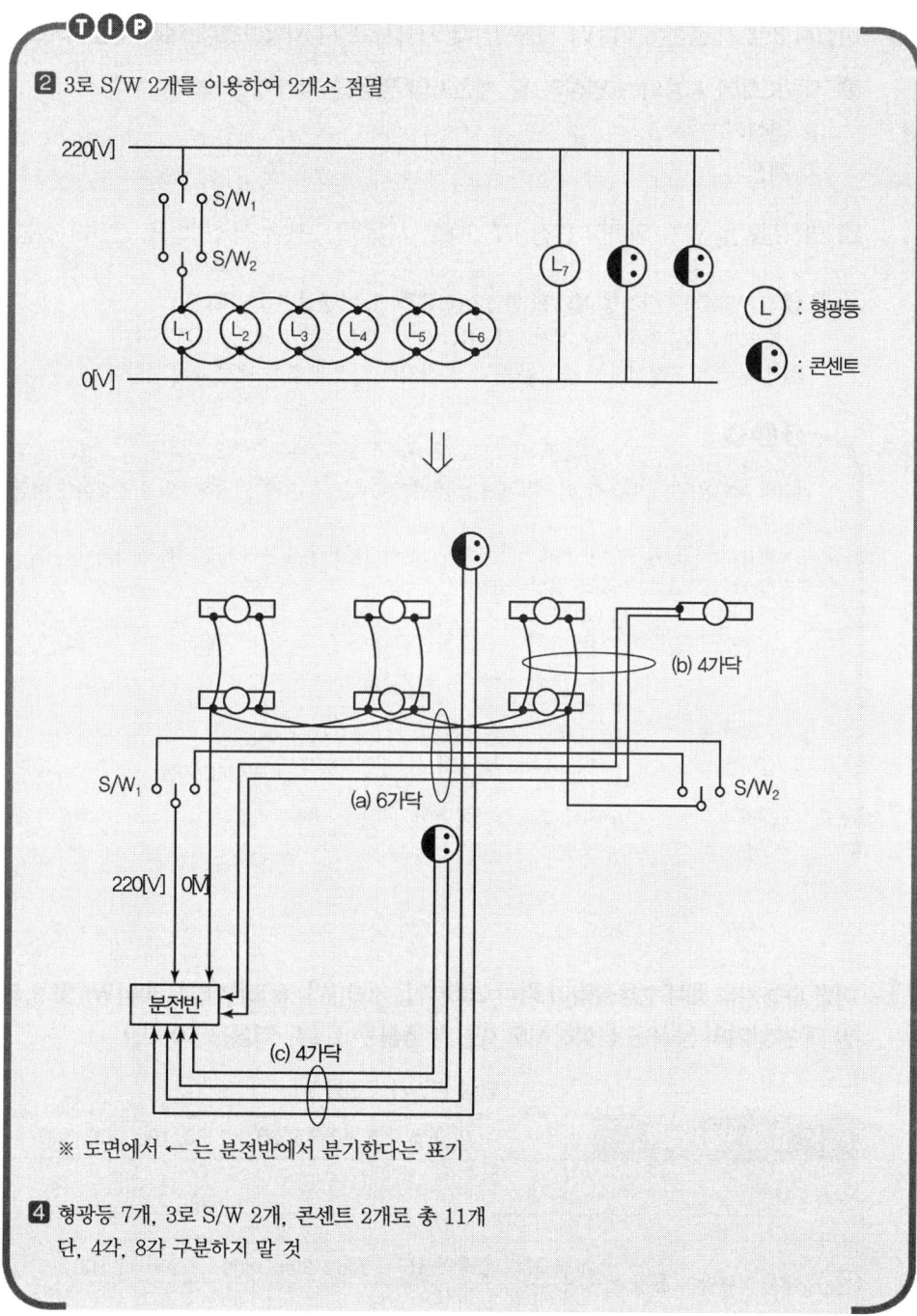

10 비접지 3상 △결선(6.6[kV] 계통)일 때 지락사고 시 지락보호에 대하여 답하시오.

1 지락보호에 사용되는 변성기 및 계전기의 명칭을 각 1개씩 쓰시오.
  ① 변성기 :
  ② 계전기 :

2 영상전압을 얻기 위하여 단상 PT 3대를 사용하는 경우 접속방법을 간단히 설명하시오.

(해답) **1** ① 변성기 : 접지형 계기용 변압기(GPT) 또는 영상변류기(ZCT)
       ② 계전기 : 지락방향 계전기(DGR) 또는 지락과전압 계전기(OVGR)
   2 1차 측을 Y결선하여 중성점을 직접 접지하고, 2차 측은 개방 △결선한다.

> **TIP**
> ① 접지형 계기용 변압기(GPT)와 지락과전압 계전기(OVGR) : 지락 시 영상전압을 검출하여 차단기를 개방한다.
> ② 영상변류기(ZCT)와 지락방향 계전기(DGR) : 지락전류를 검출하여 차단기를 개방한다.
> ③ 접지형 계기용 변압기(GPT) 결선방법
>
>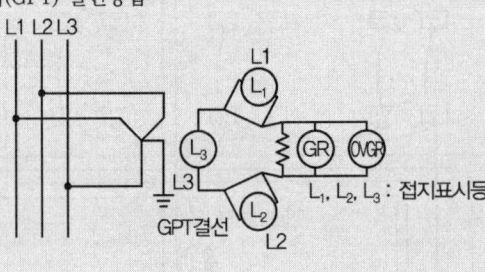

11 어떤 수용가의 최대수용전력이 각각 200[W], 300[W], 800[W], 1,200[W] 및 2,500[W]일 때 변압기의 용량을 선정하시오. (단, 부등률은 1.14, 역률은 1이다.)

| 단상 변압기 표준용량 |

표준용량[kVA]	1, 2, 3, 5, 7.5, 10, 15, 20, 30, 50, 100, 200, 300

계산 : _____ 답 : _____

(해답) 계산 : 변압기 용량 = $\dfrac{\text{개별 최대전력의 합}}{\text{부등률} \times \text{역률}} = \dfrac{200+300+800+1,200+2,500}{1.14 \times 1}$
  $= 4,385 \times 10^{-3}$[kVA]

답 5[kVA]

> **TIP**
>
> 변압기의 용량[kVA] ≥ 합성 최대 전력 = $\dfrac{\text{개개의 최대 수용 전력의 합계[kW]}}{\text{부등률} \times \text{역률}}$
>
> $\qquad\qquad\qquad\qquad\qquad\qquad = \dfrac{\text{설비 용량[kW]} \times \text{수용률}}{\text{부등률} \times \text{역률}}$

12 단상 유도전동기의 기동방법을 3가지 쓰시오.

[해답]
① 반발 기동형
② 콘덴서 기동형
③ 분상 기동형
그 외
④ 셰이딩 코일형

> **TIP**
>
> 단상에서는 회전자계를 얻을 수 없으므로 기동장치를 이용하여 기동토크를 얻기 위해
>
> ▶ 3상 유도전동기의 농형과 권선형 기동법
>
> | 전동기 형식 | 기동법 | 특징 |
> |---|---|---|
> | 농형 | 전전압 기동 (직입기동) | ① 5[kW] 이하의 소용량 전동기에 적용
② 기동장치가 없는 정격전압을 인가하여 기동 |
> | | Y-△ 기동 | ① 기동 시 Y결선으로 정격전압의 $\dfrac{1}{\sqrt{3}}$ 감압
② 5[kW] 이상~15[kW] 이하의 유도전동기 기동 |
> | | 기동보상기법 | 전동기의 인가되는 전압을 제어하여 기동전류 및 토크를 제어 |
> | 권선형 | 2차 저항기동법 | 전동기 2차 회로에 가변 저항기를 접속하고 비례추이 원리 이용 |
> | | 2차 임피던스 기동법 | 전동기 2차 회로에 저항과 리액터를 병렬 접속 |

13 옥내의 네온 방전등 공사를 하는 경우 전선과 조영재 사이의 이격거리는 전개된 곳에서 다음 표와 같다. 표를 완성하시오.

사용전압의 구분	이격거리
6,000[V] 이하	
6,000[V] 초과 9,000[V] 이하	
9,000[V] 초과	

해답

사용전압의 구분	이격거리
6,000[V] 이하	2[cm]
6,000[V] 초과 9,000[V] 이하	3[cm]
9,000[V] 초과	4[cm]

14 조명방식 중 기구배치에 따른 조명방식의 종류 3가지를 쓰시오.

해답 ① 전반조명 방식　　② 국부조명 방식　　③ 전반국부조명 방식

TIP

종류	분류	내용
천장 매입방법	매입 형광등	하면 개방형, 하면 확산판 설치형, 반매입형 등이 있다.
	down light	천장에 작은 구멍을 뚫고 조명기구를 매입하여 빛의 빔방향을 아래로 유효하게 조명하는 방식
	pin hole light	down-light의 일종으로 아래로 조사되는 구멍을 적게 하거나 렌즈를 달아 복도에 집중 조사되도록 하는 방식
	coffer light	대형의 down light라고도 볼 수 있으며 천장면을 둥글게 또는 사각으로 파내어 내부에 조명기구를 배치하여 조명하는 방식
	line light	매입 형광등 방식의 일종으로 형광등을 연속으로 배치하는 조명방식
천장면 이용방법	광천장 조명	• 방의 천장 전체를 조명기구화하는 방식 • 천장 조명 확산 판넬로서 유백색의 플라스틱판이 사용된다.
	루버 조명	• 방의 천장면을 조명기구화하는 방식 • 천장면 재료로 루버를 사용하여 보호각을 증가시킨다.
	cove 조명	• 광원으로 천장이나 벽면 상부를 조명함으로써 천장면이나 벽에서 반사되는 반사광을 이용하는 간접 조명방식 • 효율은 대단히 나쁘지만 부드럽고 안정된 조명을 시행할 수 있다.

15 다음 표를 보고 통상적으로 사용하는 차단기(CB)에 대한 정격전압을 작성하시오.

공칭전압[kV]	정격전압[kV]
22.9	
154	
345	
765	

[해답]

공칭전압[kV]	정격전압[kV]
22.9	25.8
154	170
345	362
765	800

16 전기기술인협회의 종합설계업으로 등록기준에 따른 기술인력 등록요건을 3가지 쓰시오.

[해답]
① 전기분야 기술사 2명
② 설계사 2명
③ 설계보조자 2명

TIP

▶ 설계업의 종류 및 종류별 등록 기준

종류		등록 기준	
		기술인력	자본금
종합설계업		전기분야 기술사 2명 설계사 2명 설계보조자 2명	1억 원 이상
전문설계업	1종	전기분야 기술사 1명 설계사 1명 설계보조자 1명	3천만 원 이상
	2종	설계사 1명 설계보조자 1명	1천만 원 이상

2020년도 2회 시험 과년도 기출문제

01 대형 건축물 내에 설치된 고압·저압 접지를 공통으로 묶어서 사용하는 접지를 공통접지라 한다. 공통접지의 장점 5가지를 쓰시오.

[해답]
① 공사비가 경제적이다.
② 접지계통이 단순해지기 때문에 보수점검이 용이하다.
③ 병렬접지 효과로 낮은 접지저항을 얻는다.
④ 접지의 신뢰도가 향상된다.
⑤ 작은 면적으로 시공할 수 있다.
그 외
⑥ 자연접지(구조체) 이용

TIP
▶ 단점
① 계통 상호 간 간섭 및 고장 시 파급효과 우려
② 계통 일부 문제 시 건전기기의 기능 상실 또는 오작동 우려

02 그림과 같은 계통에서 측로 단로기 DS_3을 통하여 부하에 공급하고 차단기 CB를 점검하고자 한다. 차단기 점검을 하기 위한 조작 순서를 쓰시오. (단, 평상시에 DS_3는 열려 있는 상태이다.)

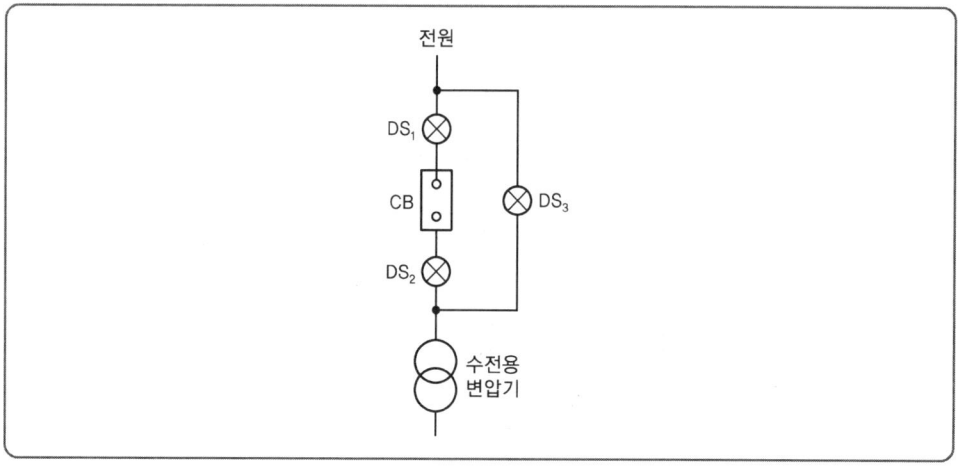

[해답] $DS_3(ON) \rightarrow CB(OFF) \rightarrow DS_2(OFF) \rightarrow DS_1(OFF)$

TIP
DS_3를 투입해도 등전위가 발생되어 전류가 흐르지 않는다.

03 그림은 고압 수전 설비 단선 결선도이다. 물음에 답하시오.

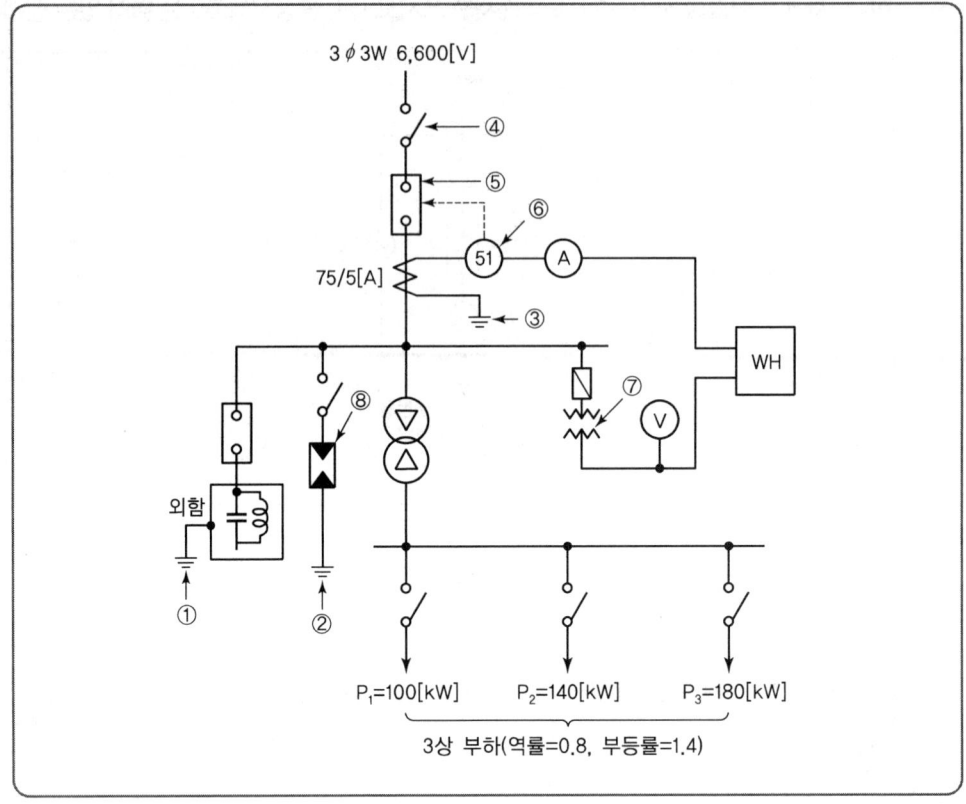

1 그림의 ①~③까지 해당되는 접지공사의 종류는 무엇이며, 접지저항값은 얼마인가?
※ KEC 규정에 따라 삭제

2 그림에서 ④~⑧의 명칭은 무엇인가?
④ :   ⑤ :   ⑥ :   ⑦ :   ⑧ :

3 각 부하의 최대전력이 그림과 같고 역률이 0.8, 부등률이 1.4일 때 변압기 1차 전류계 ⒜에 흐르는 전류의 최대치를 구하시오. 또 동일한 조건에서 합성 역률 0.92 이상으로 유지하기 위한 전력용 콘덴서의 최소용량은 몇 [kVA]인가?
① 전류
계산 : _____ 답 : _____
② 콘덴서 용량 :
계산 : _____ 답 : _____

4 DC(방전 코일)의 설치목적을 설명하시오.

해답

1 ※ KEC 규정에 따라 삭제

2 ④ 단로기 ⑤ 차단기 ⑥ 과전류 계전기
⑦ 계기용 변압기 ⑧ 피뢰기

3 ① 전류

계산 : 최대전력 $P = \dfrac{\text{개별 최대전력의 합}}{\text{부등률}} = \dfrac{100+140+180}{1.4} = 300[\text{kW}]$

$Ⓐ = I_1 \times \dfrac{1}{\text{CT비}} = \dfrac{P}{\sqrt{3}\,V\cos\theta} \times \dfrac{1}{\text{CT비}}$

$= \dfrac{300 \times 10^3}{\sqrt{3} \times 6{,}600 \times 0.8} \times \dfrac{5}{75} = 2.19[\text{A}]$

답 2.19[A]

② 콘덴서 용량

계산 : $Q = P(\tan\theta_1 - \tan\theta_2) = 300 \times \left(\dfrac{0.6}{0.8} - \dfrac{\sqrt{1-0.92^2}}{0.92}\right) = 97.2[\text{kVA}]$

답 97.2[kVA]

4 콘덴서 회로 개방 시 잔류 전하의 방전

TIP

▶ 방전코일 목적
① 개방 시 : 콘덴서의 잔류 전하 방전
② 투입 시 : 콘덴서에 걸리는 과전압 방지

---

04 주변압기 단상 22,900/380[V], 단상 500[kVA] 3대를 △-Y 결선으로 하여 사용하고자 하는 경우 2차 측에 설치해야 할 차단기 용량은 몇 [MVA]로 하면 되는가?(단, 변압기의 %Z는 3[%]로 계산하며, 그 외 임피던스는 고려하지 않는다.)

계산 : _____ 답 : _____

해답 계산 : 차단기 용량 $P = \dfrac{100}{\%Z}P = \dfrac{100}{3} \times 500 \times 3 \times 10^{-3} = 50[\text{MVA}]$

답 50[MVA]

TIP

단상 변압기가 3대이므로 기준용량은 500×3대가 된다.

05 사고를 차단하는 고압용 차단기의 종류 5가지와 각각의 소호매체를 답란에 쓰시오.

고압차단기	소호매체

해답

고압차단기	소호매체
가스차단기	SF_6 가스
유입차단기	절연유
공기차단기	압축공기
자기차단기	자계(전자력)
진공차단기	진공

TIP
➤ 저압용 차단기
　ELB : 누전차단기, MCCB : 배선용 차단기, ACB : 기중차단기

06 다음과 같은 값을 측정하는 데 가장 적당한 것은?
1 단선인 전선의 굵기
2 옥내전등선의 절연저항
3 접지저항(단, 브리지로 답하시오.)

해답 1 와이어 게이지
2 메거
3 콜라우시 브리지

> **TIP**
> ① 콜라우시 브리지법 : 황산구리 용액 저항, 전해액 저항, 접지저항 측정
> ② 캘빈 더블 브리지법 : 길이 1[m] 연동선 저항 측정, 굵은 나전선의 저항 측정
> ③ 전압강하법 : 백열전구의 필라멘트 저항 측정
> ④ 휘트스톤 브리지법 : 검류계의 내부저항 측정, 수천옴의 가는 전선 저항 측정
> ⑤ 메거(절연저항계) : 절연저항 측정
> ⑥ 후크온 미터 : 배전선의 전류 측정
> ⑦ 와이어 게이지 : 전선굵기 측정
> ⑧ 접지저항계 : 접지저항 측정

07 어떤 변전실에서 그림과 같은 일부하 곡선 A, B, C인 부하에 전기를 공급하고 있다. 이 변전실의 총 부하에 대한 다음 각 물음에 답하시오. (단, A, B, C의 역률은 시간에 관계없이 각각 80[%], 100[%] 및 60[%]이며, 그림에서 부하전력은 부하곡선의 수치에 10^3을 한다는 의미이다. 즉, 수직 측의 5는 5×10^3[kW]라는 의미이다.)

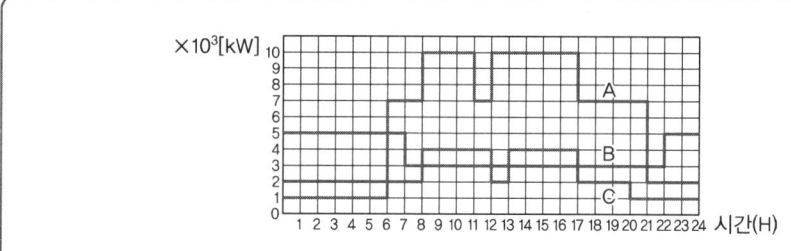

1 합성최대전력은 몇 [kW]인가?

계산 : _____ 답 : _____

2 A, B, C 각 부하에 대한 평균전력은 몇 [kW]인가?

계산 : _____ 답 : _____

3 총 부하율은 몇 [%]인가?

계산 : _____ 답 : _____

4 부등률은 얼마인가?

계산 : _____ 답 : _____

5 최대부하일 때의 합성 총 역률은 몇 [%]인가?

계산 : _____ 답 : _____

해답

1 계산 : 합성 최대 전력은 도면에서 8~11시, 13~17시에 나타내며
$$P = (10+4+3) \times 10^3 = 17 \times 10^3 [kW]$$
답 $17 \times 10^3 [kW]$

2 계산 : 평균전력 = $\dfrac{\text{사용전력량}}{\text{시간}}$ 이므로

$$A = \dfrac{\{(1\times6)+(7\times2)+(10\times3)+(7\times1)+(10\times5)+(7\times4)+(2\times3)\}\times 10^3}{24}$$
$$= 5.88 \times 10^3 [kW]$$
$$B = \dfrac{\{(5\times7)+(3\times15)+(5\times2)\}\times 10^3}{24} = 3.75 \times 10^3 [kW]$$
$$C = \dfrac{\{(2\times8)+(4\times4)+(2\times1)+(4\times4)+(2\times3)+(1\times4)\}\times 10^3}{24}$$
$$= 2.5 \times 10^3 [kW]$$
답 A : $5.88 \times 10^3 [kW]$, B : $3.75 \times 10^3 [kW]$, C : $2.5 \times 10^3 [kW]$

3 계산 : 종합 부하율 = $\dfrac{\text{평균전력}}{\text{합성최대전력}} \times 100$

$$= \dfrac{\text{A, B, C 각 평균전력의 합계}}{\text{합성 최대전력}} \times 100$$
$$= \dfrac{(5.88+3.75+2.5) \times 10^3}{17 \times 10^3} \times 100 = 71.35 [\%]$$

답 71.35[%]

4 계산 : 부등률 = $\dfrac{\text{A, B, C 각 최대전력의 합계}}{\text{합성최대전력}} = \dfrac{(10+5+4) \times 10^3}{17 \times 10^3} = 1.12$

답 1.12

5 계산 : 먼저 최대부하 시 무효전력($Q = P\tan\theta$)을 구해보면

$$Q = 10 \times 10^3 \times \dfrac{0.6}{0.8} + 3 \times 10^3 \times \dfrac{0}{1} + 4 \times 10^3 \times \dfrac{0.8}{0.6} = 12,833.33 [kVar]$$
$$\cos\theta = \dfrac{P}{\sqrt{P^2+Q^2}} = \dfrac{17,000}{\sqrt{17,000^2+12,833.33^2}} \times 100 = 79.81 [\%]$$

답 79.81[%]

TIP

① 최대부하 = 최대전력 = 합성최대전력
② 부등률은 단위가 없다.

08 가정용 110[V] 전압을 220[V]로 승압할 경우 저압간선에 나타나는 효과로서 다음 각 물음에 답하시오.

1 공급능력 증대는 몇 배인가?
계산 : _____ 답 : _____

2 전력손실의 감소는 몇 [%]인가?
계산 : _____ 답 : _____

3 전압강하율의 감소는 몇 [%]인가?
계산 : _____ 답 : _____

(해답) **1** 계산 : $P \propto V = \dfrac{220}{110} = 2$ 답 2배

2 계산 : $P_L \propto \dfrac{1}{V^2}$ 이므로 $\dfrac{1}{4} = 0.25 P_L$ ∴ 감소는 $1 - 0.25 = 0.75$ 답 75[%]

3 계산 : $\delta \propto \dfrac{1}{V^2}$ 이므로 $\dfrac{1}{4} = 0.25\delta$ ∴ 감소는 $1 - 0.25 = 0.75$ 답 75[%]

TIP

① $P_L \propto \dfrac{1}{V^2}$ (P_L : 손실)   ② $A \propto \dfrac{1}{V^2}$ (A : 단면적)   ③ $\delta \propto \dfrac{1}{V^2}$ (δ : 전압강하율)
④ $e \propto \dfrac{1}{V}$ (e : 전압강하)   ⑤ $P \propto V^2$ (P : 전력)
⑥ 공급능력 $P = VI\cos\theta$에서 $P \propto V$ (P : 공급능력)
공급능력 $P = VI\cos\theta$[W] $P \propto V = \dfrac{220}{110} = 2$배

---

09 비상용 자가 발전기를 구입하고자 한다. 부하는 단일 부하로서 유도 전동기이며, 기동 용량이 2,000[kVA]이고, 기동 시 전압강하는 20[%]까지 허용하며, 발전기의 과도 리액턴스는 25[%]로 본다면 자가발전기의 용량은 이론(계산)상 몇 [kVA] 이상의 것을 선정하여야 하는가?

계산 : _____ 답 : _____

(해답) 계산 : $P = \left(\dfrac{1}{0.2} - 1\right) \times 2,000 \times 0.25 = 2,000 [kVA]$ 답 2,000[kVA]

TIP

$P = \left(\dfrac{1}{e} - 1\right) \times 기동용량 \times 과도리액턴스 [kVA]$ 여기서, e : 전압강하

10 그림과 같은 저항과 직렬 커패시터를 연결한 배전선에서 부하전류가 15[A], 부하역률이 0.6(지상), 1선당 선로저항 R = 3[Ω], 용량 리액턴스 X_c = 4[Ω]인 경우, 부하의 단자전압을 220[V]로 하기 위해 전원단 ab에 가해지는 전압 E_s는 몇 [V]인지 구하시오. (단, 선로의 유도 리액턴스는 무시한다.)

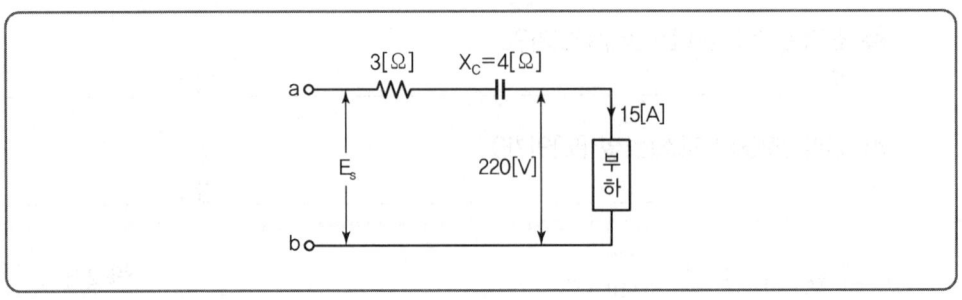

계산 : _____ 답 : _____

[해답] 계산 : 단상 2선식 $E_s = E_r + 2I(R\cos\theta - X\sin\theta)$
$= 220 + 2 \times 15 \times (3 \times 0.6 - 4 \times 0.8) = 178[V]$

답 178[V]

TIP

▶ 단상 2선식 전압강하(e)
① 유도성 리액턴스(X_L)인 경우의 $e = 2I(R\cos\theta + X\sin\theta)$
② 용량성 리액턴스(X_C)인 경우의 $e = 2I(R\cos\theta - X\sin\theta)$

11 건축화 조명은 건축물의 천장이나 벽을 조명기구 겸용디자인으로 마무리하는 것으로서 조명기구의 배치방식에 의하면 거의 전반조명방식에 해당되며, 조명기구 독립설치방식에 의해 글레어의 제어나 빛의 공간배분 및 미관상 뛰어난 조명효과가 창출된다. 다음 천정면을 이용하는 건축화 조명의 종류를 4가지 쓰시오.

계산 : _____ 답 : _____

[해답] ① 매입 형광등 방식   ② 다운 라이트 방식
③ pin hole light   ④ coffer light
그 외
⑤ line light   ⑥ 광천정 조명
⑦ 루버 조명

12 그림과 같은 유도 전동기의 미완성 시퀀스 회로도를 보고 다음 각 물음에 답하시오.

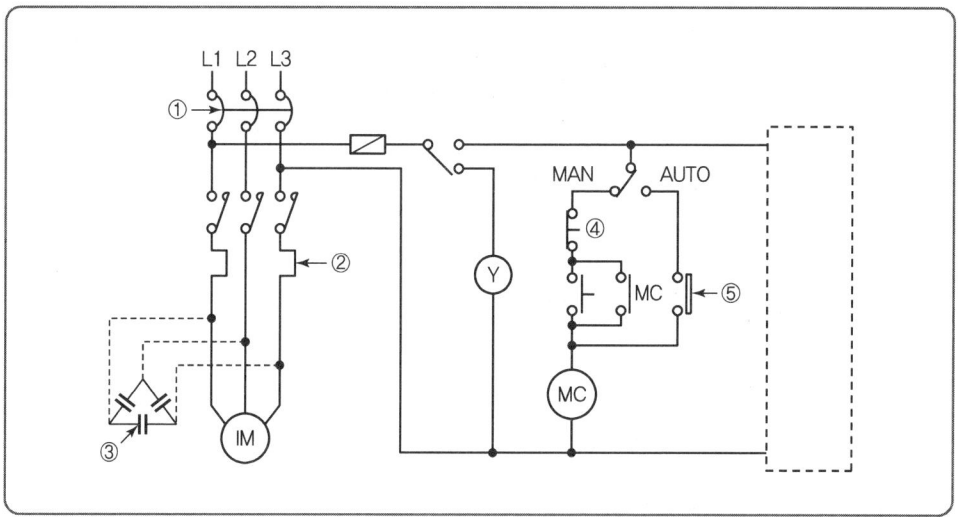

1 도면에 표시된 ①∼⑤의 명칭을 쓰시오.
   ① :   ② :   ③ :   ④ :   ⑤ :

2 도면에 그려져 있는 Ⓨ등은 어떤 역할을 하는 등인가?

3 전동기가 정지하고 있을 때는 녹색등 Ⓖ가 점등되고, 전동기가 운전 중일 때는 녹색등 Ⓖ 가 소등되고 적색등 Ⓡ이 점등되도록 표시등 Ⓖ, Ⓡ을 회로의 ┌┄┐ 내에 설치하시오.

해답 **1** ① 배선용 차단기   ② 열동 계전기
       ③ 전력용 콘덴서   ④ 수동조작 자동복귀 b접점
       ⑤ 리밋 스위치 a접점
     2 과부하 동작 표시 램프
     3

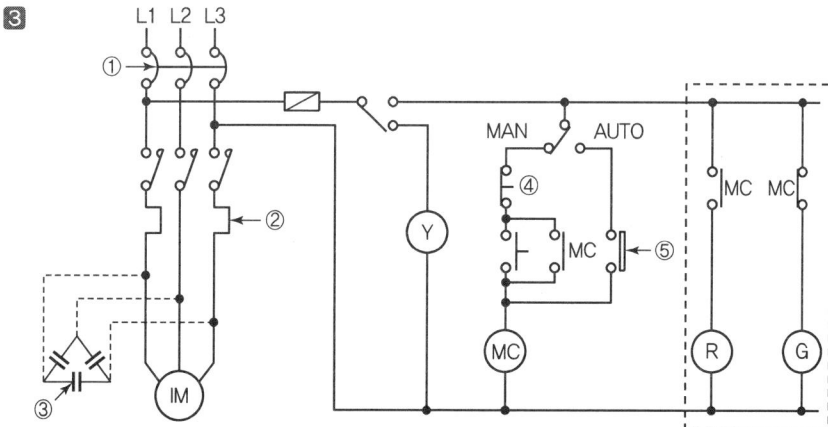

13 다음의 무접점 논리회로(무접점 시퀀스 회로)를 유접점 시퀀스 회로로 바꾸시오.

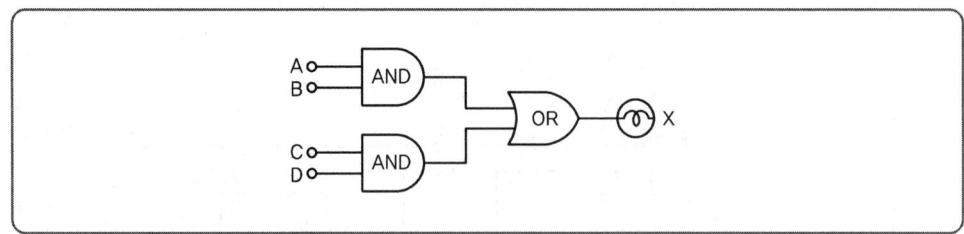

해답

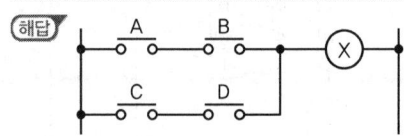

14 다음 조건을 참조하여 다음 각 물음에 답하시오.

[조건]
차단기 명판(name plate)에 BIL 150[kV], 정격 차단전류 20[kA], 차단시간 8 사이클, 솔레노이드(solenoid)형이라고 기재되어 있다. 단, BIL은 절연계급 20호 이상 비유효 접지계에서 계산하는 것으로 한다.

1 BIL이란 무엇인가?

2 이 차단기의 정격전압은 25.8[kV]이다. 이 차단기의 정격차단용량은 몇 [MVA]인가?
계산 : _____ 답 : _____

3 차단기의 트립방식 3가지를 쓰시오.

해답 **1** 기준충격절연강도

2 계산 : $P_s = \sqrt{3}\, V_n I_s = \sqrt{3} \times 25.8 \times 20 = 893.74 [MVA]$

답 893.74[MVA]

3 ① 직류전압 트립 방식
② 콘덴서 트립 방식
③ 부족 전압 트립 방식
그 외
④ 과전류 트립 방식

TIP

1. 차단기 용량 선정
   ① 퍼센트 임피던스(%Z)가 주어졌을 경우
   $$P_s = \frac{100}{\%Z} \times P_n \qquad \text{여기서, } P_n : \text{기준용량}$$
   ② 정격차단전류[kA]가 주어졌을 경우
   $$P_s = \sqrt{3} \times \text{정격전압[kV]} \times \text{정격차단전류[kA]} = \text{[MVA]}$$

2. 단락전류
   ① 퍼센트 임피던스(%Z)가 주어졌을 경우
   $$I_s = \frac{100}{\%Z} I_n \text{[A]} \qquad \text{여기서, } I_n : \text{정격전류}$$
   ② 임피던스(Z)가 주어졌을 경우
   $$I_s = \frac{E}{Z} = \frac{\frac{V}{\sqrt{3}}}{Z} \text{[A]} \qquad \text{여기서, } E : \text{상전압, } V : \text{선간전압}$$

15 역률 개선용 콘덴서와 직렬로 연결하여 사용하는 직렬 리액터의 사용 목적 4가지를 쓰시오.

해답 ① 고조파를 제거하여 파형 개선
② 콘덴서 투입 시 돌입전류 억제
③ 콘덴서 개방 시 모선의 과전압 억제
④ 고조파에 의한 계전 오동작 방지

TIP

▶ 콘덴서 회로의 부속 기기별 역할

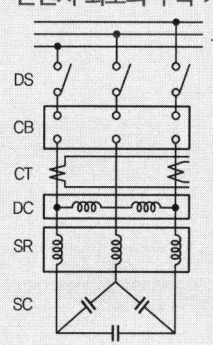

- DS(단로기) : 유지·보수 시 무전압 선로에서 선로 개폐
- CB(차단기) : 고장전류, 부하전류 차단
- CT(변류기) : 대전류를 소전류로 변성
- DC(방전 코일) : 잔류전하 방전
- SR(직렬 리액터) : 제5고조파 제거
- SC(고압 전력용 콘덴서) : 부하의 역률 개선

16 점포가 붙어 있는 일반주택이 그림과 같을 때 주어진 참고 자료를 이용하여 다음 문항에 답하시오. (단, 사용 전압은 220[V]라고 한다.)

- RC는 220[V]에서 3[kW](110[V], 1.5[kW]) 전용분기회로를 사용한다.
- 주어진 참고자료의 수치 적용은 최댓값을 적용하도록 한다.

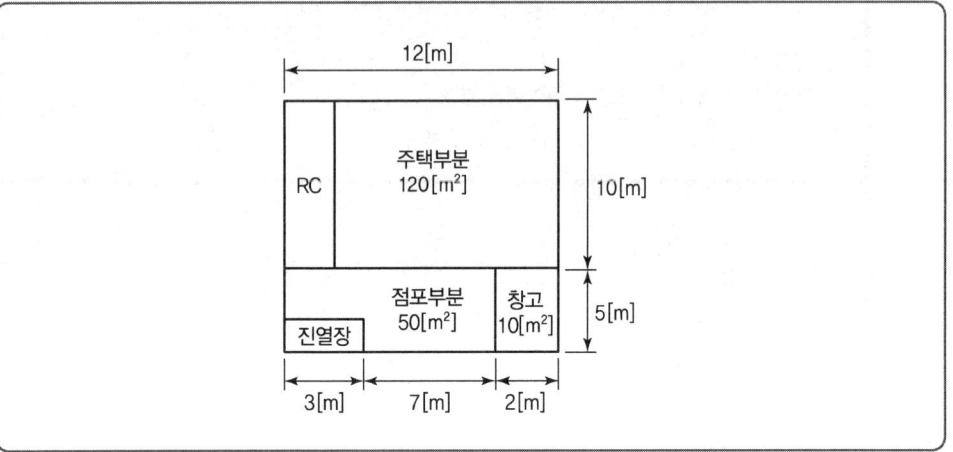

[참고자료]

가. 설비부하용량은 다만 "가" 및 "나"에 표시하는 종류 및 그 부분에 해당하는 표준부하에 바닥면적을 곱한 값에 "다"에 표시하는 건물 등에 대응하는 표준부하 [VA]를 가한 값으로 할 것

| 표 1. 표준부하 |

건축물의 종류	표준부하[VA/m²]
공장, 공회당, 사원, 교회, 극장, 영화관, 연회장 등	10
기숙사, 여관, 호텔, 병원, 학교, 음식점, 다방, 대중목욕탕	20
주택, 아파트, 사무실, 은행, 상점, 이발소, 미장원	30

[비고] 건물이 음식점과 주택 부분의 2 종류로 될 때에는 각각 그에 따른 표준부하를 사용할 것
학교와 같이 건물의 일부분이 사용되는 경우에는 그 부분만을 적용한다.

나. 건물(주택, 아파트 제외) 중 별도 계산할 부분의 표준부하

| 표 2. 부분적인 표준부하 |

건축물의 종류	표준부하[VA/m²]
복도, 계단, 세면장, 창고, 다락	5
강당, 관람석	10

다. 표준부하에 따라 산출한 수치에 가산하여야 할 [VA] 수
① 주택, 아파트(1세대마다)에 대하여는 1,000~500[VA]
② 상점의 진열장에 대하여는 진열장 폭 1[m]에 대하여 300[VA]
③ 옥외의 광고등, 전광 사인등의 [VA] 수
④ 극장, 댄스홀 등의 무대조명, 영화관 등의 특수 전등부하의 [VA] 수

1 배선을 설계하기 위한 전등 및 소형전기기계기구의 설비용량을 계산하시오.
계산 : _____ 답 : _____

2 다음 괄호 안에 들어갈 내용을 완성하시오.
사용 전압 220[V]의 15[A], 20[A](배선용 차단기에 한한다) 분기회로수는 "부하의 상정"에 따라 상정한 설비부하용량(전등 및 소형 전기 기계 기구에 한한다)을 (①)[VA]로 나눈 값을 원칙으로 한다. 단, 사용전압이 110[V]인 경우에는 (②)[VA]로 나눈 값을 분기회로수로 한다. 이 경우 계산 결과에 단수가 생겼을 때에는 절상한다.

3 분기회로수를 사용전압이 220[V]인 경우 및 회로인지 구하시오.
계산 : _____ 답 : _____

4 분기회로수를 사용전압이 110[V]인 경우 및 회로인지 구하시오.
계산 : _____ 답 : _____

5 연속부하가 있는 분기회로의 부하용량은 그 분기회로를 보호하는 과전류차단기의 정격전류의 몇 [%]를 초과하지 않아야 하는가?(단, 연속부하는 상시 3시간 이상 연속하여 사용하는 것을 말한다.)

해답

1 계산 : $P = (120 \times 30) + (50 \times 30) + (3 \times 300) + (10 \times 5) + 1,000$
  $= 7,050[VA]$ **답** 7,050[VA]

2 ① 3,300
  ② 1,650

3 계산 : 사용전압이 220[V]인 경우 : $\dfrac{7,050}{3,300} = 2.14$
  ∴ 3회로+RC 1회로 총 4회로   **답** 4회로

4 계산 : 사용전압이 110[V]인 경우 : $\dfrac{7,050}{1,650} = 4.27$
  ∴ 5회로+RC 1회로 총 6회로   **답** 6회로

5 80[%]

전기산업기사 2020년도 3회 시험 — 과년도 기출문제

01 단상 주상 변압기의 2차 측(105[V] 단자)에 1[Ω]의 저항을 접속하고 1차 측에 1[A]의 전류가 흘렀을 때 1차 단자전압이 900[V]였다. 1차 측 탭전압[V]과 2차 전류[A]는 얼마인가? (단, 변압기는 2상 변압기, V_T는 1차 탭 전압, I_2는 2차 전류이다.)

1 1차 측 탭전압
  계산 : _____ 답 : _____

2 2차 측 전류
  계산 : _____ 답 : _____

[해답]

1 계산 : $R_1 = a^2 R_2 = a^2 \times 1 = a^2 [\Omega]$

$$I_1 = \frac{V_1}{R_1} = \frac{900}{a^2} = 1[A]$$

$$\therefore a = 30$$

$$V_T = aV_2 = 30 \times 105 = 3{,}150[V]$$

답 3,150[V]

2 계산 : $I_2 = aI_1 = 30 \times 1 = 30[A]$

답 30[A]

TIP

1 계산 : $R_1 = \dfrac{V_1}{I_1} = \dfrac{900}{1} = 900[\Omega]$

권수비 $a = \dfrac{V_1}{V_2} = \dfrac{I_2}{I_1} = \sqrt{\dfrac{R_1}{R_2}} = \sqrt{\dfrac{900}{1}} = 30$

따라서 $V_1 = aV_2 = 30 \times 105 = 3{,}150[V]$

답 3,150[V]

2 계산 : 2차 전류 $I_2 = aI_1 = 30 \times 1 = 30[A]$

답 30[A]

02 50[kW]의 전동기를 사용하여 지상 10[m], 300[m³]의 저수조에 물을 채우려 한다. 펌프의 효율 85[%], K = 1.2라면 몇 분 후에 물이 가득 차겠는가?

계산 : _____ 답 : _____

해답 계산 : $P = \dfrac{KHQ}{6.12\eta} = \dfrac{KH\dfrac{V}{t}}{6.12\eta}$ 에서

$t = \dfrac{KHV}{P \times 6.12\eta} = \dfrac{1.2 \times 10 \times 300}{50 \times 6.12 \times 0.85} = 13.84$ [분]

답 13.84[분]

TIP

① $P = \dfrac{9.8QH}{\eta}K$

여기서, Q : 유량(초당)[m³/s], H : 낙차(양정)[m], η : 효율, K : 계수

② $P = \dfrac{QH}{6.12\eta}K$

여기서, Q : 유량(분당)[m³/min], H : 낙차(양정)[m], η : 효율, K : 계수

03 다음 주어진 릴레이 시퀀스도를 논리회로로 표현하고 타임차트를 완성하시오.

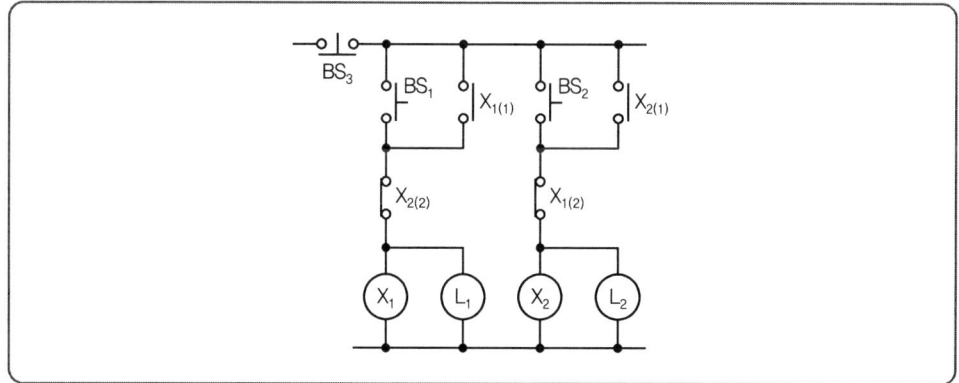

1 무접점 논리회로를 그리시오.(단, OR(2입력 1출력), AND(3입력 1출력), NOT만을 사용하여 그리시오.)

2 주어진 타임차트를 완성하시오.

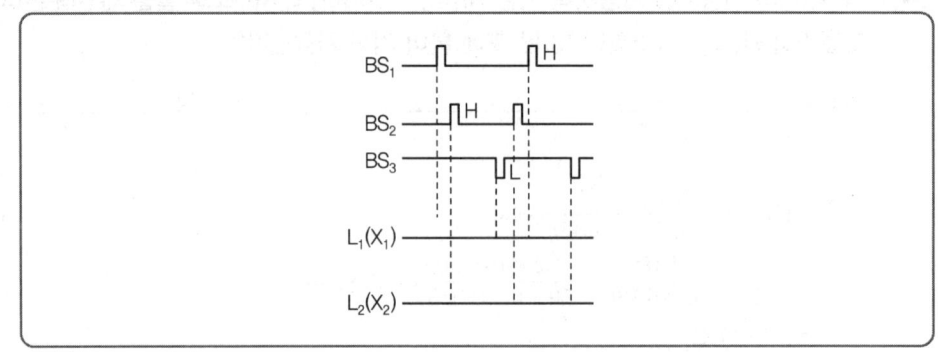

해답 1

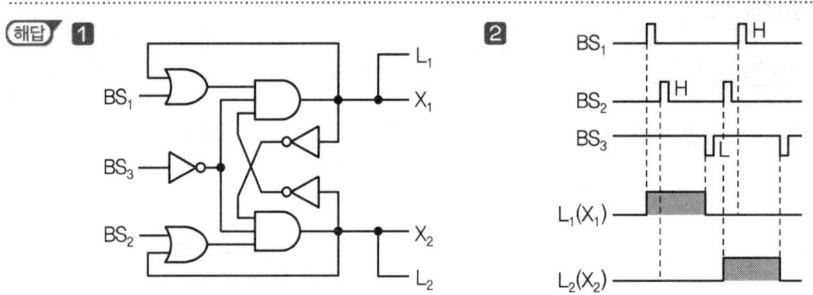

04 다음은 어느 계전기 회로의 논리식이다. 이 논리식을 이용하여 다음 각 물음에 답하시오. 단, 여기서 A, B, C는 입력이고 X는 출력이다.

논리식 : $X = \overline{A}B + C$

1 이 논리식을 무접점 시퀀스도(논리회로)로 나타내시오.
2 물음 1에서 무접점 시퀀스도로 표현된 것을 2입력 NAND gate만으로 등가 변환하시오.

해답

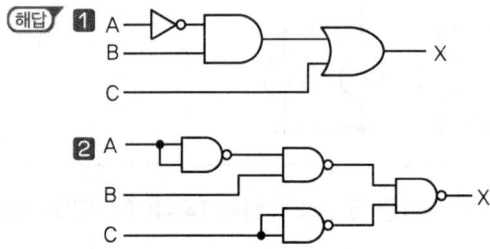

05 지상역률 80[%]인 100[kW] 부하에 지상역률 60[%]의 70[kW] 부하를 연결하였다. 이때 합성역률을 90[%]로 개선하는 데 필요한 콘덴서 용량은 몇 [kVA]인가?

계산 : _____ 답 : _____

해답 계산 : $P = 100 + 70 = 170[kW]$

$Q = P\tan\theta_1 + P\tan\theta_2 = 100 \times \dfrac{0.6}{0.8} + 70 \times \dfrac{0.8}{0.6} = 168.33[kVar]$

∴ $\cos\theta = \dfrac{P}{\sqrt{P^2+Q^2}} \times 100 = \dfrac{170}{\sqrt{170^2+168.33^2}} \times 100 = 71.06[\%]$

∴ $Q_c = P(\tan\theta_1 - \tan\theta_2) = 170 \times \left(\dfrac{\sqrt{1-0.7106^2}}{0.7106} - \dfrac{\sqrt{1-0.9^2}}{0.9}\right) = 85.99[kVA]$

답 85.99[kVA]

06 그림과 같이 CT가 결선되어 있을 때 전류계 A_3의 지시는 얼마인가?(단, 부하전류 $I_1 = I_2 = I_3 = I$로 한다.)

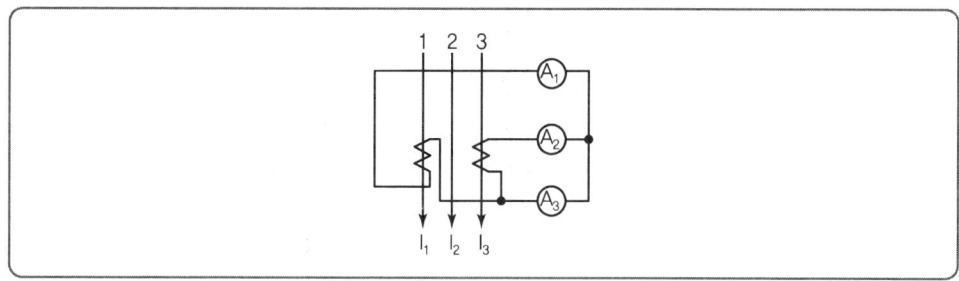

계산 : _____ 답 : _____

해답 계산 : $A_3 = 2I_1 \cos 30°$

$= 2 \times I_1 \times \dfrac{\sqrt{3}}{2} = \sqrt{3}\,I_1 = \sqrt{3}\,I$

답 $\sqrt{3}\,I$

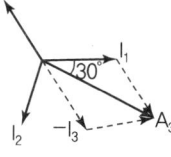

TIP

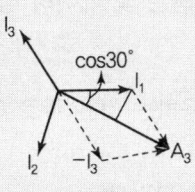

07 그림은 인입변대에 22.9[kV] 수전 설비를 설치하여 380/220[V]를 사용하고자 한다. 다음 각 물음에 답하시오.

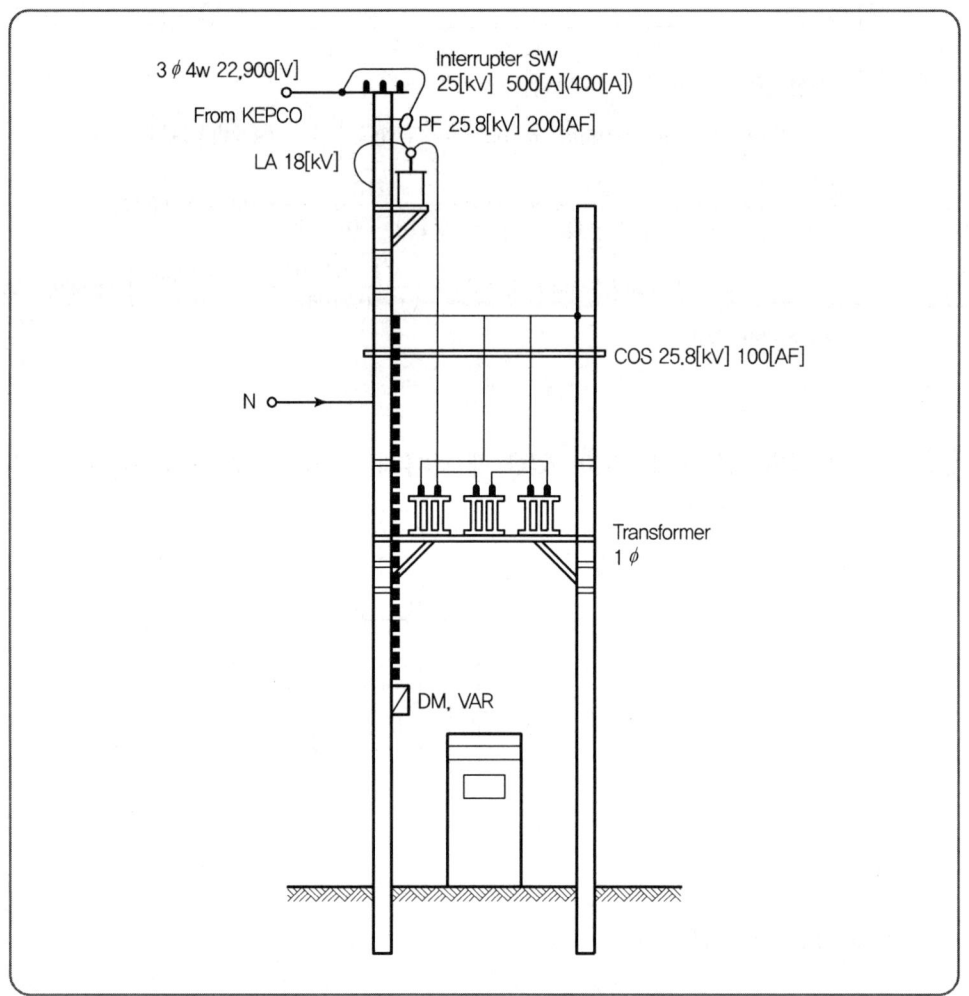

① DM 및 VAR의 명칭을 쓰시오.
　① DM :　　　　　　　　　② VAR :

② 도면에 사용된 LA의 수량은 몇 개이며 정격전압은 몇 [kV]인가?
　① LA의 수량 :　　　　　　② 정격전압 :

③ 22.9[kV-Y] 계통에 사용하는 것은 주로 어떤 케이블이 사용되는가?

④ ※ KEC 규정에 따라 삭제

⑤ 주어진 도면의 단선도를 그리시오.

[해답]
1. ① DM : 최대 수요 전력량계　② VAR : 무효 전력계
2. ① LA의 수량 : 3개　② 정격전압 : 18[kV]
3. CNCV-W 케이블(수밀형) 또는 TR CNCV-W(트리억제형)
4. ※ KEC 규정에 따라 삭제
5.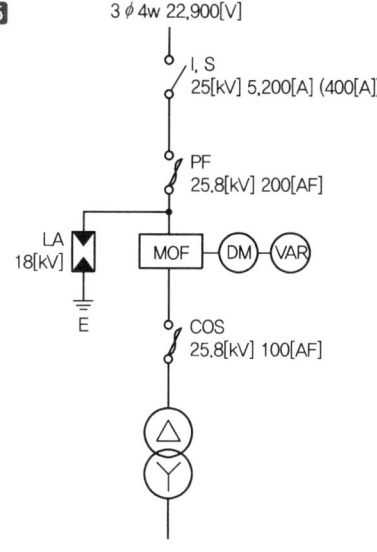

TIP
① 그림에서 전력용 퓨즈(PF) 2차 측에 피뢰기(LA)가 연결하여 있으므로 단선도에서 주의할 것. 다른 과년도에서는 1차 측에 연결되어 있음
② 지중인입선의 경우 22.9[kV-Y] 계통은 CNCV-W 케이블(수밀형) 또는 TR CNCV-W 케이블(트리억제형)을 사용하여야 한다. 다만, 전력구, 공동구, 덕트, 건물구 내 등 화재의 우려가 있는 장소에서는 FR CNCO-W(난연) 케이블을 사용하는 것이 바람직하다.

08 과도적인 과전압을 제한하고 서지(Surge) 전류를 분류하는 목적으로 사용되는 서지보호장치(SPD : Surge Protective Device)에 대한 다음 물음에 답하시오.

1 기능에 따라 3가지로 분류하여 쓰시오.

2 구조에 따라 2가지로 분류하여 쓰시오.

[해답]
1. 전압스위칭형 SPD, 전압제한형 SPD, 복합형 SPD
2. 1포트 SPD, 2포트 SPD

> **TIP**
> ① 피뢰기(LA) : 뇌전류(이상전압)를 대지로 방전하고 속류를 차단하여 기기를 보호한다.
> ② 서지흡수기(SA) : 진공차단기 등 개폐서지를 억제하여 변압기를 보호한다.
> ③ 서지방지기(SPD) : 저압에 설치하는 것으로 서지 또는 과도전압으로부터 기기를 보호한다.

09 단상 변압기 병렬운전 조건 4가지를 쓰시오.

해답
① 극성이 같을 것
② 권수비 및 1차, 2차 정격전압이 같을 것
③ %임피던스 강하가 같을 것
④ 저항과 누설리액턴스 비가 같을 것

> **TIP**
> 3상인 경우 ⑤ 각 변위가 같을 것
> ⑥ 상회전 방향이 같을 것

10 폭 24[m]의 도로 양쪽에 30[m] 간격으로 양쪽배열로 가로등을 배치하여 노면의 평균조도를 5[lx]로 한다면 각 등주상에 몇 [lm]의 전구가 필요한가?(단, 도로면에서의 광속이용률은 35[%], 감광보상률은 1.3이다.)

계산 : _____ 답 : _____

해답 계산 : $F = \dfrac{\frac{1}{2}AED}{U} = \dfrac{\frac{1}{2} \times 24 \times 30 \times 5 \times 1.3}{0.35} = 6,685.71[\text{lm}]$

답 6,685.71[lm]

> **TIP**
> 1. 면적 : A
>   ① 지그재그조명(양쪽 조명) $A = \dfrac{a \times b}{2}$
>   ② 중앙조명, 편측조명 $A = a \times b$
>   여기서, a : 간격, b : 폭

2. 광속 : F

① $FUN = EAD$에서 $F = \dfrac{EAD}{UNU}$

여기서, F : 광원 1개당의 광속[lm], N : 광원의 개수[등]
E : 작업면상의 평균 조도[lx], A : 방의 면적[m²]
D : 감광보상률, U : 조명률

② 감광보상률 $D = \dfrac{1}{M(유지율)}$

11 다음과 같은 특성의 축전지 용량 C를 구하시오. (단, 축전지 사용 시의 $I_1 = 70[A]$, $I_2 = 50[A]$ 보수율 0.8, 축전지 온도 5[℃], 셀당 전압 1.06[V/cell], $K_1 = 1.15$, $K_2 = 0.92$이다.)

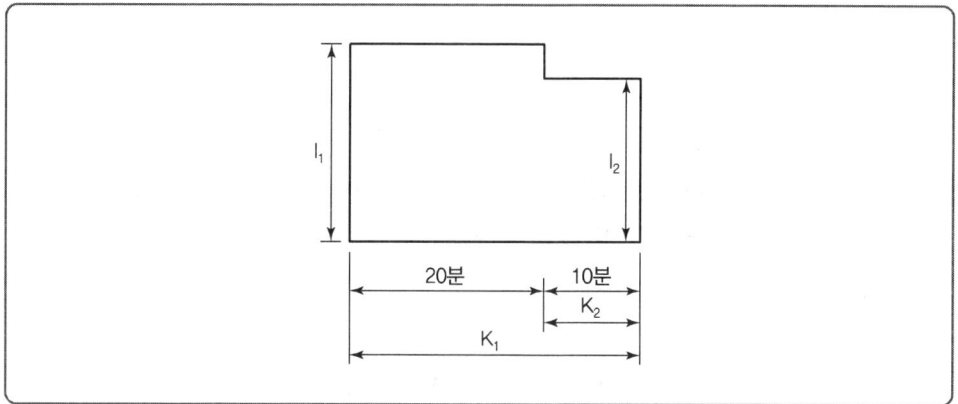

계산 : _____ 답 : _____

해답 계산 : $C = \dfrac{1}{L}[K_1 I_1 + K_2(I_2 - I_1)]$

$= \dfrac{1}{0.8} \times [(1.15 \times 70) + 0.92 \times (50 - 70)] = 77.625[Ah]$

답 77.63[Ah]

TIP

$C = \dfrac{1}{L} KI \ [Ah]$

여기서, C : 축전지의 용량[Ah], L : 보수율(경년용량 저하율)
K : 용량환산시간 계수, I : 방전전류[A]

12 200[V], 10[kVA]인 3상 유도전동기가 있다. 이곳의 어느 날 부하실적이 1일 사용전력량 60[kWh], 1일 최대전력 8[kW], 최대전류일 때의 전룟값이 30[A]이었을 경우, 다음 각 물음에 답하시오.

1 1일 부하율은 얼마인가?
　계산 : _____　답 : _____

2 최대공급전력일 때의 역률은 얼마인가?
　계산 : _____　답 : _____

(해답) **1** 계산 : 부하율 = $\dfrac{평균수용전력}{최대수용전력} \times 100[\%] = \dfrac{\frac{60}{24}}{8} \times 100 = 31.25[\%]$

답 31.25[%]

2 계산 : $\cos\theta = \dfrac{P}{\sqrt{3}\,VI} = \dfrac{8 \times 10^3}{\sqrt{3} \times 200 \times 30} \times 100 = 76.98[\%]$

답 76.98[%]

---

13 100[kVA] 단상변압기 3대를 Y-△ 결선한 경우 2차 측 1상에 접속할 수 있는 전등부하는 최대 몇 [kVA]인가?(단, 변압기는 과부하되지 않아야 한다.)

　계산 : _____　답 : _____

(해답) 계산 : $P' = P \times \dfrac{3}{2} = 100 \times \dfrac{3}{2} = 150[kVA]$

답 150[kVA]

TIP

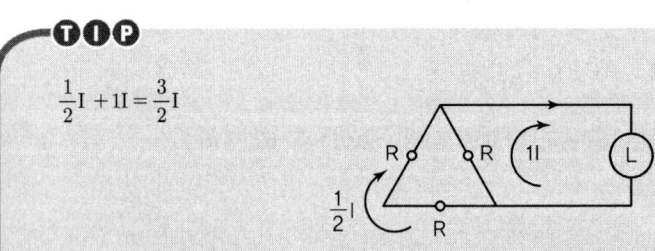

$\dfrac{1}{2}I + 1I = \dfrac{3}{2}I$

∴ 3φ 변압기에 단상부하를 걸면 1φ 변압기 1대 용량의 $\dfrac{3}{2}$ 배

14 계약전력이 3,000[kW], 기본요금이 4,054[원/kW], 100[원/kWh]인 경우 1개월간 사용전력량이 540[MWh]이고 무효전력량이 350[MVarh]인 경우 1개월간의 총 전력요금을 구하시오. 역률이 90[%] 기준으로 역률 60[%]까지 역률 1[%] 부족 시 기본요금의 0.2[%]를 할증하며, 90[%]를 초과하는 경우 1[%] 초과 시 기본요금의 0.2[%]를 할인한다.(단, 원 이하는 무시한다.)

계산 : _____ 답 : _____

해답 계산 : 기본요금＋사용요금

$$역률 : \cos\theta = \frac{540}{\sqrt{540^2 + 350^2}} = 0.84$$

$$총\ 전력요금 = 3,000 \times 4,054 \times (1 + 0.06 \times 0.2) + 540 \times 10^3 \times 100$$
$$= 66,307,944[원]$$

답 66,307,944[원]

TIP

기본요금 : 계약전력×월기본요금×$(1+\frac{90-역률}{100}\times 0.2\%)$

---

15 22,900/220-380[V] 30[kVA] 변압기를 사용 저압전로의 최대누설전류와 전기설비 기술기준에 의한 최소절연저항의 값을 구하시오.

1 최대누설전류[mA]

계산 : _____ 답 : _____

2 최소절연저항

해답 **1** 계산 : $I = \frac{P}{\sqrt{3}\,V} \times \frac{1}{2,000} = \frac{30 \times 10^3}{\sqrt{3} \times 380} \times \frac{1}{2,000} = 0.02279[A]$

답 22.79[mA]

2 500[V] 이하이므로 1[MΩ] 이상

> **TIP**
> ▶ 저압전로의 절연 성능
> ①
>
> | 전로의 사용전압[V] | DC시험전압[V] | 절연저항[MΩ] 이상 |
> |---|---|---|
> | SELV 및 PELV | 250 | 0.5 |
> | FELV, 500[V] 이하 | 500 | 1.0 |
> | 500[V] 초과 | 1,000 | 1.0 |
>
> ② 단상 2선식 누설전류 $I = \dfrac{P}{V} \times \dfrac{1}{1,000}$

16 자가용 전기설비의 수·변전설비 단선도 일부이다. 과전류 계전기와 관련된 다음 각 물음에 답하시오.

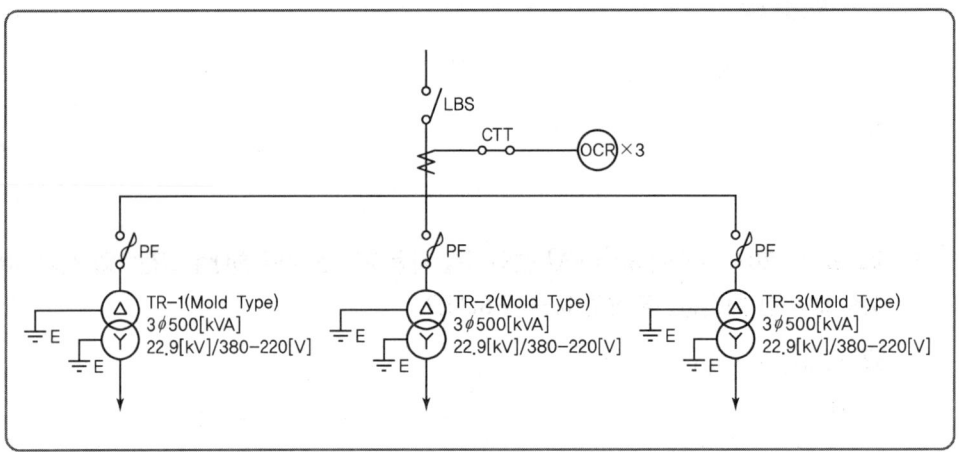

[과전류 계전기 규격]

- 계전기 Type : 유도원판형
- 동작특성 : 반한시
- Tap Range : 한시 3~9[A](3, 4, 5, 6, 7, 8, 9)
- Lever : 1~10

계기용 변류기 정격	
1차 정격전류[A]	20, 25, 30, 40, 50, 75
2차 정격전류[A]	5

1 OCR의 한시 Tap을 선정하시오.(단, CT비는 최대부하전류의 125[%], 정정기준은 변압기 정격전류의 150[%]이다.)

계산 : _____ 답 : _____

2 OCR의 순시 Tap을 선정하시오.(단, 정정기준은 변압기 1차 측 단락사고에 동작하고, 변압기 2차 측 단락사고 및 여자돌입전류에는 동작하지 않도록 변압기 2차 3상 단락전류의 150[%] 설정, 변압기 2차 3상 단락전류는 20,087[A]이다.)

계산 : _____ 답 : _____

3 유도원판형 계전기의 Lever는 무슨 의미인지 쓰시오.

4 OCR의 동작특성 중 반한시 특성이란 무엇인지 쓰시오.

[해답]

1 계산 : • CT 1차 측 전류 $I = \dfrac{P}{\sqrt{3}\,V} \times 1.25 = \dfrac{1,500}{\sqrt{3} \times 22.9} \times 1.25 = 47.27[A]$

따라서, CT는 50/5 선정

• OCR의 한시 Tap 설정 전류값 $I_1 = \dfrac{P}{\sqrt{3}\,V} = \dfrac{1,500}{\sqrt{3} \times 22.9} = 37.817$

따라서, OCR 설정 전류 $\text{Tap} = I_1 \times \dfrac{1}{\text{CT비}} \times 1.5 = 37.817 \times \dfrac{5}{50} \times 1.5 = 5.67[A]$

답 6[A]

2 계산 : • 변압기 1차 측 단락전류 $= 20,087 \times \dfrac{380}{22,900} = 333.321[A]$

• OCR의 순시 $\text{Tap} = I_1 \times \dfrac{1}{\text{CT비}} \times 1.5 = 333.321 \times \dfrac{5}{50} \times 1.5 = 50[A]$

답 50[A]

3 과전류 계전기의 동작시간을 정정하는 요소

4 고장전류의 크기에 반비례하여 동작하는 특성

17 전로의 절연저항에 대하여 다음 각 물음에 답하시오.

1 사용전압이 저압인 전로에서 정전이 어려운 경우 등 절연저항 측정이 곤란한 경우에는 누설전류는 얼마 이하로 유지하여야 하는가?

2 다음 표의 전로의 사용 전압의 구분에 따른 절연저항값은 몇 [MΩ] 이상이어야 하는지 그 값을 표에 써 넣으시오. ※ KEC 규정에 따라 삭제

전로의 사용전압의 구분		절연저항값
400[V] 미만의 것	대지전압이 150[V] 이하인 경우	
	대지전압이 150[V]를 넘고 300[V] 이하인 경우	
	사용전압이 300[V]를 넘고 400[V] 미만인 경우	
400[V] 이상인 것		

[해답]
1 1[mA] 이하
2 ※ KEC 규정에 따라 삭제

2020년도 통합 4·5회 시험 과년도 기출문제

01 그림은 전동기의 정·역 운전이 가능한 미완성 시퀀스 회로도이다. 이 회로도를 보고 다음 각 물음에 답하시오. (단, 전동기는 가동 중 정·역을 곧바로 바꾸면 과전류와 기계적 손상이 발생되기 때문에 지연 타이머로 지연시간을 주도록 하였다.)

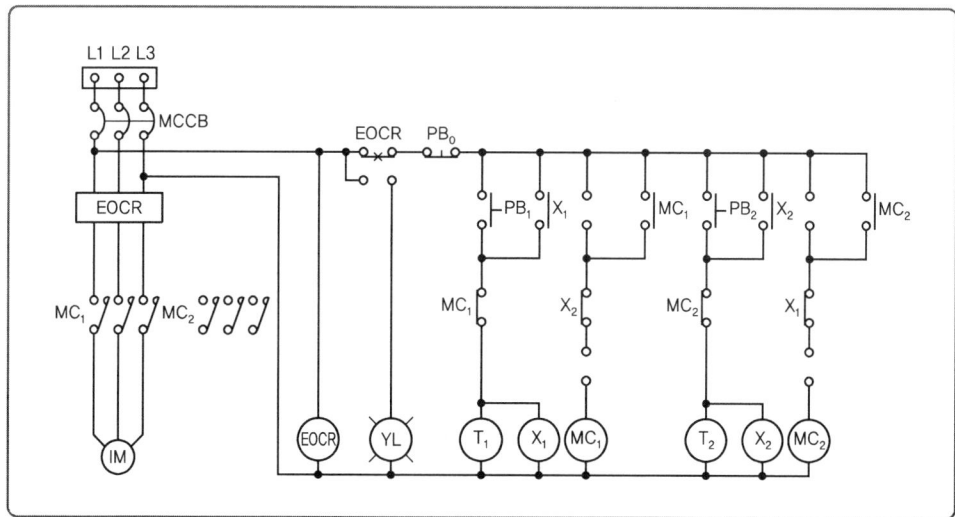

1 정·역 운전이 가능하도록 주어진 회로에서 주회로의 미완성 부분을 완성하시오.
2 정·역 운전이 가능하도록 주어진 회로에서 보조(제어)회로의 미완성 부분을 완성하시오. (단, 접점에는 접점 명칭을 반드시 기록하도록 하시오.)
3 주회로 도면에서 과부하 및 결상을 보호할 수 있는 계전기의 명칭을 쓰시오.

해답 **1**

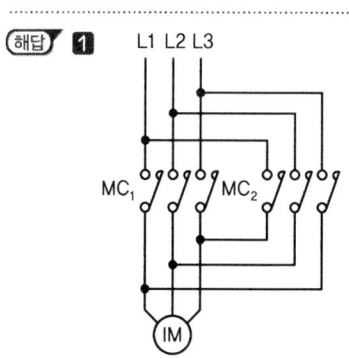

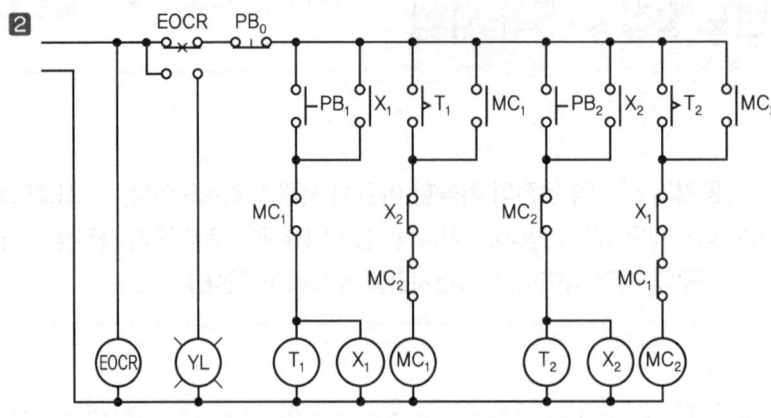

❸ 전자식 과전류 계전기

02 다음 미완성 그림은 어느 수용가의 3로 스위치를 이용한 것으로 2개소 점멸이 가능하도록 결선을 완성하시오.

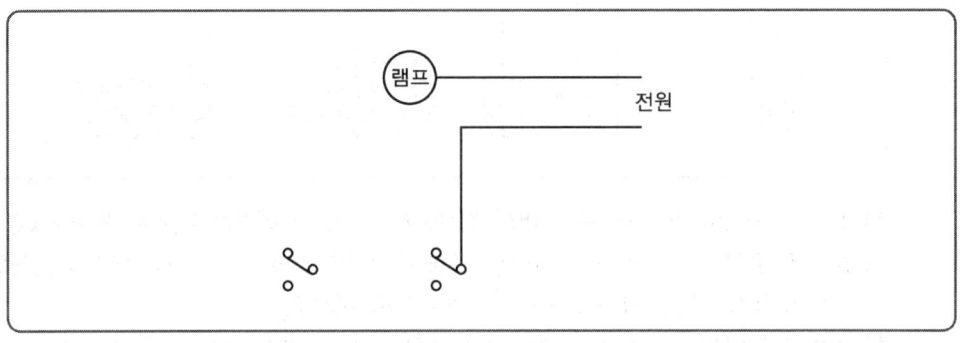

해답

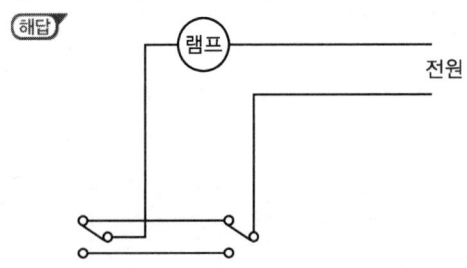

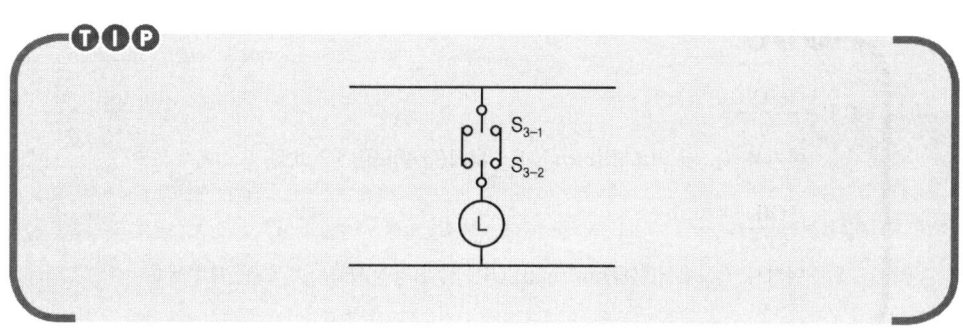

03 다음 도면을 보고 단락점의 단락용량을 구하시오.(단, 발전기 %Z가 12[%], 변압기 %Z가 3[%], 송전선로 %Z가 4[%]일 때 기준용량은 10[MVA]이다.)

계산 : _____ 답 : _____

해답 계산 : $P_S = \dfrac{100}{\%Z}P = \dfrac{100}{17} \times 10 = 58.823$ 답 58.82MVA

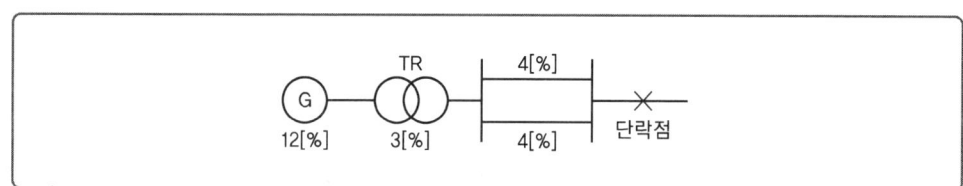

선로는 병렬 운전이므로 $\dfrac{4\%}{2} = 2\%$
$\%Z = 12 + 3 + 2 = 17\%$

04 지표면상 20[m] 높이의 수조가 있다. 이 수조에 15[m³/min] 물을 양수하는 데 필요한 펌프용 전동기의 소요 동력은 몇 [kW]인가?(단, 펌프의 효율은 70[%]로 하고, 여유계수는 1.2로 한다.)

계산 : _____ 답 : _____

해답 계산 : $P = \dfrac{9.8 \times Q \times H}{\eta}K = \dfrac{9.8 \times \dfrac{15}{60} \times 20 \times 1.2}{0.7} = 84[kW]$ 답 84[kW]

> **TIP**
>
> ① $P = \dfrac{9.8QH}{\eta}K$
>
>   여기서, Q : 유량(초당)[m³/s], H : 낙차(양정)[m], η : 효율, K : 계수
>
> ② $P = \dfrac{QH}{6.12\eta}K$
>
>   여기서, Q : 유량(분당)[m³/min], H : 낙차(양정)[m], η : 효율, K : 계수

05 정전기가 발생되는 대전의 종류 3가지를 쓰고 방지대책 2가지를 쓰시오.

1 종류

2 방지대책

해답 **1** 종류 : ① 마찰대전 ② 박리대전 ③ 유동대전
그 외 분출대전, 충돌대전, 유도대전, 비말대전

2 방지대책
① 접지를 한다.
② 제전기를 시설한다.
그 외 습도를 60% 이상 유지, 대전방지제 사용

06 전원 전압이 100[V]인 회로에서 600[W]의 전기솥 1대, 350[W]의 다리미 1대, 150[W]의 텔레비전 1대를 사용할 때 10[A]의 고리 퓨즈는 어떻게 되겠는지 그 상태와 그 이유를 설명하시오. ※ KEC 규정에 따라 해설 변경

1 상태

2 이유

해답 $I = \dfrac{600 \times 1 + 350 \times 1 + 150 \times 1}{100} = 11[A]$

1 상태 : 용단되지 않는다.
2 이유 : 1.5배 이하이므로

TIP

정격전류	시간	정격전류배수	
		불용단전류	용단전류
4[A] 이하	60분	1.5배	2.1배
4[A] 초과 ~ 16[A] 미만	60분	1.5배	1.9배
16[A] 이상 ~ 63[A] 이하	60분	1.25배	1.6배
63[A] 초과 ~ 160[A] 이하	120분	1.25배	1.6배
160[A] 초과 ~ 400[A] 이하	180분	1.25배	1.6배
400[A] 초과	240분	1.25배	1.6배

07 검측결과 불합격인 경우 그 불합격된 내용을 시공자가 명확히 이해할 수 있도록 상세하게 첨부하여 통보하고 보완 시공 후 재검측 받도록 조치한 후 감리보고서에 반드시 기록하고 시공자가 재검측 요청을 할 때에는 잘못 시공한 기능공의 서명을 받아 그 명단을 첨부토록 조치를 해야 한다. 다음 빈칸에 들어갈 내용을 쓰시오.

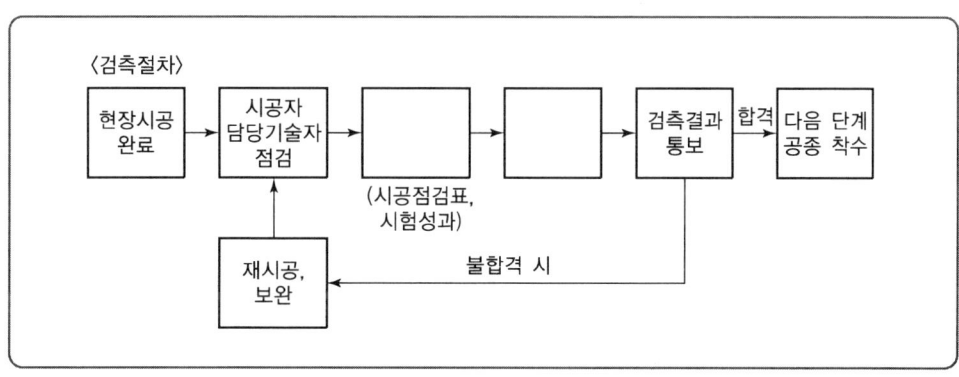

[해답] 〈검측절차〉

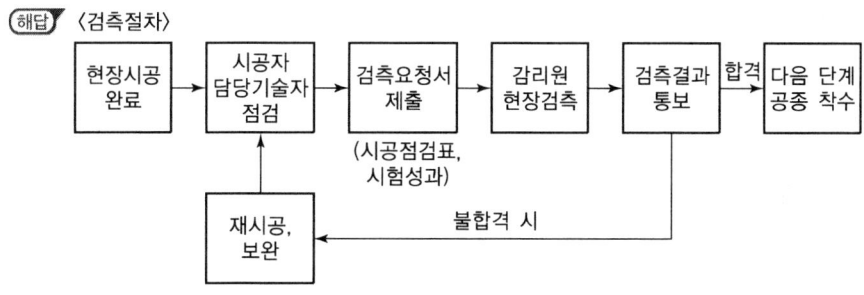

과년도 기출문제

08 저압 수용가의 누전점을 HOOK-ON 미터로 탐지하려고 한다. 다음 각 물음에 답하시오.

1 저압 3상 4선식 선로의 합성전류를 HOOK-ON 미터로 그림과 같이 측정하였다. 부하 측에서 누전이 없는 경우 HOOK-ON 미터 지시값은 몇 [A]를 지시하는지 쓰시오.

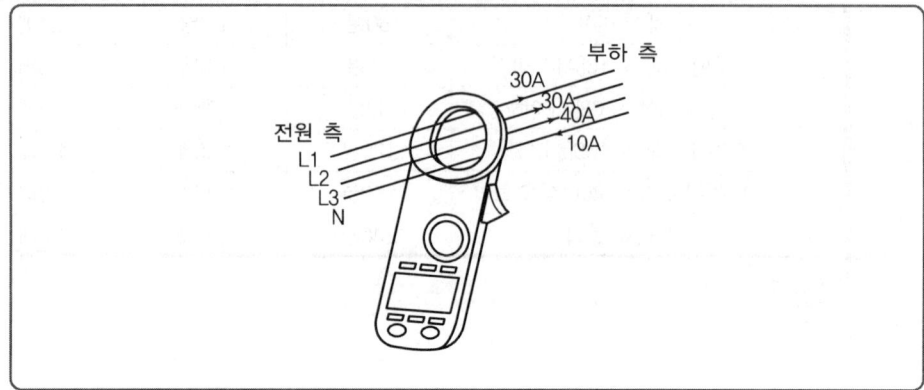

2 다른 곳에는 누전이 없고 "①"지점에서 3[A]가 누전되면 "②"지점에서 HOOK-ON 미터 검출 전류는 몇 [A]가 검출되고, "③"지점에서 HOOK-ON 미터 검출전류는 몇 [A]가 검출되는지 쓰시오.

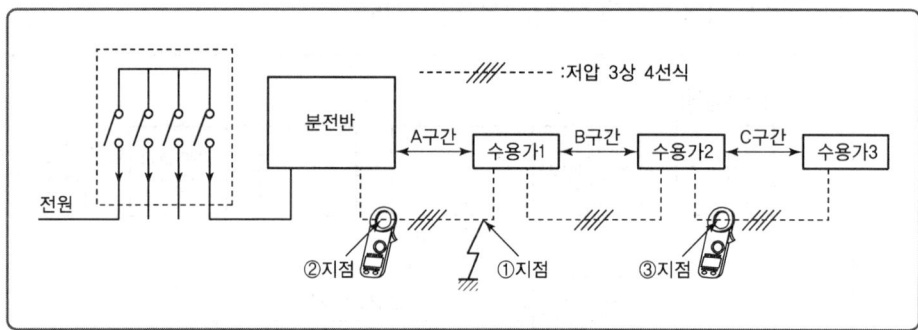

- "②"지점에서의 검출전류 :
- "③"지점에서의 검출전류 :

해답
1 "0"을 지시한다.
2 • "②"지점에서의 검출전류 : 3[A]
   • "③"지점에서의 검출전류 : 0[A]

TIP
③지점은 누전이 되는 ①지점보다 부하 측이 되므로 "0"을 지시한다.

09 3상 4선식 교류 380[V], 10[kVA] 3상 부하가 전기실 배전반 전용 변압기에서 50[m] 떨어져 설치되어 있다. 이 경우 다음 표를 보고 전선의 최소 굵기를 계산하고 전선을 선정하시오. (단, 전선의 규격은 IEC에 의한다.)

계산 : _____ 답 : _____

해답 계산 : $I = \dfrac{10 \times 10^3}{\sqrt{3} \times 380} = 15.194$

$A = \dfrac{17.8LI}{1,000e} = \dfrac{17.8 \times 50 \times 15.194}{1,000 \times 220 \times 0.05} = 1.23[mm^2]$ ∴ $1.5[mm^2]$

답 $2.5[mm^2]$

> **TIP**
>
> **KEC 231.3.1 저압 옥내배선의 사용전선**
> 1. 저압 옥내배선의 전선은 단면적 $2.5[mm^2]$ 이상의 연동선 또는 이와 동등 이상의 강도 및 굵기의 것
>
> **KEC 232.3.9 수용가 설비에서의 전압강하**
> 1. 다른 조건을 고려하지 않는다면 수용가 설비의 인입구로부터 기기까지의 전압강하는 표 232.3-1의 값 이하이어야 한다.
>
> | 표 232.3-1 수용가설비의 전압강하 |
>
> | 설비의 유형 | 조명[%] | 기타[%] |
> |---|---|---|
> | A - 저압으로 수전하는 경우 | 3 | 5 |
> | B - 고압 이상으로 수전하는 경우 | 6 | 8 |

10 어떤 콘덴서 3개를 선간 전압 3,300[V], 주파수 60[Hz]의 선로에 △로 접속하여 60[kVA]가 되도록 하려면 콘덴서 1개의 정전 용량 $[\mu F]$은 약 얼마로 하여야 하는가?

계산 : _____ 답 : _____

해답 계산 : $Q_\triangle = 3WCV^2[kVA]$

$C = \dfrac{60 \times 10^3}{3 \times 2\pi \times 60 \times 3,300^2} \times 10^6 [\mu F] = 4.872$

답 $4.87[\mu F]$

> **TIP**
>
> ① △결선 $Q_\triangle = 3WCE^2 = 3WCV^2$ $C = \dfrac{Q_\triangle}{3WV^2}$
>
> ② Y결선 $Q_Y = 3WCE^2 = 3WC\left(\dfrac{V}{\sqrt{3}}\right)^2 = WCV^2$ $C = \dfrac{Q_Y}{WV^2}$
>
> 여기서, E : 상전압, V : 선간전압
> W : $2\pi f$, C : 정전용량
> Q : 충전용량(콘덴서용량)

11 50[Hz]로 설계된 3상 유도전동기를 동일 전압으로 60[Hz]에 사용할 경우 다음 요소는 어떻게 변화하는지 수치를 이용하여 설명하시오.

1 무부하 전류
2 온도 상승
3 속도

(해답) **1** 5/6으로 감소
2 5/6으로 감소
3 6/5로 증가

> **TIP**
>
> ① 전동기 무부하 전류 $I_o = \dfrac{V}{\omega L} = \dfrac{V}{2\pi fL}$ 에서 $I_o \propto \dfrac{1}{f}$ 이 된다.
>
> 따라서, $\dfrac{1/60}{1/50} = \dfrac{50}{60} = \dfrac{5}{6}$ 감소
>
> ② 무부하 전류가 증가하면(철손 증가) 온도 상승이 되므로 $\dfrac{1}{f}$ 이 된다
>
> 따라서, $\dfrac{1/60}{1/50} = \dfrac{50}{60} = \dfrac{5}{6}$ 감소
>
> ③ 동기속도 $N = \dfrac{120f}{P}$ 에서 $N \propto f$ 가 된다.
>
> 따라서, $\dfrac{60}{50} = \dfrac{6}{5}$ 증가

12 송전용량 5,000[kVA]인 설비가 있을 때 공급 가능한 용량은 부하 역률 80[%]에서 4,000 [kW]까지이다. 여기서, 부하 역률을 95[%]로 개선하는 경우 역률개선 전(80[%])에 비하여 공급 가능한 용량[kW]은 얼마나 증가되는지 구하시오.

계산 : _____ 답 : _____

해답 계산 : 역률 개선 후 공급전력 $P = P_a \cos\theta = 5{,}000 \times 0.95 = 4{,}750[kW]$
증가용량 $P_a = 4{,}750 - 4{,}000 = 750[kW]$
답 750[kW]

13 다음 ( ) 안에 알맞은 내용을 쓰시오.

> 임의의 면에서 한 점의 조도는 광원의 광도 및 입사각의 코사인에 비례하고 거리의 제곱에 반비례한다. 이와 같이 입사각의 코사인에 비례하는 것을 Lambert의 코사인 법칙이라 한다. 또 광선과 피조면의 위치에 따라 조도를 (**1**)조도, (**2**)조도, (**3**)조도 등으로 분류할 수 있다.

해답 **1** 법선
2 수직면
3 수평면

TIP

▶ 조도 : E[lx]
어떤 면의 단위 면적당의 입사 광속으로서 피조면의 밝기를 나타낸다.

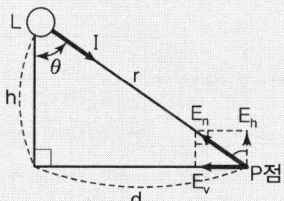

① 법선조도 : $E_n = \dfrac{I}{r^2}$

② 수평면 조도 : $E_h = E_n \cos\theta = \dfrac{I}{r^2}\cos\theta = \dfrac{I}{h^2}\cos^3\theta$

③ 수직면 조도 : $E_v = E_n \sin\theta = \dfrac{I}{r^2}\sin\theta = \dfrac{I}{d^2}\sin^3\theta$

14 어느 회사에서 한 부지에 A, B, C의 세 공장을 세워 3대의 급수 펌프 P_1(소형), P_2(중형), P_3(대형)으로 다음 계획에 따라 급수 계획을 세웠다. 조건과 미완성 시퀀스 도면을 보고 다음 각 물음에 답하시오.

> [조건]
> ① 공장 A, B, C가 휴무일 때 또는 그중 한 공장만 가동할 때에는 펌프 P_1만 가동시킨다.
> ② 공장 A, B, C 중 어느 것이나 두 개의 공장만 가동할 때에는 P_2만 가동시킨다.
> ③ 공장 A, B, C가 모두 가동할 때에는 P_3만 가동시킨다.

1 위의 조건에 대한 진리표를 작성하시오.

A	B	C	P_1	P_2	P_3
0	0	0			
1	0	0			
0	1	0			
0	0	1			
1	1	0			
1	0	1			
0	1	1			
1	1	1			

2 주어진 미완성 시퀀스 도면에 접점과 그 기호를 삽입하여 도면을 완성하시오.

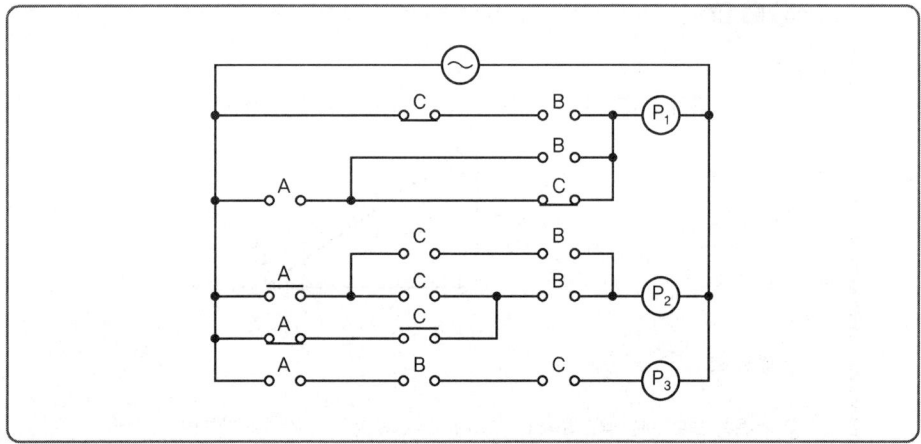

3 P_1, P_2, P_3의 출력식을 가장 간단한 식으로 표현하시오.

$P_1 =$

$P_2 =$

$P_3 =$

해답

1

A	B	C	P_1	P_2	P_3
0	0	0	1	0	0
1	0	0	1	0	0
0	1	0	1	0	0
0	0	1	1	0	0
1	1	0	0	1	0
1	0	1	0	1	0
0	1	1	0	1	0
1	1	1	0	0	1

2

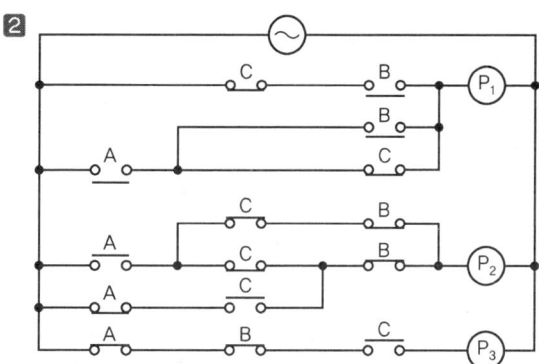

3
$P_1 = \overline{A}\,\overline{B}\,\overline{C} + \overline{A}\,\overline{B}\,C + \overline{A}\,B\,\overline{C} + A\,\overline{B}\,\overline{C}$
$\quad = \overline{A}\,\overline{B}\,\overline{C} + \overline{A}\,\overline{B}\,C + \overline{A}\,B\,\overline{C} + \overline{A}\,\overline{B}\,\overline{C} + \overline{A}\,\overline{B}\,\overline{C} + \overline{A}\,B\,\overline{C}$
$\quad = \overline{A}\,\overline{B}(C+\overline{C}) + \overline{A}\,\overline{C}(B+\overline{B}) + \overline{B}\,\overline{C}(A+\overline{A})$
$\quad = \overline{A}(\overline{B}+\overline{C}) + \overline{B}\,\overline{C}$

$P_2 = \overline{A}\,B\,C + A\,\overline{B}\,C + A\,B\,\overline{C} = \overline{A}\,B\,C + A(\overline{B}\,C + B\,\overline{C})$

$P_3 = A\,B\,C$

15 500[kVA]의 변압기가 그림과 같은 부하로 운전되고 있다. 오전에는 역률 85[%]로, 오후에는 100[%]로 운전된다고 할 때 전일효율[%]을 구하시오. (단, 이 변압기의 철손은 6[kW], 전부하의 동손은 10[kW]라고 한다.)

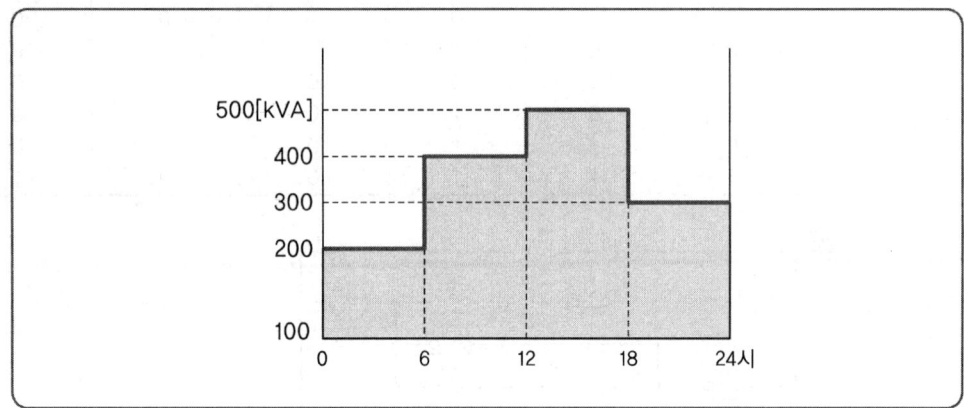

계산 : _____ 답 : _____

해답 계산 : 전일효율 $= \dfrac{(200 \times 6 \times 0.85 + 400 \times 6 \times 0.85 + 500 \times 6 + 300 \times 6)}{(200 \times 6 \times 0.85 + 400 \times 6 \times 0.85 + 500 \times 6 + 300 \times 6) + 6 \times 24 + 10 \times 6 \times \left\{ \left(\dfrac{200}{500}\right)^2 + \left(\dfrac{400}{500}\right)^2 + \left(\dfrac{500}{500}\right)^2 + \left(\dfrac{300}{500}\right)^2 \right\}} \times 100[\%]$

$= 96.64[\%]$

답 96.64[%]

TIP

① 전력량(출력) $P = $ 전력[kVA]×시간×역률

철손 $P_i = P_i \times$ 시간   동손 $P_c = \left(\dfrac{1}{m}\right)^2 P_c \times$ 시간

② 효율 $\eta = \dfrac{\text{전력량}}{\text{전력량} + \text{철손} + \text{동손}} \times 100(\%)$

16 아래의 논리회로를 참고하여 다음 각 물음에 답하시오.

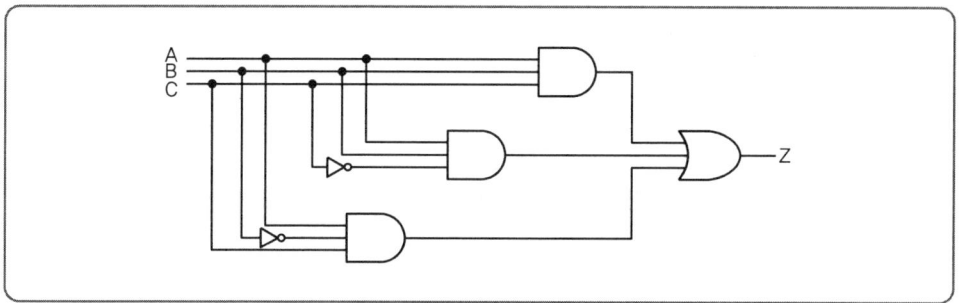

1 출력식 Z를 간소화하시오.
  ① 간소화 과정 :
  ② Z :

2 **1**항에서 간소화한 출력식 Z에 따른 시퀀스회로를 완성하시오.

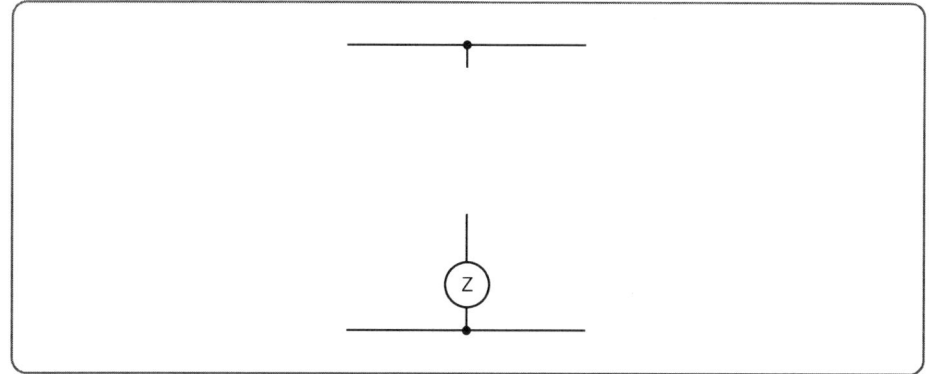

해답 **1** ① 간소화 과정
$$Z = ABC + AB\overline{C} + A\overline{B}C = AB(C+\overline{C}) + AC(B+\overline{B}) = AB + AC = A(B+C)$$
  ② $Z = A(B+C)$

2

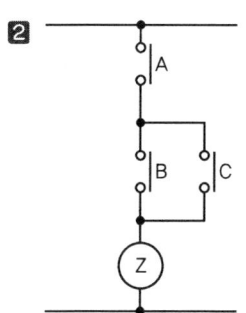

17 다음과 같은 철골 공장에 백열전등 전반 조명 시 작업면의 평균조도를 200[lx]로 얻기 위한 광원의 소비전력[Watt]은 얼마이어야 하는지 주어진 참고 자료를 이용하여 답안지 순서에 의하여 계산하시오.

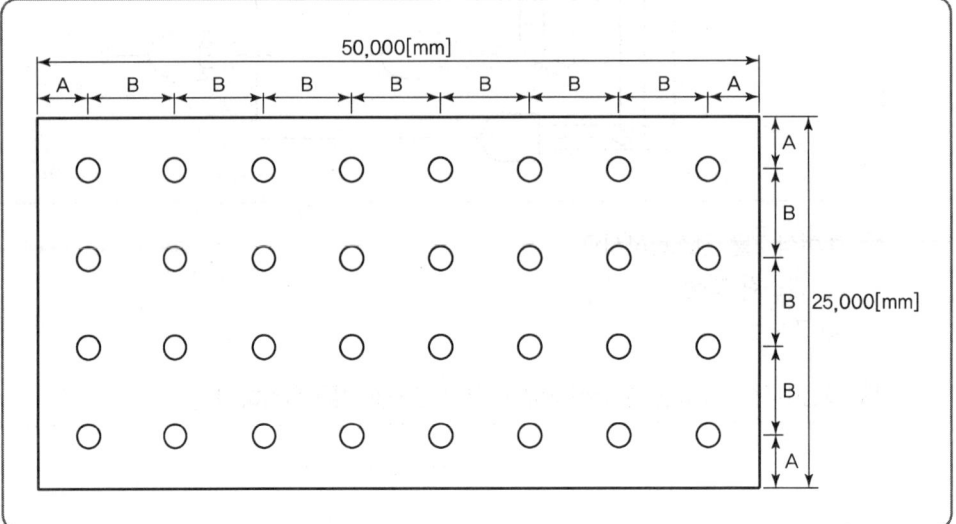

[조건]
- 천장 및 벽면의 반사율 30[%]
- 광원은 천장면하 1[m]에 부착한다.
- 감광보상률은 보수상태 양으로 적용한다.
- 조명기구는 금속 반사갓 직부형
- 천장고는 9[m]이다.
- 배광은 직접조명으로 한다.

| 표 1. 조명률, 감광보상률 및 설치 간격 |

번호	배광 설치 간격	조명 기구	감광보상률 (D) 보수상태 양중부	반사율 (ρ) 실지수	천장 0.75			0.50			0.3	
				벽	0.5	0.3	0.1	0.5	0.3	0.1	0.3	0.1
					조명률 U[%]							
(1)	간접 0.80 ↕ 0 S ≤ 1.2H		전구 1.5 1.7 2.0 형광등 1.7 2.0 2.5	J0.6	16	13	11	12	10	08	06	05
				I0.8	20	16	15	15	13	11	08	07
				H1.0	23	20	17	17	14	13	10	08
				G1.25	26	23	20	20	17	15	11	10
				F1.5	29	26	22	22	19	17	12	11
				E2.0	32	29	26	24	21	19	13	12
				D2.5	36	32	30	26	24	22	15	14
				C3.0	38	35	32	28	25	24	16	15
				B4.0	42	39	36	30	29	27	18	17
				A5.0	44	41	39	33	30	29	19	18

번호	배광 설치간격	조명기구	감광보상률 (D) 보수상태 양중부	반사율 (ρ) 실지수	천장 0.75 벽 0.5	0.3	0.1	0.50 0.5	0.3	0.1	0.3 0.3	0.1
					조명률 U[%]							
(2)	반간접 0.70 ↑ 0.10 ↓ S ≤1.2H		전구 1.4 1.5 1.7 형광등 1.7 2.0 2.5	J0.6 I0.8 H1.0 G1.25 F1.5 E2.0 D2.5 C3.0 B4.0 A5.0	18 22 26 29 32 35 39 42 46 48	14 19 22 25 28 32 35 38 42 44	12 17 19 22 25 29 32 35 39 42	14 17 20 22 24 27 29 31 34 36	11 15 17 19 21 24 26 28 31 33	09 13 15 17 19 21 24 27 29 31	08 10 12 14 15 17 19 20 22 23	07 09 10 12 14 15 18 19 21 22
(3)	전반확산 0.40 ↑ 0.40 ↓ S ≤1.2H		전구 1.3 1.4 1.5 형광등 1.4 1.7 2.0	J0.6 I0.8 H1.0 G1.25 F1.5 E2.0 D2.5 C3.0 B4.0 A5.0	27 29 33 37 40 45 48 51 55 57	19 25 28 32 36 40 43 46 50 53	16 22 26 29 31 36 39 42 47 49	22 27 30 33 36 40 43 45 49 51	18 23 26 29 31 36 39 40 45 47	15 20 24 26 29 33 36 38 42 44	16 21 24 26 29 32 34 37 40 41	14 19 21 24 26 29 33 34 37 40
(4)	반직접 0.25 ↑ 0.05 ↓ S≤H		전구 1.3 1.4 1.5 형광등 1.6 1.7 1.8	J0.6 I0.8 H1.0 G1.25 F1.5 E2.0 D2.5 C3.0 B4.0 A5.0	26 33 36 40 43 47 51 54 57 59	22 28 32 36 39 44 47 49 53 55	19 26 30 33 35 40 43 45 50 52	24 30 33 36 39 43 46 48 51 53	21 26 30 33 35 39 42 44 47 49	18 24 28 30 33 36 40 42 45 47	19 25 28 30 33 36 39 42 43 47	17 23 26 29 31 34 37 38 41 43
(5)	직접 0 ↑ 0.75 ↓ S≤1.3H		전구 1.3 1.4 1.5 형광등 1.4 1.7 2.0	J0.6 I0.8 H1.0 G1.25 F1.5 E2.0 D2.5 C3.0 B4.0 A5.0	24 43 47 50 52 58 62 64 67 68	29 38 43 47 50 55 58 61 64 66	26 35 40 44 47 52 56 58 62 64	32 39 41 44 46 49 52 54 55 56	29 36 40 43 44 48 51 52 53 54	27 35 38 41 43 46 49 51 52 53	29 36 40 42 44 47 50 51 52 54	27 34 38 41 43 46 49 50 52 52

| 표 2. 실지수 기호 |

기호	A	B	C	D	E	F	G	H	I	J
실지수	5.0	4.0	3.0	2.5	2.0	1.5	1.25	1.0	0.8	0.6
범위	4.5 이상	4.5~3.5	3.5~2.75	2.75~2.25	2.25~1.75	1.75~1.38	1.38~1.12	1.12~0.9	0.9~0.7	0.7 이하

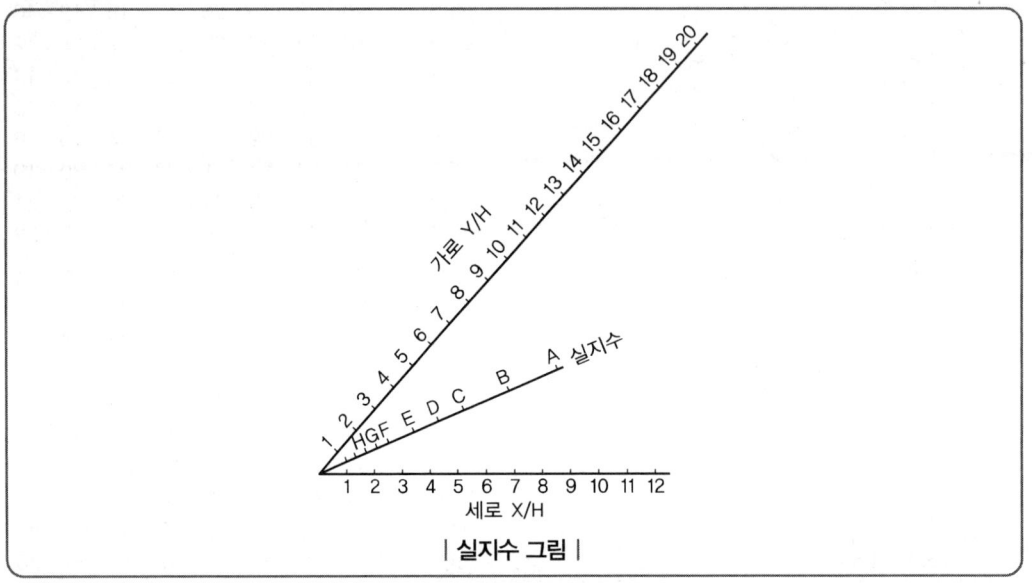

| 실지수 그림 |

| 표 3. 각종 백열전등의 특성 |

형식	종별	유리구의 지름 (표준치) [mm]	길이 [mm]	메이스	초기특성 소비전력 [W]	초기특성 광속 [lm]	초기특성 효율 [lm/W]	50[%] 수명에서의 효율 [lm/W]	수명 [h]
L100V 10W	진공 단코일	55	101 이하	E26/25	10±0.5	76±8	7.6±0.6	6.5 이상	1500
L100V 20W	진공 단코일	55	101 이하	E26/25	20±1.0	175±20	8.7±0.7	7.3 이상	1500
L100V 30W	가스입단코일	55	108 이하	E26/25	80±1.5	290±30	9.7±0.8	8.8 이상	1000
L100V 40W	가스입단코일	55	108 이하	E26/25	40±2.0	440±45	11.0±0.9	10.0 이상	1000
L100V 60W	가스입단코일	50	114 이하	E26/25	60±3.0	760±75	12.6±1.0	11.5 이상	1000
L100V 100W	가스입단코일	70	140 이하	E26/25	100±5.0	1500±150	15.0±1.2	13.5 이상	1000
L100V 150W	가스단일코일	80	170 이하	E26/25	150±7.5	2450±250	16.4±1.3	14.8 이상	1000
L100V 200W	가스입단코일	80	180 이하	E26/25	200±10	3450±350	17.3±1.4	15.3 이상	1000
L100V 300W	가스입단코일	95	220 이하	E39/41	300±15	5550±550	18.3±1.5	15.8 이상	1000
L100V 500W	가스입단코일	110	240 이하	E39/41	500±25	9900±990	19.7±1.6	16.9 이상	1000
L100V 1000W	가스입단코일	165	332 이하	E39/41	1000±50	21000±2100	21.0±1.7	17.4 이상	1000
Ld100V 30W	가스입이중코일	55	108 이하	E26/25	30±1.5	30±35	11.1±0.9	10.1 이상	1000
Ld100V 40W	가스입이중코일	55	108 이하	E26/25	40±2.0	500±50	12.4±1.0	11.3 이상	1000
Ld100V 50W	가스입이중코일	60	114 이하	E26/25	50±2.5	660±65	13.2±1.1	12.0 이상	1000
Ld100V 60W	가스입이중코일	60	114 이하	E26/25	60±3.0	830±85	13.0±1.1	12.7 이상	1000
Ld100V 75W	가스입이중코일	60	117 이하	E26/25	75±4.0	1100±110	14.7±1.2	13.2 이상	1000
Ld100V 100W	가스입이중코일	65 또는 67	128 이하	E26/25	100±5.0	1570±160	15.7±1.3	14.1 이상	1000

1 광원의 높이[m]를 구하시오.

계산 : _____ 답 : _____

2 실지수 기호와 실지수를 구하시오.

계산 : _____ 답 : _____

3 조명률을 선정하시오.

4 감광보상률을 선정하시오.

5 총소요 광속(lm)을 구하시오.

계산 : _____ 답 : _____

6 1등당 광속(lm)을 구하시오.

계산 : _____ 답 : _____

7 백열전구의 크기(W) 및 소비전력(W)을 구하시오.

① 백열전구의 크기

계산 : _____ 답 : _____

② 소비전력

계산 : _____ 답 : _____

해답

1 계산 : H = 9 − 1 = 8[m] 답 8[m]

2 계산 : $K = \dfrac{50 \times 25}{8(50+25)} = 2.08$ 답 E, 2.0

3 47[%]

4 1.3

5 계산 : $NF = \dfrac{DEA}{U} = \dfrac{1.3 \times 200 \times (50 \times 25)}{0.47} = 691,489.36\,[\text{lm}]$ 답 691,489.36[lm]

6 계산 : 1등당 광속 = $\dfrac{\text{전광속}}{\text{등수}} = \dfrac{691,489.36}{(4 \times 8)} = 21,609\,[\text{lm}]$ 답 21,609[lm]

7 ① 백열전구의 크기

계산 : 표 3 '각종 백열전등의 특성'에서 21,000 ± 2,100[lm]인 1,000[W] 선정

답 1,000[W]

② 소비전력

계산 : 1,000 × 32 = 32,000[W]

답 32,000[W]

> **TIP**
>
> ① $FUN = EAD$에서 $N = \dfrac{EAD}{FU}$
>
> 여기서, F : 광원 1개당의 광속[lm], N : 광원의 개수[등]
> E : 작업면상의 평균 조도[lx], A : 방의 면적[m²]
> D : 감광보상률, U : 조명률
>
> ② 감광보상률 $D = \dfrac{1}{M(유지율)}$

2021년도 1회 시험 과년도 기출문제

01 15[L]의 물을 5[℃]에서 60[℃]까지 1시간 가열하고자 한다면 이때 전열기의 용량[kW]은?(단, 전열기의 효율은 0.76이다.)

계산 : _____ 답 : _____

해답 계산 : $P = \dfrac{Cm\theta}{860\eta t} = \dfrac{1 \times 15 \times (60-5)}{860 \times 0.76 \times 1} = 1.26$[kW]   **답** 1.26[kW]

TIP

$860Pt\eta = Cm\theta$ 여기서, P : 전력[kW], t : 시간[h], η : 효율
C : 비열(물=1), m : 무게[kg=L], θ : 온도변화($T_2 - T_1$)

02 3층 사무실용 건물에 3상 3선식의 6,000[V]를 200[V]로 강압하여 수전하는 설비가 있다. 각종 부하 설비가 표와 같을 때 참고자료를 이용하여 다음 물음에 답하시오.

| 표1. 동력 부하 설비 |

사용 목적	용량 [kW]	대수	상용동력 [kW]	하계동력 [kW]	동계동력 [kW]
난방 관계 • 보일러 펌프 • 오일 기어 펌프 • 온수 순환 펌프	 6.7 0.4 3.7	 1 1 1			 6.7 0.4 3.7
공기조화관계 • 1, 2, 3층 패키지 컴프레서 • 컴프레서 팬 • 냉각수 펌프 • 쿨링 타워	 7.5 5.5 5.5 1.5	 6 3 1 1	 16.5	 45.0 5.5 1.5	
급수 · 배수 관계 • 양수 펌프	 3.7	 1	 3.7		
기타 • 소화 펌프 • 셔터	 5.5 0.4	 1 2	 5.5 0.8		
합계			26.5	52.0	10.8

| 표 2. 조명 및 콘센트 부하 설비 |

사용 목적	와트수 [W]	설치 수량	환산용량 [VA]	총용량 [VA]	비고
전등관계					
• 수은등 A	200	2	260	520	200[V] 고역률
• 수은등 B	100	8	140	1,120	100[V] 고역률
• 형광등	40	820	55	45,100	200[V] 고역률
• 백열전등	60	20	60	1,200	
콘센트 관계					
• 일반 콘센트		70	150	10,500	2P 15[A]
• 환기팬용 콘센트		8	55	440	
• 히터용 콘센트	1,500	2		3,000	
• 복사기용 콘센트		4		3,600	
• 텔레타이프용 콘센트		2		2,400	
• 룸 쿨러용 콘센트		6		7,200	
기타					
• 전화교환용 정류기		1		800	
합계				75,880	

[조건]

1. 동력부하의 역률은 모두 70[%]이며, 기타는 100[%]로 간주한다.
2. 조명 및 콘센트 부하설비의 수용률은 다음과 같다.
    • 전등 설비 : 60[%]
    • 콘센트 설비 : 70[%]
    • 전화교환용 정류기 : 100[%]
3. 변압기 용량 산출 시 예비율(여유율)은 고려하지 않으며 용량은 표준규격으로 답하도록 한다.
4. 변압기 용량 산정 시 필요한 동력부하설비의 수용률은 전체 평균 65[%]로 한다.

1 동계 난방 때 온수 순환 펌프는 상시 운전하고, 보일러용과 오일 기어 펌프의 수용률이 55[%]일 때 난방동력 수용부하는 몇 [kW]인가?

계산 : _____ 답 : _____

2 상용동력, 하계동력, 동계동력에 대한 피상전력은 몇 [kVA]가 되겠는가?

① 상용동력

계산 : _____ 답 : _____

② 하계동력

계산 : _____ 답 : _____

③ 동계동력

계산 : _____ 답 : _____

3 이 건물의 총 전기 설비 용량은 몇 [kVA]를 기준으로 하여야 하는가?

계산 : _____ 답 : _____

4 조명 및 콘센트 부하 설비에 대한 단상변압기의 용량은 최소 몇 [kVA]가 되어야 하는가?

계산 : _____ 답 : _____

5 동력부하용 3상 변압기의 용량은 몇 [kVA]가 되겠는가?

계산 : _____ 답 : _____

6 단상과 3상 변기의 전류계용으로 사용되는 변류기의 1차 측 정격전류는 각각 몇 [A]인가?
  ① 단상
   계산 : _____ 답 : _____
  ② 3상
   계산 : _____ 답 : _____

7 역률개선을 위하여 각 부하마다 전력용 콘덴서를 설치하려고 할 때 보일러 펌프의 역률을 95[%]로 개선하려면 몇 [kVA]의 전력용 콘덴서가 필요한가?

계산 : _____ 답 : _____

해답

1 계산 : 수용부하 = 3.7 + (6.7 + 0.4) × 0.55 = 7.61[kW]

답 7.61[kW]

2 ① 계산 : 상용동력의 피상전력 = $\dfrac{\text{설비용량[kW]}}{\text{역률}} = \dfrac{26.5}{0.7} = 37.86$[kVA]

답 37.86[kVA]

② 계산 : 하계동력의 피상전력 = $\dfrac{\text{설비용량[kW]}}{\text{역률}} = \dfrac{52.0}{0.7} = 74.29$[kVA]

답 74.29[kVA]

③ 계산 : 동계동력의 피상전력 = $\dfrac{\text{설비용량[kW]}}{\text{역률}} = \dfrac{10.8}{0.7} = 15.43$[kVA]

답 15.43[kVA]

3 계산 : 총 전기설비용량 = 상용동력[kVA] + 하계동력[kVA] + 기타설비용량[kVA]
    = 37.86 + 74.29 + 75.88 = 188.03[kVA]

답 188.03[kVA]

4 계산 : 전등 관계 : $(520 + 1,120 + 45,100 + 1,200) \times 0.6 \times 10^{-3} = 28.76$[kVA]

콘센트 관계 : $(10,500 + 440 + 3,000 + 3,600 + 2,400 + 7,200) \times 0.7 \times 10^{-3}$
     = 19[kVA]

기타 : $800 \times 1 \times 10^{-3} = 0.8$[kVA]
  28.76 + 19 + 0.8 = 48.56[kVA]이므로
  단상 변압기 용량은 50[kVA]가 된다.

답 50[kVA]

5 계산 : 동계 동력과 하계 동력 중 큰 부하를 기준으로 하고 상용 동력과 합산하여 계산하면

$$T_R = \frac{설비용량 \times 수용률}{역률} = \frac{(26.5+52.0)}{0.7} \times 0.65 = 72.89[kVA]$$이므로

3상 변압기 용량은 75[kVA]가 된다.

답 75[kVA]

6 ① 계산 : 단상 변압기 1차 측 변류기

$$I = \frac{P}{V} \times (1.25 \sim 1.5) = \frac{50 \times 10^3}{6 \times 10^3} \times (1.25 \sim 1.5) = 10.42 \sim 12.5[A]$$

답 15[A] 선정

② 계산 : 3상 변압기 1차 측 변류기

$$I = \frac{P}{\sqrt{3}\,V} \times (1.25 \sim 1.5) = \frac{75 \times 10^3}{\sqrt{3} \times 6 \times 10^3} \times (1.25 \sim 1.5) = 9.02 \sim 10.83[A]$$

답 10[A] 선정

7 계산 : $Q_c = P(\tan\theta_1 - \tan\theta_2) = 6.7\left(\dfrac{\sqrt{1-0.7^2}}{0.7} - \dfrac{\sqrt{1-0.95^2}}{0.95}\right) = 4.63[kVA]$

답 4.63[kVA]

03 감리원은 공사 진도율이 계획공정 대비 월간 공정실적이 (　)% 이상 지연되거나, 누계 공정실적이 (　)% 이상 지연될 때에는 공사업자에게 부진사유 분석, 만회대책 및 만회공정표를 수립하여 제출하도록 지시하여야 한다. 빈칸에 알맞은 것은?

월간 공정실적	누계 공정실적

(해답)

월간 공정실적	누계 공정실적
10	5

04 축전지설비에서 이용되는 연축전지와 알칼리축전지에 대하여 다음 각 물음에 답하시오.

1 연축전지와 비교할 때 알칼리축전지의 장점과 단점을 1가지씩만 쓰시오.
   ① 장점 :　　　　　　　　　　　② 단점 :

2 연축전지와 알칼리축전지의 공칭전압은 각각 몇 [V]인지 쓰시오.
   ① 연축전지 :　　　　　　　　　② 알칼리축전지 :

3 축전지의 일상적인 충전방식 중 부동충전방식에 대하여 설명하시오.

4 연축전지의 정격용량이 250[Ah]이고, 상시부하가 15[kW]이며, 표준전압이 100[V]인 부동충전방식 충전기의 2차 전류는 몇 [A]인지 구하시오.(단, 상시부하의 역률은 1로 간주한다.)

계산 : _____ 답 : _____

해답

1 ① 장점 : 과충전, 과방전에 강하다.
② 단점 : 연축전지보다 공칭전압이 낮다.

2 ① 연축전지 : 2.0[V/cell]
② 알칼리축전지 : 1.2[V/cell]

3 축전지와 부하를 충전기에 병렬로 접속하여 사용하는 방식으로 축전지의 자기방전을 보충함과 동시에 일상적인 부하전류는 충전기가 공급하되, 충전기가 공급하기 어려운 일시적인 대전류 부하는 축전지가 공급하는 충전방식

4 계산 : 2차 충전전류 $I_2 = \dfrac{축전지\ 정격용량}{정격방전율} + \dfrac{상시부하}{표준전압} = \dfrac{250}{10} + \dfrac{15 \times 10^3}{100} = 175[A]$

답 175[A]

TIP

1. 축전지 정격방전율
   ① 연축전지 : 10[h]
   ② 알칼리축전지 : 5[h]

2. 축전지의 충전방식
   ① 부동충전 : 축전지의 자기방전을 보충함과 동시에 상용부하에 대한 전력공급은 충전기가 부담하도록 하되 충전기가 부담하기 어려운 일시적인 대전류 부하는 축전지로 부담하는 방식
   ② 균등충전 : 각 전해조에서 일어나는 전위차를 보정하기 위해 1~3개월마다 1회 정전압으로 10~12시간 충전하는 방식
   ③ 보통충전 : 필요할 때마다 시간율로 소정의 충전을 하는 방식
   ④ 급속충전 : 비교적 단시간(보통충전의 2~3배)에 충전하는 방식
   ⑤ 세류충전 : 자기 방전량만을 충전하는 방식
   ⑥ 회복충전 : 과방전 및 설치상태 설페이션 현상이 발생했을 때 기능을 회복시키려 충전하는 방식

3. 알칼리축전지의 장단점
   ① 장점
      ㉠ 수명이 길다.   ㉡ 진동·충격에 강하다.
      ㉢ 사용온도 범위가 넓다.   ㉣ 방전 시 전압변동이 적다.
      ㉤ 과충전·과방전에 강하다.
   ② 단점
      ㉠ 중량이 무겁다.   ㉡ 가격이 비싸다.   ㉢ 단자 전압이 낮다.

4. 축전지 용량
   $C = \dfrac{1}{L} \times K \times I[Ah]$

   여기서, L : 보수율(경년용량 저하율), K : 용량환산시간, I : 방전전류

05 건축화조명방식에서 천장면을 이용한 조명방식 3가지와 벽면을 이용하는 조명방식 3가지를 쓰시오.

1 천장면

2 벽면

해답
1 천장면
① 다운라이트
② 코퍼(Coffer)라이트
③ 핀홀라이트
그 외
④ 라인라이트
⑤ 광천장조명
⑥ 매입형광등

2 벽면
① 밸런스(Valance) 조명
② 코니스(Cornice) 조명
③ 광창조명

06 사용전압이 400[V] 이상인 저압옥내배선의 기능 여부를 시설장소에 따라 답안지 표의 빈칸에 O, X로 표시하시오. (단, O는 시설 가능 장소, X는 시설 불가능 장소를 의미한다.)

배선방법	노출장소		은폐장소				옥측 배선	
			점검 가능		점검 불가능			
	건조한 장소	습기가 많은 장소	건조한 장소	습기가 많은 장소	건조한 장소	습기가 많은 장소	우선 내	우선 외
합성수지관공사			O	O			O	

해답

배선방법	노출장소		은폐장소				옥측 배선	
			점검 가능		점검 불가능			
	건조한 장소	습기가 많은 장소	건조한 장소	습기가 많은 장소	건조한 장소	습기가 많은 장소	우선 내	우선 외
합성수지관공사	O	O	O	O	O	O	O	O

과년도 기출문제

TIP

▶ 합성수지관공사 가용장소(KEC 개정)

시설공사	옥내						옥측/옥외	
	노출 장소		은폐 장소					
			점검 가능		점검 불가능			
	건조한 장소	습기가 많은 장소 또는 물기가 있는 장소	건조한 장소	습기가 많은 장소 또는 물기가 있는 장소	건조한 장소	습기가 많은 장소 또는 물기가 있는 장소	우선 내	우선 외
금속관	○	○	○	○	○	○	○	○
케이블 트레이	○	○	○	○	○	○	○	○
케이블	○	○	○	○	○	○	②	②
애자	○	○	×	×	×	×	③	③
1종 가요전선관	○	×	○	×	①	×	×	×
1종 비닐피복가요전선관	○	○	○	○	①	①	×	×
2종 가요전선관	○	×	○	×	○	×	○	×
2종 비닐피복가요전선관	○	○	○	○	○	○	○	○
합성수지관	○	○	④				○	○
			⑤					

① 기계적 충격을 받을 우려가 없는 경우에 한하여 시설할 수 있다.
② 연피, 알루미늄피, 무기질 절연(MI)케이블은 목조 이외의 조영물에 한하여 시설할 수 있다.
③ 전개된 장소 및 점검할 수 있는 은폐 장소에 한하여 시설할 수 있다.
④ 이중천장(반자 속 포함) 내에 시설할 수 없으며, 그 외의 장소에 시설할 수 있다.
⑤ 이중천장(반자 속 포함) 내에 시설할 수 없으며, 그 외의 장소에 시설하는 경우에는 직접 콘크리트에 매입(埋入)하여 시설하거나 옥내 전개된 장소에 시설하는 경우 이외에는 KS F ISO 1182(건축재료의 불연성 시험방법)에 따른 불연성능이 있는 것의 내부, 전용의 불연성 관 또는 덕트에 넣어 시설해야 한다.

07 단상 부하가 a상 20[kVA], b상 25[kVA], c상 33[kVA] 및 3상 부하가 20[kVA]가 있다. 최소 3상 변압기 용량을 구하시오.

계산 : _____ 답 : _____

해답 계산 : 단상의 최대부하 $P_1 = $ 단상최대부하 $+ \dfrac{3상부하}{3} = 33 + \dfrac{20}{3} = 39.67[kVA]$

3상 변압기 용량(동일 용량)

$\therefore P_3 = $ 단상최대부하 $\times 3$대 $= 39.67 \times 3 = 119.01[kVA]$

답 119.01[kVA]

TIP
3상 변압기의 경우 모두 동일용량이 되어야 한다.

08 공동주택에 전력량계 1φ2W용 35개를 신설, 3φ4W용 7개를 사용이 종료되어 신품으로 교체하였다. 이때 소요되는 공구손료 등을 제외한 직접노무비를 계산하시오. (단, 인공계산은 소수 셋째 자리까지 구하며, 내선전공의 노임은 95,000원이다.)

| 전력량계 및 부속장치 설치 | |
(단위 : 대)

종별	내선전공
전력량계 1φ2W용	0.14
전력량계 1φ3W용 및 3φ3W용	0.21
전력량계 3φ4W용	0.32
CT(저고압)	0.40
PT(저고압)	0.40
ZCT(영상변류기)	0.40
현수용 MOF(고압·특고압)	3.00
거치용 MOF(고압·특고압)	2.00
계기함	0.30
특수계기함	0.45
변성기함(저압·고압)	0.60

[해설]
① 폭발방지 200[%]
② 아파트 등 공동주택 및 기타 이와 유사한 동일 장소 내에서 10대를 초과하는 전력량계 설치 시 추가 1대당 해당품의 70[%]
③ 특수계기함은 3종 계기함, 농사용 계기함, 집합 계기함 및 저압 변류기용 계기함 등임
④ 고압변성기함, 현수용 MOF 및 거치용 MOF(설치대 조립품 포함)를 주상설치 시 배전전공 적용
⑤ 철거 30[%], 재사용 철거 50[%]

계산 : _____ 답 : _____

(해답) 계산 : ① 전력량계 1φ2W용 기본 10대까지의 신설 : $10 \times 0.14 = 1.4$
② 전력량계 1φ2W용 기본 10대를 초과하는 25대의 신설 :
$(35-10) \times 0.14 \times 0.7 = 2.45$
③ 전력량계 3φ4W용 7대 교체 : $7 \times 0.32(0.3+1) = 2.912$
여기서, 교체는 "철거+신설"을 적용한다. 철거 시 사용이 종료된 계기이므로 재사용 철거는 적용하지 않는다.

내선전공 $= 10 \times 0.14 + (35-10) \times 0.14 \times 0.7 + 7 \times 0.32(0.3+1) = 6.762$[인]
직접노무비 $= 6.762 \times 95,000 = 642,390$[원]

답 642,390[원]

09 그림과 같이 V결선과 Y결선된 변압기 한 상의 중심 O에서 110[V]를 인출하여 사용하고자 한다. 다음 각 물음에 답하시오.

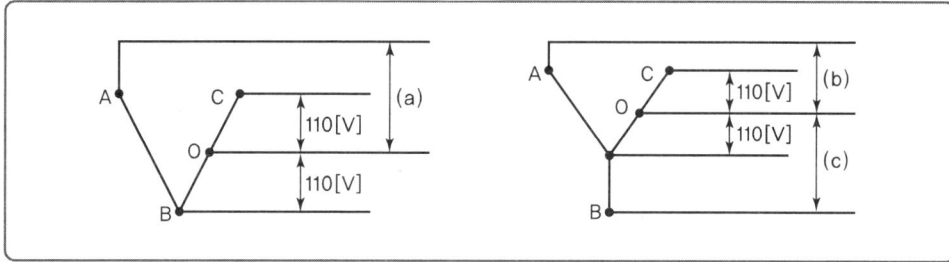

1 위 그림에서 (a)의 전압을 구하시오.
계산 : _____ 답 : _____

2 위 그림에서 (b)의 전압을 구하시오.
계산 : _____ 답 : _____

3 위 그림에서 (c)의 전압을 구하시오.
계산 : _____ 답 : _____

(해답) **1** 계산 : $V_{AO} = 220\angle 0° + 110\angle -120°$
$= 220 + (-55 - j55\sqrt{3}) = 165 - j55\sqrt{3}$
$= \sqrt{165^2 + (55\sqrt{3})^2} = 190.53$[V]   답 190.53[V]

2 계산 : $V_{AO} = V_A - V_O = 220\angle 0° - 110\angle 120°$
$= 220 - 110\left(-\dfrac{1}{2} + j\dfrac{\sqrt{3}}{2}\right) = 275 - j55\sqrt{3}$
$= \sqrt{275^2 + (55\sqrt{3})^2} = 291.03$[V]   답 291.03[V]

3 계산 : $V_{BO} = V_B - V_O = 220\angle -120° - 110\angle 120°$
$= 220\left(-\frac{1}{2} - j\frac{\sqrt{3}}{2}\right) - 110\left(-\frac{1}{2} + j\frac{\sqrt{3}}{2}\right) = -55 - j165\sqrt{3}$
$= \sqrt{55^2 + (165\sqrt{3})^2} = 291.03[V]$

답 291.03[V]

10 지중 전선로는 케이블을 사용하여 관로식, 암거식, 직접매설식에 의하여 시설하여야 한다. 다음 각 물음에 답하시오.

1 관로식에 의하여 차량 및 기타 중량물의 압력을 받을 우려가 있는 경우 매설깊이는 얼마인가?

2 직접매설식에 의하여 차량 및 기타 중량물의 압력을 받을 우려가 있는 경우 매설깊이는 얼마인가?

해답 1 1[m]   2 1[m]

TIP
1. 송전선로로서 지중전선로를 채택하는 이유
   ① 도시의 미관을 중요시하는 경우
   ② 수용밀도가 높은 지역에 공급하는 경우
   ③ 뇌·풍수해 등으로 인해 발생하는 사고에 대한 높은 신뢰도가 요구되는 경우
   ④ 보안상의 제한 조건 등으로 가공선로를 건설할 수 없는 경우
2. 지중케이블 매설방식(하중을 받으면 1[m], 받지 않으면 0.6[m] 이상)
   ① 직접매설식   ② 관로식   ③ 암거식

11 다음 그림에서 변압기 2차 측 내부고장 시 가장 먼저 개방되어야 할 기기의 명칭을 쓰시오.

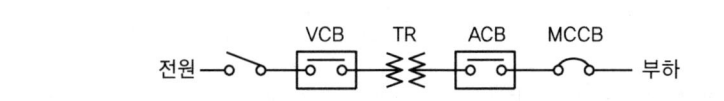

해답 진공차단기(VCB)

TIP
변압기 내부 고장으로 고장전류가 전원 측에서 부하 측으로 흐른다.

12 38[mm²]의 경동연선을 사용해서 높이가 같고 경간이 100[m]인 철탑에 가선하는 경우 처짐정도는 얼마인가?(단, 이 경동연선의 인장하중은 1,480[kg], 안전율은 2.2이고 전선 자체의 무게는 0.334[kg/m], 수평풍압하중은 0.608[kg/m]라고 한다.) ※ KEC 규정에 따라 변경

계산 : _____ 답 : _____

해답) 계산 : $D = \dfrac{\sqrt{0.334^2 + 0.608^2} \times 100^2}{8 \times \dfrac{1,480}{2.2}} = 1.29[m]$ 답 1.29[m]

T I P

합성하중 $W = \sqrt{W_i^2 + W_p^2}$

　　여기서, W_i : 전선하중, W_p : 풍압하중

처짐정도(이도) $D = \dfrac{WS^2}{8T}$

　　여기서, T : 수평장력 = $\dfrac{\text{인장하중}}{\text{안전율}}$

13 그림과 같은 무접점 릴레이 회로의 출력식 Z를 구하고 이것의 타임차트를 그리시오.

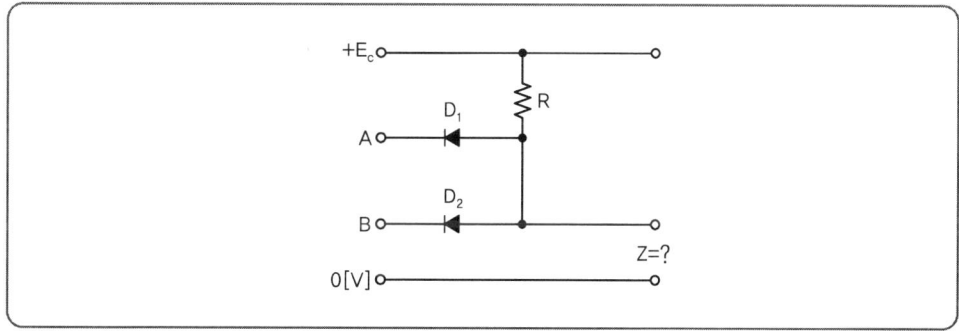

해답) • 출력식 : $Z = A \cdot B$
　　• 타임차트

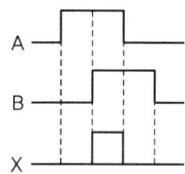

14 1차 측 탭 전압이 22,900[V]이고 2차 측이 380/220[V]일 때 2차 측 전압이 370[V]로 측정되었다. 2차 측 전압을 상승시키기 위해서 탭 전압을 21,900[V]로 할 때 2차 측 전압을 구하시오.

계산 : _____ 답 : _____

(해답) 계산 : $V_2 \times \dfrac{\text{현재의 탭 전압}}{\text{변경할 탭 전압}} = 370 \times \dfrac{22,900}{21,900} = 386.89[V]$

답 386.89[V]

> **TIP**
> 권수비 $a = \dfrac{N_1}{N_2} = \dfrac{V_1}{V_2}$ 에서 $V_1 = aV_2$
> 변압기 1차 측 공급전압은 변함이 없으므로 탭 변경 시 새로운 권수비 a'는
> $a' = \dfrac{N_1'}{N_2} = \dfrac{V_1}{V_2'}$ 에서 $V_2' = \dfrac{V_1}{a'} = \dfrac{a}{a'}V_2 = \dfrac{N_1/N_2}{N_1'/N_2}= \dfrac{N_1}{N_1'}V_2$

15 수용가 인입구의 전압이 22.9[kV], 주차단기의 차단용량이 200[MVA]이다. 10[MVA], 22.9/3.3[kV] 변압기의 임피던스가 4.5[%]일 때, 변압기 2차 측에 필요한 차단기 용량을 다음 표에서 산정하시오.

차단기 정격용량[MVA]											
10	20	30	50	75	100	150	250	300	400	500	750	1000

계산 : _____ 답 : _____

(해답) 계산 : 기준용량을 10[MVA]로 하면

전원 측 $\%Z = \dfrac{P_n}{P_s} \times 100 = \dfrac{10}{200} \times 100 = 5[\%]$

변압기 $\%Z_t = 4.5[\%]$

합성 $\%Z = 5 + 4.5 = 9.5[\%]$

변압기 2차 측 차단기 용량 $P_s = \dfrac{100}{9.5} \times 10 = 105.26[MVA]$

답 150[MVA]

> **TIP**
>
> 1. 차단기 용량 선정
>   ① 퍼센트 임피던스(%Z)가 주어졌을 경우
> $$P_s = \frac{100}{\%Z} \times P_n$$ 여기서, P_n : 기준용량
>   ② 정격차단전류[kA]가 주어졌을 경우
> $$P_s = \sqrt{3} \times 정격전압[kV] \times 정격차단전류[kA] = [MVA]$$
>
> 2. 단락전류
>   ① 퍼센트 임피던스(%Z)가 주어졌을 경우
> $$I_S = \frac{100}{\%Z} I_n [A]$$ 여기서, I_n : 정격전류
>   ② 임피던스(Z)가 주어졌을 경우
> $$I_S = \frac{E}{Z} = \frac{\frac{V}{\sqrt{3}}}{Z} [A]$$ 여기서, E : 상전압, V : 선간전압

16 진리값(참값) 표는 3개의 리미트 스위치 LS_1, LS_2, LS_3에 입력을 주었을 때 출력 X와의 관계표이다. 정확히 이해하고 다음 물음에 답하시오.

| 진리값(참값) 표 |

LS_1	LS_2	LS_3	X
0	0	0	0
0	0	1	0
0	1	0	0
0	1	1	1
1	0	0	0
1	0	1	1
1	1	0	1
1	1	1	1

1 진리값(참값) 표를 보고 Karnaugh 도표를 완성하시오.

LS_3 \ LS_1LS_2	0 0	0 1	1 1	1 0
0				
1				

❷ Karnaugh 도표를 보고 논리식을 쓰시오.
❸ 진리값(참값)과 논리식을 보고 무접점 회로도로 표시하시오.

해답 ❶

LS₃ \ LS₁LS₂	0 0	0 1	1 1	1 0
0	0	0	1	0
1	0	1	1	1

❷ $X = LS_2 LS_3 + LS_1 LS_3 + LS_1 LS_2$

❸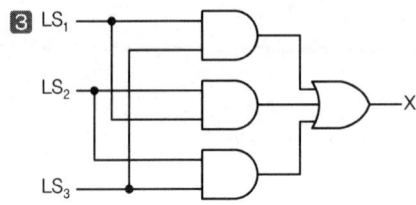

17 다음 그림은 TN계통의 TN-C방식 저압배전선로 접지계통이다. 중성선(N), 보호선(PE) 등의 범례기호를 활용하여 노출 도전성 부분의 접지계통 결선도를 완성하시오.

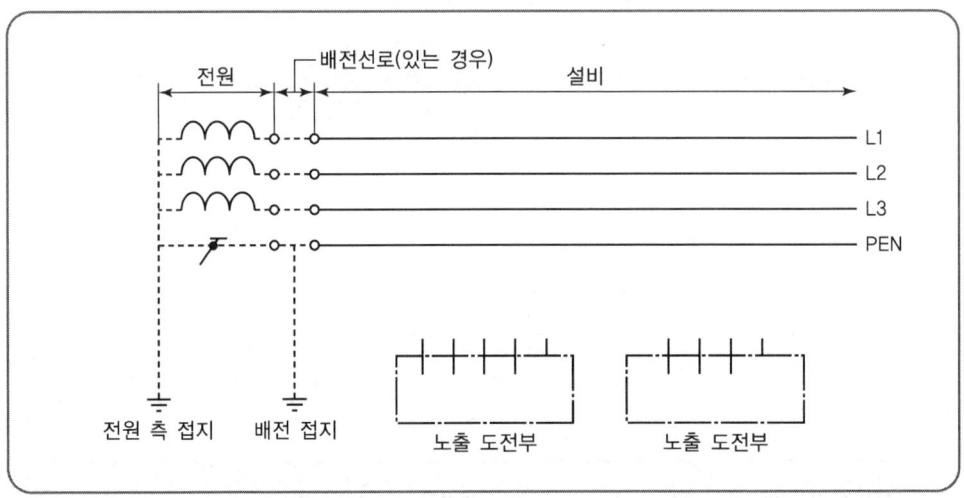

[해답]

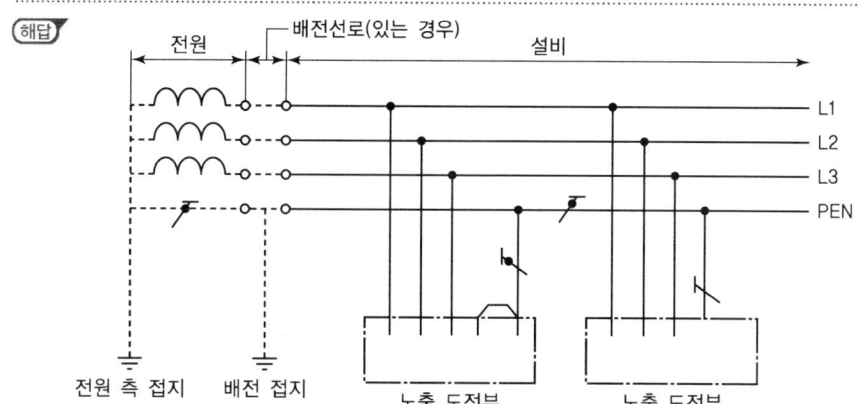

전원 측 접지   배전 접지   노출 도전부   노출 도전부

> **TIP**
>
> ▶ TN 계통
>
> ① TN-S 계통은 계통 전체에 대해 별도의 중성선 또는 PE 도체를 사용한다.
>
>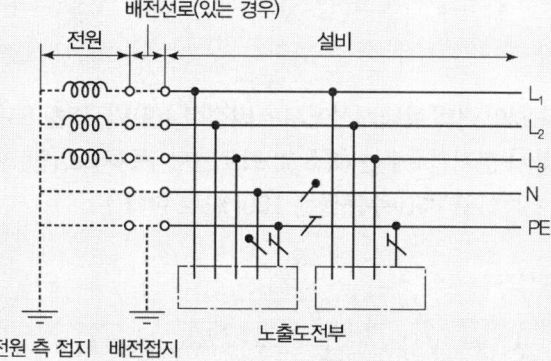
>
> 전원 측 접지   배전접지   노출도전부
>
> 하나 또는 그 이상의 접지도체를 통한 계통접지
> | 계통 내에서 별도의 중성선과 보호도체가 있는 TN-S 계통 |
>
> ② TN-C 계통은 그 계통 전체에 대해 중성선과 보호도체의 기능을 동일 도체로 겸용한 PEN 도체를 사용한다.
>
>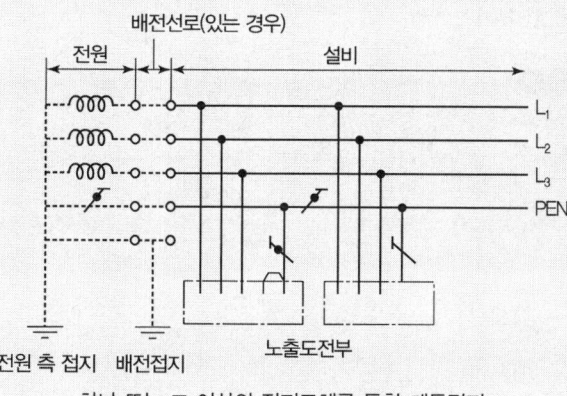
>
> 전원 측 접지   배전접지   노출도전부
>
> 하나 또는 그 이상의 접지도체를 통한 계통접지
> | TN-C 계통 |

③ TN-C-S 계통은 계통의 일부분에서 PEN 도체를 사용하거나, 중성선과 별도의 PE 도체를 사용하는 방식이 있다.

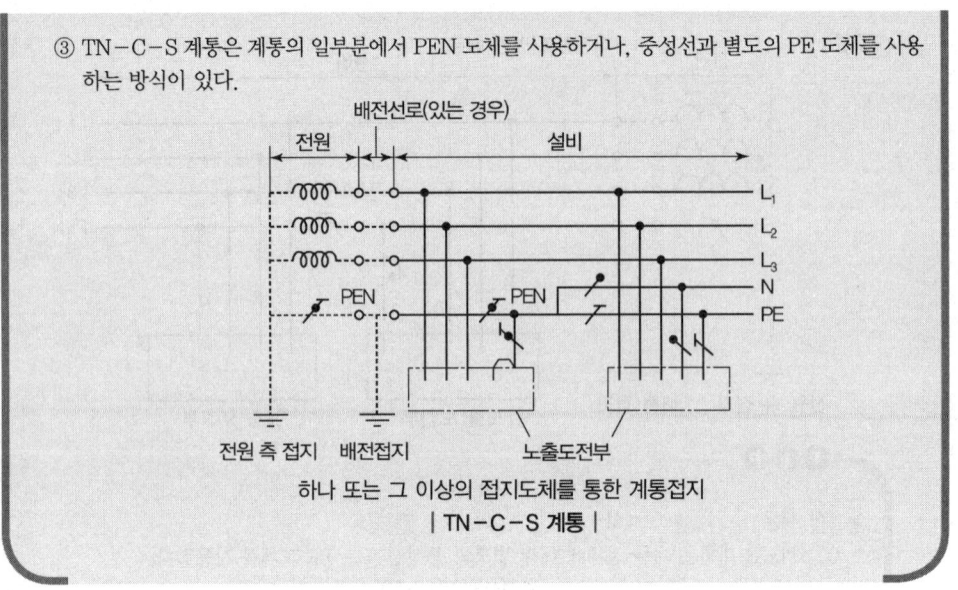

| TN-C-S 계통 |

18 단상 2선식 220[V]의 옥내배선에서 소비전력 40[W], 역률 85[%]의 LED형광등 85등을 설치할 때 16[A] 분기회로수는 최소 몇 회로인지 구하시오.(단, 한 회선의 부하전류는 분기회로 용량의 80[%]로 하고 수용률은 100[%]로 한다.)

계산 : _____ 답 : _____

해답 계산 : 부하용량[VA] $= \dfrac{P[W]}{역률} = \dfrac{40 \times 85}{0.85} = 4{,}000\,[VA]$

분기회로수 $N = \dfrac{부하용량}{정격전압 \times 분기회로전류 \times 용량}$

$= \dfrac{4{,}000}{220 \times 16 \times 0.8} = 1.42\,[회로]$

답 16[A] 분기 2회로

TIP

분기회로수 $= \dfrac{부하용량[VA]}{정격전압 \times 분기회로전류}$

2021년도 2회 시험 과년도 기출문제

01 다음은 3φ4W 22.9[kV] 수전설비 단선결선도이다. 다음 각 물음에 답하시오.

[조건]
- TR-1, TR-2 효율 : 90[%], TR-2 여유율 : 15[%]
- TR-1(수용률과 역률을 적용한) 부하설비용량(전등전열부하) : 390.42[kVA]
- TR-2(수용률과 역률을 적용한) 부하설비용량(일반동력설비) : 110.3[kVA]
- TR-2(수용률과 역률을 적용한) 부하설비용량(비상동력설비) : 75.5[kVA]
- 변압기 표준용량[kVA] : 200, 300, 400, 500, 600

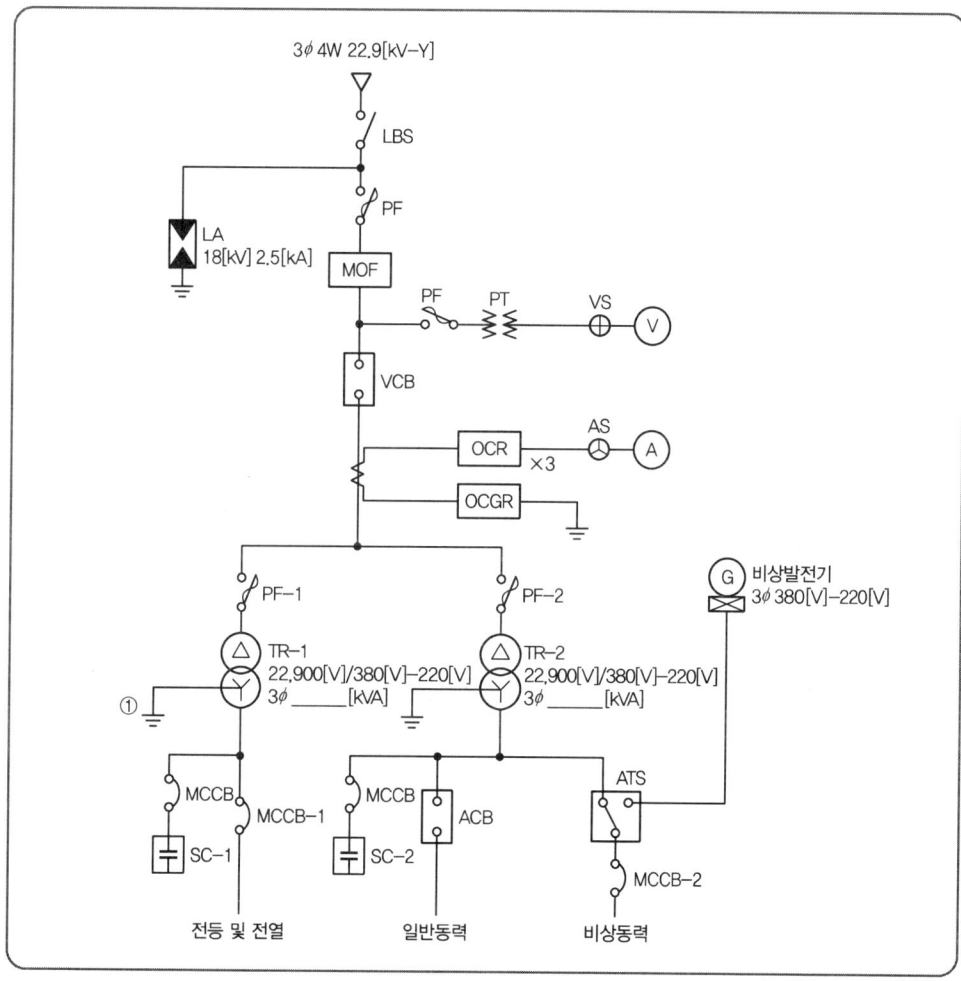

1 TR-1 변압기 용량을 선정하시오.

계산 : _____ 답 : _____

2 TR-2 변압기 용량을 선정하시오.

계산 : _____ 답 : _____

3 TR-1 변압기 2차 정격전류를 구하시오.

계산 : _____ 답 : _____

4 ATS는 무엇을 위한 목적으로 사용되는지 쓰시오.

5 TR-1 변압기 ①의 2차 측 중성점을 접지하는 목적이 무엇인지 쓰시오.

해답

1 계산 : $TR-1 = \dfrac{\text{최대전력[kVA]}}{\text{효율}} = \dfrac{390.42}{0.9} = 433.8 [kVA]$

∴ 500[kVA] 선정

답 500[kVA]

2 계산 : $TR-2 = \dfrac{\text{최대전력[kVA]}}{\text{효율}} \times \text{여유율}$

$= \dfrac{110.3 + 75.5}{0.9} \times 1.15 = 237.41 [kVA]$

∴ 300[kVA] 선정

답 300[kVA]

3 계산 : 2차 정격전류 $I_2 = \dfrac{P}{\sqrt{3}\,V} = \dfrac{500 \times 10^3}{\sqrt{3} \times 380} = 759.67 [A]$

답 759.67[A]

4 상용전원 정전 시 예비전원(발전기)으로 전환시키는 개폐기

5 고저압 혼촉에 의한 저압 측 전위상승을 억제하여 저압 측에 연결된 기계기구의 절연을 보호한다.

> **TIP**
>
> 수용률과 역률을 적용한 부하설비용량은 최대전력$\left(\dfrac{\text{설비용량} \times \text{수용률}}{\text{역률}}\right)$을 말하는 것으로 효율값만 나누어 계산한다.

02 FL-40[W] 형광등 정격전압이 220[V], 전류가 0.25[A], 안정기 손실이 5[W]일 때 형광등의 역률을 구하시오.

계산 : _____   답 : _____

(해답) 계산 : 40[W] 형광등의 전체 소비전력 P=40+5=45[W]

역률 $\cos\theta = \dfrac{P}{VI} \times \dfrac{45}{220 \times 0.25} \times 100 = 81.82[\%]$

답 81.82[%]

03 폭 8[m]의 왕복 2차선 도로에 가로등을 도로 한 쪽 배열로 50[m] 간격으로 설치하고자 한다. 도로면의 평균조도를 5[lx]로 설계할 경우 가로등 1등당 필요한 광속을 구하시오. (단, 감광보상률은 1.5, 조명률은 0.43으로 한다.)

계산 : _____   답 : _____

(해답) 계산 : $F = \dfrac{EAD}{U} = \dfrac{5 \times 8 \times 50 \times 1.5}{0.43} = 6,976.744[\text{lm}]$

답 6,976.74[lm]

TIP

① $FUN = EAD$에서 $F = \dfrac{EAD}{UN}$

여기서, F : 광원 1개당의 광속[lm]
N : 광원의 개수[등]
E : 작업면상의 평균 조도[lx]
A : 방의 면적[m²]
D : 감광보상률
U : 조명률

② 감광보상률 $D = \dfrac{1}{M(\text{유지율})}$

04 다음은 컨베이어시스템 제어회로의 도면이다. 3대의 컨베이어가 A → B → C 순서로 기동하며, C → B → A 순서로 정지한다고 할 때, 타임차트도를 보고 PLC 프로그램 입력 ①~⑤를 답안지에 완성하시오.

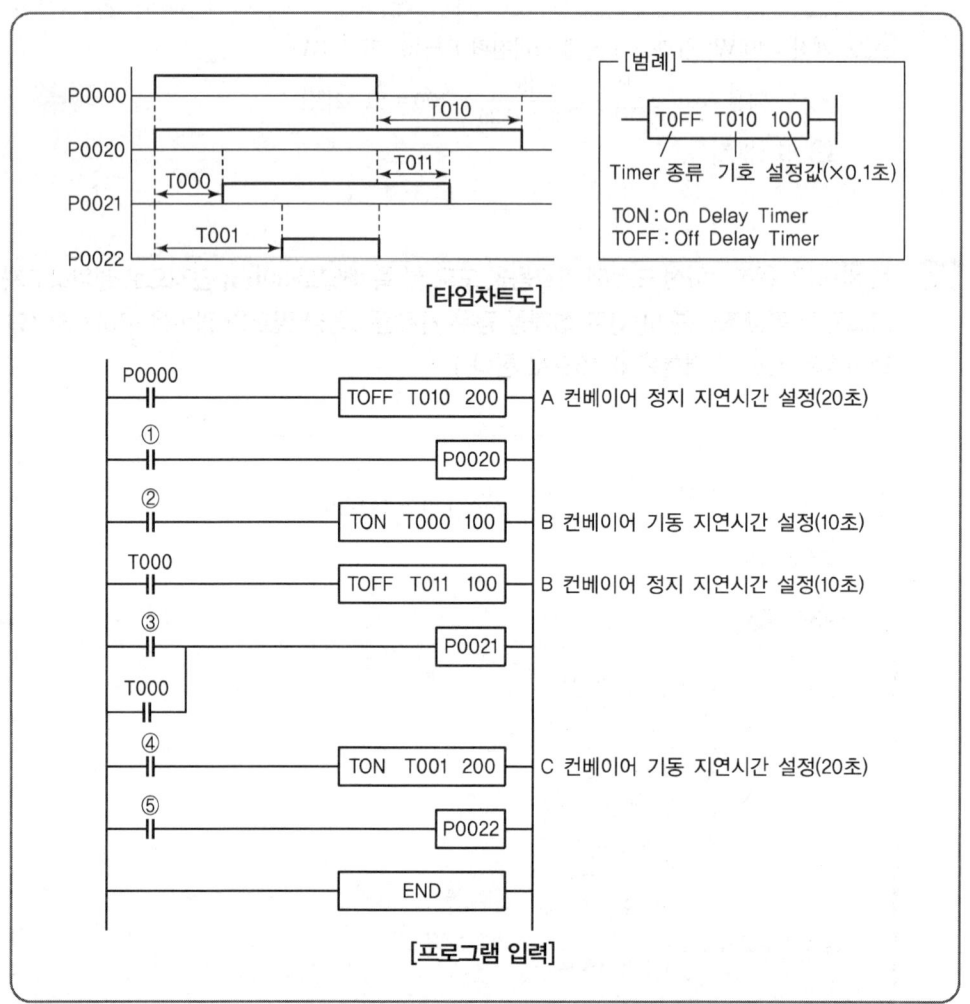

	①	②	③	④	⑤
해답	T010	P0000	T011	P0000	T001

05 어느 발전소의 발전기가 13.2[kV], 용량 93,000[kVA], %임피던스 95[%]일 때, 임피던스는 몇 [Ω]인가?

계산 : _____ 답 : _____

해답 계산 : $\%Z = \dfrac{PZ}{10V^2}$ 에서 $Z = \dfrac{\%Z \times 10V^2}{P} = \dfrac{95 \times 10 \times 13.2^2}{93,000} = 1.78[\Omega]$

답 1.78[Ω]

06 표와 같이 어느 수용가 A, B, C에 공급하는 배전선로의 최대전력은 700[kW]이다. 이때 수용가의 부등률은 얼마인가?

수용가	설비용량[kW]	수용률[%]
A	500	60
B	700	50
C	700	50

계산 : _____ 답 : _____

해답 계산 : 부등률 $= \dfrac{\text{개별 최대전력의 합}}{\text{합성 최대전력}} = \dfrac{(500 \times 0.6)+(700 \times 0.5)+(700 \times 0.5)}{700} = 1.43$

답 1.43

TIP

1. 수용률
   ① 의미 : 수용설비의 기기를 동시에 사용하는 정도
   ② 정의 : 설비용량에 대한 최대수용전력의 비
   ③ 수용률 $= \dfrac{\text{최대전력}[kW]}{\text{설비용량}[kW]} \times 100[\%]$
   ④ 변압기 용량[kVA] $= \dfrac{\text{최대전력}[kW]}{\cos\theta} = \dfrac{\text{설비용량} \times \text{수용률}[kW]}{\cos\theta}$

2. 부등률
   ① 정의(의미) : 여러 전력 기기를 동시에 사용하는 정도를 시간, 계절별로 나타내는 지수
   ② 부등률식의 정의 : 합성 최대전력에 대한 개별 최대수용전력의 합의 비
   ③ 부등률 $= \dfrac{\text{개별 최대전력의 합}[kW]}{\text{합성 최대전력}[kW]} \geq 1$
   ④ 합성 최대전력[kW] $= \dfrac{\text{개별 최대전력의 합}[kW]}{\text{부등률}}$
   ⑤ 변압기 용량[kVA] $= \dfrac{\text{합성 최대전력}[kW]}{\text{부등률} \cdot \cos\theta} = \dfrac{\text{개별 최대전력의 합}[kW]}{\text{부등률} \cdot \cos\theta}$
   ⑥ 부등률은 단위가 없다.

3. 부하율
  ① 의미 : 전력 변동 상태를 알 수 있는 정도
  ② 정의 : 최대전력에 대한 평균전력의 비
  $$부하율[F] = \frac{평균전력[kW]}{최대전력[kW]} \times 100[\%] = \frac{사용전력량[kWh]/시간}{최대전력[kW]} \times 100[\%]$$
  ③ 부하율이 작으면 전력공급설비를 유용하게 사용하지 못하며 실가동율이 저하된다.

07 CT 2대를 V결선하여 OCR 3대를 그림과 같이 연결하여 사용할 경우 다음 각 물음에 답하시오.

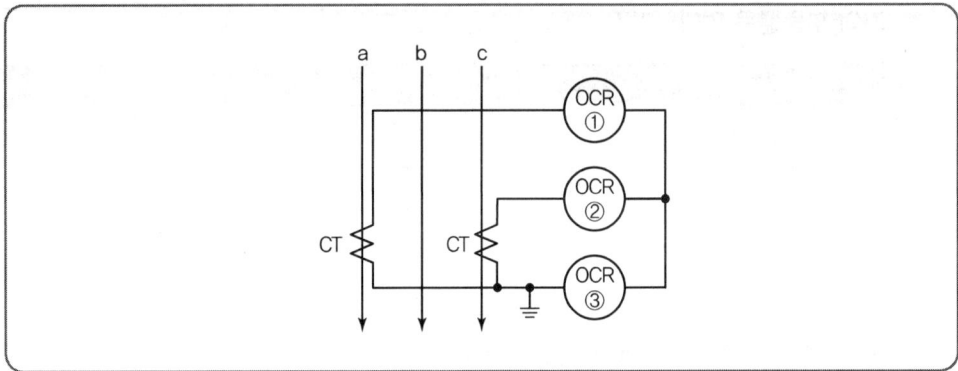

1. 국내에서 사용되는 CT는 일반적으로 어떤 극성을 사용하는가?
2. 도면에서 사용된 CT의 변류비가 40/5이고 변류기 2차 측 전류를 측정하니 3[A]의 전류가 흘렀다면, 수전전력은 몇[kW]인가?(단, 수전전압은 22,900[V]이고, 역률은 90[%]이다.)
   계산 : _____ 답 : _____
3. OCR 중에서 ③번 OCR에 흐르는 전류는 어떤 상의 전류인가?
4. OCR은 어떤 경우에 동작하는지 원인을 쓰시오.
5. 통전 중에 있는 변류기 2차 측 기기를 교체하고자 할 때 가장 먼저 취하여야 할 조치는 무엇인지를 설명하시오.

[해답] 1. 감극성

2. 계산 : $P = \sqrt{3}\,VI\cos\theta$
   $= \sqrt{3} \times 22,900 \times 3 \times \dfrac{40}{5} \times 0.9 \times 10^{-3} = 856.74[kW]$

   답 856.74[kW]

3. b상 전류
4. 단락 사고 또는 과부하
5. 2차 측 단락

TIP

① CT 극성 : 감극성(부하전류 방향과 변류기 2차 측 전류의 방향이 반대)

② 1차 전류 $I_1 = I_2 \times CT비 = 3 \times \dfrac{40}{5}$

③ a상과 c상의 전류의 합은 b상의 전류를 나타낸다.

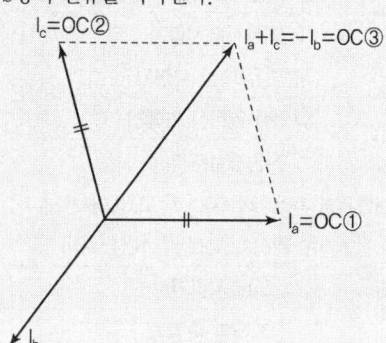

④ OCR 동작 : 단락, 과부하 시 동작

⑤ CT 2대가 V결선이므로 3상 3선식에서 이용

08 실무적으로 사용되는 계측장비를 주기적으로 교정하고 또한 안전장구의 성능을 적정하게 유지할 수 있도록 시험하여야 한다. 다음 표의 권장 교정 및 시험주기는 몇 년인가?

구분	주기[년]
전열저항 측정기	
계전기 시험기	
접지저항 측정기	
절연저항계	
클램프미터	
절연내력 시험기	

해답

구분	주기[년]
전열저항 측정기	1
계전기 시험기	1
접지저항 측정기	1
절연저항계	1
클램프미터	1
절연내력 시험기	1

> **TIP**
>
> ▶ 전기 안전관리 규정
>
> | 구분 | | 권장 교정 및 시험주기[년] |
> |---|---|---|
> | 계측장비 교정 | 계전기 시험기 | 1 |
> | | 절연내력 시험기 | 1 |
> | | 절연유 내압 시험기 | 1 |
> | | 적외선 열화상 카메라 | 1 |
> | | 전원품질분석기 | 1 |
> | | 절연저항 측정기(1,000[V], 2,000[MΩ]) | 1 |
> | | 절연저항 측정기(500[V], 100[MΩ]) | 1 |
> | | 회로시험기 | 1 |
> | | 접지저항 측정기 | 1 |
> | | 클램프미터 | 1 |
> | 안전장구 시험 | 특고압 COS 조작봉 | 1 |
> | | 저압검전기 | 1 |
> | | 고압·특고압 검전기 | 1 |
> | | 고압절연장갑 | 1 |
> | | 절연장화 | 1 |
> | | 절연안전모 | 1 |

09 부하에 전력용 콘덴서를 설치하고자 한다. 다음 조건을 참고하여 각 물음에 답하시오.

> **[조건]**
> P_1 부하는 역률이 60[%]이고, 유효전력은 180[kW], P_2 부하는 유효전력이 120[kW]이고, 무효전력이 160[kVar]이며, 전력손실은 40[kW]이다.

1 P_1과 P_2의 합성 용량은 몇 [kVA]인가?

계산 : _____ 답 : _____

2 P_1과 P_2의 합성 역률은 몇 $\cos\theta$인가?

계산 : _____ 답 : _____

3 합성 역률을 90[%]로 개선하는 데 필요한 콘덴서 용량은 몇 [kVA]인가?

계산 : _____ 답 : _____

4 역률 개선 시 전력손실은 몇 [kW]인가?

계산 : _____ 답 : _____

(해답) 1 계산 : 유효전력 $P = P_1 + P_2 = 180 + 120 = 300[kW]$

무효전력 $Q = Q_1 + Q_2 = P_1 \cdot \tan\theta + Q_2 = 180 \times \dfrac{0.8}{0.6} + 160 = 400[kVar]$

합성용량 $P_a = \sqrt{P^2 + Q^2} = \sqrt{300^2 + 400^2} = 500[kVA]$ 답 $500[kVA]$

2 계산 : $\cos\theta = \dfrac{P}{P_a} \times 100 = \dfrac{300}{500} \times 100 = 60[\%]$ 답 $60[\%]$

3 계산 : $Q_c = P(\tan\theta_1 - \tan\theta_2)$

$= (180 + 120)\left(\dfrac{0.8}{0.6} - \dfrac{\sqrt{1-0.9^2}}{0.9}\right) = 254.7[kVA]$

답 $254.7[kVA]$

4 계산 : 전력손실 $P_L \propto \dfrac{1}{\cos^2\theta}$ 이므로

$P_L' = \left(\dfrac{0.6}{0.9}\right)^2 P_L = \left(\dfrac{0.6}{0.9}\right)^2 \times 40 = 17.78[kW]$ 답 $17.78[kW]$

TIP

▶ 전력손실(선로손실)

$P_L = 3I^2R = 3\left(\dfrac{P}{\sqrt{3}\,V\cos\theta}\right)^2 \cdot R[W] = \dfrac{P^2}{V^2\cos^2\theta} \cdot R[W]$

여기서, $P_L \propto \dfrac{1}{\cos^2\theta}$

10
40[kVA], 3상 380[V], 60[Hz]용 전력용 콘덴서의 결선방식에 따른 용량을 [μF]으로 구하시오.

1 △결선인 경우 $C_1(\mu F)$

계산 : _____ 답 : _____

2 Y결선인 경우 $C_2(\mu F)$

계산 : _____ 답 : _____

(해답) 1 계산 : $Q_\triangle = 3WCV^2$

$C_1 = \dfrac{Q}{3 \times 2\pi fV^2} = \dfrac{40 \times 10^3}{3 \times 2 \times 3.14 \times 60 \times 380^2} \times 10^6 = 245.053[\mu F]$

답 $245.05[\mu F]$

2 계산 : $Q_Y = WCV^2$

$$C_2 = \frac{Q}{2\pi f V^2} = \frac{40 \times 10^3}{2 \times 3.14 \times 60 \times 380^2} \times 10^6 = 735.16[\mu F]$$

답 $735.16[\mu F]$

TIP

① △결선 $Q_\Delta = 3WCE^2 = 3WCV^2$ $C = \dfrac{Q_\Delta}{3WV^2}$

② Y결선 $Q_Y = 3WCE^2 = 3WC(\dfrac{V}{\sqrt{3}})^2 = WCV^2$ $C = \dfrac{Q_Y}{WV^2}$

여기서, E : 상전압, V : 선간전압, W : $2\pi f$
C : 정전용량, Q : 충전용량(콘덴서용량)

11 다음 논리회로를 보고 물음에 답하시오.

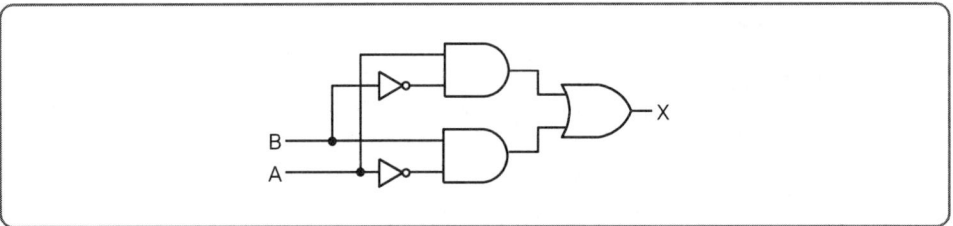

1 유접점 회로의 미완성된 부분을 완성하여 그리시오.

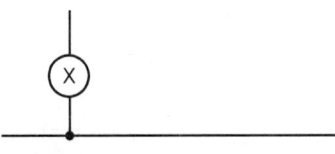

2 타임차트를 완성하시오.

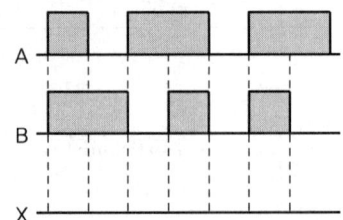

해답 **1** 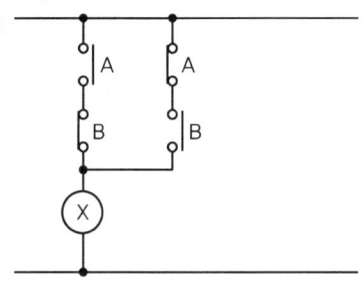 **2**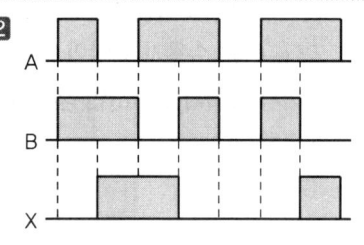

12 그림과 같은 회로에서 단자전압이 V_0일 때 전압계의 눈금 V로 측정하기 위해서는 배율기의 저항 R_m은 얼마로 하여야 하는지 유도과정을 쓰시오.(단, 전압계의 내부 저항은 R_0로 한다.)

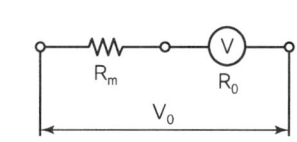

해답 전압계 전압 $V = \dfrac{R_0}{R_m + R_0} V_0$ 이므로

배율 $m = \dfrac{V_0}{V} = \dfrac{R_m + R_0}{R_0} = \dfrac{R_m}{R_0} + 1$

$\therefore \dfrac{R_m}{R_0} = \dfrac{V_0}{V} - 1$

$\therefore R_m = \left(\dfrac{V_0}{V} - 1\right) \cdot R_0$

TIP

▶ 분류기 저항

$m = \dfrac{I}{I_a} = \dfrac{r_a}{R_s} + 1 \qquad \dfrac{I}{I_a} - 1 = \dfrac{r_a}{R_s}$

$\therefore R_s = \dfrac{r_a}{\dfrac{I}{I_a} - 1}$

여기서, I_a : 최고측정한도, I : 측정하려는 값, r_a : 내부저항, R_s : 분류기 저항

13 어느 수용가의 3상 3선식 저압전로에 3상, 10[kW], 380[V]인 전열기를 부하로 사용하고 있다. 이때 수용가 설비의 인입구로부터 분전반까지 전압강하가 3[%]이고, 분전반에서 전열기까지 거리가 10[m]인 경우 분전반에서 전열기까지의 전선의 최소 단면적은 몇 [mm²]인지 선정하시오.

| 전선규격[mm²] |

| 2.5 | 4 | 6 | 10 | 16 | 25 | 35 | 50 | 70 | 95 | 120 | 150 |

계산 : _____ 답 : _____

해답 계산 : • 부하전류 $I = \dfrac{P}{\sqrt{3}\,V} = \dfrac{10 \times 10^3}{\sqrt{3} \times 380} = 15.19[A]$

• 분전반에서 전열기까지의 전압강하 = 5[%] − 3[%] = 2[%]

전압강하 $e = 380 \times 0.02 = 7.6[V]$

∴ 단면적 $A = \dfrac{30.8LI}{1,000e} = \dfrac{30.8 \times 10 \times 15.19}{1,000 \times 7.6} = 0.62[mm^2]$

공칭단면적 2.5[mm²] 선정

답 2.5[mm²]

TIP

1 KEC 규정에 따른 수용가 설비에서의 전압강하

다른 조건을 고려하지 않는다면 수용가 설비의 인입구로부터 기기까지의 전압강하는 아래 표의 값 이하이어야 한다.

설비의 유형	조명[%]	기타[%]
A : 저압으로 수전하는 경우	3	5
B : 고압 이상으로 수전하는 경우*	6	8

* 가능한 한 최종회로 내의 전압강하가 A형의 값을 넘지 않도록 하는 것이 바람직하다. 사용자의 배선설비가 100[m]를 넘는 부분의 전압강하는 미터당 0.005[%] 증가할 수 있으나 이러한 증가분은 0.5[%]를 넘지 않아야 한다.

2 분전반까지의 전압강하를 주고 분전반에서 전열기까지의 전선 단면적을 계산하는 문제이므로 전압강하를 적용할 때 주의가 필요하다.

저압수전 시 조명부하를 제외한 경우 인입구로부터 기기까지의 전압강하는 5[%] 이하가 되어야 하고 분전반까지가 3[%]이므로 분전반에서 전열기까지는 전압강하가 2[%]이다.

14 그림은 3φ4W Line에 WHM를 접속하여 전력량을 적산시키기 위한 결선도이다. 다음 물음을 보고 주어진 답안지에 계산식과 답을 쓰시오.

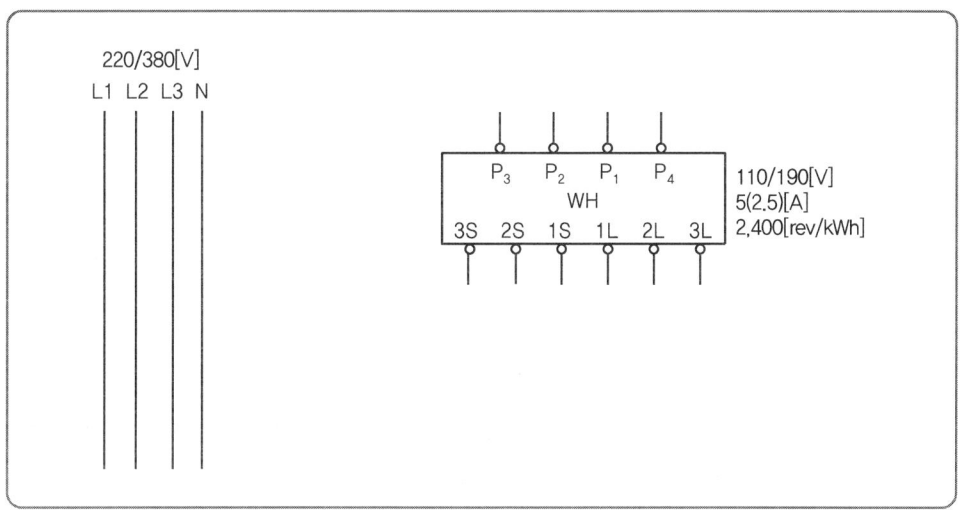

❶ WHM가 정상적으로 적산이 가능하도록 변성기를 추가하여 결선도를 완성하시오.
❷ 다음이 의미하는 것을 쓰시오.
　① 5[A] :　　　　　　　　　② 2.5[A] :

❸ PT비는 220/110, CT비는 300/5라 한다. 전력량계의 승률은 얼마인가?
　계산 : _____ 답 : _____

해답 ❶

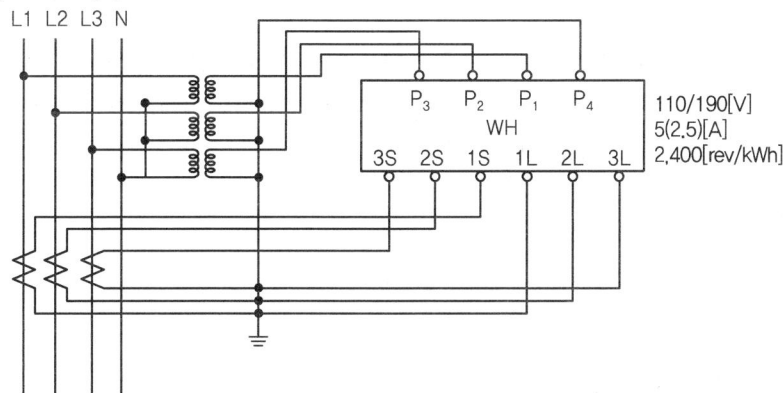

❷ ① 5[A] : 정격전류 5[A]는 최대전류를 적용한다.
　② 2.5[A] : 기준전류로 정상적인 동작 및 시험에 따른 전류를 의미한다.

❸ 계산 : 승률 = CT비 × PT비 = $\dfrac{300}{5} \times \dfrac{220}{110} = 120$

답 120

15 WHM의 계기 정수는 2,400[rev/kWh]이고 소비전력이 500[W]이다. 전력량계 원판의 1분간 회전수는?

계산 : _____ 답 : _____

해답 계산 : 회전수=계기정수×전력=$2{,}400 \times \dfrac{0.5}{60}$=20[rpm]   **답** 20[rpm]

TIP
$P = \dfrac{3{,}600\eta}{TK}$ $\eta = \dfrac{60 \times 2{,}400 \times 0.5}{3{,}600} = 20$

16 대지 고유저항률 500[Ω·m], 직경 20[mm], 길이 1,800[mm]인 봉형 접지전극을 설치하였다. 접지저항(대지저항) 값은 얼마인가?

계산 : _____ 답 : _____

해답 계산 : $\rho = \dfrac{2\pi l R}{\ln \dfrac{2l}{a}}$ 여기서, ρ : 고유저항률, l : 길이(접지봉), a : 반지름

$R = \dfrac{\rho}{2\pi l} \ln \dfrac{2l}{a} = \dfrac{500}{2\pi \times 1.8} \ln \dfrac{2 \times 1.8}{\dfrac{20 \times 10^{-3}}{2}} = 260.342$ **답** 260.34[Ω]

17 송전전압 66[kV]의 3상 3선식 송전선에서 1선 지락사고로 영상전류 50[A]가 흐를 때 통신선에 유기되는 전자유도전압[V]을 구하시오. (단, 상호인덕턴스는 0.06[mH/km], 병행거리는 50[km], 주파수는 60[Hz]이다.)

계산 : _____ 답 : _____

해답 계산 : $E_s = \omega M l (3I_o) = 2\pi \times 60 \times 0.06 \times 10^{-3} \times 50 \times 3 \times 50 = 169.646[V]$
답 169.65[V]

TIP
$E_s = -j\omega M l (I_a + I_b + I_c) = -j\omega M l (3I_o)$ $\therefore I_o = \dfrac{1}{3}(I_a + I_b + I_c)$

2021년도 3회 시험 과년도 기출문제

01 그림은 22.9[kV] 특별고압 수전설비의 단선도이다. 이 도면을 보고 다음 각 물음에 답하시오.

　1 도면에 표시되어 있는 다음 약호의 명칭을 우리말로 쓰시오.
　　① ASS :　　　② LA :　　　③ VCB :　　　④ DM :

　2 TR_1 쪽의 부하 용량의 합이 300[kW]이고, 역률 및 효율이 각각 0.8, 수용률이 0.6이라면 TR_1 변압기의 용량은 몇 [kVA]가 적당한지를 계산하고 규격용량으로 답하시오.
　　계산 : _____　　답 : _____

　3 Ⓐ에는 어떤 종류의 케이블이 사용되는가?
　4 Ⓑ의 명칭은 무엇인가?
　5 변압기의 결선도를 복선도로 그리시오.

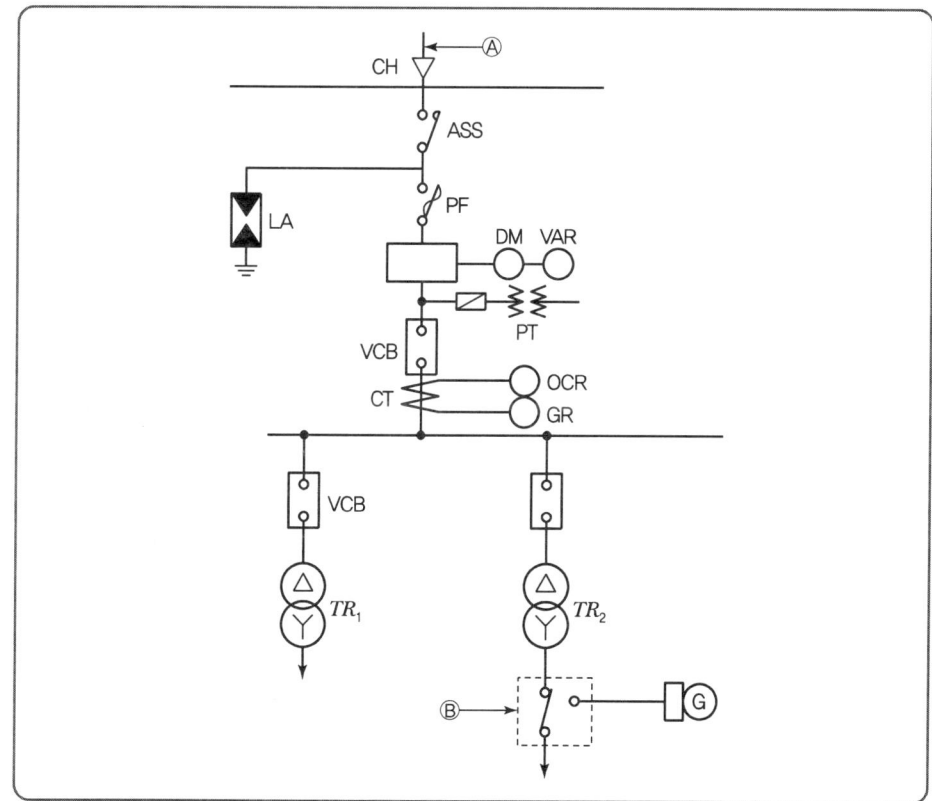

해답

1 ① ASS : 자동고장 구분개폐기   ② LA : 피뢰기
    ③ VCB : 진공 차단기   ④ DM : 최대 수요전력량계

2 계산 : $TR_1 = \dfrac{설비용량 \times 수용률}{효율 \times 역률} = \dfrac{300 \times 0.6}{0.8 \times 0.8} = 281.25 [kVA]$

답 300[kVA] 선정

3 CNCV-W 케이블(수밀형)

4 자동절체개폐기(ATS)

5

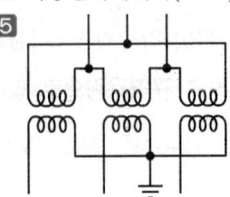

TIP

① 변압기 용량[kVA] $= \dfrac{설비용량[kVA] \times 수용률}{효율} = \dfrac{설비용량[kW] \times 수용률}{효율 \times 역률}$

② 지중인입선의 경우 22.9[kV-Y] 계통은 CNCV-W 케이블(수밀형) 또는 TR CNCV-W 케이블(트리억제형)을 사용하여야 한다. 다만, 전력구, 공동구, 덕트, 건물구 내 등 화재의 우려가 있는 장소에서는 FR CNCO-W(난연) 케이블을 사용하는 것이 바람직하다.

---

02 도로의 폭이 25[m]인 곳에 양쪽으로 30[m] 간격으로 지그재그식으로 등주를 배치하여 도로 위의 평균조도를 5[lx]가 되도록 하려면 각 등주에 사용되는 수은등은 몇 [W]의 것을 사용하면 되는지를 주어진 표를 참조하여 답하시오.(단, 노면의 광속이용률은 30[%], 유지율은 75[%]로 한다.)

수은등의 광속	
용량[W]	전광속[lm]
100	3,200~3,500
200	7,700~8,500
300	10,000~11,000
400	13,000~14,000
500	18,000~20,000

계산 : _____ 답 : _____

해답 계산 : $F = \dfrac{EAD}{U} = \dfrac{5 \times \dfrac{25}{2} \times 30 \times \dfrac{1}{0.75}}{0.3} = 8,333.33 [\text{lm}]$

답 표에서 광속이 7,700~8,500[lm]인 200[W] 선정

TIP

1. 면적 : A
   ① 지그재그조명(양쪽 조명) : $A = \dfrac{a \times b}{2}$ 여기서, a : 간격, b : 폭
   ② 중앙조명, 편측조명 : $A = a \times b$

2. 광속 : F
   ① FUN = EAD에서 $F = \dfrac{EAD}{UNU}$
   여기서, F : 광원 1개당의 광속[lm], N : 광원의 개수[등]
   E : 작업면상의 평균 조도[lx], A : 방의 면적[m²]
   D : 감광보상률, U : 조명률
   ② 감광보상률 $D = \dfrac{1}{M(\text{유지율})}$

03 가동 코일형의 전압계가 있다. 여기에 45[mV]의 전압을 가할 때 30[mA]가 흐를 경우 다음 물음에 답하시오.

1 전압계의 내부저항을 구하시오.
   계산 : _____ 답 : _____

2 이것을 100[V]의 전압계로 만들려고 할 때 배율기의 저항을 구하시오.
   계산 : _____ 답 : _____

해답 **1** 계산 : $r_a = \dfrac{V}{I} = \dfrac{45 \times 10^{-3}}{30 \times 10^{-3}} = 1.5 [\Omega]$

답 $1.5 [\Omega]$

2 계산 : $m = \dfrac{V}{V_a} = \dfrac{R_s}{r_a} + 1$

$R_s = r_a \left(\dfrac{V}{V_a} - 1 \right) = 1.5 \left(\dfrac{100}{45 \times 10^{-3}} - 1 \right) = 3,331.83 [\Omega]$

답 $3,331.83 [\Omega]$

> **TIP**
> ▶ 분류기 저항
> $$m = \frac{I}{I_a} = \frac{r_a}{R_s} + 1 \qquad \frac{I}{I_a} - 1 = \frac{r_a}{R_s} \qquad \therefore R_s = \frac{r_a}{\frac{I}{I_a} - 1}$$
> 여기서, I_a : 최고측정한도, I : 측정하려는 값
> r_a : 내부저항, R_s : 분류기 저항

04 다음 그림과 같은 교류 100[V] 단상 2선식 분기 회로에서 전력선의 부하 중심점 거리[m]를 구하시오.

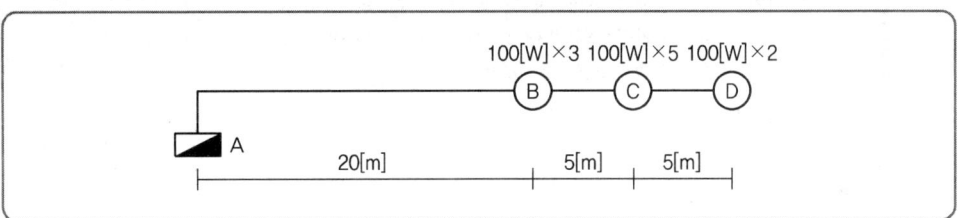

계산 : _____ 답 : _____

[해답] 계산 : $I = \dfrac{100 \times 3}{100} + \dfrac{100 \times 5}{100} + \dfrac{100 \times 2}{100} = 10[A]$

$L = \dfrac{3 \times 20 + 5 \times 25 + 2 \times 30}{10} = 24.5[m]$

답 24.5[m]

> **TIP**
> ▶ 불균일한 경우 배선 설계의 길이
> $$L = \frac{\Sigma(\text{각 부하전류} \times \text{배전반으로부터 각 부하까지 거리})}{\Sigma \text{각 부하전류}}$$

05 3상 3선식 배전선로의 저항이 2.5[Ω], 리액턴스가 5[Ω]이고, 수전단의 선간 전압은 3[kV], 전압 강하율을 10[%]라 하면 최대 3상 전력[kW]을 구하시오. (단, 부하역률은 0.8(지상)이다.)

계산 : _____   답 : _____

해답 계산 : 전압강하율 $\delta = \dfrac{P}{V_R^2}(R + X\tan\theta) \times 100[\%]$

$$P = \dfrac{\delta V_R^2}{R + X\tan\theta} \times 10^{-3} [\text{kW}]$$

$$\therefore P = \dfrac{0.1 \times (3 \times 10^3)^2}{2.5 + 5 \times \dfrac{0.6}{0.8}} \times 10^{-3} = 144 [\text{kW}]$$

답 144[kW]

TIP

1. 전압강하(e)
   ① $e = V_S - V_R$
   ② $e = \sqrt{3}\,I\,(R\cdot\cos\theta + X\cdot\sin\theta)$
   ③ $e = \sqrt{3} \cdot \dfrac{P}{\sqrt{3}\,V\cos\theta}(R\cdot\cos\theta + X\cdot\sin\theta) = \dfrac{P}{V}(R + X\tan\theta)$

2. 전압강하율(δ)
   $\delta = \dfrac{e}{V_R} \times 100$
   ① $\delta = \dfrac{V_S - V_R}{V_R} \times 100$
   ② $\delta = \dfrac{\sqrt{3}\,I\,(R\cos\theta + X\sin\theta)}{V_R} \times 100$
   ③ $\delta = \dfrac{P}{V_R^2}(R + X\tan\theta) \times 100$

3. 전압 변동률(ε)
   $\varepsilon = \dfrac{V_{R_0} - V_R}{V_R}$
   여기서, V_{R_0} : 무부하 시 수전단 전압, V_R : 부하 시 수전단 전압

06 선간전압 22.9[kV], 주파수 60[Hz], 작용 정전용량 0.03[μF/km], 유전체 역률 0.003의 경우 유전체 손실[W/km]을 구하시오.

계산 : _____ 답 : _____

해답 계산 : $P = 2\pi f C V^2 \tan\delta = 2\pi \times 60 \times 0.03 \times 10^{-6} \times 22{,}900^2 \times 0.003 = 17.79 [\text{W/km}]$

답 17.79[W/km]

07 특고압용 변압기의 내부고장 검출방법을 3가지만 쓰시오.

_____

해답 ① 비율차동계전기를 이용하는 방식
② 부흐홀쯔계전기를 이용하는 방식
③ 충격압력계전기를 이용하는 방식
그 외
④ 온도계전기를 이용하는 방식

08 다음 조건에 따른 차단기에 대한 물음에 답하시오.(단, 역률, 효율은 고려하지 않는다.)

[조건]
- 용량 : 30[kW]
- 전압 및 부하의 종류 : 3상 380[V] 전동기
- 과전류 차단기 동작시간 10초의 차단배율 : 5배
- 전동기 기동전류 : 8배
- 전동기 기동방식 : 직입기동

과전류 차단기의 정격전류[A]												
20	32	40	50	63	80	100	125	150	200	225	300	400

1 부하의 정격전류를 구하시오.
계산 : _____ 답 : _____

2 과전류 차단기의 정격전류를 선정하시오.
계산 : _____ 답 : _____

해답 ❶ 계산 : $I = \dfrac{P}{\sqrt{3}\,V} = \dfrac{30 \times 10^3}{\sqrt{3} \times 380} = 45.58[A]$

답 45.58[A]

❷ 계산 : ① 최대 기동전류에 트립되지 않는 과전류 차단기 정격
전동기의 기동전류는 $I_m = 45.58 \times 8 = 364.64[A]$

$$I_n = \dfrac{I_m}{b} = \dfrac{364.64}{5} = 72.928[A]$$

∴ 80[A] 선정

② 전동기 기동돌입전류로 트립되지 않는 과전류 차단기 정격
기동돌입전류는 기동전류의 1.5배를 적용하면 $I_o = 364.64 \times 1.5 = 546.96[A]$
과전류 차단기 80[A] 선정 시 차단기의 순시차단배율은 225[A] 이하의 경우 8배를 적용하면
$I_t = 800 \times 8 = 640[A]$

∴ $I_n > I_m \times 1.5 \times \dfrac{1}{8}$ 을 만족해야 한다.

∴ ①과 ②의 조건을 만족하는 80[A] 선정

답 80[A]

09 피뢰시스템의 수뢰부시스템에 대하여 다음 물음에 답하시오.
※ KEC 규정에 따라 변경

❶ 수뢰부시스템의 구성요소 3가지를 쓰시오.

❷ 피뢰시스템의 배치방법 3가지를 쓰시오.

해답 ❶ 돌침, 수평도체, 그물망도체
❷ 보호각법, 회전구체법, 그물망법

TIP

KEC에 따라 메시법이 그물망법으로 용어가 변경되었다.

10 거리계전기의 설치점에서 고장점까지의 임피던스를 70[Ω]이라고 하면 계전기 측에서 본 임피던스는 몇 [Ω]인가?(단, PT의 비는 154,000/110[V], CT의 변류비는 500/5[A]이다.)

계산 : _____ 답 : _____

해답 계산 : $Z_{Rs} = Z_1 \times \dfrac{CT비}{PT비} = 70 \times \dfrac{500}{5} \times \dfrac{110}{154,000} = 5[\Omega]$

답 $5[\Omega]$

TIP

$$Z_{Rs} = \dfrac{V_2}{I_2} = \dfrac{V_1 \times \dfrac{1}{PT비}}{I_1 \times \dfrac{1}{CT비}} = \dfrac{V_2}{I_2} \times \dfrac{CT비}{PT비} = Z_1 \times \dfrac{CT비}{PT비}$$

11 제5고조파 전류의 확대 방지 및 스위치 투입 시 돌입전류 억제를 목적으로 3상 전력용 콘덴서에 직렬 리액터를 설치하고자 한다. 3상 전력용 콘덴서의 용량이 500[kVA]라고 할 때 다음 각 물음에 답하시오.

1 이론상 필요한 직렬 리액터의 용량은 몇 [kVA]인가?

계산 : _____ 답 : _____

2 실제적으로 설치하는 진상 콘덴서용 직렬 리액터의 용량 및 사유를 쓰시오.
① 리액터의 용량 :
② 사유 :

해답 **1** 계산 : $500 \times 0.04 = 20[kVA]$

답 $20[kVA]$

2 ① 리액터의 용량 : $500 \times 0.06 = 30[kVA]$
② 사유 : 주파수 변동 등을 고려하여 6[%]를 선정한다.

TIP

▶ 직렬 리액터 용량
① 이론상 : 4[%]
② 실제상 : 6[%]

12 방의 가로 6[m], 세로 8[m], 높이 4.1[m]에 천장직부형으로 형광등을 시설하려고 한다. 작업면의 높이가 0.8[m]인 경우 등과 벽 사이 이격거리[m]를 구하시오.

1 벽면을 이용하지 않는 경우
 계산 : _____ 답 : _____

2 벽면을 이용하는 경우
 계산 : _____ 답 : _____

해답 **1** 계산 : $S_0 = \frac{1}{2}H = \frac{1}{2} \times 3.3 = 1.65[m]$
  $H = 4.1 - 0.8 = 3.3[m]$
 답 1.65[m]

 2 계산 : $S_0 = \frac{1}{3}H = \frac{1}{3} \times 3.3 = 1.099[m]$
 답 1.1[m]

---

13 송전계통의 변압기 중성점 접지에 대한 다음 물음에 답하시오.

1 중성점 접지방식을 4가지만 쓰시오.
 _____

2 우리나라의 154[kV], 345[kV] 송전계통에 적용되는 중성점 접지방식을 쓰시오.

3 유효접지는 1선지락 사고 시 건전상 전위상승이 상규 대지전압의 몇 배를 넘지 않도록 접지 임피던스를 조절하여야 하는지 쓰시오.

해답 **1** 비접지방식, 저항 접지방식, 소호리액터 접지방식, 직접 접지방식
 2 직접 접지(유효 접지)
 3 1.3배

TIP

▶ 중성점 접지방식의 비교

구분	비접지	직접접지	고저항접지	소호리액터접지
1선지락 고장 시 건전상의 대지전압 (상전압의 배수)	$\sqrt{3}$ 배	1.3배 이하	$\sqrt{3}$ 배 이상	$\sqrt{3}$ 배 이상
피뢰기	1.4E	1.04~1.06E	1.4E	1.4E
기기절연 수준	최고	최저 단절연이 가능	비접지보다 약간 낮은 수준	고저항 접지와 비슷
다중고장에의 확대가능성	길이가 길수록 가능성이 큼	거의 없음	비접지보다 가능성이 적음	고저항 접지와 비슷
1선지락전류의 크기	소	최대	100~150[A]	최소
보호계전기동작	지락계전기의 적용이 곤란	확실, 신속, 신뢰도 최대	소세력 지락계전기	선택지락계전기 적용이 곤란
전자유도장해	적음	큼 (고속차단에 의해 고장시간을 단축)	적음	적음
1선지락 시 과도안정도	큼	최소 (고속도 재폐로에 의해 개선)	중	최대
접지장치 가격	적음	최소	저항기 값이 큼	리액터 값이 큼
지락사고의 제거	곤란	용이	비교적 용이	자연소호
국내 상황	3.3, 6.6, 22[kV]	154, 345[kV]	배전선로가 긴 공장의 수변전설비	66[kV]

14 누름버튼 스위치 PB_1, PB_2, PB_3에 의하여 직접 제어되는 계전기 X_1, X_2, X_3가 있다. 이 계전기 3개가 모두 소자(복귀)되어 있을 때만 출력램프 L_1이 점등되고, 그 이외에는 출력램프 L_2가 점등되도록 계전기를 사용한 시퀀스 제어회로를 설계하려고 한다. 이때 다음 각 물음에 답하시오.

1 본문 요구조건과 같은 진리표를 작성하시오.

입력			출력	
X_1	X_2	X_3	L_1	L_2
0	0	0		
0	0	1		
0	1	0		
0	1	1		
1	0	0		
1	0	1		
1	1	0		
1	1	1		

2 최소 접점수를 갖는 논리식을 쓰시오.
- L_1
- L_2

3 논리식에 대응되는 계전기 시퀀스 제어회로(유접점 회로)를 그리시오.

[해답] 1

입력			출력	
X_1	X_2	X_3	L_1	L_2
0	0	0	1	0
0	0	1	0	1
0	1	0	0	1
0	1	1	0	1
1	0	0	0	1
1	0	1	0	1
1	1	0	0	1
1	1	1	0	1

② $L_1 = \overline{X_1} \cdot \overline{X_2} \cdot \overline{X_3}$

$L_2 = \overline{X_1} \cdot \overline{X_2} \cdot X_3 + \overline{X_1} \cdot X_2 \cdot \overline{X_3} + \overline{X_1} \cdot X_2 \cdot X_3$
$+ X_1 \cdot \overline{X_2} \cdot \overline{X_3} + X_1 \cdot \overline{X_2} \cdot X_3 + X_1 \cdot X_2 \cdot \overline{X_3} + X_1 \cdot X_2 \cdot X_3$
$= X_1 + X_2 + X_3$

③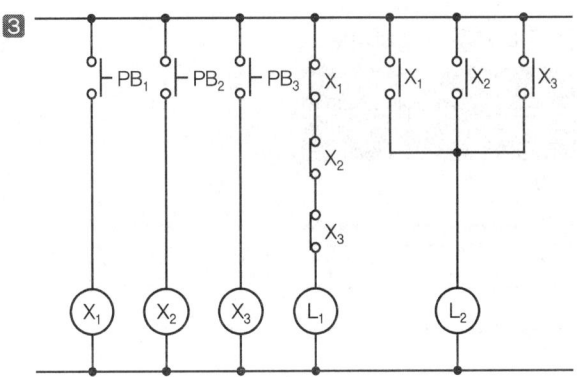

15 10[m] 높이에 있는 수조에 초당 1[m²]의 물을 양수하는데 펌프용 전동기에 3상 전력을 공급하기 위해서 단상 변압기 2대를 V결선하였다. 펌프 효율이 70[%]이고, 펌프 축동력에 25[%] 여유를 두는 경우 펌프용 전동기의 용량[kW]을 구하시오. (단, 펌프용 3상 농형 유도전동기의 역률을 100[%]로 한다.)

계산 : _____ 답 : _____

[해답] 계산 : $P = \dfrac{9.8QHK}{\eta}[kW]$ 에서

$P = \dfrac{9.8 \times 1 \times 10 \times 1.25}{0.7} = 175[kW]$

답 175[kW]

TIP

① $P = \dfrac{9.8QH}{\eta}K$

여기서, Q : 유량(초당)[m³/s], H : 낙차(양정)[m], η : 효율, K : 계수

② $P = \dfrac{QH}{6.12\eta}K$

여기서, Q : 유량(분당)[m³/min], H : 낙차(양정)[m], η : 효율, K : 계수

16 그림과 같은 논리회로의 출력을 가장 간단한 식으로 표현하시오.

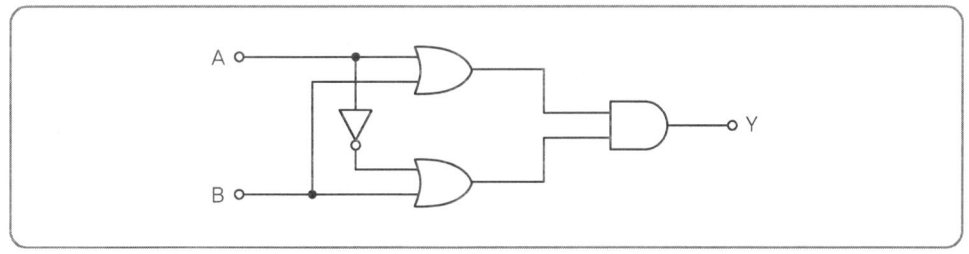

해답) $Y = (A+B)(\overline{A}+B) = A\overline{A} + \overline{A}B + AB + BB$
$= \overline{A}B + AB + B = B(\overline{A} + A + 1) = B$

17 단상 2선식 220[V]의 저압배전에서 소비전력 40[W], 역률 80[%]의 형광등을 180[등] 설치할 때 이 시설을 16[A]의 분기회로로 하려고 한다. 이때 필요한 분기회로는 최소 몇 회선이 필요한가?(단, 한 회로의 부하전류는 분기회로 용량의 80[%]로 한다.)

계산 : _____ 답 : _____

해답) 계산 : 분기회로수 $N = \dfrac{\text{부하용량}}{\text{정격전압} \times \text{분기회로전류}} = \dfrac{\frac{40}{0.8} \times 180}{220 \times 16 \times 0.8} = 3.2$ [회로]

답 16[A] 4분기회로

18 한국전기설비 규정에 따라 수용가 설비에서의 전압 강하는 다음 표에 따라야 한다. 다음 ( )에 알맞은 내용을 답란에 쓰시오.

설비의 유형	조명[%]	기타[%]
A - 저압으로 수전하는 경우	(①)	(②)
B - 고압 이상으로 수전하는 경우[a]	(③)	(④)

a : 가능한 한 최종회로 내의 전압강하가 A 유형의 값을 넘지 않도록 하는 것이 바람직하다. 사용자의 배선설비가 100[m]를 넘는 부분의 전압강하는 미터당 0.005[%] 증가할 수 있으나 이러한 증가분은 0.5[%]를 넘지 않아야 한다.

해답)

①	②	③	④
3	5	6	8

2022년도 1회 시험 과년도 기출문제

01 500[kVA] 단상변압기 3대를 3상 △-△결선으로 사용하고 있었는데 부하 증가로 500[kVA] 예비 변압기 1대를 추가하여 공급한다면 몇 [kVA]로 공급할 수 있는가?

계산 : _____ 답 : _____

해답 계산 : 동일 변압기가 4대이므로 V-V 2뱅크 운전이 된다.
$P_v = 2\sqrt{3}\,P = 2\sqrt{3} \times 500 = 1,732.05\,[\text{kVA}]$

답 1,732.05[kVA]

02 평형 3상 회로에 그림과 같은 유도 전동기가 있다. 이 회로에 2개의 전력계와 전압계 및 전류계를 접속하였더니 그 지시값은 $W_1 = 6.24[\text{kW}]$, $W_2 = 3.77[\text{kW}]$, 전압계의 지시는 200[V], 전류계의 지시는 34[A]이었다. 이때 다음 각 물음에 답하시오.

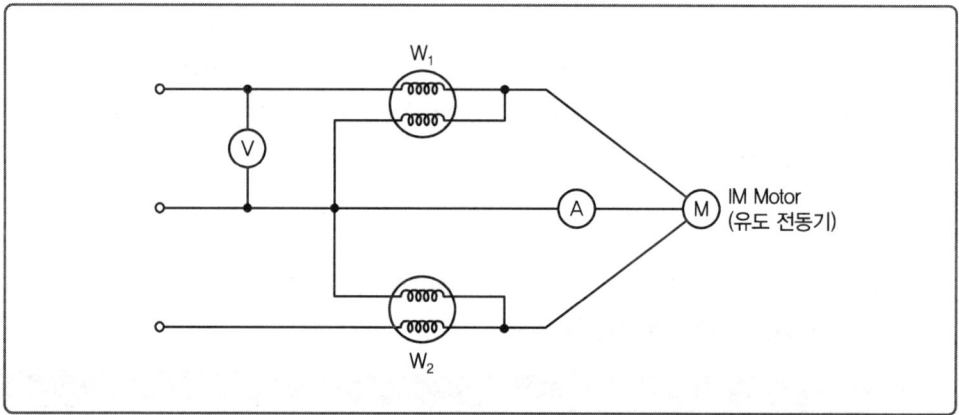

① 부하에 소비되는 전력을 구하시오.
계산 : _____ 답 : _____

② 부하의 피상전력을 구하시오.
계산 : _____ 답 : _____

③ 이 유도 전동기의 역률은 몇 [%]인가?
계산 : _____ 답 : _____

해답

1 계산 : $P = W_1 + W_2 = 6.24 + 3.77 = 10.01 \, [\text{kW}]$ 　　　**답** $10.01 \, [\text{kW}]$

2 계산 : $P_a = \sqrt{3}\, VI = \sqrt{3} \times 200 \times 34 \times 10^{-3} = 11.777 \, [\text{kVA}]$ 　　　**답** $11.78 \, [\text{kVA}]$

3 계산 : $\cos\theta = \dfrac{P}{P_a} \times 100 = \dfrac{10.01}{11.78} \times 100 = 84.974 \, [\%]$ 　　　**답** $84.97 \, [\%]$

TIP

2전력계법은 2개의 단상전력계로 3상전력을 측정하는 방법으로 각각의 전력 및 역률은 다음과 같다.

① 유효전력 : $P = W_1 + W_2 \, [\text{W}]$
② 무효전력 : $P_r = \sqrt{3}\,(W_1 - W_2) \, [\text{Var}]$
③ 피상전력 : $P_a = 2\sqrt{W_1^2 + W_2^2 - W_1 W_2} \, [\text{VA}]$
④ 역률 : $\cos\theta = \dfrac{W_1 + W_2}{2\sqrt{W_1^2 + W_2^2 - W_1 W_2}}$

---

03 다음 저항을 측정하는 데 가장 적당한 계측기 또는 적당한 방법은?

1 변압기의 절연저항
2 검류계의 내부저항
3 전해액의 저항
4 배전선의 전류
5 접지극의 접지저항

해답
1 절연저항계(Megger) 　　　**2** 휘트스톤 브리지
3 콜라우시 브리지 　　　**4** 후크온 미터
5 접지저항계

TIP

① 콜라우시 브리지법 : 황산구리 용액 저항, 전해액 저항, 접지저항 측정
② 캘빈 더블 브리지법 : 길이 1[m] 연동선 저항 측정, 굵은 나전선의 저항 측정
③ 전압강하법 : 백열전구의 필라멘트 저항 측정
④ 휘트스톤 브리지법 : 검류계의 내부저항 측정, 수천옴의 가는 전선 저항 측정
⑤ 메거(절연저항계) : 절연저항 측정
⑥ 후크온 미터 : 배전선의 전류 측정
⑦ 와이어 게이지 : 전선굵기 측정
⑧ 접지저항계 : 접지저항 측정

04 프로그램의 차례대로 PLC 시퀀스(래더 다이어그램)를 그리시오. (단, 여기서 시작 입력 LOAD, 출력 OUT, 타이머 TMR, 설정시간 DATA, 직렬 AND, 병렬 OR, 부정 NOT의 명령을 사용하며, P010~P012는 전자접촉기 MC를 각각 나타내며, P001과 P002는 버튼 스위치를 표시한 것이다. "+ +"의 구분을 한다.)

①

생략	명령	번지
	LOAD	P001
	OR	M001
	LOAD NOT	P002
	OR	M000
	AND LOAD	–
	OUT	P017

②

생략	명령	번지
	LOAD	P001
	AND	M001
	LOAD NOT	P002
	AND	M000
	OR LOAD	–
	OUT	P017

【해답】

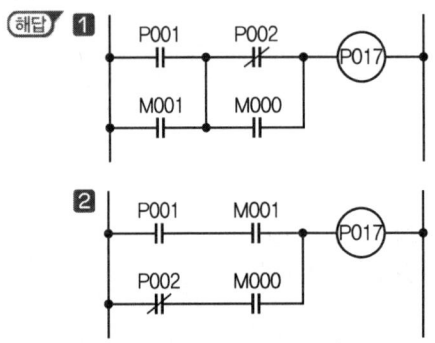

05 150[kVA], 22.9[kV]/380-220[V], %저항 3[%], %리액턴스 4[%]인 정격전압에서 단락전류는 정격전류의 몇 배인가?(단, 전원 측의 임피던스는 무시한다.)

계산 : _____ 답 : _____

【해답】 계산 : $\%Z = \sqrt{3^2 + 4^2} = 5[\%]$

$I_s = \dfrac{100}{\%Z} \times I_n$ 이므로, $I_s = \dfrac{100}{5} \times I_n = 20 I_n$

답 20배

06 3상 송전선의 각 선의 전류가 $I_a = 220 + j50$, $I_b = -150 - j300$, $I_c = -50 + j150$일 때 이것과 병행으로 가설된 통신선에 유기되는 전자유도 전압의 크기는 약 몇 [V]인가?(단, 송전선과 통신선 사이의 상호 임피던스는 15[Ω]이다.)

계산 : _____ 답 : _____

(해답) 계산 : $I_a + I_b + I_c = 220 + j50 - 150 - j300 - 50 + j150 = 20 - j100 [A]$

$|I_a + I_b + I_c| = \sqrt{20^2 + 100^2} [A]$

∴ $E_m = j\omega M\ell \times (I_a + I_b + I_c) = 15 \times \sqrt{20^2 + 100^2} = 1,529.705 [V]$

답 1,529.71[V]

07 접지저항을 측정하기 위하여 보조접지극 A, B와 접지극 E 상호 간에 접지저항을 측정한 결과 그림과 같은 저항값을 얻었다. E의 접지저항은 몇 [Ω]인지 구하시오.

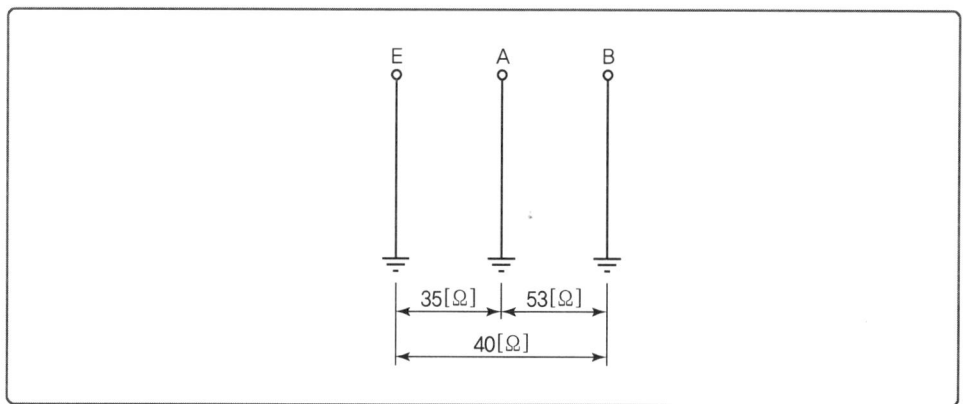

계산 : _____ 답 : _____

(해답) 계산 : $R_E = \frac{1}{2}(R_{EA} + R_{EB} - R_{AB}) = \frac{1}{2}(40 + 35 - 53) = 11 [\Omega]$

답 11[Ω]

TIP
연립방정식을 하지 말고 주접지(E)와 연결된 저항값은 더하고 보조접지 저항값은 뺄 것

08 고압 수전설비의 부하 전류가 40[A]일 때 변류기(CT) 60/5[A]의 2차 측에 과전류 계전기를 시설하여 120[%]의 과부하에서 부하를 차단시키고자 한다. 과전류 계전기의 탭 설정값을 구하시오.

계산 : _____ 답 : _____

해답 계산 : $I_{tap} = I_1 \times \dfrac{1}{CT비} \times 1.2 = 40 \times \dfrac{5}{60} \times 1.2 = 4[A]$

∴ 4[A] 선정

답 4[A]

TIP
과전류 계전기의 과부하 배수는 1.25~1.5배를 주지만 문제 조건에 따라 다르다.

09 책임 설계감리원이 설계감리의 기성 및 준공을 처리한 때에는 어떠한 준공서류를 구비하여 발주자에게 제출하여야 하는지 쓰시오. (단, 설계감리업무 수행지침에 따른다.)

해답 ① 설계감리일지
② 설계감리지시부
③ 설계감리기록부
④ 설계감리요청서
⑤ 설계자와 협의사항 기록부

10 교류 차단기에서 52T, 52C의 각 명칭을 쓰시오.

1 52T

2 52C

해답 **1** 52T : 차단기 트립코일
2 52C : 차단기 투입코일

TIP

번호	명칭	약호	비고	
27	부족전압 계전기	UVR		
37	부족전류 계전기	UCR	37A	교류 부족전류 계전기
			37D	직류 부족전류 계전기
51	과전류 계전기	OCR	51G	지락 과전류 계전기
			51N	중성점 과전류 계전기
			51V	전압 억제부 과전류 계전기
52	차단기	CB	52C	차단기 투입코일
			52T	차단기 트립코일
59	과전압 계전기	OVR		
64	지락 과전압 계전기	OVGR		
67	지락 방향 계전기	DGR		
87	비율 차동 계전기	RDFR	87B	모선보호 차동 계전기
			87G	발전기용 차동 계전기
			87T	주변압기 차동 계전기
92	전력 계전기	PWR		

11 연축전지 용량이 100[Ah]이고 직류 상시 최대 부하전류가 80[A]인 경우 부동충전방식에 의한 충전기 2차 전류는 몇 [A]인가?

계산 : _____ 답 : _____

(해답) 계산 : 충전기 2차 전류[A] = $\dfrac{축전지\ 용량[Ah]}{정격방전율[h]} + \dfrac{상시\ 부하용량[VA]}{표준전압[V]}$

∴ $I = \dfrac{100}{10} + 80 = 90[A]$

답 90[A]

TIP

1. 축전지 정격방전율
   ① 연축전지 : 10[h]
   ② 알칼리축전지 : 5[h]

2. 축전지의 충전방식
   ① 부동충전 : 축전지의 자기방전을 보충함과 동시에 상용부하에 대한 전력공급은 충전기가 부담하도록 하되 충전기가 부담하기 어려운 일시적인 대전류 부하는 축전지로 부담하는 방식
   ② 균등충전 : 각 전해조에서 일어나는 전위차를 보정하기 위해 1~3개월마다 1회 정전압으로 10~12시간 충전하는 방식
   ③ 보통충전 : 필요할 때마다 시간율로 소정의 충전을 하는 방식
   ④ 급속충전 : 비교적 단시간(보통충전의 2~3배)에 충전하는 방식
   ⑤ 세류충전 : 자기 방전량만을 충전하는 방식
   ⑥ 회복충전 : 과방전 및 설치상태 설페이션 현상이 발생했을 때 기능을 회복시키려 충전하는 방식

3. 알칼리축전지의 장단점
   ① 장점
      ㉠ 수명이 길다.
      ㉡ 진동·충격에 강하다.
      ㉢ 사용온도 범위가 넓다.
      ㉣ 방전 시 전압변동이 적다.
      ㉤ 과충전·과방전에 강하다.
   ② 단점
      ㉠ 중량이 무겁다.
      ㉡ 가격이 비싸다.
      ㉢ 단자 전압이 낮다.

4. 축전지 용량

   $C = \dfrac{1}{L} \times K \times I \text{[Ah]}$

   여기서, L : 보수율(경년용량 저하율)
   　　　　K : 용량환산시간
   　　　　I : 방전전류

5. 축전지 공칭전압
   ① 연축전지 : 2.0[V/셀]
   ② 알칼리축전지 : 1.2[V/셀]

12 다음 그림과 같은 점광원으로부터 원추 밑면까지의 거리가 8[m]이고, 밑면의 지름이 12[m]인 원형 면을 광속이 1,570[lm] 통과하고 있을 때 이 점광원의 평균 광도[cd]는?(단, π는 3.14로 계산할 것)

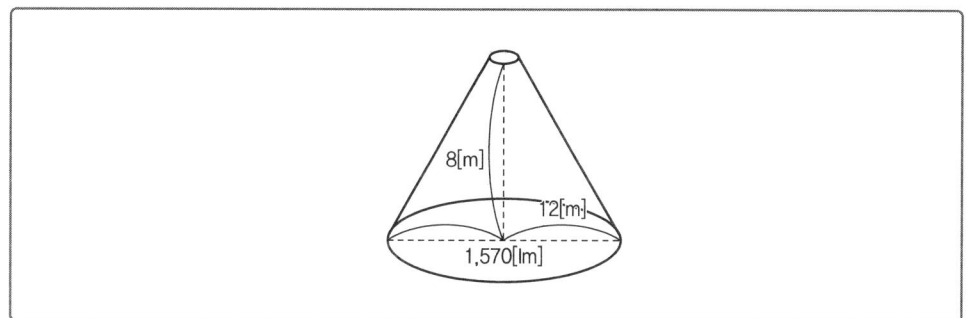

계산 : _____ 답 : _____

해답 계산 : $\cos\theta = \dfrac{8}{\sqrt{8^2+6^2}} = \dfrac{8}{10} = 0.8$

$I = \dfrac{F}{\omega}$ $F = \omega I = 2\pi(1-\cos\theta)I$

$\therefore I = \dfrac{1,570}{2 \times 3.14(1-0.8)} = 1,250[\text{cd}]$

답 1,250[cd]

---

13 공칭 변류비가 150/5[A]이다. 1차 측에 400[A]를 흘렸을 때 2차에 10[A]가 흘렀을 경우 비오차[%]는?

계산 : _____ 답 : _____

해답 계산 : 비오차 $= \dfrac{\text{공칭변류비} - \text{측정변류비}}{\text{측정변류비}} \times 100[\%]$

$= \dfrac{150/5 - 400/10}{400/10} \times 100 = -25[\%]$

답 $-25[\%]$

T I P

➤ 비오차
측정변류비에 대한 공칭변류비와 측정변류비의 차이를 백분율로 나타낸 값

14 지름 30[cm]인 완전 확산성 반구형 전구를 사용하여 평균 휘도가 0.3[cd/cm²]인 천장등을 가설하려고 한다. 기구효율을 0.75라 하면, 이 전구의 광속은 몇 [lm]인지 구하시오.(단, 광속발산도는 0.94[lm/cm²]라 한다.)

계산 : _____ 답 : _____

해답 계산 : 광속 $F = R \cdot S = R \times \dfrac{\pi d^2}{2} = 0.94 \times \dfrac{\pi \times 30^2}{2} = 1{,}328.894$ [lm]

기구효율이 0.75이므로 $\dfrac{F}{\eta} = \dfrac{1{,}328.894}{0.75} = 1{,}771.86$ [lm]

답 1,771.86[lm]

TIP

광속 발산도 $R = \dfrac{F}{S} \cdot \eta$ [lm]

$F = \dfrac{R \cdot S}{\eta}$ [lm]

여기서, F : 광속[lm]
S : 면적[cm²]
η : 효율

---

15 다음 전선의 명칭을 작성하시오.

① 450/750V HFIO
② 0.6/1kV PNCT

해답 ① 450/750V 저독성 난연 폴리올레핀 절연전선
② 0.6/1kV 고무절연 캡타이어 케이블

TIP

MI	미네랄 인슐레이션 케이블
NF	450/750[V] 일반용 유연성 단심 비닐절연전선
NFI(70)	300/500[V] 기기 배선용 유연성 단심 비닐절연전선(70[℃])
NFI(90)	300/500[V] 기기 배선용 유연성 단심 비닐절연전선(90[℃])
NR	450/750[V] 일반용 단심 비닐절연전선
NRI(70)	300/500[V] 기기 배선용 단심 비닐절연전선(70[℃])
NRI(90)	300/500[V] 기기 배선용 단심 비닐절연전선(90[℃])
NRV	고무절연 비닐 시스 네온전선
NV	비닐절연 네온전선
ACSR	강심알루미늄 연선

16 다음 표의 빈칸을 채우시오.

전선관공사	합성수지관공사, 금속관공사, 가요전선관공사
케이블트렁킹	(①), (②), 금속트렁킹공사
케이블덕트	플로어덕트공사, 셀룰러덕트공사, 금속덕트공사

해답 ① 합성수지몰드공사
② 금속몰드공사

TIP

종류	공사방법
전선관시스템	합성수지관공사, 금속관공사, 가요전선관공사
케이블트렁킹시스템	합성수지몰드공사, 금속몰드공사, 금속트렁킹공사[a]
케이블덕팅시스템	플로어덕트공사, 셀룰러덕트공사, 금속덕트공사[b]
애자공사	애자공사
케이블트레이시스템(래더, 브래킷 포함)	케이블트레이공사
케이블공사	고정하지 않는 방법, 직접 고정하는 방법, 지지선 방법

a 금속본체와 커버가 별도로 구성되어 커버를 개폐할 수 있는 금속덕트공사를 말한다.
b 본체와 커버 구분 없이 하나로 구성된 금속덕트공사를 말한다.

17 다음 논리식에 대한 물음에 답하시오.(단, A, B, C는 입력이고 X는 출력이다.)

$$X = (A + B)\overline{C}$$

1 논리식을 로직 시퀀스로 나타내시오.
2 2입력 NOR Gate를 최소로 사용하여 동일한 출력이 되도록 회로를 변환하시오.

해답

1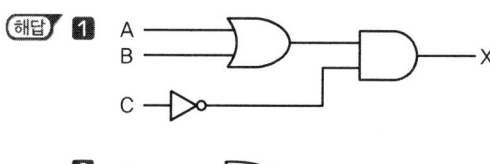

2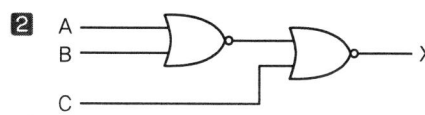

18 다음 그림은 자가용 수변전설비의 단선결선도의 일부이다. 다음 물음에 답하시오.

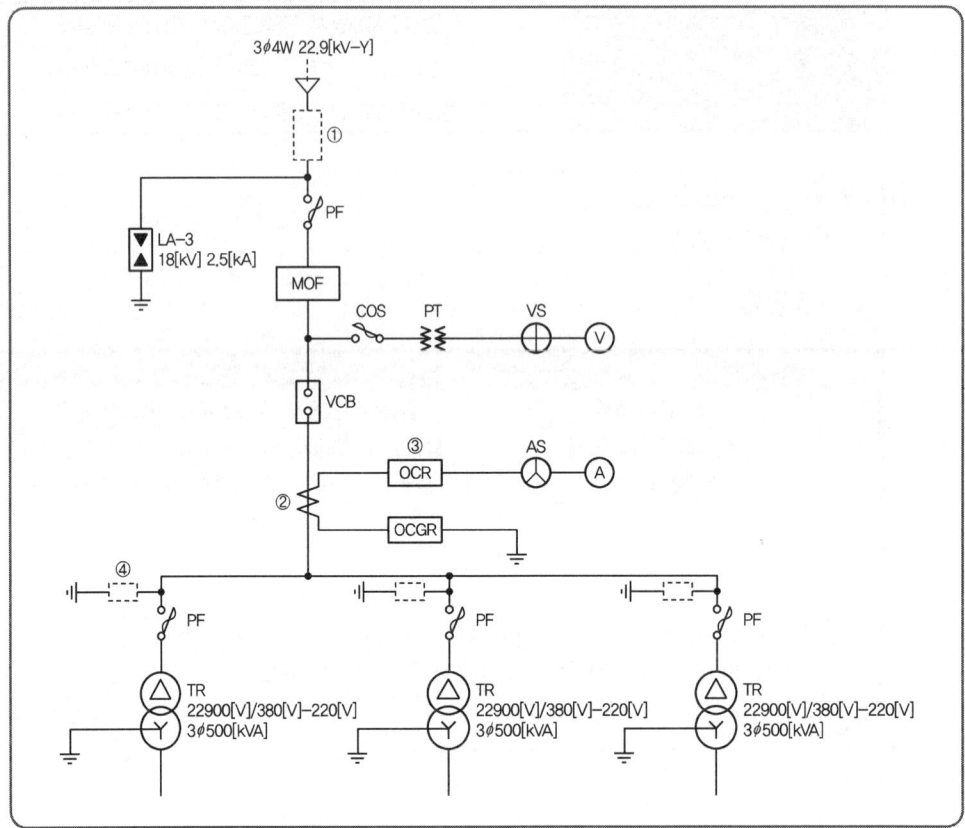

1. 수변전 설비의 인입구 개폐기로 사용되며, 부하전류를 개폐할 수 있으나, 정상 상태에서 소정의 전류를 투입, 차단, 통전하고 그 전로의 단락상태에서 이상전류까지 투입 가능하며, 고장전류를 차단할 수 없으므로 한류퓨즈와 직렬로 사용하는 기기는 무엇인가?

2. 도면에서 CT비를 구하시오.(단, 여유율은 1.25배를 적용한다.)
   계산 : _____ 답 : _____

3. OCR의 탭을 선정하시오.(단, 변압기 전부하전류의 1.5배를 적용한다.)
   계산 : _____ 답 : _____

4. 개폐서지 또는 순간과도전압 등 이상전압으로부터 2차 측 기기를 보호하는 장치는 무엇인지 쓰시오.

| 과전류계전기 규격 |

항목	탭전류
계전기타입	유도 원판형
동작특성	반한시
한시탭	3, 4, 5, 6, 7, 8, 9
순시탭	20, 30, 40, 50, 60, 70, 80

| 변류기 규격 |

항목	변류기
1차 전류	5, 10, 15, 20, 30, 40, 50, 75, 100, 150, 200, 300, 400, 500, 600, 750, 1000, 1500, 2000, 2500
2차 전류	5

[해답]

1 부하개폐기(LBS)

2 계산 : $I_1 = \dfrac{P}{\sqrt{3}\,V} \times 1.25 = \dfrac{500 \times 3}{\sqrt{3} \times 22.9} \times 1.25 = 47.27[A]$

답 50/5

3 계산 : $I_t = \dfrac{P}{\sqrt{3}\,V} \times \dfrac{1}{CT비} \times 1.5 = \dfrac{500 \times 3}{\sqrt{3} \times 22.9} \times \dfrac{5}{50} \times 1.5 = 5.672[A]$

∴ 6[A] 선정

답 6[A]

4 서지흡수기(S.A)

TIP

① 피뢰기(LA) : 뇌전류(이상전압)를 대지로 방전하고 속류를 차단하여 기기를 보호한다.
② 서지흡수기(SA) : 진공차단기 등의 개폐서지를 억제하여 변압기를 보호한다.
③ 서지방지기(SPD) : 저압에 설치하는 것으로 서지 또는 과도전압으로부터 기기를 보호한다.

19 3상 200[V], 60[Hz], 20[kW]의 부하의 역률은 60[%](지상)이다. 전력용 콘덴서를 △ 결선 후 병렬로 설치하여 역률 80[%]로 개선하고자 한다. 다음 물음에 답하시오.

1 3상 전력용 콘덴서의 용량[kVA]을 구하시오.
계산 : _____ 답 : _____

2 전력용 콘덴서의 정전용량[μF]을 구하시오.
계산 : _____ 답 : _____

해답 **1** 계산 : $Q_c = P(\tan\theta_1 - \tan\theta_2) = 20\left(\dfrac{0.8}{0.6} - \dfrac{0.6}{0.8}\right) = 11.666[\text{kVA}]$

답 11.67[kVA]

2 계산 : $Q_c = 3\omega CV^2$

$$C = \dfrac{Q_c}{3 \times 2\pi \times 60 \times V^2} = \dfrac{11.67 \times 10^3}{6\pi \times 60 \times 200^2} \times 10^6 [\mu\text{F}]$$
$$= 257.963[\mu\text{F}]$$

답 257.96[μF]

TIP

① △결선 $Q_\triangle = 3WCE^2 = 3WCV^2 \quad C = \dfrac{Q_\triangle}{3WV^2}$

② Y결선 $Q_Y = 3WCE^2 = 3WC\left(\dfrac{V}{\sqrt{3}}\right)^2 = WCV^2 \quad C = \dfrac{Q_Y}{WV^2}$

여기서, E : 상전압, V : 선간전압
W : $2\pi f$, C : 정전용량
Q : 충전용량(콘덴서용량)

2022년도 2회 시험 과년도 기출문제

01 주어진 조건에 의하여 1년 이내 최대 전력 3,000[kW], 월 기본요금 6,490[원/kW], 월간 평균역률이 95[%]일 때 1개월의 기본요금을 구하시오. 또한 1개월의 사용 전력량이 54만 [kWh], 전력요금 89[원/kWh]라 할 때 1개월의 총전력요금은 얼마인지를 계산하시오.

[조건]
역률의 값에 따라 전력요금은 할인 또는 할증되며, 역률 90[%]를 기준으로 하여 역률이 1[%] 늘 때마다 기본요금 또는 수요전력요금이 1[%] 할인되며, 1[%] 나빠질 때마다 1[%]의 할증요금을 지불해야 한다.

1 기본요금
  계산 : _____ 답 : _____

2 1개월의 총전력요금
  계산 : _____ 답 : _____

해답
1 기본요금
계산 : $3,000 \times 6,490 \times (1-0.05) = 18,496,500$[원]
답 18,496,500[원]

2 1개월의 총전력요금
계산 : $18,496,500 + 540,000 \times 89 = 66,556,500$[원]
답 66,556,500[원]

TIP
기본요금 : 계약전력 × 월기본요금 × $\left(1 + \dfrac{90 - 역률}{100}\right)$

02 평형 3상 회로에 그림과 같은 유도전동기가 있다. 이 회로에 2개의 전력계와 전압계 및 전류계를 접속하였더니 그 지시값은 $W_1 = 6.24[kW]$, $W_2 = 3.77[kW]$, 전압계의 지시는 200[V], 전류계의 지시는 34[A]이었다. 이때 다음 각 물음에 답하시오.

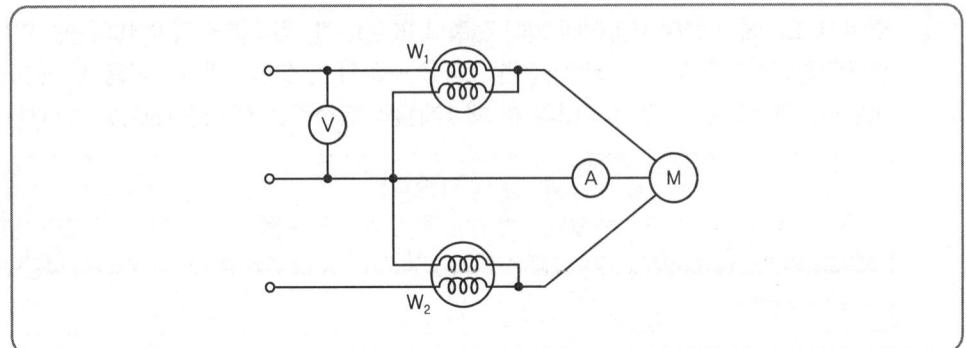

1 부하에 소비되는 전력을 구하시오.
  계산 : _____ 답 : _____

2 부하의 피상전력을 구하시오.
  계산 : _____ 답 : _____

3 이 유도전동기의 역률은 몇 [%]인가?
  계산 : _____ 답 : _____

해답 **1** 계산 : $P = W_1 + W_2 = 6.24 + 3.77 = 10.01[kW]$ **답** 10.01[kW]

2 계산 : $P_a = \sqrt{3}\,VI = \sqrt{3} \times 200 \times 34 \times 10^{-3} = 11.78[kVA]$ **답** 11.78[kVA]

3 계산 : $\cos\theta = \dfrac{W_1 + W_2}{\sqrt{3}\,VI} = \dfrac{10.01}{11.78} \times 100 = 84.97[\%]$ **답** 84.97[%]

TIP

2전력계법은 2개의 단상전력계로 3상전력을 측정하는 방법으로 각각의 전력 및 역률은 다음과 같다.
① 유효전력 : $P = W_1 + W_2 [W]$
② 무효전력 : $P_r = \sqrt{3}\,(W_1 - W_2)[Var]$
③ 피상전력 : $P_a = 2\sqrt{W_1^2 + W_2^2 - W_1 W_2}\;[VA]$
④ 역률 : $\cos\theta = \dfrac{W_1 + W_2}{2\sqrt{W_1^2 + W_2^2 - W_1 W_2}}$

03 전기사업자는 그가 공급하는 전기의 품질(표준전압, 표준주파수)을 허용오차 범위 안에서 유지하도록 전기사업법에 규정되어 있다. 다음 표의 괄호 안에 표준전압 또는 표준주파수에 대한 허용오차를 정확하게 쓰시오.

표준전압 또는 표준주파수	허용오차
110볼트	110볼트의 상하로 (①)볼트 이내
220볼트	220볼트의 상하로 (②)볼트 이내
380볼트	380볼트의 상하로 (③)볼트 이내
60헤르츠	60헤르츠의 상하로 (④)헤르츠 이내

해답) ① 6   ② 13   ③ 38   ④ 0.2

04 다음 조건에 있는 콘센트의 그림기호를 그리시오.

1 벽붙이용   2 천장에 부착하는 경우   3 바닥에 부착하는 경우
4 방수형   5 2구용

해답)
1 ⊙
2 ⊙ (천장)
3 ⊙▲
4 ⊙_WP
5 ⊙_2

TIP

명칭	그림기호	적용

콘센트	⊙	① 천장에 부착하는 경우는 다음과 같다. ⊙
		② 바닥에 부착하는 경우는 다음과 같다. ⊙▲
		③ 용량의 표시방법은 다음과 같다.
		  20A 이상은 암페어 수를 표기한다. ⊙ 20A
		④ 2구 이상인 경우는 구수를 표기한다. ⊙ 2
		⑤ 3극 이상인 것은 극수를 표기한다. ⊙ 3P
		⑥ 종류를 표시하는 경우는 다음과 같다.
		  • 빠짐 방지형 : ⊙ LK • 걸림형 : ⊙ T
		  • 접지극붙이 : ⊙ E • 접지단자붙이 : ⊙ ET
		  • 누전차단기붙이 : ⊙ EL
		⑦ 방수형은 WP를 표기한다. ⊙ WP
		⑧ 폭발방지형은 EX를 표기한다. ⊙ EX

05 △ – △ 결선으로 운전하던 중 한 변압기에 고장이 발생하여 이것을 분리하고 나머지 2대로 3상 전력을 공급하고자 한다. 다음 각 물음에 답하시오.

1 결선의 명칭을 쓰시오.
2 이용률은 몇 [%]인가?
  계산 : _____ 답 : _____
3 변압기 2대의 3상 출력은 △ – △ 결선 시의 변압기 3대의 출력과 비교할 때 몇 [%] 정도인가?
  계산 : _____ 답 : _____

해답 1 V–V 결선

2 계산 : 이용률 $= \dfrac{3상\ 출력}{설비용량} = \dfrac{\sqrt{3}}{2} \times 100 = 86.6[\%]$ **답** 86.6[%]

3 계산 : 출력의 비 $= \dfrac{V결선\ 출력}{3상\ 출력} = \dfrac{\sqrt{3}}{3} \times 100 = 57.74[\%]$ **답** 57.74[%]

TIP
1 V 결선이라 쓰지 말고 V–V 결선이라고 쓸 것
2 3 식으로도 표현하여 문제가 출제됨 예 이용률 식 $= \dfrac{\sqrt{3}}{2}$

06 3개의 접지판 상호 간의 저항을 측정한 값이 그림과 같다면 G_3의 접지 저항값은 몇 [Ω]이 되겠는가?

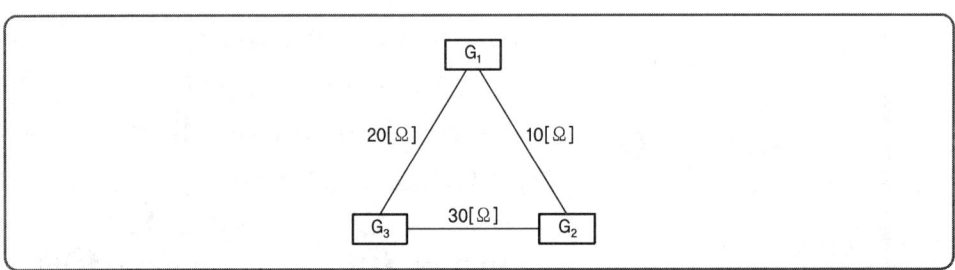

계산 : _____ 답 : _____

해답 계산 : G_3의 접지 저항값 $= \dfrac{1}{2}(R_{G13} + R_{G23} - R_{G12}) = \dfrac{1}{2} \times (20 + 30 - 10) = 20[Ω]$

답 20[Ω]

> **TIP**
> G_3와 연결된 두 개의 저항값은 더하고 나머지 하나는 빼준다.

07 그림과 같이 각각 1대씩의 변압기를 통해서 전력을 공급받고 있다. 각 수용가의 총설비용량이 각각 50[kW], 40[kW]일 때, 다음 각 물음에 답하시오. (단, 변압기 상호 간 부등률은 1.2이다.)

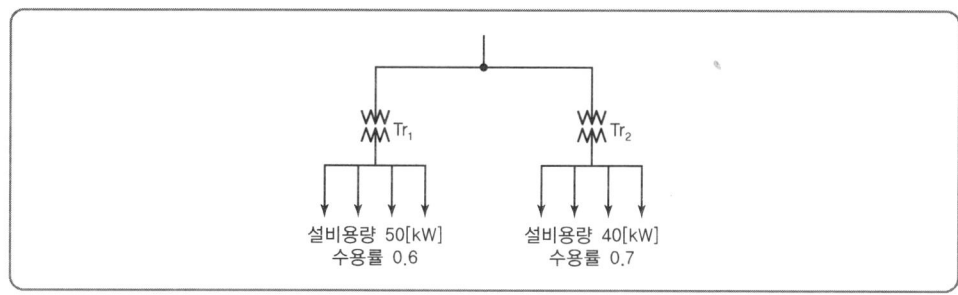

1 Tr_1의 최대 부하[kW]를 구하시오.

계산 : _____ 답 : _____

2 Tr_2의 최대 부하[kW]를 구하시오.

계산 : _____ 답 : _____

3 합성최대수요전력[kW]을 구하시오.

계산 : _____ 답 : _____

해답

1 계산 : T_{r1} = 설비용량 × 수용률 = 50 × 0.6 = 30[kW] 답 30[kW]

2 계산 : Tr_2 = 설비용량 × 수용률 = 40 × 0.7 = 28[kW] 답 28[kW]

3 계산 : $P = \dfrac{\text{개별 최대전력의 합}}{\text{부등률}} = \dfrac{30+28}{1.2} = 48.33[kW]$ 답 48.33[kW]

> **TIP**
> ① 부등률을 안 주고 최대부하 = 최대전력 = 설비용량 × 수용률
> ② 부등률을 주고 최대부하 = 합성최대전력 = $\dfrac{\text{설비용량} \times \text{수용률}}{\text{부등률}}$ [kW]

08 다음 표에 주어진 전동기 기동방식을 이용하여 물음에 답하시오.

기동방법			
직입기동	Y-△기동	리액터 기동	콘돌퍼기동

1 기동전류가 가장 큰 기동법을 고르시오.
2 기동토크가 가장 큰 기동법을 고르시오.

(해답) **1** 직입기동
　　　2 직입기동

09 폭 5[m], 길이 7.5[m], 천장 높이 3.5[m]인 방에 형광등 40[W] 4등을 설치하니 평균조도가 100[lx]가 되었다. 조명률 0.5, 40[W] 형광등 1등의 전광속이 3,000[lm]일 때 감광보상률 D를 구하시오.

계산 : _____　답 : _____

(해답) 계산 : $D = \dfrac{FUN}{EA} = \dfrac{3,000 \times 0.5 \times 4}{100 \times 5 \times 7.5} = 1.60$

답 1.6

TIP

① $FUN = EAD$에서 $D = \dfrac{FUN}{EA}$

여기서, F : 광원 1개당의 광속[lm], N : 광원의 개수[등]
　　　　E : 작업면상의 평균 조도[lx], A : 방의 면적[m²]
　　　　D : 감광보상률, U : 조명률

② 감광보상률 $D = \dfrac{1}{M(유지율)}$

10 다음 그림과 같은 단상 3선식 회로에서 중성선이 ×점에서 단선되었다면 부하 A 및 B의 단자전압은 몇 [V]인가?

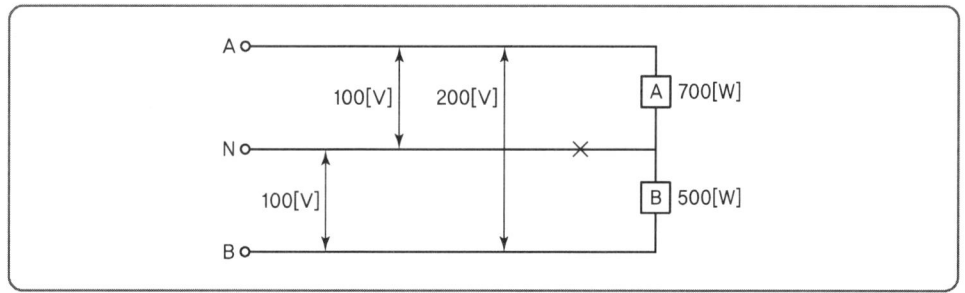

계산 : _____ 답 : _____

해답 계산 : $R_A = \dfrac{V_1^2}{P_A} = \dfrac{100^2}{700} = 14.29[\Omega]$, $R_B = \dfrac{V_1^2}{P_B} = \dfrac{100^2}{500} = 20[\Omega]$

$V_A = \dfrac{R_A}{R_A + R_B} \times V = \dfrac{14.29}{14.29 + 20} \times 200 = 83.35[V]$,

$V_B = \dfrac{R_B}{R_A + R_B} \times V = \dfrac{20}{14.29 + 20} \times 200 = 116.65$

답 $V_A = 83.35[V]$, $V_B = 116.65[V]$

TIP
중성선 단선 시 A부하와 B부하가 직렬회로가 되어 전압분배가 발생한다.

11 다음 빈칸에 알맞은 수치를 넣으시오.

> 옥내에 시설하는 전동기(정격 출력이 0.2[kW] 이하인 것을 제외한다. 이하 여기에서 같다)에는 전동기가 손상될 우려가 있는 과전류가 생겼을 때에 자동적으로 이를 저지하거나 이를 경보하는 장치를 하여야 한다. 다만, 다음의 어느 하나에 해당하는 경우에는 그러하지 아니하다.
> 가. 전동기를 운전 중 상시 취급자가 감시할 수 있는 위치에 시설하는 경우
> 나. 전동기의 구조나 부하의 성질로 보아 전동기가 손상될 수 있는 과전류가 생길 우려가 없는 경우
> 다. 단상전동기[KS C 4204(2013)의 표준정격의 것을 말한다]로서 그 전원 측 전로에 시설하는 과전류 차단기의 정격전류가 (①)[A](배선차단기는 (②)[A] 이하인 경우)

해답 ① 16 ② 20

> **TIP**
> ▶ 옥내에 시설하는 전동기의 과부하장치 생략조건
> ① 정격 출력이 0.2[kW] 이하인 경우
> ② 전동기 운전 중 상시 취급자가 감시할 수 있는 위치에 시설하는 경우
> ③ 전동기의 구조나 부하의 성질로 보아 전동기가 소손할 수 있는 과전류가 생길 우려가 없는 경우
> ④ 단상 전동기를 그 전원 측 전로에 시설하는 과전류 차단기의 정격전류가 16[A] 또는 배선용 차단기는 20[A] 이하인 경우

12 전동기를 제작하는 어떤 공장에 700[kVA]의 변압기가 설치되어 있다. 이 변압기에 역률 65[%]의 부하 700[kVA]가 접속되어 있다고 할 때, 이 부하와 병렬로 전력용 콘덴서를 접속하여 합성 역률을 90[%]로 유지하려고 한다. 다음 각 물음에 답하시오.

1 전력용 콘덴서의 용량은 몇 [kVA]가 필요한가?

계산 : _____ 답 : _____

2 이 변압기에 부하는 몇 [kW] 증가시켜 접속할 수 있는가?

계산 : _____ 답 : _____

(해답) **1** 계산 : $Q_c = P_{kVA} \times \cos\theta_1 (\tan\theta_1 - \tan\theta_2)$

$$= 700 \times 0.65 \left(\frac{\sqrt{1-0.65^2}}{0.65} - \frac{\sqrt{1-0.9^2}}{0.9} \right) = 311.59 [kVA]$$

답 311.59[kVA]

2 계산 : $P_1 = P_a \cos\theta_1 = 700 \times 0.65 = 455 [kW]$

$P_2 = P_a \cos\theta_2 = 700 \times 0.9 = 630 [kW]$

$\triangle P = 630 - 455 = 175 [kW]$

답 175[kW]

> **TIP**
> $$Q_c = P(\tan\theta_1 - \tan\theta_2) = P \left(\frac{\sqrt{1-\cos\theta_1^2}}{\cos\theta_1} - \frac{\sqrt{1-\cos\theta_2^2}}{\cos\theta_2} \right) [kVA]$$

13 조명설비에 관한 용어이다. 아래의 빈칸을 채우시오.

휘도		광도		조도		광속발산도	
기호	단위	기호	단위	기호	단위	기호	단위

해답

휘도		광도		조도		광속발산도	
기호	단위	기호	단위	기호	단위	기호	단위
B	[nt] [sb]	I	[cd]	E	[lx]	R	[rlx]

14 어느 건물의 부하는 하루에 240[kW]로 5시간, 100[kW]로 8시간, 75[kW]로 나머지 시간을 사용한다. 이에 따른 수전설비를 450[kVA]로 하였을 때 이 건물의 일부하율[%]을 구하시오.

계산 : _____ 답 : _____

해답 계산 : 일부하율 $= \dfrac{\text{사용전력량}[kWh]/24[h]}{\text{최대전력}[kW]} \times 100$

$= \dfrac{240 \times 5 + 100 \times 8 + 75 \times 11/24}{240} \times 100 = 49.05[\%]$

답 49.05[%]

15 피뢰기의 종류를 4가지 쓰시오.

해답 ① 저항형 피뢰기
② 밸브형 피뢰기
③ 밸브 저항형 피뢰기
④ 갭레스 피뢰기

TIP

1. 피뢰기 구성 및 전압의 정의
   ① 구성요소 : 직렬캡과 특성요소로 구성
   ② 피뢰기 정격전압 : 속류를 차단할 수 있는 최고의 교류전압
   ③ 피뢰기 제한전압 : 피뢰기 동작 중 단자전압의 파고치

2. 피뢰기 정격전압

공칭전압	중성점 접지상태	피뢰기 정격전압		이격거리[m] 이내
		변전소	선로	
345	유효접지	288	–	85
154	유효접지	144	–	65
22.9	3상 4선식 다중접지	21	18	20
6.6	비접지	7.5	7.5	20

3. 피뢰기 공칭방전전류

공칭방전전류	설치장소	적용조건
10,000[A]	변전소	① 154[kV] 이상의 계통 ② 66[kV] 및 그 이하에서 Bank 용량이 3,000[kVA]를 초과하거나 중요한 곳 ③ 장거리 송전선, 케이블 및 정전 축전기 Bank를 개폐하는 곳
5,000[A]	변전소	66[kV] 및 그 이하에서 3,000[kVA] 이하
2,500[A]	선로변전소	22.9[kV] 이하의 배전선로 및 배전선로 피더 인출 측

4. 피뢰기 설치장소
   ① 발전소, 변전소 또는 이에 준하는 장소의 가공전선 인입구와 인출구
   ② 특고압 가공전선로에 접속하는 특고압 배전용 변압기의 고압 측 및 특별고압 측
   ③ 고압 또는 특별고압 가공전선로로부터 공급을 받는 수용장소의 인입구
   ④ 가공전선로와 지중전선로가 접속되는 곳

5. 피뢰기의 구비조건
   ① 충격 방전개시전압이 낮을 것
   ② 제한전압이 낮고 방전내량이 클 것
   ③ 상용주파 방전개시전압이 높을 것
   ④ 속류를 차단하는 능력이 있을 것

6. 피뢰기의 종류
   ① 저항형 피뢰기   ② 밸브형 피뢰기
   ③ 밸브 저항형 피뢰기   ④ 갭레스 피뢰기

16 송전거리 40[km], 송전전력 10,000[kW]일 때의 Still 식에 의한 송전전압은 몇 [kV]인가?

계산 : _____ 답 : _____

해답 계산 : $V_s = 5.5 \times \sqrt{0.6 \times l[\text{km}] + \dfrac{P[\text{kW}]}{100}}$ [kV]

$= 5.5 \times \sqrt{0.6 \times 40 + \dfrac{10,000}{100}} = 61.25$ [kV]   **답** 61.25[kV]

17 그림과 같은 시퀀스 회로에서 접점 "A"가 닫혀서 폐회로가 될 때 표시등 PL의 동작사항을 설명하시오. [단, X는 보조릴레이, $T_1 - T_2$는 타이머(On Delay)이며 설정시간은 1초이다.]

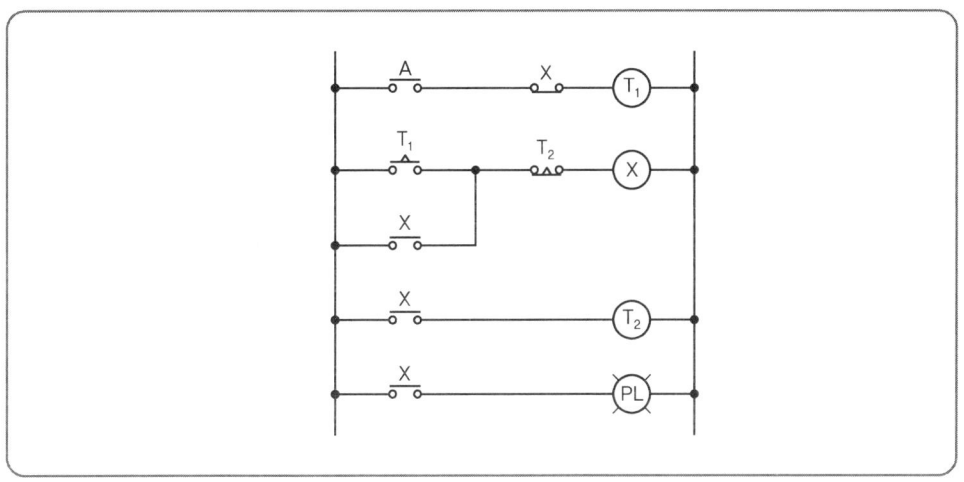

해답) A가 닫혀 폐회로가 되면 1초 간격으로 (PL)은 점등과 소등을 반복한다.

18 변압기에 30[kW], 역률 0.8인 전동기와 25[kW] 전열기가 연결되어 있다. 이 변압기 용량은 몇 [kVA]인지 아래 표에서 선정하시오.

변압기 표준용량[kVA]								
5	10	15	20	40	50	75	100	150

계산 : _____ 답 : _____

해답) 계산 : 합성 유효전력 $P = 30 + 25 = 55 [\text{kW}]$

합성 무효전력 $Q = P\tan\theta = 30 \times \dfrac{\sqrt{1-0.8^2}}{0.8} + 25 \times 0 = 22.5 [\text{kVar}]$

$P_a = \sqrt{P^2 + Q^2} = \sqrt{55^2 + 22.5^2} = 59.42 [\text{kVA}]$

답 75[kVA] 선정

19 아래의 그림과 같이 클램프미터로 전류를 측정하려고 한다. 주어진 조건을 참고하여 다음 각 물음에 답하시오.

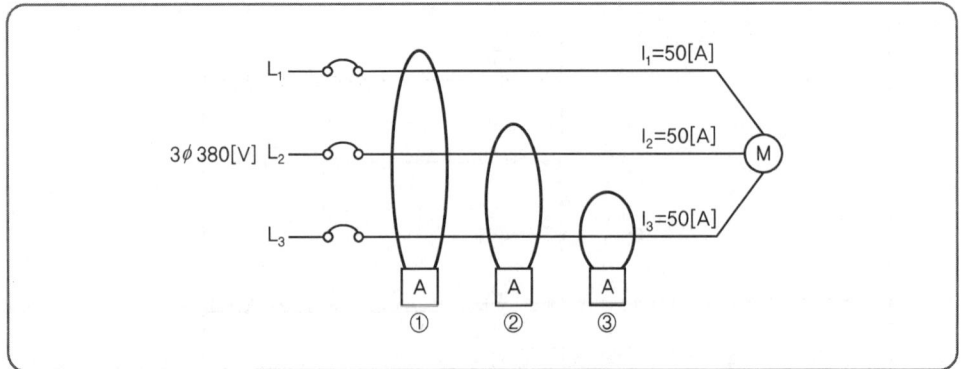

[조건]

3상, 정격전류 50A, 공사방법 B2, XLPE 절연전선, 허용전압강하 2%, 주위온도 40℃, 분전반 으로부터 전동기까지의 길이 70m

[참고자료]

| 표 1. 허용전류를 구하기 위해 사용하는 표준 공사방법의 허용전류[A] |
XLPE 또는 EPR 절연, 3개 부하 도체, 구리 또는 알루미늄
도체온도 : 90[℃], 주위온도 : 기중 30[℃], 지중 20[℃]

도체의 공칭 단면적 [mm²]	공사방법									
	A1		A2		B1		B2		C	
	단열벽 속의 전선관에 설치한 절연전선		단열벽 속의 전선관에 설치한 절연전선		목재 벽면의 전선관에 설치한 절연도체		목재 벽면의 전선관에 설치한 다심케이블		목재 벽면의 단심 또는 다심케이블	
1	2		3		4		5		6	
	단상	3상	단상	3상	단상	3상	단상	3상	단상	3상
동										
1.5	19	17	18.5	16.5	23	20	22	19.5	24	22
2.5	26	23	25	22	31	28	30	26	33	30
4	35	31	33	30	42	37	40	35	45	40
6	45	40	42	38	54	48	51	44	58	52
10	61	54	57	51	75	66	69	60	80	71
16	81	73	76	68	100	88	91	80	107	96
25	106	95	99	89	133	117	119	105	138	119
35	131	117	121	109	164	144	146	128	171	147

| 표 2. 기중케이블의 허용전류에 적용되는 기중주위온도가 30℃ 이외인 경우의 보정계수 |

주위온도[℃]	절연체	
	PVC	XLPE 또는 EPR
10	1.22	1.15
15	1.17	1.12
20	1.12	1.08
25	1.06	1.04
30	1.00	1.00
35	0.94	0.96
40	0.87	0.91
45	0.79	0.87
50	0.71	0.82
55	0.61	0.76
60	0.50	0.71

1 공사방법과 주위온도를 고려하여 도체의 굵기를 선정하시오.(단, 허용전압강하는 무시한다.)
계산 : _____ 답 : _____

2 허용전압강하를 고려한 도체의 굵기를 계산하고, 상기 조건을 만족하는 규격 굵기를 선정하시오.
계산 : _____ 답 : _____

3 3상 평형이고 전동기가 정상 운전할 때 ①, ②, ③ 클램프미터에 표시되는 값을 다음 표에 적으시오.

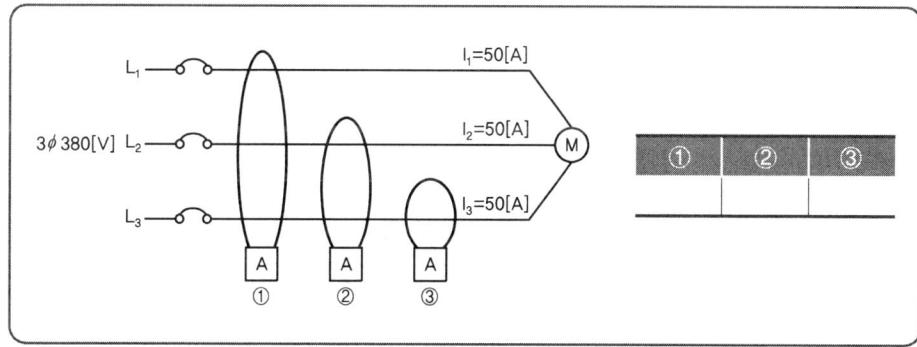

① 계산 : _____ 답 : _____
② 계산 : _____ 답 : _____
③ 계산 : _____ 답 : _____

해답

1 계산 : 설계전류(I_B)×보정계수=정격전류(I_n)

$$\therefore I_B = \frac{정격전류(I_n)}{보정계수(표2)} = \frac{50}{0.91} = 54.95[A]$$

결국, 표 1의 공사방법 B2, 3상 XLPE 칸의 54.95[A] 이상의 60[A]란의 공칭단면적 10[mm²]를 선정한다.

답 10[mm²] 선정

2 계산 : $A = \frac{30.8LI}{1,000e} = \frac{30.8 \times 70 \times 50}{1,000 \times 380 \times 0.02} = 14.18[mm^2]$ 이므로

공칭단면 16[mm²]가 된다.

그러나 문제조건을 고려하면 **1**번 해답의 10[mm²]와 비교하여 큰 값을 선택해야 하므로 결국 16[mm²]를 선정하면 된다.

답 16[mm²] 선정

3 ① 계산 : $|I_1 + I_2 + I_3| = 50\angle 0° + 50\angle -120° + 50\angle 120° = 0[A]$

답 0[A]

② 계산 : $|I_2 + I_3| = 50\angle -120° + 50\angle 120° = 50[A]$

답 50[A]

③ 계산 : $|I_3| = 50\angle 120° = 50[A]$

답 50[A]

2022년도 3회 시험 과년도 기출문제

01 어느 회사에서 한 부지 A, B, C에 세 공장을 세워 3대의 급수 펌프 P_1(소형), P_2(중형), P_3(대형)으로 다음 계획에 따라 급수 계획을 세웠다. 계획 내용을 잘 살펴보고 다음 물음에 답하시오.

> [계획]
> ① 모든 공장 A, B, C가 휴무일 때 또는 그중 한 공장만 가동할 때에는 펌프 P_1만 가동시킨다.
> ② 모든 공장 A, B, C 중 어느 것이나 두 개의 공장만 가동할 때에는 P_2만 가동시킨다.
> ③ 모든 공장 A, B, C가 모두 가동할 때에는 P_3만 가동시킨다.

1 조건과 같은 진리표를 작성하시오.

A	B	C	P_1	P_2	P_3
0	0	0			
0	0	1			
0	1	0			
0	1	1			
1	0	0			
1	0	1			
1	1	0			
1	1	1			

2 $P_1 \sim P_3$의 출력식을 간단히 하시오.

$P_1 =$

$P_2 =$

$P_3 =$

3 **2**번 문항에서 구한 출력식을 바탕으로 미완성 무접점회로도를 완성하시오.

해답

1

A	B	C	P_1	P_2	P_3
0	0	0	1	0	0
0	0	1	1	0	0
0	1	0	1	0	0
0	1	1	0	1	0
1	0	0	1	0	0
1	0	1	0	1	0
1	1	0	0	1	0
1	1	1	0	0	1

2
$P_1 = \overline{A}\,\overline{B}\,\overline{C} + \overline{A}\,\overline{B}\,C + \overline{A}\,B\,\overline{C} + A\,\overline{B}\,\overline{C}$
$\quad = \overline{A}\,\overline{B} + \overline{A}\,\overline{C} + \overline{B}\,\overline{C}$
$\quad = \overline{A}\,\overline{B} + (\overline{A}+\overline{B})\,\overline{C}$

$P_2 = \overline{A}\,B\,C + A\,\overline{B}\,C + A\,B\,\overline{C}$
$\quad = (\overline{A}\,B + A\,\overline{B})\,C + A\,B\,\overline{C}$

$P_3 = A\,B\,C$

3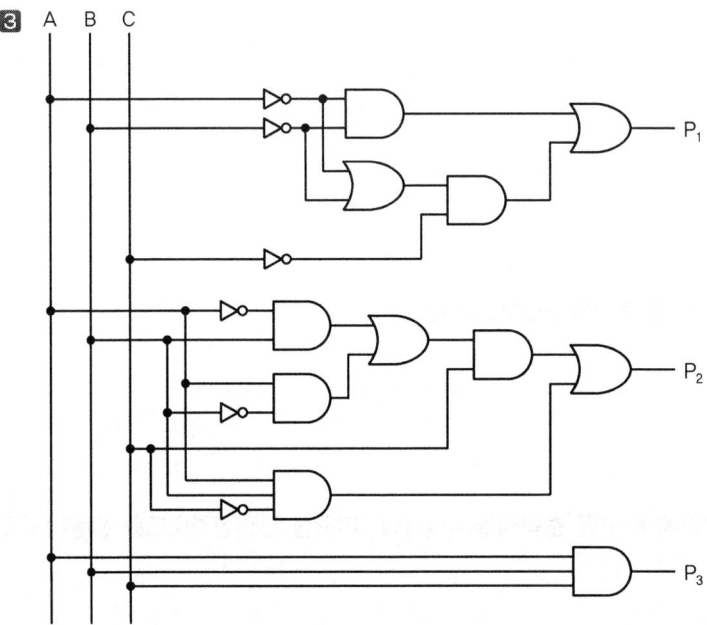

(P_3는 주어지고 1과 2만 작성하는 문제임)

02 주어진 논리회로의 출력식을 적고 간략화하시오.

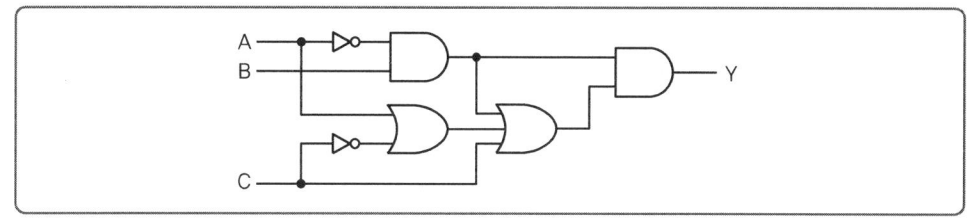

[해답]
$Y = (\overline{A}B + A + \overline{C} + C) \cdot \overline{A}B$
$= \overline{A}\,\overline{A}BB + A\overline{A}B + \overline{A}B\overline{C} + \overline{A}BC$
$= \overline{A}B + \overline{A}B(\overline{C} + C)$
$= \overline{A}B + \overline{A}B = \overline{A}B$

03 그림과 같은 평면도의 2층 건물에 대한 배선설계를 하기 위하여 주어진 조건을 이용하여 1층 및 2층을 분리하여 분기회로수를 결정하고자 한다. 다음 각 물음에 답하시오. (단, 룸 에어컨은 별도로 한다.)

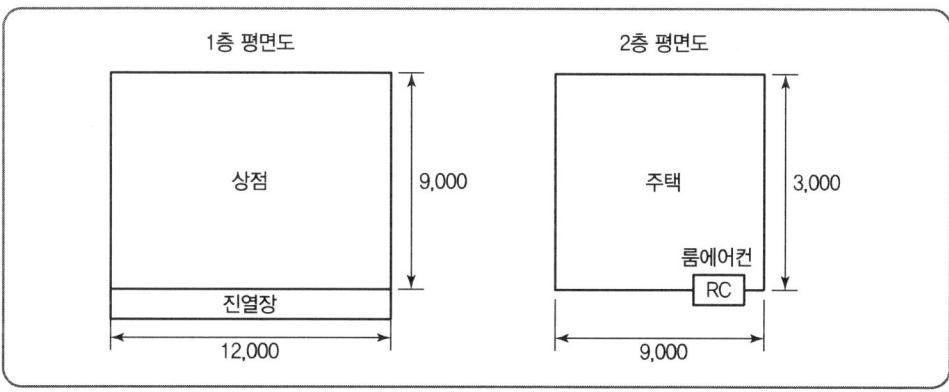

[조건]
- 분기회로는 15[A] 분기회로로 하고 80[%]의 정격이 되도록 한다.
- 배전 전압은 220[V]를 기준으로 하여 적용 가능한 최대 부하를 상정한다.
- 주택의 표준 부하는 40[VA/m²], 상점의 표준부하는 30[VA/m²]로 하되 1층, 2층 분리하여 분기회로수를 결정하고 상점과 주거용에 각각 1,000[VA]를 가산하여 적용한다.
- 상점의 진열장에 대해서는 길이 1[m]당 300[VA]를 적용한다.
- 옥외광고등 500[VA]짜리 1등이 상점에 있는 것으로 한다.
- 예상이 곤란한 콘센트, 틀어끼우는 접속기, 소켓 등이 있을 경우에라도 이를 상정하지 않는다.

1 상점의 분기회로수를 구하시오.

계산 : _____ 답 : _____

2 주택의 분기회로수를 구하시오.

계산 : _____ 답 : _____

[해답] **1** 계산 : • 부하용량 $P = (9 \times 12 \times 30) + 12 \times 300 + 500 + 1,000 = 8,340 [VA]$

• 분기회로수 $N = \dfrac{부하용량}{정격전압 \times 분기회로전류 \times 용량} = \dfrac{8,340}{220 \times 15 \times 0.8} = 3.16$

∴ 15[A] 분기 4회로(옥외광고 등 1회로 포함)

답 15[A] 분기 4회로

2 계산 : • 부하용량 $P = (3 \times 9 \times 40) + 1,000 = 2,080 [VA]$

• 분기회로수 $N = \dfrac{부하용량}{정격전압 \times 분기회로전류 \times 용량} = \dfrac{2,080}{220 \times 15 \times 0.8} = 0.79$

∴ 15[A] 분기 2회로(RC 1회로 포함)

답 15[A] 분기 2회로

04 그림과 같은 교류 3상 3선식 전로에 연결된 3상 평형 부하가 있다. 이때 c상의 P점이 단선된 경우, 이 부하의 소비전력은 단선 전 소비전력에 비하여 어떻게 되는지 계산식을 이용하여 설명하시오.(단, 선간 전압은 E[V]이며, 부하의 저항은 R[Ω]이다.)

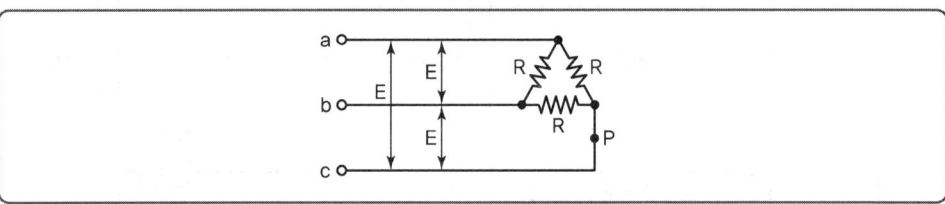

계산 : _____ 답 : _____

[해답] 계산 : 단선 전 소비전력$(P_1) = 3 \cdot \dfrac{E^2}{R}$

단선 후 소비전력$(P_2) = \dfrac{E^2}{R'} = \dfrac{E^2}{\dfrac{R \cdot 2R}{R+2R}} = 3 \cdot \dfrac{E^2}{2R}$

$\dfrac{단선\ 후\ 전력}{단선\ 전\ 전력} = \dfrac{P_2}{P_1} = \dfrac{\dfrac{3}{2} \cdot \dfrac{E^2}{R}}{3 \cdot \dfrac{E^2}{R}} = \dfrac{1}{2}$ 이 되므로   ∴ $P_2 = \dfrac{1}{2} P_1$

답 단선 전의 $\dfrac{1}{2}$ 배가 된다.

> **TIP**
> ▶ 단선 후 등가 회로

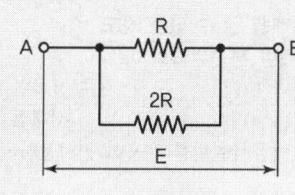

05 부하설비 용량이 30[kW], 20[kW], 25[kW]일 때 각 수용률은 60[%], 50[%], 65[%]이다. 부등률이 1.1이고 종합역률이 0.85일 때 변압기 용량을 선정하시오.

변압기 표준용량[kVA]					
30	50	75	100	150	500

계산 : _____ 답 : _____

[해답] 계산 : 변압기 용량 = $\dfrac{합성최대수용전력}{역률}$ = $\dfrac{설비용량 \times 수용률}{부등률 \times 역률}$

$= \dfrac{30 \times 0.6 + 20 \times 0.5 + 25 \times 0.65}{1.1 \times 0.85} = 47.33[\text{kVA}]$

답 50[kVA] 선정

> **TIP**
>
> 1. 수용률
>   ① 의미 : 수용설비의 기기를 동시에 사용하는 정도
>   ② 정의 : 설비용량에 대한 최대수용전력의 비
>   ③ 수용률 = $\dfrac{최대전력[\text{kW}]}{설비용량[\text{kW}]} \times 100[\%]$
>   ④ 변압기 용량[kVA] = $\dfrac{최대전력[\text{kW}]}{\cos\theta}$ = $\dfrac{설비용량 \times 수용률[\text{kW}]}{\cos\theta}$
>
> 2. 부등률
>   ① 정의(의미) : 여러 전력 기기를 동시에 사용하는 정도를 시간, 계절별로 나타내는 지수
>   ② 부등률식의 정의 : 합성 최대전력에 대한 개별 최대수용전력의 합의 비
>   ③ 부등률 = $\dfrac{개별\ 최대전력의\ 합[\text{kW}]}{합성\ 최대전력[\text{kW}]} \geq 1$
>   ④ 합성 최대전력[kW] = $\dfrac{개별\ 최대전력의\ 합[\text{kW}]}{부등률}$
>   ⑤ 변압기 용량[kVA] = $\dfrac{합성\ 최대전력[\text{kW}]}{\cos\theta}$ = $\dfrac{개별\ 최대전력의\ 합[\text{kW}]}{부등률 \cdot \cos\theta}$
>   ⑥ 부등률은 단위가 없다.

3. 부하율
① 의미 : 전력 변동 상태를 알 수 있는 정도
② 정의 : 최대전력에 대한 평균전력의 비

$$부하율[F] = \frac{평균전력[kW]}{최대전력[kW]} \times 100[\%] = \frac{사용전력량[kWh]/시간}{최대전력[kW]} \times 100[\%]$$

③ 부하율이 작으면 전력공급설비를 유용하게 사용하지 못하며 실가동율이 저하된다.

06 다음 도면의 선간전압은 154[kV], 기준용량이 10[MVA]일 때 다음 그림을 보고 3상 단락전류를 구하시오.

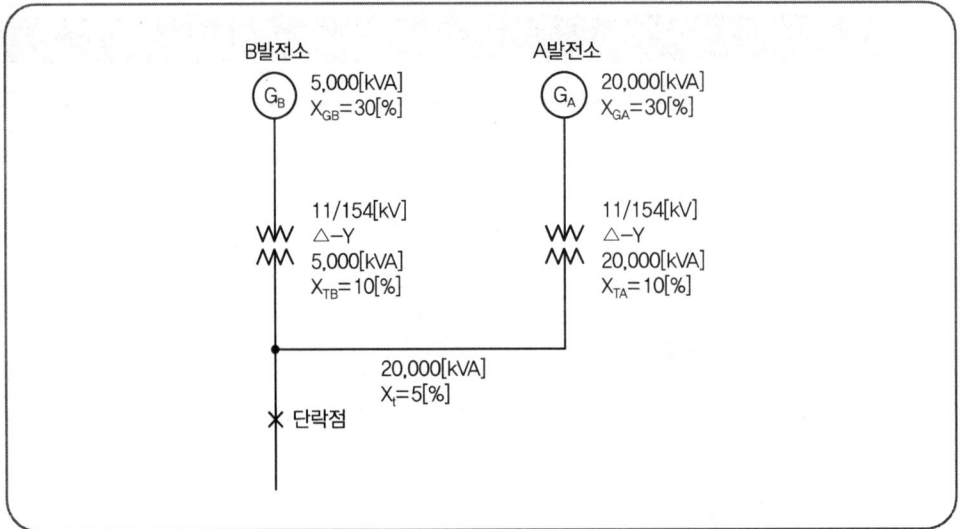

계산 : _____ 답 : _____

[해답] 계산 : 10[MVA] 기준

B발전소 $X_{GB} = 30 \times \frac{10}{5} = 60[\%]$

$X_{TB} = 10 \times \frac{10}{5} = 20[\%]$ ∴ $60 + 20 = 80[\%]$

A발전소 $X_{GA} = 30 \times \frac{10}{20} = 15[\%]$

$X_{TA} = 10 \times \frac{10}{20} = 5[\%]$

$X_t = 5 \times \frac{10}{20} = 2.5[\%]$ ∴ $15 + 5 + 2.5 = 22.5[\%]$

합성 $\%X = \dfrac{80 \times 22.5}{80 + 22.5} = 17.56[\%]$

$I_s = \dfrac{100}{\%Z} I_n = \dfrac{100}{17.56} \times \dfrac{10 \times 10^3}{\sqrt{3} \times 154} = 213.498$

답 213.50[A]

> **TIP**
>
> 1. 차단기 용량 선정
>   ① 퍼센트 임피던스(%Z)가 주어졌을 경우
> $P_s = \dfrac{100}{\%Z} \times P_n$ 여기서, P_n : 기준용량
>   ② 정격차단전류[kA]가 주어졌을 경우
> $P_s = \sqrt{3} \times 정격전압[kV] \times 정격차단전류[kA] = [MVA]$
>
> 2. 단락전류
>   ① 퍼센트 임피던스(%Z)가 주어졌을 경우
> $I_S = \dfrac{100}{\%Z} I_n [A]$ 여기서, I_n : 정격전류
>   ② 임피던스(Z)가 주어졌을 경우
> $I_S = \dfrac{E}{Z} = \dfrac{\frac{V}{\sqrt{3}}}{Z}[A]$ 여기서, E : 상전압, V : 선간전압

07 연축전지의 정격용량이 200[Ah]이고, 상시부하가 22[kW]이며, 표준전압이 220[V]인 부동충전방식 충전기의 2차 전류는 몇 [A]인가?(단, 연축전지의 정격방전율은 10[h]이고, 상시부하의 역률은 1로 간주한다.)

계산 : _____   답 : _____

해답 계산 : 2차 충전 전류$(I_2) = \dfrac{정격용량}{방전율} + \dfrac{상시부하용량}{표준전압}[A]$

∴ $I_2 = \dfrac{200}{10} + \dfrac{22 \times 10^3}{220} = 120[A]$

답 120[A]

TIP

1. 축전지 정격방전율
   ① 연축전지 : 10[h]   ② 알칼리축전지 : 5[h]

2. 축전지의 충전방식
   ① 부동충전 : 축전지의 자기방전을 보충함과 동시에 상용부하에 대한 전력공급은 충전기가 부담하도록 하되 충전기가 부담하기 어려운 일시적인 대전류 부하는 축전지로 부담하는 방식
   ② 균등충전 : 각 전해조에서 일어나는 전위차를 보정하기 위해 1~3개월마다 1회 정전압으로 10~12시간 충전하는 방식
   ③ 보통충전 : 필요할 때마다 시간율로 소정의 충전을 하는 방식
   ④ 급속충전 : 비교적 단시간(보통충전의 2~3배)에 충전하는 방식
   ⑤ 세류충전 : 자기 방전량만을 충전하는 방식
   ⑥ 회복충전 : 과방전 및 설치상태 설페이션 현상이 발생했을 때 기능을 회복시키려 충전하는 방식

3. 알칼리축전지의 장단점
   ① 장점
      ㉠ 수명이 길다.   ㉡ 진동·충격에 강하다.
      ㉢ 사용온도 범위가 넓다.   ㉣ 방전 시 전압변동이 적다.
      ㉤ 과충전·과방전에 강하다.
   ② 단점
      ㉠ 중량이 무겁다.   ㉡ 가격이 비싸다.   ㉢ 단자 전압이 낮다.

4. 축전지 용량
   $C = \dfrac{1}{L} \times K \times I$ [Ah]
   여기서, L : 보수율(경년용량 저하율), K : 용량환산시간, I : 방전전류

5. 축전지 공칭전압
   ① 연축전지 : 2.0[V/셀]   ② 알칼리축전지 : 1.2[V/셀]

08 단상 변압기 3대를 △-Y 결선하려고 한다. 미완성된 부분을 그리시오.

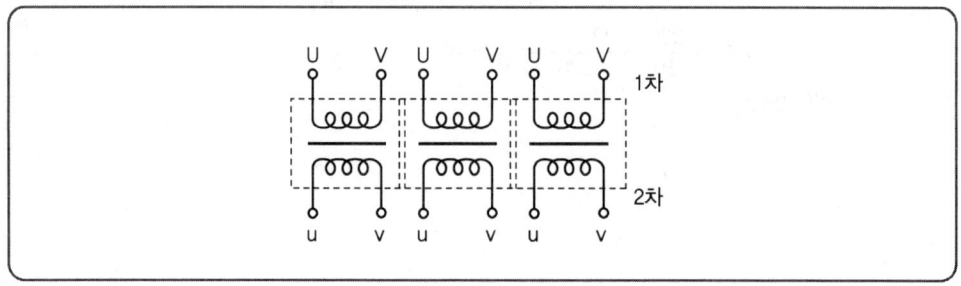

해답

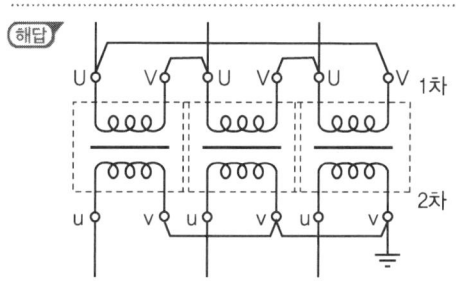

TIP

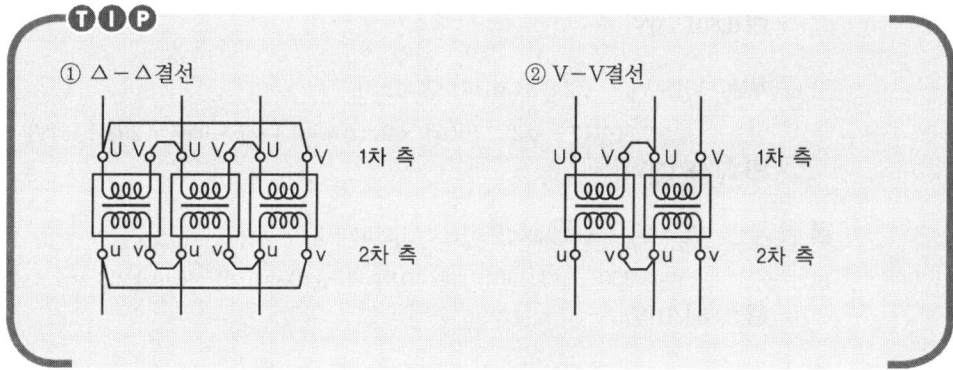

① △-△결선
② V-V결선

09 그림과 같은 3상 배전선이 있다. 변전소(A점)의 전압은 3,300[V], 중간(B점) 지점의 부하는 60[A], 역률 0.8(지상), 밑단(C점)의 부하는 40[A], 역률 0.8이다. AB 사이의 길이는 3[km], BC 사이의 길이는 2[km]이고, 선로의 km당 임피던스 저항 0.9[Ω], 리액턴스 0.4[Ω]이다. 물음에 답하시오.

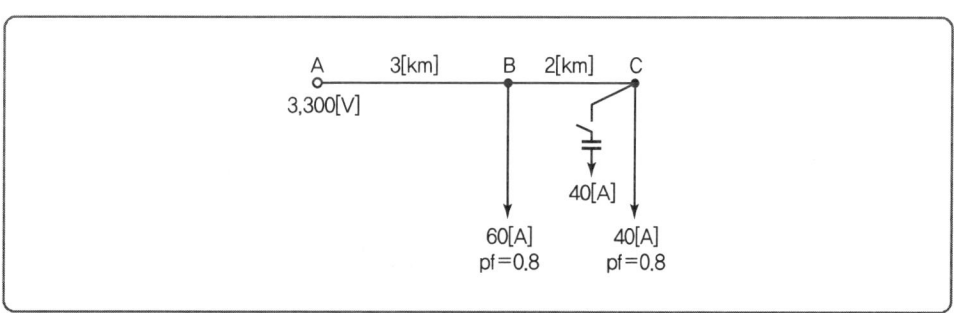

1 C점에 전력용 콘덴서가 없는 경우 B점, C점의 전압은?

① B점 전압

계산 : _____ 답 : _____

② C점 전압

계산 : _____ 답 : _____

2 C점에 전력용 콘덴서를 설치하여 진상전류 40[A]를 흘릴 때 B점, C점의 전압은?
① B점 전압
계산 : _____ 답 : _____
② C점 전압
계산 : _____ 답 : _____

[해답] **1** ① 계산 : $V_B = V_A - \sqrt{3}\,I_1(R_1\cos\theta + X_1\sin\theta)$
$= 3{,}300 - \sqrt{3} \times 100(0.9 \times 3 \times 0.8 + 0.4 \times 3 \times 0.6) = 2{,}801.17\,[V]$
답 2,801.17[V]

② 계산 : $V_C = V_B - \sqrt{3}\,I_2(R_2\cos\theta + X_2\sin\theta)$
$= 2{,}801.17 - \sqrt{3} \times 40(0.9 \times 2 \times 0.8 + 0.4 \times 2 \times 0.6) = 2{,}668.15\,[V]$
답 2,668.15[V]

2 ① 계산 : $V_B = V_A - \sqrt{3}\,[I_1\cos\theta \cdot R_1 + (I_1\sin\theta - I_c) \times X_1]$
$= 3{,}300 - \sqrt{3}\,[100 \times 0.8 \times 0.9 \times 3 + (100 \times 0.6 - 40)0.4 \times 3] = 2{,}884.31\,[V]$
답 2,884.31[V]

② 계산 : $V_C = V_B - \sqrt{3}\,[I_2\cos\theta \cdot R_2 + (I_2\sin\theta - I_c) \times X_2]$
$= 2{,}884.31 - \sqrt{3}\,[40 \times 0.8 \times 0.9 \times 2 + (40 \times 0.6 - 40)0.4 \times 2] = 2{,}806.71\,[V]$
답 2,806.71[V]

10 다음 그림과 같이 두 개의 조명탑을 10[m] 간격을 두고 시설할 때 P점의 수평면 조도를 구하시오. (단, P점에서 광원으로 향하는 광도는 각각 1,000[cd]이다.)

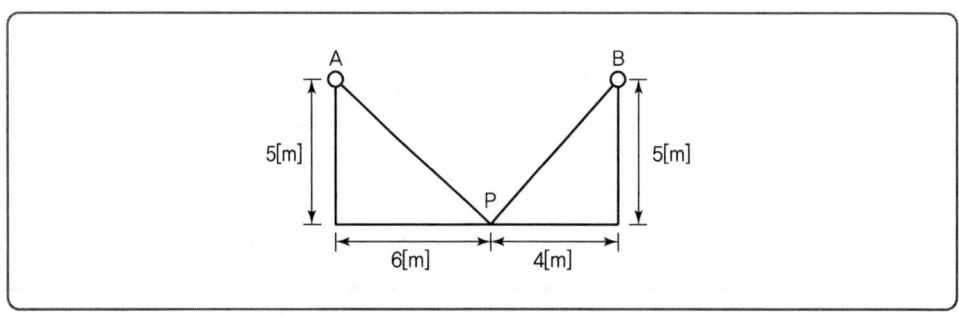

계산 : _____ 답 : _____

[해답] 계산 : $E_h = \dfrac{I}{r^2}\cos\theta_1 + \dfrac{I}{r^2}\cos\theta_2 = \dfrac{1{,}000}{5^2+6^2} \times \dfrac{5}{\sqrt{5^2+6^2}} + \dfrac{1{,}000}{4^2+5^2} \times \dfrac{5}{\sqrt{4^2+5^2}}$
$= 29.54\,[lx]$ **답** 29.54[lx]

> **TIP**
>
> ▶ 조도 : E[lx]
> 어떤 면의 단위 면적당의 입사 광속으로서 피조면의 밝기를 나타낸다.
>
>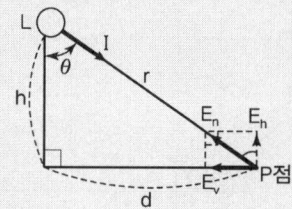
>
> ① 법선조도 : $E_n = \dfrac{I}{r^2}$
>
> ② 수평면 조도 : $E_h = E_n \cos\theta = \dfrac{I}{r^2}\cos\theta = \dfrac{I}{h^2}\cos^3\theta$
>
> ③ 수직면 조도 : $E_v = E_n \sin\theta = \dfrac{I}{r^2}\sin\theta = \dfrac{I}{d^2}\sin^3\theta$

11 계기용 변류기(CT : Current Transformer)의 목적과 정격부담에 대하여 설명하시오.

1 계기용 변류기의 목적

2 정격부담

(해답) **1** 대전류를 소전류로 변류시켜 계기, 계전기에 공급한다.
2 변류기에 정격 2차 전류를 흘렸을 때 부하 임피던스에서 소비하는 피상전력[VA]

12 다음은 절연내력 시험의 예이다. 각 질문에 답하시오.

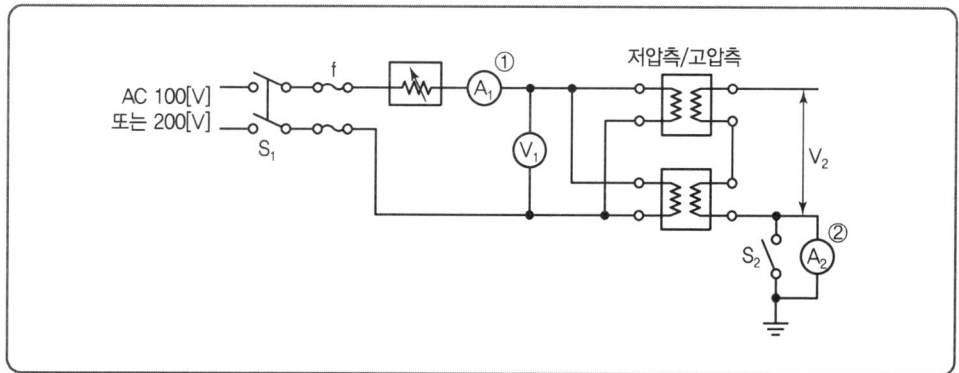

1 ①의 전류계는 어떤 전류를 측정하는지 적으시오.
2 ②의 전류계는 어떤 전류를 측정하는지 적으시오.
3 최대 사용전압이 6[kV]일 때 절연내력시험 전압의 시험전압[V]을 구하시오.
   계산 : _____ 답 : _____

(해답)
1 절연내력시험 전류
2 누설 전류
3 계산 : $6,000 \times 1.5 = 9,000[V]$
   답 9,000[V]

TIP

▶ 전로의 종류 및 시험전압

전로의 종류	시험전압
1. 최대사용전압 7[kV] 이하인 전로	최대사용전압의 1.5배 전압
2. 최대사용전압 7[kV] 초과 25[kV] 이하인 중성점 접지식 전로(중성선을 가지는 것으로서 그 중성선을 다중접지 하는 것에 한한다.)	최대사용전압의 0.92배 전압
3. 최대사용전압 7[kV] 초과 60[kV] 이하인 전로(2란의 것을 제외한다.)	최대사용전압의 1.25배 전압 (10.5[kV] 미만으로 되는 경우는 10.5[kV])
4. 최대사용전압 60[kV] 초과 중성점 비접지식 전로(전위 변성기를 사용하여 접지하는 것을 포함한다.)	최대사용전압의 1.25배 전압
5. 최대사용전압 60[kV] 초과 중성점 접지식 전로(전위 변성기를 사용하여 접지하는 것 및 6란과 7란의 것을 제외한다.)	최대사용전압의 1.1배 전압 (75[kV] 미만으로 되는 경우는 75[kV])
6. 최대사용전압 60[kV] 초과 중성점 직접 접지식 전로(7란의 것을 제외한다.)	최대사용전압의 0.72배 전압
7. 최대사용전압이 170[kV] 초과 중성점 직접 접지식 전로로서 그 중성점이 직접 접지되어 있는 발전소 또는 변전소 혹은 이에 준하는 장소에 시설하는 것	최대사용전압의 0.64배 전압

13 폭 12[m], 길이 18[m], 천장 높이 3.1[m], 작업면(책상 위) 높이 0.85[m]인 사무실이 있다. 실내 조도는 500[lx], 조명기구는 40[W] 2등용(H형) 펜던트를 설치하고자 한다. 이때 다음 조건을 이용하여 각 물음의 설계를 하시오.

> [조건]
> - 천장의 반사율은 50[%], 벽의 반사율은 30[%]로서 H형 펜던트의 기구를 사용할 때 조명률은 0.61로 한다.
> - H형 펜던트 기구의 보수율은 0.75로 한다.
> - H형 펜던트의 길이는 0.5[m]이다.
> - 램프의 광속은 40[W] 1등당 3,300[lm]으로 한다.
> - 조명기구의 배치는 5열로 배치하고, 1열당 등수는 동일하게 한다.

1 광원의 높이는 몇 [m]인가?
계산 : _____ 답 : _____

2 이 사무실의 실지수는 얼마인가?
계산 : _____ 답 : _____

3 이 사무실에는 40[W] 2등용(H형) 펜던트의 조명기구를 몇 조 설치하여야 하는가?
계산 : _____ 답 : _____

해답

1 계산 : $H = 3.1 - 0.85 - 0.5 = 1.75$[m]

답 1.75[m]

2 계산 : 실지수 $= \dfrac{XY}{H(X+Y)} = \dfrac{12 \times 18}{1.75(12+18)} = 4.11$

답 4.11

3 계산 : $N = \dfrac{EA}{FUM} = \dfrac{500 \times (12 \times 18)}{3,300 \times 2 \times 0.61 \times 0.75} = 35.77$[조]

답 40[조]

TIP

① H = 천장 높이 − 작업면 높이 − 펜던트 길이

② $FUN = EAD$에서 $N = \dfrac{EAD}{FU}$

여기서, F : 광원 1개당의 광속[lm], N : 광원의 개수[등]
E : 작업면상의 평균 조도[lx], A : 방의 면적[m²]
D : 감광보상률, U : 조명률

③ 감광보상률 $D = \dfrac{1}{M(유지율)}$

14 수용가에 공급전압을 220[V]에서 380[V]로 승압하여 공급할 경우 저압간선에 나타나는 효과로서 다음 각 물음에 답하시오.

1 공급능력 증대는 몇 배인가?
    계산 : _____   답 : _____

2 전력손실의 감소는 몇 [%]인가?
    계산 : _____   답 : _____

해답   **1** 계산 : $P = VI\cos\theta [W]$

$$P = \frac{380}{220} = 1.732$$

답 1.73배

2 계산 : $P_L \propto \dfrac{1}{V^2} = \dfrac{1}{\left(\dfrac{380}{220}\right)^2} = 0.3352$

감소 값은 $1 - 0.3352 = 0.6648$

답 66.48(%)

TIP

① $P_L \propto \dfrac{1}{V^2}$ (P_L : 손실) ② $A \propto \dfrac{1}{V^2}$ (A : 단면적) ③ $\delta \propto \dfrac{1}{V^2}$ (δ : 전압강하율)
④ $e \propto \dfrac{1}{V}$ (e : 전압강하) ⑤ $P \propto V^2$ (P : 전력)
⑥ 공급능력 $P = VI\cos\theta$ 에서 $P \propto V$ (P : 공급능력)

15 다음 조건에 있는 심벌의 명칭을 쓰시오.

[조건]				
(1)	(2)	(3)	(4)	(5)
●WP	●T	◉2	◉WP	◉E

해답 (1) 방수형 점멸기   (4) 방수형 콘센트
       (2) 타이머 붙이 점멸기   (5) 접지극 붙이 콘센트
       (3) 2구 콘센트

TIP

명칭	그림기호	적용
콘센트	⊙	① 천장에 부착하는 경우는 다음과 같다. ⊙ ② 바닥에 부착하는 경우는 다음과 같다.  ⊙▲ ③ 용량의 표시방법은 다음과 같다. 　　20A 이상은 암페어 수를 표기한다. ⊙ 20A ④ 2구 이상인 경우는 구수를 표기한다. ⊙ 2 ⑤ 3극 이상인 것은 극수를 표기한다. ⊙ 3P ⑥ 종류를 표시하는 경우는 다음과 같다. 　• 빠짐 방지형 : ⊙ LK 　• 걸림형 : ⊙ T 　• 접지극붙이 : ⊙ E 　• 접지단자붙이 : ⊙ ET 　• 누전차단기붙이 : ⊙ EL ⑦ 방수형은 WP를 표기한다. ⊙ WP ⑧ 폭발방지형은 EX를 표기한다. ⊙ EX

16 권상 하중이 90[ton]이며, 매분 3[m]의 속도로 끌어 올리는 권상용 전동기의 용량[kW]을 구하시오. (단, 전동기를 포함한 기중기의 효율은 70[%]이다.)

계산 : _____　답 : _____

해답 계산 : $P = \dfrac{W \cdot V}{6.12\eta} = \dfrac{90 \times 3}{6.12 \times 0.7} = 63.03$ [kW]

답 63.03[kW]

TIP

▶ 권상기 용량

$P = \dfrac{W \cdot V}{6.12\eta}$

　여기서, W : 무게[ton], V : 속도[m/min], η : 효율

17 부하율을 식으로 표현하고 부하율이 높다는 말의 의미에 대해 설명하시오.

① 부하율 식

② 부하율이 높다는 말의 의미

(해답) ① 부하율 = $\dfrac{평균수용전력}{최대수용전력} \times 100\% = \dfrac{전력량/시간}{최대수용전력} \times 100[\%]$

② 부하율이 클수록 전기설비를 유효하게 사용한다는 뜻이다.

TIP

1. 수용률
   ① 의미 : 수용설비의 기기를 동시에 사용하는 정도
   ② 정의 : 설비용량에 대한 최대수용전력의 비
   ③ 수용률 = $\dfrac{최대전력[kW]}{설비용량[kW]} \times 100[\%]$
   ④ 변압기 용량[kVA] = $\dfrac{최대전력[kW]}{\cos\theta} = \dfrac{설비용량 \times 수용률[kW]}{\cos\theta}$

2. 부등률
   ① 정의(의미) : 여러 전력 기기를 동시에 사용하는 정도를 시간, 계절별로 나타내는 지수
   ② 부등률식의 정의 : 합성 최대전력에 대한 개별 최대수용전력의 합의 비
   ③ 부등률 = $\dfrac{개별\ 최대전력의\ 합[kW]}{합성\ 최대전력[kW]} \geq 1$
   ④ 합성 최대전력[kW] = $\dfrac{개별\ 최대전력의\ 합[kW]}{부등률}$
   ⑤ 변압기 용량[kVA] = $\dfrac{합성\ 최대전력[kW]}{\cos\theta} = \dfrac{개별\ 최대전력의\ 합[kW]}{부등률 \cdot \cos\theta}$
   ⑥ 부등률은 단위가 없다.

3. 부하율
   ① 의미 : 전력 변동 상태를 알 수 있는 정도
   ② 정의 : 최대전력에 대한 평균전력의 비
   부하율[F] = $\dfrac{평균전력[kW]}{최대전력[kW]} \times 100[\%] = \dfrac{사용전력량[kWh]/시간}{최대전력[kW]} \times 100[\%]$
   ③ 부하율이 작으면 전력공급설비를 유용하게 사용하지 못하며 실가동율이 저하된다.

18 300[kVA], 22.9[kV]/380-220[V], %저항은 1.05[%], %리액턴스는 4.92[%]일 때 정격전압에서 단락 전류는 정격전류의 몇 배인가?(단, 전원 측의 임피던스는 무시한다.)

계산 : _____ 답 : _____

[해답] 계산 : $\%Z = \sqrt{\%R^2 + \%X^2} = \sqrt{1.05^2 + 4.92^2} = 5.03[\%]$

$I_s = \dfrac{100}{\%Z} \times I_n$ 이므로, $I_s = \dfrac{100}{5.03} \times I_n = 19.88 I_n$

답 19.88배

2023년도 1회 시험 과년도 기출문제

01 아래 그림은 154[kV] 계통절연협조를 위한 각 기기의 절연강도 비교표이다. 변압기, 선로애자, 개폐기 지지애자, 피뢰기 제한전압이 속해 있는 부분은 어느 곳인가? □ 안에 써 넣으시오.

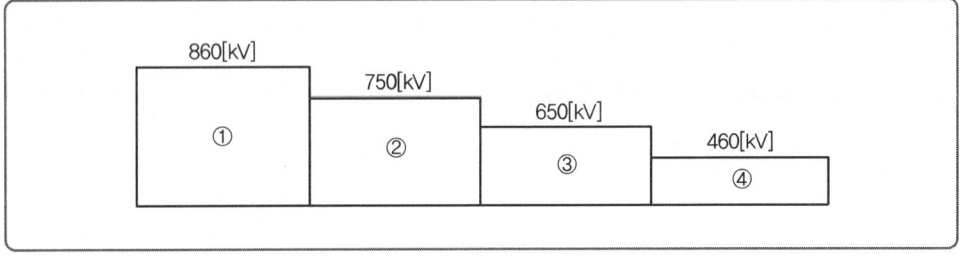

[해답] ① 선로애자
② 개폐기 지지애자
③ 변압기
④ 피뢰기 제한전압

TIP
피뢰기 제한전압의 절연강도가 가장 낮아 이상전압(뇌)으로부터 변압기를 보호한다.

02 그림과 같은 방전 특성을 갖는 부하에 대한 각 물음에 답하시오.
(단, 방전 전류[A] $I_1=500$, $I_2=300$, $I_3=80$, $I_4=100$
방전 시간(분) $T_1=120$, $T_2=119$, $T_3=50$, $T_4=1$
용량 환산 시간 $K_1=2.49$, $K_2=2.49$, $K_3=1.46$, $K_4=0.57$
보수율은 0.8을 적용한다.)

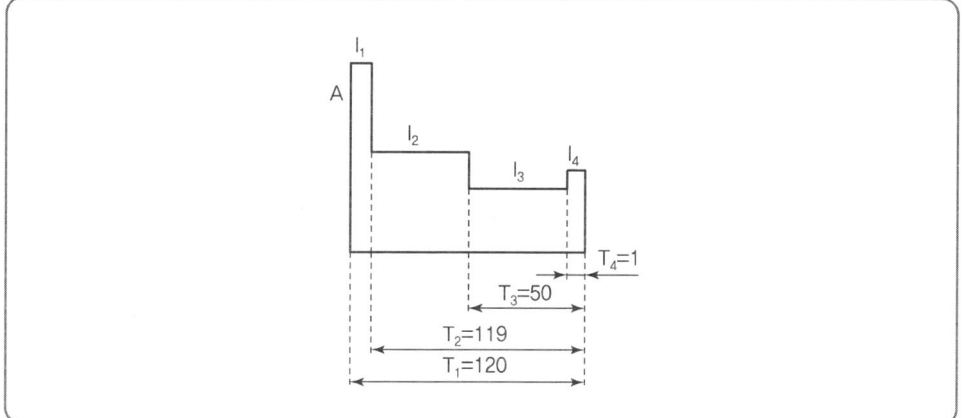

1 이와 같은 방전 특성을 갖는 축전지 용량은 몇 [Ah]인가?
계산 : _____ 답 : _____

2 납축전지의 정격방전율은 몇 시간으로 하는가?
3 축전지의 전압은 납축전지에서는 1단위당 몇 [V]인가?
4 예비전원으로 시설되는 축전지로부터 부하에 이르는 전로에는 개폐기와 또 무엇을 설치하는가?

해답 **1** 계산 : $C = \dfrac{1}{L}[K_1 I_1 + K_2(I_2 - I_1) + K_3(I_3 - I_2) + K_4(I_4 - I_3)]\,[\text{Ah}]$

$= \dfrac{1}{0.8}[2.49 \times 500 + 2.49(300-500) + 1.46(80-300) + 0.57(100-80)]$

$= 546.5\,[\text{Ah}]$

답 546.5[Ah]

2 10시간율
3 2.0[V/cell]
4 과전류 차단기

TIP

1. 축전지 정격방전율
   ① 연축전지 : 10[h]　　　　　　② 알칼리축전지 : 5[h]

2. 축전지의 충전방식
   ① 부동충전 : 축전지의 자기방전을 보충함과 동시에 상용부하에 대한 전력공급은 충전기가 부담하도록 하되 충전기가 부담하기 어려운 일시적인 대전류 부하는 축전지로 부담하는 방식
   ② 균등충전 : 각 전해조에서 일어나는 전위차를 보정하기 위해 1~3개월마다 1회 정전압으로 10~12시간 충전하는 방식
   ③ 보통충전 : 필요할 때마다 시간율로 소정의 충전을 하는 방식
   ④ 급속충전 : 비교적 단시간(보통충전의 2~3배)에 충전하는 방식
   ⑤ 세류충전 : 자기 방전량만을 충전하는 방식
   ⑥ 회복충전 : 과방전 및 설치상태 설페이션 현상이 발생했을 때 기능을 회복시키려 충전하는 방식

3. 알칼리축전지의 장단점
   ① 장점
   　㉠ 수명이 길다.　　　　　　　㉡ 진동·충격에 강하다.
   　㉢ 사용온도 범위가 넓다.　　　㉣ 방전 시 전압변동이 적다.
   　㉤ 과충전·과방전에 강하다.
   ② 단점
   　㉠ 중량이 무겁다.
   　㉡ 가격이 비싸다.
   　㉢ 단자 전압이 낮다.

4. 축전지 용량
   $C = \dfrac{1}{L} \times K \times I$ [Ah]
   여기서, L : 보수율(경년용량 저하율), K : 용량환산시간, I : 방전전류

5. 축전지 공칭전압
   ① 연축전지 : 2.0[V/셀]　　　　② 알칼리축전지 : 1.2[V/셀]

03 다음은 CT 2대를 V결선하고, OCR 3대를 그림과 같이 연결하였다. 그림을 보고 다음 각 물음에 답하시오.

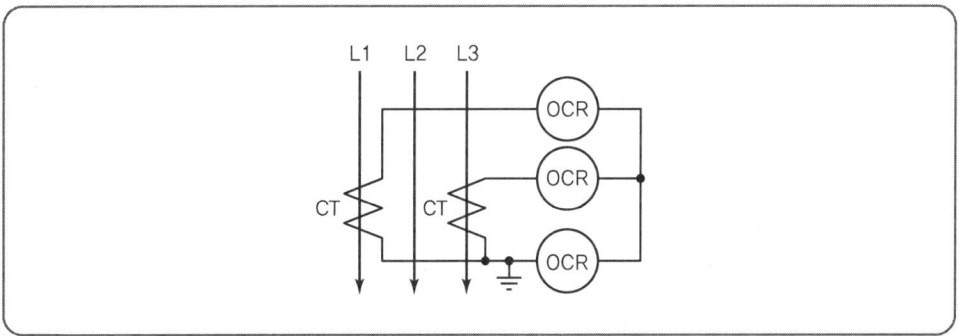

1 그림에서 CT의 변류비가 30/5이고 변류기 2차 측 전류를 측정하니 3[A]의 전류가 흘렀다면 수전 전력은 몇 [kW]인지 계산하시오.(단, 수전 전압은 22,900[V], 역률 90[%]이다.)
계산 : _____ 답 : _____

2 OCR는 주로 어떤 사고가 발생하였을 때 동작하는지 쓰시오.
3 통전 중에 있는 변류기 2차 측 기기를 교체하고자 할 때 가장 먼저 취하여야 할 조치는 무엇인지 쓰시오.

해답 **1** 계산 : $P = \sqrt{3}\,VI\cos\theta \times 10^{-3} = \sqrt{3} \times 22,900 \times \left(3 \times \dfrac{30}{5}\right) \times 0.9 \times 10^{-3} = 642.56[kW]$

답 642.56[kW]

2 단락사고
3 2차 측 단락

TIP
① 1차 전류 $I_1 = I_2 \times CT$비 $= 3 \times \dfrac{30}{5}$
② OCR 동작 : 단락, 과부하 시 동작
③ 변류기는 2차 측을 단락 후 점검한다.
④ CT 극성 : 감극성(부하전류 방향과 변류기 2차 측 전류의 방향이 반대)
⑤ L1과 L3의 전류의 합은 L2의 전류를 나타낸다.
⑥ CT 2대가 V결선이므로 3상 3선식에서 이용된다.

04 변압기 또는 선로의 사고에 의해서 뱅킹 내의 건전한 변압기의 일부 또는 전부가 연쇄적으로 회로로부터 차단되는 현상을 일컫는 말은?

[해답] 캐스케이딩

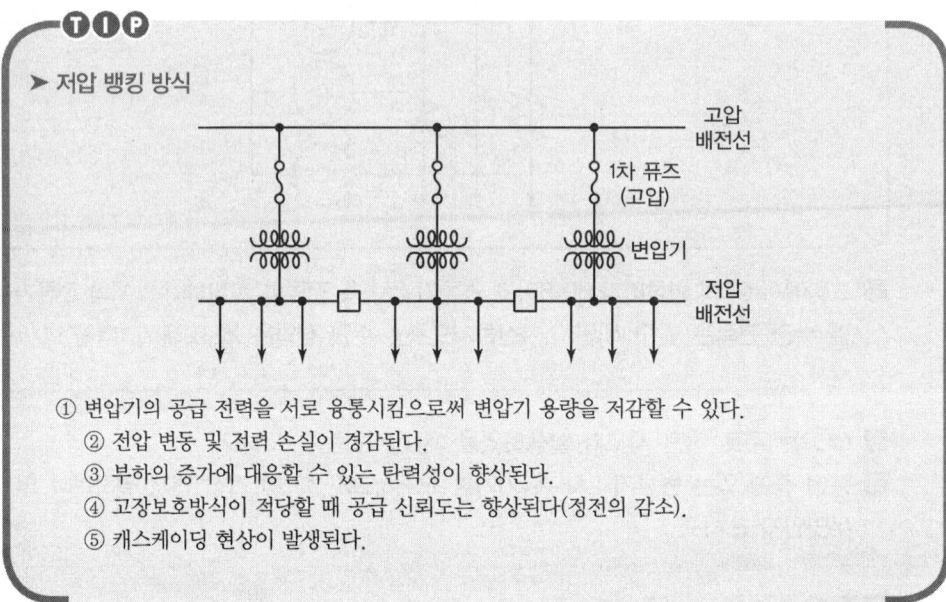

➤ 저압 뱅킹 방식

① 변압기의 공급 전력을 서로 융통시킴으로써 변압기 용량을 저감할 수 있다.
② 전압 변동 및 전력 손실이 경감된다.
③ 부하의 증가에 대응할 수 있는 탄력성이 향상된다.
④ 고장보호방식이 적당할 때 공급 신뢰도는 향상된다(정전의 감소).
⑤ 캐스케이딩 현상이 발생된다.

05 서지 흡수기(Surge Absorber)의 역할(기능)과 어느 개소에 설치하는지 그 위치를 쓰시오.

1 역할(기능)
2 설치위치

[해답] **1** 역할(기능) : 개폐 서지를 억제하여 기기 보호
2 설치위치 : 개폐 서지를 발생하는 차단기 2차 측과 부하 측의 1차 측 사이

① 피뢰기(LA) : 뇌전류(이상전압)를 대지로 방전하고 속류를 차단하여 기기를 보호한다.
② 서지흡수기(SA) : 진공차단기 등 개폐서지를 억제하여 변압기를 보호한다.
③ 서지방지기(SPD) : 저압에 설치하는 것으로 서지 또는 과도전압으로부터 기기를 보호한다.

06 특고압 5,000[kVA] 이상 변압기에서 내부에 고장이 생겼을 경우에 보호하는 장치를 시설하여야 한다. 변압기의 내부고장을 보호하기 위한 장치를 ( ) 안에 알맞게 적으시오.

1 전기적 보호장치 : (　　　　　　)
2 기계적 보호장치 : (　　　　　　), (　　　　　　)

해답 1 비율차동계전기
　　　2 부흐홀쯔 계전기, 충격압력계전기

07 조명에서 사용되는 다음 용어를 설명하시오.

1 광속　　　　2 조도　　　　3 광도

해답 1 광속[lm] : 방사속(단위시간당 방사되는 에너지의 양) 중 빛으로 느끼는 부분
　　　2 조도[lx] : 어떤 면의 단위 면적당의 입사 광속
　　　3 광도[cd] : 광원에서 어떤 방향에 대한 단위 입체각으로 발산되는 광속

08 어느 수용가의 부하용량이 1,000[kW], 수용률이 70[%], 역률이 85[%]일 때, 수전설비용량 [kVA]은 몇 [kVA]인가?

계산 : _____　　　답 : _____

해답 계산 : 수전설비용량 $P_a = \dfrac{\text{설비용량} \times \text{수용률}}{\text{역률}} = \dfrac{1,000 \times 0.7}{0.85} = 823.53[\text{kVA}]$

답 823.53[kVA]

> **TIP**
> 수전설비용량=변압기용량

09 전력보안통신설비란, 전력의 수급에 필요한 급전·운전·보수 등의 업무에 사용되는 전화 및 원격지에 있는 설비의 감시·제어·계측·계통보호를 위해 전기적·광학적으로 신호를 송·수신하는 제어장치·전송로 설비 및 전원설비 등을 말한다. 이를 시설하는 장소 3가지를 쓰시오.

[해답] ① 22.9[kV] 계통 배전선로 구간(가공, 지중, 해저)
② 22.9[kV] 계통에 연결되는 분산전원형 발전소
③ 동일 수계에 속하고 안전상 긴급 연락의 필요가 있는 수력발전소 상호 간

TIP

▶ 전력보안통신설비의 시설 장소

가. 송전선로
① 66[kV], 154[kV], 345[kV], 765[kV] 계통 송전선로 구간(가공, 지중, 해저) 및 안전상 특히 필요한 경우에 전선로의 적당한 곳
② 고압 및 특고압 지중전선로가 시설되어 있는 전력구내에서 안전상 특히 필요한 경우의 적당한 곳
③ 직류 계통 송전선로 구간 및 안전상 특히 필요한 경우의 적당한 곳

나. 배전선로
① 22.9[kV] 계통 배전선로 구간(가공, 지중, 해저)
② 22.9[kV] 계통에 연결되는 분산전원형 발전소
③ 폐회로 배전 등 신 배전방식 도입 개소
④ 원격검침, 부하감시 등의 및 스마트그리드 구현을 위해 필요한 구간

다. 발전소, 변전소 및 변환소
① 원격감시제어가 되지 아니하는 발전소 · 원격 감시제어가 되지 아니하는 변전소(이에 준하는 곳으로서 특고압의 전기를 변성하기 위한 곳을 포함한다) · 개폐소, 전선로 및 이를 운용하는 급전소 및 급전분소 간
② 2 이상의 급전소(분소) 상호 간과 이들을 통합 운용하는 급전소(분소) 간
③ 수력설비 중 필요한 곳, 수력설비의 안전상 필요한 양수소(量水所)및 강수량 관측소와 수력발전소 간
④ 동일 수계에 속하고 안전상 긴급 연락의 필요가 있는 수력발전소 상호 간
⑤ 동일 전력계통에 속하고 또한 안전상 긴급연락의 필요가 있는 발전소 · 변전소(이에 준하는 곳으로서 특고압의 전기를 변성하기 위한 곳을 포함한다)및 개폐소 상호 간
⑥ 발전소 · 변전소 및 개폐소와 기술원 주재소 간. 다만, 다음 어느 항목에 적합하고 또한 휴대용 또는 이동용 전력보안통신 전화설비에 의하여 연락이 확보된 경우에는 그러하지 아니하다.
  ㉠ 발전소로서 전기의 공급에 지장을 미치지 않는 것
  ㉡ 상주감시를 하지 않는 변전소(사용전압이 35[kV] 이하의 것에 한한다.)로서 그 변전소에 접속되는 전선로가 동일 기술원 주재소에 의하여 운용되는 곳
⑦ 발전소 · 변전소(이에 준하는 곳으로서 특고압의 전기를 변성하기 위한 곳을 포함한다.) · 개폐소 · 급전소 및 기술원 주재소와 전기설비의 안전상 긴급 연락의 필요가 있는 기상대 · 측후소 · 소방서 및 방사선 감시계측 시설물 등의 사이

라. 배전지능화 주장치가 시설되어 있는 배전센터, 전력수급조절을 총괄하는 중앙급전사령실
마. 전력보안통신 데이터를 중계하거나, 교환시키는 정보통신실

10 표와 같이 어느 수용가 A, B, C에 공급하는 배선선로의 최대전력은 9,300[kW]이다. 이때 수용가의 부등률을 구하시오.

수용가	설비용량[kW]	수용률[%]
A	4,500	80
B	5,000	60
C	7,000	50

계산 : _____ 답 : _____

해답 계산 : 부등률 $= \dfrac{\text{설비용량} \times \text{수용률}}{\text{합성최대전력}}$

$= \dfrac{(4{,}500 \times 0.8) + (5{,}000 \times 0.6) + (7{,}000 \times 0.5)}{9{,}300} = 1.09$

답 1.09

TIP

1. 수용률
   ① 의미 : 수용설비의 기기를 동시에 사용하는 정도
   ② 정의 : 설비용량에 대한 최대수용전력의 비
   ③ 수용률 $= \dfrac{\text{최대전력[kW]}}{\text{설비용량[kW]}} \times 100[\%]$
   ④ 변압기 용량[kVA] $= \dfrac{\text{최대전력[kW]}}{\cos\theta} = \dfrac{\text{설비용량} \times \text{수용률[kW]}}{\cos\theta}$

2. 부등률
   ① 정의(의미) : 여러 전력 기기를 동시에 사용하는 정도를 시간, 계절별로 나타내는 지수
   ② 부등률식의 정의 : 합성 최대전력에 대한 개별 최대수용전력의 합의 비
   ③ 부등률 $= \dfrac{\text{개별 최대전력의 합[kW]}}{\text{합성 최대전력[kW]}} \geq 1$
   ④ 합성 최대전력[kW] $= \dfrac{\text{개별 최대전력의 합[kW]}}{\text{부등률}}$
   ⑤ 변압기 용량[kVA] $= \dfrac{\text{합성 최대전력[kW]}}{\cos\theta} = \dfrac{\text{개별 최대전력의 합[kW]}}{\text{부등률} \cdot \cos\theta}$
   ⑥ 부등률은 단위가 없다.

3. 부하율
   ① 의미 : 전력 변동 상태를 알 수 있는 정도
   ② 정의 : 최대전력에 대한 평균전력의 비
   부하율[F] $= \dfrac{\text{평균전력[kW]}}{\text{최대전력[kW]}} \times 100[\%] = \dfrac{\text{사용전력량[kWh]/시간}}{\text{최대전력[kW]}} \times 100[\%]$
   ③ 부하율이 작으면 전력공급설비를 유용하게 사용하지 못하며 실가동율이 저하된다.

11 6극 50[Hz]의 전부하 회전수 950[rpm]의 3상 권선형 유도전동기의 1상의 저항이 r일 때, 상회전 방향을 반대로 바꿔 역전제동을 하는 경우 제동토크를 전부하토크와 같게 하기 위한 회전자 삽입저항 R은 r의 몇 배인가?

계산 : _____ 답 : _____

해답 계산 : 동기속도 $N_s = \dfrac{120f}{P} = \dfrac{120 \times 50}{6} = 1,000[\text{rpm}]$

전부하슬립 $S = \dfrac{N_s - N}{N_s} \times 100 = \dfrac{1,000 - 950}{1,000} \times 100 = 5[\%]$

역회전슬립 $S' = \dfrac{N_s - (-N)}{N_s} \times 100 = \dfrac{1,000 - (-950)}{1,000} \times 100 = 195[\%]$

비례추이 원리 $\dfrac{r}{S} = \dfrac{r+R}{S'}$ 에서 슬립을 대입하면 $\dfrac{r}{0.05} = \dfrac{r+R}{1.95}$

$0.05(r+R) = 1.95r$ $0.05R = 1.95r - 0.05r$

$R = \dfrac{1.9}{0.05}r$

$R = 38r$

답 38배

12 정격용량 300[kVA]인 변압기에서 역률 70[%]의 부하에 300[kVA]를 공급하고 있다. 합성역률을 95[%]로 바꾸고자 전력용콘덴서를 설치했을 때, 유효전력은 몇 [kW] 증가하는가?

계산 : _____ 답 : _____

해답 계산 : 300[kVA] 역률 60[%]의 유효전력 $P_1 = 300 \times 0.7 = 210[\text{kW}]$

300[kVA] 역률 95[%]의 유효전력 $P_1 = 300 \times 0.95 = 285[\text{kW}]$

증가분 $P = 285 - 210 = 75[\text{kW}]$

답 75[kW]

13 수용률(Demand Factor)을 식으로 표시하고, 수용률의 의미에 대하여 설명하시오.

❶ 식

❷ 의미

(해답) ❶ 수용률 = $\dfrac{\text{최대수용전력}}{\text{부하설비용량}} \times 100\%$

❷ 의미 : 수용설비(부하설비)를 동시에 사용하는 정도를 말한다.

TIP

➤ 수용률의 정의
부하설비용량에 대한 최대수용전력의 비를 백분율로 나타낸 것이다.

14 그림과 같은 회로에서 중성선의 P점에서 단선되었다면, 부하 A의 단자전압 V_A와 부하 B의 단 전압은 V_B은 몇 [V]인가?

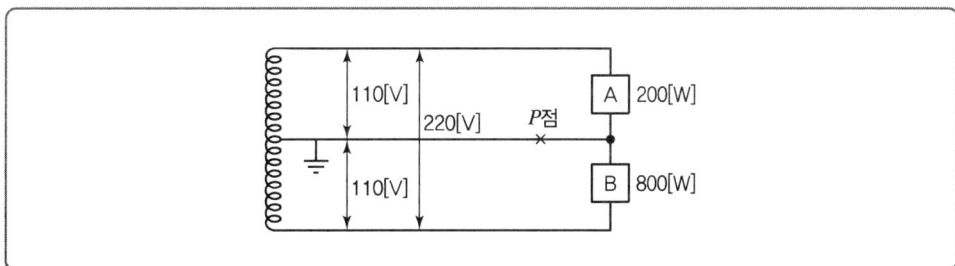

계산 : _____ 답 : _____

(해답) 계산 : $R_A = \dfrac{V^2}{P_A} = \dfrac{110^2}{200} = 60.5[\Omega]$ $R_B = \dfrac{V^2}{P_B} = \dfrac{110^2}{800} = 15.13[\Omega]$

$V_A = \dfrac{R_A}{R_A + R_B}V = \dfrac{60.5}{60.5 + 15.13} \times 220 = 175.99[V]$

$V_B = \dfrac{R_B}{R_A + R_B}V = \dfrac{15.13}{60.5 + 15.13} \times 220 = 44.01[V]$

답 $V_A = 175.99[V]$, $V_B = 44.01[V]$

TIP

중성선 단선 시 A부하와 B부하가 직렬회로가 되어 전압분배가 발생한다.

15 소비전력이 400[kW], 무효전력이 300[kVar]일 때, 역률[%]을 구하시오.

계산 : _____ 답 : _____

해답 계산 : $\cos\theta = \dfrac{P}{\sqrt{P^2+Q^2}} \times 100\% = \dfrac{400}{\sqrt{400^2+300^2}} \times 100\% = 80[\%]$

답 80[%]

16 역률 개선에 대한 효과를 3가지만 쓰시오.

해답
① 전력손실이 감소한다.
② 전압강하가 감소한다.
③ 전기요금이 감소한다.
그 외
④ 설비 이용률이 향상된다.

TIP
① 전력손실 $P_L \propto \dfrac{1}{\cos^2\theta}$
② 전압강하 감소 $e = \sqrt{3}\,I(R\cos\theta + X\sin\theta)$
　　　　　　　$X = X_L - X_C$(콘덴서)
③ 역률이 개선되면 유효전력이 증가하여 설비 이용률이 증가한다.
④ 평균 역률이 90[%]를 초과하는 경우 역률 95[%]까지 초과하는 매 1[%]당 기본요금의 0.2[%]를 감액한다.

17 다음 동작설명을 보고 미완성 시퀀스 회로도를 완성하시오.

> [동작 설명]
> - PB1을 누르면 MC가 여자되어 전동기가 운전하고, RL이 점등된다.
> - PB2을 누르면 MC가 소자되어 전동기가 정지하고, GL이 소등된다.
> - 전원 투입 시 확인을 위해 파일럿램프(PL)를 추가하시오.

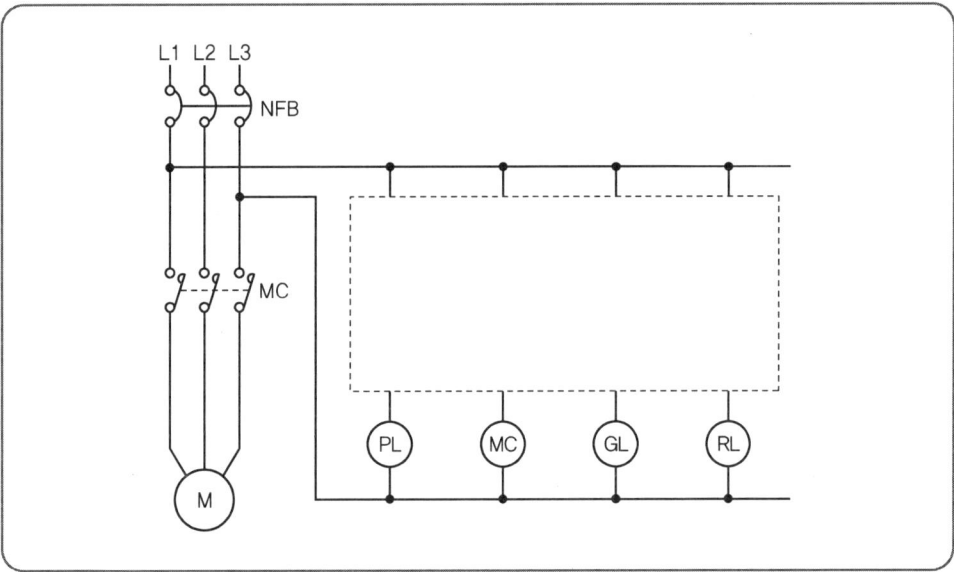

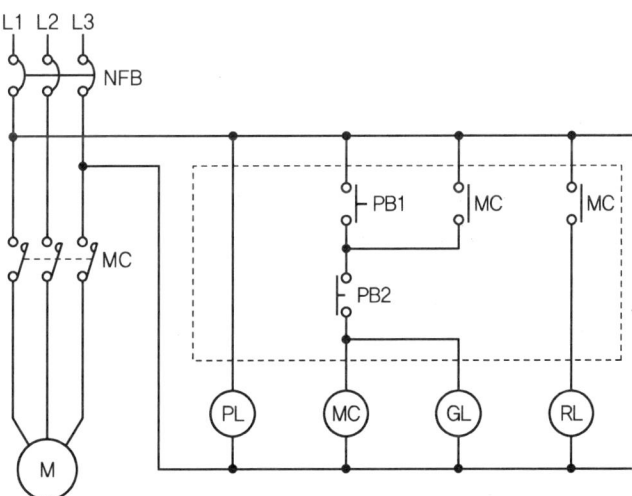

18 다음 그림은 환기팬의 수동 운전 및 고장 표시등 회로의 일부이다. 이 회로를 이용하여 다음 각 물음에 답하시오.

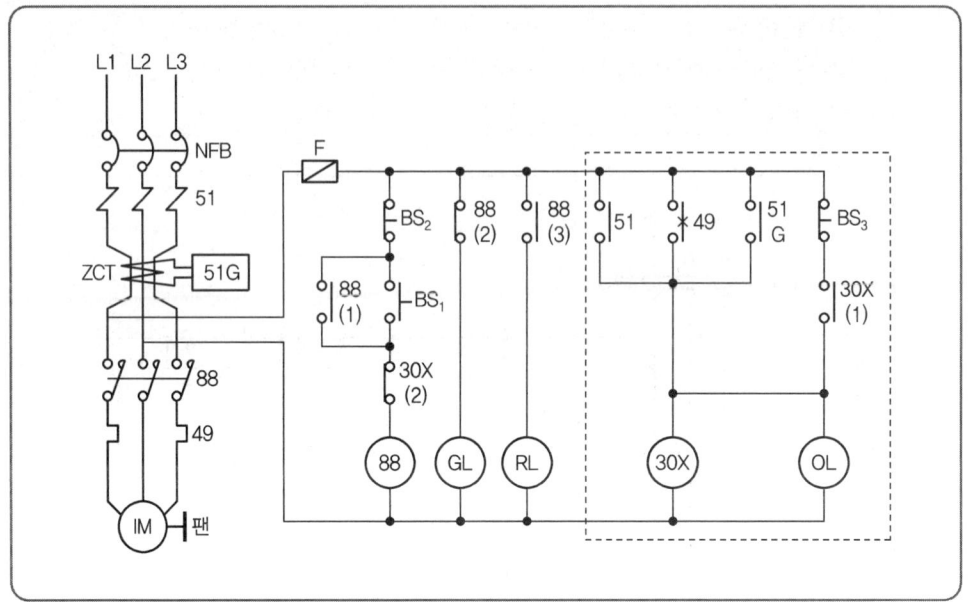

1 88은 MC로서 도면에서는 출력기구이다. 도면에 표시된 기구에 대하여 다음에 해당되는 명칭을 그 약호로 쓰시오.(단, 중복은 없고 NFB, ZCT, IM, 팬은 제외하며, 해당되는 기구가 여러 가지일 경우에는 모두 쓰도록 한다.)

① 고장표시기구 :
② 고장회복 확인기구 :
③ 기동기구 :
④ 정지기구 :
⑤ 운전표시램프 :
⑥ 정지표시램프 :
⑦ 고장표시램프 :
⑧ 고장검출기구 :

2 그림의 점선으로 표시된 회로를 AND, OR, NOT 회로를 사용하여 로직회로를 그리시오. (단, 로직소자는 3입력 이하로 한다.)

해답 **1** ① 30X ② BS_3
③ BS_1 ④ BS_2
⑤ RL ⑥ GL
⑦ OL ⑧ 51, 51G, 49

2
```
51 ─┐
49 ─┤OR┐
51G ─┘  └─┐OR─── OL
BS_3─NOT─┐AND─30X┘
         └───────┘
```

2023년도 2회 시험 과년도 기출문제

01 가로 10[m], 세로 20[m]인 사무실에 평균 조도를 250[lx]를 얻고자 할 때 40[W] 형광등의 광속이 2,400[lm]이라면 필요한 등수는 몇 등이 필요한가?(단, 조명률은 50[%], 감광보상률 1.2로 하여 계산한다.)

계산 : _____ 답 : _____

해답 계산 : FUN = DEA

$$N = \frac{1.2 \times 250 \times 10 \times 20}{2,400 \times 0.5} = 50[등]$$

답 50[등]

TIP

FUN = EAD

여기서, F : 광속[lm], N : 광원의 개수[등], E : 평균 조도[lx]

A : 방의 면적[m²], D : 감광보상률 $\left(= \frac{1}{M}\right)$

M : 유지율(보수율), U : 조명률[%]

02 어느 공장에서 천장크레인의 권상용 전동기에 의하여 하중 60[ton]을 권상속도 3[m/min]로 권상하려 한다. 권상용 전동기의 소요출력은 몇 [kW] 정도 되는가?(단, 권상기의 기계효율은 80[%]이다.)

계산 : _____ 답 : _____

해답 계산 : $P = \frac{WV}{6.12\eta} = \frac{60 \times 3}{6.12 \times 0.8} = 36.76[kW]$

답 36.76[kW]

TIP

▶ 권상기 용량

$P = \frac{W \cdot V}{6.12\eta}$

여기서, W : 무게[ton], V : 속도[m/min], η : 효율

03 그림과 같은 저압 배선방식의 명칭과 특징을 4가지만 쓰시오.

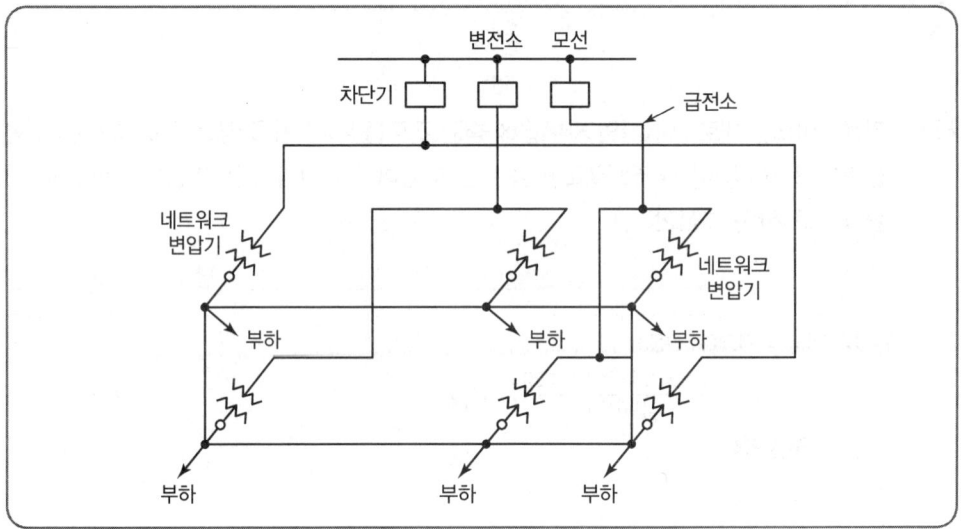

1 배선방식

2 특징

해답 **1** 저압 네트워크 방식

2 특징 4가지
① 무정전 공급이 가능하여 배전의 신뢰도가 가장 높다.
② 플리커 및 전압변동이 적다.
③ 전력손실이 감소된다.
④ 기기의 이용률이 향상된다.
그 외
⑤ 부하 증가에 대한 적응성이 좋다.
⑥ 변전소의 수를 줄일 수 있다.
⑦ 특별한 보호장치가 필요하다.

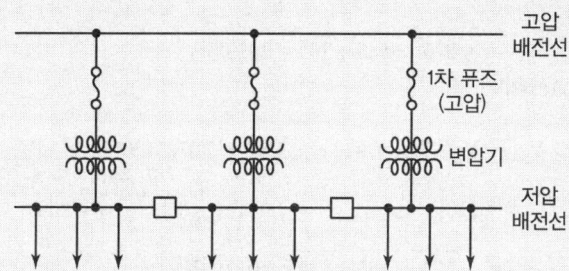

① 변압기의 공급 전력을 서로 융통시킴으로써 변압기 용량을 저감할 수 있다.
② 전압 변동 및 전력 손실이 경감된다.
③ 부하의 증가에 대응할 수 있는 탄력성이 향상된다.
④ 고장보호방식이 적당할 때 공급 신뢰도는 향상된다(정전의 감소).
⑤ 캐스케이딩 현상이 발생된다.

04 그림과 같이 V결선과 Y결선된 변압기 한 상의 중심 O에서 110[V]를 인출하여 사용하고자 한다. 다음 각 물음에 답하시오.

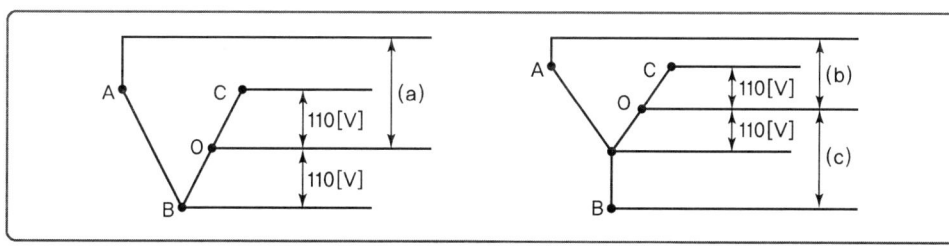

1 위 그림에서 (a)의 전압을 구하시오.
 계산 : _____ 답 : _____

2 위 그림에서 (b)의 전압을 구하시오.
 계산 : _____ 답 : _____

3 위 그림에서 (c)의 전압을 구하시오.
 계산 : _____ 답 : _____

해답 **1** 계산 : $V_{AO} = 220\angle 0° + 110\angle -120°$
$= 220 + (-55 - j55\sqrt{3}) = 165 - j55\sqrt{3}$
$= \sqrt{165^2 + (55\sqrt{3})^2} = 190.53[V]$
답 190.53[V]

2 계산 : $V_{AO} = V_A - V_O = 220\angle 0° - 110\angle 120°$

$= 220 - 110\left(-\dfrac{1}{2} + j\dfrac{\sqrt{3}}{2}\right) = 275 - j55\sqrt{3}$

$= \sqrt{275^2 + (55\sqrt{3})^2} = 291.03[V]$

답 291.03[V]

3 계산 : $V_{BO} = V_B - V_O = 220\angle -120° - 110\angle 120°$

$= 220\left(-\dfrac{1}{2} - j\dfrac{\sqrt{3}}{2}\right) - 110\left(-\dfrac{1}{2} + j\dfrac{\sqrt{3}}{2}\right) = -55 - j165\sqrt{3}$

$= \sqrt{55^2 + (165\sqrt{3})^2} = 291.03[V]$

답 291.03[V]

05 변류비 60/5인 CT 2대를 그림과 같이 접속할 때 전류계에 2[A]가 흐른다면 CT 1차 측에 흐르는 전류는 몇 [A]인가?

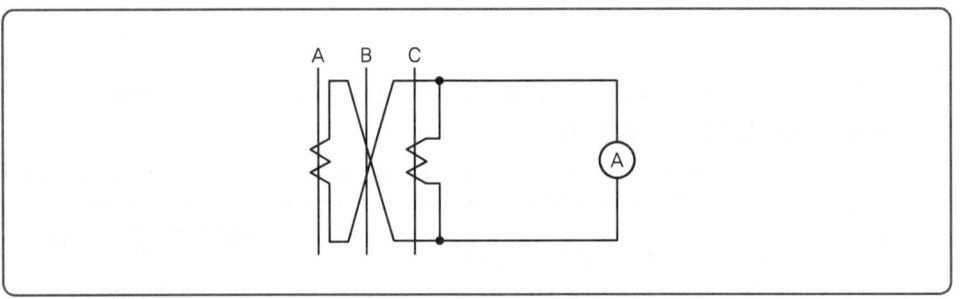

계산 : _____   답 : _____

해답 계산 : $I_1 = Ⓐ \times \dfrac{1}{\sqrt{3}} \times 변류비 = \dfrac{2}{\sqrt{3}} \times \dfrac{60}{5} = 13.86[A]$

답 13.86[A]

TIP

➤ CT의 V결선
1. 가동접속

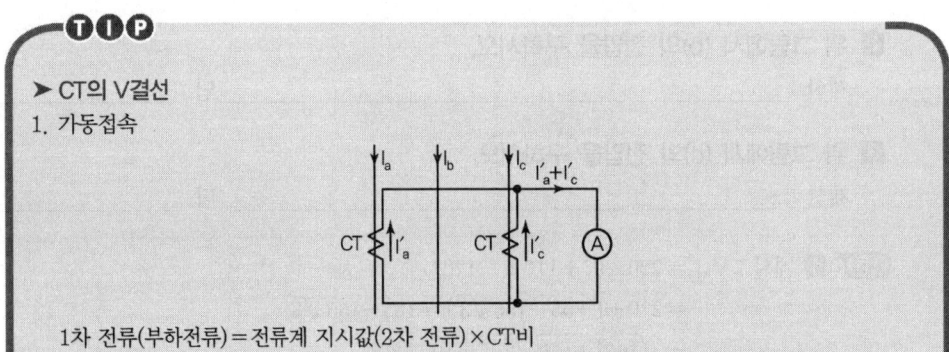

1차 전류(부하전류) = 전류계 지시값(2차 전류) × CT비

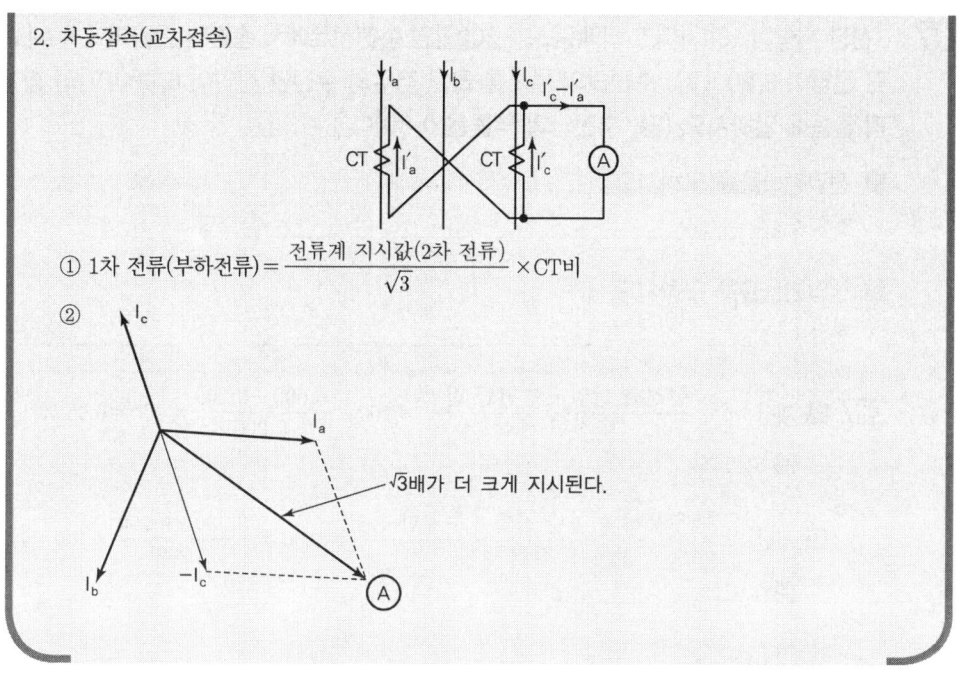

06 비상용 조명 부하 110[V]용 100[W] 58등, 60[W] 50등이 있다. 방전시간 30분, 축전지 HS형 54[cell], 허용 최저전압 100[V], 최저축전지온도 5[℃]일 때 축전지 용량은 몇 [Ah]인가?(단, 경년용량저하율 0.8, 용량환산시간계수 K = 1.2이다.)

계산 : _____ 답 : _____

해답 계산 : 부하전류 $I = \dfrac{P}{V} = \dfrac{100 \times 58 + 60 \times 50}{110} = 80[A]$

축전지 용량 $C = \dfrac{1}{L}KI = \dfrac{1}{0.8} \times 1.2 \times 80 = 120[Ah]$

답 120[Ah]

TIP

$C = \dfrac{1}{L}KI\ [Ah]$

여기서, C : 축전지의 용량[Ah], L : 보수율(경년용량 저하율)
K : 용량환산시간 계수, I : 방전전류[A]

07 1선당 저항이 10[Ω]이고 리액턴스가 20[Ω]인 송전선로에서 송전단 전압이 6,600[V], 수전단 전압이 6,200[V], 수전단의 부하를 끊은 경우의 수전단 전압이 6,300[V]라 할 때 다음 각 물음에 답하시오.(단, 수전단의 역률은 0.8이다.)

1 전압강하율을 구하시오.
계산 : _____ 답 : _____

2 전압변동률을 구하시오.
계산 : _____ 답 : _____

[해답]

1 계산 : $\delta = \dfrac{송전단\ 전압 - 수전단\ 전압}{수전단\ 전압} \times 100 = \dfrac{6{,}600 - 6{,}200}{6{,}200} \times 100 = 6.45[\%]$

답 6.45[%]

2 계산 : $\varepsilon = \dfrac{무부하\ 수전단\ 전압 - 수전단\ 전압}{수전단\ 전압} \times 100 = \dfrac{6{,}300 - 6{,}200}{6{,}200} \times 100 = 1.61[\%]$

답 1.61[%]

TIP

1. 전압강하(e)
   ① $e = V_S - V_R$
   ② $e = \sqrt{3}\,I\,(R \cdot \cos\theta + X \cdot \sin\theta)$
   ③ $e = \sqrt{3} \cdot \dfrac{P}{\sqrt{3}\,V\cos\theta}(R \cdot \cos\theta + X \cdot \sin\theta) = \dfrac{P}{V}(R + X\tan\theta)$

2. 전압강하율(δ)
   $\delta = \dfrac{e}{V_R} \times 100$
   ① $\delta = \dfrac{V_S - V_R}{V_R} \times 100$
   ② $\delta = \dfrac{\sqrt{3}\,I\,(R\cos\theta + X\sin\theta)}{V_R} \times 100$
   ③ $\delta = \dfrac{P}{V_R^{\,2}}(R + X\tan\theta) \times 100$

3. 전압 변동률(ε)
   $\varepsilon = \dfrac{V_{R_0} - V_R}{V_R}$
   여기서, V_{R_0} : 무부하 시 수전단 전압, V_R : 부하 시 수전단 전압

08 10[kVar]의 전력용 콘덴서를 설치하고자 할 때 다음 물음에 답하시오.(단, 사용전압은 380[V]이고 주파수는 60[Hz]이다.)

1 Y결선에 대한 콘덴서 용량은 몇 [μF]인가?
계산 : _____ 답 : _____

2 △ 결선에 대한 콘덴서 용량은 몇 [μF]인가?
계산 : _____ 답 : _____

3 두 결선 중 어느 것이 유리한가?

(해답) **1** 계산 : $C_Y = \dfrac{Q_Y}{WCV^2} = \dfrac{10 \times 10^3}{2\pi \times 60 \times 380^2} \times 10^6 = 183.7\,[\mu F]$ 답 $183.7\,[\mu F]$

2 계산 : $C_\triangle = \dfrac{Q_\triangle}{3WCV^2} = \dfrac{10 \times 10^3}{3 \times 2\pi \times 60 \times 380^2} \times 10^6 = 61.23\,[\mu F]$ 답 $61.23\,[\mu F]$

3 △결선

TIP

① △결선 $Q_\triangle = 3WCE^2 = 3WCV^2$ $C = \dfrac{Q_\triangle}{3WV^2}$

② Y결선 $Q_Y = 3WCE^2 = 3WC\left(\dfrac{V}{\sqrt{3}}\right)^2 = WCV^2$ $C = \dfrac{Q_Y}{WV^2}$

여기서, E : 상전압, V : 선간전압, W : $2\pi f$
C : 정전용량, Q : 충전용량(콘덴서용량)

09 배전선에 접속된 부하분포가 아래 그림과 같을 때 급전점을 A점으로 하고 급전전압을 105[V]로 하여 B, C점 및 D점의 전압을 구하면 각각 몇 [V]인가?(단, 배전선의 귀항은 위치에 관계없이 1,000[m]당 0.25[Ω]으로 계산할 것)

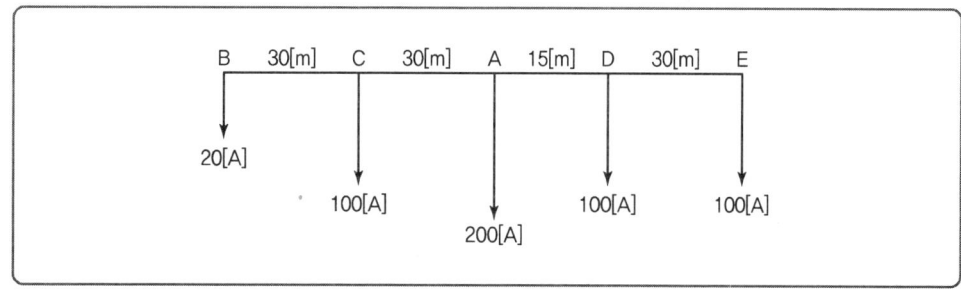

계산 : _____ 답 : _____

해답 계산 : 저항 R=0.25×10⁻³[Ω/m]

$$V_B = V_A - IR$$
$$= 105 - ((100+20) \times 0.25 \times 10^{-3} \times 30 + 20 \times 0.25 \times 10^{-3} \times 30)$$
$$= 103.95 [V]$$
$$V_C = V_A - IR = 105 - ((100+20) \times 0.25 \times 10^{-3} \times 30) = 104.1 [V]$$
$$V_D = V_A - IR = 105 - ((100+100) \times 0.25 \times 10^{-3} \times 15) = 104.25 [V]$$

답 $V_B = 103.95 [V]$, $V_C = 104.1 [V]$, $V_D = 104.25 [V]$

10 다음 곡선의 계전기 명칭을 쓰시오.

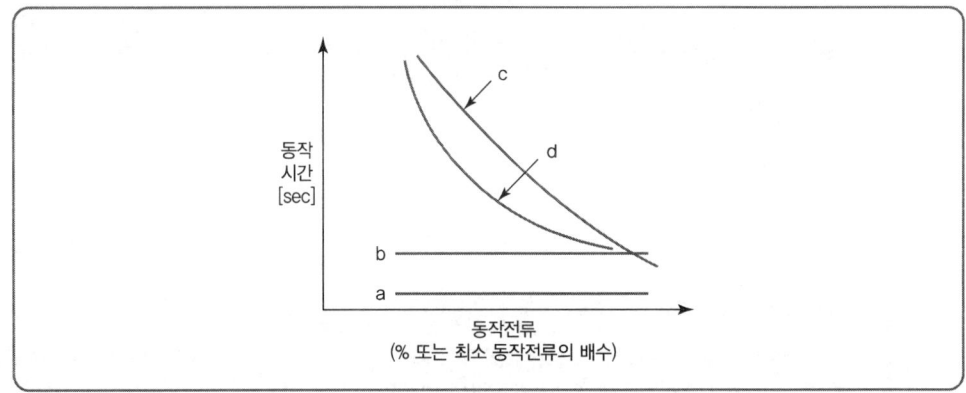

구분	a	b	c	d
명칭				

해답

구분	a	b	c	d
명칭	순한시 계전기	정한시 계전기	반한시 계전기	반한시성 정한시 계전기

TIP

① 정한시 계전기 : 정해진 값 이상의 전류가 흘렀을 때 동작 전류의 크기에는 관계없이 정해진 시간이 경과한 후에 동작하는 계전기
② 반한시 계전기 : 정해진 값 이상의 전류가 흘렀을 때 동작하는 시간과 전류값이 서로 반비례하여 동작하는 계전기
③ 반한시-정한시 계전기 : 어느 전류값까지는 반한시 계전기의 성질을 띠지만 그 이상의 전류가 흐르는 경우 정한시 계전기의 성질을 띠는 계전기
④ 순한시 계전기 : 정해진 값 이상의 전류가 흘렀을 때 즉시 동작하는 계전기

11 그림과 같이 높이가 같은 전선주가 같은 거리에 가설되어 있다. 지금 지지물 B에서 전선이 지지점에서 떨어졌다고 하면, 전선의 처짐정도 D_2는 전선이 떨어지기 전 D_1의 몇 배가 되겠는가? ※ KEC 규정에 따라 변경

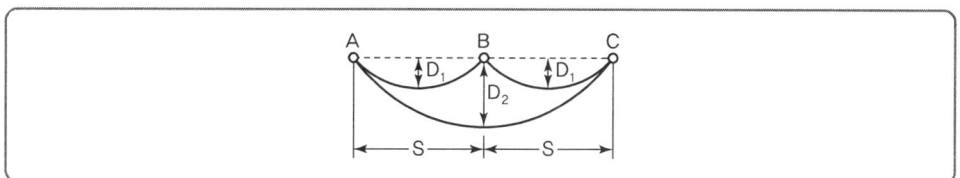

계산 : _____ 답 : _____

해답 계산 : 전선의 실제 길이 $L = S + \dfrac{8D^2}{3S}$ 에서

$2L_1 = L_2$

$2\left(S + \dfrac{8D_1^2}{3S}\right) = 2S + \dfrac{8D_2^2}{3 \times 2S}$

$2S + \dfrac{2 \times 8D_1^2}{3S} = 2S + \dfrac{8D_2^2}{3 \times 2S}$

$\dfrac{8D_2^2}{3 \times 2S} = \dfrac{2 \times 8D_1^2}{3S}$

$D_2^2 = \dfrac{2 \times 8D_1^2}{3S} \times \dfrac{3 \times 2S}{8}$ ∴ $D_2 = \sqrt{4D_1^2} = 2D_1$

답 2배

TIP

$L = S + \dfrac{8D^2}{3S}$

여기서, L : 전선의 실제 길이[m], S : 경간[m], D : 처짐정도(이도)[m]

12 100[kVA]의 변압기가 운전 중일 때 하루 중 절반은 무부하로 운전하고 나머지의 절반은 50[%]의 부하로 운전하고 나머지 시간 동안은 전부하로 운전된다고 하면 전일 효율은 몇 [%]인가?(단, 철손은 400[W], 동손은 1,300[W]이다.)

계산 : _____ 답 : _____

해답 계산 : 전력량 $P = mVI\cos\theta \times T = 0.5 \times 100 \times 6 + 1 \times 100 \times 6 = 900 [\text{kWh}]$

동손 $P_C = m^2 P_C \times T = (0.5^2 \times 1,300 \times 6 + 1^2 \times 1,300 \times 6) \times 10^{-3} = 9.75 [\text{kWh}]$

철손 $P_i = P_i \times 24 = (400 \times 24) \times 10^{-3} = 9.6 [\text{kWh}]$

효율 $\eta = \dfrac{출력}{출력+동손+철손} \times 100 = \dfrac{900}{900+9.75+9.6} \times 100 = 97.895 [\%]$

답 97.9[%]

TIP

① 전력(출력) P = 부하율×전압×전류×역률

철손 $P_i = P_i$ 동손 $P_c = \left(\dfrac{1}{m}\right)^2 I^2 R$

② 효율 $\eta = \dfrac{출력}{출력+철손+동손} \times 100 [\%]$

13 변압기 2차 측 부하용량과 수용률이 아래 표와 같을 때 변압기 용량은 몇 [kVA]인가?(단, 부하 간 부등률은 1.3으로 적용할 것)

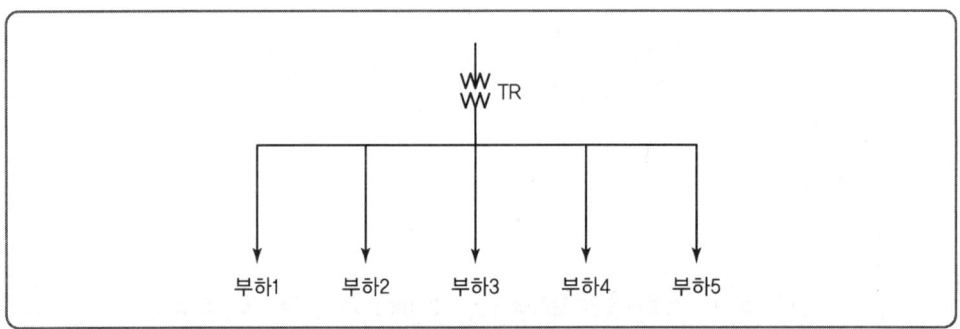

구분	부하1	부하2	부하3	부하4	부하5
부하용량[kW]	3	4.5	5.5	12	17
수용률[%]	65	45	70	50	50

계산 : _____ 답 : _____

해답 계산 : 변압기 용량$[\text{kVA}] = \dfrac{\text{개별 최대전력의 합}[\text{kW}]}{\text{부등률} \times \text{역률}}$

$= \dfrac{3 \times 0.65 + 4.5 \times 0.45 + 5.5 \times 0.7 + 12 \times 0.5 + 17 \times 0.5}{1.3 \times 1}$

$= 17.17 [\text{kVA}]$

답 17.17[kVA]

> **TIP**
>
> 1. 수용률
>   ① 의미 : 수용설비의 기기를 동시에 사용하는 정도
>   ② 정의 : 설비용량에 대한 최대수용전력의 비
>   ③ 수용률 = $\dfrac{\text{최대전력[kW]}}{\text{설비용량[kW]}} \times 100[\%]$
>   ④ 변압기 용량[kVA] = $\dfrac{\text{최대전력[kW]}}{\cos\theta} = \dfrac{\text{설비용량} \times \text{수용률[kW]}}{\cos\theta}$
>
> 2. 부등률
>   ① 정의(의미) : 여러 전력 기기를 동시에 사용하는 정도를 시간, 계절별로 나타내는 지수
>   ② 부등률식의 정의 : 합성 최대전력에 대한 개별 최대수용전력의 합의 비
>   ③ 부등률 = $\dfrac{\text{개별 최대전력의 합[kW]}}{\text{합성 최대전력[kW]}} \geq 1$
>   ④ 합성 최대전력[kW] = $\dfrac{\text{개별 최대전력의 합[kW]}}{\text{부등률}}$
>   ⑤ 변압기 용량[kVA] = $\dfrac{\text{합성 최대전력[kW]}}{\cos\theta} = \dfrac{\text{개별 최대전력의 합[kW]}}{\text{부등률} \cdot \cos\theta}$
>   ⑥ 부등률은 단위가 없다.
>
> 3. 부하율
>   ① 의미 : 전력 변동 상태를 알 수 있는 정도
>   ② 정의 : 최대전력에 대한 평균전력의 비
>   부하율[F] = $\dfrac{\text{평균전력[kW]}}{\text{최대전력[kW]}} \times 100[\%] = \dfrac{\text{사용전력량[kWh]/시간}}{\text{최대전력[kW]}} \times 100[\%]$
>   ③ 부하율이 작으면 전력공급설비를 유용하게 사용하지 못하며 실가동율이 저하된다.

14 분전반에서 25[m] 떨어진 곳에 4[kW]의 단상 2선식 200[V] 전열기용 아웃렛을 설치하여 그 전압강하를 1[%] 이하가 되도록 하기 위한 굵기를 선정하시오.

[조건]
공칭 단면적
1.5 2.5 4 6 10 16 25 35 50

계산 : _____ 답 : _____

해답 계산 : 전류 $I = \dfrac{P}{V} = \dfrac{4 \times 10^3}{200} = 20[A]$

$A = \dfrac{35.6LI}{1{,}000e} = \dfrac{35.6 \times 25 \times 20}{1{,}000 \times 200 \times 0.01} = 8.9[mm^2]$

답 $10[mm^2]$

TIP

KS C IEC 전선규격[mm²]		
1.5	2.5	4
6	10	16
25	35	50
70	95	120
150	185	240
300	400	500

전선의 단면적	
단상 2선식	$A = \dfrac{35.6LI}{1,000 \cdot e}$
3상 3선식	$A = \dfrac{30.8LI}{1,000 \cdot e}$
단상 3선식 3상 4선식	$A = \dfrac{17.8LI}{1,000 \cdot e}$

15 다음 회로에서 전원전압이 공급될 때 최대 전류계의 측정 범위가 500[A]의 전류계로 전 전류값이 2,000[A]인 전류를 측정하려고 한다. 전류계와 병렬로 몇 [Ω]의 저항을 연결하면 측정이 가능한지 계산하시오.(단, 전류계의 내부저항은 90[Ω]이다.)

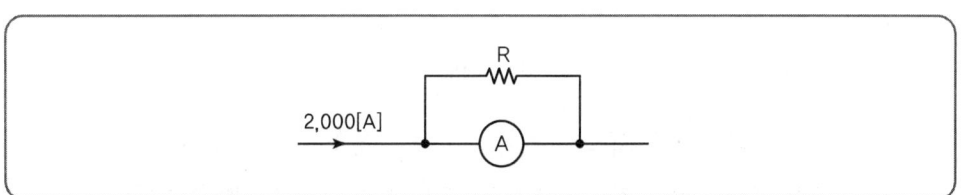

계산 : _____ 답 : _____

해답 계산 : 분류기 $m = \dfrac{I}{I_a} = \dfrac{r_a}{R_s} + 1$ 이므로

$\dfrac{2,000}{500} = \dfrac{90}{R_s} + 1, \quad 3 = \dfrac{90}{R_s}$

$\therefore R_s = \dfrac{90}{3} = 30[\Omega]$

답 30[Ω]

TIP

▶ **배율기**
전압계의 측정범위를 확대하기 위하여 전압계와 직렬로 연결하는 저항

$m = \dfrac{V}{V_a} = 1 + \dfrac{R_S}{r_a}$

여기서, m : 배율, V_a : 최고측정한도, V : 측정하려는 값
r_a : 내부저항, R_S : 배율기저항

16 입력 A, B, C, D로 제어되는 다음 논리회로의 출력 Z에 대한 식을 쓰시오.(단, 출력식은 입력 A, B, C, D의 기호를 포함해야 한다.)

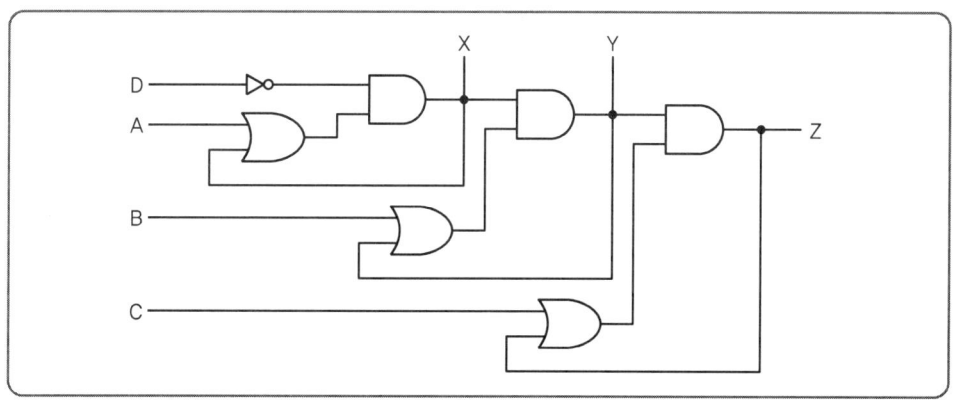

해답 $Z = \overline{D}(A+X)(B+Y)(C+Z)$

TIP
- $X = \overline{D}(A+X)$
- $Y = X(B+Y)$
- $Z = Y(C+Z)$
- $\therefore Z = \overline{D}(A+X)(B+Y)(C+Z)$

17 그림과 같은 PLC 시퀀스의 미완성 프로그램을 주어진 명령어를 이용하여 완성하시오.

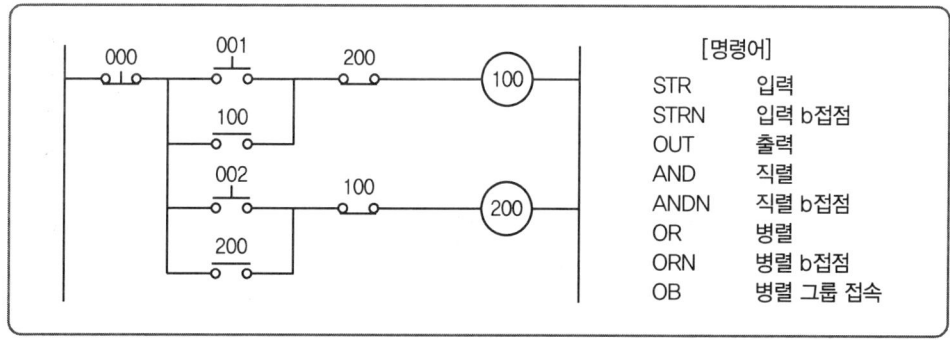

[명령어]
STR	입력
STRN	입력 b접점
OUT	출력
AND	직렬
ANDN	직렬 b접점
OR	병렬
ORN	병렬 b접점
OB	병렬 그룹 접속

과년도 기출문제

차례	명령어	번지	비고
0	STRN	000	W
1	AND	001	W
2			W
3			W
4			W
5			W
6			W
7			W
8			W
9			W
10			W
11			W
12			W
13			W
14	OB		W
15	OUT	200	W
16	END		

[해답]

차례	명령어	번지	비고
0	STRN	000	W
1	AND	001	W
2	ANDN	200	W
3	STRN	000	W
4	AND	100	W
5	ANDN	200	W
6	OB		W
7	OUT	100	W
8	STRN	000	W
9	AND	002	W
10	ANDN	100	W
11	STRN	000	W
12	AND	200	W
13	ANDN	100	W
14	OB		W
15	OUT	200	W
16	END		

18 3층 사무실용 건물에 3상 3선식의 6,000[V]를 200[V]로 강압하여 수전하는 설비가 있다. 각종 부하 설비가 표와 같을 때 참고자료를 이용하여 다음 물음에 답하시오.

| 표 1. 동력 부하 설비 |

사용 목적	용량 [kW]	대수	상용동력 [kW]	하계동력 [kW]	동계동력 [kW]
난방 관계 • 보일러 펌프 • 오일 기어 펌프 • 온수 순환 펌프	6.7 0.4 3.7	1 1 1			6.7 0.4 3.7
공기조화관계 • 1, 2, 3층 패키지 컴프레서 • 컴프레서 팬 • 냉각수 펌프 • 쿨링 타워	7.5 5.5 5.5 1.5	6 3 1 1	16.5	45.0 5.5 1.5	
급수·배수 관계 • 양수 펌프	3.7	1	3.7		
기타 • 소화 펌프 • 셔터	5.5 0.4	1 2	5.5 0.8		
합계			26.5	52.0	10.8

| 표 2. 조명 및 콘센트 부하 설비 |

사용 목적	와트수 [W]	설치 수량	환산용량 [VA]	총용량 [VA]	비고
전등관계 • 수은등 A • 수은등 B • 형광등 • 백열전등	200 100 40 60	2 8 820 20	260 140 55 60	520 1,120 45,100 1,200	200[V] 고역률 100[V] 고역률 200[V] 고역률
콘센트 관계 • 일반 콘센트 • 환기팬용 콘센트 • 히터용 콘센트 • 복사기용 콘센트 • 텔레타이프용 콘센트 • 룸 쿨러용 콘센트	 1,500 	70 8 2 4 2 6	150 55	10,500 440 3,000 3,600 2,400 7,200	2P 15[A]
기타 • 전화교환용 정류기		1		800	
합계				75,880	

[조건]
1. 동력부하의 역률은 모두 70[%]이며, 기타는 100[%]로 간주한다.
2. 조명 및 콘센트 부하설비의 수용률은 다음과 같다.
   - 전등 설비 : 60[%]
   - 콘센트 설비 : 70[%]
   - 전화교환용 정류기 : 100[%]
3. 변압기 용량 산출 시 예비율(여유율)은 고려하지 않으며 용량은 표준규격으로 답하도록 한다.
4. 변압기 용량 산정 시 필요한 동력부하설비의 수용률은 전체 평균 65[%]로 한다.

1 동계 난방 때 온수 순환 펌프는 상시 운전하고, 보일러용과 오일 기어 펌프의 수용률이 55[%]일 때 난방동력 수용부하는 몇 [kW]인가?
계산 : _____ 답 : _____

2 상용동력, 하계동력, 동계동력에 대한 피상전력은 몇 [kVA]가 되겠는가?
① 상용동력
계산 : _____ 답 : _____
② 하계동력
계산 : _____ 답 : _____
③ 동계동력
계산 : _____ 답 : _____

3 이 건물의 총 전기 설비 용량은 몇 [kVA]를 기준으로 하여야 하는가?
계산 : _____ 답 : _____

4 조명 및 콘센트 부하 설비에 대한 단상 변압기의 용량은 최소 몇 [kVA]가 되어야 하는가?
계산 : _____ 답 : _____

5 동력부하용 3상 변압기의 용량은 몇 [kVA]가 되겠는가?
계산 : _____ 답 : _____

6 단상과 3상 변압기의 전류계용으로 사용되는 변류기의 1차 측 정격전류는 각각 몇 [A]인가?
① 단상
계산 : _____ 답 : _____
② 3상
계산 : _____ 답 : _____

7 역률개선을 위하여 각 부하마다 전력용 콘덴서를 설치하려고 할 때 보일러 펌프의 역률을 95[%]로 개선하려면 몇 [kVA]의 전력용 콘덴서가 필요한가?
계산 : _____ 답 : _____

해답

1 계산 : 수용부하 $= 3.7 + (6.7 + 0.4) \times 0.55 = 7.61[\text{kW}]$

답 $7.61[\text{kW}]$

2 ① 계산 : 상용동력의 피상전력 $= \dfrac{\text{설비용량[kW]}}{\text{역률}} = \dfrac{26.5}{0.7} = 37.86[\text{kVA}]$

답 $37.86[\text{kVA}]$

② 계산 : 하계동력의 피상전력 $= \dfrac{\text{설비용량[kW]}}{\text{역률}} = \dfrac{52.0}{0.7} = 74.29[\text{kVA}]$

답 $74.29[\text{kVA}]$

③ 계산 : 동계동력의 피상전력 $= \dfrac{\text{설비용량[kW]}}{\text{역률}} = \dfrac{10.8}{0.7} = 15.43[\text{kVA}]$

답 $15.43[\text{kVA}]$

3 계산 : 총 전기설비용량 = 상용동력[kVA] + 하계동력[kVA] + 기타설비용량[kVA]
$= 37.86 + 74.29 + 75.88 = 188.03[\text{kVA}]$

답 $188.03[\text{kVA}]$

4 계산 : 전등 관계 : $(520 + 1{,}120 + 45{,}100 + 1{,}200) \times 0.6 \times 10^{-3} = 28.76[\text{kVA}]$

콘센트 관계 : $(10{,}500 + 440 + 3{,}000 + 3{,}600 + 2{,}400 + 7{,}200) \times 0.7 \times 10^{-3}$
$= 19[\text{kVA}]$

기타 : $800 \times 1 \times 10^{-3} = 0.8[\text{kVA}]$

$28.76 + 19 + 0.8 = 48.56[\text{kVA}]$이므로 단상 변압기 용량은 50[kVA]가 된다.

답 $50[\text{kVA}]$

5 계산 : 동계동력과 하계동력 중 큰 부하를 기준으로 하고 상용동력과 합산하여 계산하면

$T_R = \dfrac{\text{설비용량} \times \text{수용률}}{\text{역률}} = \dfrac{(26.5 + 52.0)}{0.7} \times 0.65 = 72.89[\text{kVA}]$이므로

3상 변압기 용량은 75[kVA]가 된다.

답 $75[\text{kVA}]$

6 ① 계산 : 단상 변압기 1차 측 변류기

$I = \dfrac{P}{V} \times (1.25 \sim 1.5) = \dfrac{50 \times 10^3}{6 \times 10^3} \times (1.25 \sim 1.5) = 10.42 \sim 12.5[\text{A}]$

답 15[A] 선정

② 계산 : 3상 변압기 1차 측 변류기

$I = \dfrac{P}{\sqrt{3}\,V} \times (1.25 \sim 1.5) = \dfrac{75 \times 10^3}{\sqrt{3} \times 6 \times 10^3} \times (1.25 \sim 1.5) = 9.02 \sim 10.83[\text{A}]$

답 10[A] 선정

7 계산 : $Q_c = P(\tan\theta_1 - \tan\theta_2) = 6.7 \left(\dfrac{\sqrt{1-0.7^2}}{0.7} - \dfrac{\sqrt{1-0.95^2}}{0.95} \right) = 4.63[\text{kVA}]$

답 $4.63[\text{kVA}]$

2023년도 3회 시험 과년도 기출문제

01 피뢰기의 구비조건 3가지를 쓰시오.

[해답]
① 충격파의 방전개시전압이 낮을 것
② 상용주파의 방전개시전압이 높을 것
③ 제한전압이 낮을 것
그 외
④ 속류 차단능력이 클 것

TIP

1. 피뢰기 구성 및 전압의 정의
   ① 구성요소 : 직렬캡과 특성요소로 구성
   ② 피뢰기 정격전압 : 속류를 차단할 수 있는 최고의 교류전압
   ③ 피뢰기 제한전압 : 피뢰기 동작 중 단자전압의 파고치

2. 피뢰기 정격전압

공칭전압	중성점 접지상태	피뢰기 정격전압		이격거리[m] 이내
		변전소	선로	
345	유효접지	288	–	85
154	유효접지	144	–	65
22.9	3상 4선식 다중접지	21	18	20
6.6	비접지	7.5	7.5	20

3. 피뢰기 공칭방전전류

공칭방전전류	설치장소	적용조건
10,000[A]	변전소	① 154[kV] 이상의 계통 ② 66[kV] 및 그 이하에서 Bank 용량이 3,000[kVA]를 초과하거나 중요한 곳 ③ 장거리 송전선, 케이블 및 정전 축전기 Bank를 개폐하는 곳
5,000[A]	변전소	66[kV] 및 그 이하에서 3,000[kVA] 이하
2,500[A]	선로변전소	22.9[kV] 이하의 배전선로 및 배전선로 피더 인출 측

4. 피뢰기 설치장소
   ① 발전소, 변전소 또는 이에 준하는 장소의 가공전선 인입구와 인출구
   ② 특고압 가공전선로에 접속하는 특고압 배전용 변압기의 고압 측 및 특별고압 측
   ③ 고압 또는 특별고압 가공전선로로부터 공급을 받는 수용장소의 인입구
   ④ 가공전선로와 지중전선로가 접속되는 곳

5. 피뢰기의 구비조건
   ① 충격 방전개시전압이 낮을 것
   ② 제한전압이 낮고 방전내량이 클 것
   ③ 상용주파 방전개시전압이 높을 것
   ④ 속류를 차단하는 능력이 있을 것

6. 피뢰기의 종류
   ① 저항형 피뢰기
   ② 밸브형 피뢰기
   ③ 밸브 저항형 피뢰기
   ④ 갭레스 피뢰기

02 유효전력 60[kW], 역률 80[%]인 부하에 유효전력 40[kW], 역률 60[%]인 부하를 새로 추가한 후, 콘덴서로 합성한 유효전력과 무효전력을 구하시오.

계산 : _____ 답 : _____

해답 계산 : 유효전력 $P = P_1 + P_2 = 60 + 40 = 100[kW]$

무효전력 $Q = P_1 \tan\theta_1 + P_2 \tan\theta_2$

$$= 60 \times \frac{0.6}{0.8} + 40 \times \frac{0.8}{0.6} = 98.33[kVar]$$

답 유효전력 : 100[kW], 무효전력 : 98.33[kVar]

03 정격 출력 37[kW], 역률 0.8, 효율 0.82인 3상 유도전동기가 있다. 이에 변압기를 V결선하여 전원을 공급하고자 할 때, 변압기 1대의 용량[kVA]을 선정하시오.

변압기 정격용량[kVA]						
10	15	20	30	50	75	100

계산 : _____ 답 : _____

해답 계산 : $P_V = \sqrt{3}\,P_1[kVA]$

$$P_1 = \frac{37[kW]}{\sqrt{3} \times 0.8 \times 0.82} = 32.563[kVA]$$

답 50[kVA]

04 그림과 같은 단상 3선식 110/220[V] 수전의 경우 설비 불평형률을 구하시오.

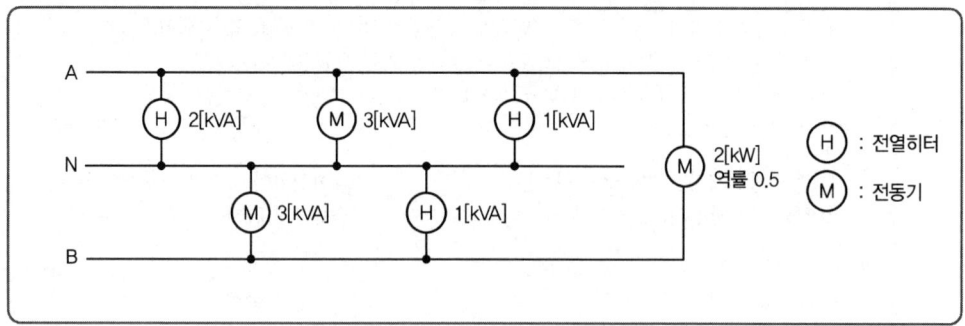

계산 : _____ 답 : _____

해답 계산 : 설비불평형률 = $\dfrac{\text{중성선과 각 전압 측 전선 간에 접속된 부하 설비용량의 차}}{\text{총 부하 설비용량의 } 1/2} \times 100[\%]$

$= \dfrac{(2+3+1)-(3+1)}{\left(2+3+1+3+1+\dfrac{2}{0.5}\right) \times \dfrac{1}{2}} \times 100 = 28.57[\%]$

답 28.57[%]

TIP

▶ 3상 3선식, 3상 4선식 설비불평형률
① 설비불평형률 = $\dfrac{\text{각 선간에 접속되는 단상부하의 최대와 최소의 차}}{\text{총 부하 설비용량의 } 1/3} \times 100[\%]$
② 30[%]를 초과하지 말 것

---

05 다음은 유도장해의 종류 및 구분에 관한 내용이다. 알맞은 용어를 쓰시오.

1 전력선과 통신선과의 상호 인덕턴스에 의해 발생하는 것
2 전력선과 통신선과의 상호 정전용량에 의해 발생하는 것
3 양자에 의한 영향도 있지만, 상용주파수보다 높은 고조파의 유도에 의한 잡음 장해

해답 **1** 전자유도장해
2 정전유도장해
3 고조파유도장해

06 그림과 같이 지지선을 가설하여 전주에 가해진 수평장력 880[kg]을 지지하고자 한다. 4[mm] 철선을 지지선으로 사용한다면 몇 가닥으로 하면 되는지 구하시오.(단, 4[mm] 철선 1가닥의 인장하중은 440[kg]으로 하고, 안전율은 2.5이다.)

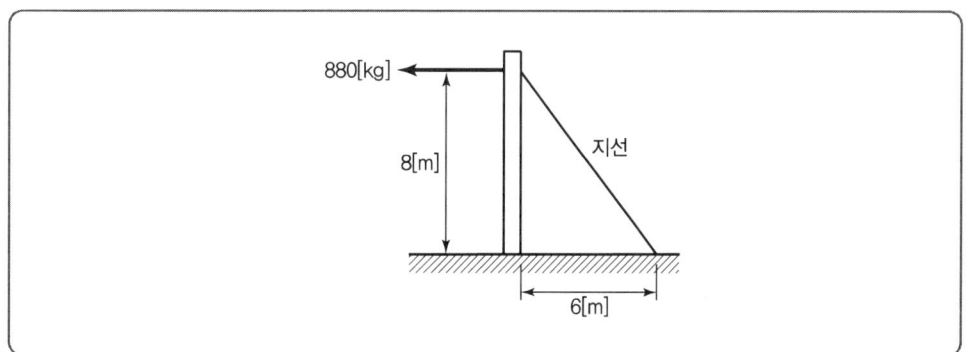

계산 : _____ 답 : _____

해답 계산 : 전주장력 $T = T_0 \cos\theta$ 여기서, T_0 : 지지선장력

$$T_0 = \frac{T}{\cos\theta} = \frac{880}{\frac{6}{\sqrt{8^2+6^2}}} = 1,466.67$$

$$T_0 = \frac{\text{소선의 인장하중} \times \text{가닥 수}(n)}{\text{안전율}}$$

$$\text{가닥 수}(n) = \frac{1466.67 \times 2.5}{440} = 8.33$$

답 9가닥

07 다음 단상회로에서 A, B, C, D점 중에서 전원을 공급하려고 할 때, 전력손실이 최소가 되는 지점을 구하시오.(단, AB, BC, CD의 저항은 1[Ω]으로 하고, 주어지지 않은 조건은 무시한다.)

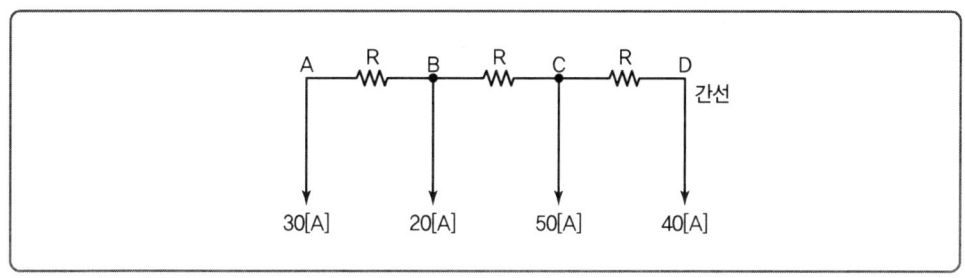

계산 : _____ 답 : _____

(해답) 계산 : 저항값이 1이므로 AB, BC, CD의 전력손실$(P_L) = I^2 R = I^2 \times 1$을 이용하여 각 점의 전력손실을 구하면 다음과 같다.

① 급전점 A
$$P_{A\ell} = (20+40+50)^2 + (50+40)^2 + 40^2 = 21,800$$

② 급전점 B
$$P_{B\ell} = 30^2 + (50+40)^2 + 40^2 = 10,600$$

③ 급전점 C
$$P_{C\ell} = 30^2 + (30+20)^2 + 40^2 = 5,000$$

④ 급전점 D
$$P_{D\ell} = (30+20+50)^2 + (30+20)^2 + 30^2 = 13,400$$

답 C점

TIP

최대점 : A점

08 다음은 전압의 종류 및 구분에 관한 내용이다. 알맞은 용어를 쓰시오.

1 전선로를 대표하는 선간전압을 말하고, 그 계통의 송전전압을 나타낸다.

2 전선로에 통상 발생하는 최고의 선간전압으로서 염해 대책, 1선지락 고장 시 등 내부이상전압, 코로나 현상, 전자유도전압의 표준이 되는 전압이다.

(해답) **1** 공칭전압
2 계통최고전압

TIP

▶ 전압의 종류
① 공칭전압 : 전선로를 대표하는 선간전압, 계통의 송배전/변전 전압
② 계통최고전압 : 선로의 이상상태(1선지락, 정전유도, 코로나 등)를 고려한 최고선간전압
③ 정격전압 : 전기기계기구, 선로 등에서 표준적인(정상적인) 동작 상태를 유지할 수 있는 전압으로 어떠한 기기가 이상상태에서도 정상적인 동작상태를 유지하게 하기 위한 전압이므로 이상상태를 고려한 계통최고전압보다 높아야 함

09 조명에서 사용되는 용어 중 광원에서 나오는 복사속을 눈으로 보아 빛으로 느껴지는 크기를 나타낸 것으로서, 빛의 양을 나타내는 용어와 단위를 쓰시오.

1 용어　　　　　　　　　　　　　**2** 단위

해답 **1** 용어 : 광속　　　　　　　　　**2** 단위 : [lm]

TIP

① 광속 : F[lm]
복사 에너지를 눈으로 보아 빛으로 느끼는 크기로서 광원으로부터 발산되는 빛의 양이다.(빛의 양이라고도 하며, 단위는 루멘)
② 광도 : I[cd]
광원에서 어떤 방향에 대한 단위입체각당 발산되는 광속으로서 광원의 능력을 나타낸다.(빛의 세기라고도 하며, 단위는 칸델라)
③ 조도 : E[lx]
어떤 면의 단위면적당의 입사광속으로서 피조면의 밝기를 나타낸다.(피조면의 밝기라고도 하며, 단위는 럭스)

10 10[MVA]를 기준으로 전원 측 %임피던스가 25[%]일 때, 수전점 단락용량[MVA]을 구하시오.

계산 : _____　　답 : _____

해답 계산 : $P_S = \dfrac{100}{\%Z} P = \dfrac{100}{25} \times 10 = 40 \, [\text{MVA}]$　　**답** 40[MVA]

TIP

1. 차단기 용량 선정
   ① 퍼센트 임피던스(%Z)가 주어졌을 경우
   $$P_s = \dfrac{100}{\%Z} \times P_n$$　　여기서, P_n : 기준용량
   ② 정격차단전류[kA]가 주어졌을 경우
   $$P_s = \sqrt{3} \times 정격전압[kV] \times 정격차단전류[kA] = [\text{MVA}]$$
2. 단락전류
   ① 퍼센트 임피던스(%Z)가 주어졌을 경우
   $$I_s = \dfrac{100}{\%Z} I_n [A]$$　　여기서, I_n : 정격전류
   ② 임피던스(Z)가 주어졌을 경우
   $$I_s = \dfrac{E}{Z} = \dfrac{\frac{V}{\sqrt{3}}}{Z} [A]$$　　여기서, E : 상전압, V : 선간전압

11 다음은 저압 가공인입선의 시설에 관한 내용이다. 각 물음에 답하시오.

1 도로를 횡단하는 경우에 노면상 높이는 몇 [m] 이상인가?(단, 기술상 부득이한 경우에 교통에 지장이 없을 때는 제외한다.)

2 철도 또는 궤도 횡단하는 경우에 노면상 높이는 몇 [m] 이상인가?

해답 1 5[m]
      2 6.5[m]

TIP

| 가공인입선 높이 규정 |

구분	저압[m]	고압[m]	특고압[m]
도로 횡단 시(일반)	5	6	6
도로 횡단 시 (기술상 부득이하고, 교통에 지장이 없을 경우)	3	3.5	4
철도 횡단 시	6.5	6.5	6.5
횡단보도교 위	3	3.5	5

12 그림과 같은 분기회로의 전선굵기를 표준 공칭 단면적[mm²]으로 선정하시오.(단, 전압강하는 2[V] 이하, 배선방식은 교류 220[V] 단상 2선식이며, 후강전선관 공사로 한다.)

전선의 단면적[mm²]

1.5, 2.5, 4, 6, 10, 16, 25, 35, 50, 70, 95

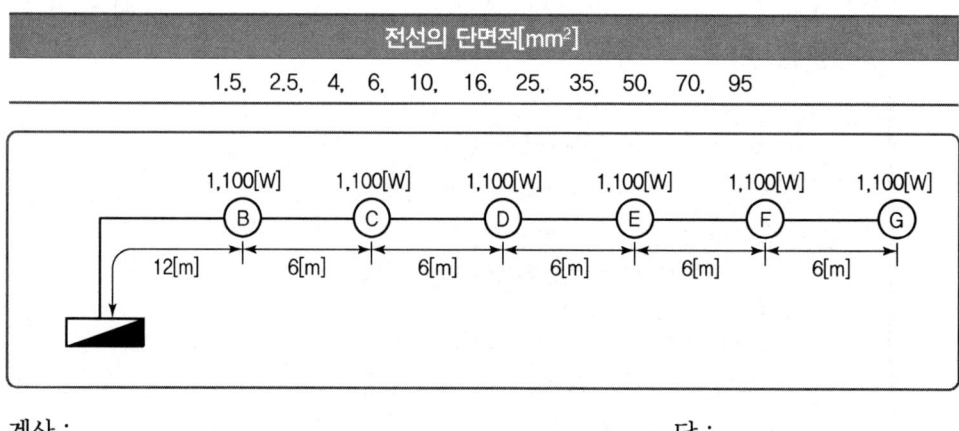

계산 : _____ 답 : _____

해답 계산 : 부하 중심점 $L = \dfrac{I_1 l_1 + I_2 l_2 + I_3 l_3 + \cdots + I_n l_n}{I_1 + I_2 + I_3 + \cdots + I_n}$

$L = \dfrac{5 \times 12 + 5 \times 18 + 5 \times 24 + 5 \times 30 + 5 \times 36 + 5 \times 42}{5 + 5 + 5 + 5 + 5 + 5} = 27[\mathrm{m}]$

부하전류 $I = \dfrac{1,100 \times 6}{220} = 30[\mathrm{A}]$

∴ 전선의 굵기 $A = \dfrac{35.6 LI}{1,000 e} = \dfrac{35.6 \times 27 \times 30}{1,000 \times 2} = 14.42[\mathrm{mm}^2]$

그러므로, 공칭 단면적 $16[\mathrm{mm}^2]$로 결정

답 $16[\mathrm{mm}^2]$

> **TIP**
>
> ① 다른 조건을 고려하지 않을 경우 설비의 인입구로부터 기기까지의 전압강하는 아래의 값 이하이어야 한다.
>
> | 설비의 유형 | 조명[%] | 기타[%] |
> |---|---|---|
> | A – 저압으로 수전하는 경우 | 3 | 5 |
> | B* – 고압 이상으로 수전하는 경우 | 6 | 8 |
>
> *가능한 한 최종회로 내의 전압강하가 A유형을 넘지 않도록 하는 것이 바람직하다. 사용자의 배선설비가 100[m] 넘는 부분의 전압강하는 미터당 0.005[%] 증가할 수 있으나 이러한 증가분은 0.5[%]를 넘지 않도록 한다.
>
> ② 배전방식에 따른 도체 단면적
>
> | 배전방식 | 단면적 | 비고 |
> |---|---|---|
> | 단상 2선식 | $A = \dfrac{35.6 LI}{1,000 e}$ | 선간 |
> | 3상 3선식 | $A = \dfrac{30.8 LI}{1,000 e}$ | 선간 |
> | 3상 4선식 | $A = \dfrac{17.8 LI}{1,000 e}$ | 대지간 |
>
> ③ IEC 전선규격[mm²]
> 1.5, 2.5, 4, 6, 10, 16, 25, 35, 50, 70, 95, 120, 150, 185, 240, 300, …

13 다음은 농형 유도전동기의 직입 기동에 관한 시퀀스도이다. 주어진 접점만을 활용하여 미완성 시퀀스도를 완성하시오.

[조건]
1. 전원 투입 시 GL램프가 점등된다.
2. ON을 누르면 전동기가 동작하고 자기유지되며, RL램프가 점등되고 GL램프가 소등된다.
3. THR이 동작하면 전동기가 정지하고 RL램프가 소등된다.
4. OFF를 누르면 전동기가 정지하고 GL램프가 점등된다.

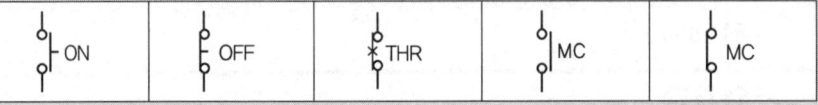

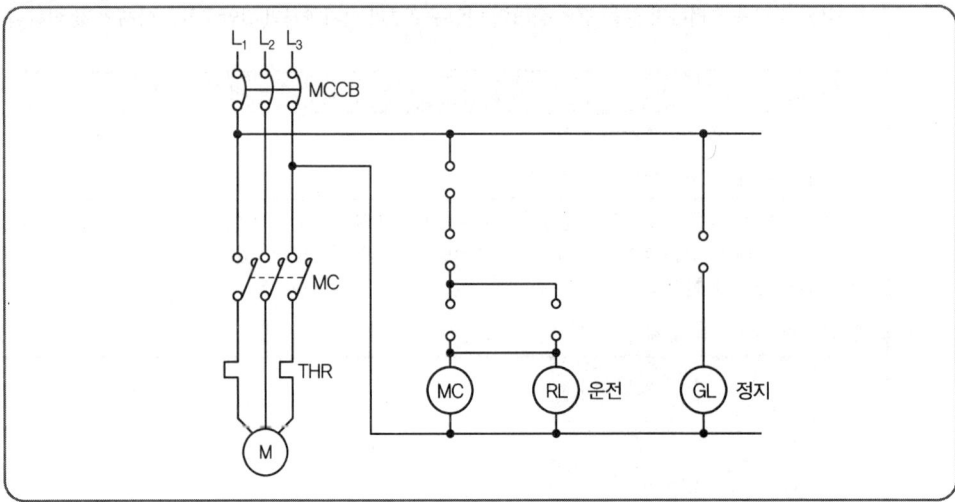

해답

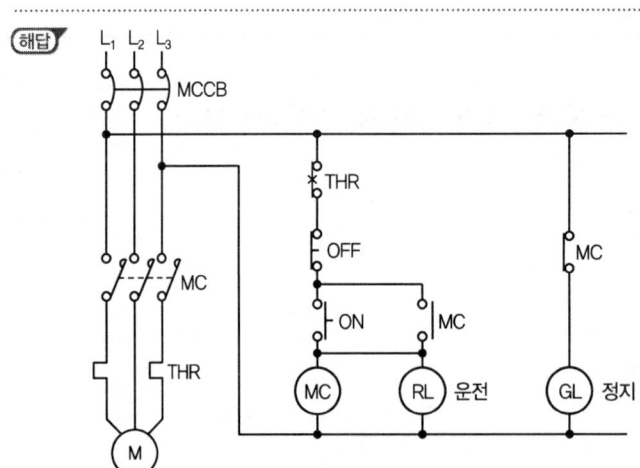

14 모든 각도로 발산하는 광도 400[cd]의 광원의 책상 중심에서 높이 2[m]에 위치하고 있다. 책상의 지름은 4[m]일 때, 책상에서의 수평면 조도[lx]를 구하시오.

계산 : _____ 답 : _____

해답 계산 : 수평면 조도 $E_h = \dfrac{I}{l^2}\cos\theta = \dfrac{400}{2.828^2} \times \dfrac{2}{2.828} = 35.37[\text{lx}]$

답 35.37[lx]

TIP

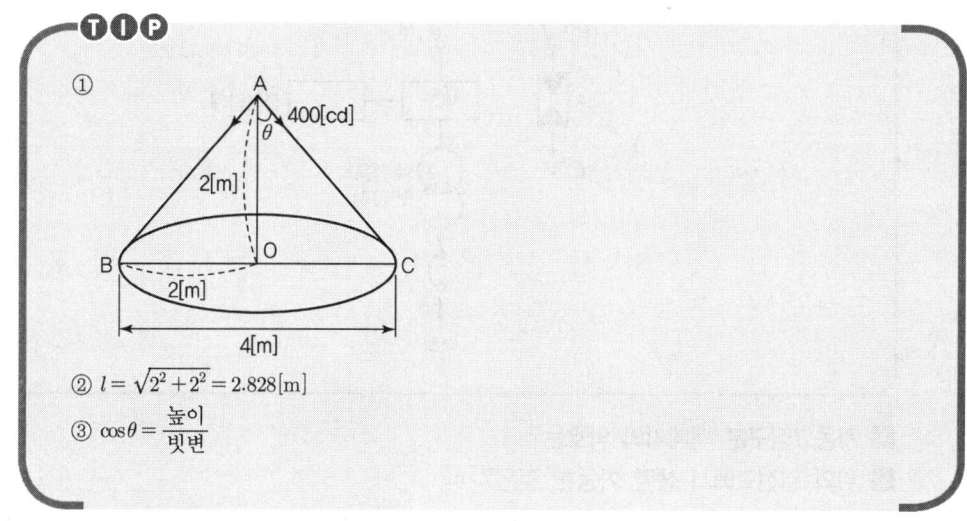

② $l = \sqrt{2^2 + 2^2} = 2.828[\text{m}]$

③ $\cos\theta = \dfrac{높이}{빗변}$

15 다음은 22.9[kV-Y] 1,000[kVA] 이하를 시설하는 경우의 특고압 간이수전설비 결선도이다. 다음 각 물음에 답하시오.

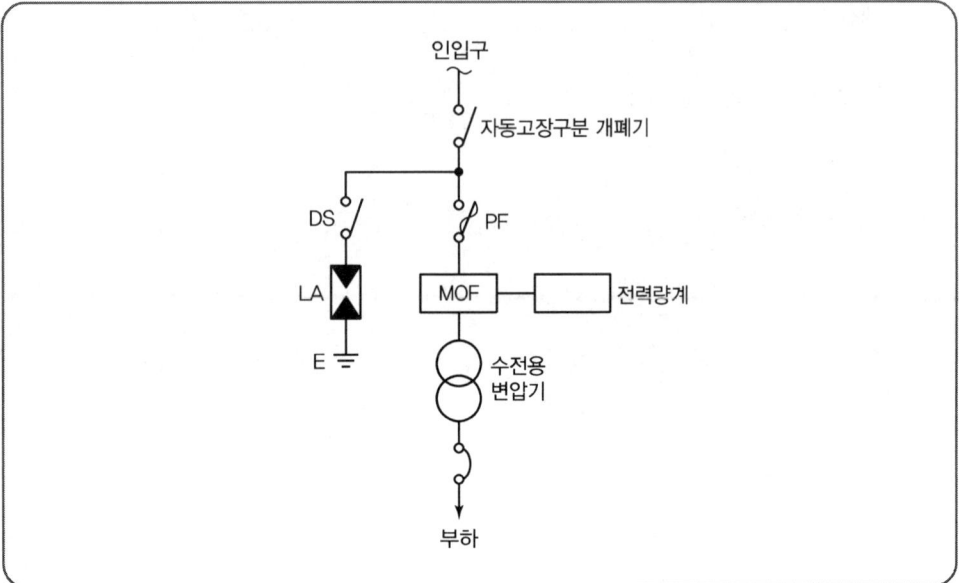

① 자동고장구분 개폐기의 약호는?
② 위의 결선도에서 생략 가능한 것은?
③ 22.9[kV-Y]용의 LA는 (   ) 붙임형을 사용하여야 한다. 빈칸에 알맞은 내용은?
④ 인입선을 지중선으로 시설하는 경우로 공동주택 등 고장 시 정전피해가 큰 경우에는 예비 지중선을 포함하여 몇 회선으로 시설하는 것이 바람직한가?
⑤ 지중 인입선의 경우에 22.9[kV-Y] 계통은 어떤 케이블을 사용하는가?
⑥ 화재의 우려가 있는 장소에서는 어떤 케이블을 사용하는가?
⑦ PF 대신 COS로 바뀌었을 경우 비대칭 차단전류는 몇 [kA] 이상의 것을 사용해야 하는가?

(해답) ① ASS
② 피뢰기에 단로기
③ 디스커넥터(Disconnector)
④ 2회선
⑤ CNCV-W 케이블(수밀형) 또는 TR CNCV-W(트리억제형)
⑥ FR CNCO-W(난연) 케이블
⑦ 10[kA] 이상

TIP

▶ **특고압 간이수전설비**

① LA용 DS는 생략할 수 있으며 22.9[kV-Y]용 LA는 Disconnector (또는 Isolator) 붙임형을 사용하여야 한다.
② 인입선을 지중선으로 시설하는 경우로 공동주택 등 고장 시 정전피해가 큰 경우에는 예비지중선을 포함하여 2회선으로 시설하는 것이 바람직하다.
③ 지중인입선의 경우에 22.9[kV-Y] 계통은 CNCV-W 케이블(수밀형) 또는 TR CNCV-W(트리억제형)을 사용하여야 한다. 다만, 전력구·공동구·덕트·건물구 내 등 화재 우려가 있는 장소에서는 FR CNCO-W(난연) 케이블을 사용하는 것이 바람직하다.
④ 300[kVA] 이하인 경우는 PF 대신 COS(비대칭 차단전류 10[kA] 이상의 것)을 사용할 수 있다.
⑤ 특별고압 간이수전설비는 PF의 용단 등의 결상사고에 대한 대책이 없으므로 변압기 2차 측에 설치되는 주차단기에는 결상계전기 등을 설치하여 결상사고에 대한 보호능력이 있도록 함이 바람직하다.

16 어떤 콘덴서 3개를 선간전압 3,300[V], 주파수 60[Hz]의 선로에 △로 접속하여 60[kVA]가 되도록 하려면 콘덴서 1개의 정전용량[μF]은 약 얼마로 하여야 하는가?

계산 : _____ 답 : _____

해답 계산 : $Q_\triangle = 3WCV^2$[kVA]

$$C = \frac{60 \times 10^3}{3 \times 2\pi \times 60 \times 3{,}300^2} \times 10^6 [\mu F] = 4.873$$

답 4.87[μF]

TIP

① △결선 $Q_\triangle = 3WCE^2 = 3WCV^2$ $\qquad C = \dfrac{Q_\triangle}{3WV^2}$

② Y결선 $Q_Y = 3WCE^2 = 3WC\left(\dfrac{V}{\sqrt{3}}\right)^2 = WCV^2$ $\qquad C = \dfrac{Q_Y}{WV^2}$

여기서, E : 상전압, V : 선간전압, W : $2\pi f$
C : 정전용량, Q : 충전용량(콘덴서용량)

17 2,000[lm]을 복사하는 전등 30개를 100[m²]의 사무실에 설치하려고 한다. 조명률 0.5, 감광보상률 1.5(보수율 0.667)인 경우 이 사무실의 평균조도[lx]를 구하시오.

계산 : _____ 답 : _____

해답 계산 : FUN = DAE에서

$$E = \frac{FUN}{DA} = \frac{2,000 \times 0.5 \times 30}{1.5 \times 100} = 200[\text{lx}]$$

답 200[lx]

TIP

① FUN = EAD에서 $E = \frac{FUN}{AD}$

여기서, F : 광원 1개당의 광속[lm], N : 광원의 개수[등]
E : 작업면상의 평균 조도[lx], A : 방의 면적[m²]
D : 감광보상률, U : 조명률

② 감광보상률 $D = \frac{1}{M(\text{유지율})}$

18 100[kW] 설비용량 수용가의 부하율이 60[%], 수용률이 80[%]일 때, 1개월간 사용전력량[kWh]을 구하시오. (단, 1개월은 30일이다.)

계산 : _____ 답 : _____

해답 계산 : 부하율 $= \frac{\text{평균전력}}{\text{최대전력}} \times 100 = \frac{\text{사용전력량}/\text{시간}}{\text{최대전력}} \times 100$

사용전력량 = 최대전력 × 부하율 × 시간
= $100 \times 0.8 \times 0.6 \times 30 \times 24 = 34,560[\text{kWh}]$

답 34,560[kWh]

TIP

1. 수용률
   ① 의미 : 수용설비의 기기를 동시에 사용하는 정도
   ② 정의 : 설비용량에 대한 최대수용전력의 비
   ③ 수용률 = $\dfrac{\text{최대전력[kW]}}{\text{설비용량[kW]}} \times 100[\%]$
   ④ 변압기 용량[kVA] = $\dfrac{\text{최대전력[kW]}}{\cos\theta} = \dfrac{\text{설비용량} \times \text{수용률[kW]}}{\cos\theta}$

2. 부등률
   ① 정의(의미) : 여러 전력 기기를 동시에 사용하는 정도를 시간, 계절별로 나타내는 지수
   ② 부등률식의 정의 : 합성 최대전력에 대한 개별 최대수용전력의 합의 비
   ③ 부등률 = $\dfrac{\text{개별 최대전력의 합[kW]}}{\text{합성 최대전력[kW]}} \geq 1$
   ④ 합성 최대전력[kW] = $\dfrac{\text{개별 최대전력의 합[kW]}}{\text{부등률}}$
   ⑤ 변압기 용량[kVA] = $\dfrac{\text{합성 최대전력[kW]}}{\cos\theta} = \dfrac{\text{개별 최대전력의 합[kW]}}{\text{부등률} \cdot \cos\theta}$
   ⑥ 부등률은 단위가 없다.

3. 부하율
   ① 의미 : 전력 변동 상태를 알 수 있는 정도
   ② 정의 : 최대전력에 대한 평균전력의 비
   부하율[F] = $\dfrac{\text{평균전력[kW]}}{\text{최대전력[kW]}} \times 100[\%] = \dfrac{\text{사용전력량[kWh]/시간}}{\text{최대전력[kW]}} \times 100[\%]$
   ③ 부하율이 작으면 전력공급설비를 유용하게 사용하지 못하며 실가동율이 저하된다.

2024년도 1회 시험 과년도 기출문제

01 다음은 간이수변전설비의 단선도 일부이다. 각 물음에 답하시오.

```
         CH
         ⓐ  ASS
            25.8[kV], 200[A]

         PF ⓓ
         ⓑ
         △   TR
         Y   3φ700[kVA]
             22.9[kV]/380-220[V]
         ≐E

         ⓒ  ACB 4P

         CT×3
                    M
                   ≐E
```

1 간이수변전설비의 단선도에서 ⓐ는 인입구 개폐기인 자동고장구분개폐기이다.
다음 (   )에 들어갈 내용을 답란에 쓰시오.

> 22.9[kV-Y] (①)[kVA] 이하에 적용이 가능하며 300[kVA] 이하의 경우에는 자동고장구분개폐기 대신에 (②)를 사용할 수 있다.

2 간이수변전설비의 단선도에서 ⓑ에 설치된 변압기에 대하여 다음 (   )에 들어갈 내용을 답란에 쓰시오.

> 과전류강도는 최대부하전류의 (①)배 전류를 (②)초 동안 흘릴 수 있어야 한다.

3 간이수변전설비의 단선도에서 ⓒ는 기중차단기(ACB)이다. 보호요소를 2가지만 쓰시오.

4 ⓓ는 퓨즈이다. 다음 ( )에 알맞은 내용을 쓰시오.

> (①)[kVA] 이하인 경우 PF 대신 COS(비대칭 차단전류 (②)[kA] 이상의 것)을 사용할 수 있다.

5 단선도에서 변류기의 변류비를 선정하시오.(단, CT의 정격전류는 부하전류의 125[%]로 하며 CT 1차 정격 : 1,000, 1,200, 1,500, 2,000, 2차 전류는 5[A]를 사용한다.)
  계산 : _____ 답 : _____

해답
1 ① 1,000   ② 인터럽트 스위치
2 ① 25   ② 2
3 ① 과전류   ② 부족전압
4 ① 20   ② 0.1   ③ 160
5 계산 : CT $I_1 = \dfrac{P}{\sqrt{3}\,V} \times 1.25 = \dfrac{700 \times 10^3}{\sqrt{3} \times 380} \times 1.25 = 1,329.42[A]$
∴ 1,500/5 선정
답 1,500/5

TIP
① 인터럽터 스위치(기중 부하 개폐기)
② CT 1차 정격 : $I_1 \times (1.25 \sim 1.5)$
③ 기중차단기 보호요소 : 과전류, 과전압, 결상, 부족전압, 지락

---

02 이 공장이 어느 날 1일 사용전력량이 120[kWh]이고, 1일 최대전력이 8[kW]이며, 최대공급전력일 때의 전류값은 15[A]이다. 이때 일부하율[%]과 최대공급전력일 때의 역률[%]을 구하시오.(이 공장은 380[V]의 3상 유도전동기를 부하설비로 사용한다.)

1 일부하율[%]
  계산 : _____ 답 : _____

2 최대공급전력일 때의 역률[%]
  계산 : _____ 답 : _____

해답
1 계산 : 일부하율 $= \dfrac{120/24}{8} \times 100 = 62.5[\%]$
답 62.5[%]

2 계산 : $\cos\theta = \dfrac{P}{\sqrt{3}\,VI} = \dfrac{8\times 10^3}{\sqrt{3}\times 380\times 15}\times 100 = 81.03[\%]$

답 81.03[%]

TIP

부하율 $= \dfrac{평균전력}{최대전력}\times 100[\%] = \dfrac{1일\ 전력량/24}{최대전력}\times 100[\%]$

03 50[kVA]의 변압기가 그림과 같이 운전되고 있다. 오전에는 역률 80[%], 오후에는 100[%]로 운전된다고 하며, 이때 전일효율은 몇 [%]가 되겠는가?(단, 이 변압기의 철손은 600[W], 전부하율 동손은 1,000[W]라 한다.)

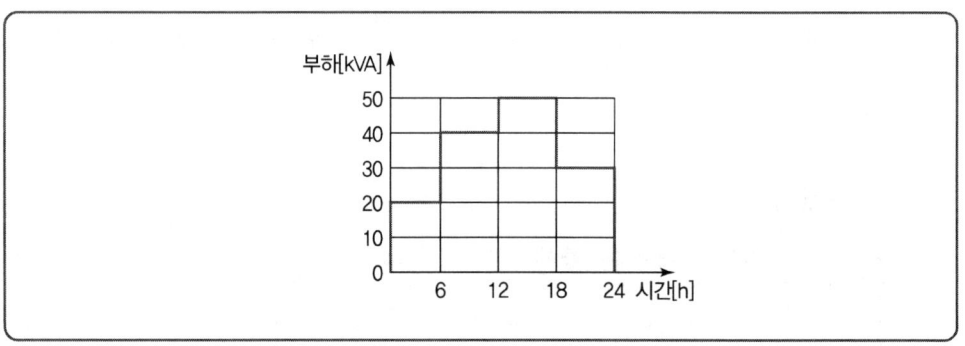

계산 : _____ 답 : _____

해답 계산 : 효율 $\eta = \dfrac{전력량}{전력량 + 철손 + 동손}\times 100(\%)$

전력량(출력) P = 전력 × 시간 = (20×6×0.8 + 40×6×0.8 + 50×6×1 + 30×6×1)
= 768[kWh]

철손 $P_i = P_i \times$ 시간 = 0.6 × 24 = 14.4[kWh]

동손 $P_c = \left(\dfrac{1}{m}\right)^2 P_c \times$ 시간 $= 1\times 6\left\{\left(\dfrac{20}{50}\right)^2 + \left(\dfrac{40}{50}\right)^2 + \left(\dfrac{50}{50}\right)^2 + \left(\dfrac{30}{50}\right)^2\right\}$
= 12.96[kWh]

전일효율 $\eta = \dfrac{768}{768 + 14.4 + 12.96}\times 100 = 96.56(\%)$

답 96.56[%]

> **TIP**
> ① 전력량(출력)P = 전력[kVA]×시간×역률
>
> 　철손 $P_i = P_i \times$ 시간　　동손 $P_c = \left(\dfrac{1}{m}\right)^2 P_c \times$ 시간
>
> ② 효율 $\eta = \dfrac{\text{전력량}}{\text{전력량}+\text{철손}+\text{동손}} \times 100(\%)$

04 차단기의 한글 명칭을 쓰시오.

■ VCB

■ OCB

■ ACB

[해답] ■ 진공차단기
■ 유입차단기
■ 기중차단기

> **TIP**
> ▶ 고압차단기의 소호매질
>
> | 종류 | 진공차단기
(VCB) | 유입차단기
(OCB) | 가스차단기
(GCB) | 자기차단기
(MBB) | 공기차단기
(ABB) |
> |---|---|---|---|---|---|
> | 소호매질 | 고진공 | 절연유 | SF_6가스 | 전자력 | 압축공기 |

05 피뢰기 제한전압을 설명하시오.

[해답] 피뢰기 방전 중 단자전압의 파고치 또는 뇌전류 방전 시 직렬 갭에 나타나는 전압

> **TIP**
> ➤ 피뢰기
> ① 구성 : 직렬 갭과 특성요소
> ② 정격전압 : 속류를 차단할 수 있는 최고의 교류전압
> ③ 구비조건
>   • 충격방전 개시 전압이 낮을 것
>   • 상용주파 방전개시 전압이 높을 것
>   • 방전내량이 크면서 제한전압이 낮을 것
>   • 속류차단 능력이 충분할 것

06 바닥에서 3[m] 떨어진 높이에 300[cd]의 전등을 설치하였다. 그 바로 아래에서 수평으로 4[m] 떨어진 지점에서의 수평면 조도 E_h[lx]를 구하시오.

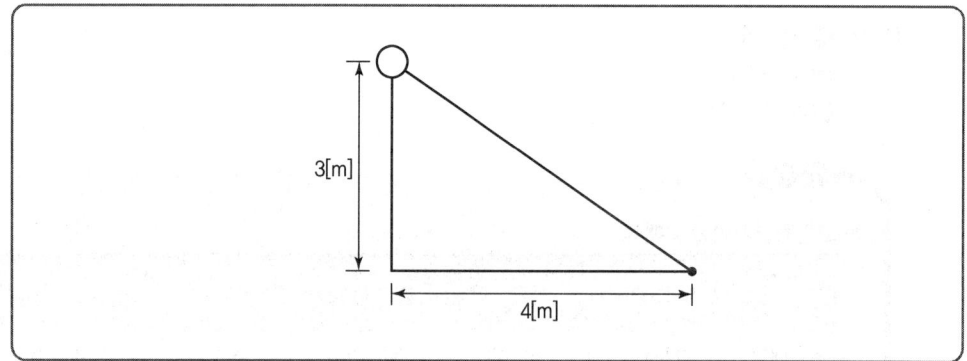

계산 : _____ 답 : _____

[해답] 계산 : $E_h = \dfrac{I}{r^2}\cos\theta = \dfrac{300}{3^2+4^2} \times \dfrac{3}{\sqrt{3^2+4^2}} = 7.20$[lx]

답 7.2[lx]

TIP

▶ 조도 : E[lx]
 어떤 면의 단위 면적당의 입사 광속으로서 피조면의 밝기를 나타낸다.

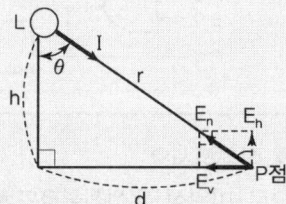

① 법선조도 : $E_n = \dfrac{I}{r^2}$

② 수평면 조도 : $E_h = E_n \cos\theta = \dfrac{I}{r^2}\cos\theta = \dfrac{I}{h^2}\cos^3\theta$

③ 수직면 조도 : $E_v = E_n \sin\theta = \dfrac{I}{r^2}\sin\theta = \dfrac{I}{d^2}\sin^3\theta$

07 계기정수가 1,000[rev/kWh], 전력량계의 원판이 5회전하는데 40초가 걸렸다. 이때 부하의 평균전력은 몇 [kW]인가?

계산 : _____ 답 : _____

해답 계산 : 부하의 평균전력 $P_1 = P_2 \times$ 승률 $= \dfrac{3,600n}{TK} \times 1 = \dfrac{3,600 \times 5}{40 \times 1,000} \times 1 = 0.45[kW]$

답 0.45[kW]

TIP

① 2차 전력 $P_2 = \dfrac{3,600n}{TK}[kW]$

 여기서, n : 회전수, T : 시간(sec), K : 계기정수

② 2차 전력 $P_2 = \sqrt{3}\, V_2 I_2 \cos\theta \times 10^{-3}[kW]$

 $V_2 = 190[V]$

 $I_2 = I_1 \times \dfrac{1}{CT비}$

08 주어진 그림을 보고 다음 물음에 답하시오.

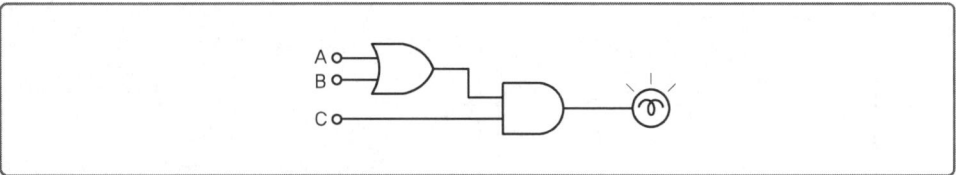

① 가장 간단한 논리식을 작성하시오.
② ①에서 구한 논리식으로 미완성 유접점회로도를 완성하시오.(단, 보기에 주어진 접점을 이용하시오.)

| 보기 |

보조스위치 a접점	보조스위치 b접점

해답 ① 출력 = $(A+B)C$
②

09 다음 요구사항을 만족하는 미완성 시퀀스 회로도를 완성하시오.

[요구사항]
(1) 전원 스위치 MCCB를 투입하면, GL이 점등된다.
(2) 푸시버튼 PB1을 누르면, MC가 여자되고, 자기유지되며 동시에 MC의 보조스위치에 의해 GL이 소등되고 RL이 점등된다.
(3) 푸시버튼 PB2를 누르면 MC에 흐르는 전류가 끊겨 전동기가 정지하며 동시에 MC의 보조스위치에 의해 GL이 점등되고 RL이 소등된다.
(4) 사고에 의해 과전류가 흐르면 THR이 동작하여 모든 회로가 정지된다.

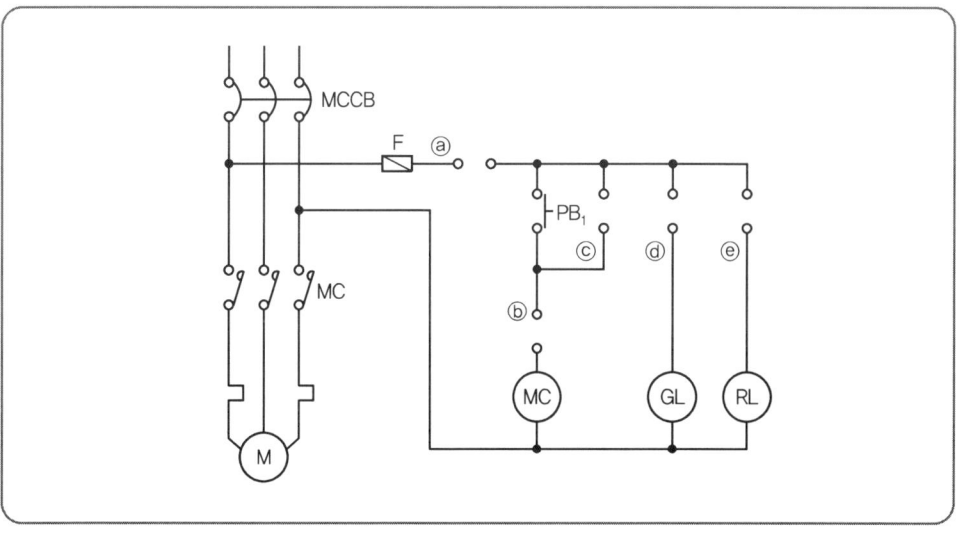

해답	ⓐ	ⓑ	ⓒ	ⓓ	ⓔ
	THR	PB₂	MC	MC	MC

10 다음 그림은 배전반에서 계측을 하기 위한 계기용 변성기이다. 아래 그림을 보고 명칭, 약호, 심벌, 역할에 알맞은 내용을 쓰시오.

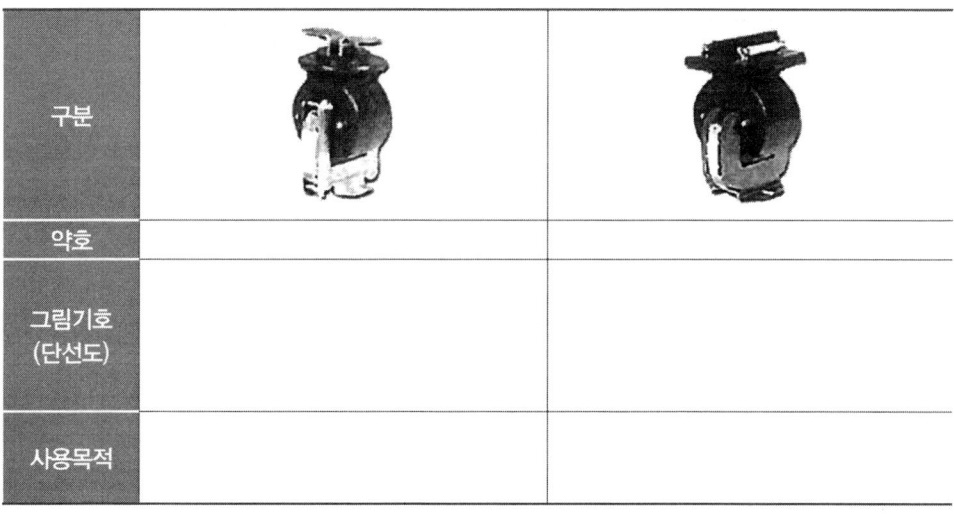

구분		
약호		
그림기호 (단선도)		
사용목적		

해답)

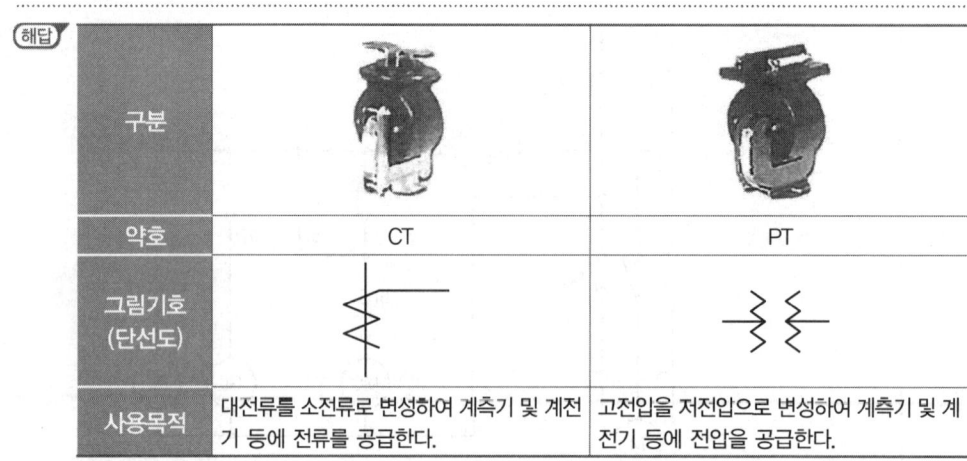

구분		
약호	CT	PT
그림기호 (단선도)		
사용목적	대전류를 소전류로 변성하여 계측기 및 계전기 등에 전류를 공급한다.	고전압을 저전압으로 변성하여 계측기 및 계전기 등에 전압을 공급한다.

TIP
기기 상단에 Fuse가 설치되어 있으면 계기용 변압기(PT)이며, 없으면 변류기(CT)가 된다.

11 부하설비의 역률이 저하하는 경우, 수용가가 볼 수 있는 손해 4가지를 쓰시오. (단, 부하는 지상역률이다.)

해답) ① 전력손실 증가 ② 설비이용률 감소
③ 전압강하 증가 ④ 전기요금 증가

TIP
① 콘덴서의 역률개선 시 효과
  • 변압기, 배전선의 손실 저감(전력손실 저감)
  • 설비용량의 여유 증가(설비 이용률 증가)
  • 전압강하 경감
  • 전기요금 절감
② 콘덴서 용량 계산식[kVA]
$$Q = P \times (\tan\theta_1 - \tan\theta_2)$$
$$= P[kW] \times \left(\frac{\sqrt{1-\cos^2\theta_1}}{\cos\theta_1} - \frac{\sqrt{1-\cos^2\theta_2}}{\cos\theta_2} \right) [kVA]$$
여기서, $\tan\theta_1$: 개선 전 역률, $\tan\theta_2$: 개선 후 역률

③ 콘덴서 과보상 시
- 고조파 왜곡 증대
- 역률 저하
- 계전기 오동작
- 모선전압의 상승
- 전력손실 증가

④ 역률 유지 및 할증
- 부하 역률을 기준으로 90[%] 이상으로 유지하여야 한다.
- 수용가는 90[%] 초과 역률에 대하여 95[%]까지는 초과하는 매 1[%]에 대하여 기본요금의 0.2[%]씩을 감액한다. 수용가의 역률이 90[%]에 미달하는 경우에는 미달하는 매 1[%]에 대하여 기본요금의 0.2[%]씩을 전기요금으로 추가한다.

⑤ 콘덴서 회로의 부속 기기별 역할

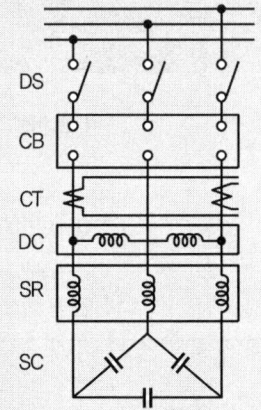

- DS(단로기) : 유지·보수 시 무전압 선로에서 선로개폐
- CB(차단기) : 고장전류, 부하전류 차단
- CT(변류기) : 대전류를 소전류로 변성
- DC(방전 코일) : 잔류전하 방전
- SR(직렬 리액터) : 제5고조파 제거
- SC(고압 전력용 콘덴서) : 부하의 역률 개선

12 한국전기설비규정에서 전선의 식별에 따른 색상을 쓰시오.

상(문자)	색상
L1	①
L2	②
L3	③
N	④
보호도체	⑤

해답 ① 갈색 ② 검정색 ③ 회색
       ④ 파란색 ⑤ 녹색-노란색

TIP
청색, 흑색, 파랑색, 노랑색 등은 오답 처리 됩니다.

13 전력기술관리법에 따른 종합설계업에 기술인력은 2명을 갖춰야 한다. 이때 기술인력 3가지를 작성하시오.

[해답] ① 전기 분야 기술사　　② 설계사　　③ 설계보조자

> **TIP**
>
> ▶ 설계업의 종류 및 종류별 등록 기준
>
> | 종류 | | 등록 기준 | |
> | --- | --- | --- | --- |
> | | | 기술인력 | 자본금 |
> | 종합설계업 | | 전기분야 기술사 2명
설계사 2명
설계보조자 2명 | 1억 원 이상 |
> | 전문설계업 | 1종 | 전기분야 기술사 1명
설계사 1명
설계보조자 1명 | 3천만 원 이상 |
> | | 2종 | 설계사 1명
설계보조자 1명 | 1천만 원 이상 |

14 3상 농형 유도전동기의 기동방식 3가지를 쓰시오.

[해답] ① 직입기동법(전전압 기동법)
② Y-△기동법
③ 기동보상기법
그 외
④ 리액터기동법
⑤ 콘돌퍼기동법

> **TIP**
>
> ▶ 단상 유도전동기의 기동방법(기동토크를 얻고자)
> ① 반발 기동형　　② 콘덴서 기동형
> ③ 분상 기동형　　④ 셰이딩 코일형

15 파동임피던스 400[Ω]인 가공선로에 파동임피던스 50[Ω]인 케이블을 접속했다. 피뢰기 투과전압 600[kV], 이상전류 1,000[A]일 때, 피뢰기의 제한전압[kV]을 구하시오.

계산 : _____ 답 : _____

해답 계산 : 제한전압=투과파 전압－피뢰기 전압강하

$$e_3 = \frac{2Z_2}{Z_1+Z_2} \times e_1 - \frac{Z_1 \times Z_2}{Z_1+Z_2} \times i_a$$

$$e_3 = \left(\frac{2 \times 50}{400+50} \times 600 \times 10^3\right) - \left(\frac{400 \times 50}{400+50} \times 1{,}000\right) \times 10^{-3} = 88.888[kV]$$

답 88.89[kV]

TIP

$$e_3 = \frac{2Z_2}{Z_1+Z_2} \times e_1 - \frac{Z_1 \times Z_2}{Z_1+Z_2} \times i_a$$

여기서 e_3 : 제한전압, Z_1 : 가공전선로 임피던스, Z_2 : 지중케이블 임피던스
e_1 : 투과전압, i_a : 이상전류(뇌전류)

16 평탄지에서 전선의 지지점의 높이가 같고, 지지물간 거리 100[m]인 지지물에서 경동선의 인장하중은 1,480[kg], 중량 0.334[kg/m], 수평 풍압하중 0.608[kg/m], 안전율은 2.2이다. 이때 처짐정도[m]를 구하시오.

계산 : _____ 답 : _____

해답 계산 : 처짐정도 $D = \dfrac{WS^2}{8T_0} = \dfrac{\sqrt{0.334^2+0.608^2} \times 100^2}{8 \times \dfrac{1{,}480}{2.2}} = 1.288[m]$

답 1.29[m]

TIP

합성하중 $W = \sqrt{W_i^2 + W_p^2}$

여기서, W_i : 전선하중, W_p : 풍압하중

처짐정도(이도) $D = \dfrac{WS^2}{8T}$

여기서, T : 수평장력 = $\dfrac{인장하중}{안전율}$

17 반사율 65[%]의 완전 확산성 종이를 200[lx]의 조도로 비추었을 때 표면체 휘도[cd/m²]는 약 얼마인가?

계산 : _____ 답 : _____

해답 계산 : $B = \dfrac{\rho E}{\pi} = \dfrac{0.65 \times 200}{\pi} = 41.38[\text{cd/m}^2]$

답 $41.38[\text{cd/m}^2]$

TIP

▶ 완전 확산면
어떠한 방향에서 바라보아도 휘도가 동일한 면을 말한다.
$R = \pi B = \rho E = \tau E$
여기서, R : 광속 발산도, B : 휘도, E : 조도, ρ : 반사율, τ : 투과율

---

18 다음 표를 보고 설명에 해당하는 전동기의 정격을 쓰시오.

전동기 정격 구분	설명
①	지정 조건 하에서 연속으로 사용할 때 규정으로 정해진 온도 상승, 기타의 제한을 넘지 않는 정격
②	지정된 일정한 단시간의 사용 조건으로 운전할 때, 규정으로 정해진 온도 상승, 기타의 제한을 넘지 않는 정격
③	지정 조건 하에서 반복 사용하는 경우, 규정으로 정해진 온도 상승, 기타의 제한을 넘지 않는 정격

해답 ① 연속정격 ② 단시간정격 ③ 반복정격

---

19 한시(Time Delay) 계전기의 동작시간에 따른 특성을 설명하시오.

1 정한시형
2 반한시형
3 반한시성 정한시

해답 **1** 정한시 계전기 : 정해진 값 이상의 전류가 흘렀을 때 동작 전류의 크기에는 관계없이 정해진 시간이 경과한 후에 동작하는 계전기
2 반한시 계전기 : 정해진 값 이상의 전류가 흘렀을 때 동작하는 시간과 전류값이 서로 반비례하여 동작하는 계전기

❸ 반한시－정한시 계전기 : 어느 전류값까지는 반한시 계전기의 성질을 띠지만 그 이상의 전류가 흐르는 경우 정한시 계전기의 성질을 띠는 계전기

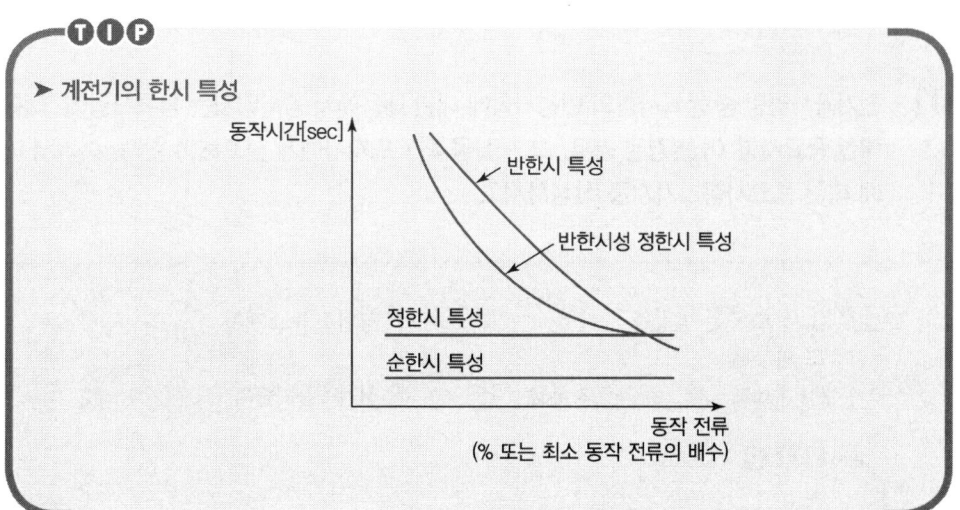

▶ 계전기의 한시 특성

전기산업기사
2024년도 2회 시험
과년도 기출문제

01 전기공사업령 중 등록사항의 변경사항에 대한 내용에서 공사업자는 등록사항에 "대통령령에 대한 중요사항"이 변경된 경우, 그 사실을 시·도지사에게 신고해야 한다. 여기서 대통령령에 대한 중요사항 2가지를 작성하시오.

해답 ① 상호 또는 명칭   ② 영업소의 소재지
그 외
③ 대표자   ④ 자본금   ⑤ 전기공사기술자

TIP
▶ 전기공사업령 제7조(공사업자의 변경신고 사항)
제9조 제1항에서 "대통령령으로 정하는 중요사항"이란, 다음 각 호의 사항을 말한다.
1. 상호 또는 명칭   2. 영업소의 소재지
3. 대표자   4. 자본금(공사업과 관련이 없는 자본금의 변경은 제외한다)
5. 전기공사기술자

02 길이 50[km]인 송전선 한 줄마다의 애자 수는 300련이다. 애자 1련의 누설저항이 10^3[MΩ]이라면, 이 선로의 누설 컨덕턴스[μ℧]는?

계산 : _____ 답 : _____

해답 계산 : 합성 누설저항 $R = \dfrac{10^3}{300}$[MΩ]

누설 컨덕턴스 $G = \dfrac{1}{R} = \dfrac{1}{\dfrac{10^3}{300} \times 10^6} \times 10^6 = 0.3[\mu\mho]$

답 $0.3[\mu\mho]$

TIP
애자 300련이 동일 크기 저항으로 병렬이므로 전체 저항 $R = \dfrac{1련의\ 저항}{개수}$

03 부등률의 정의를 쓰시오.

[해답] 여러 전력 기기를 동시에 사용하는 정도를 시간, 계절별로 나타내는 지수

> **TIP**
>
> 1. 수용률
>   ① 의미 : 수용설비의 기기를 동시에 사용하는 정도
>   ② 정의 : 설비용량에 대한 최대수용전력의 비
>   ③ 수용률 $= \dfrac{\text{최대전력[kW]}}{\text{설비용량[kW]}} \times 100[\%]$
>   ④ 변압기 용량[kVA] $= \dfrac{\text{최대전력[kW]}}{\cos\theta} = \dfrac{\text{설비용량} \times \text{수용률[kW]}}{\cos\theta}$
>
> 2. 부등률
>   ① 정의(의미) : 여러 전력 기기를 동시에 사용하는 정도를 시간, 계절별로 나타내는 지수
>   ② 부등률식의 정의 : 합성 최대전력에 대한 개별 최대수용전력의 합의 비
>   ③ 부등률 $= \dfrac{\text{개별 최대전력의 합[kW]}}{\text{합성 최대전력[kW]}} \geq 1$
>   ④ 합성 최대전력[kW] $= \dfrac{\text{개별 최대전력의 합[kW]}}{\text{부등률}}$
>   ⑤ 변압기 용량[kVA] $= \dfrac{\text{합성 최대전력[kW]}}{\cos\theta} = \dfrac{\text{개별 최대전력의 합[kW]}}{\text{부등률} \cdot \cos\theta}$
>   ⑥ 부등률은 단위가 없다.
>
> 3. 부하율
>   ① 의미 : 전력 변동 상태를 알 수 있는 정도
>   ② 정의 : 최대전력에 대한 평균전력의 비
>   부하율[F] $= \dfrac{\text{평균전력[kW]}}{\text{최대전력[kW]}} \times 100[\%] = \dfrac{\text{사용전력량[kWh]}/\text{시간}}{\text{최대전력[kW]}} \times 100[\%]$
>   ③ 부하율이 작으면 전력공급설비를 유용하게 사용하지 못하며 실가동율이 저하된다.

04 3상 비접지식에서 영상 전압을 얻기 위하여 사용하는 기기는 무엇인지 쓰시오.

해답 접지계기용 변압기(GPT)

TIP
① 접지형 계기용 변압기(GPT)와 지락과전압 계전기(OVGR) : 지락 시 영상전압을 검출하여 차단기를 개방한다.
② 영상변류기(ZCT)와 지락방향 계전기(DGR) : 지락전류를 검출하여 차단기를 개방한다.
③ 접지형 계기용 변압기(GPT) 결선방법

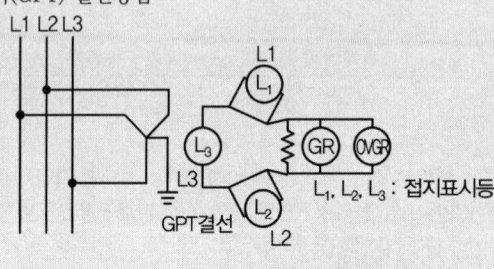

05 면적이 1,200[m²]인 사무실에 평균조도 300[lx]를 얻기 위하여 40[W]인 형광등을 사용했을 때 필요한 등 수(개)는?(단, 형광등의 전광속은 2,500[lm], 조명률은 0.7, 감광보상률은 1.5이다.)

계산 : _____ 답 : _____

해답 계산 : $N = \dfrac{EDA}{FU} = \dfrac{300 \times 1.5 \times 1200}{2,500 \times 0.7} = 308.57$

답 309[등]

TIP
조명설계공식 FUN = EDA
여기서, F : 광속[lm], U : 조명률, N : 등수
E : 조도[lx], D : 감광보상률, A : 면적[m²]

06 다음은 어떤 단위 영역의 평균조도 E_1, E_2, E_3, E_4를 측정한 것이다. 4점법에 의한 평균조도를 계산하시오. (단, 꼭짓점 사이의 거리는 동일하다.)

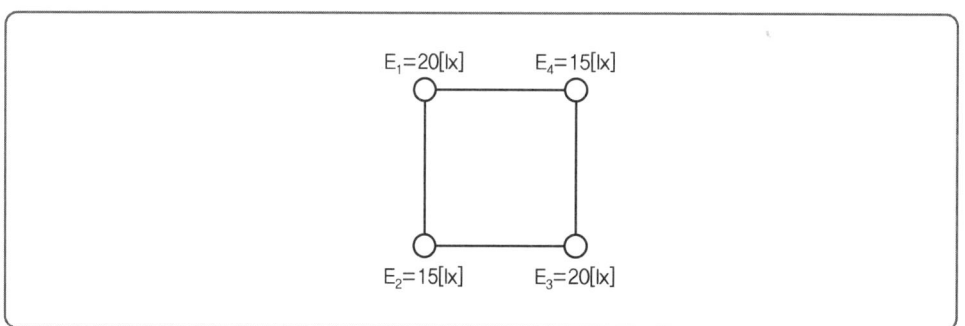

계산 : _____ 답 : _____

해답 계산 : 4점법 평균조도 $E = \dfrac{E_1 + E_2 + E_3 + E_4}{4}$

$= \dfrac{20 + 15 + 20 + 15}{4} = 17.5 \,[\text{lx}]$

답 17.5 [lx]

07 한국전기설비규정 용어의 정의에 대한 내용이다. 빈칸에 알맞은 내용을 보기에서 골라 쓰시오.

[보기]
급전소, 변전소, 발전소, 개폐소, 배선, 전선로, 전선, 전로

용어	정의
(①)	전력계통의 운용에 관한 지시 및 급전조작을 하는 곳을 말한다.
(②)	강전류 전기의 전송에 사용하는 전기 도체, 절연물로 피복한 전기 도체 또는 절연물로 피복한 전기 도체를 다시 보호 피복한 전기 도체를 말한다.
(③)	통상의 사용 상태에서 전기가 통하고 있는 곳을 말한다.
(④)	발전소·변전소·개폐소·이에 준하는 곳, 전기사용장소 상호 간의 전선(전차선을 제외한다) 및 이를 지지하거나 수용하는 시설물을 말한다.

해답 ① 급전소 ② 전선
③ 전로 ④ 전선로

> **TIP**
>
> ▶ 전기설비기술기준 용어
> 1. "발전소"란 발전기 · 원동기 · 연료전지 · 태양전지 · 해양에너지발전설비 · 전기저장장치, 그 밖의 기계기구(비상용 예비전원을 얻을 목적으로 시설하는 것 및 휴대용 발전기를 제외한다)를 시설하여 전기를 생산(원자력, 화력, 신재생에너지 등을 이용하여 전기를 발생시키는 것과 양수발전, 전기저장장치와 같이 전기를 다른 에너지로 변환하여 저장 후 전기를 공급하는 것)하는 곳을 말한다.
> 2. "변전소"란 변전소의 밖으로부터 전송받은 전기를 변전소 안에 시설한 변압기 · 전동발전기 · 회전변류기 · 정류기, 그 밖의 기계기구에 의하여 변성하는 곳으로서 변성한 전기를 다시 변전소 밖으로 전송하는 곳을 말한다.
> 3. "개폐소"란 개폐소 안에 시설한 개폐기 및 기타 장치에 의하여 전로를 개폐하는 곳으로서 발전소 · 변전소 및 수용장소 이외의 곳을 말한다.
> 4. "급전소"란 전력계통의 운용에 관한 지시 및 급전조작을 하는 곳을 말한다.
> 5. "전선"이란 강전류 전기의 전송에 사용하는 전기 도체, 절연물로 피복한 전기 도체 또는 절연물로 피복한 전기 도체를 다시 보호 피복한 전기 도체를 말한다.
> 6. "전로"란 통상의 사용 상태에서 전기가 통하고 있는 곳을 말한다.
> 7. "전선로"란 발전소 · 변전소 · 개폐소, 이에 준하는 곳, 전기사용장소 상호 간의 전선(전차선을 제외한다) 및 이를 지지하거나 수용하는 시설물을 말한다.

08 다음은 콘센트의 시설에 관한 내용이다. 빈칸에 알맞은 내용을 쓰시오.

> 욕조나 샤워시설이 있는 욕실 또는 화장실 등 인체가 물에 젖어 있는 상태에서 전기를 사용하는 장소에 콘센트를 사용하는 경우에는 다음에 따라 시설하여야 한다.
>
> (1) 「전기용품 및 생활용품 안전관리법」의 적용을 받는 인체감전보호용 누전차단기(정격감도전류 (①)[mA] 이하, 동작시간 (②)초 이하의 전류동작형의 것에 한한다) 또는 절연변압기(정격용량 (③)[kVA] 이하인 것에 한한다)로 보호된 전로에 접속하거나, 인체감전보호용 누전차단기가 부착된 콘센트를 시설하여야 한다.

① 정격감도전류
② 동작시간
③ 정격용량

해답 ① 정격감도전류 : 15[mA] 이하
② 동작시간 : 0.03[초] 이하
③ 정격용량 : 3[kVA] 이하

> **TIP**
> ▶ 콘센트의 시설
> 욕조나 샤워시설이 있는 욕실 또는 화장실 등 인체가 물에 젖어 있는 상태에서 전기를 사용하는 장소에 콘센트를 시설
> ① 인체감전보호용 누전차단기(정격감도전류 15[mA] 이하, 동작시간 0.03[초] 이하의 전류동작형의 것에 한한다) 또는 절연변압기(정격용량 3[kVA] 이하인 것에 한한다)로 보호된 전로에 접속하거나, 인체감전보호용 누전차단기가 부착된 콘센트를 시설하여야 한다.
> ② 콘센트는 접지극이 있는 방적형 콘센트를 사용하여 규정에 준하여 접지하여야 한다.

09 그림과 같은 계통의 기기의 A점에서 완전 지락이 발생하였다. 그림을 이용하여 다음 각 물음에 답하시오.

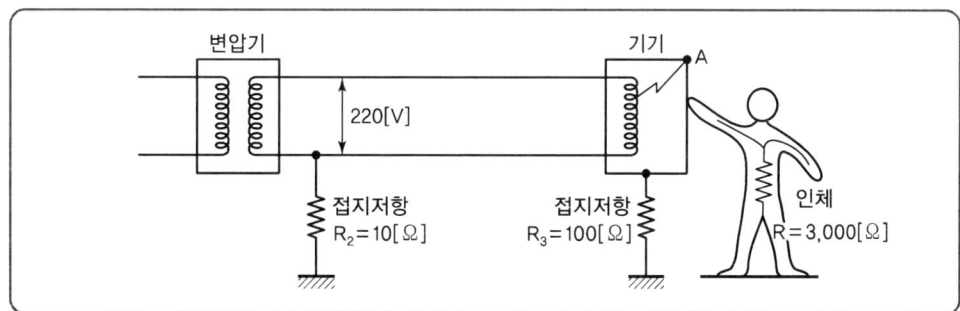

1 이 기기의 외함에 인체가 접촉하고 있지 않을 경우 대지전압을 구하시오.
   계산 : _____ 답 : _____

2 이 기기의 외함에 인체가 접촉한 경우 인체를 통해서 흐르는 전류를 구하시오.(단, 인체의 저항은 3,000[Ω]으로 한다.)
   계산 : _____ 답 : _____

해답 **1** 계산 : 대지전압 $e = \dfrac{R_3}{R_2 + R_3} \times V = \dfrac{100}{10 + 100} \times 220 = 200[V]$

답 200[V]

2 계산 : 인체에 흐르는 전류 $I = \dfrac{V}{R_2 + \dfrac{R_3 \cdot R}{R_3 + R}} \times \dfrac{R_3}{R_3 + R}$

$= \dfrac{220}{10 + \dfrac{100 \times 3,000}{100 + 3,000}} \times \dfrac{100}{100 + 3,000}$

$= 0.06647[A] = 66.47[mA]$

답 66.47[mA]

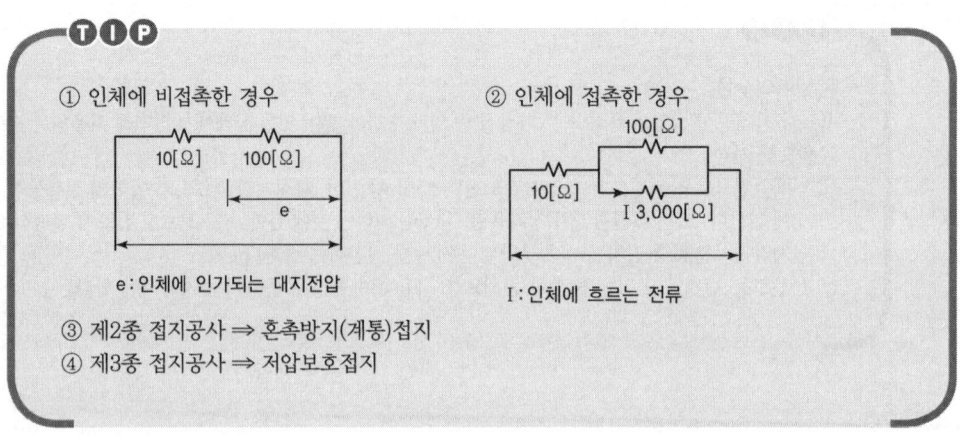

① 인체에 비접촉한 경우
e : 인체에 인가되는 대지전압
② 인체에 접촉한 경우
I : 인체에 흐르는 전류
③ 제2종 접지공사 ⇒ 혼촉방지(계통)접지
④ 제3종 접지공사 ⇒ 저압보호접지

10 CT 2대를 V결선하여 OCR 3대를 그림과 같이 연결하여 사용할 경우 다음 각 물음에 답하시오.

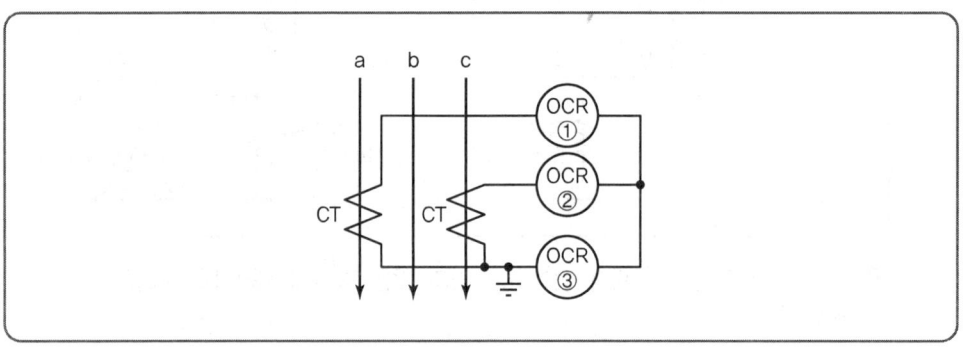

① OCR 중에서 ③번 OCR에 흐르는 전류는 어떤 상의 전류인가?
② OCR은 주로 어떤 사고가 발생하였을 때 동작하는가?
③ 통전 중에 있는 변류기 2차 측 기기를 교체하고자 할 때 가장 먼저 취하여야 할 조치는 무엇인지를 설명하시오.

(해답) ① b상 전류
② 단락 사고(과부하)
③ 2차 측 단락

> **TIP**
> ① a상과 c상의 전류의 합은 b상의 전류를 나타낸다.
>
>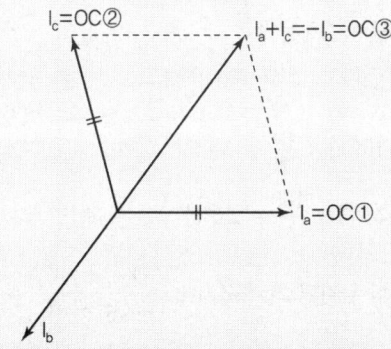
>
> ② OCR 동작 : 단락, 과부하 시 동작
> ③ 변류기(CT) : 개방을 하면 과전압이 발생하려 절연소손되므로 2차 측을 단락 후 점검

11 3상 154[kV] 시스템의 회로도와 조건을 이용하여 F에서 3상 단락고장이 발생하였을 때 154[kV], 100[MVA] 기준으로 계산하는 과정에 대하여 F에서의 3상 단락전류를 구하시오. (단, 송전선로의 %Z_{TL}은 A-F 구간에 해당되며, 이외의 조건은 무시한다.)

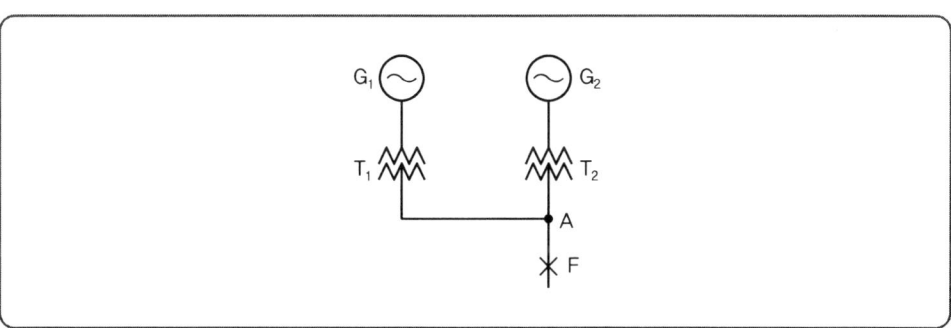

[조건]
① 발전기 G_1 : $S_{G1} = 20[MVA]$, %$Z_{G1} = 30[\%]$
　　　　　G_2 : $S_{G2} = 5[MVA]$, %$Z_{G2} = 30[\%]$
② 변압기 T_1 : 전압 11/154[kV], 용량 : 20[MVA], %$Z_{T1} = 10[\%]$
　　　　　T_2 : 전압 6.6/154[kV], 용량 : 5[MVA], %$Z_{T2} = 10[\%]$
③ 송전선로 : 전압 154[kV], 용량 : 20[MVA], %$Z_{TL} = 5[\%]$

계산 : _____ 답 : _____

해답 계산 : 정격전류 $I_n = \dfrac{P}{\sqrt{3}\,V} = \dfrac{100\times 10^6}{\sqrt{3}\times 154\times 10^3} = 374.9[A]$

100[MVA]를 기준하는 %Z

① $\%Z_{G1} = 30[\%] \times \dfrac{100}{20} = 150[\%]$ ② $\%Z_{G2} = 30[\%] \times \dfrac{100}{5} = 600[\%]$

③ $\%Z_{T1} = 10[\%] \times \dfrac{100}{20} = 50[\%]$ ④ $\%Z_{T2} = 10[\%] \times \dfrac{100}{5} = 200[\%]$

⑤ $\%Z_{TL} = 5[\%] \times \dfrac{100}{20} = 25[\%]$

F점까지 합성 임피던스 $= \%Z_{TL} + \dfrac{(\%Z_{G1} + \%Z_{T1}) \times (\%Z_{G2} + \%Z_{T2})}{(\%Z_{G1} + \%Z_{T1}) + (\%Z_{G2} + \%Z_{T2})}$

$= 25 + \dfrac{(150+50)\times(600+200)}{(150+50)+(600+200)} = 185[\%]$

단락전류 $I_s = \dfrac{100}{\%Z} I_n = \dfrac{100}{185} \times 374.9 = 202.65[A]$

답 202.65[A]

TIP

① $\%Z' = \%Z \times \dfrac{\text{기준용량}}{\text{자기용량}}$

② $I_s = \dfrac{100}{\%Z} I_n$ 여기서, I_n : 정격전류

③ $P_s = \sqrt{3} \times$ 정격전압 $\times$ 정격차단전류 $\times 10^{-6}$[MVA] $= \dfrac{100}{\%Z} P$

12 1차 전압이 22,900[V]이고 2차 전압이 380[V]일 때, 2차 측 전압이 370[V]로 측정되었다. 탭 전압을 22,900[V]에서 21,900[V]로 했을 때, 2차 측 전압을 구하시오.

계산 : _____ 답 : _____

해답 계산 : 1차 측 탭 전압과 2차 측 전압은 반비례하므로

$V_2' = V_2 \times \dfrac{\text{현재의 탭전압}}{\text{변경할 탭전압}} = 370 \times \dfrac{22{,}900}{21{,}900} = 386.89[V]$

답 386.89[V]

> 권수비 $a = \dfrac{N_1}{N_2} = \dfrac{V_1}{V_2}$ 에서 $V_1 = aV_2$
>
> 변압기 1차 측 공급전압은 변함이 없으므로 탭 변경 시 새로운 권수비 a'는
>
> $a' = \dfrac{N_1'}{N_2} = \dfrac{V_1}{V_2'}$ 에서 $V_2' = \dfrac{V_1}{a'} = \dfrac{a}{a'}V_2 = \dfrac{N_1/N_2}{N_1'/N_2}=\dfrac{N_1}{N_1'}V_2$

13 수전설비시스템에 대한 도면을 보고 각각에 알맞은 내용을 작성하시오.

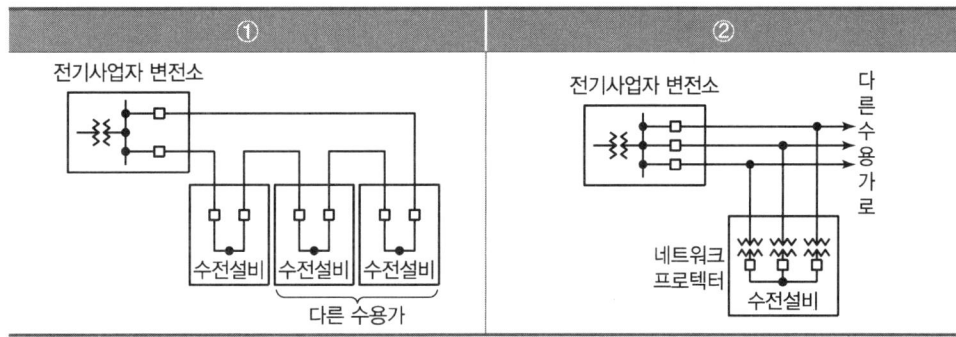

해답 ① 환상식(루프 방식)
② 스폿 네트워크 방식

> 1. 환상식
>   ① 부하가 밀집되어 있는 시가지에 사용된다.
>   ② 전기를 양쪽에서 공급할 수 있어서 수지식보다 신뢰도가 좋다.
>   ③ 배전거리가 짧아 전압강하 및 전력손실이 줄어든다.
>   ④ 구성이 복잡하고 시설비가 늘어날 수 있다.
>
>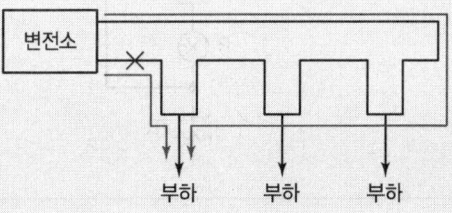
>
> 2. 스폿 네트워크 방식
>   ① 목적 : 무정전 공급이 가능해서 신뢰도가 높고 전압변동률이 낮고 도심부의 부하 밀도가 높은 지역의 대용량 수용가에 공급하는 방식

② 구성도

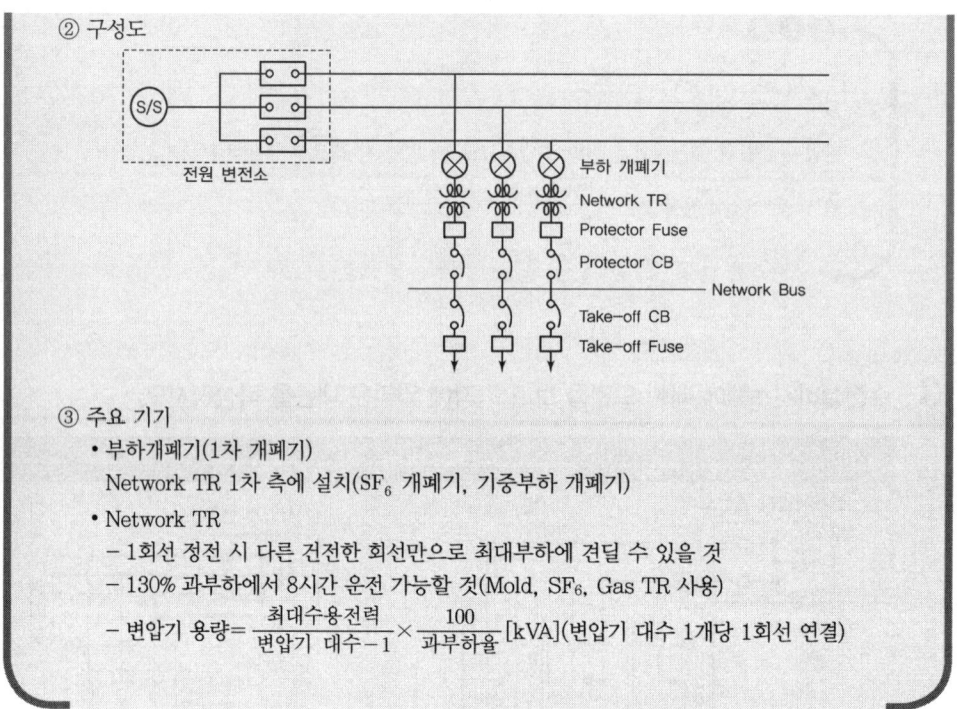

③ 주요 기기
- 부하개폐기(1차 개폐기)
  Network TR 1차 측에 설치(SF_6 개폐기, 기중부하 개폐기)
- Network TR
  - 1회선 정전 시 다른 건전한 회선만으로 최대부하에 견딜 수 있을 것
  - 130% 과부하에서 8시간 운전 가능할 것(Mold, SF_6, Gas TR 사용)
  - 변압기 용량 = $\dfrac{최대수용전력}{변압기\ 대수-1} \times \dfrac{100}{과부하율}$ [kVA](변압기 대수 1개당 1회선 연결)

14 그림과 같은 변전설비에서 무정전 상태로 차단기를 점검하기 위한 조작 순서를 기구 기호를 이용하여 설명하시오. (단, S_1, R_1은 단로기, T_1은 By-pass 단로기, TR은 변압기이며, T_1은 평상시에 개방되어 있는 상태이다.)

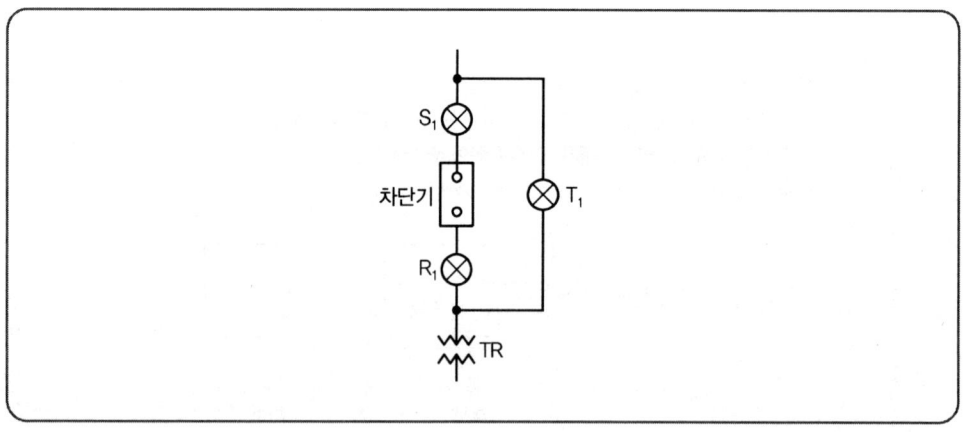

해답 T_1을 On, 차단기를 Off, R_1을 Off, S_1을 Off한다.

> **TIP**
> ① 점검 완료 후 동작 : R_1을 On, S_1을 On, 차단기를 On, T_1을 Off한다.
> ② T_1 투입 시 등전위가 발생되어 전류가 흐르지 않는다.

15 어떤 화력 발전소에 시간당 중유로 12[ton]을 써서 평균전력 40,000[kW]을 발전했다. 중유 발열량이 10,000[kcal/kg]일 때, 발전소의 효율[%]을 구하시오.

계산 : _____ 답 : _____

해답 계산 : $\eta = \dfrac{860W}{mH} \times 100 = \dfrac{860 \times 40,000}{12 \times 10^3 \times 10,000} \times 100 = 28.87 [\%]$

답 28.87[%]

> **TIP**
> $\eta = \dfrac{860W}{mH} \times 부하율 = \dfrac{860 \times p \times t}{mH} \times 부하율$
> 여기서, η : 효율, W : 전력량, p : 전력
> t : 시간, m : 중량(kg=L), H : 열량

16 어느 건물의 연면적이 420[m²]이다. 이 건물에 표준부하를 적용하여 전등, 일반동력 및 냉방동력 공급용 변압기 용량을 각각 다음 표를 이용하여 선정하시오.(단, 전등은 단상 부하로서 역률은 1이며, 일반동력, 냉방동력은 3상 부하로서 각 역률은 0.95, 0.9이다.)

표준부하		
부하	표준부하[W/m²]	수용률[%]
전등	30	75
일반동력	50	65
냉방동력	35	70

변압기 용량	
상별	용량[kVA]
단상	3, 5, 7.5, 10, 15, 20, 30, 50
3상	3, 5, 7.5, 10, 15, 20, 30, 50

해답 ① 전등 변압기 계산 : $Tr = 30 \times 420 \times 0.75 \times 10^{-3} = 9.45 [kVA]$ **답** 단상 10[kVA]

② 일반동력 변압기 계산 : $Tr = \dfrac{50 \times 420 \times 0.65 \times 10^{-3}}{0.95} = 14.37 [kVA]$ **답** 3상 15[kVA]

③ 냉방동력 변압기 계산 : $Tr = \dfrac{35 \times 420 \times 0.7 \times 10^{-3}}{0.9} = 11.43 [kVA]$ **답** 3상 15[kVA]

과년도 기출문제

TIP

$$\text{표준부하 변압기 용량} = \frac{\text{면적}[m^2] \times \text{표준부하}[W/m^2] \times \text{수용률}}{\text{역률}}$$

17 어느 회사에서 한 부지에 A, B, C의 세 공장을 세워 3대의 급수 펌프 P_1(소형), P_2(중형), P_3(대형)으로 다음 계획에 따라 급수 계획을 세웠다. 조건과 미완성 시퀀스 도면을 보고 다음 각 물음에 답하시오.

[조건]
① 공장 A, B, C가 휴무일 때 또는 그중 한 공장만 가동할 때에는 펌프 P_1만 가동시킨다.
② 공장 A, B, C 중 어느 것이나 두 개의 공장만 가동할 때에는 P_2만 가동시킨다.
③ 공장 A, B, C가 모두 가동할 때에는 P_3만 가동시킨다.

1 위의 조건에 대한 진리표를 작성하시오.

A	B	C	P_1	P_2	P_3
0	0	0	1	0	0
1	0	0	1	0	0
0	1	0	1	0	0
0	0	1	1	0	0
1	1	0	0	1	0
1	0	1	0	1	0
0	1	1	0	1	0
1	1	1	0	0	1

2 주어진 미완성 시퀀스 도면에 접점과 그 기호를 삽입하여 도면을 완성하시오.

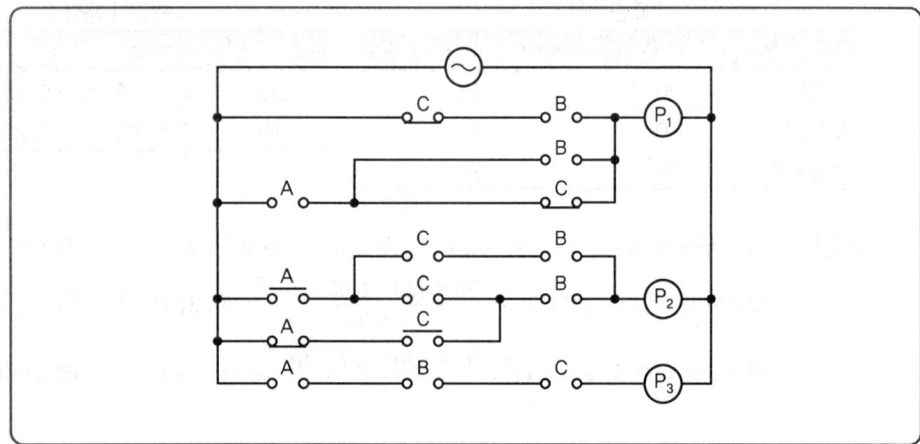

❸ P_1, P_2, P_3의 출력식을 최소한의 접점으로 표현하시오.

해답 ❶

A	B	C	P_1	P_2	P_3
0	0	0	1	0	0
1	0	0	1	0	0
0	1	0	1	0	0
0	0	1	1	0	0
1	1	0	0	1	0
1	0	1	0	1	0
0	1	1	0	1	0
1	1	1	0	0	1

❷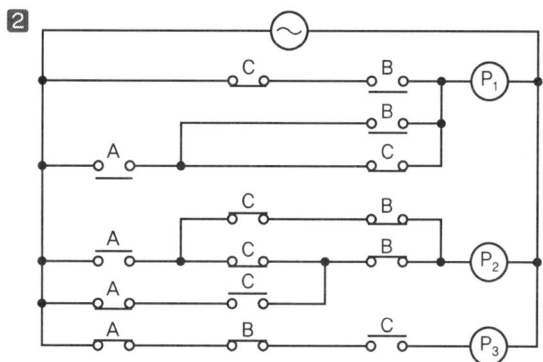

❸ $P_1 = \overline{A}\,\overline{B}\,\overline{C} + \overline{A}\,\overline{B}\,C + \overline{A}\,B\,\overline{C} + A\,\overline{B}\,\overline{C}$
$= \overline{A}\,\overline{B}\,\overline{C} + \overline{A}\,\overline{B}\,C + \overline{A}\,B\,\overline{C} + A\,\overline{B}\,\overline{C} + \overline{A}\,B\,\overline{C} + \overline{A}\,\overline{B}\,\overline{C}$
$= \overline{A}\,\overline{B}(C+\overline{C}) + \overline{A}\,\overline{C}(B+\overline{B}) + \overline{B}\,\overline{C}(A+\overline{A})$
$= \overline{A}(\overline{B} + \overline{C}) + \overline{B}\,\overline{C}$
$P_2 = \overline{A}\,B\,C + A\,\overline{B}\,C + A\,B\,\overline{C} = \overline{A}\,B\,C + A(\overline{B}\,C + B\,\overline{C})$
$P_3 = A\,B\,C$

18 과도적인 과전압을 제한하고 서지(Surge)전류를 분류하는 목적으로 사용되는 서지보호장치(SPD)에 대한 다음 물음에 답하시오.

❶ 기능별 종류 3가지를 분류하여 쓰시오.

❷ 구조에 따라 2가지를 분류하여 쓰시오.

[해답]
■ ① 전압스위치형 SPD
② 복합형 SPD
③ 전압제한형 SPD
② ① 1포트 SPD
② 2포트 SPD

> **TIP**
> ① 피뢰기(LA) : 뇌전류(이상전압)를 대지로 방전하고 속류를 차단하여 기기를 보호한다.
> ② 서지흡수기(SA) : 진공차단기 등의 개폐서지를 억제하여 변압기를 보호한다.
> ③ 서지방지기(SPD) : 저압에 설치하는 것으로 서지 또는 과도전압으로부터 기기를 보호한다.

19 다음 그림기호의 정확한 명칭을 쓰시오.

그림기호	명칭(구체적으로 기록)
CT	
TS	
⫯	
⊣⊢	
Wh	

[해답]

그림기호	명칭(구체적으로 기록)
CT	변류기(상자)
TS	타임스위치
⫯	콘덴서
⊣⊢	축전지
Wh	전력량계(상자들이 또는 후드붙이)

01 지름 12[cm]의 구형 외구가 있고, 해당 외구의 중심에 균등 점광원이 있다. 구형 외구의 광속 발산도가 1,000[rlx]이고, 외구의 투과율이 80[%]일 때, 균등 점광원의 광도[cd]를 구하시오.(단, 점광원은 완전확산성 구형 광원이다.)

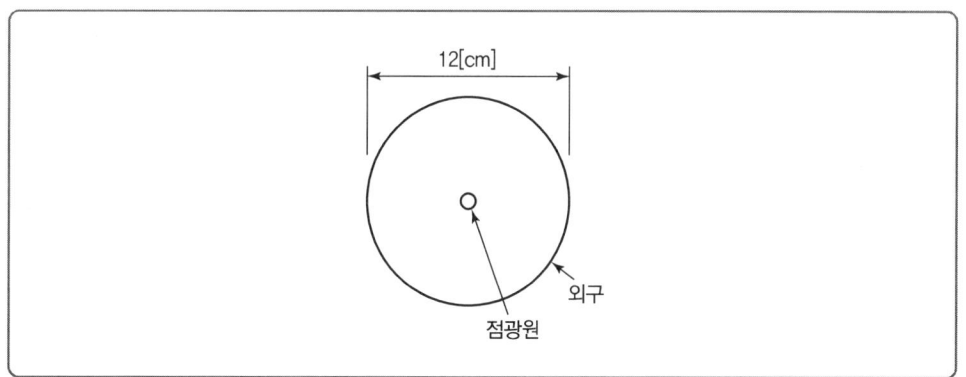

계산 : _____ 답 : _____

해답 계산 : 광속발산도 $R = \dfrac{F}{S}\eta = \dfrac{4\pi I}{4\pi r^2} \times \dfrac{\tau}{1-\rho}$

여기서, r : 반지름, I : 광도, F : 광속, η : 효율, ρ : 반사율, τ : 투과율

$1,000 = \dfrac{I}{0.06^2} \times 0.8$

∴ I = 4.5[cd]

답 4.5[cd]

02 한국전기설비규정에 의하여 접지시스템의 구분 및 시설 종류를 빈칸에 알맞게 쓰시오.

1 접지시스템은 (①), (②), (③)으로 구분한다.
2 접지시스템의 시설 종류는 (④), (⑤), (⑥)이다.

해답 ① 계통접지   ② 보호접지
③ 피뢰시스템접지   ④ 단독접지
⑤ 공통접지   ⑥ 통합접지

03 부하전력 및 역률이 일정할 때 전압을 2배로 승압하면 선로손실과 선로손실률은 승압 전에 비하여 몇 [%]가 되는가?

1 선로손실
  계산 : _____ 답 : _____

2 선로손실률
  계산 : _____ 답 : _____

해답 **1** 계산 : 선로손실 $P_L = 3I^2R = 3\left(\dfrac{P}{\sqrt{3}\,V\cos\theta}\right)^2 \times R = \dfrac{P^2}{V^2\cos^2\theta}R$

$P_L \propto \dfrac{1}{V^2} = \dfrac{1}{2^2} = \dfrac{1}{4} = 0.25$ 답 25[%]

2 계산 : 선로손실률 $K = \dfrac{P_L}{P} = \dfrac{P}{V^2\cos^2\theta}R$

$K \propto \dfrac{1}{V^2} = \dfrac{1}{2^2} = \dfrac{1}{4} = 0.25$ 답 25[%]

TIP

① $P_L \propto \dfrac{1}{V^2}$ (P_L : 손실) ② $A \propto \dfrac{1}{V^2}$ (A : 단면적)
③ $\delta \propto \dfrac{1}{V^2}$ (δ : 전압강하율) ④ $e \propto \dfrac{1}{V}$ (e : 전압강하)
⑤ $P \propto V^2$ (P : 전력)
⑥ 공급능력 $P = VI\cos\theta$ 에서 $P \propto V$ (P : 공급능력)

04 다음 조명용어의 정의를 쓰시오.

1 전등 효율
2 광원의 연색성

해답 **1** 전등 효율 : 소비전력 P에 대한 전발산광속 F의 비율
2 광원의 연색성 : 조명에 의한 물체의 색깔을 결정하는 광원의 성질을 말한다.

TIP

▶ 색온도
  광원의 광색이 흑체의 광색과 같을 때 흑체의 온도를 말한다.

05
유효낙차 81[m], 출력 10,000[kW], 특유속도 164[rpm]인 수차의 회전속도는 약 몇 [rpm]인가?

계산 : _____ 답 : _____

해답 계산 : $N_s = N \dfrac{P^{\frac{1}{2}}}{H^{\frac{5}{4}}}$ $N = N_s \dfrac{H^{\frac{5}{4}}}{P^{\frac{1}{2}}} = \dfrac{164 \times 81^{\frac{5}{4}}}{10,000^{\frac{1}{2}}} = 398.52$ **답** 398.52[rpm]

> **TIP**
> ▶ 특유속도
> 어떤 수차와 기하학적으로 닮은 수차를 가정하고, 이것을 단위 낙차에서 운전하여 단위 출력을 발생시키려고 할 때 필요한 분당 회전수를 말한다.

06
주어진 조건을 이용하여 미완성 시퀀스 회로와 타임차트를 완성하시오.

[조건]
- 선행 우선회로로 동작한다. 즉, PBS_1을 누르면 RL만 점등되고 나머지는 점등되지 않는다.
- 누름버튼스위치 PBS(a접점 3개, b접점 1개), 릴레이 X(a접점 3개, b접점 6개) 접점을 명칭과 함께 작성한다.
- 누름버튼스위치 PBS를 누르면 릴레이 X에 의하여 자기유지된다.
- 구체적인 작동사항은 다음과 같다.
  ① 누름버튼스위치 PBS_1을 먼저 누르면, 릴레이 X_1가 여자되고 RL만 점등되고, 나중에 PBS_2, PBS_3을 눌러도 GL, WL은 점등되지 않는다.
  ② 누름버튼스위치 PBS_2를 먼저 누르면, 릴레이 X_2가 여자되고 GL만 점등되고, 나중에 PBS_1, PBS_3을 눌러도 RL, WL은 점등되지 않는다.
  ③ 누름버튼스위치 PBS_3을 먼저 누르면, 릴레이 X_3가 여자되고 WL만 점등되고, 나중에 PBS_1, PBS_2를 눌러도 RL, GL은 점등되지 않는다.
  ④ 누름버튼스위치 PBS_4를 누를 시 모든 동작이 정지된다.

범례				접속점 표기 방식	
				접속	비접속

과년도 기출문제

1 미완성 회로를 완성하시오.

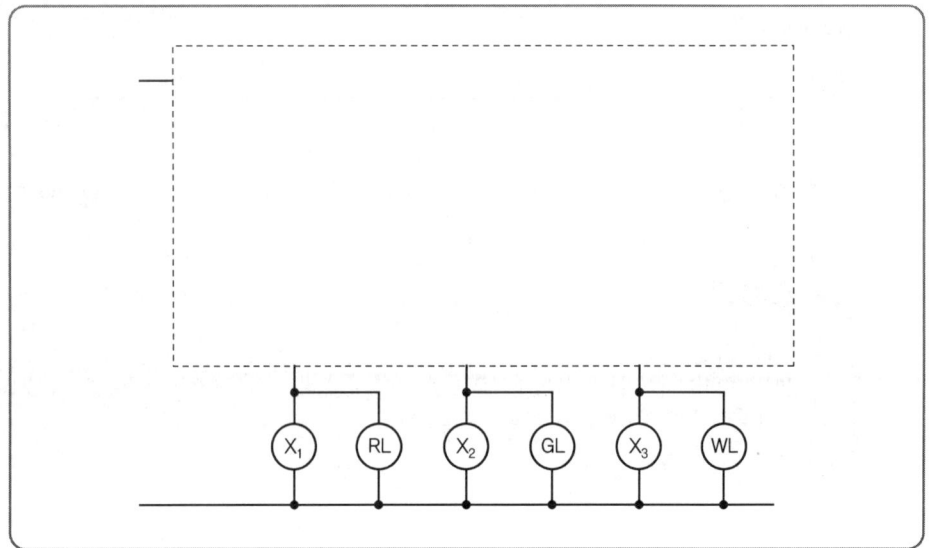

2 타임차트를 완성하시오.(단, PBS의 동작신호는 PBS를 눌렀을 때이다.)

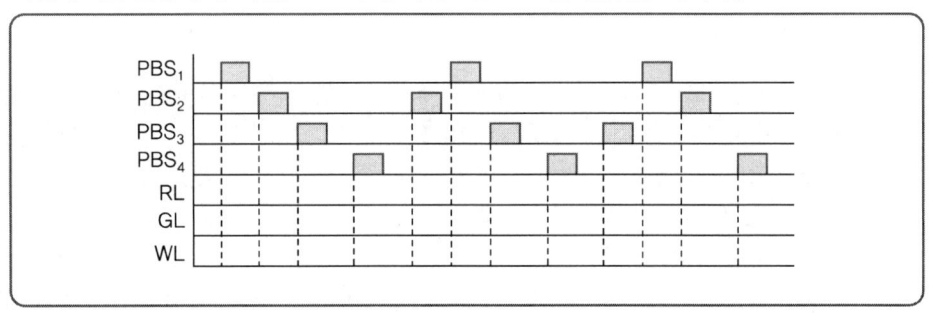

해답 **1**

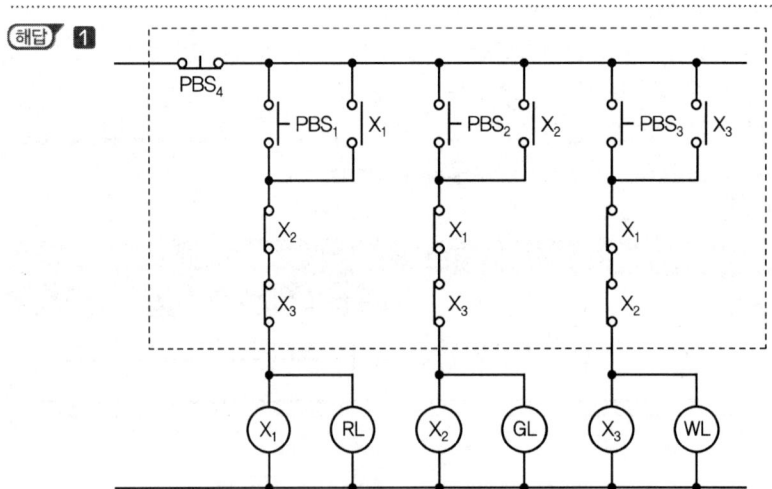

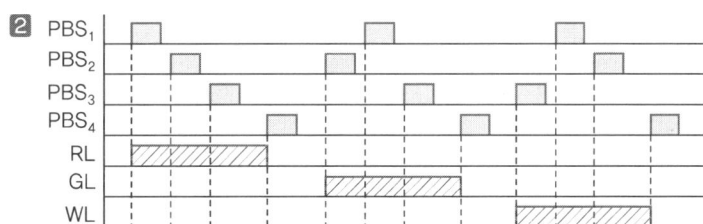

07 계기용 변압기와 변류기를 부속하는 3상 3선식 전력량계를 결선하시오. (단, 1, 2, 3은 상순을 표시하고, P1, P2, P3은 계기용 변압기에, 1S, 1L, 3S, 3L은 변류기에 접속하는 단자이다.)

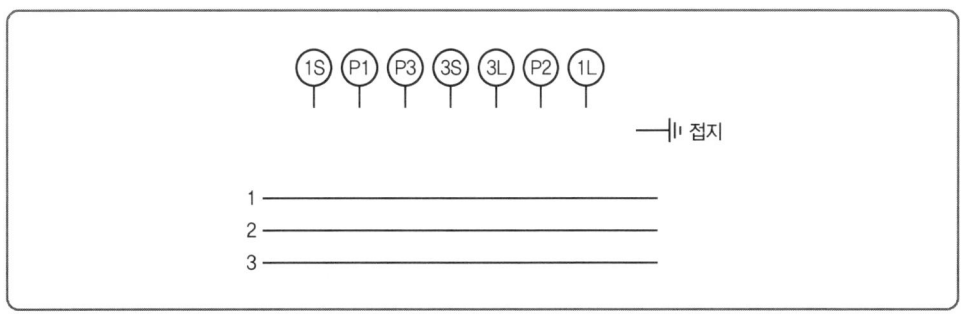

해답

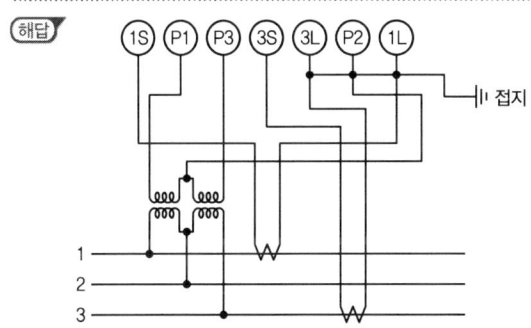

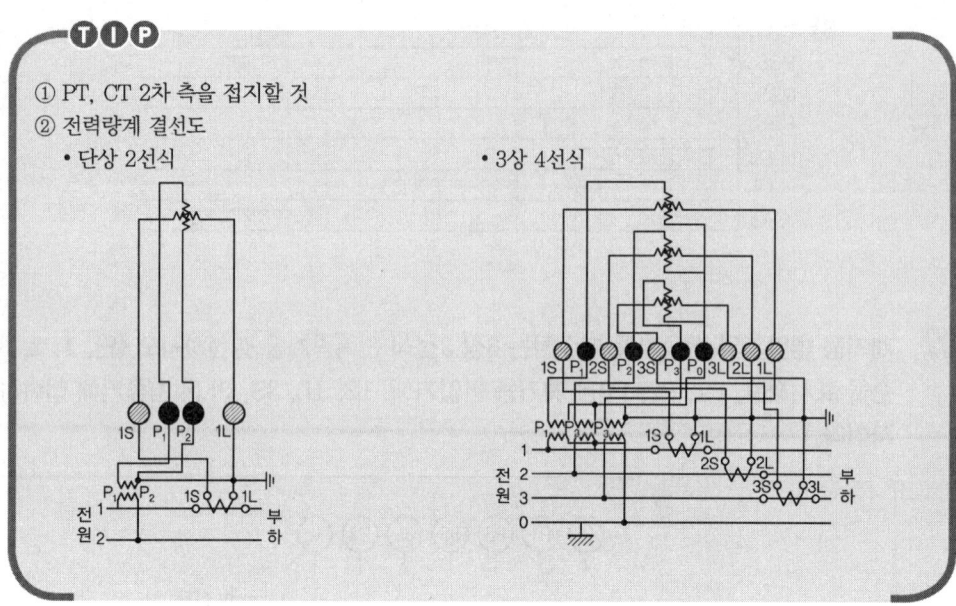

08 3상 변압기의 병렬운전 조건을 2가지만 쓰시오.

해답 ① 정격전압(권수비)이 같을 것
② 극성이 같을 것
그 외
③ %임피던스가 같을 것
④ 각 변위가 같을 것
⑤ 각 변압기의 저항과 누설 리액턴스의 비가 같을 것
⑥ 상회전 방향이 같을 것

09 그림은 갭형 피뢰기와 갭레스형 피뢰기 구조를 나타낸 것이다. 화살표로 표시된 각 부분의 명칭을 쓰시오.

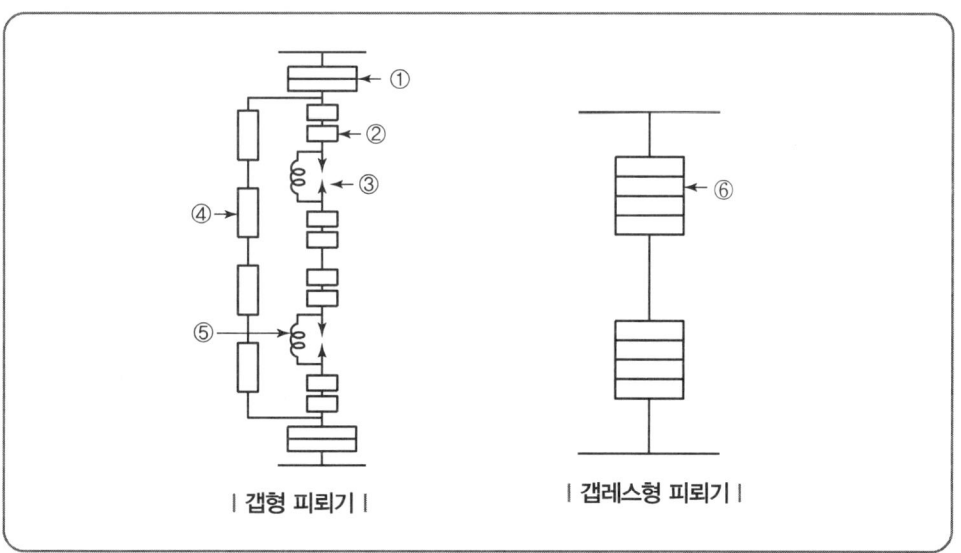

[해답]

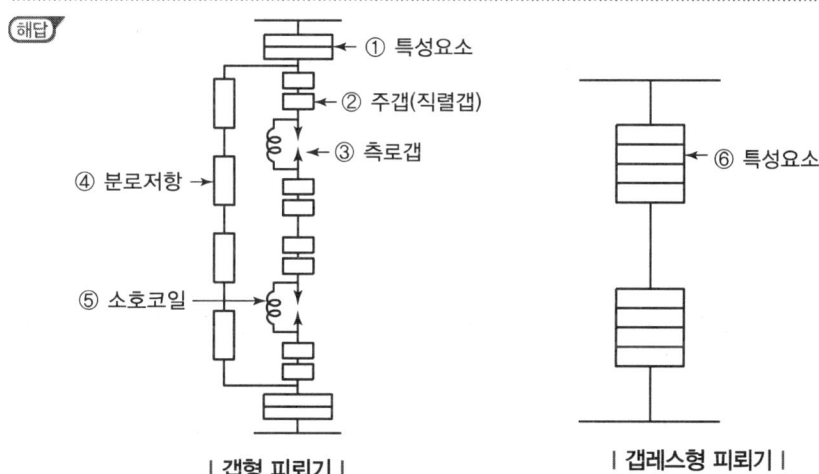

① 특성요소
② 주갭(직렬갭)
③ 측로갭
④ 분로저항
⑤ 소호코일
⑥ 특성요소

10 단상 유도전동기의 기동방법을 4가지 쓰시오.

해답 ① 반발 기동형
② 콘덴서 기동형
③ 분상 기동형
④ 셰이딩 코일형

TIP

단상에서는 회전자계를 얻을 수 없으므로 기동장치를 이용하여 기동토크를 얻기 위해

▶ 3상 유도전동기의 농형과 권선형 기동법

전동기 형식	기동법	특징
농형	전전압 기동 (직입기동)	① 5[kW] 이하의 소용량 전동기에 적용 ② 기동장치가 없는 정격전압을 인가하여 기동
	Y-△ 기동	① 기동 시 Y결선으로 정격전압의 $\frac{1}{\sqrt{3}}$ 감압 ② 5[kW] 이상~15[kW] 이하의 유도전동기 기동
	기동보상기법	전동기의 인가되는 전압을 제어하여 기동전류 및 토크를 제어
권선형	2차 저항기동법	전동기 2차 회로에 가변 저항기를 접속하고 비례추이 원리 이용
	2차 임피던스 기동법	전동기 2차 회로에 저항과 리액터를 병렬 접속

11 평형 3상 부하의 전력을 측정한 결과 지싯값이 다음과 같을 때, 주어진 물음에 답하시오.

W_1	W_2
2.2[kW]	5.8[kW]

1 이때의 역률은 몇 [%]인가?

계산 : _____ 답 : _____

2 역률을 85[%]로 개선시키려면 전력용 커패시터의 용량은 몇 [kVA]인가?

계산 : _____ 답 : _____

해답

1 계산 : $\cos\theta = \dfrac{P}{P_a} = \dfrac{W_1 + W_2}{2\sqrt{W_1^2 + W_2^2 - W_1 W_2}}$

$= \dfrac{2.2 + 5.8}{2\sqrt{2.2^2 + 5.8^2 - 2.2 \times 5.8}} \times 100 = 78.87[\%]$

답 78.87[%]

2 계산 : $Q_c = P(\tan\theta_1 - \tan\theta_2)$

$= (2.2 + 5.8) \times \left(\dfrac{\sqrt{1-0.79^2}}{0.79} - \dfrac{\sqrt{1-0.85^2}}{0.85} \right) = 1.25[\text{kVA}]$

답 1.25[kVA]

TIP

2전력계법은 2개의 단상전력계로 3상전력을 측정하는 방법으로 각각의 전력 및 역률은 다음과 같다.
① 유효전력 : $P = W_1 + W_2[W]$
② 무효전력 : $P_r = \sqrt{3}(W_1 - W_2)[\text{Var}]$
③ 피상전력 : $P_a = 2\sqrt{W_1^2 + W_2^2 - W_1 W_2}[\text{VA}]$
④ 역률 : $\cos\theta = \dfrac{W_1 + W_2}{2\sqrt{W_1^2 + W_2^2 - W_1 W_2}}$

12 감리원은 해당 공사 완료 후 준공검사 전에 사전 시운전 등이 필요한 부분에 대하여는 공사업자에게 시운전을 위한 계획을 수립하여 시운전 30일 이내에 제출하도록 하여야 하는데, 이때 발주자에게 제출하여야 할 서류를 보기에서 모두 찾아 기호를 쓰시오.

[보기]
ㄱ. 시운전 일정   ㄴ. 시험장비 확보   ㄷ. 공사계획 문서 작성
ㄹ. 안전요원 선임계획 ㅁ. 기계·기구 사용계획   ㅂ. 지원업무보조자 지정

해답 ㄱ, ㄴ, ㅁ

13 지표면상 16[m] 높이의 수조가 있다. 이 수조에 시간당 4,500[m³]의 물을 양수하는 데 필요한 펌프용 전동기의 소요동력은 몇 [kW]인가?(단, 펌프의 효율은 60[%]로 하고, 여유계수는 1.2로 한다.)

계산 : _____   답 : _____

해답 계산 : 전동기 출력 $P = \dfrac{9.8QH}{\eta}K = \dfrac{9.8 \times (4,500/3,600) \times 16}{0.6} \times 1.2 = 392[kW]$

답 392[kW]

TIP

① $P = \dfrac{9.8QH}{\eta}K$

여기서, Q : 유량(초당)[m³/s], H : 낙차(양정)[m], η : 효율, K : 계수

② $P = \dfrac{QH}{6.12\eta}K$

여기서, Q : 유량(분당)[m³/min], H : 낙차(양정)[m], η : 효율, K : 계수

---

14 3상 3선식 배전선로에서 저항이 12[Ω], 리액턴스가 24[Ω]이고, 전압강하율을 10[%]로 하기 위해 선로말단에 설치할 수 있는 3상 최대평형부하[kW]는?(단, 수전단 전압은 6,600[V], 부하역률은 0.8(지상)이다.)

계산 : _____   답 : _____

해답 계산 : 전압강하율 $\delta = \dfrac{P}{V^2}(R + X\tan\theta) \times 100$

$0.1 = \dfrac{P}{6,600^2}\left(12 + 24\dfrac{0.6}{0.8}\right)$

∴ $P = 145,200[W]$

답 145.2[kW]

TIP

1. 전압강하(e)
   ① $e = V_S - V_R$
   ② $e = \sqrt{3}I(R \cdot \cos\theta + X \cdot \sin\theta)$
   ③ $e = \sqrt{3} \cdot \dfrac{P}{\sqrt{3}V\cos\theta}(R \cdot \cos\theta + X \cdot \sin\theta) = \dfrac{P}{V}(R + X\tan\theta)$

2. 전압강하율(δ)

$$\delta = \frac{e}{V_R} \times 100$$

① $\delta = \frac{V_S - V_R}{V_R} \times 100$ ② $\delta = \frac{\sqrt{3}\,I\,(R\cos\theta + X\sin\theta)}{V_R} \times 100$

③ $\delta = \frac{P}{V_R^{\,2}}(R + X\tan\theta) \times 100$

3. 전압 변동률(ε)

$$\varepsilon = \frac{V_{R_0} - V_R}{V_R}$$

여기서, V_{R_0} : 무부하 시 수전단 전압, V_R : 부하 시 수전단 전압

15 수용가 설비의 인입구로부터 기기까지의 전압강하는 다른 조건을 고려하지 않는다면 다음 표의 값 이하이어야 한다. ( ) 안에 알맞은 내용을 쓰시오.

설비의 유형	조명[%]	기타[%]
저압으로 수전하는 경우	(①)	(②)
고압 이상으로 수전하는 경우	(③)	8

해답 ① 3
② 5
③ 6

TIP

KEC 231.3.1 저압 옥내배선의 사용전선
1. 저압 옥내배선의 전선은 단면적 2.5[mm²] 이상의 연동선 또는 이와 동등 이상의 강도 및 굵기의 것

KEC 232.3.9 수용가 설비에서의 전압강하
1. 다른 조건을 고려하지 않는다면 수용가 설비의 인입구로부터 기기까지의 전압강하는 표 232.3-1의 값 이하이어야 한다.

| 표 232.3-1 수용가설비의 전압강하 |

설비의 유형	조명[%]	기타[%]
A - 저압으로 수전하는 경우	3	5
B - 고압 이상으로 수전하는 경우	6	8

* 가능한 한 최종회로 내의 전압강하가 A유형을 넘지 않도록 하는 것이 바람직하다. 사용자의 배선설비가 100[m] 넘는 부분의 전압강하는 미터당 0.005[%] 증가할 수 있으나 이러한 증가분은 0.5[%]를 넘지 않도록 한다.

16 그림은 어느 생산공장의 수전설비 계통도이다. 다음 각 물음에 답하시오.

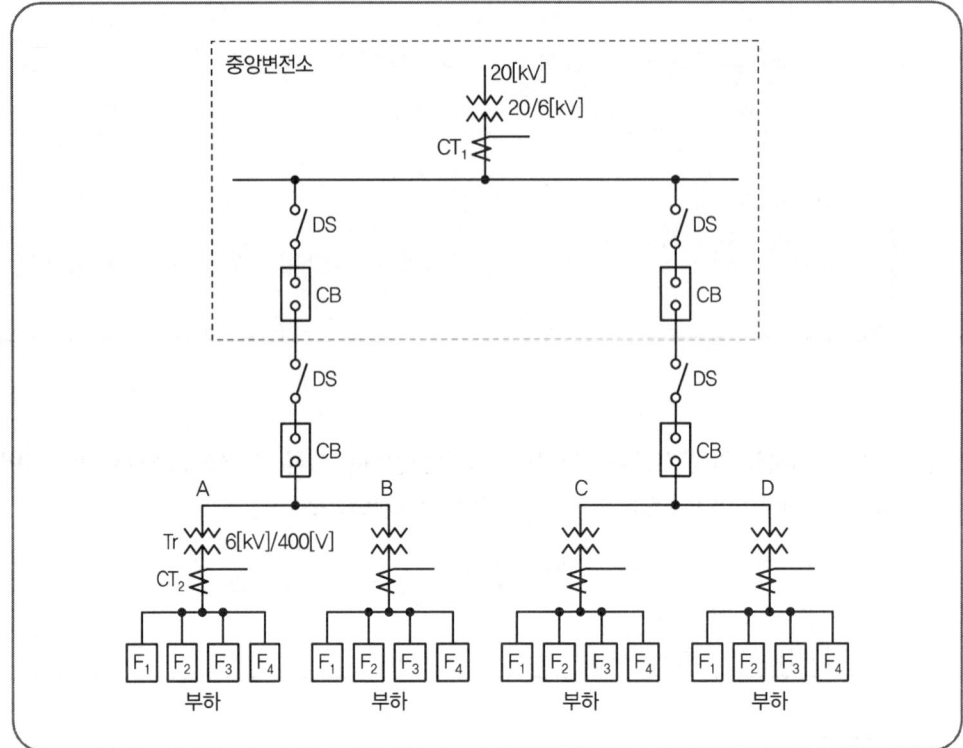

| 표 1. 뱅크의 부하 용량표 |

Feeder	부하설비 용량[kW]	수용률[%]
F_1	125	80
F_2	125	80
F_3	500	70
F_4	600	85

| 표 2. 변류기 규격표 |

항목	변류기
정격 1차 전류[A]	5, 10, 15, 20, 30, 40, 50, 75, 100, 150, 200, 300, 400, 500, 600, 750, 1000, 1500, 2000, 2500
정격 2차 전류[A]	5

| 표 3. 변압기 표준용량[kVA] |

1000, 1500, 2000, 3000, 5000, 7500, 10000

1 A, B, C, D 뱅크에 동일 부하가 걸려 있을 때, 중앙변전소 변압기 용량을 주어진 변압기 표준용량 표를 참고하여 선정하시오.(단, 각 뱅크 간 부등률은 1이고, 각 뱅크의 부하 간의 부등률은 1.2이며, 전부하 합성 역률은 0.9이다.)

계산 : _____ 답 : _____

2 중앙변전소 변압기 20,000/6,000[V], A 뱅크 변압기 6,000/400[V]일 때, 변압기 표준용량 표를 사용하고, 변류기 규격표에 의하여 변류비를 가까운 값으로 선정하시오.

① 변류기 CT_1의 변류비를 구하시오.(단, 여유율은 1.25배로 한다.)

계산 : _____ 답 : _____

② 변류기 CT_2의 변류비를 구하시오.(단, 여유율은 1.35배로 한다.)

계산 : _____ 답 : _____

해답

1 계산 : AT_r 용량 $= \dfrac{\text{개별 최대전력의 합(설비용량} \times \text{수용률)}}{\text{부등률} \times \text{역률}}$

$= \dfrac{(125 \times 0.8) + (125 \times 0.8) + (500 \times 0.7) + (600 \times 0.85)}{1.2 \times 0.9}$

$= 981.48 [kVA]$

중앙변전소 $T_r = \dfrac{981.48 \times 4}{1} = 3,925.92 [kVA]$

답 5,000[kVA]

2 ① 계산 : CT 1차 전류 $= \dfrac{P}{\sqrt{3}\,V} \times 1.25$

$= \dfrac{5,000}{\sqrt{3} \times 6} \times 1.25 = 601.41 [A]$

답 600/5

② 계산 : T_r 용량 $= \dfrac{\text{개별 최대전력의 합(설비용량} \times \text{수용률)}}{\text{부등률} \times \text{역률}}$

$= \dfrac{(125 \times 0.8) + (125 \times 0.8) + (500 \times 0.7) + (600 \times 0.85)}{1.2 \times 0.9}$

$= 981.48 [kVA]$

∴ 변압기 표준용량 : 1,000[kVA]

CT 1차 전류 $= \dfrac{P}{\sqrt{3}\,V} \times 1.35$

$= \dfrac{1,000}{\sqrt{3} \times 0.4} \times 1.35 = 1,948.56 [A]$

답 2,000/5

과년도 기출문제

TIP

▶ 단상변압기 표준용량[kVA]

1	15	150	1,500	15,000
2	20	200	2,000	20,000
3	30	300	3,000	30,000
5	50	500	5,000	50,000
7.5	75	750	7,500	
10	100	1,000	10,000	

▶ 3상 변압기 표준용량[kVA]

	15	150	1,500	15,000	150,000
	20	200	2,000	20,000	200,000
3	30	300	3,000	30,000	250,000
			4,500	45,000	300,000
5	50	500		(50,000)	
			6,000	60,000	
7.5	75	750	7,500		
				90,000	
10	100	1,000	10,000	100,000	

17 주어진 도면을 보고 다음 각 물음에 답하시오.

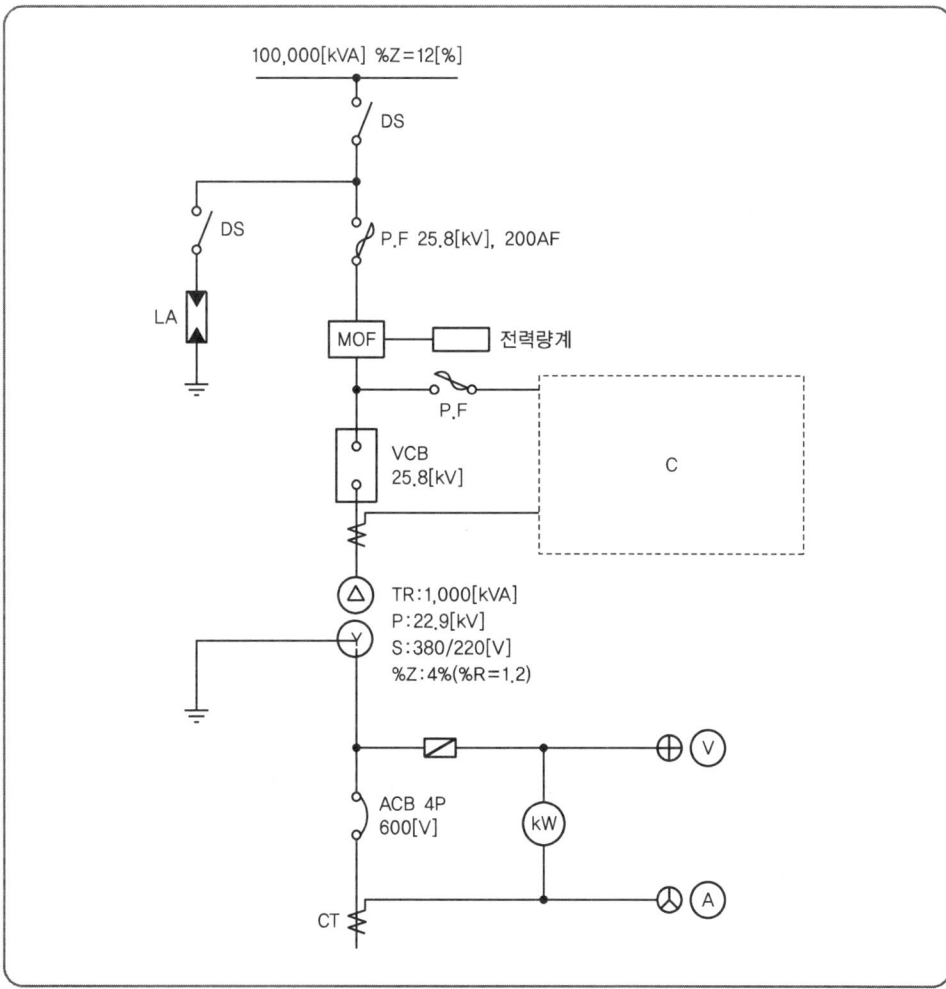

1 LA의 명칭과 그 기능을 설명하시오.
   ① 명칭 :
   ② 기능 :

2 VCB에 필요한 최소 차단용량[MVA]을 구하시오.
   계산 : _____ 답 : _____

3 도면 C 부분의 계통도에 그려져야 할 것들 중에서 종류를 5가지만 쓰시오.
   _____

4 ACB의 최소 차단전류[kA]를 구하시오.
   계산 : _____ 답 : _____

5 최대 부하 800[kVA], 역률 80[%]인 경우 변압기에 의한 전압 변동률[%]을 구하시오.
계산 : _____ 답 : _____

(해답) **1** ① 명칭 : 피뢰기
② 기능 : 뇌전류를 대지로 방전하고 속류를 차단

2 계산 : $P_S = \dfrac{100}{\%Z}P = \dfrac{100}{12} \times 100,000 = 833,333.33[kVA] \times 10^{-3} = 833.333[MVA]$

답 833.33[MVA]

3 ① 계기용 변압기 ② 전압계
③ 전류계 ④ 과전류계전기
⑤ 지락과전류계전기

4 계산 : 변압기 %Z를 100[MVA]으로 환산한 $\%Z = \dfrac{100}{1} \times 4 = 400[\%]$

합성 %Z = 400 + 12 = 412[%]

차단전류 $I_s = \dfrac{100}{\%Z} I_n = \dfrac{100}{412} \times \dfrac{100}{\sqrt{3} \times 380} \times 10^3 = 36.88[kA]$

답 36.88[kA]

5 계산 : $\%R = \dfrac{800}{1,000} \times 1.2 = 0.96[\%]$

$\%X = \dfrac{800}{1,000} \times \sqrt{4^2 - 1.2^2} = 3.05[\%]$

$\varepsilon = (\%R \times \cos\theta + \%X \times \sin\theta) = (0.96 \times 0.8 + 3.05 \times 0.6) = 2.6[\%]$

답 2.6[%]

TIP

1. 차단기 용량 선정
   ① 퍼센트 임피던스(%Z)가 주어졌을 경우
   $P_s = \dfrac{100}{\%Z} \times P_n$ 여기서, P_n : 기준용량
   ② 정격차단전류[kA]가 주어졌을 경우
   $P_s = \sqrt{3} \times 정격전압[kV] \times 정격차단전류[kA] = [MVA]$

2. 단락전류
   ① 퍼센트 임피던스(%Z)가 주어졌을 경우
   $I_s = \dfrac{100}{\%Z} I_n [A]$ 여기서, I_n : 정격전류
   ② 임피던스(Z)가 주어졌을 경우
   $I_s = \dfrac{E}{Z} = \dfrac{\frac{V}{\sqrt{3}}}{Z}[A]$ 여기서, E : 상전압, V : 선간전압

18 단상 2선식 220[V] 옥내배선에서 40[W] 형광등 30개와 100[W] LED 램프 50개를 설치할 때, 최소 분기회로수는 몇 회로인가?(단, 16[A] 분기회로로 하고, 모든 역률은 70[%]로 한다.)

계산 : _____ 답 : _____

해답 계산 : 분기회로수 $N = \dfrac{부하용량[W]}{정격전압 \times 분기회로전류 \times 역률}$

$= \dfrac{40 \times 30 + 100 \times 50}{220 \times 16 \times 0.7} = 2.516$

답 16[A] 분기 3회로

TIP

분기회로수 $= \dfrac{총설비용량[VA]}{분기설비용량[VA]} = \dfrac{상정부하설비의\ 합[VA]}{전압[V] \times 분기회로전류[A]}$

전기기사 · 산업기사 실기

발행일 | 2014. 3. 17 초판발행
2017. 2. 10 개정 1판1쇄
2018. 1. 10 개정 2판1쇄
2019. 1. 10 개정 3판1쇄
2020. 1. 10 개정 4판1쇄
2021. 1. 20 개정 5판1쇄
2022. 2. 10 개정 6판1쇄
2023. 1. 10 개정 7판1쇄
2024. 1. 10 개정 8판1쇄
2025. 1. 10 개정 9판1쇄

저 자 | 인천대산전기직업학교
발행인 | 정용수
발행처 | 예문사

주 소 | 경기도 파주시 직지길 460(출판도시) 도서출판 예문사
T E L | 031) 955-0550
F A X | 031) 955-0660
등록번호 | 11-76호

- 이 책의 어느 부분도 저작권자나 발행인의 승인 없이 무단 복제하여 이용할 수 없습니다.
- 파본 및 낙장은 구입하신 서점에서 교환하여 드립니다.
- 예문사 홈페이지 http : //www.yeamoonsa.com

정가 : 36,000원

ISBN 978-89-274-5704-6 14560